ISBN 978-1-332-57339-4
PIBN 10328834

LUIGI BIANCHI
PROFESSOR AN DER UNIVERSITÄT ZU PISA

# VORLESUNGEN
ÜBER
# DIFFERENTIALGEOMETRIE

AUTORISIERTE DEUTSCHE ÜBERSETZUNG

VON

PROF. MAX LUKAT
OBERLEHRER AN DER OBERREALSCHULE ZU DANZIG

ZWEITE, VERMEHRTE UND VERBESSERTE AUFLAGE



LEIPZIG UND BERLIN
DRUCK UND VERLAG VON B. G. TEUBNER
1910

# Vorwort zur zweiten Auflage.

Die Fortschritte auf dem Gebiet der Infinitesimalgeometrie in neuester Zeit, besonders im letzten Jahrzehnt, ließen eine Neubearbeitung der „Vorlesungen" als wünschenswert erscheinen. So bin ich dem von dem Verlage B. G. Teubner an mich ergangenen Ansuchen, eine zweite deutsche Auflage dieser „Vorlesungen" zu besorgen, sehr gern nachgekommen, und es sei mir nun gestattet, dem Leser über die Erweiterungen und Änderungen, die sie von der ersten Ausgabe unterscheiden, hier kurz Rechenschaft abzulegen.

Die umfangreichste und wichtigste Erweiterung betrifft eine neue Theorie, die, von den Transformationen der Flächen konstanter Krümmung ausgehend, deren Methoden und Ergebnisse für alle Flächen verallgemeinert, die auf Flächen zweiten Grades abwickelbar sind. Auf das Problem, die Biegungsflächen der Flächen zweiten Grades zu bestimmen, hatten sich gerade in letzter Zeit die Bemühungen der Infinitesimalgeometer konzentriert, und seine Lösung, wie sie hier angegeben wird, ist diejenige, welche ich zum ersten Male im 34. Bande der „Mémoires des Savants Etrangers" (Académie des Sciences, Paris, 1909), dann ausführlicher im dritten Bande der italienischen Originalausgabe (Pisa-Spörri, 1909) entwickelt habe. Diese Untersuchungen stellen im wesentlichen eine Weiterentwicklung der so fruchtbaren Ideen dar, mit denen Sophus Lie die Transformationstheorie der Flächen konstanter Krümmung bereichert hat, und die sich aus ihr ergebenden Methoden haben wahrscheinlich eine noch größere Tragweite, als bisher zu Tage getreten ist.

Die völlig neuen Kapitel, in denen die obige Theorie entwickelt wird, sind XVIII, XIX, XX und XXI, zum Teil aber auch noch XVII, von § 265 an, mit neuen Untersuchungen über die Zusammensetzung Bäcklundscher Transformationen und über Flächen, die auf imaginäre, aus ihnen sich ergebende Rotationsflächen zweiten Grades abwickelbar sind. Es folgt Kap. XVIII mit der Transformationstheorie der Flächen konstanter positiver Krümmung und Untersuchungen über die schönen Guichardschen Sätze über die Biegungsflächen der Flächen zweiten Grades, die mit letzteren Transformationen verknüpft sind. Kap. XVIII dient somit als Einführung in die drei folgenden Kapitel, in denen die

Transformationstheorie auf alle Flächen erweitert wird, die auf die allgemeinen Flächen zweiten Grades abwickelbar sind.

Hinsichtlich sonstiger kleinerer Erweiterungen möchte ich auf die in §§ 112—115 unter der Bezeichnung „virtuelle Haupttangentenkurven" eingeschalteten und auf die folgenden allgemeinen Sätze über Flächenverbiegungen, sowie noch auf die weiteren Untersuchungen im letzten Kapitel über Lamésche Flächenfamilien, die aus Flächen konstanter Krümmung bestehen, hinweisen.

Da sich durch Aufnahme dieser neuen Abschnitte der Umfang des alten Buches beträchtlich vergrößert hätte, andrerseits Verleger und Verfasser übereinstimmend den Umfang der ersten Auflage nicht zu sehr überschritten wissen wollten, so habe ich es für zweckmäßig gehalten, mich hier auf die gewöhnliche Flächengeometrie zu beschränken und die beiden letzten Kapitel der ersten Auflage über die Grundlagen der Differentialgeometrie höherer Räume fortzulassen. Um so berechtigter erschien mir diese Kürzung infolge der Ankündigung eines umfassenden deutschen Werkes über diesen Gegenstand, das die Wünsche der mathematischen Leserkreise sicherlich in vollem Maße erfüllen wird. Somit konnte auch jetzt die Theorie der quadratischen Differentialformen (Kap. II) auf den binären Fall beschränkt werden, was für die Infinitesimalgeometrie der Flächen ausreicht. Auch dürfte diese Maßnahme dazu angetan sein, Anfängern die Lektüre des Buches zu erleichtern, und die bei der ersten Auflage gemachten Erfahrungen scheinen ihre Zweckmäßigkeit zu erweisen.

Zum Schlusse möchte ich noch Herrn Lukat für seine verständnisvolle Mühewaltung bei der Übersetzung und Drucklegung dieser „Vorlesungen" meinen Dank aussprechen.

Pisa, im April 1910.

**L. Bianchi.**

# Inhaltsverzeichnis.

## Kapitel I.

### Kurven doppelter Krümmung.



## Kapitel II.

### Binäre quadratische Differentialformen.



## Kapitel III.

### Krummlinige Koordinaten auf den Flächen. Konforme Abbildung.

## Kapitel IV.

### Die Fundamentalgleichungen der Flächentheorie.



## Kapitel V.

### Die sphärische Abbildung nach Gauß. — Ebenenkoordinaten.

## Kapitel VI.

### Geodätische Krümmung. — Geodätische Linien.



## Kapitel VII.

### Aufeinander abwickelbare Flächen.

## Kapitel VIII.

### Verbiegung der Linienflächen.



## Kapitel IX.

### Evolutenfläche und Weingartenscher Satz.

## Kapitel X.

### Strahlensysteme (Kongruenzen).



## Kapitel XI.

### Unendlich kleine Verbiegungen der Flächen und Entsprechen durch Orthogonalität der Elemente.



## Kapitel XII.

### *W*-Strahlensysteme.

## Kapitel XIII.

### Die normalen Kreissysteme.



## Kapitel XIV.

### Die Minimalflächen.

## Kapitel XV.

### Das Plateausche Problem und die Schwarzsche Minimalfläche.



## Kapitel XVI.

### Pseudosphärische Geometrie.

## Kapitel XVII.

### Die pseudosphärischen Flächen und die Bäcklundsche Transformation.



## Kapitel XVIII.

### Transformationen der Flächen konstanter positiver Krümmung und ihre Beziehungen zu den Biegungsflächen der Rotationsflächen zweiten Grades.

## Kapitel XIX.

### Transformationen $B_k$ der auf das hyperbolische Paraboloid abwickelbaren Flächen.



## Kapitel XX.

### Transformationen $B_k$ der auf das einschalige Hyperboloid abwickelbaren Flächen.

## Kapitel XXI.

### Transformationen $B_k$ der auf andere Flächen zweiten Grades abwickelbaren Flächen.



## Kapitel XXII.

### Allgemeine Sätze über dreifache orthogonale Flächensysteme.



## Kapitel XXIII.

### Untersuchung einiger spezieller dreifacher Orthogonalsysteme.

## Kapitel XXIV.

### Die aus Flächen konstanter Krümmung bestehenden Laméschen Flächenfamilien.

## Verzeichnis der außer der im Text angegebenen berücksichtigten Literatur.


Bäcklund, *Om ytor med konstant negativ krökning.* Lunds Univ. Årsskrift, 19. Bd., 1883.

—— *Partielle Differentialgleichungen und Orthogonalsysteme.* Mathem. Annalen, 40. Bd.

Beltrami, *Ricerche di analisi applicata alla geometria.* Giornale di Matematiche di Napoli, 2. u. 3. Bd., 1864—65.

—— *Sulla flessione delle superficie rigate.* Annali di Matematica, 7. Bd., 1865.

—— *Saggio di interpretazione della geometria non-euclidea.* Giornale di Matem., 6. Bd., 1868.

—— *Sulle proprietà generali delle superficie d'area minima.* Atti dell' Accademia di Bologna, 7. Bd., 1868.

—— *Sulla teoria generale dei parametri differenziali.* Atti dell' Accad. di Bologna, Februar 1869.

Bonnet, *Mémoire sur les surfaces applicables.* Journal de l'Ecole Polytechnique, 41. und 42. Heft, 1864—65.

Bour, *Théorie de la déformation des surfaces.* Journal de l'Ec. Pol., 39. Heft, 1862.

Calapso, *Deformazioni del paraboloide di rotazione.* Rendiconti del Circolo Mat., 15. Bd., 1901.

—— *Sulla deformazione delle quadriche.* Ebenda, 16. Bd., 1902.

Cayley, *A sixth memoir upon quantics.* Philosophical Transactions, 149. Bd., 1859.

Cesàro, *Lezioni di geometria intrinseca.* Napoli, 1896. Deutsch von Kowalewski, Leipzig-Teubner, 1901.

Christoffel, *Über die Transformation der homogenen Differentialausdrücke zweiten Grades.* Crelles Journal, 70. Bd.

Cosserat, *Sur les congruences des droites et sur la théorie des surfaces.* Annales de la Faculté des Sciences de Toulouse, 7. Bd., 1893.

Darboux, *Mémoire sur la théorie des coordonnées curvilignes et des systèmes orthogonaux.* Annales Scientifiques de l'Ecole Normale Supérieure, 2. Ser., 7. Bd., 1878.

—— *Leçons sur la théorie générale des surfaces.* Paris, Gauthier-Villars, 4 Bde, 1887—96.

—— *Leçons sur les systèmes orthogonaux et les coordonnées curvilignes.* 1. Bd., ebenda, 1898.

—— *Sur la déformation des surfaces du second ordre.* Comptes Rendus de l'Acad. des Sciences, 128. Bd., 1899.

Demartres, *Sur certaines familles de courbes orthogonales et isothermes.* Paris, Gauthier-Villars, 1901.

Dini, *Sopra alcuni punti della teoria delle superficie.* Atti dell' Accademia dei XL, 3. Ser., 1. Bd., 1868.

—— *Ricerche sopra la teoria delle superficie.* Atti dell' Accad. dei XI, 3. Ser., 2. Bd., 1869.

Dupin, *Développements de géométrie.* Paris-Coursier, 1813.

—— *Applications de géométrie et de mécanique.* Paris-Bachelier, 1822.

Gauß, *Disquisitiones generales circa superficies curvas.* Werke, 4. Bd.
Guichard, *Surfaces rapportées à leurs lignes asymptotiques et congruences rapportées à leurs développables.* Annales de l'Ecole Normale, 3. Ser., 6. Bd., 1889.
—— *Recherches sur les surfaces à courbure totale constante et certaines surfaces qui s'y rattachent.* Ann. de l'Ec. Norm., 3. Ser., 7. Bd., 1890.
—— *Détermination des congruences telles que les lignes asymptotiques se correspondent sur les deux nappes de la surface focale.* Comptes Rendus, 110. Bd., 1890.
—— *Sur les systèmes orthogonaux et sur les systèmes cycliques.* Ann. de l'Ec. Norm., 1897, 1898, 1903.
Joachimsthal, *Anwendung der Differential- und Integralrechnung auf die allgemeine Theorie der Flächen und der Linien doppelter Krümmung.* Leipzig-Teubner, 1872.
Klein, *Vorlesungen über das Ikosaeder.* Leipzig-Teubner, 1884.
—— *Vorlesungen über nicht-euklidische Geometrie.* Lithographiert, Göttingen, 1890.
—— *Zur nicht-euklidischen Geometrie.* Mathem. Annalen, 4., 6., 37. Bd.
Knoblauch, *Einleitung in die allgemeine Theorie der krummen Flächen.* Leipzig-Teubner, 1888.
Kronecker, *Über Systeme von Funktionen mehrerer Variabeln.* Berliner Berichte, 1869, S. 695.
Kummer, *Allgemeine Theorie der geradlinigen Strahlensysteme.* Crelles Journal, 57. Bd.
Lelieuvre, *Sur les lignes de courbure et les lignes asymptotiques des surfaces.* Comptes Rendus, 111. Bd., S. 183.
Lie, *Zur Theorie der Flächen konstanter Krümmung.* Archiv for Mathematik og Naturvidenskab, Christiania, 1881.
Lindemann, *Über unendlich kleine Bewegungen bei allgemeiner projektivischer Maßbestimmung.* Mathem. Annalen, 7. Bd.
Lipschitz, *Untersuchungen in betreff der ganzen homogenen Funktionen von n Differentialen.* Crelles Journal, 70. und 72. Bd.
Minding, *Über die Biegung gewisser Flächen.* Crelles Journal, 18. Bd.
Monge, *Application de l'analyse à la géométrie.* Paris-Bachelier, 1850.
Neovius, *Bestimmung zweier speziellen periodischen Minimalflächen, auf welchen unendlich viele gerade Linien und unendlich viele geodätische Linien liegen.* Helsingfors-Frenckell, 1884.
Padova, *Sulla teoria generale delle superficie.* Atti dell' Accad. di Bologna, 4. Ser., 10. Bd., 1890.
Peterson, *Sur la déformation des surfaces du second ordre.* Traduit du russe par Davaux, Annales de la Faculté de Toulouse, 2. Ser., 7. Bd.
Poincaré, *Mémoire sur les groupes Kleinéens.* Acta Mathematica, 3. Bd., S. 49.
Raffy, *Leçons sur les applications géométriques de l'analyse.* Paris, Gauthiers-Villars, 1897.
Ribaucour, *Etude des élassoides ou surfaces à courbure moyenne nulle.* Mémoires Couronnés par l'Académie de Belgique, 44. Bd., 1881.
—— *Mémoire sur la théorie des surfaces courbes.* Journal des Mathématiques, 4. Ser., 7. Bd., 1891.
Ricci, *Sui parametri e gli invarianti delle forme quadratiche differenziali.* Annali di Matem., 2. Ser., 14. Bd., 1886.
—— *Delle derivazioni covarianti e contravarianti e del loro uso nell' analisi applicata.* 3. Bd. der: Studi offerti dalla Università Padovana alla Bolognese nell' 8. centenario etc., Padova, 1888.
Riemann, *Über die Hypothesen, welche der Geometrie zugrunde liegen.* Gesammelte Werke, Leipzig-Teubner, S. 254. Vgl. auch die Zusätze von Dedekind, S. 517.
M. Roberts, *Sur quelques propriétés des lignes géodésiques et des lignes de courbure de l'ellipsoide.* Liouvilles Journal, 11. und 13. Bd.

Scheffers, *Einleitung in die Theorie der Kurven und Flächen.* Leipzig-Veit & Co., 1901—1902.

Schell, *Allgemeine Theorie der Kurven doppelter Krümmung.* Leipzig-Teubner, 1859.

Schwarz, *Gesammelte Werke, 1. Bd.* Berlin-Springer, 1890.

P. Serret, *Théorie nouvelle géométrique et mécanique des lignes à double courbure.* Paris-Bachelier, 1860.

Servant, *Sur la déformation des quadriques.* Bulletin de la Société Mathém., 30. Bd., 1902.

Thybaut, *Sur la déformation du paraboloide.* Ann. de l'Ec. Norm., 1897.

—— *Sur une classe de surfaces isothermiques.* Ebenda, 1902.

Voss, *Über diejenigen Flächen, auf denen zwei Scharen geodätischer Linien ein konjugiertes System bilden.* Sitzungsberichte der kgl. Akademie der Wissenschaften zu München, 3. März 1888.

Weierstraß, *Über die Flächen, deren mittlere Krümmung überall gleich Null ist.* Sitzungsberichte der Akademie der Wissenschaften zu Berlin, 1866, S. 612 und 855.

Weingarten, *Über eine Klasse aufeinander abwickelbarer Flächen.* Crelles Journal, 59. Bd.

—— *Über die Oberflächen, für welche einer der beiden Hauptkrümmungshalbmesser eine Funktion des anderen ist.* Crelles Journal, 62. Bd.

—— *Über die Theorie der aufeinander abwickelbaren Oberflächen.* Festschrift der technischen Hochschule zu Berlin, 1884.

—— *Über die Deformationen einer biegsamen unausdehnbaren Fläche.* Crelles Journal, 100. Bd.

# Kapitel I.

## Kurven doppelter Krümmung.

Tangente und Normalenebene. — Erste Krümmung oder Flexion. — Hauptnormale und Binormale. — Zweite Krümmung oder Torsion. — Frenetsche Formeln. — Die natürlichen Gleichungen einer Kurve. — Zylindrische Schraubenlinien. — Abwickelbare Flächen. — Polardeveloppable einer Kurve. — Schmiegungskugel. — Evoluten und Evolventen. — Orthogonale Trajektorien eines $\infty^1$-Ebenensystems. — Bertrandsche Kurven.

---

### § 1. Tangente und Normalenebene.

Um eine Kurve $C$ analytisch zu definieren, beziehen wir sie auf ein orthogonales Cartesisches Achsensystem $OX$, $OY$, $OZ$ und drücken die Koordinaten $x$, $y$, $z$ eines beweglichen Punktes der Kurve als Funktionen eines Parameters $u$ aus:

$$x = x(u), \quad y = y(u), \quad z = z(u).$$

Bezüglich der Funktionen $x(u)$, $y(u)$, $z(u)$ bemerken wir ein für allemal, daß sie samt ihren ersten, zweiten und dritten Differentialquotienten als endlich und stetig vorausgesetzt werden, ausgenommen höchstens in einzelnen besonderen Punkten.

Jedem speziellen Wert $u_1$ des Parameters $u$ innerhalb des Intervalls, in dem die Funktionen $x(u)$, $y(u)$, $z(u)$ definiert sind, entspricht eine spezielle Lage $M_1$ des erzeugenden Punktes $M$. Wenn sich $u$ stetig ändert, so bewegt sich der Punkt $M$ nach einem stetigen Gesetz im Raume und beschreibt so die Kurve $C$. Wir wollen nun immer annehmen, daß die Richtung, in der sich der erzeugende Punkt $M$ bewegt, wenn der Parameter $u$ wächst, als die positive, die entgegengesetzte als die negative Richtung der Kurve $C$ aufgefaßt werden soll.

In den meisten Fällen wählen wir als Parameter oder Hilfsveränderliche $u$ den von einem festen (Anfangs-)Punkt der Kurve $C$ gerechneten Bogen $s$ derselben. In jedem Falle haben wir zur Bestimmung von $s$ als Funktion von $u$ die bekannte Gleichung:

$$\frac{ds}{du} = \sqrt{\left(\frac{dx}{du}\right)^2 + \left(\frac{dy}{du}\right)^2 + \left(\frac{dz}{du}\right)^2}.$$

Hierbei müssen wir bei der Festsetzung, daß $s$ mit wachsendem $u$ gerechnet wird, für die Wurzel das positive Zeichen wählen.

In einem Punkte $M$ der Kurve $C$ betrachten wir die Tangente und wählen ihre positive Richtung übereinstimmend mit derjenigen der Kurve. Bezeichnen wir dann, wie wir es in Nachstehendem stets tun werden, mit

$$\cos\alpha, \quad \cos\beta, \quad \cos\gamma$$

die Kosinus der Winkel der positiven Tangentenrichtung, so haben wir die Gleichungen:

$$\cos\alpha = \frac{\frac{dx}{du}}{\sqrt{\left(\frac{dx}{du}\right)^2 + \left(\frac{dy}{du}\right)^2 + \left(\frac{dz}{du}\right)^2}}, \quad \cos\beta = \frac{\frac{dy}{du}}{\sqrt{\left(\frac{dx}{du}\right)^2 + \left(\frac{dy}{du}\right)^2 + \left(\frac{dz}{du}\right)^2}},$$

$$\cos\gamma = \frac{\frac{dz}{du}}{\sqrt{\left(\frac{dx}{du}\right)^2 + \left(\frac{dy}{du}\right)^2 + \left(\frac{dz}{du}\right)^2}}$$

oder:

$$\cos\alpha = \frac{dx}{ds}, \quad \cos\beta = \frac{dy}{ds}, \quad \cos\gamma = \frac{dz}{ds}. \tag{1}$$

In diesen Gleichungen (1) ist es gleichgültig, ob wir die rechten Seiten als Quotienten von Differentialen oder als partielle Ableitungen nach dem Bogen betrachten.

Die in $M$ auf der Tangente senkrecht stehende Ebene heißt Normalenebene der Kurve; sie hat die Gleichung:

$$(X - x)\cos\alpha + (Y - y)\cos\beta + (Z - z)\cos\gamma = 0,$$

wo $X$, $Y$, $Z$ die laufenden Punktkoordinaten sind.

## § 2. Die erste Krümmung oder Flexion.

Aus der mehr oder weniger schnellen Abweichung, die der Punkt beim Beschreiben der Kurve von der geradlinigen Richtung erfährt, schließen wir auf die größere oder geringere Krümmung der Kurve selbst. Um für diesen Begriff eine genaue Fassung zu erhalten und ihn der Messung unterwerfen zu können, betrachten wir zwei benachbarte Punkte der Kurve, $M$ und $M_1$. Dividieren wir dann den sehr kleinen Winkel $\Delta\varepsilon$, den die Richtungen der beiden Tangenten in $M$ und $M_1$ miteinander bilden, durch die Länge des Bogens $MM_1$, so konvergiert der Quotient

$$\frac{\Delta\varepsilon}{\text{Bogen } MM_1},$$

wenn sich $M_1$ dem Punkte $M$ unendlich nähert, gegen einen bestimmten und endlichen Grenzwert, der als Maß der ersten Krümmung, Biegung oder Flexion der Kurve in $M$ betrachtet wird. Wir bezeichnen diesen Grenzwert mit $\frac{1}{\varrho}$, und sein reziproker Wert $\varrho$ heißt, als Strecke gedeutet, Radius der ersten Krümmung.

Um die Existenz dieses Grenzwertes nachzuweisen und gleichzeitig den Ausdruck für ihn zu finden, stellen wir folgende Überlegung an: Um den Koordinatenanfangspunkt und mit dem Radius Eins beschreiben wir eine Kugel und schneiden durch sie die Strahlen, die parallel den positiven Richtungen der aufeinanderfolgenden Kurventangenten gezogen werden. Der Ort der Endpunkte dieser Strahlen heißt die sphärische Indikatrix $C'$ der Tangenten. Jeder Lage des erzeugenden Punktes $M(x, y, z)$ auf der Kurve $C$ entspricht ein Punkt $M'(x', y', z')$ auf der sphärischen Indikatrix $C'$, und es ist offenbar

$$x' = \cos\alpha, \quad y' = \cos\beta, \quad z' = \cos\gamma. \tag{2}$$

Betrachten wir nun einen Punkt $M_1$ der Kurve $C$, der $M$ benachbart ist, so wird der Winkel $\Delta\varepsilon$ gerade durch den Bogen des größten Kreises gemessen, der auf der Bildkugel die Bildpunkte $M'$ und $M_1'$ verbindet. Bei der Berechnung des Grenzwertes

$$\frac{1}{\varrho} = \lim_{\Delta s = 0} \frac{\Delta\varepsilon}{\Delta s}$$

können wir statt $\Delta\varepsilon$ den entsprechenden Bogen der Indikatrix setzen, denn konvergiert $\Delta\varepsilon$ gegen Null, so nähert sich das Verhältnis dieses Bogens zu $\Delta\varepsilon$ der Einheit. Bezeichnen wir mit $ds'$ das Bogenelement der sphärischen Indikatrix, so haben wir also ohne weiteres

$$\frac{1}{\varrho} = \frac{ds'}{ds}$$

oder nach (2)

$$\frac{1}{\varrho} = \sqrt{\left(\frac{d\cos\alpha}{ds}\right)^2 + \left(\frac{d\cos\beta}{ds}\right)^2 + \left(\frac{d\cos\gamma}{ds}\right)^2}. \tag{3}$$

Wird $s$ als unabhängige Variable genommen, so kann diese Formel nach (1) auch so geschrieben werden:

$$\frac{1}{\varrho} = \sqrt{\left(\frac{d^2x}{ds^2}\right)^2 + \left(\frac{d^2y}{ds^2}\right)^2 + \left(\frac{d^2z}{ds^2}\right)^2}. \tag{3*}$$

Da der ersten Krümmung nur ein absoluter Wert zukommt, so denken wir uns in diesen Gleichungen stets den positiven Wert der Wurzel gewählt.

Wir bemerken sofort, daß eine Kurve $C$ eine Strecke lang nicht die Flexion Null haben kann, ohne längs dieser Strecke geradlinig zu sein, denn nach den Gleichungen:

$$\frac{d\cos\alpha}{ds} = 0, \quad \frac{d\cos\beta}{ds} = 0, \quad \frac{d\cos\gamma}{ds} = 0,$$

die dann beständen, würden $\cos\alpha$, $\cos\beta$, $\cos\gamma$ konstant sein und also die Gleichungen gelten:

$$x = s\cos\alpha + a,\quad y = s\cos\beta + b,\quad z = s\cos\gamma + c,\quad (a,\ b,\ c = \text{Const.})$$

die eine Gerade definieren.

## § 3. Die Schmiegungsebene.

Unter allen Ebenen, die durch den Punkt $M$ der Kurve $C$ gehen, befindet sich eine, die sich in der Umgebung von $M$ weniger als jede andere von der Kurve entfernt und die Schmiegungsebene (oskulierende Ebene) der Kurve in $M$ heißt. Wir schreiben nun die Gleichung einer beliebigen durch den Punkt $M(x, y, z)$ gelegten Ebene in der Form:

$$(4)\qquad (X - x)\cos a + (Y - y)\cos b + (Z - z)\cos c = 0,$$

wo $\cos a$, $\cos b$, $\cos c$ die Richtungskosinus der Normale bedeuten, wählen den Bogen $s$ der Kurve als Parameter und betrachten einen $M$ benachbarten Punkt $M'$, der dem Werte $s + h$ des Bogens entspricht, wo $h$ unendlich klein (von der ersten Ordnung) ist. Sind $\Delta x$, $\Delta y$, $\Delta z$ die bezüglichen Zunahmen von $x$, $y$, $z$ beim Übergange von $s$ zu $s + h$, so haben wir für die Entfernung $d$ des Punktes $M'$ von der Ebene (4) die Gleichung:

$$d = \Delta x\cos a + \Delta y\cos b + \Delta z\cos c.$$

Nun ist

$$(\text{a})\qquad \begin{cases} \Delta x = \dfrac{dx}{ds}h + \dfrac{d^2x}{ds^2}\dfrac{h^2}{2} + \varepsilon_1, \\ \Delta y = \dfrac{dy}{ds}h + \dfrac{d^2y}{ds^2}\dfrac{h^2}{2} + \varepsilon_2, \\ \Delta z = \dfrac{dz}{ds}h + \dfrac{d^2z}{ds^2}\dfrac{h^2}{2} + \varepsilon_3, \end{cases}$$

wo $\varepsilon_1$, $\varepsilon_2$, $\varepsilon_3$ unendlich klein von der dritten Ordnung sind, und also

$$d = \left(\cos a\frac{dx}{ds} + \cos b\frac{dy}{ds} + \cos c\frac{dz}{ds}\right)h$$
$$+ \left(\cos a\frac{d^2x}{ds^2} + \cos b\frac{d^2y}{ds^2} + \cos c\frac{d^2z}{ds^2}\right)\frac{h^2}{2} + \eta,$$

wo $\eta$ unendlich klein von der dritten Ordnung ist. Die Ebene welche durch die Bedingungen:

$$\cos a\,\frac{dx}{ds} + \cos b\,\frac{dy}{ds} + \cos c\,\frac{dz}{ds} = 0,$$

$$\cos a\,\frac{d^2x}{ds^2} + \cos b\,\frac{d^2y}{ds^2} + \cos c\,\frac{d^2z}{ds^2} = 0$$

bestimmt ist, von denen die erste besagt, daß die fragliche Ebene durch die Tangente geht, ist also diejenige, welche in der Umgebung von $M$

weniger als die übrigen von der Kurve abweicht. Somit haben wir die Existenz der Schmiegungsebene nachgewiesen, deren Gleichung wir nach dem Vorstehenden in Determinantenform wie folgt schreiben können[1]):

$$(5)\qquad \begin{vmatrix} X-x & Y-y & Z-z \\ \frac{dx}{ds} & \frac{dy}{ds} & \frac{dz}{ds} \\ \frac{d^2x}{ds^2} & \frac{d^2y}{ds^2} & \frac{d^2z}{ds^2} \end{vmatrix} = 0.$$

Ein Ausnahmefall tritt ein, wenn für den betrachteten Punkt $M$ die drei Unterdeterminanten der Matrix

$$\begin{Vmatrix} \frac{dx}{ds} & \frac{dy}{ds} & \frac{dz}{ds} \\ \frac{d^2x}{ds^2} & \frac{d^2y}{ds^2} & \frac{d^2z}{ds^2} \end{Vmatrix}$$

gleichzeitig Null sind; dann ist die Schmiegungsebene in $M$ unbestimmt. Nun wird dies für gewisse einzelne (singuläre) Punkte wohl stattfinden können; sollte dies jedoch längs einer ganzen Strecke der Fall sein, so wäre die Kurve längs dieser Strecke geradlinig. In der Tat, berücksichtigen wir die Identitäten:

$$\left(\frac{dx}{ds}\right)^2 + \left(\frac{dy}{ds}\right)^2 + \left(\frac{dz}{ds}\right)^2 = 1,$$

$$\frac{dx}{ds}\frac{d^2x}{ds^2} + \frac{dy}{ds}\frac{d^2y}{ds^2} + \frac{dz}{ds}\frac{d^2z}{ds^2} = 0,$$

so sehen wir, daß die Summe der Quadrate der Unterdeterminanten in der obigen Matrix wegen (3) gleich dem Quadrat der ersten Krümmung ist. Wir wollen auch auf andere Definitionen für die Schmiegungsebene hinweisen, die immer auf die Gleichung (5) führen. Wenn durch die Tangente in $M$ und durch einen Kurvenpunkt $M'$, der $M$ benachbart ist, eine Ebene gelegt wird, so nähert sich diese, wenn $M'$ gegen $M$ konvergiert, der Schmiegungsebene als Grenzebene. Ebenso nähert sich die Ebene durch $M$ und zwei andere benachbarte Kurvenpunkte $M'$ und $M''$ in der Grenze der Schmiegungsebene in $M$, wenn wir $M'$ und

1) Es ist klar, daß, wenn die unabhängige Variable $u$ beliebig wäre, die Gleichung der Schmiegungsebene die analoge Form:

$$\begin{vmatrix} X-x & Y-y & Z-z \\ \frac{dx}{du} & \frac{dy}{du} & \frac{dz}{du} \\ \frac{d^2x}{du^2} & \frac{d^2y}{du^2} & \frac{d^2z}{du^2} \end{vmatrix} = 0$$

haben würde.

$M''$ gleichzeitig nach $M$ rücken lassen (so daß die Differenzen zwischen den Koordinaten von $M'$ und $M''$ nicht von höherer Ordnung unendlich klein werden wie die entsprechenden Differenzen gegen $M$). Wegen dieser letzten Eigenschaft sagt man auch kurz, daß die Schmiegungsebene in $M$ die durch $M$ und zwei aufeinanderfolgende Kurvenpunkte $M'$ und $M''$ gelegte Ebene ist.

## § 4. Hauptnormale und Binormale.

Die Schmiegungs- und die Normalenebene in $M$ schneiden sich in einer Geraden, die in $M$ auf der Kurve senkrecht steht und den Namen Hauptnormale der Kurve in $M$ führt; es ist diejenige Normale der Kurve, welche in der Schmiegungsebene liegt. Binormale dagegen heißt die Senkrechte in $M$ auf der Schmiegungsebene.

Es muß nun in geeigneter Weise festgesetzt werden, welche Richtung der Haupt- und der Binormale wir im folgenden als positiv annehmen wollen, und wir schicken zu diesem Zwecke die nachstehenden Bemerkungen voraus.

Wir betrachten die Ebene durch Tangente und Binormale, deren Gleichung lautet:

$$(X-x)\frac{d^2x}{ds^2}+(Y-y)\frac{d^2y}{ds^2}+(Z-z)\frac{d^2z}{ds^2}=0. \tag{6}$$

Diese Gleichung stellt nämlich wegen der Identität:

$$\frac{dx}{ds}\frac{d^2x}{ds^2}+\frac{dy}{ds}\frac{d^2y}{ds^2}+\frac{dz}{ds}\frac{d^2z}{ds^2}=0$$

und wegen der Gleichung (5) der Schmiegungsebene gerade die Ebene dar, welche durch die Tangente senkrecht zur Schmiegungsebene gelegt ist.

Wir berechnen nun die Entfernung $\delta$ eines $M$ dicht benachbarten Kurvenpunktes $M'$ von der Ebene (6). Bezeichnen wir mit $h$ den (unendlich kleinen) Zuwachs des Bogens $s$ beim Übergange von $M$ zu $M'$ und mit $\Delta x$, $\Delta y$, $\Delta z$ die Zunahmen der Koordinaten, so haben wir:

$$\delta=\frac{\Delta x\frac{d^2x}{ds^2}+\Delta y\frac{d^2y}{ds^2}+\Delta z\frac{d^2z}{ds^2}}{\sqrt{\left(\frac{d^2x}{ds^2}\right)^2+\left(\frac{d^2y}{ds^2}\right)^2+\left(\frac{d^2z}{ds^2}\right)^2}},$$

oder wegen der Gleichungen (a) des vorigen Paragraphen

$$\delta=\frac{h^2}{2\varrho}+\varepsilon,$$

wo $\varepsilon$ in bezug auf $h$ unendlich klein von der dritten Ordnung ist. Aus dieser Gleichung folgt, daß das Zeichen von $\delta$ von demjenigen von $h$

unabhängig ist[1]), daß also die Kurve in der Umgebung eines jeden ihrer Punkte ganz auf der einen Seite der Ebene durch Tangente und Binormale liegt. Als die positive Seite dieser Ebene bezeichnen wir diejenige, welche in der Umgebung von $M$ der Kurve zugewandt ist; als positive Richtung der Hauptnormale, welche eben die Senkrechte auf dieser Ebene ist, wird folglich diejenige festgesetzt, nach welcher die positive Seite der Ebene selbst liegt. Bezeichnen wir also, wie es des weiteren stets geschehen soll, mit

$$\cos\xi, \quad \cos\eta, \quad \cos\zeta$$

die Kosinus der positiven Richtung der Hauptnormale, so haben wir nach dem Vorstehenden:

$$\cos\xi = \varrho\frac{d^2x}{ds^2}, \quad \cos\eta = \varrho\frac{d^2y}{ds^2}, \quad \cos\zeta = \varrho\frac{d^2z}{ds^2}. \tag{7}$$

Endlich wollen wir unter positiver Richtung der Binormale diejenige verstehen, die in bezug auf die bereits bestimmten positiven Richtungen der Tangente und Hauptnormale ebenso gelegen ist wie die positive Richtung der $z$-Achse zu derjenigen der $x$- und $y$-Achse. Führen wir für die Richtungscosinus der Binormale die Bezeichnungen

$$\cos\lambda, \quad \cos\mu, \quad \cos\nu$$

ein, so haben wir nach bekannten Formeln der analytischen Geometrie[2]):

$$\cos\lambda = \cos\beta\cos\zeta - \cos\gamma\cos\eta, \qquad \cos\mu = \cos\gamma\cos\xi - \cos\alpha\cos\zeta,$$
$$\cos\nu = \cos\alpha\cos\eta - \cos\beta\cos\xi$$

oder:

$$\cos\lambda = \varrho\begin{vmatrix}\frac{dy}{ds} & \frac{dz}{ds}\\ \frac{d^2y}{ds^2} & \frac{d^2z}{ds^2}\end{vmatrix}, \quad \cos\mu = \varrho\begin{vmatrix}\frac{dz}{ds} & \frac{dx}{ds}\\ \frac{d^2z}{ds^2} & \frac{d^2x}{ds^2}\end{vmatrix}, \quad \cos\nu = \varrho\begin{vmatrix}\frac{dx}{ds} & \frac{dy}{ds}\\ \frac{d^2x}{ds^2} & \frac{d^2y}{ds^2}\end{vmatrix}. \tag{8}$$

Das durch die positiven Richtungen der Tangente, der Haupt- und der Binormale bestimmte rechtwinklige Trieder soll der Kürze wegen das Hauptrieder oder begleitende Dreikant der Kurve in $M$ genannt werden.

---

1) Außer in den singulären Punkten, für welche $\frac{1}{\varrho} = 0$ ist.

2) Man erinnere sich, daß die Determinante

$$\begin{vmatrix}\cos\alpha & \cos\beta & \cos\gamma\\ \cos\xi & \cos\eta & \cos\zeta\\ \cos\lambda & \cos\mu & \cos\nu\end{vmatrix} = +1$$

und jedes ihrer Elemente gleich der zugehörigen Unterdeterminante ist.

## § 5. Die zweite Krümmung oder Torsion.

Wenn die Kurve $C$ eben ist, so fällt ihre Schmiegungsebene in jedem Punkte mit der Kurvenebene zusammen. Bei einer Raumkurve dagegen ändert sie sich bei Änderung des Oskulationspunktes $M$, und die Schnelligkeit ihrer Abweichung, d. h. die Schnelligkeit, mit der sich die Kurve von ein und derselben Ebene entfernt, wird durch die zweite Krümmung oder Torsion der Kurve gemessen.

Um auch diesen Begriff hier genau zu fassen, betrachten wir zwei dicht benachbarte Punkte der Kurve, $M$ und $M_1$; ihre beiden Schmiegungsebenen bilden einen sehr kleinen Winkel $\Delta\sigma$ miteinander, und der Quotient

$$\frac{\Delta\sigma}{\text{Bogen } MM_1} = \frac{\Delta\sigma}{\Delta s}$$

konvergiert, wenn $M_1$ nach $M$ rückt, gegen einen bestimmten und endlichen Grenzwert, welcher als Maß der Torsion der Kurve genommen und, mit passendem Vorzeichen versehen, mit $\frac{1}{T}$ bezeichnet werden soll. Sein reziproker Wert $T$ heißt Torsionsradius.

Um den Wert für $\frac{1}{T}$ zu finden, beachten wir zunächst, daß der Winkel der beiden Schmiegungsebenenen, $d\sigma$, durch den Winkel der beiden aufeinanderfolgenden Binormalen in $M$ und $M_1$ gemessen wird. Konstruieren wir also ganz analog wie in § 2 die sphärische Indikatrix der Binormalen, deren erzeugender Punkt die Koordinaten

$$x_1 = \cos\lambda, \quad y_1 = \cos\mu, \quad z_1 = \cos\nu$$

hat, und bezeichnen wir mit $ds_1$ ihr Bogenelement

$$ds_1 = \sqrt{dx_1^2 + dy_1^2 + dz_1^2},$$

so haben wir offenbar

$$\frac{1}{T} = \pm\frac{ds_1}{ds},$$

d. h.

$$\frac{1}{T} = \pm\sqrt{\left(\frac{d\cos\lambda}{ds}\right)^2 + \left(\frac{d\cos\mu}{ds}\right)^2 + \left(\frac{d\cos\nu}{ds}\right)^2}. \tag{9}$$

Das Vorzeichen der Torsion wird im nächsten Paragraphen passend bestimmt werden; für jetzt bemerken wir, daß die einzigen Kurven mit der Torsion Null die ebenen Kurven sind. In der Tat folgt aus $\frac{1}{T} = 0$ wegen (9), daß $\cos\lambda$, $\cos\mu$, $\cos\nu$ konstant sind; nehmen wir der Einfachheit halber die feste Richtung der Binormale zur $z$-Achse, so haben wir $\cos\gamma = 0$ und also

$$z = \text{const.},$$

d. h. die Kurve liegt in einer zur $xy$-Ebene parallelen Ebene

## §. 6. Frenetsche Formeln.

Wir gehen nun zur Ableitung der sehr wichtigen Formeln über, welche die Differentialquotienten der neun Kosinus der drei Hauptrichtungen durch die Kosinus selbst und durch die Radien der ersten und zweiten Krümmung, $\varrho$ und $T$, ausdrücken.

Drei von diesen Formeln folgen unmittelbar aus den Gleichungen (7) des § 4 (S. 7), welche ergeben:

$$\text{(a)}\qquad \frac{d\cos\alpha}{ds} = \frac{\cos\xi}{\varrho}, \quad \frac{d\cos\beta}{ds} = \frac{\cos\eta}{\varrho}, \quad \frac{d\cos\gamma}{ds} = \frac{\cos\zeta}{\varrho}.$$

Differenzieren wir nun die Identität:

$$\cos\alpha\cos\lambda + \cos\beta\cos\mu + \cos\gamma\cos\nu = 0$$

unter Berücksichtigung der früheren Gleichungen nach $s$, so erhalten wir:

$$\text{(b)}\qquad \cos\alpha\frac{d\cos\lambda}{ds} + \cos\beta\frac{d\cos\mu}{ds} + \cos\gamma\frac{d\cos\nu}{ds} = 0;$$

die andere Identität:

$$\cos^2\lambda + \cos^2\mu + \cos^2\nu = 1$$

gibt nach $s$ differenziert:

$$\text{(c)}\qquad \cos\lambda\frac{d\cos\lambda}{ds} + \cos\mu\frac{d\cos\mu}{ds} + \cos\nu\frac{d\cos\nu}{ds} = 0,$$

und durch Kombination von (b) und (c) folgt:

$$\frac{d\cos\lambda}{ds} : \frac{d\cos\mu}{ds} : \frac{d\cos\nu}{ds} = \begin{vmatrix}\cos\beta & \cos\gamma\\ \cos\mu & \cos\nu\end{vmatrix} : \begin{vmatrix}\cos\gamma & \cos\alpha\\ \cos\nu & \cos\lambda\end{vmatrix} : \begin{vmatrix}\cos\alpha & \cos\beta\\ \cos\lambda & \cos\mu\end{vmatrix},$$

d. h.

$$\frac{d\cos\lambda}{ds} : \frac{d\cos\mu}{ds} : \frac{d\cos\nu}{ds} = \cos\xi : \cos\eta : \cos\zeta.$$

Daraus folgt:

$$\frac{d\cos\lambda}{ds} = \pm\cos\xi\sqrt{\left(\frac{d\cos\lambda}{ds}\right)^2 + \left(\frac{d\cos\mu}{ds}\right)^2 + \left(\frac{d\cos\nu}{ds}\right)^2},$$

$$\frac{d\cos\mu}{ds} = \pm\cos\eta\sqrt{\left(\frac{d\cos\lambda}{ds}\right)^2 + \left(\frac{d\cos\mu}{ds}\right)^2 + \left(\frac{d\cos\nu}{ds}\right)^2},$$

$$\frac{d\cos\nu}{ds} = \pm\cos\zeta\sqrt{\left(\frac{d\cos\lambda}{ds}\right)^2 + \left(\frac{d\cos\mu}{ds}\right)^2 + \left(\frac{d\cos\nu}{ds}\right)^2},$$

und setzen wir nun fest, daß das Vorzeichen der Wurzel, das in (9) unbestimmt gelassen wurde, ebenso wie in diesen drei Gleichungen gewählt wird, so haben wir:

$$\text{(a')}\qquad \frac{d\cos\lambda}{ds} = \frac{\cos\xi}{T}, \quad \frac{d\cos\mu}{ds} = \frac{\cos\eta}{T}, \quad \frac{d\cos\nu}{ds} = \frac{\cos\zeta}{T}.$$

Es wird hiermit der Torsion nicht allein ein absoluter Wert, sondern auch ein bestimmtes Vorzeichen erteilt, und es erübrigt nur noch zu untersuchen — was wir sofort tun werden — welche geometrische Bedeutung das positive oder negative Vorzeichen der Torsion hat.

Wir vervollständigen die Formeln (a) und (a') durch diejenigen für

$$\frac{d\cos\xi}{ds}, \quad \frac{d\cos\eta}{ds}, \quad \frac{d\cos\zeta}{ds}.$$

Zu diesem Zwecke beachten wir, daß

$$\cos\xi = \cos\gamma\cos\mu - \cos\beta\cos\nu$$

ist, und wenn wir nach $s$ differenzieren und (a) und (a') berücksichtigen, erhalten wir:

$$\frac{d\cos\xi}{ds} = \frac{1}{\varrho}(\cos\zeta\cos\mu - \cos\eta\cos\nu) + \frac{1}{T}(\cos\gamma\cos\eta - \cos\beta\cos\zeta)$$
$$= -\frac{\cos\alpha}{\varrho} - \frac{\cos\lambda}{T}$$

und analoges für die beiden anderen Differentialquotienten.

Stellen wir also die erhaltenen Formeln zusammen, so haben wir folgendes System:

$$\text{(A)}\begin{cases} \dfrac{d\cos\alpha}{ds} = \dfrac{\cos\xi}{\varrho}, & \dfrac{d\cos\beta}{ds} = \dfrac{\cos\eta}{\varrho}, & \dfrac{d\cos\gamma}{ds} = \dfrac{\cos\zeta}{\varrho}, \\ \dfrac{d\cos\xi}{ds} = -\dfrac{\cos\alpha}{\varrho} - \dfrac{\cos\lambda}{T}, & \dfrac{d\cos\eta}{ds} = -\dfrac{\cos\beta}{\varrho} - \dfrac{\cos\mu}{T}, & \dfrac{d\cos\zeta}{ds} = -\dfrac{\cos\gamma}{\varrho} - \dfrac{\cos\nu}{T}, \\ \dfrac{d\cos\lambda}{ds} = \dfrac{\cos\xi}{T}, & \dfrac{d\cos\mu}{ds} = \dfrac{\cos\eta}{T}, & \dfrac{d\cos\nu}{ds} = \dfrac{\cos\zeta}{T}. \end{cases}$$

Dieses sind die Frenetschen Formeln, die für gewöhnlich unter dem Namen der Serretschen bekannt sind.

## § 7. Das Vorzeichen der Torsion.

Wir untersuchen nun, welche geometrische Bedeutung das positive oder negative Vorzeichen der Torsion hat. Hierzu betrachten wir in einem beliebigen Kurvenpunkte $M(x, y, z)$ die Schmiegungsebene:

$$(X - x)\cos\lambda + (Y - y)\cos\mu + (Z - z)\cos\nu = 0$$

und berechnen die Entfernung des $M$ benachbarten Kurvenpunktes $M'$ von dieser Ebene. Hat nun der Punkt $M'$ die Koordinaten

$$x + \Delta x, \quad y + \Delta y, \quad z + \Delta z$$

und entspricht er dem Werte $s + h$, so haben wir:

$$\begin{cases} \Delta x = \dfrac{dx}{ds}h + \dfrac{d^2x}{ds^2}\dfrac{h^2}{2} + \dfrac{d^3x}{ds^3}\dfrac{h^3}{6} + \varepsilon_1, \\ \Delta y = \dfrac{dy}{ds}h + \dfrac{d^2y}{ds^2}\dfrac{h^2}{2} + \dfrac{d^3y}{ds^3}\dfrac{h^3}{6} + \varepsilon_2, \\ \Delta z = \dfrac{dz}{ds}h + \dfrac{d^2z}{ds^2}\dfrac{h^2}{2} + \dfrac{d^3z}{ds^3}\dfrac{h^3}{6} + \varepsilon_3, \end{cases}$$

wobei $\varepsilon_1$, $\varepsilon_2$, $\varepsilon_3$ in bezug auf $h$ von höherer als der dritten Ordnung unendlich klein sind. Für die gesuchte Entfernung, die wir positiv oder negativ rechnen, je nachdem die positive oder die negative Seite der Schmiegungsebene dem Punkte $M'$ zugewandt ist, haben wir:

$$\delta = \Delta x \cos\lambda + \Delta y \cos\mu + \Delta z \cos\nu,$$

und wenn wir für $\Delta x$, $\Delta y$, $\Delta z$ die obigen Werte einsetzen und dabei beachten, daß nach den Frenetschen Formeln

$$\frac{dx}{ds} = \cos\alpha, \quad \frac{d^2x}{ds^2} = \frac{\cos\xi}{\varrho}, \quad \frac{d^3x}{ds^3} = -\frac{1}{\varrho}\left\{\frac{\cos\alpha}{\varrho} + \frac{\cos\lambda}{T} + \frac{\cos\xi}{\varrho}\frac{d\varrho}{ds}\right\}$$

ist, so folgt:

$$\delta = -\frac{h^3}{6\varrho T} + \eta,$$

wo $\frac{\eta}{h^3}$ mit $h$ unendlich klein ist. Nehmen wir an, daß die beiden Krümmungen $\frac{1}{\varrho}$ und $\frac{1}{T}$ in $M$ nicht gleich Null sind (das Gegenteil kann nur in singulären Punkten stattfinden), so sehen wir, daß sich das Vorzeichen von $\delta$ mit demjenigen von $h$ ändert, d. h.: die Kurve durchsetzt in $M$ die Schmiegungsebene, und zwar geht, falls $\frac{1}{T} > 0$, der erzeugende Punkt, wenn er sich in positiver Richtung auf der Kurve bewegt, von der positiven nach der negativen Seite, oder umgekehrt, wenn $\frac{1}{T} < 0$, von der negativen nach der positiven Seite über. Um dieses Resultat noch genauer zu fassen, denken wir uns in $M$ auf der einen oder der anderen Seite der Schmiegungsebene einen Beschauer stehen und nach der positiven Richtung der Hauptnormale gewandt. Die Kurve geht für den Beschauer aufsteigend durch $M$ entweder von links nach rechts oder von rechts nach links hindurch: im ersten Falle heißt sie in $M$ rechts, im zweiten links gewunden. Und nehmen wir nun, um die Ideen zu fixieren, an, daß auf der positiven Seite der $xy$-Ebene die positive Richtung von $OX$ rechts von derjenigen von $OY$ liege, so haben wir das Resultat: Die aus den Frenetschen Formeln berechnete Torsion ergibt sich als positiv oder negativ, je nachdem die Kurve in dem betreffenden Punkte links oder rechts gewunden ist[1]).

1) Wir sehen demnach, daß das Vorzeichen der Torsion unabhängig davon ist, welche Richtung der Kurve als positiv gewählt wird, wie z. B. auch aus der Formel $\frac{1}{\cos\xi}\frac{d\cos\lambda}{ds} = \frac{1}{T}$ erhellt, wo sich bei Änderung der positiven Richtung von $s$ das Zeichen von $\cos\lambda$ ändert, $\cos\xi$ dagegen ungeändert bleibt.

## § 8. Die natürlichen Gleichungen einer Kurve.

Die Frenetschen Formeln können wir sofort zum Beweise des wichtigen Satzes anwenden: Eine Raumkurve $C$ ist ihrer Gestalt nach durch die Werte der Radien der ersten und zweiten Krümmung, $\varrho$ und $T$, ausgedrückt als Funktionen des Bogens $s$, vollkommen bestimmt.

Mit anderen Worten heißt dieses, daß zwei Kurven $C$, $C'$ von gleicher Bogenlänge, Flexion und Torsion zur Deckung gebracht werden können. Bezeichnen wir die auf $C'$ bezüglichen Größen durch Akzente, so haben wir nach der Annahme unmittelbar:

$$s' = s, \quad \varrho' = \varrho, \quad T' = T.$$

Nun verschieben wir die Kurve $C'$ im Raume so, daß einer ihrer Punkte, beispielsweise der Anfangspunkt der Bogen, $s = 0$, mit dem entsprechenden Punkte von $C$ und gleichzeitig ihr Haupttrieder mit demjenigen von $C$ in demselben Punkte $s = 0$ zusammenfällt. Wir haben folglich:

$$\left.\begin{array}{lll} \cos\alpha' = \cos\alpha, & \cos\beta' = \cos\beta, & \cos\gamma' = \cos\gamma \\ \cos\xi' = \cos\xi, & \cos\eta' = \cos\eta, & \cos\zeta' = \cos\zeta \\ \cos\lambda' = \cos\lambda, & \cos\mu' = \cos\mu, & \cos\nu' = \cos\nu \end{array}\right\} \text{ für } s = 0.$$

Setzen wir die drei Frenetschen Formeln der ersten Vertikalreihe des Systems (A) in § 6 (S. 10) sowohl für die Kurve $C$ als für $C'$ an:

$$\frac{d\cos\alpha}{ds} = \frac{\cos\xi}{\varrho}, \quad \frac{d\cos\xi}{ds} = -\frac{\cos\alpha}{\varrho} - \frac{\cos\lambda}{T}, \quad \frac{d\cos\lambda}{ds} = \frac{\cos\xi}{T},$$

$$\frac{d\cos\alpha'}{ds} = \frac{\cos\xi'}{\varrho}, \quad \frac{d\cos\xi'}{ds} = -\frac{\cos\alpha'}{\varrho} - \frac{\cos\lambda'}{T}, \quad \frac{d\cos\lambda'}{ds} = \frac{\cos\xi'}{T},$$

multiplizieren wir die drei ersten beziehungsweise mit $\cos\alpha'$, $\cos\xi'$, $\cos\lambda'$, die drei zweiten beziehungsweise mit $\cos\alpha$, $\cos\xi$, $\cos\lambda$, und addieren wir, so wird die rechte Seite identisch gleich Null, woraus folgt:

$$\frac{d}{ds}(\cos\alpha\cos\alpha' + \cos\xi\cos\xi' + \cos\lambda\cos\lambda') = 0,$$

d. h.

$$\cos\alpha\cos\alpha' + \cos\xi\cos\xi' + \cos\lambda\cos\lambda' = \text{Const.}$$

Ursprünglich ist aber für $s = 0$ der Wert der linken Seite gleich der Einheit, also ist für jeden Wert von $s$

$$\cos\alpha\cos\alpha' + \cos\xi\cos\xi' + \cos\lambda\cos\lambda' = 1.$$

Mittels der Identitäten:

$$\cos^2\alpha + \cos^2\xi + \cos^2\lambda = 1,$$
$$\cos^2\alpha' + \cos^2\xi' + \cos^2\lambda' = 1$$

folgt hiernach:

$$(\cos\alpha' - \cos\alpha)^2 + (\cos\xi' - \cos\xi)^2 + (\cos\lambda' - \cos\lambda)^2 = 0,$$

d. h.

$$\cos\alpha' = \cos\alpha, \quad \cos\xi' = \cos\xi, \quad \cos\lambda' = \cos\lambda.$$

In ähnlicher Weise erhalten wir:

$$\cos\beta' = \cos\beta, \quad \cos\eta' = \cos\eta, \quad \cos\mu' = \cos\mu,$$

$$\cos\gamma' = \cos\gamma, \quad \cos\zeta' = \cos\zeta, \quad \cos\nu' = \cos\nu,$$

also

$$\frac{d(x'-x)}{ds} = 0, \quad \frac{d(y'-y)}{ds} = 0, \quad \frac{d(z'-z)}{ds} = 0.$$

Die Differenzen $x'-x$, $y'-y$, $z'-z$ sind demnach konstant, und da sie anfänglich gleich Null sind, sind sie es überhaupt, wodurch unser Satz bewiesen ist.

Die Gleichungen:

$$\varrho = \varrho(s), \quad T = T(s)$$

können somit zweckmäßig die natürlichen Gleichungen der Kurve genannt werden, da sie die Gestalt derselben ohne Rücksicht auf ihre besondere Lage im Raume bestimmen.

## § 9. Integration der natürlichen Kurvengleichungen.

Auf Grund der Sätze, welche die Existenz der Integrale der Differentialgleichungen beweisen, sehen wir nun unschwer ein, daß, wenn die natürlichen Gleichungen einer Kurve:

$$\varrho = \varrho(s), \quad T = T(s)$$

willkürlich gegeben sind, die entsprechende Kurve in der Tat existiert.

Wir bezeichnen mit $l$, $m$, $n$ drei unbekannte Funktionen von $s$ und setzen das System der drei homogenen linearen Gleichungen

$$\frac{dl}{ds} = \frac{m}{\varrho}, \quad \frac{dm}{ds} = -\frac{l}{\varrho} - \frac{n}{T}, \quad \frac{dn}{ds} = \frac{m}{T} \tag{10}$$

an, von denen eben, wenn die Kurve wirklich existiert, nach den Frenetschen Formeln

$$(\cos\alpha, \cos\xi, \cos\lambda), \quad (\cos\beta, \cos\eta, \cos\mu), \quad \cos\gamma, \cos\zeta, \cos\nu)$$

drei Lösungssysteme sein werden. Aus der Theorie der Differentialgleichungen wissen wir, daß, wenn die Anfangswerte der unbekannten Funktionen $l$, $m$, $n$, z. B. für $s = 0$, willkürlich gegeben sind, ein Lösungssystem $(l, m, n)$ der Gleichungen (10) existiert, das für $s = 0$ in das gegebene Anfangssystem $(l_0, m_0, n_0)$ übergeht. Wir bemerken ferner, daß, wenn $(l, m, n)$ und $(l', m', n')$ zwei verschiedene oder übereinstimmende Lösungssysteme von (10) sind, aus den Differentialgleichungen selbst

$$\frac{d}{ds}(ll' + mm' + nn') = 0$$

und also

$$ll' + mm' + nn' = \text{Const.}$$

folgt.

Nun wählen wir neun Konstanten

$$\begin{matrix} l_0 & l_0' & l_0'' \\ m_0 & m_0' & m_0'' \\ n_0 & n_0' & n_0'', \end{matrix}$$

welche die Koeffizienten einer orthogonalen Substitution sind, und bezeichnen mit

$$(l, m, n), \quad (l', m', n'), \quad (l'', m'', n'')$$

drei Lösungssysteme von (10), die für $s = 0$ bezüglich in

$$(l_0, m_0, n_0), \quad (l_0', m_0', n_0'), \quad (l_0'', m_0'', n_0'')$$

übergehen.

Aus der obigen Überlegung ergibt sich, daß für alle Werte von $s$

$$\begin{matrix} l & l' & l'' \\ m & m' & m'' \\ n & n' & n'' \end{matrix}$$

die Koeffizienten einer orthogonalen Substitution sind, insbesondere ist

$$l^2 + l'^2 + l''^2 = 1.$$

Setzen wir nun

$$x = \int l\,ds, \quad y = \int l'\,ds, \quad z = \int l''\,ds$$

und deuten wir $x, y, z$ als Koordinaten eines beweglichen Raumpunktes $M$, so hat die Ortskurve für $M$ offenbar $s$ zum Bogen und $l, l', l''$ zu Richtungskosinus der Tangente. Berücksichtigen wir ferner die Differentialgleichungen (10), denen $(l, m, n)$, $(l', m', n')$, $(l'', m'', n'')$ genügen, sowie die Frenetschen Formeln, so sehen wir sofort, daß Flexions- und Torsionsradius genau die angegebenen Werte haben.

Schließlich zeigen wir mit Darboux, wie die Integration des Systems (10) auf diejenige einer Differentialgleichung vom Riccatischen Typus zurückgeführt wird. Für jedes Lösungssystem von (10) ist

$$l^2 + m^2 + n^2 = Const.,$$

und multiplizieren wir $l, m, n$ mit einem passenden konstanten Faktor (wodurch wegen der Homogeneität ein neues Lösungssystem entsteht), so kann ohne weiteres

$$l^2 + m^2 + n^2 = 1$$

gesetzt werden.

Wir drücken nun $l, m, n$ durch zwei Winkel $\vartheta$ und $\varphi$ aus mittels der Gleichungen:

$$l = \sin\vartheta\cos\varphi, \quad m = \sin\vartheta\sin\varphi, \quad n = \cos\vartheta,$$

dann geben die Gleichungen (10) für $\vartheta$ und $\varphi$ die beiden simultanen Gleichungen:

$$(11) \qquad \frac{d\vartheta}{ds} + \frac{\sin\varphi}{T} = 0, \quad \frac{d\varphi}{ds} + \frac{\operatorname{cotg}\vartheta\cos\varphi}{T} + \frac{1}{\varrho} = 0.$$

Jetzt führen wir als Unbekannte die komplexe Funktion

$$\sigma = \operatorname{cotg}\frac{\vartheta}{2}\cdot e^{i\varphi}\text{[1]}$$

ein, so folgt aus (11) für $\sigma$ die Gleichung:

$$(12) \qquad \frac{d\sigma}{ds} = -\frac{i\sigma^2}{2T} - \frac{i\sigma}{\varrho} + \frac{i}{2T},$$

aus der umgekehrt durch Trennung des reellen und des imaginären Teils die Gleichungen (11) folgen. Die Aufgabe, eine Kurve aus ihren natürlichen Gleichungen zu bestimmen, läßt sich demnach auf die Integration der Gleichung (12) vom Riccatischen Typus zurückführen.

Nach bekannten Eigenschaften der Gleichungen von diesem Typus genügt die Kenntnis einer partikulären Lösung, um durch Quadraturen zum allgemeinen Integral zu gelangen.

## § 10. Zylindrische Schraubenlinien.

Wir wollen die Frenetschen Formeln noch auf das Studium einer wichtigen Klasse von Kurven anwenden, die unter dem Namen zylindrische Schraubenlinien (Helices) bekannt sind.

Es werden so diejenigen auf einer beliebigen Zylinderfläche gezogenen Kurven genannt, welche die Erzeugenden derselben unter konstantem Winkel schneiden.

Bei der Ausbreitung der Zylinderfläche auf eine Ebene wickelt sich die Schraubenlinie in eine Gerade ab, und da sich bei der Abwicklung die Längendimensionen nicht ändern, so folgt als eine weitere charakteristische Eigenschaft der zylindrischen Schraubenlinie, daß sie auf dem Zylinder den kürzesten Weg zwischen zwei Punkten desselben angibt.

Wir legen die $z$-Achse parallel zu den Erzeugenden des Zylinders und haben folglich

$$\cos\gamma = \text{Const.}$$

---

1) Die Bedeutung von $\sigma$ wird im dritten Kapitel erkannt werden: es ergibt sich nämlich $\sigma$ als eine komplexe Veränderliche auf der Kugel.

Aus den Frenetschen Formeln:

$$\frac{d\cos\gamma}{ds} = \frac{\cos\zeta}{\varrho}, \quad \frac{d\cos\zeta}{ds} = -\frac{\cos\gamma}{\varrho} - \frac{\cos\nu}{T}, \quad \frac{d\cos\nu}{ds} = \frac{\cos\zeta}{T}$$

folgt:

$$\cos\zeta = 0^{1)}, \quad \cos\nu = Const., \quad \frac{\varrho}{T} = -\frac{\cos\gamma}{\cos\nu} = \text{Const.}$$

Wir haben also gefunden:

1. In jedem Punkte einer zylindrischen Schraubenlinie fällt ihre Hauptnormale mit der Zylindernormale zusammen. Diese Eigenschaft ist offenbar für die Schraubenlinie charakteristisch.

2. Für jede zylindrische Schraubenlinie ist das Verhältnis der beiden Krümmungen konstant. Auch diese zweite Eigenschaft ist umkehrbar nach dem Satze von Bertrand: Jede Kurve, bei der das Verhältnis der beiden Krümmungen konstant ist, ist eine zylindrische Schraubenlinie.

Um ihn zu beweisen, nehmen wir an, daß für eine Kurve $C$

$$\frac{\varrho}{T} = \text{Const.} = \varkappa$$

sei. Aus den Frenetschen Formeln erhalten wir:

$$\frac{d\cos\lambda}{ds} = \frac{\varrho}{T}\frac{d\cos\alpha}{ds}, \quad \frac{d\cos\mu}{ds} = \frac{\varrho}{T}\frac{d\cos\beta}{ds}, \quad \frac{d\cos\nu}{ds} = \frac{\varrho}{T}\frac{d\cos\gamma}{ds}$$

oder nach der gemachten Voraussetzung:

$$\frac{d}{ds}(\cos\lambda - \varkappa\cos\alpha) = 0, \quad \frac{d}{ds}(\cos\mu - \varkappa\cos\beta) = 0, \quad \frac{d}{ds}(\cos\nu - \varkappa\cos\gamma) = 0,$$

woraus durch Integration folgt:

$$\cos\lambda - \varkappa\cos\alpha = A, \quad \cos\mu - \varkappa\cos\beta = B, \quad \cos\nu - \varkappa\cos\gamma = C,$$

wo die Konstanten $A$, $B$, $C$ offenbar der Relation:

$$A^2 + B^2 + C^2 = 1 + \varkappa^2$$

genügen müssen.

Setzen wir demnach:

$$\cos\lambda - \varkappa\cos\alpha = \sqrt{1+\varkappa^2}\cos a,$$

$$\cos\mu - \varkappa\cos\beta = \sqrt{1+\varkappa^2}\cos b,$$

$$\cos\nu - \varkappa\cos\gamma = \sqrt{1+\varkappa^2}\cos c,$$

---

1) Den Fall $\frac{1}{\varrho} = 0$ schließen wir aus, da er nur für die Gerade in Betracht kommt.

so sind $\cos a$, $\cos b$, $\cos c$ die Kosinus einer festen Richtung im Raume, mit der die Tangente an $C$ wegen der Gleichung:

$$\cos\alpha\cos a+\cos\beta\cos b+\cos\gamma\cos c=-\frac{\varkappa}{\sqrt{1+\varkappa^2}}$$

einen konstanten Winkel bildet.

Die Kurve $C$ ist also eine Schraubenlinie auf derjenigen Zylinderfläche, welche entsteht, wenn durch die Punkte von $C$ Parallelen zu der festen Richtung gezogen werden.

## § 11. Formeln für zylindrische Schraubenlinien.

Um die allgemeinen Formeln für die zylindrischen Schraubenlinien aufzustellen, legen wir die $z$-Achse parallel den Erzeugenden des Zylinders und setzen voraus, daß die Koordinaten $x$, $y$ eines Punktes des durch den Zylinder gelegten senkrechten Schnittes $z=0$ mittels der Gleichungen $x=x(u)$, $y=y(u)$ als Funktionen des Bogens $u$ dieses Schnittes ausgedrückt seien. Wir sehen dann sofort, daß für die Koordinaten eines beweglichen Punktes der Schraubenlinie die Gleichungen gelten:

$$x=x(u),\quad y=y(u),\quad z=u\operatorname{cotg}\varepsilon,\text{[1]}$$

wo $\varepsilon$ den (als spitz vorauszusetzenden) konstanten Neigungswinkel der Schraubenlinie gegen die Erzeugenden des Zylinders bedeutet. Unter Anwendung der Formeln der früheren Paragraphen finden wir (die Striche bezeichnen die Differentiation nach $u$):

$$ds=\frac{du}{\sin\varepsilon},\quad s=\frac{u}{\sin\varepsilon},\text{[2]}$$

$$\cos\alpha=\sin\varepsilon\cdot x'(u),\quad \cos\beta=\sin\varepsilon\cdot y'(u),\quad \cos\gamma=\cos\varepsilon,$$

$$\frac{d\cos\alpha}{ds}=\sin^2\varepsilon\cdot x''(u),\quad \frac{d\cos\beta}{ds}=\sin^2\varepsilon\cdot y''(u),\quad \frac{d\cos\gamma}{ds}=0.$$

Hieraus folgt die Flexion der Schraubenlinie

$$\frac{1}{\varrho}=\sin^2\varepsilon\sqrt{x''(u)^2+y''(u)^2}$$

oder

(13) $$\frac{1}{\varrho}=\frac{\sin^2\varepsilon}{R},$$

wenn $R$ der Krümmungsradius des senkrechten Schnittes ist. Für die Torsion $\frac{1}{T}$ finden wir ferner aus

$$\frac{\varrho}{T}=-\frac{\cos\gamma}{\cos\nu}$$

---

1) Der Einfachheit halber rechnen wir den Bogen $u$ von dem Punkte an, in welchem der senkrechte Schnitt die Schraubenlinie trifft.

2) Der Bogen der Schraubenlinie wird von ihrem Anfangspunkte auf dem senkrechten Schnitt an gerechnet.

(vgl. S. 16 oben) unter Berücksichtigung, daß $\nu = \frac{\pi}{2} \pm \varepsilon$ ist,

$$\frac{1}{T} = \pm \frac{\sin \varepsilon \cos \varepsilon}{R}. \tag{14}$$

Das obere Vorzeichen gilt für die links, das untere für die rechts gewundenen Schraubenlinien (§ 7, S. 11), wie auch aus der geometrischen Anschauung direkt folgt.

Aus diesen Gleichungen ergibt sich, daß nur für die Schraubenlinien auf dem geraden Kreiszylinder die Radien der Flexion und Torsion konstant sind. Eine solche Schraubenlinie heißt gewöhnliche Schraubenlinie,[1]) und ihre (nach Puiseux) charakteristische Eigenschaft, konstante Krümmungsradien zu besitzen, entspricht der Eigenschaft, die sie nur mit der Geraden und dem Kreise gemein hat, an jeder Stelle in sich verschiebbar zu sein.

Besondere Erwähnung unter den Schraubenlinien verdient noch die zylindrisch-konische, welche wir durch die Gleichungen mit den Konstanten $a$ und $b$:

$$\varrho = as, \quad T = bs$$

definieren. Der Querschnitt des Zylinders, auf dem diese Schraubenlinie liegt, ist also durch die Eigenschaft charakterisiert, daß sein Krümmungsradius dem Bogen proportional ist; er ist folglich eine logarithmische Spirale. Demnach können die Gleichungen unserer Schraubenlinie auf die Form:

$$x = Ae^{ht} \cos t, \quad y = Ae^{ht} \sin t, \quad z = Be^{ht}$$

gebracht werden, wo $t$ der variable, die einzelnen Punkte der Kurve bestimmende Parameter und $A, B, h$ Konstanten sind. Die Schraubenlinie liegt demnach auf der Fläche:

$$x^2 + y^2 - \frac{A^2}{B^2} z^2 = 0,$$

die ein Rotationskegel mit der $z$-Richtung als Achse und dem Koordinatenanfangspunkt als Spitze ist. Sie schneidet die Erzeugenden des Kegels unter konstantem Winkel, d. h. sie ist eine Loxodrome des Kegels[2]). In der Tat findet man die Richtungskosinus ihrer Tangente:

$$\cos \alpha = \frac{A(h \cos t - \sin t)}{\sqrt{A^2 + h^2(A^2 + B^2)}}, \quad \cos \beta = \frac{A(h \sin t + \cos t)}{\sqrt{A^2 + h^2(A^2 + B^2)}}, \quad \cos \gamma = \frac{Bh}{\sqrt{A^2 + h^2(A^2 + B}}$$

1) Sie kann durch einen Punkt beschrieben gedacht werden, der sich gleichförmig längs einer Erzeugenden eines Rotationszylinders bewegt, während sich diese gleichförmig um die Achse dreht.

2) Loxodrome heißt auf einer beliebigen Rotationsfläche eine Kurve, welche die Meridiane unter konstantem Winkel schneidet.

und diejenigen der Erzeugenden des Kegels:

$$\cos a = \frac{A \cos t}{\sqrt{A^2 + B^2}}, \quad \cos b = \frac{A \sin t}{\sqrt{A^2 + B^2}}, \quad \cos c = \frac{B}{\sqrt{A^2 + B^2}},$$

woraus

$$\cos a \cos \alpha + \cos b \cos \beta + \cos c \cos \gamma = \frac{h\sqrt{A^2 + B^2}}{\sqrt{A^2 + h^2(A^2 + B^2)}} = \text{Const.}$$

folgt. Deshalb der Name zylindrisch-konische Schraubenlinie[1]).

## § 12. Enveloppe von $\infty^1$ Flächen.

Für das Studium der weiteren Eigenschaften der Raumkurven ist es von Vorteil, einige kurze Bemerkungen über Enveloppen (einhüllende Flächen) vorauszuschicken.

Es sei

$$f(x, y, z, \alpha) = 0 \tag{15}$$

die Gleichung einer Fläche; den Parameter $\alpha$, den sie enthält, setzen wir innerhalb eines bestimmten Intervalls als stetig veränderlich voraus. Wir setzen ferner voraus, daß in dem für $x, y, z, \alpha$ in Betracht kommenden Änderungsbereich die Funktion $f$ endlich und stetig sei und die ebenfalls endlichen und stetigen Differentialquotienten

$$\frac{\partial f}{\partial x}, \quad \frac{\partial f}{\partial y}, \quad \frac{\partial f}{\partial z}, \quad \frac{\partial f}{\partial \alpha}, \quad \frac{\partial^2 f}{\partial \alpha^2}$$

besitze. Jedem besonderen Werte $\alpha_1$ von $\alpha$ entspricht eine besondere Fläche unseres einfach unendlichen Systems (15); ändert sich $\alpha$ stetig, so bewegt sich auch die Fläche unter stetiger Gestaltsänderung im Raume.

Wir betrachten nun eine spezielle Fläche des Systems:

$$f(x, y, z, \alpha_1) = 0, \tag{16}$$

sowie eine dicht benachbarte, die der Variation $h$ des Parameters entspricht:

$$f(x, y, z, \alpha_1 + h) = 0.$$

Die Schnittkurve dieser beiden Flächen nähert sich mit bis zu Null abnehmendem $h$ auf der Fläche (16) einer Grenzlage, die nach Monge die Charakteristik der Fläche (16) genannt wird. In der Tat können wir für die beiden vorstehenden simultanen Gleichungen das äquivalente System:

$$f(x, y, z, \alpha_1) = 0, \quad \frac{f(x, y, z, \alpha_1 + h) - f(x, y, z, \alpha_1)}{h} = 0$$

1) Es sei bemerkt, daß bei der Abwicklung des Kegels in eine Ebene die zylindrisch-konische Schraubenlinie in eine logarithmische Spirale übergeht.

setzen. Die zweite dieser Gleichungen nähert sich mit abnehmendem $h$ der Grenzgleichung:

$$\left[\frac{\partial(f, x, y, z, \alpha)}{\partial \alpha}\right]_{\alpha = \alpha_1} = 0,$$

und es läßt sich in aller Strenge beweisen, daß die durch die simultanen Gleichungen:

$$f(x, y, z, \alpha_1) = 0, \quad \left(\frac{\partial f}{\partial \alpha}\right)_{\alpha = \alpha_1} = 0$$

bestimmte Kurve eben die gesuchte Grenzkurve (*Charakteristik*) ist. Der Ort aller Charakteristiken heißt Enveloppe (einhüllende Fläche) des Systems, während jede einzelne Fläche des Systems eine eingehüllte oder umhüllte genannt wird. Die Gleichung der Enveloppe ergibt sich nach dem Vorstehenden durch Elimination von $\alpha$ aus den beiden Gleichungen:

$$f = 0, \quad \frac{\partial f}{\partial \alpha} = 0,$$

oder, was auf dasselbe hinauskommt, dadurch, daß man aus der zweiten Gleichung $\alpha$ als Funktion von $x$, $y$, $z$ bestimmt und diesen Wert in die erste einsetzt. Die Gleichung:

$$f(x, y, z, \alpha) = 0,$$

die uns für konstantes $\alpha$ die umhüllte Fläche darstellt, stellt also auch die Enveloppe dar, wenn hierin der aus der Gleichung:

$$\frac{\partial f}{\partial \alpha} = 0$$

für $\alpha$ als Funktion von $x$, $y$, $z$ sich ergebende Wert eingesetzt wird.

Hiernach sieht man sofort, daß die Enveloppe die Umhüllte längs der ganzen Charakteristik berührt.

In der Tat, die Gleichung der Tangentenebene in einem Punkte $(x, y, z)$ der Enveloppe ist:

$$\left(\frac{\partial f}{\partial x} + \frac{\partial f}{\partial \alpha}\frac{\partial \alpha}{\partial x}\right)(X - x) + \left(\frac{\partial f}{\partial y} + \frac{\partial f}{\partial \alpha}\frac{\partial \alpha}{\partial y}\right)(Y - y) + \left(\frac{\partial f}{\partial z} + \frac{\partial f}{\partial \alpha}\frac{\partial \alpha}{\partial z}\right)(Z - z) = 0,$$

oder, da eben $\frac{\partial f}{\partial \alpha} = 0$ ist:

$$\frac{\partial f}{\partial x}(X - x) + \frac{\partial f}{\partial y}(Y - y) + \frac{\partial f}{\partial z}(Z - z) = 0,$$

welches die Gleichung der Tangentenebene der Umhüllten ist.

Schneidet die Charakteristik der Fläche (16) die Nachbarfläche:

$$f(x, y, z, \alpha_1 + h) = 0,$$

so werden sich bei Änderung von $h$ die Schnittpunkte auf der Charakteristik verschieben und mit bis zu Null abnehmendem $h$ in gewisse

Grenzpunkte übergehen, die wir auf folgende Weise bestimmen: Für jeden dieser Schnittpunkte bestehen die simultanen Gleichungen:

$$\text{(a)} \qquad f_{\alpha=\alpha_1}=0, \quad \left(\frac{\partial f}{\partial \alpha}\right)_{\alpha=\alpha_1}=0, \quad f(x,y,z,\alpha_1+h)=0;$$

für die dritte können wir setzen:

$$\left(f+h\frac{\partial f}{\partial \alpha}+\frac{h^2}{2}\frac{\partial^2 f}{\partial \alpha^2}+\eta\right)_{\alpha=\alpha_1}=0,$$

wo $\eta$ in bezug auf $h$ von höherer als der zweiten Ordnung unendlich klein ist. Statt des Systems (a) können wir das äquivalente:

$$f_{\alpha=\alpha_1}=0, \quad \left(\frac{\partial f}{\partial \alpha}\right)_{\alpha=\alpha_1}=0, \quad \left(\frac{\partial^2 f}{\partial \alpha^2}\right)_{\alpha=\alpha_1}+\frac{2\eta}{h^2}=0$$

setzen. Die letzte dieser Gleichungen geht mit verschwindendem $h$ in die Grenzgleichung:

$$\left(\frac{\partial^2 f}{\partial \alpha^2}\right)_{\alpha=\alpha_1}=0$$

über. Die gesuchten Grenzpunkte auf der Charakteristik $\alpha=\alpha_1$ sind also durch die drei simultanen Gleichungen:

$$f_{\alpha=\alpha_1}=0, \quad \left(\frac{\partial f}{\partial \alpha}\right)_{\alpha=\alpha_1}=0, \quad \left(\frac{\partial^2 f}{\partial \alpha^2}\right)_{\alpha=\alpha_1}=0$$

bestimmt.

Der Ort der Grenzpunkte der verschiedenen Charakteristiken führt den Namen **Rückkehrkante (Kuspidalkante)** der Enveloppe; ihre Gleichungen ergeben sich, wenn man $\alpha$ aus den drei Gleichungen:

$$f=0, \quad \frac{\partial f}{\partial \alpha}=0. \quad \frac{\partial^2 f}{\partial \alpha^2}=0$$

eliminiert oder $\alpha$ als Funktion von $x$, $y$, $z$ aus der dritten berechnet und diesen Wert in den beiden ersten einsetzt. Und da diese für konstantes $\alpha$ die Charakteristik darstellen, so folgt hieraus leicht, daß jede Charakteristik die Rückkehrkante in den Grenzpunkten berührt: es ist demnach auf der Enveloppe die Rückkehrkante (falls sie überhaupt reell ist) die Umhüllungskurve der Charakteristiken.

## § 13. Abwickelbare Flächen.

In der Theorie der Raumkurven haben wir ausschließlich den Fall zu betrachten, in dem die umhüllten Flächen Ebenen sind; es wird dann die Enveloppe aus einem sofort zu erörternden Grunde als abwickelbare Fläche (Developpable) bezeichnet.

Die Charakteristik jeder Ebene des Systems ist offenbar eine Gerade, und alle charakteristischen Geraden sind Tangenten der Rückkehrkante; die Developpable ist also der Ort der Tangenten einer

Kurve, welche Rückkehrkante der Fläche ist. Die bewegliche (umhüllte) Ebene ist Schmiegungsebene der Rückkehrkante. In der Tat, behalten wir für diese Kurve die üblichen Bezeichnungen bei, so ist die Gleichung der Schmiegungsebene:

$$(X - x)\cos\lambda + (Y - y)\cos\mu + (Z - z)\cos\nu = 0.$$

Um die Charakteristik der Schmiegungsebene zu erhalten, kombinieren wir hiermit diejenige Gleichung, welche sich durch Differentiation nach dem Parameter $s$ ergiebt, d. h. nach den Frenetschen Formeln die Gleichung:

$$(X - x)\cos\xi + (Y - y)\cos\eta + (Z - z)\cos\zeta = 0.$$

Diese zweite Ebene schneidet die Schmiegungsebene längs der Tangente, die demnach, wie behauptet, die Charakteristik ist.

Übrigens ist zu bemerken, daß sich die Rückkehrkante auf einen Punkt zusammenziehen kann; dann wird die Developpable ein Kegel oder ein Zylinder, je nachdem dieser Punkt in endlicher oder unendlicher Entfernung liegt.

Jede umhüllte Ebene berührt die Developpable längs der geradlinigen Charakteristik (Erzeugenden), und es bilden somit die Tangentialebenen einer Developpabeln eine einfache Mannigfaltigkeit, während bei jeder anderen Fläche die Tangentialebenen ein $\infty^2$-System bilden[1]).

Der Name „Developpable" rührt daher, daß die Fläche, als biegsam und undehnbar vorausgesetzt, ohne Riß oder Faltung auf die Ebene abgewickelt werden kann. Umgekehrt ist jede Fläche, welche diese Eigenschaft besitzt, mit Notwendigkeit eine Developpable, wie in einem anderen Kapitel nachgewiesen werden wird.

In Verbindung mit jeder Raumkurve sind drei Developpable in Betracht zu ziehen, die bezüglich von den drei Ebenen der Haupttrieder umhüllt werden. Die Enveloppe der Schmiegungsebene ist, wie wir vorhin gesehen haben, nichts anderes als der Ort der Tangenten der gegebenen Kurve. Die Enveloppe der Normalenebene von $C$ heißt die Polardeveloppable der Kurve $C$, und mit ihr werden wir uns hauptsächlich beschäftigen.

Bezüglich der dritten Developpabeln, der Enveloppe der auf den Hauptnormalen von $C$ senkrecht stehenden Ebenen, bemerken wir nur, daß sie als rektifizierende Developpable der Kurve $C$ bezeichnet wird; sie geht durch die Kurve $C$ hindurch, und diese wird bei der Abwicklung der Developpabeln auf die Ebene zu einer Geraden.

---

1) Bei jeder dualistischen Transformation des Raumes liefert jede Fläche eine andere Fläche; die Developpabeln dagegen entsprechen dualistisch den Kurven.

## § 14. Polardeveloppable einer Kurve.

Um die Elemente der Polardeveloppabeln einer gegebenen Kurve $C$, insbesondere ihrer Rückkehrkante, zu bestimmen, wenden wir die allgemeinen Regeln des § 12 an, indem wir von der Gleichung der (umhüllenden) Normalenebene der Kurve $C$:

$$(17) \qquad (X-x)\cos\alpha + (Y-y)\cos\beta + (Z-z)\cos\gamma = 0$$

ausgehen, in der wir naturgemäß als Parameter, der die Lage der beweglichen Ebene bestimmt, den Bogen $s$ von $C$ wählen. Differenzieren wir (17) nach $s$, so erhalten wir mittels der Frenetschen Formeln die Gleichung:

$$(18) \qquad (X-x)\cos\xi + (Y-y)\cos\eta + (Z-z)\cos\zeta = \varrho,$$

und diese beiden Gleichungen geben kombiniert die Charakteristik der Ebene (17), d. h. die Erzeugende der Polardeveloppabeln. Dieselbe steht hiernach auf der Schmiegungsebene in demjenigen Punkte der Hauptnormale $M_1$ senkrecht, welcher (im positiven Sinne) vom Oskulationspunkte $M$ auf der Kurve um den Krümmungsradius $\varrho$ entfernt ist. Dieser Punkt $M_1$ wird als Krümmungsmittelpunkt der Kurve $C$ in $M$ bezeichnet, und der in der Schmiegungsebene um $M_1$ mit dem Radius $M_1M = \varrho$ beschriebene Kreis heißt Schmiegungs-, Oskulations- oder Krümmungskreis[1]). Die Erzeugende der Polardeveloppabeln ist also das auf der Ebene des Krümmungskreises in seinem Mittelpunkte errichtete Lot oder, wie man sich ausdrückt, die Achse des Krümmungskreises.

Um nun den Punkt $M_0$ zu finden, in dem die Achse des Krümmungskreises die Rückkehrkante der Polardeveloppabeln berührt, müssen wir die Gleichungen (17) und (18) mit derjenigen kombinieren, die sich durch nochmalige Differentiation nach $s$ ergibt. Dieselbe läßt sich unter Berücksichtigung der Frenetschen Formeln und der Gleichung (17) selbst wie folgt schreiben:

$$(19) \qquad (X-x)\cos\lambda + (Y-y)\cos\mu + (Z-z)\cos\nu = -T\frac{d\varrho}{ds},$$

und die Koordinaten $x_0, y_0, z_0$ des gesuchten Punktes $M_0$ müssen, für $X, Y, Z$ in die Gleichungen (17), (18), (19) eingesetzt, denselben gleichzeitig genügen. Lösen wir die drei in den Differenzen $x_0 - x$,

1) Unter allen Kreisen durch $M$ ist der Krümmungskreis, wie man beweisen kann, derjenige, welcher sich in der Umgebung von $M$ der Kurve am innigsten anschmiegt.

$y_0 - y$, $z_0 - z$ linearen Gleichungen nach denselben auf, so erhalten wir unmittelbar:

$$(20) \qquad \begin{cases} x_0 = x + \varrho \cos \xi - T\dfrac{d\varrho}{ds}\cos\lambda, \\[2mm] y_0 = y + \varrho \cos \eta - T\dfrac{d\varrho}{ds}\cos\mu, \\[2mm] z_0 = z + \varrho \cos \zeta - T\dfrac{d\varrho}{ds}\cos\nu. \end{cases}$$

Die um $M_0(x_0, y_0, z_0)$ mit dem Radius $M_0M$ beschriebene Kugel heißt die oskulierende oder Schmiegungskugel der Kurve $C$ in $M$, weil sie, wie auf ähnliche Weise wie in § 3 gezeigt werden kann, unter allen durch $M$ gehenden Kugeln diejenige ist, welche in der Umgebung von $M$ sich am innigsten der Kurve anschmiegt[2]). Es ist klar, daß der Krümmungskreis der Schnitt der Schmiegungskugel mit der Schmiegungsebene ist. Bezeichnen wir nun mit $R$ den Radius der Schmiegungskugel, so haben wir:

$$R^2 = (x_0 - x)^2 + (y_0 - y)^2 + (z_0 - z)^2$$

oder wegen (20):

$$(21) \qquad R^2 = \varrho^2 + T^2\left(\frac{d\varrho}{ds}\right)^2.$$

## § 15. Ort der Mitten der Schmiegungskugeln.

Wir wollen nun die Rückkehrkurve der Polardeveloppabeln, $C_0$, die, wie wir gesehen haben, zugleich der Ort der Mittelpunkte der Schmiegungskugeln ist, in ihren Beziehungen zur gegebenen Kurve $C$ untersuchen.

Wir bezeichnen mit

$$s_0, \quad \cos\alpha_0, \quad \cos\beta_0, \cdots \varrho_0, \quad T_0$$

diejenigen Größen, welche für $C_0$ dasselbe bedeuten, wie

$$s, \quad \cos\alpha, \quad \cos\beta \quad \cdots \varrho, \quad T$$

für $C$. Um sie zu berechnen, brauchen wir nur die Gleichungen (20) unter Benutzung der Frenetschen Formeln zu differenzieren. Die erstmalige Differentiation gibt:

$$(20') \qquad \begin{cases} dx_0 = -\left[\dfrac{\varrho}{T} + \dfrac{d}{ds}\left(T\dfrac{d\varrho}{ds}\right)\right]\cos\lambda\, ds, \\[2mm] dy_0 = -\left[\dfrac{\varrho}{T} + \dfrac{d}{ds}\left(T\dfrac{d\varrho}{ds}\right)\right]\cos\mu\, ds, \\[2mm] dz_0 = -\left[\dfrac{\varrho}{T} + \dfrac{d}{ds}\left(T\dfrac{d\varrho}{ds}\right)\right]\cos\nu\, ds; \end{cases}$$

---

2) Sie kann auch, weniger streng ausgedrückt, als diejenige Kugel bezeichnet werden, die durch $M$ und drei aufeinanderfolgende Punkte der Kurve geht.

hieraus folgt durch Quadrieren und Addieren:

$$ds_0^2 = \left[\frac{\varrho}{T} + \frac{d}{ds}\left(T\frac{d\varrho}{ds}\right)\right]^2 ds^2$$

und also:

(21') $$ds_0 = \varepsilon\left[\frac{\varrho}{T} + \frac{d}{ds}\left(T\frac{d\varrho}{ds}\right)\right] ds,$$

wo $\varepsilon$ die positive oder negative Einheit ist; setzen wir fest, daß $s_0$ mit $s$ als wachsend gerechnet werden soll, so ist das Vorzeichen von $\varepsilon$ ganz dasselbe wie dasjenige des Faktors $\frac{\varrho}{T} + \frac{d}{ds}\left(T\frac{d\varrho}{ds}\right)$.

Daraus folgt sofort:

(22) $$\cos\alpha_0 = -\varepsilon\cos\lambda, \quad \cos\beta_0 = -\varepsilon\cos\mu, \quad \cos\gamma_0 = -\varepsilon\cos\nu,$$

woraus sich durch weitere Differentiation ergibt:

$$\frac{ds_0}{\varrho_0}\cos\xi_0 = -\varepsilon\frac{ds}{T}\cos\xi, \quad \frac{ds_0}{\varrho_0}\cos\eta_0 = -\varepsilon\frac{ds}{T}\cos\eta, \quad \frac{ds_0}{\varrho_0}\cos\zeta_0 = -\varepsilon\frac{ds}{T}\cos\zeta.$$

Hieraus folgt

(23) $$\frac{ds_0}{\varrho_0} = \varepsilon'\frac{ds}{T},$$

wo $\varepsilon'$ wiederum die positive oder negative Einheit bezeichnet, je nachdem $\frac{1}{T}$ positiv oder negativ ist.

Wir haben somit

(22') $$\cos\xi_0 = -\varepsilon\varepsilon'\cos\xi, \quad \cos\eta_0 = -\varepsilon\varepsilon'\cos\eta, \quad \cos\zeta_0 = -\varepsilon\varepsilon'\cos\zeta;$$

durch Kombination dieser Gleichungen mit (22) ergibt sich weiter

(22'') $$\cos\lambda_0 = -\varepsilon'\cos\alpha, \quad \cos\mu_0 = -\varepsilon'\cos\beta, \quad \cos\nu_0 = -\varepsilon'\cos\gamma$$

(vgl. S. 7 unten) und hieraus schließlich durch Differentiation unter Berücksichtigung von (22')

(24) $$\frac{ds_0}{T_0} = \frac{\varepsilon\, ds}{\varrho}.$$

Die vorstehenden Formeln lassen erkennen, daß bei den beiden Kurven $C$ und $C_0$ die Tangente der einen parallel der Binormale der anderen ist, während die Hauptnormalen paarweise einander parallel sind, Resultate, die auch geometrisch sehr leicht einzusehen sind.

Wir untersuchen nun, ob der Radius der Schmiegungskugel $R$ eine Konstante sein kann. Differenzieren wir unter dieser Annahme (21), so kommt:

$$T\frac{d\varrho}{ds}\left[\frac{\varrho}{T} + \frac{d}{ds}\left(T\frac{d\varrho}{ds}\right)\right] = 0,$$

also ist, da $T$ nicht gleich Null ist, entweder

a) $$\frac{d\varrho}{ds} = 0, \text{ d. h. } \varrho = \text{Const.}$$

oder

b) $$\frac{\varrho}{T} + \frac{d}{ds}\left(T\frac{d\varrho}{ds}\right) = 0.$$

Im Falle a) besitzt die Kurve eine konstante Flexion, und da dann in den Gleichungen (20) das dritte Glied rechts verschwindet, so fällt der Ort für die Mittelpunkte der Schmiegungskugeln, $C_0$, mit demjenigen der Krümmungsmittelpunkte, $C_1$, zusammen. Ferner ist wegen (21')

$$ds_0 = \frac{\varepsilon\varrho}{T} ds,$$

und da hier $\varepsilon = \varepsilon'$ ist, so geben die Gleichungen (23) und (24)

$$\varrho_0 = \varrho, \quad T_0 T = \varrho^2,$$

und die Gleichungen (22')

$$\cos\xi_0 = -\cos\xi, \quad \cos\eta_0 = -\cos\eta, \quad \cos\zeta_0 = -\cos\zeta;$$

daraus folgt, daß die Kurve $C$ dieselbe konstante Flexion wie $C$ hat, während das Produkt der beiden Torsionen gleich dem Quadrat dieser Konstanten ist. Des weitern ist klar, daß der Ort der Krümmungsmittelpunkte von $C_0$ die ursprüngliche Kurve $C$ ist. Die Kurven mit konstanter Flexion lassen sich demnach zu Paaren zusammenfassen, welche die Hauptnormalen gemein haben.

Untersuchen wir nun den Fall b), so erhalten wir aus den Gleichungen (20')

$$x_0 = \text{Const.}, \quad y_0 = \text{Const.}, \quad z_0 = \text{Const.};$$

es liegt demnach die Kurve $C$ auf der im Raume festen Kugel:

$$(X - x_0)^2 + (Y - y_0)^2 + (Z - z_0)^2 = R^2.$$

Die natürliche Gleichung:

$$\frac{\varrho}{T} + \frac{d}{ds}\left(T\frac{d\varrho}{ds}\right) = 0$$

ist also für die sphärischen Kurven charakteristisch[1]).

## § 16. Evoluten und Evolventen.

Längs einer ebenen oder doppelt gekrümmten Kurve $C'$ denken wir uns einen biegsamen und nicht dehnbaren Faden aufgelegt und wickeln ihn von einem beliebigen Punkte der Kurve an von derselben so ab, daß er stets gespannt bleibt, d. h., daß in jedem Augenblick das abgewickelte geradlinige Fadenstück $M'M$ Tangente von $C'$ in $M'$ und seine Länge gleich dem abgewickelten Kurvenbogen $s'$ ist.

1) Bemerkt werde, daß, wenn in einem Punkte einer beliebigen Kurve

$$\frac{\varrho}{T} + \frac{d}{ds}\left(T\frac{d\varrho}{ds}\right)$$

verschwindet, die Schmiegungskugel daselbst stationär ist und die Kurve $C_0$ in dem entsprechenden Punkte einen Rückkehrpunkt hat.

Das freie Ende $M$ des Fadens beschreibt eine Kurve $C$, welche eine Evolvente von $C'$ genannt wird, während $C'$ Evolute von $C$ heißt.

Bezeichnen wir mit $x', y', z', \cos\alpha' \cdots$ die Elemente der Evolute $C'$ und mit $x, y, z, \cos\alpha \cdots$ diejenigen der Evolvente $C$, so folgen aus der angegebenen Konstruktion unmittelbar die Gleichungen:

$$(25) \quad x' - x = s' \cos\alpha', \quad y' - y = s' \cos\beta', \quad z' - z = s' \cos\gamma'.$$

Aus ihnen ergibt sich durch Differentiation:

$$dx = -\frac{s'ds'}{\varrho'} \cos\xi', \quad dy = -\frac{s'ds'}{\varrho'} \cos\eta', \quad dz = -\frac{s'ds'}{\varrho'} \cos\zeta',$$

d. h. die Tangente der Evolvente ist der Hauptnormale der Evolute parallel.

Die Aufgabe: Zu einer gegebenen Evolute die Evolventen zu finden, wird mit Hilfe einer Quadratur durch die Gleichungen (25) gelöst, da es nur darauf ankommt, $s'$ als Funktion des die Punkte von $C'$ bestimmenden Parameters auszudrücken. Wir sehen, daß in $s'$ eine willkürliche additive Konstante auftritt und daß demnach eine gegebene Kurve $\infty^1$ Evolventen besitzt, die sämtlich auf der Tangentendeveloppabeln der Kurve liegen und die Orthogonaltrajektorien der erzeugenden Tangenten sind.

Wir behandeln nun die umgekehrte Aufgabe: Alle Evoluten einer gegebenen Kurve $C$ zu finden. Da die Unbekannten unserer Aufgabe hier die Elemente der Kurve $C'$, insbesondere die Lage des Evolutenpunktes $M'$ in der Normalenebene der Evolvente in $M$, sind, so wählen wir in dieser Ebene die Haupt- und die Binormale als bewegliche Hilfsachsen und bezeichnen mit $u$, $v$ die auf diese Achsen bezogenen Koordinaten von $M'$. Für die Koordinaten $x', y', z'$ von $M'$ haben wir offenbar die Ausdrücke:

$$x' = x + u\cos\xi + v\cos\lambda,$$
$$y' = y + u\cos\eta + v\cos\mu,$$
$$z' = z + u\cos\zeta + v\cos\nu.$$

Es handelt sich nun darum, $u$ und $v$ als Funktionen von $s$ so zu bestimmen, daß die in $M'$ an die Ortskurve dieses Punktes $M'$ gezogene Tangente gerade die Normale $M'M$ von $C$ ist; wir müssen also

$$\frac{dx'}{ds}, \quad \frac{dy'}{ds}, \quad \frac{dz'}{ds}$$

bezüglich

$$u\cos\xi + v\cos\lambda, \quad u\cos\eta + v\cos\mu, \quad u\cos\zeta + v\cos\nu$$

proportional setzen.

Führen wir die Differentiationen unter Berücksichtigung der Frenetschen Formeln aus, so finden wir, daß sich die notwendigen und hinreichenden Bedingungen, denen $u$ und $v$ genügen müssen, auf die folgenden beiden reduzieren:

$$u = \varrho, \quad \frac{1}{u}\left(\frac{du}{ds} + \frac{v}{T}\right) = \frac{1}{v}\left(\frac{dv}{ds} - \frac{u}{T}\right)$$

oder

$$u = \varrho, \quad \frac{\varrho \frac{dv}{ds} - v \frac{d\varrho}{ds}}{\varrho^2 + v^2} = \frac{1}{T}.$$

Die letzte dieser Gleichungen gibt integriert:

$$\operatorname{arctg} \frac{v}{\varrho} = \int\limits_0^s \frac{ds}{T} + c,$$

d. h.

$$v = \varrho \operatorname{tang}(\tau + c),$$

wo $c$ eine willkürliche Konstante ist und

$$\tau = \int\limits_0^s \frac{ds}{T}$$

gesetzt ist.

Die vorgelegte Aufgabe wird also mit Hilfe einer Quadratur durch die Gleichungen gelöst:

$$(26) \qquad \begin{cases} x' = x + \varrho \cos \xi + \varrho \operatorname{tang}(\tau + c) \cos \lambda, \\ y' = y + \varrho \cos \eta + \varrho \operatorname{tang}(\tau + c) \cos \mu, \\ z' = z + \varrho \cos \zeta + \varrho \operatorname{tang}(\tau + c) \cos \nu. \end{cases}$$

Aus ihnen ergeben sich nach (25) sofort die folgenden:

$$(27) \qquad \begin{cases} \cos \alpha' = \cos(\tau + c) \cos \xi + \sin(\tau + c) \cos \lambda, \\ \cos \beta' = \cos(\tau + c) \cos \eta + \sin(\tau + c) \cos \mu, \\ \cos \gamma' = \cos(\tau + c) \cos \zeta + \sin(\tau + c) \cos \nu; \end{cases}$$

d. h. der Winkel, den die Tangente der Evolute mit der Hauptnormale der Evolute bildet, ist gleich $\tau + c$.

## § 17. Weiteres über Evoluten und Evolventen.

Entsprechend den unendlich vielen Werten der Konstanten $c$ in den Gleichungen (26) gibt es $\infty^1$ Evoluten der gegebenen Kurve $C$, die alle auf der Polardeveloppabeln derselben liegen. Es läßt sich zeigen, daß bei der Abwicklung der Polardeveloppabeln in eine Ebene die $\infty^1$ Evoluten in die Geraden eines Büschels übergehen[1]). Ist die Evolvente eben, so hat sie eine ebene Evolute, nämlich den Ort ihrer Krümmungsmittelpunkte; die anderen Evoluten sind Schraubenlinien auf demjenigen geraden Zylinder, der die ebene Evolute zur Basis hat und eben die Polardeveloppable ist.

Aus der Bemerkung am Schlusse des vorigen Paragraphen folgt ein wegen seiner Anwendungen sehr wichtiger Satz. Betrachten wir zwei verschiedene Evoluten der gegebenen Kurve $C$, die den Werten $c_1$ und $c_2$ der willkürlichen Konstanten $c$ entsprechen, so stellt die Differenz $c_1 - c_2$ nach dem angegebenen Satze den Winkel der beiden Tangenten dar, die von ein und demselben Punkte $M$ der Evolvente an die betreffenden Evoluten gezogen sind, woraus folgt:

A) Die von ein und demselben Punkte der Evolvente an zwei verschiedene Evoluten gezogenen Tangenten bilden einen konstanten, d. h. von der Lage des Evolventenpunktes unabhängigen Winkel.

Zweckmäßigerweise läßt sich dieses Ergebnis in einer etwas anderen Form wie folgt aussprechen:

B) Werden die Erzeugenden einer abwickelbaren Fläche um die bezüglichen Schnittpunkte mit einer ihrer Orthogonaltrajektorien in der Normalenebene derselben um einen konstanten Winkel gedreht, so ist der Ort der neuen Lagen der Erzeugenden wieder eine abwickelbare Fläche.

## § 18. Orthogonale Trajektorien von $\infty^1$ Ebenen.

Das in § 16 zur Bestimmung der Evoluten einer gegebenen Kurve eingeschlagene Verfahren kann auch zur Lösung der folgenden Aufgabe angewandt werden: Alle Kurven $C'$ zu bestimmen, für die eine gegebene Kurve $C$ der Ort der Mittelpunkte der Schmiegungskugeln ist. Die gestellte Frage ist offenbar identisch mit derjenigen nach den Kurven $C'$, welche eine gegebene Schar von $\infty^1$ Ebenen (Schmiegungsebenen der Kurve $C$) rechtwinklig schneiden. Ist $C'$ eine solche Kurve und $M'$ der Punkt, in welchem

---

1) Unter Vorwegnahme der in den nächstfolgenden Kapiteln erörterten Begriffe bemerken wir: Wenn in (26) $c$ als variabel betrachtet und $\frac{\varrho}{\cos(\tau + c)} = R$ gesetzt wird, so ergibt sich für das Quadrat des Linienelements der Polardeveloppabeln der Ausdruck

$$dx'^2 + dy'^2 + dz'^2 = dR^2 + R^2 dc^2,$$

der gleich dem Quadrat des Linienelements der Ebene in Polarkoordinaten ist, was die im Text erwähnte Eigenschaft beweist.

sie die Schmiegungsebene von $C$ in $M$ rechtwinklig schneidet, so bestimmen wir die Lage von $M'$ in dieser Ebene mittels seiner rechtwinkligen Cartesischen Koordinaten $u$, $v$, bezogen auf die Tangente und die Hauptnormale von $C$ als Achsen. Bezeichnen wir die auf die festen Raumachsen bezogenen Koordinaten von $M'$ mit $x'$, $y'$, $z'$, so haben wir demnach:

$$(28)\qquad \begin{cases} x' = x + u\cos\alpha + v\cos\xi, \\ y' = y + u\cos\beta + v\cos\eta, \\ z' = z + u\cos\gamma + v\cos\zeta, \end{cases}$$

und die der Kurve $C'$, dem Orte von $M'$, auferlegte Bedingung besagt, daß $\frac{dx'}{ds}$, $\frac{dy'}{ds}$, $\frac{dz'}{ds}$ bezüglich $\cos\lambda$, $\cos\mu$, $\cos\nu$, proportional sein müssen; daraus ergeben sich für die unbekannten Funktionen $u$ und $v$ von $s$ die Gleichungen:

$$\frac{dv}{ds} = -\frac{u}{\varrho}, \quad \frac{du}{ds} = \frac{v}{\varrho} - 1,$$

oder, wenn wir statt $s$ eine neue unabhängige Veränderliche

$$\sigma = \int \frac{ds}{\varrho}$$

einführen:

$$u = -\frac{dv}{d\sigma}, \quad \frac{du}{d\sigma} = v - \varrho.$$

$v$ bestimmt sich also aus der Gleichung:

$$\frac{d^2 v}{d\sigma^2} + v = \varrho,$$

die integriert

$$v = c\cos\sigma + c'\sin\sigma - \cos\sigma\int \sin\sigma\, ds + \sin\sigma \int \cos\sigma\, ds$$

gibt, wo $c$, $c'$ willkürliche Konstanten sind. Dann haben wir $u = -\frac{dv}{d\sigma}$, d. h.

$$u = c\sin\sigma - c'\cos\sigma - \sin\sigma\int \sin\sigma\, ds - \cos\sigma\int \cos\sigma\, ds.$$

Setzen wir die für $u$ und $v$ gefundenen Werte in (28) ein, so haben wir mittels Quadraturen die gesuchten Kurven $C'$ bestimmt, die, wie a priori klar war, eine doppelt unendliche Mannigfaltigkeit bilden.

## § 19. Kurven mit gemeinsamen Hauptnormalen.

In § 15 haben wir gesehen, daß sich die Kurven konstanter Flexion paarweise zu konjugierten Kurven, die die Hauptnormalen gemein haben, zusammenfassen lassen. Wir stellen uns nun mit **Bertrand** die Aufgabe, allgemein diejenigen Kurven $C$ zu bestimmen, bei denen es zu jeder eine zweite $C'$ gibt, welche dieselben Hauptnormalen hat wie $C$. Versehen wir die zu $C'$ gehörigen Ausdrücke mit Strichen, so haben wir als Koordinaten $x'$, $y'$, $z'$ des Punktes $M'$ von $C'$, der dem Punkte $M$ von $C$ entspricht:

$$x' = x + \varkappa \cos \xi, \quad y' = y + \varkappa \cos \eta, \quad z' = z + \varkappa \cos \zeta, \tag{29}$$

wo $\varkappa = f(s)$ das Stück $M'M$ der Hauptnormale bezeichnet. Weil nach der Voraussetzung $M'M$ Normale von $C'$ in $M'$ ist, haben wir zunächst:

$$\cos \xi \frac{dx'}{ds} + \cos \eta \frac{dy'}{ds} + \cos \zeta \frac{dz'}{ds} = 0,$$

woraus sich

$$\frac{d\varkappa}{ds} = 0, \quad \text{d. h.} \quad \varkappa = \text{Const.}$$

ergibt.

Aus (29) folgt dann durch Differentiation:

$$\left\{\begin{aligned} \cos \alpha' &= \cos \sigma \cos \alpha + \sin \sigma \cos \lambda, \\ \cos \beta' &= \cos \sigma \cos \beta + \sin \sigma \cos \mu, \\ \cos \gamma' &= \cos \sigma \cos \gamma + \sin \sigma \cos \nu, \end{aligned}\right. \tag{30}$$

wo

$$\cos \sigma = \frac{1 - \frac{\varkappa}{\varrho}}{\sqrt{\left(1 - \frac{\varkappa}{\varrho}\right)^2 + \frac{\varkappa^2}{T^2}}}, \quad \sin \sigma = \frac{-\frac{\varkappa}{T}}{\sqrt{\left(1 - \frac{\varkappa}{\varrho}\right)^2 + \frac{\varkappa^2}{T^2}}}$$

gesetzt ist und $\sigma$ offenbar den Winkel der beiden in zwei entsprechenden Punkten von $C$ und $C'$ gezogenen Tangenten bedeutet.

Durch weitere Differentiation der Gleichungen (30) sowie aus den Frenetschen Formeln und der Voraussetzung, daß $C'$ dieselben Hauptnormalen wie $C$ hat, folgt:

$$\sigma = \text{Const.},$$

d. h.: **Bei der gesuchten Kurve $C$ sind die beiden Krümmungen durch die lineare Gleichung:**

$$\frac{\varkappa \cos \sigma}{T} - \frac{\varkappa \sin \sigma}{\varrho} + \sin \sigma = 0$$

**miteinander verknüpft.** Umgekehrt, besteht zwischen den beiden Krümmungen einer Kurve $C$ eine lineare Relation mit konstanten Koeffizienten:

$$\frac{A}{T} + \frac{B}{\varrho} + C = 0,$$

ohne daß $\varrho$ und $T$ gleichzeitig konstant sind, und setzt man

$$\varkappa = -\frac{B}{C},$$

so erhält man in (29) eine zweite, vollkommen eindeutig bestimmte Kurve $C'$ mit denselben Hauptnormalen wie $C$. Eine Unbestimmtheit tritt nur in dem Falle ein, daß $\varrho$ und $T$ konstant sind. Die Kurve $C$ ist dann eine gewöhnliche Schraubenlinie. Die Regelfläche ihrer Hauptnormalen wird uns später bei unseren Untersuchungen unter dem Namen **Minimal-Schraubenregelfläche** begegnen. Offenbar sind alle Orthogonaltrajektorien der Erzeugenden dieser Fläche ebenfalls gewöhnliche Schraubenlinien (von derselben Ganghöhe wie $C$).

### § 20. Gleichungen der Bertrandschen Kurven.

Wir schließen dieses Kapitel damit, daß wir mittels Quadraturen die expliziten Gleichungen der im vorigen Paragraphen behandelten Kurven geben, die als Bertrandsche bezeichnet werden. Diese Aufgabe führen wir mittels der folgenden Überlegungen auf den Fall der Kurven konstanter Flexion zurück.

Gegeben sei eine Kurve $C$; wir stellen uns die Aufgabe, eine zweite $C'$ zu finden, für die bei gleicher Bogenlänge die Hauptnormale derjenigen von $C$ parallel ist. Bezeichnen wir nun mit $\sigma$ den Winkel der beiden Tangenten in entsprechenden Punkten von $C$ und $C'$, so haben wir offenbar:

$$(31)\qquad \begin{cases} \cos\alpha' = \cos\sigma\cos\alpha + \sin\sigma\cos\lambda, \\ \cos\beta' = \cos\sigma\cos\beta + \sin\sigma\cos\mu, \\ \cos\gamma' = \cos\sigma\cos\gamma + \sin\sigma\cos\nu. \end{cases}$$

Differenzieren wir diese Gleichungen unter Berücksichtigung der Frenetschen Formeln und der Voraussetzung:

$$(31')\qquad \cos\xi' = \pm\cos\xi, \quad \cos\eta' = \pm\cos\eta, \quad \cos\zeta' = \pm\cos\zeta,$$

so folgt wie im vorigen Paragraphen:

$$\sigma = \text{Const.}$$

Umgekehrt, ist $\sigma$ konstant, so definieren uns die Gleichungen:

$$x' = \int(\cos\sigma\cos\alpha + \sin\sigma\cos\lambda)ds,$$
$$y' = \int(\cos\sigma\cos\beta + \sin\sigma\cos\mu)ds,$$
$$z' = \int(\cos\sigma\cos\gamma + \sin\sigma\cos\nu)ds$$

(bis auf eine Translation) eine Kurve $C'$, die zu $C$ in der verlangten Beziehung steht. Zu (31) und (31') fügen wir die weiter aus denselben folgenden Gleichungen hinzu:

$$(31'')\qquad \begin{aligned} \cos\lambda' &= \pm\cos\sigma\cos\lambda \mp \sin\sigma\cos\alpha, \\ \cos\mu' &= \pm\cos\sigma\cos\mu \mp \sin\sigma\cos\beta, \\ \cos\nu' &= \pm\cos\sigma\cos\nu \mp \sin\sigma\cos\gamma. \end{aligned}$$

Aus (31), (31') und (31'') ergeben sich durch Differentiation die Gleichungen:

$$(32)\qquad \begin{cases} \dfrac{1}{\varrho'} = \pm\left[\dfrac{\cos\sigma}{\varrho} + \dfrac{\sin\sigma}{T}\right], \\ \dfrac{1}{T'} = \dfrac{\cos\sigma}{T} - \dfrac{\sin\sigma}{\varrho}, \end{cases}$$

d. h. die beiden Krümmungen von $C'$ sind homogene lineare Kombinationen derjenigen von $C$ mit konstanten Koeffizienten.

Ist $C$ eine Bertrandsche Kurve mit der natürlichen Gleichung:

$$\frac{A}{T} + \frac{B}{\varrho} + C = 0,$$

so braucht also nur $\operatorname{tang}\sigma = \frac{A}{B}$ gesetzt zu werden, damit die abgeleitete Kurve $C'$ konstante Flexion besitze.

Um nun alle Kurven mit der konstanten Flexion $\frac{1}{a}$ zu bestimmen, beachten wir, daß für eine solche nach § 2

$$\left(\frac{d\cos\alpha}{ds}\right)^2 + \left(\frac{d\cos\beta}{ds}\right)^2 + \left(\frac{d\cos\gamma}{ds}\right)^2 = \frac{1}{a^2}$$

ist und daß also ihre Gleichungen:

$$x = \int\cos\alpha\, ds, \quad y = \int\cos\beta\, ds, \quad z = \int\cos\gamma\, ds$$

auch so geschrieben werden können:

$$(32')\qquad x = a\int\cos\alpha\, d\sigma, \quad y = a\int\cos\beta\, d\sigma, \quad z = a\int\cos\gamma\, d\sigma,$$

wo

$$(33)\qquad d\sigma = \sqrt{(d\cos\alpha)^2 + (d\cos\beta)^2 + (d\cos\gamma)^2}$$

gesetzt ist.

Umgekehrt, nehmen wir drei willkürliche Funktionen $\cos\alpha$, $\cos\beta$, $\cos\gamma$ eines Parameters $u$, die durch die Relation:

$$\cos^2\alpha + \cos^2\beta + \cos^2\gamma = 1$$

verbunden sind, so definieren die Gleichungen (32'), wo $d\sigma$ den Wert (33) hat, wie sofort erhellt, eine Kurve mit der konstanten Flexion $\frac{1}{a}$, die auch die allgemeinste Kurve dieser Art ist.

# Kapitel II.

## Binäre quadratische Differentialformen.

Allgemeines über binäre quadratische Differentialformen. — Definition der Differentialinvarianten und Differentialparameter. — Erste Differentialparameter $\Delta_1 U, \nabla(U, V)$. — Äquivalenz von Differentialformen und Christoffelsche Formeln. — Kovariante zweite Differentialquotienten und zweite Differentialparameter $\Delta_2 U, \Delta_{22} U$. — Integrabilitätsbedingungen. — Riemannsche Vierindizessymbole. — Krümmung einer binären Form. — Formen mit konstanter oder verschwindender Krümmung. — Simultane quadratische Formen. — Reduktion auf die Normalform. — Kubische und trilineare Kovariante.

---

### § 21. Allgemeines über binäre quadratische Differentialformen.

Zum Zwecke der systematischen Behandlung der Flächentheorie in der von Gauß angebahnten Richtung, der die folgenden Untersuchungen gewidmet sind, ist es für uns unerläßlich, einige grundlegende Begriffe aus der Theorie der quadratischen Differentialformen vorauszuschicken. Dabei beschränken wir uns auf den Fall binärer Formen, da er für die Anwendungen auf die Infinitesimalgeometrie der Flächen ausreicht.

Sind $x_1, x_2$ zwei unabhängige Veränderliche, $dx_1, dx_2$ ihre Differentiale, so bezeichnen wir als binäre quadratische Differentialform einen Ausdruck

$$(1) \qquad f \equiv a_{11} dx_1^2 + 2a_{12} dx_1 dx_2 + a_{22} dx_2^2,$$

wo die Koeffizienten $a$ gegebene Funktionen der $x$ sind. Im allgemeinen setzen wir voraus, daß die $x$ reelle Veränderliche seien, daß auch die Koeffizienten $a$ in dem in Betracht kommenden Änderungsbereich reelle, eindeutige, endliche und stetige Funktionen der $x$ seien, sowie daß auch alle ihre ersten und zweiten Differentialquotienten ebenfalls endlich und stetig seien. Übrigens bleiben die Theorien, die wir im folgenden entwickeln werden, auch gültig, wenn die $x$ als komplexe Veränderliche und die $a$ als analytische Funktionen derselben angenommen werden, wie der Leser leicht einsehen wird. Die Diskriminante der Form,

$$\begin{vmatrix} a_{11} & a_{12} \\ a_{21} & a_{22} \end{vmatrix} = a_{11} a_{22} - a_{12}^2,$$

bezeichnen wir stets mit $a$ und treffen die für die folgenden Theorien wesentliche Voraussetzung, daß sie in dem betrachteten Änderungsbereich von Null verschieden sei.

Führen wir in der Form (1) an Stelle der Veränderlichen $x$ neue Veränderliche $x'$ ein mittels der Gleichungen:

(2) $$x_1 = f_1(x_1', x_2'), \quad x_2 = f_2(x_1', x_2'),$$

wo für die Funktionen $f_1$ und $f_2$ der $x'$ die oben über die Koeffizienten $a_{rs}$ getroffenen Voraussetzungen ebenfalls gelten sollen, so unterliegen die Differentiale $dx_1$, $dx_2$ der linearen Substitution:

(3) $$\begin{cases} dx_1 = \dfrac{\partial x_1}{\partial x_1'} dx_1' + \dfrac{\partial x_1}{\partial x_2'} dx_2', \\ dx_2 = \dfrac{\partial x_2}{\partial x_1'} dx_1' + \dfrac{\partial x_2}{\partial x_2'} dx_2'. \end{cases}$$

Der Modul dieser Substitution,

$$M \equiv \begin{vmatrix} \dfrac{\partial x_1}{\partial x_1'} & \dfrac{\partial x_1}{\partial x_2'} \\ \dfrac{\partial x_2}{\partial x_1'} & \dfrac{\partial x_2}{\partial x_2'} \end{vmatrix} \equiv \frac{\partial (x_1, x_2)}{\partial (x_1', x_2')},$$

ist die Funktionaldeterminante der $x$ bezüglich der $x'$ und somit von Null verschieden, sonst könnten die Gleichungen (2) nicht diejenigen einer Transformation der Veränderlichen sein.

Durch diese Transformation gehe (1) über in

$$f' \equiv a_{11}' dx_1'^2 + 2a_{12}' dx_1' dx_2' + a_{22}' dx_2'^2.$$

Die Koeffizienten $a'$ sind dann gegeben durch:

(4) $$\begin{cases} a_{11}' = a_{11} \left(\dfrac{\partial x_1}{\partial x_1'}\right)^2 + 2a_{12} \dfrac{\partial x_1}{\partial x_1'} \dfrac{\partial x_2}{\partial x_1'} + a_{22} \left(\dfrac{\partial x_2}{\partial x_1'}\right)^2, \\ a_{12}' = a_{11} \dfrac{\partial x_1}{\partial x_1'} \dfrac{\partial x_1}{\partial x_2'} + a_{12} \left(\dfrac{\partial x_1}{\partial x_1'} \dfrac{\partial x_2}{\partial x_2'} + \dfrac{\partial x_1}{\partial x_2'} \dfrac{\partial x_2}{\partial x_1'}\right) + a_{22} \dfrac{\partial x_2}{\partial x_1'} \dfrac{\partial x_2}{\partial x_2'}, \\ a_{22}' = a_{11} \left(\dfrac{\partial x_1}{\partial x_2'}\right)^2 + 2a_{12} \dfrac{\partial x_1}{\partial x_2'} \dfrac{\partial x_2}{\partial x_2'} + a_{22} \left(\dfrac{\partial x_2}{\partial x_2'}\right)^2. \end{cases}$$

Bezeichnen wir mit $a'$ die Diskriminante von $f'$, so ergibt sich, wie aus den Elementen der Algebra wohlbekannt ist,

(5) $$a' = a \cdot M^2.$$

Um die für die Folge nötigen Rechnungen schneller durchführen zu können, wollen wir uns der symbolischen Summationsbezeichnung bedienen, schreiben also (1), (3), (4) in der folgenden Weise:

(1*) $$f \equiv \sum_{rs} a_{rs} dx_r dx_s$$

(3*)
$$dx_i = \sum_r \frac{\partial x_i}{\partial x'_r} dx'_r$$

(4*)
$$a'_{rs} = \sum_{ik} a_{ik} \frac{\partial x_i}{\partial x'_r} \frac{\partial x_k}{\partial x'_s} \quad (r, s = 1, 2).$$

Die Indizes unter dem Zeichen $\sum$ sind als veränderlich aufzufassen und nehmen voneinander unabhängig die Werte 1, 2 an, was nicht weiter bezeichnet zu werden braucht.

Endlich führen wir für den Koeffizienten von $a_{rs}$ in der Diskriminante $a$, geteilt durch $a$ selbst, die Bezeichnung $A_{rs}$ ein; es sei somit:

(6)
$$A_{11} = \frac{a_{22}}{a_{11}a_{22} - a_{12}^2}, \quad A_{12} = -\frac{a_{12}}{a_{11}a_{22} - a_{12}^2}, \quad A_{22} = \frac{a_{11}}{a_{11}a_{22} - a_{12}^2}.$$

Unter Anwendung der analogen Bezeichnung für die transformierte Form ergibt sich durch elementare Rechnung, daß zusammen mit (4*) auch folgende Gleichung gilt:

(7)
$$A_{rs} = \sum_{ik} A'_{ik} \frac{\partial x_r}{\partial x'_i} \frac{\partial x_s}{\partial x'_k} \quad (r, s = 1, 2).$$[1]

---

1) Zum Beweise setze man für einen Augenblick:

$$\frac{\partial x_1}{\partial x'_1} = \alpha, \quad \frac{\partial x_1}{\partial x'_2} = \beta, \quad \frac{\partial x_2}{\partial x'_1} = \gamma, \quad \frac{\partial x_2}{\partial x'_2} = \delta \quad (\alpha\delta - \beta\gamma = M),$$

so gehen die Gleichungen (4) über in:

$$\begin{cases} a'_{11} = (a_{11}\alpha + a_{12}\gamma)\alpha + (a_{21}\alpha + a_{22}\gamma)\gamma \\ a'_{12} = (a_{11}\alpha + a_{12}\gamma)\beta + (a_{21}\alpha + a_{22}\gamma)\delta \end{cases}$$
$$\begin{cases} a'_{12} = (a_{11}\beta + a_{12}\delta)\alpha + (a_{21}\beta + a_{22}\delta)\gamma \\ a'_{22} = (a_{11}\beta + a_{12}\delta)\beta + (a_{21}\beta + a_{22}\delta)\delta. \end{cases}$$

Durch Auflösung jedes Gleichungspaares nach den Binomen in den Klammern ergibt sich:

$$\begin{cases} M(a_{11}\alpha + a_{12}\gamma) = a'_{11}\delta - a'_{12}\gamma \\ M(a_{11}\beta + a_{12}\delta) = a'_{12}\delta - a'_{22}\gamma \end{cases}$$
$$\begin{cases} M(a_{21}\alpha + a_{22}\gamma) = a'_{12}\alpha - a'_{11}\beta \\ M(a_{21}\beta + a_{22}\delta) = a'_{22}\alpha - a'_{12}\beta, \end{cases}$$

und durch Auflösung der ersten beiden Gleichungen nach $a_{11}, a_{12}$, der letzten beiden nach $a_{21}, a_{22}$ ergibt sich weiter unter Benutzung von (5) und (6):

$$\begin{cases} A_{11} = A'_{11}\alpha^2 + 2A'_{12}\alpha\beta + A'_{22}\beta^2 \\ A_{12} = A'_{11}\alpha\gamma + A'_{12}(\alpha\delta + \beta\gamma) + A'_{22}\beta\delta \\ A_{22} = A'_{11}\gamma^2 + 2A'_{12}\gamma\delta + A'_{22}\delta^2, \end{cases}$$

also eben die Gleichungen (7) des Textes.

## § 22. Differentialinvarianten und Differentialparameter.

Wir nehmen nun an, wir hätten einen aus den Koeffizienten $a_{rs}$ von $f$ und deren ersten, zweiten, ... Differentialquotienten gebildeten Ausdruck

$$\varphi\left(a_{rs}, \frac{\partial a_{rs}}{\partial x_i}, \frac{\partial^2 a_{rs}}{\partial x_i \partial x_k}, \ldots\right)$$

von der Beschaffenheit, daß, wenn die Veränderlichen $x_1, x_2$ mittels einer beliebigen Transformation durch neue Veränderliche $x_1', x_2'$ ersetzt werden, er in denjenigen Ausdruck übergeht, der auf dieselbe Weise aus den Koeffizienten $a_{rs}'$ und ihren Differentialquotienten gebildet ist:

$$\varphi\left(a_{rs}', \frac{\partial a_{rs}'}{\partial x_i'}, \frac{\partial^2 a_{rs}'}{\partial x_i' \partial x_k'}, \ldots\right).$$

Dann nennen wir $\varphi$ eine Differentialinvariante der Form $f$.

Wenn in einem solchen Ausdruck $\varphi$ außer den Koeffizienten der Grundform $f$ und ihren Differentialquotienten eine gewisse Zahl von willkürlichen Funktionen $U, V \ldots$ samt ihren Differentialquotienten auftritt, derart, daß bei einer beliebigen Transformation der Veränderlichen immer noch

$$\varphi\left(a_{rs}, \frac{\partial a_{rs}}{\partial x_i} \cdots U, V, \cdots \frac{\partial U}{\partial x_i}, \frac{\partial V}{\partial x_k} \cdots\right) = \varphi\left(a_{rs}', \frac{\partial a_{rs}'}{\partial x_i'} \cdots U', V' \cdots \frac{\partial U'}{\partial x_i'}, \frac{\partial V'}{\partial x_k'} \cdots\right)$$

ist, wo $U', V' \cdots$ dieselben Funktionen wie $U, V \ldots$ sind, nur daß an Stelle der $x$ die $x'$ stehen, so nennen wir $\varphi$ einen Differentialparameter.

Wir nennen einen Differentialparameter von der Ordnung $r$, wenn die höchsten Differentialquotienten der in ihm auftretenden willkürlichen Funktionen von der Ordnung $r$ sind.

Wie man sieht, sind die zu einer quadratischen Form $f$ gehörigen Differentialparameter Ausdrücke, die aus den Koeffizienten von $f$, einer gewissen Zahl von willkürlichen Funktionen und den Differentialquotienten der Koeffizienten und Funktionen gebildet sind, derart, daß sie sich bei einer beliebigen Transformation der Veränderlichen nicht ändern. Fehlen in einem solchen Ausdruck die willkürlichen Funktionen, so ist er eine Differentialinvariante.

Bevor wir zur wirklichen Bildung von Differentialparametern schreiten, dürfte es zweckmäßig sein, den Weg, den wir in den folgenden Entwicklungen einschlagen werden, kurz anzugeben.

Angenommen, wir kennen eine Differentialform $\psi$ vom zweiten oder von höherem Grade, deren Koeffizienten aus denjenigen der Grundform $f$, ihren Differentialquotienten sowie einer gewissen Zahl von willkürlichen Funktionen und deren Differentialquotienten gebildet sind und welche die Eigenschaft besitzt, bei einer beliebigen Transformation der Veränderlichen in die auf dieselbe Weise bezüglich der transformierten Form $f'$ und der transformierten willkürlichen Funktionen gebildete Differentialform $\psi'$ überzugehen. In diesem Falle nennen wir die Form $\psi$ eine Differentialkovariante von $f$. Dann ist klar, daß, wenn wir $f$ und $\psi$ als zwei algebraische Formen (der Differentiale) betrachten und ihre absoluten Simultaninvarianten bilden, wir eben Differentialparameter oder Differentialinvarianten von $f$ erhalten werden, je nachdem in den Koeffizienten von $\psi$ willkürliche Funktionen auftreten oder nicht.

## § 23. Erste Differentialparameter $\Delta_1 U$, $\nabla(U, V)$.

Ist $U$ eine willkürliche Funktion von $x_1, x_2$, so haben wir in ihrem ersten Differential

$$dU = \frac{\partial U}{\partial x_1} dx_1 + \frac{\partial U}{\partial x_2} dx_2$$

offenbar eine lineare und in seinem Quadrat

$$\overline{dU^2} = \sum_{rs} \frac{\partial U}{\partial x_r} \frac{\partial U}{\partial x_s} dx_r dx_s$$

eine quadratische Kovariante der Grundform. Bezeichnen wir mit $\lambda$ einen willkürlichen Parameter, so ist demnach auch

$$\varphi \equiv \sum_{rs} \left( a_{rs} + \lambda \frac{\partial U}{\partial x_r} \frac{\partial U}{\partial x_s} \right) dx_r dx_s$$

eine Kovariante von $f$. Der Quotient aus der Diskriminante von $\varphi$ und der Diskriminante $a$ von $f$,

$$\frac{1}{a} \begin{vmatrix} a_{11} + \lambda \left( \frac{\partial U}{\partial x_1} \right)^2, & a_{12} + \lambda \frac{\partial U}{\partial x_1} \frac{\partial U}{\partial x_2} \\ a_{12} + \lambda \frac{\partial U}{\partial x_1} \frac{\partial U}{\partial x_2}, & a_{22} + \lambda \left( \frac{\partial U}{\partial x_2} \right)^2 \end{vmatrix} = 1 + \lambda \frac{a_{22} \left( \frac{\partial U}{\partial x_1} \right)^2 - 2 a_{12} \frac{\partial U}{\partial x_1} \frac{\partial U}{\partial x_2} + a_{11} \left( \frac{\partial U}{\partial x_2} \right)^2}{a_{11} a_{22} - a_{12}^2},$$

ändert sich zufolge (5) bei einer beliebigen Transformation der Veränderlichen nicht. Somit haben wir in dem Koeffizienten von $\lambda$ in dem obigen Ausdruck einen Differentialparameter. Er wird mit

$$\text{(8)} \qquad \Delta_1 U \equiv \frac{a_{22} \left( \frac{\partial U}{\partial x_1} \right)^2 - 2 a_{12} \frac{\partial U}{\partial x_1} \frac{\partial U}{\partial x_2} + a_{11} \left( \frac{\partial U}{\partial x_2} \right)^2}{a_{11} a_{22} - a_{12}^2}$$

bezeichnet und kann auch in der Form:

$$\Delta_1 U \equiv A_{11} \left( \frac{\partial U}{\partial x_1} \right)^2 + 2 A_{12} \frac{\partial U}{\partial x_1} \frac{\partial U}{\partial x_2} + A_{22} \left( \frac{\partial U}{\partial x_2} \right)^2$$

oder, mit Verwendung des Summenzeichens,

$$(8^*) \qquad \Delta_1 U \equiv \sum_{rs} A_{rs} \frac{\partial U}{\partial x_r} \frac{\partial U}{\partial x_s}$$

geschrieben werden.

Es sei nun $V$ eine zweite willkürliche Funktion. In dem Produkt der beiden Differentiale

$$dU dV = \sum_{rs} \frac{\partial U}{\partial x_r} \frac{\partial V}{\partial x_s} dx_r dx_s$$

haben wir wieder eine Kovariante von $f$, und dieselben Überlegungen wie vorhin lassen erkennen, daß der Ausdruck

$$\frac{a_{22} \frac{\partial U}{\partial x_1} \frac{\partial V}{\partial x_1} - a_{12}\left(\frac{\partial U}{\partial x_1} \frac{\partial V}{\partial x_2} + \frac{\partial U}{\partial x_2} \frac{\partial V}{\partial x_1}\right) + a_{11} \frac{\partial U}{\partial x_2} \frac{\partial V}{\partial x_2}}{a_{11} a_{22} - a_{12}^2}$$

ein erster Differentialparameter mit zwei willkürlichen Funktionen $U$ und $V$ ist. Er wird nach Beltrami mit

$$(9) \qquad \nabla(U, V)$$

bezeichnet und gemischter Differentialparameter von $U$ und $V$ genannt. Er kann auch in der Form:

$$(9^*) \qquad \nabla(U, V) \equiv \sum_{rs} A_{rs} \frac{\partial U}{\partial x_r} \frac{\partial V}{\partial x_s}$$

geschrieben werden. Wird in ihm $U = V$ gesetzt, so geht er offenbar in den Differentialparameter $\Delta_1 U$ über, d. h.:

$$\nabla(U, U) = \Delta_1 U.$$

## § 24. Äquivalenz von Differentialformen — Christoffelsche Formeln.

Zwei quadratische Differentialformen:

$$f \equiv a_{11} dx_1^2 + 2a_{12} dx_1 dx_2 + a_{22} dx_2^2 = \sum_{rs} a_{rs} dx_r dx_s$$

$$f' \equiv a'_{11} dx_1'^2 + 2a'_{12} dx'_1 dx'_2 + a'_{22} dx_2'^2 = \sum_{rs} a'_{rs} dx'_r dx'_s,$$

wo die $a_{rs}$ gegebene Funktionen von $x_1, x_2$, die $a'_{rs}$ solche von $x'_1, x'_2$ sind, nennen wir äquivalent, wenn es möglich ist, $x_1$, $x_2$ gleich solchen Funktionen von $x'_1, x'_2$ zu setzen, daß die erste Form in die zweite übergeht. Zur Äquivalenz der beiden Formen ist es demnach notwendig und hinreichend, daß beide unbekannte Funktionen $x_1(x'_1, x'_2)$ $x_2(x'_1, x'_2)$ so bestimmt werden können, daß sie den drei simultanen

Gleichungen 1. Ordnung (4), § 21, S. 35, oder zusammengefaßt den Gleichungen:

$$\text{(I)} \qquad a'_{rs} = \sum_{ik} a_{ik} \frac{\partial x_i}{\partial x'_r} \frac{\partial x_k}{\partial x'_s}, \qquad (r, s = 1, 2)$$

genügen.

Da die Zahl der Gleichungen größer ist als die der Unbekannten, so ist von vornherein klar, daß die Äquivalenz der beiden Formen besondere Beziehungen zwischen den Koeffizienten erfordern wird. Um die Verträglichkeit der drei simultanen Gleichungen zu prüfen, wenden wir zweckmäßig die von der allgemeinen Theorie vorgeschriebene Methode an, d. h. wir leiten zunächst weitere Differentialgleichungen des Systems ab. Wird jede der drei Gleichungen nach $x'_1$ und $x'_2$ differenziert, so ergeben sich sechs in den sechs zweiten Differentialquotienten $\frac{\partial^2 x_1}{\partial x_1'^2}, \frac{\partial^2 x_1}{\partial x'_1 \partial x'_2}, \ldots \frac{\partial^2 x_2}{\partial x_2'^2}$ lineare Gleichungen, und es ist a priori leicht einzusehen, daß das System nach diesen sechs Differentialquotienten auflösbar ist, d. h.:

Alle zweiten Differentialquotienten der unbekannten Funktionen $x$ lassen sich durch die ersten Differentialquotienten, durch die Funktionen selbst und durch die unabhängigen Veränderlichen ausdrücken.

Die Gleichungen, die sich auf diese Weise ergeben, sind die Christoffelschen Grundformeln, die wir nun ableiten wollen. Hierzu differenzieren wir (I) nach einem beliebigen $x'$, z. B. $x'_t$ und erhalten[1]):

$$\text{(a)} \quad \frac{\partial a'_{rs}}{\partial x'_t} = \sum_{ikl} \frac{\partial a_{ik}}{\partial x_l} \frac{\partial x_i}{\partial x'_r} \frac{\partial x_k}{\partial x'_s} \frac{\partial x_l}{\partial x'_t} + \sum_{ik} a_{ik} \left( \frac{\partial^2 x_i}{\partial x'_r \partial x'_t} \frac{\partial x_k}{\partial x'_s} + \frac{\partial x_i}{\partial x'_r} \frac{\partial^2 x_k}{\partial x'_s \partial x'_t} \right).$$

Hierin vertauschen wir $s$ mit $t$ und gleichzeitig in der dreifachen Summe auf der rechten Seite die Summationsindizes $k$ und $l$; dann folgt:

$$\text{(b)} \quad \frac{\partial a'_{rt}}{\partial x'_s} = \sum_{ikl} \frac{\partial a_{il}}{\partial x_k} \frac{\partial x_i}{\partial x'_r} \frac{\partial x_k}{\partial x'_s} \frac{\partial x_l}{\partial x'_t} + \sum_{ik} a_{ik} \left( \frac{\partial^2 x_i}{\partial x'_r \partial x'_s} \frac{\partial x_k}{\partial x'_t} + \frac{\partial^2 x_k}{\partial x'_s \partial x'_t} \frac{\partial x_i}{\partial x'_r} \right).$$

In dieser Gleichung vertauschen wir $r$ mit $s$ und rechts in der dreifachen Summe und im zweiten Gliede der Doppelsumme die Indizes $i$ und $k$, dann erhalten wir:

$$\text{(c)} \quad \frac{\partial a'_{st}}{\partial x'_r} = \sum_{ikl} \frac{\partial a_{kl}}{\partial x_i} \frac{\partial x_i}{\partial x'_r} \frac{\partial x_k}{\partial x'_s} \frac{\partial x_l}{\partial x'_t} + \sum_{ik} a_{ik} \left( \frac{\partial^2 x_i}{\partial x'_r \partial x'_s} \frac{\partial x_k}{\partial x'_t} + \frac{\partial^2 x_i}{\partial x'_r \partial x'_t} \frac{\partial x_k}{\partial x'_s} \right).$$

---

1) Man beachte, daß die $a'_{rs}$ explizite Funktionen der $x'$ sind, während die $a_{rs}$ insofern Funktionen der $x'$ sind, als diese in den $x'$ enthalten sind; folglich ist:

$$\frac{\partial a_{ik}}{\partial x'_t} = \sum_l \frac{\partial a_{ik}}{\partial x_l} \frac{\partial x_l}{\partial x'_t} \quad \text{usw.}$$

Durch Addition von (b) und (c) und Subtraktion von (a) kommt:

$$\frac{\partial a'_{rt}}{\partial x'_s}+\frac{\partial a'_{st}}{\partial x'_r}-\frac{\partial a'_{rs}}{\partial x'_t}=\sum_{ikl}\left(\frac{\partial a_{il}}{\partial x_k}+\frac{\partial a_{kl}}{\partial x_i}-\frac{\partial a_{ik}}{\partial x_l}\right)\frac{\partial x_i}{\partial x'_r}\frac{\partial x_k}{\partial x'_s}\frac{\partial x_l}{\partial x'_t}$$
$$+2\sum_{ik}a_{ik}\frac{\partial^2 x_i}{\partial x'_r\partial x'_s}\frac{\partial x_k}{\partial x'_t}.$$

Dividieren wir diese Gleichung durch 2 und verwandeln wir in der Doppelsumme rechts den Summationsindex $k$ in $l$, so haben wir:

$$\frac{1}{2}\left(\frac{\partial a'_{rt}}{\partial x'_s}+\frac{\partial a'_{st}}{\partial x'_r}-\frac{\partial a'_{rs}}{\partial x'_t}\right)$$
$$=\sum_l\frac{\partial x_l}{\partial x'_t}\left\{\sum_{ik}\frac{1}{2}\left(\frac{\partial a_{il}}{\partial x_k}+\frac{\partial a_{kl}}{\partial x_i}-\frac{\partial a_{ik}}{\partial x_l}\right)\frac{\partial x_i}{\partial x'_r}\frac{\partial x_k}{\partial x'_s}+\sum_i a_{il}\frac{\partial^2 x_i}{\partial x'_r\partial x'_s}\right\}.$$

Wir führen nun mit **Christoffel** die Dreiindizessymbole (**erster Art**)

$$\text{(10)}\qquad \begin{bmatrix} i\ k\\ l\end{bmatrix}\equiv\frac{1}{2}\left(\frac{\partial a_{il}}{\partial x_k}+\frac{\partial a_{kl}}{\partial x_i}-\frac{\partial a_{ik}}{\partial x_l}\right)$$

ein und versehen dieselben Symbole für $f'$ mit Strichen; dann läßt sich die obige Gleichung auch so schreiben:

$$\begin{bmatrix} r\ s\\ t\end{bmatrix}'=\sum_l\frac{\partial x_l}{\partial x'_t}\left\{\sum_{ik}\begin{bmatrix} i\ k\\ l\end{bmatrix}\frac{\partial x_i}{\partial x'_r}\frac{\partial x_k}{\partial x'}+\sum_i a_{il}\frac{\partial^2 x_i}{\partial x'_r\partial x'_s}\right\}.$$

Lassen wir hierin die Indizes $r, s$ fest und setzen wir $t=1, 2$, so haben wir für die beiden Unbekannten $\frac{\partial^2 x_1}{\partial x'_r\partial x'_s}$, $\frac{\partial^2 x_2}{\partial x'_r\partial x'_s}$ zwei Gleichungen, deren Determinante gleich dem Produkt $aM$, also von Null verschieden ist, so daß wir durch Auflösen die gesuchten Formeln erhalten. Um die Lösung wirklich zu erhalten, multiplizieren wir die letzte Gleichung mit $A'_{\mu t}\frac{\partial x_\nu}{\partial x'_\mu}$, summieren nach $\mu$ und $t$ von 1 bis 2, indem wir berücksichtigen, daß wegen (7), § 21, S. 36,

$$\sum_{\mu t}A'_{\mu t}\frac{\partial x_\nu}{\partial x'_\mu}\frac{\partial x_l}{\partial x'_t}=A_{\nu l}$$

und anderseits $\sum_l a_{il}A_{\nu l}=0$ für $i\neq\nu$, dagegen $=1$ für $i=\nu$ ist, und erhalten so:

$$\sum_\mu\left(\sum_t A'_{\mu t}\begin{bmatrix} r\ s\\ t\end{bmatrix}'\frac{\partial x_\nu}{\partial x'_\mu}\right)=\frac{\partial^2 x_\nu}{\partial x'_r\partial x'_s}+\sum_{ik}\left(\sum_l A_{\nu l}\begin{bmatrix} i\ k\\ l\end{bmatrix}\right)\frac{\partial x_i}{\partial x'_r}\frac{\partial x_k}{\partial x'_s}.$$

Wir führen nun neue Christoffelsche Dreiindizessymbole (zweiter Art)

(11)
$$\left\{ {i\,k \atop \nu} \right\} \equiv \sum_l A_{\nu l} \left[ {i\,k \atop l} \right]$$

ein, bezeichnen die analogen Symbole für $f'$ mit Strichen und erhalten schließlich:

(II)
$$\frac{\partial^2 x_\nu}{\partial x'_r \partial x'_s} + \sum_{ik} \left\{ {i\,k \atop \nu} \right\} \frac{\partial x_i}{\partial x'_r} \frac{\partial x_k}{\partial x'_s} = \sum_\mu \left\{ {r\,s \atop \mu} \right\}' \frac{\partial x_\nu}{\partial x'_\mu}.$$

Dies sind nun die Christoffelschen Formeln, welche die zweiten Differentialquotienten der unbekannten Funktionen in der gewünschten Weise ausdrücken.

## § 25. Eigenschaften der Christoffelschen Dreiindizessymbole.

Die Christoffelschen Dreiindizessymbole werden in der Folge stets angewendet werden, daher müssen wir auf ihre Eigenschaften etwas näher eingehen.

Die durch die Gleichung (10) definierten Symbole erster Art $\left[ {ik \atop l} \right]$ besitzen offenbar die Eigenschaft:

$$\left[ {ik \atop l} \right] = \left[ {ki \atop l} \right],$$

woraus nach (11) folgt, daß auch in einem Symbol zweiter Art $\left\{ {ik \atop l} \right\}$ die Vertauschung der beiden oberen Indizes seinen Wert nicht ändert. Wir haben somit sechs voneinander verschiedene Symbole erster Art:

$$\left[ {11 \atop 1} \right], \left[ {12 \atop 1} \right], \left[ {22 \atop 1} \right]; \left[ {11 \atop 2} \right], \left[ {12 \atop 2} \right], \left[ {22 \atop 2} \right],$$

und ebensoviele zweiter Art.

Wir bemerken ferner, daß, ebenso wie sich die Symbole erster Art $\left[ {ik \atop l} \right]$ durch die Differentialquotienten der Koeffizienten der Grundform ausdrücken lassen, so auch umgekehrt jeder dieser Differentialquotienten als Aggregat von zwei solchen Symbolen dargestellt werden kann, nach der Gleichung:

(12)
$$\frac{\partial a_{ik}}{\partial x_l} = \left[ {il \atop k} \right] + \left[ {kl \atop i} \right].$$

Weiter bemerken wir: ebenso wie sich die Symbole zweiter Art durch diejenigen erster Art mittels (11) ausdrücken lassen, so auch umgekehrt letztere durch erstere vermöge der Gleichung:

(11*)
$$\left[ {ik \atop l} \right] = \sum_\nu a_{l\nu} \left\{ {ik \atop \nu} \right\}.$$

Demnach läßt sich (12) auch wie folgt schreiben:

$$(12^*) \qquad \frac{\partial a_{ik}}{\partial x_l} = \sum_\mu \left\{ {il \atop \mu} \right\} a_{k\mu} + \sum_\mu \left\{ {kl \atop \mu} \right\} a_{i\mu}.$$

Wir leiten weiterhin die Gleichungen ab, die die logarithmischen Differentialquotienten der Diskriminante $a$ nach $x_1$ und $x_2$ als Aggregat von zwei Symbolen zweiter Art darstellen. Wir haben:

$$\frac{\partial \log a}{\partial x_1} = \frac{1}{a}\left[a_{22}\frac{\partial a_{11}}{\partial x_1} + a_{11}\frac{\partial a_{22}}{\partial x_1} - 2a_{12}\frac{\partial a_{12}}{\partial x_1}\right]$$
$$= A_{11}\frac{\partial a_{11}}{\partial x_1} + 2A_{12}\frac{\partial a_{12}}{\partial x_1} + A_{22}\frac{\partial a_{22}}{\partial x_1}$$

und durch Benutzung von (12):

$$\frac{\partial \log a}{\partial x_1} = 2A_{11}\left[{11 \atop 1}\right] + 2A_{12}\left[{11 \atop 2}\right] + 2A_{12}\left[{12 \atop 1}\right] + 2A_{22}\left[{12 \atop 2}\right]$$
$$= 2\left(A_{11}\left[{11 \atop 1}\right] + A_{12}\left[{11 \atop 2}\right]\right) + 2\left(A_{21}\left[{12 \atop 1}\right] + A_{22}\left[{12 \atop 2}\right]\right),$$

also infolge (11):

$$\frac{1}{2}\frac{\partial \log a}{\partial x_1} = \left\{ {11 \atop 1} \right\} + \left\{ {12 \atop 2} \right\}.$$

Die zweite Gleichung ergibt sich hieraus durch Vertauschung der Indizes 1, 2; somit haben wir:

$$(13) \qquad \begin{cases} \dfrac{1}{2}\dfrac{\partial \log a}{\partial x_1} = \left\{ {11 \atop 1} \right\} + \left\{ {12 \atop 2} \right\}, \\[2ex] \dfrac{1}{2}\dfrac{\partial \log a}{\partial x_2} = \left\{ {22 \atop 2} \right\} + \left\{ {12 \atop 1} \right\}. \end{cases}$$

Endlich leiten wir noch die den Gleichungen (12*) analogen Gleichungen ab, die die Differentialquotienten der Koeffizienten $A_{ik}$ liefern. Beachten wir, daß $\sum\limits_i a_{si} A_{\lambda i} = 0$ oder $= 1$ ist, je nachdem $s \neq \lambda$ oder $= \lambda$ ist, so erhalten wir daraus durch Differentiation nach $x_l$:

$$\sum_i a_{si} \cdot \frac{\partial A_{\lambda i}}{\partial x_l} = -\sum_i A_{\lambda i}\left[{sl \atop i}\right] - \sum_i A_{\lambda i}\left[{il \atop s}\right].$$

Multiplizieren wir diese Gleichung mit $A_{s\mu}$ und summieren wir nach $\mu$, so ergibt sich die gesuchte Gleichung:

$$(14) \qquad \frac{\partial A_{\lambda\mu}}{\partial x} = -\sum_t \left\{ {lt \atop \mu} \right\} A_{\lambda t} - \sum_t \left\{ {lt \atop \lambda} \right\} A_{\mu t}.$$

## § 26. Kovariante zweite Differentialquotienten und zweite Differentialparameter $\Delta_2 U$, $\Delta_{22} U$.

Unter Zuhilfenahme der Christoffelschen Fundamentalformeln (II), S. 42, können wir nun eine quadratische Differentialkovariante der gegebenen Form $f$ bilden, deren Koeffizienten aus denjenigen von $f$ und aus den ersten und zweiten Differentialquotienten einer willkürlichen Funktion $U$ gebildet sind.

Bezeichnen wir nämlich mit $U'$ den Ausdruck, der aus $U$ entsteht, wenn die $x'$ eingeführt werden, so haben wir offenbar:

$$\frac{\partial U'}{\partial x'_r} = \sum_\nu \frac{\partial U}{\partial x_\nu}\frac{\partial x_\nu}{\partial x'_r},$$

also:

$$\frac{\partial^2 U'}{\partial x'_r \partial x'_s} = \sum_{\mu\nu} \frac{\partial^2 U}{\partial x_\mu \partial x_\nu}\frac{\partial x_\nu}{\partial x'_r}\frac{\partial x_\mu}{\partial x'_s} + \sum_\nu \frac{\partial U}{\partial x_\nu}\frac{\partial^2 x_\nu}{\partial x'_r \partial x'_s},$$

demnach wegen (II):

$$\frac{\partial^2 U'}{\partial x'_r \partial x'_s} - \sum_\mu \begin{Bmatrix} rs \\ \mu \end{Bmatrix}' \frac{\partial U'}{\partial x'_\mu} = \sum_{\mu\nu}\left[\frac{\partial^2 U}{\partial x_\mu \partial x_\nu} - \sum_i \begin{Bmatrix} \mu\nu \\ i \end{Bmatrix}\frac{\partial U}{\partial x_i}\right]\frac{\partial x_\mu}{\partial x'_r}\frac{\partial x_\nu}{\partial x'_s},$$

Führen wir nun die Bezeichnung:

$$(14^*) \qquad U_{\mu\nu} \equiv \frac{\partial^2 U}{\partial x_\mu \partial x_\nu} - \sum_i \begin{Bmatrix} \mu\nu \\ i \end{Bmatrix}\frac{\partial U}{\partial x_i}$$

ein und bedienen wir uns derselben Bezeichnung mit Strichen für die transformierte Form $f'$, so erhalten wir:

$$(15) \qquad U'_{rs} = \sum_{\mu\nu} U_{\mu\nu}\frac{\partial x_\mu}{\partial x'_r}\frac{\partial x_\nu}{\partial x'_s}.$$

Multiplizieren wir mit dem Produkt der Differentiale $dx'_r dx'_s$ und summieren wir nach $r$ und $s$, so erhalten wir:

$$\sum_{rs} U'_{rs} dx'_r dx'_s = \sum_{\mu\nu} U_{\mu\nu}\left(\sum_\nu \frac{\partial x_\mu}{\partial x'_\nu} dx'_r\right)\left(\sum_s \frac{\partial x_r}{\partial x'_s} dx'_s\right)$$
$$= \sum_{\mu\nu} U_{\mu\nu} dx_\mu dx_\nu.$$

Diese Gleichung zeigt, daß die Differentialform

$$\sum_{rs} U_{rs} dx_r dx_s = U_{11} dx_1^2 + 2 U_{12} dx_1 dx_2 + U_{22} dx_2^2$$

eine Kovariante der gegebenen Form $f$ ist. Die $U_{rs}$:

$$\begin{cases} U_{11} \equiv \dfrac{\partial^2 U}{\partial x_1^2} - \left\{ {11 \atop 1} \right\} \dfrac{\partial U}{\partial x_1} - \left\{ {11 \atop 2} \right\} \dfrac{\partial U}{\partial x_2}, \\ U_{12} \equiv \dfrac{\partial^2 U}{\partial x_1 \partial x_2} - \left\{ {12 \atop 1} \right\} \dfrac{\partial U}{\partial x_1} - \left\{ {12 \atop 2} \right\} \dfrac{\partial U}{\partial x_2}, \\ U_{22} \equiv \dfrac{\partial^2 U}{\partial x_2^2} - \left\{ {22 \atop 1} \right\} \dfrac{\partial U}{\partial x_1} - \left\{ {22 \atop 2} \right\} \dfrac{\partial U}{\partial x_2}, \end{cases}$$

werden deshalb nach Ricci als die kovarianten zweiten Differentialquotienten der Funktion $U$ bezüglich der Grundform $f$ bezeichnet.

Die kovariante Form $\sum_{rs} U_{rs} dx_r dx_s$ kann als das zweite kovariante Differential von $U$ bezeichnet werden, und verfahren wir mit dieser Form ebenso, wie in § 23 mit dem ersten Differential, so werden wir schließen können, daß die Koeffizienten von $\lambda$ und $\lambda^2$ in dem Quotienten

$$\frac{1}{a} \begin{vmatrix} a_{11} + \lambda U_{11} & a_{12} + \lambda U_{12} \\ a_{12} + \lambda U_{12} & a_{22} + \lambda U_{22} \end{vmatrix},$$

d. h. die beiden Ausdrücke:

$$A_{11} U_{11} + 2 A_{12} U_{12} + A_{22} U_{22},$$

$$\frac{U_{11} U_{22} - U_{12}^2}{a_{11} a_{22} - a_{12}^2},$$

zweite Differentialparameter sind. Der erste wird mit $\Delta_2 U$, der zweite mit $\Delta_{22} U$ bezeichnet; somit haben wir:

$$\text{(16)} \qquad \Delta_2 U \equiv \sum_{ik} A_{ik} U_{ik} = \sum_{ik} A_{ik} \left[ \frac{\partial^2 U}{\partial x_i \partial x_k} - \sum_{\lambda} \left\{ {ik \atop \lambda} \right\} \frac{\partial U}{\partial x_\lambda} \right],$$

$$\text{(17)} \qquad \Delta_{22} U \equiv \frac{U_{11} U_{22} - U_{12}^2}{a_{11} a_{22} - a_{12}^2}.$$

Übrigens läßt sich der zweite Differentialparameter $\Delta_{22} U$ durch $\Delta_2 U$ und die bereits in § 23 eingeführten Parameter ausdrücken, nämlich:

$$\text{(18)} \qquad \Delta_{22} U = \frac{2 \Delta_2 U \cdot \nabla (U, \Delta_1 U) - \Delta_1 (\Delta_1 U)}{4 \Delta_1 (U)},$$

denn diese Beziehung besteht für $a_{11} = a_{22} = 0$, und zu diesem Fall können wir immer durch eine Transformation der Veränderlichen gelangen.

Der Ausdruck (16) für $\Delta_2 U$ kann in eine andere Form gebracht werden, die in den Anwendungen am häufigsten vorkommt. Dazu führen wir in (16) $\sqrt{a}$, die Quadratwurzel aus der Diskriminante, ein, schreiben also:

$$\Delta_2 U = \frac{1}{\sqrt{a}} \sum_{ik} A_{ik} \sqrt{a} \frac{\partial}{\partial x_i} \left( \frac{\partial U}{\partial x_k} \right) - \sum_{ik\lambda} A_{ik} \left\{ {ik \atop \lambda} \right\} \frac{\partial U}{\partial x_\lambda}$$

oder auch:

$$\Delta_2 U = \frac{1}{\sqrt{a}} \sum_i \frac{\partial}{\partial x_i}\left(\sum_k A_{ik}\sqrt{a}\frac{\partial U}{\partial x_k}\right) - \frac{1}{\sqrt{a}} \sum_{i\lambda} \frac{\partial (A_{i\lambda}\sqrt{a})}{\partial x_i}\frac{\partial U}{\partial x_\lambda}$$
$$- \sum_{ik\lambda} A_{ik} \begin{Bmatrix} ik \\ \lambda \end{Bmatrix} \frac{\partial U}{\partial x_\lambda}.$$

Wir beweisen nun, daß die Summe der beiden letzten Glieder identisch verschwindet, daß nämlich:

$$(\alpha) \qquad \frac{1}{\sqrt{a}} \sum_i \frac{\partial (A_{i\lambda}\sqrt{a})}{\partial x_i} + \sum_{ik} A_{ik} \begin{Bmatrix} ik \\ \lambda \end{Bmatrix} = 0$$

ist. Es ist nämlich infolge (13):

$$\frac{\partial \log \sqrt{a}}{\partial x_i} = \sum_k \begin{Bmatrix} ki \\ k \end{Bmatrix}$$

und infolge (14):

$$\frac{\partial A_{i\lambda}}{\partial x_i} = - \sum_k A_{\lambda k} \begin{Bmatrix} ik \\ i \end{Bmatrix} - \sum_k A_{ik} \begin{Bmatrix} ik \\ \lambda \end{Bmatrix},$$

so daß sich hiernach $(\alpha)$ als eine Identität ergibt. Somit bleibt als zweiter Ausdruck für $\Delta_2 U$ übrig:

$$(19) \qquad \Delta_2 U \equiv \frac{1}{\sqrt{a}} \sum_i \frac{\partial}{\partial x_i}\left(\sum_k A_{ik}\sqrt{a}\frac{\partial U}{\partial x_k}\right)$$

oder ausführlich geschrieben:

$$(19^*) \quad \Delta_2 U \equiv \frac{1}{\sqrt{a_{11}a_{22} - a_{12}^2}} \left[ \frac{\partial}{\partial x_1} \left( \frac{a_{22}\frac{\partial U}{\partial x_1} - a_{12}\frac{\partial U}{\partial x_2}}{\sqrt{a_{11}a_{22} - a_{12}^2}} \right) + \frac{\partial}{\partial x_2} \left( \frac{a_{11}\frac{\partial U}{\partial x_2} - a_{12}\frac{\partial U}{\partial x_1}}{\sqrt{a_{11}a_{22} - a_{12}^2}} \right) \right].$$

## § 27. Integrabilitätsbedingungen für die Christoffelschen Formeln.

Wir wollen nun die in § 24 begonnene Differentialdiskussion unseres Problems wieder aufnehmen, die es uns bis jetzt ermöglicht, durch die Christoffelschen Formeln (II) alle zweiten Differentialquotienten der unbekannten Funktionen $x_1$, $x_2$ auszudrücken. Zur Durchführung der Diskussion des Systems müssen wir nach der allgemeinen Theorie die Integrabilitätsbedingungen der Gleichungen (II) aufstellen, die, wie wir sehen werden, in unserem Falle zu einer aus endlichen Ausdrücken zusammengesetzten Beziehung zwischen $x_1$, $x_2$; $x_1'$, $x_2'$ führen.

Um diese Bedingungen abzuleiten, schreiben wir zwei von den Formeln (II) hin:

$$\frac{\partial^2 x_\nu}{\partial x'_\alpha \partial x'_\beta} + \sum_{ri} \begin{Bmatrix} ri \\ \nu \end{Bmatrix} \frac{\partial x_r}{\partial x'_\alpha} \frac{\partial x_i}{\partial x'_\beta} = \sum_t \begin{Bmatrix} \alpha\beta \\ t \end{Bmatrix}' \frac{\partial x_\nu}{\partial x'_t},$$

$$\frac{\partial^2 x_\nu}{\partial x'_\alpha \partial x'_\gamma} + \sum_{rh} \begin{Bmatrix} rh \\ \nu \end{Bmatrix} \frac{\partial x_r}{\partial x'_\alpha} \frac{\partial x_h}{\partial x'_\gamma} = \sum_t \begin{Bmatrix} \alpha\gamma \\ t \end{Bmatrix}' \frac{\partial x_\nu}{\partial x'_t},$$

wo $\nu$, $\alpha$, $\beta$, $\gamma$ feste Indizes ($\beta \neq \gamma$) sind, differenzieren dann die erste nach $x'_\gamma$, die zweite nach $x'_\beta$ und subtrahieren. Mit Weglassung der sich aufhebenden Posten erhalten wir so zunächst:

$$\sum_{rih} \left[ \frac{\partial}{\partial x_h} \begin{Bmatrix} ri \\ \nu \end{Bmatrix} - \frac{\partial}{\partial x_i} \begin{Bmatrix} rh \\ \nu \end{Bmatrix} \right] \frac{\partial x_r}{\partial x'_\alpha} \frac{\partial x_i}{\partial x'_\beta} \frac{\partial x_h}{\partial x'_\gamma} + \sum_{li} \begin{Bmatrix} li \\ \nu \end{Bmatrix} \frac{\partial^2 x_l}{\partial x'_\alpha \partial x'_\gamma} \frac{\partial x_i}{\partial x'_\beta}$$

$$- \sum_{lh} \begin{Bmatrix} lh \\ \nu \end{Bmatrix} \frac{\partial^2 x_l}{\partial x'_\alpha \partial x'_\beta} \frac{\partial x_h}{\partial x'_\gamma} = \sum_t \left[ \frac{\partial}{\partial x'_\gamma} \begin{Bmatrix} \alpha\beta \\ t \end{Bmatrix}' - \frac{\partial}{\partial x'_\beta} \begin{Bmatrix} \alpha\gamma \\ t \end{Bmatrix}' \right] \frac{\partial x_\nu}{\partial x'_t}$$

$$+ \sum_t \begin{Bmatrix} \alpha\beta \\ t \end{Bmatrix}' \frac{\partial^2 x_\nu}{\partial x'_t \partial x'_\gamma} - \sum_t \begin{Bmatrix} \alpha\gamma \\ t \end{Bmatrix}' \frac{\partial^2 x_\nu}{\partial x'_t \partial x'_\beta}.$$

Setzen wir hierzu statt der zweiten Differentialquotienten die durch die Gleichungen (II) gegebenen Werte ein, so heben sich die Glieder, welche die Produkte aus zwei ersten Differentialquotienten enthalten, und wenn wir in einigen Summen die Indizesbezeichnung passend ändern (so daß in entsprechenden Gliedern dieselben Differentialquotienten zum Vorschein kommen), so ergibt sich die Gleichung:

$$\sum_{rih} \left[ \frac{\partial}{\partial x_h} \begin{Bmatrix} ri \\ \nu \end{Bmatrix} - \frac{\partial}{\partial x_i} \begin{Bmatrix} rh \\ \nu \end{Bmatrix} + \sum_l \left( \begin{Bmatrix} ri \\ l \end{Bmatrix} \begin{Bmatrix} lh \\ \nu \end{Bmatrix} - \begin{Bmatrix} rh \\ l \end{Bmatrix} \begin{Bmatrix} li \\ \nu \end{Bmatrix} \right) \right] \frac{\partial x_r}{\partial x'_\alpha} \frac{\partial x_i}{\partial x'_\beta} \frac{\partial x_h}{\partial x'_\gamma}$$

$$= \sum_t \left[ \frac{\partial}{\partial x'_\gamma} \begin{Bmatrix} \alpha\beta \\ t \end{Bmatrix}' - \frac{\partial}{\partial x'_\beta} \begin{Bmatrix} \alpha\gamma \\ t \end{Bmatrix}' + \sum_l \left( \begin{Bmatrix} \alpha\beta \\ l \end{Bmatrix}' \begin{Bmatrix} l\gamma \\ t \end{Bmatrix}' - \begin{Bmatrix} \alpha\gamma \\ l \end{Bmatrix}' \begin{Bmatrix} l\beta \\ t \end{Bmatrix}' \right) \right] \frac{\partial x_\nu}{\partial x'_t}.$$

Die Koeffizienten von $\frac{\partial x_\nu}{\partial x'_t}$ und des Produkts $\frac{\partial x_r}{\partial x'_\alpha} \frac{\partial x_i}{\partial x'_\beta} \frac{\partial x_h}{\partial x'_\gamma}$ in den beiderseitigen Summen sind nach demselben Gesetz gebildet, der eine bezüglich der Koeffizienten von $f'$, der andere bezüglich derjenigen von $f$, und hängen von vier Indizes ab. Unter Einführung der neuen Vierindizessymbole:

$$(20) \quad \{r\nu, ih\} \equiv \frac{\partial}{\partial x_h} \begin{Bmatrix} ri \\ \nu \end{Bmatrix} - \frac{\partial}{\partial x_i} \begin{Bmatrix} rh \\ \nu \end{Bmatrix} + \sum \left( \begin{Bmatrix} ri \\ l \end{Bmatrix} \begin{Bmatrix} lh \\ \nu \end{Bmatrix} - \begin{Bmatrix} rh \\ l \end{Bmatrix} \begin{Bmatrix} li \\ \nu \end{Bmatrix} \right)$$

läßt sich die letzte Gleichung auch so schreiben:

$$(21) \qquad \sum_{rih} \{r\nu, ih\} \frac{\partial x_r}{\partial x'_\alpha} \frac{\partial x_i}{\partial x'_\beta} \frac{\partial x_h}{\partial x'_\gamma} = \sum_t \{\alpha t, \beta\gamma\}' \frac{\partial x_\nu}{\partial x'_t}.$$

Die Symbole (20) bezeichnen wir als **Vierindizessymbole zweiter Art**, und zusammen mit ihnen führen wir auch noch solche **erster Art** ein, indem wir setzen:

$$(22)\qquad (rk, ih) \equiv \sum_{\nu} a_{\nu k} \{r\nu, ih\}.$$

Hieraus folgt durch Auflösung nach den Symbolen $\{r\nu, ih\}$:

$$(22^*)\qquad \{r\nu, ih\} = \sum_{k} A_{\nu k} (rk, ih).$$

Multiplizieren wir (21) mit $a_{\nu k} \dfrac{\partial x_k}{\partial x'_\delta}$ und summieren wir nach $\nu$ und $k$ unter Beachtung der Gleichungen (I), so erhalten wir endlich die Gleichung:

$$(23)\qquad (\alpha\delta, \beta\gamma)' = \sum_{rkih} (rk, ih) \frac{\partial x_r}{\partial x'_\alpha} \frac{\partial x_i}{\partial x'_\beta} \frac{\partial x_h}{\partial x'_\gamma} \frac{\partial x_k}{\partial x'_\delta}.$$

## § 28. Vierindizessymbole und ihre Eigenschaften.

Die Vierindizessymbole $(rk, ih)$ für die quadratischen Differentialformen von beliebig vielen Veränderlichen waren bereits vor Christoffel von **Riemann** in einer nachgelassenen Abhandlung[1]) eingeführt worden und heißen deshalb **Riemannsche Symbole**.

Wir müssen nun einige Eigenschaften der Vierindizessymbole erster Art $(rk, ih)$ entwickeln. Zunächst wollen wir sie durch die Dreiindizessymbole erster Art ausdrücken. Wegen der Gleichungen (20) und (22) haben wir:

$$(rk, ih) = \sum_{\nu} a_{\nu k} \frac{\partial \left\{ {ri \atop \nu} \right\}}{\partial x_h} - \sum_{\nu} a_{\nu k} \frac{\partial \left\{ {rh \atop \nu} \right\}}{\partial x_i} +$$
$$+ \sum_{l} \left\{ {ri \atop l} \right\} \sum_{\nu} a_{\nu k} \left\{ {lh \atop \nu} \right\} - \sum_{l} \left\{ {rh \atop l} \right\} \sum_{\nu} a_{\nu k} \left\{ {li \atop \nu} \right\}.$$

Nun ist nach (11*), S. 42:

$$\sum_{\nu} a_{\nu k} \left\{ {ri \atop \nu} \right\} = \left[ {ri \atop k} \right], \qquad \sum_{\nu} a_{\nu k} \left\{ {rh \atop \nu} \right\} = \left[ {rh \atop k} \right],$$
$$\sum_{\nu} a_{\nu k} \left\{ {lh \atop \nu} \right\} = \left[ {lh \atop k} \right], \qquad \sum_{\nu} a_{\nu k} \left\{ {li \atop \nu} \right\} = \left[ {li \atop k} \right],$$

also:

$$(rk, ih) = \frac{\partial \left[ {ri \atop k} \right]}{\partial x_h} - \frac{\partial \left[ {rh \atop k} \right]}{\partial x_i} - \sum_{\nu} \left\{ {ri \atop \nu} \right\} \frac{\partial a_{\nu k}}{\partial x_h} + \sum_{\nu} \left\{ {rh \atop \nu} \right\} \frac{\partial a_{\nu k}}{\partial x_i} +$$
$$+ \sum_{l} \left( \left\{ {ri \atop l} \right\} \left[ {lh \atop k} \right] - \left\{ {rh \atop l} \right\} \left[ {li \atop k} \right] \right).$$

---

1) S. Riemanns Werke: Commentatio mathematica usw., 2. Aufl., S. 391.

Setzen wir für $\frac{\partial a_{rk}}{\partial x_i}$, $\frac{\partial a_{rk}}{\partial x_h}$ ihre bezüglichen Werte (vgl. (12), S. 42):

$$\begin{bmatrix} ri \\ k \end{bmatrix} + \begin{bmatrix} ki \\ r \end{bmatrix}, \quad \begin{bmatrix} rh \\ k \end{bmatrix} + \begin{bmatrix} kh \\ r \end{bmatrix}$$

ein, so folgt hieraus:

$$(rk, ih) = \frac{\partial \begin{bmatrix} ri \\ k \end{bmatrix}}{\partial x_h} - \frac{\partial \begin{bmatrix} rh \\ k \end{bmatrix}}{\partial x_i} + \sum_l \left( \begin{bmatrix} ik \\ l \end{bmatrix} \begin{Bmatrix} rh \\ l \end{Bmatrix} - \begin{bmatrix} hk \\ l \end{bmatrix} \begin{Bmatrix} ri \\ l \end{Bmatrix} \right)$$

oder auch, wenn wir die Symbole zweiter Art durch die erster Art nach (11) ausdrücken:

$$(24) \qquad (rk, ih) = \frac{\partial \begin{bmatrix} ri \\ k \end{bmatrix}}{\partial x_h} - \frac{\partial \begin{bmatrix} rh \\ k \end{bmatrix}}{\partial x_i} + \sum_{lm} A_{lm} \left( \begin{bmatrix} rh \\ m \end{bmatrix} \begin{bmatrix} ik \\ l \end{bmatrix} - \begin{bmatrix} ri \\ m \end{bmatrix} \begin{bmatrix} hk \\ l \end{bmatrix} \right).$$

Entwickeln wir rechts die beiden ersten Glieder, die nur die zweiten Differentialquotienten enthalten, so erhalten wir:

$$(24^*) \qquad (rk, ih) = \frac{1}{2}\left( \frac{\partial^2 a_{rh}}{\partial x_i \partial x_k} + \frac{\partial^2 a_{ik}}{\partial x_r \partial x_h} - \frac{\partial^2 a_{ri}}{\partial x_h \partial x_k} - \frac{\partial^2 a_{hk}}{\partial x_r \partial x_i} \right) +$$
$$+ \sum_{lm} A_{lm} \left( \begin{bmatrix} rh \\ m \end{bmatrix} \begin{bmatrix} ik \\ l \end{bmatrix} - \begin{bmatrix} ri \\ m \end{bmatrix} \begin{bmatrix} hk \\ l \end{bmatrix} \right).$$

Aus dieser Gleichung ergibt sich sofort, daß durch eine Vertauschung der beiden ersten oder der beiden zweiten Indizes im Riemannschen Symbol das Vorzeichen geändert wird:

$$(\text{a}) \qquad \begin{cases} (kr, ih) = -(rk, ih), \\ (rk, hi) = -(rk, ih), \end{cases}$$

insbesondere, daß, wenn die beiden ersten oder zweiten Indizes einander gleich sind, der Wert des Symbols identisch gleich Null ist.

Diese Eigenschaften genügen bereits in unserm Falle der binären[1]) Differentialformen, um zu erkennen, daß nur vier der Riemannschen Symbole von Null verschieden sind, nämlich:

$$(12, 12), \quad (12, 21), \quad (21, 12), \quad (21, 21);$$

aber wegen (a) ist das vierte gleich dem ersten, das zweite und dritte gleich dem ersten mit entgegengesetztem Vorzeichen.

---

1) Im Falle von $n$ Veränderlichen sind noch folgende Beziehungen zu beachten:

$$(\text{b}) \qquad \begin{cases} (ih, rk) = (rk, ih), \\ (rk, ih) + (ri, hk) + (rh, ki) = 0. \end{cases}$$

Die Integrabilitätsbedingungen (23) reduzieren sich somit auf eine einzige, nämlich:

$$(12,\,12)' = (12,\,12)\left(\frac{\partial x_1}{\partial x_1'}\frac{\partial x_2}{\partial x_2'} - \frac{\partial x_1}{\partial x_2'}\frac{\partial x_2}{\partial x_1'}\right)^2$$

oder auch:

$$(12,\,12)' = (12,\,12)M^2.$$

Es ist aber auch $a' = a \cdot M^2$, also kann die Integrabilitätsbedingung auch lauten:

$$\frac{(12,\,12)'}{a'} = \frac{(12,\,12)}{a}. \tag{25}$$

In Übereinstimmung mit unserer Bemerkung im voraufgehenden Paragraphen sehen wir, daß die Integrabilitätsbedingungen der Christoffelschen Gleichungen hier eine einzige endliche Gleichung zwischen $x_1,\ x_2;\ x_1',\ x_2'$ liefern, nämlich (25).

## § 29. Krümmung einer binären Form.

Die Gleichung (25) liefert uns in unserem Falle einer binären quadratischen Differentialform eine wichtige Differentialinvariante (zweiter Ordnung) in dem Ausdruck $\frac{(12,\,12)}{a}$, der nach (25) immer denselben Wert behält, wie auch die Veränderlichen transformiert werden mögen. Diese Differentialinvariante

$$K \equiv \frac{(12,\,12)}{a} \tag{26}$$

wird das Krümmungsmaß oder die Krümmung der Form genannt, wegen der geometrischen Bedeutung, die sie bezüglich der Krümmung einer Fläche annimmt, wenn die Form das Quadrat des Linienelements dieser Fläche angibt (Kap. IV).

Für die Krümmung $K$ können verschiedene andere Ausdrücke abgeleitet werden, deren Betrachtung für die Folge von Wichtigkeit ist. Aus (22*) und den Eigenschaften des Riemannschen Symbols $(rk,\,ih)$ folgen sofort die vier Gleichungen:

$$Ka_{11} = \{12,\,12\}, \qquad Ka_{12} = \{11,\,21\},$$
$$Ka_{12} = \{22,\,12\}, \qquad Ka_{22} = \{21,\,21\},$$

die in den Dreiindizessymbolen entwickelt lauten:

$$\text{(IV)}\quad \begin{cases} Ka_{11} = \frac{\partial}{\partial x_2}\left\{{11 \atop 2}\right\} - \frac{\partial}{\partial x_1}\left\{{12 \atop 2}\right\} + \left\{{11 \atop 1}\right\}\left\{{12 \atop 2}\right\} + \left\{{11 \atop 2}\right\}\left\{{22 \atop 2}\right\} - \left\{{12 \atop 1}\right\}\left\{{11 \atop 2}\right\} - \left\{{11 \atop 2}\right. \\ Ka_{12} = \frac{\partial}{\partial x_1}\left\{{12 \atop 1}\right\} - \frac{\partial}{\partial x_2}\left\{{11 \atop 1}\right\} + \left\{{12 \atop 1}\right\}\left\{{12 \atop 2}\right\} - \left\{{11 \atop 2}\right\}\left\{{22 \atop 1}\right\}, \\ Ka_{12} = \frac{\partial}{\partial x_2}\left\{{12 \atop 2}\right\} - \frac{\partial}{\partial x_1}\left\{{22 \atop 2}\right\} + \left\{{12 \atop 2}\right\}\left\{{12 \atop 1}\right\} - \left\{{22 \atop 1}\right\}\left\{{11 \atop 2}\right\}, \\ Ka_{22} = \frac{\partial}{\partial x_1}\left\{{22 \atop 1}\right\} - \frac{\partial}{\partial x_2}\left\{{12 \atop 1}\right\} + \left\{{22 \atop 2}\right\}\left\{{12 \atop 1}\right\} + \left\{{22 \atop 1}\right\}\left\{{11 \atop 1}\right\} - \left\{{12 \atop 2}\right\}\left\{{22 \atop 1}\right\} - \left\{{11 \atop 1}\right. \end{cases}$$

Nun schreiben wir die erste dieser Gleichungen folgendermaßen:

$$K a_{11} = \frac{\partial}{\partial x_2}\left\{{11 \atop 2}\right\} - \frac{\partial}{\partial x_1}\left\{{12 \atop 2}\right\} - \left\{{12 \atop 2}\right\}\left[\left\{{11 \atop 1}\right\} + \left\{{12 \atop 2}\right\}\right] + $$
$$+ \left\{{11 \atop 2}\right\}\left[\left\{{22 \atop 2}\right\} + \left\{{12 \atop 1}\right\}\right] + 2\left(\left\{{11 \atop 1}\right\}\left\{{12 \atop 2}\right\} - \left\{{12 \atop 1}\right\}\left\{{11 \atop 2}\right\}\right),$$

berücksichtigen (13), S. 43, und können, $a_{11} \neq 0$ vorausgesetzt, schreiben:

$$K = \frac{1}{\sqrt{a}}\left[\frac{\partial}{\partial x_2}\left(\frac{\sqrt{a}}{a_{11}}\left\{{11 \atop 2}\right\}\right) - \frac{\partial}{\partial x_1}\left(\frac{\sqrt{a}}{a_{11}}\left\{{12 \atop 2}\right\}\right)\right] + \frac{1}{a_{11}^2}\left[\left\{{11 \atop 2}\right\}\frac{\partial a_{11}}{\partial x_2} - \left\{{12 \atop 2}\right\}\frac{\partial a_{11}}{\partial x_1} + \right.$$
$$\left. + 2 a_{11}\left(\left\{{11 \atop 1}\right\}\left\{{12 \atop 2}\right\} - \left\{{12 \atop 1}\right\}\left\{{11 \atop 2}\right\}\right)\right].$$

Da wegen der Gleichungen (12*), S. 43,

$$\frac{\partial a_{11}}{\partial x_2} = 2 a_{11}\left\{{12 \atop 1}\right\} + 2 a_{12}\left\{{12 \atop 2}\right\},$$
$$\frac{\partial a_{11}}{\partial x_1} = 2 a_{11}\left\{{11 \atop 1}\right\} + 2 a_{12}\left\{{11 \atop 2}\right\}$$

ist, so ist der Faktor von $\frac{1}{a_{11}^2}$ gleich Null, also bleibt übrig:

(V) $$K = \frac{1}{\sqrt{a}}\left[\frac{\partial}{\partial x_2}\left(\frac{\sqrt{a}}{a_{11}}\left\{{11 \atop 2}\right\}\right) - \frac{\partial}{\partial x_1}\left(\frac{\sqrt{a}}{a_{11}}\left\{{12 \atop 2}\right\}\right)\right].$$

Die Krümmung $K$ kann für $a_{11} \neq 0$ nach dieser Formel berechnet werden, für $a_{22} \neq 0$ auch nach der symmetrischen Formel:

(V*) $$K = \frac{1}{\sqrt{a}}\left[\frac{\partial}{\partial x_1}\left(\frac{\sqrt{a}}{a_{22}}\left\{{22 \atop 1}\right\}\right) - \frac{\partial}{\partial x_2}\left(\frac{\sqrt{a}}{a_{22}}\left\{{12 \atop 1}\right\}\right)\right].$$

Für $a_{11} = a_{22} = 0$ ist:

$$\left\{{12 \atop 1}\right\} = \left\{{12 \atop 2}\right\} = \left\{{11 \atop 2}\right\} = \left\{{22 \atop 1}\right\} = 0,$$
$$\left\{{11 \atop 1}\right\} = \frac{\partial \log a_{12}}{\partial x_1}, \quad \left\{{22 \atop 2}\right\} = \frac{\partial \log a_{12}}{\partial x_2};$$

somit liefern die mittleren der Gleichungen (IV) die einfache Form

(VI) $$K = -\frac{1}{a_{12}}\frac{\partial^2 \log a_{12}}{\partial x_1 \partial x_2}.$$

## § 30. **Formen konstanter oder verschwindender Krümmung.**

Wir kehren zu der Gleichung (25) zurück, die uns die Integrabilitätsbedingungen ergab und die wir jetzt in der Form:

$$K' = K$$

schreiben können. Sie stellt im allgemeinen eine wirkliche Gleichung zwischen $x_1, x_2$; $x_1', x_2'$ dar, und um die Behandlung des Problems der

Äquivalenz der beiden Formen fortzusetzen, müßten wir die Gleichungen aufstellen, die sich aus ihr für die Differentialquotienten ergeben, und mit den Gleichungen (I) kombinieren. Wir nehmen hier von der weiteren Behandlung Abstand, da wir sie später (Kap. VII, § 94) wiederaufnehmen und in sehr einfacher Weise zum Abschluß bringen werden.

Hier beschäftigen wir uns mit einem sehr wichtigen besonderen Fall, daß nämlich die Integrabilitätsbedingung: $K' = K$ identisch erfüllt ist, wozu nötig ist, daß beide Formen dieselbe konstante Krümmung haben. Dann bilden die sechs Christoffelschen Gleichungen (II) 2. Ordnung und die Gleichungen (I) 1. Ordnung ein vollständig integrierbares System, und die allgemeine Theorie lehrt, daß wir zur Bestimmung der $x$ als Funktionen der $x'$ die Werte der $x$ und ihrer vier ersten Differentialquotienten für ein Anfangssystem von Werten der unabhängigen Veränderlichen willkürlich annehmen können, wofern nur den Gleichungen (I) durch die Anfangswerte genügt wird. Somit bleiben im Integralsystem drei willkürliche Konstanten, und es folgt der Satz:

Zwei binäre quadratische Differentialformen mit derselben konstanten Krümmung sind immer äquivalent. Die Gleichungen für die Transformation der einen in die andere enthalten drei willkürliche Konstanten.

Insbesondere ergibt sich weiter:

Eine Form $f$ mit konstanter Krümmung gestattet $\infty^3$ Transformationen in sich. Sie bilden offenbar eine kontinuierliche Gruppe mit drei Parametern (eine Liesche $\mathfrak{G}_3$).

Handelt es sich in den voraufgehenden Ergebnissen um reelle Transformationen von Formen mit reellen Koeffizienten und Veränderlichen, so ist natürlich auch die weitere Bedingung zu berücksichtigen, daß beide Formen im reellen Wertgebiet algebraisch äquivalent, d. h. beide definit (positiv oder negativ) oder beide indefinit sind. Insbesondere hat eine Form mit konstanten Koeffizienten die Krümmung Null, und als typische Normalform können wir ansetzen:

$f \equiv dy_1\, dy_2$ für eine indefinite,

$f \equiv dy_1^2 + dy_2^2$ für eine definite (positive) Form.

Für das obige allgemeine Ergebnis kann nun jede Form mit der Krümmung Null auf eine der beiden Normalformen gebracht werden, und wir können unschwer beweisen:

Die Überführung einer binären Form mit der Krümmung Null in die typische Form $dy_1\, dy_2$ bzw. $dy_1^2 + dy_2^2$ ergibt sich durch bloße Quadraturen.

Betrachten wir z. B. den ersten Fall und zerlegen wir

$$f \equiv a_{11} dx_1^2 + 2a_{12} dx_1 dx_2 + a_{22} dx_2^2$$

in die reellen Linearfaktoren:

$$f \equiv (\alpha dx_1 + \beta dx_2)(\gamma dx_1 + \delta dx_2),$$

wo

$$\alpha\delta - \beta\gamma \neq 0, \quad \text{da ja} \quad a_{11} a_{22} - a_{12}^2 \neq 0,$$

so muß sein:

$$(\alpha dx_1 + \beta dx_2)(\gamma dx_1 + \delta dx_2) \equiv dy_1 dy_2,$$

also:

$$dy_1 = \lambda(\alpha dx_1 + \beta dx_2),$$

$$dy_2 = \frac{1}{\lambda}(\gamma dx_1 + \delta dx_2),$$

wo $\lambda$ ein passender Faktor ist. Setzen wir $\lambda = e^{\mu}$, so haben wir:

$$\frac{\partial(e^{\mu}\alpha)}{\partial x_2} = \frac{\partial(e^{\mu}\beta)}{\partial x_1}, \quad \frac{\partial(e^{-\mu}\gamma)}{\partial x_2} = \frac{\partial(e^{-\mu}\delta)}{\partial x_1},$$

also:

$$\begin{cases} \beta \dfrac{\partial \mu}{\partial x_1} - \alpha \dfrac{\partial \mu}{\partial x_2} = \dfrac{\partial \alpha}{\partial x_2} - \dfrac{\partial \beta}{\partial x_1}, \\ \delta \dfrac{\partial \mu}{\partial x_1} - \gamma \dfrac{\partial \mu}{\partial x_2} = \dfrac{\partial \delta}{\partial x_1} - \dfrac{\partial \gamma}{\partial x_2}. \end{cases}$$

Hieraus ergibt sich, da $\alpha\delta - \beta\gamma \neq 0$, $\frac{\partial \mu}{\partial x_1}, \frac{\partial \mu}{\partial x_2}$, also $\mu$ mittels einer Quadratur, und dann lassen sich mittels zweier weiterer Quadraturen $y_1$ und $y_2$ berechnen aus:

$$\begin{cases} dy_1 = e^{\mu}(\alpha dx_1 + \beta dx_2), \\ dy_2 = e^{-\mu}(\gamma dx_1 + \delta dx_2). \end{cases}$$

## § 31. Simultane quadratische Formen. — Reduktion auf die Normalform.

Wir betrachten zwei simultane binäre quadratische Differentialformen:

$$\begin{cases} f \equiv a_{11} dx_1^2 + 2a_{12} dx_1 dx_2 + a_{22} dx_2^2, \\ \varphi \equiv b_{11} dx_1^2 + 2b_{12} dx_1 dx_2 + b_{22} dx_2^2, \end{cases}$$

und setzen voraus, daß wenigstens die Diskriminante der ersten, $a \equiv a_{11} a_{22} - a_{12}^2$, von Null verschieden sei. In den Ausdrücken:

$$\begin{cases} H \equiv \dfrac{a_{11} b_{22} - 2a_{12} b_{12} + a_{22} b_{11}}{a_{11} a_{22} - a_{12}^2}, \\ K \equiv \dfrac{b_{11} b_{22} - b_{12}^2}{a_{11} a_{22} - a_{12}^2} \end{cases}$$

haben wir zwei algebraische Simultaninvarianten von $f$ und $\varphi$.[1]) Bilden wir nun für die beiden Formen die Jacobische Determinante (Funktionaldeterminante):

$$\begin{vmatrix} a_{11}dx_1 + a_{12}dx_2, & a_{21}dx_1 + a_{22}dx_2 \\ b_{11}dx_1 + b_{12}dx_2, & b_{21}dx_1 + b_{22}dx_2 \end{vmatrix},$$

so haben wir eine quadratische Form, die bei beliebiger Transformation der Veränderlichen die Substitutionsdeterminante $M$ als Faktor erhält, genau so wie $\sqrt{a}$, die Quadratwurzel aus der Diskriminante $a_{11}a_{22} - a_{12}^2$. Daraus folgt, daß die quadratische Form:

$$\Theta \equiv \frac{1}{\sqrt{a}} \begin{vmatrix} a_{11}dx_1 + a_{12}dx_2, & a_{21}dx_1 + a_{22}dx_2 \\ b_{11}dx_1 + b_{12}dx_2, & b_{21}dx_1 + b_{22}dx_2 \end{vmatrix}$$

eine irrationale Simultankovariante von $f$ und $\varphi$ ist.

Für diese dritte Form schreiben wir:

$$\Theta \equiv c_{11}dx_1^2 + c_{12}dx_1dx_2 + c_{22}dx_2^2,$$

setzen also dabei:

$$c_{11} = \frac{1}{\sqrt{a}}(a_{11}b_{21} - a_{21}b_{11}),\ c_{12} = \frac{1}{\sqrt{a}}(a_{11}b_{22} - a_{22}b_{11}),\ c_{22} = \frac{1}{\sqrt{a}}(a_{12}b_{22} - a_{22}b_{11}).$$

Nun ist identisch:

$$(\beta) \qquad a_{11}c_{22} + a_{22}c_{11} - a_{12}c_{12} = 0\ ^{2)},$$

analog:

$$(\beta^*) \qquad b_{11}c_{22} + b_{22}c_{11} - b_{12}c_{12} = 0,$$

folglich kann der Ausdruck:

$$a_{11}^2(c_{12}^2 - 4c_{11}c_{22}) \equiv a_{11}^2c_{12}^2 - 4a_{11}c_{11}(a_{12}c_{12} - a_{22}c_{11})$$

auch in der Form:

$$(a_{11}c_{12} - 2a_{12}c_{11})^2 + 4c_{11}^2(a_{11}a_{22} - a_{12}^2)$$

geschrieben werden. Nun werde vorausgesetzt, die erste Form $f$ sei definit, somit ihre Diskriminante $a_{11}a_{22} - a_{12}^2 > 0$. Dann erhellt aus der obigen Identität, daß $c_{12}^2 - 4c_{11}c_{22}$ positiv und von Null verschieden ist, wofern nicht

$$c_{11} = 0,\ c_{12} = 0,\ c_{22} = 0$$

---

1) $H$ und $K$ sind die Koeffizienten von $\lambda$ bzw. $\lambda^2$ in dem Quotienten

$$\frac{1}{a}\begin{vmatrix} a_{11} + \lambda b_{11}, & a_{12} + \lambda b_{12} \\ a_{12} + \lambda b_{12}, & a_{22} + \lambda b_{22} \end{vmatrix}.$$

2) Man entwickle die verschwindende Determinante

$$\begin{vmatrix} a_{11} & a_{12} & a_{22} \\ a_{11} & a_{12} & a_{22} \\ b_{11} & b_{12} & b_{22} \end{vmatrix}$$

nach den Elementen der ersten Horizontalreihe.

ist, ein Fall, in dem die Kovariante $\Theta$ identisch verschwindet und die Proportionen bestehen:

$$b_{11} : b_{12} : b_{22} = a_{11} : a_{12} : a_{22}.$$

Die Wurzeln $\tau_1$ und $\tau_2$ der durch $\Theta = 0$ gegebenen quadratischen Gleichung für $\frac{dx_2}{dx_1}$ sind demnach reell und voneinander verschieden, und die Differentialgleichungen:

$$\frac{dx_2}{dx_1} = \tau_1, \quad \frac{dx_2}{dx_1} = \tau_2$$

haben reelle und voneinander verschiedene Integrale:

$$x_1' = \text{Const.}, \; x_2' = \text{Const.}$$

Führen wir $x_1'$, $x_2'$ als neue Veränderliche ein, so ist in der transformierten Kovariante $\Theta'$

$$c_{11}' = 0, \; c_{22}' = 0, \; c_{12}' \neq 0$$

und wegen der Identität ($\beta$):

$$a_{11}' c_{22}' + a_{22}' c_{11}' - a_{12}' c_{12}' = 0,$$

somit $a_{12}' = 0$, analog wegen ($\beta^*$) auch $b_{12}' = 0$. Demnach nehmen die transformierten Formen $f'$, $\varphi'$ gleichzeitig die Gestalt:

$$a_{11}' dx_1'^2 + a_{22}' dx_2'^2, \quad b_{11}' dx_1'^2 + b_{22}' dx_2'^2$$

an, die wegen des Fehlens des Gliedes in $dx_1' dx_2'$ als die Orthogonalform bezeichnet wird. Es gilt somit der Satz:

Zwei binäre quadratische Differentialformen, von denen wenigstens eine definit ist, können durch eine reelle Transformation der Veränderlichen gleichzeitig in die Orthogonalform gebracht werden. Die neu einzuführenden Veränderlichen sind diejenigen, welche, gleich Konstanten gesetzt, die Integrale der quadratischen Gleichung liefern, die sich durch Nullsetzen der Jacobischen Determinante der beiden Formen ergibt.

In dem Ausnahmefalle der Proportionalität der beiden Formen ist diese Reduktion offenbar auf unendlich viele Weisen möglich.

## § 31*. Kubische und lineare Kovariante.

Zum Schlusse dieser kurzen Untersuchung über quadratische Differentialformen wollen wir auf einige Eigenschaften zweier simultaner quadratischer Formen eingehen, die wegen ihrer Anwendung auf die Theorie der Flächen von Wichtigkeit sind.

Angenommen, die Formen $f$ und $\varphi$ gehen bei einer Transformation der Veränderlichen $(x \sim x')$ in

$$f' \equiv \sum_{rs} a'_{rs}\, dx'_r\, dx'_s, \qquad \varphi' \equiv \sum_{rs} b'_{rs}\, dx'_r\, dx'_s$$

über. Die Gleichung (4*), S. 36:

$$b'_{rs} = \sum_{ik} b_{ik} \frac{\partial x_i}{\partial x'_r} \frac{\partial x_k}{\partial x'_s}\,.$$

differenzieren wir nach $x'_t$, setzen für die zweiten Differentialquotienten die durch die Christoffelschen Gleichungen (II) bestimmten Werte ein und erhalten so:

$$\frac{\partial b'_{rs}}{\partial x'_t} - \sum_\mu \begin{Bmatrix} st \\ \mu \end{Bmatrix}' b'_{r\mu} - \sum_\mu \begin{Bmatrix} rt \\ \mu \end{Bmatrix}' b'_{s\mu}$$

$$= \sum_{ikl} \left[ \frac{\partial b_{ik}}{\partial x_l} - \sum_\mu \begin{Bmatrix} il \\ \mu \end{Bmatrix} b_{k\mu} - \sum_\mu \begin{Bmatrix} kl \\ \mu \end{Bmatrix} b_{i\mu} \right] \cdot \frac{\partial x_i}{\partial x'_r} \frac{\partial x_k}{\partial x'_s} \frac{\partial x_l}{\partial x'_t}\,.$$

Multiplizieren wir mit dem Produkt der Differentiale $dx'_r\, dx'_s\, dx'_t$ und summieren wir nach den Indizes $r, s, t$, so kommt:

$$\sum_{rst} \left[ \frac{\partial b'_{rs}}{\partial x'_t} - \sum_\mu \begin{Bmatrix} st \\ \mu \end{Bmatrix}' b'_{r\mu} - \sum_\mu \begin{Bmatrix} rt \\ \mu \end{Bmatrix}' b'_{s\mu} \right] dx'_r\, dx'_s\, dx'_t$$

$$= \sum_{ikl} \left[ \frac{\partial b_{ik}}{\partial x_l} - \sum_\mu \begin{Bmatrix} il \\ \mu \end{Bmatrix} b_{k\mu} - \sum_\mu \begin{Bmatrix} kl \\ \mu \end{Bmatrix} b_{i\mu} \right] dx_i\, dx_k\, dx_l\,.$$

Diese Gleichung besagt, daß die kubische Differentialform rechts eine Kovariante der beiden Grundformen $f$, $\varphi$ ist. Daher werden die Dreiindizesausdrücke:

$$(27) \qquad \frac{\partial b_{ik}}{\partial x_l} - \sum_\mu \begin{Bmatrix} il \\ \mu \end{Bmatrix} b_{k\mu} - \sum_\mu \begin{Bmatrix} kl \\ \mu \end{Bmatrix} b_{i\mu}$$

nach Ricci die kovarianten Derivierten der Koeffizienten $b$ bezüglich der Form $f$ genannt. Sie verschwinden identisch, wenn $\varphi = f$, also $b_{ik} = a_{ik}$ wird, wie aus (12*), S. 43, hervorgeht.

In den Anwendungen auf die Geometrie der Flächen treten Dreiindizesausdrücke auf, die sich ergeben, wenn von (27) derjenige Ausdruck subtrahiert wird, der sich aus ihm durch Vertauschung von $k$ mit $l$ ergibt. Wir bezeichnen die Differenz mit dem Symbol $b_{ikl}$:

$$(28) \qquad b_{ikl} \equiv \frac{\partial b_{ik}}{\partial x_l} - \frac{\partial b_{il}}{\partial x_k} + \sum_\mu \begin{Bmatrix} ik \\ \mu \end{Bmatrix} b_{l\mu} - \sum_\mu \begin{Bmatrix} il \\ \mu \end{Bmatrix} b_{k\mu},$$

so daß die obenstehende Gleichung die Form annimmt:

$$(29) \qquad b'_{rst} = \sum_{ikl} b_{ikl} \frac{\partial x_i}{\partial x'_r} \frac{\partial x_k}{\partial x'_s} \frac{\partial x_l}{\partial x'_t}\,.$$

Aus (28) geht sofort hervor, daß bei einer Vertauschung der beiden letzten Indizes $k$ und $l$ $b_{ikl}$ das Zeichen ändert, d. h.:

$$b_{ikl} + b_{ilk} = 0,$$

so daß die $b_{ikl}$ für $k = l$ zu Null werden. Es bleiben somit nur vier nicht identisch verschwindende $b_{ikl}$ übrig, nämlich

$$b_{112},\ b_{121},\ b_{212},\ b_{221},$$

von denen die beiden ersten, ebenso die beiden letzten, einander entgegengesetzt gleich sind.

Bezeichnen wir nun mit den Symbolen $d$, $\delta$, $D$ drei verschiedene Systeme von Differentialen, multiplizieren wir (29) mit $dx'_r\, \delta x'_s\, Dx'_t$ und summieren wir nach $r$, $s$, $t$, so erhalten wir:

$$\sum_{rst} b'_{rst}\, dx'_r\, \delta x'_s\, Dx'_t = \sum_{ikl} b_{ikl}\, dx_i\, \delta x_k\, Dx_l\,.$$

Diese Gleichung besagt, daß die trilineare Form rechts, die wir mit

$$(f,\ \varphi) \equiv \sum_{ikl} b_{ikl}\, dx_i\, \delta x_k\, Dx_l$$

bezeichnen, eine Kovariante des Systems $f, \varphi$ ist.

Nach den voraufgegangenen Überlegungen ist ihr wirklicher Ausdruck:

$$(f,\ \varphi) \equiv (\delta x_1\, Dx_2 - \delta x_2\, Dx_1)(b_{112}\, dx_1 - b_{221}\, dx_2).$$

Er verschwindet also identisch, wenn die drei Differentialsysteme $d$, $\delta$, $D$ ein und dasselbe bedeuten.

Daraus schließen wir:

Das identische Verschwinden der trilinearen Form $(f, \varphi)$ drückt eine hinsichtlich einer beliebigen Transformation der Veränderlichen invariante Beziehung zwischen den beiden Formen $f$ und $\varphi$ aus. Ausgedrückt wird dies durch:

$$b_{112} = 0,\ b_{221} = 0$$

oder, nach (28) entwickelt, durch die Gleichungen:

$$\text{(VII)}\quad \begin{cases} \dfrac{\partial b_{11}}{\partial x_2} - \dfrac{\partial b_{12}}{\partial x_1} - \left\{ {12 \atop 1} \right\} b_{11} + \left( \left\{ {11 \atop 1} \right\} - \left\{ {12 \atop 2} \right\} \right) b_{12} + \left\{ {11 \atop 2} \right\} b_{22} = 0, \\[2ex] \dfrac{\partial b_{22}}{\partial x_1} - \dfrac{\partial b_{12}}{\partial x_2} + \left\{ {22 \atop 1} \right\} b_{11} + \left( \left\{ {22 \atop 2} \right\} - \left\{ {12 \atop 1} \right\} \right) b_{12} - \left\{ {12 \atop 2} \right\} b_{22} = 0. \end{cases}$$

Sie sind identisch erfüllt, wenn $\varphi$ mit $f$ zusammenfällt.

# Kapitel III.

## Krummlinige Koordinaten auf den Flächen. Konforme Abbildung.

Krummlinige Koordinaten auf einer Fläche. — Linienelement. — Winkel einer Kurve auf der Fläche mit den Parameterlinien. — Christoffelsche Symbole, Differentialparameter und Krümmungsmaß. — Isothermensysteme. — Isometrische Parameter. — Liescher Satz. — Konforme Abbildung einer Fläche auf die Ebene oder einer Fläche auf eine andere. — Isothermensysteme auf den Rotationsflächen. — Stereographische Polarprojektion der Kugelfläche. — Doppelte orthogonale Kreissysteme auf der Kugel und in der Ebene. — Darstellung der Bewegungen der komplexen Kugelfläche in sich mittels linearer Substitutionen nach Cayley.

---

### § 32. Krummlinige Koordinaten auf einer Fläche.

Eine Kurve, die sich unter gleichzeitiger Gestaltsänderung stetig im Raume bewegt, erzeugt eine Fläche. Zur analytischen Bestimmung einer Fläche können wir durch ein ähnliches Verfahren gelangen, wie wir es in § 1 für die Kurven eingeschlagen haben. Hierzu setzen wir voraus, daß die Koordinaten eines beweglichen Kurvenpunktes:

$$x = x(u), \quad y = y(u), \quad z = z(u)$$

außer von der Veränderlichen $u$, deren einzelne Werte die einzelnen Punkte der Kurve festlegen, von einem Parameter $v$ abhängen, d. h. (in einem gewissen Bereiche endliche und stetige) Funktionen der Veränderlichen $u$, $v$ seien, so daß

$$x = x(u, v), \quad y = y(u, v), \quad z = z(u, v) \tag{1}$$

gesetzt werden kann.

Jedem speziellen Werte $v_1$ von $v$ entspricht eine spezielle Kurve:

$$x = x(u, v_1), \quad y = y(u, v_1), \quad z = z(u, v_1);$$

ändert sich $v$ stetig, so bewegt sich diese Kurve stetig im Raume und beschreibt so eine Fläche, die durch die Gleichungen (1) analytisch definiert ist. Durch Elimination von $u$ und $v$ aus den drei Gleichungen (1) ergibt sich offenbar eine Beziehung:

$$f(x, y, z) = 0,$$

und dies ist die gewöhnliche Gleichung der Fläche.

Diese Fläche ist von der Schar der eben betrachteten Kurven bedeckt, von denen jede einem speziellen Werte von $v$ entspricht und deshalb eine Kurve $v = \text{Const.}$ oder kurz eine Kurve $v$ heißt.

Nun ist klar, daß, was bezüglich der Gleichungen (1) von der Veränderlichen $v$ gesagt worden ist, auch für die Veränderliche $u$ gilt. Erteilen wir also $u$ einen konstanten Wert $u_1$, so liegt die Kurve:

$$x = x(u_1, v), \quad y = y(u_1, v), \quad z = z(u_1, v)$$

ganz auf der Fläche, und wenn sich $u$ stetig ändert, so bewegt sich diese Kurve und beschreibt die Fläche. Wir erhalten so ein zweites System von Kurven auf der Fläche, die wir als die Kurven $u = \text{Const.}$ oder die Kurven $u$ bezeichnen.

Ein Flächenpunkt $P$ ist bestimmt, wenn in ihm die Werte $u_1$, $v_1$ der Veränderlichen $u$, $v$ bekannt sind. Anders ausgedrückt: jeder Punkt $P$ ist als Schnittpunkt der beiden Kurven:

$$u = u_1, \quad v = v_1$$

bestimmt, von denen die eine der Schar $u$, die andere der Schar $v$ angehört. Die Parameterwerte $u_1$, $v_1$ heißen die krummlinigen Koordinaten des Punktes, während die Kurven $u$, $v$ als Parameterlinien bezeichnet werden.

Eine Gleichung zwischen den Koordinaten des beweglichen Punktes $P$:

$$(2) \qquad \varphi(u, v) = 0$$

beschränkt offenbar die Bewegung desselben auf eine auf der Fläche gezogene Kurve; wir sagen demnach, daß (2) die Gleichung dieser Kurve ist.

Die Zahl der krummlinigen Koordinatensysteme, die auf einer gegebenen Fläche:

$$(3) \qquad f(x, y, z) = 0$$

gewählt werden können, ist unendlich groß. Wir erhalten jedes derselben, wenn wir die Koordinaten eines beweglichen Punktes $x$, $y$, $z$ durch zwei unabhängige Veränderliche $\alpha$, $\beta$ so ausdrücken, daß wir durch Elimination von $\alpha$ und $\beta$ aus den drei diesbezüglichen Gleichungen:

$$x = x(\alpha, \beta), \quad y = y(\alpha, \beta), \quad z = z(\alpha, \beta)$$

wieder zur Flächengleichung (3) kommen. Sobald ferner ein krummliniges Koordinatensystem $(u, v)$ auf der Fläche bereits fest bestimmt ist, erhalten wir in der allgemeinsten Weise ein neues, $(\alpha, \beta)$, wenn wir $u$, $v$ gleich zwei voneinander unabhängigen Funktionen von $\alpha$, $\beta$:

$$u = u(\alpha, \beta), \quad v = v(\alpha, \beta)$$

setzen. Dabei ist zu bemerken, daß sich, wenn z. B. $u(\alpha, \beta)$ nur eine der neuen Veränderlichen, etwa nur $\alpha$, enthielte, die Parameterlinien $u$ bei einer solchen Transformation nicht ändern würden, da $\alpha$ mit $u$ konstant wäre, und umgekehrt; nur der Parameter, welcher die einzelnen Kurven innerhalb der Schar festlegt und der vorhin $u$ war, würde in $\alpha$ übergehen.

Endlich bemerken wir, daß bezüglich der Funktionen:

$$x(u, v), \quad y(u, v), \quad z(u, v),$$

welche die Cartesischen Koordinaten der Flächenpunkte geben, im folgenden stets vorausgesetzt wird, daß sie in dem ganzen Änderungsbereich für $u, v$ endlich und stetig seien und auch endliche und stetige erste, zweite und dritte partielle Differentialquotienten nach $u$ und $v$ besitzen, ausgenommen höchstens in singulären Punkten oder längs isolierter singulärer Kurven.

Die krummlinigen Koordinaten, die wir auf diese Weise eingeführt haben, heißen auch Gaußische Koordinaten. Sie sind für das Studium der Eigenschaften der Flächen sehr vorteilhaft, da sie ihrer Natur nach mit der Fläche an sich, ohne Rücksicht auf die Lage der Fläche im Raume, innig verknüpft sind.

## § 33. Linienelement der Fläche.

Denken wir uns auf der Fläche eine beliebige Kurve:

(a) $$\varphi(u, v) = 0$$

gezogen und bezeichnen wir ihr Bogenelement mit $ds$, so haben wir:

$$ds^2 = dx^2 + dy^2 + dz^2,$$

worin für $x, y, z$ die Werte (1) einzusetzen und in diesen $u$ und $v$ durch die Gleichung (a) zu verbinden sind. Alsdann haben wir:

$$dx = \frac{\partial x}{\partial u} du + \frac{\partial x}{\partial v} dv, \quad dy = \frac{\partial y}{\partial u} du + \frac{\partial y}{\partial v} dv, \quad dz = \frac{\partial z}{\partial u} du + \frac{\partial z}{\partial v} dv.$$

Setzen wir nun mit Gauß:

(4) $$\begin{cases} E = \left(\frac{\partial x}{\partial u}\right)^2 + \left(\frac{\partial y}{\partial u}\right)^2 + \left(\frac{\partial z}{\partial u}\right)^2, \\ F = \frac{\partial x}{\partial u}\frac{\partial x}{\partial v} + \frac{\partial y}{\partial u}\frac{\partial y}{\partial v} + \frac{\partial z}{\partial u}\frac{\partial z}{\partial v}, \\ G = \left(\frac{\partial x}{\partial v}\right)^2 + \left(\frac{\partial y}{\partial v}\right)^2 + \left(\frac{\partial z}{\partial v}\right)^2, \end{cases}$$

so erhalten wir:

(5) $$ds^2 = E du^2 + 2F du\, dv + G dv^2,$$

wo wegen der Gleichung (a) zwischen $u$ und $v$ die Differentiale $du$ und $dv$ durch die Beziehung:

$$\frac{\partial \varphi}{\partial u} du + \frac{\partial \varphi}{\partial v} dv = 0$$

verbunden sind.

Da der durch die Gleichung (5) gegebene Ausdruck für $ds$ für jede beliebige auf der Fläche liegende Kurve gilt, so wird er als das Linienelement der Fläche bezeichnet.

Die quadratische Differentialform:

$$E du^2 + 2 F du\, dv + G dv^2,$$

die gleich dem Quadrat des Linienelements ist, heißt die erste quadratische Fundamentalform. Ihre Diskriminante:

$$E G - \Gamma^2 = \begin{vmatrix} \frac{\partial y}{\partial u} & \frac{\partial z}{\partial u} \\ \frac{\partial y}{\partial v} & \frac{\partial z}{\partial v} \end{vmatrix}^2 + \begin{vmatrix} \frac{\partial z}{\partial u} & \frac{\partial x}{\partial u} \\ \frac{\partial z}{\partial v} & \frac{\partial x}{\partial v} \end{vmatrix}^2 + \begin{vmatrix} \frac{\partial x}{\partial u} & \frac{\partial y}{\partial u} \\ \frac{\partial x}{\partial v} & \frac{\partial y}{\partial v} \end{vmatrix}^2,$$

die wir abgekürzt in der Form:

$$EG - F^2 = \begin{Vmatrix} \frac{\partial x}{\partial u} & \frac{\partial y}{\partial u} & \frac{\partial z}{\partial u} \\ \frac{\partial x}{\partial v} & \frac{\partial y}{\partial v} & \frac{\partial z}{\partial v} \end{Vmatrix}^2$$

schreiben, ist positiv, d. h. die Form selbst ist definit.

Es leuchtet ein, daß ihre Koeffizienten $E$, $F$, $G$, die durch die Gleichungen (4) gegeben sind, endliche und stetige Funktionen von $u$, $v$ sind und nach den getroffenen Voraussetzungen auch endliche und stetige erste und zweite partielle Differentialquotienten besitzen. Ferner sind $E$, $G$, sowie $EG - F^2$ stets positiv, und unter

$$\sqrt{E}, \quad \sqrt{G}, \quad \sqrt{EG - F^2}$$

werden wir im folgenden stets die positiven Werte der Wurzeln verstehen.

In jedem Punkte einer Parameterlinie $u$ oder $v$ unterscheiden wir die positive Richtung der Kurve von der entgegengesetzten negativen und setzen als positive Richtung der Kurven $u$ diejenige fest, nach welcher der andere Parameter $v$ wächst, ebenso als positive Richtung der Kurven $v$ diejenige, nach welcher der Parameter $u$ zunimmt. Daraus folgt, daß, wenn $ds_u$, $ds_v$ die positiven Bogenelemente der Kurven $u$, $v$ bedeuten, nach (5)

$$ds_u = \sqrt{G}\, dv, \quad ds_v = \sqrt{E}\, du$$

ist.

Bezeichnen

$$\cos(u, x), \quad \cos(u, y), \quad \cos(u, z)$$
$$\cos(v, x), \quad \cos(v, y), \quad \cos(v, z)$$

die Kosinus der (positiven) Richtungen der Tangenten der Parameterlinien $u$, $v$, so haben wir demnach:

$$\text{(b)} \quad \begin{cases} \cos(u, x) = \frac{1}{\sqrt{G}}\frac{\partial x}{\partial v}, & \cos(u, y) = \frac{1}{\sqrt{G}}\frac{\partial y}{\partial v}, \quad \cos(u, z) = \frac{1}{\sqrt{G}}\frac{\partial z}{\partial v}, \\ \cos(v, x) = \frac{1}{\sqrt{E}}\frac{\partial x}{\partial u}, & \cos(v, y) = \frac{1}{\sqrt{E}}\frac{\partial y}{\partial u}, \quad \cos(v, z) = \frac{1}{\sqrt{E}}\frac{\partial z}{\partial u}. \end{cases}$$

Für den zwischen 0 und $\pi$ gelegenen Winkel $\omega$, der in einem Punkte der Fläche von den positiven Richtungen der durch den Punkt gehenden Parameterlinien $u$, $v$ gebildet wird, haben wir:

$$\cos\omega = \cos(u, x)\cos(v, x) + \cos(u, y)\cos(v, y) + \cos(u, z)\cos(v, z)$$

oder zufolge der obigen Gleichungen und (4):

$$(6) \qquad \cos\omega = \frac{F}{\sqrt{EG}};$$

dararaus folgt weiter:

$$(6^*) \qquad \sin\omega = \frac{\sqrt{EG - F^2}}{\sqrt{EG}},$$

wo die Wurzelwerte wie gewöhnlich positiv zu nehmen sind. Aus (6) folgt: Die notwendige und hinreichende Bedingung dafür, daß die Parameterlinien aufeinander senkrecht stehen, ist, daß in dem Ausdruck (5) für das Quadrat des Linienelements $F = 0$ ist.

Bemerkung. — Wir betrachten das von den vier Parameterlinien $u$, $u + du$, $v$, $v + dv$ auf der Fläche gebildete unendlich kleine Viereck. Bis auf unendlich kleine Größen höherer Ordnung kann es als Parallelogramm angesehen werden. Da

$$\sqrt{E}\,du, \qquad \sqrt{G}\,dv$$

die Längen seiner Seiten sind, während der von den beiden ersten Seiten $u$, $v$ eingeschlossene Winkel $\omega$ durch (6*) gegeben ist, so ist sein Flächeninhalt gleich

$$\sqrt{EG - F^2}\,du\,dv,$$

woraus der Satz folgt: Das Flächenelement $d\sigma$ der Oberfläche ist durch den Ausdruck:

$$d\sigma = \sqrt{EG - F^2}\,du\,dv$$

gegeben.

## § 34. Winkel einer Flächenkurve mit den Parameterlinien.

Wir betrachten eine beliebige auf der Fläche gezogene Kurve $C$, für welche die positive Richtung des Bogens $s$ beliebig festgesetzt sein möge. Zur unzweideutigen Bestimmung der Winkel, welche die Kurve $C$ in jedem Punkte mit den Parameterlinien $u$, $v$ bildet, denken wir uns in jedem Flächenpunkte $P$ die Tangentialebene gelegt und definieren als die positive Seite dieser Ebene diejenige, auf welcher die Drehung der positiven Tangente der Kurve $v$ in die Lage der Tangente der Kurve $u$ um den oben angegebenen Winkel $\omega$ in positiver Drehungsrichtung, die für uns diejenige von rechts nach links sein möge, erfolgt.[1]) Dieses vorausgeschickt, bezeichnen wir mit $\vartheta$ den zwischen 0 und $2\pi$ gelegenen Winkel, um den sich die positive Richtung der Tangente der Kurve $v$ in positivem Sinne in der Tangentialebene drehen muß, um mit der positiven Richtung der Tangente der Kurve $C$ zusammenzufallen.

Wenn ein beweglicher Punkt $M$ längs $C$ fortrückt, so können seine krummlinigen und seine Cartesischen Koordinaten $u, v; x, y, z$ als Funktionen von $s$ aufgefaßt werden, und wenn wir mit

$$\cos(C, x), \quad \cos(C, y), \quad \cos(C, z)$$

die Richtungskosinus der Tangente der Kurve $C$ bezeichnen, so haben wir demnach:

$$\text{(c)} \qquad \cos(C, x) = \frac{\partial x}{\partial u}\frac{du}{ds} + \frac{\partial x}{\partial v}\frac{dv}{ds}, \qquad \cos(C, y) = \frac{\partial y}{\partial u}\frac{du}{ds} + \frac{\partial y}{\partial v}\frac{dv}{ds}$$

$$\cos(C, z) = \frac{\partial z}{\partial u}\frac{du}{ds} + \frac{\partial z}{\partial v}\frac{dv}{ds},$$

also:

$$\cos\vartheta = \cos(C, x)\cos(v, x) + \cos(C, y)\cos(v, y) + \cos(C, z)\cos(v, z)$$

oder wegen der Gleichungen (b) des vorigen Paragraphen:

$$\text{(7)} \qquad \cos\vartheta = \frac{1}{\sqrt{E}}\left(E\frac{du}{ds} + F\frac{dv}{ds}\right).$$

Nun besteht zufolge der Gleichung (5) die Identität:

$$\frac{1}{E}\left(E\frac{du}{ds} + F\frac{dv}{ds}\right)^2 + \frac{EG - F^2}{E}\left(\frac{dv}{ds}\right)^2 = 1,$$

---

1) Hierbei halten wir an der schon § 7 (S. 11) bezüglich der Orientierung der Achsen getroffenen Vereinbarung fest; wir setzen nämlich voraus, daß auf der positiven Seite der $xy$-Ebene die positive Richtung von $OY$ links von derjenigen von $OX$ liege.

woraus folgt:

$$\sin\vartheta = \pm\frac{\sqrt{EG-F^2}}{\sqrt{E}}\frac{dv}{ds}.$$

Die Zweideutigkeit des Vorzeichens wird dadurch beseitigt, daß $\sin\vartheta$ nach der von uns getroffenen Vereinbarung über das Messen von $\vartheta$ positiv ist, wenn $v$ mit $s$ wächst, negativ im entgegengesetzten Falle. Wir haben also:

(7*) $$\sin\vartheta = \frac{\sqrt{EG-F^2}}{\sqrt{E}}\frac{dv}{ds}.$$

Hieraus und aus (6) und (6*) des vorigen Paragraphen ergibt sich auch:

(8) $$\sin(\omega-\vartheta) = \frac{\sqrt{EG-F^2}}{\sqrt{G}}\frac{du}{ds}.$$

Wie aus der Gleichung:

(9) $$\operatorname{tg}\vartheta = \sqrt{EG-F^2}\,\frac{dv}{E\,du+F\,dv}$$

hervorgeht, hängt der Neigungswinkel einer auf der Fläche gezogenen Kurve gegen die Parameterlinien nur von dem Verhältnis der Zunahmen $du$, $dv$ der krummlinigen Koordinaten längs der Kurve selbst ab.

Stehen die Parameterlinien aufeinander senkrecht ($F=0$), so gehen unsere Gleichungen in die einfacheren über:

(10) $$\cos\vartheta = \sqrt{E}\frac{du}{ds},\qquad \sin\vartheta = \sqrt{G}\frac{dv}{ds},\qquad \operatorname{tg}\vartheta = \sqrt{\frac{G}{E}}\frac{dv}{du}.$$

Wir wollen nun annehmen, daß auf der Fläche $S$ von einem Punkte $M$ der Kurve $C$ eine zweite, zu $C$ orthogonale Kurve $C'$ ausgehe, und wollen die Bedingung für die Orthogonalität der beiden Kurven aufzustellen suchen.

Im Punkte $M$ sind die Richtungskosinus der Tangente an $C$ durch die Gleichungen (c) gegeben. Wenn wir mit $\delta s$ das Bogenelement von $C'$, mit $\delta u$, $\delta v$ die Zunahmen der krummlinigen Koordinaten längs $C'$ bezeichnen, so haben wir analog:

$$\cos(C',x) = \frac{\partial x}{\partial u}\frac{\delta u}{\delta s} + \frac{\partial x}{\partial v}\frac{\delta v}{\delta s},\qquad \cos(C',y) = \frac{\partial y}{\partial u}\frac{\delta u}{\delta s} + \frac{\partial y}{\partial v}\frac{\delta v}{\delta s},$$
$$\cos(C',z) = \frac{\partial z}{\partial u}\frac{\delta u}{\delta s} + \frac{\partial z}{\partial v}\frac{\delta v}{\delta s}.$$

Die Orthogonalitätsbedingung:

$$\cos(C,x)\cos(C',x) + \cos(C,y)\cos(C',y) + \cos(C,z)\cos(C',z) = 0$$

wird demnach:

(11) $$E\,du\,\delta u + F(du\,\delta v + dv\,\delta u) + G\,dv\,\delta v = 0.$$

Dieses ist also die Bedingung dafür, daß die Linienelemente, die vom Punkte $(u, v)$ der Fläche nach den beiden unendlich benachbarten Punkten $(u + du, v + dv)$, $(u + \delta u, v + \delta v)$ ausgehen, aufeinander senkrecht stehen.

Mittels der Gleichung (11) können wir leicht folgende Aufgabe lösen: Gegeben ist eine Schar von $\infty^1$ Kurven auf der Fläche; gesucht wird die Differentialgleichung ihrer orthogonalen Trajektorien. Es sei die Gleichung der gegebenen Kurvenschar nach der willkürlichen Konstanten $c$ aufgelöst:

$$\varphi(u, v) = c.$$

Sind $\delta u$, $\delta v$ die Zunahmen der krummlinigen Koordinaten eines Punktes $(u, v)$ längs der durch den Punkt gehenden Kurve $\varphi = c$, so ist offenbar:

$$\frac{\partial \varphi}{\partial u}\delta u + \frac{\partial \varphi}{\partial v}\delta v = 0$$

oder:

$$\delta u : \delta v = \frac{\partial \varphi}{\partial v} : -\frac{\partial \varphi}{\partial u},$$

und (11) gibt als gesuchte Differentialgleichung der orthogonalen Trajektorien die folgende:

$$(12)\qquad \left(E\frac{\partial \varphi}{\partial v} - F\frac{\partial \varphi}{\partial u}\right) du + \left(F\frac{\partial \varphi}{\partial v} - G\frac{\partial \varphi}{\partial u}\right) dv = 0.$$

Es ist jedoch hervorzuheben, daß wir, auch wenn die Kurven der gegebenen Schar nicht direkt bekannt, sondern nur durch eine Differentialgleichung erster Ordnung:

$$M du + N dv = 0$$

definiert sind, wegen der Proportion:

$$M : N = \frac{\partial \varphi}{\partial u} : \frac{\partial \varphi}{\partial v}$$

die Differentialgleichung der orthogonalen Trajektorien unmittelbar in der Form:

$$(13)\qquad (EN - FM)\,du + (FN - GM)\,dv = 0$$

angeben können.

## § 35. Christoffelsche Symbole, Differentialparameter und Krümmungsmaß.

In den im vorstehenden Paragraphen behandelten Fragen sowie in allen denjenigen, die nur die sogenannte Geometrie auf der Fläche betreffen, treten ausschließlich die Koeffizienten $E$, $F$, $G$ der ersten Fundamentalform auf. Es dürfte daher jetzt zweckmäßig sein, die expliziten Werte der Christoffelschen Symbole, der Differentialparameter und des Krümmungsmaßes für unsere Form:

$$E du^2 + 2 F du dv + G dv^2$$

zu berechnen, in der jetzt $u = x_1$, $v = x_2$,

$$a_{11} = E, \quad a_{12} = F, \quad a_{22} = G$$

ist; wir haben dann nach dem 2. Kapitel (S. 36):

$$A_{11} = \frac{G}{EG - F^2}, \quad A_{12} = -\frac{F}{EG - F^2}, \quad A_{22} = \frac{E}{EG - F^2}.$$

Die Christoffelschen Symbole erster und zweiter Art haben nun nach S. 41, 42 die in nachstehender Tabelle zusammengefaßten Werte:

$$\text{(A)} \left\{ \begin{aligned}
&\begin{bmatrix}1\,1\\1\end{bmatrix} = \frac{1}{2}\frac{\partial E}{\partial u}, \qquad \begin{bmatrix}1\,2\\1\end{bmatrix} = \frac{1}{2}\frac{\partial E}{\partial v}, \qquad \begin{bmatrix}2\,2\\1\end{bmatrix} = \frac{\partial F}{\partial v} - \frac{1}{2}\frac{\partial G}{\partial u}, \\
&\begin{bmatrix}1\,1\\2\end{bmatrix} = \frac{\partial F}{\partial u} - \frac{1}{2}\frac{\partial E}{\partial v}, \qquad \begin{bmatrix}1\,2\\2\end{bmatrix} = \frac{1}{2}\frac{\partial G}{\partial u}, \qquad \begin{bmatrix}2\,2\\2\end{bmatrix} = \frac{1}{2}\frac{\partial G}{\partial v}, \\
&\begin{Bmatrix}1\,1\\1\end{Bmatrix} = \frac{G\frac{\partial E}{\partial u} + F\frac{\partial E}{\partial v} - 2F\frac{\partial F}{\partial u}}{2(EG - F^2)}, \qquad \begin{Bmatrix}1\,1\\2\end{Bmatrix} = \frac{-F\frac{\partial E}{\partial u} + 2E\frac{\partial F}{\partial u} - E\frac{\partial E}{\partial v}}{2(EG - F^2)} \\
&\begin{Bmatrix}1\,2\\1\end{Bmatrix} = \frac{G\frac{\partial E}{\partial v} - F\frac{\partial G}{\partial u}}{2(EG - F^2)}, \qquad \begin{Bmatrix}1\,2\\2\end{Bmatrix} = \frac{E\frac{\partial G}{\partial u} - F\frac{\partial E}{\partial v}}{2(EG - F^2)}, \\
&\begin{Bmatrix}2\,2\\1\end{Bmatrix} = \frac{-F\frac{\partial G}{\partial v} + 2G\frac{\partial F}{\partial v} - G\frac{\partial G}{\partial u}}{2(EG - F^2)}, \qquad \begin{Bmatrix}2\,2\\2\end{Bmatrix} = \frac{E\frac{\partial G}{\partial v} + F\frac{\partial G}{\partial u} - 2F\frac{\partial F}{\partial v}}{2(EG - F^2)}.
\end{aligned} \right.$$

Für die beiden Differentialparameter einer willkürlichen Funktion $\varphi$ und den gemischten Differentialparameter zweier willkürlichen Funktionen $\varphi$, $\psi$ ergeben sich nach S. 38, 39, 46 bezüglich die Ausdrücke:

$$\text{(14)} \qquad \Delta_1 \varphi = \frac{E\left(\frac{\partial \varphi}{\partial v}\right)^2 - 2F\frac{\partial \varphi}{\partial u}\frac{\partial \varphi}{\partial v} + G\left(\frac{\partial \varphi}{\partial u}\right)^2}{EG - F^2},$$

$$\text{(15)} \qquad \Delta_2 \varphi = \frac{1}{\sqrt{EG - F^2}}\left\{\frac{\partial}{\partial u}\left[\frac{G\frac{\partial \varphi}{\partial u} - F\frac{\partial \varphi}{\partial v}}{\sqrt{EG - F^2}}\right] + \frac{\partial}{\partial v}\left[\frac{E\frac{\partial \varphi}{\partial v} - F\frac{\partial \varphi}{\partial u}}{\sqrt{EG - F^2}}\right]\right\},$$

$$\text{(16)} \qquad \nabla(\varphi, \psi) = \frac{E\frac{\partial \varphi}{\partial v}\frac{\partial \psi}{\partial v} - F\left(\frac{\partial \varphi}{\partial u}\frac{\partial \psi}{\partial v} + \frac{\partial \varphi}{\partial v}\frac{\partial \psi}{\partial u}\right) + G\frac{\partial \varphi}{\partial u}\frac{\partial \psi}{\partial u}}{EG - F^2}.$$

Für das Krümmungsmaß unserer Fundamentalform (dessen geometrische Bedeutung wir später als Krümmungsmaß der Fläche erkennen werden) erhalten wir nach § 29, S. 51, wenn wir für die

Symbole $\left\{ {11 \atop 2} \right\}$, $\left\{ {12 \atop 2} \right\}$ die in der Tabelle (A) angegebenen Werte einsetzen, den Ausdruck:

$$(17)\qquad K = \frac{1}{2\sqrt{EG-F^2}}\left\{\frac{\partial}{\partial u}\left[\frac{F}{E\sqrt{EG-F^2}}\frac{\partial E}{\partial v} - \frac{1}{\sqrt{EG-F^2}}\frac{\partial G}{\partial u}\right] + \right.$$
$$\left. + \frac{\partial}{\partial v}\left[\frac{2}{\sqrt{EG-F^2}}\frac{\partial F}{\partial u} - \frac{1}{\sqrt{EG-F^2}}\frac{\partial E}{\partial v} - \frac{F}{E\sqrt{EG-F^2}}\frac{\partial E}{\partial u}\right]\right\}.$$

Treffen wir nun die besondere Annahme, daß die Parameterlinien aufeinander senkrecht stehen, d. h. $F = 0$ sei, so wird der vorstehende Ausdruck für $K$:

$$(18)\qquad K = -\frac{1}{\sqrt{EG}}\left\{\frac{\partial}{\partial u}\left(\frac{1}{\sqrt{E}}\frac{\partial\sqrt{G}}{\partial u}\right) + \frac{\partial}{\partial v}\left(\frac{1}{\sqrt{G}}\frac{\partial\sqrt{E}}{\partial v}\right)\right\}.$$

Ist noch spezieller außer $F = 0$

$$E = G = \lambda$$

(was, wie wir bald sehen werden, für jede beliebige Fläche zu erreichen ist), so ergibt sich für $K$ der sehr einfache Ausdruck:

$$(19)\qquad K = -\frac{1}{2\lambda}\left(\frac{\partial^2 \log\lambda}{\partial u^2} + \frac{\partial^2 \log\lambda}{\partial v^2}\right).$$

## § 36. **Einführung neuer krummliniger Koordinaten.**

Mittels der Differentialparameter können wir die Aufgabe lösen, die Koeffizienten der transformierten Form der Grundform:

$$E du^2 + 2F du\, dv + G dv^2$$

zu berechnen, wenn statt der Veränderlichen $u$, $v$ willkürliche neue, $\varphi$, $\psi$, eingeführt werden. Es sei nämlich

$$E_1 d\varphi^2 + 2F_1 d\varphi\, d\psi + G_1 d\psi^2$$

die transformierte Form. Zufolge der Fundamentaleigenschaft der Differentialparameter sind die für die Grundform berechneten Werte von

$$\Delta_1\varphi,\quad \nabla(\varphi, \psi),\quad \Delta_1\psi$$

gleich den für die transformierte Form berechneten. Für letztere ergibt sich aber aus (14) und (16):

$$\Delta_1\varphi = \frac{G_1}{E_1G_1 - F_1^2},\quad \nabla(\varphi,\psi) = -\frac{F_1}{E_1G_1 - F_1^2},\quad \Delta_1\psi = \frac{E_1}{E_1G_1 - F_1^2};$$

daraus folgt:

$$\Delta_1\varphi\,\Delta_1\psi - \nabla^2(\varphi,\psi) = \frac{1}{E_1G_1 - F_1^2},$$

und es ist demnach:

$$(20)\quad \begin{cases} E_1 = \dfrac{\Delta_1 \psi}{\Delta_1 \varphi \Delta_1 \psi - \nabla^2(\varphi, \psi)}, & F_1 = -\dfrac{\nabla(\varphi, \psi)}{\Delta_1 \varphi \Delta_1 \psi - \nabla^2(\varphi, \psi)}, \\ & G_1 = \dfrac{\Delta_1 \varphi}{\Delta_1 \varphi \Delta_1 \psi - \nabla^2(\varphi, \psi)}. \end{cases}$$

Wie man sieht, ist die Bedingung dafür, daß die neuen Parameterlinien:

$$\varphi = \text{Const.}, \quad \psi = \text{Const.}$$

einander senkrecht schneiden, die Gleichung:

$$\nabla(\varphi, \psi) = 0,$$

wie sich in anderer Weise auch nach § 34 ergibt.

Wir bemerken noch, daß der gemeinsame Nenner in den Gleichungen (20) identisch auf die Form:

$$\Delta_1 \varphi \Delta_1 \psi - \nabla^2(\varphi, \psi) = \frac{1}{EG - F^2} \begin{vmatrix} \dfrac{\partial \varphi}{\partial u} & \dfrac{\partial \varphi}{\partial v} \\ \dfrac{\partial \psi}{\partial u} & \dfrac{\partial \psi}{\partial v} \end{vmatrix}^2$$

gebracht werden kann.

Die Gleichungen (20) wenden wir nun zum Beweise der schon vorhin erwähnten wichtigen Eigenschaft an, daß (auf unendlich viele Weisen) eine solche Transformation der Veränderlichen vorgenommen werden kann, daß dabei $E_1 = G_1$ und $F_1 = 0$ wird.

Zu diesem Zwecke wählen wir für $\varphi$ eine reelle Lösung der partiellen Differentialgleichung:

$$\Delta_2 \varphi = 0,$$

d. h.:

$$\frac{\partial}{\partial u}\left(\frac{G\dfrac{\partial \varphi}{\partial u} - F\dfrac{\partial \varphi}{\partial v}}{\sqrt{EG - F^2}}\right) + \frac{\partial}{\partial v}\left(\frac{E\dfrac{\partial \varphi}{\partial v} - F\dfrac{\partial \varphi}{\partial u}}{\sqrt{EG - F^2}}\right) = 0.$$

Der Ausdruck:

$$-\frac{E\dfrac{\partial \varphi}{\partial v} - F\dfrac{\partial \varphi}{\partial u}}{\sqrt{EG - F^2}}\,du + \frac{G\dfrac{\partial \varphi}{\partial u} - F\dfrac{\partial \varphi}{\partial v}}{\sqrt{EG - F^2}}\,dv$$

ist alsdann das vollständige Differential einer Funktion, die wir mit $\psi$ bezeichnen wollen, so daß also kommt:

$$(21)\quad \begin{cases} \dfrac{\partial \psi}{\partial u} = -\dfrac{E\dfrac{\partial \varphi}{\partial v} - F\dfrac{\partial \varphi}{\partial u}}{\sqrt{EG - F^2}}, \\ \dfrac{\partial \psi}{\partial v} = \dfrac{G\dfrac{\partial \varphi}{\partial u} - F\dfrac{\partial \varphi}{\partial v}}{\sqrt{EG - F^2}}. \end{cases}$$

Diese Gleichungen geben, nach den Differentialquotienten von $\varphi$ aufgelöst:

$$(21^*)\quad \begin{cases} \dfrac{\partial\varphi}{\partial u} = \dfrac{E\dfrac{\partial\psi}{\partial v} - F\dfrac{\partial\psi}{\partial u}}{\sqrt{EG-F^2}}, \\[2ex] \dfrac{\partial\varphi}{\partial v} = -\dfrac{G\dfrac{\partial\psi}{\partial u} - F\dfrac{\partial\psi}{\partial v}}{\sqrt{EG-F^2}}. \end{cases}$$

Daraus folgt, daß die Funktion $\psi$, die bis auf eine additive Konstante durch (21) bestimmt ist, wieder eine Lösung von:

$$\Delta_2\psi = 0$$

ist. Wir nennen sie die zu $\varphi$ konjugierte Lösung.

Es folgt ferner:

$$\nabla(\varphi, \psi) = 0, \quad \Delta_1\varphi = \Delta_1\psi,$$

und es nimmt demnach, wenn $\lambda = \dfrac{1}{\Delta_1\varphi} = \dfrac{1}{\Delta_1\psi}$ gesetzt wird, die transformierte Form wegen (20) die gewünschte Gestalt:

$$\lambda(d\varphi^2 + d\psi^2)$$

an.

## § 37. Isothermensysteme.

Das soeben erhaltene Resultat ist von solcher Wichtigkeit, daß es zweckmäßig sein dürfte, es noch auf einem anderen Wege abzuleiten.

Wir zerlegen die quadratische Form:

$$ds^2 = Edu^2 + 2Fdu\,dv + Gdv^2$$

in ihre beiden konjugiert imaginären Linearfaktoren:

$$ds^2 = \left[\sqrt{E}du + \left(F + i\sqrt{EG-F^2}\right)\frac{dv}{\sqrt{E}}\right]\left[\sqrt{E}du + \left(F - i\sqrt{EG-F^2}\right)\frac{dv}{\sqrt{E}}\right].$$

Aus der Integralrechnung ist bekannt, daß es Multiplikatoren von

$$\text{(a)}\qquad \sqrt{E}du + \left(F + i\sqrt{EG-F^2}\right)\frac{dv}{\sqrt{E}}$$

gibt; einer derselben sei $\mu + i\nu$. Dann haben wir, wenn wir mit $\varphi + i\psi$ die (komplexe) Funktion bezeichnen, für welche der mit $\mu + i\nu$ multiplizierte Ausdruck (a) ein vollständiges Differential wird:

$$(\mu + i\nu)\left[\sqrt{E}du + \left(F + i\sqrt{EG-F^2}\right)\frac{dv}{\sqrt{E}}\right] = d\varphi + id\psi.$$

Demnach wird:

$$(\mu - i\nu)\left[\sqrt{E}du + \left(F - i\sqrt{EG-F^2}\right)\frac{dv}{\sqrt{E}}\right] = d\varphi - id\psi.$$

Wenn wir die beiden letzten Gleichungen miteinander multiplizieren und dabei $\lambda = \frac{1}{\mu^2 + \nu^2}$ setzen, so folgt:

$$ds^2 = \lambda(d\varphi^2 + d\psi^2). \tag{22}$$

Diese besonderen Orthogonalsysteme, in denen das Quadrat des Linienelementes der Fläche die charakteristische Form (22) annimmt, heißen Isothermensysteme. Ihre Bestimmung hängt, wie man sieht, von der Integration der Gleichung:

$$\sqrt{E}du + (F + i\sqrt{EG - F^2})\frac{dv}{\sqrt{E}} = 0$$

oder:

$$ds^2 = Edu^2 + 2Fdudv + Gdv^2 = 0$$

ab. Die durch diese Gleichung bestimmten imaginären Kurven auf der Fläche werden deshalb als Kurven von der Länge Null (Minimalkurven) bezeichnet; sie sind durch die Eigenschaft charakterisiert, daß ihre Tangenten den imaginären Kugelkreis im Unendlichen schneiden.

Die Isothermensysteme $(\varphi, \psi)$ besitzen eine charakteristische Eigenschaft. Um diese klarzulegen, beachten wir, daß das Viereck, das auf der Fläche von den beiden Kurven $\varphi, \psi$ und den unendlich benachbarten $\varphi + d\varphi$, $\psi + d\psi$ gebildet wird, bis auf unendlich kleine Größen höherer Ordnung als Rechteck angesehen werden kann. Wenn nun das System $(\varphi, \psi)$ isotherm ist, wenn ferner $\varphi, \psi$ um unendlich kleine konstante Beträge $d\varphi, d\psi$ wachsen und ferner noch $d\varphi = d\psi$ genommen wird, so ergibt sich sofort: Die Isothermensysteme teilen die Fläche in unendlich kleine Quadrate.

Endlich bemerken wir, indem wir zu den Gleichungen (21) zurückkehren, daß, wenn schon das ursprüngliche System $(u, v)$ isotherm ist, jene Gleichungen einfach in die folgenden übergehen:

$$\frac{\partial \varphi}{\partial u} = \frac{\partial \psi}{\partial v}, \quad \frac{\partial \varphi}{\partial v} = -\frac{\partial \psi}{\partial u}.$$

Diese Gleichungen besagen bekanntlich, daß $\varphi + i\psi$ eine Funktion der komplexen Veränderlichen $u + iv$ ist.

Da sich ferner bei der Vertauschung von $\psi$ mit $-\psi$ der für das Linienelement charakteristische Ausdruck (22) nicht ändert, so haben wir das Ergebnis:

Ist auf der Fläche ein Isothermensystem $(\varphi, \psi)$ bekannt, so erhält man jedes andere Isothermensystem $(\varphi', \psi')$, wenn man

$$\varphi' + i\psi' = F(\varphi \pm i\psi)$$

setzt, wo $F$ das Zeichen für eine willkürliche Funktion einer komplexen Veränderlichen ist.

Wir fügen noch hinzu, daß jede komplexe Funktion $\varphi + i\psi$, die aus zwei konjugierten Lösungen der Gleichung $\Delta_2 \varphi = 0$ gebildet ist, als komplexe Veränderliche auf der Fläche bezeichnet wird.

## § 38. Isometrische Parameter.

Wenn in einem Isothermensystem, für welches das Quadrat des Linienelementes der Fläche die Form:

$$ds^2 = \lambda(du_1^2 + dv_1^2)$$

annimmt, ohne daß die Parameterlinien geändert werden, an Stelle der sie bestimmenden Parameter neue:

$$u_1 = \varphi(u), \quad v_1 = \psi(v)$$

eingeführt werden, so geht das Quadrat des Linienelementes in die Form:

$$ds^2 = \lambda(\varphi'^2(u)du^2 + \psi'^2(v)dv^2)$$

über, wo der Quotient aus $E = \lambda\varphi'^2(u)$ und $G = \lambda\psi'^2(v)$ offenbar ein Quotient (oder ein Produkt) von zwei Funktionen ist, von denen die eine nur von $u$, die andere nur von $v$ abhängt. Ist umgekehrt in einem Orthogonalsystem $(u, v)$, für das

$$ds^2 = Edu^2 + Gdv^2 \tag{23}$$

ist:

$$\frac{E}{G} = \frac{U}{V}, \tag{24}$$

wo $U$ Funktion von $u$ allein, $V$ von $v$ allein ist, so können wir auch

$$E = \lambda U, \quad F = \lambda V$$

setzen, woraus sich

$$ds^2 = \lambda(Udu^2 + Vdv^2)$$

ergibt. Führen wir nun mittels der Gleichungen:

$$\int \sqrt{U} du = u_1, \quad \int \sqrt{V} dv = v_1$$

neue Parameter $u_1, v_1$ ein, so erhalten wir für $ds^2$ den Ausdruck:

$$ds^2 = \lambda(du_1^2 + dv_1^2).$$

Wenn also in dem Orthogonalsystem $(u, v)$ die Bedingung (24) erfüllt ist, so ist es auch isotherm. Die Parameter $u_1, v_1$, mittels deren das Linienelement in die charakteristische Form, bei der $E = G$ ist, gebracht werden kann, heißen isometrische Parameter.

Nach diesen Bemerkungen können wir leicht die Bedingung dafür angeben, daß die Kurven $\varphi = \text{Const.}$ zusammen mit den Orthogonaltrajektorien ein Isothermensystem bilden. Hierzu ist notwendig und hinreichend, daß sich bei einer passenden Änderung des Parameters, indem $\varphi_1 = F(\varphi)$ gesetzt wird,

$$\Delta_2 \varphi_1 = 0$$

ergibt.

Aber aus der Gleichung (15), S. 66, folgt sofort:

$$\Delta_2[F(\varphi)] = F'(\varphi)\Delta_2\varphi + F''(\varphi)\Delta_1\varphi,$$

wo die Striche Differentiationen nach $\varphi$ andeuten, also muß

$$(25) \qquad \frac{\Delta_2 \varphi}{\Delta_1 \varphi} = -\frac{F''\varphi}{F'\varphi}$$

sein. Die rechte Seite ist eine Funktion von $\varphi$ allein, folglich muß es auch die linke sein. Umgekehrt, ist $\frac{\Delta_2 \varphi}{\Delta_1 \varphi}$ eine Funktion von $\varphi$ allein, so kann $F(\varphi)$ nach der vorstehenden Gleichung so bestimmt werden, daß $\Delta_2 F(\varphi) = 0$ wird; d. h.:

Die notwendige und hinreichende Bedingung dafür, daß die Kurven $\varphi = \text{Const.}$ zusammen mit ihren Orthogonaltrajektorien ein Isothermensystem bilden, ist, daß das Verhältnis der beiden Differentialparameter von $\varphi$ eine Funktion von $\varphi$ allein ist.

## § 39. Liescher Satz über Isothermensysteme.

Angenommen, die soeben aufgestellte Bedingung wäre erfüllt, d. h. es wären in einem doppelten orthogonalen Isothermensystem die Kurven des einen der beiden Systeme

$$\varphi = \text{Const.}$$

bekannt, so lassen sich diejenigen des anderen mittels Quadraturen finden. In der Tat geben die Gleichungen (21) S. 68, wenn $\varphi$ durch $F(\varphi)$ ersetzt wird, die Differentialquotienten von $\psi$:

$$\frac{\partial \psi}{\partial u} = -F'(\varphi)\frac{E\frac{\partial \varphi}{\partial v} - F\frac{\partial \varphi}{\partial u}}{\sqrt{EG-F^2}},$$

$$\frac{\partial \psi}{\partial v} = F'(\varphi)\frac{G\frac{\partial \varphi}{\partial u} - F\frac{\partial \varphi}{\partial v}}{\sqrt{EG-F^2}},$$

während aus (25)

$$F'(\varphi) = e^{-\int \frac{\Delta_2 \varphi}{\Delta_1 \varphi} d\varphi}$$

folgt.

Dieses Ergebnis können wir folgendermaßen aussprechen: Wenn die Kurven $\varphi = \text{Const.}$ einem Isothermensystem angehören und die Differentialgleichung der Orthogonaltrajektorien dieser Kurven in der Form (S. 65):

$$\frac{E\frac{\partial \varphi}{\partial v} - F\frac{\partial \varphi}{\partial u}}{\sqrt{EG - F^2}} du - \frac{G\frac{\partial \varphi}{\partial u} - F\frac{\partial \varphi}{\partial v}}{\sqrt{EG - F^2}} dv = 0$$

geschrieben wird, so hat man für dieselbe in dem Ausdruck:

$$\mu = e^{-\int \frac{\Delta_2 \varphi}{\Delta_1 \varphi} d\varphi}$$

unmittelbar einen Multiplikator.

Mit Lie können wir diese Untersuchungen noch weiter führen und beweisen, daß, wenn für die Kurven eines Isothermensystems nur eine Differentialgleichung erster Ordnung:

$$M du + N dv = 0$$

bekannt ist, deren Integrale die Kurven der einen Schar sind, ihre Gleichung in endlicher Gestalt mittels Quadraturen gefunden werden kann.

Es folgt nämlich aus den Gleichungen (21) S. 68, daß es unter dieser Voraussetzung einen Multiplikator $\lambda$ von $M du + N dv$ gibt, der zugleich Multiplikator von

$$\frac{EN - FM}{\sqrt{EG - F^2}} du + \frac{FN - GM}{\sqrt{EG - F^2}} dv$$

ist.

Setzen wir für den Augenblick:

$$M_1 = \frac{EN - FM}{\sqrt{EG - F^2}}, \quad N_1 = \frac{FN - GM}{\sqrt{EG - F^2}},$$

so haben wir demnach die beiden Gleichungen:

$$\frac{\partial(\lambda M)}{\partial v} = \frac{\partial(\lambda N)}{\partial u},$$

$$\frac{\partial(\lambda M_1)}{\partial v} = \frac{\partial(\lambda N_1)}{\partial u}.$$

Aus ihnen folgt:

$$(26) \quad \begin{cases} \dfrac{\partial \log \lambda}{\partial u} = \dfrac{M_1\left(\dfrac{\partial N}{\partial u} - \dfrac{\partial M}{\partial v}\right) - M\left(\dfrac{\partial N_1}{\partial u} - \dfrac{\partial M_1}{\partial v}\right)}{MN_1 - M_1 N}, \\[2ex] \dfrac{\partial \log \lambda}{\partial v} = \dfrac{N_1\left(\dfrac{\partial N}{\partial u} - \dfrac{\partial M}{\partial v}\right) - N\left(\dfrac{\partial N_1}{\partial u} - \dfrac{\partial M_1}{\partial v}\right)}{MN_1 - M_1 N}. \end{cases}$$

Es ergibt sich demnach $\lambda$ mittels Quadraturen[1]).

---

1) Es sei bemerkt, daß $-MN_1 + NM_1 = EN^2 - 2FMN + GM^2$ wegen $EG - F^2 > 0$ nicht gleich Null sein kann.

Es ist auch ersichtlich, daß man hier gleichzeitig ein Mittel hat, aus der Differentialgleichung: $Mdu + Ndv = 0$ zu entscheiden, ob ihre Integralkurven einem Isothermensystem angehören. Zufolge der Gleichungen (26) ist dazu notwendig und hinreichend, daß der Ausdruck:

$$\frac{M_1\left(\frac{\partial N}{\partial u} - \frac{\partial M}{\partial v}\right) - M\left(\frac{\partial N_1}{\partial u} - \frac{\partial M_1}{\partial v}\right)}{MN_1 - M_1 N} du + \\ + \frac{N_1\left(\frac{\partial N}{\partial u} - \frac{\partial M}{\partial v}\right) - N\left(\frac{\partial N_1}{\partial u} - \frac{\partial M_1}{\partial v}\right)}{MN_1 - M_1 N} dv$$

ein vollständiges Differential ist.

## § 40. Konforme Abbildung einer Fläche auf die Ebene oder auf eine andere Fläche.

Auf einer Fläche denken wir uns ein auf die isometrischen Parameter $u$, $v$ bezogenes Isothermensystem gegeben, für welches also das Quadrat des Linienelementes die Form:

$$ds^2 = \lambda(du^2 + dv^2)$$

annimmt, und deuten $u$, $v$ als die rechtwinkligen Cartesischen Koordinaten $\xi$, $\eta$ eines Punktes in einer Hilfsebene (Bildebene), indem wir $\xi = u$, $\eta = v$ setzen.

Auf diese Weise ordnen wir jedem Punkte $P(u, v)$ der Fläche oder des Flächengebiets, auf das sich unsere Untersuchungen erstrecken, denjenigen Punkt $P'(\xi, \eta)$ der Bildebene zu, dessen Cartesische Koordinaten den krummlinigen Koordinaten von $P$ gleich sind; wir haben somit eine Abbildung unserer Fläche auf die Ebene. Wir wollen nun nachweisen, daß bei dieser Abbildung die Winkel erhalten bleiben (Winkeltreue stattfindet), d. h. daß der Winkel, unter dem sich zwei beliebige Kurven auf der Fläche schneiden, gleich demjenigen ist, den die beiden Bildkurven in der Ebene bilden.

Um dieses einzusehen, brauchen wir uns nur an die Fundamentalformeln des § 34, speziell an die dritte Gleichung (10) S. 64 zu erinnern, die in unserem Falle die Form:

$$\operatorname{tg} \vartheta = \frac{dv}{du}$$

annimmt und erkennen läßt, daß jede auf der Fläche gezogene Kurve die Kurven $v = \text{Const.}$ unter denselben Winkeln schneidet, wie ihre Bildkurve in der Ebene die Geraden $\eta = \text{Const.}$

Wenn wir allgemein eine Zuordnung zwischen den Punkten $P$, $P'$ zweier Flächen (oder Flächengebiete) $S$, $S'$ festsetzen, derart, daß jedem Punkte $P$ der einen Fläche $S$ ein Punkt $P'$ der anderen Fläche $S'$

entspricht und daß, wenn sich $P$ stetig auf $S$ bewegt, der Bildpunkt $P'$ sich stetig auf $S'$ bewegt, so sagen wir, daß die eine Fläche auf die andere abgebildet ist.

Ist die Abbildung eine solche, daß die Winkel erhalten bleiben, so heißt sie konform oder winkeltreu. Bisweilen wird diese Tatsache auch in der Weise ausgedrückt, daß man sagt, es herrsche bei dieser Abbildung Ähnlichkeit in den kleinsten Teilen, was offenbar der Winkeltreue genau entspricht.

Nach dem zu Beginn dieses Paragraphen erhaltenen Ergebnis ist es klar, daß man zur Lösung der allgemeinen Aufgabe, eine Fläche $S$ auf eine andere $S'$ konform abzubilden, nur beide Flächen auf eine Ebene konform abzubilden und dann die allgemeinste konforme Abbildung einer Ebene auf eine andere zu bestimmen braucht.

## § 41. Allgemeine Lösung des Problems der konformen Abbildung.

Bei der Lösung der zuletzt gestellten Aufgabe ist der Fall, in dem die entsprechenden Winkel einander gleich und von gleichem Drehsinn sind, von demjenigen zu unterscheiden, in dem sie zwar auch einander gleich sind, aber entgegengesetzten Drehsinn haben[1]). Wir wählen in den beiden Ebenen $\pi$, $\pi'$ zwei rechtwinklige Cartesische Achsensysteme $OX$, $OY$; $OX'$, $OY'$, und es seien $x$, $y$ die Koordinaten eines Punktes $P$ von $\pi$, $x'$, $y'$ diejenigen des entsprechenden Punktes $P'$ von $\pi'$. Dann wird unsere Abbildung analytisch durch zwei Gleichungen:

$$x' = x'(x,y), \quad y' = y'(x,y)$$

dargestellt, und wir müssen nun die Bedingungen suchen, die den Funktionen $x'$, $y'$ von $x$, $y$ (die wir, ebenso wie ihre partiellen Differentialquotienten, in dem abzubildenden Gebiet als endlich und stetig voraussetzen) auferlegt werden müssen, damit die Abbildung konform werde.

Betrachten wir eine Kurve in $\pi$, die von $P$ in beliebiger Richtung ausgeht, so haben wir für die im positiven Drehungssinne gemessene Neigung $\vartheta$ ihrer Tangente gegen die $x$-Achse die Gleichung:

$$\operatorname{tg} \vartheta = \frac{dy}{dx} \tag{27}$$

und bei der Bildkurve $C'$ entsprechend:

1) Hierbei setzen wir voraus, daß bei beiden Ebenen die positiven Seiten gemeint und die Koordinatenachsen in gleicher Weise orientiert seien.

$$(27^*)\qquad \operatorname{tg}\vartheta' = \frac{dy'}{dx'} = \frac{\frac{\partial y'}{\partial x}dx + \frac{\partial y'}{\partial y}dy}{\frac{\partial x'}{\partial x}dx + \frac{\partial x'}{\partial y}dy}.$$

Ist für eine zweite von $P$ ausgehende Kurve $C_1$ der Wert von $\vartheta$ gleich $\vartheta_1$ und der entsprechende von $\vartheta'$ gleich $\vartheta_1'$, so muß im Falle direkter Winkeltreue

$$\vartheta_1 - \vartheta = \vartheta_1' - \vartheta',$$

dagegen bei inverser Winkeltreue

$$\vartheta_1 - \vartheta = \vartheta' - \vartheta_1'$$

sein. Daraus folgt im ersten Falle:

$$\vartheta' = \vartheta + \alpha,$$

im zweiten:

$$\vartheta' = -\vartheta + \alpha,$$

wobei $\alpha$ nur vom Punkte $P$ abhängt und für alle durch den Bruch $\frac{dy}{dx}$ bestimmten Richtungen konstant ist.

Setzen wir zur Abkürzung $\operatorname{tg}\alpha = m$, so haben wir:

$$\operatorname{tg}\vartheta' = \frac{m \pm \operatorname{tg}\vartheta}{1 \mp m \operatorname{tg}\vartheta},$$

wo die oberen Vorzeichen im ersten, die unteren im zweiten Falle gelten. Zufolge (27) und (27*) ergibt sich hieraus die Gleichung:

$$\frac{\frac{\partial y'}{\partial x} + \frac{\partial y'}{\partial y}\frac{dy}{dx}}{\frac{\partial x'}{\partial x} + \frac{\partial x'}{\partial y}\frac{dy}{dx}} = \frac{m \pm \frac{dy}{dx}}{1 \mp m\frac{dy}{dx}},$$

die also für alle Werte von $\frac{dy}{dx}$ gelten soll. Daraus folgen die Beziehungen:

$$\frac{\partial x'}{\partial x} = \pm\frac{\partial y'}{\partial y},\quad \frac{\partial x'}{\partial y} = \mp\frac{\partial y'}{\partial x},$$

die $x' + iy'$ als Funktion der komplexen Veränderlichen $x \pm iy$ charakterisieren. Wir schließen daraus: Die allgemeinste konforme Abbildung einer Ebene auf eine andere ergibt sich, wenn die komplexe Veränderliche der einen gleich einer (willkürlichen) Funktion der komplexen Veränderlichen der andern oder der zu dieser konjugierten Veränderlichen gesetzt wird. Im ersten Falle findet direkte Winkeltreue statt, im zweiten sind entsprechende Winkel ebenfalls einander gleich, aber entgegengesetzt gedreht.

Wenn wir uns nun an das Ergebnis zum Schluß des vorigen Paragraphen erinnern, so folgern wir hieraus allgemeiner: Die allgemeinste konforme Abbildung einer Fläche auf eine andere ergibt sich, wenn die komplexe Veränderliche auf der einen gleich einer Funktion der komplexen Veränderlichen auf der anderen (oder der konjugierten Veränderlichen) gesetzt wird.

## § 42. Isothermensysteme auf den Rotationsflächen.

Die in den vorstehenden Paragraphen enthaltenen allgemeinen Ergebnisse wollen wir auf eine Klasse von Flächen anwenden, für die wir die Isothermensysteme unmittelbar bestimmen können, auf die Rotationsflächen. Als Parameterlinien wählen wir auf einer solchen Fläche die Meridiane und Parallelkreise. Zum Parameter eines veränderlichen Meridians nehmen wir den Winkel $\omega$, den seine Ebene mit derjenigen eines festen Meridians bildet (Länge), und zum Parameter des Parallelkreises seinen Radius $r$, so daß also der Fall des (geraden Kreis-)Zylinders einstweilen ausgeschlossen ist. Wählen wir als $z$-Achse die Rotationsachse und als festen Meridian, von dem aus die Länge $\omega$ gerechnet wird, denjenigen in der $xz$-Ebene, so sind die Koordinaten eines Punktes der Fläche durch die Gleichungen:

$$x = r \cos \omega, \quad y = r \sin \omega, \quad z = \varphi(r) \tag{28}$$

gegeben, wobei $z = \varphi(r)$ die Gleichung der Meridiankurve ist. Für das Linienelement $ds$ der Fläche, ausgedrückt durch die Koordinaten $r$, $\omega$, erhalten wir demnach die Gleichung:

$$ds^2 = (1 + \varphi'^2(r))dr^2 + r^2 d\omega^2.$$

Führen wir statt $r$ den von einem festen Punkte gerechneten Meridianbogen $u$ als Parameter ein, indem wir

$$u = \int \sqrt{1 + \varphi'^2(r)}\, dr$$

setzen, so haben wir:

$$r = \psi(u),$$

wo die Natur der Funktion $\psi$ durch die Gestalt der Meridiankurve bestimmt wird, und es ist:

$$ds^2 = du^2 + r^2 d\omega^2. \tag{29}$$

Diese Gleichung gilt auch für den Fall des Zylinders, in welchem

$$x = r \cos \omega, \quad y = r \sin \omega, \quad z = u, \quad r = \text{Const.}$$

ist. Da nun $r$ in der Gleichung (29) eine Funktion von $u$ allein ist, so folgt hieraus nach § 38 S. 71:

Auf jeder Rotationsfläche bilden die Meridiane und die Parallelkreise ein Isothermensystem.

Schreiben wir ferner (29) in der Form:

$$ds^2 = r^2\left(\frac{du^2}{r^2} + d\omega^2\right),$$

so sehen wir, daß $\omega$ und $u_1 = \int \frac{du}{r}$ isometrische Parameter sind.

Für jede Rotationsfläche können wir demnach die Aufgabe, sie auf die Ebene konform abzubilden, lösen. Setzen wir insbesondere:

$$\xi = \omega, \quad \eta = \int \frac{du}{r}$$

und betrachten wir $\xi$, $\eta$ als die rechtwinkligen Cartesischen Koordinaten eines Punktes der Bildebene, so haben wir eine konforme Abbildung, bei der die Meridiane und die Parallelkreise zu Bildern die zur $\eta$- bez. $\xi$-Achse parallelen Geraden haben[1]).

## § 43. Stereographische Polarprojektion der Kugelfläche.

Wir betrachten die Kugelfläche:

$$x^2 + y^2 + z^2 = 1,$$

deren Radius wir der Einfachheit halber gleich der Längeneinheit gesetzt haben. Sie kann als Rotationsfläche mit der $z$-Achse als Drehachse aufgefaßt werden, und es sind dann die Koordinaten eines Punktes derselben:

$$x = \sin u \cos v, \quad y = \sin u \sin v, \quad z = \cos u,$$

wo $v$ die Länge und $u$ die Winkeldistanz des Punktes vom Pol $u = 0$, d. h. das Komplement der Breite ist; für das Quadrat des Linienelementes erhalten wir ferner den Ausdruck:

$$ds^2 = du^2 + \sin^2 u\, dv^2.$$

Da nun:

$$u_1 = \int \frac{du}{\sin u} = \log \operatorname{tg} \frac{u}{2}$$

und $v$ isometrische Parameter sind, können wir als komplexe Veränderliche auf der Kugelfläche $\tau = e^{-u_1 + iv}$, d. h.

1) Es sei erwähnt, daß bei dieser Abbildung die Loxodromen, d. h. diejenigen Kurven auf der Fläche, welche die Meridiane unter konstantem Winkel schneiden, die Geraden der Bildebene zu Bildern haben. Daraus folgt z. B. der Satz: In jedem auf einer Rotationsfläche von drei Loxodromenbogen gebildeten Dreieck ist die Winkelsumme gleich zwei Rechten.

$$\mathfrak{r} = \operatorname{cotg}\frac{u}{2}\, e^{iv} \tag{30}$$

wählen. Als komplexe Veränderliche $\zeta$ in der Ebene der Äquators können wir

$$\zeta = \varrho e^{i\vartheta}$$

wählen, wo $\varrho$, $\vartheta$ Polarkoordinaten sind. Wenn wir dann $\mathfrak{r} = \zeta$, d. h.

$$\varrho = \operatorname{cotg}\frac{u}{2}, \quad \vartheta = v \tag{31}$$

setzen, so haben wir eine konforme Abbildung der Kugel auf die Äquatorebene. Sie ergibt sich geometrisch wie folgt: Vom Pol $u = 0$ werde der Kugelpunkt $M(u, v)$ auf die Äquatorebene nach $m$ projiziert, dann ist dieser Punkt $m$ gerade der durch die Gleichungen (31) bestimmte Bildpunkt. Diese Abbildung der Kugelfläche auf die Ebene wird deshalb als stereographische Polarprojektion bezeichnet.

Außer der Eigenschaft der Winkeltreue besitzt diese Abbildung noch die andere sehr wichtige Eigenschaft, daß jeder Kreis auf der Kugel als Bild in der Ebene auch einen Kreis hat und umgekehrt, wie sich mittels elementargeometrischer Betrachtungen beweisen läßt[1]).

Unmittelbar folgt dieses aus den Abbildungsgleichungen (31), wenn man beachtet, daß die Gleichung eines Kreises auf der Kugel die Form hat:

$$a \sin u \cos v + b \sin u \sin v + c \cos u + d = 0,$$

wo $a$, $b$, $c$, $d$ Konstanten sind, und daß das Bild des Kreises in der Ebene wegen (31) in Polarkoordinaten die Gleichung:

$$2a\varrho \cos\vartheta + 2b\varrho \sin\vartheta + c(\varrho^2 - 1) + d(\varrho^2 + 1) = 0$$

hat, also ein Kreis (oder eine Gerade) ist. Die Umkehrung ist ebenfalls einleuchtend.

## § 44. Doppelte Orthogonalsysteme von Kreisen auf der Kugel und in der Ebene.

Mit Hilfe der stereographischen Abbildung der Kugelfläche können wir leicht die Aufgabe lösen: Alle möglichen doppelten Ortho-

1) In sehr einfacher Weise folgendermaßen: Zunächst läßt sich, wenn $M$, $M'$ zwei Punkte auf der Kugel, $m$, $m'$ die beiden Bildpunkte in der Ebene des Äquators sind, um das Viereck $MM'm'm$ ein Kreis legen. Wir nehmen nun an, $M$ beschreibe einen Kreis $C$ auf der Kugel und $M'$ sei eine spezielle Lage von $M$, $m'$ der entsprechende Bildpunkt. Die Kugel, welche durch $C$ und $m'$ geht, enthält nach dem vorhin Gesagten den Kreis $MM'm'm$ (denn er hat mit der Kugel drei Punkte gemein), deshalb ist der Ort des Bildpunktes $m$ der Schnittkreis c dieser Kugel mit der Ebene des Äquators.

gonalsysteme von Kreisen (oder Geraden) in der Ebene zu bestimmen.

Ein solches System muß, auf die Kugelfläche projiziert, ein doppeltes orthogonales System von Kreisen $(C)$, $(C')$ geben. Nun ist sofort klar, daß die notwendige und hinreichende Bedingung dafür, daß sich zwei Kreise auf der Kugel rechtwinklig schneiden, ist, daß die Ebene des einen durch den Pol der Ebene des andern geht. Da hiernach für die Kreise des Systems $(C)$ die Pole ihrer Ebenen in der Ebene jedes Kreises von $(C')$ liegen müssen, so ist ihr Ort eine Gerade $g'$, durch welche alle Ebenen des zweiten Systems hindurchgehen. Analog gehen die Ebenen aller Kreise des Systems $(C)$ durch eine Gerade $g$, die offenbar reziproke Polare von $g'$ bezüglich der Kugel ist.

Daraus schließen wir, daß die allgemeinste Weise, ein doppeltes Orthogonalsystem von Kreisen auf der Kugel zu konstruieren, die ist, daß wir die Kugel durch zwei Ebenenbüschel schneiden, deren Achsen reziproke Polaren bezüglich der Kugel sind.

Setzen wir zunächst voraus, daß die Gerade $g$ nicht Tangente der Kugel sei, so schneidet entweder sie oder ihre reziproke Polare $g'$ die Kugel in zwei getrennten reellen Punkten, die allen Kreisen des bezüglichen Systems gemeinsam sind. Durch stereographische Projektion auf die Ebene erhalten wir:

A) Zwei orthogonale Kreisbüschel, von denen das eine reelle, das andere imaginäre Scheitelpunkte hat.

Ist insbesondere $g$ die Polarachse der Kugel, so geht das System (A) in die Geraden eines Büschels und in das System der konzentrischen Kreise über, deren Mittelpunkt der Scheitel des Büschels ist.

Ist $g$ Tangente der Kugel, so berührt $g'$ die Kugel in demselben Punkte und steht auf $g$ senkrecht, und durch stereographische Projektion erhalten wir in der Ebene:

B) Zwei Kreissysteme, die zwei aufeinander senkrecht stehende Gerade in demselben Punkte (ihrem Schnittpunkte) berühren.

Ist insbesondere der Berührungspunkt von $g$ und $g'$ mit der Kugel das Projektionszentrum, so haben wir in der Ebene als Grenzfall ein doppeltes orthogonales Geradensystem.

## § 45. Darstellung der Bewegungen der komplexen Kugelfläche in sich mittels linearer Substitutionen nach Cayley.

Wir denken uns nun die Kugel um ihren Mittelpunkt in sich gedreht. Indem wir jeden Punkt der Kugel durch den Wert bezeichnen, den die komplexe Veränderliche $\tau$ in ihm annimmt[1]), sei $\tau'$ derjenige Punkt, in den $\tau$ nach der Bewegung übergegangen ist. Da zwei von den entsprechenden Punkten $\tau$, $\tau'$ beschriebene Figuren kongruent, mithin auch konform sind, so wird $\tau'$ eine Funktion der komplexen Veränderlichen $\tau$ sein, und wir behaupten nun, daß $\tau'$ eine linear gebrochene Funktion von $\tau$:

(32) $$\tau' = \frac{\alpha\tau + \beta}{\gamma\tau + \delta}$$

ist.

Nach den Fundamentalsätzen über Funktionen einer komplexen Veränderlichen erhellt dieses sofort daraus, daß $\tau'$ für jeden Wert von $\tau$ nur einen Wert hat und umgekehrt. Elementarer beweisen wir dieses, wenn wir beachten, daß sowohl auf der Kugel als auch in der Bildebene jedem Kreise, den $\tau$ beschreibt, ein von $\tau'$ beschriebener Kreis entspricht. Nun sind diejenigen konformen Abbildungen der Ebene auf sich selbst, welche Kreise wieder in Kreise überführen, notwendig durch lineare Substitutionen gegeben[2]).

---

1) Dieses ist offenbar gestattet, da zwischen den Werten der komplexen Veränderlichen $\tau$ und den Kugelpunkten eine eindeutige Beziehung besteht, einschließlich des Wertes $\tau = \infty$, der dem Projektionszentrum entspricht.

2) Daß eine lineare Substitution:

(1) $$z' = \frac{\alpha z + \beta}{\gamma z + \delta}$$

die von $z'$ beschriebenen Kreise in solche von $z$ beschriebene überführt (und umgekehrt), läßt sich folgendermaßen beweisen;

Bezeichnen wir (mit **Hermite**) mit $a_0$ die zu einer willkürlichen Größe $a$ konjugierte Größe, so lautet die Gleichung eines von $z'$ beschriebenen reellen Kreises in der allgemeinsten Gestalt:

$$A z' z_0' + B z' + B_0 z_0' + C = 0,$$

wo $A$ und $C$ reelle Konstanten sind. Die entsprechende von $z$ beschriebene Kurve hat wegen (1) die Gleichung:

$$A(\alpha z + \beta)(\alpha_0 z_0 + \beta_0) + B(\alpha z + \beta)(\gamma_0 z_0 + \delta_0) + B_0(\alpha_0 z_0 + \beta_0)(\gamma z + \delta) + C(\gamma z + \delta)(\gamma_0 z_0 + \delta_0) = 0$$

und ist folglich wieder ein Kreis.

Wir bemerken ferner, daß, wenn $z_1$ ein beliebiger fester Punkt der Ebene ist, die lineare Substitution:

$$z' = \frac{c}{z - z_1} \quad (c = \text{Const.})$$

die Kreise, die in dem festen Punkte $z_1$ eine bestimmte Richtung berühren, in parallele Gerade überführt, die durch passende Wahl von $c$ einer der Koordinatenachsen parallel gemacht werden können. Nach dieser Vorbemerkung stelle nun:

$$z'' = f(z)$$

eine konforme Abbildung der Ebene auf sich selbst dar, die die Kreise wieder in Kreise überführt. Die Parallelen zu den Koordinatenachsen in der $z''$-Ebene gehen

Die Determinante der linearen Substitution (32), $\alpha\delta - \beta\gamma$, muß von Null verschieden sein und kann unbeschadet der Allgemeinheit gleich Eins gesetzt werden, so daß also

(33) $$\alpha\delta - \beta\gamma = 1$$

ist. Wir wollen nun untersuchen, welche besonderen Beziehungen zwischen den Koeffizienten $\alpha$, $\beta$, $\gamma$, $\delta$ bestehen müssen, damit die Gleichung (32) bloß eine Bewegung der Kugelfläche in sich darstellt. Zu diesem Zweck drücken wir das Quadrat des Linienelements der Kugel:

$$ds^2 = du^2 + \sin^2 u\, dv^2$$

durch die komplexe Veränderliche $\tau$ und ihre Konjugierte $\tau_0$ aus. Da

$$\tau = \operatorname{cotg}\frac{u}{2} e^{iv}, \quad \tau_0 = \operatorname{cotg}\frac{u}{2} e^{-iv}$$

ist, so erhalten wir sofort:

$$ds^2 = \frac{4\, d\tau\, d\tau_0}{(\tau\tau_0 + 1)^2}.$$

Damit (32) eine Bewegung in sich darstellt, ist demnach notwendig und hinreichend, daß sich

$$\frac{d\tau' d\tau_0'}{(\tau'\tau_0' + 1)^2} = \frac{d\tau\, d\tau_0}{(\tau\tau_0 + 1)^2}$$

ergibt oder auch, da wegen (32) und (33)

$$d\tau' = \frac{d\tau}{(\gamma\tau + \delta)^2}, \quad d\tau_0' = \frac{d\tau_0}{(\gamma_0\tau_0 + \delta_0)^2}$$

ist, daß

$$(\alpha\tau + \beta)(\alpha_0\tau_0 + \beta_0) + (\gamma\tau + \delta)(\gamma_0\tau_0 + \delta_0) = \tau\tau_0 + 1$$

ist.

Diese Gleichung muß für jeden Wert von $\tau$ bestehen und gibt daher:

$$\alpha\alpha_0 + \gamma\gamma_0 = 1, \qquad \alpha\beta_0 + \gamma\delta_0 = 0,$$
$$\beta\alpha_0 + \delta\gamma_0 = 0, \qquad \beta\beta_0 + \delta\delta_0 = 1.$$

---

in der $z$-Ebene in ein System von Kreisen über, die zwei aufeinander senkrecht stehende Gerade in ihrem Schnittpunkt berühren. Diese gehen wieder mittels einer passenden linearen Substitution: $z' = \frac{c}{z - z_1}$ in Parallele zu den Koordinatenachsen in der $z'$-Ebene über.

Wird $z'' = x'' + iy''$, $z' = x' + iy'$ gesetzt, so muß also $x''$ eine Funktion von $x'$ oder $y'$ allein und entsprechend $y''$ eine Funktion von $y'$ oder $x'$ allein sein, und die Beziehung zwischen $z''$ und $z'$ ist offenbar:

$$z'' = \alpha z',$$

wo $\alpha$ konstant (reell oder rein imaginär) ist.

Es ist demnach $z''$ mit $z$ linear verknüpft, was zu beweisen war.

Wegen (33) reduzieren sich diese Beziehungen auf die notwendigen und hinreichenden Bedingungen:

$$\delta = \alpha_0, \quad \gamma = -\beta_0,$$

d. h.: $\delta$ ist konjugiert zu $\alpha$, und $\gamma$ ist, abgesehen vom Vorzeichen, konjugiert zu $\beta$. Daraus schließen wir:

Die allgemeinste Bewegung der komplexen Kugelfläche in sich wird durch die Vornahme einer linearen Substitution mit der komplexen Veränderlichen r:

(34) $$\tau' = \frac{\alpha\tau + \beta}{-\beta_0\tau + \alpha_0}, \quad (\alpha\alpha_0 + \beta\beta_0 = 1)$$

dargestellt.

Diese Gleichung rührt von Cayley her.

Bei jeder solchen Bewegung (34) der Kugelfläche in sich bleiben die beiden Punkte, welche den Wurzeln der quadratischen Gleichung:

$$\beta_0\tau^2 + (\alpha - \alpha_0)\tau + \beta = 0$$

entsprechen, fest. Sie liegen offenbar einander diametral gegenüber, und die Bewegung besteht mithin bloß in einer Drehung um den sie verbindenden Durchmesser. Für den Winkel $\Theta$ dieser Drehung ergibt sich leicht die Gleichung:

(35) $$\cos\frac{\Theta}{2} = \frac{\alpha + \alpha_0}{2}$$ [1].

1) Die Gleichung (35) ist im Falle $\beta = \beta_0 = 0$ unmittelbar evident. Bezeichnen wir nun mit $S$ eine beliebige Substitution (34), mit $T$ eine Substitution (34), welche die beiden bei $S$ festen Punkte in die Pole $\tau = 0$, $\tau = \infty$ verlegt, so ist die Substitution:

$$TST^{-1},$$

die aus $S$ vermöge der Substitution $T$ hervorgeht, eine Drehung von derselben Amplitude wie $S$ um die Polarachse. Dabei ist in $S$ und $TST^{-1}$ die Summe des ersten und vierten Koeffizienten ein und dieselbe, wie die wirkliche Ausrechnung sofort ergibt, so daß damit Formel (35) bewiesen ist.

# Kapitel IV.

## Die Fundamentalgleichungen der Flächentheorie.

Die beiden quadratischen Fundamentalformen: $\begin{cases} Edu^2 + 2Fdu\,dv + Gdv^2, \\ Ddu^2 + 2D'du\,dv + D''dv^2. \end{cases}$ — Gleichungen, welche die zweiten Ableitungen von $x$, $y$, $z$ und die ersten Ableitungen von $X$, $Y$, $Z$ geben. — Formeln von Gauß und Mainardi-Codazzi zwischen den Koeffizienten $E$, $F$, $G$, $D$, $D'$, $D''$ der beiden Fundamentalformen. — Existenz und Eindeutigkeit der Fläche, die zwei solchen gegebenen Fundamentalformen entspricht, welche den Gleichungen von Gauß und Codazzi genügen. — Krümmungslinien. — Radien der ersten Krümmung der auf einer Fläche gezogenen Kurven. — Meusnierscher Satz. — Eulersche Formel. — Dupinsche Indikatrix. — Totale und mittlere Krümmung. — Konjugierte Systeme. — Haupttangentenkurven (Asymptotenlinien). — Berechnung der Differentialparameter.

### § 46. Die beiden quadratischen Fundamentalformen der Fläche.

Bei den im vorigen Kapitel angestellten Untersuchungen über gewisse Eigenschaften der Flächen haben wir nur eine einzige Differentialform auftreten sehen, diejenige nämlich, welche das Quadrat des Linienelementes der Fläche darstellt:

$$f \equiv ds^2 = Edu^2 + 2Fdu\,dv + Gdv^2,$$

d. h. die erste Fundamentalform. Werden jedoch diejenigen Eigenschaften untersucht, die der wirklichen Gestalt zukommen, welche die Fläche im Raume hat, so tritt neben der ersten noch eine zweite quadratische Differentialform auf, und wie wir sofort sehen werden, kommt die Flächentheorie, von unserm Gesichtspunkte aus betrachtet, im wesentlichen auf das Studium zweier simultaner quadratischer Differentialformen hinaus.

Zur Einführung der erwähnten zweiten Differentialform bestimmen wir zunächst die Kosinus der positiven Richtung der Flächennormale; dieselben werden wir stets mit

$$X,\ Y,\ Z$$

bezeichnen.

Wie in § 34 setzen wir fest, daß die positive Seite der Tangentialebene diejenige sein soll, auf der die positive Richtung der Tangente der Kurve $u$ links von derjenigen der Tangente der Kurve $v$ liegt[1]).

Die positive Richtung der Normale ist diejenige, welcher die positive Seite der Tangentialebene zugewandt ist. Nach bekannten Formeln der analytischen Geometrie haben wir dann wegen (b), S. 62:

$$X = \frac{1}{\sin\omega}\begin{vmatrix} \frac{1}{\sqrt{E}}\frac{\partial y}{\partial u} & \frac{1}{\sqrt{E}}\frac{\partial z}{\partial u} \\ \frac{1}{\sqrt{G}}\frac{\partial y}{\partial v} & \frac{1}{\sqrt{G}}\frac{\partial z}{\partial v} \end{vmatrix}, \quad Y = \frac{1}{\sin\omega}\begin{vmatrix} \frac{1}{\sqrt{E}}\frac{\partial z}{\partial u} & \frac{1}{\sqrt{E}}\frac{\partial x}{\partial u} \\ \frac{1}{\sqrt{G}}\frac{\partial z}{\partial v} & \frac{1}{\sqrt{G}}\frac{\partial x}{\partial v} \end{vmatrix},$$

$$Z = \frac{1}{\sin\omega}\begin{vmatrix} \frac{1}{\sqrt{E}}\frac{\partial x}{\partial u} & \frac{1}{\sqrt{E}}\frac{\partial y}{\partial u} \\ \frac{1}{\sqrt{G}}\frac{\partial x}{\partial v} & \frac{1}{\sqrt{G}}\frac{\partial y}{\partial v} \end{vmatrix},$$

wo $\omega$ der in § 33 definierte Winkel der Parameterlinien ist. Aus der Gleichung (6*) desselben Paragraphen (S. 62) folgt dann:

$$(1) \qquad X = \frac{1}{\sqrt{EG-F^2}}\begin{vmatrix} \frac{\partial y}{\partial u} & \frac{\partial z}{\partial u} \\ \frac{\partial y}{\partial v} & \frac{\partial z}{\partial v} \end{vmatrix}, \quad Y = \frac{1}{\sqrt{EG-F^2}}\begin{vmatrix} \frac{\partial z}{\partial u} & \frac{\partial x}{\partial u} \\ \frac{\partial z}{\partial v} & \frac{\partial x}{\partial v} \end{vmatrix},$$

$$Z = \frac{1}{\sqrt{EG-F^2}}\begin{vmatrix} \frac{\partial x}{\partial u} & \frac{\partial y}{\partial u} \\ \frac{\partial x}{\partial v} & \frac{\partial y}{\partial v} \end{vmatrix}.$$

Die zweite Differentialform, die wir einführen, ist:

$$\varphi \equiv -(dx\,dX + dy\,dY + dz\,dZ),$$

wofür wir uns stets der Bezeichnung:

$$(2) \qquad \varphi \equiv -\Sigma dx\,dX^{2}) = D\,du^2 + 2D'du\,dv + D''dv^2$$

bedienen werden.

Wir geben anschließend hieran die verschiedenen Formen an, auf die man die Koeffizienten $D$, $D'$, $D''$ von $\varphi$ bringen kann. Aus den Identitäten:

$$\sum X\frac{\partial x}{\partial u} = 0, \quad \sum X\frac{\partial x}{\partial v} = 0$$

1) Wir halten immer daran fest, daß auf der positiven Seite der $xy$-Ebene die positive Richtung von $OY$ links von derjenigen von $OX$ liegt.

2) Das Summenzeichen $\Sigma$ bezeichnet hier und im folgenden eine Summe dreier Glieder, von denen das zweite und dritte aus dem ersten dadurch abgeleitet werden, daß $x$, $X$ bezüglich durch $y$, $Y$; $z$, $Z$ ersetzt werden.

folgen durch Differentiation nach $u$ und $v$ die weiteren:

$$\left\{\begin{aligned} &\sum X \frac{\partial^2 x}{\partial u^2} = -\sum \frac{\partial X}{\partial u}\frac{\partial x}{\partial u}, \\ &\sum X \frac{\partial^2 x}{\partial u \partial v} = -\sum \frac{\partial X}{\partial v}\frac{\partial x}{\partial u} = -\sum \frac{\partial X}{\partial u}\frac{\partial x}{\partial v}, \\ &\sum X \frac{\partial^2 x}{\partial v^2} = -\sum \frac{\partial X}{\partial v}\frac{\partial x}{\partial v}. \end{aligned}\right.$$

Wir haben demnach:

$$(3)\qquad \left\{\begin{aligned} D &= \sum X \frac{\partial^2 x}{\partial u^2} = -\sum \frac{\partial X}{\partial u}\frac{\partial x}{\partial u}, \\ D' &= \sum X \frac{\partial^2 x}{\partial u \partial v} = -\sum \frac{\partial X}{\partial v}\frac{\partial x}{\partial u} = -\sum \frac{\partial X}{\partial u}\frac{\partial x}{\partial v}, \\ D'' &= \sum X \frac{\partial^2 x}{\partial v^2} = -\sum \frac{\partial X}{\partial v}\frac{\partial x}{\partial v}. \end{aligned}\right.$$

Zufolge der Gleichungen (1) können wir $D, D', D''$ auch in **Determinantenform** schreiben:

$$(3^*)\qquad D = \frac{1}{\sqrt{EG-F^2}}\begin{vmatrix} \frac{\partial^2 x}{\partial u^2} & \frac{\partial^2 y}{\partial u^2} & \frac{\partial^2 z}{\partial u^2} \\ \frac{\partial x}{\partial u} & \frac{\partial y}{\partial u} & \frac{\partial z}{\partial u} \\ \frac{\partial x}{\partial v} & \frac{\partial y}{\partial v} & \frac{\partial z}{\partial v} \end{vmatrix}, \qquad D' = \frac{1}{\sqrt{EG-F^2}}\begin{vmatrix} \frac{\partial^2 x}{\partial u \partial v} & \frac{\partial^2 y}{\partial u \partial v} & \frac{\partial^2 z}{\partial u \partial v} \\ \frac{\partial x}{\partial u} & \frac{\partial y}{\partial u} & \frac{\partial z}{\partial u} \\ \frac{\partial x}{\partial v} & \frac{\partial y}{\partial v} & \frac{\partial z}{\partial v} \end{vmatrix},$$

$$D'' = \frac{1}{\sqrt{EG-F^2}}\begin{vmatrix} \frac{\partial^2 x}{\partial v^2} & \frac{\partial^2 y}{\partial v^2} & \frac{\partial^2 z}{\partial v^2} \\ \frac{\partial x}{\partial u} & \frac{\partial y}{\partial u} & \frac{\partial z}{\partial u} \\ \frac{\partial x}{\partial v} & \frac{\partial y}{\partial v} & \frac{\partial z}{\partial v} \end{vmatrix}.$$

Die beiden quadratischen Differentialformen:

$$f \equiv \Sigma dx^2 = E du^2 + 2F du dv + G dv^2,$$
$$\varphi \equiv -\Sigma dx dX = D du^2 + 2D' du dv + D'' dv^2$$

heißen die erste und die zweite Fundamentalform der Fläche.

Es ist klar, daß sie bei einer beliebigen Transformation der Parameter $u, v$ in die neuen Fundamentalformen übergehen.

## § 47. Formeln für die zweiten Ableitungen von $x, y, z$ und für die ersten Ableitungen von $X, Y, Z$.

In diesem Paragraphen wollen wir die grundlegenden Gleichungen unserer Theorie aufstellen. Hierzu schicken wir die folgende

Bemerkung voraus: Sind $A$, $B$, $C$ drei beliebige Funktionen von $u$, $v$, so können wir, da die Determinante:

$$\begin{vmatrix} \frac{\partial x}{\partial u} & \frac{\partial x}{\partial v} & X \\ \frac{\partial y}{\partial u} & \frac{\partial y}{\partial v} & X \\ \frac{\partial z}{\partial u} & \frac{\partial z}{\partial v} & Z \end{vmatrix} = \sqrt{EG - F^2}$$

nicht gleich Null ist, drei unbekannte Koeffizienten $\alpha$, $\beta$, $\gamma$ so bestimmen, daß die Gleichungen gelten:

$$\text{(a)} \qquad \begin{cases} A = \alpha \frac{\partial x}{\partial u} + \beta \frac{\partial x}{\partial v} + \gamma X, \\ B = \alpha \frac{\partial y}{\partial u} + \beta \frac{\partial y}{\partial v} + \gamma Y, \\ C = \alpha \frac{\partial z}{\partial u} + \beta \frac{\partial z}{\partial v} + \gamma Z. \end{cases}$$

Nach dieser Vorbemerkung bedienen wir uns für den Augenblick wieder der Bezeichnung mittels Indizes und setzen:

$$u = u_1, \qquad v = u_2,$$
$$E = a_{11}, \quad F = a_{12}, \quad G = a_{22},$$
$$D = b_{11}, \quad D' = b_{12}, \quad D'' = b_{22}.$$

Da nach (4), S. 60:

$$a_{rs} = \sum \frac{\partial x}{\partial u_r} \frac{\partial x}{\partial u_s}$$

ist, so folgt daraus nach (10), S. 41:

$$\sum \frac{\partial x}{\partial u_t} \frac{\partial^2 x}{\partial u_r \partial u_s} = \begin{bmatrix} rs \\ t \end{bmatrix}.$$

Wenn wir in den Gleichungen (a)

$$A = \frac{\partial^2 x}{\partial u_r \partial u_s}, \quad B = \frac{\partial^2 y}{\partial u_r \partial u_s}, \quad C = \frac{\partial^2 z}{\partial u_r \partial u_s}$$

setzen, dieselben dann der Reihe nach zuerst mit $\frac{\partial x}{\partial u_1}$, $\frac{\partial y}{\partial u_1}$, $\frac{\partial z}{\partial u_1}$, dann mit $\frac{\partial x}{\partial u_2}$, $\frac{\partial y}{\partial u_2}$, $\frac{\partial z}{\partial u_2}$, dann mit $X$, $Y$, $Z$ multiplizieren und jedesmal addieren, so folgt:

$$a_{11}\alpha + a_{12}\beta = \begin{bmatrix} rs \\ 1 \end{bmatrix},$$
$$a_{12}\alpha + a_{22}\beta = \begin{bmatrix} rs \\ 2 \end{bmatrix},$$
$$\gamma = b_{rs},$$

hieraus weiter nach (11), S. 42:

$$\alpha = A_{11}\begin{bmatrix} r\,s \\ 1 \end{bmatrix} + A_{12}\begin{bmatrix} r\,s \\ 2 \end{bmatrix} = \begin{Bmatrix} r\,s \\ 1 \end{Bmatrix},$$

$$\beta = A_{21}\begin{bmatrix} r\,s \\ 1 \end{bmatrix} + A_{22}\begin{bmatrix} r\,s \\ 2 \end{bmatrix} = \begin{Bmatrix} r\,s \\ 2 \end{Bmatrix},$$

und es ist demnach:

$$\frac{\partial^2 x}{\partial u_r \partial u_s} = \begin{Bmatrix} r\,s \\ 1 \end{Bmatrix}\frac{\partial x}{\partial u_1} + \begin{Bmatrix} r\,s \\ 2 \end{Bmatrix}\frac{\partial x}{\partial u_2} + b_{rs}X$$

oder kürzer mittels der Bezeichnung für die kovarianten zweiten Ableitungen (14*), S. 44:

$$x_{rs} = b_{rs}X.$$

Schreiben wir die Formeln (a) in den alten Bezeichnungen mit Rücksicht auf unsere Ergebnisse, so erhalten wir die erste Gruppe von Fundamentalgleichungen:

$$\text{(I)} \qquad \left\{\begin{aligned} \frac{\partial^2 x}{\partial u^2} &= \begin{Bmatrix} 1\,1 \\ 1 \end{Bmatrix}\frac{\partial x}{\partial u} + \begin{Bmatrix} 1\,1 \\ 2 \end{Bmatrix}\frac{\partial x}{\partial v} + DX, \\ \frac{\partial^2 x}{\partial u \partial v} &= \begin{Bmatrix} 1\,2 \\ 1 \end{Bmatrix}\frac{\partial x}{\partial u} + \begin{Bmatrix} 1\,2 \\ 2 \end{Bmatrix}\frac{\partial x}{\partial v} + D'X, \\ \frac{\partial^2 x}{\partial v^2} &= \begin{Bmatrix} 2\,2 \\ 1 \end{Bmatrix}\frac{\partial x}{\partial u} + \begin{Bmatrix} 2\,2 \\ 2 \end{Bmatrix}\frac{\partial x}{\partial v} + D''X, \end{aligned}\right.$$

wobei wir diejenigen für $y$ und $z$ weglassen, die ganz analog sind und aus den vorstehenden dadurch hervorgehen, daß $X$ bez. durch $Y$, $Z$ ersetzt wird.

Die zweite Gruppe von Fundamentalgleichungen ist diejenige, welche die ersten partiellen Differentialquotienten von $X$, $Y$, $Z$ durch $\frac{\partial x}{\partial u}$, $\frac{\partial x}{\partial v}$, $X$ usw. ausdrückt.

Wir setzen in den Gleichungen (a) der Reihe nach entweder

$$A = \frac{\partial X}{\partial u}, \quad B = \frac{\partial Y}{\partial u}, \quad C = \frac{\partial Z}{\partial u}$$

oder

$$A = \frac{\partial X}{\partial v}, \quad B = \frac{\partial Y}{\partial v}, \quad C = \frac{\partial Z}{\partial v}.$$

Dann erhalten wir, wenn wir der Reihe nach das erstemal mit $\frac{\partial x}{\partial u}$, $\frac{\partial y}{\partial u}$, $\frac{\partial z}{\partial u}$, das zweitemal mit $\frac{\partial x}{\partial v}$, $\frac{\partial y}{\partial v}$, $\frac{\partial z}{\partial v}$, das drittemal mit $X$, $Y$, $Z$ multiplizieren und jedesmal addieren, für jeden der beiden Fälle Formeln für $\alpha$, $\beta$, $\gamma$. Setzen wir diese Werte $\alpha$, $\beta$, $\gamma$ alsdann in die betreffenden Gleichungen (a) ein, so ergeben sich die gesuchten Gleichungen:

$$\text{(II)}\quad\begin{cases}\dfrac{\partial X}{\partial u}=\dfrac{FD'-GD}{EG-F^2}\dfrac{\partial x}{\partial u}+\dfrac{FD-ED'}{EG-F^2}\dfrac{\partial x}{\partial v},\\[2ex] \dfrac{\partial X}{\partial v}=\dfrac{FD''-GD'}{EG-F^2}\dfrac{\partial x}{\partial u}+\dfrac{FD'-ED''}{EG-F^2}\dfrac{\partial x}{\partial v},\end{cases}$$

wo die analogen für $X$ und $Y$ wieder weggelassen sind.

Wie man sieht, sind die Koeffizienten der rechten Seiten der Gleichungen (I) und (II) lediglich mittels der Koeffizienten der beiden Grundformen $f$ und $\varphi$ gebildet[1]).

## § 48. Formeln von Gauß und Mainardi-Codazzi zwischen den Koeffizienten $E$, $F$, $G$, $D$, $D'$, $D''$ der beiden Fundamentalformen.

Die sechs Koeffizienten der beiden Grundformen,

$$E,\ F,\ G;\ D,\ D',\ D'',$$

sind nicht voneinander unabhängig, sondern durch drei wichtige Beziehungen verbunden, die wir nun ableiten wollen. Dazu setzen wir die Bedingungen für die Integrabilität des Systems (I) an:

$$\frac{\partial}{\partial v}\left(\frac{\partial^2 x}{\partial u^2}\right)-\frac{\partial}{\partial u}\left(\frac{\partial^2 x}{\partial u\,\partial v}\right)=0,$$

$$\frac{\partial}{\partial u}\left(\frac{\partial^2 x}{\partial v^2}\right)-\frac{\partial}{\partial v}\left(\frac{\partial^2 x}{\partial u\,\partial v}\right)=0,$$

d. h.:

$$\text{(b)}\quad\begin{cases}\dfrac{\partial}{\partial v}\left(\begin{Bmatrix}11\\1\end{Bmatrix}\dfrac{\partial x}{\partial u}+\begin{Bmatrix}11\\2\end{Bmatrix}\dfrac{\partial x}{\partial v}+DX\right)-\dfrac{\partial}{\partial u}\left(\begin{Bmatrix}12\\1\end{Bmatrix}\dfrac{\partial x}{\partial u}+\begin{Bmatrix}12\\2\end{Bmatrix}\dfrac{\partial x}{\partial v}+D'X\right)=0,\\[2ex] \dfrac{\partial}{\partial u}\left(\begin{Bmatrix}22\\1\end{Bmatrix}\dfrac{\partial x}{\partial u}+\begin{Bmatrix}22\\2\end{Bmatrix}\dfrac{\partial x}{\partial v}+D''X\right)-\dfrac{\partial}{\partial v}\left(\begin{Bmatrix}12\\1\end{Bmatrix}\dfrac{\partial x}{\partial u}+\begin{Bmatrix}12\\2\end{Bmatrix}\dfrac{\partial x}{\partial v}+D'X\right)=0\end{cases}$$

nebst analogen für $y$ und $z$. Es ist klar, daß sich unter Benutzung der Fundamentalgleichungen (I) und (II) die linken Seiten der Gleichungen (b) identisch auf die Form:

$$\alpha\frac{\partial x}{\partial u}+\beta\frac{\partial x}{\partial v}+\gamma X,$$

$$\alpha'\frac{\partial x}{\partial u}+\beta'\frac{\partial x}{\partial v}+\gamma' X$$

bringen lassen; es müssen daher gleichzeitig die Gleichungen bestehen:

$$\alpha\frac{\partial x}{\partial u}+\beta\frac{\partial x}{\partial v}+\gamma X=0,\qquad \alpha'\frac{\partial x}{\partial u}+\beta'\frac{\partial x}{\partial v}+\gamma' X=0,$$

$$\alpha\frac{\partial y}{\partial u}+\beta\frac{\partial y}{\partial v}+\gamma Y=0,\qquad \alpha'\frac{\partial y}{\partial u}+\beta'\frac{\partial y}{\partial v}+\gamma' Y=0,$$

$$\alpha\frac{\partial z}{\partial u}+\beta\frac{\partial z}{\partial v}+\gamma Z=0,\qquad \alpha'\frac{\partial z}{\partial u}+\beta'\frac{\partial z}{\partial v}+\gamma' Z=0.$$

---

1) Insbesondere ist stets festzuhalten, daß die Christoffelschen Symbole $\begin{Bmatrix}rs\\t\end{Bmatrix}$, die in (I) auftreten, bezüglich der ersten Fundamentalform $f$ gebildet sind.

Wir haben somit als gesuchte Integrabilitätsbedingungen:

$$\alpha = 0, \quad \beta = 0, \quad \gamma = 0,$$
$$\alpha' = 0, \quad \beta' = 0, \quad \gamma' = 0.$$

Die vier Bedingungen:

$$\beta = 0, \quad \alpha = 0, \quad \beta' = 0, \quad \alpha' = 0$$

lauten, in den Christoffelschen Vierindizessymbolen (20), S. 47, geschrieben, wie folgt:

$$\frac{DD'' - D'^2}{EG - F^2} \cdot E = \{12,\ 12\},$$
$$\frac{DD'' - D'^2}{EG - F^2} \cdot F = \{11,\ 21\},$$
$$\frac{DD'' - D'^2}{EG - F^2} \cdot F = \{22,\ 12\},$$
$$\frac{DD'' - D'^2}{EG - F^2} \cdot G = \{21,\ 21\}.$$

Bezeichnet $K$ das Krümmungsmaß der ersten Fundamentalform, so ergeben diese Gleichungen übereinstimmend (Formeln (IV), S. 50):

$$\text{(III)} \qquad \frac{DD'' - D'^2}{EG - F^2} = K,$$

d. h in Worten ausgesprochen: Der Quotient der Diskriminanten der beiden Fundamentalformen $\varphi$ und $f$ ist gleich dem Krümmungsmaß $K$ der ersten Fundamentalform $f$.

Was die beiden weiteren Bedingungen:

$$\gamma = 0, \quad \gamma' = 0$$

betrifft, so lauten sie entwickelt:

$$\text{(IV)} \qquad \left\{ \begin{aligned} &\frac{\partial D}{\partial v} - \frac{\partial D'}{\partial u} - \begin{Bmatrix} 1\,2 \\ 1 \end{Bmatrix} D + \left( \begin{Bmatrix} 1\,1 \\ 1 \end{Bmatrix} - \begin{Bmatrix} 1\,2 \\ 2 \end{Bmatrix} \right) D' + \begin{Bmatrix} 1\,1 \\ 2 \end{Bmatrix} D'' = 0, \\ &\frac{\partial D''}{\partial u} - \frac{\partial D'}{\partial v} + \begin{Bmatrix} 2\,2 \\ 1 \end{Bmatrix} D + \left( \begin{Bmatrix} 2\,2 \\ 2 \end{Bmatrix} - \begin{Bmatrix} 1\,2 \\ 1 \end{Bmatrix} \right) D' - \begin{Bmatrix} 1\,2 \\ 2 \end{Bmatrix} D'' = 0. \end{aligned} \right.$$

Sie besagen nach den Formeln (VII), S. 57, daß die für die zweite Fundamentalform $\varphi$ bezüglich der ersten $f$ gebildete trilineare Kovariante $(f, \varphi)$ identisch verschwindet.

Die Gleichung (III) ist von Gauß in den Disquisitiones aufgestellt worden. Dort finden sich bereits alle Elemente zur Ableitung der Gleichungen (IV) vor. Dieselben werden gewöhnlich als die Gleichungen von Codazzi bezeichnet, weil sie den von diesem Mathematiker aufgestellten völlig äquivalent sind[1]); in einer anderen Form sind sie schon weit früher (1856) von Mainardi abgeleitet worden[2]).

1) Annali di Matematica, 2. Bd., S. 273 (1868).

2) Giornale dell' Istituto Lombardo, 9. Bd., S. 395.

Mit Hilfe der Gleichungen (13), S. 43, nämlich:

$$\frac{\partial \log \sqrt{EG-F^2}}{\partial u} = \begin{Bmatrix} 1\,1 \\ 1 \end{Bmatrix} + \begin{Bmatrix} 1\,2 \\ 2 \end{Bmatrix},$$

$$\frac{\partial \log \sqrt{EG-F^2}}{\partial v} = \begin{Bmatrix} 2\,2 \\ 2 \end{Bmatrix} + \begin{Bmatrix} 1\,2 \\ 1 \end{Bmatrix},$$

können die Gleichungen (IV) auf eine bemerkenswerte Form gebracht werden. Sie sind nämlich dem folgenden System äquivalent:

$$(\mathrm{IV}^*)\quad \begin{cases} \dfrac{\partial}{\partial v}\left(\dfrac{D}{\sqrt{EG-F^2}}\right) - \dfrac{\partial}{\partial u}\left(\dfrac{D'}{\sqrt{EG-F^2}}\right) + \begin{Bmatrix} 2\,2 \\ 2 \end{Bmatrix}\dfrac{D}{\sqrt{EG-F^2}} - \\ \qquad - 2\begin{Bmatrix} 1\,2 \\ 2 \end{Bmatrix}\dfrac{D'}{\sqrt{EG-F^2}} + \begin{Bmatrix} 1\,1 \\ 2 \end{Bmatrix}\dfrac{D''}{\sqrt{EG-F^2}} = 0, \\ \dfrac{\partial}{\partial u}\left(\dfrac{D''}{\sqrt{EG-F^2}}\right) - \dfrac{\partial}{\partial v}\left(\dfrac{D'}{\sqrt{EG-F^2}}\right) + \begin{Bmatrix} 2\,2 \\ 1 \end{Bmatrix}\dfrac{D}{\sqrt{EG-F^2}} - \\ \qquad - 2\begin{Bmatrix} 1\,2 \\ 1 \end{Bmatrix}\dfrac{D'}{\sqrt{EG-F^2}} + \begin{Bmatrix} 1\,1 \\ 1 \end{Bmatrix}\dfrac{D'}{\sqrt{EG-F^2}} = 0. \end{cases}$$

Die Gleichungen (III) und (IV), die zwischen den Koeffizienten der beiden Fundamentalformen bestehen, geben die notwendigen und hinreichenden Bedingungen an, denen diese Koeffizienten genügen müssen. Kleiden wir diese Eigenschaften in eine präzisere Form, so gilt nämlich der folgende Fundamentalsatz:

Sind zwei quadratische Differentialformen:

$$f \equiv E du^2 + 2F du dv + G dv^2,$$
$$\varphi \equiv D du^2 + 2D' du dv + D'' dv^2$$

gegeben, von denen die erste definit ist, so ist es, damit eine Fläche existiert, die dieselben bezüglich als erste und zweite Fundamentalform besitzt, notwendig und hinreichend, daß die Gleichungen (III) und (IV) befriedigt werden. Sind diese Bedingungen erfüllt, so ist die entsprechende Fläche, abgesehen von Bewegungen im Raume, eindeutig bestimmt.

Durch den Beweis dieses Satzes, den wir sogleich führen werden, wird die den Formen $f$ und $\varphi$ beigelegte Bezeichnung: Fundamentalformen gerechtfertigt, und es leuchtet ein, daß alle aus der Gestalt und Größe der Fläche sich ergebenden Eigenschaften nur von den sechs Koeffizienten der Fundamentalformen abhängen werden. In Analogie mit der für eine Kurve eingeführten Bezeichnung: natürliche Gleichungen können die Gleichungen:

$$f = E du^2 + 2F du dv + G dv^2,$$
$$\varphi = D du^2 + 2D' du dv + D'' dv^2$$

kurz die natürlichen Gleichungen der Fläche genannt werden.

## § 49. Existenz und Eindeutigkeit der Fläche, die zwei solchen gegebenen Fundamentalformen entspricht, welche den Gleichungen von Gauß und Codazzi genügen.

Wegen des invarianten Charakters der Fundamentalgleichungen (III) und (IV) können wir beim Beweise des soeben ausgesprochenen Satzes geeignetere neue Parameter $u$, $v$ einführen, und zwar wollen wir im Anschluß an das Ergebnis des § 31 diejenigen wählen, welche gleichzeitig $F$ und $D'$ zu Null machen.

Wie wir in dem angeführten Paragraphen gesehen haben (S. 55), sind diese neuen Veränderlichen $u$, $v$ vollkommen bestimmt, ausgenommen den Fall, in dem die Proportion:

$$D : D' : D'' = E : F : G$$

besteht, die, wie man leicht einsieht, nur im Falle der Kugel (oder der Ebene)[1]) gilt. Gleich Konstanten gesetzt, geben die neuen Veränderlichen die sogenannten Krümmungslinien der Fläche (vgl. § 52).

1) In der Tat folgt aus der obigen Proportion:

$$D = \lambda E, \quad D' = \lambda F, \quad D'' = \lambda G.$$

Setzt man dieses aber in (IV) ein und berücksichtigt, daß man dann nach (VII), S. 57, identisch hat:

$$\frac{\partial E}{\partial v} - \frac{\partial F}{\partial u} - \begin{Bmatrix} 1\,2 \\ 1 \end{Bmatrix} E + \left( \begin{Bmatrix} 1\,1 \\ 1 \end{Bmatrix} - \begin{Bmatrix} 1\,2 \\ 2 \end{Bmatrix} \right) F + \begin{Bmatrix} 1\,1 \\ 2 \end{Bmatrix} G = 0,$$

$$\frac{\partial G}{\partial u} - \frac{\partial F}{\partial v} + \begin{Bmatrix} 2\,2 \\ 1 \end{Bmatrix} E + \left( \begin{Bmatrix} 2\,2 \\ 2 \end{Bmatrix} - \begin{Bmatrix} 1\,2 \\ 1 \end{Bmatrix} \right) F - \begin{Bmatrix} 1\,2 \\ 2 \end{Bmatrix} G = 0,$$

so folgt:

$$E \frac{d\lambda}{\partial v} - F \frac{\partial \lambda}{\partial u} = 0,$$

$$F \frac{\partial \lambda}{\partial v} - G \frac{\partial \lambda}{\partial u} = 0,$$

also

$$\lambda = \text{Const.}$$

Die Gleichungen (II), S. 89, geben dann, wenn

$$\lambda = -\frac{1}{R} \quad (R = \text{Const.})$$

gesetzt wird:

$$\frac{\partial x}{\partial u} = R \frac{\partial X}{\partial u}, \quad \frac{\partial y}{\partial u} = R \frac{\partial Y}{\partial u}, \quad \frac{\partial z}{\partial u} = R \frac{\partial Z}{\partial u},$$

$$\frac{\partial x}{\partial v} = R \frac{\partial X}{\partial v}, \quad \frac{\partial y}{\partial v} = R \frac{\partial Y}{\partial v}, \quad \frac{\partial z}{\partial v} = R \frac{\partial Z}{\partial v}.$$

Die Integration liefert:

$$x = RX + a, \quad y = RY + b, \quad z = RZ + c \quad (a, b, c = \text{Const.}).$$

Demnach ist $(x-a)^2 + (y-b)^2 + (z-c)^2 = R^2$, und dieses ist die Gleichung einer Kugel. Im Falle $\lambda = 0$ folgt weiter, daß $X$, $Y$, $Z$ konstant sind, d. h. daß

Setzen wir in den Fundamentalgleichungen (III) und (IV*) für die Symbole ihre wirklichen Werte (Tabelle (A), § 35, S. 66) und für $K$ seinen durch die Gleichung (18), S. 67, gegebenen Wert ein, so lauten sie:

$$
(\mathrm{V})\quad
\begin{cases}
\dfrac{DD''}{\sqrt{EG}} + \dfrac{\partial}{\partial u}\left(\dfrac{1}{\sqrt{E}}\dfrac{\partial\sqrt{G}}{\partial u}\right) + \dfrac{\partial}{\partial v}\left(\dfrac{1}{\sqrt{G}}\dfrac{\partial\sqrt{E}}{\partial v}\right) = 0,\\[2ex]
\dfrac{\partial}{\partial v}\left(\dfrac{D}{\sqrt{E}}\right) - \dfrac{D''}{G}\dfrac{\partial\sqrt{E}}{\partial v} = 0,\\[2ex]
\dfrac{\partial}{\partial u}\left(\dfrac{D''}{\sqrt{G}}\right) - \dfrac{D}{E}\dfrac{\partial\sqrt{G}}{\partial u} = 0.
\end{cases}
$$

In jedem Punkte der Fläche, deren Existenz und Eindeutigkeit wir unter der Voraussetzung, daß die Gleichungen (V) erfüllt sind, nachweisen wollen, betrachten wir ein rechtwinkliges Trieder, das wir das Hauptrieder oder Hauptdreikant nennen und das von den positiven Richtungen der Tangenten an den beiden Kurven $v$ und $u$ und von der Flächennormale gebildet wird. Bezeichnen wir die Kosinus dieser drei Richtungen bezüglich mit $X_1, Y_1, Z_1$; $X_2, Y_2, Z_2$; $X_3, Y_3, Z_3$, so haben wir nach (b), S. 62:

$$
\begin{aligned}
X_1 &= \frac{1}{\sqrt{E}}\frac{\partial x}{\partial u}, & Y_1 &= \frac{1}{\sqrt{E}}\frac{\partial y}{\partial u}, & Z_1 &= \frac{1}{\sqrt{E}}\frac{\partial z}{\partial u},\\
X_2 &= \frac{1}{\sqrt{G}}\frac{\partial x}{\partial v}, & Y_2 &= \frac{1}{\sqrt{G}}\frac{\partial y}{\partial v}, & Z_2 &= \frac{1}{\sqrt{G}}\frac{\partial z}{\partial v},\\
X_3 &= X, & Y_3 &= Y, & Z_3 &= Z.
\end{aligned}
$$

Setzen wir in den Fundamentalgleichungen (I) und (II), S. 88, 89, für die Christoffelschen Symbole ihre wirklichen Werte ein, so erhalten wir die folgenden Gleichungen:

$$
\begin{cases}
\dfrac{\partial X_1}{\partial u} = -\dfrac{1}{\sqrt{G}}\dfrac{\partial\sqrt{E}}{\partial v}X_2 + \dfrac{D}{\sqrt{E}}X_3,\\[2ex]
\dfrac{\partial X_1}{\partial v} = \dfrac{1}{\sqrt{E}}\dfrac{\partial\sqrt{G}}{\partial u}X_2,
\end{cases}
$$

$$
\begin{cases}
\dfrac{\partial X_2}{\partial u} = \dfrac{1}{\sqrt{G}}\dfrac{\partial\sqrt{E}}{\partial v}X_1,\\[2ex]
\dfrac{\partial X_2}{\partial v} = -\dfrac{1}{\sqrt{E}}\dfrac{\partial\sqrt{G}}{\partial u}X_1 + \dfrac{D''}{\sqrt{G}}X_3,
\end{cases}
$$

---

die Fläche eine Ebene ist. Wir können dann nämlich unbeschadet der Allgemeinheit $X = 0$, $Y = 0$, $Z = 1$ setzen, und aus den Gleichungen (1), S. 85, folgt dann:

$$\frac{\partial z}{\partial u} = 0, \quad \frac{\partial z}{\partial v} = 0, \text{ d. h. } z = \mathrm{Const.}$$

$$\left\{\begin{aligned}\frac{\partial X_3}{\partial u} &= -\frac{D}{\sqrt{E}}X_1,\\ \frac{\partial X_3}{\partial v} &= -\frac{D''}{\sqrt{G}}X_2.\end{aligned}\right.$$

Die unbekannten Funktionen $X_1$, $X_2$, $X_3$ müssen also den folgenden drei homogenen totalen Differentialgleichungen genügen:

$$(4)\quad\left\{\begin{aligned}dX_1 &= \left[-\frac{1}{\sqrt{G}}\frac{\partial\sqrt{E}}{\partial v}X_2 + \frac{D}{\sqrt{E}}X_3\right]du + \frac{1}{\sqrt{E}}\frac{\partial\sqrt{G}}{\partial u}X_2\,dv,\\ dX_2 &= \frac{1}{\sqrt{G}}\frac{\partial\sqrt{E}}{\partial v}X_1\,du + \left[-\frac{1}{\sqrt{E}}\frac{\partial\sqrt{G}}{\partial u}X_1 + \frac{D''}{\sqrt{G}}X_3\right]dv,\\ dX_3 &= -\frac{D}{\sqrt{E}}X_1\,du - \frac{D''}{\sqrt{G}}X_2\,dv.\end{aligned}\right.$$

Demselben System (4) müssen auch die Funktionen $Y_1$, $Y_2$, $Y_3$ bez. $Z_1$, $Z_2$, $Z_3$ genügen.

Dabei ist das System (4) unbeschränkt integrierbar, da die Integrabilitätsbedingungen zu eben den drei Beziehungen (V) führen, die wir als erfüllt voraussetzen.

## § 50. Beendigung des Existenzbeweises.

Stützen wir uns nun auf den bekannten Satz[1]), daß bei einem unbeschränkt integrierbaren System von totalen Differentialgleichungen stets ein Lösungssystem existiert, das für die Anfangswerte $u_0$, $v_0$ der Veränderlichen $u$, $v$ willkürlich gegebene Anfangswerte annimmt, so können wir unsern Beweis schnell zu Ende führen. Dazu ist nur noch zu beachten, daß, wenn $X_1$, $X_2$, $X_3$ und $X_1'$, $X_2'$, $X_3'$ zwei verschiedene oder übereinstimmende Lösungssysteme der Gleichungen (4) sind, wegen der speziellen Form dieser Gleichungen

$$X_1X_1' + X_2X_2' + X_3X_3' = \text{Const.}$$

ist, da das vollständige Differential dieses Ausdrucks zufolge der Gleichungen (4) und der analogen Gleichungen für $X_1'$, $X_2'$, $X_3'$ identisch verschwindet.

Nach diesen Vorbemerkungen seien $X_1$, $X_2$, $X_3$; $Y_1$, $Y_2$, $Y_3$; $Z_1$, $Z_2$, $Z_3$ drei Lösungssysteme von (4), die für $u = u_0$, $v = v_0$ in die neun Koeffizienten einer orthogonalen Substitution:

$$\begin{matrix} X_1^{(0)} & X_2^{(0)} & X_3^{(0)}\\ Y_1^{(0)} & Y_2^{(0)} & Y_3^{(0)}\\ Z_1^{(0)} & Z_2^{(0)} & Z_3^{(0)}\end{matrix}$$

1) S. z. B. C. Jordan, Traité d'Analyse, Bd. 3.

übergehen mögen. Aus der obigen Bemerkung folgt, daß für alle Werte von $u$ und $v$ die Größen:

$$\begin{matrix} X_1 & X_2 & X_3 \\ Y_1 & Y_2 & Y_3 \\ Z_1 & Z_2 & Z_3 \end{matrix}$$

die Koeffizienten einer orthogonalen Substitution sein müssen; insbesondere wird sein:

$$X_1^2 + Y_1^2 + Z_1^2 = 1,$$
$$X_1 X_2 + Y_1 Y_2 + Z_1 Z_2 = 0$$
usw.

Nun sind eben infolge der Gleichungen (4) die drei Ausdrücke:

$$\sqrt{E}X_1 du + \sqrt{G}X_2 dv, \quad \sqrt{E}Y_1 du + \sqrt{G}Y_2 dv, \quad \sqrt{E}Z_1 du + \sqrt{G}Z_2 dv$$

vollständige Differentiale. Setzen wir also:

$$x = \int(\sqrt{E}X_1 du + \sqrt{G}X_2 dv), \quad y = \int(\sqrt{E}Y_1 du + \sqrt{G}Y_2 dv),$$
$$z = \int(\sqrt{E}Z_1 du + \sqrt{G}Z_2 dv)$$

und betrachten wir $x, y, z$ als die laufenden Koordinaten eines Punktes einer Fläche, so hat diese Fläche in der Tat die beiden gegebenen Formen zu Fundamentalformen.

Was endlich denjenigen Teil des Fundamentalsatzes betrifft, der sich auf die Eindeutigkeit bezieht, so ergibt sie sich entweder aus der linearen Form der Gleichungen (4) oder mittels derselben Überlegung, wie wir sie bereits § 8, S. 13, für die Kurven angestellt haben.

Bemerkung. Beim Beweise des obigen Satzes haben wir uns der Einfachheit halber auf ein besonderes System von Parameterlinien (Krümmungslinien) bezogen; doch ist wohl zu beachten, daß, auch wenn die unabhängigen Veränderlichen ganz allgemein gelassen werden, als Haupttrieder dasjenige z. B. eingeführt werden kann, das in jedem Punkte der Fläche von den Halbierungslinien des Winkels zwischen den Tangenten der Parameterlinien und von der Flächennormale gebildet wird. Für die neun Kosinus dieser drei Richtungen würden wir, wie hier das System (4), ein zufolge der Fundamentalgleichungen (III) und (IV) unbeschränkt integrierbares System totaler Differentialgleichungen erhalten, und wie in § 9, S. 15, könnte die Aufgabe, die Fläche zu bestimmen, auf die Integration einer (totalen) Differentialgleichung vom Riccatischen Typus zurückgeführt werden. Daraus folgt das Ergebnis:

Zur wirklichen Bestimmung der zwei gegebenen Funda mentalformen entsprechenden Fläche ist die Integration einer Differentialgleichung vom Riccatischen Typus erforderlich.

## § 51. Krümmungslinien der Fläche.

Betrachtet man auf einer Fläche $S$ eine beliebige Kurve $L$ und errichtet man längs der Kurve die Flächennormalen, so werden diese im allgemeinen eine nicht abwickelbare Linienfläche (Regelfläche) bilden. In dem besonderen Falle, daß diese Linienfläche abwickelbar ist, d. h. daß die Normalen von $S$ längs $L$ die Tangenten einer gewissen Kurve im Raume sind (oder durch ein und denselben Punkt gehen), wird die Kurve $L$ eine Krümmungslinie der Fläche genannt.

Wir sehen sofort, daß nach dieser Definition jede in der Ebene oder auf der Kugel gezogene Kurve als Krümmungslinie der Ebene bez. Kugel aufzufassen ist, da längs einer solchen die Normalenfläche ein Zylinder bez. Kegel ist. Auf jeder anderen Fläche gibt es, wie wir nun nachweisen wollen, nur eine einfach unendliche Mannigfaltigkeit von Krümmungslinien, die ein doppeltes Orthogonalsystem stets reeller Kurven bilden.

Wir führen zunächst einige Eigenschaften der Krümmungslinien an, die direkt aus ihrer Definition und den in § 17, S. 29, angegebenen Sätzen A) und B) über Evoluten folgen.

Ist die Schnittkurve $C$ zweier Flächen für beide eine Krümmungslinie, so ist der Winkel, unter dem sich die Flächen längs $C$ schneiden, konstant. Umgekehrt, schneiden sich zwei Flächen unter konstantem Winkel und ist ihre Schnittkurve Krümmungslinie für die eine Fläche, so ist sie es auch für die andere.

Da ferner in der Ebene und auf der Kugel jede Kurve Krümmungslinie ist, haben wir als Zusatz:

Schneidet eine Ebene oder eine Kugel eine Fläche $S$ in einer Krümmungslinie, so schneidet sie $S$ unter konstantem Winkel. Umgekehrt, schneidet eine Ebene oder eine Kugel eine Fläche $S$ unter konstantem Winkel, so ist die Schnittkurve eine Krümmungslinie von $S$.

Demnach sind z. B. auf einer Rotationsfläche die Meridiane und die Parallelkreise Krümmungslinien.

Sehen wir nun zu, durch welche analytische Bedingung eine Krümmungslinie $L$ charakterisiert ist. Längs einer solchen sind $u, v$; $x, y, z$; $X, Y, Z$ als Funktionen einer einzigen Veränderlichen, z. B. des Bogens $s$ von $L$, zu betrachten. Ist $M(x, y, z)$ ein Punkt von

$L$ und $M_1$ $(x_1, y_1, z_1)$ derjenige Punkt, in dem die Rückkehrkante $C_1$ der Developpabeln, die von den Normalen längs $L$ gebildet wird, von der Normale des Punktes $M$ berührt wird, so haben wir:

$$x_1 = x - rX, \quad y_1 = y - rY, \quad z_1 = z - rZ, \tag{5}$$

wo $r$ den algebraischen Wert der Strecke $M_1 M$ bezeichnet und positiv oder negativ ist, je nachdem die Richtung von $M_1$ nach $M$ mit der positiven oder negativen Richtung der Normale zusammenfällt.

Differenzieren wir die Gleichungen (5) nach $s$ und berücksichtigen wir, daß $\frac{dx_1}{ds}$, $\frac{dy_1}{ds}$, $\frac{dz_1}{ds}$ nach Annahme proportional bez. $X$, $Y$, $Z$ sind, da eben die Flächennormale Tangente von $C_1$ ist, so erhalten wir:

$$\lambda X = \frac{dx}{ds} - r\frac{dX}{ds} - X\frac{dr}{ds},$$

$$\lambda Y = \frac{dy}{ds} - r\frac{dY}{ds} - Y\frac{dr}{ds},$$

$$\lambda Z = \frac{dz}{ds} - r\frac{dZ}{ds} - Z\frac{dr}{ds}.$$

Multiplizieren wir diese Gleichungen der Reihe nach mit $X$, $Y$, $Z$ und addieren wir, so folgt:

$$\lambda = -\frac{dr}{ds},$$

also:

$$\frac{dx}{ds} = r\frac{dX}{ds}, \quad \frac{dy}{ds} = r\frac{dY}{ds}, \quad \frac{dz}{ds} = r\frac{dZ}{ds}$$

oder: Längs der Krümmungslinie $L$ muß die Proportion:

$$dx : dy : dz = dX : dY : dZ \tag{6}$$

bestehen.

Umgekehrt, wenn längs einer Flächenkurve $C$ die Proportion (6) besteht und $r$ den gemeinsamen Wert der drei Verhältnisse:

$$\frac{dx}{dX} = \frac{dy}{dY} = \frac{dz}{dZ}$$

bezeichnet, so sieht man sofort, daß die Gleichungen (5) eine Kurve $C_1$ definieren, deren Tangenten die Flächennormalen längs $C$ sind. Es ist demnach die Proportion (6) für die Krümmungslinien charakteristisch.

Auch braucht hier nicht der Fall ausgenommen zu werden, in dem sich die Kurve $C_1$ auf einen Punkt zusammenzieht; es ist dann nur:

$$dx_1 = dy_1 = dz_1 = 0,$$

also auch $dr = 0$, d. h. $r = \text{Const.}$

## § 52. Hauptkrümmungsradien der Fläche.

Wir drücken nun die für eine Krümmungslinie charakteristischen Gleichungen:

$$dx = r dX, \quad dy = r dY, \quad dz = r dZ$$

in krummlinigen Koordinaten aus. Zu diesem Zwecke schreiben wir sie wie folgt:

$$\begin{aligned}
\frac{\partial x}{\partial u} du + \frac{\partial x}{\partial v} dv &= r\left(\frac{\partial X}{\partial u} du + \frac{\partial X}{\partial v} dv\right),\\
\frac{\partial y}{\partial u} du + \frac{\partial y}{\partial v} dv &= r\left(\frac{\partial Y}{\partial u} du + \frac{\partial Y}{\partial v} dv\right),\\
\frac{\partial z}{\partial u} du + \frac{\partial z}{\partial v} dv &= r\left(\frac{\partial Z}{\partial u} du + \frac{\partial Z}{\partial v} dv\right).
\end{aligned}$$

Statt dieser Gleichungen können wir auch das äquivalente System setzen, das sich ergibt, wenn das erstemal mit $\frac{\partial x}{\partial u}, \frac{\partial y}{\partial u}, \frac{\partial z}{\partial u}$, das zweitemal mit $\frac{\partial x}{\partial v}, \frac{\partial y}{\partial v}, \frac{\partial z}{\partial v}$, das drittemal mit $X$, $Y$, $Z$ multipliziert und jedesmal addiert wird.

Das letztemal ergibt sich eine Identität, und wir erhalten somit nur die beiden Gleichungen (vgl. § 46):

$$(7) \qquad \begin{cases} E du + F dv = -r(D du + D' dv),\\ F du + G dv = -r(D' du + D'' dv).\end{cases}$$

Die Elimination von $r$ aus diesen beiden Gleichungen ergibt als Differentialgleichung der Krümmungslinien:

$$(8) \qquad \begin{vmatrix} E du + F dv & F du + G dv \\ D du + D' dv & D' du + D'' dv \end{vmatrix} = 0.$$

Diese Determinante ist genau die Jacobische Form der beiden Grundformen. Schließen wir also den Fall:

$$D : D' : D'' = E : F : G,$$

in dem die Fläche eine Kugel oder eine Ebene ist[1]), aus und erinnern wir uns der Ergebnisse des § 31, Kap. II (S. 55), so haben wir den Satz:

1) Zu dem in der Anmerkung zu § 49 (S. 92, 93) hierfür gegebenen analytischen Beweise kann ein einfacher geometrischer leicht hinzugefügt werden. Im Falle der Proportion: $D : D' : D'' = E : F : G$ ist wegen (8) jede Kurve auf der Fläche $S$ Krümmungslinie. Daraus folgt, daß, wenn $M$ und $M'$ zwei beliebige Punkte von $S$ sind, die Normalen in $M$ und $M'$ in einer Ebene liegen. In der Tat, durch die Normale in $M$ und durch den Punkt $M'$ lege man die Ebene, welche $S$ in einer Kurve $C$ schneiden möge. Die Flächennormalen längs $C$ bilden eine abwickelbare Fläche, d. h. sie sind Tangenten einer Evolute von $C$. Da die

Auf jeder Fläche gibt es ein doppeltes Orthogonalsystem von Krümmungslinien, das stets reell ist. Eine Unbestimmtheit tritt nur im Falle der Kugel und der Ebene ein; für diese Flächen ist jede Kurve Krümmungslinie.

Durch jeden Flächenpunkt $M$ gehen also zwei Krümmungslinien $L_1$ und $L_2$, die sich in ihm rechtwinklig durchsetzen. Die Normale von $M$ berührt die Rückkehrkurve der von den Flächennormalen längs $L_1$ erzeugten abwickelbaren Fläche in einem Punkte, den wir mit $M_1$ bezeichnen wollen; dieser Punkt heißt der Krümmungsmittelpunkt der Fläche in $M$ bezüglich der Krümmungslinie $L_1$. Desgleichen haben wir auf der Normale von $M$ einen zweiten Krümmungsmittelpunkt $M_2$ bezüglich $L_2$, und die Strecken:

$$r_1 = M_1 M, \quad r_2 = M_2 M$$ [1]

werden aus einem Grunde, den wir in § 54 einsehen werden, als Hauptkrümmungsradien der Fläche in $M$ bezeichnet.

Eliminieren wir aus unseren Gleichungen (7) das Verhältnis $du : dv$, so kommen wir offenbar zu dem Ergebnis:

Die Hauptkrümmungsradien $r_1$ und $r_2$ der Fläche sind in jedem Punkte als die Wurzeln der in $r$ quadratischen Gleichung:

$$(9) \quad (DD'' - D'^2)r^2 + (ED'' + GD - 2FD')r + EG - F^2 = 0$$

gegeben.

## § 53. Radien der ersten Krümmung der auf einer Fläche gezogenen Kurven und Meusnierscher Satz.

Wir wollen nun untersuchen, welche Beziehungen zwischen den Radien der (ersten) Krümmung der unendlich vielen Kurven bestehen, die auf einer Fläche durch ein und denselben Punkt $M$ gezogen werden können.

Es sei $C$ eine solche Kurve, längs welcher $u, v; x, y, z$ Funktionen des Bogens $s$ der Kurve seien. Indem wir für die Kurve $C$ die Bezeich-

---

Normale von $M$ in der Ebene der Kurve $C$ liegt, so liegt auch jede andere Normale längs $C$, insbesondere die von $M'$, in derselben Ebene. Es schneiden sich demnach alle Normalen von $S$ paarweise, und da sie nicht in einer Ebene liegen können, müssen sie durch einen Punkt $O$ gehen. Liegt $O$ in endlicher Entfernung, so ist hiernach $S$ eine Kugel (mit dem Mittelpunkt $O$); liegt $O$ im Unendlichen, so ist $S$ eine Ebene.

1) Es sei daran erinnert, daß $r_1$ und $r_2$ positiv oder negativ gerechnet werden, je nachdem die Richtungen von $M_1$ nach $M$ und von $M_2$ nach $M$ mit der positiven oder mit der negativen Normalenrichtung zusammenfallen.

nungen des ersten Kapitels beibehalten, erhalten wir somit für die Richtungskosinus ihrer Tangente (§ 34, Kap. III):

$$(10)\quad \begin{cases} \cos\alpha = \dfrac{\partial x}{\partial u}\dfrac{du}{ds} + \dfrac{\partial x}{\partial v}\dfrac{dv}{ds}, & \cos\beta = \dfrac{\partial y}{\partial u}\dfrac{du}{ds} + \dfrac{\partial y}{\partial v}\dfrac{dv}{ds}, \\ & \cos\gamma = \dfrac{\partial z}{\partial u}\dfrac{du}{ds} + \dfrac{\partial z}{\partial v}\dfrac{dv}{ds}. \end{cases}$$

Bezeichnen wir mit $\sigma$ den zwischen 0 und $\pi$ gelegenen Winkel, der von den positiven Richtungen der Hauptnormale von $C$ und der Flächennormale gebildet wird, so haben wir nach den ersten Frenetschen Formeln (S. 10):

$$\sum X \frac{d\cos\alpha}{ds} = \frac{\cos\sigma}{\varrho},$$

demnach zufolge (10) und (3) (S. 86):

$$\frac{\cos\sigma}{\varrho} = \frac{D\,du^2 + 2D'\,du\,dv + D''\,dv^2}{ds^2}$$

oder:

$$(11)\quad \frac{\cos\sigma}{\varrho} = \frac{D\,du^2 + 2D'\,du\,dv + D''\,dv^2}{E\,du^2 + 2F\,du\,dv + G\,dv^2}.$$

Durch die Flächennormale von $M$ und durch die in $M$ an $C$ gezogene Tangente legen wir die Ebene; sie liefert auf der Fläche eine Schnittkurve $\Gamma$, die als Normalschnitt längs $C$ bezeichnet werde. Die erste Krümmung $\frac{1}{R}$ von $\Gamma$ in $M$ wird wieder durch die Gleichung (11) gegeben, wenn darin $\cos\sigma = \pm 1$ gesetzt wird, je nachdem die Konkavität von $\Gamma$ nach der positiven oder negativen Richtung der Normale liegt. Daraus ergibt sich sofort die Gleichung:

$$\varrho = \pm R\cos\sigma,$$

d. h. der Meusniersche Satz:

Der Radius der ersten Krümmung einer auf einer Fläche $S$ gezogenen Kurve $C$ ist in jedem Punkte $M$ gleich dem Krümmungsradius des Normalschnitts längs der Kurve $C$ in $M$, multipliziert mit dem Kosinus des Winkels, den die Schnittebene mit der Schmiegungsebene der Kurve bildet.

Wir können uns demnach auf die Untersuchung der Normalschnitte beschränken.

Für diese wird die Gleichung (11) die folgende:

$$\frac{1}{R} = \pm \frac{D\,du^2 + 2D'\,du\,dv + D''\,dv^2}{E\,du^2 + 2F\,du\,dv + G\,dv^2}.$$

Dabei hängt die Wahl des oberen oder unteren Vorzeichens von dem vorhin erwähnten Umstand ab; bei dieser Wahl ergibt sich (infolge der in der Kurventheorie getroffenen Festsetzung, daß die erste Krümmung stets einen positiven Wert haben soll) als tatsächliches Vorzeichen der rechten Seite in jedem Falle das positive.

Da aber hier für die unendlich vielen Normalschnitte alle Strecken $R$ auf derselben Geraden, der Normale von $M$, gemessen werden, auf der die positive Richtung bereits definiert ist, so dürfte es doch zweckmäßiger sein, auch $R$ mit einem Vorzeichen zu versehen, und zwar setzen wir fest, daß $R$ positiv gerechnet werden soll, wenn die Richtung vom Krümmungsmittelpunkt des Normalschnitts nach dem Normalenfußpunkt mit der positiven Richtung der Normale zusammenfällt, negativ im entgegengesetzten Falle (s. den vorigen Paragraphen). Infolge dieser neuen Festsetzung haben wir in allen Fällen ausnahmslos:

(12) $$\frac{1}{R} = -\frac{D\,du^2 + 2D'\,du\,dv + D''\,dv^2}{E\,du^2 + 2F\,du\,dv + G\,dv^2}.$$

## § 54. Eulersche Formel und Dupinsche Indikatrix.

Wählen wir nun die Krümmungslinien zu Parameterlinien und bezeichnen wir mit $r_1$ bzw. $r_2$ die in § 52 eingeführten Größen, so haben wir längs der Krümmungslinien $u$:

$$dx = r_1 dX, \quad dy = r_1 dY, \quad dz = r_1 dZ$$

und längs der Krümmungslinien $v$:

$$dx = r_2 dX, \quad dy = r_2 dY, \quad dz = r_2 dZ,$$

d. h.:

(13) $$\begin{cases} \dfrac{\partial x}{\partial u} = r_2 \dfrac{\partial X}{\partial u}, & \dfrac{\partial y}{\partial u} = r_2 \dfrac{\partial Y}{\partial u}, \quad \dfrac{\partial z}{\partial u} = r_2 \dfrac{\partial Z}{\partial u}, \\ \dfrac{\partial x}{\partial v} = r_1 \dfrac{\partial X}{\partial v}, & \dfrac{\partial y}{\partial v} = r_1 \dfrac{\partial Y}{\partial v}, \quad \dfrac{\partial z}{\partial v} = r_1 \dfrac{\partial Z}{\partial v},\text{[1]} \end{cases}$$

folglich nach den Formeln (3), S. 86:

(14) $$D = -\frac{E}{r_2}, \quad D' = 0, \quad D'' = -\frac{G}{r_1},$$

demnach wegen (12):

$$\frac{1}{R} = \frac{\dfrac{E}{r_2}du^2 + \dfrac{G}{r_1}dv^2}{E\,du^2 + G\,dv^2} = \frac{E}{r_2}\left(\frac{du}{ds}\right)^2 + \frac{G}{r_1}\left(\frac{dv}{ds}\right)^2.$$

Bedeutet $\vartheta$ den Winkel, den der betrachtete Normalschnitt mit der Kurve $v$ bildet, so ergibt sich die Eulersche Formel:

(15) $$\frac{1}{R} = \frac{\cos^2\vartheta}{r_2} + \frac{\sin^2\vartheta}{r_1}.$$

---

1) Rodriguessche Gleichungen.

Hieraus folgt unmittelbar: $r_1$ und $r_2$ sind die Hauptkrümmungsradien der Normalschnitte längs der Krümmungslinien. Diese Schnitte heißen Hauptschnitte, deshalb $r_1$ und $r_2$, wie bereits bemerkt, Hauptkrümmungsradien; die Krümmungsmittelpunkte der Hauptschnitte sind die beiden am Schlusse des § 52 betrachteten Punkte $M_1$ und $M_2$. Sie werden die Krümmungsmittelpunkte der Fläche in $M$ genannt.

Wir untersuchen nun, wie sich der Krümmungsradius $R$ des Normalschnitts ändert, wenn die Schnittebene gedreht wird. Ein recht klares Bild von der Art der Änderung erhält man mit Hilfe der folgenden Überlegungen:

1) Nehmen wir an, es hätten in dem betreffenden Punkte $r_1$ und $r_2$ dasselbe, z. B. das positive Zeichen. In der Tangentialebene von $M$ führen wir ein rechtwinkliges Koordinatensystem ein, dessen Achsen $\xi$, $\eta$ bezüglich mit den Tangenten der Krümmungslinien $u$, $v$ zusammenfallen, und betrachten diejenige Ellipse, welche die Gleichung:

$$\frac{\xi^2}{r_1} + \frac{\eta^2}{r_2} = 1 \tag{16}$$

hat.

Die Länge eines Halbmessers $\varrho$ der Ellipse, der mit der $\eta$-Achse (Tangente der Kurve $v$) den Winkel $\vartheta$ bildet, ist durch die Gleichung:

$$\frac{1}{\varrho^2} = \frac{\cos^2\vartheta}{r_2} + \frac{\sin^2\vartheta}{r_1}$$

gegeben. Also ist wegen (15)

$$\varrho^2 = R.$$

Es ist daher das Quadrat jedes Halbmessers der Ellipse (16) gleich dem Krümmungsradius desjenigen Normalschnitts, dessen Ebene durch den betreffenden Halbmesser gelegt ist. Aus diesem Grunde wird die Ellipse (16) die Indikatrixellipse genannt.

Es mag bemerkt werden, daß sie für $r_1 = r_2$ ein Kreis wird und also in diesem Falle alle Normalschnitte durch $M$ denselben Krümmungsradius haben. Der Punkt $M$ wird dann ein Kreis- oder Nabelpunkt genannt. Die einzige Fläche, deren sämtliche Punkte Kreispunkte sind, ist die Kugel[1]).

2) Es mögen nun $r_1$ und $r_2$ entgegengesetzte Vorzeichen haben, und um die Ideen zu fixieren, nehmen wir $r_1$ positiv, $r_2$ negativ an. Wir betrachten dann in der Tangentialebene die beiden konjugierten Hyperbeln:

---

1) In der Tat muß für eine solche Fläche überall $D : D' : D'' = E : F : G$ sein.

$$(17)\qquad \begin{cases} \dfrac{\xi^2}{r_1} - \dfrac{\eta^2}{-r_2} = 1, \\ -\dfrac{\xi^2}{r_1} + \dfrac{\eta^2}{-r_2} = 1. \end{cases}$$

Mit dem System dieser beiden konjugierten Hyperbeln erzielen wir dieselbe geometrische Veranschaulichung wie vorher mit der Ellipse (16).

Die Ellipse (16) im ersten bez. das System der beiden Hyperbeln (17) im zweiten Falle bilden die Dupinsche Indikatrix, so genannt nach dem Namen des Mathematikers, der zuerst die obige geometrische Deutung der Eulerschen Formel gab.

Es ist zu bemerken, daß im ersten Falle die Fläche in der Umgebung von $M$ ganz auf einer Seite der Tangentialebene liegt. Die Normalschnitte drehen dann nämlich ihre konkave Seite sämtlich derselben Richtung der Normale zu. Im zweiten Falle dagegen liegt die Fläche in der Umgebung von $M$ teils auf der einen, teils auf der anderen Seite der Tangentialebene[1]), und zwar wenden diejenigen Normalschnitte, deren Ebenen die erste der Hyperbeln (17) in reellen Punkten schneiden, ihre konkaven Seiten alle nach der einen, die übrigen, welche die konjugierte Hyperbel in reellen Punkten schneiden, nach der entgegengesetzten Seite. Der Übergang von der einen zu der anderen Schnittgattung findet dann statt, wenn die durch die Normale gelegte Ebene durch eine der beiden Asymptoten der Hyperbeln (17) geht, und es ist dann für den betreffenden Normalschnitt $\frac{1}{R} = 0$, was einen Wendepunkt dieses Normalschnitts bedeutet. Diese beiden ausgezeichneten Richtungen, die in der Tangentialebene von $M$ ausgehen, werden demnach als asymptotische Richtungen oder Haupttangenten

---

1) Auf einem kürzeren Wege gelangen wir zu demselben Ergebnis folgendermaßen:

Wir betrachten die Tangentialebene im Punkte $(u, v)$ der Fläche und berechnen die Entfernung $\delta$ des unendlich benachbarten Punktes $(u + h, v + k)$ (wo $h$ und $k$ als unendlich klein von der ersten Ordnung anzusehen sind) von dieser Ebene. Wir erhalten:

$$\delta = \tfrac{1}{2}(Dh^2 + 2D'hk + D''k^2) + \eta,$$

wo $\eta$ unendlich klein von der dritten Ordnung ist. Das Zeichen von $\delta$ hängt also von demjenigen von

$$(\alpha)\qquad Dh^2 + 2D'hk + D''k^2$$

ab.

Ist nun $DD'' - D'^2 > 0$, d. h. ist der betreffende Punkt, wie man sagt, elliptisch, so ist die Form $(\alpha)$ definit, und $\delta$ behält immer dasselbe Zeichen; ist $DD'' - D'^2 < 0$, d. h. der Punkt hyperbolisch, so nimmt die Form $(\alpha)$, somit auch $\delta$, positive und negative Werte an.

bezeichnet. Sie teilen die Fläche in der Umgebung von $M$ in vier Sektoren, die abwechselnd auf der einen und auf der andern Seite der Tangentialebene liegen.

## § 55. Totale und mittlere Krümmung.

Wie wir schon gesehen haben, hängt die Art, wie eine Fläche $S$ in der Umgebung eines ihrer Punkte gekrümmt ist, aufs engste von den Werten ihrer Hauptkrümmungsradien $r_1$ und $r_2$ ab. Statt $r_1$, $r_2$ selbst können auch zur Definition dieser Art der Krümmung zwei Kombinationen von $r_1$ und $r_2$ gewählt werden, aus deren Werten umgekehrt diejenigen von $r_1$ und $r_2$ berechnet werden können. Die wichtigsten zu betrachtenden Funktionen von $r_1$, $r_2$ sind das Produkt und die Summe der beiden Hauptkrümmungen $\frac{1}{r_1}$ und $\frac{1}{r_2}$. Wir bezeichnen sie bezüglich mit

$$K=\frac{1}{r_1 r_2}, \quad H=\frac{1}{r_1}+\frac{1}{r_2}.$$

Die erste heißt das Krümmungsmaß, die totale oder Gaußische Krümmung, die zweite die mittlere Krümmung der Fläche. Erinnern wir uns daran, daß in beliebigen krummlinigen Koordinaten die Hauptkrümmungsradien die Wurzeln der quadratischen Gleichung (9), § 52, S. 99, sind, so erhalten wir als allgemeine Werte von $K$ und $H$ unmittelbar:

$$(18) \qquad \begin{cases} K=\dfrac{DD''-D'^2}{EG-F^2}, \\[2ex] H=\dfrac{2FD'-ED''-GD}{EG-F^2}. \end{cases}$$

Die Ausdrücke rechts sind absolute Invarianten der beiden Fundamentalformen (s. § 31, Kap. II)[1]).

Für die Gaußische Krümmung aber haben wir nun nach den Ergebnissen des § 48 den höchst wichtigen Satz:

Die Gaußische Krümmung einer Fläche ist gleich der Krümmung der ersten Fundamentalform.

Diese Eigenschaft der totalen Krümmung, nur von den Koeffizienten der Form für das Linienelementquadrat abzuhängen, ist es (wie wir im Kapitel über die Abwickelbarkeit näher sehen werden), die eben dieser Krümmung in den geometrischen Anwendungen überwiegende

---

1) Dieses entspricht der Tatsache, daß die totale und die mittlere Krümmung eine von der Wahl der krummlinigen Koordinaten völlig unabhängige Bedeutung haben.

Bedeutung verleiht. Sie wird deshalb auch oft schlechtweg als Krümmung bezeichnet.

Die Krümmung $K$ ist positiv in den Punkten mit elliptischer, negativ in solchen mit hyperbolischer Indikatrix; erstere heißen, wie schon bemerkt, elliptisch, letztere hyperbolische Punkte der Fläche.

Im allgemeinen gibt es auf einer Fläche ein Gebiet elliptischer und ein solches hyperbolischer Punkte, die durch eine Kurve parabolischer, d. h. solcher Punkte, in denen die Krümmung Null ist, geschieden werden (Wendekurve der Fläche).

Als Ergänzung zu diesen Bemerkungen wollen wir den Satz beweisen: Eine Fläche, die in allen Punkten die Krümmung Null besitzt, ist eine abwickelbare Fläche.

Daß alle abwickelbaren Flächen die Krümmung Null besitzen, folgt unmittelbar daraus, daß nach den Sätzen über Kurvenevoluten (§ 17, Kap. I) die Krümmungslinien einer solchen Fläche die Erzeugenden und deren orthogonale Trajektorien sind; von den beiden Hauptkrümmungen ist die den Erzeugenden zukommende stets gleich Null.

Besitzt umgekehrt die Fläche $S$ die Krümmung Null, so ist:

$$DD'' - D'^2 = 0,$$

und, wenn die Krümmungslinien zu Parameterlinien gewählt werden,

$$D' = 0,$$

also auch $D = 0$ oder $D'' = 0$. Angenommen, es wäre:

$$D = 0, \quad D' = 0.$$

Nach den Grundgleichungen (II), § 47, S. 89, ist dann:

$$\frac{\partial X}{\partial u} = 0, \quad \frac{\partial Y}{\partial u} = 0, \quad \frac{\partial Z}{\partial u} = 0,$$

d. h. $X, Y, Z$ sind Funktionen von $v$ allein. Aber aus den Gleichungen:

$$\frac{1}{\sqrt{E}}\frac{\partial x}{\partial u} X + \frac{1}{\sqrt{E}}\frac{\partial y}{\partial u} Y + \frac{1}{\sqrt{E}}\frac{\partial z}{\partial u} Z = 0,$$

$$\frac{1}{\sqrt{E}}\frac{\partial x}{\partial u}\frac{\partial X}{\partial v} + \frac{1}{\sqrt{E}}\frac{\partial y}{\partial u}\frac{\partial Y}{\partial v} + \frac{1}{\sqrt{E}}\frac{\partial z}{\partial u}\frac{\partial Z}{\partial v} = 0,$$

von denen die zweite nach (3), S. 86, aus $D' = 0$ folgt, ergibt sich weiter, daß die Richtungskosinus der Tangente der Krümmungslinie $v$,

$$\frac{1}{\sqrt{E}}\frac{\partial x}{\partial u}, \quad \frac{1}{\sqrt{E}}\frac{\partial y}{\partial u}, \quad \frac{1}{\sqrt{E}}\frac{\partial z}{\partial u},$$

Funktionen von $v$ allein, folglich längs jeder einzelnen Kurve $v$ konstant sind. Die Krümmungslinien $v$ sind also gerade Linien, und $S$ ist nach den angeführten Sätzen über Evoluten abwickelbar.

Die Annahme:

$$D'' = 0, \quad D' = 0$$

erledigt sich ganz analog, nur vertauschen dann die Kurven $u$ und $v$ ihre Rollen.

## § 56. Konjugierte Systeme.

Zwei Tangenten einer Fläche, die von einem Punkte $M$ der Fläche ausgehen, heißen nach Dupin konjugiert, wenn sie bezüglich der Indikatrix konjugiert sind.

Beziehen wir uns auf die Krümmungslinien $u$, $v$ und bezeichnen wir mit $\vartheta$, $\vartheta'$ die Neigungswinkel der beiden konjugierten Tangenten gegen die Kurve $v$, so haben wir zufolge der obigen Festsetzungen:

$$\operatorname{tg}\vartheta \operatorname{tg}\vartheta' = -\frac{r_1}{r_2}.$$

Wenden wir ferner das Symbol $d$ bei den Zunahmen längs der ersten, $\delta$ bei denjenigen längs der konjugierten Richtung an, so haben wir nach (10), S. 64:

$$\operatorname{tg}\vartheta = \sqrt{\frac{G}{E}}\frac{dv}{du}, \quad \operatorname{tg}\vartheta' = \sqrt{\frac{G}{E}}\frac{\delta v}{\delta u},$$

demnach:

$$(19) \qquad \frac{E}{r_2} du\,\delta u + \frac{G}{r_1} dv\,\delta v = 0.$$

Zu den konjugierten Richtungen auf der Fläche werden wir auch durch die folgende Betrachtung geführt: Es sei $C$ eine beliebige Kurve auf der Fläche $S$, bezogen auf ein beliebiges krummliniges Koordinatensystem $(u, v)$. Die Tangentialebenen von $S$ längs $C$ umhüllen eine abwickelbare Fläche, die der Fläche $S$ längs $C$ umschrieben ist. Wir wollen nun beweisen, daß in jedem Punkte von $C$ die Tangente von $C$ und die Erzeugende der umschriebenen Developpabeln konjugierte Tangenten sind[1]).

Wir setzen zu diesem Zwecke die Gleichung der Tangentialebene von $S$ in einem Punkte $(x, y, z)$ von $C$ an:

$$(20) \qquad (\xi - x)X + (\eta - y)Y + (\zeta - z)Z = 0.$$

Hierbei bedeuten $\xi$, $\eta$, $\zeta$ die laufenden Koordinaten. Längs $C$ sind sowohl $x, y, z$ als auch $X, Y, Z$ Funktionen des Bogens $s$ von $C$, und die sich durch Differentiation von (20) nach $s$ ergebende Gleichung:

---

1) Insbesondere folgt hieraus: Auf der einer Fläche $S$ längs einer Krümmungslinie $C$ umschriebenen Developpabeln ist die Kurve $C$ Orthogonaltrajektorie der Erzeugenden. Es ist dieses eine charakteristische Eigenschaft der Krümmungslinien und könnte zu ihrer Definition dienen.

$$(21) \qquad (\xi - x)\frac{dX}{ds} + (y - \eta)\frac{dY}{ds} + (\zeta - z)\frac{dZ}{ds} = 0$$

gibt mit (20) kombiniert die durch den Punkt $(x, y, z)$ gehende Erzeugende $G$ der genannten Developpabeln. Bezeichnen wir demnach durch das Symbol $\delta$ die Zunahmen von $x, y, z$ auf der Fläche in der Richtung von $G$ und berücksichtigen wir, daß die Richtungskosinus von $G$ sowohl proportional

$$Y\frac{dZ}{ds} - Z\frac{dY}{ds}, \quad Z\frac{dX}{ds} - X\frac{dZ}{ds}, \quad X\frac{dY}{ds} - Y\frac{dX}{ds}$$

als auch proportional $\delta x, \delta y, \delta z$ sind, so erhalten wir:

$$\delta x dX + \delta x dY + \delta z dZ = 0$$

oder, wenn wir $x, y, z$; $X, Y, Z$ durch $u$ und $v$ ausdrücken:

$$(22) \qquad D\,du\,\delta u + D'(du\,\delta v + dv\,\delta u) + D''dv\,\delta v = 0.$$

Werden die Krümmungslinien zu Parameterlinien gewählt, so stimmt diese Gleichung wegen der Gleichung (14), S. 101, genau mit (19) überein und beweist die vorhin ausgesprochene Eigenschaft.

Man sieht, daß die Gleichung (22), die besagt, daß die den Zunahmen $d, \delta$ entsprechenden Linienelemente konjugiert sind, bezüglich der zweiten Grundform ebenso gebildet ist wie die Orthogonalitätsbedingung (11), § 34, S. 64:

$$E\,du\,\delta u + F(du\,\delta v + dv\,\delta u) + G\,dv\,\delta v = 0$$

bezüglich der Koeffizienten der ersten Grundform.

Eine doppelte Kurvenschar auf einer Fläche heißt ein *konjugiertes System*, wenn in jedem Punkte die Richtungen der beiden hindurchgehenden Kurven konjugiert sind.

Offenbar kann die eine der beiden Scharen willkürlich gewählt werden. Wenn ihre Gleichung, nach der willkürlichen Konstanten $c$ aufgelöst, die Form:

$$\varphi(u, v) = c$$

hat, so sind die Kurven der zweiten Schar die Integralkurven der Differentialgleichung erster Ordnung (vgl. § 34, S. 65, (12)):

$$\left(D\frac{\partial \varphi}{\partial v} - D'\frac{\partial \varphi}{\partial u}\right) du + \left(D'\frac{\partial \varphi}{\partial v} - D''\frac{\partial \varphi}{\partial u}\right) dv = 0.$$

Insbesondere merke man: *Die notwendige und hinreichende Bedingung dafür, daß die Parameterlinien selbst ein konjugiertes System bilden, ist:* $D' = 0$.

Die doppelte Schar der Krümmungslinien ist sowohl orthogonal als auch konjugiert und die einzige, der diese beiden Eigenschaften zukommen.

## § 57. Haupttangentenkurven.

Eine auf einer Fläche liegende Kurve heißt Asymptoten- oder Haupttangentenkurve, wenn in jedem ihrer Punkte die Tangente mit der zu ihr konjugierten zusammenfällt. Aus (22) folgt, daß längs einer Haupttangentenkurve die Bedingung:

$$(23) \qquad D du^2 + 2 D' du dv + D'' dv^2 = 0$$

erfüllt sein muß. Umgekehrt: genügt eine Kurve auf der Fläche der Differentialgleichung (23), so ist sie eine Haupttangentenkurve. Wie die Krümmungslinien bilden auch die Haupttangentenkurven eine (im allgemeinen nicht orthogonale) doppelte Schar, und in jedem Flächenpunkte fallen die Richtungen der beiden hindurchgehenden Haupttangentenkurven mit den Asymptoten der Dupinschen Indikatrix zusammen.

Natürlich sind die Haupttangentenkurven nur dann reell, wenn $DD'' - D'^2 < 0$ ist, d. h. im Gebiet der hyperbolischen Punkte; im Gebiet der elliptischen Punkte sind sie imaginär. Nur bei den abwickelbaren Flächen (§ 55) fallen die beiden Scharen der Haupttangentenkurven zusammen, und zwar mit den Erzeugenden.

Wir können nun leicht einsehen, daß aus der obigen Definition der Haupttangentenkurven unmittelbar der Satz folgt:

In jedem Punkte einer Haupttangentenkurve $A$ fällt ihre Schmiegungsebene mit der Tangentialebene der Fläche zusammen. Umgekehrt, besitzt eine Kurve $A$ diese Eigenschaft, so ist sie eine Haupttangentenkurve.

Es hat nämlich die der Fläche längs der Haupttangentenkurve $A$ umschriebene Developpable die Tangenten der Kurve $A$, die ihre Rückkehrkante ist, zu Erzeugenden.

Umgekehrt, hat die der Fläche längs $A$ umschriebene Developpable diese Kurve zur Rückkehrkante, so ist die Kurve eine Haupttangentenkurve.

## § 58. Laplacesche Gleichung für die Koordinaten $x$, $y$, $z$ der Flächenpunkte bei Zugrundelegung konjugierter Parameterlinien.

Wir wollen nun mit Darboux[1]) einige wichtige Eigenschaften der konjugierten Systeme und der Haupttangentenkurven entwickeln.

Angenommen, die Gleichungen:

$$x = x(u, v), \quad y = y(u, v), \quad z = z(u, v)$$

1) Bd. I, S. 127 ff.

definieren uns eine auf ein konjugiertes System $(u, v)$ bezogene Fläche. Da dann $D' = 0$ ist, so gibt uns die mittlere der Fundamentalgleichungen (I), S. 88, den Satz:

Die Cartesischen Koordinaten $x, y, z$ eines beweglichen Flächenpunktes sind Lösungen ein und derselben Laplaceschen Gleichung von der Form:

$$(24) \qquad \frac{\partial^2 \vartheta}{\partial u \partial v} = a \frac{\partial \vartheta}{\partial u} + b \frac{\partial \vartheta}{\partial v}, \quad \left(a = \left\{ {12 \atop 1} \right\}, \quad b = \left\{ {12 \atop 2} \right\}\right).$$

Umgekehrt gilt der Satz:

Sind $x(u, v)$, $y(u, v)$, $z(u, v)$ Lösungen ein und derselben Laplaceschen Gleichung (24), so bilden die Kurven $u, v$ auf der Fläche:

$$x = x(u, v), \quad y = y(u, v), \quad z = z(u, v)$$

ein konjugiertes System.

In der Tat ist dann

$$\begin{vmatrix} \frac{\partial^2 x}{\partial u \partial v} & \frac{\partial^2 y}{\partial u \partial v} & \frac{\partial^2 z}{\partial u \partial v} \\ \frac{\partial x}{\partial u} & \frac{\partial y}{\partial u} & \frac{\partial z}{\partial u} \\ \frac{\partial x}{\partial v} & \frac{\partial y}{\partial v} & \frac{\partial z}{\partial v} \end{vmatrix} = 0,$$

d. h. $D' = 0$.

Andererseits wollen wir nun annehmen, es wären die Kurven $u, v$ die Haupttangentenkurven. In diesem Falle haben wir zufolge (23)

$$D = 0, \quad D'' = 0,$$

und die Gleichungen (I), S. 88, geben den Satz:

Die Koordinaten $x, y, z$ eines beweglichen Flächenpunktes, ausgedrückt als Funktionen der Parameter $u, v$ der Haupttangentenkurven, genügen gleichzeitig zwei Gleichungen von der Form:

$$(25) \qquad \begin{cases} \frac{\partial^2 \vartheta}{\partial u^2} = \alpha \frac{\partial \vartheta}{\partial u} + \beta \frac{\partial \vartheta}{\partial v}, & \left(\alpha = \left\{ {11 \atop 1} \right\}, \quad \beta = \left\{ {11 \atop 2} \right\}\right), \\ \frac{\partial^2 \vartheta}{\partial v^2} = \gamma \frac{\partial \vartheta}{\partial u} + \delta \frac{\partial \vartheta}{\partial v}, & \left(\gamma = \left\{ {22 \atop 1} \right\}, \quad \delta = \left\{ {22 \atop 2} \right\}\right). \end{cases}$$

Umgekehrt: Haben zwei simultane Gleichungen (25) drei linear voneinander unabhängige gemeinsame Lösungen $x, y, z$[1]), so definieren die Gleichungen:

$$x = x(u, v), \quad y = y(u, v), \quad z = z(u, v)$$

eine Fläche, die auf ihre Haupttangentenkurven bezogen ist.

---

1) Dazu muß das System (25) unbeschränkt integrierbar sein.

Diese Eigenschaften können zum analytischen Beweise des folgenden Satzes dienen:

Bei den projektiven Transformationen gehen die konjugierten Systeme und die Haupttangentenkurven einer Fläche in ebensolche Systeme bzw. Kurven über[1]).

Eine projektive Transformation ist durch die Gleichungen:

$$x' = \frac{\alpha}{\delta}, \quad y' = \frac{\beta}{\delta}, \quad z' = \frac{\gamma}{\delta}$$

gegeben, wo $\alpha, \beta, \gamma, \delta$ ganze lineare Funktionen von $x, y, z$, also, wenn $(u, v)$ ein konjugiertes System ist, Lösungen von (24) und, wenn $(u, v)$ die Haupttangentenkurven sind, Lösungen des Systems (25) sind. Wird aber $\vartheta' = \frac{\vartheta}{\delta}$ gesetzt, so geht die Gleichung (24) in eine analoge für $\vartheta'$ über und ebenso das System (25) in ein solches von derselben Form, wodurch die behauptete Eigenschaft bewiesen ist. Im nächsten Kapitel, das von den Ebenenkoordinaten handelt, werden wir in gleicher Weise sehen, daß auch den dualistischen Transformationen, insbesondere den Transformationen durch reziproke Polaren im Raume, die nämliche Eigenschaft zukommt (s. § 73).

Unter den konjugierten Systemen $(u, v)$ befindet sich auch dasjenige der Krümmungslinien. Wir können nun fragen, welche besondere Eigenschaft die Gleichung (24), der $x, y, z$ genügen, besitzt, wenn man die Krümmungslinien zugrunde legt. Mit Darboux finden wir, daß in diesem Falle auch $x^2 + y^2 + z^2$ eine Lösung von (24) ist. Setzen wir nämlich:

$$\varrho = x^2 + y^2 + z^2,$$

so folgt aus den Gleichungen (I), S. 88:

$$\frac{\partial^2 \varrho}{\partial u \partial v} - \begin{Bmatrix} 1\,2 \\ 1 \end{Bmatrix} \frac{\partial \varrho}{\partial u} - \begin{Bmatrix} 1\,2 \\ 2 \end{Bmatrix} \frac{\partial \varrho}{\partial v} = 2F.$$

Also nur, wenn $F = 0$ ist, ist $\varrho$ eine Lösung von (24).

Aus diesem Umstande hat Darboux einen eleganten Beweis für den Satz gefolgert: Bei der Transformation mittels reziproker Radienvektoren gehen die Krümmungslinien wieder in Krümmungslinien über. Die bekannten Gleichungen für diese Transformation sind in ihrer einfachsten Gestalt die folgenden:

$$x' = \frac{R^2 x}{x^2 + y^2 + z^2}, \quad y' = \frac{R^2 y}{x^2 + y^2 + z^2}, \quad z' = \frac{R^2 z}{x^2 + y^2 + z^2}.$$

1) Geometrisch folgt dieses sofort daraus, daß die einer Fläche längs einer Kurve umschriebene Developpable bei einer projektiven Transformation in die der transformierten Fläche längs der transformierten Kurve umschriebene Developpable übergeht.

Da nun in dem vorliegenden Falle

$$\varrho = x^2 + y^2 + z^2$$

eine Lösung der Gleichung (24) ist, so führt die Transformation:

$$\vartheta' = \frac{R^2 \vartheta}{\varrho}$$

diese Gleichung in eine andere derselben Art über, der offenbar $x', y', z'$, sowie auch $x'^2 + y'^2 + z'^2 = \frac{R^4}{\varrho}$ genügen, da $\vartheta = R^2$ eine Lösung von (24) ist[1]). Nach dem, was wir vorhin gesehen haben, sind dann auch auf der Ortsfläche des Punktes $(x', y', z')$ die Kurven $u$, $v$ die Krümmungslinien.

## § 59. Einige Anwendungen.

Wir machen nun von den Ergebnissen des vorigen Paragraphen einige Anwendungen.

1. Wir betrachten die Gleichung:

$$\frac{\partial^2 \vartheta}{\partial u \partial v} = 0\text{[2])}.$$

Ihre allgemeine Lösung ist die Summe zweier willkürlicher Funktionen, von denen die eine nur von $u$, die andere nur von $v$ abhängt. Wird demnach

$$(26) \qquad x = f_1(u) + \varphi_1(v), \quad y = f_2(u) + \varphi_2(v), \quad z = f_3(u) + \varphi_3(v)$$

gesetzt, so bilden auf der hierdurch definierten Fläche die Kurven $u, v$ ein konjugiertes System. Diese Flächen werden Translationsflächen genannt, weil sie durch die translatorische Bewegung einer Kurve erzeugt werden, deren sämtliche Punkte infolge der Translation kongruente Kurven beschreiben. In der Tat braucht man dazu nur der Kurve:

$$x = f_1(u), \quad y = f_2(u), \quad z = f_3(u)$$

eine Translationsbewegung zu erteilen, bei der jeder ihrer Punkte eine der Kurve:

$$x = \varphi_1(v), \quad y = \varphi_2(v), \quad z = \varphi_3(v)$$

kongruente Kurve beschreibt.

Es ist klar, daß diese Flächen auf doppelte Weise erzeugt werden können, insofern als sie durch Translation entweder einer Kurve $u$ oder einer Kurve $v$ entstehen

---

1) Darboux, Bd. I, S. 208.

2) Ebenda, S. 98 ff.

Mit Lie können wir uns die Translationsflächen folgendermaßen erzeugt denken: Wir betrachten die beiden Kurven:

$$x = 2f_1(u), \quad y = 2f_2(u), \quad z = 2f_3(u);$$
$$x = 2\varphi_1(v), \quad y = 2\varphi_2(v), \quad z = 2\varphi_3(v),$$

dann ist die Fläche der Ort der Mittelpunkte aller Strecken, welche die Punkte der ersten mit den Punkten der zweiten Kurve verbinden.

Wie ersichtlich, ist die Differentialgleichung der Haupttangentenkurven für die Translationsflächen gegeben durch (vgl. (3*), S. 86):

$$\begin{vmatrix} f_1''(u) & f_2''(u) & f_3''(u) \\ f_1'(u) & f_2'(u) & f_3'(u) \\ \varphi_1'(v) & \varphi_2'(v) & \varphi_3'(v) \end{vmatrix} du^2 + \begin{vmatrix} \varphi_1''(v) & \varphi_2''(v) & \varphi_3''(v) \\ f_1'(u) & f_2'(u) & f_3'(u) \\ \varphi_1'(v) & \varphi_2'(v) & \varphi_3'(v) \end{vmatrix} dv^2 = 0.$$

Wenn insbesondere

$$f_2 = 0, \quad \varphi_1 = 0$$

angenommen wird, so werden die Veränderlichen getrennt, d. h.: Für eine Translationsfläche, deren erzeugende Kurven in aufeinander senkrechten Ebenen liegen, ergeben sich die Haupttangentenkurven mittels Quadraturen.

2. Wir betrachten die Gleichung[1]):

$$(27) \qquad (u - v)\frac{\partial^2 \vartheta}{\partial u \partial v} = m\frac{\partial \vartheta}{\partial v} - n\frac{\partial \vartheta}{\partial u} \quad (m, n = \text{Const.}).$$

Man sieht sofort, daß für beliebige Werte der Konstanten $A$ und $a$

$$\vartheta = A(u - a)^m (v - a)^n$$

eine Lösung derselben ist. Setzen wir also:

$$x = A(u-a)^m(v-a)^n, \quad y = B(u-b)^m(v-b)^n, \quad z = C(u-c)^m(v-c)^n,$$

so erhalten wir eine Fläche, auf der die Kurven $u$, $v$ ein konjugiertes System bilden. Als Differentialgleichung der Haupttangentenkurven dieser Fläche ergibt sich die Gleichung:

$$\frac{m(m-1)\,du^2}{(u-a)(u-b)(u-c)} = \frac{n(n-1)\,dv^2}{(v-a)(v-b)(v-c)},$$

die mittels Quadraturen durch elliptische Funktionen integriert wird.

Ist $m = n$, so ist die Gleichung der Fläche:

$$\left(\frac{x}{A}\right)^{\frac{1}{m}}(b-c) + \left(\frac{y}{B}\right)^{\frac{1}{m}}(c-a) + \left(\frac{z}{C}\right)^{\frac{1}{m}}(a-b) = (a-b)(b-c)(a-c),$$

und die Integralgleichung der Haupttangentenkurven ist in $u$, $v$ algebraisch.

1) Darboux, Bd. I, S. 242.

Insbesondere betrachten wir den Fall einer Fläche zweiten Grades:

$$m = n = \tfrac{1}{2}.$$

Mit Rücksicht darauf, daß hier $u + v$ eine Lösung der Gleichung (27) ist, erhellt, wenn

$$A^2 + B^2 + C^2 = 0$$

gesetzt wird, daß die Kurven $u, v$ gerade die Krümmungslinien der Fläche zweiten Grades sind, da jetzt $x^2 + y^2 + z^2$ eine Lösung von (27) ist. Im Einklang hiermit braucht man bei dem Ellipsoid:

$$\frac{x^2}{\alpha^2} + \frac{y^2}{\beta^2} + \frac{z^2}{\gamma^2} = 1, \quad \alpha^2 > \beta^2 > \gamma^2$$

nur

$$x^2 = \frac{\alpha^2(\alpha^2 + u)(\alpha^2 + v)}{(\alpha^2 - \beta^2)(\alpha^2 - \gamma^2)}, \quad y^2 = \frac{\beta^2(\beta^2 + u)(\beta^2 + v)}{(\beta^2 - \gamma^2)(\beta^2 - \alpha^2)}, \quad z^2 = \frac{\gamma^2(\gamma^2 + u)(\gamma^2 + v)}{(\gamma^2 - \alpha^2)(\gamma^2 - \beta^2)}$$

zu setzen, wo $u$ zwischen $-\gamma^2$ und $-\beta^2$ und $v$ zwischen $-\beta^2$ und $-\alpha^2$ variiert, um alle reellen Punkte des Ellipsoids (in elliptischen Koordinaten) zu erhalten.

Anmerkung. In den Anwendungen kommen oft die auf die Hauptkrümmungsradien, die Krümmungslinien und die Haupttangentenkurven einer Fläche bezüglichen Gleichungen vor, wenn die Gleichung der Fläche in der gewöhnlichen Form:

$$z = z(x, y),$$

bezogen auf rechtwinklige Cartesische Achsen, gegeben ist. Um diese Gleichungen zu erhalten, setzen wir in unseren allgemeinen Gleichungen

$$u = x, \quad v = y$$

und führen die üblichen Mongeschen Bezeichnungen ein:

$$p = \frac{\partial z}{\partial x}, \quad q = \frac{\partial z}{\partial y},$$

$$r = \frac{\partial^2 z}{\partial x^2}, \quad s = \frac{\partial^2 z}{\partial x \partial y}, \quad t = \frac{\partial^2 z}{\partial y^2}.$$

Dann erhalten wir als Koeffizienten $E, F, G$ der ersten Grundform:

(a) $$E = 1 + p^2, \quad F = pq, \quad G = 1 + q^2.$$

Als Richtungskosinus der Normale ergeben sich:

(b) $$X = -\frac{p}{\sqrt{1 + p^2 + q^2}}, \quad Y = -\frac{q}{\sqrt{1 + p^2 + q^2}}, \quad Z = \frac{1}{\sqrt{1 + p^2 + q^2}},$$

demnach als Koeffizienten $D, D', D''$ der zweiten Grundform:

(c) $$D = \frac{r}{\sqrt{1 + p^2 + q^2}}, \quad D' = \frac{s}{\sqrt{1 + p^2 + q^2}}, \quad D'' = \frac{t}{\sqrt{1 + p^2 + q^2}}.$$

Die mittlere Krümmung $H$ und die Totalkrümmung $K$ der Fläche sind daher durch die folgenden Ausdrücke gegeben:

$$\text{(d)}\quad H = \frac{2pqs - (1+p^2)t - (1+q^2)r}{(1+p^2+q^2)^{3/2}}, \qquad \text{(e)}\quad K = \frac{rt - s^2}{(1+p^2+q^2)^2}.$$

Endlich lautet die Differentialgleichung der Haupttangentenkurven bzw. Krümmungslinien wie folgt:

$$\text{(f)}\qquad r\,dx^2 + 2s\,dx\,dy + t\,dy^2 = 0,$$

$$\text{(g)}\qquad \begin{aligned}[(1+p^2)s - pqr]\,dx^2 + [(1+p^2)t - (1+q^2)r]\,dx\,dy +\\ + [pqt - (1+q^2)s]\,dy^2 = 0.\end{aligned}$$

## § 60. **Berechnung der Differentialparameter.**

Zum Schlusse dieses Kapitels geben wir die wichtigen Ausdrücke für die Differentialparameter von $x, y, z$; $X, Y, Z$ und für ihre beiden Funktionen an:

$$\varrho = \tfrac{1}{2}(x^2 + y^2 + z^2), \qquad W = Xx + Yy + Zz,$$

von denen die erste das halbe Quadrat der Entfernung des Koordinatenanfangspunktes vom Flächenpunkte $(x, y, z)$ und die zweite die Entfernung des Koordinatenanfangspunktes von der Tangentialebene darstellt.

Um sie zu berechnen, beziehen wir uns unter Benutzung der Invarianteneigenschaften der Differentialparameter der größeren Bequemlichkeit halber auf die Krümmungslinien als Parameterlinien, wobei wir beachten, daß die Determinante:

$$\begin{vmatrix} \frac{1}{\sqrt{E}}\frac{\partial x}{\partial u} & \frac{1}{\sqrt{E}}\frac{\partial y}{\partial u} & \frac{1}{\sqrt{E}}\frac{\partial z}{\partial u} \\ \frac{1}{\sqrt{G}}\frac{\partial x}{\partial v} & \frac{1}{\sqrt{G}}\frac{\partial y}{\partial v} & \frac{1}{\sqrt{G}}\frac{\partial z}{\partial v} \\ X & Y & Z \end{vmatrix} = +1$$

die einer orthogonalen Substitution ist (vgl. S. 85), und uns im vorliegenden Falle der Gleichungen (vgl. (13), S. 101):

$$\frac{\partial x}{\partial u} = r_2 \frac{\partial X}{\partial u}, \qquad \frac{\partial x}{\partial v} = r_1 \frac{\partial X}{\partial v}$$

bedienen.

Da nach (14) und (16), § 35, S. 66, jetzt

$$\Delta_1 \varphi = \frac{1}{E}\left(\frac{\partial \varphi}{\partial u}\right)^2 + \frac{1}{G}\left(\frac{\partial \varphi}{\partial v}\right)^2, \qquad \nabla(\varphi, \psi) = \frac{1}{E}\frac{\partial \varphi}{\partial u}\frac{\partial \psi}{\partial u} + \frac{1}{G}\frac{\partial \varphi}{\partial v}\frac{\partial \psi}{\partial v}$$

ist, erhalten wir:

$$\text{(28)}\qquad \Delta_1 x = 1 - X^2, \qquad \Delta_1 y = 1 - Y^2, \qquad \Delta_1 z = 1 - Z^2,$$

$$\text{(29)}\qquad \nabla(x, y) = -XY, \quad \nabla(x, z) = -XZ, \quad \nabla(y, z) = -YZ.$$

Ferner haben wir:

$$\Delta_1 X = \frac{1}{r_2^2 E}\left(\frac{\partial x}{\partial u}\right)^2 + \frac{1}{r_1^2 G}\left(\frac{\partial x}{\partial v}\right)^2$$

und analog $\Delta_1 Y$, $\Delta_1 Z$, woraus folgt:

$$\Delta_1 X + \Delta_1 Y + \Delta_1 Z = \frac{1}{r_1^2} + \frac{1}{r_2^2}.$$

Zur Berechnung von $\Delta_2 x$ können wir auf die allgemeine Gleichung (16), § 26, S. 45, zurückgehen. Dieselbe ergibt hier:

$$\Delta_2 x = \frac{G x_{11} + E x_{22} - 2 F x_{12}}{EG - F^2},$$

wo die $x_{rs}$ die kovarianten zweiten Derivierten von $x$ bezüglich der ersten Grundform sind. Infolge der Gleichungen (I), § 47, ist aber:

$$x_{11} = DX, \quad x_{12} = D'X, \quad x_{22} = D''X,$$

also:

$$\Delta_2 x = \frac{GD + ED'' - 2FD'}{EG - F^2} X$$

oder (nach (18), S. 104):

(A) $$\Delta_2 x = -HX = -\left(\frac{1}{r_1} + \frac{1}{r_2}\right)X.$$

Diese wichtige, von Beltrami abgeleitete Gleichung zeigt (§ 38, S. 72), daß auf den Flächen von der mittleren Krümmung Null (Minimalflächen) die Schnitte mit einem System paralleler Ebenen einem Isothermensystem angehören.

Eine weitere Gleichung, die für die Theorie der Abwickelbarkeit von großer Wichtigkeit ist, erhält man, wenn man den Differentialparameter (§ 26, S. 45)

$$\Delta_{22} x = \frac{x_{11} x_{22} - x_{12}^2}{EG - F^2}$$

bildet. Für ihn ergibt sich infolge der obigen Werte von $x_{11}$, $x_{12}$, $x_{22}$ und der Gleichungen (28) der Ausdruck (vgl. (18), S. 104):

(B) $$\Delta_{22} x = (1 - \Delta_1 x)K = X^2 K.$$

Dieses ist eine partielle Differentialgleichung zweiter Ordnung für $x$ (auch $y$ und $z$ genügen ihr), deren Koeffizienten nur aus denjenigen der ersten Fundamentalform gebildet sind.

Einer Gleichung derselben Art genügt auch

$$\varrho = \tfrac{1}{2}(x^2 + y^2 + z^2).$$

In der Tat finden wir zunächst bei Zugrundelegung der Krümmungslinien als Parameterlinien nach (13), S. 101:

$$\Delta_1 \varrho = 2\varrho - W^2.$$

Beachten wir ferner, daß sich für die kovarianten zweiten Differentialquotienten von $\varrho$ wegen der obigen Werte von $x_{11}, x_{12}, x_{22}$

$$\varrho_{11} = E + DW, \quad \varrho_{12} = F + D'W, \quad \varrho_{22} = G + D''W$$

ergibt, so haben wir sofort:

$$\Delta_2 \varrho = \frac{G\varrho_{11} + E\varrho_{22} - 2F\varrho_{12}}{EG - F^2}$$

und nach (18), S. 104:

$$\Delta_2 \varrho = 2 - W\left(\frac{1}{r_1} + \frac{1}{r_2}\right),$$

ferner:

$$\Delta_{22} \varrho = 1 - W\left(\frac{1}{r_1} + \frac{1}{r_2}\right) + W^2 K.$$

Durch Elimination von $W$ und $W^2$ aus den Ausdrücken für $\Delta_1 \varrho$, $\Delta_2 \varrho$, $\Delta_{22} \varrho$ erhalten wir endlich noch die Gleichung:

(C) $$\Delta_2 \varrho - \Delta_{22} \varrho = 1 + K(\Delta_1 \varrho - 2\varrho).$$

# Kapitel V.

## Die sphärische Abbildung nach Gauß. — Ebenenkoordinaten.

Sphärische Abbildung nach Gauß und ihre Eigenschaften. — Satz von Enneper über die Torsion der Haupttangentenkurven. — Allgemeine Formeln für die sphärische Abbildung. — Die Flächen bezogen auf ihre Haupttangentenkurven. — Formeln von Lelieuvre. — Die Flächen mit positiver Krümmung bezogen auf ein isotherm-konjugiertes System. — Formeln von Weingarten für die Ebenenkoordinaten der Flächen. — Flächen mit gegebenem Bilde eines konjugierten Systems. — Flächen mit einer Schar von Krümmungslinien in parallelen Ebenen.

### § 61. Sphärische Abbildung nach Gauß.

Sehr nutzbringend für das Studium jeder nicht abwickelbaren Fläche ist eine punktweise Abbildung derselben auf die Kugel, welche die Gaußische Abbildung heißt und die wir folgendermaßen erhalten: Es sei $S$ eine Fläche, $M$ ein beweglicher Punkt auf ihr; wir beschreiben eine Kugel und ziehen durch ihren Mittelpunkt den Radius parallel der positiven Richtung der in $M$ auf $S$ errichteten Normale. Der Endpunkt $M'$ des Radius heiße das Bild des Punktes $M$. Wenn sich $M$ auf der Fläche $S$ (oder auf einem Gebiete der Fläche) bewegt, so bewegt sich sein Bildpunkt $M'$ auf einem entsprechenden Gebiete der Bildkugel. Es versteht sich, daß dieses sphärische Bild die Kugel im allgemeinen mehrfach überdecken wird, nämlich dann, wenn innerhalb des betreffenden Gebietes von $S$ die Normale von $S$ in verschiedenen Punkten von $S$ dieselbe positive Richtung hat. Wenn man will, so kann man im allgemeinen das Gebiet von $S$ in mehrere Teilgebiete zerlegen derart, daß das sphärische Bild jedes Teilgebietes einblättrig ist.

Der Einfachheit halber legen wir den Mittelpunkt der Kugel in den Koordinatenanfang und setzen ihren Radius gleich der Längeneinheit. Dann ist klar, daß, wenn $x, y, z$ die Koordinaten eines Punktes $M$ von $S$ sind, diejenigen des Bildpunktes $M'$ auf der Kugel genau die Kosinus der (positiven) Normalenrichtung, $X, Y, Z$, sind. Bezeichnen wir das Linienelement der Bildkugel mit $ds'$, so haben wir demnach:

$$ds'^2 = dX^2 + dY^2 + dZ^2,$$

und setzen wir:

$$ds'^2 = edu^2 + 2fdudv + gdv^2,$$

so finden wir mit Hilfe der Fundamentalgleichungen (II), S. 89, leicht:

(1) $e = -(KE + HD),\ f = -(KF + HD'),\ g = -(KG + HD'')$[1]),

d. h.:

$$(2)\qquad \begin{aligned} ds'^2 = &-K(Edu^2 + 2Fdudv + Gdv^2) - \\ &-H(Ddu^2 + 2D'dudv + D''dv^2). \end{aligned}$$

Im allgemeinen gibt es bei jeder punktweisen Abbildung einer Fläche auf eine andere ein und nur ein (stets reelles) Orthogonalsystem auf der einen, das in ein ebensolches auf der anderen übergeht, wofern die Abbildung nicht konform ist, in welchem Falle jedes Orthogonalsystem auf der einen in ein ebensolches auf der anderen übergeht[2]). Nun sieht man sofort, daß im allgemeinen dasjenige Orthogonalsystem auf der Fläche, das bei der sphärischen Abbildung nach Gauß in ein ebensolches übergeht, das der Krümmungslinien ist.

Denn wenn das System $(u, v)$ auf der Fläche orthogonal ist, so ist $F = 0$. Ist das entsprechende auf der Kugel orthogonal, so folgt nach (1):

$$HD' = 0,$$

also ist (abgesehen von dem Fall: $H = 0$) $D' = 0$, und die Gleichungen: $F = 0$, $D' = 0$ charakterisieren eben das System $(u, v)$ als das der Krümmungslinien.

Im Falle: $H = 0$ hat jedes Orthogonalsystem auf der Fläche ein orthogonales sphärisches Bild. Daraus folgt: Die sphärische Abbildung nach Gauß ist nur für die Flächen von der mittleren Krümmung Null und für die Kugel eine konforme.

---

1) $K$, $H$ bezeichnen wie gewöhnlich die totale und die mittlere Krümmung:

$$K = \frac{DD'' - D'^2}{EG - F^2}, \qquad H = \frac{2FD' - ED'' - GD}{EG - F^2}.$$

2) Dieser Satz ergibt sich leicht aus den Ergebnissen des § 31, Kap. II, über simultane binäre quadratische Formen. Es mögen auf den beiden Flächen zwei entsprechende Systeme $(u, v)$ zu Parameterlinien gewählt werden. Dann können die beiden (definiten) quadratischen Formen:

$$ds^2 = Edu^2 + 2Fdudv + Gdv^2, \qquad ds'^2 = E'du^2 + 2F'dudv + G'dv^2,$$

welche die Quadrate der Linienelemente der Flächen darstellen, auf eine und nur auf eine Weise gleichzeitig auf Orthogonalformen gebracht werden, falls nicht die Proportion:

$$E' : F' : G' = E : F : G$$

besteht. Im letzteren Falle ist die Abbildung konform, d. h. alle Orthogonalsysteme gehen in ebensolche Systeme über, und die obige Reduktion ist auf unendlich viele Weisen möglich.

Diese wichtige Eigenschaft der Flächen von der mittleren Krümmung Null, der sogenannten Minimalflächen, bildet die Grundlage für den Zusammenhang, der, wie wir im weiteren sehen werden, zwischen der Theorie dieser Flächen und derjenigen der Funktionen einer komplexen Veränderlichen besteht.

## § 62. Eigenschaften der Gaußischen Abbildung und Satz von Enneper über die Torsion der Haupttangentenkurven.

Aus den Gleichungen (1) können wir noch eine weitere bemerkenswerte Folgerung ziehen. Wir nehmen an, das System $(u, v)$ auf der Fläche wäre konjugiert, d. h. $D' = 0$. Die Gleichungen (1) ergeben:

$$e = \frac{GD^2}{EG - F^2}, \quad f = -\frac{FDD''}{EG - F^2}, \quad g = \frac{ED''^2}{EG - F^2}.$$

Bezeichnen wir mit $\omega$ bzw. $\Omega$ den Winkel, der von den positiven Richtungen der Parameterlinien in jedem Punkte der Fläche $S$ bez. der Bildkugel gebildet wird, so folgt aus den Gleichungen (vgl. (6), S. 62):

$$\cos\omega = \frac{F}{\sqrt{EG}}, \quad \cos\Omega = \frac{f}{\sqrt{eg}}\,^{1)}$$

das Ergebnis:

$$\cos\Omega = \pm\cos\omega,$$

wo das obere Zeichen für einen hyperbolischen Punkt (bei dem $D, D''$ verschiedene Zeichen haben), das untere für einen elliptischen Punkt gilt. Daraus schließen wir: Bei der sphärischen Abbildung bleibt der Winkel zweier konjugierter Richtungen auf der Fläche entweder ungeändert oder er geht in den Supplementwinkel über, je nachdem der Punkt, von dem die beiden Richtungen ausgehen, hyperbolisch oder elliptisch ist.

Weniger streng ergibt sich dieser Satz auch auf Grund der folgenden Überlegung: Es seien $t, t'$ zwei konjugierte Richtungen auf der Fläche. Dann erhalten wir, wenn wir mit den Symbolen $d$ bez. $\delta$ die nach diesen Richtungen gerechneten Differentiale bezeichnen (vgl. § 56, S. 107):

$$\delta x dX + \delta y dY + \delta z dZ = 0.$$

Da nun $dX$, $dY$, $dZ$ den Kosinus der $t$ entsprechenden Richtung auf der Kugel proportional sind, so folgt, daß diese Richtung auf der Richtung $t'$ senkrecht steht.

Hieraus ergibt sich, daß für die (aufeinander senkrechten) Hauptrichtungen und nur für diese die entsprechende Richtung auf der Kugel der ursprünglichen parallel wird, wie auch aus den Gleichungen von Rodrigues (S. 101, (13)) erhellt.

---

1) Es sei daran erinnert, daß die Vorzeichen der Wurzeln positiv zu nehmen sind.

Wir sehen auch, daß sich nach dem Vorstehenden für die Haupttangentenrichtungen die folgende Definition ergibt: Die Haupttangentenrichtungen sind diejenigen, welche bei der sphärischen Abbildung um einen rechten Winkel gedreht werden.

Wir kehren nun zu den allgemeinen Gleichungen (1) zurück und berechnen das Flächenelement der Kugel (§ 33, S. 62):

$$d\sigma' = \sqrt{eg - f^2}\, du\, dv.$$

Wir erhalten:

$$d\sigma' = K\sqrt{EG - F^2}\, du\, dv = K d\sigma,$$

wenn $d\sigma$ das Flächenelement der gegebenen Fläche ist.

Wenn wir also um einen Punkt $M$ der Fläche eine kleine geschlossene Kurve ziehen und mit $\sigma$ das eingeschlossene Flächenstückchen, mit $\sigma'$ das entsprechende des sphärischen Bildes bezeichnen, so konvergiert das Verhältnis $\frac{\sigma'}{\sigma}$, wenn das Flächenstückchen $\sigma$ (nach einem beliebigen Gesetz) unendlich klein wird, gegen den Wert der Totalkrümmung $K = \frac{1}{r_1 r_2}$ im Punkte $M$. Diese von Gauß gegebene Definition des Krümmungsmaßes weist, wie man sieht, eine völlige Analogie zu derjenigen der Krümmung ebener Kurven auf.

Zum Schlusse leiten wir aus denselben Gleichungen (1) oder (2) den Satz von Enneper ab: Das Quadrat der Torsion der Haupttangentenkurven ist in jedem Punkte gleich der mit entgegengesetztem Zeichen genommenen Totalkrümmung der Fläche.

Zum Beweise braucht nur beachtet zu werden, daß für eine Haupttangentenkurve die Richtungskosinus der Binormale gerade

$$X, Y, Z$$

sind, und also nach S. 8, (9)

$$\frac{1}{T^2} = \frac{dX^2 + dY^2 + dZ^2}{ds^2} = \frac{ds'^2}{ds^2}$$

ist. Wegen der Gleichung (2) aber und unter Berücksichtigung des Umstandes, daß längs einer Haupttangentenkurve nach § 57

$$D\, du^2 + 2D'\, du\, dv + D''\, dv^2 = 0$$

ist, erhalten wir:

$$\frac{1}{T^2} = -K.$$

Wir werden nun diesen Satz hinsichtlich des Vorzeichens der Torsion genauer präzisieren und beweisen, daß in jedem (hyperbolischen) Punkte der Fläche die beiden Haupttangentenkurven, die sich in dem Punkte durchkreuzen, gleiche, aber dem Zeichen nach entgegengesetzte Torsion haben.

## § 63. Zweiter Beweis und Präzisierung des Enneperschen Satzes.

Vorausgesetzt, die Fläche $S$ habe negative Krümmung $K$, so setzen wir

$$\varrho = \sqrt{-\frac{1}{K}},$$

wobei wir unter $\varrho$ den positiven Wert der Wurzel verstehen. Längs einer beliebigen Haupttangentenkurve haben wir:

$$\text{(a)} \qquad D\,du^2 + 2D'\,du\,dv + D''\,dv^2 = 0$$

oder:

$$(D\,du + D'\,dv)^2 = (D'^2 - DD'')\,dv^2 = \frac{EG - F^2}{\varrho^2}\,dv^2,$$

$$(D'\,du + D''\,dv)^2 = (D'^2 - DD'')\,du^2 = \frac{EG - F^2}{\varrho^2}\,du^2.$$

Durch Ausziehen der Quadratwurzeln und unter Berücksichtigung von (a) erhalten wir:

$$\begin{cases} D\,du + D'\,dv = \pm \dfrac{\sqrt{EG - F^2}}{\varrho}\,dv, \\ D'\,du + D''\,dv = \mp \dfrac{\sqrt{EG - F^2}}{\varrho}\,du. \end{cases}$$

Bezeichnen wir mit $s$ den Bogen der Haupttangentenkurve, so können wir folglich sagen:

Längs einer Haupttangentenkurve auf $S$ bestehen die Differentialgleichungen:

$$\text{(b)} \qquad \begin{cases} D\dfrac{du}{ds} + D'\dfrac{dv}{ds} = \pm \dfrac{\sqrt{EG - F^2}}{\varrho}\dfrac{dv}{ds}, \\ D'\dfrac{du}{ds} + D''\dfrac{dv}{ds} = \mp \dfrac{\sqrt{EG - F^2}}{\varrho}\dfrac{du}{ds}, \end{cases}$$

wo entweder die oberen oder die unteren Vorzeichen gleichzeitig genommen werden müssen, je nachdem die Kurve zu der einen oder zu der anderen Schar gehört.

Nun haben wir unter Beibehaltung aller Bezeichnungen in Kap. I für die Kurve offenbar:

$$\text{(c)} \qquad \cos\lambda = \varepsilon X, \quad \cos\mu = \varepsilon Y, \quad \cos\nu = \varepsilon Z \; (\varepsilon = \pm 1),$$

da ja die Binormale der Kurve mit der Flächennormale zusammenfällt. Wir berechnen dann die Torsion $\frac{1}{T}$ nach der Gleichung (A), S. 10:

$$\frac{1}{T} = \sum \cos\xi\,\frac{d\cos\lambda}{ds} = \begin{vmatrix} \cos\alpha & \cos\beta & \cos\gamma \\ \dfrac{d\cos\lambda}{ds} & \dfrac{d\cos\mu}{ds} & \dfrac{d\cos\nu}{ds} \\ \cos\lambda & \cos\mu & \cos\nu \end{vmatrix},$$

indem wir darin für $\cos\lambda$, $\cos\mu$, $\cos\nu$ die Werte (c), für $\cos\alpha$, $\cos\beta$, $\cos\gamma$ die nachstehenden einsetzen:

$$\cos\alpha = \frac{\partial x}{\partial u}\frac{du}{ds} + \frac{\partial x}{\partial v}\frac{dv}{ds},$$

$$\cos\beta = \frac{\partial y}{\partial u}\frac{du}{ds} + \frac{\partial y}{\partial v}\frac{dv}{ds},$$

$$\cos\gamma = \frac{\partial z}{\partial u}\frac{du}{ds} + \frac{\partial z}{\partial v}\frac{dv}{ds},$$

und erhalten so:

$$\frac{1}{T} = \begin{vmatrix} \frac{\partial x}{\partial u}\frac{du}{ds} + \frac{\partial x}{\partial v}\frac{dv}{ds}, & \frac{\partial y}{\partial u}\frac{du}{ds} + \frac{\partial y}{\partial v}\frac{dv}{ds}, & \frac{\partial z}{\partial u}\frac{du}{ds} + \frac{\partial z}{\partial v}\frac{dv}{ds} \\ \frac{\partial X}{\partial u}\frac{du}{ds} + \frac{\partial X}{\partial v}\frac{dv}{ds}, & \frac{\partial Y}{\partial u}\frac{du}{ds} + \frac{\partial Y}{\partial v}\frac{dv}{ds}, & \frac{\partial Z}{\partial u}\frac{du}{ds} + \frac{\partial Z}{\partial v}\frac{dv}{ds} \\ X, & Y, & Z \end{vmatrix}.$$

Nun setzen wir in der zweiten Horizontalreihe dieser Determinante für $\frac{\partial X}{\partial u}$, $\frac{\partial X}{\partial v}$ usw. ihre durch die Grundgleichungen (II), S. 89, gegebenen Werte ein. Dann ergibt sich die Determinante als das Produkt von zwei Determinanten, von denen die erste

$$\begin{vmatrix} \frac{\partial x}{\partial u} & \frac{\partial x}{\partial v} & X \\ \frac{\partial y}{\partial u} & \frac{\partial y}{\partial v} & Y \\ \frac{\partial z}{\partial u} & \frac{\partial z}{\partial v} & Z \end{vmatrix}$$

ist und den Wert $+\sqrt{EG-F^2}$ (S. 85) hat; also bleibt:

$$\frac{1}{T} = \frac{1}{\sqrt{EG-F^2}} \times$$

$$\times \begin{vmatrix} \frac{du}{ds}, & \frac{dv}{ds} \\ (FD'-GD)\frac{du}{ds} + (FD''-GD')\frac{dv}{ds}, & (FD-ED')\frac{du}{ds} + (FD'-ED'')\frac{dv}{ds} \end{vmatrix}$$

oder unter Berücksichtigung von (b):

$$\frac{1}{T} = \pm\frac{1}{\varrho}\begin{vmatrix} \frac{du}{ds}, & \frac{dv}{ds} \\ -\left(F\frac{du}{ds} + G\frac{dv}{ds}\right), & \left(E\frac{du}{ds} + F\frac{dv}{ds}\right) \end{vmatrix}.$$

Da nun eben $ds^2 = Edu^2 + 2F\,du\,dv + G\,dv^2$ ist, so ergibt sich schließlich die einfache Gleichung:

$$\frac{1}{T} = \pm\frac{1}{\varrho} = \pm\sqrt{-K}.$$

Der Ennepersche Satz ist somit wieder bewiesen; wir sehen aber weiter, daß das Vorzeichen der Torsion positiv oder negativ ist, je nachdem die Haupttangentenkurve zur ersten oder zur zweiten Schar gehört. Demnach schließen wir:

In den Gleichungen (b) gehören die oberen Vorzeichen zu den Haupttangentenkurven positiver Torsion oder der ersten Schar (linksgewundenen), die unteren zu denen negativer Torsion oder der zweiten Schar (rechtsgewundenen).

## § 64. Allgemeine Formeln für die sphärische Abbildung.

Für viele Fragen der allgemeinen Flächentheorie ist die Untersuchung der Flächen mit gegebener sphärischer Abbildung von Wichtigkeit. Wir wollen nun in diesem Paragraphen die allgemeinen Gleichungen aufstellen, die sich auf das Problem beziehen: Wenn die dritte Differentialform:

$$ds'^2 = e\,du^2 + 2f\,du\,dv + g\,dv^2, \tag{3}$$

gegeben ist, d. h. $e$, $f$, $g$ als Funktionen von $u$ und $v$ gegeben sind, sollen die zugehörigen Flächen bestimmt werden.

Zu diesem Zwecke suchen wir die notwendigen und hinreichenden Bedingungen auf, denen die Koeffizienten $D, D', D''$ der zweiten Grundform genügen müssen. Sind diese Bedingungen erfüllt und werden $X, Y, Z$ als bekannte Funktionen von $u$ und $v$ vorausgesetzt, so läßt sich nachweisen, daß sich die entsprechende Fläche mittels Quadraturen ergibt.

Zunächst sind die Grundgleichungen (I), § 47, Kap. IV, S. 88, angewandt auf die Bildkugel, anzusetzen. Da die Kosinus der nach außen gerichteten Kugelnormale eben $X$, $Y$, $Z$ sind, so ist die zweite Grundform bezüglich der Kugel, mit entgegengesetztem Vorzeichen genommen, mit der ersten identisch[1]). Die angeführten Gleichungen lauten also in dem vorliegendem Falle:

$$\tag{4}\left\{\begin{aligned}
\frac{\partial^2 X}{\partial u^2} &= \begin{Bmatrix}11\\1\end{Bmatrix}'\frac{\partial X}{\partial u} + \begin{Bmatrix}11\\2\end{Bmatrix}'\frac{\partial X}{\partial v} - eX,\\
\frac{\partial^2 X}{\partial u\,\partial v} &= \begin{Bmatrix}12\\1\end{Bmatrix}'\frac{\partial X}{\partial u} + \begin{Bmatrix}12\\2\end{Bmatrix}'\frac{\partial X}{\partial v} - fX,\\
\frac{\partial^2 X}{\partial v^2} &= \begin{Bmatrix}22\\1\end{Bmatrix}'\frac{\partial X}{\partial u} + \begin{Bmatrix}22\\2\end{Bmatrix}'\frac{\partial X}{\partial v} - gX,
\end{aligned}\right.$$

wo der Strich an den Christoffelschen Symbolen andeuten soll, daß dieselben aus den Koeffizienten $e, f, g$ der dritten Grundform (3) gebildet sind[2]).

---

1) Es wird hier also als positive Seite der Kugel die äußere genommen und in Übereinstimmung mit den grundlegenden Festsetzungen des § 46, Kap. IV, vorausgesetzt, daß auf dieser positiven Seite die positive $u$-Richtung links von der positiven $v$-Richtung liege.

2) Wie immer lassen wir auch hier die analogen Gleichungen in $Y$ und $Z$ weg.

Wir setzen nun die Grundgleichungen II, § 47, Kap. IV, S. 89, an, aber in anders aufgelöster Form, wobei wir mittels der Gleichungen (1), S. 118, die Koeffizienten $e$, $f$, $g$ einführen, und finden:

$$(5)\quad \begin{cases} \dfrac{\partial x}{\partial u} = \dfrac{fD' - gD}{eg - f^2}\dfrac{\partial X}{\partial u} + \dfrac{fD - eD'}{eg - f^2}\dfrac{\partial X}{\partial v}, \\ \dfrac{\partial x}{\partial v} = \dfrac{fD'' - gD'}{eg - f^2}\dfrac{\partial X}{\partial u} + \dfrac{fD' - eD''}{eg - f^2}\dfrac{\partial X}{\partial v}. \end{cases}$$

Nun drücken wir in den Integrabilitätsbedingungen:

$$\frac{\partial}{\partial v}\left(\frac{\partial x}{\partial u}\right) - \frac{\partial}{\partial u}\left(\frac{\partial x}{\partial v}\right) = 0 \quad \text{usw.}$$

die zweiten Differentialquotienten von $X$ mittels der Gleichungen (4) aus und setzen für die Differentialquotienten der Koeffizienten $e$, $f$, $g$ ihre Werte in den Christoffelschen Symbolen ein. Nach einfachen Umformungen finden wir als die gesuchten Bedingungen[1]):

$$(6)\quad \begin{cases} \dfrac{\partial D}{\partial v} - \dfrac{\partial D'}{\partial u} - \begin{Bmatrix}1\,2\\1\end{Bmatrix}' D + \left[\begin{Bmatrix}1\,1\\1\end{Bmatrix}' - \begin{Bmatrix}1\,2\\2\end{Bmatrix}'\right] D' + \begin{Bmatrix}1\,1\\2\end{Bmatrix}' D'' = 0, \\ \dfrac{\partial D''}{\partial u} - \dfrac{\partial D'}{\partial v} + \begin{Bmatrix}2\,2\\1\end{Bmatrix}' D + \left[\begin{Bmatrix}2\,2\\2\end{Bmatrix}' - \begin{Bmatrix}1\,2\\1\end{Bmatrix}'\right] D' - \begin{Bmatrix}1\,2\\2\end{Bmatrix}' D'' = 0. \end{cases}$$

Dies sind genau die Codazzischen Gleichungen (IV), § 48, S. 90, wenn an Stelle der ersten Grundform die dritte gesetzt wird. Genügen ihnen $D$, $D'$, $D''$, so ist die entsprechende Fläche wirklich vorhanden und ergibt sich mittels Quadraturen aus den Gleichungen (5). Wir kommen somit zu dem einfachen Ergebnis: Sind die beiden Differentialformen:

$$D du^2 + 2D' du dv + D'' dv^2,$$
$$e du^2 + 2f du dv + g dv^2,$$

gegeben, von denen die zweite definit ist und die positive Krümmung Eins besitzt, so ist dafür, daß eine Fläche existiere,

1) Um diese Rechnung in aller Kürze durchzuführen, setze man für den Augenblick:

$$\frac{fD' - gD}{eg - f^2} = M, \quad \frac{fD - eD'}{eg - f^2} = N, \quad \frac{fD'' - gD'}{eg - f^2} = P, \quad \frac{fD' - eD''}{eg - f^2} = Q,$$

woraus folgt:

$$Me + Nf = -D, \quad Mf + Ng = Pe + Qf = -D', \quad Pf + Qg = -D''.$$

Als Integrabilitätsbedingungen erhält man die Gleichungen:

$$\frac{\partial M}{\partial v} - \frac{\partial P}{\partial u} - \begin{Bmatrix}1\,1\\1\end{Bmatrix}' P + \begin{Bmatrix}2\,2\\1\end{Bmatrix}' N + \begin{Bmatrix}1\,2\\1\end{Bmatrix}' (M - Q) = 0,$$

$$\frac{\partial Q}{\partial u} - \frac{\partial N}{\partial v} - \begin{Bmatrix}2\,2\\2\end{Bmatrix}' N + \begin{Bmatrix}1\,1\\2\end{Bmatrix}' P - \begin{Bmatrix}1\,2\\2\end{Bmatrix}' (M - Q) = 0,$$

die unmittelbar in die Gleichungen (6) des Textes übergehen.

welche dieselben als zweite und dritte Grundform besitzt, notwendig und hinreichend, daß die Codazzischen Gleichungen (6) erfüllt sind. Die betreffende Fläche ist eindeutig bestimmt und ergibt sich, wenn $X$, $Y$, $Z$ als Funktionen von $u$ und $v$ bekannt sind, mittels Quadraturen aus den Gleichungen (5).

Die Bestimmung von $X$, $Y$, $Z$, wenn nur die Koeffizienten $e$, $f$, $g$ bekannt sind, hängt von einer Riccatischen Gleichung ab (§ 50, Kap. IV).

Wie in § 48, S. 91, sieht man, daß die Gleichungen (6) auch in der folgenden Form geschrieben werden können:

$$(6^*)\quad \begin{cases} \dfrac{\partial}{\partial v}\left(\dfrac{D}{\sqrt{eg-f^2}}\right) - \dfrac{\partial}{\partial u}\left(\dfrac{D'}{\sqrt{eg-f^2}}\right) + \\ \qquad + \begin{Bmatrix} 22 \\ 2 \end{Bmatrix}' \dfrac{D}{\sqrt{eg-f^2}} - 2\begin{Bmatrix} 12 \\ 2 \end{Bmatrix}' \dfrac{D'}{\sqrt{eg-f^2}} + \begin{Bmatrix} 11 \\ 2 \end{Bmatrix}' \dfrac{D''}{\sqrt{eg-f^2}} = 0, \\ \dfrac{\partial}{\partial u}\left(\dfrac{D''}{\sqrt{eg-f^2}}\right) - \dfrac{\partial}{\partial v}\left(\dfrac{D'}{\sqrt{eg-f^2}}\right) + \\ \qquad + \begin{Bmatrix} 22 \\ 1 \end{Bmatrix}' \dfrac{D}{\sqrt{eg-f^2}} - 2\begin{Bmatrix} 12 \\ 1 \end{Bmatrix}' \dfrac{D'}{\sqrt{eg-f^2}} + \begin{Bmatrix} 11 \\ 1 \end{Bmatrix}' \dfrac{D''}{\sqrt{eg-f^2}} = 0. \end{cases}$$

Endlich leiten wir die Gleichungen ab, die uns die Werte für

$$r_1 + r_2, \quad r_1 r_2$$

geben, wenn $r_1$ und $r_2$ die Hauptkrümmungsradien der Fläche sind. Als die quadratische Gleichung, durch die sie bestimmt werden, erhalten wir nach Formel (9), § 52, S. 99, die folgende:

$$(7)\qquad (eg - f^2)\, r^2 + (eD'' + gD - 2fD')\, r + DD'' - D'^2 = 0.$$

Also ist:

$$(8)\qquad \begin{cases} r_1 + r_2 = \dfrac{2fD' - eD'' - gD}{eg - f^2}, \\ r_1 r_2 \;\;= \dfrac{DD'' - D'^2}{eg - f^2}. \end{cases}$$

Aus den Gleichungen (1), S. 118, finden wir für die Koeffizienten des Quadrates des Linienelements der Fläche die Werte:

$$(9)\qquad \begin{cases} E = -(r_1 + r_2)\, D - r_1 r_2 e, \quad F = -(r_1 + r_2)\, D' - r_1 r_2 f, \\ \qquad\qquad\qquad\qquad\qquad\quad G = -(r_1 + r_2)\, D'' - r_1 r_2 g. \end{cases}$$

## § 65. Die Flächen bezogen auf ihre Haupttangentenkurven.

Diese allgemeinen Gleichungen wenden wir auf zwei Fälle von besonderem Interesse an. Im ersten Falle nehmen wir als Parameterlinien $u$, $v$ auf der Kugel die Bilder der Haupttangentenkurven der Fläche, von der wir also, indem wir uns auf reelle Größen beschränken, annehmen, daß sie, wenigstens in dem betreffenden Gebiet, nur hyperbolische Punkte besitze.

Wir haben in diesem Falle:

$$D = 0, \quad D'' = 0.$$

Setzen wir nun:

$$r_1 r_2 = -\varrho^2,$$

d. h. bezeichnen wir mit $-\frac{1}{\varrho^2}$ das Krümmungsmaß der Fläche, so erhalten wir aus (8):

$$\frac{D'}{\sqrt{eg - f^2}} = \varrho\text{[1]}.$$

Die Codazzischen Gleichungen (6*) lauten:

$$(10) \qquad \frac{\partial \log \varrho}{\partial u} = -2 \left\{ {12 \atop 2} \right\}', \quad \frac{\partial \log \varrho}{\partial v} = -2 \left\{ {12 \atop 1} \right\}',$$

wobei die geometrische Bedeutung von $\varrho$ durch die Gleichung:

$$(11) \qquad K = -\frac{1}{\varrho^2}$$

gegeben ist.

Wir haben also das zum erstenmal von Dini[2]) gefundene Ergebnis:

Damit die sphärischen Kurven $u$, $v$ die Bilder der Haupttangentenkurven einer Fläche seien, ist notwendig und hinreichend, daß die für das Linienelement der Kugel berechneten Symbole $\left\{ {12 \atop 1} \right\}'$, $\left\{ {12 \atop 2} \right\}'$ der Gleichung:

$$(12) \qquad \frac{\partial}{\partial u} \left\{ {12 \atop 1} \right\}' = \frac{\partial}{\partial v} \left\{ {12 \atop 2} \right\}'$$

genügen.

Ist diese Bedingung erfüllt, so wird $\varrho$ durch die Gleichungen (10) bis auf einen konstanten Proportionalitätsfaktor bestimmt. Wir erhalten dann mit Rücksicht auf die Gleichungen (5) den Satz:

Die zugehörige Fläche ist ihrer Gestalt nach mittels Quadraturen durch die Gleichungen:

$$(13) \qquad \begin{cases} \dfrac{\partial x}{\partial u} = \dfrac{\varrho f}{\sqrt{eg - f^2}} \dfrac{\partial X}{\partial u} - \dfrac{\varrho e}{\sqrt{eg - f^2}} \dfrac{\partial X}{\partial v}, \\[2ex] \dfrac{\partial x}{\partial v} = -\dfrac{\varrho g}{\sqrt{eg - f^2}} \dfrac{\partial X}{\partial u} + \dfrac{\varrho f}{\sqrt{eg - f^2}} \dfrac{\partial X}{\partial v} \end{cases}$$

bestimmt.

Die Gleichungen (8) werden dann:

$$r_1 + r_2 = \frac{2 f \varrho}{\sqrt{eg - f^2}}, \qquad r_1 r_2 = -\varrho^2$$

1) Wir lassen hier das doppelte Zeichen weg und betrachten die Größe $\varrho$, die durch die folgenden Gleichungen (10) definiert ist, als positiv. Die Änderung des Zeichens von $D'$ bedeutet nur eine Änderung der Zeichen der rechten Seiten in (5), d. h. es ist die Fläche nur durch die zum Koordinatenanfangspunkt symmetrisch gelegene Fläche zu ersetzen.

2) Annali di Matematica, Ser. 2, Bd. 4.

und folglich die Gleichungen (9):

$$E = \varrho^2 e, \quad F = -\varrho^2 f, \quad G = \varrho^2 g.$$

Für das Quadrat des Linienelements der Fläche ergibt sich also der Ausdruck:

$$ds^2 = \varrho^2 (edu^2 - 2fdudv + gdv^2). \tag{14}$$

Es mag noch auf die einfachen Beziehungen hingewiesen werden, die jetzt zwischen den für die Fläche bez. Kugel gebildeten Christoffelschen Symbolen $\left\{{rs \atop t}\right\}$ und $\left\{{rs \atop t}\right\}'$ bestehen. Aus der Tabelle (A), § 35, S. 66, finden wir auf einfache Weise[1]):

---

1) Es mag hier eine Reihe von einfachen und allgemeinen Gleichungen angegeben werden, die von **Weingarten** bemerkt und dem Verfasser brieflich mitgeteilt worden sind. Wir nehmen die vier Gleichungen (vgl. S. 86):

$$D = -\sum \frac{\partial x}{\partial u}\frac{\partial X}{\partial u}, \quad D = -\sum \frac{\partial x}{\partial u}\frac{\partial X}{\partial v}, \quad D' = -\sum \frac{\partial x}{\partial v}\frac{\partial X}{\partial u},$$
$$D'' = -\sum \frac{\partial x}{\partial v}\frac{\partial X}{\partial v},$$

und differenzieren jede derselben einerseits nach $u$ und andererseits nach $v$. Wenn wir dann für die zweiten Differentialquotienten von $x$ die durch die Grundgleichungen (I), S. 88, gegebenen Werte und ebenso für diejenigen von $X$ die Werte (4), S. 123, einsetzen, so erhalten wir die in Rede stehenden Gleichungen, die wir in der folgenden Tabelle zusammenstellen:

$$\begin{cases} \dfrac{\partial D}{\partial u} = \left\{{11 \atop 1}\right\} D + \left\{{11 \atop 2}\right\} D' + \left\{{11 \atop 1}\right\}' D + \left\{{11 \atop 2}\right\}' D', \\[2ex] \dfrac{\partial D}{\partial v} = \left\{{12 \atop 1}\right\} D + \left\{{12 \atop 2}\right\} D' + \left\{{12 \atop 1}\right\}' D + \left\{{12 \atop 2}\right\}' D; \end{cases}$$

$$\begin{cases} \dfrac{\partial D'}{\partial u} = \left\{{11 \atop 1}\right\} D' + \left\{{11 \atop 2}\right\} D'' + \left\{{12 \atop 1}\right\}' D + \left\{{12 \atop 2}\right\}' D', \\[2ex] \dfrac{\partial D'}{\partial v} = \left\{{12 \atop 1}\right\} D' + \left\{{12 \atop 2}\right\} D'' + \left\{{22 \atop 1}\right\}' D + \left\{{22 \atop 2}\right\}' D'; \end{cases}$$

$$\begin{cases} \dfrac{\partial D'}{\partial u} = \left\{{12 \atop 1}\right\} D + \left\{{12 \atop 2}\right\} D' + \left\{{11 \atop 1}\right\}' D' + \left\{{11 \atop 2}\right\}' D'', \\[2ex] \dfrac{\partial D'}{\partial v} = \left\{{22 \atop 1}\right\} D + \left\{{22 \atop 2}\right\} D' + \left\{{12 \atop 1}\right\}' D' + \left\{{12 \atop 2}\right\}' D''; \end{cases}$$

$$\begin{cases} \dfrac{\partial D''}{\partial u} = \left\{{12 \atop 1}\right\} D' + \left\{{12 \atop 2}\right\} D'' + \left\{{12 \atop 1}\right\}' D' + \left\{{12 \atop 2}\right\}' D'', \\[2ex] \dfrac{\partial D''}{\partial v} = \left\{{22 \atop 1}\right\} D' + \left\{{22 \atop 2}\right\} D'' + \left\{{22 \atop 1}\right\}' D' + \left\{{22 \atop 2}\right\}' D''. \end{cases}$$

Durch geeignete Kombination dieser acht Gleichungen ergeben sich wieder die Codazzischen Gleichungen sowohl bezüglich der ersten als auch der dritten Grundform (S. 90 und S. 124). Werden in den obigen Weingartenschen Gleichungen $D$ und $D''$ gleich Null gesetzt, so ergeben sich unmittelbar die Gleichungen (a) des Textes.

$$
\text{(a)}\quad
\left\{
\begin{aligned}
&\begin{Bmatrix} 1\,1 \\ 1 \end{Bmatrix} = \begin{Bmatrix} 1\,1 \\ 1 \end{Bmatrix}' - 2\begin{Bmatrix} 1\,2 \\ 2 \end{Bmatrix}', &\quad& \begin{Bmatrix} 2\,2 \\ 2 \end{Bmatrix} = \begin{Bmatrix} 2\,2 \\ 2 \end{Bmatrix}' - 2\begin{Bmatrix} 1\,2 \\ 1 \end{Bmatrix}',\\
&\begin{Bmatrix} 1\,2 \\ 1 \end{Bmatrix} = -\begin{Bmatrix} 1\,2 \\ 1 \end{Bmatrix}', && \begin{Bmatrix} 1\,2 \\ 2 \end{Bmatrix} = -\begin{Bmatrix} 1\,2 \\ 2 \end{Bmatrix}',\\
&\begin{Bmatrix} 1\,1 \\ 2 \end{Bmatrix} = -\begin{Bmatrix} 1\,1 \\ 2 \end{Bmatrix}', && \begin{Bmatrix} 2\,2 \\ 1 \end{Bmatrix} = -\begin{Bmatrix} 2\,2 \\ 1 \end{Bmatrix}'.
\end{aligned}
\right.
$$

### § 66. Haupttangentenkurven auf den Minimalflächen.

Die Gleichungen des § 65 ergeben, angewandt auf zwei wichtige Klassen von Flächen, die wir weiterhin untersuchen werden, nämlich auf die Minimalflächen und die pseudosphärischen Flächen, unmittelbar einige bemerkenswerte Sätze.

Wie bereits erwähnt, werden als Minimalflächen diejenigen Flächen bezeichnet, bei denen in jedem Punkte die Hauptkrümmungsradien gleich und dem Vorzeichen nach entgegengesetzt sind. Ihre Haupttangentenkurven sind reell und stehen aufeinander senkrecht, da die Dupinsche Indikatrix in jedem Punkte aus zwei (konjugierten) gleichseitigen Hyperbeln besteht. Da hier

$$r_1 + r_2 = \frac{2f\varrho}{\sqrt{eg - f^2}} = 0$$

sein muß, so folgt: $f = 0$, also auch $F = 0$ nach S. 127, d. h. die Kurven $u$, $v$ bilden, wie bereits bemerkt, auf der Fläche und im sphärischen Bilde ein Orthogonalsystem. Weiter folgt aber aus der Gleichung (12), da wegen (A), S. 66

$$\text{(b)}\qquad \begin{Bmatrix} 1\,2 \\ 1 \end{Bmatrix}' = \frac{1}{2}\frac{\partial \log e}{\partial v}, \quad \begin{Bmatrix} 1\,2 \\ 2 \end{Bmatrix}' = \frac{1}{2}\frac{\partial \log g}{\partial u}$$

ist, die Gleichung:

$$\frac{\partial^2 \log e}{\partial u \partial v} = \frac{\partial^2 \log g}{\partial u \partial v}.$$

Sie besagt nach (24), § 38, S. 71, daß die sphärischen Kurven $u$, $v$ isotherm sind. Durch Änderung der Parameter $u$, $v$ können wir ohne weiteres $e$ gleich $g$ machen. Dann folgt aus den Gleichungen (b) und (10), S. 126:

$$e = g = \frac{1}{\varrho}.$$

Die Quadrate der Linienelemente auf der Kugel und auf der Fläche erhalten dann bezüglich die Formen:

$$ds'^2 = \frac{1}{\varrho}(du^2 + dv^2), \qquad ds^2 = \varrho(du^2 + dv^2).$$

Also: Sowohl die Haupttangentenkurven einer Minimalfläche als auch ihre sphärischen Bilder sind Isothermensysteme. Die vorstehenden Ausdrücke lassen wiederum erkennen, daß die sphärische Abbildung nach Gauß für die Minimalflächen konform ist. Da nun ferner alle Isothermensysteme auf der Kugel bekannt sind, so ergeben sich alle Minimalflächen aus den Gleichungen des Paragraphen 65 mittels Qudraturen.

## § 67. Haupttangentenkurven der pseudosphärischen Fiächen.

Wir betrachten Flächen mit konstantem negativen Krümmungsmaß:

$$K = -\frac{1}{\varrho^2} \; (\varrho = \text{Const.}).$$

Diese Flächen werden auch als pseudosphärische Flächen und $\varrho$ als ihr Radius bezeichnet. Aus den Gleichungen (10) folgt:

$$\begin{Bmatrix} 1\,2 \\ 1 \end{Bmatrix}' = 0, \quad \begin{Bmatrix} 1\,2 \\ 2 \end{Bmatrix}' = 0,$$

d. h. nach (A), S. 66:

$$g\frac{\partial e}{\partial v} - f\frac{\partial g}{\partial u} = 0, \quad f\frac{\partial e}{\partial v} - e\frac{\partial g}{\partial u} = 0,$$

demnach:

$$\frac{\partial e}{\partial v} = 0, \quad \frac{\partial g}{\partial u} = 0.$$

Da somit $e$ eine Funktion von $u$ allein und $g$ eine solche von $v$ allein ist, so kann durch Änderung der Parameter $u, v$ einfach

$$e = 1, \quad g = 1$$

gemacht werden, und es ergibt sich, wenn mit $\omega$ der Winkel der Haupttangenten auf der Fläche bezeichnet wird:

$$(16) \qquad ds^2 = \varrho^2(du^2 + 2\cos\omega\, du\, dv + dv^2),$$

$$(16^*) \qquad ds'^2 = du^2 - 2\cos\omega\, du\, dv + dv^2.$$

Wir betrachten nun auf der pseudosphärischen Fläche $S$ das Viereck, welches von vier Haupttangentenkurven:

$$u = u_0, \quad u = u_1, \quad v = v_0, \quad v = v_1$$

gebildet wird.

Da $\varrho du$ das Bogenelement der Kurven $v$ und $\varrho dv$ dasjenige der Kurven $u$ ist und da $\varrho$ konstant ist, so haben die beiden Gegenseiten:

$$v = v_0, \quad v = v_1$$

die Länge $\varrho(u_1 - u_0)$ und die beiden andern Seiten die Länge $\varrho(v_1 - v_0)$. Es besteht also der Satz:

In jedem krummlinigen Viereck, das von vier Haupttangentenkurven einer pseudosphärischen Fläche gebildet wird, sind die gegenüberliegenden Bogen einander gleich.

Zufolge (16*) ist ferner klar, daß den sphärischen Bildern der Haupttangentenkurven dieselbe Eigenschaft zukommt.

Wir bemerken noch, daß beide Eigenschaften für die pseudosphärischen Flächen charakteristisch sind. In der Tat, wenn diese Eigenschaft von den Kurven $u$, $v$ auf der Kugel vorausgesetzt wird, so besagt dieses, daß $e$, $g$ durch Änderung der Parameter $u$, $v$ gleich Eins gemacht werden können, woraus sich $\begin{Bmatrix}12\\1\end{Bmatrix}' = 0$, $\begin{Bmatrix}12\\2\end{Bmatrix}' = 0$ und also infolge der Gleichungen (10) $\varrho = \text{Const.}$ ergibt. Berücksichtigt man andrerseits die Gleichungen (a), § 65, S. 128:

$$\begin{Bmatrix}12\\1\end{Bmatrix} = -\begin{Bmatrix}12\\1\end{Bmatrix}', \quad \begin{Bmatrix}12\\2\end{Bmatrix} = -\begin{Bmatrix}12\\2\end{Bmatrix}',$$

so gelangt man offenbar zu derselben Schlußfolgerung, wenn man voraussetzt, daß die in Rede stehende Eigenschaft den Haupttangentenkurven $u$, $v$ auf der Fläche zukomme.

Die Aufgabe, die pseudosphärischen Flächen zu bestimmen, deckt sich mit der, auf der Kugel diejenigen Systeme von Kurven $u$, $v$ zu finden, für die das Quadrat des Linienelementes den Ausdruck (16*) annimmt, d. h. diejenigen Systeme zu finden, welche die Kugeloberfläche in krummlinige Vierecke teilen, deren Gegenseiten einander gleich sind. Wenn man nun mit Hilfe der Gleichung (17), § 35, Kap. III (S. 67), die Eigenschaft ausdrückt, daß die Krümmung der Form (16*) gleich Eins $\left(\text{oder diejenige der Form (16) gleich } -\frac{1}{\varrho^2}\right)$ ist, so findet man für $\omega$ die charakteristische Gleichung:

$$\frac{\partial^2 \omega}{\partial u\, \partial v} = \sin \omega. \tag{17}$$

Jeder Lösung $\omega$ dieser partiellen Differentialgleichung entspricht eine pseudosphärische Fläche mit gegebenem Radius $\varrho$ und umgekehrt[1]).

## § 68. Formeln von Lelieuvre.

Die Gleichungen (13) des § 65; S. 126, gestatten eine von Lelieuvre[2]) angegebene elegante Transformation, die für die Theorie

1) Es folgt nämlich aus dem allgemeinen Satze des § 48, daß, wenn $\omega$ der Gleichung (17) genügt, zu der Kugel das Linienelementquadrat (16*) gehört. Ist $\omega$ gegeben, so hängt die Bestimmung der entsprechenden pseudosphärischen Fläche von der Integration einer Riccatischen Gleichung ab (§ 50).

2) Bulletin des Sciences Mathématiqnes, Bd. 12, S. 126.

der unendlich kleinen Verbiegungen von großer Wichtigkeit ist. Diese Transformation der Gleichungen (13) ergibt sich unter Berücksichtigung der Identitäten[1]):

$$
\text{(a)}\qquad\left\{\begin{aligned}
\frac{-f}{\sqrt{eg-f^2}}\frac{\partial X}{\partial u}+\frac{e}{\sqrt{eg-f^2}}\frac{\partial X}{\partial v}&=\quad Y\frac{\partial Z}{\partial u}-Z\frac{\partial Y}{\partial u},\\
\frac{g}{\sqrt{eg-f^2}}\frac{\partial X}{\partial u}-\frac{f}{\sqrt{eg-f^2}}\frac{\partial X}{\partial v}&=-Y\frac{\partial Z}{\partial v}+Z\frac{\partial Y}{\partial v}.
\end{aligned}\right.
$$

Die Gleichungen (13) können demnach auch folgendermaßen geschrieben werden:

$$
\frac{\partial x}{\partial u}=-\varrho\begin{vmatrix} Y & Z\\ \frac{\partial Y}{\partial u} & \frac{\partial Z}{\partial u}\end{vmatrix},\qquad \frac{\partial x}{\partial v}=+\varrho\begin{vmatrix} Y & Z\\ \frac{\partial Y}{\partial v} & \frac{\partial Z}{\partial v}\end{vmatrix},
$$

$$
\frac{\partial y}{\partial u}=-\varrho\begin{vmatrix} Z & X\\ \frac{\partial Z}{\partial u} & \frac{\partial X}{\partial u}\end{vmatrix},\qquad \frac{\partial y}{\partial v}=+\varrho\begin{vmatrix} Z & X\\ \frac{\partial Z}{\partial v} & \frac{\partial X}{\partial v}\end{vmatrix}
$$

$$
\frac{\partial z}{\partial u}=-\varrho\begin{vmatrix} X & Y\\ \frac{\partial X}{\partial u} & \frac{\partial Y}{\partial u}\end{vmatrix},\qquad \frac{\partial z}{\partial v}=+\varrho\begin{vmatrix} X & Y\\ \frac{\partial X}{\partial v} & \frac{\partial Y}{\partial v}\end{vmatrix}.
$$

Wird nun

$$
\sqrt{\varrho}X=\xi,\quad \sqrt{\varrho}Y=\eta,\quad \sqrt{\varrho}Z=\zeta
$$

gesetzt, so ergeben sich die Lelieuvreschen Formeln:

---

1) Diese Identitäten sind besondere Fälle der folgenden für eine beliebige Fläche geltenden:

$$
Y\frac{\partial z}{\partial u}-Z\frac{\partial y}{\partial u}=\frac{E}{\sqrt{EG-F^2}}\frac{\partial x}{\partial v}-\frac{F}{\sqrt{EG-F^2}}\frac{\partial x}{\partial u},
$$

$$
Y\frac{\partial z}{\partial v}-Z\frac{\partial y}{\partial v}=\frac{F}{\sqrt{EG-F^2}}\frac{\partial x}{\partial v}-\frac{G}{\sqrt{EG-F^2}}\frac{\partial x}{\partial u},
$$

die dadurch bewiesen werden, daß man für $X$, $Y$, $Z$ ihre Werte (1), § 46, S. 85, einsetzt. So ist z. B.:

$$
\begin{aligned}
Y\frac{\partial z}{\partial u}-Z\frac{\partial y}{\partial u}&=\frac{1}{\sqrt{EG-F^2}}\left\{\frac{\partial z}{\partial u}\left(\frac{\partial z}{\partial u}\frac{\partial x}{\partial v}-\frac{\partial z}{\partial v}\frac{\partial x}{\partial u}\right)-\frac{\partial y}{\partial u}\left(\frac{\partial x}{\partial u}\frac{\partial y}{\partial v}-\frac{\partial x}{\partial v}\frac{\partial y}{\partial u}\right)\right\}\\
&=\frac{1}{\sqrt{EG-F^2}}\left\{\frac{\partial x}{\partial v}\left[\left(\frac{\partial x}{\partial u}\right)^2+\left(\frac{\partial y}{\partial u}\right)^2+\left(\frac{\partial z}{\partial u}\right)^2\right]-\right.\\
&\qquad\left.-\frac{\partial x}{\partial u}\left[\frac{\partial x}{\partial u}\frac{\partial x}{\partial v}+\frac{\partial y}{\partial u}\frac{\partial y}{\partial v}+\frac{\partial z}{\partial u}\frac{\partial z}{\partial v}\right]\right\}\\
&=\frac{E}{\sqrt{EG-F^2}}\frac{\partial x}{\partial v}-\frac{F}{\sqrt{EG-F^2}}\frac{\partial x}{\partial u}\ \text{usw.}
\end{aligned}
$$

$$(18)\quad \left\{\begin{aligned}
\frac{\partial x}{\partial u} &= -\begin{vmatrix} \eta & \zeta \\ \frac{\partial \eta}{\partial u} & \frac{\partial \zeta}{\partial u}\end{vmatrix}, & \frac{\partial x}{\partial v} &= +\begin{vmatrix} \eta & \zeta \\ \frac{\partial \eta}{\partial v} & \frac{\partial \zeta}{\partial v}\end{vmatrix},\\
\frac{\partial y}{\partial u} &= -\begin{vmatrix} \zeta & \xi \\ \frac{\partial \zeta}{\partial u} & \frac{\partial \xi}{\partial u}\end{vmatrix}, & \frac{\partial y}{\partial v} &= +\begin{vmatrix} \zeta & \xi \\ \frac{\partial \zeta}{\partial v} & \frac{\partial \xi}{\partial v}\end{vmatrix},\\
\frac{\partial z}{\partial u} &= -\begin{vmatrix} \xi & \eta \\ \frac{\partial \xi}{\partial u} & \frac{\partial \eta}{\partial u}\end{vmatrix}, & \frac{\partial z}{\partial v} &= +\begin{vmatrix} \xi & \eta \\ \frac{\partial \xi}{\partial v} & \frac{\partial \eta}{\partial v}\end{vmatrix}.
\end{aligned}\right.$$

Nun sind $X, Y, Z$ infolge der mittleren der Gleichungen (4), § 64, S. 123, und infolge der Gleichungen (10), § 65, S. 126, Lösungen der Laplaceschen Gleichung:

$$\frac{\partial^2 \varphi}{\partial u \partial v} + \frac{\partial \log \sqrt{\varrho}}{\partial v}\frac{\partial \varphi}{\partial u} + \frac{\partial \log \sqrt{\varrho}}{\partial u}\frac{\partial \varphi}{\partial v} + f\varphi = 0.$$

Da dieselbe gleiche Invarianten besitzt[1]), so geht sie, wenn

$$\sqrt{\varrho}\,\varphi = \vartheta$$

gesetzt wird, in die folgende über:

$$(19)\qquad \frac{\partial^2 \vartheta}{\partial u \partial v} = M\vartheta,$$

wo $M = \frac{1}{\sqrt{\varrho}}\frac{\partial^2 \sqrt{\varrho}}{\partial u \partial v} - f$ ist.

Daraus folgt: In den Lelieuvreschen Formeln (18) sind $\xi, \eta, \zeta$ drei partikuläre Lösungen der Gleichung (19).

Nun gilt aber auch umgekehrt der Satz: Kennt man drei linear unabhängige partikuläre Lösungen $\xi, \eta, \zeta$ einer willkürlich gewählten Laplaceschen Gleichung von der Form:

$$\frac{\partial^2 \vartheta}{\partial u \partial v} = M\vartheta,$$

wo $M$ eine beliebige Funktion von $u$ und $v$ ist, so ergeben die Gleichungen (18) mittels Quadraturen eine Fläche, auf der die Kurven $u, v$ die Haupttangentenkurven sind und deren Krümmungsmaß $K$ in jedem Punkte durch

$$K = -\frac{1}{(\xi^2 + \eta^2 + \zeta^2)^2}$$

gegeben ist.

In der Tat ist leicht zu sehen, daß die Bedingungen für die Integrabilität der Gleichungen (18) für die Lösungen $\xi, \eta, \zeta$ von (19) identisch erfüllt sind; auf der sich ergebenden Fläche:

$$x = x(u, v), \quad y = y(u, v), \quad z = z(u, v),$$

1) Vgl. Darboux, Bd. 2, S. 27.

sind $\xi$, $\eta$, $\zeta$ infolge der Gleichungen (18) den Richtungskosinus der Normale proportional. Demnach ist, wenn

$$\varrho = \xi^2 + \eta^2 + \zeta^2$$

gesetzt wird:

$$X = \frac{\xi}{\sqrt{\varrho}}, \quad Y = \frac{\eta}{\sqrt{\varrho}}, \quad Z = \frac{\zeta}{\sqrt{\varrho}},$$

und die Gleichungen:

$$\sum \frac{\partial x}{\partial u}\frac{\partial X}{\partial u} = 0, \quad \sum \frac{\partial x}{\partial v}\frac{\partial X}{\partial v} = 0,$$

die aus den Gleichungen (18) folgen, beweisen eben, daß die Kurven $u$, $v$ die Haupttangentenkurven sind. Setzt man ferner noch:

$$dX^2 + dY^2 + dZ^2 = edu^2 + 2f du dv + g dv^2,$$

so kommt man von den Gleichungen (18) wieder zu den Gleichungen (13), so daß der Beweis geführt ist.

Nach dem vorstehenden Satze können wir mit Hilfe von geeigneten Gleichungen (19) unendlich viele Flächen erhalten, auf denen wir unmittelbar die Haupttangentenkurven kennen. Wenn wir z. B. die Gleichung:

$$\frac{\partial^2 \vartheta}{\partial u \partial v} = 0$$

nehmen und die drei partikulären Lösungen

$$\xi = v, \quad \eta = \psi(v), \quad \zeta = u$$

wählen, wo $\psi(v)$ eine beliebige Funktion von $v$ ist, so ergibt die Integration der Gleichungen (18):

$$(20) \qquad x = -u\psi(v), \quad y = uv, \quad z = \int (v\psi'(v) - \psi(v))dv.$$

Diese Gleichungen definieren uns eine Fläche, auf der die Haupttangentenkurven $v$ offenbar Gerade sind, welche die $z$-Achse senkrecht kreuzen, d. h. ein gerades Konoid. Wegen der Willkürlichkeit der Funktion $\psi(v)$ ist die Fläche (20) auch das allgemeinste gerade Konoid.

## § 69. Die Flächen bezogen auf ein konjugiertes System.

Der zweite besondere Fall, auf den wir die allgemeinen Gleichungen des § 64 anwenden wollen, soll derjenige sein, in welchem die Kurven $u$, $v$ auf der Kugel die Bilder eines konjugierten Systems auf der Fläche sind.

Da dann $D' = 0$ ist, so nehmen die Gleichungen (6), S. 124, folgende einfache Gestalt an:

$$(21) \qquad \begin{cases} \dfrac{\partial D}{\partial v} = \begin{Bmatrix} 12 \\ 1 \end{Bmatrix}' D - \begin{Bmatrix} 11 \\ 2 \end{Bmatrix}' D'', \\[2ex] \dfrac{\partial D''}{\partial u} = \begin{Bmatrix} 12 \\ 2 \end{Bmatrix}' D'' - \begin{Bmatrix} 22 \\ 1 \end{Bmatrix}' D. \end{cases}$$

Wenn ein System $(u, v)$ auf der Kugel willkürlich gegeben ist, so gibt es unendlich viele Flächen, für die dasselbe ein konjugiertes System ist. Eine beliebige dieser Flächen ergibt sich, wenn für $D$ und $D''$ zwei Funktionen von $u$ und $v$ genommen werden, die den Gleichungen (21) oder den nach (6*), S. 125, äquivalenten Gleichungen:

$$(21^*)\quad \begin{cases} \dfrac{\partial}{\partial v}\left(\dfrac{D}{\sqrt{eg-f^2}}\right)+\begin{Bmatrix}2\,2\\2\end{Bmatrix}'\dfrac{D}{\sqrt{eg-f^2}}+\begin{Bmatrix}1\,1\\2\end{Bmatrix}'\dfrac{D''}{\sqrt{eg-f^2}}=0,\\[2ex] \dfrac{\partial}{\partial u}\left(\dfrac{D''}{\sqrt{eg-f^2}}\right)+\begin{Bmatrix}2\,2\\1\end{Bmatrix}'\dfrac{D}{\sqrt{eg-f^2}}+\begin{Bmatrix}1\,1\\1\end{Bmatrix}'\dfrac{D''}{\sqrt{eg-f^2}}=0 \end{cases}$$

genügen, und wenn alsdann $x, y, z$ mittels Quadraturen aus den Gleichungen (5), S. 124, bestimmt werden, die in diesem Falle lauten:

$$(22)\quad \begin{cases} \dfrac{\partial x}{\partial u}=\dfrac{D}{eg-f^2}\left(-g\dfrac{\partial X}{\partial u}+f\dfrac{\partial X}{\partial v}\right),\\[2ex] \dfrac{\partial x}{\partial v}=\dfrac{D''}{eg-f^2}\left(+f\dfrac{\partial X}{\partial u}-e\dfrac{\partial X}{\partial v}\right) \end{cases}$$

und entsprechend für $y$ und $z$.

Aus den Gleichungen (8), S. 125, ergibt sich:

$$(23)\quad r_1+r_2=-\frac{eD''+gD}{eg-f^2},\qquad r_1r_2=\frac{DD''}{eg-f^2}.$$

Die Gleichungen (9) ebenda ergeben:

$$(24)\quad E=\frac{gD^2}{eg-f^2},\quad F=-\frac{fDD''}{eg-f^2},\quad G=\frac{eD''^2}{eg-f^2}.$$

Berechnen wir mittels dieser Ausdrücke die Symbole $\begin{Bmatrix}r\,s\\t\end{Bmatrix}$ für die Fläche, so finden wir unter Berücksichtigung der Gleichungen (21)[1]):

$$(25)\quad \begin{cases} \begin{Bmatrix}1\,1\\1\end{Bmatrix}=\dfrac{\partial\log D}{\partial u}-\begin{Bmatrix}1\,1\\1\end{Bmatrix}', & \begin{Bmatrix}2\,2\\2\end{Bmatrix}=\dfrac{\partial\log D''}{\partial v}-\begin{Bmatrix}2\,2\\2\end{Bmatrix}',\\[2ex] \begin{Bmatrix}1\,2\\1\end{Bmatrix}=-\dfrac{D''}{D}\begin{Bmatrix}1\,1\\2\end{Bmatrix}', & \begin{Bmatrix}1\,2\\2\end{Bmatrix}=-\dfrac{D}{D''}\begin{Bmatrix}2\,2\\1\end{Bmatrix}',\\[2ex] \begin{Bmatrix}2\,2\\1\end{Bmatrix}=-\dfrac{D''}{D}\begin{Bmatrix}1\,2\\2\end{Bmatrix}', & \begin{Bmatrix}1\,1\\2\end{Bmatrix}=-\dfrac{D}{D''}\begin{Bmatrix}1\,2\\1\end{Bmatrix}'. \end{cases}$$

Wir nehmen nun im besonderen an, daß das System $(u,v)$ auf der Kugel orthogonal sei und demnach die Kurven $u$, $v$ Krümmungslinien der Flächen seien (vgl. § 61, S. 118). Es ist dann $f=0$ und also nach (23):

$$D=-er_2,\quad D''=-gr_1.$$

---

1) Die folgenden Gleichungen des Textes ergeben sich auch unmittelbar aus den in der Anmerkung § 65, S. 127, angegebenen, wenn darin $D'$ gleich Null gesetzt wird.

Wenn wir dieses in den Gleichungen (21) einsetzen und gleichzeitig die Werte der Christoffelschen Symbole nach § 35 entwickeln, so erhalten wir:

$$(26)\qquad \begin{cases} \dfrac{\partial r_2}{\partial v} = (r_1 - r_2)\dfrac{\partial \log \sqrt{e}}{\partial v}, \\[2ex] \dfrac{\partial r_1}{\partial u} = (r_2 - r_1)\dfrac{\partial \log \sqrt{g}}{\partial u}. \end{cases}$$

Die Aufgabe, die Flächen mit gegebenen sphärischen Bildern der Krümmungslinien zu bestimmen, wird demnach bei dieser Art der Behandlung auf die Integration des Systems (26) zurückgeführt.

Eine elegantere und mehr symmetrische Methode wird sich demnächst aus den Gleichungen für die Ebenenkoordinaten der Fläche ergeben.

## § 70. Flächen mit positiver Krümmung bezogen auf ein isotherm-konjugiertes System.

Auf einer Fläche (oder auf einem Flächenstück) mit positiver Totalkrümmung gibt es unendlich viele konjugierte Systeme, für welche die zweite Grundform:

$$D du^2 + 2D' du dv + D'' dv^2$$

die isotherme Gestalt (§ 38) annimmt, d. h. für die bei geeigneter Wahl der Parameter $u$ und $v$

$$D = D'', \quad D' = 0$$

wird. Der Kürze halber nennen wir solche Systeme isotherm-konjugiert. Wir wollen nun für diese Systeme, die in vielen Beziehungen bei den Flächen mit elliptischen Punkten dieselbe Rolle spielen wie das System der Haupttangentenkurven bei den Flächen mit hyperbolischen Punkten, die zugehörigen Gleichungen aufstellen. Insbesondere können wir, ohne auf die Realität der Parameterlinien zu verzichten[1]), für die genannten Flächen ein System von Gleichungen ableiten, die den Lelieuvreschen (§ 68) vollkommen analog sind.

---

1) Da die Differentialgleichung der Haupttangentenkurven die Form:

$$du^2 + dv^2 = 0$$

annimmt, so sind die Gleichungen der Haupttangentenkurven in endlicher Gestalt:

$$u + iv = \text{Const.}, \quad u - iv = \text{Const.}$$

Wenn wir dieses berücksichtigen, können wir gleichfalls den analytischen Übergang von den Gleichungen des vorigen Paragraphen zu denjenigen dieses Paragraphen bewerkstelligen.

Wird in den Gleichungen des vorigen Paragraphen $D = D''$ angenommen, ferner:

$$\frac{D}{\sqrt{eg-f^2}} = \frac{D''}{\sqrt{eg-f^2}} = \varrho$$

gesetzt, so ergibt Einsetzen in den Gleichungen (21*):

$$(27)\quad \frac{\partial \log \varrho}{\partial u} = -\left[\begin{Bmatrix}11\\1\end{Bmatrix}' + \begin{Bmatrix}22\\1\end{Bmatrix}'\right], \quad \frac{\partial \log \varrho}{\partial v} = -\left[\begin{Bmatrix}22\\2\end{Bmatrix}' + \begin{Bmatrix}11\\2\end{Bmatrix}'\right],$$

wo die geometrische Bedeutung von $\varrho$ durch die Gleichung:

$$(27^*)\quad K = \frac{1}{\varrho^2}$$

gegeben ist. Die Gleichungen (22) lauten:

$$(28)\quad \begin{cases} \dfrac{\partial x}{\partial u} = \dfrac{\varrho}{\sqrt{eg-f^2}}\left(-g\dfrac{\partial X}{\partial u} + f\dfrac{\partial X}{\partial v}\right), \\ \dfrac{\partial x}{\partial v} = \dfrac{\varrho}{\sqrt{eg-f^2}}\left(+f\dfrac{\partial X}{\partial u} - e\dfrac{\partial X}{\partial v}\right), \end{cases}$$

wonach sich $E$, $F$, $G$ berechnen lassen, so daß

$$ds^2 = \varrho^2(g du^2 - 2f du dv + e dv^2)$$

folgt.

Also: Damit ein System $(u, v)$ auf der Kugel das Bild eines isotherm-konjugierten Systems auf einer Fläche sei, ist notwendig und hinreichend, daß die Christoffelschen Symbole $\begin{Bmatrix}rs\\t\end{Bmatrix}'$, für das Linienelement auf der Kugel berechnet, der Bedingung:

$$\frac{\partial}{\partial v}\left[\begin{Bmatrix}11\\1\end{Bmatrix}' + \begin{Bmatrix}22\\1\end{Bmatrix}'\right] = \frac{\partial}{\partial u}\left[\begin{Bmatrix}22\\2\end{Bmatrix}' + \begin{Bmatrix}11\\2\end{Bmatrix}'\right]$$

genügen. Ist dieselbe erfüllt, so ergibt sich die zugehörige Fläche ihrer Gestalt nach aus den Gleichungen (27) und (28) mittels Quadraturen.

Es mag noch bemerkt werden, daß, wenn $D = D''$, $D' = 0$ ist, die Koordinaten $x$, $y$, $z$ eines Flächenpunktes wegen der Gleichungen (I) des § 47, Kap. IV (S. 88), folgenden beiden simultanen Gleichungen genügen:

$$\frac{\partial^2 \vartheta}{\partial u \partial v} = \begin{Bmatrix}12\\1\end{Bmatrix}\frac{\partial \vartheta}{\partial u} + \begin{Bmatrix}12\\2\end{Bmatrix}\frac{\partial \vartheta}{\partial v},$$

$$\frac{\partial^2 \vartheta}{\partial u^2} - \frac{\partial^2 \vartheta}{\partial v^2} = \left[\begin{Bmatrix}11\\1\end{Bmatrix} - \begin{Bmatrix}22\\1\end{Bmatrix}\right]\frac{\partial \vartheta}{\partial u} + \left[\begin{Bmatrix}11\\2\end{Bmatrix} - \begin{Bmatrix}22\\2\end{Bmatrix}\right]\frac{\partial \vartheta}{\partial v}.$$

Umgekehrt, bilden zwei Gleichungen von der Form:

$$\frac{\partial^2 \vartheta}{\partial u \partial v} = a\frac{\partial \vartheta}{\partial u} + b\frac{\partial \vartheta}{\partial v},$$

$$\frac{\partial^2 \vartheta}{\partial u^2} - \frac{\partial^2 \vartheta}{\partial v^2} = \alpha\frac{\partial \vartheta}{\partial u} + \beta\frac{\partial \vartheta}{\partial v}$$

ein unbeschränkt integrierbares System[1]), und sind

$$x(u, v), \quad y(u, v), \quad z(u, v)$$

drei linear voneinander unabhängige Lösungen derselben, so bilden die Kurven $u$, $v$ auf der Fläche:

$$x = x(u, v), \quad y = y(u, v), \quad z = z(u, v)$$

ein isotherm-konjugiertes System[2]).

## § 71. Formeln für isotherm-konjugierte Systeme.

Mit Hilfe der Identitäten (a) in § 68 können wir wieder die Gleichungen (28) in andere, den Lelieuvreschen vollkommen analoge, transformieren. Setzen wir nämlich:

$$\text{(29)} \qquad \sqrt{\varrho}\, X = \xi, \quad \sqrt{\varrho}\, Y = \eta, \quad \sqrt{\varrho}\, Z = \zeta,$$

so gehen sie infolge der soeben erwähnten Identitäten über in:

$$\text{(30)} \quad \left\{ \begin{aligned} \frac{\partial x}{\partial u} &= + \begin{vmatrix} \eta & \zeta \\ \frac{\partial \eta}{\partial v} & \frac{\partial \zeta}{\partial v} \end{vmatrix}, & \frac{\partial x}{\partial v} &= - \begin{vmatrix} \eta & \zeta \\ \frac{\partial \eta}{\partial u} & \frac{\partial \zeta}{\partial u} \end{vmatrix}, \\ \frac{\partial y}{\partial u} &= + \begin{vmatrix} \zeta & \xi \\ \frac{\partial \zeta}{\partial v} & \frac{\partial \xi}{\partial v} \end{vmatrix}, & \frac{\partial y}{\partial v} &= - \begin{vmatrix} \zeta & \xi \\ \frac{\partial \zeta}{\partial u} & \frac{\partial \xi}{\partial u} \end{vmatrix}, \\ \frac{\partial z}{\partial u} &= + \begin{vmatrix} \xi & \eta \\ \frac{\partial \xi}{\partial v} & \frac{\partial \eta}{\partial v} \end{vmatrix}, & \frac{\partial z}{\partial v} &= - \begin{vmatrix} \xi & \eta \\ \frac{\partial \xi}{\partial u} & \frac{\partial \eta}{\partial u} \end{vmatrix}. \end{aligned} \right.$$

Nun genügen $X$, $Y$, $Z$ den Gleichungen (4) in § 64. Addieren wir die erste und dritte derselben und berücksichtigen wir die Gleichungen (27), so sehen wir, daß $X$, $Y$, $Z$ Lösungen der Gleichung:

$$\frac{\partial^2 \varphi}{\partial u^2} + \frac{\partial^2 \varphi}{\partial v^2} + \frac{\partial \log \varrho}{\partial u} \frac{\partial \varphi}{\partial u} + \frac{\partial \log \varrho}{\partial v} \frac{\partial \varphi}{\partial v} + (e + g)\varphi = 0$$

sind. Diese geht, wenn

$$\sqrt{\varrho}\, \varphi = \vartheta$$

gesetzt wird, über in:

$$\text{(31)} \qquad \frac{\partial^2 \vartheta}{\partial u^2} + \frac{\partial^2 \vartheta}{\partial v^2} = M \vartheta,$$

wobei

$$M = \frac{1}{\sqrt{\varrho}} \left( \frac{\partial^2 \sqrt{\varrho}}{\partial u^2} + \frac{\partial^2 \sqrt{\varrho}}{\partial v^2} \right) - (e + g)$$

---

1) Ein System wie das obige im Text kann **höchstens** vier linear voneinander unabhängige Lösungen besitzen (mit Einschluß der Lösung: $\vartheta = \text{Const.}$); ist dieses der Fall, so ist es eben unbeschränkt integrierbar.

2) Aus dieser Bemerkung ergibt sich nach einer ganz analogen Beweismethode wie in § 58, S. 110: **Die isotherm-konjugierten Systeme gehen bei projektiven Transformationen in ebensolche Systeme über.**

ist. Infolge der Gleichungen (29) sind $\xi$, $\eta$, $\zeta$ drei partikuläre Lösungen von ihr.

Umgekehrt: Ist eine Gleichung von der Form:

$$\frac{\partial^2 \vartheta}{\partial u^2} + \frac{\partial^2 \vartheta}{\partial v^2} = M\vartheta,$$

wo $M$ eine beliebige Funktion von $u$ und $v$ ist, gegeben, und kennt man drei linear voneinander unabhängige Lösungen $\xi$, $\eta$, $\zeta$, so ergibt sich aus den Gleichungen (30) mittels Quadraturen eine Fläche:

$$x = x(u, v), \quad y = y(u, v), \quad z = z(u, v),$$

auf der die Kurven $u$, $v$ ein isotherm-konjugiertes System bilden. Der Beweis ist derselbe wie in § 68, und auch hier ergibt sich nach (27*), S. 136, daß das Krümmungsmaß $K$ der Fläche durch

$$K = + \frac{1}{(\xi^2 + \eta^2 + \zeta^2)^2} \tag{32}$$

gegeben ist.

Beispiel. Man betrachte die Gleichung:

$$\frac{\partial^2 \vartheta}{\partial u^2} + \frac{\partial^2 \vartheta}{\partial v^2} = 0 \tag{33}$$

und wähle die Lösungen:

$$\xi = v, \quad \zeta = u, \quad \eta = \frac{\partial \alpha}{\partial v},$$

wo $\alpha$ eine beliebige Lösung von (33) ist, deren konjugierte $\beta$ bekanntlich durch die Bedingungen:

$$\frac{\partial \alpha}{\partial u} = \frac{\partial \beta}{\partial v}, \quad \frac{\partial \alpha}{\partial v} = -\frac{\partial \beta}{\partial u}$$

bestimmt ist. Die Gleichungen (30) ergeben dann integriert:

$$x = -\alpha + u\frac{\partial \alpha}{\partial u}, \quad y = \frac{u^2 + v^2}{2}, \quad z = \beta - v\frac{\partial \alpha}{\partial u}$$

und bestimmen eine Fläche, auf der das System $(u, v)$ isotherm-konjugiert ist. Setzt man z. B.

$$\alpha = -hv, \quad \beta = hu,$$

so erhält man das Rotationsparaboloid:

$$y = \frac{x^2 + z^2}{2h^2} \quad (h = \text{Const.}).$$

Die Kurven $u$, $v$ des isotherm-konjugierten Systems sind in diesem Falle die (kongruenten) parabolischen Schnitte der Fläche mit Ebenen, die den Hauptebenen parallel sind.

## § 72. Formeln von Weingarten für die Ebenenkoordinaten der Fläche.

An die Theorie der Abbildung einer Fläche auf die Kugel können naturgemäß die Formeln für die Tangential- oder Ebenenkoordinaten angeschlossen werden, zu deren Behandlung wir nun übergehen.[1])

Wir denken uns eine (nicht abwickelbare) Fläche als Enveloppe ihrer Tangentialebene und geben, um sie zu bestimmen, die Koordinaten dieser Ebene als Funktionen zweier Parameter (krummliniger Koordinaten) $u$, $v$. Zu Koordinaten der Ebene wählen wir zweckmäßig die Koeffizienten ihrer Gleichung in der Normalform:

$$\xi X + \eta Y + \zeta Z = W,$$

d. h. die Richtungskosinus $X$, $Y$, $Z$ der Flächennormale und den Abstand $W$ der Tangentialebene vom Koordinatenanfangspunkt. $X, Y, Z, W$ sind als Funktionen von $u$ und $v$ bekannt, also auch die Koeffizienten $e$, $f$, $g$ des Quadrates des Linienelements (3), § 63, auf der Bildkugel. Wir wollen nun die Koordinaten $x$, $y$, $z$ des Berührungspunktes der Tangentialebene berechnen. Zu diesem Zwecke differenzieren wir die Gleichung:

$$\text{(a)} \qquad xX + yY + zZ = W$$

nach $u$ und $v$ und erhalten so:

$$\text{(b)} \qquad \begin{cases} x\dfrac{\partial X}{\partial u} + y\dfrac{\partial Y}{\partial u} + z\dfrac{\partial Z}{\partial u} = \dfrac{\partial W}{\partial u}, \\[2ex] x\dfrac{\partial X}{\partial v} + y\dfrac{\partial Y}{\partial v} + z\dfrac{\partial Z}{\partial v} = \dfrac{\partial W}{\partial v}, \end{cases}$$

demnach durch Auflösung des linearen Systems (a), (b) nach $x$, $y$, $z$:

$$x = \frac{1}{\sqrt{eg - f^2}} \begin{vmatrix} W & Y & Z \\ \dfrac{\partial W}{\partial u} & \dfrac{\partial Y}{\partial u} & \dfrac{\partial Z}{\partial u} \\[2ex] \dfrac{\partial W}{\partial v} & \dfrac{\partial Y}{\partial v} & \dfrac{\partial Z}{\partial v} \end{vmatrix}$$

oder wegen der Identitäten (a) in § 68 und nach (1), § 46:

$$x = WX + \frac{1}{eg - f^2}\left[g\frac{\partial W}{\partial u}\frac{\partial X}{\partial u} - f\left(\frac{\partial W}{\partial u}\frac{\partial X}{\partial v} + \frac{\partial W}{\partial v}\frac{\partial X}{\partial u}\right) + e\frac{\partial W}{\partial v}\frac{\partial X}{\partial v}\right].$$

Dieser Ausdruck und die analogen für $y$ und $z$ lassen sich auch folgendermaßen schreiben:

$$\text{(34)} \qquad x = WX + \nabla(W, X), \quad y = WY + \nabla(W, Y), \quad z = WZ + \nabla(W, Z),$$

---

1) Weingarten, Über die Theorie der aufeinander abwickelbaren Oberflächen (Festschrift usw., 1884).

wo der gemischte Differentialparameter $\nabla$ (ebenso wie die weiteren, auf die wir stoßen werden) für die gegebene Form des Linienelementquadrates auf der Kugel,

$$e du^2 + 2f du dv + g dv^2,$$

berechnet ist (vgl. § 35, S. 66).

Für die so bestimmte Fläche können wir ferner die Koeffizienten $D$, $D'$, $D''$ der zweiten Grundform leicht berechnen.

Aus den Gleichungen (b) folgt nämlich mittels nochmaliger Differentiation nach $u$ und $v$ wegen (3*), S. 86:

$$D = \sum x \frac{\partial^2 X}{\partial u^2} - \frac{\partial^2 W}{\partial u^2}, \quad D' = \sum x \frac{\partial^2 X}{\partial u \partial v} - \frac{\partial^2 W}{\partial u \partial v},$$
$$D'' = \sum x \frac{\partial^2 X}{\partial v^2} - \frac{\partial^2 W}{\partial v^2},$$

wofür sich auch unter Berücksichtigung der Grundgleichungen (4), S. 123, schreiben läßt:

$$(35)\quad \begin{cases} -D = \dfrac{\partial^2 W}{\partial u^2} - \begin{Bmatrix}11\\1\end{Bmatrix}' \dfrac{\partial W}{\partial u} - \begin{Bmatrix}11\\2\end{Bmatrix}' \dfrac{\partial W}{\partial v} + eW = W_{11} + eW, \\ -D' = \dfrac{\partial^2 W}{\partial u \partial v} - \begin{Bmatrix}12\\1\end{Bmatrix}' \dfrac{\partial W}{\partial u} - \begin{Bmatrix}12\\2\end{Bmatrix}' \dfrac{\partial W}{\partial v} + fW = W_{12} + fW, \\ -D'' = \dfrac{\partial^2 W}{\partial v^2} - \begin{Bmatrix}22\\1\end{Bmatrix}' \dfrac{\partial W}{\partial u} - \begin{Bmatrix}22\\2\end{Bmatrix}' \dfrac{\partial W}{\partial v} + gW = W_{22} + gW, \end{cases}$$

wo die $W_{rs}$ die kovarianten zweiten Differentialquotienten von $W$ bezüglich der Form:

$$e du^2 + 2f du dv + g dv^2$$

sind (nach S. 45).

Als Gleichungen zur Bestimmung der Summe und des Produkts der beiden Hauptkrümmungsradien erhalten wir weiter aus den Gleichungen (8), § 64 (S. 125), die folgenden:

$$r_1 + r_2 = \frac{g W_{11} - 2f W_{12} + e W_{22}}{eg - f^2} + 2W,$$

$$r_1 r_2 = \frac{W_{11} W_{22} - W_{12}^2}{eg - f^2} + W \frac{g W_{11} - 2f W_{12} + e W_{22}}{eg - f^2} + W^2$$

oder:

$$(36)\quad \begin{cases} r_1 + r_2 = \Delta_2 W + 2W, \\ r_1 r_2 = W^2 + W \Delta_2 W + \Delta_{22} W, \end{cases}$$

wo die zweiten Differentialparameter $\Delta_2$, $\Delta_{22}$, wie gesagt, für die Grundform:

$$e du^2 + 2f du dv + g dv^2$$

zu berechnen sind. (Vgl. S. 45.)

Von den beiden Ausdrücken (36) ist der erste wegen seiner Einfachheit besonders bemerkenswert; im folgenden machen wir von ihm einige wichtige Anwendungen.

## § 73. Flächen mit gegebenem Bilde eines konjugierten Systems.

Wir nehmen nun an, es sei das System $(u, v)$ auf der Fläche ein konjugiertes. In diesem Falle muß $D' = 0$ oder infolge der mittelsten der Gleichungen (35)

$$W_{12} + fW = 0$$

sein, d. h. $W$ muß eine Lösung der Laplaceschen Gleichung:

$$\frac{\partial^2 \vartheta}{\partial u \partial v} = \begin{Bmatrix} 1\,2 \\ 1 \end{Bmatrix}' \frac{\partial \vartheta}{\partial u} + \begin{Bmatrix} 1\,2 \\ 2 \end{Bmatrix}' \frac{\partial \vartheta}{\partial v} - f\vartheta \tag{37}$$

sein, von der auch (nach (4) in § 64) $X$, $Y$, $Z$ partikuläre Lösungen sind. Also: Wenn das System $(u, v)$ konjugiert ist, so sind die Ebenenkoordinaten $X$, $Y$, $Z$, $W$ Lösungen ein und derselben Laplaceschen Gleichung (37). Umgekehrt sieht man sofort: Sind die Ebenenkoordinaten $X$, $Y$, $Z$, $W$ Lösungen ein und derselben Gleichung von der Form:

$$\frac{\partial^2 \vartheta}{\partial u \partial v} = a \frac{\partial \vartheta}{\partial u} + b \frac{\partial \vartheta}{\partial v} + c\vartheta,$$

so ist das System $(u, v)$ auf der Fläche ein konjugiertes.

Die bereits in § 69 berührte Aufgabe, die Flächen mit gegebenem sphärischen Bilde eines konjugierten Systems $(u, v)$ zu bestimmen, wird somit auf die Integration der Laplaceschen Gleichung (37) zurückgeführt; jede (linear von $X$, $Y$, $Z$) unabhängige Lösung derselben liefert uns eine Fläche, die der gestellten Bedingung genügt.

Wir erwähnen noch, daß, wenn das System $(u, v)$ auf der Fläche dasjenige der Haupttangentenkurven ist, gleichzeitig $D = 0$, $D'' = 0$ ist, d. h. dann ist $W$ ebenso wie $X$, $Y$, $Z$ eine gemeinsame Lösung der Gleichungen:

$$\frac{\partial^2 \vartheta}{\partial u^2} = \begin{Bmatrix} 1\,1 \\ 1 \end{Bmatrix}' \frac{\partial \vartheta}{\partial u} + \begin{Bmatrix} 1\,1 \\ 2 \end{Bmatrix}' \frac{\partial \vartheta}{\partial v} - e\vartheta,$$

$$\frac{\partial^2 \vartheta}{\partial v^2} = \begin{Bmatrix} 2\,2 \\ 1 \end{Bmatrix}' \frac{\partial \vartheta}{\partial u} + \begin{Bmatrix} 2\,2 \\ 2 \end{Bmatrix}' \frac{\partial \vartheta}{\partial v} - g\vartheta.$$

Aus diesen Entwickelungen ergibt sich der analytische Beweis des in § 58 (S. 110) ausgesprochenen Satzes: Bei den dualistischen Transformationen des Raumes gehen die konjugierten Systeme und die Haupttangentenkurven einer Fläche in ebensolche Gebilde über.

Hierbei brauchen wir uns, da nach dem angeführten Paragraphen der analoge Satz für projektive Transformationen gilt, nur auf eine besondere Reziprozität zu beschränken, und wir wählen diejenige dualistische Transformation, die jeder Ebene des Raumes

$$\xi X + \eta Y + \zeta Z = W$$

ihren Pol bezüglich der Kugel:

$$\xi^2 + \eta^2 + \zeta^2 = 1,$$

d. h. den Punkt mit den Koordinaten:

$$x = \frac{X}{W}, \quad y = \frac{Y}{W}, \quad z = \frac{Z}{W}$$

zuordnet.

Wenn das System $(u, v)$ ein konjugiertes System auf der Enveloppe der Ebenen $(X, Y, Z, W)$ ist, so geht die Gleichung:

$$\frac{\partial^2 \vartheta}{\partial u \partial v} = a \frac{\partial \vartheta}{\partial u} + b \frac{\partial \vartheta}{\partial v} + c\vartheta,$$

der $X, Y, Z, W$ genügen, mittels der Transformation:

$$\vartheta = W\varphi$$

in eine Gleichung:

$$\frac{\partial^2 \varphi}{\partial u \partial v} = \alpha \frac{\partial \varphi}{\partial u} + \beta \frac{\partial \varphi}{\partial v}$$

über, der die Koordinaten $x, y, z$ des Poles genügen. Es bilden daher auf der Ortsfläche des Punktes $(x, y, z)$ nach § 58, S. 109, die Kurven $u, v$ ein konjugiertes System.

In ganz ähnlicher Weise erledigt sich der Fall der Haupttangentenkurven.

## § 74. Flächen mit einer Schar Krümmungslinien in parallelen Ebenen.

Wir haben allgemein gesehen, daß die Bestimmung der Flächen mit gegebenem sphärischen Bilde $(u, v)$ eines konjugierten Systems mit der Integration der Laplaceschen Gleichung (37) gleichbedeutend ist. Insbesondere gilt dieses von der Aufgabe, die Flächen mit gegebenen sphärischen Bildern der Krümmungslinien zu bestimmen, und um hiervon eine einfache Anwendung zu geben, wollen wir jetzt alle diejenigen Flächen bestimmen, die (wie die Rotationsflächen) eine Schar Krümmungslinien in parallelen Ebenen besitzen.

Für jede dieser Kurven ist das sphärische Bild offenbar ein Kreis in einer der Kurvenebene parallelen Ebene[1]; es sind demnach die gesuchten Flächen durch die Eigenschaft gekennzeichnet, daß die sphärischen Bilder ihrer Krümmungslinien ein System von Meridianen und Parallelkreisen auf der Bildkugel sind. Daraus folgt, daß die Krümmungslinien des zweiten Systems gleichfalls eben sind und daß ihre Ebenen die ersteren Ebenen und die Fläche rechtwinklig schneiden.

---

1) Es sei daran erinnert, daß in jedem Punkte einer Krümmungslinie ihre Tangente derjenigen des sphärischen Bildes parallel ist (vgl. § 62).

Sind nun, wie gewöhnlich,

$$X = \sin u \cos v, \quad Y = \sin u \sin v, \quad Z = \cos u$$

die von den Parametern $u$, $v$ der Parallelkreise und der Meridiane abhängigen Koordinaten eines Punktes der Bildkugel und ist also:

$$ds'^2 = du^2 + \sin^2 u\, dv^2$$

der Ausdruck für das Quadrat des Linienelementes der Kugel, so wird die zu integrierende Gleichung (37) nach Tabelle (A), S. 66, folgende:

$$\frac{\partial^2 \vartheta}{\partial u \partial v} = \operatorname{cotg} u \frac{\partial \vartheta}{\partial v}.$$

Ihr allgemeines Integral ist gegeben durch:

$$W = \sin u \varphi(v) + \psi(u),$$

wo $\varphi(v)$, $\psi(u)$ willkürliche Funktionen von $v$ bez. $u$ sind. Die Gleichungen (34) liefern uns also für die gesuchten Flächen die Gleichungen:

$$(38) \quad \begin{cases} x = \cos v \varphi(v) - \sin v \varphi'(v) + \cos v [\psi(u) \sin u + \psi'(u) \cos u], \\ y = \sin v \varphi(v) + \cos v \varphi'(v) + \sin v [\psi(u) \sin u + \psi'(u) \cos u], \\ z = \psi(u) \cos u - \psi'(u) \sin u. \end{cases}$$

Die Ebenen der Kurven $v =$ Const. sind senkrecht zu einem gewissen Zylinder, den sie längs der Erzeugenden schneiden. Die Achse dieses Zylinders ist der $z$-Achse parallel, und sein Schnitt mit der $xy$-Ebene wird durch die Kurve:

$$(\text{a}) \quad \begin{cases} x = \cos v \varphi(v) - \sin v \varphi'(v), \\ y = \sin v \varphi(v) + \cos v \varphi'(v) \end{cases}$$

gegeben. In jeder der erwähnten Ebenen sind die Gleichungen der Kurve $v$, bezogen auf die Normale der Kurve (a) als $\eta$- und auf die Erzeugende des Zylinders als $\zeta$-Achse, offenbar:

$$(\text{b}) \quad \begin{cases} \eta = \psi(u) \sin(u) + \psi'(u) \cos u, \\ \zeta = \psi(u) \cos(u) - \psi'(u) \sin u. \end{cases}$$

Wegen des Auftretens der beiden willkürlichen Funktionen $\varphi(u)$ und $\psi(u)$ bleibt sowohl die Gestalt des (Leit-)Zylinders (a) als auch diejenige des Querschnittes (b) willkürlich, und es entstehen demnach die gesuchten Flächen auf folgende Weise: *Man nehme eine Zylinderfläche, zeichne in einer Ebene $\Pi$ eine beliebige Kurve $\Gamma$ und eine beliebige Gerade $\nu$ und bewege $\Pi$ so, daß $\nu$ der Reihe nach mit den Erzeugenden des Zylinders zusammenfällt und dabei $\Pi$ normal zum Zylinder bleibt; dann beschreibt die ebene Kurve $\Gamma$ die gesuchte Fläche.*

Eine solche Fläche heißt eine Gesimsfläche mit zylindrischer Abwicklung (nach Monge: moulure)[1]). Ihre Krümmungslinien sind die verschiedenen Lagen der Kurve $\Gamma$ und die Schnitte mit Ebenen, die auf den Erzeugenden des Leitzylinders senkrecht stehen.

Wenn wir die Bezeichnungen unwesentlich abändern, nämlich mit $v$ den Bogen des Querschnittes $z = 0$ des Leitzylinders, mit $\alpha$ den Winkel zwischen der Tangente des Schnittes und der $x$-Achse, mit

$$x = x(v), \quad y = y(v)$$

die Gleichungen des Schnittes des Zylinders mit der Ebene $z = 0$, endlich mit

$$\eta = U, \quad \zeta = \int \sqrt{1 - U'^2}\, du$$

die Gleichungen der erzeugenden Kurve, bezogen auf ihren Bogen $u$, bezeichnen, so erhalten wir als Gleichungen der Fläche offenbar:

$$(39) \quad x = x(v) + \sin\alpha\, U, \quad y = y(v) - \cos\alpha\, U, \quad z = \int \sqrt{1 - U'^2}\, du,$$

also für das Quadrat des Linienelementes den Ausdruck:

$$(40) \qquad ds^2 = du^2 + \left(1 + \frac{U}{R}\right)^2 dv^2,$$

wo $R = R(v)$ der Krümmungsradius des Querschnittes des Leitzylinders ist.

---

1) Im allgemeinen werden diejenigen Flächen als Gesimsflächen (moulures, superficie modanate) bezeichnet, bei denen die Krümmungslinien der einen Schar in Ebenen liegen, die zur Fläche normal sind. Sie entstehen durch die Bewegung einer ebenen Kurve, deren Ebene, ohne zu gleiten, auf einer beliebigen abwickelbaren Fläche rollt.

# Kapitel VI.

## Geodätische Krümmung. — Geodätische Linien.

Tangentiale oder geodätische Krümmung. — Bonnetscher Ausdruck. — Liouvillescher Ausdruck für die Krümmung $K$. — Geodätische Linien. — Verschiedene Formen ihrer Differentialgleichung. — Geodätisch parallele Linien. — Geodätische Ellipsen und Hyperbeln. — Geodätische Torsion einer Kurve. — Allgemeine Sätze über die Integration der Differentialgleichung der geodätischen Linien. — Geodätische Linien auf den Liouvilleschen Flächen, insbesondere auf den Rotationsflächen. — Gaußischer Satz über die Totalkrümmung eines geodätischen Dreiecks. — Doppelte Orthogonalsysteme von Kurven mit konstanter geodätischer Krümmung.

### § 75. Tangentiale oder geodätische Krümmung orthogonaler Parameterlinien.

Wir betrachten auf einer Fläche $S$ eine Kurve $C$, die von einem Punkte $M$ der Fläche ausgeht, und projizieren die Kurve senkrecht auf die Tangentialebene in $M$. Die Krümmung ihrer Projektion $\gamma$ im Punkte $M$ heißt die tangentiale oder geodätische Krümmung[1]) der Kurve $C$ im Punkte $M$, und der zugehörige Krümmungsmittelpunkt $m$ der Kurve $\gamma$ wird als Mittelpunkt der geodätischen Krümmung der Kurve $C$ bezeichnet, während die Strecke $Mm$, deren reziproker Wert die geodätische Krümmung ist, den Namen Radius der geodätischen Krümmung führt. Wir bezeichnen diesen Radius mit

$$\varrho_g = \overline{Mm}$$

und beachten, daß er von $M$ aus in der Tangentialebene in der zur Kurve $C$ normalen Richtung gemessen wird. Wird auf dieser Richtung der positive Sinn festgelegt, so wollen wir entsprechend $\varrho_g$ das positive oder negative Vorzeichen erteilen, je nachdem die Richtung von $M$ nach $m$ den positiven oder den negativen Sinn hat. Bezeichnen wir ferner mit $\frac{1}{\varrho}$ die (wie gewöhnlich absolut genommene) erste Krümmung der Kurve $C$ in $M$ und mit $\varepsilon$ den Winkel, den die positive Richtung der Hauptnormale der Kurve $C$ in $M$ mit der eben fest-

1) Der Grund für die zweite Bezeichnung wird später (§ 80) eingesehen werden.

gelegten positiven Richtung in der Tangentialebene normal zur Kurve $C$ bildet, so haben wir:

$$\frac{1}{\varrho_g} = \frac{\cos\varepsilon}{\varrho}\ ^{1)}.$$

Wir wollen nun den Ausdruck für die Tangentialkrümmung einer auf einer Fläche gezogenen Kurve ableiten, wenn die Kurve in krummlinigen Koordinaten durch die Gleichung:

$$\varphi(u, v) = 0$$

gegeben ist. Wir betrachten zunächst den Fall, in dem die Parameterlinien $u$, $v$ aufeinander senkrecht stehen, also

$$ds^2 = Edu^2 + Gdv^2$$

ist, und suchen die Ausdrücke für die geodätischen Krümmungen dieser Parameterlinien, die wir mit

$$\frac{1}{\varrho_u} \text{ bez. } \frac{1}{\varrho_v}$$

bezeichnen wollen. Infolge der obigen und der bereits früher hinsichtlich der positiven Richtungen der Parameterlinien getroffenen Festsetzungen kommen diesen Krümmungen vollkommen bestimmte Vorzeichen zu.

Für eine Kurve $u =$ Const. haben wir unter Beibehaltung der gewöhnlichen Bezeichnungen aus der Kurvenlehre (Kap. 1):

$$ds_u = \sqrt{G}\,dv,$$

$$\cos\alpha = \frac{1}{\sqrt{G}}\frac{\partial x}{\partial v}, \quad \cos\beta = \frac{1}{\sqrt{G}}\frac{\partial y}{\partial v}, \quad \cos\gamma = \frac{1}{\sqrt{G}}\frac{\partial z}{\partial v}.$$

Hieraus ergibt sich durch eine neue Differentiation nach dem Bogen der Kurve $u$ und unter Berücksichtigung der Frenetschen Formeln:

$$\frac{\cos\xi}{\varrho} = \frac{1}{\sqrt{G}}\frac{\partial}{\partial v}\left(\frac{1}{\sqrt{G}}\frac{\partial x}{\partial v}\right), \quad \frac{\cos\eta}{\varrho} = \frac{1}{\sqrt{G}}\frac{\partial}{\partial v}\left(\frac{1}{\sqrt{G}}\frac{\partial y}{\partial v}\right),$$

$$\frac{\cos\zeta}{\varrho} = \frac{1}{\sqrt{G}}\frac{\partial}{\partial v}\left(\frac{1}{\sqrt{G}}\frac{\partial z}{\partial v}\right),$$

wo $\varrho$ der (absolut genommene) Radius der ersten Krümmung der Kurve $u =$ Const. ist. Hieraus folgern wir:

$$\frac{1}{\varrho_u} = \frac{\cos\varepsilon}{\varrho} = \sum \frac{\cos\xi}{\varrho}\frac{1}{\sqrt{E}}\frac{\partial x}{\partial u} = \frac{1}{\sqrt{EG}}\sum \frac{\partial x}{\partial u}\frac{\partial}{\partial v}\left(\frac{1}{\sqrt{G}}\frac{\partial x}{\partial v}\right).$$

---

1) Es ist dieses die Meusniersche Gleichung (§ 53, S. 100), angewandt auf die Kurve $C$ und den Querschnitt $\gamma$ durch den Zylinder, der $C$ auf die Tangentialebene projiziert. Man sieht, daß der Mittelpunkt $m$ der geodätischen Krümmung derjenige Punkt ist, in welchem die Achse des Schmiegungskreises im Punkte $M$ der Kurve $C$ die Tangentialebene schneidet.

Nun ist:

$$\sum \frac{\partial x}{\partial u}\frac{\partial}{\partial v}\left(\frac{1}{\sqrt{G}}\frac{\partial x}{\partial v}\right) = \frac{1}{\sqrt{G}}\sum \frac{\partial x}{\partial u}\frac{\partial^2 x}{\partial v^2}$$

wegen:

$$\sum \frac{\partial x}{\partial u}\frac{\partial x}{\partial v} = 0.$$

Ferner ergibt sich aus der letzten Gleichung durch Differentiation nach $v$:

$$\sum \frac{\partial x}{\partial u}\frac{\partial^2 x}{\partial v^2} = -\sum \frac{\partial x}{\partial v}\frac{\partial^2 x}{\partial u \partial v} = -\frac{1}{2}\frac{\partial G}{\partial u}.$$

Also ist:

(1) $$\frac{1}{\varrho_u} = -\frac{1}{\sqrt{EG}}\frac{\partial \sqrt{G}}{\partial u}$$

und analog:

(1*) $$\frac{1}{\varrho_v} = -\frac{1}{\sqrt{EG}}\frac{\partial \sqrt{E}}{\partial v}.$$

## § 76. Bonnetscher Ausdruck für die geodätische Krümmung.

Die Ausdrücke (1) oder (1*) können wir durch Einführung der Differentialparameter auf eine andere Form bringen. Wir haben nämlich:

$$\Delta_1 u = \frac{1}{E}, \quad \Delta_2 u = \frac{1}{\sqrt{EG}}\frac{\partial}{\partial u}\sqrt{\frac{G}{E}}, \quad \nabla(u, \sqrt{E}) = \frac{1}{E}\frac{\partial \sqrt{E}}{\partial u},$$

weil $F$ gleich Null ist und nach § 35, so daß der Ausdruck (1) auch in der Form

(2) $$-\frac{1}{\varrho_u} = \frac{\Delta_2 u}{\sqrt{\Delta_1 u}} + \nabla\left(u, \frac{1}{\sqrt{\Delta_1 u}}\right)$$

geschrieben werden kann.

Nunmehr können wir leicht in ihrer ganzen Allgemeinheit die Aufgabe lösen: Eine Fläche ist auf ein beliebiges System von Parameterlinien $u, v$ bezogen, für die das Quadrat des Linienelements die Form

$$ds^2 = E du^2 + 2F du\, dv + G dv^2$$

annimmt, und es ist ferner die Gleichung:

$$\varphi(u, v) = \text{Const.}$$

einer Schar von Kurven auf der Fläche gegeben; es soll die geodätische Krümmung $\frac{1}{\varrho_\varphi}$ dieser Kurven berechnet werden.

Um auch das Vorzeichen von $\varrho_\varphi$ eindeutig zu bestimmen, treffen wir die Festsetzung, daß als positive Richtung normal zu einer Kurve $\varphi = \text{Const.}$ in der Tangentialebene diejenige gewählt werden soll, längs welcher der Parameter $\varphi$ wächst. Wählen wir zu Parameterlinien die Kurven $\varphi = \text{Const.}$ und ihre Orthogonaltrajektorien $\psi = \text{Const.}$, so nimmt das Quadrat des Linienelements die Gestalt:

$$ds^2 = E_1 d\varphi^2 + G_1 d\psi^2$$

an, und wir haben wegen der Gleichung (1)

$$-\frac{1}{\varrho_\varphi} = \frac{1}{\sqrt{E_1 G_1}} \frac{\partial \sqrt{G_1}}{\partial \varphi}$$

oder wegen der Gleichung (2)

$$(3) \qquad -\frac{1}{\varrho_\varphi} = \frac{\Delta_2 \varphi}{\sqrt{\Delta_1 \varphi}} + \nabla\left(\varphi, \frac{1}{\sqrt{\Delta_1 \varphi}}\right).$$

Wegen der grundlegenden Eigenschaft der Differentialparameter ist es gleichgültig, ob wir sie in den neuen Koordinaten $(\varphi, \psi)$ oder in den alten $(u, v)$ berechnen, und es gibt uns demnach die vorstehende Gleichung den gesuchten Ausdruck. Die Entwicklung der rechten Seite gibt nach § 35:

$$-\frac{1}{\varrho_\varphi} = \frac{1}{\sqrt{EG - F^2}} \cdot \frac{1}{\sqrt{\Delta_1 \varphi}} \left[\frac{\partial}{\partial u}\left(\frac{G\frac{\partial \varphi}{\partial u} - F\frac{\partial \varphi}{\partial v}}{\sqrt{EG - F^2}}\right) + \frac{\partial}{\partial v}\left(\frac{E\frac{\partial \varphi}{\partial v} - F\frac{\partial \varphi}{\partial u}}{\sqrt{EG - F^2}}\right)\right] +$$

$$+ \frac{1}{\sqrt{EG - F^2}}\left[\frac{G\frac{\partial \varphi}{\partial u} - F\frac{\partial \varphi}{\partial v}}{\sqrt{EG - F^2}} \frac{\partial}{\partial u}\left(\frac{1}{\sqrt{\Delta_1 \varphi}}\right) + \frac{E\frac{\partial \varphi}{\partial v} - F\frac{\partial \varphi}{\partial u}}{\sqrt{EG - F^2}} \frac{\partial}{\partial v}\left(\frac{1}{\sqrt{\Delta_1 \varphi}}\right)\right]$$

$$= \frac{1}{\sqrt{EG - F^2}}\left[\frac{\partial}{\partial u}\left(\frac{G\frac{\partial \varphi}{\partial u} - F\frac{\partial \varphi}{\partial v}}{\sqrt{(EG - F^2)\Delta_1 \varphi}}\right) + \frac{\partial}{\partial v}\left(\frac{E\frac{\partial \varphi}{\partial v} - F\frac{\partial \varphi}{\partial u}}{\sqrt{(EG - F^2)\Delta_1 \varphi}}\right)\right].$$

Wir erhalten somit für die geodätische Krümmung den Bonnetschen Ausdruck:

$$(4) \qquad \begin{cases} \dfrac{1}{\varrho_\varphi} = \dfrac{1}{\sqrt{EG - F^2}}\left[\dfrac{\partial}{\partial u}\left(\dfrac{F\frac{\partial \varphi}{\partial v} - G\frac{\partial \varphi}{\partial u}}{\sqrt{E\left(\frac{\partial \varphi}{\partial v}\right)^2 - 2F\frac{\partial \varphi}{\partial u}\frac{\partial \varphi}{\partial v} + G\left(\frac{\partial \varphi}{\partial u}\right)^2}}\right) + \right. \\ \qquad\qquad \left. + \dfrac{\partial}{\partial v}\left(\dfrac{F\frac{\partial \varphi}{\partial u} - E\frac{\partial \varphi}{\partial v}}{\sqrt{E\left(\frac{\partial \varphi}{\partial v}\right)^2 - 2F\frac{\partial \varphi}{\partial u}\frac{\partial \varphi}{\partial v} + G\left(\frac{\partial \varphi}{\partial u}\right)^2}}\right)\right]. \end{cases}$$

Hierin ist die rechte Seite nach (3) ein Differentialparameter von $\varphi$. Hieraus ergibt sich eine sehr wichtige Eigenschaft der geodätischen Krümmung, deren geometrische Bedeutung wir in der Theorie der Abwickelbarkeit der Flächen aufeinander erkennen werden.

Sind die Kurven:

$$\varphi = \text{Const.}$$

nicht durch eine endliche Gleichung, sondern durch eine Differentialgleichung erster Ordnung:

$$M du + N dv = 0$$

bestimmt, so können wir offenbar ihre geodätische Krümmung ebenfalls nach Gleichung (4) berechnen, indem wir berücksichtigen, daß

$$\frac{\partial \varphi}{\partial u} : \frac{\partial \varphi}{\partial v} = M : N$$

ist. Es folgt also:

$$(4^*) \quad \left\{ \begin{aligned} \frac{1}{\varrho_\varphi} = \frac{1}{\sqrt{EG - F^2}} \Big[ & \frac{\partial}{\partial u} \left( \frac{FN - GM}{\sqrt{EN^2 - 2FMN + GM^2}} \right) + \\ & + \frac{\partial}{\partial v} \left( \frac{FM - EN}{\sqrt{EN^2 - 2FMN + GM^2}} \right) \Big]. \end{aligned} \right.$$

## § 77. Liouvillescher Ausdruck für die Krümmung einer Fläche.

An die vorstehenden Ausdrücke schließt sich ein weiterer bemerkenswerter an, der von Liouville für das Krümmungsmaß $K$ einer Fläche, ausgedrückt durch die geodätischen Krümmungen

$$\frac{1}{\varrho_u}, \quad \frac{1}{\varrho_v}$$

der Parameterlinien, angegeben worden ist. Aus der Bonnetschen Gleichung (4) erhalten wir:

$$(5) \quad \left\{ \begin{aligned} \frac{1}{\varrho_u} &= \frac{1}{\sqrt{EG - F^2}} \left[ \frac{\partial}{\partial v} \left( \frac{F}{\sqrt{G}} \right) - \frac{\partial \sqrt{G}}{\partial u} \right], \\ \frac{1}{\varrho_v} &= \frac{1}{\sqrt{EG - F^2}} \left[ \frac{\partial}{\partial u} \left( \frac{F}{\sqrt{E}} \right) - \frac{\partial \sqrt{E}}{\partial v} \right]. \end{aligned} \right.$$

Indem wir rechts für die Differentialquotienten der Koeffizienten ihre Werte in den Christoffelschen Symbolen nach (A), S. 66, einsetzen, erhalten wir die gleichbedeutenden Ausdrücke:

$$(5^*) \qquad \frac{1}{\varrho_u} = \frac{\sqrt{EG - F^2}}{G\sqrt{G}} \begin{Bmatrix} 2\,2 \\ 1 \end{Bmatrix}, \quad \frac{1}{\varrho_v} = \frac{\sqrt{EG - F^2}}{E\sqrt{E}} \begin{Bmatrix} 1\,1 \\ 2 \end{Bmatrix}.$$

Nun benutzen wir den Ausdruck (V), § 29, S. 51, für das Krümmungsmaß $K$:

$$K = \frac{1}{\sqrt{EG - F^2}} \left[ \frac{\partial}{\partial v} \left( \frac{\sqrt{EG - F^2}}{E} \begin{Bmatrix} 1\,1 \\ 2 \end{Bmatrix} \right) - \frac{\partial}{\partial u} \left( \frac{\sqrt{EG - F^2}}{E} \begin{Bmatrix} 1\,2 \\ 2 \end{Bmatrix} \right) \right],$$

den wir infolge der zweiten der Gleichungen (5*) auch folgendermaßen schreiben können:

$$\text{(a)} \qquad K = \frac{1}{\sqrt{EG-F^2}}\left[\frac{\partial}{\partial v}\left(\frac{\sqrt{E}}{\varrho_v}\right) - \frac{\partial}{\partial u}\left(\frac{\sqrt{EG-F^2}}{E}\begin{Bmatrix}1\,2\\2\end{Bmatrix}\right)\right].$$

Mittels der bekannten Gleichungen (S. 62):

$$\cos\Omega = \frac{F}{\sqrt{EG}}, \quad \sin\Omega = \frac{\sqrt{EG-F^2}}{\sqrt{EG}}$$

führen wir den Winkel $\Omega$ zwischen den Parameterlinien $u$, $v$ ein. Indem wir nämlich die erste dieser Gleichungen nach $v$ differenzieren und für $\sin\Omega$ den durch die zweite Gleichung gegebenen Wert einsetzen, erhalten wir:

$$-\frac{\partial\Omega}{\partial v} = \frac{1}{\sqrt{EG-F^2}}\left[\frac{\partial F}{\partial v} - \frac{F}{2E}\frac{\partial E}{\partial v} - \frac{F}{2G}\frac{\partial G}{\partial v}\right].$$

Wenn wir rechts für die Differentialquotienten der Koeffizienten die Werte in den Christoffelschen Symbolen einsetzen, so folgt:

$$-\frac{\partial\Omega}{\partial v} = \frac{\sqrt{EG-F^2}}{G}\begin{Bmatrix}2\,2\\1\end{Bmatrix} + \frac{\sqrt{EG-F^2}}{E}\begin{Bmatrix}1\,2\\2\end{Bmatrix}$$

oder wegen der ersten der Gleichungen (5*):

$$\frac{\sqrt{EG-F^2}}{E}\begin{Bmatrix}1\,2\\2\end{Bmatrix} = -\frac{\sqrt{G}}{\varrho_u} - \frac{\partial\Omega}{\partial v}.$$

Mithin nimmt der Ausdruck (a) die elegante und symmetrische Gestalt:

$$\text{(6)} \qquad K = \frac{1}{\sqrt{EG-F^2}}\left[\frac{\partial^2\Omega}{\partial u\,\partial v} + \frac{\partial}{\partial u}\left(\frac{\sqrt{G}}{\varrho_u}\right) + \frac{\partial}{\partial v}\left(\frac{\sqrt{E}}{\varrho_v}\right)\right]$$

an. Dieses eben ist der **Liouvillesche Ausdruck.**

Falls die Parameterlinien aufeinander senkrecht stehen $\left(\Omega = \frac{\pi}{2}\right)$, lautet er:

$$K = \frac{1}{\sqrt{E}}\frac{\partial}{\partial u}\left(\frac{1}{\varrho_u}\right) + \frac{1}{\sqrt{G}}\frac{\partial}{\partial v}\left(\frac{1}{\varrho_v}\right) + \frac{1}{\varrho_u}\frac{1}{\sqrt{EG}}\frac{\partial\sqrt{G}}{\partial u} + \frac{1}{\varrho_v}\frac{1}{\sqrt{EG}}\frac{\partial\sqrt{E}}{\partial v}$$

oder auch infolge der Gleichungen (1), (1*) mit Rücksicht darauf, daß

$$\sqrt{E}\,du, \quad \sqrt{G}\,dv$$

die Bogenelemente $ds_v$, $ds_u$ der Parameterlinien sind:

$$\text{(6*)} \qquad K = \frac{\partial}{\partial s_v}\left(\frac{1}{\varrho_u}\right) + \frac{\partial}{\partial s_u}\left(\frac{1}{\varrho_v}\right) - \left(\frac{1}{\varrho_u}\right)^2 - \left(\frac{1}{\varrho_v}\right)^2.^{1)}$$

1) Eine unmittelbare Folgerung aus dieser Gleichung ist der Satz: **Nur auf den Flächen mit konstantem negativen Krümmungsmaß (den pseudosphärischen Flächen) gibt es doppelte Orthogonalsysteme von Kurven von der Beschaffenheit, daß die Kurven jedes Systems dieselbe konstante geodätische Krümmung besitzen.**

## § 78. Geodätische Linien.

Eine auf einer Fläche $S$ gezogene Kurve $L$ nennen wir eine **geodätische Linie** von $S$, wenn in jedem Punkte von $L$ die Hauptnormale der Kurve mit der Flächennormale zusammenfällt; mit anderen Worten: die geodätischen Kurven sind die Kurven mit der Tangentialkrümmung Null[1]).

Von dieser Definition ausgehend wollen wir die Differentialgleichung der geodätischen Linien aufstellen.

Angenommen, $G$ wäre eine solche Kurve, so denken wir uns die krummlinigen Koordinaten $(u, v)$ eines beweglichen Punktes von $G$ als Funktionen des Bogens $s$ von $G$ ausgedrückt und haben sofort die Beziehung:

$$E\left(\frac{du}{ds}\right)^2 + 2F\frac{du}{ds}\frac{dv}{ds} + G\left(\frac{dv}{ds}\right)^2 = 1. \tag{7}$$

Für die Kurve $G$ haben wir unter Anwendung der üblichen Bezeichnungen des Kapitels I:

$$\cos\alpha = \frac{\partial x}{\partial u}\frac{du}{ds} + \frac{\partial x}{\partial v}\frac{dv}{ds}, \quad \cos\beta = \frac{\partial y}{\partial u}\frac{du}{ds} + \frac{\partial y}{\partial v}\frac{dv}{ds},$$
$$\cos\gamma = \frac{\partial z}{\partial u}\frac{du}{ds} + \frac{\partial z}{\partial v}\frac{dv}{ds}.$$

Durch nochmalige Differentiation nach $s$ und mit Rücksicht darauf, daß infolge der Voraussetzung

$$\cos\xi = \pm X, \quad \cos\eta = \pm Y, \quad \cos\zeta = \pm Z$$

ist, ergibt sich infolge der Grundgleichungen (I), S. 88, und nach den Frenetschen Formeln:

$$\begin{aligned}\pm\frac{X}{\varrho} = \frac{\partial x}{\partial u}\frac{d^2u}{ds^2} + \frac{\partial x}{\partial v}\frac{d^2v}{ds^2} + &\left[\begin{Bmatrix}1\,1\\1\end{Bmatrix}\frac{\partial x}{\partial u} + \begin{Bmatrix}1\,1\\2\end{Bmatrix}\frac{\partial x}{\partial v} + DX\right]\left(\frac{du}{ds}\right)^2 + \\ + 2&\left[\begin{Bmatrix}1\,2\\1\end{Bmatrix}\frac{\partial x}{\partial u} + \begin{Bmatrix}1\,2\\2\end{Bmatrix}\frac{\partial x}{\partial v} + D'X\right]\frac{du}{ds}\frac{dv}{ds} + \\ + &\left[\begin{Bmatrix}2\,2\\1\end{Bmatrix}\frac{\partial x}{\partial u} + \begin{Bmatrix}2\,2\\2\end{Bmatrix}\frac{\partial x}{\partial v} + D''X\right]\left(\frac{dv}{ds}\right)^2\end{aligned}$$

nebst analogen Gleichungen für $Y$ und $Z$. Daraus und aus (11), § 53, S. 100 ($\sigma = 0$), folgt, daß für eine geodätische Linie die **charakteristischen** Gleichungen gelten müssen:

$$\left\{\begin{aligned}&\frac{d^2u}{ds^2} + \begin{Bmatrix}1\,1\\1\end{Bmatrix}\left(\frac{du}{ds}\right)^2 + 2\begin{Bmatrix}1\,2\\1\end{Bmatrix}\frac{du}{ds}\frac{dv}{ds} + \begin{Bmatrix}2\,2\\1\end{Bmatrix}\left(\frac{dv}{ds}\right)^2 = 0,\\ &\frac{d^2v}{ds^2} + \begin{Bmatrix}1\,1\\2\end{Bmatrix}\left(\frac{du}{ds}\right)^2 + 2\begin{Bmatrix}1\,2\\2\end{Bmatrix}\frac{du}{ds}\frac{dv}{ds} + \begin{Bmatrix}2\,2\\2\end{Bmatrix}\left(\frac{dv}{ds}\right)^2 = 0.\end{aligned}\right. \tag{8}$$

---

1) Wenn auf der Fläche eine Gerade liegt, so braucht man nur die zweite Definition anzuwenden, um zu erkennen, daß sie eine geodätische Linie ist.

Diese zusammen mit der Gleichung (7) bestimmen den Verlauf der geodätischen Linien auf der Fläche.

Für die Gleichungen (8) können wir auch diejenigen setzen, welche sich aus ihnen ergeben, wenn wir das eine Mal die erste mit $E$, die zweite mit $F$, das andere Mal die erste mit $F$, die zweite mit $G$ multiplizieren und jedesmal addieren, d. h. nach (11*), S. 42, die Gleichungen:

$$E\frac{d^2u}{ds^2}+F\frac{d^2v}{ds^2}+\begin{bmatrix}1\,1\\1\end{bmatrix}\left(\frac{du}{ds}\right)^2+2\begin{bmatrix}1\,2\\1\end{bmatrix}\frac{du}{ds}\frac{dv}{ds}+\begin{bmatrix}2\,2\\1\end{bmatrix}\left(\frac{dv}{ds}\right)^2=0,$$

$$F\frac{d^2u}{ds^2}+G\frac{d^2v}{ds^2}+\begin{bmatrix}1\,1\\2\end{bmatrix}\left(\frac{du}{ds}\right)^2+2\begin{bmatrix}1\,2\\2\end{bmatrix}\frac{du}{ds}\frac{dv}{ds}+\begin{bmatrix}2\,2\\2\end{bmatrix}\left(\frac{dv}{ds}\right)^2=0.$$

Diese Gleichungen können nach (A), S. 66, in der folgenden einfacheren Form geschrieben werden:

$$(9)\qquad\begin{cases}2\dfrac{d}{ds}\left(E\dfrac{du}{ds}+F\dfrac{dv}{ds}\right)=\dfrac{\partial E}{\partial u}\left(\dfrac{du}{ds}\right)^2+2\dfrac{\partial F}{\partial u}\dfrac{du}{ds}\dfrac{dv}{ds}+\dfrac{\partial G}{\partial u}\left(\dfrac{dv}{ds}\right)^2,\\[2ex] 2\dfrac{d}{ds}\left(F\dfrac{du}{ds}+G\dfrac{dv}{ds}\right)=\dfrac{\partial E}{\partial v}\left(\dfrac{du}{ds}\right)^2+2\dfrac{\partial F}{\partial v}\dfrac{du}{ds}\dfrac{dv}{ds}+\dfrac{\partial G}{\partial v}\left(\dfrac{dv}{ds}\right)^2.\end{cases}$$ [1])

Wollen wir endlich die Differentialgleichung der geodätischen Linien ansetzen, indem wir als den die einzelnen Kurvenpunkte bestimmenden Parameter nicht gerade die Bogenlänge wählen, sondern ihn willkürlich lassen, so brauchen wir nur aus den Gleichungen (8) die folgende abzuleiten:

$$(10)\qquad du\,d^2v-dv\,d^2u+\begin{Bmatrix}1\,1\\2\end{Bmatrix}du^3+\left(2\begin{Bmatrix}1\,2\\2\end{Bmatrix}-\begin{Bmatrix}1\,1\\1\end{Bmatrix}\right)du^2dv+$$
$$+\left(\begin{Bmatrix}2\,2\\2\end{Bmatrix}-2\begin{Bmatrix}1\,2\\1\end{Bmatrix}\right)du\,dv^2-\begin{Bmatrix}2\,2\\1\end{Bmatrix}dv^3=0,$$

1) Es mag darauf hingewiesen werden, daß von den beiden Gleichungen (9) oder auch (8) die eine eine Folge der andern und der Gleichung (7) ist. Durch Differentiation der letzteren nach $s$ ergibt sich nämlich die Identität:

$$(a)\qquad \alpha\frac{du}{ds}+\beta\frac{dv}{ds}=0,$$

wo

$$\alpha=2\frac{d}{ds}\left(E\frac{du}{ds}+F\frac{dv}{ds}\right)-\frac{\partial E}{\partial u}\left(\frac{du}{ds}\right)^2-2\frac{\partial F}{\partial u}\frac{du}{ds}\frac{dv}{ds}-\frac{\partial G}{\partial u}\left(\frac{dv}{ds}\right)^2,$$

$$\beta=2\frac{d}{ds}\left(F\frac{du}{ds}+G\frac{dv}{ds}\right)-\frac{\partial E}{\partial v}\left(\frac{du}{ds}\right)^2-2\frac{\partial F}{\partial v}\frac{du}{ds}\frac{dv}{ds}-\frac{\partial G}{\partial v}\left(\frac{dv}{ds}\right)^2$$

gesetzt ist.

Aus dieser Identität (a), die für jede beliebige auf der Fläche gelegene Kurve gültig ist, folgt, daß, abgesehen von den Parameterlinien $u$, $v$, für jede beliebige Kurve die eine der beiden Gleichungen (9):

$$\alpha=0,\quad \beta=0$$

die andere nach sich zieht. Handelt es sich aber darum, die Eigenschaft, daß eine der Parameterlinien, z. B. eine Kurve $v=\text{Const.}$, eine geodätische Linie ist, zum Ausdruck zu bringen, so müssen wir die zweite Bedingung $\beta=0$ ansetzen, da die erste, $\alpha=0$, in diesem Falle identisch erfüllt ist.

die offenbar gültig ist, welches auch die unabhängige Veränderliche sein mag. Nehmen wir insbesondere $u$ als unabhängige Veränderliche und denken wir uns die Gleichung der geodätischen Linie in der Form:

$$v = \varphi(u)$$

geschrieben, so erhalten wir, wenn wir

$$v' = \frac{dv}{du}, \quad v'' = \frac{d^2 v}{du^2}$$

setzen, zur Bestimmung der geodätischen Linien die Differentialgleichung zweiter Ordnung:

$$(10^*) \qquad v'' - \left\{ {22 \atop 1} \right\} v'^3 + \left( \left\{ {22 \atop 2} \right\} - 2 \left\{ {12 \atop 1} \right\} \right) v'^2 + \\ + \left( 2 \left\{ {12 \atop 2} \right\} - \left\{ {11 \atop 1} \right\} \right) v' + \left\{ {11 \atop 2} \right\} = 0$$

Aus diesen verschiedenen Gestalten der Gleichung der geodätischen Linien ergibt sich: Auf jeder Fläche gibt es doppelt unendlich viele geodätische Linien; eine solche Linie ist bestimmt, wenn ein Flächenpunkt, durch den sie hindurchgehen soll, und die Richtung, die sie in diesem Punkte hat, gegeben sind.

## § 79. Kürzeste Flächenkurve zwischen zwei gegebenen Punkten.

Auf die Theorie der geodätischen Linien werden wir auch durch die folgende Aufgabe aus der Variationsrechnung geführt: Auf einer Fläche sind zwei Punkte $A$ und $B$ gegeben; gesucht wird die kürzeste Linie, die auf der Fläche $A$ mit $B$ verbindet. Angenommen, $G$ sei die gesuchte Linie, so müssen wir nach den Regeln der Variationsrechnung die Bedingung dafür aufstellen, daß die erste Variation der Länge des zwischen $A$ und $B$ gelegenen Bogenstückes von $G$ gleich Null wird, sobald $G$, die Endpunkte $A$, $B$ als fest gedacht, eine unendlich kleine Gestaltsänderung erfährt. Wenn wir nun $u$ und $v$ längs $G$ durch den Bogen $s$ von $G$ ausdrücken, so müssen wir also

$$\delta \int_A^B ds = 0$$

setzen, wo $u$ und $v$ durch die Gleichung verknüpft sind:

$$E\left(\frac{du}{ds}\right)^2 + 2F\frac{du}{ds}\frac{dv}{ds} + G\left(\frac{dv}{ds}\right)^2 = 1.$$

Wenden wir die Regeln der Variationsrechnung an, so erhalten wir auf diese Weise genau die Gleichungen (9); daraus schließen wir: Die kürzeste Linie zwischen zwei Punkten der Fläche ist notwendigerweise eine geodätische Linie, d. h. die Hauptnormale der Kurve muß in jedem Punkte mit der Flächennormale zusammenfallen.

Es ist jedoch zu beachten, daß, wenn auf einer geodätischen Linie $G$ zwei Punkte $A$ und $B$ willkürlich angenommen werden, durchaus nicht behauptet werden darf, daß $G$ die kürzeste Linie sei, die auf der Fläche $A$ mit $B$ verbindet. Diese Eigenschaft findet, wie wir demnächst sehen werden, nur dann statt, wenn $A$ und $B$ einander hinreichend nahe sind und die Linie $G$ innerhalb eines hinlänglich kleinen Gebietes liegt. Als Beleg braucht man nur auf einer Kugel einen solchen Bogen eines größten Kreises (der hier eben geodätische Linie ist), der größer als die Halbperipherie ist, oder auf einem geraden Kreiszylinder einen Bogen einer Schraubenlinie, der mehr als einen halben Umgang auf dem Zylinder macht, zu betrachten, um sich geometrisch von der Richtigkeit unserer Behauptung zu überzeugen. Die bleibende Eigenschaft der geodätischen Linien wärend ihres ganzen Verlaufes ist diejenige, von der wir im vorigen Paragraphen ausgegangen sind, um sie zu definieren; die andere, daß sie nämlich den kürzesten Weg zwischen zweien ihrer Punkte angibt, gilt im allgemeinen nur für hinreichend kurze Bogen.

## § 80. Gaußische Form der Differentialgleichung der geodätischen Linien.

Gauß hat die Differentialgleichung der geodätischen Linien durch Einführung des Neigungswinkels $\vartheta$ der geodätischen Linie gegen die Kurven $v$ auf eine bemerkenswerte Form gebracht. Messen wir $\vartheta$ genau so wie in § 34, S. 63, so haben wir die Gleichungen:

$$\text{(a)} \qquad \cos\vartheta = \frac{1}{\sqrt{E}}\left(E\frac{du}{ds} + F\frac{dv}{ds}\right), \quad \sin\vartheta = \frac{\sqrt{EG-F^2}}{\sqrt{E}}\frac{dv}{ds}.$$

Setzen wir nun voraus, daß die betreffende geodätische Linie nicht eine Kurve $v = \text{Const.}$ sei, so können wir die Bedingung dafür, daß sie eine geodätische Linie ist, mittels der ersten der Gleichungen (9) (s. die Anmerkung zu S. 152) aufstellen. Sie läßt sich wie folgt schreiben:

$$\text{(b)} \qquad 2ds\,d(\sqrt{E}\cos\vartheta) = \frac{\partial E}{\partial u}du^2 + 2\frac{\partial F}{\partial u}du\,dv + \frac{\partial G}{\partial u}dv^2.$$

Ferner haben wir infolge der Gleichungen (a) selbst:

$$2ds\,d(\sqrt{E}\cos\vartheta) = \frac{1}{E}(E\,du + F\,dv)\,dE - 2\sqrt{EG-F^2}\,dv\,d\vartheta =$$

$$= \frac{\partial E}{\partial u}du^2 + \frac{\partial E}{\partial v}du\,dv + \frac{F}{E}dv\left(\frac{\partial E}{\partial u}du + \frac{\partial E}{\partial v}dv\right) - 2\sqrt{EG-F^2}\,dv\,d\vartheta.$$

Indem wir dieses in (b) einsetzen, das beiden Seiten gemeinsame Glied $\frac{\partial E}{\partial u} du^2$ heben und dann durch $2dv$, das nach der Voraussetzung nicht gleich Null ist, dividieren, erhalten wir die Gaußische Gleichung:

$$(11) \qquad \begin{cases} \sqrt{EG - F^2}\, d\vartheta = \frac{1}{2}\frac{F}{E}\left(\frac{\partial E}{\partial u} du + \frac{\partial E}{\partial v} dv\right) + \\ \qquad + \frac{1}{2}\frac{\partial E}{\partial v} du - \frac{\partial F}{\partial u} du - \frac{1}{2}\frac{\partial G}{\partial u} dv. \end{cases}$$

Sie gilt, wie unmittelbar aus der zweiten Gleichung (5), S. 149, ersichtlich ist, auch in dem zuerst ausgeschlossenen Falle einer geodätischen Linie $v = \text{Const.}$

Stehen insbesondere die Kurven $u, v$ aufeinander senkrecht, so erhalten wir die einfachere Gleichung:

$$\sqrt{EG}\, d\vartheta = \frac{1}{2}\frac{\partial E}{\partial v} du - \frac{1}{2}\frac{\partial G}{\partial u} dv,$$

die wir auch in der Form:

$$(11^*) \qquad d\vartheta = \frac{1}{\sqrt{G}}\frac{\partial \sqrt{E}}{\partial v} du - \frac{1}{\sqrt{E}}\frac{\partial \sqrt{G}}{\partial u} dv$$

schreiben können.

Mittels dieser Gleichungen können wir eine zweite Definition der tangentialen oder geodätischen Krümmung einer Kurve geben, durch welche die letztere Bezeichnung gerechtfertigt wird. Es sei $l$ eine beliebige Kurve auf $S$; wir betrachten einen Punkt $M$ dieser Kurve, nehmen einen zweiten $M$ sehr nahe gelegenen Punkt $M'$ auf $l$ an und ziehen in $M$ und $M'$ die $l$ berührenden geodätischen Linien, die sich in einem Punkte $N$ schneiden und einen sehr kleinen Winkel $\Delta_\varepsilon$ miteinander bilden werden. Dividieren wir $\Delta_\varepsilon$ durch die Länge $\Delta_s$ des Bogens $MM'$, so können wir beweisen, daß der Grenzwert des Verhältnisses $\frac{\Delta_\varepsilon}{\Delta_s}$, wenn sich $M'$ dem Punkte $M$ unendlich nähert, gleich der geodätischen Krümmung der Kurve $l$ im Punkte $M$ ist.

Zum Beweise nehmen wir die Parameterlinien $u, v$ senkrecht aufeinander an. Es seien ferner $u = 0$ die Kurve $l$ und $(0, v)$, $(0, v + dv)$ die beiden Punkte $M$ bez. $M'$ auf der Kurve $l$. Es seien endlich $g, g'$ die geodätischen Linien, die $l$ in $M$ und $M'$ berühren, also $N$ ihr Schnittpunkt. Wir bezeichnen noch mit $P$ den Punkt, in dem die geodätische Linie $g$ die Kurve $v + dv$ unter dem Winkel $\frac{\pi}{2} + d\vartheta$ schneidet, da $\vartheta$ in $M$ gleich $\frac{\pi}{2}$ ist. Nach (11*) ist dann, da $du$ gleich Null ist:

$$d\vartheta = -\frac{1}{\sqrt{E}}\frac{\partial\sqrt{G}}{\partial u}dv.$$

Das unendlich kleine Dreieck $M'NP$ kann aber bis auf unendlich kleine Größen höherer Ordnung als geradlinig angesehen werden, und der von $g$ und $g'$ gebildete Winkel bei $N$ wird durch $d\vartheta$ angegeben. Ferner ist:

$$\text{Bogen } \overline{MM'} = ds_u = \sqrt{G}dv$$

und folglich:

$$\lim_{\Delta_s=0}\frac{\Delta_\epsilon}{\Delta_s} = \frac{d\vartheta}{ds_u} = -\frac{1}{\sqrt{EG}}\frac{\partial\sqrt{G}}{\partial u}.$$

Dieser Wert stimmt mit dem in § 75, S. 147, für die Tangentialkrümmung $\frac{1}{\vartheta_u}$ der Kurven $u$ berechneten Werte (1) genau überein.

Auf diese zweite Art definiert ist die geodätische Krümmung einer auf einer Fläche gelegenen Kurve die natürliche Verallgemeinerung des Begriffs der gewöhnlichen Krümmung einer ebenen Kurve, wenn die Geraden (die geodätischen Linien) der Ebene durch die geodätischen Linien der Fläche ersetzt werden.

Auch folgt daraus eine weitere charakteristische Eigenschaft der geodätischen Krümmung, der zufolge sie auch Abwicklungskrümmung genannt werden kann. Es besteht nämlich der Satz: Die geodätische Krümmung einer auf einer Fläche $S$ gelegenen Kurve $L$ ist gleich der gewöhnlichen Krümmung derjenigen ebenen Kurve, in die $L$ übergeht, wenn die der Fläche $S$ längs $L$ umschriebene abwickelbare Fläche $\Sigma$ in eine Ebene ausgebreitet wird. Da sich nämlich $S$ und $\Sigma$ längs der Kurve $L$ berühren, so hat die Kurve $L$ die nämliche geodätische Krümmung, mag sie nun als zu $S$ oder als zu $\Sigma$ gehörig betrachtet werden. Bei der Abwicklung von $\Sigma$ in eine Ebene bleiben aber die Längen der Seiten und die Winkel der auf $\Sigma$ gezeichneten Figuren ungeändert, und es verwandeln sich die geodätischen Linien von $\Sigma$ in die Geraden der Ebene.

Wenden wir diesen Satz z. B. auf die Bestimmung der geodätischen Krümmung eines Parallelkreises auf einer Rotationsfläche an und berücksichtigen wir, daß in diesem Falle die umschriebene abwickelbare Fläche ein Rotationskegel ist, der mit der Fläche die Drehachse gemeinsam hat, so kommen wir zu dem Ergebnis:

Der Radius der geodätischen Krümmung eines Parallelkreises auf einer Rotationsfläche ist gleich dem Stück der Meridiantangente zwischen dem Berührungspunkt und der Drehachse.

## § 81. Geodätisch parallele Linien.

Die Differentialgleichung der geodätischen Linien kann nur in wenigen besonderen Fällen integriert werden; trotzdem kann man, von der Differentialgleichung selbst ausgehend, einige wichtige Eigenschaften dieser Linien ableiten, und mit diesen wollen wir uns jetzt beschäftigen.

Wir betrachten zunächst eine einfach unendliche Schar von geodätischen Linien und ihre orthogonalen Trajektorien. Dieses doppelte Orthogonalsystem wählen wir als Koordinatensystem $(u, v)$, und wir setzen voraus, daß die Kurven $v$ die geodätischen seien. Dann haben wir:

$$ds^2 = E du^2 + G dv^2$$

und nach Voraussetzung (vgl. (1*), S. 147):

$$\frac{1}{\varrho_v} = -\frac{1}{\sqrt{EG}} \frac{\partial \sqrt{E}}{\partial v} = 0,$$

d. h.:

$$\frac{\partial \sqrt{E}}{\partial v} = 0$$

oder:

$$\sqrt{E} = U,$$

wo $U$ eine Funktion von $u$ allein ist. Wir ersetzen nun den Parameter $u$, der die einzelnen orthogonalen Trajektorien bestimmt, durch $\int U du$. Dann nimmt das Quadrat des Linienelements die charakteristische Form:

$$ds^2 = du^2 + G dv^2 \tag{12}$$

an, aus der sich sehr wichtige Folgerungen ziehen lassen. Betrachten wir den Bogen einer beliebigen geodätischen Linie $v$, der zwischen zwei festen Kurven der Schar $u$, etwa

$$u = u_0, \quad u = u_1$$

liegt, so ist seine Länge durch das Integral:

$$\int_{u_0}^{u_1} du = u_1 - u_0$$

gegeben, das von $v$ ganz unabhängig ist. Daraus folgt der Satz:

A) **Die Bogen, die auf den geodätischen Linien $v$ von zweien ihrer orthogonalen Trajektorien ausgeschnitten werden, haben sämtlich gleiche Länge.**

Dieser Satz kann auch in der folgenden Fassung ausgesprochen werden:

B) **Werden durch die Punkte einer Kurve $L$ die orthogonalen geodätischen Linien $g$ gezogen und auf allen diesen** von $L$ aus Bogen von gleicher Länge abgetragen, so ist der Ort der Endpunkte dieser Bogen wieder eine orthogonale Trajektorie der geodätischen Linien.[1])

Aus diesem Grunde werden die orthogonalen Trajektorien einer einfach unendlichen Schar von geodätischen Linien geodätisch parallel genannt. Bemerkenswert ist der Ausdruck für die Gaußische Krümmung $K$ der Fläche in den geodätischen Koordinaten $u, v$ der Gleichung (12). Er lautet nach Gleichung (18), S. 67:

$$K = -\frac{1}{\sqrt{G}} \frac{\partial^2 \sqrt{G}}{\partial u^2}. \tag{13}$$

Wir wollen nun die Bedingung dafür aufstellen, daß eine einfach unendliche Kurvenschar, deren Gleichung

$$\varphi(u, v) = \text{Const.}$$

ist, aus geodätisch parallelen Kurven besteht. Wählen wir die Kurven $\varphi = \text{Const.}$ und ihre orthogonalen Trajektorien $\psi = \text{Const.}$ zu Parameterlinien, so nimmt das Quadrat des Linienelementes die Form:

$$ds^2 = E_1 d\varphi^2 + G_1 d\psi^2$$

an, und es ist nach § 36:

$$\Delta_1 \varphi = \frac{1}{E_1}.$$

Folglich erhalten wir dafür, daß die Kurven $\psi$ geodätische sein sollen:

$$\Delta_1 \varphi = f(\varphi),$$

wo $f(\varphi)$ eine Funktion von $\varphi$ allein ist. Also:

Damit die Kurven $\varphi = \text{Const.}$ geodätisch parallel seien, ist notwendig und hinreichend, daß sich

$$\Delta_1(\varphi) = f(\varphi)$$

ergibt.

Führen wir unter dieser Voraussetzung statt des Parameters $\varphi$ den von einer festen orthogonalen Trajektorie an gerechneten Bogen $\vartheta$ der geodätischen Linien $\psi$ als Parameter ein, d. h. setzen wir:

$$\vartheta = \int \frac{d\varphi}{\sqrt{f(\varphi)}},$$

so erhalten wir:

$$\Delta_1 \vartheta = 1.$$

---

[1]) Dies ist eine charakteristische Eigenschaft der geodätischen Linien. D. h.: Wenn in einem doppelten Orthogonalsystem $(u, v)$ die Bogen aller Kurven $v$ zwischen zwei beliebigen orthogonalen Trajektorien $u_0$ und $u_1$ gleich lang sind, so sind die Kurven $v$ geodätische Linien. Denn wählt man den Bogen $u$ der Kurven $v$, von einer festen orthogonalen Trajektorie an gerechnet, als Parameter, so ergibt sich: $E = 1$, also die Form (12).

Wir haben somit das wichtige Ergebnis:

Ist die Funktion $\vartheta(u, v)$ ein Integral der partiellen Differentialgleichung:

$$\Delta_1 \vartheta = 1,$$

so sind die Kurven $\vartheta =$ Const. geodätisch parallel, und es ist $\vartheta$ der von einer festen Kurve $\vartheta = \vartheta_0$ an gerechnete Bogen der orthogonalen geodätischen Linien.

## § 82. Geodätische Kreise.

In Satz B) des vorigen Paragraphen ist die Kurve $L$ willkürlich. Wenn wir annehmen, daß sie um einen Flächenpunkt $O$ beschrieben, sehr klein und geschlossen ist, wenn wir sie ferner um $O$ immerfort zusammenziehen und schließlich auf diesen Punkt zusammenschrumpfen lassen, so ergibt sich aus Satz B) der folgende:

Werden auf den geodätischen Linien, die von einem Punkte $O$ ausgehen, von $O$ Bogen von gleicher Länge abgetragen, so ist der Ort der Endpunkte dieser Bogen eine zu allen diesen geodätischen Linien orthogonale Kurve.

Das Quadrat des Linienelementes der Fläche nimmt, wenn diese geodätischen Linien und ihre orthogonalen Trajektorien zu Parameterlinien gewählt werden, ebenfalls die Gestalt (12) an.

Auf strengere und direktere Art können wir den letzten Satz wie folgt beweisen: Als Parameter $v$, der die einzelnen von $O$ ausgehenden geodätischen Linien bestimmt, wählen wir den Winkel, den eine veränderliche geodätische Linie des Büschels mit einer festen bildet, und als Kurven $u$ den Ort der Endpunkte der geodätischen Bogen, die in der Länge $u$ von $O$ aus abgetragen werden. Das Quadrat des Linienelementes der Fläche möge dann die Gestalt:

$$ds^2 = Edu^2 + 2Fdudv + Gdv^2$$

annehmen.

Da nun das Bogenelement der geodätischen Linien gleich $du$ ist, so haben wir sofort: $E = 1$, und da die Linien $v$ geodätische sind, so ist (S. 149, (5)):

$$\frac{1}{\varrho_v} = \frac{1}{\sqrt{G - F^2}} \frac{\partial F}{\partial u} = 0$$

und folglich:

$$F = \varphi(v),$$

wo $\varphi$ eine Funktion von $v$ allein bezeichnet. Wenn nun $x_0, y_0, z_0$ die Koordinaten von $O$ sind, so reduzieren sich die Funktionen:

$$x(u, v), \quad y(u, v), \quad z(u, v)$$

für $u = 0$, was auch $v$ sein mag, auf die drei Konstanten $x_0, y_0, z_0$. Es ist daher:

$$\left(\frac{\partial x}{\partial v}\right)_{u=0} = 0, \quad \left(\frac{\partial y}{\partial v}\right)_{u=0} = 0, \quad \left(\frac{\partial z}{\partial v}\right)_{u=0} = 0,$$

also auch:

$$(F)_{u=0} = 0.$$

Da nun aber $F$ von $u$ unabhängig ist, so folgt hieraus, daß $F$ überhaupt gleich Null ist, d. h. die Kurven $u, v$ stehen aufeinander senkrecht, wie behauptet wurde. Das Quadrat des Linienelements nimmt daher auch hier die Gestalt an

$$ds^2 = du^2 + G dv^2.$$

Aber die Funktion $G$ besitzt in dem vorliegenden Falle besondere bemerkenswerte Eigenschaften. Zu diesem Zwecke entwickeln wir

$$x(u, v), \quad y(u, v), \quad z(u, v)$$

in der Umgebung von $O$ nach Potenzen von $u$, wobei wir nur bis zu den zweiten Potenzen von $u$ gehen und das Koordinatensystem so legen, daß der Anfangspunkt mit $O$, die $z$-Achse mit der Flächennormale und die $x$-Achse mit der Tangente der geodätischen Linie $v = 0$ in $O$ zusammenfällt. Wir haben dann bei passender Wahl des Parameters $v$:

$$x = u \cos v + \varepsilon_1,$$
$$y = u \sin v + \varepsilon_2,$$
$$z = \frac{u^2}{2\varrho} + \varepsilon_3,$$

wo $\varepsilon_1, \varepsilon_2, \varepsilon_3$ bezüglich $u$ unendlich klein von der dritten Ordnung sind und $\varrho$ den Radius der ersten Krümmung der geodätischen Linie $v = 0$ bezeichnet. Daraus folgt: $G = u^2 + \eta$,

wo $\eta$ unendlich klein von der dritten Ordnung in $u$ ist, und also

$$(\sqrt{G})_{u=0} = 0, \quad \left(\frac{\partial \sqrt{G}}{du}\right)_{u=0} = 1.$$

Berücksichtigen wir ferner die Gleichung (13), nach der

$$\frac{\partial^2 \sqrt{G}}{\partial u^2} = -K\sqrt{G}$$

ist, so folgern wir daraus weiter:

$$\left(\frac{\partial^2 \sqrt{G}}{\partial u^2}\right)_{u=0} = 0, \quad \left(\frac{\partial^3 \sqrt{G}}{\partial u^3}\right)_{u=0} = -K_0,$$

wo $K_0$ das Krümmungsmaß der Fläche in $O$ ist.

Entwickeln wir $\sqrt{G}$ nach Potenzen von $u$, so erhalten wir demnach die Gleichung:

$$\sqrt{G} = u - \frac{K_0 u^3}{6} + \cdots \tag{14}$$

In dem Falle, den wir augenblicklich betrachten, werden die Kurven $u = \text{Const.}$, welche die Eigenschaft besitzen, daß alle ihre Punkte von dem festen Punkte $O$ gleichen geodätischen Abstand haben, geodätische Kreise[1]) genannt. Der Punkt $O$ heißt ihr Mittelpunkt, und der konstante geodätische Abstand ihr Radius.

Aus der Gleichung (14) erhalten wir für den Umfang $C$ eines geodätischen Kreises mit dem unendlich kleinen Radius $u$, nämlich für

$$C = \int_0^{2\pi} \sqrt{G}\,dv,$$

den Wert:

$$C = 2\pi u - \frac{\pi K_0 u^3}{3} + \varepsilon, \tag{15}$$

wo $\varepsilon$ von höherer als dritter Ordnung in $u$ ist.

Aus der geodätischen Form (12) des Quadrates des Linienelements können wir endlich den Beweis des folgenden Satzes ableiten: Für zwei Punkte $A$ und $B$, die in hinreichend kleiner Entfernung auf einer geodätischen Linie $g$ angenommen werden, ist diese Linie in der Tat der kürzeste Weg, auf dem man auf der Fläche von $A$ nach $B$ gelangen kann.

Betrachten wir nämlich in der Gleichung (12) für $u$, $v$ einen Änderungsbereich, in dem die Funktion $G$ eindeutig, endlich und stetig ist, und sind

$$A(u_0, v), \quad B(u_1, v)$$

zwei Punkte, die in diesem Bereich auf der geodätischen Linie $v$ gewählt sind, so ist die Länge des geodätischen Bogens $AB$ durch den Ausdruck

$$\int_{u_0}^{u_1} du = u_1 - u_0$$

gegeben. Für eine andere Kurve:

$$v = \varphi(u),$$

welche dieselben Punkte $A$ und $B$ verbindet und ganz in dem betrachteten Bereiche liegt, ist die Länge des Bogens zwischen $A$ und $B$ durch

1) Wegen der eben genannten Eigenschaft sind die geodätischen Kreise die natürliche Verallgemeinerung der Kreise in der Ebene. Geht man jedoch von der anderen Eigenschaft des gewöhnlichen Kreises aus, daß er nämlich konstante Krümmung besitzt, so wird man dazu geführt, als geodätische Kreise die Kurven mit konstanter geodätischer Krümmung zu definieren. Einige Autoren, wie Darboux, stellen gerade diese zweite Definition auf. Zu beachten ist der Umstand, daß die beiden Definitionen, die sich im Falle der Ebene (und allgemeiner der Flächen mit konstantem Krümmungsmaß) decken, für eine allgemeine Fläche Kurven ganz verschiedener Art charakterisieren.

$$s = \int_{u_0}^{u_1} \sqrt{1 + G\varphi'^2(u)}\, du$$

gegeben, und dieser Wert übertrifft offenbar den Wert $\int_{u_0}^{u_1} du = u_1 - u_0$, da $G$ positiv ist.

## § 83. Geodätische Ellipsen und Hyperbeln.

Auf einer Fläche $S$ nehmen wir zwei Kurven $C$ und $C'$ an, die nicht geodätisch parallel sind, und wählen als Parameterlinien $u$, $v$ die geodätischen Parallelen zu $C$ und $C'$, als Parameter $u$ die geodätische Entfernung von der Grundkurve $C$ und als Parameter $v$ diejenige von der Grundkurve $C'$. Wenn

$$ds^2 = E du^2 + 2 F du dv + G dv^2$$

der Ausdruck für das Quadrat des Linienelements ist, so müssen wir nach dem Schlußergebnis des § 81

$$\Delta_1 u = 1, \quad \Delta_1 v = 1,$$

d. h.

$$\frac{G}{EG - F^2} = 1, \quad \frac{E}{EG - F^2} = 1$$

oder

$$E = G, \quad F = \sqrt{E(E-1)}$$

setzen.

Wird mit $\omega$ der Winkel der Parameterlinien bezeichnet, so ist demnach (vgl. S. 62):

$$E = G = \frac{1}{\sin^2 \omega}, \quad F = \frac{\cos \omega}{\sin^2 \omega}$$

und folglich:

(16) $$ds^2 = \frac{du^2 + 2 \cos \omega\, du dv + dv^2}{\sin^2 \omega}.$$

Führen wir nun als neue Parameterlinien die Kurven:

$$u + v = \text{Const.}, \quad u - v = \text{Const.}$$

ein und setzen wir noch:

$$u + v = 2\alpha, \quad u - v = 2\beta,$$

so erhalten wir:

(17) $$ds^2 = \frac{d\alpha^2}{\sin^2 \frac{\omega}{2}} + \frac{d\beta^2}{\cos^2 \frac{\omega}{2}}.$$

Die neuen Parameterlinien stehen also aufeinander senkrecht, d. h.: **Auf jeder beliebigen Fläche bilden die Ortskurven derjenigen Punkte, für welche die Summe oder die Differenz der geodätischen Entfernungen von zwei festen Grundkurven konstant ist, ein Orthogonalsystem (Weingarten).**

Wenn die Kurven $C$ und $C'$ durch unendliches Zusammenziehen in Punkte einschrumpfen, so ist das soeben betrachtete System die Verallgemeinerung des Systems konfokaler Ellipsen und Hyperbeln in der Ebene. Es werden daher auch allgemein die Kurven:

$$\alpha = \text{Const.}, \quad \beta = \text{Const.},$$

welches auch die Grundkurven sein mögen, geodätische Ellipsen und Hyperbeln genannt.

Der Ausdruck (17) für das Quadrat des Linienelements gilt nach dem Vorstehenden für jede Fläche. Es ist klar, daß, wenn es auf diese Form gebracht ist, die Kurven $\alpha = \text{Const.}$, $\beta = \text{Const.}$ geodätische Ellipsen und Hyperbeln bezüglich gewisser zweier Grundkurven sind. Um das Quadrat des Linienelements einer gegebenen Fläche wirklich auf die Form (17) zu bringen, braucht man nur die geodätischen Linien der Fläche und ihren Bogen zu kennen. Somit werden wir z. B. für die Ebene und die Kugel in der allgemeinsten Weise das Quadrat des Linienelements auf diese Form bringen können.[1])

## § 84. Torsion einer geodätischen Linie.

Eine geodätische Linie ist durch den in einer gegebenen Richtung erfolgenden Durchgang durch einen Punkt $P$ bestimmt (vgl. § 78). Wir stellen uns die Aufgabe, aus diesen beiden Elementen einer geodätischen Linie $g$ ihre Torsion $\frac{1}{T_g}$ in $P$ nebst dem zugehörigen Vorzeichen zu berechnen.

Für eine solche geodätische Linie ist unter Beibehaltung der üblichen Bezeichnungen:

$$\cos\alpha = \frac{\partial x}{\partial u}\frac{du}{ds} + \frac{\partial x}{\partial v}\frac{dv}{ds}, \quad \cos\beta = \frac{\partial y}{\partial u}\frac{du}{ds} + \frac{\partial y}{\partial v}\frac{dv}{ds},$$

$$\cos\gamma = \frac{\partial z}{\partial u}\frac{du}{ds} + \frac{\partial y}{\partial v}\frac{dv}{ds},$$

$$\cos\xi = \pm X, \quad \cos\eta = \pm Y, \quad \cos\zeta = \pm Z,$$

also:

$$\cos\lambda = \begin{vmatrix} \cos\beta & \cos\gamma \\ \cos\eta & \cos\zeta \end{vmatrix} = \pm\left(Z\frac{\partial y}{\partial u} - Y\frac{\partial z}{\partial u}\right)\frac{du}{ds} \pm \left(Z\frac{\partial y}{\partial v} - Y\frac{\partial z}{\partial v}\right)\frac{dv}{ds}$$

nebst analogen Ausdrücken für $\cos\mu$ und $\cos\nu$. Unter Berücksichtigung der Identitäten (S. 131, Anmerkung):

1) In betreff der hierauf bezüglichen wirklichen Gleichungen s. Darboux, 2. Bd., S. 422.

$$Z\frac{\partial y}{\partial u} - Y\frac{\partial z}{\partial u} = \frac{1}{\sqrt{EG-F^2}}\left(F\frac{\partial x}{\partial u} - E\frac{\partial x}{\partial v}\right),$$

$$Z\frac{\partial y}{\partial v} - Y\frac{\partial z}{\partial v} = \frac{1}{\sqrt{EG-F^2}}\left(G\frac{\partial x}{\partial u} - F\frac{\partial x}{\partial v}\right),$$

ergibt sich:

$$\cos\lambda = \pm\frac{F\frac{\partial x}{\partial u} - E\frac{\partial x}{\partial v}}{\sqrt{EG-F^2}}\frac{du}{ds} \pm \frac{G\frac{\partial x}{\partial u} - F\frac{\partial x}{\partial v}}{\sqrt{EG-F^2}}\frac{dv}{ds},$$

$$\cos\mu = \pm\frac{F\frac{\partial y}{\partial u} - E\frac{\partial y}{\partial v}}{\sqrt{EG-F^2}}\frac{du}{ds} \pm \frac{G\frac{\partial y}{\partial u} - F\frac{\partial y}{\partial v}}{\sqrt{EG-F^2}}\frac{dv}{ds},$$

$$\cos\nu = \pm\frac{F\frac{\partial z}{\partial u} - E\frac{\partial z}{\partial v}}{\sqrt{EG-F^2}}\frac{du}{ds} \pm \frac{G\frac{\partial z}{\partial u} - F\frac{\partial z}{\partial v}}{\sqrt{EG-F^2}}\frac{dv}{ds}.$$

Aber nach den Frenetschen Formeln ist:

$$\frac{1}{T_g} = -\sum \cos\lambda\frac{d\cos\xi}{ds} = \mp\sum\cos\lambda\left(\frac{\partial X}{\partial u}\frac{du}{ds} + \frac{\partial X}{\partial v}\frac{dv}{ds}\right).$$

Wenn für $\cos\lambda$, $\cos\mu$, $\cos\nu$ die obigen Werte eingesetzt werden, so fällt die Zweideutigkeit des Vorzeichens fort, und es ergibt sich (nach S. 86) als der gesuchte Ausdruck:

$$(18)\qquad \frac{1}{T_g} = \frac{(FD-ED')du^2 + (GD-ED'')du\,dv + (GD'-FD'')dv^2}{(Edu^2+2Fdu\,dv+Gdv^2)\sqrt{EG-F^2}}.$$

Er gibt also die Torsion derjenigen geodätischen Linie an, die durch den Flächenpunkt $(u, v)$ in der durch den Quotienten $\frac{dv}{du}$ bestimmten Richtung hindurchgeht.

Der Zähler dieses Ausdrucks ist, wie man sieht, genau die Jacobische Determinante der beiden Grundformen:

$$\begin{vmatrix} Ddu + D'dv & D'du + D''dv \\ Edu + Fdv & Fdu + Gdv \end{vmatrix},$$

die gleich Null gesetzt die Differentialgleichung der Krümmungslinien liefert. Daraus ergeben sich die folgenden leicht auch direkt zu beweisenden Sätze[1]):

1) Wenn eine Krümmungslinie eine geodätische Linie ist, so ist sie eben.

2) Jede ebene geodätische Linie ist eine Krümmungslinie.

1) Werden die Krümmungslinien als Parameterlinien gewählt, so nimmt die Gleichung (18) die einfachere Gestalt an (vgl. § 54, S. 101):

$$\frac{1}{T_g} = \sqrt{EG}\left(\frac{1}{r_1} - \frac{1}{r_2}\right)\frac{du}{ds}\frac{dv}{ds} = \left(\frac{1}{r_1} - \frac{1}{r_2}\right)\cos\vartheta\sin\vartheta,$$

## § 85. Geodätische Torsion einer Flächenkurve.

Die Ergebnisse des vorigen Paragraphen führen dazu, für eine beliebige auf einer Fläche gezogene Linie $L$ in jedem ihrer Punkte noch ein weiteres geometrisches Element einzuführen, dessen Betrachtung von Wichtigkeit ist, die sogenannte geodätische Torsion. Nach Bonnet wird mit diesem Namen die Torsion derjenigen geodätischen Linie bezeichnet, welche die Kurve $L$ in einem Punkte $P$ berührt[1]). Die geodätische Torsion $\frac{1}{T_g}$ einer Kurve $L$ ist durch den Ausdruck (18) gegeben, wobei unter $du$, $dv$ die Zunahmen der krummlinigen Koordinaten längs $L$ zu verstehen sind.

Aus dieser Gleichung folgt für die Krümmungslinien offenbar die weitere Definition:

Die Krümmungslinien sind diejenigen Kurven, die in jedem Punkte die geodätische Torsion Null besitzen.

Wir sehen nun, daß aus der Gleichung (18) speziell für die geodätischen Torsionen $\frac{1}{T_u}$, $\frac{1}{T_v}$ der Parameterlinien die Ausdrücke folgen:

$$(19)\qquad \left\{\begin{aligned} \frac{1}{T_u} &= \frac{GD' - FD''}{G\sqrt{EG - F^2}}, \\ \frac{1}{T_v} &= \frac{FD - ED'}{E\sqrt{EG - F^2}}, \end{aligned}\right.$$

und, wenn überdies die Kurven $u$, $v$ aufeinander senkrecht stehen ($F = 0$):

$$(19^*)\qquad \frac{1}{T_u} = -\frac{1}{T_v} = \frac{D'}{\sqrt{EG}},$$

woraus hervorgeht, daß zwei von einem Punkte ausgehende und auf-

d. h.:

$$\frac{1}{T_g} = \frac{1}{2}\left(\frac{1}{r_1} - \frac{1}{r_2}\right)\sin 2\vartheta.$$

Hieraus geht hervor, daß die Richtungen der Krümmungslinien das Büschel der von $P$ ausgehenden geodätischen Linien in zwei Teile zerlegen; die geodätischen Linien der einen Schar sind alle rechts, diejenigen der anderen alle links gewunden. Zwei aufeinander senkrechte geodätische Linien haben dem absoluten Wert nach gleiche, dem Vorzeichen nach entgegengesetzte Torsion. Diejenigen geodätischen Linien, welche die Winkel zwischen den Hauptrichtungen halbieren, haben die größte Torsion, nämlich $\frac{1}{2}\left(\frac{1}{r_1} - \frac{1}{r_2}\right)$.

1) Es sei darauf hingewiesen, daß die Bezeichnung „geodätische Torsion" der Bezeichnung „geodätische oder tangentiale Krümmung" nicht analog ist, da sich sonst rückwärts als die tangentiale Krümmung der geodätischen Linie gerade diejenige ergäbe, die wir die normale Krümmung genannt haben, während sie doch nach Definition gleich Null ist.

einander senkrechte geodätische Linien gleiche, aber dem Vorzeichen nach entgegengesetzte Torsion haben. (Vgl. die vorletzte Anmerkung.)

Wir wollen nun die Beziehung aufsuchen, die zwischen der geodätischen und der absoluten Torsion einer beliebigen auf einer Fläche gezogenen Kurve besteht. Der Einfachheit halber wählen wir zu diesem Zwecke ein orthogonales System als Parameterlinien $u$, $v$, und die in Rede stehende Kurve $L$ sei eine Kurve des Systems $u$. Mit $\sigma$ bezeichnen wir den Winkel, den die Flächennormale mit der Hauptnormale von $L$ bildet, und also auch denjenigen Winkel, um welchen in der Normalenebene eines Punktes $P$ von $L$ die positive Richtung der Flächennormale in positivem Sinne gedreht werden muß, um mit der positiven Richtung der Hauptnormale von $L$ zusammenzufallen[1]). In den gewöhnlichen Bezeichungen haben wir:

$$\cos\alpha = \frac{1}{\sqrt{G}}\frac{\partial x}{\partial v}, \qquad \cos\beta = \frac{1}{\sqrt{G}}\frac{\partial y}{\partial v}, \qquad \cos\gamma = \frac{1}{\sqrt{G}}\frac{\partial z}{\partial v},$$

$$\cos\xi = \cos\sigma X + \frac{\sin\sigma}{\sqrt{E}}\frac{\partial x}{\partial u}, \qquad \cos\eta = \cos\sigma Y + \frac{\sin\sigma}{\sqrt{E}}\frac{\partial y}{\partial u},$$

$$\cos\zeta = \cos\sigma Z + \frac{\sin\sigma}{\sqrt{E}}\frac{\partial z}{\partial u},$$

$$\cos\lambda = -\sin\sigma X + \frac{\cos\sigma}{\sqrt{E}}\frac{\partial x}{\partial u}, \qquad \cos\mu = -\sin\sigma Y + \frac{\cos\sigma}{\sqrt{E}}\frac{\partial y}{\partial u},$$

$$\cos\nu = -\sin\sigma Z + \frac{\cos\sigma}{\sqrt{E}}\frac{\partial z}{\partial u},$$

also nach den Frenetschen Formeln für die absolute Torsion $\frac{1}{T}$ der Kurve $u$:

$$\frac{1}{T} = \sum \cos\xi \frac{d\cos\lambda}{ds_u} = \frac{1}{\sqrt{G}} \sum \cos\xi \frac{\partial \cos\lambda}{\partial v} = \frac{D'}{\sqrt{EG}} - \frac{1}{\sqrt{G}}\frac{\partial\sigma}{\partial v},$$

wofür auch wegen (19*)

$$\frac{1}{T_u} = \frac{1}{T} + \frac{\partial\sigma}{\partial s_u} \tag{20}$$

geschrieben werden kann.

Dieses ist die Gleichung, um deren Ableitung es sich handelte; sie zeigt uns, daß die geodätische Torsion mit der absoluten für alle diejenigen Kurven und nur für solche zusammenfällt, deren Hauptnormale gegen die Fläche um einen konstanten Winkel geneigt ist. Zu dieser Klasse von Kurven gehören die geodätischen Linien und die Haupttangentenkurven; für die ersteren ist $\sigma$ gleich Null (oder gleich $\pi$), für

1) Natürlich ist als positive Seite der genannten Normalenebene diejenige anzusehen, welche der positiven Richtung der Tangente von $L$ zugewandt ist.

die letzteren gleich $\frac{\pi}{2}$. Im allgemeinen bilden die Kurven dieser Art, die einem konstanten Werte von $\sigma$ entsprechen, wie die geodätischen Linien eine zweifach unendliche Mannigfaltigkeit, ausgenommen in dem Grenzfalle: $\sigma = \frac{\pi}{2}$ (der Haupttangentenkurven)[1]).

## § 86. Allgemeine Sätze über die Integration der Differentialgleichung der geodätischen Linien.

Indem wir nun zu der Differentialgleichung der geodätischen Linien zurückkehren, wollen wir einige allgemeine Sätze angeben, die ihre Integration betreffen[2]).

Zunächst bemerken wir, daß die Bonnetsche Gleichung (4*), S. 148, sofort auf den folgenden Satz führt:

A) Wenn die durch die Differentialgleichung erster Ordnung:

$$Mdu + Ndv = 0$$

definierten Kurven geodätische Linien sind, so lassen sich ihre orthogonalen Trajektorien durch eine Quadratur bestimmen.

Es ist nämlich die Differentialgleichung der orthogonalen Trajektorien durch (S. 65, (13)):

$$(EN - FM)du + (FN - GM)dv = 0$$

gegeben, und wegen der eben angeführten Gleichung (4*) ist nach der Voraussetzung:

$$\frac{\partial}{\partial u}\left(\frac{FN - GM}{\sqrt{EN^2 - 2FMN + GM^2}}\right) = \frac{\partial}{\partial v}\left(\frac{EN - FM}{\sqrt{EN^2 - 2FMN + GM^2}}\right),$$

d. h. der Ausdruck:

$$\frac{EN - FM}{\sqrt{EN^2 - 2FMN + GM^2}}\,du + \frac{FN - GM}{\sqrt{EN^2 - 2FMN + GM^2}}\,dv$$

ist ein vollständiges Differential. Setzen wir also:

$$\vartheta(u, v) = \int \frac{(EN - FM)du + (FN - GM)dv}{\sqrt{EN^2 - 2FMN + GM^2}},$$

so ist $\vartheta$ das gesuchte Integral. Dies folgt auch so: Wir haben offenbar

$$\Delta_1 \vartheta = 1,$$

1) Infolge des in der Anmerkung zu § 84 Gesagten folgt hieraus weiter, daß die beiden von einem Punkte ausgehenden Haupttangentenkurven gleiche und dem Vorzeichen nach entgegengesetzte Torsion haben.

2) Darboux, 2. Bd., S. 424 ff.

folglich ist nach § 81 die Gleichung der gesuchten orthogonalen Trajektorien: $\vartheta = \text{Const.}$ Dabei ist $\vartheta$ der von einer festen orthogonalen Trajektorie an gerechnete Bogen der geodätischen Linie.

Wir nehmen nun an, es sei eine solche Lösung $\vartheta$ der partiellen Differentialgleichung:

$$\Delta_1 \vartheta = 1$$

bekannt, die eine wesentliche, d. h. in $\vartheta$ nicht additiv auftretende willkürliche Konstante $a$ enthält. Wird die Gleichung: $\Delta_1 \vartheta = 1$ oder:

$$E\left(\frac{\partial \vartheta}{\partial v}\right)^2 - 2F\frac{\partial \vartheta}{\partial u}\frac{\partial \vartheta}{\partial v} + G\left(\frac{\partial \vartheta}{\partial u}\right)^2 = EG - F^2$$

nach dem Parameter $a$, der nun in $\vartheta$ enthalten ist, differenziert, so ergibt sich nach § 35:

$$\nabla\left(\vartheta, \frac{\partial \vartheta}{\partial a}\right) = 0.$$

Dieses beweist, daß für jeden bestimmten Wert von $a$ die Gleichung:

$$\frac{\partial \vartheta}{\partial a} = b, \tag{21}$$

in der $b$ eine willkürliche Konstante bedeutet, die zu den Kurven $\vartheta = \text{Const.}$ orthogonalen geodätischen Linien darstellt (vgl. § 36). Die Gleichung (21) enthält die beiden willkürlichen Konstanten $a$ und $b$ und ist die allgemeine Gleichung der geodätischen Linien der Fläche. Um dieses zu beweisen, braucht man nur zu zeigen, daß eine Kurve:

$$\vartheta = Const.$$

durch einen beliebigen Punkt der Fläche in beliebiger Richtung gelegt werden kann. Es kann nun das Verhältnis $\frac{\partial \vartheta}{\partial u} : \frac{\partial \vartheta}{\partial v}$ nicht unabhängig von $a$ sein, denn da außerdem $\frac{\partial \vartheta}{\partial u}$ und $\frac{\partial \vartheta}{\partial v}$ durch die Gleichung: $\Delta_1 \vartheta = 1$ verbunden sind, würden ja sonst beide Größen von $a$ unabhängig und also $a$ in $\vartheta$ additiv enthalten sein. Ist aber $(u_0, v_0)$ ein beliebiger Punkt der Fläche, so stellt die Gleichung:

$$\vartheta(u, v, a) = \vartheta(u_0, v_0, a)$$

eine Kurve $\vartheta = \text{Const.}$ dar, welche von $(u_0, v_0)$ ausgeht. Ihre Richtung in diesem Punkte hängt von dem Verhältnis $\frac{\partial \vartheta}{\partial u} : \frac{\partial \vartheta}{\partial v}$ ab, das bei der Änderung von $a$ alle Werte annehmen kann[1]). Wir haben also den Satz:

B) Ist von der partiellen Differentialgleichung:

$$\Delta_1 \vartheta = 1$$

1) Darboux, 2. Bd., S. 428-

eine Lösung $\vartheta$ mit einer wesentlichen Konstanten $a$ bekannt, so ergibt sich die allgemeine Lösung der Differentialgleichung der geodätischen Linien mittels Differentiation in der Form:

$$\frac{\partial \vartheta}{\partial a} = b,$$

wobei $b$ eine zweite willkürliche Konstante ist. Der Bogen jeder geodätischen Linie ist gleich der Differenz der Werte, welche die Funktion $\vartheta$ in den beiden Endpunkten annimmt.

## § 87. Jacobischer Satz über die Differentialgleichung der geodätischen Linien.

Auf Grund der letzten Ergebnisse können wir mit Jacobi beweisen, daß man von der Differentialgleichung zweiter Ordnung der geodätischen Linien nur eine intermediäre Integralgleichung erster Ordnung mit einer willkürlichen Konstanten $a$ zu kennen braucht, um mittels Quadraturen die Gleichung dieser Kurven in endlicher Gestalt zu erhalten. Es sei nämlich durch

$$\frac{dv}{du} = \varphi(u, v, a)$$

eine solche bekannte intermediäre Integralgleichung dargestellt. Setzen wir dann in dem Satze A) des vorigen Paragraphen

$$M = -\varphi, \quad N = 1,$$

so sehen wir, daß der Ausdruck:

$$\frac{(E + F\varphi)du + (F + G\varphi)dv}{\sqrt{E + 2F\varphi + G\varphi^2}}$$

ein vollständiges Differential ist. Setzen wir also:

$$\vartheta = \int \frac{(E + F\varphi)du + (F + G\varphi)dv}{\sqrt{E + 2F\varphi + G\varphi^2}},$$

so ist nach Satz B)

$$\frac{\partial \vartheta}{\partial a} = b$$

die Gleichung der geodätischen Linien in endlicher Gestalt.

Dieses Ergebnis benutzen wir jetzt zum Beweise des Satzes: Bei den Flächen mit dem Krümmungsmaß Null (den abwickelbaren Flächen) läßt sich die Differentialgleichung der geodätischen Linien mittels zweier Quadraturen integrieren.

Wir schreiben nämlich die Differentialgleichung der geodätischen Linien in der Gaußischen Form ((11), S. 155):

$$d\psi = \frac{1}{2\sqrt{EG-F^2}}\left(\frac{F}{E}\frac{\partial E}{\partial u} + \frac{\partial E}{\partial v} - 2\frac{\partial F}{\partial u}\right)du +$$
$$+ \frac{1}{2\sqrt{EG-F^2}}\left(\frac{F}{E}\frac{\partial E}{\partial v} - \frac{\partial G}{\partial u}\right)dv,$$

wo $\psi$ der Winkel zwischen den geodätischen Linien und den Kurven $v$ ist. Gemäß der Gleichung (17), S. 67, besagt die Bedingung: $K = 0$, daß die rechte Seite dieser Gleichung ein vollständiges Differential ist. Durch eine Quadratur ergibt sich sofort eine intermediäre Integralgleichung mit einer willkürlichen Konstanten $a$:

$$\psi = f(u, v) + a,$$

und eine zweite Quadratur ergibt die Gleichung der geodätischen Linien in endlicher Gestalt. Mit anderen Worten: Hat eine quadratische Differentialform:

$$E du^2 + 2F du dv + G dv^2$$

die Krümmung Null, so genügen zwei Quadraturen, um sie auf die Normalform: $dx^2 + dy^2$ zu bringen. (Vgl. dasselbe Problem in § 30.)

## § 88. Geodätische Linien auf den Liouvilleschen Flächen.

Es gibt eine Klasse von Flächen, die in ihrer ganzen Allgemeinheit zuerst von Liouville untersucht worden sind und bei denen das Verfahren, das durch die Sätze in § 86 für die Integration der Differentialgleichung der geodätischen Linien angegeben wurde, vollständig durchführbar ist. Es sind dieses diejenigen Flächen, bei denen das Quadrat des Linienelements auf die Form:

(22) $$ds^2 = [\alpha(u) + \beta(v)](du^2 + dv^2)$$

gebracht werden kann, wo $\alpha(u)$ eine Funktion von $u$ allein und $\beta(v)$ eine Funktion von $v$ allein ist. Für diese besondere Form des Quadrates des Linienelements geht die Gleichung:

$$\Delta_1 \vartheta = 1$$

nach § 35 über in:

$$\left(\frac{\partial \vartheta}{\partial u}\right)^2 + \left(\frac{\partial \vartheta}{\partial v}\right)^2 = \alpha(u) + \beta(v).$$

Wir suchen ihr dadurch zu genügen, daß wir $\vartheta$ gleich der Summe zweier Funktionen setzen, von denen die eine nur von $u$, die andere nur von $v$ abhängt:

$$\vartheta = U + V.$$

Dieses gibt:

$$U'^2 - \alpha(u) = \beta(v) - V'^2 = a,$$

wo $a$ eine willkürliche Konstante ist. Wird also

(23) $$\vartheta = \int \sqrt{\alpha(u) + a}\, du \pm \int \sqrt{\beta(v) - a}\, dv$$

gesetzt, so ist $\vartheta$ eine Lösung von $\Delta_1\vartheta = 1$ mit der wesentlichen Konstanten $a$, und folglich (§ 86) erhalten wir als Gleichung der geodätischen Linien in endlicher Gestalt:

$$(24)\qquad 2\frac{\partial\vartheta}{\partial a} = \int\frac{du}{\sqrt{\alpha(u)+a}} \mp \int\frac{dv}{\sqrt{\beta(v)-a}} = b,$$

während (23) ihren Bogen $\vartheta$ ergibt. Wir fügen überdies hinzu, daß, wenn mit $\psi$ der Winkel zwischen den geodätischen Linien und den Kurven $v$ bezeichnet wird,

$$\operatorname{tg}\psi = \frac{dv}{du}$$

ist, woraus infolge von (24) die Gleichung:

$$(25)\qquad \beta(v)\cos^2\psi - \alpha(u)\sin^2\psi = a$$

hervorgeht, die uns ein intermediäres Integral erster Ordnung der Gleichung der geodätischen Linien auf den Liouvilleschen Flächen gibt.

Dini[1]) hat bemerkt, daß der Ausdruck (22) für das Quadrat des Linienelements folgendem Satze äquivalent ist: Die Parameterlinien $u$, $v$ bilden ein isothermes System von geodätischen Ellipsen und Hyperbeln. Um dieses zu beweisen, führen wir statt der Parameter $u$, $v$ andere ein, indem wir

$$u = u(u_1),\quad v = v(v_1)$$

setzen, so daß

$$\left(\frac{du_1}{du}\right)^2 + \left(\frac{dv_1}{dv}\right)^2 = \alpha(u) + \beta(v)$$

wird. Setzen wir noch:

$$\sin\frac{\omega}{2} = \frac{\frac{du_1}{du}}{\sqrt{\alpha(u)+\beta(v)}},\quad \cos\frac{\omega}{2} = \frac{\frac{dv_1}{dv}}{\sqrt{\alpha(u)+\beta(v)}},$$

so nimmt der Ausdruck (22) die charakteristische Gestalt (17), S. 162, an:

$$ds^2 = \frac{du_1^{\,2}}{\sin^2\frac{\omega}{2}} + \frac{dv_1^{\,2}}{\cos^2\frac{\omega}{2}},$$

wodurch unsere Behauptung bewiesen ist. Umgekehrt ist sofort einleuchtend, daß, wenn ein Orthogonalsystem von geodätischen Ellipsen und Hyperbeln auch noch isotherm ist, durch Einführung neuer Parameter das Linienelement auf die Liouvillesche Form gebracht werden kann.

1) Sopra un problema della rappresentazione geografica di una superficie sopra un' altra. Annali di Matematica, 3. Bd., 1869.

Wir können demnach sagen: Die Liouvilleschen Flächen sind diejenigen Flächen, auf denen es ein isothermes System von geodätischen Ellipsen und Hyperbeln gibt[1]).

### § 89. Geodätische Linien auf den Rotationsflächen.

Zu der Klasse der Liouvilleschen Flächen gehören die Flächen zweiten Grades und die Rotationsflächen, auf denen nämlich die Krümmungslinien ein isothermes System geodätischer Ellipsen und Hyperbeln bilden.

Wir wenden die Ergebnisse des vorigen Paragraphen auf den letzteren Fall, d. h. auf das Quadrat des Linienelements:

$$ds^2 = du^2 + r^2 dv^2$$

(vgl. § 42) an, das wir auf die isometrischen Parameter:

$$u_1 = \int \frac{du}{r}, \quad v$$

beziehen, wodurch wir erhalten:

$$ds^2 = r^2(du_1^2 + dv^2).$$

Dieser Ausdruck für das Quadrat des Linienelements ergibt sich aus dem Liouvilleschen Ausdruck (22), wenn darin

$$\alpha(u_1) = r^2, \quad \beta(v) = 0$$

gesetzt wird.

Die Konstante $a$ in der Gleichung (23) muß in dem vorliegenden Falle für die reellen geodätischen Linien einen negativen Wert haben. Wird also

$$a = -k^2$$

gesetzt, so lautet die Gleichung (24) der geodätischen Linien in endlicher Gestalt:

$$v = \pm k \int \frac{du}{r\sqrt{r^2 - k^2}} + b, \tag{26}$$

und die Gleichung (23), die den Bogen $s$ der geodätischen Linien ergibt:

$$s = \pm kv + \int \frac{\sqrt{r^2 - k^2}}{r} du = \int \frac{r\,du}{\sqrt{r^2 - k^2}}. \tag{27}$$

Es ist klar, daß das einfach unendliche System von geodätischen Linien, das sich aus (26) für einen festen Wert von $k$ und veränderliches $b$ ergibt, aus lauter kongruenten Kurven besteht, die durch Drehung um die Achse miteinander zur Deckung gebracht werden können.

---

1) Die diesem Buche gesteckten Grenzen gestatten uns nicht, hier auf die neueren wichtigen Ergebnisse einzugehen, die verschiedene Mathematiker in der Theorie der Liouvilleschen Flächen erhalten haben, insbesondere auf die Kriterien dafür, ob eine gegebene Fläche zu dieser Klasse gehört.

Die intermediäre Integralgleichung (25) liefert uns die Gleichung:

$$r \sin \psi = k, \tag{28}$$

d. h. den Clairautschen Satz: In jedem Punkte einer auf einer Rotationsfläche gezogenen geodätischen Linie ist das Produkt aus dem Radius des betreffenden Parallelkreises und dem Sinus des Neigungswinkels der geodätischen Linie gegen den betreffenden Meridian konstant.

Besitzt die Fläche einen größten Parallelkreis vom Radius $R$, so ist für jede reelle geodätische Linie der Wert der Konstanten $k$ kleiner als $R$. Die Kurve verläuft dann ganz innerhalb der Zone, in der die Radien der Parallelkreise nicht größer sind als $k$, wie aus der Gleichung (28) hervorgeht.

## § 90. Gaußischer Satz über die Totalkrümmung eines geodätischen Dreiecks.

Indem wir nun zu der allgemeinen Theorie der geodätischen Linien zurückkehren, betrachten wir mit Gauß ein geodätisches, d. h. ein von drei geodätischen Bogen gebildetes Dreieck $ABC$, das ein gewisses Stück der Fläche $S$ einschließt. Wir berechnen seine Totalkrümmung (Curvatura integra), d. h. das über das ganze Dreieck erstreckte Doppelintegral:

$$\sum = \iint K d\sigma,$$

wo $d\sigma$ das Flächenelement und $K$ wie gewöhnlich das Krümmungsmaß bezeichnet.

Als Parameterlinien $v$ wählen wir die von der Ecke $A$ ausgehenden geodätischen Linien und als Parameter $v$ den Winkel, den sie mit der festen geodätischen Linie $AB (v = 0)$ bilden. Als Kurven $u$ wählen wir die orthogonalen Trajektorien der Kurven $v$ (die geodätischen Kreise um $A$) und rechnen den Bogen $u$ der geodätischen Linien vom Punkte $A$ aus. Da dann das Quadrat des Linienelements durch

$$ds^2 = du^2 + G dv^2$$

gegeben ist, so genügt die Funktion $\sqrt{G}$ den Bedingungen (S. 160):

$$(\sqrt{G})_{u=0} = 0, \quad \left(\frac{\partial \sqrt{G}}{\partial u}\right)_{u=0} = 1. \tag{29}$$

Da ferner (nach S. 158 u. 62)

$$K = -\frac{1}{\sqrt{G}} \frac{\partial^2 \sqrt{G}}{\partial u^2}, \quad d\sigma = \sqrt{G}\, du\, dv$$

ist, so kommt:

(30) $$\sum = \iint -\frac{\partial^2\sqrt{G}}{du^2}\,du\,dv = \int_0^{\hat{A}} dv \int_0^u -\frac{\partial^2\sqrt{G}}{\partial u^2}\,du,$$

wo $\hat{A}$ den Dreieckswinkel an der Ecke $A$ bedeutet.

Längs der geodätischen Linie $BC$, als deren positive Richtung wir diejenige von $B$ nach $C$ festsetzen wollen, ist die Gaußische Differentialgleichung der geodätischen Linien (Formel (11*), S. 155) erfüllt, d. h.:

(31) $$d\vartheta = -\frac{\partial\sqrt{G}}{\partial u}\,dv.$$

Bezeichnen wir die Dreieckswinkel in $B$ und $C$ mit $\hat{B}$ und $\hat{C}$, so haben wir demnach:

$$\vartheta_B = \pi - \hat{B}, \quad \vartheta_C = \hat{C},$$

wo $\vartheta_B$, $\vartheta_C$ die Werte von $\vartheta$ in $B$ bez. $C$ sind.

Nun ergibt Gleichung (30):

$$\sum = \int_0^{\hat{A}} \left[\left(\frac{\partial\sqrt{G}}{\partial u}\right)_{u=0} - \frac{\partial\sqrt{G}}{\partial u}\right] dv,$$

d. h. wegen (29) und (31):

$$\sum = \int_0^{\hat{A}} (dv + d\vartheta) = \hat{A} + \vartheta_C - \vartheta_B = \hat{A} + \hat{B} + \hat{C} - \pi.$$

In dieser bemerkenswerten Gleichung ist der Gaußische Satz enthalten:

Die Totalkrümmung eines geodätischen Dreiecks ist gleich dem Überschuß seiner Winkelsumme über zwei Rechte (dem sphärischen Exzeß).

Dieser Überschuß ist positiv, wenn alle Punkte im Innern des Dreiecks elliptisch sind, negativ, wenn sie hyperbolisch sind, und gleich Null im Falle der abwickelbaren Flächen. Schließlich bemerken wir noch, daß, wenn das Krümmungmaß $K$ der Fläche konstant ist, der vorstehende Satz als besonderen Fall den folgenden liefert:

Auf einer Fläche mit konstantem Krümmungsmaß ist der Flächeninhalt eines geodätischen Dreiecks dem Überschuß seiner Winkelsumme über zwei Rechte proportional.

## § 91. Doppelte Orthogonalsysteme von Kurven konstanter geodätischer Krümmung.

Wir schließen dieses Kapitel mit der Ableitung einiger einfacher Sätze über Kurven konstanter geodätischer Krümmung.

Wir nehmen an, daß in einem auf einer Fläche $S$ befindlichen doppelten Orthogonalsytem $(u, v)$ jede Kurve des Systems $u$ sowohl wie jede Kurve des Systems $v$ konstante geodätische Krümmung besitze. Ist

$$ds^2 = E du^2 + G dv^2$$

der Ausdruck für das Quadrat des Linienelements, so haben wir der Voraussetzung zufolge (§ 75, S. 147):

$$\text{(a)} \qquad \frac{1}{\sqrt{EG}} \frac{\partial \sqrt{G}}{\partial u} = U, \quad \frac{1}{\sqrt{EG}} \frac{\partial \sqrt{E}}{\partial v} = V,$$

wo $U$ eine Funktion von $u$ allein, $V$ eine Funktion von $v$ allein ist. Daraus folgt:

$$V \frac{\partial \sqrt{G}}{\partial u} = U \frac{\partial \sqrt{G}}{\partial v}$$

oder:

$$\frac{\partial (V\sqrt{G})}{\partial u} = \frac{\partial (U\sqrt{E})}{\partial v}.$$

Demnach ist

$$U\sqrt{E}\, du + V\sqrt{G}\, dv$$

das vollständige Differential einer Funktion $\varphi$, und dabei ist:

$$\sqrt{E} = \frac{1}{U} \frac{\partial \varphi}{\partial u}, \quad \sqrt{G} = \frac{1}{V} \frac{\partial \varphi}{\partial v}.$$

Werden diese Werte in (a) eingesetzt, so ergibt sich zur Bestimmung von $\varphi$ die eine Gleichung:

$$\frac{\partial^2 \varphi}{\partial u \partial v} = \frac{\partial \varphi}{\partial u} \frac{\partial \varphi}{\partial v},$$

deren allgemeine Lösung

$$\varphi = -\log[\alpha(u) + \beta(v)]$$

ist, wo $\alpha(u)$, $\beta(v)$ willkürliche Funktion von $u$ bez. $v$ allein sind. Daraus ergibt sich für das Quadrat des Linienelements der Ausdruck:

$$ds^2 = \frac{1}{[\alpha(u) + \beta(v)]^2} \left[ \frac{\alpha'^2(u)}{U^2} du^2 + \frac{\beta'^2(v)}{V^2} dv^2 \right]$$

oder durch Einführung neuer Parameter $u_1$, $v_1$:

$$\text{(32)} \qquad ds^2 = \frac{du_1^2 + dv_1^2}{(U_1 + V_1)^2} \text{ 1)}.$$

Wir haben also nach S. 70 den Satz:

---

1) Falls die Funktionen $U$, $V$ nur Konstanten sind, erhält $ds^2$ die Form:

$$ds^2 = \frac{1}{(au_1 + bv_1)^2} (du_1^2 + dv_1^2) \quad (a, b = \text{Const.})$$

und gehört zu einer pseudosphärischen Fläche vom Krümmungsmaß

$$K = -(a^2 + b^2).$$

(Vgl. die Anmerkung S. 150).

Ein doppeltes Orthogonalsystem von Kurven konstanter geodätischer Krümmung ist stets isotherm.

Auch besteht der umgekehrte Satz:

Sind in einem doppelten Isothermensystem die Kurven des einen Systems Kurven konstanter geodätischer Krümmung, so sind es auch diejenigen des zweiten Systems.

Wählen wir nämlich isometrische Parameter, so hat das Quadrat des Linienelements die Gestalt:

$$ds^2 = \lambda(du^2 + dv^2).$$

Nun ist nach S. 147:

$$\frac{1}{\varrho_u} = \frac{\partial}{\partial u}\left(\frac{1}{\sqrt{\lambda}}\right), \quad \frac{1}{\varrho_v} = \frac{\partial}{\partial v}\left(\frac{1}{\sqrt{\lambda}}\right),$$

und von den beiden Bedingungen:

$$\frac{\partial}{\partial v}\left(\frac{1}{\varrho_u}\right) = 0, \quad \frac{\partial}{\partial u}\left(\frac{1}{\varrho_v}\right) = 0$$

ist offenbar die eine die Folge der anderen.

Es ist klar, daß die hier betrachteten doppelten Orthogonalsysteme nur auf besonderen Flächen wirklich vorhanden sind. Insbesondere gibt es in der Ebene und auf der Kugel unendlich viele solcher Systeme, und in § 44, Kap. III, haben wir die Aufgabe, sie alle zu bestimmen, bereits geometrisch gelöst.

# Kapitel VII.

## Aufeinander abwickelbare Flächen.

Biegsame Flächen. — Gaußischer Satz von der Unveränderlichkeit des Krümmungsmaßes bei Verbiegung. — Kriterien dafür, ob zwei gegebene Flächen aufeinander abwickelbar sind. — Fall der Flächen von konstantem Krümmungsmaß. — Abwickelbarkeit eines Stückes einer Fläche von konstantem Krümmungsmaß auf ein beliebiges anderes Stück derselben Fläche. — Flächen, die eine stetige Verbiegung in sich gestatten. — Aufeinander abwickelbare Rotationsflächen. — Schraubenflächen und Satz von Bour. — Die partielle Differentialgleichung zweiter Ordnung, von der die Verbiegung einer gegebenen Fläche abhängt. — Allgemeine Sätze über Verbiegung. — Virtuelle Haupttangentenkurven und Darbouxsche Gleichungen. — Bonnets Satz von der Möglichkeit, eine Fläche so zu verbiegen, daß die Haupttangentenkurven der einen Schar Haupttangentenkurven bleiben.

---

### § 92. Definition der Abwickelbarkeit von Flächen aufeinander.

Wie in der ebenen und in der sphärischen Geometrie die Eigenschaften der in der Ebene oder auf der Kugel gezeichneten Figuren ohne Rücksicht auf ihre absolute Lage im Raume untersucht werden, ebenso kann eine analoge Untersuchung für jede beliebige Fläche $S$ angestellt werden. Diejenigen Eigenschaften nun, welche nur die Größen- und Lagenbeziehungen der auf der Fläche gezeichneten Figuren insoweit betreffen, als sie auf der Fläche gelten, machen die Geometrie der Fläche aus.

Unter diesem Gesichtspunkt können zwei der Gestalt nach sehr verschiedene Flächen dieselbe Geometrie haben. So ist es klar, daß die Sätze der ebenen Geometrie immer noch gültig sind, wenn die Ebene, in der die Figuren gezeichnet sind, auf einen Zylinder, einen Kegel oder eine beliebige andere abwickelbare Fläche aufgewickelt gedacht wird.

Um das Wesen derjenigen Eigenschaften, welche die Geometrie einer Fläche ausmachen, recht zu erfassen, denke man sich zweckmäßigerweise die Fläche aus einer unendlich dünnen, vollkommen biegsamen, aber undehnbaren Hülle gebildet.

Diejenigen Eigenschaften, welche sich nicht ändern, wie die Fläche auch verbogen werden mag, fallen in ihre Geometrie, die übrigen haften der Gestalt und der wirklichen Lage der Fläche im Raume an.

Zwei Flächen $S$, $S'$, deren Punkte $P$, $P'$ einander so zugeordnet werden können, daß die entsprechenden Linienelemente gleich werden, haben dieselbe Geometrie, weil dann auch die endlichen Bogen, die Winkel und die Flächenräume der Figuren auf $S$ den entsprechenden Stücken der Figuren auf $S'$ gleich sind. In diesem Falle heißen die beiden Flächen $S$, $S'$ aufeinander abwickelbar (verbiegbar), womit gesagt werden soll, daß die eine Fläche (oder ein Stück von ihr) durch bloße Verbiegung, ohne Riß oder Faltung, auf die andere ausgebreitet werden kann. Damit aber diese Abwicklung für wirklich ausführbar gehalten werden kann, muß offenbar das Vorhandensein einer stetigen Aufeinanderfolge von Gestaltsänderungen der biegsamen Fläche $S$, welche von $S$ zu $S'$ hinüberleitet, nachgewiesen werden. Unlängst hat E. E. Levi auf Grund der weiterhin in § 109 — 110 — 113 bewiesenen Sätze nachgewiesen[1]), daß dies tatsächlich immer der Fall ist, wenn die beiden Flächen $S$ und $S'$ (oder ihre in Betracht kommenden Gebiete) negative Krümmung haben. Im Falle positiver Krümmung braucht eine der Flächen nur durch eine Symmetriefläche ersetzt zu werden. Somit hat die von Voß vorgeschlagene, anfangs wohlbegründete Unterscheidung zwischen Isometrie und Verbiegbarkeit fortan keine Existenzberechtigung.

Wenn für zwei Flächen $S$, $S'$ die Ausdrücke für die Quadrate der Linienelemente gegeben sind:

$$ds^2 = E du^2 + 2F du\,dv + G dv^2,$$
$$ds'^2 = E' du'^2 + 2F' du' dv' + G' dv'^2,$$

so muß man, um zu erkennen, ob sie aufeinander abwickelbar sind, untersuchen, ob zwischen den Punkten $(u, v)$ der einen und den Punkten $(u', v')$ der andern eine solche Zuordnung möglich ist, daß sich die Gleichheit der Linienelemente:

$$ds = ds'$$

ergibt.

Für die Abwickelbarkeit der beiden Flächen aufeinander ist es demnach notwendig und hinreichend, daß die Differentialformen:

$$E du^2 + 2F du\,dv + G dv^2$$
$$E' du'^2 + 2F' du' dv' + G' dv'^2$$

ineinander transformierbar sind.

---

1) Sulla deformazione delle superficie flessibili ed inestendibili. Atti dell' Accad. di Torino, 1908.

## § 93. Gaußischer Satz von der Unveränderlichkeit des Krümmungsmaßes bei Verbiegung.

Aus den obigen Betrachtungen ergibt sich, daß die Geometrie der Fläche schon durch den Ausdruck für ihr Linienelement oder durch **ihre erste** Grundform:

$$(1) \qquad E\,du^2 + 2F\,du\,dv + G\,dv^2$$

vollkommen bestimmt ist. Mit anderen Worten, die unendlich vielen Gestaltsänderungen, die eine Fläche $S$ beim Verbiegen erleiden kann, haben die erste Grundform gemein; jede einzelne von ihnen wird dann erst durch ihre zweite Grundform (Kap. IV) näher bestimmt.

Wenn die Geometrie einer Fläche als durch das Linienelement der Fläche definiert behandelt wird, so ist von jeder besonderen Flächengestalt, die dem Linienelement wirklich entspricht, abzusehen. Analytisch haben wir eine zweidimensionale Mannigfaltigkeit, die von den beiden Variablen $u, v$ erzeugt wird und deren Elemente (Punkte) von je einem Wertepaar $(u_0, v_0)$ bestimmt werden; die Entfernung $ds$ zwischen zwei einander unendlich nahen Punkten $(u, v)$, $(u + du, v + dv)$ bestimmt sich nach der Grundform (1), und der Winkel $\vartheta$ zwischen den beiden Linienelementen $ds$, $\delta s$, die den Punkt $(u, v)$ mit den Punkten $(u + du, v + dv)$, $(u + \delta u, v + \delta v)$ verbinden, aus der Gleichung (vgl. S. 64):

$$\cos\vartheta = \frac{E\,du\,\delta u + F(du\,\delta v + dv\,\delta u) + G\,dv\,\delta u}{ds\,\delta s}.$$

Zwischen der zweidimensionalen Mannigfaltigkeit und den Wertepaaren $(u_0, v_0)$ besteht somit ein eindeutiges Entsprechen.

Der Änderungsbereich, den wir für $u, v$ betrachten, soll stets ein solcher sein, daß innerhalb desselben die Funktionen $E, F, G$ samt ihren ersten und zweiten partiellen Differentialquotienten eindeutig, stetig und endlich und ferner $E, G, EG - F^2$ positiv sind. Der Winkel $\omega$ der Parameterlinien, der durch die Gleichungen:

$$\cos\omega = \frac{F}{\sqrt{EG}}, \qquad \sin\omega = \frac{\sqrt{EG - F^2}}{\sqrt{EG}}$$

bestimmt ist (vgl. S. 62), ändert sich demnach in dem betreffenden Bereich stetig zwischen 0 und $\pi$, ohne jemals diese Endwerte zu erreichen.

Bei diesen allgemeinen Untersuchungen finden die Begriffe Differentialinvarianten und Differentialparameter, die wir im zweiten Kapitel behandelt haben, eine unmittelbare wichtige Anwendung. Die Krümmung einer Fläche ist eine Differentialinvariante der Form (1); ihr Wert in jedem Punkte hängt nur von den Koeffizienten der Form (1) ab und bleibt demnach derselbe, wie die Fläche auch verbogen werden mag (vgl. § 55).

Daraus ergibt sich der grundlegende Gaußische Satz: Das Krümmungsmaß einer Fläche bleibt bei einer beliebigen Verbiegung der Fläche ungeändert. Dieses Ergebnis läßt sich auch noch in folgender Fassung aussprechen: Sind zwei Flächen aufeinander abwickelbar, so haben sie in je zwei entsprechenden Punkten gleiches Krümmungsmaß.

Dieses ist die Eigenschaft, welche, wie bereits anderwärts (S. 104) bemerkt worden ist, dem Gaußischen Krümmungsmaß bei den geometrischen Anwendungen überwiegende Bedeutung verleiht.

Wir betrachten nun einen Differentialparameter der Form (1), der eine oder mehrere willkürliche Funktionen

$$\varphi, \psi \ldots$$

enthält. Der Wert, den er in jedem Punkte der Fläche annimmt, ist von den Koordinaten, die zu seiner Berechnung verwandt werden, unabhängig und bleibt bei jeder beliebigen Verbiegung der Fläche derselbe. Werden $\varphi, \psi \ldots$ gleich Konstanten gesetzt, so ergeben sich auf der Fläche ebenso viele Kurvensysteme, und der Differentialparameter stellt einen mit diesen Kurven unzertrennlich verbundenen Ausdruck dar, der sich nicht ändert, wie die Fläche auch verbogen werden mag.

Betrachten wir z. B. die geodätische Krümmung $\frac{1}{\varrho_\varphi}$ der Kurven $\varphi =$ Const. Sie ist (§ 76, (3), S. 148) durch den Differentialparameter:

$$-\frac{1}{\varrho_\varphi} = \frac{\Delta_2 \varphi}{\sqrt{\Delta_1 \varphi}} + \nabla\left(\varphi, \frac{1}{\sqrt{\Delta_1 \varphi}}\right)$$

gegeben. Daraus folgt: Die geodätische Krümmung einer auf einer Fläche gelegenen Kurve ändert sich nicht, wenn die Fläche verbogen wird.

Insbesondere gehen die geodätischen Linien einer Fläche $S$ bei einer Verbiegung von $S$ in die geodätischen Linien der neuen Fläche über. Diese Tatsache folgt übrigens auch direkt aus der charakteristischen Eigenschaft einer geodätischen Linie (§ 82, S. 161), die kürzeste Linie zu sein, die sich auf einer Fläche zwischen zwei einander hinlänglich nahen Punkten ziehen läßt. Hieraus ergibt sich ein neuer Beweis für die Unveränderlichkeit der geodätischen Krümmung bei einer Verbiegung, wenn man sich der in § 80, S. 155, für die geodätische Krümmung gegebenen Definition bedient.

Wir wollen hier noch bemerken, daß sich aus letzteren Überlegungen ein anschaulicher Beweis für die Unveränderlichkeit des

Gaußischen Krümmungsmaßes bei einer Verbiegung ergibt. Betrachtet man nämlich einen geodätischen Kreis mit unendlich kleinem Radius $u$, dessen Mittelpunkt ein Flächenpunkt $P_0$ ist, so ist sein Umfang $C$ bis auf unendlich kleine Größen von höherer als der dritten Ordnung infolge des Ausdrucks (15), S. 161, in der Form:

$$C = 2\pi u - \frac{\pi K_0 u^3}{3}$$

gegeben, wo $K_0$ das Krümmungsmaß der Fläche in $P_0$ ist. Wie die Fläche auch verbogen werden mag, $C$ ändert sich nicht, also auch nicht $K_0$.

## § 94. Kriterien dafür, ob zwei gegebene Flächen aufeinander abwickelbar sind.

Mit Hilfe der Theorie der Differentialparameter können wir in der einfachsten Weise die Aufgabe lösen: Gegeben sind zwei Flächen $S$, $S'$; es ist zu untersuchen, ob sie aufeinander abwickelbar sind; und wenn dieses der Fall ist, sollen die darauf bezüglichen Gleichungen aufgestellt werden.

Analytisch ist die Aufgabe mit der Frage nach der Transformierbarkeit zweier gegebener Differentialformen:

$$E du^2 + 2F du\, dv + G dv^2,$$
$$E' du'^2 + 2F' du' dv' + G' dv'^2$$

ineinander gleichbedeutend (§ 92). Nun nehmen wir an, es seien

$$(2) \qquad \begin{cases} \varphi(u, v) = \varphi'(u', v'), \\ \psi(u, v) = \psi'(u', v') \end{cases}$$

zwei unabhängige Beziehungen zwischen $u$, $v$; $u'$, $v'$, welche das Gesetz darstellen, nach dem unter der Voraussetzung der Abwickelbarkeit der Flächen aufeinander die Punkte der einen Fläche denen der anderen entsprechen. Infolge der Eigenschaften der Differentialparameter müssen wir haben:

$$(3) \qquad \Delta_1 \varphi = \Delta_1' \varphi', \qquad \nabla(\varphi, \psi) = \nabla'(\varphi', \psi'), \qquad \Delta_1 \psi = \Delta_1' \psi',$$

wo die Striche andeuten, daß die Differentialparameter auf den rechten Seiten für die zweite Form gebildet sind. Damit die Flächen aufeinander abwickelbar seien, ist es also erforderlich, daß die Gleichungen (2) die Gleichungen (3) zur Folge haben. Diese notwendige Bedingung ist für die Abwickelbarkeit auch hinreichend. Aus dem Ergebnis in § 36 (S. 68, (20)) folgt nämlich, wenn für die erste Form $\varphi$, $\psi$ und für die zweite $\varphi'$, $\psi'$ als neue Veränderliche eingeführt werden:

$$Edu^2+2F\,du\,dv+G\,dv^2=\frac{\Delta_1\psi\,d\varphi^2-2\nabla(\varphi,\psi)\,d\varphi\,d\psi+\Delta_1\varphi\,d\psi^2}{\Delta_1\varphi\,\Delta_1\psi-\nabla^2(\varphi,\psi)},$$

$$E'du'^2+2F'du'dv'+G'dv'^2=\frac{\Delta_1'\psi'\,d\varphi'^2-2\nabla'(\varphi',\psi')\,d\varphi'\,d\psi'+\Delta_1'\varphi'\,d\psi'^2}{\Delta_1'\varphi'\,\Delta_1'\psi'-\nabla'^2(\varphi',\psi')},$$

und wegen der Gleichungen (2), (3) sind die rechten Seiten einander gleich.

Nach dieser Vorbemerkung schließen wir vorerst den Fall aus, daß eine der beiden Flächen konstantes Krümmungsmaß besitze. Bezeichnen wir die Krümmungsmaße der beiden Flächen mit $K(u, v)$ bez. $K'(u', v')$, so liefert uns der Gaußische Satz unter der Voraussetzung, daß die Flächen aufeinander abwickelbar seien, sofort eine Beziehung von der Form (2) in der Gleichung:

$$K(u, v)=K'(u', v'). \tag{4}$$

Ferner ist einleuchtend, daß jeder für die Funktion $K$ gebildete Differentialparameter gleich dem entsprechenden für $K'$ berechneten sein muß. Wir nehmen zunächst die Beziehung:

$$\Delta_1 K=\Delta_1'K', \tag{5}$$

die mit (4) kombiniert zu den nachstehenden drei Fällen Anlaß geben kann:

1. Die Gleichungen (4) und (5) widersprechen einander; dann sind die Flächen nicht aufeinander abwickelbar.

2. Die Gleichungen (4) und (5) sind miteinander verträglich und voneinander verschieden. In diesem Falle ist es nach dem, was wir oben gesehen haben, damit die Flächen aufeinander abwickelbar seien, notwendig und hinreichend, daß die Gleichungen (4) und (5) die weiteren:

$$\nabla(K, \Delta_1 K)=\nabla'(K', \Delta_1'K'),\qquad \Delta_1(\Delta_1 K)=\Delta_1'(\Delta_1'K')$$

nach sich ziehen, was durch algebraische Rechenoperationen entschieden werden kann.

3. Die Gleichungen (4) und (5) lassen sich aufeinander zurückführen.

Dieses tritt ein, wenn $\Delta_1 K$ eine Funktion von $K$ und $\Delta_1'K'$ dieselbe Funktion von $K'$ ist.

## § 95. Flächen, die auf Rotationsflächen abwickelbar sind.

In dem zuletzt betrachteten Falle:

$$\Delta_1 K=f(K),\qquad \Delta_1'K'=f(K') \tag{a}$$

wählen wir statt (5) die andere Beziehung:

$$\Delta_2 K=\Delta_2'K' \tag{5*}$$

und führen die Aufgabe wieder auf algebraische Eliminationen zurück, wofern nicht der weitere Fall eintritt, der durch die Gleichungen:

$$\text{(b)} \qquad \Delta_2 K = \chi(K), \qquad \Delta_2' K' = \chi(K')$$

gekennzeichnet ist.

Es erübrigt also nur noch, den einzigen Fall zu betrachten, in dem die Gleichungen (a) und (b) zusammen bestehen.

Da dann

$$\frac{\Delta_2 K}{\Delta_1 K} = \frac{\chi(K)}{f(K)}$$

ist, so bilden die Kurven gleichen Krümmungsmaßes $K =$ Const. mit den orthogonalen Trajektorien

$$\psi = \text{Const.}$$

ein Isothermensystem (§ 38, S. 72).

Die Funktion $\psi(u, v)$ ergibt sich mittels Quadraturen aus den Gleichungen (§ 39, S. 72):

$$\frac{\partial \psi}{\partial u} = e^{-\int \frac{\chi(K)}{f(K)} dK} \cdot \frac{F \frac{\partial K}{\partial u} - E \frac{\partial K}{\partial v}}{\sqrt{EG - F^2}},$$

$$\frac{\partial \psi}{\partial v} = e^{-\int \frac{\chi(K)}{f(K)} dK} \cdot \frac{G \frac{\partial K}{\partial u} - F \frac{\partial K}{\partial v}}{\sqrt{EG - F^2}}.$$

Daraus folgt nach (14), S. 66:

$$\Delta_1 \psi = e^{-2\int \frac{\chi(K)}{f(K)} dK} \cdot \Delta_1 K$$

und somit nach S. 182:

$$Edu^2 + 2Fdudv + Gdv^2 = \frac{d\varphi^2}{\Delta_1 \varphi} + \frac{d\psi^2}{\Delta_1 \psi} = \frac{dK^2}{\Delta_1 K} + \frac{e^{2\int \frac{\chi(K)}{f(K)} dK} \cdot d\psi^2}{\Delta_1 K}$$

$$= \frac{dK^2}{f(K)} + \frac{e^{2\int \frac{\chi(K)}{f(K)} dK} \cdot d\psi^2}{f(K)}.$$

Da die Funktionen $f$ und $\chi$ für die zweite Fläche dieselben bleiben, so kommt dieser Fläche dieselbe Form für das Linienelement zu, das andererseits zu einer Rotationsfläche gehört (vgl. S. 78).

Also: Wenn die Beziehungen (a) und (b) bestehen, so sind die beiden Flächen auf ein und dieselbe Rotationsfläche und also auch aufeinander auf einfach unendlich viele Weisen abwickelbar.

Um in diesem Falle die wirklichen Gleichungen für die Abwicklung zu finden, sind, wie wir gesehen haben, zwei Quadraturen erforderlich.

## § 96. Fall der Flächen von konstantem Krümmungsmaß.

Bei der in den beiden vorstehenden Paragraphen gegebenen Lösung der ersten Aufgabe aus der Lehre von der Abwickelbarkeit zweier Flächen aufeinander haben wir den Fall ausgeschlossen, daß die eine Fläche konstantes Krümmungsmaß besitze. Damit in diesem Falle die beiden Flächen aufeinander abwickelbar seien, ist es erforderlich, daß die zweite Fläche dasselbe konstante Krümmungsmaß besitzt. Nun ist es sehr bemerkenswert, daß in diesem Falle das Kennzeichen, das der Gaußische Satz liefert, für die Abwickelbarkeit auch hinreichend ist, d. h.:

Zwei Flächen mit demselben konstanten Krümmungsmaß sind aufeinander abwickelbar.[1])

Für den Fall der Flächen mit der Krümmung Null haben wir dieses Ergebnis bereits in § 55, S. 105, nachgewiesen, wo wir gesehen haben, daß eine derartige Fläche auf die Ebene abgewickelt werden kann. Hier wollen wir einen zweiten Beweis dafür geben, den wir sofort auch auf die Flächen mit nicht verschwindendem konstanten Krümmungsmaß ausdehnen.

Wir ziehen auf einer Fläche vom konstanten Krümmungsmaß $K$ eine geodätische Linie $L$ und wählen als Parameterlinien die zu $L$ orthogonalen geodätischen Linien und deren orthogonalen Trajektorien, als Parameter $u$ den Bogen der geodätischen Kurven $v$, gerechnet von der Kurve $L$ ab, die demnach die Kurve $u = 0$ ist, und als Parameter $v$ den Bogen der Kurve $L$, gerechnet von einem festen Punkte dieser Kurve an. Das Quadrat des Linienelements nimmt dann nach § 81 die Form:

$$ds^2 = du^2 + G dv^2$$

an. Da die geodätische Krümmung der Kurve $u = 0$ gleich Null ist, so ist nach (1), S. 147:

$$(\alpha) \qquad \left(\frac{\partial \sqrt{G}}{\partial u}\right)_{u=0} = 0.$$

Ferner ergibt sich, da das Bogenelement der Kurve $u = 0$ gerade $dv$ ist:

$$(\beta) \qquad (\sqrt{G})_{u=0} = 1.$$

Nun haben wir (vgl. S. 158):

$$(\gamma) \qquad K = -\frac{1}{\sqrt{G}} \frac{\partial^2 \sqrt{G}}{\partial u^2},$$

1) Analytisch haben wir den Satz schon in § 30, S. 52, bewiesen, wo wir zeigten, daß zwei binäre quadratische Differentialformen mit derselben konstanten Krümmung immer äquivalent sind. Bei dem folgenden Beweise im Texte bedienen wir uns ganz bestimmter Normalformen des Linienelements.

und da der Annahme nach $K$ konstant ist, so erhalten wir, wenn wir die drei Fälle:

$$K = 0, \quad K > 0, \quad K < 0$$

unterscheiden, folgende Ergebnisse:

1. Ist $K = 0$, so kommt:

$$\sqrt{G} = \varphi(v) \,.\, u + \psi(v),$$

wo $\varphi(v)$, $\psi(v)$ Funktionen von $v$ allein sind. Aber aus $(\alpha)$ und $(\beta)$ folgt:

$$\varphi(v) = 0, \quad \psi(v) = 1,$$

so daß sich

$$ds^2 = du^2 + dv^2,$$

d. h. das Quadrat des Bogenelements der Ebene ergibt.

2. Ist $K > 0$, so setzen wir:

$$K = \frac{1}{R^2} \quad (R \text{ reell})$$

und erhalten aus $(\gamma)$:

$$\sqrt{G} = \varphi(v) \cos \frac{u}{R} + \psi(v) \sin \frac{u}{R},$$

ferner aus $(\alpha)$ und $(\beta)$:

$$\psi(v) = 0, \quad \varphi(v) = 1.$$

Demnach ist hier:

(6) $$ds^2 = du^2 + \cos^2 \frac{u}{R} \, dv^2.$$

Dieses $ds^2$ gehört zur Kugel vom Radius $R$; also: **Alle Flächen mit positivem konstanten Krümmungsmaß $\frac{1}{R^2}$ sind auf die Kugel vom Radius $R$ und also auch aufeinander abwickelbar.**

3. Ist $K < 0$, so setzen wir:

$$K = -\frac{1}{R^2}.$$

Dann ergibt Gleichung $(\gamma)$:

$$\sqrt{G} = \varphi(v) \cosh \frac{u}{R} + \psi(v) \sinh \frac{u}{R},$$

und infolge von $(\alpha)$ und $(\beta)$ ist:

$$\varphi(v) = 1, \quad \psi(v) = 0.$$

Also: **Das Quadrat des Linienelements jeder pseudosphärischen Fläche vom Radius $R$ kann auf die Form:**

(7) $$ds^2 = du^2 + \cosh^2 \frac{u}{R} \, dv^2$$

**gebracht werden.**

Daraus folgt, daß alle diese Flächen aufeinander abwickelbar sind.

**§ 97. Abwickelbarkeit eines Stückes einer Fläche von konstantem Krümmungsmaß auf ein beliebiges anderes Stück derselben Fläche.**

Die soeben gewonnenen Ergebnisse können nicht allein auf zwei verschiedene Flächen mit demselben konstanten Krümmungsmaß, sondern auch auf zwei Stücke ein und derselben Fläche mit konstantem Krümmungsmaß angewandt werden. Wir erhalten alsdann den wichtigen Satz:

Jedes Stück einer Fläche von konstantem Krümmungsmaß ist auf irgendein anderes Stück derselben Fläche abwickelbar, in der Weise, daß zwei beliebige Punkte $A$, $B$ des ersten Stücks mit zwei beliebigen Punkten $A'$, $B'$ des zweiten zur Deckung gebracht werden können, wofern nur die geodätische Entfernung zwischen $A'$ und $B'$ gleich derjenigen zwischen $A$ und $B$ ist.

Für die Flächen von verschwindendem oder positivem konstanten Krümmungsmaß ist der Satz ohne weiteres klar, da ja die Ebene und die Kugel, worauf dieselben bezüglich abwickelbar sind, die genannte Eigenschaft besitzen. Um ihn auch für die pseudosphärischen Flächen in aller Strenge zu beweisen, wählen wir als die geodätische Linie $L$ des vorigen Paragraphen die Kurve $AB$ und erhalten

$$ds^2 = du^2 + \cosh^2 \frac{u}{R}\, dv^2,$$

wo der Bogen $v$ der Kurve $AB$ von $A$ ab gerechnet werden soll, so daß $A$ die Parameter $u = 0$, $v = 0$ hat. Indem wir hinsichtlich der zweiten geodätischen Linie $A'B'$ ebenso verfahren, erhalten wir:

$$ds'^2 = du'^2 + \cosh^2 \frac{u'}{R}\, dv'^2.$$

Wird nun einfach

$$u' = u, \quad v' = v$$

gesetzt, so ergibt sich:

$$ds'^2 = ds^2,$$

und dem Punkte $A$ oder $(0, 0)$ entspricht der Punkt $A'$ oder $(0, 0)$, dem Punkte $B$ oder $(0, l)$ der Punkt $B'$ oder $(0, l)$, wenn $l$ die übereinstimmende Länge der Bogen $AB$ und $A'B'$ ist. Demnach ist die Fläche so auf sich selbst abwickelbar, daß $A$ mit $A'$ und $B$ mit $B'$ zur Deckung kommt, wie behauptet wurde.

Dieser Satz besagt, daß jede auf einer Fläche von konstantem Krümmungsmaß gezeichnete Figur vermöge bloßer Verbiegung auf ein beliebiges anderes Stück der Fläche verlegt werden kann, ohne daß die Winkel und die Linien- und Flächengrößen eine Änderung erleiden.

Für die Geometrie der Flächen von konstantem Krümmungsmaß gilt also im allgemeinen ebenso wie für die Ebene und die Kugel das Prinzip der Deckung der Figuren. Es ist dieses die Grundlage der Analogien, die zwischen der Geometrie der drei Flächengattungen bestehen, wie wir im folgenden sehen werden. Ferner ist es auch nach dem Gaußischen Satze klar, daß für keine andere Fläche dasselbe Prinzip gelten kann.

Aus unseren Ausführungen folgt, daß zwei Flächen $S$, $S'$ mit demselben konstanten Krümmungsmaß auf dreifach unendlich viele Weisen aufeinander abwickelbar sind. Sind die beiden Flächen gegeben, so müßte man, um eine dieser Arten der Abwickelbarkeit zu finden, die Differentialgleichung der geodätischen Linien integrieren. Ist das Krümmungsmaß gleich Null, so wird die Aufgabe mittels Quadraturen gelöst (§ 87, S. 170); in den anderen Fällen läßt sie sich, wie in Kap. XVI gezeigt werden wird, auf die Integration einer Differentialgleichung erster Ordnung vom Riccatischen Typus zurückführen.

## § 98. Das Linienelement der pseudosphärischen Flächen.

Wir kehren nun zu dem Ausdruck (7), S. 185, für das Quadrat des Linienelements zurück, der zu jeder pseudosphärischen Fläche vom Radius $R$ gehört. Zusammen mit diesem Ausdruck, der als ein solcher von hyperbolischem Typus bezeichnet wird, ist es hier zweckmäßig, noch zwei andere ebenso wichtige Ausdrücke für das Quadrat des Linienelements zu betrachten, die als solche von elliptischem bezüglich parabolischem Typus bezeichnet werden.

Wir betrachten einen (gewöhnlichen) Punkt $P$ einer pseudosphärischen Fläche und wählen als Parameterlinien die von $P$ ausgehenden geodätischen Linien $v$ und ihre orthogonalen Trajektorien $u$, als Parameter $v$ den Winkel, den eine veränderliche geodätische Linie des Büschels mit einer festen bildet, und als Parameter $u$ den von $P$ aus gerechneten Bogen der geodätischen Linien. Das Quadrat des Linienelements erhält dann die Gestalt:

$$ds^2 = du^2 + G\,dv^2,$$

und es ist (§ 82, S. 160):

$$(\sqrt{G})_{u=0} = 0, \qquad \left(\frac{\partial\sqrt{G}}{\partial u}\right)_{u=0} = 1.$$

Nun ist, wie wir in § 96 gesehen haben,

$$\sqrt{G} = \varphi(v)\cosh\frac{u}{R} + \psi(v)\sinh\frac{u}{R},$$

und die voraufgehenden Bedingungen ergeben:

$$\varphi(v) = 0, \qquad \psi(v) = R.$$

Demnach ist:

$$ds^2 = du^2 + R^2 \sinh^2 \frac{u}{R}\, dv^2.$$

Dieses ist ebenfalls ein Ausdruck für das Quadrat des Linienelements, der zu jeder pseudosphärischen Fläche vom Radius $R$ gehört, und wird als ein solcher von elliptischem Typus bezeichnet.

Endlich wählen wir als Kurve $L$ in § 96 statt einer geodätischen Linie eine Linie mit der konstanten geodätischen Krümmung $\frac{1}{R}$. Eine solche Kurve auf einer pseudosphärischen Fläche heißt Grenzkreis[1]). Wir haben dann ebenfalls:

$$ds^2 = du^2 + G\, dv^2, \quad \sqrt{G} = \varphi(v) \cosh \frac{u}{R} + \psi(v) \sinh \frac{u}{R}.$$

Da im jetzigen Falle

$$(\sqrt{G})_{u=0} = 1, \quad \left(\frac{1}{\sqrt{G}} \frac{\partial \sqrt{G}}{\partial u}\right)_{u=0} = \frac{1}{R} \left[\frac{\varphi(v) \sinh \frac{u}{R} + \psi(v) \cosh \frac{u}{R}}{\varphi(v) \cosh \frac{u}{R} + \psi(v) \sinh \frac{u}{R}}\right]_{u=0} = \frac{1}{R}$$

sein muß, so ergibt sich:

$$\varphi(v) = \psi(v) = 1.$$

Demnach ist:

$$ds^2 = du^2 + e^{\frac{2u}{R}}\, dv^2.$$

Diesen dritten Ausdruck bezeichnen wir als einen solchen von parabolischem Typus.

Fassen wir also unsere Ergebnisse zusammen, so haben wir auf den pseudosphärischen Flächen vom Radius $R$ die folgenden drei typischen Ausdrücke für das Quadrat des Linienelements gefunden:

A) Parabolischer Typus: $ds^2 = du^2 + e^{\frac{2u}{R}}\, dv^2$,

B) Elliptischer Typus: $ds^2 = du^2 + R^2 \sinh^2 \frac{u}{R}\, dv^2$,

C) Hyperbolischer Typus: $ds^2 = du^2 + \cosh^2 \frac{u}{R}\, dv^2$.

## § 99. Pseudosphärische Rotationsflächen.

Wir wollen nun die gestaltlich einfachsten pseudosphärischen Flächen, solche nämlich, die zugleich Rotationsflächen sind, untersuchen. Ihr $ds^2$ hat, auf die Meridiane und Parallelkreise bezogen, die Form:

$$ds^2 = du^2 + \left(Ce^{\frac{u}{R}} + C'e^{-\frac{u}{R}}\right)^2 dv^2.$$

Wir unterscheiden drei Fälle, je nachdem von den beiden Konstanten $C$, $C'$ eine gleich Null ist oder beide verschiedene oder beide dasselbe

1) Es ist leicht einzusehen, daß es auf jeder pseudosphärischen Fläche doppelt unendlich viele Grenzkreise gibt. Eine ausführlichere Untersuchung dieser Verhältnisse wird jedoch erst in Kapitel XVI angestellt werden.

Vorzeichen haben. Ersetzen wir den Parameter $v$ durch $cv_1$ ($c$ = Const.), so erhalten wir die drei Ausdrücke von den bezüglichen Typen A), B), C):

$$\text{I)}\ ds^2 = du^2 + e^{\frac{2u}{R}} dv_1^2,$$

$$\text{II)}\ ds^2 = du^2 + \lambda^2 \sinh^2 \frac{u}{R} dv_1^2,$$

$$\text{III)}\ ds^2 = du^2 + \lambda^2 \cosh^2 \frac{u}{R} dv_1^2 \quad (\lambda = \text{Const.}),$$

die wir drei Rotationsflächen zuordnen, auf denen $u$ der Meridianbogen und $v_1$ die Länge ist. Bezeichnen wir mit $r$ den Radius des Parallelkreises und wählen wir die $z$-Achse als Drehachse, so haben wir in den drei Fällen für die Meridiankurve bezüglich:

$$\text{I)}\ r = e^{\frac{u}{R}}, \qquad z = \int \sqrt{1 - \frac{1}{R^2} e^{\frac{2u}{R}}}\, du,$$

$$\text{II)}\ r = \lambda \sinh \frac{u}{R}, \qquad z = \int \sqrt{1 - \frac{\lambda^2}{R^2} \cosh^2 \frac{u}{R}}\, du,$$

$$\text{III)}\ r = \lambda \cosh \frac{u}{R}, \qquad z = \int \sqrt{1 - \frac{\lambda^2}{R^2} \sinh^2 \frac{u}{R}}\, du.$$

Wir untersuchen nun die Gestalten der drei Meridiankurven.

Im Falle I) können wir die Integration mittels gewöhnlicher Funktionen ausführen. Wird

$$e^{\frac{u}{R}} = R \sin \varphi$$

gesetzt, so ist $\varphi$ der Winkel zwischen der Tangente der Meridiankurve und der $z$-Achse, und die Gleichungen:

$$r = R \sin \varphi, \quad z = R \int \frac{\cos^2 \varphi}{\sin \varphi} d\varphi = R \left( \log \operatorname{tg} \frac{\varphi}{2} + \cos \varphi \right)$$

geben uns die Koordinaten eines Punktes der Kurve als Funktionen des Parameters $\varphi$.

Die durch diese Gleichungen bestimmte Kurve, welche die $z$-Achse zur Asymptote hat und die Eigenschaft besitzt, daß das zwischen dem Berührungspunkt und der Asymptote gelegene Stück ihrer Tangente konstant, gleich $R$, ist, wird als Traktrix bezeichnet. Die eben genannte Eigenschaft kann direkt aus der Gleichung der Kurve, sowie auch aus der Tatsache gefolgert werden, daß die geodätische Krümmung der Parallelkreise auf der zugehörigen Rotationsfläche konstant, gleich $\frac{1}{R}$, ist (vgl. § 80, S. 156). Diese Fläche heißt Pseudosphäre (siehe Fig. 1) und hat unter allen pseudosphärischen Flächen die einfachste Gestalt[1]).

1) Die drei folgenden Figuren sind dem Verzeichnis der von L. Brill in Darmstadt hergestellten Modelle entnommen.

Fall II): Elliptischer Typus. Um eine reelle Fläche zu erhalten, muß man

$$\frac{\lambda}{R} < 1$$

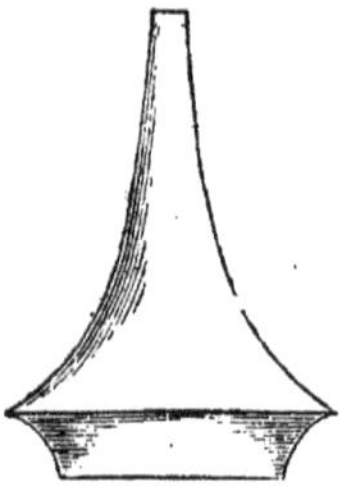
Fig. 1. Pseudosphäre.

annehmen. Wird dementsprechend $\lambda = R \sin\alpha$ gesetzt, so darf $\cosh^2 \frac{u}{R}$ höchstens gleich $\frac{1}{\sin^2\alpha}$ werden. Demnach liegen die Radien $r$ der Parallelkreise zwischen

$$r = 0 \quad \text{und} \quad r = R\cos\alpha.$$

Ist $r = 0$, so ist $\frac{dr}{du} = \sin\alpha$. Daher schneiden alle Meridiane die Rotationsachse im Punkte $u = 0$ unter dem Winkel $\alpha$. Dieser Punkt ist ein Knotenpunkt (konischer Punkt) der Fläche.

Die Koordinaten eines Punktes der Meridiankurve lassen sich durch elliptische Funktionen eines Parameters $\tau$ mit dem Modul $k = \cos\alpha$ ausdrücken. Wir setzen nämlich:

$$\sinh\frac{u}{R} = \frac{k}{k'}\,\mathrm{cn}\,(\tau, k)$$

und erhalten:

$$r = Rk\,\mathrm{cn}\,\tau, \quad z = Rk^2\int_0^\tau \mathrm{sn}^2\tau\,d\tau = R\left[\frac{J}{K}\tau - Z(\tau)\right],$$

wo

$$Z(\tau) = \frac{\Theta'(\tau)}{\Theta(\tau)}$$

die Jacobische Funktion und $J$, $K$ die bekannten Konstanten aus der Theorie der elliptischen Funktionen sind. Der Kurvenzug von $\tau = 0$ bis $\tau = 2K$ ist in der Figur 2 abgebildet; jedesmal, wenn $\tau$ um $4K$ wächst, kehrt derselbe Kurvenzug periodisch wieder. Die zugehörige Rotationsfläche besteht aus unendlich vielen kongruenten, durch Verschiebung längs der Achse auseinander hervorgehenden Teilen. Die größten Parallelkreise vom Radius $r = R\cos\alpha$ sind Rückkehrkurven der Fläche, da die Punkte $\tau = 2mK$ ($m$ ganz) Rückkehrpunkte der Meridiankurve sind.

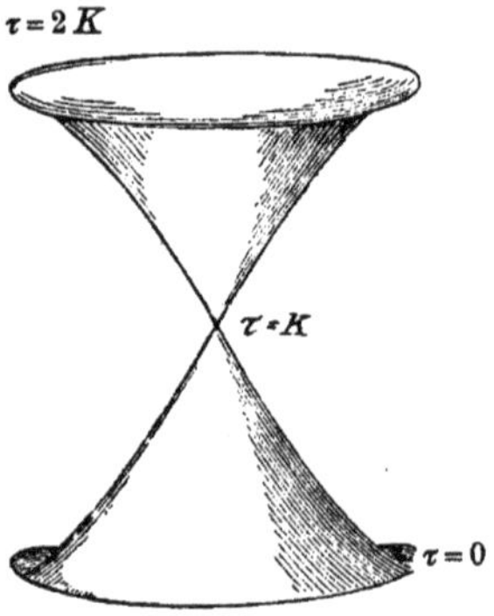

Fig. 2. Pseudosphärische Rotationsfläche vom elliptischen Typus.

Fall III): Hyperbolischer Typus. In diesem Falle haben wir:

$$r = \lambda\cosh\frac{u}{R}, \quad \frac{dr}{du} = \frac{\lambda}{R}\sinh\frac{u}{R}.$$

Der größte Wert, den $u$ auf dem reellen Zuge der Kurve annimmt, bestimmt sich aus der Gleichung:

$$\sinh \frac{u}{R} = \frac{R}{\lambda},$$

und die Radien der Parallelkreise liegen zwischen dem kleinsten Werte $\lambda$ und dem größten Werte $\sqrt{R^2 + \lambda^2}$.

Setzen wir hier:

$$\frac{R}{\sqrt{R^2 + \lambda^2}} = k, \quad \cosh \frac{u}{R} = \frac{\operatorname{dn}(\tau, k)}{k'},$$

so können wir die Koordinaten eines beweglichen Punktes der Kurve durch elliptische Funktionen des Parameters $\tau$ ausdrücken mittels der Gleichungen:

$$r = \frac{R}{k} \operatorname{dn} \tau, \quad z = \frac{R}{k}\left(\frac{J}{K}\tau - Z(\tau)\right).$$

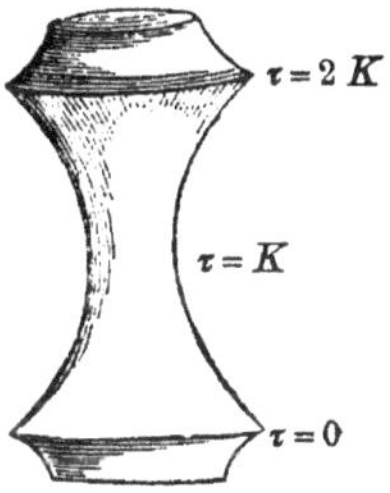


Fig. 3. Pseudosphärische Rotationsfläche vom hyperbolischen Typus.

Die Gestalt der Kurve von $\tau = 0$ bis $\tau = 2K$ ist in Fig. 3 abgebildet. Wächst $\tau$ um $2K$, so kehrt derselbe Kurvenzug periodisch wieder. Die größten Parallelkreise, die den Werten $\tau = 2mK$ ($m$ ganz) entsprechen, sind Rückkehrkurven der Fläche, und die kleinsten, die den Werten $r = (2m + 1)K$ entsprechen, sind geodätische Linien.

## § 100. **Abwicklung einer allgemeinen pseudosphärischen Fläche auf eine pseudosphärische Rotationsfläche.**

Die soeben betrachteten drei Arten pseudosphärischer Rotationsflächen sind voneinander verschieden, und es ist nicht möglich, eine von ihnen auf eine solche von anderer Art so abzuwickeln, daß sich die beiderseitigen Parallelkreise decken. Um sich hiervon zu überzeugen, braucht man nur zu beachten, daß beim parabolischen Typus die Parallelkreise Kurven mit der konstanten geodätischen Krümmung $\frac{1}{R}$ sind, während diese geodätische Krümmung beim elliptischen Typus $> \frac{1}{R}$, beim hyperbolischen dagegen $< \frac{1}{R}$ ist. Nach dem allgemeinen Satze (§ 96) jedoch ist jede pseudosphärische Fläche vom Radius $R$ auf jede der Flächen I), II), III) abwickelbar. Wir wollen diese Art der Verbiegung jeder pseudosphärischen Fläche in eine pseudosphärische Rotationsfläche näher untersuchen und bemerken dazu folgendes:

a) Auf einer pseudosphärischen Fläche $S$ ziehe man einen Grenzkreis und betrachte die zu demselben orthogonalen geodätischen Linien. Durch Biegung kann der Fläche die Gestalt einer Pseudosphäre erteilt werden, für welche die soeben gezogenen geodätischen Linien die Meridiane werden (vgl. S. 190).

b) Auf der pseudosphärischen Fläche $S$ nehmen wir einen Punkt $P$ an und betrachten die von $P$ ausgehenden geodätischen Linien sowie die zu ihnen orthogonalen geodätischen Kreise. Wählen wir die Parameter $u$, $v$ ebenso wie in § 98, S. 187, so haben wir:

$$ds_1^2 = du^2 + R^2 \sinh^2 \frac{u}{R} dv^2.$$

Durch Vergleichung mit dem Quadrat des Linienelements der Rotationsfläche vom elliptischen Typus (S. 189):

$$ds_1^2 = du_1^2 + \lambda^2 \sinh^2 \frac{u_1}{R} dv_1^2$$

erhalten wir als Gleichungen für die Abwicklung der beiden Flächen aufeinander:

$$u_1 = u, \quad \frac{\lambda}{R} v_1 = v.$$

Daraus ergibt sich, daß, wenn die Länge $v_1$ auf der Rotationsfläche II) einen vollen Umgang von 0 bis $2\pi$ macht, der Winkel $v$ das Intervall von $v = 0$ bis $v = 2\pi \sin\alpha$ durchläuft, das kleiner als $2\pi$ ist. Es genügt also schon ein Stück von $S$ um $P$, um einen Mantel der Fläche II) vollständig zu bedecken. Ferner gibt es auf der Fläche II) kein Gebiet, das dem Teile von $S$ jenseits des geodätischen Kreises vom Radius

$$u = \operatorname{sect\,cosh}\left(\frac{1}{\sin\alpha}\right)$$

entspricht; derjenige Teil von $S$ um $P$, der in die Gestalt eines Mantels der Fläche II) gebracht werden kann, wird also von einem geodätischen Sektor begrenzt.

c) Im Falle der Fläche III) vom hyperbolischen Typus ist der kleinste Parallelkreis eine geodätische Linie, und wir können daher eine beliebige pseudosphärische Fläche $S$ auf die Fläche III) so abwickeln, daß sich eine willkürliche geodätische Linie $g$ auf $S$ mit dem kleinsten Parallelkreis deckt. Derjenige Teil von $S$, der sich auf einen Mantel der Fläche III) wirklich abwickelt, ist ein Streifen, der von zwei zur Kurve $g$ geodätisch parallelen und von ihr überall gleich weit entfernten Kurven begrenzt wird, die nach der Verbiegung die größten Parallelkreise (Rückkehrkurven) des Mantels geworden sind. An den Enden der geodätischen Linie $g$ wird der Streifen von zwei zu $g$ orthogonalen geodätischen Linien begrenzt, die sich nach der Verbiegung zu einem einzigen Meridian des Mantels zusammenschließen. Die Länge und die Breite des Streifens hängen nur von dem Radius ab, den man für den kleinsten Parallelkreis wählen will.

## § 101. Flächen, die eine stetige Verbiegung in sich zulassen.

Die fundamentale Eigenschaft der Flächen von konstantem Krümmungsmaß, die wir in § 97 nachgewiesen haben, läßt sich folgendermaßen aussprechen:

Das Linienelement jeder Fläche von konstantem Krümmungsmaß läßt $\infty^3$ Transformationen in sich zu.

Wir fragen nun, ob es noch andere Flächen gibt, die stetige Verbiegungen in sich zulassen. Wenn es solcher Verbiegungen doppelt unendlich viele gäbe, so könnte durch geeignete Verfügung über die beiden Transformationsparameter jeder Punkt der Fläche in jeden beliebigen anderen Punkt (eines passenden Gebiets) verlegt werden; nach dem Gaußischen Satze besäße die Fläche ein konstantes Krümmungsmaß, und die vorausgesetzten Verbiegungen wären also in dreifach, nicht allein doppelt unendlicher Zahl vorhanden.

Ferner ist klar, daß jede auf eine Rotationsfläche abwickelbare Fläche wenigstens eine stetige Verbiegung in sich zuläßt, entsprechend der Drehung der Fläche, auf die sie abwickelbar ist, um die Achse.

Es ist nun von Wichtigkeit, daß auch der umgekehrte Satz besteht:

Jede Fläche $S$, die eine stetige Verbiegung in sich zuläßt, ist auf eine Rotationsfläche abwickelbar.

Besitzt die Fläche $S$ konstantes Krümmungsmaß, so ist der Satz bereits durch die Untersuchungen in den vorigen Paragraphen bewiesen. Im gegenteiligen Falle müssen sich während der angenommenen stetigen Verbiegung die Kurven $L$, längs deren das Krümmungsmaß $K$ ein und denselben Wert hat, nach dem Gaußischen Satze in sich selbst verschieben. Da nun diese Biegung von einem sich stetig ändernden Parameter abhängt, so kann jeder Punkt einer Kurve $L$ in jeden beliebigen anderen Punkt derselben Kurve verlegt werden; daraus folgt, daß die Kurven $L$ konstante geodätische Krümmung besitzen. Ferner verschieben sich die zu einer Kurve $L$ geodätisch parallelen Kurven während der Verbiegung offenbar ebenfalls in sich selbst. Aus diesen Überlegungen ergibt sich der obige Satz ohne Schwierigkeit, denn in der Tat läßt sich beweisen:

Wenn eine Fläche $S$ ein System von Kurven $L$ besitzt, die geodätisch parallel sind und von denen jede konstante geodätische Krümmung hat, so ist sie auf eine Rotationsfläche abwickelbar, deren Parallelkreise die Biegungskurven der Kurven $L$ sind.

Man wähle nämlich als Koordinatensystem das von den Kurven $L$ ($u = \text{Const.}$) und von den dazu orthogonalen geodätischen Linien

($v = Const.$) gebildete. Dann nimmt das Quadrat des Linienelements die Form:

$$ds^2 = du^2 + G dv^2$$

an. Nun ist nach Voraussetzung (vgl. S. 147):

$$-\frac{1}{\varrho_u} = \frac{\partial \log \sqrt{G}}{\partial u} = \varphi(u),$$

also:

$$\sqrt{G} = UV,$$

wo $U$ eine Funktion von $u$ allein und $V$ eine Funktion von $v$ allein ist. Wird dann

$$\int V dv = v_1$$

gesetzt, so ergibt sich sofort das Quadrat des Linienelements einer Rotationsfläche (vgl. § 42):

$$ds^2 = du^2 + U^2 dv_1{}^2.$$

## § 102. Aufeinander abwickelbare Rotationsflächen.

Wir wollen nun einige einfache Beispiele von aufeinander abwickelbaren Flächen betrachten und zunächst untersuchen, ob zwei Rotationsflächen $S$, $S_1$ aufeinander abgewickelt werden können.

Aus dem Gaußischen Satze folgt vorerst, daß sich die Parallelkreise von $S$ mit denjenigen von $S_1$ und daß sich also auch die beiderseitigen Meridiane decken müssen. Ausgenommen sind natürlich die Flächen von konstantem Krümmungsmaß, aber die nachfolgenden Untersuchungen gelten auch für diese Flächen, wenn noch die Bedingung hinzugefügt wird, daß sich die Parallelkreise der einen Fläche mit denjenigen der anderen decken sollen.

Wenn das Quadrat des Linienelements von $S$ durch

$$ds^2 = du^2 + r^2 dv^2$$

und dasjenige von $S_1$ durch

$$ds_1{}^2 = du_1{}^2 + r_1{}^2 dv_1{}^2$$

gegeben ist, so können wir ohne weiteres $u_1 = u$ setzen, indem wir die Meridianbogen von zwei entsprechenden Parallelkreisen ab rechnen. Um die beiden Linienelemente ineinander zu transformieren, muß man $v_1 = v_1(v)$ setzen und diese Funktion durch die Bedingung:

$$r_1(u)\frac{dv_1}{dv} = r(u)$$

bestimmen.

Hieraus ergibt sich:

$$r_1 = kr, \quad v_1 = \frac{v}{k} \quad (k \text{ willkürlich konstant}).$$

Wenn also $r = \varphi(u)$ die Gleichung der Meridiankurve von $S$ ist, so sind die Koordinaten eines Punktes der Meridiankurve von $S_1$ gegeben durch:

$$r = k\varphi(u), \quad z = \int\sqrt{1 - k^2\varphi'^2(u)}\,du.$$

Daraus folgt: Jede Rotationsfläche kann auf $\infty^1$ Weisen so verbogen werden, daß sie eine Rotationsfläche bleibt.

Wir untersuchen nun des näheren, in welcher Weise sich die Fläche $S_1$ auf $S$ abwickelt. Setzen wir $k < 1$ voraus, so zeigt die Gleichung:

$$v = kv_1,$$

daß, wenn die Länge $v_1$ auf $S_1$ einen ganzen Umgang vollendet hat, wobei sie gleich $2\pi$ wird, die Länge $v$ gleich $2k\pi < 2\pi$ wird. Wenn also die Fläche $S_1$ auf die Fläche $S$ abgewickelt wird, so wird letztere nicht ganz bedeckt, sondern es bleibt ein Stück (Zweieck) frei, das zwischen zwei Meridianen liegt, deren Ebenen einen Winkel von der Amplitude $2\pi(1 - k)$ bilden. Um $S_1$ auf $S$ auszubreiten, muß man also $S_1$ längs eines Meridianes aufschneiden, öffnen und dann so verbiegen, daß die Schnittränder zwei bestimmte Meridiane auf $S$ werden. Beachtet man, daß die geodätische Krümmung der Parallelkreise und die Totalkrümmung der Fläche bei der Verbiegung ungeändert bleiben, so sieht man sofort, daß in zwei einander entsprechenden Punkten die Krümmung der Meridiankurve von $S$ größer als diejenige der Meridiankurve von $S_1$ ist.

Der Fall $k > 1$ läßt sich offenbar auf den vorigen zurückführen, wenn wir umgekehrt $S$ in $S_1$ verbiegen, was ja darauf hinauskommt, daß $k$ durch $\frac{1}{k}$ ersetzt wird. Hierbei ist aus $S$ ein Zweieck herauszunehmen und darauf die Stetigkeit der Fläche in der Weise wiederherzustellen, daß man die beiden Grenzmeridiane des herausgenommenen Zweiecks durch Verbiegung zu einem einzigen vereinigt.

Ferner ist zu bemerken, daß jedem Punkte der Meridiankurve von $S$ ein reeller Punkt der Meridiankurve von $S_1$ entspricht, solange $k\frac{dr}{du} < 1$ ist, was wegen der obigen Gleichungen immer der Fall ist, wenn $k < 1$ ist. Ist jedoch $k > 1$, so schließen die Parallelkreise, denen der Wert $\frac{1}{k}$ für $\frac{dr}{du}$ entspricht, auf $S$ eine Zone ein, welche der tatsächlich auf $S_1$ abwickelbare Teil von $S$ ist. Nach der Verbiegung werden die Grenzparallelkreise dieser Zone Rückkehrparallelkreise für $S_1$, d. h. solche, auf denen die Meridiane Rückkehrpunkte haben.

## § 103. Beispiel: Rotationsflächen konstanter Krümmung.

Als Beispiel betrachten wir die Verbiegungen der Rotationsflächen von konstantem Krümmungsmaß.

a) Für die Kugel vom Radius Eins kann

$$r = \cos u$$

gesetzt werden. Es sind dann die Koordinaten längs der verbogenen Meridiane durch die Gleichungen:

$$r = k \cos u, \quad z = \int \sqrt{1 - k^2 \sin^2 u}\, du$$

gegeben.

Wir können sie durch elliptische Funktionen eines Parameters $\tau$ ausdrücken. Zu diesem Zwecke setzen wir, wenn $k < 1$ ist, $\cos u = \operatorname{cn}(\tau, k)$ und erhalten:

$$r = k \operatorname{cn} \tau, \quad z = \left(1 - \frac{J}{K}\right) \tau + Z(\tau).$$

Ist $k > 1$, so führen wir $\frac{1}{k}$ statt $k$ ein und erhalten, indem wir

$$\cos u = \operatorname{dn}(\tau, k)$$

setzen:

$$r = \frac{\operatorname{dn} \tau}{k}, \quad z = \left(k - \frac{J}{Kk}\right) \tau + \frac{1}{k} Z(\tau).$$

Im Falle $k < 1$ ergibt sich eine spindelförmige Fläche, deren Meridiane die Achse in einem (konischen) Punkte unter dem Winkel $\alpha = \arcsin k$ treffen. Im Falle $k > 1$ liegt eine Zone vor, die von zwei kleinsten Rückkehrparallelkreisen begrenzt ist. Die drei nachstehenden Figuren 4, 5, 6 stellen die den drei Fällen entsprechenden Flächen dar. Auf der mittleren, der Kugel, ist die Zone angegeben, die sich auf die ganze Fläche in Fig. 6 abwickelt.

b) Die Pseudosphäre besitzt die merkwürdige Eigenschaft, daß alle ihre Rotationsbiegungsflächen mit ihr identisch sind, was sich daraus ergibt, daß die geodätische Krümmung der Parallelkreise konstant, gleich $\frac{1}{R}$, ist. Im Falle des Einschrumpfens der Parallelkreise ($k < 1$) wird der größte (Rückkehr-)Parallelkreis ein kleinerer Parallelkreis, und es bleibt demnach die zwischen diesem und dem größten Parallelkreise gelegene Zone unbedeckt. Bei der umgekehrten Verbiegung wird ein kleinerer Parallelkreis zum Rückkehrparallelkreis; um jedoch diese Verbiegung zu bewerkstelligen, muß man zuerst die Zone zwischen diesem und dem wirklichen Rückkehrparallelkreise aus der Pseudosphäre herausschneiden.

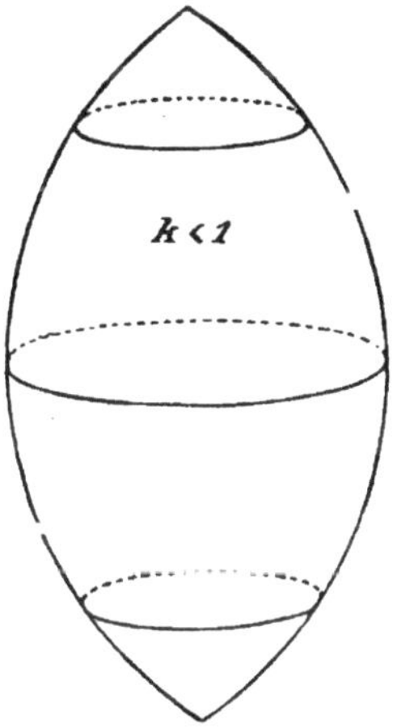


Fig. 4

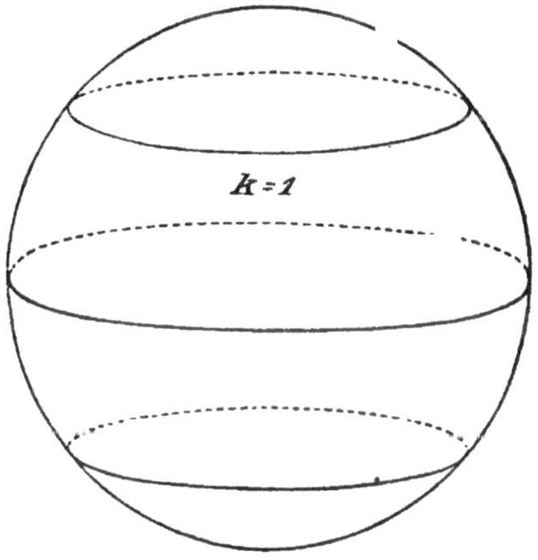


Fig. 5.

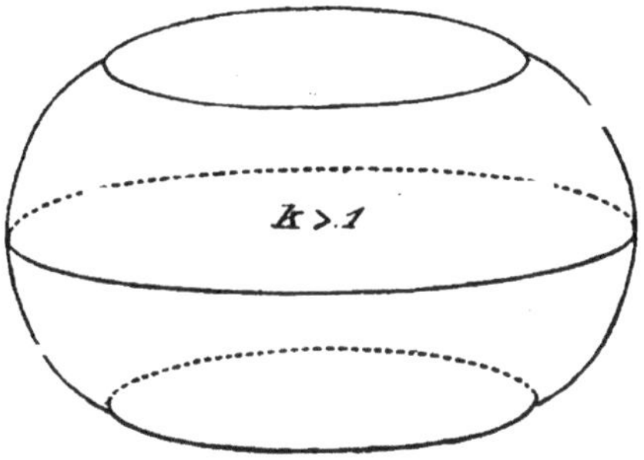


Fig. 6.

Die Verbiegung von pseudosphärischen Rotationsflächen der anderen beiden Arten führt auf Flächen von demselben Typus. Dabei ändert sich im Falle der Flächen vom elliptischen Typus der Öffnungswinkel an der Spitze (am konischen Punkt), bei denjenigen vom hyperbolischen Typus der Radius des kleinsten Parallelkreises.

## § 104. **Theorem von Bour über Schraubenflächen.**

Das Ergebnis in § 101 gestattet eine unmittelbare Anwendung auf eine wichtige Klasse von Flächen, die als Schraubenflächen bezeichnet werden. Sie werden von einer ebenen oder doppelt gekrümmten Kurve erzeugt, der eine doppelte Bewegung erteilt wird, eine drehende um die Achse und eine fortschreitende parallel zur Achse, deren Geschwindigkeiten in einem konstanten Verhältnis zueinander stehen. Die verschiedenen Punkte der erzeugenden Kurve beschreiben dabei sämtlich Schraubenlinien, deren gemeinsame Achse die Achse der Schraubenfläche ist und die alle gleiche Ganghöhe haben. Wenn wir beachten, daß sich bei der Schraubung, durch welche die Fläche erzeugt wird, die ganze Fläche in sich selbst bewegt, so brauchen wir nur den Satz in § 101 anzuwenden und kommen dann zu dem eleganten, von Bour herrührenden Ergebnis:

Jede Schraubenfläche ist auf eine Rotationsfläche abwickelbar; die Schraubenlinien decken sich dabei mit den Parallelkreisen der Rotationsfläche.

Da sich jede Schraubenlinie unendlich oft auf den entsprechenden Parallelkreis aufwickelt, so ist es klar, daß die Rotationsfläche von der Schraubenfläche unendlich oft überdeckt wird.

Von diesem Satze wollen wir nun einen direkten Beweis geben, um auch die wirklichen Abwicklungsgleichungen zu erhalten. Hierzu bemerken wir, daß, wenn durch die Achse eine Ebene gelegt wird, auf der Schraubenfläche eine Schnittkurve (Meridianprofil) entsteht, welche die Schraubenfläche erzeugt, wenn ihr eben die Schraubung um die Achse erteilt wird, durch welche die Fläche erzeugt wurde. Eine Schraubenfläche ist also bestimmt, wenn ihr Meridianprofil und der Parameter der Schraubung gegeben sind.

Als $z$-Achse werde die Achse der Schraubenfläche gewählt, mit $\varrho$ der Abstand eines Punktes des Meridianprofils von der Achse bezeichnet, und es sei

$$z = \varphi(\varrho)$$

die Gleichung des Meridianprofils. Wir bezeichnen ferner mit $v$ den Winkel, um den sich nach einer beliebigen Zeit die Ebene des Meridianprofils gedreht hat, und mit $m$ das Verhältnis der Geschwindigkeit der fortschreitenden Bewegung zur Rotationsgeschwindigkeit. Die Koordinaten $x$, $y$, $z$ eines beweglichen Punktes der Schraubenfläche sind dann als Funktionen von $\varrho$ und $v$ durch die Gleichungen:

$$x = \varrho \cos v, \quad y = \varrho \sin v, \quad z = \varphi(\varrho) + mv$$

gegeben, aus denen

$$ds^2 = [1 + \varphi'^2(\varrho)]d\varrho^2 + 2m\varphi'(\varrho)d\varrho dv + (\varrho^2 + m^2)dv^2$$

folgt.

Wir führen nun statt der Parameterlinien $v$ andere Linien $v_1$ ein, indem wir

$$v = k v_1 - m \int \frac{\varphi'(\varrho)\,d\varrho}{\varrho^2 + m^2}$$

setzen, wobei $k$ eine willkürliche Konstante ist. Dann ergibt sich:

$$ds^2 = \left[1 + \frac{\varrho^2 \varphi'^2(\varrho)}{\varrho^2 + m^2}\right] d\varrho^2 + k^2(\varrho^2 + m^2)\,dv_1^2.$$

Vergleichen wir dieses Quadrat des Linienelements mit

$$ds_1^2 = [1 + \psi'^2(r)]\,dr^2 + r^2 dv_1^2,$$

d. h. mit demjenigen einer Rotationsfläche, deren Meridiankurve durch die Gleichung:

$$z = \psi(r)$$

gegeben ist, so können wir beide einander gleich machen, wenn wir zwischen $r$, $\psi(r)$, $\varrho$, $\varphi(\varrho)$ folgende Beziehungen aufstellen:

$$(8) \qquad \begin{cases} r^2 = k^2(\varrho^2 + m^2), \\ [1 + \psi'^2(r)] \left(\dfrac{dr}{d\varrho}\right)^2 = 1 + \dfrac{\varrho^2 \varphi'^2(\varrho)}{\varrho^2 + m^2}. \end{cases}$$

Diese Gleichungen beweisen wieder den Bourschen Satz. Ferner sieht man, daß, wenn eine Schraubenfläche oder eine Rotationsfläche willkürlich gewählt wird, die Rotationsflächen bzw. die Schraubenflächen, auf die sie abwickelbar ist, durch Quadraturen gefunden werden können. Im ersten Falle ergibt sich nämlich $\psi'(r)$ durch Elimination von $\varrho$, im zweiten $\varphi'(\varrho)$ durch Elimination von $r$.

## § 105. Beispiele zur Abwicklung von Schraubenflächen auf Rotationsflächen.

Wir wenden nun die Gleichungen (8) auf zwei einfache Beispiele an.

1. Das Meridianprofil sei eine zur Achse senkrechte Gerade; die erzeugte Schraubenfläche ist die bereits in § 19, S. 32, betrachtete Minimal-Schraubenregelfläche. Wir haben in den Gleichungen (8) in diesem Falle $\varphi'(\varrho) = 0$, also ist:

$$1 + \psi'^2(r) = \left(\frac{d\varrho}{dr}\right)^2 = \frac{r^2}{k^2(r^2 - m^2 k^2)}.$$

Wenn die willkürliche Konstante $k$ gleich Eins gesetzt wird, so folgt:

$$z = \psi(r) = m \int \frac{dr}{\sqrt{r^2 - m^2}}$$

und durch Ausführung der Integration:

$$r = m \cosh \frac{z}{m}\,.$$

Die Meridiankurve der Rotationsfläche ist demnach eine gewöhnliche Kettenlinie, deren Leitlinie die Drehachse ist.

Die zugehörige Rotationsfläche wird **Katenoid** genannt. Die Erzeugenden der Schraubenfläche decken sich bei der Abwicklung mit den Meridianen, und die Achse $\varrho = 0$ wird der Kehlkreis $r = m$ des Katenoids.

2. Das Meridianprofil sei eine um den Winkel $\alpha$ zur Achse geneigte Gerade; ihre Gleichung ist dann:

$$z = \varrho \operatorname{cotg} \alpha .$$

Wenn also in (8)

$$\varphi'(\varrho) = \operatorname{cotg} \alpha$$

gesetzt wird, so ergibt sich:

$$1 + \psi'^2(r) = \left[1 + \frac{(r^2 - k^2 m^2) \operatorname{cotg}^2 \alpha}{r^2}\right] \frac{r^2}{k^2(r^2 - k^2 m^2)} .$$

Setzen wir die willkürliche Konstante $k$ gleich $\operatorname{cotg} \alpha$, so erhalten wir:

$$\psi'(r) = \frac{r \operatorname{tg} \alpha}{\sqrt{r^2 - m^2 \operatorname{cotg}^2 \alpha}} .$$

Die Gleichung der Meridiankurve der Rotationsfläche ist also:

$$z = \operatorname{tg} \alpha \sqrt{r^2 - m^2 \operatorname{cotg}^2 \alpha}$$

oder:

$$\frac{r^2}{m^2 \operatorname{cotg}^2 \alpha} - \frac{z^2}{m^2} = 1 .$$

Die Rotationsfläche ist daher ein **einschaliges Rotationshyperboloid**. Man sieht leicht, daß sich bei der Abwicklung die Achse $\varrho = 0$ der Schraubenfläche mit dem Kehlkreis des Hyperboloids und die Erzeugenden der Schraubenfläche mit der einen Schar der Erzeugenden des Hyperboloids decken.

## § 106. Das allgemeine Problem der Verbiegung von Flächen.

Wir gehen nun zu der Behandlung einer zweiten und wichtigeren Aufgabe aus der Lehre von der Abwickelbarkeit der Flächen aufeinander über, die folgendermaßen lautet: **Alle Flächen zu finden, die auf eine gegebene Fläche abwickelbar sind**, oder: **Alle Flächen mit gegebenem Linienelement zu finden.**

Diese schwierige Aufgabe kann vollständig nur in wenigen besonderen Fällen gelöst werden, die in späteren Abschnitten dieses Buches behandelt werden sollen. Doch gestatten es die allgemeinen Sätze über partielle Differentialgleichungen, sehr wichtige allgemeine Sätze bezüglich der gestellten Aufgabe abzuleiten. Mit diesen eben wollen wir uns nun beschäftigen, soweit dieses die Grenzen der Kürze, die wir uns gesteckt haben, zulassen[1]).

Der erste Weg, die vorliegende Aufgabe in Angriff zu nehmen, ergibt sich naturgemäß aus den Grundgleichungen der Flächentheorie (Kap. IV). Wenn die erste Grundform:

$$E\,du^2 + 2F\,du\,dv + G\,dv^2$$

gegeben ist, so gehört zu jeder Fläche mit diesem Quadrat des Linienelements eine zweite Grundform:

$$D\,du^2 + 2D'\,du\,dv + D''\,dv^2,$$

und die Funktionen $D$, $D'$, $D''$ müssen den Gleichungen (III), (IV), § 48, S. 90, d. h. der Gaußischen und den beiden Codazzischen Gleichungen, genügen. Umgekehrt, wenn $D$, $D'$, $D''$ drei Funktionen von $u$ und $v$ sind, die den drei genannten Gleichungen genügen, so gibt es eine zugehörige Fläche mit dem gegebenen Linienelement, und die wirkliche Bestimmung der Fläche hängt in letzter Linie von der Integration einer Riccatischen Gleichung ab (§ 50, Kap. IV).

Würden wir also z. B. das Linienelement einer Rotationsfläche nehmen, also

$$ds^2 = du^2 + r^2 dv^2$$

setzen, wo $r$ nur von $u$ abhängt, so könnten wir den genannten Grundgleichungen genügen, wenn wir für $D$, $D'$, $D''$ Funktionen von $u$ allein wählen würden. Die auf die Rotationsflächen abwickelbaren Flächen, die wir auf diese Weise finden würden, sind gerade die Schraubenflächen (§ 104)[2]).

## § 107. Partielle Differentialgleichung zweiter Ordnung, von der die Verbiegung einer gegebenen Fläche abhängt.

Weit wichtiger als die obige Methode ist diejenige, zu deren Entwicklung wir nun übergehen, indem wir uns dabei auf die Ergebnisse in § 60, Kap. IV, vor allem auf die Gleichung (B), S. 115, stützen.

Für jede Fläche:

$$x = x(u, v), \quad y = y(u, v), \quad z = z(u, v)$$

mit gegebenem Quadrat des Linienelements:

---

1) Vollständig durchgeführt findet der Leser die Aufgabe im 3. Bande der Leçons von Darboux, S. 263 ff.

2) Zum Beweise braucht man nur zu beachten, daß in diesem Falle sowohl die erste als auch die zweite Grundform die stetige Transformation in sich:

$$u' = u, \quad v' = v + \text{Const.}$$

zulassen. Da also die Fläche eine stetige Bewegung in sich gestattet, ist sie eine Schraubenfläche.

(9) $$dx^2 + dy^2 + dz^2 = E\,du^2 + 2F\,du\,dv + G\,dv^2$$

besagt die soeben erwähnte Gleichung, daß jede der drei unbekannten Funktionen $x$, $y$, $z$ der partiellen Differentialgleichung zweiter Ordnung:

(10) $$\Delta_{22}x = (1 - \Delta_1 x)K$$

genügt, deren Koeffizienten allein aus $E$, $F$, $G$ und deren ersten und zweiten Differentialquotienten gebildet sind.[1])

Nun ist es wichtig, mit Darboux darauf hinzuweisen, daß die Gleichung (10) folgende Bedeutung hat:

Ist $x(u, v)$ eine Lösung der Gleichung (10), so hat die quadratische Form:

$$- dx^2 + E\,du^2 + 2F\,du\,dv + G\,dv^2 =$$
$$= \left[E - \left(\frac{\partial x}{\partial u}\right)^2\right] du^2 + 2\left[F - \frac{\partial x}{\partial u}\frac{\partial x}{\partial v}\right] du\,dv + \left[G - \left(\frac{\partial x}{\partial v}\right)^2\right] dv^2$$

die Krümmung Null.

Um dieses auf die einfachste Art zu beweisen, werde

$$x = u, \quad F = 0$$

gesetzt, was offenbar wegen der Invarianteneigenschaft unserer Gleichung erlaubt ist. Die Gleichung (10) lautet dann:

$$\begin{Bmatrix}1\,1\\1\end{Bmatrix}\begin{Bmatrix}2\,2\\1\end{Bmatrix} - \begin{Bmatrix}1\,2\\1\end{Bmatrix}^2 = G(E-1)K.$$

Wenn hierin für die Christoffelschen Symbole die wirklichen Werte aus § 35:

$$\begin{Bmatrix}1\,1\\1\end{Bmatrix} = \frac{1}{2E}\frac{\partial E}{\partial u}, \quad \begin{Bmatrix}1\,2\\1\end{Bmatrix} = \frac{1}{2E}\frac{\partial E}{\partial v}, \quad \begin{Bmatrix}2\,2\\1\end{Bmatrix} = -\frac{1}{2E}\frac{\partial G}{\partial u}$$

eingesetzt werden, so ergibt sich:

$$\frac{\partial E}{\partial u}\frac{\partial G}{\partial u} + \left(\frac{\partial E}{\partial v}\right)^2 + 4E^2G(E-1)K = 0.$$

Nun ist in orthogonalen Parametern $u$, $v$ (§ 35, S. 67, (18)):

(11) $$4E^2G^2K = E\left[\frac{\partial E}{\partial v}\frac{\partial G}{\partial v} + \left(\frac{\partial G}{\partial u}\right)^2\right] + G\left[\frac{\partial E}{\partial u}\frac{\partial G}{\partial u} + \left(\frac{\partial E}{\partial v}\right)^2\right] -$$
$$- 2EG\left[\frac{\partial^2 E}{\partial v^2} + \frac{\partial^2 G}{\partial u^2}\right].$$

---

1) Unter Anwendung der Mongeschen Bezeichnungen $p$, $q$; $r$, $s$, $t$ für die ersten und zweiten Differentialquotienten der unbekannten Funktion lautet die Gleichung:

$$\left(r - \begin{Bmatrix}1\,1\\1\end{Bmatrix}p - \begin{Bmatrix}1\,1\\2\end{Bmatrix}q\right)\left(t - \begin{Bmatrix}2\,2\\1\end{Bmatrix}p - \begin{Bmatrix}2\,2\\2\end{Bmatrix}q\right) - \left(s - \begin{Bmatrix}1\,2\\1\end{Bmatrix}p - \begin{Bmatrix}1\,2\\2\end{Bmatrix}q\right)^2 =$$
$$= K[EG - F^2 - (Eq^2 - 2Fpq + Gp^2)]$$

und hat die Ampèresche lineare Form bezüglich $rt - s^2$, $r$, $s$, $t$.

Die vorige Gleichung, mit $G$ multipliziert, lautet dann:

$$G\left[\frac{\partial E}{\partial u}\frac{\partial G}{\partial u} + \left(\frac{\partial E}{\partial v}\right)^2\right] + E(E-1)\left[\frac{\partial E}{\partial v}\frac{\partial G}{\partial v} + \left(\frac{\partial G}{\partial u}\right)^2\right] +$$

$$+ G(E-1)\left[\frac{\partial E}{\partial u}\frac{\partial G}{\partial u} + \left(\frac{\partial E}{\partial v}\right)^2\right] - 2EG(E-1)\left[\frac{\partial^2 E}{\partial v^2} + \frac{\partial^2 G}{\partial u^2}\right] = 0.$$

Werden die Glieder, die sich aufheben, weggelassen und wird noch durch $E$ dividiert, so ergibt sich die äquivalente Gleichung:

$$(E-1)\left[\frac{\partial E}{\partial v}\frac{\partial G}{\partial v} + \left(\frac{\partial G}{\partial u}\right)^2\right] + G\left[\frac{\partial E}{\partial u}\frac{\partial G}{\partial u} + \left(\frac{\partial E}{\partial v}\right)^2\right] -$$

$$- 2(E-1)\,G\left[\frac{\partial^2 E}{\partial v^2} + \frac{\partial^2 G}{\partial u^2}\right] = 0,$$

die wieder infolge von (11) besagt, daß die Form:

$$(E-1)\,du^2 + G\,dv^2$$

die Krümmung Null hat.

Nach dieser Vorbemerkung nehmen wir an, es wäre uns eine Lösung $x(u, v)$ der Gleichung (10) bekannt. Wir wollen dann sehen, ob es eine zugehörige reelle Fläche mit dem gegebenen Linienelement gibt. Da dann die Differentialform:

$$(12) \qquad E\,du^2 + 2F\,du\,dv + G\,dv^2 - dx^2$$

die Krümmung Null besitzt, so ist es, damit es zwei andere reelle Funktionen $y(u, v)$, $z(u, v)$ gibt, die der Gleichung (9) genügen, notwendig und hinreichend, daß die Form (12) eine definite, d. h.

$$\left[E - \left(\frac{\partial x}{\partial u}\right)^2\right]\left[G - \left(\frac{\partial x}{\partial v}\right)^2\right] - \left[F - \frac{\partial x}{\partial u}\frac{\partial x}{\partial v}\right]^2 > 0$$

oder

$$\Delta_1 x < 1$$

ist. Wird diese Bedingung als erfüllt vorausgesetzt, so ergeben sich nämlich $y$ und $z$ mittels Quadraturen nach § 87, S. 170. Also: Jeder reellen Lösung $x(u,v)$ der Gleichung (10), die außerdem der Ungleichheit $\Delta_1 x < 1$ genügen muß, entspricht eine reelle Fläche mit dem gegebenen Linienelement. Ist diese Lösung bekannt, so ergibt sich die zugehörige Fläche mittels Quadraturen.

## § 108. Verbiegung einer Fläche mit einer starren Kurve.

Wir beschäftigen uns nun mit der folgenden Frage: Wenn eine Fläche $S$ gegeben und auf ihr eine Kurve $\Gamma$ gezogen ist, kann dann die Fläche verbogen werden, ohne daß die Kurve $\Gamma$ verzerrt wird?

Unter der Voraussetzung, daß dieses möglich ist, sei $S_1$ eine der Gestalten, die $S$ bei der Verbiegung annimmt, wobei $\Gamma$ starr bleibt. Wir können dann die geänderte Gestalt $S_1$ als von der ursprünglichen $S$ so wenig abweichend annehmen, daß die Normalen von $S_1$ und $S$ einander beliebig nahe sind. Beachtet man nun aber, daß $\Gamma$ auf $S_1$ und $S$ dieselbe geodätische Krümmung hat, und erinnert man sich an die Beziehung, die zwischen der geodätischen und der absoluten Krümmung besteht (§ 75, S. 146), so kann man daraus sofort schließen, daß längs $\Gamma$ die Normalen von $S_1$ und $S$ zusammenfallen.

Nun nehmen wir der Einfachheit halber auf $S$ und $S_1$ ein orthogonales Koordinatensystem $(u, v)$ an, und es sei

$$v = 0$$

die Gleichung der Kurve $\Gamma$. Durch Beifügung des Index 1 unterscheiden wir die auf $S_1$ bezüglichen Größen. Dann haben wir offenbar:

$$\left.\begin{array}{lll} x_1 = x, & y_1 = y, & z_1 = z, \\[4pt] \dfrac{\partial x_1}{\partial u} = \dfrac{\partial x}{\partial u}, & \dfrac{\partial y_1}{\partial u} = \dfrac{\partial y}{\partial u}, & \dfrac{\partial z_1}{\partial u} = \dfrac{\partial z}{\partial u}, \\[4pt] \dfrac{\partial x_1}{\partial v} = \dfrac{\partial x}{\partial v}, & \dfrac{\partial y_1}{\partial v} = \dfrac{\partial y}{\partial v}, & \dfrac{\partial z_1}{\partial v} = \dfrac{\partial z}{\partial v}, \\[4pt] X_1 = X, & Y_1 = Y, & Z_1 = Z \end{array}\right\} \text{für } v = 0.$$

Betrachten wir nun z. B. $x_1$ und $x$, so sind dieses solche Lösungen derselben partiellen Differentialgleichung zweiter Ordnung (10), die für $v = 0$ in ihren Werten und in denjenigen ihrer ersten Differentialquotienten übereinstimmen. Wenn wir nun beweisen, daß auch die drei zweiten Differentialquotienten von $x_1$ für $v = 0$ mit den entsprechenden von $x$ übereinstimmen, so ist infolge der allgemeinen Sätze über die Lösungen partieller Differentialgleichungen[1]) nachgewiesen, daß $x_1$ und $x$ für alle Werte von $u$ und $v$ übereinstimmen. Da derselbe Schluß für $y_1, y$; $z_1, z$ wiederholt werden kann, so folgt, daß $S_1$ und $S$ zusammenfallen.

In der Tat folgt aus den Anfangsbedingungen:

$$\frac{\partial x_1}{\partial u} = \frac{\partial x}{\partial u}, \quad \frac{\partial x_1}{\partial v} = \frac{\partial x}{\partial v} \text{ (für } v = 0)$$

unmittelbar durch Differentiation nach $u$:

$$\frac{\partial^2 x_1}{\partial u^2} = \frac{\partial^2 x}{\partial u^2}, \quad \frac{\partial^2 x_1}{\partial u \partial v} = \frac{\partial^2 x}{\partial u \partial v} \text{ (für } v = 0).$$

Die Grundgleichungen (I) der Flächentheorie, § 47, S. 88, ergeben mithin, daß für $v = 0$

$$D_1 = D, \quad D_1' = D'$$

1) Vgl. z. B. Goursat, Vorlesungen über die Integration der partiellen Differentialgleichungen erster Ordnung, deutsch von Maser, Leipzig 1893, S. 21.

ist. Die aus (III), S. 90, folgende Gleichung:

$$DD'' - D'^2 = D_1 D_1'' - D_1'^2$$

ergibt also, wenn darin $v = 0$ gesetzt wird:

$$DD'' = DD_1'' \quad (\text{für } v = 0).$$

Daraus folgt:

$$(D_1'')_{v=0} = (D'')_{v=0},$$

wofern nicht $(D)_{v=0} = 0$ ist. Wird dieser Fall ausgeschlossen, so ergibt sich aus der dritten der Gleichungen (I), S. 88:

$$\frac{\partial^2 x_1}{\partial v^2} = \frac{\partial^2 x}{\partial v^2} \quad (\text{für } v = 0),$$

wie wir beweisen wollten. Daher fallen $S_1$ und $S$ zusammen.

In dem ausgeschlossenen Falle: $(D)_{v=0} = 0$ ist nach S. 108 die Kurve $v = 0$ eine Haupttangentenkurve von $S$; wir können also den Satz aussprechen: Wenn auf einer biegsamen Fläche $S$ eine Kurve $\Gamma$ starr bleiben soll, so kann die Fläche nicht verbogen werden, wofern nicht die Kurve $\Gamma$ eine Haupttangentenkurve von $S$ ist.

Falls $\Gamma$ eine Haupttangentenkurve ist, so werden wir bald sehen (§ 114), daß es in der Tat möglich ist, die Fläche ohne Verzerrung der Kurve zu verbiegen. Es ist dieses eine eigentümliche Eigenschaft der Haupttangentenkurven, weshalb sie auch als Faltungslinien bezeichnet werden. Diese Eigenschaft, die sie vor jeder anderen Kurve der Fläche auszeichnet, ist im Grunde genommen eine Folge davon, daß auf jeder Fläche $S$ die Haupttangentenkurven die Charakteristiken der partiellen Differentialgleichung (10) sind, von deren Lösung die Verbiegung von $S$ abhängt[1]) (Darboux, 3. Bd., a. a. O.).

---

1) Wird die Gleichung (10) in der in der Anmerkung zum vorigen Paragraphen angegebenen Form (S. 202):

$$\Phi(r, s, t) = 0$$

geschrieben, so geht die Differentialgleichung der Charakteristiken:

$$\frac{\partial \Phi}{\partial t} du^2 - \frac{\partial \Phi}{\partial s} du\, dv + \frac{\partial \Phi}{\partial r} dv^2 = 0$$

infolge der Gleichungen (I), S. 88, eben in diejenige der Haupttangentenkurven:

$$D\,du^2 + 2D'\,du\,dv + D''\,dv^2 = 0$$

über. (Vgl. Darboux, 3. Bd., S. 252.)

## § 109. Verbiegung, bei der eine gegebene Kurve in eine andere gegebene Kurve übergeht.

Der soeben bewiesene Satz führt naturgemäß zu der Frage: Ist es möglich, eine Fläche $S'$ so zu verbiegen, daß eine gegebene Kurve $C$ auf ihr eine vorgeschriebene Gestalt $\Gamma$ annimmt?

Zunächst bemerken wir, daß, wenn die gesuchte Verbiegung möglich sein soll, die absolute Krümmung von $\Gamma$ in jedem Punkte nach S. 146 größer als die geodätische Krümmung von $C$ in dem entsprechenden Punkte (oder mindestens ihr gleich) sein muß. Diese Bedingung setzen wir als erfüllt voraus und betrachten auch einstweilen den Fall der Gleichheit der absoluten und geodätischen Krümmung von $\Gamma$ als ausgeschlossen, in welchem Falle $\Gamma$ auf der Biegungsfläche eine Haupttangentenkurve wäre.

Unter der Voraussetzung, daß die gesuchte Verbiegung möglich ist, sei $S$ die Biegungsfläche, auf der wir ein orthogonales Koordinatensystem $(u, v)$ wie im vorigen Paragraphen annehmen, so daß $\Gamma$ die Kurve $v = 0$ ist. Ferner setzen wir der größeren Klarheit halber fest, daß der Parameter $u$ der von einem bestimmten festen Punkte der Kurve $\Gamma$ gerechnete Bogen dieser Kurve sein soll, so daß wir

$$E = 1 \quad (\text{für } v = 0)$$

haben. Mit $\sigma$ bezeichnen wir den Winkel, um den sich die positive Richtung der Normale von $S$ in der Normalenebene von $\Gamma$ in positivem Sinne drehen muß, um mit derjenigen der Hauptnormale von $\Gamma$ zusammenzufallen. Indem wir für die Kurve $\Gamma$ die üblichen Bezeichnungen der Kurventheorie (Kap. I) beibehalten, haben wir dann für $v = 0$:

$$(13)\quad \left\{\begin{aligned}
&\cos\alpha = \frac{\partial x}{\partial u}, \qquad \cos\beta = \frac{\partial y}{\partial u}, \qquad \cos\gamma = \frac{\partial z}{\partial u},\\
&\cos\xi = X\cos\sigma - \frac{\sin\sigma}{\sqrt{G}}\frac{\partial x}{\partial v}, \qquad \cos\eta = Y\cos\sigma - \frac{\sin\sigma}{\sqrt{G}}\frac{\partial y}{\partial v},\\
&\qquad\qquad \cos\zeta = Z\cos\sigma - \frac{\sin\sigma}{\sqrt{G}}\frac{\partial z}{\partial v},\\
&\cos\lambda = -\frac{\cos\sigma}{\sqrt{G}}\frac{\partial x}{\partial v} - X\sin\sigma, \qquad \cos\mu = -\frac{\cos\sigma}{\sqrt{G}}\frac{\partial y}{\partial v} - Y\sin\sigma,\\
&\qquad\qquad \cos\nu = -\frac{\cos\sigma}{\sqrt{G}}\frac{\partial z}{\partial v} - Z\sin\sigma.
\end{aligned}\right.$$

Nun ist nach (I), S. 88, und (A), S. 10

$$\frac{\partial^2 x}{\partial u^2} = \begin{Bmatrix}1\,1\\1\end{Bmatrix}\frac{\partial x}{\partial u} + \begin{Bmatrix}1\,1\\2\end{Bmatrix}\frac{\partial x}{\partial v} + DX = \frac{\cos\xi}{\varrho}$$

nebst den analogen Gleichungen für $y$ und $z$. Da nun nach § 35:

$$(14)\qquad \begin{Bmatrix}11\\1\end{Bmatrix}_{v=0}=\left(\frac{1}{2E}\frac{\partial E}{\partial u}\right)_{v=0}=0,\quad \begin{Bmatrix}11\\2\end{Bmatrix}_{v=0}=-\left(\frac{1}{2G}\frac{\partial E}{\partial v}\right)_{v=0}=\left(\frac{1}{\varrho_v\sqrt{G}}\right)_{v=0}$$

ist, so schließen wir aus dem Vergleich mit den Gleichungen (13):

$$(15)\qquad D=\frac{\cos\sigma}{\varrho},\quad \frac{1}{\varrho_v}=-\frac{\sin\sigma}{\varrho}\quad \text{für } v=0.$$

Da die absolute Krümmung $\frac{1}{\varrho}$ und die geodätische Krümmung $\frac{1}{\varrho_v}$ von $\Gamma$ bekannt sind, so liefert die zweite dieser Gleichungen für den unbekannten Winkel $\sigma$ zwei Werte, die sich zu $\pi$ ergänzen.

Wir denken uns einen von diesen Werten, von denen jeder tatsächlich zu einer entsprechenden Fläche $S$ führt[1]), für $\sigma$ ausgewählt und erhalten außerdem aus den Gleichungen (13) die Anfangswerte $\frac{\partial x}{\partial v}, \frac{\partial y}{\partial v}, \frac{\partial z}{\partial v}$:

$$(16)\qquad \left\{\begin{aligned}\frac{\partial x}{\partial v}&=-\sqrt{G}(\sin\sigma\cos\xi+\cos\sigma\cos\lambda),\\ \frac{\partial y}{\partial v}&=-\sqrt{G}(\sin\sigma\cos\eta+\cos\sigma\cos\mu),\\ \frac{\partial z}{\partial v}&=-\sqrt{G}(\sin\sigma\cos\zeta+\cos\sigma\cos\nu)\end{aligned}\right\}\quad \text{für } v=0.$$

Auch ist es zweckmäßig, die Werte von $X, Y, Z$ längs $\Gamma$ anzugeben. Es sind die folgenden:

$$(16^*)\qquad \left\{\begin{aligned}X&=\cos\sigma\cos\xi-\sin\sigma\cos\lambda,\\ Y&=\cos\sigma\cos\eta-\sin\sigma\cos\mu,\\ Z&=\cos\sigma\cos\zeta-\sin\sigma\cos\nu\end{aligned}\right\}\quad \text{für } v=0.$$

Aus (16) folgt, daß wir für die Lösungen $x, y, z$ der Gleichung (10):

$$\Delta_{22}\vartheta=(1-\Delta_1\vartheta)K$$

außer den Anfangswerten der Funktionen selbst und ihrer ersten Ableitungen nach $v$ auch diejenigen der zweiten Differentialquotienten

$$\frac{\partial^2 x}{\partial u^2}, \frac{\partial^2 x}{\partial u\partial v};\quad \frac{\partial^2 y}{\partial u^2}, \frac{\partial^2 y}{\partial u\partial v};\quad \frac{\partial^2 z}{\partial u^2}, \frac{\partial^2 z}{\partial u\partial v}$$

kennen. Die partielle Differentialgleichung (10), der sie genügen,

1) Daß die gestellte Aufgabe auf diese Weise zwei verschiedene Lösungen hat, widerspricht nicht dem Satze in § 108, da ja die beiden Flächen $S$, die sich so ergeben, aufeinander abwickelbar sind und die Kurve $\Gamma$ bei der stetigen Verbiegung der einen Fläche in die andere schließlich ihre anfängliche Gestalt wieder annimmt, sich jedoch in den Zwischenstadien ändert.

liefert mindestens für eine von ihnen die Werte der zweiten Differentialquotienten

$$\frac{\partial^2 x}{\partial v^2}, \quad \frac{\partial^2 y}{\partial v^2}, \quad \frac{\partial^2 z}{\partial v^2},$$

da ja andernfalls für $v = 0$ der Ausdruck:

$$\frac{\partial^2 x}{\partial u^2} - \left\{ {11 \atop 1} \right\} \frac{\partial x}{\partial u} - \left\{ {11 \atop 2} \right\} \frac{\partial x}{\partial v}$$

und die entsprechenden in $y$ und $z$ verschwinden müßten. Sie gehen aber durch Einsetzen der Anfangswerte und unter Berücksichtigung der zweiten Gleichung (15) über in:

$$\frac{\cos\sigma}{\varrho}(\cos\sigma\cos\xi - \sin\sigma\cos\lambda), \quad \frac{\cos\sigma}{\varrho}(\cos\sigma\cos\eta - \sin\sigma\cos\mu),$$
$$\frac{\cos\sigma}{\varrho}(\cos\sigma\cos\zeta - \sin\sigma\cos\nu),$$

und nur in dem ausgeschlossenen Falle: $\sigma = \frac{\pi}{2}$ können sie gleichzeitig verschwinden. Unbeschadet der Allgemeinheit können wir somit z. B. annehmen:

$$(\alpha) \qquad \cos\sigma\cos\xi - \sin\sigma\cos\lambda \neq 0.$$

Dann sind für diejenige Lösung $x_1(u, v)$ der Grundgleichung (10), welche den Anfangsbedingungen:

$$(\beta) \quad x_1 = x, \quad \frac{\partial x_1}{\partial u} = \cos\alpha, \quad \frac{\partial x_1}{\partial v} = -\sqrt{G}\,(\sin\sigma\cos\xi + \cos\sigma\cos\lambda) \quad (\text{für } v = 0)$$

genügt, auch die Anfangswerte der drei zweiten Differentialquotienten vollkommen bestimmt, und somit ist die Lösung selbst vorhanden und ebenfalls völlig bestimmt. Ferner finden wir für $v = 0$:

$$\Delta_1 x_1 = \left(\frac{\partial x_1}{\partial u}\right)^2 + \frac{1}{G}\left(\frac{\partial x_1}{\partial v}\right)^2 = \cos^2\alpha + (\sin\sigma\cos\xi + \cos\sigma\cos\lambda)^2$$
$$= 1 - (\cos\sigma\cos\xi - \sin\sigma\cos\lambda)^2,$$

also wegen $(\alpha)$:

$$\Delta_1 x_1 < 1 \quad (\text{für } v = 0).$$

Da $\Delta_1 x_1$ eine stetige Funktion von $u, v$ ist, so ergibt sich hieraus, daß in einem ganzen endlichen zweidimensionalen Gebiet $(u, v)$ $\Delta_1 x_1 < 1$ ist, folglich (§ 107) der Lösung $x_1, y_1, z_1$ von (10) eine gestaltlich völlig bestimmte Fläche $S_1$ mit dem gegebenen Linienelement entspricht.

## § 110. Nachweise für die verbogene Fläche.

Nach den Ausführungen des vorigen Paragraphen ist nur noch nachzuweisen, daß die so bestimmte Fläche $S_1$ der gestellten Bedingung wirklich genügt, d. h. daß auf $S_1$ die Kurve $C_1$ mit der Gleichung: $v = 0$ der gegebenen Kurve $\Gamma$ kongruent ist. Zu diesem Zwecke ist zu beweisen (vgl. § 8, S. 12), daß $C_1$ und $\Gamma$ bei gleichem Bogen $u$ dieselbe Flexion und dieselbe Torsion haben. Werden die auf $S_1$ bezüglichen Größen durch den Index 1 unterscheiden, so ergibt sich aus dem vorigen Paragraphen sofort, daß für $v = 0$, d. h. längs $C_1$, die Richtungskosinus der Normale zu $S_1$ durch (16*) gegeben sind. Insbesondere ist somit:

$$X_1 = \cos\sigma\cos\xi - \sin\sigma\cos\lambda \quad (\text{für } v = 0).$$

Setzen wir nun in der Gleichung:

$$(\alpha) \qquad \frac{\partial^2 x_1}{\partial u^2} = \begin{Bmatrix} 1\,1 \\ 1 \end{Bmatrix} \frac{\partial x_1}{\partial u} + \begin{Bmatrix} 1\,1 \\ 2 \end{Bmatrix} \frac{\partial x_1}{\partial v} + D_1 X$$

$v$ gleich Null und die entsprechenden Werte ein, so finden wir:

$$\frac{\cos\xi}{\varrho} = -\frac{1}{\varrho_v}(\sin\sigma\cos\xi + \cos\sigma\cos\lambda) + D_1(\cos\sigma\cos\xi - \sin\sigma\cos\lambda)$$

oder wegen der zweiten Gleichung (15):

$$\frac{\cos\sigma}{\varrho}(\cos\sigma\cos\xi - \sin\sigma\cos\lambda) = D_1(\cos\sigma\cos\xi - \sin\sigma\cos\lambda).$$

Der Faktor $\cos\sigma\cos\xi - \sin\sigma\cos\lambda$ ist wegen $(\alpha)$ von Null verschieden, also ist:

$$(D_1)_{v=0} = \frac{\cos\sigma}{\varrho}.$$

Nun ist $(D_1)_{v=0}$ die normale Krümmung $\frac{1}{\varrho_1}$ der Kurve $v = 0$, und da $\frac{1}{\varrho_v} = -\frac{\sin\sigma}{\varrho}$ die geodätische Krümmung ist, so haben wir:

$$\frac{1}{\varrho_1^2} = D_1^2 + \frac{1}{\varrho_v^2} = \frac{1}{\varrho^2},$$

somit $\frac{1}{\varrho_1} = \frac{1}{\varrho}$, d. h. die beiden ersten Krümmungen von $C_1$ und $\Gamma$ sind bei gleichem Bogen in der Tat einander gleich.

Um dies auch für die beiden Torsionen $\frac{1}{T_1}$, $\frac{1}{T}$ nachzuweisen, erinnern wir daran, daß (S. 166, (20))

$$\frac{1}{T_1} = \frac{1}{T_v} - \frac{d\sigma}{du} = -\frac{D_1'}{\sqrt{G}} - \frac{d\sigma}{du}$$

ist. Wird nun

$$(\beta) \qquad \frac{\partial x_1}{\partial v} = -\sqrt{G}(\sin\sigma\cos\xi + \cos\sigma\cos\lambda)$$

nach $u$ differenziert, so erhalten wir unter Berücksichtigung der Frenetschen Formeln:

$$(\gamma) \; \frac{\partial^2 x_1}{\partial u\,\partial v} = -\frac{\partial\sqrt{G}}{\partial u}(\sin\sigma\cos\xi + \cos\sigma\cos\lambda) - \sqrt{G}(\cos\sigma\cos\xi - \sin\sigma\cos\lambda)\frac{d\sigma}{du} +$$
$$+ \sqrt{G}\sin\sigma\left(\frac{\cos\alpha}{\varrho} + \frac{\cos\lambda}{T}\right) - \sqrt{G}\cos\sigma\frac{\cos\xi}{T} \; (\text{für } v = 0).$$

Wird andrerseits in der allgemeinen Gleichung (I), S. 88:

$$\frac{\partial^2 x_1}{\partial u \partial v} = \begin{Bmatrix} 1\,2 \\ 1 \end{Bmatrix} \frac{\partial x_1}{\partial u} + \begin{Bmatrix} 1\,2 \\ 2 \end{Bmatrix} \frac{\partial x_1}{\partial v} + D_1' X_1$$

$v$ gleich Null gesetzt und berücksichtigt, daß nach S. 66 und 147

$$\begin{Bmatrix} 1\,2 \\ 1 \end{Bmatrix}_{v=0} = \left(\frac{1}{2E}\frac{\partial E}{\partial v}\right)_{v=0} = -\left(\frac{\sqrt{G}}{\varrho_v}\right)_{v=0} = \left(\frac{\sqrt{G}\sin\sigma}{\varrho}\right)_{v=0},$$

$$\begin{Bmatrix} 1\,2 \\ 2 \end{Bmatrix}_{v=0} = \left(\frac{1}{2G}\frac{\partial G}{\partial u}\right)_{v=0} = \left(\frac{1}{\sqrt{G}}\frac{\partial \sqrt{G}}{\partial u}\right)_{v=0},$$

ferner für $v = 0$ auch

$$\frac{\partial x_1}{\partial u} = \cos\alpha, \quad \frac{\partial x_1}{\partial v} = -\sqrt{G}\,(\sin\sigma\cos\xi + \cos\sigma\cos\lambda),$$

$$X_1 = \cos\sigma\cos\xi - \sin\sigma\cos\lambda$$

ist, so ergibt sich für $v = 0$:

$$\frac{\partial^2 x_1}{\partial u \partial v} = -\frac{\partial\sqrt{G}}{\partial u}(\sin\sigma\cos\xi + \cos\sigma\cos\lambda) + \frac{\sqrt{G}\sin\sigma}{\varrho}\cos\alpha +$$
$$+ D_1'(\cos\sigma\cos\xi - \sin\sigma\cos\lambda).$$

Durch Vergleichen mit ($\gamma$) ergibt sich hieraus:

$$\sqrt{G}\,(\cos\sigma\cos\xi - \sin\sigma\cos\lambda)\left(\frac{1}{T} + \frac{d\sigma}{du}\right) = -D_1'(\cos\sigma\cos\xi - \sin\sigma\cos\lambda);$$

daraus folgt weiter, unter Weglassung des nicht verschwindenden Faktors $\cos\sigma\cos\xi - \sin\sigma\cos\lambda$:

$$\frac{1}{T} = -\frac{D_1'}{\sqrt{G}} - \frac{d\sigma}{du},$$

demnach genau:

$$\frac{1}{T_1} = \frac{1}{T}.$$

Wir haben somit den Satz bewiesen:

Es ist (auf zwei verschiedene Arten) möglich, eine Fläche $S$ so zu verbiegen, daß eine Kurve $C$ auf ihr eine willkürlich gegebene Gestalt $\Gamma$ annimmt, wofern die erste Krümmung von $\Gamma$ in jedem Punkte größer als der absolute Wert der geodätischen Krümmung von $C$ in dem entsprechenden Punkte ist.

## § 111. Besondere Verbiegungen.

Es bleibt noch der Ausnahmefall zu betrachten, daß die absolute Krümmung von $\Gamma$ gleich der geodätischen Krümmung ihrer ursprünglichen Gestalt $C$ ist. In diesem Falle darf die Kurve $\Gamma$ nicht willkürlich gewählt werden, sondern sie ist dadurch näher bestimmt, daß in jedem ihrer Punkte der Wert der Flexion bekannt und ferner nach dem Enneperschen Satze, S. 120, der Wert der Torsion $\frac{1}{T}$ gleich $\sqrt{-K}$ ist. Demnach geht die gestellte Aufgabe in die folgende über: Eine Fläche so zu verbiegen, daß eine auf ihr gegebene Kurve $C$ eine Haupttangentenkurve auf der verbogenen Fläche wird. Wie wir bald sehen werden, besitzt diese Aufgabe stets unendlich viele Lösungen (die von einer willkürlichen Funktion abhängen).

Indem wir zu dem im vorigen Paragraphen aufgestellten allgemeinen Satze zurückkehren, können wir folgenden Zusatz ableiten:

Eine Fläche $S$ kann auf unendlich viele Arten so verbogen werden, daß eine auf ihr gegebene Kurve eine Krümmungslinie auf der Biegungsfläche wird.

Um dies nachzuweisen, brauchen wir $\Gamma$, die Biegungskurve von $C$, nur so zu wählen, daß (S. 97) längs $\Gamma$ die charakteristische Proportion für die Krümmungslinien:

$$dx : dy : dz = dX : dY : dZ$$

besteht, die mit Rücksicht auf (16*) einfach (§ 85, S. 166)

$$\frac{d\sigma}{du} = -\frac{1}{T}$$

ergibt. Es kann demnach die Funktion $\sigma(u)$ willkürlich angenommen und dann die Kurve $\Gamma$ durch die natürlichen Gleichungen:

$$\frac{1}{\varrho} = -\frac{1}{\varrho_v \sin\sigma}, \quad \frac{1}{T} = -\frac{d\sigma}{du}$$

bestimmt werden.

Wird die Fläche $S$ so verbogen, daß die Kurve $C$ in die Gestalt $\Gamma$ übergeht, so ist nach dem allgemeinen Satze letztere eine Krümmungslinie der Biegungsfläche. Offenbar genügen die unendlich vielen Gestalten $\Gamma$, welche die Kurve $C$ annehmen kann, wenn sie bei der Verbiegung Krümmungslinie wird, der Differentialgleichung erster Ordnung zwischen $\varrho$ und $T$:

$$\frac{d}{du}\left(\frac{\varrho}{\varrho_v}\right) = \frac{1}{T}\sqrt{1 - \left(\frac{\varrho}{\varrho_v}\right)^2}.$$

Insbesondere gibt es unter diesen unendlich vielen Gestalten $\Gamma$ immer noch unendlich viele, die ebene Krümmungslinien sind. In diesem Falle nämlich braucht der Größe $\sigma$ nur ein beliebiger, zwischen 0 und $\frac{\pi}{2}$, die Endwerte ausgenommen, gelegener konstanter Wert erteilt zu werden. Hat noch spezieller die Kurve $\Gamma$ konstante geodätische Krümmung, so nimmt sie, wenn sie eine ebene Krümmungslinie wird, Kreisform an. Ist die konstante geodätische Krümmung $\frac{1}{\varrho_v}$ gleich $\frac{1}{a}$, so geht die obige Gleichung über in:

$$T^2\left(\frac{d\varrho}{du}\right)^2 + \varrho^2 = a^2$$

und besagt (S. 24), daß die Kurven, in die $C$ übergeht, wenn sie Krümmungslinie wird, sämtlich und ausschließlich auf einer Kugel vom

Radius $a$ liegen. Übrigens schneidet diese Kugel die Fläche stets orthogonal, da der (Brioschische) Satz besteht:

Hat eine Krümmungslinie $\Gamma$ einer Fläche konstanten geodätischen Krümmungsradius $a$, so liegt sie auch auf einer Kugel vom Radius $a$, welche die Fläche orthogonal schneidet.

Geometrisch erhellt dies sofort aus folgendem: Wegen der Eigenschaft der geodätischen Krümmung als Abwicklungskrümmung (§ 80, S. 156) muß sich die der Fläche $S$ längs $\Gamma$ umschriebene abwickelbare Fläche auf einen Kegel zusammenziehen, auf dem $\Gamma$ Orthogonaltrajektorie der Erzeugenden im Abstande $a$ von der Spitze ist. Die um die Kegelspitze mit dem Radius $a$ beschriebene Kugel enthält also $\Gamma$ und schneidet die Fläche orthogonal.

## § 112. Virtuelle Haupttangentenkurven und Darbouxsche Gleichungen[1]).

Bei der Untersuchung der allgemeinen Eigenschaften der Verbiegung haben wir mehrfach auf die eigenartigen Eigenschaften der Haupttangentenkurven als Faltungslinien hingewiesen und gehen nun dazu über, die wirklichen Beweise zu erbringen, welche die neueren Untersuchungen über die Methode der sukzessiven Näherungen (nach Picard) in aller Strenge und in weit größerer Allgemeinheit zu führen gestatten, ohne über das analytische Gebiet weitergehende Voraussetzungen zu treffen.

Wir nehmen an, die fragliche Fläche $S$ habe, wenigstens in dem in Betracht kommenden Gebiet, negative Krümmung ($K<0$). Außer den wirklichen Haupttangentenkurven auf $S$ ziehen wir nun auch die unendlich vielen Scharen von virtuellen Haupttangentenkurven in den Kreis unserer Betrachtung, indem wir mit diesem Namen jede doppelte Schar von Kurven $(\alpha, \beta)$ bezeichnen, die auf $S$ liegen und nach passender Verbiegung von $S$ wirkliche Haupttangentenkurven werden können.

Bezeichnen wir mit

$$ds^2 = E_1 d\alpha^2 + 2F_1 d\alpha d\beta + G_1 d\beta^2 \tag{17}$$

das auf die Kurven $(\alpha, \beta)$ bezogene Quadrat des Linienelements von $S$ und mit

$$K = -\frac{1}{\varrho^2} \tag{18}$$

das Krümmungsmaß, so besagen bekanntlich (§ 65, S. 126) die Grundgleichungen der Theorie:

---

1) S. die Abhandlung des Verfassers: Sulla deformazione delle superficie flessibili ed inestendibili. Atti dell' Accademia di Torino, Bd. 40, 1905.

Die notwendigen und hinreichenden Bedingungen dafür, daß die Kurven $(\alpha, \beta)$ virtuelle Haupttangentenkurven sind, werden durch die beiden Gleichungen angegeben:

$$(19) \qquad \frac{\partial \log \varrho}{\partial \alpha} = 2\left\{\begin{matrix}1\,2\\2\end{matrix}\right\}_1, \quad \frac{\partial \log \varrho}{\partial \beta} = 2\left\{\begin{matrix}1\,2\\1\end{matrix}\right\}_1,$$

wo die Christoffelschen Symbole $\left\{\begin{matrix}1\,2\\1\end{matrix}\right\}_1$, $\left\{\begin{matrix}1\,2\\2\end{matrix}\right\}_1$ bezüglich der quadratischen Form (17) berechnet sind:

$$\left\{\begin{matrix}1\,2\\1\end{matrix}\right\}_1 = \frac{G_1 \frac{\partial E_1}{\partial \beta} - F_1 \frac{\partial G_1}{\partial \alpha}}{2(E_1 G_1 - F_1^2)}, \quad \left\{\begin{matrix}1\,2\\2\end{matrix}\right\}_1 = \frac{E_1 \frac{\partial G_1}{\partial \alpha} - F_1 \frac{\partial E_1}{\partial \beta}}{2(E_1 G_1 - F_1^2)}.$$

Sind diese Bedingungen (19) erfüllt, so wird die Biegungsfläche $S_1$ gestaltlich durch die nachstehenden Werte in der zweiten Grundform von $S_1$ näher bestimmt:

$$D_1 = D_1'' = 0, \quad D_1' = \frac{\sqrt{E_1 G_1 - F_1^2}}{\varrho}.$$

Denken wir uns zunächst die Fläche $S$ auf ein beliebiges krummliniges System $(u, v)$ bezogen und setzen wir:

$$(20) \qquad ds^2 = E du^2 + 2F du dv + G dv^2,$$

so sind $u, v$ gewisse Funktionen von $\alpha, \beta$,

$$u = u(\alpha, \beta), \quad v = v(\alpha, \beta),$$

und die Bedingungen (19) gehen in zwei charakteristische partielle Differentialgleichungen zweiter Ordnung für diese Funktionen $u(\alpha, \beta)$, $v(\alpha, \beta)$ über, die zuerst von Darboux[1]) aufgestellt worden sind und als die Darbouxschen Gleichungen bezeichnet werden. Sie können aus den allgemeinen Christoffelschen Gleichungen für die Äquivalenz der beiden Grundformen (17) und (20) abgeleitet werden. Von diesen Christoffelschen Gleichungen (§ 24, S. 42) brauchen wir hier nur die folgenden beiden zu betrachten:

$$(\mathrm{a}) \quad \left\{\begin{aligned}
&\frac{\partial^2 u}{\partial \alpha \partial \beta} + \left\{\begin{matrix}1\,1\\1\end{matrix}\right\}\frac{\partial u}{\partial \alpha}\frac{\partial u}{\partial \beta} + \left\{\begin{matrix}1\,2\\1\end{matrix}\right\}\left(\frac{\partial u}{\partial \alpha}\frac{\partial v}{\partial \beta} + \frac{\partial u}{\partial \beta}\frac{\partial v}{\partial \alpha}\right) + \left\{\begin{matrix}2\,2\\1\end{matrix}\right\}\frac{\partial v}{\partial \alpha}\frac{\partial v}{\partial \beta} = \\
&\qquad = \left\{\begin{matrix}1\,2\\1\end{matrix}\right\}_1 \frac{\partial u}{\partial \alpha} + \left\{\begin{matrix}1\,2\\2\end{matrix}\right\}_1 \frac{\partial u}{\partial \beta}, \\
&\frac{\partial^2 v}{\partial \alpha \partial \beta} + \left\{\begin{matrix}1\,1\\2\end{matrix}\right\}\frac{\partial u}{\partial \alpha}\frac{\partial u}{\partial \beta} + \left\{\begin{matrix}1\,2\\2\end{matrix}\right\}\left(\frac{\partial u}{\partial \alpha}\frac{\partial v}{\partial \beta} + \frac{\partial u}{\partial \beta}\frac{\partial v}{\partial \alpha}\right) + \left\{\begin{matrix}2\,2\\2\end{matrix}\right\}\frac{\partial v}{\partial \alpha}\frac{\partial v}{\partial \beta} = \\
&\qquad = \left\{\begin{matrix}1\,2\\1\end{matrix}\right\}_1 \frac{\partial v}{\partial \alpha} + \left\{\begin{matrix}1\,2\\2\end{matrix}\right\}_1 \frac{\partial v}{\partial \beta},
\end{aligned}\right.$$

wo sich die Christoffelschen Symbole links auf die Differentialform (20), diejenigen rechts, wie bereits bemerkt, auf die Differentialform (17) beziehen.

1) Leçons, 3. Bd., S. 280.

Da nun die Kurven $(\alpha, \beta)$ als virtuelle Haupttangentenkurven vorausgesetzt werden, so ist wegen (19):

$$\begin{Bmatrix}1\,2\\1\end{Bmatrix}_1 = \frac{1}{2}\left(\frac{\partial \log \varrho}{\partial u}\frac{\partial u}{\partial \beta} + \frac{\partial \log \varrho}{\partial v}\frac{\partial v}{\partial \beta}\right)$$

$$\begin{Bmatrix}1\,2\\2\end{Bmatrix}_1 = \frac{1}{2}\left(\frac{\partial \log \varrho}{\partial u}\frac{\partial u}{\partial \alpha} + \frac{\partial \log \varrho}{\partial v}\frac{\partial v}{\partial \alpha}\right);$$

infolgedessen gehen die Gleichungen (a) in die erwähnten Darbouxschen Differentialgleichungen zweiter Ordnung über:

$$\text{(A)}\quad\left\{\begin{aligned}&\frac{\partial^2 u}{\partial\alpha\partial\beta} + \left(\begin{Bmatrix}1\,1\\1\end{Bmatrix} - \frac{\partial \log \varrho}{\partial u}\right)\frac{\partial u}{\partial\alpha}\frac{\partial u}{\partial\beta} + \left(\begin{Bmatrix}1\,2\\1\end{Bmatrix} - \frac{1}{2}\frac{\partial \log \varrho}{\partial v}\right)\left(\frac{\partial u}{\partial\alpha}\frac{\partial v}{\partial\beta} + \right.\\&\qquad\left. + \frac{\partial u}{\partial\beta}\frac{\partial v}{\partial\alpha}\right) + \begin{Bmatrix}2\,2\\1\end{Bmatrix}\frac{\partial v}{\partial\alpha}\frac{\partial v}{\partial\beta} = 0,\\&\frac{\partial^2 v}{\partial\alpha\partial\beta} + \begin{Bmatrix}1\,1\\2\end{Bmatrix}\frac{\partial u}{\partial\alpha}\frac{\partial u}{\partial\beta} + \left(\begin{Bmatrix}1\,2\\2\end{Bmatrix} - \frac{1}{2}\frac{\partial \log \varrho}{\partial u}\right)\left(\frac{\partial u}{\partial\alpha}\frac{\partial v}{\partial\beta} + \right.\\&\qquad\left. + \frac{\partial u}{\partial\beta}\frac{\partial v}{\partial\alpha}\right) + \left(\begin{Bmatrix}2\,2\\2\end{Bmatrix} - \frac{\partial \log \varrho}{\partial v}\right)\frac{\partial v}{\partial\alpha}\frac{\partial v}{\partial\beta} = 0.\end{aligned}\right.$$

Umgekehrt, sind $u$ und $v$ zwei Funktionen von $\alpha$ und $\beta$, die den Gleichungen (A) genügen und voneinander unabhängig sind, so daß also

$$\begin{vmatrix}\frac{\partial u}{\partial\alpha} & \frac{\partial u}{\partial\beta}\\ \frac{\partial v}{\partial\alpha} & \frac{\partial v}{\partial\beta}\end{vmatrix} \neq 0$$

ist, so besteht die doppelte Kurvenschar $(\alpha, \beta)$ auf $S$ aus virtuellen Haupttangentenkurven. Denn durch Vergleichen von (A) mit (a) folgen die beiden Beziehungen:

$$\left(\begin{Bmatrix}1\,2\\1\end{Bmatrix}_1 - \frac{1}{2}\frac{\partial \log \varrho}{\partial\beta}\right)\frac{\partial u}{\partial\alpha} + \left(\begin{Bmatrix}1\,2\\2\end{Bmatrix}_1 - \frac{1}{2}\frac{\partial \log \varrho}{\partial\alpha}\right)\frac{\partial u}{\partial\beta} = 0,$$

$$\left(\begin{Bmatrix}1\,2\\1\end{Bmatrix}_1 - \frac{1}{2}\frac{\partial \log \varrho}{\partial\beta}\right)\frac{\partial v}{\partial\alpha} + \left(\begin{Bmatrix}1\,2\\2\end{Bmatrix}_1 - \frac{1}{2}\frac{\partial \log \varrho}{\partial\alpha}\right)\frac{\partial v}{\partial\beta} = 0,$$

infolgedessen werden die Binome

$$\left(\begin{Bmatrix}1\,2\\1\end{Bmatrix}_1 - \frac{1}{2}\frac{\partial \log \varrho}{\partial\beta}\right),\quad \begin{Bmatrix}1\,2\\2\end{Bmatrix}_1 - \frac{1}{2}\frac{\partial \log \varrho}{\partial\alpha}$$

zu Null, und die Gleichungen (19) sind erfüllt.

### § 113. Verbiegung mit zwei beliebigen virtuellen Haupttangentenkurven.

Nach dieser Voruntersuchung nehmen wir nun die schon in § 111 gestellte Aufgabe wieder auf, nämlich eine Fläche so zu verbiegen, daß eine beliebige auf ihr gelegene Kurve $C$ Haupttangentenkurve wird, und präzisieren sie, indem wir folgenden grundlegenden Satz beweisen:

Sind auf einer Fläche $S$ (negativer Krümmung) zwei beliebige Kurven $C$, $C'$ gezogen, die von ein und demselben gewöhnlichen Punkt $O$ von $S$ ausgehen und in ihm einander nicht berühren, so gibt es eine und nur eine Verbiegung der Fläche, durch welche die beiden Kurven $C$, $C'$ Haupttangentenkurven (beider Scharen) der Biegungsfläche werden.

Offenbar können wir diesem Satze auch folgende Fassung geben:

In einem System virtueller Haupttangentenkurven $(\alpha, \beta)$ können zwei Kurven, von jeder Schar eine, beliebig gegeben sein, dann ist das System dadurch eindeutig bestimmt.

Um die Ideen zu fixieren, setzen wir fest, daß $C$ mit $\beta = 0$, $C'$ mit $\alpha = 0$ zusammenfallen soll, und wählen ferner zu Parametern $\alpha$, $\beta$ die vom Punkte $O_{(o, o)}$ ab gerechneten Bogen von $C$ bzw. $C'$. Auf diese Weise kennen wir längs $C$ und $C'$ die Funktionen $u$, $v$ von $\alpha$, $\beta$, und es sei:

$$(21)\qquad \begin{cases} u(\alpha, o) = f(\alpha), & v(\alpha, o) = \varphi(\alpha) \\ u(o, \beta) = f_1(\beta), & v(o, \beta) = \varphi_1(\beta). \end{cases}$$

Unsere geometrische Aufgabe führt uns somit auf die Aufgabe der Analysis, das Gleichungssystem ($A$) mit den Grenzbedingungen (21) zu integrieren. Umgekehrt sehen wir leicht ein, daß jedem solchen Lösungspaar von ($A$) eine Lösung der geometrischen Aufgabe entspricht. In der Tat sind die beiden Funktionen $u(\alpha, \beta)$, $v(\alpha, \beta)$ sicherlich voneinander unabhängig, denn wird mit $\Omega$ der Winkel zwischen den beiden Kurven $C$ und $C'$ in $O$ bezeichnet, so erhellt sofort, daß der Wert der Funktionaldeterminante $\frac{\partial(u, v)}{\partial(\alpha, \beta)}$ in $O$ gerade

$$\frac{\sin \Omega}{\sqrt{EG - F^2}}\,[1],$$

folglich von Null verschieden ist, da ja $C$ und $C'$ in $O$ einander nicht berühren sollen; folglich bilden nach dem vorigen Paragraphen die Kurven $(\alpha, \beta)$ ein System virtueller Haupttangentenkurven. Aber da eben $u$ und $v$ für $\beta = 0$ in die gegebenen Funktionen $f(\alpha)$ bzw. $\varphi(\alpha)$ übergehen,

1) Bezeichnet man mit $\vartheta$ und $\vartheta_1$ die Winkel von $C$ bzw. $C'$ mit der Kurve $v$, so ist nach (8) und (9), S. 64:

$$\sin \vartheta = \frac{\sqrt{EG - F^2}}{\sqrt{E}} \frac{\partial v}{\partial \alpha}, \quad \cos \vartheta = \frac{1}{\sqrt{E}} \left( E \frac{\partial u}{\partial \alpha} + F \frac{\partial v}{\partial \alpha} \right),$$

$$\sin \vartheta_1 = \frac{\sqrt{EG - F^2}}{\sqrt{E}} \frac{\partial v}{\partial \beta}, \quad \cos \vartheta_1 = \frac{1}{\sqrt{E}} \left( E \frac{\partial u}{\partial \beta} + F \frac{\partial v}{\partial \beta} \right);$$

folglich $\sin \Omega = \sin(\vartheta_1 - \vartheta) = \sqrt{EG - F^2} \left( \frac{\partial u}{\partial \alpha} \frac{\partial v}{\partial \beta} - \frac{\partial u}{\partial \beta} \frac{\partial v}{\partial \alpha} \right)$, w. z. b. w.

fällt die Kurve $\beta = 0$ mit $C$ zusammen, ebenso die Kurve $\alpha = 0$ mit $C'$. Somit ist alles auf folgende Aufgabe der Analysis zurückgeführt: Ein Lösungspaar $u, v$ der Differentialgleichungen zweiter Ordnung $(A)$ vom hyperbolischen Typus (mit reellen Charakteristiken $\alpha, \beta$) von der Beschaffenheit zu finden, daß längs der beiden Charakteristiken $\beta = 0$, $\alpha = 0$ die Funktionen $u, v$ in die vorgeschriebenen Funktionen (21) übergehen. Die linken Seiten in $(A)$ sind quadratische Funktionen der ersten Differentialquotienten

$$\frac{\partial u}{\partial \alpha}, \frac{\partial v}{\partial \alpha}; \frac{\partial u}{\partial \beta}, \frac{\partial v}{\partial \beta}$$

mit von $u, v$ abhängigen Koeffizienten, die wir nebst ihren ersten partiellen Differentialquotienten nach $u$ und $v$ innerhalb eines gewissen Bereiches als endlich und stetig annehmen wollen[1]). Unter diesen Bedingungen ist die Picardsche Methode der aufeinanderfolgenden Näherungen sicherlich anwendbar, und, auf Grund späterer Ergänzungen[2]), beweist sie neben dem Vorhandensein auch die Eindeutigkeit der gesuchten Lösungen. Unser Satz ist somit bewiesen.

Setzen wir nun voraus, es liege der analytische Fall vor und es seien $E, F, G$ analytische, holomorphe Funktionen von $u, v$, die sich in Potenzreihen von $u - u_0$, $v - v_0$ entwickeln lassen, wo $u_0$, $v_0$ die durch (21) für $\alpha = 0$, $\beta = 0$ gegebenen Anfangswerte für $u, v$ sein mögen, so können wir ein durch die Reihenentwicklungen:

$$u = \sum_{mn}^{0 \cdots \infty} a_{mn} \alpha^m \beta^n, \quad v = \sum_{mn}^{0 \cdots \infty} b_{mn} \alpha^m \beta^n$$

gegebenes Paar holomorpher Funktionen von $\alpha, \beta$ finden, die den Gleichungen $(A)$ und den Anfangsbedingungen (21) genügen. Die Gleichungen (21) genügen wirklich, um im Punkte $\alpha = 0$, $\beta = 0$ alle Differentialquotienten

$$\frac{\partial^{m+n} u}{\partial \alpha^m \partial \beta^n}, \frac{\partial^{m+n} v}{\partial \alpha^m \partial \beta^n} \text{ (für } \alpha = 0, \beta = 0)$$

und folglich auch die Werte der Koeffizienten $a_{mn}$, $b_{mn}$ eindeutig zu berechnen. Die tatsächliche Konvergenz dieser Reihenentwicklungen läßt sich auf Grund ähnlicher Überlegungen nachweisen, wie sie z. B. Goursat angestellt hat[3]).

---

1) Dazu genügt, daß $E, F, G$ nebst ihren partiellen Differentialquotienten bis zur 4. Ordnung endlich und stetig sind.

2) Picard, Mémoire sur la théorie des équations aux dérivées partielles. Journ. d. Mathém., 1890.

Goursat, Cours d'analyse, 2. Bd., § 388.

3) Leçons sur les équations aux dérivées partielles du second ordre, 1. Bd., p. 184.

Als Zusatz zum grundlegenden Satze haben wir somit: Sind die Fläche $S$ und die gegebenen virtuellen Haupttangentenkurven $C$, $C'$ analytisch, so ist es auch die Biegungsfläche.

## § 114. Verbiegungen mit starrer Haupttangentenkurve. — Bonnetscher Satz.

Aus dem bewiesenen Hauptsatze folgt nun leicht die Eigenschaft der Haupttangentenkurven, daß sie Faltungslinien sind. Setzen wir nämlich voraus, daß von den beiden Kurven $C$, $C'$ des allgemeinen Satzes die erste $C$ schon Haupttangentenkurve der Fläche $S$ sei, aber nicht die zweite $C'$, so wird es eine und nur eine Verbiegung geben, bei der $C$ Haupttangentenkurve bleibt und auch $C'$ eine solche wird. Es ist leicht ersichtlich, daß bei dieser Verbiegung die Haupttangentenkurve $C$ starr bleibt. Es ändert sich nämlich nicht ihre erste Krümmung, die immer gleich der geodätischen Krümmung von $C$ bleibt, aber nach dem Enneperschen Satze ändert sich auch die Torsion nicht. Bedenkt man ferner, daß die Verbiegung als stetig vor sich gehend aufgefaßt werden kann, indem man eine stetige Folge von Gestalten für die zweite Haupttangentenkurve von der wirklichen Anfangsgestalt bis zur Endgestalt $C'$ einschaltet, so ergibt sich:

Um eine starr bleibende Haupttangentenkurve $C$ kann die Fläche $S$ auf unendlich viele Arten gefaltet werden. Der Freiheitsgrad bei diesen Faltungen ist durch eine willkürliche Funktion einer Veränderlichen bestimmt, die der virtuellen zweiten Haupttangentenkurve entspricht.

An die obigen Ergebnisse schließt sich die von Bonnet behandelte und beantwortete Frage an: Kann eine Fläche so verbogen werden, daß die Haupttangentenkurven einer Schar Haupttangentenkurven bleiben?

Es seien $u$, $v$ die augenblicklichen Haupttangentenkurven von $S$, so daß

$$\begin{Bmatrix} 1\,2 \\ 1 \end{Bmatrix} = \frac{1}{2}\frac{\partial \log \varrho}{\partial v}, \quad \begin{Bmatrix} 1\,2 \\ 2 \end{Bmatrix} = \frac{1}{2}\frac{\partial \log \varrho}{\partial u}$$

ist. Wenn die vorausgesetzte Verbiegung bezüglich der Kurven $u$ möglich ist, so wird es ein System virtueller Haupttangentenkurven $(\alpha, \beta)$ geben, von denen die Kurven $\alpha$ mit den Kurven $u$ zusammenfallen werden, folglich können wir ohne weiteres $u$ gleich $\alpha$ setzen. Die erste Darbouxsche Gleichung (A), S. 214, geht über in:

$$\begin{Bmatrix} 2\,2 \\ 1 \end{Bmatrix} \frac{\partial v}{\partial \alpha}\frac{\partial v}{\partial \beta} = 0.$$

$\frac{\partial v}{\partial \beta}$ kann aber nicht gleich Null sein, sonst wäre $v$ Funktion von $u$, ebensowenig ist $\frac{\partial v}{\partial \alpha}$ gleich Null, denn dann würden auch die Haupttangentenkurven $v$ Haupttangentenkurven und somit die Fläche völlig starr bleiben. Folglich ist:

$$\left\{\begin{matrix}2\,2\\1\end{matrix}\right\} = 0,$$

d. h. die Haupttangentenkurven $u$ sind auch geodätische Linien und somit gerade Linien. Also haben wir den Bonnetschen Satz:

Es ist unmöglich, eine Fläche $S$ so zu verbiegen, daß die Haupttangentenkurven einer Schar Haupttangentenkurven bleiben, wofern nicht $S$ eine Linienfläche ist, auf der diese Haupttangentenkurven die erzeugenden Geraden sind.

Hingegen ist es möglich, eine Linienfläche so zu verbiegen, daß die Erzeugenden starr bleiben. Da dann nämlich

$$\left\{\begin{matrix}1\,2\\1\end{matrix}\right\} = \frac{1}{2}\frac{\partial \log \varrho}{\partial v}, \quad \left\{\begin{matrix}2\,2\\1\end{matrix}\right\} = 0$$

ist, so ist die erste Darbouxsche Gleichung (A) für $u = \alpha$ (oder $u = f(\alpha)$) erfüllt, und es braucht dann für $v$ nur eine Lösung der zweiten Gleichung genommen zu werden, die $\beta$ enthält.

# Kapitel VIII.

## Verbiegung der Linienflächen.

Aufeinander abwickelbare Linienflächen. — Zweiter Beweis des Bonnetschen Satzes. — Beltramischer Satz und Folgerungen daraus. — Linienelement einer Linienfläche. — Striktionslinie und darauf bezügliche Sätze von Bonnet. — Haupttangentenkurven der zweiten Schar. — Formel von Chasles. — Biegung der Linienflächen nach der Methode von Minding. — Methode von Beltrami und die darauf bezüglichen Fundamentalgleichungen. — Problem, eine Linienfläche derart zu verbiegen, daß eine auf ihr gegebene Kurve eine Haupttangentenkurve oder eine ebene Kurve oder eine Krümmungslinie wird. — Linienflächen, die auf Rotationsflächen abwickelbar sind. — Satz von Chieffi.

### § 115. Aufeinander abwickelbare Linienflächen.

Die besonderen Verbiegungen der Linienflächen, deren Möglichkeit wir am Schlusse des letzten Kapitels erkannt haben, bieten ein besonderes Interesse, und ihrem Studium, das mit sehr einfachen Mitteln möglich ist, wollen wir dieses Kapitel widmen. Vor allem aber wollen wir mit Bonnet beweisen, daß mit der Untersuchung dieser Verbiegungen die allgemeine Aufgabe gelöst wird, alle Linienflächen zu finden, die auf eine gegebene Linienfläche abwickelbar sind.

Es gilt nämlich der folgende Satz von Bonnet: Wenn zwei Linienflächen, die nicht durch Verbiegung aus einundderselben Fläche zweiten Grades hervorgegangen sind, aufeinander abwickelbar sind, so müssen sich die Erzeugenden der einen mit denjenigen der anderen decken.

Daß die Biegungsflächen der Flächen zweiten Grades mit reellen Erzeugenden eine Ausnahme von diesem Satze bilden, erhellt daraus, daß eine Fläche zweiten Grades infolge ihrer Eigenschaft, eine doppelte Schar geradliniger Erzeugenden zu besitzen, so verbogen werden kann, daß man entweder die Erzeugenden des ersten Systems gerade läßt und die anderen krümmt, oder umgekehrt.

Den genannten Satz beweisen wir folgendermaßen auf einfache Weise: Es seien $S$, $S_1$ zwei aufeinander abwickelbare Linienflächen, und wir nehmen an, daß beim Abwickeln den Erzeugenden $u$ von $S$ die Erzeugenden $v$ von $S_1$ nicht entsprechen. Nehmen wir dann auf

$S$, $S_1$ die Kurven $u$, $v$ als Parameterlinien an, so haben die beiden Flächen $S$, $S_1$ die erste Fundamentalform gemein. Wenn wir mit

$$(1)\qquad \begin{cases} D\,du^2 + 2D'\,du\,dv + D''\,dv^2, \\ D_1\,du^2 + 2D_1'\,du\,dv + D_1''\,dv^2 \end{cases}$$

die bezüglichen zweiten Fundamentalformen bezeichnen, so haben wir $D'' = 0$, $D_1 = 0$, da die $u$ auf $S$ und die $v$ auf $S_1$ Haupttangentenkurven sind. Da ferner nach dem Gaußischen Satze die beiden Diskriminanten der Formen (1) einander gleich sind, so ist:

$$D_1' = \pm D'.$$

Nun bringen wir zum Ausdruck, daß die beiden Formen (1) den Codazzischen Gleichungen (IV*), § 48, S. 91, genügen, wobei wir beachten, daß die $u$, $v$ geodätische Linien sind und also nach Formel (5*), S. 149:

$$\begin{Bmatrix} 2\,2 \\ 1 \end{Bmatrix} = \begin{Bmatrix} 1\,1 \\ 2 \end{Bmatrix} = 0$$

ist. Daraus folgen die Gleichungen:

$$\frac{\partial}{\partial v}\left(\frac{D'}{\sqrt{EG - F^2}}\right) + 2\begin{Bmatrix} 1\,2 \\ 1 \end{Bmatrix}\frac{D'}{\sqrt{EG - F^2}} = 0,$$

$$\frac{\partial}{\partial u}\left(\frac{D'}{\sqrt{EG - F^2}}\right) + 2\begin{Bmatrix} 1\,2 \\ 2 \end{Bmatrix}\frac{D'}{\sqrt{EG - F^2}} = 0.$$

Sie zeigen uns, daß die Codazzischen Gleichungen auch erfüllt sind, wenn wir $D$ und $D''$ gleich Null setzen und $D'$ den alten Wert lassen. Es existiert demnach eine dritte auf $S$ und $S_1$ abwickelbare Fläche $S_2$, welche die $u$, $v$ zu Haupttangentenkurven hat. $S_2$ ist also in doppelter Weise eine Linienfläche und folglich eine Fläche zweiten Grades, wie zu beweisen war.

Was nun die auf Flächen zweiten Grades abwickelbaren Linienflächen anbelangt, so ist nach dem Vorstehenden (vgl. auch § 114) klar, daß ihre Erzeugenden sich mit der einen oder der anderen Schar der Erzeugenden der Fläche zweiten Grades decken.

### § 116. Zweiter Beweis des Bonnetschen Satzes.

Wir wollen nun für den Bonnetschen Satz in § 114 einen zweiten Beweis erbringen und einige ergänzende Bemerkungen daran knüpfen. Die Fläche $S$ sei auf ihre augenblicklichen Haupttangentenkurven $u$, $v$ bezogen, und wir nehmen an, $S$ könne in eine Fläche $S_1$ so verbogen werden, daß die Haupttangentenkurven $u$ Haupttangentenkurven bleiben. Für $S$ sind die Werte der Koeffizienten der zweiten Grundform:

$$(1)\qquad D = 0,\quad D'' = 0,\quad \frac{D'}{\sqrt{EG - F^2}} = \pm\frac{1}{\varrho},$$

und wenn wir die auf $S_1$ bezüglichen Werte mit $D_1$, $D_1'$, $D_1''$ bezeichnen, so haben wir:

$$D_1'' = 0$$

und zufolge (III), S. 90:

(2) $$D_1' = \pm D'.$$

Die zweite Codazzische Gleichung, in der zweiten Form (IV*), S. 91, ergibt:

$$-\frac{\partial}{\partial v}\left(\frac{D_1'}{\sqrt{EG-F^2}}\right) + \begin{Bmatrix}2\,2\\1\end{Bmatrix} \frac{D_1}{\sqrt{EG-F^2}} - 2\begin{Bmatrix}1\,2\\1\end{Bmatrix}\frac{D_1'}{\sqrt{EG-F^2}} = 0.$$

Wegen (2) fallen das erste und das dritte Glied fort, und es bleibt:

$$\begin{Bmatrix}2\,2\\1\end{Bmatrix} D_1 = 0.$$

Wäre $D_1$ gleich Null, so wäre $S_1$ zu $S$ kongruent oder symmetrisch. Folglich ist für eine wirkliche Verbiegung mit Notwendigkeit:

$$\begin{Bmatrix}2\,2\\1\end{Bmatrix} = 0,$$

und die Haupttangentenkurven von $S$ oder $S_1$ sind geodätische Linien, also gerade Linien, w. z. b. w.

Dann ist es tatsächlich auf unendlich viele Weisen möglich, die Linienfläche so zu verbiegen, daß die Erzeugenden starr bleiben. Dann bleibt nämlich nur die erste Codazzische Gleichung (IV*), S. 91, übrig, die ergibt:

$$\frac{\partial}{\partial v}\left(\frac{D_1}{\sqrt{EG-F^2}}\right) + \begin{Bmatrix}2\,2\\2\end{Bmatrix} \frac{D_1}{\sqrt{EG-F^2}} = 0.$$

Offenbar hat sie unendlich viele Lösungen, und ist $D$ eine solche, so sind alle anderen von der Form:

$$D_1 = D\varphi(u),$$

wo $\varphi(u)$ eine willkürliche Funktion von $u$ ist. Bevor wir weitergehen, wollen wir die Bedeutung des Vorzeichens von $D'$ für die Linienfläche $S$ mit den Erzeugenden $u$ untersuchen. Da dann $D$ gleich Null ist, ergibt die Anwendung der ersten Gleichung (b), § 63, S. 121, auf die Haupttangentenkurven $u =$ const.:

$$D' = \pm\frac{\sqrt{EG-F^2}}{\varrho}.$$

Diese Gleichung besagt nach dem dort Ausgeführten, daß $D'$ positiv oder negativ ist, je nachdem die geradlinigen Haupttangentenkurven $u$ links- oder rechtsgewunden sind. Bewegt sich (in einem oder im andern Sinne) im ersten Falle ein Punkt auf einer Erzeugenden, so dreht sich die Tangentialebene um sie von rechts nach links, im zweiten

Falle dagegen ist es umgekehrt. Wir unterscheiden deswegen links- und rechtsgewundene Linienflächen; auf ersteren sind die krummlinigen Haupttangentenkurven rechts-, auf letzteren linksgewunden (§ 63). Somit haben wir: Der Koeffizient $D'$ ist positiv oder negativ, je nachdem die Linienfläche links- oder rechtsgewunden ist.

Wir kehren nun zu den Verbiegungen der Linienflächen zurück. Ist $R$ die erste Linienfläche mit den Koeffizienten $D$, $D'$, 0 (der zweiten Grundform), so sind diejenigen für die zweite Linienfläche $R_1$

a) $$D\varphi(u),\ D',\ 0$$

oder auch

b) $$D\varphi(u),\ -D',\ 0.$$

Im ersten Falle haben die zwei Scharen von Erzeugenden auf $R$ und $R_1$ denselben Drehsinn, und man kann durch stetige Verbiegung von der Fläche $R$ zur Fläche $R_1$ gelangen, z. B. durch die von einem Parameter abhängige stetige Folge von Linienflächen, die den nachstehenden Werten von $D$, $D'$, $D''$ entsprechen:

$$D[t(\varphi(u)-1)+1],\quad D',\ 0\ (0 \leqq t \leqq 1).$$

Im Falle b) dagegen ist es unmöglich, durch stetige Verbiegung von $R$ zu $R_1$ zu gelangen, doch braucht man für $R_1$ z. B. nur eine ihr symmetrische Fläche zu setzen, um auf den ersten Fall zurückzukommen. Wir können uns also bei Linienflächen auf Verbiegungen der ersten Art beschränken.

## § 117. Beltramischer Satz und Folgerungen daraus.

Die erhaltenen Ergebnisse können wir sofort zum Beweise des Beltramischen Satzes verwerten:

Ist auf einer Linienfläche $R$ eine beliebige Kurve $C$ gezogen, so gibt es eine und nur eine stetige Verbiegung der Fläche $R$, bei der die Erzeugenden starr bleiben und $C$ Haupttangentenkurve auf der Biegungsfläche $R_1$ wird.

Zum Beweise erinnern wir daran, daß für jede solche Biegungsfläche $R_1$

$$D_1 = D\varphi(u),\quad D_1' = D',\quad D_1'' = 0$$

ist; also lautet die Gleichung der krummlinigen Haupttangentenkurven auf $R_1$:

(3) $$D\varphi(u)du + 2D'dv = 0.$$

Ist

$$v = f(u)$$

die Gleichung der Kurve $C$, so ist, damit $C$ Haupttangentenkurve auf $R_1$ werde, dazu notwendig und hinreichend, daß (3) durch $v = f(u)$ erfüllt wird. Dies liefert für die Funktion $\varphi(u)$ den eindeutigen Wert:

$$\varphi(u) = -\frac{2D'}{D}\frac{df}{du},$$

und der Satz ist bewiesen.

Aus dem Vergleich dieses Beltramischen Satzes mit den allgemeinen Ergebnissen in § 113 und § 114 kann nachstehende bemerkenswerte Folgerung gezogen werden:

Bleibt bei der Verbiegung einer als biegsam und undehnbar angenommenen Linienfläche eine Erzeugende starr, so bleiben auch alle übrigen Erzeugenden starr.

Es sei nämlich $S$ die fragliche Biegungsfläche der Linienfläche $R$, $g$ die auf $S$ geradlinig gebliebene Erzeugende, dann betrachten wir auf $S$ eine beliebige Haupttangentenkurve der zweiten Schar, $a$, und die entsprechende Kurve $\alpha$ auf $R$. Nach den allgemeinen Sätzen in § 113 und § 114 gibt es eine und nur eine Verbiegung der Fläche $R$, bei der $g$ Haupttangentenkurve (starr) bleibt und $\alpha$ ebenfalls Haupttangentenkurve wird; diese einzige Biegungsfläche ist folglich unsere Fläche $S$. Andrerseits kann nach dem Beltramischen Satz die fragliche Verbiegung mit den beiden Haupttangentenkurven $g$, $\alpha$ auch in der Weise vorgenommen werden, daß alle Erzeugenden starr bleiben, folglich ist diese Biegungsfläche die Fläche $S$, w. z. b. w.

## § 118. Linienelement einer Linienfläche.

Der Untersuchung der Abwickelbarkeit von Linienflächen aufeinander schicken wir einige allgemeine Betrachtungen über diese Flächen voraus.

Auf einer Linienfläche $S$ denken wir uns eine beliebige Kurve $C$ gezogen, die wir als Direktrix betrachten und nur der Bedingung unterwerfen, daß sie alle Erzeugenden schneiden soll. Zur Bestimmung der Linienfläche $S$ wird es dann genügen, wenn die Kurve $C$ und in jedem ihrer Punkte die Richtung der hindurchgehenden Erzeugenden gegeben ist.

Seien $v$ der von einem festen Punkte der Direktrix $C$ gerechnete Bogen dieser Kurve, $p$, $q$, $r$ die laufenden Koordinaten eines Punktes von $C$, ausgedrückt als Funktionen von $v$, während $l$, $m$, $n$ die Richtungskosinus der durch den Punkt $(p, q, r)$ von $C$ hindurchgehenden Erzeugenden bezeichnen und ebenfalls bestimmte Funktionen von $v$ sein mögen. Wir bezeichnen ferner mit $u$ den algebraischen Betrag desjenigen Stückes der Erzeugenden, das zwischen dem Punkt $(p, q, r)$ der Direktrix und einem beliebigen Punkt $(x, y, z)$ der Erzeugenden liegt. Die Gleichungen:

$$x = p + lu, \quad y = q + mu, \quad z = r + nu \tag{1}$$

definieren uns die Fläche $S$, da sie $x, y, z$ als Funktionen von $u, v$ ausdrücken. Wir berechnen das Linienelement von $S$, deuten zu diesem Zwecke die Differentialquotienten nach $v$ durch Striche an und setzen:

$$\left\{\begin{aligned} l'^2 + m'^2 + n'^2 &= M^2, \\ l'p' + m'q' + n'r' &= N, \\ lp' + mq' + nr' &= \cos\vartheta, \end{aligned}\right. \tag{2}$$

wo $M$, $N$, $\vartheta$ Funktionen von $v$ sind und $\vartheta$ offenbar den Neigungswinkel der Erzeugenden gegen die Direktrix bedeutet. Zu diesen Gleichungen sind noch die folgenden hinzuzufügen:

$$\left\{\begin{aligned} l^2 + m^2 + n^2 &= 1, \\ p'^2 + q'^2 + r'^2 &= 1. \end{aligned}\right. \tag{2*}$$

Für das Quadrat des Linienelements der Fläche erhalten wir den Ausdruck:

$$ds^2 = du^2 + 2\cos\vartheta\, du\, dv + (M^2u^2 + 2Nu + 1)dv^2. \tag{3}$$

Wir bemerken nun zunächst folgendes: Die Differentialgleichung der orthogonalen Trajektorien der Erzeugenden ist nach S. 64:

$$du + \cos\vartheta\, dv = 0;$$

durch Quadratur folgt hieraus sofort die Integralgleichung dieser orthogonalen Trajektorien:

$$u + \int \cos\vartheta\, dv = \text{Const.}^{1})$$

Betrachten wir eine Erzeugende $v$ und die unendlich benachbarte $v + dv$ und bezeichnen wir mit $d\varphi$ den unendlich kleinen Winkel, den sie miteinander bilden, so haben wir offenbar:

$$d\varphi^2 = dl^2 + dm^2 + dn^2,$$

d. h.:

$$d\varphi = M dv. \tag{4}$$

Bezeichnen wir ferner mit $d\sigma$ ihren unendlich kleinen Minimalabstand und mit $U$ den Wert von $u$ im Fußpunkt dieses Minimalabstandes auf

---

1) Dieses Ergebnis ist offenbar nur ein besonderer Fall des Satzes A) in § 86, S. 167.

der Erzeugenden $v$, so haben wir nach bekannten Formeln der analytischen Geometrie:

$$d\sigma = \frac{\begin{vmatrix} p' & q' & r' \\ l & m & n \\ l' & m' & n' \end{vmatrix}}{M} dv.$$

Andrerseits ist:

$$\begin{vmatrix} p' & q' & r' \\ l & m & n \\ l' & m' & n \end{vmatrix}^2 = M^2 \sin^2 \vartheta - N^2,$$

folglich:

(5) $$d\sigma = \frac{\sqrt{M^2 \sin^2 \vartheta - N^2}}{M} dv.$$

Setzen wir sodann:

$$A = \begin{vmatrix} m & n \\ m' & n' \end{vmatrix}, \quad B = \begin{vmatrix} n & l \\ n' & l' \end{vmatrix}, \quad C = \begin{vmatrix} l & m \\ l' & m' \end{vmatrix},$$

so erhalten wir:

$$U = \frac{\begin{vmatrix} p' & l + l'dv & A \\ q' & m + m'dv & B \\ r' & n + n'dv & C \end{vmatrix}}{A^2 + B^2 + C^2}$$

und mit Vernachlässigung der unendlich kleinen Glieder in der zweiten Reihe:

(6) $$U = -\frac{N}{M^2}.$$

## § 119. Striktionslinie und darauf bezügliche Sätze von Bonnet.

Die durch ein und denselben Punkt des Raumes parallel zu den Erzeugenden einer Linienfläche gezogenen Geraden bilden den sogenannten Leitkegel. Wählen wir als Kegelspitze den Koordinatenanfang und durchschneiden wir den Kegel mit einer Kugel vom Radius Eins um den Anfangspunkt, so soll die Schnittkurve die sphärische Indikatrix der Erzeugenden genannt werden. Ihr Bogenelement ist offenbar $d\varphi = M dv$.

Der Fußpunkt des kleinsten Abstandes der Erzeugenden $v$ von der benachbarten heißt der Mittelpunkt der ersteren. Der Ort dieser Mittelpunkte bildet eine für die Untersuchung der Linienflächen sehr wichtige Kurve, die den Namen Striktionslinie führt. Nach (6) ist ihre Gleichung:

(7) $$M^2 u + N = 0.$$

Für den Fall: $N = 0$ fällt sie mit der Direktrix zusammen.

Die Striktionslinie ist stets eindeutig bestimmt, außer für den Fall, daß gleichzeitig $M$ und $N$ gleich Null sind; dann ist die Fläche nach der ersten der Gleichungen (2) zylindrisch. Bei den abwickelbaren Flächen, die nach (5) durch die Gleichung:

$$M^2 \sin^2 \vartheta - N^2 = 0$$

charakterisiert sind, fällt nach (6) die Striktionslinie mit der Rückkehrkante zusammen.

Für die geodätische Krümmung $\frac{1}{\varrho_0}$ der Direktrix $u = 0$ haben wir nach der Formel (5) in § 77, S. 149, den Ausdruck:

$$\frac{1}{\varrho_0} = \frac{1}{\sqrt{EG - F^2}}\left(\frac{\partial}{\partial v}\left(\frac{F}{\sqrt{G}}\right) - \frac{\partial\sqrt{G}}{\partial u}\right).$$

Indem wir darin wegen (3)

$$E = 1, \quad F = \cos\vartheta, \quad G = M^2u^2 + 2Nu + 1$$

setzen, erhalten wir den Wert:

$$-\frac{1}{\varrho_0} = \frac{N}{\sin\vartheta} + \frac{d\vartheta}{dv}.$$

Hieraus folgt, daß, wenn von den drei Größen

$$\frac{1}{\varrho_0}, \quad N, \quad \frac{d\vartheta}{dv}$$

zwei identisch gleich Null sind, die dritte es ebenfalls ist. Geometrisch ausgedrückt, liefert dieses Ergebnis den Satz von Bonnet:

Besitzt eine auf einer Linienfläche gezogene Kurve zwei der folgenden drei Eigenschaften: 1) geodätische Linie, 2) Striktionslinie zu sein, 3) die Erzeugenden unter konstantem Winkel zu schneiden, so besitzt sie auch die dritte.

Es ist klar, daß eine Linienfläche, auf der eine solche Kurve vorhanden ist, der Ort einer Geraden ist, die eine Kurve (Striktionslinie) senkrecht zur Hauptnormale schneidet und mit dieser Kurve einen konstanten Winkel bildet. Insbesondere wird es nur für eine Linienfläche, die der Ort der Binormalen einer Kurve ist, zutreffen, daß die Striktionslinie eine Orthogonaltrajektorie der Erzeugenden ist.

Nehmen wir endlich als Direktrix eine Orthogonaltrajektorie der Erzeugenden, so ist $\vartheta = \frac{\pi}{2}$, und wir erhalten für die geodätische Krümmung $\frac{1}{\varrho_u}$ der Kurven $u = \text{Const.}$ den Wert:

$$\frac{1}{\varrho_u} = -\frac{M^2u + N}{M^2u^2 + 2Nu + 1}.$$

Daraus folgt nach (6), daß die Striktionslinie auch als der Ort derjenigen Punkte der Linienfläche definiert werden kann, in denen die geodätische Krümmung der Orthogonaltrajektorien der Erzeugenden gleich Null ist.

## § 120. Haupttangentenkurven der zweiten Schar. Formel von Chasles.

Auf jeder Linienfläche sind die Erzeugenden die Haupttangentenkurven des einen Systems, wie geometrisch einleuchtet (§ 114). Analytisch wird dieses durch die Berechnung der Koeffizienten $D$, $D'$, $D''$ der zweiten Fundamentalform sofort bestätigt. Wir finden nämlich nach S. 86:

$$D = 0, \quad D' = \frac{1}{\sqrt{M^2u^2 + 2Nu + \sin^2\vartheta}} \begin{vmatrix} l' & m' & n' \\ l & m & n \\ p' + l'u & q' + m'u & r' + n'u \end{vmatrix} =$$

$$= \frac{1}{\sqrt{M^2u^2 + 2Nu + \sin^2\vartheta}} \begin{vmatrix} l' & m' & n' \\ l & m & n \\ p' & q' & r' \end{vmatrix}$$

$$D'' = \frac{1}{\sqrt{M^2u^2 + 2Nu + \sin^2\vartheta}} \begin{vmatrix} p'' + l''u & q'' + m''u & r'' + n''u \\ l & m & n \\ p' + l'u & q' + m'u & r' + n'u \end{vmatrix}.$$

Die Differentialgleichung der Haupttangentenkurven der zweiten Schar ist also nach S. 108:

$$2D'du + D''dv = 0$$

und hat demnach die Riccatische Form:

$$\frac{du}{dv} + au^2 + bu + c = 0,$$

wo $a$, $b$, $c$ Funktionen von $v$ allein sind. Die bekannte Eigenschaft einer Gleichung von diesem Typus, daß das Doppelverhältnis $(u_1 u_2 u_3 u_4)$ von vier partikulären Lösungen eine Konstante ist, liefert unter Berücksichtigung der Bedeutung von $u$ unmittelbar den Satz von Paul Serret: Das Doppelverhältnis der vier Punkte, in denen eine beliebige Erzeugende vier feste Haupttangentenkurven der zweiten Schar schneidet, ist konstant.

Ferner sieht man, daß man nur eine der Haupttangentenkurven der zweiten Schar zu kennen braucht, um die übrigen mittels Quadraturen zu bestimmen.

Die Werte der Richtungskosinus $X, Y, Z$ der Normale sind durch die Gleichungen gegeben:

$$X = \frac{\begin{vmatrix} m & n \\ q' + m'u & r' + n'u \end{vmatrix}}{\sqrt{M^2u^2 + 2Nu + \sin^2\vartheta}}, \quad Y = \frac{\begin{vmatrix} n & l \\ r' + n'u & p' + l'u \end{vmatrix}}{\sqrt{M^2u^2 + 2Nu + \sin^2\vartheta}},$$

$$Z = \frac{\begin{vmatrix} l & m \\ p' + l'u & q' + m'u \end{vmatrix}}{\sqrt{M^2u^2 + 2Nu + \sin^2\vartheta}}.$$

Bezeichnen wir mit $X_0, Y_0, Z_0$ die Werte von $X, Y, Z$ im Mittelpunkt $u = -\frac{N}{M^2}$, mit $\Omega$ den (zwischen 0 und $\pi$ gelegenen) Winkel, den die beiden positiven Richtungen $(X, Y, Z)$, $(X_0, Y_0, Z_0)$ miteinander bilden, so erhalten wir, da $\cos\Omega = XX_0 + YY_0 + ZZ_0$ ist, den Wert:

$$\cos\Omega = \frac{\sqrt{M^2\sin^2\vartheta - N^2}}{M\sqrt{M^2u^2 + 2Nu + \sin^2\vartheta}}.$$

Da die Werte der Wurzeln und $M$ selbst positiv zu nehmen sind, so ist ersichtlich, daß $\Omega$ stets spitz ist, wie geometrisch leicht vorauszusehen war.

Nehmen wir nun der Einfachheit halber an, daß die Direktrix eine Orthogonaltrajektorie der Erzeugenden sei. Wir haben dann:

$$\vartheta = \frac{\pi}{2}, \quad ds^2 = du^2 + \left(u^2 + \frac{2N}{M^2}u + \frac{1}{M^2}\right)M^2dv^2.$$

Wenn wir an Stelle von $v$ den Parameter

$$v_1 = \int M dv$$

einführen (so daß also $v_1$ nach S. 225 den Bogen der sphärischen Indikatrix der Erzeugenden bedeutet) und gleichzeitig

$$-\frac{N}{M^2} = \alpha, \quad \frac{\sqrt{M^2 - N^2}}{M^2} = \beta$$

setzen, so sind $\alpha$ und $\beta$ Funktionen von $v_1$, und das Quadrat des Linienelements nimmt die Form:

(8) $$ds^2 = du^2 + [(u - \alpha)^2 + \beta^2]dv_1^2$$

an. Die obige Gleichung für $\cos\Omega$ wird:

$$\cos\Omega = \frac{\beta}{\sqrt{(u - \alpha)^2 + \beta^2}};$$

daraus folgt die Formel von **Chasles**:

(9) $$\operatorname{tg}\Omega = \frac{u - \alpha}{\beta},$$

in der $\Omega$ stets zwischen $-\frac{\pi}{2}$ und $+\frac{\pi}{2}$ zu nehmen ist und sein Vorzeichen von der Richtung abhängt, in der sich die Tangentialebene dreht, wenn sich der Berührungspunkt vom Mittelpunkt nach dem betrachteten Punkte hin bewegt.

Aus (9) ziehen wir sofort einige bemerkenswerte Folgerungen. Lassen wir die Tangentialebene des Mittelpunktes $u = \alpha$ der Erzeugenden $v$ um diese Erzeugende um den Winkel $\Omega$ rotieren, so wird sie die Fläche in einem Punkte $(u_1, v)$, der durch die Gleichung:

$$u_1 - \alpha = \beta \operatorname{tg} \Omega$$

bestimmt ist, berühren und im Punkte $(u_2, v)$, der durch

$$u_2 - \alpha = -\beta \operatorname{cotg} \Omega$$

gegeben ist, auf ihr senkrecht stehen; daraus folgt:

$$(u_1 - \alpha)(u_2 - \alpha) = -\beta^2.$$

Es bestimmt also jede Ebene durch irgendeine Erzeugende auf dieser Erzeugenden zwei Punkte $P_1$, $P_2$, in denen sie bezüglich die Fläche berührt und auf ihr senkrecht steht. Dreht sich die Ebene um die Erzeugende, so liefert das Punktepaar $P_1$, $P_2$ eine Involution, deren Zentrum der Mittelpunkt ist.

Schließlich bemerken wir, daß sich aus (8) für das Krümmungsmaß $K$ nach S. 67 der Ausdruck:

$$K = -\frac{\beta^2}{[(u-\alpha)^2 + \beta^2]^2}$$

ergibt. Er ist stets negativ, wie es auch natürlich ist, da die Haupttangentenkurven reell sind. Längs jeder Erzeugenden, für die $\beta$ nicht gleich Null ist, nimmt der absolute Wert von $K$ im Mittelpunkte sein Maximum an und nähert sich der Null immer mehr, je größer der Abstand vom Mittelpunkt wird.

## § 121. Verbiegung einer Linienfläche nach der Methode von Minding.

Wir kommen nun zu der eigentlichen Aufgabe dieses Kapitels, nämlich zur Bestimmung aller Linienflächen mit gegebenem Linienelement, das wir in der allgemeinen Form (3) annehmen. Dann sind auch $\vartheta$, $M$, $N$ als Funktionen von $v$ gegeben, und die Aufgabe wird darin bestehen, die sechs unbekannten Funktionen $p$, $q$, $r$, $l$, $m$, $n$ der Veränderlichen $v$ allein so zu bestimmen, daß die fünf Fundamentalgleichungen:

$$(10) \qquad \begin{cases} l^2 + m^2 + n^2 = 1, \\ l'^2 + m'^2 + n'^2 = M^2; \end{cases}$$

$$(11)\quad \begin{cases} p'^2 + q'^2 + r'^2 = 1, \\ lp' + mq' + nr' = \cos\vartheta, \\ l'p' + m'q' + n'r' = N \end{cases}$$

erfüllt werden.

Für die Behandlung unserer Aufgabe ergeben sich zwei verschiedene Methoden, je nachdem wir zunächst $l, m, n$ als bekannt annehmen und $p, q, r$ suchen oder umgekehrt $p, q, r$ als bekannt annehmen und $l, m, n$ suchen. Im ersten Falle steht uns die Methode von Minding zu Gebote, die zu folgenden Ergebnissen führt:

Es seien $l, m, n$ drei Funktionen von $v$, die den beiden Gleichungen (10) genügen. Die Gleichungen (11) geben dann die Werte für $p', q', r'$, und aus diesen erhält man durch Quadraturen $p, q, r$.

Genügt man der ersten Gleichung (10) dadurch, daß man setzt:

$$l = \sin\omega\cos\psi, \quad m = \sin\omega\sin\psi, \quad n = \cos\omega,$$

wo $\omega$ und $\psi$ Funktionen von $v$ sind, so ist nur noch die zweite der Gleichungen (10) zu befriedigen. Sie ergibt:

$$\omega'^2 + \psi'^2 \sin^2\omega = M^2,$$

woraus mittels einer Quadratur für $\psi$ die Gleichung:

$$\psi = \int \frac{\sqrt{M^2 - \omega'^2}}{\sin\omega}\, dv$$

folgt, in der $\omega$ willkürlich bleibt. Die Willkürlichkeit, die der Lösung infolge des Vorhandenseins der willkürlichen Funktion $\omega(v)$ anhaftet, kann geometrisch dahin gedeutet werden, daß der Fläche $S$ durch Verbiegung ein willkürlich angenommener Leitkegel zugewiesen werden kann.

In der Tat genügen die Koordinaten $l, m, n$ eines Punktes der gegebenen sphärischen Indikatrix den Gleichungen (10), falls zwischen dem Bogen $\varphi$ dieser Indikatrix und dem Bogen $v$ der Direktrix die Beziehung:

$$\varphi = \int M\, dv$$

aufgestellt wird. Der Leitkegel der entsprechenden Fläche hat dann die durch die Wahl von $\omega$ bestimmte Gestalt.

Ferner ergibt sich durch Auflösung des Systems (11) nach $p', q', r'$:

$$(12)\quad \begin{cases} p' = l\cos\vartheta + \dfrac{l'N \pm A\sqrt{M^2\sin^2\vartheta - N^2}}{M^2}, \\[2ex] q' = m\cos\vartheta + \dfrac{m'N \pm B\sqrt{M^2\sin^2\vartheta - N^2}}{M^2}, \\[2ex] r' = n\cos\vartheta + \dfrac{n'N \pm C\sqrt{M^2\sin^2\vartheta - N^2}}{M^2}. \end{cases}$$

Darin ist wie auf S. 225:

$$A = \begin{vmatrix} m & n \\ m' & n' \end{vmatrix}, \quad B = \begin{vmatrix} n & l \\ n' & l' \end{vmatrix}, \quad C = \begin{vmatrix} l & m \\ l' & m' \end{vmatrix}$$

gesetzt.

Da nun nach S. 225

$$M^2 \sin^2 \vartheta - N^2 > 0$$

ist, wenn die Fläche nicht in die Ebene abwickelbar ist, so führen die beiden Wertsysteme für $p'$, $q'$, $r'$, die dem doppelten Vorzeichen der Wurzel entsprechen, zu zwei wesentlich verschiedenen Flächen.

Wir haben demnach das Ergebnis:

Jede Linienfläche kann so verbogen werden, daß ihr Leitkegel eine willkürlich gewählte Gestalt annimmt, und zwar auf zwei verschiedene Arten.

Die zu der Bestimmung der beiden Biegungsflächen erforderlichen Rechnungen bestehen lediglich in Quadraturen.

Werden die Werte (12) für $p'$, $q'$, $r'$ in den Ausdruck für $D'$ (S. 227):

$$D' = \frac{1}{\sqrt{M^2 u^2 + 2Nu + \sin^2 \vartheta}} \begin{vmatrix} l' & m' & n' \\ l & m & n \\ p' & q' & r' \end{vmatrix}$$

eingesetzt, so ist ersichtlich, daß die beiden Werte für $D'$ bis auf das Vorzeichen gleich sind; folglich (§ 116) sind die beiden entsprechenden Biegungsflächen nicht durch stetige Verbiegung aufeinander abwickelbar.

## § 122. Methode von Beltrami und die darauf bezüglichen Fundamentalgleichungen.

Nach der vorstehenden Methode lassen sich alle auf eine gegebene Linienfläche abwickelbaren Linienflächen wirklich bestimmen. Wollte man jedoch die willkürliche Funktion $\omega(v)$ so bestimmen, daß sie einer gegebenen Bedingung genügt, so würde man in den meisten Fällen auf unüberwindliche Schwierigkeiten stoßen.

Es ist dann die zweite Methode, zu deren Entwicklung wir nun übergehen und die von Beltrami[1]) herrührt, vorzuziehen.

Diese Methode besteht darin, daß man zunächst feststellt, was für Gestalten die Direktrix bei einer Verbiegung der Fläche annehmen kann. Für jede dieser Gestalten bestimmt sich die Gestalt der entsprechenden Fläche auf Grund der Überlegung, daß sich die geodätische Krümmung und der Winkel $\vartheta$ bei einer Verbiegung nicht ändern.

1) Sulla flessione delle superficie rigate. Annali di Mat., 1865, 7. Bd., S. 105.

Da die allgemeine Lösung der Aufgabe eine willkürliche Funktion enthält, so ist von vornherein klar, daß jede der möglichen Gestalten der Direktrix notwendigerweise an eine Bedingung geknüpft ist, die eben hinzugefügt werden muß.

Wir betrachten eine dieser Gestalten der Direktrix, für die wir die in der Kurventheorie gebrauchten Beziehungen beibehalten. Nennen wir $\sigma$ den Neigungswinkel der Schmiegungsebene der Direktrix gegen die Tangentialebene der Fläche, so haben wir:

$$(13)\qquad \begin{cases} l = \cos\vartheta\cos\alpha + \sin\vartheta\,(\cos\sigma\cos\xi + \sin\sigma\cos\lambda), \\ m = \cos\vartheta\cos\beta + \sin\vartheta\,(\cos\sigma\cos\eta + \sin\sigma\cdot\cos\mu), \\ n = \cos\vartheta\cos\gamma + \sin\vartheta\,(\cos\sigma\cos\zeta + \sin\sigma\cos\nu). \end{cases}$$

Berechnen wir $l'$, $m'$, $n'$ mit Hilfe der Frenetschen Formeln, so reduzieren sich die Fundamentalgleichungen (10) und (11), denen $l$, $m$, $n$ genügen müssen, auf die beiden folgenden:

$$\vartheta' + \frac{\cos\sigma}{\varrho} = -\frac{N}{\sin\vartheta},$$

$$\sin^2\vartheta\left(\vartheta' + \frac{\cos\sigma}{\varrho}\right)^2 + \left[\frac{\cos\vartheta}{\varrho} + (\cos\sigma\sin\vartheta)' + \frac{\sin\sigma\sin\vartheta}{T}\right]^2 + \left[(\sin\sigma\sin\vartheta)' - \frac{\cos\sigma\sin\vartheta}{T}\right]^2 = M^2 \text{ [1]}$$

oder:

$$(14)\qquad \frac{\cos\sigma}{\varrho} = -\frac{N}{\sin\vartheta} - \vartheta', \text{ [2]}$$

$$(15)\qquad \left[\frac{\cos\vartheta}{\varrho} + (\cos\sigma\sin\vartheta)' + \frac{\sin\sigma\sin\vartheta}{T}\right]^2 + \left[(\sin\sigma\sin\vartheta)' - \frac{\cos\sigma\sin\vartheta}{T}\right]^2 = M^2 - N^2.$$

Die Unbekannten in unserer Aufgabe sind $\sigma$, $\varrho$, $T$. Es ist klar, daß, wenn man den Wert für $\sigma$ aus (14) in (15) einsetzt, letztere Gleichung in eine Beziehung:

$$(16)\qquad f\left(v,\ \varrho,\ T,\ \frac{d\varrho}{dv}\right) = 0$$

zwischen den Radien der ersten und der zweiten Krümmung der verbogenen Direktrix übergeht.

Jeder Kurve, deren Flexions- und Torsionsradius der Gleichung (16) genügen, entspricht eine spezielle Verbiegung der Linienfläche, deren

---

1) Mit $(\cos\sigma\sin\vartheta)'$, $(\sin\sigma\sin\vartheta)'$ werden der Kürze halber die Differentialquotienten von $\cos\sigma\sin\vartheta$, $\sin\sigma\sin\vartheta$ nach $v$ bezeichnet.

2) Dies besagt nach S. 226, daß die geodätische Krümmung der Direktrix bei der Verbiegung ungeändert bleibt.

Elemente aus den Gleichungen (14) und (13) zu berechnen sind. Die vorliegende Aufgabe hängt demnach mit einer anderen aus der Kurvenlehre zusammen, nämlich mit der Aufgabe, eine Kurve aus ihren natürlichen Gleichungen zu bestimmen (vgl. 1. Kap., S. 13 u. f.).

## § 123. **Problem, eine Linienfläche derart zu verbiegen, daß eine auf ihr gegebene Kurve eine Haupttangentenkurve wird.**

Von den voraufgehenden allgemeinen Ergebnissen machen wir nun die hauptsächlichsten Anwendungen.

Wir stellen uns zunächst die Aufgabe, die Linienfläche so zu verbiegen, daß die Direktrix eine Haupttangentenkurve wird. Wir müssen dann $\sigma$ gleich Null (oder gleich $\pi$) setzen, und es ergibt sich dann aus (14):

$$\text{(a)} \qquad \frac{1}{\varrho} = \mp\left(\frac{N}{\sin\vartheta} + \vartheta'\right),$$

wo natürlich das Vorzeichen der rechten Seite durch die Bedingung bestimmt ist, daß der Wert für $\varrho$ positiv sein muß. Die Gleichung (15) ergibt dann:

$$\text{(b)} \qquad \frac{1}{T} = \frac{\sqrt{M^2\sin^2\vartheta - N^2}}{\sin^2\vartheta}.$$

Somit haben wir wieder den Beltramischen Satz, S. 222, bewiesen: Jede Linienfläche kann so verbogen werden, daß eine beliebig auf ihr gezogene Kurve Haupttangentenkurve wird. Die verbogene Direktrix bestimmt sich aus den natürlichen Gleichungen (a), (b).

Betrachten wir den besonderen Fall, in dem die Direktrix eine geodätische Linie ist. Dann ergibt sich:

$$\frac{1}{\varrho} = 0,$$

d. h. die verbogene Direktrix ist eine Gerade. Es folgt somit:

Jede geodätische Linie einer Linienfläche kann durch Verbiegung der Fläche zu einer Geraden werden.

Um für diesen Fall einfache Gleichungen zu erhalten, wählen wir die verbogene Direktrix als $z$-Achse und haben dann:

$$p = 0, \quad q = 0, \quad r = v, \quad n = \cos\vartheta.$$

Setzen wir noch:

$$l = \sin\vartheta\cos\psi, \quad m = \sin\vartheta\sin\psi,$$

so folgt aus:

$$l'^2 + m'^2 + n'^2 = M^2$$

wie auf S. 230:
$$\psi = \int \frac{\sqrt{M^2 - \vartheta'^2}}{\sin\vartheta}\, dv.$$

Für die Biegungsfläche haben wir also nach (1), S. 224, die Gleichungen:
$$x = u \sin\vartheta \cos\psi, \quad y = u \sin\vartheta \sin\psi, \quad z = v + u \cos\vartheta.$$

Ist insbesondere $\vartheta$ gleich $\frac{\pi}{2}$, d. h. ist die Fläche der Ort der Binormalen der Direktrix, so ist die Biegungsfläche ein gerades Konoid (vgl. S. 133), und da in diesem Falle $l$, $m$, $n$ die Richtungskosinus der Binormale sind, also nach Definition von $M$ und nach S. 8 die Größe $M$ gleich $\frac{1}{T}$ ist, wo $\frac{1}{T}$ die Torsion der ursprünglichen Direktrix bedeutet, so ergibt sich:
$$\psi = \int \frac{dv}{T}.$$

Besitzt nun noch spezieller die ursprüngliche Direktrix konstante Torsion, so ist das Biegungskonoid die Minimal-Schraubenregelfläche.

Werden umgekehrt alle Linienflächen gesucht, die sich auf die Schraubenfläche:
$$x = u \cos\frac{v}{k}, \quad y = u \sin\frac{v}{k}, \quad z = v$$

abwickeln lassen, für die das Quadrat des Linienelements
$$ds^2 = du^2 + \left(\frac{u^2}{k^2} + 1\right) dv^2$$

ist, so ist $p = 0$, $q = 0$, $r = v$, $l = \cos\frac{v}{k}$, $m = \sin\frac{v}{k}$, $n = 0$, also nach (2), S. 224, und (13), S. 232:
$$M = \frac{1}{k}, \quad N = 0, \quad \vartheta = \frac{\pi}{2}, \quad \sigma = \frac{\pi}{2}.$$

Hiernach ergibt Gleichung (15):
$$\frac{1}{T} = \frac{1}{k}.$$

Also: Die auf die Minimal-Schraubenregelfläche vom Parameter $k$ abwickelbaren Linienflächen sind alle von den Binormalen der Kurven konstanter Torsion $\frac{1}{k}$ erzeugten Flächen und auch nur diese.

Wir setzen endlich voraus, daß die Direktrix der beliebig gegebenen Linienfläche eine Orthogonaltrajektorie der Erzeugenden sei. Machen wir sie durch Verbiegung der Fläche zu einer Haupttangentenkurve, so sind ihre Hauptnormalen die Erzeugenden der Biegungsfläche. Also:

Durch Verbiegung einer Linienfläche können die Erzeugenden die Hauptnormalen einer beliebigen ihrer Orthogonaltrajektorien werden.

### § 124. **Problem, eine Linienfläche derart zu verbiegen, daß eine auf ihr gegebene Kurve eben oder eine Krümmungslinie wird.**

Wir wollen nun die Fläche so verbiegen, daß die Direktrix $u = 0$ eben wird. Hierzu braucht nur in der Gleichung (15) $\frac{1}{T}$ gleich Null gesetzt zu werden, was eine Differentialgleichung erster Ordnung: $\psi\left(v, \varrho, \frac{d\varrho}{dv}\right) = 0$ zur Bestimmung von $\varrho$ liefert. Daraus schließen wir:

Es ist auf $\infty^1$ Arten möglich, eine Linienfläche so zu verbiegen, daß eine beliebige Kurve auf ihr eben wird.

Ist insbesondere die gegebene Kurve eine Orthogonaltrajektorie der Erzeugenden, also $\vartheta$ gleich $\frac{\pi}{2}$, $\frac{1}{T}$ gleich Null, so wird Gleichung (15):

$$\sigma'^2 = M^2 - N^2,$$

woraus durch Integration

$$\sigma = \int \sqrt{M^2 - N^2}\, dv$$

folgt. Die ebene Biegungskurve bestimmt sich aus Gleichung (14), die

$$\varrho = -\frac{\cos \varrho}{N}$$

ergibt.

Endlich untersuchen wir, ob es möglich ist, eine vorgegebene Kurve durch Verbiegung zu einer Krümmungslinie zu machen. Es sind

$$X = \cos\sigma \cos\lambda - \sin\sigma \cos\xi, \quad Y = \cos\sigma \cos\mu - \sin\sigma \cos\eta,$$
$$Z = \cos\sigma \cos\nu - \sin\sigma \cos\zeta$$

die Richtungskosinus der Flächennormale längs der verbogenen Direktrix, und wir haben, da die Krümmungslinie nach S. 96 Evolvente der von den Flächennormalen eingehüllten Kurve ist und daher hier in der zweiten Gleichung auf S. 28 für $u$, $v$, $s$ die Werte $-\sin\sigma$, $\cos\sigma$, $v$ zu setzen sind:

$$\frac{1}{T} = \frac{d\sigma}{dv}.$$

Eliminieren wir $\frac{1}{\varrho}$ und $\frac{1}{T}$ mit Hilfe dieser und der Gleichung (14) aus (15), so erhalten wir zur Bestimmung von $\sigma$ eine Differentialgleichung erster Ordnung. Hierbei ist natürlich vorausgesetzt, daß $\vartheta$ nicht gleich $\frac{\pi}{2}$ sei, denn sonst würde die Fläche in die Ebene abwickelbar sein[1]).

1) Dieses wird auch durch die eben angestellte Rechnung bestätigt, da die linke Seite von (15) gleich Null werden würde.

Daraus folgern wir: Es ist stets möglich, eine Linienfläche so zu verbiegen, daß eine beliebige Kurve auf ihr eine Krümmungslinie wird, wofern die Kurve nicht eine Orthogonaltrajektorie der Erzeugenden ist.

Ist ferner die gegebene Kurve eine geodätische Linie, so wird sie beim Übergange in eine Krümmungslinie eben, wie geometrisch nach S. 164 einleuchtet. Dieses ergibt sich auch aus unseren Formeln. Nämlich dann ist nach S. 151 $\sigma$ gleich $\frac{\pi}{2}$, also nach obigem Wert von $\frac{1}{T}$ auch $\frac{1}{\mathfrak{T}}$ gleich Null, und (15) wird:

$$\frac{\cos^2\vartheta}{\varrho^2} + \cos^2\vartheta \cdot \vartheta'^2 = M^2 - N^2,$$

wodurch $\varrho$ und also auch die Biegungskurve bestimmt wird.

## § 125. Linienflächen, die auf Rotationsflächen abwickelbar sind.

Zum Schluß beschäftigen wir uns mit der Frage: Welche Linienflächen sind auf Rotationsflächen abwickelbar?

Eine solche Fläche muß eine stetige Verbiegung in sich zulassen, während deren sich das ganze System der Erzeugenden in sich verschieben muß (S. 219). Dabei braucht wegen der Stetigkeit der Verbiegung auch der Fall der auf Flächen zweiter Ordnung abwickelbaren Flächen nicht ausgenommen zu werden.

Die Linienfläche sei auf ihre Erzeugenden und deren orthogonale Trajektorien bezogen, so daß $\vartheta$ gleich $\frac{\pi}{2}$ ist. Führen wir $\int M dv$ als neues $v$ ein, so hat das Quadrat des Linienelements nach S. 228 die Form:

$$ds^2 = du^2 + [(u - \alpha(v))^2 + \beta^2(v)]dv^2.$$

Während der als stetig vorausgesetzten Verbiegung verschiebt sich die Striktionslinie in sich, schneidet daher die Erzeugenden unter konstantem Winkel und ist also eine geodätische Linie (S. 226); ferner ist längs derselben die Krümmung der Fläche konstant, gleich $K_0$. Nun ist längs der Striktionslinie $u = \alpha$ nach S. 229:

$$K_0 = -\frac{1}{\beta^2},$$

woraus sofort

$$\beta(v) = \text{Const.} = k$$

folgt. Bezeichnen wir sodann den (konstanten) Neigungswinkel der Erzeugenden gegen die Striktionslinie mit $\omega$, so haben wir:

$$\operatorname{cotg}\omega = \frac{1}{\beta}\frac{du}{dv} = \frac{1}{k}\alpha'(v),$$

demnach:

$$\alpha(v) = kv \operatorname{cotg} \omega,$$

da wir die additive Konstante in $u$ mit hineinziehen können.

Das Quadrat des Linienelements der gesuchten Flächen ist also von der Form:

$$(17) \qquad ds^2 = du^2 + [(u - kv \operatorname{cotg} \omega)^2 + k^2] dv^2.$$

Für $\omega = \frac{\pi}{2}$ gehört das Linienelement zu der Minimal-Schraubenregelfläche vom Parameter $k$, für $\omega \neq \frac{\pi}{2}$ zum einschaligen Rotationshyperboloid, dessen Meridianhyperbel die Halbachsen $a$ und $b$ hat, wo $a = k \operatorname{cotg} \omega$, $b = k$ ist, wie man leicht einsieht[1]). Also: Die einzigen auf Rotationsflächen abwickelbaren Linienflächen sind die Biegungsflächen der Minimal-Schraubenregelfläche und des einschaligen Rotationshyperboloids.

Die ganze Klasse der Flächen der ersten Art ist bereits in § 123 als diejenige gekennzeichnet worden, welche die von den Binormalen der Kurven konstanter Torsion gebildeten Flächen umfaßt.

Für die Flächen der zweiten Art gibt es einen eleganten, von Laguerre herrührenden Satz, zu dem wir in der folgenden Weise gelangen: Wir setzen in (17):

$$\frac{kv}{\sin \omega} = v_1, \quad u - kv \operatorname{cotg} \omega = u_1$$

und erhalten für das Quadrat des Linienelements der in Rede stehenden Fläche den Ausdruck:

$$ds^2 = du_1^2 + 2 \cos \omega \, du_1 dv_1 + \left(\frac{u_1^2 \sin^2 \omega}{k^2} + 1\right) dv_1^2.$$

Durch Vergleichen mit den ursprünglichen Bezeichnungen (S. 224) haben wir dann:

$$\omega = \vartheta, \quad M = \frac{\sin \omega}{k}, \quad N = 0.$$

Setzen wir diese Werte in (15) ein und beachten wir dabei, daß $\sigma$ gleich $\frac{\pi}{2}$ ist, so erhalten wir:

$$(18) \qquad \frac{\cos \omega}{\varrho} + \frac{\sin \omega}{T} = \frac{\sin \omega}{k},$$

woraus der Satz folgt (vgl. S. 31):

Die Kurven, in die der Kehlkreis des einschaligen Rotationshyperboloids bei einer Verbiegung der Fläche, bei der die Erzeugenden Gerade bleiben, verzerrt wird, sind Bertrandsche Kurven.

1) Den direkten Nachweis überlassen wir dem Leser.

Hieraus folgt eine Bestätigung der vorhin erwähnten Eigenschaft, daß das vorstehende Quadrat des Linienelements zum einschaligen Rotationshyperboloid gehört. Wenn nämlich die Striktionslinie eben wird (§ 124), so ist $\frac{1}{T}$ gleich Null und nach (18)

$$\varrho = k \operatorname{cotg} \omega.$$

Die Striktionslinie wird also ein Kreis mit dem Radius $k \operatorname{cotg} \omega$, und die Fläche ist offenbar ein einschaliges Rotationshyperboloid, das diesen Kreis zum Kehlkreis hat.

## § 126. Satz von Chieffi.

Wir schließen diese kurzen Untersuchungen über die Biegungsflächen der Linienflächen mit dem Beweise eines bemerkenswerten allgemeinen Satzes, der von Chieffi[1]) herrührt und sich auf diejenigen Biegungsflächen der Linienflächen bezieht, bei welchen die Erzeugenden nicht geradlinig bleiben. Es sei also eine Fläche $S$ auf eine Linienfläche $R$ abwickelbar, und den Geraden auf $R$ mögen (krumme) geodätische Linien $g$ auf $S$ entsprechen. Wir betrachten auf $S$ eine beliebige Haupttangentenkurve $a$ der ersten oder der zweiten Schar und ziehen in jedem Punkte von $a$ die Tangente an der durch ihn hindurchgehenden geodätischen Linie $g$. Die Ortsfläche dieser Tangenten ist dann eine der Fläche $S$ längs der gemeinsamen Haupttangentenkurve $a$ umschriebene Linienfläche $R_1$. Der Chieffische Satz lautet nun:

Die Linienfläche $R_1$ ist auf die Fläche $S$ abwickelbar; bei dieser Verbiegung bleibt die Haupttangentenkurve $a$ starr.

Aus den allgemeinen Ausführungen in § 114 ergibt sich der Beweis für diesen Satz unmittelbar. Wir können nämlich die Fläche $S$ stetig so verbiegen, daß die Haupttangentenkurve $a$ starr bleibt und eine geodätische Linie $g$ Haupttangentenkurve wird. Es gehen folglich diese geodätische Linie und infolgedessen (§ 117) auch alle übrigen geodätischen Linien $g$ in Geraden über, und zwar offenbar in ihre Tangenten in den Punkten von $a$. Demnach ist die Biegungsfläche eben die Fläche $R_1$ des Satzes.

Wie man sieht, wird durch den Chieffischen Satz in endlichen Ausdrücken die Aufgabe gelöst, die Fläche $S$ ohne Verzerrung der Haupttangentenkurve $a$ in eine Linienfläche zu verbiegen. Er liefert zwei Reihen von Linienflächen, die auf die Ausgangsfläche $R$ abwickelbar sind; doch ist zu beachten, daß die Flächen der einen Reihe links-, die der anderen Reihe rechtsgewunden sind.

1) Chieffi, Sulle deformate dell' iperboloide rotondo ad una falda e su alcune superficie che se ne deducono. Giornale di Matem., Bd. 43.

# Kapitel IX.

## Evolutenfläche und Weingartenscher Satz.

**Allgemeine Eigenschaften der beiden Mäntel der Evolutenfläche. — Evolutenmittelfläche einer Fläche nach Ribaucour. — *W*-Flächen, deren Hauptkrümmungsradien durch eine Gleichung verbunden sind. — Sätze von Ribaucour über das Entsprechen der Haupttangentenkurven und Krümmungslinien auf den beiden Mänteln der Evolutenfläche. — Bestimmung der Krümmungslinien einer *W*-Fläche mittels Quadraturen. — Die beiden Mäntel der Evolutenfläche einer *W*-Fläche sind auf Rotationsflächen abwickelbar (Weingartenscher Satz). — Umkehrung des Weingartenschen Satzes. — Besondere Formen des Linienelements der Kugel, die den *W*-Flächen entsprechen. — Anwendung auf die Bestimmung der Minimalflächen: $\mathfrak{r}_1 + \mathfrak{r}_2 = 0$ und der Weingartenschen Flächen: $2(\mathfrak{r}_2 - \mathfrak{r}_1) = \sin 2(r_2 + r_1)$. — Evolventen- und Ergänzungsflächen der pseudosphärischen Flächen.**

---

### § 127. Die geodätischen Linien der Evolutenfläche, die den Krümmungslinien der Evolventenfläche entsprechen.

Im ersten Teile dieses Kapitels nehmen wir die Untersuchung der allgemeinen Eigenschaften der Flächen wieder auf, um dann die Ergebnisse auf eine besonders wichtige Gattung von Flächen anzuwenden.

Wir haben auf S. 102 gesehen, daß auf der Normale in jedem Punkte $M$ einer Fläche $S$ zwei besondere Punkte $M_1$, $M_2$ liegen, nämlich die Hauptkrümmungsmittelpunkte der Fläche oder die Krümmungsmittelpunkte der beiden Hauptschnitte durch $M$. Bewegt sich der Punkt $M$ auf der Fläche $S$, so beschreiben die Krümmungsmittelpunkte $M_1$, $M_2$ eine Fläche, welche die Evolutenfläche der Fläche $S$ heißt, während die Fläche $S$ die Evolventenfläche heißt. Die Evolutenfläche besteht offenbar aus zwei Mänteln $S_1$, $S_2$, von denen der eine vom Krümmungsmittelpunkt $M_1$, der andere vom Krümmungsmittelpunkt $M_2$ beschrieben wird.

Wir können die beiden Mäntel $S_1$, $S_2$ auch auf folgende Weise erzeugen: Wir betrachten eine Krümmungslinie $C$ von $S$; die Flächennormalen längs $C$ bilden nach S. 96 eine abwickelbare Fläche, deren Rückkehrkurve $\Gamma$ eben der Ort der Krümmungsmittelpunkte der $C$ berührenden Normalschnitte ist. Lassen wir die Kurve $C$ nach und nach in alle Krümmungslinien derselben Schar übergehen, so beschreibt ihre Evolute $\Gamma$ einen Mantel der Evolutenfläche.

Vermittelst einfacher geometrischer Betrachtungen wollen wir nun einige grundlegende Eigenschaften der Evolutenflächen ableiten und zunächst den Satz beweisen:

Die Rückkehrkurven der abwickelbaren Flächen, welche die Örter der Flächennormalen längs der einzelnen Krümmungslinien der Fläche sind, sind geodätische Linien der Evolutenfläche.

Zum Beweise bemerken wir zunächst, daß jede Normale der Evolventenfläche die Evolutenfläche in zwei Punkten berührt, und zwar den ersten Mantel $S_1$ im ersten Krümmungsmittelpunkt $M_1$, den zweiten Mantel $S_2$ im zweiten Krümmungsmittelpunkt $M_2$. Wir betrachten nun ein Bogenelement $MM'$ einer Krümmungslinie der zweiten Schar. Die Normalen in $M$ und $M'$ schneiden sich (bis auf unendlich kleine Größen höherer Ordnung) im zweiten Krümmungsmittelpunkt $M_2$ und berühren den ersten Mantel $S_1$ in den bezüglichen auf ihnen gelegenen ersten Krümmungsmittelpunkten $M_1$ und $M_1'$.

Die Ebene $MM_2M'$ enthält also zwei verschiedene Richtungen $M_1M_2$ und $M_1M_1'$, die von $M_1$ ausgehen und $S_1$ berühren, und ist folglich die Tangentialebene des ersten Mantels in $M_1$. Daraus folgt unmittelbar:

Die Normale des ersten Mantels $S_1$ in $M_1$ ist der Tangente der ersten Krümmungslinie in $M$ parallel. Entsprechendes gilt für den zweiten Mantel $S_2$.

Ist nun $C_1$ eine Krümmungslinie der ersten Schar und $\Gamma_1$ die Rückkehrkurve der von den Flächennormalen von $S$ längs $C_1$ erzeugten abwickelbaren Fläche, so ist die Tangente von $C_1$ in $M$ der Hauptnormale der Evolute $\Gamma_1$ parallel. Hiermit ist der vorhin ausgesprochene Satz bewiesen.

Ferner können wir leicht auf einem der Mäntel der Evolutenfläche, z. B. dem ersten, die zu diesen geodätischen Linien $\Gamma_1$ orthogonalen Trajektorien bestimmen. Ist nämlich $t_1$ eine von diesen orthogonalen Trajektorien auf $S_1$, ferner $t$ die entsprechende Kurve auf $S$, so erzeugen die Normalen von $S$ längs $t$ eine Linienfläche, auf der die Kurven $t$ und $t_1$ orthogonale Trajektorien der Erzeugenden sind Das zwischen $t$ und $t_1$ liegende Stück $MM_1$ dieser Erzeugenden ist demnach konstant, wenn $M$ längs $t$ fortrückt (Satz (A), S. 157), d. h. längs der Kurve $t$ auf $S$ ist der erste Hauptkrümmungsradius $r_1$ konstant. Also:

Die orthogonalen Trajektorien der geodätischen Linien, die auf einem der Mäntel der Evolutenfläche von den Normalen der Evolventenfläche umhüllt werden, entsprechen denjenigen Kurven auf der Evolventenfläche, längs deren der betreffende Hauptkrümmungsradius konstant ist[1]).

Hierbei ist der Fall ausgeschlossen, daß der in Rede stehende Hauptkrümmungsradius auf der ganzen Fläche $S$ konstant ist. In diesem Falle reduziert sich aber, wie gezeigt werden wird, der entsprechende Mantel der Evolutenfläche auf eine Kurve.

## § 128. Formeln für die Evolutenfläche.

Wir wollen nun die vorstehenden grundlegenden Eigenschaften auf analytischem Wege bestätigen und aus ihnen andere von großer Wichtigkeit ableiten.

Am einfachsten lassen sich die dazu erforderlichen Rechnungen durchführen, wenn wir die Evolventenfläche $S$ auf ihre Krümmungslinien $u$, $v$ beziehen. Bezeichnen wir mit

$$ds^2 = E du^2 + G dv^2$$

das Quadrat des Linienelements, mit $r_1$, $r_2$ die den Kurven $u$, $v$ bezüglich entsprechenden Hauptkrümmungsradien, so haben wir (§ 54, S. 101):

$$D = -\frac{E}{r_2}, \quad D' = 0, \quad D'' = -\frac{G}{r_1},$$

und die Codazzischen Formeln werden in unserem Falle einfach (vgl. die beiden letzten Gleichungen (V), § 49, S. 93):

$$\frac{\partial}{\partial v}\left(\frac{\sqrt{E}}{r_2}\right) = \frac{1}{r_1}\frac{\partial \sqrt{E}}{\partial v}, \quad \frac{\partial}{\partial u}\left(\frac{\sqrt{G}}{r_1}\right) = \frac{1}{r_2}\frac{\partial \sqrt{G}}{\partial u}$$

oder:

$$(1) \quad \begin{cases} \left(\frac{1}{r_1} - \frac{1}{r_2}\right)\frac{\partial \log \sqrt{E}}{\partial v} - \frac{\partial}{\partial v}\left(\frac{1}{r_2}\right) = 0, \\ \left(\frac{1}{r_1} - \frac{1}{r_2}\right)\frac{\partial \log \sqrt{G}}{\partial u} + \frac{\partial}{\partial u}\left(\frac{1}{r_1}\right) = 0. \end{cases}$$

Die Gaußische Gleichung lautet ((18) in § 35, S. 67):

$$(2) \quad \frac{1}{r_1 r_2} = -\frac{1}{\sqrt{EG}}\left[\frac{\partial}{\partial u}\left(\frac{1}{\sqrt{E}}\frac{\partial \sqrt{G}}{\partial u}\right) + \frac{\partial}{\partial v}\left(\frac{1}{\sqrt{G}}\frac{\partial \sqrt{E}}{\partial v}\right)\right].$$

---

1) Es dürfte nicht überflüssig sein, darauf hinzuweisen, daß der hier gegebene Beweis für die Eigenschaft, daß die Kurven $r_1 = \text{Const.}$ die orthogonalen Trajektorien der Kurven $\Gamma_1$ sind, von der anderen Eigenschaft, daß die Kurven $\Gamma_1$ geodätische Linien sind, unabhängig ist. Es ergibt sich aus ihm sogar ein neuer Beweis für letztere Tatsache, wenn berücksichtigt wird, daß wegen der Eigenschaft der Evolventen (S. 27) der Bogen der Kurve $\Gamma_1$, der zwischen zwei orthogonalen Trajektorien derselben liegt, für alle gleich ist (vgl. § 81, S. 158, Anmerkung).

In den Gleichungen (1) können wir an Stelle von $E$, $G$ die Koeffizienten $e$, $g$ des Linienelementquadrates der Kugel,

$$ds'^2 = e du^2 + g dv^2,$$

einführen, und zwar mittels der Gleichungen (13), § 54, S. 101:

$$(3) \quad \begin{cases} \frac{\partial X}{\partial u} = \frac{1}{r_2}\frac{\partial x}{\partial u}, & \frac{\partial Y}{\partial u} = \frac{1}{r_2}\frac{\partial y}{\partial u}, \quad \frac{\partial Z}{\partial u} = \frac{1}{r_2}\frac{\partial z}{\partial u}, \\ \frac{\partial X}{\partial v} = \frac{1}{r_1}\frac{\partial x}{\partial v}, & \frac{\partial Y}{\partial v} = \frac{1}{r_1}\frac{\partial y}{\partial v}, \quad \frac{\partial Z}{\partial v} = \frac{1}{r_1}\frac{\partial z}{\partial v}. \end{cases}$$

Es ergibt sich:

$$e = \frac{E}{r_2^2}, \quad g = \frac{G}{r_1^2}.$$

Daher lassen sich die Gleichungen (1) auch folgendermaßen schreiben:

$$(4) \quad \begin{cases} (r_1 - r_2)\frac{\partial \log \sqrt{e}}{\partial v} - \frac{\partial r_2}{\partial v} = 0, \\ (r_1 - r_2)\frac{\partial \log \sqrt{g}}{\partial u} + \frac{\partial r_1}{\partial u} = 0. \end{cases}$$

Diese Gleichungen haben wir bereits in § 69, S. 135, erhalten.

Wir können sie sofort zur Bestimmung derjenigen Flächen benutzen, für welche einer der Hauptkrümmungsradien konstant ist. Es sei z. B.

$$r_2 = \text{Const.}$$

Dann folgt aus (1) und (4):

$$\frac{\partial E}{\partial v} = 0, \quad \frac{\partial e}{\partial v} = 0,$$

d. h. die Kurven $v = \text{Const.}$ sind auf der Fläche und auf der Kugel geodätische Linien (vgl. S. 157). Es liegt also eine Kurve $v = Const.$ der Fläche $S$ in einer zur Fläche normalen Ebene (nach § 84, S. 164), und da sie einen konstanten Hauptkrümmungsradius

$$r_2 = R$$

besitzt, so ist sie ein Kreis vom Radius $R$. Wir konstruieren die Kugel, die diesen Kreis als größten Kreis hat; sie berührt die Fläche $S$ längs des Kreises, und es ist daher $S$ die Enveloppe einer Kugel von konstantem Radius $R$, deren Mittelpunkt eine Raumkurve durchläuft. Eine solche Fläche heißt Kanal- oder Röhrenfläche. Umgekehrt ist klar, daß für jede Röhrenfläche vom Radius $R$ einer der Hauptkrümmungsradien konstant, gleich $R$, ist. Von den beiden Mänteln der Evolutenfläche reduziert sich der den Kreisen entsprechende offenbar auf die Achse der Röhrenfläche, d. h. auf den Ort der Mittelpunkte der umhüllten Kugeln. Der zweite Mantel ist, wie sich geometrisch ergibt, die Polardeveloppable der Achse (S. 22).

## § 129. Weitere Eigenschaften der Evolutenfläche.

Bezeichnen wir mit $x_1$, $y_1$, $z_1$ die Koordinaten des ersten Krümmungsmittelpunktes $M_1$, so haben wir[1]):

(5) $$x_1 = x - r_1 X, \quad y_1 = y - r_1 Y, \quad z_1 = z - r_1 Z,$$

woraus sich durch Differentiation infolge der Gleichungen (3) ergibt:

(6) $$\begin{cases} \dfrac{\partial x_1}{\partial u} = \left(1 - \dfrac{r_1}{r_2}\right)\dfrac{\partial x}{\partial u} - \dfrac{\partial r_1}{\partial u} X, & \dfrac{\partial y_1}{\partial u} = \left(1 - \dfrac{r_1}{r_2}\right)\dfrac{\partial y}{\partial u} - \dfrac{\partial r_1}{\partial u} Y, \\ & \dfrac{\partial z_1}{\partial u} = \left(1 - \dfrac{r_1}{r_2}\right)\dfrac{\partial z}{\partial u} - \dfrac{\partial r_1}{\partial u} Z, \\ \dfrac{\partial x_1}{\partial v} = -\dfrac{\partial r_1}{\partial v} X, \quad \dfrac{\partial y_1}{\partial v} = -\dfrac{\partial r_1}{\partial v} Y, & \dfrac{\partial z_1}{\partial v} = -\dfrac{\partial r_1}{\partial v} Z. \end{cases}$$

Bezeichnen wir überhaupt durch Hinzufügung des Index 1 die auf den ersten Mantel $S_1$ der Evolutenfläche bezüglichen Größen, so erhalten wir, da die Normale der Tangente der zweiten Krümmungslinie parallel ist:

(7) $$X_1 = \frac{1}{\sqrt{G}}\frac{\partial x}{\partial v}, \quad Y_1 = \frac{1}{\sqrt{G}}\frac{\partial y}{\partial v}, \quad Z_1 = \frac{1}{\sqrt{G}}\frac{\partial z}{\partial v},$$

Gleichungen, die den zweiten in § 127 angeführten Satz beweisen.

Ferner erhalten wir nach (6):

(8) $$E_1 = E\left(1 - \frac{r_1}{r_2}\right)^2 + \left(\frac{\partial r_1}{\partial u}\right)^2, \quad F_1 = \frac{\partial r_1}{\partial u}\frac{\partial r_1}{\partial v}, \quad G_1 = \left(\frac{\partial r_1}{\partial v}\right)^2,$$

demnach:

(9) $$ds_1^2 = \left[E\left(1 - \frac{r_1}{r_2}\right)^2 + \left(\frac{\partial r_1}{\partial u}\right)^2\right]du^2 + 2\frac{\partial r_1}{\partial u}\frac{\partial r_1}{\partial v}du\,dv + \left(\frac{\partial r_1}{\partial v}\right)^2 dv^2.$$

Werden zu Parameterlinien auf $S_1$ die Kurven $u = \text{Const.}$ und $r_1 = \text{Const.}$ gewählt, so geht Gleichung (9) über in:

(9*) $$ds_1^2 = dr_1^2 + E\left(1 - \frac{r_1}{r_2}\right)^2 du^2,$$

woraus hervorgeht, daß auf $S_1$ die Kurven $u$ geodätische Linien und die Kurven $r_1 = \text{Const.}$ ihre orthogonalen Trajektorien sind (vgl. § 127).

Berücksichtigen wir die Gleichungen (§ 49, S. 93):

(10) $$\frac{\partial X_1}{\partial u} = \frac{1}{\sqrt{G}}\frac{\partial \sqrt{E}}{\partial v}\cdot\frac{1}{\sqrt{E}}\frac{\partial x}{\partial u}, \quad \frac{\partial X_1}{\partial v} = -\frac{1}{\sqrt{E}}\frac{\partial \sqrt{G}}{\partial u}\cdot\frac{1}{\sqrt{E}}\frac{\partial x}{\partial u} - \frac{\sqrt{G}}{r_1}X,$$

dazu die analogen für $Y_1$ und $Z_1$, so erhalten wir für die Werte von

$$D_1, \quad D_1', \quad D_1''$$

1) Man erinnere sich des Sinnes, in dem $r_1$ gerechnet wird. (S. 99, Anm.)

infolge der Gleichungen (6) nach (3), S. 86, die Ausdrücke:

$$D_1 = -\sum \frac{\partial x_1}{\partial u}\frac{\partial X_1}{\partial u} = -\frac{\sqrt{E}}{\sqrt{G}}\frac{\partial \sqrt{E}}{\partial v}\left(1 - \frac{r_1}{r_2}\right),$$

$$D_1' = -\sum \frac{\partial x_1}{\partial v}\frac{\partial X_1}{\partial u} = 0,$$

$$D_1'' = -\sum \frac{\partial x_1}{\partial v}\frac{\partial X_1}{\partial v} = -\frac{\sqrt{G}}{r_1}\frac{\partial r_1}{\partial v}.$$

Eliminieren wir aus dem Werte für $D_1$ denjenigen für $\frac{\partial \sqrt{E}}{\partial v}$ mittels der ersten der Gleichungen (1), so erhalten wir:

$$(11)\qquad D_1 = \frac{E}{\sqrt{G}}\frac{r_1}{r_2^2}\frac{\partial r_2}{\partial v}, \quad D_1 = 0, \quad D_1'' = -\frac{\sqrt{G}}{r_1}\frac{\partial r_1}{\partial v}.$$

Da $D_1'$ gleich Null ist, so sehen wir sofort, daß auf dem ersten (und ebenso auch auf dem zweiten) Mantel der Evolutenfläche diejenigen Kurven $u$, $v$, welche den Krümmungslinien der Evolventenfläche entsprechen, ein konjugiertes System bilden.

Dieses folgt auch unmittelbar daraus, daß auf $S_1$ die Tangenten der Kurven $u$ längs einer Kurve $v$ eine abwickelbare Fläche erzeugen, deren Rückkehrkurve die entsprechende Kurve $v$ auf dem zweiten Mantel $S_2$ ist (S. 106).

Merken wir uns noch, daß sich für das Krümmungsmaß $K_1$ von $S_1$

$$(12)\qquad K_1 = \frac{D_1 D_1'' - D_1'^2}{E_1 G_1 - F_1^2} = -\frac{1}{(r_1 - r_2)^2}\frac{\frac{\partial r_2}{\partial v}}{\frac{\partial r_1}{\partial v}}$$

ergibt.

Entsprechend erhalten wir für das Krümmungsmaß $K_2$ des zweiten Mantels $S_2$ den Wert:

$$(12^*)\qquad K_2 = -\frac{1}{(r_1 - r_2)^2}\frac{\frac{\partial r_1}{\partial u}}{\frac{\partial r_2}{\partial u}}.$$

## § 130. Beltramis Konstruktion des Radius der geodätischen Krümmung.

In diesem Paragraphen geben wir eine von Beltrami herrührende Konstruktion für den Radius der geodätischen Krümmung einer beliebigen auf einer Fläche gelegenen Kurve, die für die Theorie der Evolutenflächen unmittelbar ein wichtiges Ergebnis liefert.

Auf einer Fläche $S$ betrachten wir eine Schar von $\infty^1$ geodätischen Linien $g$, und es sei $L$ eine Kurve, deren Tangenten denjenigen der geodätischen Linien $g$ konjugiert sind. Die Tangenten der Kurven $g$ längs $L$ erzeugen eine abwickelbare Fläche, deren Rückkehrkurve wir mit $\Gamma$ bezeichnen wollen. Es sei $t$ irgendeine dieser Tangenten, $M$ ihr Berührungspunkt mit $S$ und $m$ derjenige mit der Rückkehrkurve $\Gamma$. Wir wollen beweisen, daß der Punkt $m$ der Mittelpunkt der geodätischen Krümmung in $M$ für diejenige orthogonale Trajektorie der geodätischen Linien $g$ ist, welche durch $M$ geht.

Wir wählen zu diesem Zwecke auf $S$ als Parameterlinien $v$ die geodätischen Linien $g$ und als Kurven $u$ ihre orthogonalen Trajektorien. Bei passender Wahl des Parameters $u$ erhalten wir für das Quadrat des Linienelements von $S$ nach S. 157 den Ausdruck:

$$ds^2 = du^2 + G dv^2,$$

und der Radius $\varrho_u$ der geodätischen Krümmung der Kurven $u$ ist nach Größe und Vorzeichen durch die Gleichung (§ 75, S. 147):

$$\frac{1}{\varrho_u} = -\frac{1}{2G}\frac{\partial G}{\partial u}$$

bestimmt. Nun seien $x, y, z$ die Koordinaten von $M$ und $\xi, \eta, \zeta$ diejenigen von $m$. Setzen wir ferner den algebraischen Wert der Strecke $Mm$ gleich $r$, so erhalten wir:

$$\xi = x + r\frac{\partial x}{\partial u}, \quad \eta = y + r\frac{\partial y}{\partial u}, \quad \zeta = z + r\frac{\partial z}{\partial u}.$$

Verschieben wir $M$ längs der Kurve $L$ und bezeichnen wir mit $\delta$ die entsprechenden Zunahmen, so ergibt sich:

$$\delta\xi = \frac{\partial x}{\partial u}\delta u + \frac{\partial x}{\partial v}\delta v + \delta r\frac{\partial x}{\partial u} + r\left(\frac{\partial^2 x}{\partial u^2}\delta u + \frac{\partial^2 x}{\partial u \partial v}\delta v\right),$$

$$\delta\eta = \frac{\partial y}{\partial u}\delta u + \frac{\partial y}{\partial v}\delta v + \delta r\frac{\partial y}{\partial u} + r\left(\frac{\partial^2 y}{\partial u^2}\delta u + \frac{\partial^2 y}{\partial u \partial v}\delta v\right),$$

$$\delta\zeta = \frac{\partial z}{\partial u}\delta u + \frac{\partial z}{\partial v}\delta v + \delta r\frac{\partial z}{\partial u} + r\left(\frac{\partial^2 z}{\partial u^2}\delta u + \frac{\partial^2 z}{\partial u \partial v}\delta v\right).$$

Nun sind $\delta\xi, \delta\eta, \delta\zeta$ den Richtungskosinus der Tangente $t$ der Rückkehrkurve $\Gamma$ proportional; wenn wir daher die vorstehenden Gleichungen der Reihe nach mit $\frac{\partial x}{\partial v}, \frac{\partial y}{\partial v}, \frac{\partial z}{\partial v}$ multiplizieren, sie dann addieren und dabei die Gleichungen:

$$\sum\frac{\partial x}{\partial u}\frac{\partial x}{\partial v} = 0, \quad \sum\left(\frac{\partial x}{\partial v}\right)^2 = G, \quad \sum\frac{\partial x}{\partial v}\frac{\partial^2 x}{\partial u \partial v} = \frac{1}{2}\frac{\partial G}{\partial u},$$

$$\sum\frac{\partial x}{\partial u}\frac{\partial^2 x}{\partial u^2} = 0$$

berücksichtigen, so erhalten wir:

$$G\delta v + \frac{r}{2}\frac{\partial G}{\partial u}\delta v = 0,$$

d. h.:

$$\frac{1}{r} = -\frac{1}{2G}\frac{\partial G}{\partial u}.$$

Es stimmt also $r$ der Größe und dem Vorzeichen nach mit $\varrho_u$ überein, was zu beweisen war.

Nachdem so der Satz von Beltrami bewiesen worden ist, betrachten wir wieder den ersten Mantel $S_1$ der Evolutenfläche einer Fläche $S$. Auf $S_1$ sind die orthogonalen Trajektorien der geodätischen Linien $u = \text{Const.}$ die Kurven $r_1 = \text{Const.}$, während die Kurven, deren Tangenten den Tangenten der Kurven $u$ konjugiert sind, die Kurven $v$ sind. Also: Der Mittelpunkt der geodätischen Krümmung einer auf $S_1$ gelegenen Kurve $r_1 = Const.$ in einem Punkte $M_1$ ist der entsprechende Punkt $M_2$ auf dem zweiten Mantel $S_2$.

Daraus folgt, daß der Radius der geodätischen Krümmung der Kurven $r_1 = \text{Const.}$ auf $S_1$ oder der Kurven $r_2 = \text{Const.}$ auf $S_2$ (bis auf das Vorzeichen) durch die Differenz $r_1 - r_2$ der Hauptkrümmungsradien der Evolventenfläche gegeben ist.

### § 131. Evolventen- und Evolutenmittelfläche nach Ribaucour.

Im Zusammenhange mit der aus den beiden Mänteln $S_1$, $S_2$ bestehenden Evolutenfläche einer Fläche $S$ wollen wir nun kurz noch eine zu $S$ in enger Beziehung stehende Fläche betrachten, deren Untersuchung von Ribaucour herrührt und die wir mit ihm als Evolutenmittelfläche von $S$ bezeichnen wollen. Wir betrachten den in der Mitte zwischen den beiden Krümmungsmittelpunkten $M_1$, $M_2$ von $S$ gelegenen Punkt $M_0$; die Ebene welche in $M_0$ auf der Linie $M_1M_2$ senkrecht errichtet, d. h. durch $M_0$ parallel der in $M$ an die Evolventenfläche $S$ gelegten Tangentialebene gelegt wird, heiße Mittelebene. Als Evolutenmittelfläche von $S$ werde nun die Enveloppe $\Sigma$ der Mittelebene bezeichnet. Umgekehrt nennen wir $S$ die Evolventenmittelfläche von $\Sigma$.

Die Koordinaten des Mittelpunktes $M_0$ von $M_1M_2$ sind offenbar:

$$x_0 = x - \frac{r_1 + r_2}{2} X, \quad y_0 = y - \frac{r_1 + r_2}{2} Y, \quad z_0 = z - \frac{r_1 + r_2}{2} Z.$$

Wird mit $\omega$ der (algebraische) Abstand der Mittelebene vom Koordinatenanfangspunkt bezeichnet, so ist daher:

$$\omega = \Sigma X x_0 = \Sigma X x - \frac{r_1 + r_2}{2}.$$

Die Summe $\Sigma Xx$ stellt nun den Abstand des Koordinatenanfangspunktes von der Tangentialebene der Evolventenfläche $S$ dar. Bezeichnen wir diesen Abstand mit $W$, so haben wir demnach:

$$\omega = W - \frac{r_1 + r_2}{2}.$$

Nun ist nach den Weingartenschen Gleichungen in Ebenenkoordinaten (§ 72, (36), S. 140):
$$\frac{r_1 + r_2}{2} = W + \tfrac{1}{2}\Delta_2' W,$$
wo der zweite Differentialparameter $\Delta_2' W$ bezüglich des Linienelements der Bildkugel von $S$ berechnet ist.[1]) Daraus aber folgt:

(13) $$\omega = -\tfrac{1}{2}\Delta_2' W.$$

Durch diese Gleichung, die für jedes beliebige System von Parameterlinien gilt, wird offenbar die Aufgabe gelöst: Zu einer gegebenen Evolventenfläche die Evolutenmittelfläche zu finden. Da nämlich $W$ bekannt ist, so läßt sich aus (13) $\omega$ berechnen und dann durch die Gleichungen (34), § 72, S. 139 (wo $\omega$ für $W$ zu setzen ist), die Evolutenmittelfläche $\Sigma$ bestimmen.

Die umgekehrte Aufgabe: Für eine gegebene Fläche $\Sigma$ diejenigen Flächen zu finden, deren Evolutenmittelfläche $\Sigma$ ist, läßt sich mit Hilfe der Gleichung (13) auf eine bekannte Aufgabe der Analysis zurückführen. Wird nämlich auf $\Sigma$ ein beliebiges Koordinatensystem $(u, v)$ gewählt, so kennen wir $\omega$ als Funktion von $u$ und $v$ und müssen $W$ aus der partiellen Differentialgleichung:

(14) $$\Delta_2' W = -2\omega$$

bestimmen. Jede Lösung derselben gibt offenbar eine Lösung der gestellten Aufgabe. Ist insbesondere eine der Evolventenmittelflächen bekannt, z. B. diejenige, welche der Lösung $W_1$ von (14) entspricht, und wird
$$W = W_1 + \Omega$$
gesetzt, so ist die Bestimmung der anderen Evolventenmittelflächen auf die Integration der Gleichung:

(14*) $$\Delta_2'\Omega = 0$$

zurückgeführt.

Man braucht nur als Koordinatensystem $(u, v)$ ein solches zu wählen, dem auf der Kugel ein isothermes System entspricht, um die Gleichungen (14), (14*) in die aus der Analysis wohlbekannten Gestalten:

(15) $$\frac{\partial^2 W}{\partial u^2} + \frac{\partial^2 W}{\partial v^2} = f(u, v),$$

wo $f$ eine bekannte Funktion von $u$, $v$ ist, bzw.

(15*) $$\frac{\partial^2 W}{\partial u^2} + \frac{\partial^2 W}{\partial v^2} = 0$$

zu bringen; denn ist $ds'^2 = \lambda(du^2 + dv^2)$, so wird $\Delta_2' W = \frac{1}{\lambda}\left(\frac{\partial^2 W}{\partial u^2} + \frac{\partial^2 W}{\partial v^2}\right)$.

---

1) Man beachte, daß sich $S$ und $\Sigma$ Punkt für Punkt infolge der Parallelität der Tangentialebenen entsprechen und daß daher das Linienelement der Bildkugel für $S$ und $\Sigma$ das gleiche ist.

Wenn sich die Evolutenmittelfläche auf einen Punkt reduziert, so sind die Evolventenflächen die von Appel[1]) untersuchten Flächen, bei denen die Mittelebenen durch einen Punkt gehen. Sie entsprechen den Lösungen der Gleichung (15*).

## § 132. $W$-Flächen, deren Hauptkrümmungsradien durch eine Gleichung verbunden sind.

Wir wollen nun die allgemeinen Sätze über Evolutenflächen auf eine wichtige Klasse von Flächen anwenden, auf diejenigen nämlich, deren Hauptkrümmungsradien $r_1$, $r_2$ durch eine Gleichung:

$$\varphi(r_1, r_2) = 0$$

miteinander verbunden sind. Der Kürze wegen bezeichnen wir jede Fläche dieser Art als eine $W$-Fläche.

Auf die $W$-Flächen werden wir sofort bei der Untersuchung der folgenden Frage geführt: Wir ordnen zunächst die Punkte der beiden Mäntel $S_1$, $S_2$ der Evolutenfläche einander so zu, wie es sich aus ihrer geometrischen Konstruktion von selbst ergibt, d. h. wir ordnen jedem ersten Hauptkrümmungsmittelpunkt $M_1$ der Evolventenfläche den zweiten Hauptkrümmungsmittelpunkt $M_2$ zu, und dann fragen wir: Wann tritt der Fall ein, daß auf den beiden Mänteln der Evolutenfläche die Haupttangentenkurven einander entsprechen? Dazu ist notwendig und hinreichend, daß die Koeffizienten der zweiten Grundform von $S_1$ denjenigen der zweiten Grundform von $S_2$ proportional sind.

Nun ergibt sich aus den Gleichungen (11) für $S_1$:

$$D_1 : D_1' : D_1'' = E r_1^2 \frac{\partial r_2}{\partial v} : 0 : -G r_2^2 \frac{\partial r_1}{\partial v}$$

---

1) American Journal of Mathematics, 10. Bd. In demselben Bande hat Goursat die allgemeinen Flächen untersucht, die in unseren Bezeichnungen die durch die Gleichung:

$$r_1 + r_2 = nW \quad (n = \text{Const.})$$

ausgedrückte Eigenschaft besitzen. Ihre Bestimmung hängt von der Gleichung:

$$\Delta_2' W = (n-2) W$$

ab. Die Gleichung (13) wird für diese Flächen:

$$\omega = -\frac{n-2}{2} W$$

und beweist, daß die Evolutenmittelfläche einer Goursatschen Fläche wieder eine der ursprünglichen ähnliche und zu ihr ähnlich gelegene Goursatsche Fläche ist.

Es ist dieses offenbar eine charakteristische Eigenschaft der Goursatschen Flächen.

und daher für $S_2$ entsprechend:

$$D_2 : D_2' : D_2'' = E r_1^2 \frac{\partial r_2}{\partial u} : 0 : - G r_2^2 \frac{\partial r_1}{\partial u}.$$

Die gestellte Bedingung hat also die Beziehung:

$$\begin{vmatrix} \frac{\partial r_1}{\partial u} & \frac{\partial r_1}{\partial v} \\ \frac{\partial r_2}{\partial u} & \frac{\partial r_2}{\partial v} \end{vmatrix} = 0$$

zur Folge, die besagt, daß $r_1$ und $r_2$ durch eine Gleichung miteinander verknüpft sind. Wir haben also den Satz von Ribaucour: Die notwendige und hinreichende Bedingung dafür, daß auf den beiden Mänteln der Evolutenfläche die Haupttangentenkurven einander entsprechen, ist, daß die Evolventenfläche eine $W$-Fläche ist.

Es leuchtet ein, daß man, anstatt vom Entsprechen der Haupttangentenkurven auf $S_1$, $S_2$ zu reden, auch sagen kann, jedem konjugierten System auf $S_1$ entspricht ein ebensolches auf $S_2$. Auf diese Weise wird dem Begriff des Entsprechens auch dann eine reelle Fassung gegeben, wenn die Haupttangentenkurven auf $S_1$, $S_2$ imaginär sind. Auch mag noch bemerkt werden, daß, da auf den beiden Mänteln $S_1$, $S_2$ den Krümmungslinien der Evolventenfläche, wie beschaffen sie auch sein mag, zwei konjugierte Systeme entsprechen, nur die Bedingung gestellt zu werden braucht, daß noch einem anderen konjugierten System auf $S_1$ wieder ein konjugiertes System auf $S_2$ entsprechen soll, damit der soeben betrachtete Fall des Entsprechens vorliege[1]).

Tritt nun noch die weitere Bedingung hinzu, daß den Haupttangentenkurven der beiden Mäntel einer Evolutenfläche die Haupttangentenkurven der Evolventenfläche entsprechen sollen, deren Differentialgleichung nach S. 101 u. 108 folgende ist:

$$\frac{E}{r_2} du^2 + \frac{G}{r_1} dv^2 = 0,$$

so ergeben sich sofort die beiden Bedingungen:

$$\frac{\partial (r_1 r_2)}{\partial u} = 0, \quad \frac{\partial (r_1 r_2)}{\partial v} = 0,$$

woraus der Satz folgt: Bei den Evolutenflächen der Flächen von konstantem Krümmungsmaß, und nur bei diesen, entsprechen den Haupttangentenkurven der Evolventenfläche die Haupttangentenkurven auf den beiden Mänteln der Evolutenfläche.

---

1) Es braucht nämlich nur auf die beiden zweiten Grundformen von $S_1$, $S_2$ das Ergebnis in § 31, S. 55, angewandt zu werden. (Vgl. auch S. 118, zweite Anmerkung.)

Endlich ergeben die Gleichungen (12), (12*), auf die Krümmungsmaße der beiden Mäntel der Evolutenfläche einer $W$-Fläche angewandt:

$$(16)\quad \begin{cases} K_1 = -\dfrac{1}{(r_1-r_2)^2}\dfrac{dr_2}{dr_1}, \\ K_2 = -\dfrac{1}{(r_1-r_2)^2}\dfrac{dr_1}{dr_2}. \end{cases}$$

Hieraus folgt somit der bemerkenswerte Satz von **Halphen**, der in der Gleichung:

$$(17)\qquad K_1 K_2 = \frac{1}{(r_1-r_2)^4}$$

zum Ausdruck kommt[1]).

## § 133. Satz von Ribaucour über das Entsprechen der Krümmungslinien auf den beiden Mänteln der Evolutenfläche.

Noch ein anderer Satz von **Ribaucour** läßt sich auf einfache Weise aus unseren allgemeinen Gleichungen ableiten. Dieser Satz bezieht sich auf den Fall, daß die Krümmungslinien auf den beiden Evolutenmänteln einer Fläche einander entsprechen. Die Differentialgleichung der Krümmungslinien auf dem ersten Mantel, nämlich:

$$\begin{vmatrix} E_1 du + F_1 dv & F_1 du + G_1 dv \\ D_1 du + D_1' dv & D_1' du + D_1'' dv \end{vmatrix} = 0,$$

lautet, mit Benutzung der Gleichungen (9) und (11) entwickelt:

$$(18)\quad E r_1^2 \frac{\partial r_1}{\partial u}\frac{\partial r_2}{\partial v} du^2 + \left[EG(r_2-r_1)^2 + G r_2^2\left(\frac{\partial r_1}{\partial u}\right)^2 + E r_1^2 \frac{\partial r_1}{\partial v}\frac{\partial r_2}{\partial v}\right] du\,dv + \\ + G r_2^2 \frac{\partial r_1}{\partial u}\frac{\partial r_1}{\partial v} dv^2 = 0.$$

Als Differentialgleichung der Krümmungslinien auf dem zweiten Mantel $S_2$ ergibt sich ebenso:

$$(18^*)\quad E r_1^2 \frac{\partial r_2}{\partial u}\frac{\partial r_2}{\partial v} du^2 + \left[EG(r_2-r_1)^2 + E r_1^2\left(\frac{\partial r_2}{\partial v}\right)^2 + G r_2^2 \frac{\partial r_1}{\partial u}\frac{\partial r_2}{\partial u}\right] du\,dv + \\ + G r_2^2 \frac{\partial r_1}{\partial u}\frac{\partial r_2}{\partial v} dv^2 = 0.$$

Sollen die Krümmungslinien auf beiden Mänteln einander entsprechen, so müssen die beiden Gleichungen (18), (18*) übereinstimmen, was sofort die Bedingungen:

$$\frac{\partial r_1}{\partial u} = \frac{\partial r_2}{\partial u}, \quad \frac{\partial r_1}{\partial v} = \frac{\partial r_2}{\partial v}$$

---

1) Diese Gleichung besagt außerdem, daß die Krümmungen der beiden Evolutenmäntel einer $W$-Fläche immer gleiche Vorzeichen haben, was übrigens auch aus dem Entsprechen der Haupttangentenkurven unmittelbar folgt.

oder: $r_1 - r_2 =$ Const. liefert. Also: Nur für die beiden Evolutenmäntel derjenigen $W$-Flächen, deren Hauptkrümmungsradien durch die Bedingung:

$$r_1 - r_2 = R \quad (R = \text{Const.})$$

verknüpft sind, trifft es zu, daß die Krümmungslinien einander entsprechen. Die Gleichungen (16) lassen außerdem erkennen, daß in diesem Falle die beiden Evolutenmäntel Flächen von demselben negativen konstanten Krümmungsmaß, nämlich $-\frac{1}{R^2}$, sind.[1])

Wir folgern hieraus, daß im vorliegenden Falle auch die Haupttangentenkurven auf den beiden Mänteln einander entsprechen, und ferner, daß die entsprechenden Bogen solcher Haupttangentenkurven einander gleich sind. In der Tat haben wir nach Gleichung (9*):

$$ds_1^2 = dr_1^2 + \frac{E}{r_2^2}(r_2 - r_1)^2 du^2,$$

$$ds_2^2 = dr_2^2 + \frac{G}{r_1^2}(r_2 - r_1)^2 dv^2;$$

und da $dr_1^2 = dr_2^2$ und außerdem längs der Haupttangentenkurven ((11), S. 244)

$$Er_1^2 du^2 = Gr_2^2 dv^2$$

ist, so folgt wirklich:

$$ds_1^2 = ds_2^2.$$

Diese letzte Bemerkung rührt von Lie her. Die soeben abgeleiteten eleganten Eigenschaften sind einer wichtigen Verallgemeinerung fähig, die wir in der Folge zur Kenntnis bringen werden.

## § 134. Lies Satz über die Bestimmung der Krümmungslinien der $W$-Flächen mittels Quadraturen.

Lie hat bemerkt, daß auf jeder $W$-Fläche die Krümmungslinien mittels Quadraturen bestimmt werden können. Den Lieschen Beweis werden wir später geben; hier wenden wir uns zum analytischen Beweise von Weingarten. Wir erinnern zu diesem Zwecke daran, daß sich die Differentialgleichung der Krümmungslinien einer Fläche $S$ ergibt, wenn die quadratische Kovariante der beiden Grundformen, nämlich:

$$\psi = \frac{1}{\sqrt{EG - F^2}} \begin{vmatrix} E du + F dv & F du + G dv \\ D du + D' dv & D' du + D'' dv \end{vmatrix},$$

gleich Null gesetzt wird (S. 98). Bezeichnen wir mit $K_\psi$ die Krümmung

1) Die Gleichungen (16) zeigen auch, daß nur bei den Evolutenflächen der Flächen: $r_1 - r_2 =$ Const. und der Minimalflächen die Krümmungsmaße der beiden Mäntel in entsprechenden Punkten einander gleich sind.

dieser Differentialform und wählen wir zu ihrer Berechnung die Krümmungslinien als Parameterlinien, indem wir nach den Formeln auf S. 134

$$E = er_2^2, \quad F = 0, \quad G = gr_1^2,$$
$$D = -er_2, \quad D' = 0, \quad D'' = -gr_1$$

setzen, so erhalten wir:

$$\psi = \sqrt{eg}(r_1 - r_2)du\,dv,$$

demnach (§ 29, S. 51, (VI)):

$$K_\psi = -\frac{1}{(r_1 - r_2)\sqrt{eg}}\left[\frac{\partial^2 \log\sqrt{e}}{\partial u \partial v} + \frac{\partial^2 \log\sqrt{g}}{\partial u \partial v} + \frac{\partial^2 \log(r_1 - r_2)}{\partial u \partial v}\right].$$

Nun ist aber infolge der Gleichungen (4), § 128, S. 242:

$$\frac{\partial^2 \log\sqrt{e}}{\partial u \partial v} = \frac{\partial}{\partial u}\frac{\frac{\partial r_2}{\partial v}}{r_1 - r_2},$$

$$\frac{\partial^2 \log\sqrt{g}}{\partial u \partial v} = \frac{\partial}{\partial v}\frac{\frac{\partial r_1}{\partial u}}{r_2 - r_1}$$

und daher:

$$K_\psi = \frac{1}{\sqrt{eg}(r_1 - r_2)^3}\begin{vmatrix} \frac{\partial r_1}{\partial u} & \frac{\partial r_1}{\partial v} \\ \frac{\partial r_2}{\partial u} & \frac{\partial r_2}{\partial v} \end{vmatrix}.$$

Also folgt nach S. 249: Für die $W$-Flächen, und nur für diese, hat die Form $\psi$ die Krümmung Null. Der obige Satz von Lie folgt nunmehr aus § 30, S. 52, sofort, da die Form $\psi$ offenbar indefinit ist.

Bezüglich der Haupttangentenkurven einer $W$-Fläche ist ein entsprechender Satz nicht bekannt, außer in den beiden besonders interessanten Fällen der Minimalflächen und der pseudosphärischen Flächen. Für die ersteren besitzt die zweite (indefinite) Grundform:

$$Ddu^2 + 2D'dudv + D''dv^2$$

die Krümmung Null, und für die letzteren wird diese Grundform, mit $(r_1 - r_2)$ multipliziert, ebenfalls eine Form von der Krümmung Null (vgl. § 66, 67). Daraus folgt dann, daß sich ihre Haupttangentenkurven mittels Quadraturen ergeben.

## § 135. Weingartens Satz über die Abwickelbarkeit der beiden Evolutenmäntel auf Rotationsflächen.

Die wichtigste und fruchtbarste Eigenschaft der $W$-Flächen ist diejenige, welche sich in dem schönen Satze von Weingarten ausspricht:

A) Jeder Evolutenmantel einer $W$-Fläche ist auf eine Rotationsfläche abwickelbar, deren Bestimmung lediglich von der Gleichung abhängt, welche die Hauptkrümmungsradien $r_1$, $r_2$ der Evolventenfläche $W$ miteinander verbindet.

Der Beweis ergibt sich unmittelbar aus den grundlegenden Entwicklungen der Paragraphen 128 und 129. Es sind nämlich auf dem ersten Mantel $S_1$ die Kurven $r_1 = \text{Const.}$ geodätisch parallel (S. 240), und da der Radius ihrer geodätischen Krümmung,

$$r_1 - r_2,$$

eine Funktion von $r_1$ allein ist, so besitzen sie auch konstante geodätische Krümmung. Also ist $S_1$ auf eine Rotationsfläche abwickelbar (§ 101, S. 193).

Da ferner die Funktion

$$f(r_1) = r_1 - r_2$$

lediglich von der Gleichung abhängt, die $r_1$ und $r_2$ miteinander verbindet, so ist auch der zweite Teil des Satzes einleuchtend.

Direkt ergibt sich der Satz aus der Gleichung (9*), § 129, S. 243:

$$ds_1^2 = dr_1^2 + E\left(1 - \frac{r_1}{r_2}\right)^2 du^2.$$

Berechnen wir nämlich

$$\frac{\partial \log\left[\sqrt{E}\left(1 - \frac{r_1}{r_2}\right)\right]}{\partial r_1} = \frac{\partial \log \sqrt{E}}{\partial v} \cdot \frac{1}{\frac{\partial r_1}{\partial v}} + \frac{1 - \frac{r_1}{r_2}\frac{dr_2}{dr_1}}{r_1 - r_2}$$

mit Berücksichtigung der ersten der Gleichungen (1), S. 241, so erhalten wir:

$$\frac{\partial \log\left[\sqrt{E}\left(1 - \frac{r_1}{r_2}\right)\right]}{\partial r_1} = \frac{1}{r_1 - r_2}.$$

Also ist:

$$\sqrt{E}\left(1 - \frac{r_1}{r_2}\right) = e^{\int \frac{dr_1}{r_1 - r_2} + \varphi(u)}.$$

Wenn wir noch $u$ durch $\int e^{\varphi(u)} du$ ersetzen, so ergibt sich demnach der Satz:

Das Quadrat des Linienelements auf dem ersten Evolutenmantel $S_1$ einer $W$-Fläche ist durch den Ausdruck:

$$(19) \qquad ds_1^2 = dr_1^2 + e^{2\int \frac{dr_1}{r_1 - r_2}} du^2$$

gegeben. Es ist klar, daß der zweite Evolutenmantel $S_2$ auf eine Rotationsfläche abwickelbar ist, deren Linienelementquadrat durch

$$(19^*) \qquad ds_2^2 = dr_2^2 + e^{2\int \frac{dr_2}{r_2 - r_1}} dv^2$$

gegeben ist.

Aus dem eben bewiesenen Satze von Weingarten können wir in der Weise, wie es Lie getan hat, wieder den Satz in § 134 ableiten. Wir kennen nämlich auf $S_1$ unmittelbar die Kurven $r_1 =$ Const.; mittels einer Quadratur (§ 39, S. 72) ergeben sich die orthogonalen Trajektorien, denen auf der Evolventen-$W$-Fläche die Krümmungslinien der ersten Schar entsprechen. Ähnliches gilt für diejenigen der zweiten Schar.

## § 136. Beltramis Satz über die Normalensysteme von Flächen, die zugleich Flächen berühren.

Wie schon Weingarten gezeigt hat, ist neben Satz A) auch seine Umkehrung richtig, bis auf einen Ausnahmefall, auf den wir später zurückkommen werden. Zum Beweise stellen wir die folgenden von Beltrami[1]) herrührenden geometrischen Überlegungen an.

Auf einer beliebigen Fläche $S$ nehmen wir eine Schar von $\infty^1$ Kurven $g$ an und betrachten das von den Tangenten der Kurven gebildete Strahlensystem. Damit diese Strahlen die Normalen einer Fläche $\Sigma$ seien, ist notwendig, daß die Kurven $g$ geodätische Linien sind, da einer der Evolutenmäntel von $\Sigma$ dann eben die Fläche $S$ ist (S. 240). Wir wollen nun beweisen, daß diese Bedingung auch hinreichend ist. Es seien die Kurven $g$ geodätische Linien und $t$ eine ihrer orthogonalen Trajektorien. Wir betrachten die $\infty^1$ Evolventen $C$ der Kurven $g$, die von $t$ ausgehen. Der Ort dieser Evolventen $C$ ist nun eine Fläche $\Sigma$, welche die Tangenten der Kurve $g$ zu Normalen hat. Denn ist $MP$ ein Stück einer der Tangenten, das zwischen dem Berührungspunkt $M$ mit einer geodätischen Linie $g$ und dem Schnittpunkt $P$ mit $\Sigma$ liegt, so ist es auch in $P$ normal zur Evolvente $C$. Lassen wir $M$ längs einer Orthogonaltrajektorie $t'$ der Kurven $g$ wandern, so bleibt $MP$ beständig gleich dem zwischen $t$ und $t'$ liegenden Bogen der Kurven $g$, und daher ist auch der Ort der Endpunkte $P$ auf $\Sigma$ in $P$ normal zu $MP$. Da also die Tangente $MP$ in $P$ Normale zweier verschiedener von $P$ ausgehender Kurven auf $\Sigma$ ist, so ist sie auch Normale von $\Sigma$, was zu beweisen war.

Wir haben also das Ergebnis: Die notwendige und hinreichende Bedingung dafür, daß eine Schar von $\infty^2$ Tangenten einer Fläche $S$ das Normalensystem einer und daher unendlich vieler (paralleler) Flächen $\Sigma$ bildet, ist, daß die auf $S$ von diesen Geraden umhüllten Kurven geodätische Linien sind.

1) Ricerche di analisi applicata alla geometria. Giornale di Matematiche, 2. u. 3. Bd.

Offenbar ist $S$ ein Evolutenmantel einer Fläche $\Sigma$, und einer der Hauptkrümmungsradien von $\Sigma$ ist gleich dem Bogen der geodätischen Linien $g$, gerechnet von einer festen orthogonalen Trajektorie $t$. Der zweite Evolutenmantel $S'$ von $\Sigma$ heiße die Ergänzungsfläche zu $S$ bezüglich der geodätischen Linien $g$. Sie kann auch als der Ort der Mittelpunkte der geodätischen Krümmung der zu den Kurven $g$ orthogonalen Trajektorien $t'$ definiert werden (S. 246).

## § 137. Beweis der Umkehrung des Weingartenschen Satzes.

Wir können nun die Umkehrung des Weingartenschen Satzes leicht beweisen. Es sei nämlich $S$ eine auf eine Rotationsfläche abwickelbare Fläche, und wir nehmen an, die geodätischen Linien $g$, die bei der Abwicklung in die Meridiane übergehen, seien keine geraden Linien. Die $\infty^2$ Tangenten der Kurven $g$ sind dann nach dem Vorstehenden die Normalen einer Fläche $\Sigma$. Wenn wir mit

$$ds^2 = du^2 + \varphi^2(u)\,dv^2$$

das Quadrat des Linienelements von $S$, bezogen auf die geodätischen Linien $g$ oder $v = Const.$ und auf ihre orthogonalen Trajektorien, und mit $r_1$, $r_2$ die Hauptkrümmungsradien der Evolventenfläche bezeichnen, so haben wir nun:

$$r_1 = u + \text{Const.},$$

also nach der Bemerkung am Ende von § 130, S. 246:

$$\frac{1}{r_1 - r_2} = \frac{\varphi'(u)}{\varphi(u)}.$$

Es sind daher $r_1$ und $r_2$ durch eine Gleichung verbunden, deren Natur lediglich von der Beschaffenheit der Funktion $\varphi$, d. h. von der Rotationsfläche abhängig ist, auf welche die Fläche $S$ abwickelbar ist. $S$ ist also Evolutenfläche einer $W$-Fläche.

Der ausgeschlossene Fall kann in der Tat eintreten, und die Untersuchungen in Kapitel VIII (§ 123—125) über die Linienflächen erledigen ihn vollständig. Wenn nämlich die geodätischen Linien $g$, die Biegungskurven der Meridiane, Gerade sind, so ist die Fläche der Ort der Binormalen einer Kurve konstanter Torsion, und die Rotationsfläche, auf die sie abwickelbar ist, das Katenoid (S. 237). Wir können also die Umkehrung des Weingartenschen Satzes folgendermaßen aussprechen:

B) Mit Ausnahme der Linienflächen, welche die Örter der Binormalen der Kurven konstanter Torsion (und also auf das Katenoid abwickelbar) sind, kann jede andere auf eine Rotationsfläche abwickelbare Fläche als der eine Evolutenmantel einer $W$-Fläche aufgefaßt werden.

## § 138. Besondere Formen des Linienelements auf der Kugel, die den $W$-Flächen entsprechen.

Die in den vorstehenden Paragraphen abgeleiteten Sätze lassen erkennen, daß die beiden Aufgaben, alle Biegungsflächen der Rotationsflächen zu finden bzw. die $W$-Flächen zu bestimmen, vollkommen gleichbedeutend sind. Letztere Aufgabe kann nun wieder, wie Weingarten gezeigt hat, auf die Bestimmung derjenigen besonderen Systeme von orthogonalen Kurven auf der Kugel zurückgeführt werden, für die das Quadrat des Linienelements die Form:

$$ds'^2 = edu^2 + gdv^2,$$

wo $g$ eine Funktion von $e$ allein ist, annimmt.

Zum Beweise berücksichtigen wir, daß sich die Gleichungen (4), S. 242, für den Fall, daß die Fläche zur Gattung der $W$-Flächen gehört, folgendermaßen schreiben lassen:

$$\frac{\partial \log\sqrt{e}}{\partial v} = \frac{\partial}{\partial v}\int \frac{dr_2}{r_1 - r_2},$$

$$\frac{\partial \log\sqrt{g}}{\partial u} = \frac{\partial}{\partial u}\int \frac{dr_1}{r_2 - r_1}.$$

Wenn wir integrieren und die Parameter $u$, $v$ durch passende andere ersetzen, können wir

$$(20) \qquad \sqrt{e} = e^{\int \frac{dr_2}{r_1 - r_2}}, \qquad \sqrt{g} = e^{\int \frac{dr_1}{r_2 - r_1}}$$

machen. Es ergibt sich demnach eine der beiden Größen $e$, $g$ als Funktion der andern.

Es ist zweckmäßig, die Integralzeichen aus diesen Gleichungen zu eliminieren. Dazu setzen wir, angenommen, daß $r_2$ und also auch $\sqrt{e}$ nicht konstant sei,

$$\sqrt{e} = \frac{1}{\alpha};$$

dann sind $\sqrt{g}$, $r_1$, $r_2$ Funktionen von $\alpha$. Die erste der Gleichungen (20) ergibt:

$$r_1 = r_2 - \alpha\frac{dr_2}{d\alpha}, \text{ also: } \frac{dr_1}{d\alpha} = -\alpha\frac{d^2 r_2}{d\alpha^2},$$

und die zweite ergibt:

$$\sqrt{g} = \frac{1}{\frac{dr_2}{d\alpha}}.$$

Setzen wir

$$r_2 = \vartheta(\alpha),$$

so folgt daraus: $r_1 = \vartheta(\alpha) - \alpha\vartheta'(\alpha), \quad \sqrt{g} = \frac{1}{\vartheta'(\alpha)}.$

Wir können demnach unser Ergebnis so fassen:

C) Wenn eine $W$-Fläche nach der Gaußischen Methode auf die Kugel abgebildet wird, so können die Parameter $u$, $v$ ihrer Krümmungslinien so gewählt werden, daß das Quadrat des Linienelements der Kugel die Form:

$$ds'^2 = \frac{du^2}{\alpha^2} + \frac{dv^2}{\vartheta'^2(\alpha)} \tag{21}$$

annimmt, wo $\alpha$ eine Funktion von $u$ und $v$ ist und die Hauptkrümmungsradien $r_1$, $r_2$ der $W$-Fläche durch die Gleichungen:

$$r_2 = \vartheta(\alpha), \quad r_1 = \vartheta(\alpha) - \alpha\vartheta'(\alpha) \tag{22}$$

gegeben sind.

Es gilt nun auch der umgekehrte Satz:

C*) Wenn das Linienelementquadrat (21) zur Kugel vom Radius Eins gehört, so gibt es eine zugehörige $W$-Fläche, die auf die Kugel abgebildet das sphärische System $(u, v)$ zu Bildern der Krümmungslinien hat und deren Hauptkrümmungsradien durch die Gleichungen (22) gegeben sind.

Dieses folgt unmittelbar daraus, daß dann die Grundgleichungen (4), S. 242, erfüllt sind.

Wir fügen noch hinzu, daß sich, wenn $X$, $Y$, $Z$ als Funktionen von $u$ und $v$ bekannt sind, die $W$-Fläche mittels Quadraturen durch die Gleichungen ergibt (vgl. (3), S. 242):

$$x = \int\left(r_2 \frac{\partial X}{\partial u} du + r_1 \frac{\partial X}{\partial v} dv\right), \quad y = \int\left(r_2 \frac{\partial Y}{\partial u} du + r_1 \frac{\partial Y}{\partial v} dv\right),$$
$$z = \int\left(r_2 \frac{\partial Z}{\partial u} du + r_1 \frac{\partial Z}{\partial v} dv\right).$$

Verfahren wir mit den Gleichungen (1), S. 241, in derselben Weise wie soeben mit den Gleichungen (4), so erhalten wir die folgenden Sätze, die wir nur anführen wollen:

D) Das Quadrat des Linienelements einer $W$-Fläche, bezogen auf die Krümmungslinien $(u, v)$, kann auf die Form:

$$ds^2 = \frac{du^2}{\beta^2} + \frac{dv^2}{\vartheta'^2(\beta)} \tag{23}$$

gebracht werden, wo $\beta$ eine Funktion von $u$ und $v$ ist. Die Hauptkrümmungsradien der $W$-Fläche sind dann durch die Gleichungen:

$$\frac{1}{r_2} = \vartheta(\beta), \quad \frac{1}{r_1} = \vartheta(\beta) - \beta\vartheta'(\beta) \tag{24}$$

gegeben.

D*) Wenn das Linienelementquadrat (23) so beschaffen ist, daß sich für seine Krümmung der Wert:

$$K = \vartheta(\beta)\,[\vartheta(\beta) - \beta\vartheta'(\beta)]$$

ergibt, so gehört es zu einer $W$-Fläche, deren Hauptkrümmungsradien durch die Gleichungen (24) gegeben sind.

In der Tat sind dann die Gaußische Gleichung und die Codazzischen Gleichungen erfüllt.

## § 139. Anwendung auf die Bestimmung der Minimalflächen: $r_1 + r_2 = 0$ und der Weingartenschen Flächen: $2(r_2 - r_1) = \sin 2(r_2 + r_1)$.

Bei der Anwendung der vorstehenden Ergebnisse, insbesondere der Sätze C) und C*), beschränken wir uns vorläufig auf zwei Fälle, in denen mittels Quadraturen die vollständige Klasse von $W$-Flächen, deren Hauptkrümmungsradien durch eine gegebene Gleichung verbunden sind, also auch nach dem Weingartenschen Satze die vollständige Klasse von Flächen, die auf eine gegebene Rotationsfläche abwickelbar sind, bestimmt werden kann.

Der erste Fall ist derjenige, in dem das System $(u, v)$, für welches das Quadrat des Linienelements der Kugel die Form (21) annimmt, ein isothermes ist. Dann kann man einfach

$$\vartheta'(\alpha) = \alpha, \quad \vartheta(\alpha) = \frac{\alpha^2}{2}$$

setzen, so daß man nach (22) erhält:

$$r_2 = \frac{\alpha^2}{2}, \quad r_1 = -\frac{\alpha^2}{2}.$$

Die entsprechenden Flächen sind ausschließlich Minimalflächen, und zwar alle Minimalflächen, und ergeben sich mittels Quadraturen. Da das Katenoid eine Rotationsminimalfläche ist, so sind die Evolutenflächen der Minimalflächen auf die Evolutenfläche des Katenoids, d. h. auf diejenige Rotationsfläche abwickelbar, welche die Evolute der Kettenlinie zur Meridiankurve und die Leitlinie zur Drehachse hat[1]). Von diesen Rotationsflächen können wir also mittels Quadraturen alle Biegungsflächen erhalten.

Ein zweiter Fall ergibt sich aus den Sätzen in § 83, S. 162, über die geodätischen Ellipsen und Hyperbeln.

---

1) Für beide Evolutenmäntel einer Minimalfläche ergibt sich aus den Gleichungen (19) und (19*):

$$ds^2 = d\alpha^2 + \alpha\, d\beta^2.$$

Wir können nämlich das Quadrat des Linienelements der Kugel in der allgemeinsten Weise auf die Form:

$$(25)\qquad ds'^2 = \frac{du^2}{\sin^2\frac{\omega}{2}} + \frac{dv^2}{\cos^2\frac{\omega}{2}},$$

die ja zum Typus (21) gehört, bringen, wenn wir in (21)

$$\alpha = \sin\frac{\omega}{2},\quad \vartheta'(\alpha) = \cos\frac{\omega}{2}$$

setzen, woraus

$$\vartheta'(\alpha)\,d\alpha = \frac{1+\cos\omega}{4}\,d\omega,$$

$$\vartheta(\alpha) = \frac{\omega + \sin\omega}{4}$$

folgt. Die Gleichungen (22) ergeben dann:

$$(26)\qquad r_2 = \frac{\omega+\sin\omega}{4},\quad r_1 = \frac{\omega - \sin\omega}{4}$$

und als Gleichung, welche die Hauptkrümmungsradien der entsprechenden $W$-Fläche verbindet:

$$(27)\qquad 2(r_2 - r_1) = \sin 2(r_2 + r_1).$$

Wir können demnach mittels Quadraturen auch die vollständige Klasse dieser $W$-Flächen bestimmen, obgleich die Beziehung, die hier zwischen den Hauptkrümmungsradien besteht, ziemlich verwickelter Art ist.

Die beiden Evolutenmäntel dieser $W$-Fläche haben infolge der Gleichungen (19) und (19*), S. 253, als Linienelementquadrate:

$$ds_1^2 = \frac{1}{4}\left(\sin^4\frac{\omega}{2}\,d\omega^2 + 4\cos^2\frac{\omega}{2}\,du^2\right),$$

$$ds_2^2 = \frac{1}{4}\left(\cos^4\frac{\omega}{2}\,d\omega^2 + 4\sin^2\frac{\omega}{2}\,dv^2\right);$$

sie sind also (da $ds_1$ in $ds_2$ übergeht, wenn $\omega$ durch $\pi - \omega$ und $u$ durch $v$ ersetzt wird) aufeinander und auf ein und dieselbe Rotationsfläche abwickelbar. Auch von dieser speziellen Rotationsfläche können wir demnach alle Biegungsflächen durch Quadraturen bestimmen.

Wir werden auf diese Ergebnisse in einem der nächsten Kapitel zurückkommen, wenn wir die elegante geometrische Konstruktion von Darboux entwickeln, mittels deren man alle $W$-Flächen der Klasse (27) erhält.

## § 140. Evolventen- und Ergänzungsflächen der pseudosphärischen Flächen.

Zum Schluß wollen wir aus dem Weingartenschen Satze einige Folgerungen ziehen, welche die pseudosphärischen Flächen betreffen, die ja zu den $W$-Flächen gehören.

Alle Evolutenflächen der pseudosphärischen Flächen sind auf ein und dieselbe Rotationsfläche, die Evolutenfläche der Pseudosphäre, d. h. auf das Katenoid, abwickelbar; also:

Jeder Evolutenmantel einer pseudosphärischen Fläche ist auf das Katenoid abwickelbar.

Wir betrachten nun auf einer pseudosphärischen Fläche eins der unendlich vielen Systeme von geodätischen Linien $v$, für welche, sobald sie mit den orthogonalen Trajektorien als Parameterlinien gewählt werden, das Quadrat des Linienelements eine der drei Formen vom parabolischen, elliptischen oder hyperbolischen Typus annimmt (§ 98, S. 188):

$$\text{(I)} \qquad ds^2 = du^2 + e^{\frac{2u}{R}}\, dv^2,$$

$$\text{(II)} \qquad ds^2 = du^2 + R^2 \sinh^2 \frac{u}{R}\, dv^2,$$

$$\text{(III)} \qquad ds^2 = du^2 + \cosh^2 \frac{u}{R}\, dv^2.$$

Jedesmal sind die Tangenten der geodätischen Linien $v$ die Normalen einer (Evolventen-) $W$-Fläche, und wir wollen nun feststellen, durch was für eine Gleichung dementsprechend die Hauptkrümmungsradien $r_1$, $r_2$ jeder solchen $W$-Fläche verbunden sind. Fassen wir die pseudosphärische Fläche $S$ als den ersten Evolutenmantel der $W$-Fläche auf und vergleichen wir die Ausdrücke (I), (II), (III) für das Quadrat des Linienelements mit dem Ausdruck (19), S. 253, indem wir $v_1$ statt $u$ setzen:

$$ds_1^2 = dr_1^2 + e^{2\int \frac{dr_1}{r_1 - r_2}} dv_1^2,$$

so müssen wir die beiden Linienelemente einander gleich setzen, also

$$u = r_1 + C, \quad v = \lambda v_1 \quad (C, \lambda = \text{Const.})$$

annehmen. Als Beziehung zwischen $r_1$ und $r_2$ finden wir somit entsprechend den drei Fällen:

$$\text{(I')} \qquad r_1 - r_2 = R,$$

$$\text{(II')} \qquad r_1 - r_2 = R \operatorname{tangh} \frac{r_1 + C}{R},$$

$$\text{(III')} \qquad r_1 - r_2 = R \operatorname{cotgh} \frac{r_1 + C}{R}.$$

Der Wert von $C$ in den beiden letzten Gleichungen hängt von der betreffenden speziellen Evolventenfläche $\Sigma$ ab. Wir fragen nun: Auf was für Rotationsflächen sind die bezüglichen Ergänzungsflächen von $S$ in den drei Fällen abwickelbar?

Im ersten Falle ergibt sich die Antwort sofort aus dem Satze auf S. 251; offenbar ist die Ergänzungsfläche in diesem Falle wieder eine pseudosphärische Fläche vom Radius $R$. Diesen wichtigen Satz (aus dem in Kapitel XVII Folgerungen werden gezogen werden) können wir nach § 130 auch so aussprechen: Der Ort der Mittelpunkte der geodätischen Krümmung einer Schar paralleler Grenzkreise auf einer pseudosphärischen Fläche ist wieder eine pseudosphärische Fläche.

Indem wir nun zu den beiden anderen Fällen übergehen, sehen wir, daß sich für das Quadrat des Linienelementes des zweiten Evolutenmantels nach Gleichung (19*), S. 253, ergibt:

im Falle (II):

$$ds_2^2 = \operatorname{tangh}^4 \frac{r_1 + C}{R} \, dr_1^2 + \frac{dv^2}{\cosh^2 \frac{r_1 + C}{R}},$$

im Falle (III):

$$ds_2^2 = \operatorname{cotgh}^4 \frac{r_1 + C}{R} \, dr_1^2 + \frac{dv^2}{\sinh^2 \frac{r_1 + C}{R}}.$$

Die Meridiankurven der zugehörigen Rotationsflächen können in den beiden Fällen bezüglich durch die Gleichungen:

$$r = \frac{R}{\sqrt{R^2k^2+1}} \sin\varphi, \qquad z = R\left[\log \operatorname{tang} \frac{\varphi}{2} + \cos\varphi\right],$$

$$r = \frac{R}{\sqrt{1-R^2k^2}} \sin\varphi, \qquad z = R\left[\log \operatorname{tang} \frac{\varphi}{2} + \cos\varphi\right]$$

definiert werden, wo $k$ eine Konstante ist. Vergleicht man diese Gleichungen mit den früheren (§ 99, S. 189):

$$r = R\sin\varphi, \qquad z = R\left[\log \operatorname{tang} \frac{\varphi}{2} + \cos\varphi\right],$$

so sieht man, daß die erste Kurve die Projektion der gewöhnlichen Traktrix auf eine durch die Asymptote gelegene Ebene ist; wir bezeichnen sie als verkürzte Traktrix. Die zweite Kurve hat dagegen zur orthogonalen Projektion auf eine durch die Asymptote gelegte Ebene die Traktrix selbst und werde als verlängerte Traktrix bezeichnet.

Also: Die Ergänzungsflächen einer pseudosphärischen Fläche in den drei Fällen (I), (II), (III) sind auf Rotationsflächen abwickelbar, die bezüglich die gewöhnliche, die verkürzte oder die verlängerte Traktrix zur Meridiankurve und die Asymptote zur Drehachse haben.

# Kapitel X.

## Strahlensysteme (Kongruenzen).

Strahlensysteme. — Grenzpunkte und Hauptflächen. — Isotrope Kongruenzen von Ribaucour. — Abwickelbare Flächen und Brennpunkte des Strahlensystems. — Strahlensysteme von Normalen. — Beltramischer Satz. — Malus-Dupinscher Satz. — Strahlensysteme mit gegebenem sphärischen Bilde der Hauptflächen. — Strahlensysteme mit gegebenem sphärischen Bilde der abwickelbaren Flächen. — Gleichungen, die sich auf die beiden Brennflächen beziehen. — Pseudosphärische Strahlensysteme. — Guichardsche Strahlensysteme. — Guichardsche und Vossische Flächen.

### § 141. Strahlensysteme.

Die Theorie, welche wir in dem vorliegenden Kapitel entwickeln wollen, hat zum Gegenstande die Systeme von doppelt unendlich vielen Geraden, die so im Raume verteilt sind, daß durch jeden Punkt des Raumes oder eines gewissen Raumgebietes eine Gerade oder eine endliche Zahl von Geraden des Systems hindurchgeht. Derartige Systeme von $\infty^2$ Geraden (Strahlen) werden kurz als Strahlensysteme oder auch als Strahlenkongruenzen oder einfach als Kongruenzen bezeichnet. Die Gesamtheit der Normalen einer Fläche ist nur ein besonderer Fall eines solchen Systems.

Diese Theorie, die aus Fragen der geometrischen Optik hervorgegangen ist, hat für die Flächenlehre immer mehr an Bedeutung gewonnen, und es erscheint nicht zweifelhaft, daß sie in Zukunft noch viel mehr zu den Fortschritten der Geometrie beizutragen bestimmt ist.

Wir werden hier, im Anschluß besonders an die klassische Arbeit von Kummer[1]), die Grundlagen der Theorie entwickeln und in diesem und den folgenden Kapiteln die hauptsächlichsten Anwendungen geben.

Wir beschäftigen uns zunächst damit, das Strahlensystem analytisch zu definieren. Zu diesem Zwecke schneiden wir das ganze Strahlensystem durch eine Fläche $S$ und fassen für jeden Strahl des Systems denjenigen Punkt, in welchem (oder einen von denjenigen Punkten, in welchen) er von $S$ geschnitten wird, als Anfangspunkt auf. Die Fläche

1) Allgemeine Theorie der geradlinigen Strahlensysteme. Crelles Journal, Bd. 57.

$S$ beziehen wir auf ein krummliniges Koordinatensystem $(u, v)$ und definieren das Strahlensystem analytisch in der Weise, daß wir die Koordinaten $x, y, z$ des Anfangspunktes und die Richtungskosinus des Strahles, die wir mit

$$X, Y, Z$$

bezeichnen, als Funktionen von $u$ und $v$ ausdrücken.

Von den Funktionen $x, y, z$ setzen wir voraus, daß sie samt ihren partiellen Differentialquotienten endlich und stetig seien.

Ziehen wir durch den Mittelpunkt der Kugel:

$$x^2 + y^2 + z^2 = 1$$

den Radius parallel der positiven Richtung des Strahles des Systems, so sind $X, Y, Z$ die Koordinaten seines Endpunktes $M_1$. Diesen Punkt fassen wir als das sphärische Bild der Geraden $(u, v)$ des Strahlensystems auf. Durchläuft die Gerade $(u, v)$ das System, so beschreibt der Punkt $M_1$ das sphärische Bild des Strahlensystems.

Die Koordinaten $\xi, \eta, \zeta$ jedes Punktes $P$ auf dem Strahl $(u, v)$ sind durch die Gleichungen

$$(1) \qquad \xi = x + tX, \quad \eta = y + tY, \quad \zeta = z + tZ$$

gegeben, wo $t$ die Abszisse des Punktes $P$ auf dem Strahl ist und vom Anfangspunkte $P_0$ oder $(x, y, z)$ ab gerechnet wird.

## § 142. Formeln für Strahlensysteme.

Mit Kummer führen wir die folgenden Fundamentalfunktionen ein:

$$(2) \qquad \sum\left(\frac{\partial X}{\partial u}\right)^2 = E, \quad \sum\frac{\partial X}{\partial u}\frac{\partial X}{\partial v} = F, \quad \sum\left(\frac{\partial X}{\partial v}\right)^2 = G,$$

$$(3) \qquad \sum\frac{\partial X}{\partial u}\frac{\partial x}{\partial u} = e, \quad \sum\frac{\partial X}{\partial u}\frac{\partial x}{\partial v} = f, \quad \sum\frac{\partial X}{\partial v}\frac{\partial x}{\partial u} = f',$$

$$\sum\frac{\partial X}{\partial v}\frac{\partial x}{\partial v} = g,$$

mit Hilfe deren sich die beiden quadratischen Differentialformen wie folgt ausdrücken:

$$(4) \qquad ds_1^2 = \sum dX^2 = E du^2 + 2F du\, dv + G dv^2,$$

$$(5) \qquad \sum dx\, dX = e du^2 + (f + f') du\, dv + g dv^2,$$

die wir die beiden Grundformen nennen. Die erste stellt das Quadrat des Linienelements des sphärischen Bildes dar; offenbar gibt $ds_1$ auch den unendlich kleinen Winkel zwischen zwei aufeinander folgenden Erzeugenden $(u, v)$, $(u + du, v + dv)$ an.

Wir schließen den besonderen Fall aus, in dem das sphärische Bild des Strahlensystems, anstatt ein Stück der Kugelfläche zu bedecken, sich auf eine Kurve oder auf einen Punkt zusammenzieht, d. h. den Fall, daß

$$EG - F^2 = 0$$

ist. Strahlensysteme dieser Art werden offenbar von den Erzeugenden einer $\infty^1$-Schar von Zylindern (den Parallelen eines Bündels) gebildet.

Wir bezeichnen ferner mit $dp$ die unendlich kleine Länge des kleinsten Abstands des Strahles $(u, v)$ von dem unendlich benachbarten Strahl, mit $\cos a$, $\cos b$, $\cos c$ die Richtungskosinus dieses kleinsten Abstands, endlich mit $r$ den Wert der Abszisse $t$ im Fußpunkt von $dp$ auf dem Strahl $(u, v)$ und haben dann:

$$\begin{aligned}\cos a : \cos b : \cos c &= (YdZ - ZdY) : (ZdX - XdZ) : (XdY - YdX)\\ &= \left[\left(Y\frac{\partial Z}{\partial u} - Z\frac{\partial Y}{\partial u}\right)du + \left(Y\frac{\partial Z}{\partial v} - Z\frac{\partial Y}{\partial v}\right)dv\right] :\\ &: \left[\left(Z\frac{\partial X}{\partial u} - X\frac{\partial Z}{\partial u}\right)du + \left(Z\frac{\partial X}{\partial v} - X\frac{\partial Z}{\partial v}\right)dv\right] :\\ &: \left[\left(X\frac{\partial Y}{\partial u} - Y\frac{\partial X}{\partial u}\right)du + \left(X\frac{\partial Y}{\partial v} - Y\frac{\partial X}{\partial v}\right)dv\right].\end{aligned}$$

Wegen der Identitäten in § 68, S. 131, Anm., können wir schreiben:

$$\begin{aligned}\cos a : \cos b : \cos c = &\left[\left(E\frac{\partial X}{\partial v} - F\frac{\partial X}{\partial u}\right)du - \left(G\frac{\partial X}{\partial u} - F\frac{\partial X}{\partial v}\right)dv\right] :\\ &: \left[\left(E\frac{\partial Y}{\partial v} - F\frac{\partial Y}{\partial u}\right)du - \left(G\frac{\partial Y}{\partial u} - F\frac{\partial Y}{\partial v}\right)dv\right] :\\ &: \left[\left(E\frac{\partial Z}{\partial v} - F\frac{\partial Z}{\partial u}\right)du - \left(G\frac{\partial Z}{\partial u} - F\frac{\partial Z}{\partial v}\right)dv\right],\end{aligned}$$

und daraus folgt:

$$(6)\quad \left\{\begin{aligned}\cos a &= \frac{\left(E\frac{\partial X}{\partial v} - F\frac{\partial X}{\partial u}\right)du + \left(F\frac{\partial X}{\partial v} - G\frac{\partial X}{\partial u}\right)dv}{\sqrt{EG - F^2}\sqrt{Edu^2 + 2Fdudv + Gdv^2}},\\ \cos b &= \frac{\left(E\frac{\partial Y}{\partial v} - F\frac{\partial Y}{\partial u}\right)du + \left(F\frac{\partial Y}{\partial v} - G\frac{\partial Y}{\partial u}\right)dv}{\sqrt{EG - F^2}\sqrt{Edu^2 + 2Fdudv + Gdv^2}},\\ \cos c &= \frac{\left(E\frac{\partial Z}{\partial v} - F\frac{\partial Z}{\partial u}\right)du + \left(F\frac{\partial Z}{\partial v} - G\frac{\partial Z}{\partial u}\right)dv}{\sqrt{EG - F^2}\sqrt{Edu^2 + 2Fdudv + Gdv^2}}.\end{aligned}\right.$$

Nun ist:

$$dp = \sum \cos a\, dx$$

oder infolge obiger Gleichungen:

$$(7)\qquad dp = \frac{1}{\sqrt{EG - F^2}\, ds_1}\begin{vmatrix} Edu + Fdv & Fdu + Gdv \\ edu + fdv & f'du + gdv \end{vmatrix}.$$

Da $r$ die Abszisse des Fußpunktes von $dp$ auf dem Strahl $(u, v)$ ist, so folgt, wenn $t$ diejenige des Fußpunktes auf dem Strahl $(u + du, v + dv)$ bedeutet:

$$x + rX + dp \cos a = x + dx + t(X + dX)$$

nebst entsprechenden Gleichungen in $y$, $z$ oder

$$\begin{aligned} rX + dp \cos a &= dx + t(X + dX), \\ rY + dp \cos b &= dy + t(Y + dY), \\ rZ + dp \cos c &= dz + t(Z + dZ). \end{aligned}$$

Diese Gleichungen geben, der Reihe nach mit $X$, $Y$, $Z$ multipliziert und dann addiert:

$$t = r - \sum X dx,$$

d. h. $t$ unterscheidet sich, wie es auch natürlich ist, unendlich wenig von $r$. Wenn wir die Gleichungen dagegen mit $dX$, $dY$, $dZ$ multiplizieren und dann addieren, so erhalten wir:

$$\sum dx dX + \left(r - \sum X dx\right) \sum dX^2 = 0.$$

Also ist mit Vernachlässigung der unendlich kleinen Glieder höherer Ordnung:

$$r = -\frac{\Sigma dx dX}{\Sigma dX^2},$$

d. h.

(8) $$r = -\frac{e du^2 + (f + f') du dv + g dv^2}{E du^2 + 2F du dv + G dv^2}.$$

## § 143. Grenzpunkte und Hauptebenen.

Die soeben abgeleiteten Gleichungen führen zu bemerkenswerten Folgerungen, zu denen wir am einfachsten dadurch gelangen, daß wir eine geeignete Transformation der krummlinigen Koordinaten $(u, v)$ vornehmen. Hierzu schließen wir vorerst den Fall aus, daß die beiden Grundformen (4) und (5) einander proportionale Koeffizienten besitzen, d. h. daß die Proportion:

$$E : F : G = e : \frac{f + f'}{2} : g$$

bestehe. Dann kann mittels einer **bestimmten** reellen Transformation der Koordinaten $u$, $v$ gleichzeitig (§ 31, S. 55)

$$F = 0, \; f + f' = 0$$

gemacht werden.

Angenommen, diese Transformation wäre ausgeführt, so wird die Gleichung (8):

(8*) $$r = -\frac{e du^2 + g dv^2}{E du^2 + G dv^2}.$$

Bezeichnen wir mit $r_1$, $r_2$ diejenigen Werte von $r$, welche bezüglich $dv = 0$, $du = 0$ entsprechen, so erhalten wir:

$$r_1 = -\frac{e}{E}, \quad r_2 = -\frac{g}{G},$$

wo der getroffenen Annahme zufolge der Fall: $r_1 = r_2$ ausgeschlossen bleibt. Gleichung (8*) läßt sich dann in der Form:

$$(9) \qquad r = \frac{Er_1\,du^2 + Gr_2\,dv^2}{E\,du^2 + G\,dv^2}$$

schreiben, und wenn z. B. $r_2 > r_1$ vorausgesetzt wird, so ist:

$$r = r_1 + \frac{G(r_2 - r_1)\,dv^2}{E\,du^2 + G\,dv^2} = r_2 - \frac{E(r_2 - r_1)\,du^2}{E\,du^2 + G\,dv^2},$$

woraus

$$r_1 \leqq r \leqq r_2$$

folgt.

Wir bezeichnen mit $L_1$ bez. $L_2$ die Fußpunkte der kleinsten Abstände des Strahls $(u, v)$ von den beiden unendlich benachbarten Strahlen $(u + du, v)$, $(u, v + dv)$; ihre Abszissen sind $r_1$, $r_2$. Nach dem Obigen fällt der Fußpunkt des kleinsten Abstandes des Strahles $(u, v)$ von jedem andern unendlich nahen Strahl $(u + du, v + dv)$ zwischen die Punkte $L_1$ und $L_2$; dieselben werden deshalb Grenzpunkte genannt.

Wenn wir mit

$$\cos a_1, \quad \cos b_1, \quad \cos c_1,$$

bez.

$$\cos a_2, \quad \cos b_2, \quad \cos c_2$$

die Werte von $\cos a$, $\cos b$, $\cos c$ in den Grenzpunkten $L_1$, $L_2$ bezeichnen, so erhalten wir wegen (6):

$$\cos a_1 = \frac{1}{\sqrt{G}}\frac{\partial X}{\partial v}, \quad \cos b_1 = \frac{1}{\sqrt{G}}\frac{\partial Y}{\partial v}, \quad \cos c_1 = \frac{1}{\sqrt{G}}\frac{\partial Z}{\partial v},$$

$$\cos a_2 = \frac{1}{\sqrt{E}}\frac{\partial X}{\partial u}, \quad \cos b_2 = \frac{1}{\sqrt{E}}\frac{\partial Y}{\partial u}, \quad \cos c_2 = \frac{1}{\sqrt{E}}\frac{\partial Z}{\partial u},$$

demnach:

$$\cos a_1 \cos a_2 + \cos b_1 \cos b_2 + \cos c_1 \cos c_2 = 0.$$

Also ergibt sich der Satz: Die Richtungen der kleinsten Abstände des Strahles $(u, v)$ von denjenigen beiden Strahlen des Strahlensystems, für welche die Fußpunkte dieser Abstände in die Grenzpunkte $L_1$, $L_2$ fallen, stehen aufeinander senkrecht.

Hauptebenen des Strahles $(u, v)$ werden diejenigen Ebenen genannt, welche durch diesen Strahl senkrecht zu jenen beiden Minimalabständen gelegt werden. Der obige Satz läßt sich dann auch so aussprechen: Die beiden Hauptebenen eines jeden Strahles stehen aufeinander senkrecht.

Wir können nun die Gleichung (9) in einer anderen Form schreiben, wenn wir den Winkel $\omega$ einführen, den der kleinste Abstand $dp$ des Strahles $(u, v)$ vom Strahl $(u + du, v + dv)$ mit dem auf den Grenzpunkt $L_1$ bezüglichen Abstand $dp_1$ bildet. Wir haben nämlich:

$$\cos\omega = \Sigma \cos a \cos a_1 = \frac{\sqrt{E}\,du}{\sqrt{E du^2 + G dv^2}},$$

$$\cos^2\omega = \frac{E du^2}{E du^2 + G dv^2}, \quad \sin^2\omega = \frac{G dv^2}{E du^2 + G dv^2}.$$

Somit entsteht aus (9) die Hamiltonsche Gleichung:

$$r = r_1 \cos^2\omega + r_2 \sin^2\omega. \tag{10}$$

## § 144. Isotrope Kongruenzen von Ribaucour. Hauptflächen.

Wir untersuchen nun den Ausnahmefall:

$$e : \frac{f+f'}{2} : g = E : F : G.$$

Die Betrachtungen im vorigen Paragraphen bleiben auch dann noch gültig, mit dem einzigen Unterschiede, daß die dort vorgenommene Transformation hier auf unendlich viele Weisen möglich ist. Da sich $r_1 = r_2$ ergibt, fallen die Grenzpunkte $L_1$, $L_2$ auf jedem Strahl in einen einzigen Punkt zusammen, und in denselben Punkt fallen auch die Fußpunkte aller Minimalabstände des Strahles von den unendlich benachbarten Strahlen. Diese merkwürdigen Strahlensysteme sind zuerst von Ribaucour untersucht worden, der ihnen den Namen isotrope Kongruenzen gegeben hat. Sie bieten ein hohes Interesse wegen ihrer Beziehungen zu den Minimalflächen, die wir demnächst entwickeln werden.

Hier beschränken wir uns auf die folgenden Ausführungen: Eine Gleichung:

$$\varphi(u, v) = 0$$

zwischen den Koordinaten $u$, $v$ eines Strahles irgendeines Strahlensystems stellt eine Linienfläche dar, deren Erzeugende Strahlen des Systems sind, oder, kurz ausgedrückt, eine Linienfläche des Strahlensystems. Bei jeder Linienfläche einer isotropen Kongruenz fällt offenbar die Striktionslinie mit dem Ort der Grenzpunkte ihrer Strahlen zusammen. Bei einer allgemeinen Kongruenz dagegen tritt dieses nur bei den beiden Scharen von Linienflächen:

$$u = \text{Const.}, \quad v = \text{Const.}$$

ein, wenn $u$, $v$ die im vorigen Paragraphen eingeführten Veränderlichen sind. Die Striktionslinie ist für jede Fläche $v = \text{Const.}$ der Ort des

Grenzpunktes $L_1$ auf den entsprechenden Strahlen und ebenso für eine Fläche $u =$ Const. der Ort des Grenzpunktes $L_2$. Die Linienflächen dieser beiden Scharen werden daher als die **Hauptflächen** des Strahlensystems bezeichnet. Im Falle der isotropen Kongruenz und nur in diesem Falle ist jede Fläche des Systems eine Hauptfläche.

Wenn wir im Falle einer isotropen Kongruenz als Kurven $(u, v)$ auf der Kugel ein Orthogonalsystem und als Ausgangsfläche die Ortsfläche der Grenzpunkte wählen, welche die **Mittelfläche** des Strahlensystems genannt wird, so haben wir:

$$r_1 = r_2 = 0,$$

daher:

$$e = 0, \quad f + f' = 0, \quad g = 0,$$

d. h. es ist identisch:

$$dx dX + dy dY + dz dZ = 0.$$

Wenn also die Mittelfläche $S$ auf die Kugel abgebildet wird, nicht nach der Gaußischen Methode, sondern in der Weise, daß parallel der Richtung des Strahles des Systems ein Kugelradius gezogen wird, so zeigt die obige Gleichung, daß jedes Linienelement von $S$ auf dem entsprechenden der Kugel senkrecht steht. Somit ergibt sich der Satz von **Ribaucour**:

**Die Mittelfläche einer isotropen Kongruenz entspricht der Kugel durch Orthogonalität der Elemente.**

Umgekehrt leuchtet ohne weiteres ein, daß, wenn eine Fläche $S$ durch Orthogonalität der Elemente der Kugel entspricht, eine isotrope Kongruenz entsteht, wenn durch die Punkte von $S$ zu den Radien nach den entsprechenden Punkten der Kugel Parallele gezogen werden.

Wird endlich von der Mittelfläche von $S$ aus auf jedem Strahl eine konstante Strecke $t$ abgetragen, so daß

$$\xi = x + tX, \quad \eta = y + tY, \quad \zeta = z + tZ$$

die Koordinaten des Endpunktes sind, so ist das Linienelementquadrat der Ortsfläche der Endpunkte durch

$$d\xi^2 + d\eta^2 + d\zeta^2 = dx^2 + dy^2 + dz^2 + t^2(dX^2 + dY^2 + dZ^2)$$

gegeben und ändert sich demnach nicht, wenn $t$ durch $-t$ ersetzt wird. Die beiden Flächen $S_1$, $S_2$, die entstehen, wenn die Strecke $t$ nach beiden Seiten abgetragen wird, sind also aufeinander abwickelbar, wobei sich die Punkte auf demselben Strahl entsprechen und die Entfernung zweier entsprechender Punkte konstant, gleich $2t$, ist. Umgekehrt ist klar, daß, wenn **bei einem Paar aufeinander abwickel-**

barer Flächen die Entfernung der entsprechenden Punkte konstant ist, die Verbindungslinien der entsprechenden Punkte eine isotrope Kongruenz bilden[1]).

## § 145. Gleichung zur Bestimmung der Grenzpunkte.

Wir kehren nun zu den allgemeinen Ergebnissen in § 143 zurück, die wir dadurch erhalten haben, daß wir ein besonderes System von Veränderlichen einführten, solche nämlich, die gleich Konstanten gesetzt die Hauptflächen des Strahlensystems liefern. Wir wollen nun die Veränderlichen $u, v$ als beliebig gewählt voraussetzen und die grundlegende Gleichung aufstellen, welche die Abszissen $r_1, r_2$ der Grenzpunkte ergibt. Die Differentialgleichung der Hauptflächen ergibt sich (§ 31, S. 55), wenn die Jacobische Kovariante der beiden Grundformen (4) und (5), d. h. die Determinante:

$$\begin{vmatrix} Edu + Fdv & Fdu + Gdv \\ edu + \frac{f+f'}{2} dv & \frac{f+f'}{2} du + gdv \end{vmatrix}$$

gleich Null gesetzt wird. Sie lautet demnach:

$$\text{(A)} \quad \left(\frac{f+f'}{2} E - eF\right) du^2 + (gE - eG) du dv + \left(gF - \frac{f+f'}{2} G\right) dv^2 = 0.$$

Für diejenigen Werte von $\frac{du}{dv}$, welche dieser Gleichung genügen, läßt sich die Gleichung (8), nämlich:

$$r = -\frac{\left(edu + \frac{f+f'}{2} dv\right) du + \left(\frac{f+f'}{2} du + gdv\right) dv}{(Edu + Fdv) du + (Fdu + Gdv) dv},$$

wie folgt schreiben:

$$r = -\frac{edu + \frac{f+f'}{2} dv}{Edu + Fdv} = -\frac{\frac{f+f'}{2} du + gdv}{Fdu + Gdv}.$$

Es ist daher:

$$(Er + e) du + \left(Fr + \frac{f+f'}{2}\right) dv = 0,$$

$$\left(Fr + \frac{f+f'}{2}\right) du + (Gr + g) dv = 0.$$

Durch Elimination von $du$ und $dv$ aus diesen beiden Gleichungen ergibt sich für $r$ die quadratische Gleichung:

$$\text{(B)} \quad (EG - F^2) r^2 + [gE - (f + f') F + eG] r + eg - \left(\frac{f+f'}{2}\right)^2 = 0,$$

deren Wurzeln die Abszissen der beiden Grenzpunkte sind.

---

1) Dieser Ribaucoursche Satz erleidet jedoch, wie Study bemerkt hat, leicht angebbare Ausnahmefälle, wenn nämlich die Kongruenz der Verbindungslinien der auf S. 264 ausgeschlossenen Art angehört.

### § 146. Abwickelbare Flächen und Brennpunkte des Strahlensystems.

Wir untersuchen nun, ob es unter den Linienflächen des Strahlensystems abwickelbare Flächen gibt. Für eine solche Fläche:

$$\varphi(u, v) = 0 \tag{11}$$

muß $dp$, d. h. infolge der Gleichung (7)

$$\begin{vmatrix} Edu + Fdv & Fdu + Gdv \\ edu + fdv & f'du + gdv \end{vmatrix} = 0$$

oder entwickelt:

$$(f'E - eF)du^2 + [gE + (f' - f)F - eG]dudv + (gF - fG)dv^2 = 0 \tag{C}$$

sein. Also: Die Strahlen des Strahlensystems können in zwei (reellen oder imaginären) Scharen von abwickelbaren Flächen angeordnet werden.

Es kann auch der Fall eintreten, daß die Gleichung (C) eine Identität ist und folglich jede Linienfläche des Strahlensystems eine abwickelbare Fläche ist. Aber dann ist geometrisch sofort klar, daß der triviale Fall von Strahlen durch einen Punkt (Strahlenbündel) vorliegt.

Zu derselben Differentialgleichung (C) der abwickelbaren Flächen des Strahlensystems gelangen wir auch auf die folgende Weise, die uns außerdem noch ein anderes wichtiges Element liefert: Wir nehmen an, es wäre die Gleichung (11) die einer abwickelbaren Fläche des Strahlensystems, und bezeichnen mit $\varrho$ die Abszisse des Punktes $F$, in dem der Strahl $(u, v)$ die Rückkehrkurve der Fläche (11) berührt. Dann sind die Koordinaten von $F$:

$$x_1 = x + \varrho X, \quad y_1 = y + \varrho Y, \quad z_1 = z + \varrho Z.$$

Wenn wir diese Gleichungen differenzieren, wobei wir $u$ und $v$ als durch die Gleichung (11) verknüpft voraussetzen, so sind der Annahme zufolge $dx_1$, $dy_1$, $dz_1$ proportional den Größen $X$, $Y$, $Z$, und wir erhalten demnach:

$$dx + \varrho dX = \lambda X, \quad dy + \varrho dY = \lambda Y, \quad dz + \varrho dZ = \lambda Z,$$

wenn $\lambda$ ein (unendlich kleiner) Proportionalitätsfaktor ist.

Multiplizieren wir diese drei Gleichungen der Reihe nach das erstemal mit $\frac{\partial X}{\partial u}, \frac{\partial Y}{\partial u}, \frac{\partial Z}{\partial u}$, das zweitemal mit $\frac{\partial X}{\partial v}, \frac{\partial Y}{\partial v}, \frac{\partial Z}{\partial v}$, und addieren wir sie jedesmal, so erhalten wir:

$$edu + fdv + \varrho(Edu + Fdv) = 0,$$
$$f'du + gdv + \varrho(Fdu + Gdv) = 0.$$

Durch Elimination von $\varrho$ ergibt sich genau die Differentialgleichung (C) der abwickelbaren Flächen des Strahlensystems. Werden dagegen $du$ und $dv$ eliminiert, so ergibt sich für $\varrho$ die quadratische Gleichung:

$$\text{(D)} \qquad (EG - F^2)\varrho^2 + [gE - (f + f')F + eG]\varrho + eg - ff' = 0.$$

Ihre Wurzeln $\varrho_1$, $\varrho_2$ sind offenbar die Abzissen der beiden Punkte $F_1$, $F_2$, in denen der Strahl $(u, v)$ die Rückkehrkurve der einen oder der andern durch ihn hindurchgehenden abwickelbaren Fläche der beiden Scharen berührt. Diese beiden Punkte werden die Brennpunkte des Strahles $(u, v)$ genannt und können auch als diejenigen beiden Punkte definiert werden, in denen der Strahl $(u, v)$ von den beiden unendlich benachbarten Strahlen, die der einen bez. der andern abwickelbaren Fläche angehören, geschnitten wird[1]. Sie sind reell oder imaginär, je nachdem die abwickelbaren Flächen des Strahlensystems reell oder imaginär sind.

Vergleicht man die Gleichungen (B) und (D), so folgt:

$$\varrho_1 + \varrho_2 = r_1 + r_2,$$

d. h. der Mittelpunkt der Grenzpunkte fällt mit demjenigen der Brennpunkte zusammen. Dieser Punkt wird deshalb der Mittelpunkt des Strahles genannt, und der Ort der Mittelpunkte heißt die Mittelfläche. Aus den Gleichungen (B) und (D) folgt ferner:

$$\varrho_1\varrho_2 = r_1 r_2 + \frac{(f - f')^2}{4(EG - F^2)}.$$

Also ist:

$$(r_1 - r_2)^2 - (\varrho_1 - \varrho_2)^2 = \frac{(f - f')^2}{EG - F^2}.$$

Wird demnach mit $2d$ die Entfernung der Grenzpunkte und mit $2\delta$ diejenige der Brennpunkte bezeichnet, so ist:

$$\text{(12)} \qquad d^2 - \delta^2 = \frac{(f - f')^2}{4(EG - F^2)}.$$

Wenn also die beiden Brennpunkte reell sind, so liegen sie, wie auch aus § 143, S. 266, folgt, zwischen den Grenzpunkten.

Der Einfachheit halber wählen wir die Mittelfläche als Ausgangsfläche. Dann lautet, wenn

$$r_1 = d, \quad r_2 = -d$$

gesetzt ist, die Hamiltonsche Gleichung (§ 143, S. 267):

$$r = d \cos 2\omega,$$

1) Das Schneiden findet nur bis auf unendlich kleine Größen höherer Ordnung statt, d. h. $dp$ ist in $F_1$ und $F_2$ von höherer als der ersten Ordnung unendlich klein.

woraus hervorgeht, daß, während der Fußpunkt des kleinsten Abstandes zwischen dem Strahl $(u, v)$ und einem unendlich benachbarten Strahl die Strecke zwischen den Grenzpunkten von $+d$ bis $-d$ durchläuft, der Winkel $\omega$ von 0 bis $\frac{\pi}{2}$ wächst, wobei er den Wert $\frac{\pi}{4}$ im Mittelpunkt des Strahles annimmt. Bezeichnen wir mit $\omega_1$, $\omega_2$ seine Werte in den Brennpunkten

$$\varrho_1 = \delta, \quad \varrho_2 = -\delta,$$

so haben wir:

$$\cos 2\omega_1 = \frac{\delta}{d}, \quad \cos 2\omega_2 = -\frac{\delta}{d},$$

demnach ist:

$$\omega_1 + \omega_2 = \frac{\pi}{2}.$$

Als Brennebenen werden diejenigen Ebenen bezeichnet, welche durch den Strahl und durch die beiden ihn schneidenden unendlich benachbarten Strahlen gelegt werden. Somit folgt: Die Winkel der beiden Brennebenen werden durch dieselben Ebenen halbiert wie die Winkel der beiden Hauptebenen.

Bezeichnen wir den Winkel der beiden Brennebenen mit

$$\gamma = \omega_2 - \omega_1 = \frac{\pi}{2} - 2\omega_1,$$

so haben wir infolge der obigen Gleichungen:

$$(13) \qquad \sin\gamma = \frac{\delta}{d}, \quad \cos\gamma = \frac{\sqrt{d^2 - \delta^2}}{d}.$$

## § 147. Brennflächen des Strahlensystems.

In Verbindung mit einem gegebenen Strahlensystem sind fünf Flächen zu betrachten, nämlich die Mittelfläche, der Ort der Mittelpunkte, die beiden Grenzflächen, die Örter der Grenzpunkte, und endlich die beiden Brennflächen, die Örter der Brennpunkte[1]). Die ersten drei sind stets reell, die letzten beiden nur für Strahlensysteme mit reellen abwickelbaren Flächen. Das Strahlensystem wird dann von den gemeinschaftlichen Tangenten der beiden Brennflächenmäntel $S_1$ und $S_2$ gebildet. Da die beiden Brennpunkte $F_1$, $F_2$ die Berührungspunkte des Strahles mit den Brennflächen $S_1$, $S_2$ sind, so sind die

1) Bei vielen Untersuchungen ist es vorteilhaft, noch eine sechste, von Ribaucour als Mittelenveloppe eingeführte Fläche zu betrachten, nämlich die Enveloppe derjenigen Ebenen, welche auf den Strahlen in den Mittelpunkten senkrecht stehen (Mittelebenen).

Brennebenen offenbar die Tangentialebenen der Brennflächen in $F_1$, $F_2$. Die Strahlen des Systems umhüllen auf $S_1$ eine Schar von $\infty^1$ Kurven, nämlich die Rückkehrkanten $\Gamma_1$ der abwickelbaren Flächen der einen der beiden Scharen; ähnliches gilt für $S_2$. Man sieht sofort, daß die Schmiegungsebene der Kurve $\Gamma_1$ im Punkte $F_1$, durch den sie hindurchgeht, auch Tangentialebene von $S_2$ in $F_2$ ist. Die beiden Scharen von abwickelbaren Flächen des Strahlensystems schneiden jede der Brennflächen in einem konjugierten Kurvensystem. (Nach S. 106.)

Indem wir zu dem in § 142, S. 264, ausgeschlossenen Falle zurückkehren, wo es sich um Strahlensysteme handelt, die aus den Erzeugenden von $\infty^1$ Zylindern bestehen, sehen wir geometrisch ein, daß dann einer der Brennmäntel Enveloppe der Zylinder ist, während der andere ins Unendliche gerückt (zu einer Linie geworden) ist.

Können die Brennflächen zusammenfallen? Ist dem so, so fallen die auf der Brennfläche von den Strahlen umhüllten Kurven mit ihrem eigenen konjugierten System zusammen, d. h. sie sind die Haupttangentenkurven der einen Schar. Ferner läßt sich leicht nachweisen, daß dann die Entfernung $2d$ der Grenzpunkte durch

$$2d = \frac{1}{\sqrt{-K}}$$

gegeben ist, wo $K$ das Krümmungsmaß der Brennfläche ist.

Man wähle nämlich als Ausgangsfläche die Brennfläche, als Parameterlinien die in Rede stehenden Haupttangentenkurven $v$ und ihre orthogonalen Trajektorien $u$, und es sei

$$ds^2 = E'du^2 + G'dv^2$$

das Quadrat des Linienelements der Brennfläche. Für die Koeffizienten der zweiten Grundform haben wir nach (III), S. 90:

$$D = 0, \quad \frac{D'^2}{E'G'} = -K.$$

Wir bilden die Richtungskosinus der Tangenten der Parameterlinien:

$$X_1 = \frac{1}{\sqrt{E'}}\frac{\partial x}{\partial u}, \quad Y_1 = \frac{1}{\sqrt{E'}}\frac{\partial y}{\partial u}, \quad Z_1 = \frac{1}{\sqrt{E'}}\frac{\partial z}{\partial u},$$

$$X_2 = \frac{1}{\sqrt{G'}}\frac{\partial x}{\partial v}, \quad Y_2 = \frac{1}{\sqrt{G'}}\frac{\partial y}{\partial v}, \quad Z_2 = \frac{1}{\sqrt{G'}}\frac{\partial z}{\partial v},$$

und folgern aus den Gleichungen (I), S. 88, mit Rücksicht auf (A), S. 66:

$$\frac{\partial X_1}{\partial u} = -\frac{1}{\sqrt{G'}}\frac{\partial \sqrt{E'}}{\partial v}X_2, \quad \frac{\partial X_1}{\partial v} = \frac{1}{\sqrt{E'}}\frac{\partial \sqrt{G'}}{\partial u}X_2 + \frac{D'}{\sqrt{E'}}X.$$

Da nun $X_1$, $Y_1$, $Z_1$ gerade die Richtungskosinus des Strahles $(u, v)$ sind, so finden wir für die Grundgrößen (2), (3), S. 263:

$$E = \left(\frac{1}{\sqrt{G'}}\frac{\partial\sqrt{E'}}{\partial v}\right)^2, \quad F = -\frac{1}{\sqrt{E'G'}}\frac{\partial\sqrt{E'}}{\partial u}\frac{\partial\sqrt{G'}}{\partial v},$$

$$G = \left(\frac{1}{\sqrt{E'}}\frac{\partial\sqrt{G'}}{\partial u}\right)^2 + \frac{D'^2}{E'},$$

$$e = 0, \quad f = -\frac{\partial\sqrt{E'}}{\partial v}, \quad f' = 0, \quad g = \sqrt{\frac{G'}{E'}}\frac{\partial\sqrt{G'}}{\partial u},$$

demnach:

$$EG - F^2 = \frac{D'^2}{E'G'}\left(\frac{\partial\sqrt{E'}}{\partial v}\right)^2,$$

$$eg - \left(\frac{f+f'}{2}\right)^2 = -\frac{1}{4}\left(\frac{\partial\sqrt{E'}}{\partial v}\right)^2.$$

Die Gleichung (B), S. 269, ergibt also, da ihr mittleres Glied gleich Null ist:

$$\frac{1}{4r^2} = \frac{D'^2}{E'G'} = -K,$$

was zu beweisen war.

## § 148. Normalensysteme.

Ein Strahlensystem heiße ein **Normalensystem** oder eine **Normalenkongruenz**, wenn es eine Fläche und folglich (§ 136, S. 254) eine Schar von $\infty^1$ Flächen gibt, die zu allen Strahlen normal sind.

Wenn ein Strahlensystem eine Normalenkongruenz ist, so muß es möglich sein, in den Gleichungen (1), S. 263, für $t$ eine solche Funktion von $u$ und $v$ zu wählen, daß die Ortsfläche des Punktes $(\xi, \eta, \zeta)$ zu den Strahlen normal wird. Dann müssen die Differentiale $d\xi$, $d\eta$, $d\zeta$ der Bedingung:

$$Xd\xi + Yd\eta + Zd\zeta = 0$$

genügen. Nun ist:

$$d\xi = dx + Xdt + tdX, \quad d\eta = dy + Ydt + tdY, \quad d\zeta = dz + Zdt + tdZ,$$

daher lautet die gestellte Bedingung:

$$dt + \sum Xdx = 0.$$

Setzen wir noch:

(14) $$U = \sum X\frac{\partial x}{\partial u}, \quad V = \sum X\frac{\partial x}{\partial v},$$

so haben wir zur Bestimmung von $t$ die Gleichung:

$$dt = -(Udu + Vdv),$$

derzufolge die gestellte Bedingung die Forderung:

(15) $$\frac{\partial U}{\partial v} = \frac{\partial V}{\partial u}$$

liefert, die wegen der Gleichungen (3) auch in der Form:

(15*) $$f = f'$$

geschrieben werden kann.

Unter der Voraussetzung also, daß die Gleichung (15) oder (15*) erfüllt sei, gibt es eine Schar von (parallelen) zum Strahlensystem orthogonalen Flächen, die durch die Gleichung:

(16) $$t = \text{Const.} - \int (U du + V dv)$$

bestimmt sind.

Wenn $f$ gleich $f'$ ist, so ist nach (12) und (13):

$$d = \delta, \quad \gamma = \frac{\pi}{2},$$

und umgekehrt folgt aus der einen oder der anderen von letzteren Gleichungen: $f = f'$. Also:

Dafür, daß ein Strahlensystem eine Normalenkongruenz sei, ist die notwendige und hinreichende Bedingung, daß die Brennpunkte mit den Grenzpunkten zusammenfallen, oder anders ausgedrückt, daß die Brennebenen aufeinander senkrecht stehen[1]).

Die beiden Brennflächen eines Normalensystems fallen offenbar mit den beiden Evolutenmänteln der zu den Strahlen orthogonalen Flächen zusammen.

## § 149. Malus-Dupinscher Satz.

Die Gleichung (15) bringen wir auf eine andere Form, indem wir die Winkel $\alpha$, $\beta$ einführen, die der Strahl $(u, v)$ mit den Parameterlinien $v$, $u$ der Ausgangsfläche $S$ bildet. Ist

$$ds^2 = E' du^2 + 2F' du dv + G' dv^2$$

das Quadrat des Linienelements dieser Fläche, so haben wir:

$$\cos\alpha = \sum \frac{X}{\sqrt{E'}} \frac{\partial x}{\partial u} = \frac{U}{\sqrt{E'}}, \quad \cos\beta = \sum \frac{X}{\sqrt{G'}} \frac{\partial x}{\partial v} = \frac{V}{\sqrt{G'}}.$$

Daher läßt sich Gleichung (15) so schreiben:

(17) $$\frac{\partial(\sqrt{E'}\cos\alpha)}{\partial v} = \frac{\partial(\sqrt{G'}\cos\beta)}{\partial u}.$$

Wird diese Gleichung als erfüllt angenommen, so ergibt Gleichung (16):

(18) $$t = \text{Const.} - \int (\sqrt{E'}\cos\alpha\, du + \sqrt{G'}\cos\beta\, dv).$$

---

1) Dieser Satz ergibt sich auch unmittelbar aus den geometrischen Betrachtungen in § 136.

In diesen Gleichungen treten nur die Winkel $\alpha$, $\beta$ und die Koeffizienten des Linienelementquadrats der Ausgangsfläche auf. Beltrami hat daraus die folgenden interessanten Schlüsse gezogen: Indem wir die Bedingung (17) als erfüllt annehmen, denken wir uns die Fläche $S$ verbogen, wobei das mit der Fläche fest verbunden gedachte Strahlensystem ebenfalls und zwar so verändert wird, daß sich die Winkel $\alpha$, $\beta$ nicht ändern. Die Bedingung (17) bleibt dann stets erfüllt, und der Wert (18) für $t$ ändert sich bei der Verbiegung nicht. Somit ergibt sich der Beltramische Satz:

Wenn die von den Punkten einer Fläche $S$ ausgehenden Strahlen eines Normalensystems von einer der Orthogonalflächen $\Sigma$ begrenzt gedacht werden, so ist bei jeder Verbiegung der Fläche $S$, bei der die mit der Fläche fest verbunden gedachten Strahlen ebenfalls ihre Lage ändern, der Ort der Endpunkte der Strahlen stets eine zu den Strahlen orthogonale Fläche[1]).

Aus der Gleichung (17) läßt sich ferner leicht der Malus-Dupinsche Satz ableiten:

Wenn ein von Lichtstrahlen gebildetes Normalensystem eine beliebige Anzahl von Reflexionen oder Refraktionen erfährt, so bleibt es immer ein Normalensystem.

Wir nehmen nämlich als Ausgangsfläche $S$ die reflektierende oder brechende Fläche, als Parameterlinien $u$ auf $S$ diejenigen Kurven, welche von den orthogonalen Projektionen der Strahlen auf die Tangentialebenen von $S$ umhüllt werden, und als Kurven $v$ ihre orthogonalen Trajektorien. Dann haben wir:

$$\alpha = \frac{\pi}{2}, \quad \beta = \frac{\pi}{2} - \gamma,$$

wenn $\gamma$ der Winkel des Strahles mit der Normale von $S$ ist. Die Gleichung (17) wird nun:

$$\frac{\partial\left(\sqrt{G'}\sin\gamma\right)}{\partial u} = 0,$$

und wenn sie erfüllt ist, so ist sie es auch noch dann, wenn mittels der Bedingung:

$$\sin\gamma' = n\sin\gamma \qquad (n = \text{Const.})$$

$\gamma$ durch $\gamma'$ ersetzt wird, wodurch der Satz bewiesen ist.

---

1) Da in den Gleichungen (17) und (18) nur $E'$ und $G'$ auftreten, so braucht die biegsame Fläche $S$ auch als nur teilweise, z. B. nur längs der Kurven $u$, $v$, undehnbar angenommen zu werden. Auch bei diesen allgemeineren Verbiegungen behält der Beltramische Satz seine Gültigkeit.

## § 150. Strahlensysteme mit gegebenem sphärischen Bilde der Hauptflächen.

Wir kehren nun zu den allgemeinen Strahlensystemen zurück, um nacheinander zwei Aufgaben zu behandeln, die als die Verallgemeinerung der folgenden betrachtet werden können: die Flächen mit gegebenem Bilde der Krümmungslinien, d. h. die Normalensysteme mit gegebenem sphärischen Bilde der abwickelbaren Flächen (§ 74, Kap. V) zu bestimmen. Für ein Normalensystem fallen die abwickelbaren Flächen mit den Hauptflächen (S. 275) zusammen, während im Falle eines allgemeinen Strahlensystems die beiden Scharen voneinander verschieden sind. Wir müssen uns daher nacheinander mit folgenden beiden Aufgaben beschäftigen:

1) die Strahlensysteme mit gegebenem sphärischen Bilde der Hauptflächen,

2) die Strahlensysteme mit gegebenem sphärischen Bilde der abwickelbaren Flächen zu bestimmen.

Zunächst wollen wir uns mit der ersten Aufgabe beschäftigen, die stets eine reelle Bedeutung hat, mögen die abwickelbaren Flächen reell oder imaginär sein.

Das System $(u, v)$ auf der Kugel, das Bild der Hauptflächen, muß ein orthogonales sein (§ 142, S. 266). Es sei also

$$ds'^2 = E du^2 + G dv^2$$

das Quadrat des Linienelements des sphärischen Bildes. Als Ausgangsfläche nehmen wir die Mittelfläche (S. 272), so daß die Unbekannten unserer Aufgabe die Koordinaten $x, y, z$ des Mittelpunktes des Strahles $(u, v)$ sind. Nach Voraussetzung müssen wir

$$F = 0, \quad f + f' = 0, \quad eG + gE = 0$$

haben, und wenn mit $2r$ die Entfernung der Grenzpunkte bezeichnet wird, ist also wegen der auf S. 266 für $r_1$ und $r_2$ gefundenen Werte:

$$(19) \qquad \sum \frac{\partial x}{\partial u}\frac{\partial X}{\partial u} = rE, \quad \sum \frac{\partial x}{\partial v}\frac{\partial X}{\partial v} = -rG,$$
$$\sum \frac{\partial x}{\partial v}\frac{\partial X}{\partial u} + \sum \frac{\partial x}{\partial u}\frac{\partial X}{\partial v} = 0.$$

Wir führen nun eine neue unbekannte Funktion $\varphi$ ein, indem wir

$$(20) \qquad f = \sum \frac{\partial x}{\partial v}\frac{\partial X}{\partial u} = \varphi\sqrt{EG}, \quad f' = \sum \frac{\partial x}{\partial u}\frac{\partial X}{\partial v} = -\varphi\sqrt{EG}$$

setzen. Die geometrische Bedeutung von $\varphi$ ergibt sich unmittelbar aus der Gleichung (D), § 146, S. 271, da, wenn mit $2\varrho$ die Entfernung der Brennpunkte bezeichnet wird,

$$(21) \qquad \varphi^2 = r^2 - \varrho^2$$

folgt.

## § 151. Lösung der gestellten Aufgabe.

Aus der ersten der Gleichungen (20) berechnen wir $\frac{\partial(\varphi\sqrt{EG})}{\partial u}$, indem wir beachten, daß infolge der Gleichungen (4), S. 123,

$$\frac{\partial^2 X}{du^2} = \left\{ {11 \atop 1} \right\} \frac{\partial X}{\partial u} + \left\{ {11 \atop 2} \right\} \frac{\partial X}{\partial v} - EX$$

und ferner infolge der ersten der Gleichungen (19)

$$\sum \frac{\partial^2 x}{\partial u \partial v} \frac{\partial X}{\partial u} = \frac{\partial (rE)}{\partial v} - \sum \frac{\partial x}{\partial u} \left( \left\{ {12 \atop 1} \right\} \frac{\partial X}{\partial u} + \left\{ {12 \atop 2} \right\} \frac{\partial X}{\partial v} \right)$$

ist. Daraus ergibt sich mit Berücksichtigung wieder der Gleichungen (19) und (20):

$$\frac{\partial(\varphi\sqrt{EG})}{\partial u} = \varphi\sqrt{EG}\left( \left\{ {11 \atop 1} \right\} + \left\{ {12 \atop 2} \right\} \right) - r\left[ E\left\{ {12 \atop 1} \right\} + G\left\{ {11 \atop 2} \right\} \right] + \\ + \frac{\partial (rE)}{\partial v} - E \sum X \frac{\partial x}{\partial v}.$$

In unserem Falle ist aber nach (A), S. 66:

$$E\left\{ {12 \atop 1} \right\} + G\left\{ {11 \atop 2} \right\} = 0, \quad \frac{\partial \log \sqrt{EG}}{\partial u} = \left\{ {11 \atop 1} \right\} + \left\{ {12 \atop 2} \right\}.$$

Daher folgt:

$$\text{(a)} \qquad \sum X \frac{\partial x}{\partial v} = \frac{1}{E}\frac{\partial (rE)}{\partial v} - \sqrt{\frac{G}{E}}\frac{\partial \varphi}{\partial u}.$$

Ebenso ergibt sich durch Differentiation der zweiten der Gleichungen (20) nach $v$:

$$\text{(b)} \qquad \sum X \frac{\partial x}{\partial u} = -\frac{1}{G}\frac{\partial (rG)}{\partial u} + \sqrt{\frac{E}{G}}\frac{\partial \varphi}{\partial v}.$$

Nun brauchen wir nur die Gleichungen (a), (b) mit (19), (20) zu kombinieren und nach $\frac{\partial x}{\partial u}, \frac{\partial y}{\partial u}, \frac{\partial z}{\partial u}; \frac{\partial x}{\partial v}, \frac{\partial y}{\partial v}, \frac{\partial z}{\partial v}$ aufzulösen, um zu erhalten:

$$(22) \quad \begin{cases} \frac{\partial x}{\partial u} = r\frac{\partial X}{\partial u} - \sqrt{\frac{E}{G}}\,\varphi\frac{\partial X}{\partial v} + \left[ \sqrt{\frac{E}{G}}\frac{\partial \varphi}{\partial v} - \frac{1}{G}\frac{\partial (rG)}{\partial u} \right] X, \\ \frac{\partial x}{\partial v} = -r\frac{\partial X}{\partial v} + \sqrt{\frac{G}{E}}\,\varphi\frac{\partial X}{\partial u} + \left[ -\sqrt{\frac{G}{E}}\frac{\partial \varphi}{\partial u} + \frac{1}{E}\frac{\partial (rE)}{\partial v} \right] X; \end{cases}$$

dazu analoge Gleichungen in $y$ und $z$.

Umgekehrt, sind $r$, $\varphi$ zwei solche Funktionen von $u$ und $v$, daß die Integrabilitätsbedingungen für die Gleichungen (22) erfüllt sind, so bestimmen diese Gleichungen mittels Quadraturen ein Strahlensystem mit gegebenem sphärischen Bilde der Hauptflächen. Entwickeln wir nun wirklich die Integrabilitätsbedingungen für die Gleichungen (22), indem wir dabei die Grundgleichungen (4), S. 123, welche die zweiten Differentialquotienten von $X, Y, Z$ ergeben, sowie die Gleichungen (A),

S. 66, berücksichtigen, so finden wir, daß sie sich auf folgende einzige Bedingung zwischen $r$ und $\varphi$ reduzieren:

$$(23)\qquad 2\frac{\partial^2 r}{\partial u\,\partial v}+\frac{\partial r}{\partial u}\frac{\partial \log E}{\partial v}+\frac{\partial r}{\partial v}\frac{\partial \log G}{\partial u}+r\frac{\partial^2 \log (EG)}{\partial u\,\partial v}=$$
$$=\sqrt{EG}\,(\Delta_2\varphi+2\varphi),$$

wo $\Delta_2\varphi$ der zweite Differentialparameter von $\varphi$:

$$\Delta_2\varphi=\frac{1}{\sqrt{EG}}\left[\frac{\partial}{\partial u}\left(\sqrt{\frac{G}{E}}\frac{\partial\varphi}{\partial u}\right)+\frac{\partial}{\partial v}\left(\sqrt{\frac{E}{G}}\frac{\partial\varphi}{\partial v}\right)\right]$$

ist. Man sieht also, daß die gestellte Aufgabe hinsichtlich ihrer Lösung eine große Willkür gestattet insofern, als $r$ oder $\varphi$ willkürlich gewählt und dann $\varphi$ bez. $r$ aus der partiellen Differentialgleichung (23) bestimmt werden kann.

Soll das Strahlensystem insbesondere eine Normalenkongruenz sein, so haben wir: $\varphi=0$, und die Gleichung für $r$ wird:

$$(24)\qquad \frac{\partial^2 r}{\partial u\,\partial v}+\frac{\partial \log\sqrt{E}}{\partial v}\frac{\partial r}{\partial u}+\frac{\partial \log\sqrt{G}}{\partial u}\frac{\partial r}{\partial v}+r\frac{\partial^2 \log\sqrt{EG}}{\partial u\,\partial v}=0.$$

Dies ist genau die adjungierte[1]) Gleichung der Gleichung:

$$(25)\qquad \frac{\partial^2 W}{\partial u\,\partial v}-\frac{\partial \log\sqrt{E}}{\partial v}\frac{\partial W}{\partial u}-\frac{\partial \log\sqrt{G}}{\partial u}\frac{\partial W}{\partial v}=0,$$

von deren Lösung, wie wir in § 73 gesehen haben, dieselbe Aufgabe abhängt. Bekanntlich sind die Integrationen der Gleichung (24) und ihrer adjungierten (25) analytisch äquivalent.

## § 152. Anwendung auf isotrope Strahlensysteme.

Hinsichtlich der Anwendung der Gleichung (23) beschränken wir uns hier auf den Fall eines isotropen Strahlensystems (§ 144), wo $r=0$ ist. Die Bestimmung der isotropen Strahlensysteme hängt infolge (23) von der Lösung der Gleichung:

$$\Delta_2\varphi+2\varphi=0$$

ab, die nach den Weingartenschen Gleichungen für Ebenenkoordinaten (vgl. (36), § 72, S. 140) auch als die Differentialgleichung der Minimalflächen in Ebenenkoordinaten gedeutet werden kann.

Nun hat Ribaucour in der Tat die Theorie der isotropen Strahlensysteme vermittelst des folgenden grundlegenden Satzes zu derjenigen der Minimalflächen in Beziehung gebracht:

1) S. Darboux, 2. B., S. 71 u. f.

Die Mittelenveloppe[1]) eines isotropen Strahlensystems ist eine Minimalfläche.

Dieser Satz folgt mit Leichtigkeit aus unseren allgemeinen Gleichungen (22), in denen wir, da es sich jetzt um ein isotropes Strahlensystem handelt, für das die Hauptflächen unbestimmt sind, die Orthogonalkurven $u$, $v$ auf der Bildkugel willkürlich wählen können; wir nehmen sie als isotherm an, indem wir nach S. 277

$$E = G = \lambda, \quad r = 0$$

setzen.

Alsdann werden die Gleichungen (22):

$$\frac{\partial x}{\partial u} = \quad X\frac{\partial \varphi}{\partial v} - \varphi\frac{\partial X}{\partial v},$$

$$\frac{\partial x}{\partial v} = -X\frac{\partial \varphi}{\partial u} + \varphi\frac{\partial X}{\partial u}.$$

Wenn wir mit $W$ den Abstand der Mittelebene vom Koordinatenanfangspunkt bezeichnen, so ist ferner:

$$W = \sum Xx,$$

also:

$$\frac{\partial W}{\partial u} = \quad \frac{\partial \varphi}{\partial v} + \sum x\frac{\partial X}{\partial u},$$

$$\frac{\partial W}{\partial v} = -\frac{\partial \varphi}{\partial u} + \sum x\frac{\partial X}{\partial v}.$$

Daraus folgt:

$$\frac{\partial^2 W}{\partial u^2} + \frac{\partial^2 W}{\partial v^2} = \sum x\left(\frac{\partial^2 X}{\partial u^2} + \frac{\partial^2 X}{\partial v^2}\right) = -2\lambda\sum xX,$$

d. h.:

$$\frac{\partial^2 W}{\partial u^2} + \frac{\partial^2 W}{\partial v^2} + 2\lambda W = 0,$$

wodurch der Ribaucoursche Satz bewiesen ist.

## § 153. Strahlensysteme mit gegebenem sphärischen Bilde der abwickelbaren Flächen.

Wir kommen nun zu der zweiten in § 150 gestellten Aufgabe, die, wie wir sogleich sehen werden, eine weit geringere Willkür bei ihrer Lösung gestattet. Die wichtigen Ergebnisse, die wir jetzt ableiten wollen, verdanken wir Guichard[2]), der auf folgende Weise zu ihnen gelangt ist:

---

1) Vgl. die Anmerkung zu § 147, S. 272.

2) Surfaces rapportées à leurs lignes asymptotiques et congruences rapportées à leurs développables. Annales Scientifiques de l'École Normale Supérieure, t. VI, 3e série.

Es sei
$$ds'^2 = E du^2 + 2F du dv + G dv^2$$
das gegebene Quadrat des Linienelements auf der Kugel, wo die Kurven $u$, $v$ die Bilder der abwickelbaren Flächen des Strahlensystems sind. Wir nehmen auch hier als Ausgangsfläche die Mittelfläche des Systems, indem wir als Unbekannte die Koordinaten $x$, $y$, $z$ des Strahlmittelpunktes wählen. Bezeichnen wir mit $2\varrho$ die Entfernung der Brennpunkte voneinander, so sind
$$x + \varrho X, \quad y + \varrho Y, \quad z + \varrho Z$$
die Koordinaten des einen und
$$x - \varrho X, \quad y - \varrho Y, \quad z + \varrho Z$$
die des anderen Brennpunkts. Wir nehmen an, daß der erste den Kurven $v = \text{Const.}$, der zweite den Kurven $u = \text{Const.}$ entspreche. Dann müssen wir haben:
$$\frac{\partial(x + \varrho X)}{\partial u} = hX, \quad \frac{\partial(y + \varrho Y)}{\partial u} = hY, \quad \frac{\partial(z + \varrho Z)}{\partial u} = hZ,$$
$$\frac{\partial(x - \varrho X)}{\partial v} = lX, \quad \frac{\partial(y - \varrho Y)}{\partial v} = lY, \quad \frac{\partial(z - \varrho Z)}{\partial v} = lZ,$$
wo $h$, $l$ geeignete Proportionalitätsfaktoren sind. Schreiben wir diese Gleichungen wie folgt:
$$(26)\qquad \begin{cases} \dfrac{\partial x}{\partial u} = \left(h - \dfrac{\partial \varrho}{\partial u}\right) X - \varrho \dfrac{\partial X}{\partial u}, \\[2ex] \dfrac{\partial x}{\partial v} = \left(l + \dfrac{\partial \varrho}{\partial v}\right) X + \varrho \dfrac{\partial X}{\partial v}, \end{cases}$$
dazu die analogen in $y$, $z$, und stellen wir dann die Integrabilitätsbedingungen auf:
$$\frac{\partial}{\partial v}\left(\frac{\partial x}{\partial u}\right) - \frac{\partial}{\partial u}\left(\frac{\partial x}{\partial v}\right) \text{ usw.},$$
wobei wir berücksichtigen, daß nach (4), S. 123,
$$\frac{\partial^2 X}{\partial u \partial v} = \begin{Bmatrix} 1 & 2 \\ & 1 \end{Bmatrix} \frac{\partial X}{\partial u} + \begin{Bmatrix} 1 & 2 \\ & 2 \end{Bmatrix} \frac{\partial X}{\partial v} - FX$$
ist, so erhalten wir:
$$(\alpha)\qquad \frac{\partial h}{\partial v} - \frac{\partial l}{\partial u} - 2\frac{\partial^2 \varrho}{\partial u \partial v} + 2\varrho F = 0,$$
$$(\beta)\qquad \begin{cases} l = -2\left[\dfrac{\partial \varrho}{\partial v} + \begin{Bmatrix} 1 & 2 \\ & 1 \end{Bmatrix} \varrho\right], \\[2ex] h = \phantom{-}2\left[\dfrac{\partial \varrho}{\partial u} + \begin{Bmatrix} 1 & 2 \\ & 2 \end{Bmatrix} \varrho\right]. \end{cases}$$

Demnach werden die Gleichungen (26):

$$(27)\qquad \begin{cases} \dfrac{\partial x}{\partial u} = \phantom{-}\left[\dfrac{\partial \varrho}{\partial u} + 2\begin{Bmatrix}1\,2\\2\end{Bmatrix}\varrho\right]X - \varrho\dfrac{\partial X}{\partial u}, \\[2ex] \dfrac{\partial x}{\partial v} = -\left[\dfrac{\partial \varrho}{\partial v} + 2\begin{Bmatrix}1\,2\\1\end{Bmatrix}\varrho\right]X + \varrho\dfrac{\partial X}{\partial v}, \end{cases}$$

und die Gleichung ($\alpha$) ergibt, wenn in ihr für $l$, $h$ die Werte ($\beta$) eingesetzt werden, für $\varrho$ die Gleichung:

$$(28)\qquad \frac{\partial^2\varrho}{\partial u\,\partial v} + \begin{Bmatrix}1\,2\\1\end{Bmatrix}\frac{\partial\varrho}{\partial u} + \begin{Bmatrix}1\,2\\2\end{Bmatrix}\frac{\partial\varrho}{\partial v} + \left[\frac{\partial}{\partial u}\begin{Bmatrix}1\,2\\1\end{Bmatrix} + \frac{\partial}{\partial v}\begin{Bmatrix}1\,2\\2\end{Bmatrix} + F\right]\varrho = 0.$$

Umgekehrt, ist $\varrho$ eine Lösung dieser Gleichung, so liefern die Gleichungen (27) mittels Quadraturen ein entsprechendes Strahlensystem, für welches das Bild der abwickelbaren Flächen das gegebene ist.

Wie man sieht, ist die Laplacesche Gleichung (28), von deren Lösung die Aufgabe abhängig ist, die adjungierte der Gleichung:

$$\frac{\partial^2 W}{\partial u\,\partial v} - \begin{Bmatrix}1\,2\\1\end{Bmatrix}\frac{\partial W}{\partial u} - \begin{Bmatrix}1\,2\\2\end{Bmatrix}\frac{\partial W}{\partial v} + FW = 0,$$

von deren Lösung, wie wir in § 73, S. 141, gesehen haben, die Bestimmung derjenigen Flächen abhängt, welche das System ($u$, $v$) zum sphärischen Bilde eines konjugierten Systems haben. Diese beiden Aufgaben sind also gleichbedeutend.

## § 154. Formeln für die beiden Brennmäntel.

Wir wollen nun die Größen berechnen, die sich auf die beiden Mäntel der Brennfläche beziehen, und müssen dazu ein Gleichungensystem ableiten, das uns auch später bei anderen Untersuchungen von Nutzen sein wird.

In jedem Punkte ($u$, $v$) der Kugel betrachten wir das rechtwinklige Dreikant, das von der Kugelnormale und den beiden Richtungen, welche die Winkel der Parameterlinien $u$, $v$ halbieren, gebildet wird. Die Kosinus der letzteren beiden Richtungen mögen mit

$$X_1,\quad Y_1,\quad Z_1,$$
$$X_2,\quad Y_2,\quad Z_2$$

bezeichnet werden. Bedeutet noch $\Omega$ den Winkel der Kugelkurven $u$, $v$, der durch die Gleichungen (vgl. S. 62):

$$\cos\Omega = \frac{F}{\sqrt{EG}},\quad \sin\Omega = \frac{\sqrt{EG - F^2}}{\sqrt{EG}}$$

bestimmt ist, so erhalten wir sofort:

$$(29)\quad \begin{cases} X_1 = \dfrac{1}{2\sin\frac{\Omega}{2}}\left(\dfrac{1}{\sqrt{E}}\dfrac{\partial X}{\partial u} - \dfrac{1}{\sqrt{G}}\dfrac{\partial X}{\partial v}\right), \\ X_2 = \dfrac{1}{2\cos\frac{\Omega}{2}}\left(\dfrac{1}{\sqrt{E}}\dfrac{\partial X}{\partial u} + \dfrac{1}{\sqrt{G}}\dfrac{\partial X}{\partial v}\right), \end{cases}$$

nebst analogen Gleichungen in $Y$ und $Z$.

Die Gleichungen, die wir ableiten sollen, drücken die partiellen Differentialquotienten der neun Richtungskosinus:

$$\begin{matrix} X, & X_1, & X_2, \\ Y, & Y_1, & Y_2, \\ Z, & Z_1, & Z_2, \end{matrix}$$

linear durch die Kosinus selbst und durch die Koeffizienten des Quadrats des Linienelements auf der Kugel aus. Aus den Gleichungen (29) ergibt sich sofort:

$$\frac{\partial X}{\partial u} = \sqrt{E}\sin\frac{\Omega}{2}X_1 + \sqrt{E}\cos\frac{\Omega}{2}X_2,$$

$$\frac{\partial X}{\partial v} = -\sqrt{G}\sin\frac{\Omega}{2}X_1 + \sqrt{G}\cos\frac{\Omega}{2}X_2.$$

Demnach ist:

$$\sum X\frac{\partial X_1}{\partial u} = -\sum X_1\frac{\partial X}{\partial u} = -\sqrt{E}\sin\frac{\Omega}{2},$$

$$\sum X\frac{\partial X_1}{\partial v} = -\sum X_1\frac{\partial X}{\partial v} = +\sqrt{G}\sin\frac{\Omega}{2},$$

$$\sum X\frac{\partial X_2}{\partial u} = -\sum X_2\frac{\partial X}{\partial u} = -\sqrt{E}\cos\frac{\Omega}{2},$$

$$\sum X\frac{\partial X_2}{\partial v} = -\sum X_2\frac{\partial X}{\partial v} = -\sqrt{G}\cos\frac{\Omega}{2}.$$

Nun berechnen wir die beiden Summen:

$$\sum X_2\frac{\partial X_1}{\partial u} = -\sum X_1\frac{\partial X_2}{\partial u},$$

$$\sum X_2\frac{\partial X_1}{\partial v} = -\sum X_1\frac{\partial X_2}{\partial v}.$$

Infolge der Gleichungen (29) und der soeben aufgestellten ist:

$$\sum X_2\frac{\partial X_1}{\partial u} = \frac{1}{2\sin\Omega}\sum\left[\frac{1}{\sqrt{G}}\frac{\partial X}{\partial v}\frac{\partial}{\partial u}\left(\frac{1}{\sqrt{E}}\frac{\partial X}{\partial u}\right) - \frac{1}{\sqrt{E}}\frac{\partial X}{\partial u}\frac{\partial}{\partial u}\left(\frac{1}{\sqrt{G}}\frac{\partial X}{\partial v}\right)\right].$$

Da nach (b), S. 62,

$$\cos\Omega = \sum\frac{1}{\sqrt{E}}\frac{\partial X}{\partial u}\cdot\frac{1}{\sqrt{G}}\frac{\partial X}{\partial v}$$

ist, so ergibt sich hieraus mittels Differentiation nach $u$:

$$\sum\frac{1}{\sqrt{G}}\frac{\partial X}{\partial v}\frac{\partial}{\partial u}\left(\frac{1}{\sqrt{E}}\frac{\partial X}{\partial u}\right) = -\sin\Omega\frac{\partial\Omega}{\partial u} - \sum\frac{1}{\sqrt{E}}\frac{\partial X}{\partial u}\frac{\partial}{\partial u}\left(\frac{1}{\sqrt{G}}\frac{\partial X}{\partial v}\right),$$

so daß sich die vorherige Gleichung auch so schreiben läßt:

$$\sum X_2 \frac{\partial X_1}{\partial u} = -\frac{1}{2\sin\Omega}\left[\sin\Omega\frac{\partial\Omega}{\partial u} + \frac{2}{\sqrt{E}}\sum\frac{\partial X}{\partial u}\frac{\partial}{\partial u}\left(\frac{1}{\sqrt{G}}\frac{\partial X}{\partial v}\right)\right].$$

Wird mit Berücksichtigung der Gleichung (S. 281):

$$\frac{\partial^2 X}{\partial u \partial v} = \left\{\begin{matrix}1\,2\\1\end{matrix}\right\}\frac{\partial X}{\partial u} + \left\{\begin{matrix}1\,2\\2\end{matrix}\right\}\frac{\partial X}{\partial v} - FX$$

entwickelt, so ergibt sich:

$$\sum X_2 \frac{\partial X_1}{\partial u} = -\frac{1}{2\sin\Omega}\left[\sin\Omega\frac{\partial\Omega}{\partial u} + \frac{2}{\sqrt{EG}}\left(E\left\{\begin{matrix}1\,2\\1\end{matrix}\right\} + F\left\{\begin{matrix}1\,2\\2\end{matrix}\right\} - \frac{F}{2G}\frac{\partial G}{\partial u}\right)\right].$$

Nun ist nach (A), S. 66:

$$\frac{\partial G}{\partial u} = 2\left[\begin{matrix}1\,2\\2\end{matrix}\right] = 2F\left\{\begin{matrix}1\,2\\1\end{matrix}\right\} + 2G\left\{\begin{matrix}1\,2\\2\end{matrix}\right\},$$

also:

$$E\left\{\begin{matrix}1\,2\\1\end{matrix}\right\} + F\left\{\begin{matrix}1\,2\\2\end{matrix}\right\} - \frac{F}{2G}\frac{\partial G}{\partial u} = \frac{EG-F^2}{G}\left\{\begin{matrix}1\,2\\1\end{matrix}\right\} = E\sin^2\Omega\left\{\begin{matrix}1\,2\\1\end{matrix}\right\}.$$

Daher erhalten wir:

$$\sum X_2\frac{\partial X_1}{\partial u} = -\sum X_1\frac{\partial X_2}{\partial u} = -\frac{1}{2}\frac{\partial\Omega}{\partial u} - \sqrt{\frac{E}{G}}\left\{\begin{matrix}1\,2\\1\end{matrix}\right\}\sin\Omega.$$

Entsprechend ist:

$$\sum X_2\frac{\partial X_1}{\partial v} = -\sum X_1\frac{\partial X_2}{\partial v} = +\frac{1}{2}\frac{\partial\Omega}{\partial v} + \sqrt{\frac{G}{E}}\left\{\begin{matrix}1\,2\\2\end{matrix}\right\}\sin\Omega.$$

Diese beiden Gleichungen ergeben, mit den Gleichungen auf S. 283, oben, und den Identitäten:

$$\sum X_1\frac{\partial X_1}{\partial u} = 0, \quad \sum X_1\frac{\partial X_1}{\partial v} = 0 \quad \text{usw.}$$

kombiniert, sofort das gesuchte Gleichungensystem:

$$(30)\quad \begin{cases} \dfrac{\partial X}{\partial u} = \sqrt{E}\sin\dfrac{\Omega}{2}\cdot X_1 + \sqrt{E}\cos\dfrac{\Omega}{2}\cdot X_2, \\ \dfrac{\partial X}{\partial v} = -\sqrt{G}\sin\dfrac{\Omega}{2}\cdot X_1 + \sqrt{G}\cos\dfrac{\Omega}{2}\cdot X_2, \\ \dfrac{\partial X_1}{\partial u} = -AX_2 - \sqrt{E}\sin\dfrac{\Omega}{2}\cdot X, \quad \dfrac{\partial X_1}{\partial v} = BX_2 + \sqrt{G}\sin\dfrac{\Omega}{2}\cdot X, \\ \dfrac{\partial X_2}{\partial u} = AX_1 - \sqrt{E}\cos\dfrac{\Omega}{2}\cdot X, \quad \dfrac{\partial X_2}{\partial v} = -BX_1 - \sqrt{G}\cos\dfrac{\Omega}{2}\cdot X, \end{cases}$$

wo zur Abkürzung

$$(31)\quad A = \frac{1}{2}\frac{\partial\Omega}{\partial u} + \sqrt{\frac{E}{G}}\left\{\begin{matrix}1\,2\\1\end{matrix}\right\}\sin\Omega, \quad B = \frac{1}{2}\frac{\partial\Omega}{\partial v} + \sqrt{\frac{G}{E}}\left\{\begin{matrix}1\,2\\2\end{matrix}\right\}\sin\Omega$$

gesetzt worden ist.

Es mag bemerkt werden, daß sich infolge der in § 77, S. 149, entwickelten Gleichungen $A$ und $B$ auch durch die geodätischen Krümmungen $\frac{1}{\varrho_u}$, $\frac{1}{\varrho_v}$ der Parameterlinien folgendermaßen ausdrücken:

$$(31^*)\qquad A = -\frac{\sqrt{E}}{\varrho_v} - \frac{1}{2}\frac{\partial \Omega}{\partial u}, \quad B = -\frac{\sqrt{G}}{\varrho_u} - \frac{1}{2}\frac{\partial \Omega}{\partial v}.$$

Die Gleichungen (30) geben, wenn das Linienelement der Kugel gegeben ist, für $X$, $X_1$, $X_2$ das bereits in § 50, S. 95, erwähnte System von totalen Differentialgleichungen, das unbeschränkt integrierbar ist; seine Integration hängt von der Integration einer Riccatischen Gleichung ab.

## § 155. Fortsetzung.

Wir kehren nun zu der Guichardschen Aufgabe und den Guichardschen Gleichungen zurück, in denen der Winkel $\Omega$ der Kugelkurven $u$, $v$ auch denjenigen der Brennebenen darstellt[1]). Die Gleichungen (27) lauten nach (30):

$$(32)\qquad \begin{cases} \dfrac{\partial x}{\partial u} = \left[\dfrac{\partial \varrho}{\partial u} + 2\begin{Bmatrix}1\,2\\2\end{Bmatrix}\varrho\right] X - \sqrt{E}\sin\dfrac{\Omega}{2}\cdot \varrho X_1 - \sqrt{E}\cos\dfrac{\Omega}{2}\cdot\varrho X_2, \\[2ex] \dfrac{\partial x}{\partial v} = -\left[\dfrac{\partial \varrho}{\partial v} + 2\begin{Bmatrix}1\,2\\1\end{Bmatrix}\varrho\right] X - \sqrt{G}\sin\dfrac{\Omega}{2}\cdot \varrho X_1 - \sqrt{G}\cos\dfrac{\Omega}{2}\cdot\varrho X_2. \end{cases}$$

Wir bezeichnen mit $S_1$, $S_2$ die beiden Brennmäntel, mit $x_1, y_1, z_1$, bez. $x_2, y_2, z_2$ die Koordinaten der Brennpunkte $F_1$, $F_2$, so daß

$$x_1 = x + \varrho X, \quad y_1 = y + \varrho Y, \quad z_1 = z + \varrho Z;$$
$$x_2 = x - \varrho X, \quad y_2 = y - \varrho Y, \quad z_2 = z - \varrho Z$$

ist; ferner bezeichnen wir mit

$$E_1,\; F_1,\; G_1;\quad D_1,\; D_1',\; D_1'',$$
$$E_2,\; F_2,\; G_2;\quad D_2,\; D_2',\; D_2''$$

die Koeffizienten der beiden Grundformen von $S_1$ bez. $S_2$. Infolge der Gleichungen (30), (31) finden wir:

---

1) Die Kugelkurven $u$, $v$ sind die Bilder der Tangenten der Rückkehrkurven der im Strahlensystem enthaltenen abwickelbaren Flächen, woraus sich die Richtigkeit unserer Behauptung sofort ergibt. Analytisch gelangt man zu dem selben Ergebnis, wenn man beachtet, daß

$$e = -\varrho E, \quad f = \varrho F, \quad f' = -\varrho F, \quad g = \varrho G$$

ist und also Gleichung (B), S. 269,

$$\frac{\varrho^2}{r^2} = \frac{EG - F^2}{EG} = \sin^2\Omega$$

ergibt.

$$\frac{\partial x_1}{\partial u} = 2\left[\frac{\partial \varrho}{\partial u} + \left\{\begin{matrix}1\,2\\2\end{matrix}\right\}\varrho\right]X,$$

$$\frac{\partial x_1}{\partial v} = -2\left\{\begin{matrix}1\,2\\1\end{matrix}\right\}\varrho X - 2\sqrt{G}\sin\frac{\Omega}{2}\cdot\varrho X_1 + 2\sqrt{G}\cos\frac{\Omega}{2}\cdot\varrho X_2,$$

$$\frac{\partial x_2}{\partial u} = 2\left\{\begin{matrix}1\,2\\2\end{matrix}\right\}\varrho X - 2\sqrt{E}\sin\frac{\Omega}{2}\cdot\varrho X_1 - 2\sqrt{E}\cos\frac{\Omega}{2}\cdot\varrho X_2,$$

$$\frac{\partial x_2}{\partial v} = -2\left[\frac{\partial \varrho}{\partial v} + \left\{\begin{matrix}1\,2\\1\end{matrix}\right\}\varrho\right]X.$$

Daraus ergeben sich sofort die Gleichungen:

$$(33)\quad \begin{cases} E_1 = 4\left[\frac{\partial \varrho}{\partial u} + \left\{\begin{matrix}1\,2\\2\end{matrix}\right\}\varrho\right]^2, & F_1 = -4\left\{\begin{matrix}1\,2\\1\end{matrix}\right\}\varrho\left[\frac{\partial \varrho}{\partial u} + \left\{\begin{matrix}1\,2\\2\end{matrix}\right\}\varrho\right], \\ G_1 = 4\varrho^2\left[\left\{\begin{matrix}1\,2\\1\end{matrix}\right\}^2 + G\right], & E_1G_1 - F_1^2 = 16G\varrho^2\left[\frac{\partial \varrho}{\partial u} + \left\{\begin{matrix}1\,2\\2\end{matrix}\right\}\varrho\right]^2 \end{cases}$$

und analog:

$$(33^*)\quad \begin{cases} E_2 = 4\varrho^2\left[\left\{\begin{matrix}1\,2\\2\end{matrix}\right\}^2 + E\right], & F_2 = -4\left\{\begin{matrix}1\,2\\2\end{matrix}\right\}\varrho\left[\frac{\partial \varrho}{\partial v} + \left\{\begin{matrix}1\,2\\1\end{matrix}\right\}\varrho\right], \\ G_2 = 4\left[\frac{\partial \varrho}{\partial v} + \left\{\begin{matrix}1\,2\\1\end{matrix}\right\}\varrho\right]^2 & E_2G_2 - F_2^2 = 16E\varrho^2\left[\frac{\partial \varrho}{\partial v} + \left\{\begin{matrix}1\,2\\1\end{matrix}\right\}\varrho\right]^2. \end{cases}$$

Wir bezeichnen nun mit $\xi_1, \eta_1, \zeta_1$ die Richtungskosinus der Normale von $S_1$, mit $\xi_2, \eta_2, \zeta_2$ diejenigen der Normale von $S_2$. Dann haben wir:

$$\xi_1 = \cos\frac{\Omega}{2}X_1 + \sin\frac{\Omega}{2}X_2,$$

$$\xi_2 = \cos\frac{\Omega}{2}X_1 - \sin\frac{\Omega}{2}X_2.$$

Wir berechnen alsdann:

$$D_1 = -\sum\frac{\partial \xi_1}{\partial u}\frac{\partial x_1}{\partial u},\quad D_1' = -\sum\frac{\partial \xi_1}{\partial v}\frac{\partial x_1}{\partial u},\quad D_1'' = -\sum\frac{\partial \xi_1}{\partial v}\frac{\partial x_1}{\partial v},$$

$$D_2 = -\sum\frac{\partial \xi_2}{\partial u}\frac{\partial x_2}{\partial u},\quad D_2' = -\sum\frac{\partial \xi_2}{\partial u}\frac{\partial x_2}{\partial v},\quad D_2'' = -\sum\frac{\partial \xi_2}{\partial v}\frac{\partial x_2}{\partial v}$$

und finden:

$$(34)\quad \begin{cases} D_1 = 2\sqrt{E}\sin\Omega\left[\frac{\partial \varrho}{\partial u} + \left\{\begin{matrix}1\,2\\2\end{matrix}\right\}\varrho\right], \\ D_1' = 0,\quad D_1'' = -2\sqrt{G}\varrho\left[\frac{\partial \Omega}{\partial v} + \sqrt{\frac{G}{E}}\left\{\begin{matrix}1\,2\\2\end{matrix}\right\}\sin\Omega\right], \\ D_2 = 2\sqrt{E}\varrho\left[\frac{\partial \Omega}{\partial u} + \sqrt{\frac{E}{G}}\left\{\begin{matrix}1\,2\\1\end{matrix}\right\}\sin\Omega\right], \\ D_2' = 0,\quad D_2'' = -2\sqrt{G}\sin\Omega\left[\frac{\partial \varrho}{\partial v} + \left\{\begin{matrix}1\,2\\1\end{matrix}\right\}\varrho\right].^{1)} \end{cases}$$

1) Die Gleichungen: $D_1' = 0$, $D_2' = 0$ sind der analytische Ausdruck der bekannten Eigenschaft der Kurven $u$, $v$, auf beiden Brennflächen ein konjugiertes System zu bilden. Die Werte von $D_1''$ und $D_2$ lassen sich auch in der Form:

$$D_1'' = \frac{2G\varrho}{\varrho_u},\quad D_2 = -\frac{2E\varrho}{\varrho_v}$$

schreiben.

Die Krümmungsmaße $K_1, K_2$ der beiden Mäntel sind nach Formel (III), S. 90, durch die Ausdrücke gegeben:

$$(35)\quad \begin{cases} K_1 = -\dfrac{\sqrt{\dfrac{E}{G}}\sin\Omega\left[\dfrac{\partial\Omega}{\partial v}+\sqrt{\dfrac{G}{E}}\begin{Bmatrix}1\,2\\2\end{Bmatrix}\sin\Omega\right]}{4\varrho\left[\dfrac{\partial\varrho}{\partial u}+\begin{Bmatrix}1\,2\\2\end{Bmatrix}\varrho\right]}, \\ K_2 = -\dfrac{\sqrt{\dfrac{G}{E}}\sin\Omega\left[\dfrac{\partial\Omega}{\partial u}+\sqrt{\dfrac{E}{G}}\begin{Bmatrix}1\,2\\1\end{Bmatrix}\sin\Omega\right]}{4\varrho\left[\dfrac{\partial\varrho}{\partial v}+\begin{Bmatrix}1\,2\\1\end{Bmatrix}\varrho\right]}. \end{cases}$$

Wir führen hier zwei Sätze an, die sich unmittelbar aus unseren Gleichungen ergeben und sich auf zwei bemerkenswerte Klassen von Strahlensystemen beziehen. Die Systeme der ersten Klasse, denen wir eins der nächsten Kapitel (Kap. XII) widmen werden, sind diejenigen, bei welchen auf den beiden Mänteln der Brennfläche die Haupttangentenkurven einander entsprechen; die Systeme der zweiten Klasse sind diejenigen, bei welchen den Haupttangentenkurven auf dem einen Mantel ein konjugiertes System auf dem anderen Mantel entspricht. Im ersten Falle muß nach S. 108 die Proportion:

$$D_1 : D_1' : D_1'' = D_2 : D_2' : D_2'',$$

im zweiten (vgl. § 161, S. 299) die Gleichung:

$$D_1 D_2'' + D_2 D_1'' - 2 D_1' D_2' = 0$$

bestehen. Mit Rücksicht auf die Gleichungen (34), (35) ergibt sich in diesen Fällen für das Produkt $K_1 K_2$ der Ausdruck:

$$K_1 K_2 = \pm\left(\frac{\sin\Omega}{2\varrho}\right)^4,$$

wo das obere Vorzeichen im ersten, das untere Vorzeichen im zweiten Falle gilt. Da nun $\frac{2\varrho}{\sin\Omega}$ die Entfernung der Grenzpunkte voneinander ist, können wir folgenden Satz aufstellen:

Bei den Strahlensystemen der ersten Klasse ist das Produkt der Krümmungsmaße der beiden Brennflächenmäntel in zwei entsprechenden Punkten gleich dem reziproken Werte der vierten Potenz der Entfernung der Grenzpunkte, bei den Strahlensystemen der zweiten Klasse ist es derselbe Ausdruck mit entgegengesetztem Vorzeichen.

Man sieht, daß für die Systeme der ersten Klasse der in diesem Falle von Ribaucour herrührende Satz nur eine Verallgemeinerung des Halphenschen (S. 250, Gleichung (17)) für die beiden Evolutenmäntel einer $W$-Fläche ist. Für die Strahlensysteme der zweiten Klasse hat zuerst Waelsch den betreffenden Satz angegeben[1]).

1) Comptes Rendus, 118. Bd., S. 736.

## § 156. Pseudosphärische Strahlensysteme.

Wir wenden nun die allgemeinen Gleichungen des voraufgehenden Paragraphen noch auf zwei besondere Fälle an. Zunächst stellen wir die Frage: Gibt es Strahlensysteme, bei denen die Entfernung der Brennpunkte und die Entfernung der Grenzpunkte gleichzeitig konstant sind? Aus § 133, S. 251, wissen wir, daß es Normalensysteme dieser Art in der Tat gibt, nämlich diejenigen, welche von den Normalen einer $W$-Fläche gebildet werden, deren Hauptkrümmungsradien $r_1$, $r_2$ durch die Gleichung:

$$r_1 - r_2 = Const.$$

verbunden sind.

Jetzt, bei der Behandlung der allgemeinen Frage, müssen wir in den Gleichungen des voraufgehenden Paragraphen

$$\varrho = \text{Const.}, \quad \Omega = \text{Const.}$$

annehmen. Dann werden die Gleichungen (35):

$$K_1 = K_2 = -\frac{\sin^2\Omega}{4\varrho^2};$$

und da eben

$$\frac{2\varrho}{\sin\Omega} = 2r$$

die Entfernung der Grenzpunkte ist, so haben wir den Satz: Wenn in einem Strahlensystem die Entfernung der Brennpunkte sowohl als auch diejenige der Grenzpunkte konstant ist, so sind die beiden Brennmäntel pseudosphärische Flächen, deren Radien gleich der Entfernung der Grenzpunkte sind.

Die Strahlensysteme dieser Art, deren Vorhandensein für alle Werte von $\varrho$ und $\Omega$ wir später nachweisen werden, heißen pseudospärische Strahlensysteme. Hier wollen wir unter der Voraussetzung, daß es solche wirklich gebe, noch einige Eigenschaften bezüglich des Entsprechens der Punkte auf den beiden Mänteln der Brennfläche ableiten. Als Differentialgleichung der Haupttangentenkurven finden wir auf beiden Mänteln aus den Gleichungen (34):

$$E du^2 - G dv^2 = 0,$$

so daß die Haupttangentenkurven auf den beiden Mänteln einander entsprechen. Ferner ergeben sich für die Quadrate der Linienelemente $ds_1$, $ds_2$ nach (33) und (33*) die Ausdrücke:

$$ds_1^2 = 4\varrho^2\left[\left(\begin{Bmatrix}1\,2\\2\end{Bmatrix}du - \begin{Bmatrix}1\,2\\1\end{Bmatrix}dv\right)^2 + G\,dv^2\right],$$

$$ds_2^2 = 4\varrho^2\left[\left(\begin{Bmatrix}1\,2\\2\end{Bmatrix}du - \begin{Bmatrix}1\,2\\1\end{Bmatrix}dv\right)^2 + E\,du^2\right];$$

und daraus folgt, daß die Bogen entsprechender Haupttangentenkurven einander gleich sind. Aus den Gleichungen (33) und (34) erhalten wir als Differentialgleichung der Krümmungslinien auf beiden Mänteln:

$$E\begin{Bmatrix}1\,2\\1\end{Bmatrix}\begin{Bmatrix}1\,2\\2\end{Bmatrix}du^2-\left[EG+E\begin{Bmatrix}1\,2\\1\end{Bmatrix}^2+G\begin{Bmatrix}1\,2\\2\end{Bmatrix}^2\right]du\,dv+$$

$$+G\begin{Bmatrix}1\,2\\1\end{Bmatrix}\begin{Bmatrix}1\,2\\2\end{Bmatrix}dv^2=0.$$

Wir haben somit den Satz: Auf den beiden Mänteln der Brennfläche eines pseudosphärischen Strahlensystems entsprechen die Krümmungslinien einander, ebenso die Haupttangentenkurven, und es sind überdies entsprechende Bogen der letzteren einander gleich.[1])

---

1) Erwähnenswert sind die Folgerungen, die sich aus den Gleichungen in § 156 für die sphärischen Bilder $u$, $v$ der Hauptflächen eines pseudosphärischen Strahlensystems ergeben. Da r und $\varrho$, also auch $\varphi=\sqrt{r^2-\varrho^2}$ konstant sind, so geht Gleichung (23), S. 279, über in:

$$\frac{\partial^2\log\sqrt{EG}}{\partial u\,\partial v}=\frac{\varphi}{r}\sqrt{EG}=\cos\Omega\sqrt{EG}.$$

Also: Das Quadrat des Linienelements der Kugel, bezogen auf die Bildkurven $u$, $v$ der Hauptflächen eines pseudosphärischen Strahlensystems, nimmt die Form:

(a) $$ds'^2=E\,du^2+G\,dv^2$$

an, wo das Produkt $\sqrt{EG}$ eine Lösung der Liouvilleschen Gleichung:

(b) $$\frac{\partial^2\log\sqrt{EG}}{\partial u\,\partial v}=\cos\Omega\sqrt{EG}\quad(\Omega=\text{Const.})$$

ist.

Umgekehrt ist nach § 156 klar, daß, wenn das Linienelement der Kugel auf die Form (a) gebracht und dabei Gleichung (b) erfüllt ist, es ein entsprechendes pseudosphärisches Strahlensystem gibt.

Ist insbesondere das pseudosphärische System ein Normalensystem, so ist $\Omega=\frac{\pi}{2}$, $\frac{\partial^2\log\sqrt{EG}}{\partial u\,\partial v}=0$, und $\sqrt{EG}$ kann ohne weiteres gleich Eins gesetzt werden. Werden dann $u$, $v$ als rechtwinklige Cartesische Koordinaten eines Punktes in einer Bildebene aufgefaßt, so liegt hier eine flächentreue Abbildung der Kugel auf die Ebene vor, bei der dem Orthogonalsystem der Parallelen zu den Koordinatenachsen in der Bildebene ein Orthogonalsystem auf der Kugel entspricht.

Zu diesen Ergebnissen würde man direkt in der Weise gelangen, daß man nach Satz (C), S. 257, die sphärischen Bilder der Krümmungslinien derjenigen $W$-Flächen zu bestimmen suchte, bei welchen die Differenz der Hauptkrümmungsradien konstant ist.

Bemerkenswert ist noch der Fall: $\Omega=0$; dann wird das Strahlensystem von den Tangenten der einen Schar Haupttangentenkurven einer pseudosphärischen Fläche gebildet (vgl. § 147, S. 273).

## § 157. Guichardsche Strahlensysteme. Guichardsche und Vossische Flächen.

Die zweite Frage, die wir uns vorlegen, ist die folgende[1]): Bei welchen Strahlensystemen schneiden die abwickelbaren Flächen die Brennflächen in Krümmungslinien?

Für diesen Fall müssen wir

$$F_1 = 0, \quad F_2 = 0$$

haben, und es ergeben sich also infolge von (33) und (33*) (unter der Voraussetzung, daß sich die Brennflächen nicht auf Kurven reduzieren) als notwendige und hinreichende Bedingungen:

$$\begin{Bmatrix} 1\,2 \\ 1 \end{Bmatrix} = 0, \quad \begin{Bmatrix} 1\,2 \\ 2 \end{Bmatrix} = 0.$$

Nun besagen diese (§ 67, S. 130), daß die sphärischen Kurven $u, v$ die Bilder der Haupttangentenkurven einer pseudosphärischen Fläche sind, und somit haben wir das Ergebnis: Die gesuchten Strahlensysteme sind sämtlich und ausschließlich diejenigen, welche zum Bilde der abwickelbaren Flächen die Bildkurven der Haupttangentenkurven einer pseudosphärischen Fläche haben.

Da dann (§ 67)

$$E = G = 1, \quad \text{also} \quad F = \cos \Omega$$

gesetzt werden kann, so lautet die Laplacesche Gleichung, die $\varrho$ bestimmt, nach (28), S. 282:

$$\frac{\partial^2 \varrho}{\partial u\, \partial v} + \varrho \cos \Omega = 0. \tag{36}$$

Jeder Lösung $\varrho$ dieser Gleichung entspricht ein Strahlensystem der eben betrachteten Art; wir wollen diese Systeme Guichardsche Strahlensysteme nennen.

Für die Quadrate der Linienelemente der beiden Mäntel der Brennfläche eines Guichardschen Systems ergeben sich aus den Gleichungen (33) und (33*) die einfachen Ausdrücke:

$$ds_1^2 = 4 \left(\frac{\partial \varrho}{\partial u}\right)^2 du^2 + 4\varrho^2 dv^2,$$

$$ds_2^2 = 4\varrho^2\, du^2 + 4 \left(\frac{\partial \varrho}{\partial v}\right)^2 dv^2.$$

In der Gleichung (36) bedeutet $\Omega$ nach § 67, S. 130, eine beliebige Lösung der Gleichung:

$$\frac{\partial^2 \Omega}{\partial u\, \partial v} = - \sin \Omega,$$

1) Vgl. Guichard a. a. O.

und mit Guichard mag bemerkt werden, daß $\frac{\partial \Omega}{\partial u}, \frac{\partial \Omega}{\partial v}$ partikuläre Lösungen der Gleichungen (36) sind; einer der beiden Brennmäntel ist für diese Lösungen eine Kugel.

Auf der Guichardschen Fläche $S_1$ haben die Krümmungslinien $v =$ Const. die Strahlen des Systems zu Tangenten. Es möge nun $\Gamma_1$ die Evolutenfläche von $S_1$ bezüglich der Kurven $v =$ Const. sein. Die Normale in einem Punkte von $\Gamma_1$ ist dann dem entsprechenden Strahl des Guichardschen Systems parallel; und da nun die Kurven $u, v$ auf $\Gamma_1$ konjugiert sind, so besitzt die Fläche $\Gamma_1$ die Eigenschaft, daß bei ihrer Gaußischen Abbildung auf die Kugel das Bild ihres konjugierten Systems $u, v$ mit demjenigen der Haupttangentenkurven einer pseudosphärischen Fläche zusammenfällt. Nun braucht man nur auf die Gleichungen (25), § 69, 134, zurückzugreifen, um zu sehen, daß, wenn mit $\begin{Bmatrix} rs \\ t \end{Bmatrix}_1$ die für die Fläche $\Gamma_1$ gebildeten Christoffelschen Symbole bezeichnet werden,

$$\begin{Bmatrix} 22 \\ 1 \end{Bmatrix}_1 = 0, \quad \begin{Bmatrix} 11 \\ 2 \end{Bmatrix}_1 = 0$$

ist, d. h. daß die Kurven $u, v$ auf der Fläche $\Gamma_1$ geodätische Linien sind. Die Flächen dieser Art, auf denen es ein von geodätischen Linien gebildetes konjugiertes System gibt, sind zuerst von Voß[1]) untersucht worden und sollen als Voßische Flächen bezeichnet werden. Also: Jede Guichardsche Fläche hat als einen Evolutenmantel eine Voßische Fläche.

Umgekehrt sieht man sofort: Die Evolventenflächen einer Voßischen Fläche bezüglich der einen oder der anderen Schar geodätischer, ein konjugiertes System bildender Linien sind Guichardsche Flächen.

Wir werden später auf die Eigenschaften der in diesem Paragraphen betrachteten Flächen und auf ihre Beziehungen zu den pseudosphärischen Flächen zurückkommen.

---

1) Sitzungsberichte der Münchener Akademie der Wissenschaften, März 1888.

# Kapitel XI.

## Unendlich kleine Verbiegungen der Flächen und Entsprechen durch Orthogonalität der Elemente.

Zusammenhang der Aufgabe der unendlich kleinen Verbiegungen mit der Frage nach Paaren von Flächen, die sich durch Orthogonalität der Elemente entsprechen, sowie nach Paaren von aufeinander abwickelbaren Flächen. — Grundlegende Gleichungen von Weingarten. — Die charakteristische Funktion $\varphi$ und die charakteristische Gleichung. — Die bei einer unendlich kleinen Verbiegung assoziierten Flächen. — Zurückführung der charakterischen Gleichung auf die beiden Normalformen: $\frac{\partial^2\vartheta}{\partial u\,\partial v} = M\vartheta$, $\frac{\partial^2\vartheta}{\partial u^2} + \frac{\partial^2\vartheta}{\partial v^2} = M\vartheta$. — Das konjugierte System, das bei einer unendlich kleinen Verbiegung konjugiert bleibt. — Eigenschaften der Flächen, die einander durch Orthogonalität der Elemente entsprechen. — Die Ribaucourschen Strahlensysteme. — Kurzer Abriß einer zweiten Methode, die Aufgabe der unendlich kleinen Verbiegungen zu behandeln.

---

### § 158. Zusammenhang der Aufgabe der unendlich kleinen Verbiegungen mit der Frage nach Paaren von Flächen, die sich durch Orthogonalität der Elemente entsprechen, sowie nach Paaren aufeinander abwickelbarer Flächen.

In dem vorliegenden Kapitel wollen wir die Untersuchung der Verbiegungen biegsamer und nicht dehnbarer Flächen wieder aufnehmen und zwar die unendlich kleinen Verbiegungen derselben betrachten. Die vielfachen Beziehungen dieser Theorie zu der allgemeinen Flächentheorie, insbesondere zu der Theorie der Strahlensysteme, sowie andrerseits ihr enger Zusammenhang mit den partiellen Differentialgleichungen von der Laplaceschen Form verleihen diesen Untersuchungen ein ungemein hohes Interesse.

Wir entwickeln zunächst die Grundformeln unter Anlehnung an die Abhandlung von Weingarten[1]).

Für die Fläche $S$, deren unendlich kleine Verbiegungen wir untersuchen wollen, behalten wir unsere alten Bezeichnungen bei. Der Punkt $P\ (x,\ y,\ z)$ von $S$ erfahre bei der betreffenden unendlich

1) Crelles Journal, 100. Bd.

kleinen Verbiegung eine Verschiebung, deren Komponenten nach den Koordinatenachsen die Größen

$$\varepsilon\bar{x},\quad \varepsilon\bar{y},\quad \varepsilon\bar{z}$$

sein mögen, wo $\bar{x}$, $\bar{y}$, $\bar{z}$ bestimmte Funktionen von $u$, $v$ sind und $\varepsilon$ eine unendlich kleine Konstante ist, deren Potenzen von der zweiten an vernachlässigt werden können. Nach der Verbiegung ist der Punkt $P$ in den Punkt $P'$ gerückt, der die Koordinaten

$$x' = x + \varepsilon\bar{x},\quad y' = y + \varepsilon\bar{y},\quad z' = z + \varepsilon\bar{z}$$

hat, und da nach Voraussetzung

$$dx'^2 + dy'^2 + dz'^2 = dx^2 + dy^2 + dz^2$$

sein muß, so ergibt sich:

$$(1)\qquad dx\,d\bar{x} + dy\,d\bar{y} + dz\,d\bar{z} = 0.$$

Dieser Gleichung hat Moutard die folgende einfache und wichtige geometrische Deutung gegeben:

Man betrachte $\bar{x}$, $\bar{y}$, $\bar{z}$ als Koordinaten eines Raumpunktes $\bar{P}$; während $P$ die Fläche $S$ beschreibt, beschreibt dann $\bar{P}$ eine Fläche $\bar{S}$, die Punkt für Punkt der Fläche $S$ entspricht, und zwar ist zufolge der Gleichung (1) das Entsprechen ein derartiges, daß zwei entsprechende Linienelemente von $S$ und $\bar{S}$ aufeinander senkrecht stehen. Umgekehrt, ist $\bar{S}$ eine Fläche, die durch Orthogonalität der Elemente der Fläche $S$ punktweise entspricht, so ergibt sich daraus eine unendlich kleine Verbiegung der Fläche $S$.

Man kann also der Aufgabe der unendlich kleinen Verbiegungen einer Fläche $S$ folgende endliche Fassung geben: Die Flächen $\bar{S}$ zu bestimmen, die der Fläche $S$ durch Orthogonalität der Elemente entsprechen[1]).

1) Es mag gleich hier bemerkt werden, daß jeder Fläche $S$ stets eine Ebene $\bar{S}$ zugeordnet werden kann, die ihr durch Orthogonalität der Elemente entspricht. Hierzu braucht man nur die Punkte der Fläche $S$ auf die Ebene orthogonal zu projizieren und das Bild in der Ebene um einen rechten Winkel um einen festen Mittelpunkt zu drehen. Wählen wir als diese Ebene die $\bar{x}\bar{y}$-Ebene und als Drehungsmittelpunkt den Koordinatenanfangspunkt, so haben wir:

$$\bar{x} = +y,\quad \bar{y} = -x,\quad \bar{z} = 0,$$

wodurch die Gleichung (1) in der Tat erfüllt wird. Der Punkt $(x, y, z)$ ist nach der Verbiegung in den Punkt

$$x + \varepsilon y,\quad y - \varepsilon x,\quad z$$

gerückt, d. h. die unendlich kleine Verbiegung ist in diesem Falle bloß eine Drehung um die $z$-Achse. Wir fügen noch hinzu, daß, wie sich leicht nachweisen läßt, die angegebene Konstruktion die allgemeinste ist, die einer Fläche $S$ eine Ebene zuordnet, welche ihr durch Orthogonalität der Elemente entspricht.

Eine zweite endliche Fassung derselben Aufgabe ergibt sich aus den folgenden Überlegungen: es werde

$$\xi = x + t\bar{x}, \quad \eta = y + t\bar{y}, \quad \zeta = z + t\bar{z}$$

gesetzt, wo $t$ eine Konstante ist. Werden $\xi, \eta, \zeta$ als Koordinaten eines beweglichen Punktes einer Fläche $\Sigma$ aufgefaßt, so erhalten wir für das Quadrat des Linienelements dieser Fläche nach (1):

$$d\xi^2 + d\eta^2 + d\zeta^2 = dx^2 + dy^2 + dz^2 + t^2(\overline{dx^2} + \overline{dy^2} + \overline{dz^2}),$$

d. h. einen Wert, der sich nicht ändert, wenn $t$ durch $-t$ ersetzt wird. Betrachten wir also die Ortsfläche $\Sigma'$ des Punktes

$$\xi' = x - t\bar{x}, \quad \eta' = y - t\bar{y}, \quad \zeta' = y - t\bar{z},$$

so sind $\Sigma$ und $\Sigma'$ aufeinander abwickelbar, wobei die Punkte $(\xi, \eta, \zeta)$, $(\xi', \eta', \zeta')$ einander entsprechen. Der Mittelpunkt der Strecke, die zwei entsprechende Punkte von $\Sigma, \Sigma'$ verbindet, ist der Punkt $P\,(x, y, z)$ von $S$, während die Richtung dieser Strecke die Richtung der Verschiebung angibt, die $P$ erfährt.

Umgekehrt seien $\Sigma$, $\Sigma'$ zwei aufeinander abwickelbare Flächen, und $\xi, \eta, \zeta$; $\xi', \eta', \zeta'$ die Koordinaten zweier entsprechender Punkte. Setzt man dann:

$$x = \frac{\xi + \xi'}{2}, \quad y = \frac{\eta + \eta'}{2}, \quad z = \frac{\zeta + \zeta'}{2},$$

$$\bar{x} = \frac{\xi - \xi'}{2}, \quad \bar{y} = \frac{\eta - \eta'}{2}, \quad \bar{z} = \frac{\zeta - \zeta'}{2},$$

so ist:

$$dx\,d\bar{x} + dy\,d\bar{y} + dz\,d\bar{z} = 0.$$

Also: Sind zwei Flächen $\Sigma, \Sigma'$ aufeinander abwickelbar, so ist die Ortsfläche $S$ des Mittelpunktes der Verbindungslinie zweier entsprechender Punkte einer unendlich kleinen Verbiegung fähig, bei der jeder Punkt von $S$ in der Richtung dieser Verbindungslinie verschoben wird.

## § 159. Die charakteristische Funktion $\varphi$ und die charakteristische Gleichung.

Wir kommen nun zu der analytischen Behandlung unserer Aufgabe, die in der Bestimmung dreier solcher unbekannter Funktionen $\bar{x}, \bar{y}, \bar{z}$ von $u, v$ besteht, daß die Gleichung (1) oder die drei Gleichungen:

$$(2) \qquad \sum \frac{\partial x}{\partial u}\frac{\partial \bar{x}}{\partial u} = 0, \quad \sum \frac{\partial x}{\partial v}\frac{\partial \bar{x}}{\partial v} = 0, \quad \sum \frac{\partial \bar{x}}{\partial u}\frac{\partial x}{\partial v} + \sum \frac{\partial x}{\partial u}\frac{\partial \bar{x}}{\partial v} = 0$$

erfüllt werden.

Um dieses Gleichungensystem symmetrisch zu behandeln, führt Weingarten die Invariante des Differentialausdrucks

$$\sum \bar{x}\,dx = \left(\sum \bar{x}\frac{\partial x}{\partial u}\right)du + \left(\sum \bar{x}\frac{\partial x}{\partial v}\right)dv$$

bezüglich der ersten Grundform der Fläche $S$,

$$ds^2 = E du^2 + 2F du dv + G dv^2,$$

als Hilfsfunktion $\varphi$ ein, indem er nämlich

$$\varphi = \frac{1}{2\sqrt{EG-F^2}}\left(\frac{\partial}{\partial v}\sum \bar{x}\frac{\partial x}{\partial u} - \frac{\partial}{\partial u}\sum \bar{x}\frac{\partial x}{\partial v}\right)$$

$$= \frac{1}{2\sqrt{EG-F^2}}\left(\sum \frac{\partial \bar{x}}{\partial v}\frac{\partial x}{\partial u} - \sum \frac{\partial \bar{x}}{\partial u}\frac{\partial x}{\partial v}\right)$$

setzt. Diese Funktion $\varphi$, die Weingarten die Verschiebungsfunktion nennt, wollen wir als die charakteristische Funktion bezeichnen. Wie Volterra bemerkt hat[1]), besitzt sie eine einfache kinematische Bedeutung: sie gibt nämlich die nach der Normale genommene Komponente der Drehung an, die ein Oberflächenelement von $S$ bei der Verbiegung erfährt.

Die letzte der Gleichungen (2) läßt sich durch die beiden ersetzen:

$$(3) \qquad \sum \frac{\partial x}{\partial u}\frac{\partial \bar{x}}{\partial v} = \varphi\sqrt{EG-F^2}, \qquad \sum \frac{\partial x}{\partial v}\frac{\partial \bar{x}}{\partial u} = -\varphi\sqrt{EG-F^2}.$$

Bilden wir mit Hilfe der ersten den Ausdruck

$$\frac{\partial(\varphi\sqrt{EG-F^2})}{\partial u},$$

indem wir berücksichtigen, daß infolge der ersten Gleichung (2)

$$\sum \frac{\partial x}{\partial u}\frac{\partial^2 \bar{x}}{\partial u \partial v} = -\sum \frac{\partial \bar{x}}{\partial u}\frac{\partial^2 x}{\partial u \partial v}$$

ist, und indem wir unter Beachtung der früher (S. 91) gefundenen Gleichung:

$$\frac{\partial \log\sqrt{EG-F^2}}{\partial u} = \begin{Bmatrix}1\,1\\1\end{Bmatrix} + \begin{Bmatrix}1\,2\\2\end{Bmatrix}$$

die Fundamentalgleichungen (I), S. 88, benutzen, so finden wir:

$$(4) \qquad \frac{\partial \varphi}{\partial u} = \frac{D\sum X\frac{\partial \bar{x}}{\partial v} - D'\sum X\frac{\partial \bar{x}}{\partial u}}{\sqrt{EG-F^2}}.$$

---

1) Sulla deformazione delle superficie flessibili ed inestendibili. Rendiconti della Reale Accad. dei Lincei, Sitzung vom 6. April 1884.

Bilden wir analog aus der zweiten Gleichung (3)

$$\frac{\partial(\varphi\sqrt{EG-F^2})}{\partial v},$$

so ergibt sich:

$$(4^*)\qquad \frac{\partial\varphi}{\partial v}=\frac{D'\sum X\frac{\partial\bar{x}}{\partial v}-D''\sum X\frac{\partial\bar{x}}{\partial u}}{\sqrt{EG-F^2}}.$$

Wird der kein Interesse bietende Fall, daß die Fläche $S$ abwickelbar ist, ausgeschlossen, d. h.

$$DD''-D'^2\neq 0$$

vorausgesetzt, so ergeben die Gleichungen (4) und (4*) nach

$$\sum X\frac{\partial\bar{x}}{\partial u},\quad \sum X\frac{\partial\bar{x}}{\partial v}$$

aufgelöst:

$$(5)\qquad \sum X\frac{\partial\bar{x}}{\partial u}=-\frac{D\frac{\partial\varphi}{\partial v}-D'\frac{\partial\varphi}{\partial u}}{K\sqrt{EG-F^2}},\quad \sum X\frac{\partial\bar{x}}{\partial v}=\frac{D''\frac{\partial\varphi}{\partial u}-D'\frac{\partial\varphi}{\partial v}}{K\sqrt{EG-F^2}},$$

wo wie gewöhnlich $K$ das Krümmungsmaß der Fläche $S$ bedeutet.

Nun brauchen die Gleichungen (2), (3) und (5) nur kombiniert zu werden, damit sich durch Auflösung die folgenden ergeben:

$$(6)\qquad \begin{cases} \dfrac{\partial\bar{x}}{\partial u}=\dfrac{D\left(\varphi\frac{\partial X}{\partial v}-X\frac{\partial\varphi}{\partial v}\right)-D'\left(\varphi\frac{\partial X}{\partial u}-X\frac{\partial\varphi}{\partial u}\right)}{K\sqrt{EG-F^2}},\\[2ex] \dfrac{\partial\bar{x}}{\partial v}=\dfrac{D'\left(\varphi\frac{\partial X}{\partial v}-X\frac{\partial\varphi}{\partial v}\right)-D''\left(\varphi\frac{\partial X}{\partial u}-X\frac{\partial\varphi}{\partial u}\right)}{K\sqrt{EG-F^2}}, \end{cases}$$

dazu analoge für $\bar{y}$ und $\bar{z}$. Hieraus erhellt, daß sich, sobald die charakteristische Funktion $\varphi$ bekannt ist, die Fläche $\bar{S}$, die der Fläche $S$ durch Orthogonalität der Elemente entspricht, mittels Quadraturen ergibt.

Nun folgt aus den Gleichungen (5) weiter:

$$\frac{\partial}{\partial u}\left(\frac{D''\frac{\partial\varphi}{\partial u}-D'\frac{\partial\varphi}{\partial v}}{K\sqrt{EG-F^2}}\right)+\frac{\partial}{\partial v}\left(\frac{D\frac{\partial\varphi}{\partial v}-D'\frac{\partial\varphi}{\partial u}}{K\sqrt{EG-F^2}}\right)=\sum\frac{\partial\bar{x}}{\partial v}\frac{\partial X}{\partial u}-\sum\frac{\partial\bar{x}}{\partial u}\frac{\partial X}{\partial v},$$

und wenn rechts für $\frac{\partial X}{\partial u}$, $\frac{\partial X}{\partial v}$ die Werte eingesetzt werden, die sich aus den Fundamentalgleichungen (II), S. 89, ergeben, so folgt:

Die charakteristische Funktion $\varphi$ muß der folgenden partiellen Differentialgleichung zweiter Ordnung, die wir als die charakteristische Gleichung bezeichnen wollen, genügen:

$$(7)\quad \frac{1}{\sqrt{EG-F^2}}\left[\frac{\partial}{\partial u}\left(\frac{D''\frac{\partial\varphi}{\partial u}-D'\frac{\partial\varphi}{\partial v}}{K\sqrt{EG-F^2}}\right)+\frac{\partial}{\partial v}\left(\frac{D\frac{\partial\varphi}{\partial v}-D'\frac{\partial\varphi}{\partial u}}{K\sqrt{EG-F^2}}\right)\right]=$$
$$=\frac{2FD'-ED''-GD}{EG-F^2}\,\varphi\;[1]).$$

## § 160. Umformung der charakteristischen Gleichung.

Wir wollen nun beweisen, daß jedem Integral $\varphi$ dieser Gleichung eine Lösung der Aufgabe entspricht. Hierzu bemerken wir, wie in der Anmerkung zu S. 293, daß, wenn

$$\bar{x}=+y,\quad \bar{y}=-x,\quad \bar{z}=0$$

gesetzt wird, die Grundgleichung (1) erfüllt ist. Der entsprechende Wert der charakteristischen Funktion $\varphi$ ist

$$\varphi=X;$$

daher besitzt die Gleichung (7) die partikulären Lösungen

$$X,\ Y,\ Z.$$

Hierauf läßt sich sofort nachweisen, daß, wenn $\varphi$ eine Lösung der Gleichung (7) ist, die Gleichungen (6) den Integrabilitätsbedingungen genügen und mittels Quadraturen eine Fläche $\bar{S}$ ergeben, die der Fläche $S$ durch Orthogonalität der Elemente entspricht.

Aus dem soeben Bemerkten folgt weiter, daß diejenigen unendlich kleinen Verbiegungen der Fläche $S$, die nur in einer Bewegung bestehen, den Lösungen

$$\varphi=aX+bY+cZ\quad (a,\ b,\ c=\text{Const.})$$

der charakteristischen Gleichung (7) entsprechen.

Wir bringen nun die Gleichung (7) auf eine für die Anwendungen sehr wichtige Form. Sie ergibt sich, wenn die Koeffizienten

$$e,\ f,\ g,$$

die bei der sphärischen Abbildung von $S$ auftreten, eingeführt werden. Wird die Gleichung (7) mit $\sqrt{EG-F^2}\,.\,\sqrt{eg-f^2}$ multipliziert und wird dabei berücksichtigt, daß nach S. 120

$$K\sqrt{EG-F^2}=\pm\sqrt{eg-f^2}$$

ist, so folgt:

---

1) Der Koeffizient von $\varphi$, $\frac{2FD'-ED''-GD}{EG-F^2}$, gibt die mittlere Krümmung $H$ von $S$ an.

$$\sqrt{eg-f^2}\left[\frac{\partial}{\partial u}\left(\frac{D''}{\sqrt{eg-f^2}}\frac{\partial\varphi}{\partial u}-\frac{D'}{\sqrt{eg-f^2}}\frac{\partial\varphi}{\partial v}\right)+\right.$$
$$\left.+\frac{\partial}{\partial v}\left(\frac{D}{\sqrt{eg-f^2}}\frac{\partial\varphi}{\partial v}-\frac{D'}{\sqrt{eg-f^2}}\frac{\partial\varphi}{\partial u}\right)\right]+(eD''+gD-2fD')\varphi=0.$$

Werden die Christoffelschen Symbole $\begin{Bmatrix} r\,s \\ t \end{Bmatrix}$ für das sphärische Bild mit Strichen versehen und die Gleichungen (6*), S. 125, berücksichtigt, so geht obige Gleichung über in:

$$D''\left[\frac{\partial^2\varphi}{\partial u^2}-\begin{Bmatrix}1\,1\\1\end{Bmatrix}'\frac{\partial\varphi}{\partial u}-\begin{Bmatrix}1\,1\\2\end{Bmatrix}'\frac{\partial\varphi}{\partial v}+e\varphi\right]-$$
$$-2D'\left[\frac{\partial^2\varphi}{\partial u\,\partial v}-\begin{Bmatrix}1\,2\\1\end{Bmatrix}'\frac{\partial\varphi}{\partial u}-\begin{Bmatrix}1\,2\\2\end{Bmatrix}'\frac{\partial\varphi}{\partial v}+f\varphi\right]+$$
$$+D\left[\frac{\partial^2\varphi}{\partial v^2}-\begin{Bmatrix}2\,2\\1\end{Bmatrix}'\frac{\partial\varphi}{\partial v}-\begin{Bmatrix}2\,2\\2\end{Bmatrix}'\frac{\partial\varphi}{\partial v}+g\varphi\right]=0$$

oder nach S. 44, (14*) in:

(7*) $$D''[\varphi_{11}'+e\varphi]-2D'[\varphi_{12}'+f\varphi]+D[\varphi_{22}'+g\varphi]=0,$$

wo die Symbole $\varphi_{11}'$, $\varphi_{12}'$, $\varphi_{22}'$ die kovarianten zweiten Differentialquotienten der charakteristischen Funktion $\varphi$ bezüglich des Linienelements der Kugel bedeuten. Wird die charakteristische Gleichung in dieser Form geschrieben, so ist nach den Gleichungen (4), S. 123, klar, daß, wie vorhin bemerkt, $X$, $Y$, $Z$ partikuläre Lösungen von ihr sind.

Wir bemerken nun, daß, wenn wir die Fläche $S$, wie in § 72, durch die Ebenenkoordinaten

$$X,\ Y,\ Z,\ W$$

bestimmen, d. h. mit $W$ den Abstand der Tangentialebene vom Koordinatenanfangspunkt bezeichnen, infolge der Gleichungen (35) des angeführten Paragraphen (S. 140) die charakteristische Gleichung (7*) wie folgt lautet:

(8) $$(W_{22}'+gW)(\varphi_{11}'+e\varphi)-2(W_{12}'+fW)(\varphi_{12}'+f\varphi)+$$
$$+(W_{11}'+eW)(\varphi_{22}''+g\varphi)=0.$$

Da sie in $W$ und $\varphi$ symmetrisch ist, so besagt sie, daß, wenn mit $S_0$ die Enveloppe der Ebenen:

$$xX+yY+zZ=\varphi$$

bezeichnet wird, ebenso, wie $\varphi$ die charakteristische Funktion für eine unendlich kleine Verbiegung der Fläche $S$ ist, $W$ die charakteristische Funktion für eine unendlich kleine Verbiegung von $S_0$ ist.

## § 161. Die bei einer unendlich kleinen Verbiegung assoziierten Flächen.

Um die charakteristische geometrische Beziehung zwischen zwei solchen Flächen $S$ und $S_0$ zu erkennen, bemerken wir, daß, wenn wir sie einander Punkt für Punkt durch Parallelismus der Normalen entsprechen lassen und wenn wir mit

$$\text{(a)} \qquad \begin{cases} D du^2 + 2D' du dv + D'' dv^2, \\ D_0 du^2 + 2D_0' du dv + D_0'' dv^2 \end{cases}$$

bezüglich die beiden zweiten Grundformen von $S$ und $S_0$ bezeichnen und dabei berücksichtigen, daß

$$-D_0 = \varphi_{11}' + e\varphi, \quad -D_0' = \varphi_{12}' + f\varphi, \quad -D_0'' = \varphi_{22}' + g\varphi$$

ist, die Gleichung (8) in die folgende übergeht:

$$\text{(8*)} \qquad D'' D_0 + D D_0'' - 2D' D_0' = 0.$$

Sie besagt, daß die simultane Invariante dieser beiden Differentialformen gleich Null ist. Geometrisch ausgedrückt heißt dieses, daß den Haupttangentenkurven auf der einen Fläche ein konjugiertes System auf der anderen entspricht, wie man auf Grund der Invarianteneigenschaft der Gleichung (8*) sofort daraus ersieht, daß, wenn $D = D'' = 0$ ist, $D_0' = 0$ folgt.

Wenn sich umgekehrt die beiden Flächen $S$ und $S_0$ durch Parallelismus der Normalen in der Weise entsprechen, daß den Haupttangentenkurven auf der einen ein konjugiertes System auf der anderen entspricht, so ist infolge der Gleichung (8) oder der äquivalenten (7*) sofort klar, daß der Abstand eines festen Raumpunktes von der Tangentialebene der einen die charakteristische Funktion für eine unendlich kleine Verbiegung der anderen ist. Wir sagen dann, daß die Flächen $S$, $S_0$ ein Paar assoziierte Flächen sind.

Wir sehen nun, daß, wenn von zwei assoziierten Flächen die eine ein positives Krümmungsmaß besitzt, die andere sicherlich ein negatives hat, wie aus der Gleichung (8) hervorgeht, denn wird darin z. B. $D' = 0$ angenommen und $D$, $D''$ dasselbe Vorzeichen beigelegt, so folgt daraus, daß $D_0$ und $D_0''$ entgegengesetzte Vorzeichen haben. Dagegen kann einer Fläche mit negativem Krümmungsmaß sowohl eine solche mit negativem wie mit positivem Krümmungsmaß assoziiert sein. Eine der beiden assoziierten Flächen $S$, $S_0$ wenigstens besitzt demnach reelle Haupttangentenkurven, nehmen wir z. B. an, die Fläche $S_0$. Wir wählen dann als Parameterlinien $u$, $v$ auf $S_0$ die Haupttangentenkurven, denen auf $S$ ein konjugiertes System entspricht. Aus den

Formeln für die sphärische Abbildung, Kap. V, insbesondere den Gleichungen (13) und (22), S. 126 und 134, erkennt man sofort, daß die Beziehungen zwischen den Koordinaten $x, y, z$; $x_0, y_0, z_0$ zweier entsprechender Punkte auf $S$ und $S_0$ wie folgt lauten:

$$(9)\quad \begin{cases} \dfrac{\partial x}{\partial u} = l\,\dfrac{\partial x_0}{\partial v}, & \dfrac{\partial y}{\partial u} = l\,\dfrac{\partial y_0}{\partial v}, \quad \dfrac{\partial z}{\partial u} = l\,\dfrac{\partial z_0}{\partial v}, \\ \dfrac{\partial x}{\partial v} = m\,\dfrac{\partial x_0}{\partial u}, & \dfrac{\partial y}{\partial v} = m\,\dfrac{\partial y_0}{\partial u}, \quad \dfrac{\partial z}{\partial v} = m\,\dfrac{\partial z_0}{\partial u}, \end{cases}$$

wo $l, m$ passende Funktionen von $u, v$ sind.

Wir betrachten ferner dasjenige konjugierte System $(\alpha, \beta)$ auf $S$, dem auf $S_0$ ebenfalls ein konjugiertes entspricht, indem wir nämlich als Veränderliche $\alpha, \beta$ diejenigen einführen, durch die sich die beiden simultanen Formen (a) als Summen von Quadraten darstellen lassen. Dieses System ist sicher stets reell, wenn eine der beiden Flächen elliptische Punkte hat, d. h. wenn eine der beiden Formen (a) definit ist. In diesen Veränderlichen $\alpha, \beta$ gelten nach § 69 die Gleichungen:

$$(10)\quad \begin{cases} \dfrac{\partial x_0}{\partial \alpha} = r\,\dfrac{\partial x}{\partial \alpha}, & \dfrac{\partial y_0}{\partial \alpha} = r\,\dfrac{\partial y}{\partial \alpha}, \quad \dfrac{\partial z_0}{\partial \alpha} = r\,\dfrac{\partial z}{\partial \alpha}, \\ \dfrac{\partial x_0}{\partial \beta} = -r\,\dfrac{\partial x}{\partial \beta}, & \dfrac{\partial y_0}{\partial \beta} = -r\,\dfrac{\partial y}{\partial \beta}, \quad \dfrac{\partial z_0}{\partial \beta} = -r\,\dfrac{\partial z}{\partial \beta}. \end{cases}$$

Hierin ist $r$ eine Funktion von $\alpha, \beta$, die durch die Gleichungen:

$$(11)\quad \frac{\partial \log r}{\partial \alpha} = -2\begin{Bmatrix}1\,2\\2\end{Bmatrix}, \quad \frac{\partial \log r}{\partial \beta} = -2\begin{Bmatrix}1\,2\\1\end{Bmatrix}$$

bestimmt ist, wo die Symbole rechts für das Linienelement von $S$ in den Parametern $\alpha, \beta$ berechnet sind.

Wir sehen demnach, daß die an den Kurven $\alpha, \beta$ auf $S$ und $S_0$ in zwei entsprechenden Punkten gezogenen Tangenten einander parallel sind und daß die Laplacesche Gleichung für die beiden konjugierten Systeme $(\alpha, \beta)$ auf $S$ und $S_0$ gleiche Invarianten besitzt.

Die Gleichungen (10) können auch in der folgenden Form geschrieben werden:

$$\frac{\partial}{\partial \alpha}\left(\frac{x_0 - r x}{1 - r}\right) = \lambda\,(x_0 - x), \quad \frac{\partial}{\partial \alpha}\left(\frac{y_0 - r y}{1 - r}\right) = \lambda\,(y_0 - y),$$
$$\frac{\partial}{\partial \alpha}\left(\frac{z_0 - r z}{1 - r}\right) = \lambda\,(z_0 - z),$$
$$\frac{\partial}{\partial \beta}\left(\frac{x_0 + r x}{1 + r}\right) = \mu\,(x_0 - x), \quad \frac{\partial}{\partial \beta}\left(\frac{y_0 + r y}{1 + r}\right) = \mu\,(y_0 - y),$$
$$\frac{\partial}{\partial \beta}\left(\frac{z_0 + r z}{1 + r}\right) = \mu\,(z_0 - z),$$

wo $\lambda$ und $\mu$ Proportionalitätsfaktoren sind. Sie besagen, daß, wenn wir das von den Verbindungslinien entsprechender Punkte $P, P_0$ zweier assoziierter Flächen gebildete Strahlensystem betrachten, die abwickelbaren Flächen desselben die Flächen $\alpha =$ Const. und $\beta =$ Const. sind und daß die Brennpunkte $F_1$, $F_2$, deren Koordinaten

$$\frac{x_0 - rx}{1-r}, \quad \frac{y_0 - ry}{1-r}, \quad \frac{z_0 - rz}{1-r};$$

bez.

$$\frac{x_0 + rx}{1+r}, \quad \frac{y_0 + ry}{1+r}, \quad \frac{z_0 + rz}{1+r}$$

sind, die Strecke $PP_0$ harmonisch teilen. Also: Die abwickelbaren Flächen des von den Verbindungslinien entsprechender Punkte $P$, $P_0$ zweier assoziierter Flächen $S$, $S_0$ gebildeten Strahlensystems schneiden jede dieser Flächen in einem konjugierten System mit gleichen Invarianten; auf jedem Strahl teilen die Brennpunkte die Strecke $PP_0$ harmonisch.

## § 162. Zurückführung der charakteristischen Gleichung auf ihre beiden Normalformen.

Wir kehren nun im Falle einer gegebenen Fläche $S$ zu der charakteristischen Gleichung (7*) für unendlich kleine Verbiegungen zurück und wollen dieselben durch zweckmäßige Wahl der Parameterlinien $u$, $v$ in eine Form bringen, die wir als die Normalform bezeichnen.

1. Wir setzen zunächst voraus, daß die Fläche $S$ entgegengesetzt gerichtete Hauptkrümmungsradien besitze, und wählen als Parameterlinien die Haupttangentenkurven $u$, $v$. Da dann $D = 0$, $D'' = 0$ ist, so lautet die Gleichung (7*):

$$\varphi_{12}' + f\varphi = 0,$$

oder, wenn wir mit Hilfe der Gleichungen in § 65, S. 126, entwickeln:

$$(12) \qquad \frac{\partial^2 \varphi}{\partial u \partial v} + \frac{1}{2}\frac{\partial \log \varrho}{\partial v}\frac{\partial \varphi}{\partial u} + \frac{1}{2}\frac{\partial \log \varrho}{\partial u}\frac{\partial \varphi}{\partial v} + f\varphi = 0.$$

Ist $\varphi$ eine Lösung dieser Gleichung, so lauten die allgemeinen Gleichungen (6), welche die der Fläche $S$ durch Orthogonalität der Elemente entsprechende Fläche $\bar{S}$ bestimmen:

$$(13) \qquad \begin{cases} \dfrac{\partial \bar{x}}{\partial u} = \varrho\left(X\dfrac{\partial \varphi}{\partial u} - \varphi\dfrac{\partial X}{\partial u}\right), \\[2ex] \dfrac{\partial \bar{x}}{\partial v} = -\varrho\left(X\dfrac{\partial \varphi}{\partial v} - \varphi\dfrac{\partial X}{\partial v}\right) \text{ usw.} \end{cases}$$

Nun wenden wir die Transformation an, deren wir uns in § 68, S. 131, zur Ableitung der Lelieuvreschen Formeln bedient haben, d. h. wir ersetzen die unbekannte Funktion $\varphi$ durch

$$\varphi\sqrt{\varrho} = \vartheta.$$

Die Gleichung (12) geht dann über in:

$$(14)\qquad \frac{\partial^2 \vartheta}{\partial u \partial v} = M\vartheta, \quad M = \frac{1}{\sqrt{\varrho}} \frac{\partial^2 \sqrt{\varrho}}{\partial u \partial v} - f,$$

und die Gleichungen (13) lauten dementsprechend:

$$(15)\qquad \frac{\partial \bar{x}}{\partial u} = \begin{vmatrix} \xi & \vartheta \\ \frac{\partial \xi}{\partial u} & \frac{\partial \vartheta}{\partial u} \end{vmatrix}, \quad \frac{\partial \bar{x}}{\partial v} = -\begin{vmatrix} \xi & \vartheta \\ \frac{\partial \xi}{\partial v} & \frac{\partial \vartheta}{\partial v} \end{vmatrix},$$

analog in $y$ und $z$, und zwar ergeben sich diese letzteren, wenn $\xi$ der Reihe nach durch $\eta$ und $\zeta$ ersetzt wird. Erinnern wir uns nun daran, daß eben $\xi$, $\eta$, $\zeta$ in den Lelieuvreschen Formeln (18), S. 132, drei partikuläre Lösungen der Gleichung (14) sind. Jede andere von $\xi$, $\eta$, $\zeta$ linear unabhängige Lösung $\vartheta$ ergibt eine wirkliche unendlich kleine Verbiegung der Fläche, während sich entgegengesetzten Falls, wenn sich $\vartheta$ linear aus $\xi$, $\eta$, $\zeta$ zusammensetzt, nur eine Bewegung ergibt.

2. Es sei nun $S$ eine Fläche mit positivem Krümmungsmaß. Wie in § 70 führen wir als Parametersystem $(u, v)$ ein isotherm-konjugiertes System ein. Die charakteristische Gleichung wird dann:

$$\varphi_{11}' + \varphi_{22}' + (e + g)\varphi = 0,$$

d. h. (§ 71, S. 137):

$$(16)\qquad \frac{\partial^2 \varphi}{\partial u^2} + \frac{\partial^2 \varphi}{\partial v^2} + \frac{\partial \log \varrho}{\partial u}\frac{\partial \varphi}{\partial u} + \frac{\partial \log \varrho}{\partial v}\frac{\partial \varphi}{\partial v} + (e + g)\varphi = 0,$$

und aus den Gleichungen (6) ergibt sich:

$$(17)\qquad \begin{cases} \dfrac{\partial \bar{x}}{\partial u} = \varrho\left(\varphi \dfrac{\partial X}{\partial v} - X \dfrac{\partial \varphi}{\partial v}\right), \\ \dfrac{\partial \bar{x}}{\partial v} = -\varrho\left(\varphi \dfrac{\partial X}{\partial u} - X \dfrac{\partial \varphi}{\partial u}\right). \end{cases}$$

Durch die Transformation:

$$\varphi \sqrt{\varrho} = \vartheta$$

geht die charakteristische Gleichung (16) über in:

$$(18)\qquad \frac{\partial^2 \vartheta}{\partial u^2} + \frac{\partial^2 \vartheta}{\partial v^2} = M\vartheta, \quad M = \frac{1}{\sqrt{\varrho}}\left(\frac{\partial^2 \sqrt{\varrho}}{\partial u^2} + \frac{\partial^2 \sqrt{\varrho}}{\partial v^2}\right) - (e + g),$$

und als die Gleichungen, welche die Fläche $\bar{S}$ bestimmen, ergeben sich:

$$(19)\qquad \frac{\partial \bar{x}}{\partial u} = \begin{vmatrix} \vartheta & \xi \\ \frac{\partial \vartheta}{\partial v} & \frac{\partial \xi}{\partial v} \end{vmatrix}, \quad \frac{\partial \bar{x}}{\partial v} = -\begin{vmatrix} \vartheta & \xi \\ \frac{\partial \vartheta}{\partial u} & \frac{\partial \xi}{\partial u} \end{vmatrix}$$

nebst analogen, in denen $\bar{x}$, $\xi$ bezüglich durch $\bar{y}$, $\eta$; $\bar{z}$, $\zeta$ ersetzt sind.

Wir können also dieses Ergebnis folgendermaßen aussprechen:

Die Gleichung, von der die Aufgabe der Bestimmung der

unendlich kleinen Verbiegungen einer Fläche $S$ abhängt, läßt sich auf die Normalform:

$$\frac{\partial^2 \vartheta}{\partial u \partial v} = M\vartheta \text{ bzw. } \frac{\partial^2 \vartheta}{\partial u^2} + \frac{\partial^2 \vartheta}{\partial v^2} = M\vartheta$$

bringen, je nachdem die Fläche $S$ negatives oder positives Krümmungsmaß besitzt.

So können wir z. B. für alle Flächen, die den Gleichungen:

$$\frac{\partial^2 \vartheta}{\partial u \partial v} = 0, \quad \frac{\partial^2 \vartheta}{\partial u^2} + \frac{\partial^2 \vartheta}{\partial v^2} = 0$$

entsprechen, die Aufgabe, ihre unendlich kleinen Verbiegungen zu bestimmen, vollständig lösen, insbesondere für die geraden Konoide (§ 68) und für das Rotationsparaboloid (§ 71).

## § 163. Das konjugierte System, das bei einer unendlich kleinen Verbiegung konjugiert bleibt.

Wir betrachten zwei assoziierte Flächen $S$, $S_0$ und wählen als Parameterlinien auf $S_0$ die als reell vorausgesetzten Haupttangentenkurven $u$, $v$; die ihnen entsprechenden Kurven auf $S$ bilden ein konjugiertes System. Die charakteristische Funktion $\varphi$ für die entsprechende unendlich kleine Verbiegung der Fläche $S$ genügt (da $D = 0$, $D'' = 0$ ist) den beiden Gleichungen ((35), S. 140):

$$\frac{\partial^2 \varphi}{\partial u^2} = \begin{Bmatrix} 1\,1 \\ 1 \end{Bmatrix}' \frac{\partial \varphi}{\partial u} + \begin{Bmatrix} 1\,1 \\ 2 \end{Bmatrix}' \frac{\partial \varphi}{\partial v} - e\varphi,$$

$$\frac{\partial^2 \varphi}{\partial v^2} = \begin{Bmatrix} 2\,2 \\ 1 \end{Bmatrix}' \frac{\partial \varphi}{\partial u} + \begin{Bmatrix} 2\,2 \\ 2 \end{Bmatrix}' \frac{\partial \varphi}{\partial v} - g\varphi.$$

Nun sei $\bar{S}$ die bei derselben unendlich kleinen Verbiegung der Fläche $S$ durch Orthogonalität der Elemente entsprechende Fläche. Dann erhalten wir infolge der Gleichungen (6) die Beziehungen:

$$\frac{\partial \bar{x}}{\partial u} = \frac{D}{\sqrt{eg - f^2}} \left(\varphi \frac{\partial X}{\partial v} - X \frac{\partial \varphi}{\partial v}\right),$$

$$\frac{\partial \bar{x}}{\partial v} = \frac{D''}{\sqrt{eg - f^2}} \left(X \frac{\partial \varphi}{\partial u} - \varphi \frac{\partial X}{\partial u}\right).$$

Bilden wir

$$\frac{\partial^2 \bar{x}}{\partial u \partial v}$$

unter Berücksichtigung der Gleichungen (6*), S. 125:

$$\frac{\partial}{\partial v}\left(\frac{D}{\sqrt{eg - f^2}}\right) = -\begin{Bmatrix} 2\,2 \\ 2 \end{Bmatrix}' \frac{D}{\sqrt{eg - f^2}} - \begin{Bmatrix} 1\,1 \\ 2 \end{Bmatrix}' \frac{D''}{\sqrt{eg - f^2}},$$

$$\frac{\partial}{\partial u}\left(\frac{D''}{\sqrt{eg - f^2}}\right) = -\begin{Bmatrix} 2\,2 \\ 1 \end{Bmatrix}' \frac{D}{\sqrt{eg - f^2}} - \begin{Bmatrix} 1\,1 \\ 1 \end{Bmatrix}' \frac{D''}{\sqrt{eg - f^2}},$$

so ergibt sich:
$$\frac{\partial^2 \bar{x}}{\partial u \partial v} = -\left\{ \begin{matrix} 1\,1 \\ 2 \end{matrix} \right\}' \frac{D''}{D} \frac{\partial \bar{x}}{\partial u} - \left\{ \begin{matrix} 2\,2 \\ 1 \end{matrix} \right\}' \frac{D}{D''} \frac{\partial \bar{x}}{\partial v}.$$

Aber nach den Gleichungen (25), S. 134:
$$\left\{ \begin{matrix} 1\,2 \\ 1 \end{matrix} \right\} = -\left\{ \begin{matrix} 1\,1 \\ 2 \end{matrix} \right\}' \frac{D''}{D}, \quad \left\{ \begin{matrix} 1\,2 \\ 2 \end{matrix} \right\} = -\left\{ \begin{matrix} 2\,2 \\ 1 \end{matrix} \right\}' \frac{D}{D''}$$

kann diese Gleichung wie folgt geschrieben werden:
$$\frac{\partial^2 \bar{x}}{\partial u \partial v} = \left\{ \begin{matrix} 1\,2 \\ 1 \end{matrix} \right\} \frac{\partial \bar{x}}{\partial u} + \left\{ \begin{matrix} 1\,2 \\ 2 \end{matrix} \right\} \frac{\partial \bar{x}}{\partial v}.$$

Daraus ergibt sich, daß auch auf $\bar{S}$ das System $(u, v)$ konjugiert ist, und ferner, daß die Laplacesche Gleichung auf $\bar{S}$ dieselbe ist wie auf $S$. Des weiteren sehen wir, daß derselben Laplaceschen Gleichung:
$$\frac{\partial^2 \vartheta}{\partial u \partial v} = \left\{ \begin{matrix} 1\,2 \\ 1 \end{matrix} \right\} \frac{\partial \vartheta}{\partial u} + \left\{ \begin{matrix} 1\,2 \\ 2 \end{matrix} \right\} \frac{\partial \vartheta}{\partial v}$$

wegen der Identität (S. 294):
$$\sum \frac{\partial x}{\partial u} \frac{\partial \bar{x}}{\partial v} + \sum \frac{\partial x}{\partial v} \frac{\partial \bar{x}}{\partial u} = 0$$

auch der Ausdruck:
$$x\bar{x} + y\bar{y} + z\bar{z}$$

genügt. Wenn wir nun auf die S. 294 gegebene zweite endliche Fassung der Aufgabe der unendlich kleinen Verbiegungen zurückgehen und die beiden aufeinander abwickelbaren Flächen $\Sigma$, $\Sigma'$ betrachten, welche die Ortsflächen der Punkte:
$$\left.\begin{matrix} \xi = x + t\bar{x}, & \eta = y + t\bar{y}, & \zeta = z + t\bar{z} \\ \text{bez.} \\ \xi' = x - t\bar{x}, & \eta' = y - t\bar{y}, & \zeta' = z - t\bar{z} \end{matrix}\right\} (t = \text{Const.})$$

sind, so sehen wir, daß auch auf $\Sigma$ und $\Sigma'$ das System $(u, v)$ konjugiert ist und daß die Laplacesche Gleichung immer dieselbe bleibt. Von dieser ist außer $\xi$, $\eta$, $\zeta$; $\xi'$, $\eta'$, $\zeta'$ auch der Ausdruck:
$$(\xi^2 + \eta^2 + \zeta^2) - (\xi'^2 + \eta'^2 + \zeta'^2) = 4t(x\bar{x} + y\bar{y} + z\bar{z})$$

eine Lösung[1]).

---

1) Vgl. Koenigs, Comptes Rendus de l'Acad. des Sciences, 116. Bd., S. 569 (1893). Der Satz von Koenigs ergibt sich übrigens sofort daraus, daß für die zwei auf das gemeinsame konjugierte System bezogenen und aufeinander abwickelbaren Flächen die Laplacesche Gleichung dieselbe ist. Wenn
$$\varrho = \tfrac{1}{2}(\xi^2 + \eta^2 + \zeta^2), \quad \varrho' = \tfrac{1}{2}(\xi'^2 + \eta'^2 + \zeta'^2)$$
gesetzt wird, so folgt (§ 60, S. 116):
$$\varrho_{12} = F, \quad \varrho_{12}' = F.$$
Hieraus könnten wir umgekehrt die Ergebnisse des Textes folgern.

Insbesondere gilt dieses für einen unendlich kleinen Wert $\varepsilon$ von $t$, woraus sich der Satz ergibt:

Das konjugierte System auf einer Fläche $S$, das den Haupttangentenkurven der einer Fläche $S$ bei einer unendlich kleinen Verbiegung assoziierten Fläche $S_0$ entspricht, bleibt bei dieser Verbiegung konjugiert. Auf der Fläche $\bar{S}$, die der Fläche $S$ durch Orthogonalität der Elemente entspricht, entspricht diesem System wieder das homologe konjugierte System.

Betrachten wir umgekehrt bei einer unendlich kleinen Verbiegung einer Fläche $S$ dasjenige konjugierte System, welches bei der Verbiegung konjugiert bleibt[1]). Ihm entspricht auf der assoziierten Fläche $S_0$ das System der Haupttangentenkurven. Wir können also das Ergebnis so aussprechen:

Damit ein konjugiertes System auf $S$ bei einer unendlich kleinen Verbiegung von $S$ konjugiert bleibe, ist es notwendig und hinreichend, daß sein Gaußisches sphärisches Bild auch dasjenige der Haupttangentenkurven einer Fläche $S_0$ ist. Die Flächen $S$, $S_0$ sind dann bei dieser Verbiegung assoziiert.

Ist insbesondere das konjugierte System das der Krümmungslinien, so geht die soeben aufgestellte Bedingung in die über, daß das sphärische Bild der Krümmungslinien ein Isothermensystem sein muß. Die assoziierte Fläche $S_0$ ist dann eine Minimalfläche[2]).

## § 164. Eigenschaften von Flächen, die einander durch Orthogonalität der Elemente entsprechen.

Wir wollen nun einige Eigenschaften von Paaren einander durch Orthogonalität der Elemente entsprechender Flächen $S$, $\bar{S}$ entwickeln.

---

1) In jedem Falle, außer in demjenigen einer bloßen Bewegung (bei der offenbar jedes konjugierte System konjugiert bleibt), ist dieses System eindeutig bestimmt und sicher reell, wenn die Fläche, die verbogen wird, positives Krümmungsmaß hat. Bezeichnen wir nämlich mit $\delta D$, $\delta D'$, $\delta D''$ die Variationen von $D$, $D'$, $D''$ bei der Verbiegung, indem wir das gemeinsame konjugierte System als nicht eindeutig bestimmt voraussetzen, so muß die Proportion:

$$\delta D : \delta D' : \delta D'' = D : D' : D''$$

bestehen, und da ferner

$$\delta(DD'' - D'^2) = D\delta D'' + D''\delta D - 2D'\delta D' = 0$$

ist, während $DD'' - D'^2$ nicht gleich Null ist, so folgt daraus:

$$\delta D = \delta D' = \delta D'' = 0.$$

2) S. Weingarten, Sitzungsber. der Königl. Akad. d. Wissensch. zu Berlin, 28. Jan. 1886.

Wir setzen zunächst voraus, daß die Fläche $S$ positives Krümmungsmaß besitze, und wählen wie in § 162 als Parameterlinien $u, v$ auf $S$ ein isotherm-konjugiertes System. Die Gleichungen (19) können nun so geschrieben werden:

$$\frac{1}{\vartheta^2}\frac{\partial \bar{x}}{\partial u} = \frac{\partial}{\partial v}\left(\frac{\xi}{\vartheta}\right), \quad \frac{1}{\vartheta^2}\frac{\partial \bar{x}}{\partial v} = -\frac{\partial}{\partial u}\left(\frac{\xi}{\vartheta}\right).$$

Daraus folgt:

$$\frac{\partial}{\partial u}\left(\frac{1}{\vartheta^2}\frac{\partial \bar{x}}{\partial u}\right) + \frac{\partial}{\partial v}\left(\frac{1}{\vartheta^2}\frac{\partial \bar{x}}{\partial v}\right) = 0$$

oder:

$$\frac{\partial^2 \bar{x}}{\partial u^2} + \frac{\partial^2 \bar{x}}{\partial v^2} = 2\frac{\partial \log \vartheta}{\partial u}\frac{\partial \bar{x}}{\partial u} + 2\frac{\partial \log \vartheta}{\partial v}\frac{\partial \bar{x}}{\partial v}$$

nebst analogen Gleichungen in $\bar{y}$ und $\bar{z}$. Bezeichnen wir andrerseits mit $\overline{\begin{Bmatrix} rs \\ t \end{Bmatrix}}$ die Christoffelschen Symbole für die Fläche $\bar{S}$ und analog mit $\bar{D}$, $\bar{D}'$, $\bar{D}''$; $\bar{X}$, $\bar{Y}$, $\bar{Z}$ die Koeffizienten der zweiten Grundform und die Richtungskosinus der Normale von $\bar{S}$, so haben wir infolge der Grundgleichungen (I), § 47, S. 88:

$$\frac{\partial^2 \bar{x}}{\partial u^2} + \frac{\partial^2 \bar{x}}{\partial v^2} = \left(\overline{\begin{Bmatrix} 11 \\ 1 \end{Bmatrix}} + \overline{\begin{Bmatrix} 22 \\ 1 \end{Bmatrix}}\right)\frac{\partial \bar{x}}{\partial u} + \left(\overline{\begin{Bmatrix} 11 \\ 2 \end{Bmatrix}} + \overline{\begin{Bmatrix} 22 \\ 2 \end{Bmatrix}}\right)\frac{\partial \bar{x}}{\partial v} + (\bar{D} + \bar{D}'')\bar{X},$$

dazu analoge Gleichungen in $\bar{y}$ und $\bar{z}$. Durch Vergleich dieser mit der obigen Gleichung ergibt sich:

$$\overline{\begin{Bmatrix} 11 \\ 1 \end{Bmatrix}} + \overline{\begin{Bmatrix} 22 \\ 1 \end{Bmatrix}} = \frac{\partial \log \vartheta^2}{\partial u}, \quad \overline{\begin{Bmatrix} 11 \\ 2 \end{Bmatrix}} + \overline{\begin{Bmatrix} 22 \\ 2 \end{Bmatrix}} = \frac{\partial \log \vartheta^2}{\partial v},$$

$$\bar{D} + \bar{D}'' = 0.$$

Die letzte dieser Gleichungen besagt, daß $\bar{D}$ und $\bar{D}''$ einander gleich, aber dem Vorzeichen nach entgegengesetzt sind, woraus folgt: Einer Fläche $S$ mit positivem Krümmungsmaß entsprechen durch Orthogonalität der Elemente nur Flächen $\bar{S}$ mit negativem Krümmungsmaß[1]).

Wie im Falle von Paaren assoziierter Flächen (§ 161), so ist auch hier leicht einzusehen, daß einer Fläche $S$ mit negativem Krümmungsmaß durch Orthogonalität der Elemente Flächen sowohl mit positivem wie mit negativem Krümmungsmaß entsprechen.

Zweitens setzen wir voraus, daß die Fläche $S$ ein negatives Krümmungsmaß besitze, und wählen die Haupttangentenkurven als Parameter-

---

1) Die Fläche $\bar{S}$ kann nur dann die Krümmung Null besitzen, wenn $\bar{D} = 0$, $\bar{D}' = 0$, $\bar{D}'' = 0$ ist, und geht dann in eine Ebene über (vgl. § 158).

linien $u$, $v$. Die Gleichungen (15), § 162, S. 302, können dann folgendermaßen geschrieben werden:

$$\frac{1}{\vartheta^2}\frac{\partial \bar{x}}{\partial u} = -\frac{\partial}{\partial u}\left(\frac{\xi}{\vartheta}\right), \quad \frac{1}{\vartheta^2}\frac{\partial \bar{x}}{\partial v} = \frac{\partial}{\partial v}\left(\frac{\xi}{\vartheta}\right).$$

**Daraus** folgt:

$$\frac{\partial}{\partial v}\left(\frac{1}{\vartheta^2}\frac{\partial \bar{x}}{\partial u}\right) + \frac{\partial}{\partial u}\left(\frac{1}{\vartheta^2}\frac{\partial \bar{x}}{\partial v}\right) = 0$$

**oder:**

$$\frac{\partial^2 \bar{x}}{\partial u \partial v} = \frac{\partial \log \vartheta}{\partial v}\frac{\partial \bar{x}}{\partial u} + \frac{\partial \log \vartheta}{\partial u}\frac{\partial \bar{x}}{\partial v}.$$

Also: Den Haupttangentenkurven einer Fläche $S$ mit negativem Krümmungsmaß entspricht auf jeder Fläche $\bar{S}$, die $S$ durch Orthogonalität der Elemente entspricht, ein konjugiertes System mit gleichen Invarianten.

Umgekehrt setzen wir nun voraus, daß es auf einer Fläche $\bar{S}$ ein konjugiertes System mit gleichen Invarianten gebe, für das also

$$\left\{\overline{\begin{matrix}1\,2\\1\end{matrix}}\right\} = \frac{\partial \log \vartheta}{\partial v}, \quad \left\{\overline{\begin{matrix}1\,2\\2\end{matrix}}\right\} = \frac{\partial \log \vartheta}{\partial u}$$

ist, wo $\vartheta$ eine passend gewählte Funktion von $u$, $v$ ist.

Werden $\xi$, $\eta$, $\zeta$ mittels Quadraturen aus den Gleichungen bestimmt:

$$\frac{\partial}{\partial u}\left(\frac{\xi}{\vartheta}\right) = -\frac{1}{\vartheta^2}\frac{\partial \bar{x}}{\partial u}, \quad \frac{\partial}{\partial v}\left(\frac{\xi}{\vartheta}\right) = \frac{1}{\vartheta^2}\frac{\partial \bar{x}}{\partial v},$$

$$\frac{\partial}{\partial u}\left(\frac{\eta}{\vartheta}\right) = -\frac{1}{\vartheta^2}\frac{\partial \bar{y}}{\partial u}, \quad \frac{\partial}{\partial v}\left(\frac{\eta}{\vartheta}\right) = \frac{1}{\vartheta^2}\frac{\partial \bar{y}}{\partial v},$$

$$\frac{\partial}{\partial u}\left(\frac{\zeta}{\vartheta}\right) = -\frac{1}{\vartheta^2}\frac{\partial \bar{z}}{\partial u}, \quad \frac{\partial}{\partial v}\left(\frac{\zeta}{\vartheta}\right) = \frac{1}{\vartheta^2}\frac{\partial \bar{z}}{\partial v},$$

so sind diese Größen Lösungen der nachstehenden Gleichung für $\Theta$:

$$\frac{\partial^2 \Theta}{\partial u \partial v} = \left(\frac{\partial^2 \log \vartheta}{\partial u \partial v} + \frac{1}{\vartheta^2}\frac{\partial \vartheta}{\partial u}\frac{\partial \vartheta}{\partial v}\right)\Theta.$$

Folglich (§ 68, S. 132) bestimmen die Lelieuvreschen Formeln:

$$\frac{\partial x}{\partial u} = -\begin{vmatrix} \eta & \zeta \\ \frac{\partial \eta}{\partial u} & \frac{\partial \zeta}{\partial u} \end{vmatrix}, \quad \frac{\partial x}{\partial v} = \begin{vmatrix} \eta & \zeta \\ \frac{\partial \eta}{\partial v} & \frac{\partial \zeta}{\partial v} \end{vmatrix} \text{ usw.}$$

eine Fläche $S$, auf der die Kurven $u$, $v$ die Haupttangentenkurven sind und die durch Orthogonalität der Elemente der Fläche $\bar{S}$ entspricht. Wir sehen also, daß die Frage nach den unendlich kleinen Verbiegungen einer Fläche $\bar{S}$ gleichbedeutend ist mit der Bestimmung der konjugierten Systeme mit gleichen Invarianten auf $\bar{S}$.

## § 165. Die Ribaucourschen Strahlensysteme.

Ribaucour hat zuerst eine wichtige Klasse von Strahlensystemen untersucht, zu denen wir in der folgenden Weise gelangen:

Es seien $S$, $\bar{S}$ zwei Flächen, die einander durch Orthogonalität der Elemente entsprechen. Ziehen wir durch die Punkte der einen von ihnen, sagen wir $\bar{S}$, Strahlen parallel den Normalen in den entsprechenden Punkten von $S$, so erhalten wir ein Strahlensystem der erwähnten Art.

Diese Strahlensysteme bezeichnen wir als Ribaucoursche Strahlensysteme und die Fläche $S$, deren Normalen den Strahlen parallel sind, als erzeugende Fläche.

Wir wenden nun die allgemeinen Gleichungen des Kap. X auf die in Rede stehenden Ribaucourschen Systeme an. Berücksichtigen wir zu diesem Zwecke die Gleichungen (6), § 159, S. 296:

$$\frac{\partial \bar{x}}{\partial u} = \frac{\left(D\frac{\partial X}{\partial v} - D'\frac{\partial X}{\partial u}\right)\varphi + \left(D'\frac{\partial \varphi}{\partial u} - D\frac{\partial \varphi}{\partial v}\right)X}{\sqrt{eg-f^2}},$$

$$\frac{\partial \bar{x}}{\partial v} = \frac{\left(D'\frac{\partial X}{\partial v} - D''\frac{\partial X}{\partial u}\right)\varphi + \left(D''\frac{\partial \varphi}{\partial u} - D'\frac{\partial \varphi}{\partial v}\right)X}{\sqrt{eg-f^2}},$$

und setzen wir in den Kummerschen Bezeichnungen (S. 263):

$$\bar{e} = \sum \frac{\partial \bar{x}}{\partial u}\frac{\partial X}{\partial u}, \quad \bar{f} = \sum \frac{\partial \bar{x}}{\partial v}\frac{\partial X}{\partial u}, \quad \bar{f}' = \sum \frac{\partial \bar{x}}{\partial u}\frac{\partial X}{\partial v}, \quad \bar{g} = \sum \frac{\partial \bar{x}}{\partial v}\frac{\partial X}{\partial v},$$

so finden wir:

$$\bar{e} = \frac{fD - eD'}{\sqrt{eg-f^2}}\varphi, \quad \bar{f} = \frac{fD' - eD''}{\sqrt{eg-f^2}}\varphi, \quad \bar{f}' = \frac{gD - fD'}{\sqrt{eg-f^2}}\varphi,$$

$$\bar{g} = \frac{gD' - fD''}{\sqrt{eg-f^2}}\varphi.$$

Die Gleichungen (B), S. 269, und (D), S. 271, die bezüglich die Abszissen der Grenz- und Brennpunkte bestimmen, lauten hier[1]):

$$(20) \qquad \begin{cases} r^2 = \dfrac{(r_1 - r_2)^2}{4}\varphi^2, \\ \varrho^2 = -r_1 r_2 \varphi^2, \end{cases}$$

1) Beim Einsetzen in die angeführten Gleichungen (B), (D) müssen die in denselben mit $E$, $F$, $G$; $e$, $f$, $f'$, $g$ bezeichneten Größen bezüglich durch $e$, $f$, $g$; $\bar{e}$, $\bar{f}$, $\bar{f}'$, $\bar{g}$ ersetzt werden.

wenn mit $r_1$, $r_2$ die Hauptkrümmungsradien der erzeugenden Fläche $S$ bezeichnet werden[1]).

Die Gleichung (C), S. 270, welche die abwickelbaren Flächen des Strahlensystems bestimmt, wird hier:

$$(21)\qquad D du^2 + 2D' du dv + D'' dv^2 = 0.$$

Wir haben also das Ergebnis:

Bei jedem Ribaucourschen Strahlensystem ist die Ausgangsfläche $\bar{S}$, welche durch Orthogonalität der Elemente der erzeugenden Fläche $S$ entspricht, die Mittelfläche des Strahlensystems. Die abwickelbaren Flächen des Strahlensystems entsprechen den Haupttangentenkurven der erzeugenden Fläche $S$ und schneiden folglich (§ 164) die Mittelfläche $\bar{S}$ in einem konjugierten System mit gleichen Invarianten.

## § 166. Sätze über Ribaucoursche Strahlensysteme.

Die eben erwähnte Eigenschaft der Ribaucourschen Strahlensysteme, daß nämlich ihre abwickelbaren Flächen die Mittelfläche in einem konjugierten System schneiden, ist für diese Strahlensysteme charakteristisch, denn es besteht der Satz:

Jedes Strahlensystem, dessen abwickelbare Flächen die Mittelfläche in einem konjugierten System schneiden, ist ein Ribaucoursches Strahlensystem.

Zum Beweise stellen wir die folgenden von Guichard herrührenden Betrachtungen an: Wir gehen zu den Gleichungen (27), S. 282, zurück, aus denen sich die Koordinaten $x$, $y$, $z$ des Mittelpunktes ergeben:

$$(22)\qquad \begin{cases} \dfrac{\partial x}{\partial u} = \left[\dfrac{\partial \varrho}{\partial u} + 2\begin{Bmatrix}1\,2\\2\end{Bmatrix}\varrho\right]X - \varrho\dfrac{\partial X}{\partial u}, \\ \dfrac{\partial x}{\partial v} = -\left[\dfrac{\partial \varrho}{\partial v} + 2\begin{Bmatrix}1\,2\\1\end{Bmatrix}\varrho\right]X + \varrho\dfrac{\partial X}{\partial v}, \end{cases}$$

worin $\varrho$ eine Lösung der Gleichung (28), S. 282:

$$(23)\qquad \frac{\partial^2 \varrho}{\partial u \partial v} + \begin{Bmatrix}1\,2\\1\end{Bmatrix}\frac{\partial \varrho}{\partial u} + \begin{Bmatrix}1\,2\\2\end{Bmatrix}\frac{\partial \varrho}{\partial v} + \left[\frac{\partial}{\partial u}\begin{Bmatrix}1\,2\\1\end{Bmatrix} + \frac{\partial}{\partial v}\begin{Bmatrix}1\,2\\2\end{Bmatrix} + f\right]\varrho = 0$$

---

1) Um die Richtigkeit der Gleichungen des Textes nachzuweisen, berücksichtige man die folgenden (S. 125, (8)):

$$r_1 + r_2 = \frac{2fD' - eD'' - gD}{eg - f^2}, \quad r_1 r_2 = \frac{DD'' - D'^2}{eg - f^2}.$$

bedeutet. Wir bringen nun die Eigenschaft zum Ausdruck, daß auf der Mittelfläche $S$ die Spuren $u$, $v$ der abwickelbaren Flächen des Strahlensystems ein konjugiertes System bilden. Hierzu ist notwendig und hinreichend, daß es zwei solche Funktionen $P$, $Q$ von $u$, $v$ gibt, daß $x$, $y$, $z$ Lösungen derselben Laplaceschen Gleichung:

$$\frac{\partial^2 \vartheta}{\partial u \partial v} = P\frac{\partial \vartheta}{\partial u} + Q\frac{\partial \vartheta}{\partial v} \tag{24}$$

sind. Bilden wir nun wirklich $\frac{\partial^2 x}{\partial u \partial v}$ aus einer der Gleichungen (22), wobei wir (23) und die Gleichung (S. 123, (4)):

$$\frac{\partial^2 X}{\partial u \partial v} = \left\{ {12 \atop 1} \right\} \frac{\partial X}{\partial u} + \left\{ {12 \atop 2} \right\} \frac{\partial X}{\partial v} - fX$$

berücksichtigen, so erhalten wir:

$$\frac{\partial^2 x}{\partial u \partial v} = -\left[\frac{\partial \varrho}{\partial v} + \left\{ {12 \atop 1} \right\} \varrho\right] \frac{\partial X}{\partial u} + \left[\frac{\partial \varrho}{\partial u} + \left\{ {12 \atop 2} \right\} \varrho\right] \frac{\partial X}{\partial v} +$$
$$+ \left[\left(\frac{\partial}{\partial v}\left\{ {12 \atop 2} \right\} - \frac{\partial}{\partial u}\left\{ {12 \atop 1} \right\}\right)\varrho + \left\{ {12 \atop 2} \right\} \frac{\partial \varrho}{\partial v} - \left\{ {12 \atop 1} \right\} \frac{\partial \varrho}{\partial u}\right] X;$$

analoge Gleichungen bestehen für $y$ und $z$. Die Funktionen $P$ und $Q$ sind also durch die Gleichungen:

$$P = \left\{ {12 \atop 1} \right\} + \frac{1}{\varrho}\frac{\partial \varrho}{\partial v}, \quad Q = \left\{ {12 \atop 2} \right\} + \frac{1}{\varrho}\frac{\partial \varrho}{\partial u} \tag{25}$$

bestimmt und müssen noch der weiteren Bedingung:

$$P\left[\frac{\partial \varrho}{\partial u} + 2\left\{ {12 \atop 2} \right\} \varrho\right] - Q\left[\frac{\partial \varrho}{\partial v} + 2\left\{ {12 \atop 1} \right\} \varrho\right] =$$
$$= \left[\frac{\partial}{\partial v}\left\{ {12 \atop 2} \right\} - \frac{\partial}{\partial u}\left\{ {12 \atop 1} \right\}\right]\varrho + \left\{ {12 \atop 2} \right\} \frac{\partial \varrho}{\partial v} - \left\{ {12 \atop 1} \right\} \frac{\partial \varrho}{\partial u}$$

genügen, die sich für die Werte (25) von $P$ und $Q$ auf

$$\frac{\partial}{\partial u}\left\{ {12 \atop 1} \right\} = \frac{\partial}{\partial v}\left\{ {12 \atop 2} \right\} \tag{26}$$

reduziert. Diese Gleichung besagt, daß die sphärischen Bilder der Developpabeln des Strahlensystems auch die Bilder der Haupttangentenkurven einer Fläche sind (§ 65, S. 126). Auf diese Weise eben ist Guichard zu dem Satze gelangt:

Damit die Developpabeln eines Strahlensystems die Mittelfläche $S$ in einem konjugierten System schneiden, ist es notwendig und hinreichend, daß ihre sphärischen Bilder auch die Bilder der Haupttangentenkurven einer Fläche $\overline{S}$ sind.

Nun ist ferner leicht einzusehen, daß diese Fläche $\overline{S}$ durch Orthogonalität der Elemente der Mittelfläche $S$ des Strahlensystems entspricht, das demnach ein Ribaucoursches ist. Bezeichnen wir nämlich mit

$$K = -\frac{1}{R^2}$$

das Krümmungsmaß von $\bar{S}$, so gelten die Gleichungen (§ 65, S. 126, (10)):

$$\frac{\partial \log R}{\partial u} = -2\begin{Bmatrix} 1\,2 \\ 2 \end{Bmatrix}, \quad \frac{\partial \log R}{\partial v} = -2\begin{Bmatrix} 1\,2 \\ 1 \end{Bmatrix},$$

und für die Koordinaten $\bar{x}, \bar{y}, \bar{z}$ eines Punktes von $\bar{S}$ ist (S. 126, (13)):

$$\frac{\partial \bar{x}}{\partial u} = \frac{R}{\sqrt{eg - f^2}}\left(f\frac{\partial X}{\partial u} - e\frac{\partial X}{\partial v}\right),$$

$$\frac{\partial \bar{x}}{\partial v} = \frac{R}{\sqrt{eg - f^2}}\left(f\frac{\partial X}{\partial v} - g\frac{\partial X}{\partial u}\right) \text{ usw.}$$

Diese Gleichungen ergeben, mit den Gleichungen (22) kombiniert:

$$\sum \frac{\partial x}{\partial u}\frac{\partial \bar{x}}{\partial u} = 0, \quad \sum \frac{\partial x}{\partial v}\frac{\partial \bar{x}}{\partial v} = 0, \quad \sum \frac{\partial x}{\partial u}\frac{\partial \bar{x}}{\partial v} + \sum \frac{\partial x}{\partial v}\frac{\partial \bar{x}}{\partial u} = 0$$

und beweisen dadurch eben, daß $S$ und $\bar{S}$ einander durch Orthogonalität der Elemente entsprechen[1]).

## § 167. Besondere Klassen von Ribaucourschen Strahlensystemen.

Wir wollen nun einige besondere Klassen von Ribaucourschen Strahlensystemen betrachten.

Es gehören hierher die isotropen Kongruenzen (§ 144, S. 268). Man sieht nämlich sofort ein, daß die isotropen Kongruenzen diejenigen speziellen Ribaucourschen Kongruenzen sind, deren erzeugende Fläche eine Kugel ist.

Ihre analytische Darstellung ergibt sich am einfachsten, wenn man berücksichtigt, daß die Haupttangentenkurven der Mittelfläche einer isotropen Kongruenz reell sind (§ 164) und einem konjugierten System mit gleichen Invarianten, d. h. einem Isothermensystem auf der Kugel entsprechen. Gehen wir umgekehrt von einem beliebigen Isothermensystem auf der Kugel aus, so finden wir aus den Gleichungen zum Schlusse des § 164, S. 308, mittels Quadraturen die allgemeinste isotrope Kongruenz oder, was auf dasselbe hinauskommt, die allgemeinste unendlich kleine Verbiegung der Kugel.

---

1) Wir sehen, daß die am Schlusse des vorigen Paragraphen angeführte Eigenschaft, daß das konjugierte System $(u, v)$ auf der Mittelfläche eines Ribaucourschen Strahlensystems gleiche Invarianten besitzt, auch sofort aus der Gleichung (25) folgt, da $\frac{\partial P}{\partial v} = \frac{\partial Q}{\partial u}$ ist.

Die Guichardschen Strahlensysteme (§ 157, S. 290), deren abwickelbare Flächen dieselben sphärischen Bilder wie die Haupttangentenkurven einer pseudosphärischen Fläche haben, können nun offenbar als Ribaucoursche Strahlensysteme mit pseudosphärischer Erzeugungsfläche definiert werden.

Wir wollen nun untersuchen, ob es Ribaucoursche Normalensysteme gibt. Die sphärischen Bilder ihrer abwickelbaren Flächen bilden in diesem Falle ein Orthogonalsystem, und da dasselbe auch das Bild der Haupttangentenkurven der erzeugenden Fläche sein muß, so ist folglich diese eine Minimalfläche. Die Bilder der Krümmungslinien der zu den Kongruenzstrahlen normalen Flächen bilden ein Isothermensystem. Umgekehrt bilden die Normalen einer Fläche, bei der die Bilder der Krümmungslinien ein Isothermensystem sind, ein Ribaucoursches Strahlensystem.

Endlich bemerken wir, daß es unter denjenigen Ribaucourschen Strahlensystemen, die eine gegebene Fläche $S$ zur Erzeugenden haben, unendlich viele gibt, deren Mittelfläche eine Ebene ist.

Um sie alle zu erhalten, brauchen wir nur wie folgt zu verfahren (§ 158, S. 293, Anmerkung): Wir projizieren alle Punkte von $S$ orthogonal auf eine Ebene $\pi$, drehen das ebene Bild der Fläche um einen rechten Winkel um einen festen Punkt der Ebene und ziehen durch die Punkte des neuen Bildes Parallele zu den Normalen von $S$. Ist insbesondere die Fläche $S$ eine Minimalfläche, so ist das auf diese Weise erhaltene Strahlensystem nach dem soeben Gesagten ein Normalensystem; die zu den Strahlen normalen Flächen sind in diesem Falle die Bonnetschen Flächen, bei denen die zwischen den beiden Krümmungsmittelpunkten in der Mitte gelegenen Punkte in einer Ebene liegen.

Aus diesen Betrachtungen folgt, daß bei einer orthogonalen Projektion der Haupttangentenkurven einer beliebigen Fläche auf eine Ebene ein ebenes System mit gleichen Invarianten entsteht und daß umgekehrt jedes derartige ebene System die Orthogonalprojektion der Haupttangentenkurven einer gewissen Fläche ist[1]).

---

1) Koenigs, Comptes Rend. de l'Acad. d. Sciences, 114. Bd., S. 55. Der von Koenigs angegebene Satz ist insofern allgemeiner, als er sich auf eine beliebige Zentralprojektion der Haupttangentenkurven bezieht. Er folgt sofort aus dem im Texte betrachteten Spezialfall, wenn man berücksichtigt, daß bei projektiven Transformationen die Haupttangentenkurven und die konjugierten Systeme mit gleichen Invarianten in ebensolche Kurven bzw. Systeme übergehen.

## § 168. Kurzer Abriß einer zweiten Methode, die Aufgabe der unendlich kleinen Verbiegungen zu behandeln.

Wir schließen dieses erste Kapitel über die unendlich kleinen Verbiegungen mit der kurzen Entwicklung einer zweiten Methode, diese Aufgabe zu behandeln, welche sich unmittelbar aus den allgemeinen Sätzen in Kap. IV ergibt. Die Fläche $S$, deren unendlich kleine Verbiegungen wir bestimmen wollen, denken wir uns durch die beiden Grundformen (§ 48, Kap. IV):

$$E du^2 + 2F du dv + G dv^2,$$

$$D du^2 + 2D' du dv + D'' dv^2$$

definiert. Bei jeder unendlich kleinen Verbiegung von $S$ bleibt die erste Form ungeändert; die Koeffizienten der zweiten erfahren unendlich kleine Änderungen, die wir mit

$$\delta D = \varepsilon d, \quad \delta D' = \varepsilon d', \quad \delta D'' = \varepsilon d''$$

bezeichnen wollen, wo $\varepsilon$ eine unendlich kleine Konstante ist und $d$, $d'$, $d''$ drei näher zu bestimmende Funktionen von $u$ und $v$ sind. Sobald $d$, $d'$, $d''$ bekannt sind, erfordert die Bestimmung der entsprechenden unendlich kleinen Verbiegung nur noch Quadraturen. Nun ergeben sich die notwendigen und hinreichenden Bedingungen, denen die Unbekannten $d$, $d'$, $d''$ genügen müssen, unmittelbar durch Variation der Gaußischen Gleichung (III) und der Codazzischen Gleichungen (IV), § 48, S. 90. Sie lauten:

$$D'' d - 2D' d' + D d'' = 0, \tag{27}$$

$$\left\{\begin{aligned} &\frac{\partial d}{\partial v} - \frac{\partial d'}{\partial u} - \begin{Bmatrix} 1\,2 \\ 1 \end{Bmatrix} d + \left[\begin{Bmatrix} 1\,1 \\ 1 \end{Bmatrix} - \begin{Bmatrix} 1\,2 \\ 2 \end{Bmatrix}\right] d' + \begin{Bmatrix} 1\,1 \\ 2 \end{Bmatrix} d'' = 0, \\ &\frac{\partial d''}{\partial u} - \frac{\partial d'}{\partial v} + \begin{Bmatrix} 2\,2 \\ 1 \end{Bmatrix} d + \left[\begin{Bmatrix} 2\,2 \\ 2 \end{Bmatrix} - \begin{Bmatrix} 1\,2 \\ 1 \end{Bmatrix}\right] d' - \begin{Bmatrix} 1\,2 \\ 2 \end{Bmatrix} d'' = 0 \end{aligned}\right. \tag{28}$$ [1]).

Die Gleichungen (28) lassen sich auch in die zweite Form der Codazzischen Gleichungen (IV*), § 48, S. 91, bringen:

---

1) Hieraus folgt sofort wieder, daß die Frage nach den unendlich kleinen Verbiegungen der Kugel mit der Bestimmung der Minimalflächen gleichbedeutend ist. Ist nämlich $S$ eine Kugel, so sind $D$, $D'$, $D''$ proportional $E$, $F$, $G$, und jedes Wertsystem, welches den Gleichungen (27) und (28) genügt, gibt die Koeffizienten der zweiten Grundform einer Minimalfläche.

$$(28^*)\quad \begin{cases} \dfrac{\partial}{\partial v}\left(\dfrac{d}{\sqrt{EG-F^2}}\right)-\dfrac{\partial}{\partial u}\left(\dfrac{d'}{\sqrt{EG-F^2}}\right)+\left\{ {22 \atop 2} \right\}\dfrac{d}{\sqrt{EG-F^2}}- \\ \qquad -2\left\{ {12 \atop 2} \right\}\dfrac{d'}{\sqrt{EG-F^2}}+\left\{ {11 \atop 2} \right\}\dfrac{d''}{\sqrt{EG-F^2}}=0, \\ \dfrac{\partial}{\partial u}\left(\dfrac{d''}{\sqrt{EG-F^2}}\right)-\dfrac{\partial}{\partial v}\left(\dfrac{d'}{\sqrt{EG-F^2}}\right)+\left\{ {22 \atop 1} \right\}\dfrac{d}{\sqrt{EG-F^2}}- \\ \qquad -2\left\{ {12 \atop 1} \right\}\dfrac{d'}{\sqrt{EG-F^2}}+\left\{ {11 \atop 1} \right\}\dfrac{d''}{\sqrt{EG-F^2}}=0. \end{cases}$$

Bezeichnen wir mit $\bar{x}$, $\bar{y}$, $\bar{z}$ die Koordinaten eines Punktes der assoziierten Fläche $\bar{S}$, so läßt sich leicht beweisen, daß $\bar{x}$, $\bar{y}$, $\bar{z}$ durch Quadraturen aus den Formeln:

$$(29)\quad \begin{cases} \dfrac{\partial \bar{x}}{\partial u}=\dfrac{d'}{\sqrt{EG-F^2}}\dfrac{\partial x}{\partial u}-\dfrac{d}{\sqrt{EG-F^2}}\dfrac{\partial x}{\partial v}, \\ \dfrac{\partial \bar{x}}{\partial v}=\dfrac{d''}{\sqrt{EG-F^2}}\dfrac{\partial x}{\partial u}-\dfrac{d'}{\sqrt{EG-F^2}}\dfrac{\partial x}{\partial v}, \end{cases}$$

sowie den analogen für $\bar{y}$, $\bar{z}$, zu berechnen sind. Hieraus findet man die Verschiebungsfunktion

$$\varphi=\sum X\bar{x}$$

und die unendlich kleine Verbiegung selbst allein durch Quadraturen, wie oben (S. 313) behauptet wurde.

Diese allgemeinen Entwicklungen wollen wir nun auf einige Beispiele anwenden.

Erstens behandeln wir nach dieser Methode wieder die schon in § 163 beantwortete Frage: *Ist es möglich, eine Fläche $S$ einer solchen unendlich kleinen Verbiegung zu unterwerfen, daß ein ursprünglich konjugiertes System $(u, v)$ konjugiert bleibt?*

Wählen wir dieses System $(u, v)$ als Parametersystem, so haben wir der Voraussetzung zufolge:

$$D'=0,\quad d'=0.$$

Also ergibt Gleichung (27):

$$d=\lambda D,\quad d''=-\lambda D'',$$

wo $\lambda$ einen geeigneten Faktor bedeutet. Werden diese Werte in den Gleichungen (28) eingesetzt und wird dabei berücksichtigt, daß $D$ und $D''$ den Gleichungen (S. 133, (21)):

$$\frac{\partial D}{\partial v}=\left\{ {12 \atop 1} \right\}D-\left\{ {11 \atop 1} \right\}D'',$$

$$\frac{\partial D''}{\partial u}=\left\{ {12 \atop 2} \right\}D''-\left\{ {22 \atop 1} \right\}D$$

genügen, so ergibt sich:

$$\frac{\partial \log \lambda}{\partial u} = \frac{2D}{D''}\begin{Bmatrix}2\,2\\1\end{Bmatrix}, \quad \frac{\partial \log \lambda}{\partial v} = \frac{2D''}{D}\begin{Bmatrix}1\,1\\2\end{Bmatrix}$$

oder infolge der Gleichungen (25), § 69, S. 134:

$$\frac{\partial \log \lambda}{\partial u} = -2\begin{Bmatrix}1\,2\\2\end{Bmatrix}', \quad \frac{\partial \log \lambda}{\partial v} = -2\begin{Bmatrix}1\,2\\1\end{Bmatrix}',$$

wo die Symbole $\begin{Bmatrix}1\,2\\1\end{Bmatrix}'$, $\begin{Bmatrix}1\,2\\2\end{Bmatrix}'$ für das Linienelement der Kugel berechnet sind.

Die fragliche Verbiegung ist demnach möglich, wenn

$$\frac{\partial}{\partial u}\begin{Bmatrix}1\,2\\1\end{Bmatrix}' = \frac{\partial}{\partial v}\begin{Bmatrix}1\,2\\2\end{Bmatrix}'$$

ist, was wieder den Satz in § 163 liefert.

## § 169. Anwendungen der zweiten Methode.

Zweitens untersuchen wir, ob es möglich ist, eine Fläche unendlich wenig so zu verbiegen, daß ihre Hauptkrümmungsradien sich nicht ändern. Da sich ja bei jeder Verbiegung die Totalkrümmung nicht ändert, so braucht nur die Bedingung, daß sich auch die mittlere Krümmung nicht ändern soll, hinzugefügt zu werden. Werden die Krümmungslinien als Parameterlinien gewählt, so lautet die soeben angegebene Bedingung (nach S. 104, (18)):

$$Ed'' + Gd = 0.$$

Sie liefert, mit (27) (vgl. S. 101, (14)):

$$\frac{E}{r_2}d'' + \frac{G}{r_1}d = 0$$

kombiniert, und unter Ausschluß des Falles der Kugel die Gleichungen:

$$d = d'' = 0.$$

Aus den Gleichungen (28*) ergibt sich sodann:

$$\frac{\partial}{\partial u}\log\left(\frac{d'}{\sqrt{EG-F^2}}\right) = -2\begin{Bmatrix}1\,2\\2\end{Bmatrix},$$

$$\frac{\partial}{\partial v}\log\left(\frac{d'}{\sqrt{EG-F^2}}\right) = -2\begin{Bmatrix}1\,2\\1\end{Bmatrix},$$

und als notwendige und hinreichende Bedingung für die gesuchte Verbiegung erhalten wir:

$$\frac{\partial}{\partial u}\begin{Bmatrix}1\,2\\1\end{Bmatrix} = \frac{\partial}{\partial v}\begin{Bmatrix}1\,2\\2\end{Bmatrix}$$

oder mit Rücksicht darauf, daß $F = 0$ ist:

$$\frac{\partial^2 \log\left(\frac{E}{G}\right)}{\partial u \, \partial v} = 0.$$

Dieses besagt nach S. 71, daß die Krümmungslinien $u$, $v$ ein Isothermensystem bilden. Wir haben also den von Weingarten angegebenen Satz: Damit eine Fläche einer unendlich kleinen Verbiegung unterworfen werden kann, bei der sich ihre Hauptkrümmungsradien nicht ändern, ist es notwendig und hinreichend, daß ihre Krümmungslinien ein Isothermensystem bilden.

Schließlich wollen wir noch die Frage nach den unendlich kleinen Verbiegungen einer beliebigen Linienfläche $S$ nach dieser Methode behandeln.

Als Parameterlinien auf $S$ wählen wir die Erzeugenden $v$ und die Haupttangentenkurven $u$ der zweiten Schar und haben dann

$$D = D'' = 0, \quad \begin{Bmatrix} 1\,1 \\ 2 \end{Bmatrix} = 0.$$

Gleichung (27) ergibt: $d' = 0$, und die Gleichungen (28) gehen über in:

$$\frac{\partial d}{\partial v} = \begin{Bmatrix} 1\,2 \\ 1 \end{Bmatrix} d,$$

$$\frac{\partial d''}{\partial u} = \begin{Bmatrix} 1\,2 \\ 2 \end{Bmatrix} d'' - \begin{Bmatrix} 2\,2 \\ 1 \end{Bmatrix} d.$$

Dieses System läßt sich offenbar durch Quadraturen integrieren. Da aber die Bestimmung der Haupttangentenkurven der zweiten Schar einer Linienfläche im allgemeinen die Integration einer Riccatischen Differentialgleichung (nach § 120, S. 227) erfordert, so haben wir: Die Bestimmung der unendlich kleinen Verbiegungen einer beliebigen Linienfläche läßt sich auf die Integration der Riccatischen Differentialgleichung ihrer Haupttangentenkurven und darauffolgende Quadraturen zurückführen.

Sind insbesondere die Haupttangentenkurven der Linienfläche bekannt, so werden also alle unendlich kleinen Verbiegungen der Fläche durch Quadraturen bestimmt.

# Kapitel XII.

## $W$-Strahlensysteme.

Moutards Satz über die Laplaceschen Gleichungen von der Form: $\frac{\partial^2 \vartheta}{\partial u \partial v} = M\vartheta$. — W-Strahlensysteme, d. h. Strahlensysteme, auf deren Brennmänteln die Haupttangentenkurven einander entsprechen. — Ihre Ableitung aus den unendlich kleinen Verbiegungen der Brennfläche. — Verallgemeinerung des Halphenschen Satzes. — $W$-Normalensysteme, die der Gleichung: $\frac{\partial^2 \vartheta}{\partial u \partial v} = 0$ oder: $\frac{\partial^2 \vartheta}{\partial u^2} + \frac{\partial^2 \vartheta}{\partial v^2} = 0$ entsprechen. — Sätze von Darboux über diejenigen $W$-Flächen, deren Hauptkrümmungsradien durch die Gleichung: $r_2 - r_1 = \frac{1}{k} \sin\left[k(r_1 + r_2)\right]$ verbunden sind. — Bestimmung aller auf das Rotationsparaboloid abwickelbaren Flächen. — $W$-Strahlensysteme, deren Brennmäntel in entsprechenden Punkten gleiches Krümmungsmaß haben. — Sätze von Cosserat über die assoziierten Flächen dieser Brennflächen.

---

### § 170. Moutards Satz über die Laplaceschen Gleichungen von der Form: $\frac{\partial^2 \vartheta}{\partial u \partial v} = M\vartheta$.

In diesem zweiten den unendlich kleinen Verbiegungen gewidmeten Kapitel werden wir uns speziell mit einer neuen Klasse von Strahlensystemen beschäftigen, die mit diesen Verbiegungen in engem Zusammenhange stehen. Sie ergeben sich am einfachsten aus der geometrischen Deutung des Moutardschen Satzes über Differentialgleichungen von der Form:

$$\frac{\partial^2 \vartheta}{\partial u \partial v} = M\vartheta, \quad \frac{\partial^2 \vartheta}{\partial u^2} + \frac{\partial^2 \vartheta}{\partial v^2} = M\vartheta,$$

von denen ja, wie wir gesehen haben, die Aufgabe der unendlich kleinen Verbiegungen abhängt.

Zu diesem Zwecke leiten wir zunächst kurz das schöne Ergebnis Moutards ab.

Ist $\vartheta$ eine beliebige Lösung der Gleichung:

$$(1) \qquad \frac{\partial^2 \vartheta}{\partial u \partial v} = M\vartheta$$

und $R$ eine bestimmte partikuläre Lösung derselben, so daß

$$\frac{\partial^2 R}{\partial u\,\partial v} = MR \tag{2}$$

ist, so ergibt sich infolge von (1) und (2):

$$\frac{\partial}{\partial v}\begin{vmatrix} \vartheta & R \\ \frac{\partial \vartheta}{\partial u} & \frac{\partial R}{\partial u} \end{vmatrix} + \frac{\partial}{\partial u}\begin{vmatrix} \vartheta & R \\ \frac{\partial \vartheta}{\partial v} & \frac{\partial R}{\partial v} \end{vmatrix} = 0.$$

Bezeichnen wir daher mit $\psi$ eine geeignete Funktion von $u$ und $v$, so können wir setzen:

$$\frac{\partial \psi}{\partial u} = \begin{vmatrix} \vartheta & R \\ \frac{\partial \vartheta}{\partial u} & \frac{\partial R}{\partial u} \end{vmatrix}, \quad \frac{\partial \psi}{\partial v} = -\begin{vmatrix} \vartheta & R \\ \frac{\partial \vartheta}{\partial v} & \frac{\partial R}{\partial v} \end{vmatrix}. \tag{3}$$

Schreiben wir diese Gleichungen in der Form:

$$\frac{1}{R^2}\frac{\partial \psi}{\partial u} = -\frac{\partial}{\partial u}\left(\frac{\vartheta}{R}\right), \quad \frac{1}{R^2}\frac{\partial \psi}{\partial v} = \frac{\partial}{\partial v}\left(\frac{\vartheta}{R}\right),$$

so sehen wir, daß $\psi$ seinerseits der Laplaceschen Gleichung:

$$\frac{\partial}{\partial u}\left(\frac{1}{R^2}\frac{\partial \psi}{\partial v}\right) + \frac{\partial}{\partial v}\left(\frac{1}{R^2}\frac{\partial \psi}{\partial u}\right) = 0$$

genügt. Führen wir statt der unbekannten Funktion $\psi$ eine andere, $\vartheta_1$, ein, indem wir

$$\psi = R\vartheta_1$$

setzen, so nimmt obige Gleichung wieder die Moutardsche Form (1) an; sie wird nämlich:

$$\frac{\partial^2 \vartheta_1}{\partial u\,\partial v} = M_1 \vartheta_1, \tag{1*}$$

wo

$$M_1 = R\frac{\partial^2}{\partial u\,\partial v}\left(\frac{1}{R}\right) \tag{4}$$

ist.

Wir bezeichnen nun die Gleichung (1*) als die mittels der partikulären Lösung $R$ gebildete Moutardsche Transformierte der Gleichung (1). Infolge der Gleichung (4) ist klar, daß der reziproke Wert von $R$ eine partikuläre Lösung der Gleichung (1*) ist, so daß die Gleichung (1) wieder die mittels der partikulären Lösung $\frac{1}{R}$ gebildete Moutardsche Transformierte der Gleichung (1*) ist. Die beiden Aufgaben, die Gleichungen (1) und (1*) zu integrieren, sind äquivalent, da nach dem Vorstehenden zwischen ihren allgemeinen Lösungen $\vartheta$ und $\vartheta_1$ die Beziehungen:

$$\frac{\partial (R\vartheta_1)}{\partial u} = -R^2\frac{\partial}{\partial u}\left(\frac{\vartheta}{R}\right), \quad \frac{\partial (R\vartheta_1)}{\partial v} = R^2\frac{\partial}{\partial v}\left(\frac{\vartheta}{R}\right) \tag{5}$$

bestehen, aus denen sich, wenn $\vartheta$ bekannt ist, mittels Quadraturen $\vartheta_1$ ergibt, und umgekehrt.

Wir wollen auch die entsprechenden Gleichungen für die Gleichung:

$$\frac{\partial^2 \vartheta}{\partial u^2} + \frac{\partial^2 \vartheta}{\partial v^2} = M\vartheta \tag{6}$$

entwickeln, die übrigens in die Gleichung (1) übergeht, wenn $u + iv$ und $u - iv$ als unabhängige Veränderliche gewählt werden. Ist $R$ eine partikuläre Lösung von (6) und setzen wir:

$$M_1 = R\left[\frac{\partial^2}{\partial u^2}\left(\frac{1}{R}\right) + \frac{\partial^2}{\partial v^2}\left(\frac{1}{R}\right)\right], \tag{7}$$

so ist die Integration der Gleichung (6) äquivalent mit der Integration der nachstehenden Transformierten:

$$\frac{\partial^2 \vartheta_1}{\partial u^2} + \frac{\partial^2 \vartheta_1}{\partial v^2} = M_1 \vartheta_1, \tag{6*}$$

in Anbetracht der Gleichungen:

$$\frac{\partial (R\vartheta_1)}{\partial u} = R^2 \frac{\partial}{\partial v}\left(\frac{\vartheta}{R}\right), \quad \frac{\partial (R\vartheta_1)}{\partial v} = -R^2 \frac{\partial}{\partial u}\left(\frac{\vartheta}{R}\right). \tag{8}$$

## § 171. Geometrische Deutung des Moutardschen Satzes.

Mit Hilfe der Lelieuvreschen Formeln und der Formeln für unendlich kleine Verbiegungen können wir dem Moutardschen Satze eine bemerkenswerte geometrische Deutung geben. Es seien $\xi$, $\eta$, $\zeta$ drei partikuläre Lösungen der Gleichung (1), $R$ eine vierte Lösung. Wir betrachten nun die Fläche $S$, die durch die Lelieuvreschen Formeln:

$$\frac{\partial x}{\partial u} = -\begin{vmatrix} \eta & \zeta \\ \frac{\partial \eta}{\partial u} & \frac{\partial \zeta}{\partial u} \end{vmatrix}, \quad \frac{\partial x}{\partial v} = \begin{vmatrix} \eta & \zeta \\ \frac{\partial \eta}{\partial v} & \frac{\partial \zeta}{\partial v} \end{vmatrix} \quad \text{usw.} \tag{9}$$

definiert ist, und die von ihr unendlich wenig verschiedene Biegungsfläche, die der neuen Lösung entspricht. Sie ist durch die Gleichungen (15), § 162, S. 302:

$$\frac{\partial \bar{x}}{\partial u} = \begin{vmatrix} \xi & R \\ \frac{\partial \xi}{\partial u} & \frac{\partial R}{\partial u} \end{vmatrix}, \quad \frac{\partial \bar{x}}{\partial v} = -\begin{vmatrix} \xi & R \\ \frac{\partial \xi}{\partial v} & \frac{\partial R}{\partial v} \end{vmatrix} \quad \text{usw.}$$

definiert, welche die Koordinaten $\bar{x}$, $\bar{y}$, $\bar{z}$ eines Punktes der Fläche $\bar{S}$ angeben, die der Fläche $S$ durch Orthogonalität der Elemente entspricht. Wird

$$\bar{x} = R\xi_1, \quad \bar{y} = R\eta_1, \quad \bar{z} = R\zeta_1 \tag{10}$$

gesetzt, so sind $\xi_1$, $\eta_1$, $\zeta_1$ zufolge (5) drei durch Moutardsche Transformation aus $\xi$, $\eta$, $\zeta$ hervorgegangene partikuläre Lösungen der Gleichung (1*). Wir konstruieren nun wieder mittels der Lelieuvreschen Formeln eine auf ihre Haupttangentenkurven $u$, $v$ bezogene Fläche $S_1$, die bis auf eine Translation durch die Gleichungen:

$$(11)\qquad \frac{\partial x_1}{\partial u} = -\begin{vmatrix} \eta_1 & \zeta_1 \\ \frac{\partial \eta_1}{\partial u} & \frac{\partial \zeta_1}{\partial u} \end{vmatrix}, \quad \frac{\partial x_1}{\partial v} = \begin{vmatrix} \eta_1 & \zeta_1 \\ \frac{\partial \eta_1}{\partial v} & \frac{\partial \zeta_1}{\partial v} \end{vmatrix}$$

und analoge in $y_1$ und $z_1$ definiert ist.

Verfügen wir über die additiven Konstanten in $x_1$, $y_1$, $z_1$ in geeigneter Weise, so können wir beweisen, daß die Fläche $S_1$ in eine solche Lage im Raume gebracht werden kann, daß sie und $S$ zusammen die beiden Mäntel der Brennfläche eines Strahlensystems sind, dessen Strahlen die beiden Flächen in entsprechenden Punkten berühren.

Aus den Gleichungen (9) und (11) folgern wir nämlich:

$$(12)\qquad \frac{\partial (x_1 - x)}{\partial u} = \begin{vmatrix} \eta & \zeta \\ \frac{\partial \eta}{\partial u} & \frac{\partial \zeta}{\partial u} \end{vmatrix} - \begin{vmatrix} \eta_1 & \zeta_1 \\ \frac{\partial \eta_1}{\partial u} & \frac{\partial \zeta_1}{\partial u} \end{vmatrix},$$

$$(12^*)\qquad \frac{\partial (x_1 - x)}{\partial v} = \begin{vmatrix} \eta_1 & \zeta_1 \\ \frac{\partial \eta_1}{\partial v} & \frac{\partial \zeta_1}{\partial v} \end{vmatrix} - \begin{vmatrix} \eta & \zeta \\ \frac{\partial \eta}{\partial v} & \frac{\partial \zeta}{\partial v} \end{vmatrix}.$$

Nun ergeben sich aus den Gleichungen (5) die folgenden:

$$(13)\qquad \begin{cases} R\frac{\partial(\xi_1 + \xi)}{\partial u} = (\xi - \xi_1)\frac{\partial R}{\partial u}, & R\frac{\partial(\eta_1 + \eta)}{\partial u} = (\eta - \eta_1)\frac{\partial R}{\partial u}, \\ & R\frac{\partial(\zeta_1 + \zeta)}{\partial u} = (\zeta - \zeta_1)\frac{\partial R}{\partial u}, \\ R\frac{\partial(\xi_1 - \xi)}{\partial v} = -(\xi + \xi_1)\frac{\partial R}{\partial v}, & R\frac{\partial(\eta_1 - \eta)}{\partial v} = -(\eta + \eta_1)\frac{\partial R}{\partial v}, \\ & R\frac{\partial(\zeta_1 - \zeta)}{\partial v} = -(\zeta + \zeta_1)\frac{\partial R}{\partial v}. \end{cases}$$

Daraus folgt:

$$\begin{vmatrix} \eta - \eta_1 & \zeta - \zeta_1 \\ \frac{\partial \eta}{\partial u} + \frac{\partial \eta_1}{\partial u} & \frac{\partial \zeta}{\partial u} + \frac{\partial \zeta_1}{\partial u} \end{vmatrix} = 0, \qquad \begin{vmatrix} \eta + \eta_1 & \zeta + \zeta_1 \\ \frac{\partial \eta_1}{\partial v} - \frac{\partial \eta}{\partial v} & \frac{\partial \zeta_1}{\partial v} - \frac{\partial \zeta}{\partial v} \end{vmatrix} = 0$$

nebst analogen Gleichungen, die sich durch zyklische Vertauschung ableiten lassen. Subtrahieren wir die letzten Gleichungen bezüglich von den Gleichungen (12) und (12*), so erhalten wir:

$$\frac{\partial(x_1 - x)}{\partial u} = \frac{\partial}{\partial u}\begin{vmatrix} \eta_1 & \zeta_1 \\ \eta & \zeta \end{vmatrix}, \quad \frac{\partial(x_1 - x)}{\partial v} = \frac{\partial}{\partial v}\begin{vmatrix} \eta_1 & \zeta_1 \\ \eta & \zeta \end{vmatrix} \quad \text{u. ä.}$$

Bei passender Verfügung über die additiven Konstanten in $x_1, y_1, z_1$ können wir also sofort setzen:

$$(14) \qquad x_1 = x + \begin{vmatrix} \eta_1 & \zeta_1 \\ \eta & \zeta \end{vmatrix}, \quad y_1 = y + \begin{vmatrix} \zeta_1 & \xi_1 \\ \zeta & \xi \end{vmatrix}, \quad z_1 = z + \begin{vmatrix} \xi_1 & \eta_1 \\ \xi & \eta \end{vmatrix}.$$

Betrachten wir nun die durch diese Gleichungen bestimmte Fläche $S_1$ in ihrer Beziehung zur Fläche $S$, so beweisen die Gleichungen:

$$\xi\,(x_1 - x) + \eta\,(y_1 - y) + \zeta\,(z_1 - z) = 0,$$

$$\xi_1(x_1 - x) + \eta_1(y_1 - y) + \zeta_1(z_1 - z) = 0,$$

da $\xi, \eta, \zeta$ den Richtungskosinus der Normale von $S$, $\xi_1, \eta_1, \zeta_1$ denjenigen der Normale von $S_1$ proportional sind, daß die Gerade, die zwei entsprechende Punkte $F$ und $F_1$, $(x, y, z)$ und $(x_1, y_1, z_1)$, von $S$ und $S_1$ verbindet, in $F$ die Fläche $S$ und in $F_1$ die Fläche $S_1$ berührt. Ferner gilt der wichtige Satz: Auf den beiden Mänteln $S$, $S_1$ der Brennfläche dieses Strahlensystems entsprechen einander die Haupttangentenkurven oder, was auf dasselbe hinauskommt, die konjugierten Systeme.

## § 172. $W$-Strahlensysteme.

Diejenigen Strahlensysteme, auf deren Brennmänteln die Haupttangentenkurven (oder die konjugierten Systeme) einander entsprechen, mögen $W$-Strahlensysteme heißen, in Analogie mit dem Falle der Normalensysteme dieser Art, wo die zu den Strahlen normalen Flächen eben die in Kap. IX als $W$-Flächen bezeichneten Flächen sind.

Für eine Fläche $S$ mit positivem Krümmungsmaß können wir ohne Einführung imaginärer Größen Gleichungen ableiten, die den obigen vollkommen analog sind, wenn wir die Fläche auf ein isotherm-konjugiertes System beziehen (vgl. § 70, 71, S. 135—137).

Sind $\xi, \eta, \zeta$ drei Lösungen der Differentialgleichung:

$$(15) \qquad \frac{\partial^2 \vartheta}{\partial u^2} + \frac{\partial^2 \vartheta}{\partial v^2} = M\vartheta,$$

so ist die Fläche $S$ durch die Gleichungen:

$$(16) \qquad \frac{\partial x}{\partial u} = \begin{vmatrix} \eta & \zeta \\ \frac{\partial \eta}{\partial v} & \frac{\partial \zeta}{\partial v} \end{vmatrix}, \quad \frac{\partial x}{\partial v} = -\begin{vmatrix} \eta & \zeta \\ \frac{\partial \eta}{\partial u} & \frac{\partial \zeta}{\partial u} \end{vmatrix}$$

und die analogen in $y$ und $z$ bestimmt. Bedeutet $R$ eine vierte Lösung von (15), so definieren die Gleichungen (§ 162, S. 302, (19)):

$$\frac{\partial \bar{x}}{\partial u} = \begin{vmatrix} R & \xi \\ \frac{\partial R}{\partial v} & \frac{\partial \xi}{\partial v} \end{vmatrix}, \quad \frac{\partial \bar{x}}{\partial v} = -\begin{vmatrix} R & \xi \\ \frac{\partial R}{\partial u} & \frac{\partial \xi}{\partial u} \end{vmatrix} \quad \text{usw.}$$

eine unendlich kleine Verbiegung der Fläche $S$. Wird wieder

$$\bar{x} = R\xi_1, \quad \bar{y} = R\eta_1, \quad \bar{z} = R\zeta_1$$

gesetzt, so ist:

$$(17) \qquad \begin{cases} \frac{\partial}{\partial u}(R\xi_1) = \quad R\frac{\partial \xi}{\partial v} - \xi\frac{\partial R}{\partial v}, \\ \frac{\partial}{\partial v}(R\xi_1) = -R\frac{\partial \xi}{\partial u} + \xi\frac{\partial R}{\partial u}. \end{cases}$$

Es erhellt sofort, daß die Gleichungen (14) wieder ein $W$-System ergeben, denn da ja hier nach dem Obigen

$$\frac{\partial x_1}{\partial u} = -\begin{vmatrix} \eta_1 & \zeta_1 \\ \frac{\partial \eta_1}{\partial v} & \frac{\partial \zeta_1}{\partial v} \end{vmatrix}, \quad \frac{\partial x_1}{\partial v} = \begin{vmatrix} \eta_1 & \zeta_1 \\ \frac{\partial \eta_1}{\partial u} & \frac{\partial \zeta_1}{\partial u} \end{vmatrix} \quad \text{usw.}$$

ist, so entsprechen einander auf den beiden Brennmänteln $S$ und $S_1$ die konjugierten Systeme.

Beachten wir nun, daß infolge der Gleichungen (10) $\xi$, $\eta$, $\zeta$ den Komponenten $\bar{x}$, $\bar{y}$, $\bar{z}$ der Verschiebung, die der Punkt $F(x, y, z)$ bei der betreffenden unendlich kleinen Verbiegung von $S$ erfährt, proportional sind, so können wir unser Ergebnis in dem folgenden Satze aussprechen: Man betrachte eine beliebige unendlich kleine Verbiegung einer Fläche $S$ und ziehe durch jeden Punkt von $S$ in der Tangentialebene denjenigen Strahl, welcher auf der Richtung der Verschiebung, die der Punkt erfährt, senkrecht steht; dann ist das so konstruierte Strahlensystem ein $W$-System.

Dieser Satz erleidet natürlicherweise in einem Falle eine Ausnahme, wenn nämlich die angegebene Konstruktion anstatt eines Systems von $\infty^2$ Strahlen ein System von nur $\infty^1$ Strahlen liefert. Dieses tritt nur dann ein, wenn die Fläche $S$ eine Linienfläche ist und die Richtung der Verschiebung eines jeden Punktes bei der betreffenden Verbiegung auf der durch den Punkt gehenden Erzeugenden senkrecht steht. Es ließe sich leicht nachweisen, daß jede Linienfläche unendlich kleine Verbiegungen dieser Art gestattet.

## § 173. Ableitung aller $W$-Strahlensysteme aus unendlich kleinen Verbiegungen der Brennflächen.

Guichard, von dem die obigen Formeln für die $W$-Systeme herrühren, hat auch bemerkt, daß sie die allgemeinsten $W$-Systeme liefern. Wir wollen jetzt dieses wichtige Ergebnis beweisen, das wir auf Grund des obigen Satzes auch folgendermaßen aussprechen können:

Jeder Brennmantel eines $W$-Strahlensystems ist einer unendlich kleinen Verbiegung fähig, bei der die Verschiebung eines jeden Punktes parallel zur Normale in dem entsprechenden Punkte des anderen Mantels erfolgt.

Beim Beweise fassen wir den Fall ins Auge, in dem die Haupttangentenkurven $u$, $v$ auf beiden Mänteln $S$, $S_1$ reell sind, da sich der andere Fall ganz analog erledigt. Sind $(x, y, z)$, $(x_1, y_1, z_1)$ zwei entsprechende Punkte von $S$, $S_1$, so definieren wir die beiden Flächen durch die Lelieuvreschen Formeln:

$$(18)\qquad \frac{\partial x}{\partial u} = -\begin{vmatrix} \eta & \zeta \\ \frac{\partial \eta}{\partial u} & \frac{\partial \zeta}{\partial u} \end{vmatrix}, \quad \frac{\partial x}{\partial v} = +\begin{vmatrix} \eta & \zeta \\ \frac{\partial \eta}{\partial v} & \frac{\partial \zeta}{\partial v} \end{vmatrix},$$

$$(19)\qquad \frac{\partial x_1}{\partial u} = -\begin{vmatrix} \eta_1 & \zeta_1 \\ \frac{\partial \eta_1}{\partial u} & \frac{\partial \zeta_1}{\partial u} \end{vmatrix}, \quad \frac{\partial x_1}{\partial v} = +\begin{vmatrix} \eta_1 & \zeta_1 \\ \frac{\partial \eta_1}{\partial v} & \frac{\partial \zeta_1}{\partial v} \end{vmatrix} \text{ usw.},$$

wo $\xi, \eta, \zeta$; $\xi_1, \eta_1, \zeta_1$ den Richtungskosinus der Normalen von $S$ und $S_1$ in den beiden entsprechenden Punkten bezüglich proportional sind.

Wird

$$\xi^2 + \eta^2 + \zeta^2 = \varrho, \quad \xi_1^2 + \eta_1^2 + \zeta_1^2 = \varrho_1$$

gesetzt, so sind

$$(20)\qquad K = -\frac{1}{\varrho^2}, \quad K_1 = -\frac{1}{\varrho_1^2}$$

die Krümmungsmasse von $S$ und $S_1$ (nach S. 132).

Nach Voraussetzung ist:

$$\xi\,(x_1 - x) + \eta\,(y_1 - y) + \zeta\,(z_1 - z) = 0,$$

$$\xi_1(x_1 - x) + \eta_1(y_1 - y) + \zeta_1(z_1 - z) = 0;$$

wir können demnach, wenn wir mit $m$ einen geeigneten Proportionalitätsfaktor bezeichnen, setzen:

$$(21)\qquad x_1 - x = m\begin{vmatrix} \eta_1 & \zeta_1 \\ \eta & \zeta \end{vmatrix}, \quad y_1 - y = m\begin{vmatrix} \zeta_1 & \xi_1 \\ \zeta & \xi \end{vmatrix}, \quad z_1 - z = m\begin{vmatrix} \xi_1 & \eta_1 \\ \xi & \eta \end{vmatrix}.$$

Werden diese Gleichungen nach $u$ differenziert, die so entstandenen Gleichungen der Reihe nach mit $\xi, \eta, \zeta$, sodann mit $\xi_1, \eta_1, \zeta_1$ multipliziert und addiert, so ergibt sich:

$$(a)\qquad -\begin{vmatrix} \xi & \eta & \zeta \\ \xi_1 & \eta_1 & \zeta_1 \\ \frac{\partial \xi_1}{\partial u} & \frac{\partial \eta_1}{\partial u} & \frac{\partial \zeta_1}{\partial u} \end{vmatrix} = m \begin{vmatrix} \xi & \eta & \zeta \\ \xi_1 & \eta_1 & \zeta_1 \\ \frac{\partial \xi}{\partial u} & \frac{\partial \eta}{\partial u} & \frac{\partial \zeta}{\partial u} \end{vmatrix},$$

$$-\begin{vmatrix} \xi & \eta & \zeta \\ \xi_1 & \eta_1 & \zeta_1 \\ \frac{\partial \xi}{\partial u} & \frac{\partial \eta}{\partial u} & \frac{\partial \zeta}{\partial u} \end{vmatrix} = m \begin{vmatrix} \xi & \eta & \zeta \\ \xi_1 & \eta_1 & \zeta_1 \\ \frac{\partial \xi_1}{\partial u} & \frac{\partial \eta_1}{\partial u} & \frac{\partial \zeta_1}{\partial u} \end{vmatrix}.$$

Wird bezüglich $v$ ebenso verfahren, so folgt:

$$(b)\qquad \begin{vmatrix} \xi & \eta & \zeta \\ \xi_1 & \eta_1 & \zeta_1 \\ \frac{\partial \xi_1}{\partial v} & \frac{\partial \eta_1}{\partial v} & \frac{\partial \zeta_1}{\partial v} \end{vmatrix} = m \begin{vmatrix} \xi & \eta & \zeta \\ \xi_1 & \eta_1 & \zeta_1 \\ \frac{\partial \xi}{\partial v} & \frac{\partial \eta}{\partial v} & \frac{\partial \zeta}{\partial v} \end{vmatrix},$$

$$\begin{vmatrix} \xi & \eta & \zeta \\ \xi_1 & \eta_1 & \zeta_1 \\ \frac{\partial \xi}{\partial v} & \frac{\partial \eta}{\partial v} & \frac{\partial \zeta}{\partial v} \end{vmatrix} = m \begin{vmatrix} \xi & \eta & \zeta \\ \xi_1 & \eta_1 & \zeta_1 \\ \frac{\partial \xi_1}{\partial v} & \frac{\partial \eta_1}{\partial v} & \frac{\partial \zeta_1}{\partial v} \end{vmatrix}.$$

Nun können die beiden Determinanten:

$$\begin{vmatrix} \xi & \eta & \zeta \\ \xi_1 & \eta_1 & \zeta_1 \\ \frac{\partial \xi}{\partial u} & \frac{\partial \eta}{\partial u} & \frac{\partial \zeta}{\partial u} \end{vmatrix}, \qquad \begin{vmatrix} \xi & \eta & \zeta \\ \xi_1 & \eta_1 & \zeta_1 \\ \frac{\partial \xi}{\partial v} & \frac{\partial \eta}{\partial v} & \frac{\partial \zeta}{\partial v} \end{vmatrix}$$

nicht gleichzeitig gleich Null sein, denn sons wäre:

$$\xi_1 \frac{\partial x}{\partial u} + \eta_1 \frac{\partial y}{\partial u} + \zeta_1 \frac{\partial z}{\partial u} = 0,$$

$$\xi_1 \frac{\partial x}{\partial v} + \eta_1 \frac{\partial y}{\partial v} + \zeta_1 \frac{\partial z}{\partial v} = 0;$$

es bestände demnach die Proportion:

$$\xi_1 : \eta_1 : \zeta_1 = \xi : \eta : \zeta,$$

und weil die Normalen in entsprechenden Punkten von $S$, $S_1$ parallel sind, so würden die beiden Flächen zusammenfallen, was wir ausschließen. Die Gleichungen (a) und (b) ergeben folglich:

$$m^2 = 1,$$

und wir können ohne weiteres

$$m = 1$$

setzen, indem wir entgegengesetzten Falls die Zeichen von $\xi_1$, $\eta_1$, $\zeta_1$ ändern.

Wir erhalten demnach die Gleichungen:

$$(22)\qquad x_1 = x + \begin{vmatrix} \eta_1 & \zeta_1 \\ \eta & \zeta \end{vmatrix}, \quad y_1 = y + \begin{vmatrix} \zeta_1 & \xi_1 \\ \zeta & \xi \end{vmatrix}, \quad z_1 = z + \begin{vmatrix} \xi_1 & \eta_1 \\ \xi & \eta \end{vmatrix},$$

die nach $u$ und $v$ differenziert und unter Berücksichtigung der Gleichungen (18) und (19) die folgenden Proportionen liefern:

$$\frac{\partial(\xi+\xi_1)}{\partial u} : \frac{\partial(\eta+\eta_1)}{\partial u} : \frac{\partial(\zeta+\zeta_1)}{\partial u} = \xi - \xi_1 : \eta - \eta_1 : \zeta - \zeta_1,$$

$$\frac{\partial(\xi-\xi_1)}{\partial v} : \frac{\partial(\eta-\eta_1)}{\partial v} : \frac{\partial(\zeta-\zeta_1)}{\partial v} = \xi + \xi_1 : \eta + \eta_1 : \zeta + \zeta_1.$$

Bezeichnen wir also mit $\alpha$, $\beta$ zwei geeignete Funktionen von $u$ und $v$, so können wir setzen:

$$(23)\quad \begin{cases} \dfrac{\partial(\xi+\xi_1)}{\partial u} = \alpha(\xi-\xi_1), & \dfrac{\partial(\eta+\eta_1)}{\partial u} = \alpha(\eta-\eta_1), \quad \dfrac{\partial(\zeta+\zeta_1)}{\partial u} = \alpha(\zeta-\zeta_1), \\[2ex] \dfrac{\partial(\xi-\xi_1)}{\partial v} = \beta(\xi+\xi_1), & \dfrac{\partial(\eta-\eta_1)}{\partial v} = \beta(\eta+\eta_1), \quad \dfrac{\partial(\zeta-\zeta_1)}{\partial v} = \beta(\zeta+\zeta_1). \end{cases}$$

Wenn wir die ersten drei Gleichungen nach $v$, die drei letzten nach $u$ differenzieren, darauf entsprechende Gleichungen addieren und uns erinnern, daß $\xi$, $\eta$, $\zeta$ Lösungen ein und derselben Laplaceschen Gleichung:

$$(24)\qquad \frac{\partial^2\vartheta}{\partial u \partial v} = M\vartheta$$

sind, so erhalten wir:

$$\left(2M - 2\alpha\beta - \frac{\partial\alpha}{\partial v} - \frac{\partial\beta}{\partial u}\right)\xi = \left(\frac{\partial\alpha}{\partial v} - \frac{\partial\beta}{\partial u}\right)\xi_1,$$

$$\left(2M - 2\alpha\beta - \frac{\partial\alpha}{\partial v} - \frac{\partial\beta}{\partial u}\right)\eta = \left(\frac{\partial\alpha}{\partial v} - \frac{\partial\beta}{\partial u}\right)\eta_1,$$

$$\left(2M - 2\alpha\beta - \frac{\partial\alpha}{\partial v} - \frac{\partial\beta}{\partial u}\right)\zeta = \left(\frac{\partial\alpha}{\partial v} - \frac{\partial\beta}{\partial u}\right)\zeta_1.$$

Da die Proportion:

$$\xi_1 : \eta_1 : \zeta_1 = \xi : \eta : \zeta$$

unmöglich ist, so folgt:

$$\frac{\partial\alpha}{\partial v} - \frac{\partial\beta}{\partial u} = 0,$$

$$2M = 2\alpha\beta + \frac{\partial\alpha}{\partial v} + \frac{\partial\beta}{\partial u}.$$

Bezeichnen wir also mit $R$ eine neue Funktion von $u$ und $v$, so können wir

$$\alpha = \frac{\partial \log R}{\partial u}, \quad \beta = \frac{\partial \log R}{\partial v}$$

setzen. Weil nun die zweite der obigen Gleichungen in

$$\frac{\partial^2 R}{\partial u \partial v} = MR$$

übergeht, so ist hiermit bewiesen, daß $R$ eine Lösung der Gleichung (24) ist. Nun lassen sich die Gleichungen (23) auf die Gleichungen (13) des vorigen Paragraphen zurückführen, und der Satz ist somit bewiesen.

## § 174. Verallgemeinerung des Halphenschen Satzes.

Die obigen Gleichungen führen sofort zum Beweise des bereits in § 155, S. 287, erhaltenen Satzes, der die von Halphen für die $W$-Normalensysteme nachgewiesene Eigenschaft (§ 132, S. 250, (17)) auf alle $W$-Systeme ausdehnt.

Bezeichnen wir nämlich mit $\sigma$ den Winkel der beiden Brennebenen in einem $W$-System, dessen Brennmäntel $S$ und $S_1$ seien, so haben wir:

$$\xi\xi_1 + \eta\eta_1 + \zeta\zeta_1 = \sqrt{\varrho\varrho_1}\cos\sigma,$$

wo $\varrho$, $\varrho_1$ die durch die Gleichungen (20) gegebene Bedeutung haben. Daraus folgt wegen der Gleichungen (14):

$$(x_1 - x)^2 + (y_1 - y)^2 + (z_1 - z)^2 = \varrho\varrho_1 \sin^2\sigma,$$

und da nun

$$\delta = \sqrt{(x_1 - x)^2 + (y_1 - y)^2 + (z_1 - z)^2}$$

die Entfernung der beiden Brennpunkte und folglich

$$\frac{\delta}{\sin\sigma} = \sqrt{\varrho\varrho_1}$$

die Entfernung der Grenzpunkte angibt, so ergibt sich aus (20) die Gleichung:

$$(24) \qquad KK_1 = \left(\frac{\sin\sigma}{\delta}\right)^4$$

und hieraus der erwähnte Satz:

*Bei jedem $W$-Strahlensystem ist das Produkt der Krümmungsmasse der beiden Brennmäntel in zwei entsprechenden Punkten gleich dem reziproken Wert der vierten Potenz der Entfernung der Grenzpunkte.*

Die Ergebnisse der voraufgehenden Paragraphen liefern eine einfache geometrische Deutung für den Moutardschen Satz (S. 318, 319). Man lege nämlich eine Moutardsche Gleichung (1) vor, von der $R$ eine partikuläre Lösung sei, mittels deren (1) nach dem angegebenen Verfahren in die neue Gleichung (1*) transformiert wird. Bezeichnen wir mit $\xi$, $\eta$, $\zeta$ drei partikuläre Lösungen der Gleichung (1), so können wir nach den Lelieuvreschen Formeln (9) eine zugehörige, auf ihre Haupttangentenkurven $u, v$ bezogene Fläche $S$ konstruieren, für die Gleichung (1) die Gleichung der unendlich kleinen Verbiegungen ist. Entsprechend der gewählten Lösung $R$ haben wir, um von (1) zu (1*) zu gelangen, eine unendlich kleine Verbiegung der Fläche $S$, für die wir nach dem Satze auf S. 322 ein zugehöriges $W$-Strahlensystem konstruieren. Für den zweiten Brennmantel $S_1$ ist die Gleichung der unendlich kleinen Verbiegungen gerade die nach der Moutardschen Methode Transformierte (1*). Hieraus folgt: Für die beiden Brennmäntel eines $W$-Strahlensystems sind die Aufgaben, ihre unendlich kleinen Verbiegungen zu bestimmen, äquivalent.

Wir bemerken nun, daß jede projektive Raumtransformation ein $W$-System offenbar wieder in ein solches überführt, und da nun eben die Frage nach den unendlich kleinen Verbiegungen einer Fläche $S$ mit der Bestimmung derjenigen $W$-Systeme, für welche $S$ ein Brennmantel ist, zusammenfällt, so ergibt sich, daß, wenn alle unendlich kleinen Verbiegungen einer Fläche $S$ bekannt sind, das nämliche für alle durch projektive Transformation aus $S$ hervorgehenden Flächen gilt. Dieses folgt auch aus der Bemerkung in § 164, S. 307, nach der die genannte Aufgabe mit der Bestimmung der konjugierten Systeme mit gleichen Invarianten auf $S$ zusammenfällt; es gehen nämlich die konjugierten Systeme mit gleichen Invarianten bei projektiven Transformationen wieder in solche Systeme über.

## § 175. Neuer Beweis des Weingartenschen Satzes.

Wir wollen nun zeigen, wie auch der Weingartensche Satz über die Evolutenflächen der $W$-Flächen und seine Umkehrung aus dem Ribaucourschen Satze (§ 132, S. 249) und aus der allgemeinen, in den vorhergehenden Paragraphen für die $W$-Strahlensysteme angegebenen Konstruktion folgen. Hierzu schicken wir zunächst eine Untersuchung voraus, deren Ergebnisse uns sehr bald von Nutzen sein werden, indem wir uns die Frage stellen: Welche Flächen $S$ gestatten eine unendlich kleine Verbiegung in sich?

Da die Verschiebung eines jeden Punktes von $S$ tangential längs der Fläche erfolgt, so wählen wir als Kurven $u$ diejenigen, welche auf $S$ von diesen Richtungen umhüllt werden, und als Kurven $v$ ihre Orthogonaltrajektorien, so daß das Quadrat des Linienelements von $S$ durch

$$ds^2 = E du^2 + G dv^2$$

gegeben ist. Bezeichnen wir, wie in § 158, S. 293, mit

$$\varepsilon \bar{x}, \quad \varepsilon \bar{y}, \quad \varepsilon \bar{z}$$

die Komponenten der Verschiebung, so haben wir nach Voraussetzung:

$$\bar{x} = \frac{\lambda}{\sqrt{G}}\frac{\partial x}{\partial v}, \quad \bar{y} = \frac{\lambda}{\sqrt{G}}\frac{\partial y}{\partial v}, \quad \bar{z} = \frac{\lambda}{\sqrt{G}}\frac{\partial z}{\partial v},$$

worin $\lambda$ ein geeigneter Proportionalitätsfaktor ist. Nun liefern die Bedingungen (S. 294):

$$\sum \frac{\partial \bar{x}}{\partial u}\frac{\partial x}{\partial u} = 0, \quad \sum \frac{\partial \bar{x}}{\partial v}\frac{\partial x}{\partial v} = 0, \quad \sum \left(\frac{\partial \bar{x}}{\partial u}\frac{\partial x}{\partial v} + \frac{\partial \bar{x}}{\partial v}\frac{\partial x}{\partial u}\right) = 0$$

die Gleichungen:

$$\frac{\partial E}{\partial v} = 0, \quad \frac{\partial \lambda}{\partial v} = 0, \quad \frac{1}{\lambda}\frac{\partial \lambda}{\partial u} = \frac{1}{\sqrt{G}}\frac{\partial \sqrt{G}}{\partial u}.$$

Aus ihnen ergibt sich, daß

$$E = 1, \quad \lambda = \sqrt{G} = r$$

gesetzt werden kann, wo $r$ eine Funktion von $u$ allein ist. Daraus folgt: Die gesuchten Flächen sind ausschließlich die auf Rotationsflächen abwickelbaren Flächen.

Wird ferner der Wert der charakteristischen Weingartenschen Funktion (S. 295):

$$\varphi = \frac{1}{2r}\left(\sum \frac{\partial \bar{x}}{\partial v}\frac{\partial x}{\partial u} - \sum \frac{\partial \bar{x}}{\partial u}\frac{\partial x}{\partial v}\right)$$

berechnet, so ergibt sich sofort: $\varphi = -\frac{dr}{du}$[1]). Also: Für jede Fläche $S$, die auf eine Rotationsfläche mit dem Linienelementquadrat

$$ds^2 = du^2 + r^2 dv^2$$

abwickelbar ist, ist der Wert der charakteristischen Funktion $\varphi$, welche die Verschiebung der Fläche in sich angibt, proportional $\frac{dr}{du}$.

Nach dieser Vorbemerkung nehmen wir an, es liege eine $W$-Fläche vor, deren Normalen also ein $W$-System bilden. Nach dem Satze in § 173, S. 323, gestattet jeder Mantel der Evolutenfläche eine unendlich kleine Verbiegung in sich und ist deshalb auf eine Rotationsfläche abwickelbar (Weingartenscher Satz).

Umgekehrt, ist $S$ eine auf eine Rotationsfläche abwickelbare Fläche, so bilden die Tangenten der Biegungskurven der Meridiane nach dem Satze in § 172 ein $W$-(Normalen-)System, woraus die Umkehrung des Weingartenschen Satzes folgt.

---

1) Es ergibt sich nämlich: $\varphi = -\frac{1}{r}\sum \frac{\partial^2 x}{\partial u \partial v}\frac{\partial x}{\partial v}$ und durch Differentiation von: $G = \sum \left(\frac{\partial x}{\partial v}\right)^2 = r^2$ nach $u$: $\sum \frac{\partial^2 x}{\partial u \partial v}\frac{\partial x}{\partial v} = r\frac{dr}{du}$.

## § 176. $W$-Strahlensysteme, die der Gleichung: $\frac{\partial^2 \vartheta}{\partial u \partial v} = 0$ entsprechen.

Wir geben nun einige bemerkenswerte Beispiele von $W$-Strahlensystemen an, die uns zu wichtigen von Darboux[1]) herrührenden Ergebnissen führen.

Als Moutardsche Fundamentalgleichung wählen wir die Gleichung:

$$\frac{\partial^2 \vartheta}{\partial u \partial v} = 0 \tag{25}$$

und konstruieren mittels dreier partikulärer Lösungen:

$$\xi = f_1(u) + \varphi_1(v), \quad \eta = f_2(u) + \varphi_2(v), \quad \zeta = f_3(u) + \varphi_3(v) \tag{26}$$

nach den Lelieuvreschen Formeln:

$$\frac{\partial x}{\partial u} = - \begin{vmatrix} f_2(u) + \varphi_2(v) & f_3(u) + \varphi_3(v) \\ f_2'(u) & f_3'(u) \end{vmatrix},$$

$$\frac{\partial x}{\partial v} = \begin{vmatrix} f_2(u) + \varphi_2(v) & f_3(u) + \varphi_3(v) \\ \varphi_2'(v) & \varphi_3'(v) \end{vmatrix} \quad \text{usw.}$$

die entsprechende Fläche $S$, deren Haupttangentenkurven die Kurven $u$, $v$ sind. Auf die Gleichung (25) wenden wir die Moutardsche Transformation mittels der partikulären Lösung: $R = 1$ an, so daß die transformierte Gleichung mit (25) selbst übereinstimmt. Konstruieren wir nun nach den Gleichungen in § 171, S. 319, das entsprechende $W$-System, für das $S$ der eine Brennmantel ist, so ergibt sich aus den Gleichungen (13), S. 320, für den zweiten Mantel $S_1$:

$$\xi_1 = \varphi_1(v) - f_1(u), \quad \eta_1 = \varphi_2(v) - f_2(u), \quad \zeta_1 = \varphi_3(v) - f_3(u), \tag{26*}$$

und es ist folglich nach S. 321, (14):

$$x_1 = x + \begin{vmatrix} \varphi_2(v) - f_2(u) & \varphi_3(v) - f_3(u) \\ \varphi_2(v) + f_2(u) & \varphi_3(v) + f_3(u) \end{vmatrix} = x + 2 \begin{vmatrix} \varphi_2(v) & \varphi_3(v) \\ f_2(u) & f_3(u) \end{vmatrix},$$

$$y_1 = y + \begin{vmatrix} \varphi_3(v) - f_3(u) & \varphi_1(v) - f_1(u) \\ \varphi_3(v) + f_3(u) & \varphi_1(v) + f_1(u) \end{vmatrix} = y + 2 \begin{vmatrix} \varphi_3(v) & \varphi_1(v) \\ f_3(u) & f_1(u) \end{vmatrix},$$

$$z_1 = z + \begin{vmatrix} \varphi_1(v) - f_1(u) & \varphi_2(v) - f_2(u) \\ \varphi_1(v) + f_1(u) & \varphi_2(v) + f_2(u) \end{vmatrix} = z + 2 \begin{vmatrix} \varphi_1(v) & \varphi_2(v) \\ f_1(u) & f_2(u) \end{vmatrix}.$$

Wir bezeichnen nun mit $S_0$ die Mittelfläche dieses $W$-Systems und mit $x_0, y_0, z_0$ die Koordinaten jedes Strahlmittelpunkts. Aus den Gleichungen

$$x_0 = \frac{x_1 + x}{2}, \quad y_0 = \frac{y_1 + y}{2}, \quad z_0 = \frac{z_1 + z}{2}$$

---

1) Leçons, 3. Bd., S. 372 u. f.

und aus den vorstehenden folgt:

$$(27)\qquad \frac{\partial x_0}{\partial u} = -\begin{vmatrix} f_2(u) & f_3(u) \\ f_2'(u) & f_3'(u) \end{vmatrix}, \quad \frac{\partial x_0}{\partial v} = \begin{vmatrix} \varphi_2(v) & \varphi_3(v) \\ \varphi_2'(v) & \varphi_3'(v) \end{vmatrix}$$

nebst analogen Gleichungen für $y_0$ und $z_0$. Wie wir sehen, ist die Mittelfläche $S_0$ dieses $W$-Systems eine Translationsfläche, deren erzeugende Kurven die Kurven $u$, $v$ sind (§ 59, S. 111). Ferner erhellt sofort, daß $f_1, f_2, f_3$ den Richtungskosinus der Binormale der Kurve $v$ auf $S_0$ und $\varphi_1, \varphi_2, \varphi_3$ denjenigen der Binormale der Kurve $u$ proportional sind, woraus folgt, daß jeder durch einen Punkt $P$ von $S_0$ gehende Strahl des $W$-Systems die Schnittlinie der beiden Schmiegungsebenen der durch $P$ gehenden Kurven $u$, $v$ ist.

Umgekehrt legen wir nun eine beliebige Translationsfläche $S_0$ vor, die durch die Gleichungen

$$(28)\qquad x_0 = F_1(u) + \Phi_1(v), \quad y_0 = F_2(u) + \Phi_2(v), \quad z_0 = F_3(u) + \Phi_3(v)$$

bestimmt sei, und wollen beweisen, daß durch passende Wahl der Funktionen $f_1, f_2, f_3$; $\varphi_1, \varphi_2, \varphi_3$ die Gleichungen (27) in die Gleichungen (28) übergeführt werden können. Der Einfachheit halber wählen wir als Parameter $u$, $v$ auf $S_0$ die Bogen der Parameterlinien, d. h. wir setzen:

$$F_1'^2(u) + F_2'^2(u) + F_3'^2(u) = 1,$$
$$\Phi_1'^2(v) + \Phi_2'^2(v) + \Phi_3'^2(v) = 1.$$

Indem wir für die Kurven $u$, $v$ auf $S_0$ die üblichen Bezeichnungen aus der Kurvenlehre beibehalten und den betreffenden Ausdrücken den Index $u$ oder $v$ beifügen, je nachdem sie sich auf die Kurven $u =$ Const. oder $v =$ Const. beziehen, brauchen wir in der Tat nur

$$(29)\qquad \begin{cases} f_1 = \sqrt{T_v}\cos\lambda_v, & f_2 = \sqrt{T_v}\cos\mu_v, & f_3 = \sqrt{T_v}\cos\nu_v, \\ \varphi_1 = \sqrt{-T_u}\cos\lambda_u, & \varphi_2 = \sqrt{-T_u}\cos\mu_u, & \varphi_3 = \sqrt{-T_u}\cos\nu_u \end{cases}$$

zu setzen, damit die Gleichungen (28) und (29) zusammenfallen.

Wir haben demnach den Satz von Darboux: Wird durch jeden Punkt einer Translationsfläche $S_0$ die Schnittgerade der beiden Schmiegungsebenen der durch diesen Punkt hindurchgehenden erzeugenden Kurven gezogen, so entsteht ein $W$-Strahlensystem, auf dessen Brennmänteln die Haupttangentenkurven den erzeugenden Kurven von $S_0$ entsprechen.

Übrigens sehen wir, daß, wenn diese Konstruktion reell sein soll, die Torsionen der beiden erzeugenden Kurven dem Zeichen nach entgegengesetzt sein müssen.

## § 177. $W$-Normalsysteme, die der Gleichung: $\frac{\partial^2 \vartheta}{\partial u \partial v} = 0$ entsprechen.

Wir untersuchen nun, ob es unter den im Anschluß an den obigen Satz konstruierbaren $W$-Systemen Normalensysteme gibt. Hierzu ist notwendig und hinreichend, daß die beiden Brennebenen aufeinander senkrecht stehen, d. h. daß

$$\xi \xi_1 + \eta \eta_1 + \zeta \zeta_1 = 0$$

oder nach S. 329, (26) und (26*), daß

$$f_1^2(u) + f_2^2(u) + f_3^2(u) = \varphi_1^2(v) + \varphi_2^2(v) + \varphi_3^2(v)$$

ist. Daraus ergibt sich infolge der Gleichungen (29):

$$T_v = - T_u,$$

und da $T_v$ eine Funktion von $u$ allein, $T_u$ eine solche von $v$ allein ist, so haben wir das Ergebnis: Die gesuchten Translationsflächen sind diejenigen, deren erzeugende Kurven gleiche und dem Zeichen nach entgegengesetzte konstante Torsionen haben.

Wir wollen nun beweisen, daß die zu den Systemstrahlen orthogonalen Flächen diejenigen Weingartenschen Flächen (§ 139, S. 259) sind, deren Hauptkrümmungsradien durch die Beziehung:

$$k(r_2 - r_1) = \sin [k(r_2 + r_1)] \quad (k = \text{Const.})$$

verbunden sind. Hierzu bemerken wir, daß die beiden Brennmäntel der Moutardschen Gleichung:

$$\frac{\partial^2 \vartheta}{\partial u \partial v} = 0$$

entsprechen und daß $R = 1$ diejenige Lösung derselben ist, welche die Verschiebung der Fläche in sich ergibt. Demnach ist der zugehörige Wert der charakteristischen Weingartenschen Funktion infolge der Gleichungen in § 162, S. 301, durch

$$\varphi = \frac{1}{\sqrt{\varrho}}$$

gegeben, wenn $K = -\frac{1}{\varrho^2}$ das Krümmungsmaß des in Rede stehenden Mantels $S$ ist. Bezeichnen wir andrerseits mit

$$ds^2 = d\alpha^2 + r^2 d\beta^2$$

das Quadrat des auf die Biegungskurven der Meridiane und Parallelkreise bezogenen Linienelements von $S$, so ist infolge der Bemerkung in § 175, S. 328:

$$\varphi = k \frac{dr}{d\alpha},$$

und da nach S. 158, (13),

$$K = -\frac{1}{\varrho^2} = -\frac{1}{r}\frac{d^2 r}{d\alpha^2}$$

ist, so folgt daraus zur Bestimmung von $r$ als Funktion von $\alpha$ die Gleichung:

$$\frac{d^2 r}{d\alpha^2} = k^4 r \left(\frac{dr}{d\alpha}\right)^4$$

oder:

$$\frac{d}{d\alpha}\left(\frac{1}{\left(\frac{dr}{d\alpha}\right)^2}\right) = -2k^4 r \frac{dr}{d\alpha},$$

demnach:

$$\left(\frac{dr}{d\alpha}\right)^2 = \frac{1}{a^2 - k^4 r^2} \quad (a = \text{Const}).$$

Wir haben also:

$$ds^2 = (a^2 - k^4 r^2)\, dr^2 + r^2 d\beta^2.$$

Setzen wir:

$$k^2 r = a \sin\frac{\omega}{2},$$

so folgt hieraus:

$$ds^2 = \frac{a^4}{4k^4}\left(\cos^4\frac{\omega}{2}\, d\omega^2 + \frac{4}{a^2}\sin^2\frac{\omega}{2}\, d\beta^2\right)^{1)},$$

und dieses ist gerade der Ausdruck für das Quadrat des Linienelements, den wir in § 139, S. 259, für den einen Mantel der Evolutenflächen der angeführten $W$-Flächen gefunden haben.

Umgekehrt besitzt jede Fläche, auf der das Quadrat des Linienelements in die obige Form gebracht werden kann, als charakteristische Funktion für ihre Verschiebung in sich den Ausdruck:

$$\varphi = \frac{1}{\sqrt{\varrho}}.$$

Demnach ist $R = 1$ eine Lösung der entsprechenden Moutardschen Gleichung, die folglich die Form:

$$\frac{\partial^2 \vartheta}{\partial u \partial v} = 0$$

hat. Daraus schließen wir, daß die vorhin angegebene Konstruktion alle diejenigen $W$-Flächen liefert, für welche die sphärischen Bilder der Krümmungslinien konfokale Ellipsen und Hyperbeln sind. Wir haben somit den schönen Satz von Darboux abgeleitet:

Um alle diejenigen $W$-Flächen zu konstruieren, deren Hauptkrümmungsradien durch die Beziehung:

$$k(r_2 - r_1) = \sin[k(r_2 + r_1)]$$

---

1) Die direkte Ausrechnung dieser Gleichung bietet keine Schwierigkeit; wir verweisen jedoch in betreff des direkten Nachweises auf Darboux, a. a. O.

verbunden sind, betrachte man eine Translationsfläche $S_0$, deren erzeugende Kurven gleiche und entgegengesetzte konstante Torsionen haben. Durch jeden Punkt $P$ von $S_0$ ziehe man die Schnittgerade der beiden Schmiegungsebenen der durch $P$ gehenden erzeugenden Kurven. Dieses Strahlensystem ist ein Normalensystem, und seine Orthogonalflächen sind die allgemeinsten $W$-Flächen der obigen Art.

## § 178. $W$-Normalensysteme, die der Gleichung: $\frac{\partial^2\vartheta}{\partial u^2} + \frac{\partial^2\vartheta}{\partial v^2} = 0$ entsprechen.

Wir setzen zweitens die Gleichung:

$$\text{(A)} \qquad \frac{\partial^2\vartheta}{\partial u^2} + \frac{\partial^2\vartheta}{\partial v^2} = 0$$

an. Es seien $\xi, \eta, \zeta$ drei partikuläre Integrale, mit denen wir vermöge der Gleichungen:

$$\text{(30)} \qquad \frac{\partial x}{\partial u} = \begin{vmatrix} \eta & \zeta \\ \frac{\partial \eta}{\partial v} & \frac{\partial \zeta}{\partial v} \end{vmatrix}, \quad \frac{\partial x}{\partial v} = -\begin{vmatrix} \eta & \zeta \\ \frac{\partial \eta}{\partial u} & \frac{\partial \zeta}{\partial u} \end{vmatrix}$$

und der analogen in $y$ und $z$ eine Fläche $S$ konstruieren, auf der das System $u, v$ isotherm-konjugiert ist. Wir betrachten diejenige unendlich kleine Verbiegung dieser Fläche $S$, welche der Lösung $R = 1$ der Gleichung (A) entspricht, und konstruieren das zugehörige $W$-Strahlensystem. Der zweite Brennmantel $S_1$ ist durch die Gleichungen:

$$\text{(31)} \qquad x_1 = x + \begin{vmatrix} \eta_1 & \zeta_1 \\ \eta & \zeta \end{vmatrix}, \quad y_1 = y + \begin{vmatrix} \zeta_1 & \xi_1 \\ \zeta & \xi \end{vmatrix}, \quad z_1 = z + \begin{vmatrix} \xi_1 & \eta_1 \\ \xi & \eta \end{vmatrix} \quad \text{usw.}$$

definiert, wo $\xi_1, \eta_1, \zeta_1$ die zu $\xi, \eta, \zeta$ konjugierten Lösungen von (A) sind, die den Gleichungen (17), § 172, S. 322:

$$\frac{\partial \xi_1}{\partial u} = \frac{\partial \xi}{\partial v}, \quad \frac{\partial \xi_1}{\partial v} = -\frac{\partial \xi}{\partial u} \quad \text{usw.}$$

genügen. Die Koordinaten $x_0, y_0, z_0$ des Mittelpunktes eines Strahls dieses $W$-Systems genügen ebenfalls der Gleichung (A).

Um $W$-Normalensysteme dieser Art zu erhalten, brauchen wir nur die Bedingung:

$$\xi\xi_1 + \eta\eta_1 + \zeta\zeta_1 = 0$$

zu stellen, d. h.: Das durch die Gleichungen (30) und (31) definierte $W$-Strahlensystem ist ein Normalensystem, wenn die Summe der Quadrate der drei Funktionen der komplexen Variabeln $u + iv$

$$\xi_1 + i\xi, \quad \eta_1 + i\eta, \quad \zeta_1 + i\zeta$$

gleich einer reellen Konstanten, also wenn

(32) $$(\xi_1 + i\xi)^2 + (\eta_1 + i\eta)^2 + (\zeta_1 + i\zeta)^2 = a$$

ist.

Ist insbesondere $a = 0$, so ergibt sich:

$$\xi_1^2 + \eta_1^2 + \zeta_1^2 = \xi^2 + \eta^2 + \zeta^2,$$

d. h.:

$$K_1 = K$$[1]),

wenn $K, K_1$ die Krümmungsmasse der beiden Brennmäntel $S, S_1$ sind. Diese Tatsache, in Verbindung mit der Anmerkung zu § 133, S. 251, genügt bereits, um nachzuweisen, daß im Falle: $a = 0$ das $W$-System von den Normalen einer Minimalfläche gebildet wird, welche die Mittelfläche $S_0$ des Systems ist, und daß die Flächen $S, S_1$ nichts anderes sind als die Mäntel der Evolutenfläche der Minimalfläche $S_0$[2]).

Um für einen beliebigen Wert der Konstanten $a$ auf der rechten Seite der Gleichung (32) zu untersuchen, auf welche Rotationsfläche $S$ und analog $S_1$ abwickelbar ist, brauchen wir nur wie im vorigen Paragraphen zu verfahren, indem wir berücksichtigen, daß für unsere Fläche $S$ der Wert der charakteristischen Funktion, welche die Verschiebung der Fläche in sich angibt,

$$\varphi = \frac{1}{\sqrt{\varrho}}$$

ist, wenn $K = \frac{1}{\varrho^2}$ das Krümmungsmaß ist. Zur Bestimmung von $r$ als Funktion von $\alpha$ (§ 177, S. 332) haben wir also hier die Gleichung:

$$\frac{d^2 r}{d\alpha^2} = -k^4 r \left(\frac{dr}{d\alpha}\right)^4 \quad (k = \text{Const.}),$$

demnach ist:

$$\frac{1}{\left(\frac{dr}{d\alpha}\right)^2} = b + k^4 r^2 \quad (b = \text{Const.}),$$

und somit das Quadrat des Linienelements von $S$:

(33) $$ds^2 = (b + k^4 r^2)dr^2 + r^2 d\beta^2.$$

---

1) Wir sehen übrigens, daß, wenn wir, anstatt die Konstante $a$ auf der rechten Seite der Gleichung (32) gleich Null zu setzen, sie in dem entsprechenden $W$-System rein imaginär annähmen, die Mäntel der Brennfläche immer noch gleiches Krümmungsmaß haben würden.

2) Bei dieser Gelegenheit dürfte die Bemerkung am Platze sein, daß jedem Orthogonalsystem auf der Evolventenfläche $S_0$ auf den Mänteln $S, S_1$ der Evolutenfläche ein konjugiertes System, insbesondere jedem Isothermensystem auf $S_0$ ein isotherm-konjugiertes System auf $S, S_1$ entspricht. Diese Eigenschaft kommt, wie aus den Gleichungen in § 132 leicht ersichtlich ist, allen Flächen konstanter mittlerer Krümmung zu.

Umgekehrt ist für jede Fläche $S$, auf der das Quadrat des Linienelements in diese Form gebracht werden kann, der entsprechende Wert der charakteristischen Funktion $\varphi$ gleich $\frac{1}{\sqrt{\varrho}}$, und da die zugehörige Moutardsche Gleichung die Lösung: $R = 1$ besitzt, so lautet sie:

$$\frac{\partial^2 \vartheta}{\partial u^2} + \frac{\partial^2 \vartheta}{\partial v^2} = 0.$$

Wir sehen somit, daß unsere $W$-Strahlensysteme in ihren Brennflächen alle Flächen mit dem gegebenen Linienelement (33) liefern.

## § 179. Bestimmung aller auf das Rotationsparaboloid abwickelbaren Flächen.

Um nun über die Gestalt der Rotationsfläche, auf die $S$ abwickelbar ist, klar zu werden, müssen wir, je nach dem Vorzeichen von $b$ in der Gleichung (33), das, was wir sofort sehen werden, dem von $-a$ in der Gleichung (32) entspricht, verschiedene Fälle unterscheiden.

1) Ist $b = 0$, so wird das Quadrat des Linienelements (33)

$$ds^2 = du^2 + u\,d\beta^2$$

und gehört zu den Evolutenflächen der Minimalflächen (§ 139, S. 258, Anmerkung). Es ist dies derjenige Fall, welcher, wie wir bereits vorhin gesehen haben, durch den Wert $a = 0$ der Konstante in der Gleichung (32) charakterisiert wird.

2) Es sei $b > 0$. Dann können wir unbeschadet der Allgemeinheit

$$b = 1, \quad ds^2 = (1 + k^4 r^2)\,dr^2 + r^2\,d\beta^2$$

setzen, und die zugehörige Rotationsfläche ist das Rotationsparaboloid:

$$z = \psi(r) = \frac{k^2 r^2}{2}.$$

Setzen wir ferner unter Einführung einer Hilfsfunktion $\omega$

$$k^2 r = \sinh\frac{\omega}{2},$$

so folgt:

$$ds^2 = c^2\left(\cosh^4\frac{\omega}{2}\,d\omega^2 + \sinh^2\frac{\omega}{2}\,dv^2\right) \quad \left(c = \frac{1}{2k^2}\right). \tag{34}$$

Berechnen wir nun die Hauptkrümmungsradien $r_1, r_2$ der Evolventenfläche, so finden wir nach den Formeln in § 138, S. 257, ohne Schwierigkeit:

$$r_2 = c\,\frac{\omega - \sinh\omega}{2}, \quad r_1 = c\,\frac{\omega + \sinh\omega}{2}, \tag{35}$$

demnach (vgl. S. 253) für den zweiten Mantel $S_1$ den Ausdruck:

$$(34^*)\qquad ds_1^2 = c^2\left(\sinh^4\frac{\omega}{2}\,d\omega^2 + \cosh^2\frac{\omega}{2}\,dv^2\right),$$

der, wie sofort einleuchtet, dem Ausdruck (33) für das Quadrat des Linienelementes mit negativem $b$ entspricht.

Ferner ergeben sich für die zu (34), (34*) gehörigen Krümmungen $K, K_1$ nach S. 250, (16), die Ausdrücke:

$$K = \frac{1}{4c^2\cosh^4\frac{\omega}{2}}, \quad K_1 = \frac{1}{4c^2\sinh^4\frac{\omega}{2}}.$$

Es ist also:

$$\varrho = 2c\cosh^2\frac{\omega}{2}, \quad \varrho_1 = 2c\sinh^2\frac{\omega}{2},$$

$$\varrho - \varrho_1 = 2c > 0.$$

Daher hat die Konstante in der Gleichung (32), nämlich

$$a = (\xi_1^2 + \eta_1^2 + \zeta_1^2) - (\xi^2 + \eta^2 + \zeta^2) = \varrho_1 - \varrho,$$

einen negativen Wert.

Hieraus ist ersichtlich, daß der Fall: $b < 0$, welcher der Wahl eines positiven $a$ in der Gleichung (32) entspricht, nicht betrachtet zu werden braucht, und wir können das Ergebnis von Darboux in der folgenden Fassung aussprechen:

Sind $\xi_1 + i\xi$, $\eta_1 + i\eta$, $\zeta_1 + i\zeta$ drei solche beliebige Funktionen der komplexen Veränderlichen $u + iv$, die durch die Gleichung:

$$(\mathrm{B})\qquad (\xi_1 + i\xi)^2 + (\eta_1 + i\eta)^2 + (\zeta_1 + i\zeta)^2 = \mathrm{Const.}$$

verbunden sind, so liefern die Gleichungen (30) mittels Quadraturen die allgemeinsten auf das Rotationsparaboloid abwickelbaren Flächen, wenn die reelle Konstante auf der rechten Seite von (B) negativ ist, andernfalls ihre Ergänzungsflächen. Ist ferner diese Konstante gleich Null, so ergeben sich aus den Gleichungen (30) alle Evolutenflächen der Minimalflächen

Schließlich bemerken wir, daß das Quadrat des Linienelements der Kugel, bezogen auf die sphärischen Bilder der Krümmungslinien der Evolventenfläche, die charakteristische Form (§ 138, S. 257):

$$(36)\qquad ds'^2 = \frac{du^2}{\sinh^2\frac{\omega}{2}} + \frac{dv^2}{\cosh^2\frac{\omega}{2}}$$

annimmt. Wir sehen also, daß sich die Aufgabe, das Quadrat des Linienelements der Kugel auf diese Form zu bringen, mittels Quadraturen lösen läßt.

## § 180. *W*-Strahlensysteme, deren Brennmäntel in entsprechenden Punkten gleiche Krümmung haben.

Wir betrachten noch eine zweite Klasse von *W*-Strahlensystemen, von denen die pseudosphärischen (§ 156, S. 288) ein besonderer Fall sind. Zu diesem Zwecke stellen wir uns die Aufgabe, diejenigen *W*-Systeme zu bestimmen, deren Brennmäntel in entsprechenden Punkten gleiches Krümmungsmaß besitzen, wobei wir uns übrigens auf den Fall beschränken, in dem die Haupttangentenkurven auf der Brennfläche reell sind.

Wir wählen die Haupttangentenkurven als Parameterlinien $u$, $v$ und bedienen uns bei der Untersuchung der Gleichungen in § 171, S. 320. Da nach Voraussetzung

$$K = K_1$$

ist, so ist nach S. 323:

$$\xi^2 + \eta^2 + \zeta^2 = \xi_1^2 + \eta_1^2 + \zeta_1^2 = \varrho, \tag{37}$$

ferner, wenn $\sigma$ den Winkel zwischen den Brennebenen bedeutet, nach S. 326:

$$\xi\xi_1 + \eta\eta_1 + \zeta\zeta_1 = \varrho \cos\sigma. \tag{38}$$

Nun multiplizieren wir die drei ersten Gleichungen (13), S. 320, der Reihe nach mit $\xi$, $\eta$, $\zeta$, ebenso mit $\xi_1$, $\eta_1$, $\zeta_1$ und addieren sie jedesmal, so erhalten wir unter Berücksichtigung der Gleichungen (37), (38):

$$\varrho(1 - \cos\sigma)\frac{\partial R}{\partial u} = R\left[\frac{1}{2}\frac{\partial \varrho}{\partial u} + \sum \xi\,\frac{\partial \xi_1}{\partial u}\right],$$

$$-\varrho(1 - \cos\sigma)\frac{\partial R}{\partial u} = R\left[\frac{1}{2}\frac{\partial \varrho}{\partial u} + \sum \xi_1\,\frac{\partial \xi}{\partial u}\right],$$

und hieraus durch Addition:

$$\frac{\partial \cos\sigma}{\partial u} = -(1 + \cos\sigma)\frac{\partial \log\varrho}{\partial u}. \tag{39}$$

Verfahren wir ebenso mit den drei letzten Gleichungen (13), S. 320, so erhalten wir:

$$\frac{\partial \cos\sigma}{\partial v} = (1 - \cos\sigma)\frac{\partial \log\varrho}{\partial v}\,^{1)}. \tag{39*}$$

Aus diesen Gleichungen folgt:

$$\frac{\partial}{\partial v}\left[(1 + \cos\sigma)\frac{\partial \log\varrho}{\partial u}\right] + \frac{\partial}{\partial u}\left[(1 - \cos\sigma)\frac{\partial \log\varrho}{\partial v}\right] = 0$$

---

1) Werden $\frac{\partial \log\varrho}{\partial u}$, $\frac{\partial \log\varrho}{\partial v}$ durch die Symbole $\begin{Bmatrix}1\,2\\1\end{Bmatrix}'$, $\begin{Bmatrix}1\,2\\2\end{Bmatrix}'$, die sich auf das Quadrat des Linienelements der Kugel beziehen, ausgedrückt, so lauten diese Gleichungen (vgl. (10), S. 126):

oder wegen der Gleichungen (39), (39*) selbst

$$\frac{\partial^2 \varrho}{\partial u \partial v} = 0,$$

demnach:

$$K = -\frac{1}{[\varphi(u) + \psi(v)]^2}, \tag{40}$$

wenn mit $\varphi(u)$ eine Funktion von $u$ allein, mit $\psi(v)$ eine Funktion von $v$ allein bezeichnet wird. Also: Wenn bei einem $W$-System die beiden Brennmäntel in entsprechenden Punkten gleiches Krümmungsmaß besitzen, so nimmt dieses Krümmungsmaß, durch die Parameter $u$, $v$ der Haupttangentenkurven ausgedrückt, die charakteristische Form (40) an.

Im nächsten Paragraphen werden wir beweisen, daß die hier als notwendig nachgewiesene Bedingung auch hinreichend ist, genauer ausgedrückt, daß jede Fläche der Klasse (40) als erster Brennmantel zu $\infty^2$ $W$-Systemen der gesuchten Art gehört, deren Bestimmung von der Integration einer Riccatischen Gleichung abhängt.

Wir bemerken hier noch, daß die durch die Gleichung (40) charakterisierten Flächen als besonderen Fall die pseudosphärischen Flächen umfassen, die in dem Falle, daß $\varphi(u)$ und $\psi(v)$ beide konstant sind, hervorgehen.

Ist nur eine der beiden Funktionen $\varphi(u)$, $\psi(v)$, z. B. $\psi(v)$, konstant, so sind die Kurven gleicher Krümmung $K = \text{Const.}$ die Haupttangentenkurven $u$, von denen also jede (nach dem Enneperschen Satze, S. 120) eine Kurve konstanter Torsion ist. Umgekehrt gehören alle Flächen, deren Haupttangentenkurven der einen Schar Kurven konstanter Torsion sind, zu dieser Klasse. Das einfachste Beispiel einer solchen Fläche ist die Minimal-Schraubenfläche.

Endlich bemerken wir, daß zu der allgemeinen Klasse (40) alle geraden Konoidflächen (§ 68, S. 133) gehören.

---

$$\text{(a)} \quad \begin{cases} \dfrac{\partial \cos\sigma}{\partial u} = \phantom{-}2(1 + \cos\sigma)\begin{Bmatrix}1\,2\\2\end{Bmatrix}', \\[2ex] \dfrac{\partial \cos\sigma}{\partial v} = -2(1 - \cos\sigma)\begin{Bmatrix}1\,2\\1\end{Bmatrix}', \end{cases}$$

und zwischen den Werten von $\begin{Bmatrix}1\,2\\1\end{Bmatrix}'$, $\begin{Bmatrix}1\,2\\2\end{Bmatrix}'$ besteht die Identität

$$\text{(b)} \quad \frac{\partial}{\partial u}\begin{Bmatrix}1\,2\\1\end{Bmatrix}' = \frac{\partial}{\partial v}\begin{Bmatrix}1\,2\\2\end{Bmatrix}' = 2\begin{Bmatrix}1\,2\\1\end{Bmatrix}'\begin{Bmatrix}1\,2\\2\end{Bmatrix}'.$$

## § 181. Zurückführung ihrer Bestimmung auf eine Riccatische Gleichung.

Zum Beweise des angeführten Satzes nehmen wir eine Fläche $S$ der Klasse (40) und bestimmen den Winkel $\sigma$ durch die Gleichungen (39), (39*) die integriert

$$\operatorname{tang}\frac{\sigma}{2}=\sqrt{\frac{\varphi(u)+k}{\psi(v)-k}}, \tag{41}$$

wo $k$ eine willkürliche Konstante ist, ergeben. Wir erteilen in dieser Gleichung $k$ einen festen Wert und wollen dann beweisen, daß $\infty^1$ solche $W$-Systeme konstruiert werden können, deren einer Brennmantel $S$ ist und deren zweiter Brennmantel $S'$ in jedem entsprechenden Punkte dasselbe Krümmungsmaß wie $S$ hat.

Bei diesen Strahlensystemen ist infolge der Gleichung (24), S. 326, die Entfernung der Brennpunkte

$$\delta=\varrho\sin\sigma.$$

Wir betrachten nun in jedem Punkte von $S$ die Richtungen der Krümmungslinien, deren Richtungskosinus wir mit $X_1$, $Y_1$, $Z_1$; $X_2$, $Y_2$, $Z_2$ bezeichnen. Auf der Bildkugel sind nach S. 282 diese beiden Richtungen die Halbierungslinien der Winkel zwischen den Parameterlinien $u$, $v$; es gelten daher die in § 154, S. 284 abgeleiteten Formeln, die wir der größeren Klarheit halber hier nochmals zusammenstellen[1]):

$$\left\{\begin{aligned}
\frac{\partial X}{\partial u}&=\sqrt{e}\left(\sin\frac{\Omega}{2}X_1+\cos\frac{\Omega}{2}X_2\right), & \frac{\partial X}{\partial v}&=\sqrt{g}\left(-\sin\frac{\Omega}{2}X_1+\cos\frac{\Omega}{2}X_2\right),\\
\frac{\partial X_1}{\partial u}&=-AX_2-\sqrt{e}\sin\frac{\Omega}{2}X, & \frac{\partial X_1}{\partial v}&=BX_2+\sqrt{g}\sin\frac{\Omega}{2}X,\\
\frac{\partial X_2}{\partial u}&=AX_1-\sqrt{e}\cos\frac{\Omega}{2}X, & \frac{\partial X_2}{\partial v}&=-BX_1-\sqrt{g}\cos\frac{\Omega}{2}X;
\end{aligned}\right. \tag{42}$$

$$\left\{\begin{aligned}
A&=\frac{1}{2}\frac{\partial\Omega}{\partial u}+\sqrt{\frac{e}{g}}\begin{Bmatrix}1\,2\\1\end{Bmatrix}'\sin\Omega=-\frac{\sqrt{e}}{\varrho_v}-\frac{1}{2}\frac{\partial\Omega}{\partial u},\\
B&=\frac{1}{2}\frac{\partial\Omega}{\partial v}+\sqrt{\frac{g}{e}}\begin{Bmatrix}1\,2\\2\end{Bmatrix}'\sin\Omega=-\frac{\sqrt{g}}{\varrho_u}-\frac{1}{2}\frac{\partial\Omega}{\partial v}.
\end{aligned}\right. \tag{43}$$

---

1) Die obigen und die umstehenden Formeln beziehen sich auf das Quadrat des Linienelements der Bildkugel

$$ds'^2=edu^2+2\cos\Omega\sqrt{eg}\,du\,dv+gdv^2,$$

und mit $\frac{1}{\varrho_u}$, $\frac{1}{\varrho_v}$ sind die geodätischen Krümmungen der sphärischen Kurven $u, v$ bezeichnet.

Für die Koordinaten $x, y, z$ eines Punktes $F$ von $S$ ergeben dann die Gleichungen (13), § 65, S. 126:

$$(44)\qquad \begin{cases} \dfrac{\partial x}{\partial u} = \varrho\sqrt{e}\left(\cos\dfrac{\Omega}{2}X_1 - \sin\dfrac{\Omega}{2}X_2\right), \\ \dfrac{\partial x}{\partial v} = -\varrho\sqrt{g}\left(\cos\dfrac{\Omega}{2}X_1 + \sin\dfrac{\Omega}{2}X_2\right) \quad \text{usw.} \end{cases}$$

Bezeichnen wir mit $\varphi$ den unbekannten Neigungswinkel des Fokalabstands $FF'$ gegen die von $F$ auf $S$ ausgehende Richtung $(X_1, Y_1, Z_1)$, so erhalten wir für die Koordinaten $x', y', z'$ von $F'$ offenbar die Ausdrücke:

$$(45)\qquad \begin{cases} x' = x + \varrho\sin\sigma(\cos\varphi X_1 + \sin\varphi X_2), \\ y' = y + \varrho\sin\sigma(\cos\varphi Y_1 + \sin\varphi Y_2), \\ z' = z + \varrho\sin\sigma(\cos\varphi Z_1 + \sin\varphi Z_2). \end{cases}$$

Nun müssen wir $\varphi$ den Bedingungen unserer Aufgabe unterwerfen. Hierzu beweisen wir zunächst, daß $\varphi$ so bestimmt werden kann, daß die in $F'$ zur Fläche $S'$, der Ortsfläche des durch die Gleichungen (45) bestimmten Punktes $F'(x', y', z')$, gezogene Normale die Richtungskosinus:

$$(46)\qquad \begin{cases} X' = \cos\sigma X + \sin\sigma(\cos\varphi X_2 - \sin\varphi X_1), \\ Y' = \cos\sigma Y + \sin\sigma(\cos\varphi Y_2 - \sin\varphi Y_1), \\ Z' = \cos\sigma Z + \sin\sigma(\cos\varphi Z_2 - \sin\varphi Z_1) \end{cases}$$

hat; ist dieses bewiesen, so ist die Fläche $S'$ offenbar der zweite Brennmantel des so konstruierten Strahlensystems. Bilden wir nun die beiden Gleichungen:

$$\sum X'\frac{\partial x'}{\partial u} = 0,$$

$$\sum X'\frac{\partial x'}{\partial v} = 0,$$

die eben besagen, daß die Richtung $(X', Y', Z')$ zur Fläche $S'$ normal ist, so finden wir unter Benutzung der früheren Gleichungen:

$$(47)\qquad \begin{cases} \dfrac{\partial\varphi}{\partial u} = A + \sqrt{e}\,\dfrac{1+\cos\sigma}{\sin\sigma}\sin\left(\varphi + \dfrac{\Omega}{2}\right), \\ \dfrac{\partial\varphi}{\partial v} = -B - \sqrt{g}\,\dfrac{1-\cos\sigma}{\sin\sigma}\sin\left(\varphi - \dfrac{\Omega}{2}\right). \end{cases}$$

Wird nun die Identität:

$$\frac{\partial A}{\partial v} + \frac{\partial B}{\partial u} = -\sqrt{eg}\sin\Omega$$

berücksichtigt, die aus der Liouvilleschen Formel für das Krümmungsmaß (S. 150) folgt, und werden auch die beiden Gleichungen:

$$\frac{\partial}{\partial u}\left(\sqrt{g}\,\frac{1-\cos\sigma}{\sin\sigma}\right)=\sqrt{e}\cos\Omega\,\frac{1-\cos\sigma}{\sin\sigma}\begin{Bmatrix}1\,2\\1\end{Bmatrix}'-\sqrt{g}\,\frac{1+\cos\sigma}{\sin\sigma}\begin{Bmatrix}1\,2\\2\end{Bmatrix}',$$

$$\frac{\partial}{\partial v}\left(\sqrt{e}\,\frac{1+\cos\sigma}{\sin\sigma}\right)=\sqrt{g}\cos\Omega\,\frac{1+\cos\sigma}{\sin\sigma}\begin{Bmatrix}1\,2\\2\end{Bmatrix}'-\sqrt{e}\,\frac{1-\cos\sigma}{\sin\sigma}\begin{Bmatrix}1\,2\\1\end{Bmatrix}'$$

benutzt, die sich ohne Schwierigkeit aus den Gleichungen (a), S. 338, ergeben, so stellt sich heraus, daß die Integrabilitätsbedingung für die Gleichungen (47) identisch erfüllt ist.

Die Gleichungen (47), die durch eine totale Differentialgleichung für tang $\frac{\varphi}{2}$ vom Riccatischen Typus ersetzt werden können, besitzen also eine Lösung $\varphi$ mit einer willkürlichen Konstanten.

Es erübrigt nun noch nachzuweisen, daß für einen beliebigen von den Werten $\varphi$, die diesen Gleichungen genügen, das konstruierte Strahlensystem zur $W$-Klasse gehört, denn dann folgt aus dem Satze S. 326 unmittelbar, daß das Krümmungsmaß von $S'$ gleich demjenigen von $S$ ist. Es braucht also nur nachgewiesen zu werden, daß auch auf der Fläche $S'$ die Kurven $u$, $v$ Haupttangentenkurven sind, d. h. daß die beiden Gleichungen:

$$\sum\frac{\partial X'}{\partial u}\frac{\partial x'}{\partial u}=0,\quad \sum\frac{\partial X'}{\partial v}\frac{\partial x'}{\partial v}=0$$

bestehen. Wird die Rechnung ausgeführt, so ergibt sich, daß die Gleichungen genau in die beiden Gleichungen (a), S. 338, die $\sigma$ bestimmen, übergehen.

Wir bemerken schließlich, daß wir wegen der bekannten Eigenschaften der Riccatischen Differentialgleichung nur eine partikuläre Lösung der Gleichungen (47) zu kennen brauchen, um die allgemeine Lösung mittels Quadraturen zu finden. Hiernach gilt für die neu abgeleiteten Flächen der Klasse (40) dasselbe wie für die Ausgangsfläche, und es sind nur Quadraturen erforderlich, um das Verfahren unbegrenzt oft anzuwenden. Können wir ferner für die Ausgangsfläche alle unendlich kleinen Verbiegungen bestimmen, so gilt nach dem Satze von Moutard das nämliche für alle abgeleiteten Flächen. Dieses ist nun eben der Fall, wenn wir als Ausgangsfläche $S$ die Pseudosphäre, die Minimal-Schraubenregelfläche oder das gleichseitig-hyperbolische Paraboloid, die Vertreter der drei vorhin betrachteten Typen von Flächen (40), wählen[1]).

---

1) Hinsichtlich der weiteren Ausführung vergleiche man die Abhandlung des Verfassers in den Annali di Matematica, 2. Serie, 18. Bd., 1890.

## § 182. Sätze von Cosserat.

Die assoziierten Flächen der in den beiden voraufgehenden Paragraphen betrachteten Flächen besitzen eine bemerkenswerte charakteristische Eigenschaft, die von Cosserat entdeckt worden ist[1]). Um sie zu finden, stellen wir die Frage: Welche Flächen können so verbogen werden, daß ein ursprünglich konjugiertes System $(u, v)$ konjugiert bleibt? Als Parameterlinien auf der gesuchten Fläche $S$ wählen wir das konjugierte System $(u, v)$. Da $D' = 0$ ist, lauten die Codazzischen Gleichungen (S. 90, (IV)):

$$(48)\qquad \begin{cases} \dfrac{\partial D}{\partial v} + \begin{Bmatrix} 1\,1 \\ 2 \end{Bmatrix} D'' - \begin{Bmatrix} 1\,2 \\ 1 \end{Bmatrix} D = 0, \\[2ex] \dfrac{\partial D''}{\partial u} + \begin{Bmatrix} 2\,2 \\ 1 \end{Bmatrix} D - \begin{Bmatrix} 1\,2 \\ 2 \end{Bmatrix} D'' = 0. \end{cases}$$

Nach der Verbiegung ist $D'$ immer noch gleich Null, und da das Produkt $DD''$ ungeändert bleiben soll, so können wir die neuen Werte von $D$ und $D''$ mit

$$\lambda D, \quad \frac{D''}{\lambda}$$

bezeichnen. Setzen wir sie in den Gleichungen (48) ein und berücksichtigen wir diese mit, so finden wir für die unbekannte Funktion $\lambda$ die beiden Gleichungen:

$$\frac{\partial}{\partial u}\left(\frac{1}{\lambda}\right) = \begin{Bmatrix} 2\,2 \\ 1 \end{Bmatrix} \frac{D}{D''}\left(\frac{1}{\lambda} - \lambda\right), \quad \frac{\partial \lambda}{\partial v} = \begin{Bmatrix} 1\,1 \\ 2 \end{Bmatrix} \frac{D''}{D}\left(\lambda - \frac{1}{\lambda}\right).$$

Statt $\lambda$ führen wir mittels der Substitution: $\lambda^2 = 1 + \frac{1}{\nu}$ eine andere unbekannte Funktion $\nu$ ein. Wenn wir uns dabei an die Gleichungen (25), S. 134:

$$\begin{Bmatrix} 2\,2 \\ 1 \end{Bmatrix} \frac{D}{D''} = -\begin{Bmatrix} 1\,2 \\ 2 \end{Bmatrix}', \quad \begin{Bmatrix} 1\,1 \\ 2 \end{Bmatrix} \frac{D''}{D} = -\begin{Bmatrix} 1\,2 \\ 1 \end{Bmatrix}',$$

in denen die Symbole rechts für das Quadrat des Linienelements der Kugel gebildet sind, erinnern, so erhalten wir:

$$(49)\qquad \frac{\partial \nu}{\partial u} = 2\begin{Bmatrix} 1\,2 \\ 2 \end{Bmatrix}'(\nu + 1), \quad \frac{\partial \nu}{\partial v} = 2\begin{Bmatrix} 1\,2 \\ 1 \end{Bmatrix}'\nu.$$

Jede Lösung $\nu$ dieser Gleichungen liefert eine Lösung der Aufgabe; da nun aber diese Gleichungen in $\nu$ linear sind, so können sie nicht mehr als eine Lösung haben, wofern sie nicht unbeschränkt integrierbar sind und dann unendlich viele Lösungen haben. Damit letzterer Fall zutreffe, ist es notwendig und hinreichend, daß

$$(50)\qquad \frac{\partial}{\partial u}\begin{Bmatrix} 1\,2 \\ 1 \end{Bmatrix}' = \frac{\partial}{\partial v}\begin{Bmatrix} 1\,2 \\ 2 \end{Bmatrix}' = 2\begin{Bmatrix} 1\,2 \\ 1 \end{Bmatrix}'\begin{Bmatrix} 1\,2 \\ 2 \end{Bmatrix}'$$

1) Comptes Rendus de l'Acad. des Sciences, 12. u. 19. Oktober 1891.

ist, d. h. die Fläche $S$ muß nach S. 333 die Assoziierte einer Fläche der im vorigen Paragraphen betrachteten Klasse sein. Wir haben also gefunden:

Wenn eine Fläche $S$ mehr als eine solche Verbiegung gestattet, bei der ein ursprünglich konjugiertes System konjugiert bleibt, so gestattet sie eine stetige Aufeinanderfolge solcher Verbiegungen. Diese Flächen $S$ sind sämtlich und ausschließlich die Assoziierten derjenigen Flächen, deren Krümmungsmaß $K$, ausgedrückt durch die Parameter der Haupttangentenkurven, die Form (40):

$$K = -\frac{1}{[\varphi(u) + \psi(v)]^2}$$

hat.

Nach den Entwicklungen der voraufgehenden Paragraphen sind wir imstande, lediglich durch Quadraturen beliebig viele Flächen zu finden, die der hier betrachteten Verbiegungen fähig sind.

## § 183. Beispiele.

Diese allgemeinen Ergebnisse wollen wir auf drei Beispiele anwenden.

1) Das auf der Kugel von den Meridianen und den Parallelkreisen gebildete System genügt den Bedingungen (50). Daher gestatten alle Gesimsflächen mit zylindrischer Abwicklung (§ 74, S. 143) eine stetige Aufeinanderfolge von Verbiegungen, bei denen ihre Krümmungslinien beständig Krümmungslinien bleiben. Umgekehrt läßt sich unter Benutzung der Gleichungen (50) leicht nachweisen, daß dieses die einzigen Flächen sind, die solcher Verbiegungen fähig sind. Diejenige Fläche, der sie assoziiert sind, ist die Minimal-Schraubenregelfläche.

2) Wir betrachten das gleichseitige hyperbolische Paraboloid, das zur Klasse (40) gehört.

Da die sphärischen Bilder seiner Erzeugenden größte (geodätische) Kreise sind, so ist

$$\begin{Bmatrix} 11 \\ 2 \end{Bmatrix}' = 0, \quad \begin{Bmatrix} 22 \\ 1 \end{Bmatrix}' = 0,$$

demnach für die dem Paraboloid assoziierten Flächen (§ 69, S. 134, Formeln (25)):

$$\begin{Bmatrix} 12 \\ 1 \end{Bmatrix} = 0, \quad \begin{Bmatrix} 12 \\ 2 \end{Bmatrix} = 0.$$

Diese Flächen sind also nach S. 111 Translationsflächen, deren erzeugende Kurven, wie leicht ersichtlich, eben sind und in lotrechten Ebenen liegen. Umgekehrt ist jede Translationsfläche dieser Art eine Assoziierte des gleichseitigen hyperbolischen Paraboloids. Es gehört demnach zu jeder solchen Translationsfläche eine einfach unendliche Schar von Flächen derselben Klasse, die aufeinander abwickelbar sind.

3) Schließlich betrachten wir eine beliebige pseudosphärische Fläche $S$. Ihre Assoziierten sind Voßische Flächen, auf denen die Bilder der Haupttangentenkurven von $S$ ein konjugiertes System geodätischer Linien bilden. Jede Voßische Fläche kann somit in stetiger Weise so verbogen werden, daß das konjugierte geodätische System konjugiert bleibt. In diesem Falle ist die im voraufgehenden Paragraphen mit $\lambda$ bezeichnete Funktion eine Konstante, woraus erhellt, daß sich bei der Verbiegung die erste und die zweite Krümmung der geodätischen Linien bei dem einen System mit einer Konstanten, bei dem andern mit dem reziproken Wert derselben multiplizieren.

# Kapitel XIII.

## Die normalen Kreissysteme.

Bedingung dafür, daß eine Schar von $\infty^2$ Kurven eine Schar Orthogonalflächen hat. — Normale Kreissysteme oder Zykelsysteme. — Grundlegende Sätze von Ribaucour. — Dreifaches Orthogonalsystem von Flächen, das zu einem normalen Kreissystem gehört. — Zyklische Strahlensysteme, die von den Achsen eines normalen Kreissystems gebildet werden. — Bedingungen dafür, daß ein Strahlensystem zyklisch ist. — Strahlensysteme, die auf unendlich viele Weisen zyklisch sind. — Das Zykelsystem, in dem alle Kreise gleich groß sind. — Ausdruck für das Linienelement des Raumes, bezogen auf ein normales Kreissystem. — Bestimmung der sphärischen Bilder der Abwickelbaren eines zyklischen Strahlensystems.

---

### § 184. Bedingung dafür, daß eine Schar von $\infty^2$ Kurven eine Schar Orthogonalflächen hat.

In engem Zusammenhange mit der Lehre von den geradlinigen Strahlensystemen und den unendlich kleinen Verbiegungen der Flächen steht die Theorie, die wir in dem vorliegenden Kapitel behandeln wollen und die sich auf Scharen von $\infty^2$ Kreisen bezieht, die eine Schar Orthogonalflächen besitzen.

Eine solche Kreisschar werde kurz ein normales Kreissystem oder auch nach der Bezeichnung Ribaucours, von dem diese Theorie entwickelt worden ist, ein Zykelsystem genannt.

Wir schicken unserer Untersuchung die Ableitung der Bedingung voraus, der eine Schar von $\infty^2$ Kurven im Raume, eine sogenannte Kurvenkongruenz, genügen muß, damit es eine Schar von Flächen gebe, die zu diesen Kurven orthogonal sind[1]). Wir schreiben die Gleichungen der Kongruenzkurven in der Form:

$$(1) \qquad \xi = \xi(u, v, t), \quad \eta = \eta(u, v, t), \quad \zeta = \zeta(u, v, t),$$

---

1) Vgl. Beltrami, Ricerche di analisi applicata alla geometria. Giornale di Matematiche, 2. Bd.

wo $u$, $v$ zwei willkürliche Parameter sind, deren einzelne Werte $u_0$, $v_0$ eine Kurve $C_0$ der Schar eindeutig bestimmen, während die Variable $t$ dann die Punkte der Kurve festlegt.

Wir wollen nun annehmen, daß es eine zu den Kurven orthogonale Fläche $\Sigma$ gebe, und es sei

$$t = t(u, v) \tag{2}$$

diejenige Funktion von $u$, $v$, die wir, um $\Sigma$ zu erhalten, in den Gleichungen (1) einsetzen müssen. Durch einen Punkt $(\xi, \eta, \zeta)$ dieser Fläche, der den Werten $u = u_0$, $v = v_0$ entspricht, geht die Kurve der Schar:

$$\xi = \xi(u_0, v_0, t), \quad \eta = \eta(u_0, v_0, t), \quad \zeta = \zeta(u_0, v_0, t),$$

und die Richtungskosinus ihrer Tangente sind proportional

$$\frac{\partial \xi}{\partial t}, \quad \frac{\partial \eta}{\partial t}, \quad \frac{\partial \zeta}{\partial t}.$$

Nach der Voraussetzung muß also

$$\frac{\partial \xi}{\partial t} d\xi + \frac{\partial \eta}{\partial t} d\eta + \frac{\partial \zeta}{\partial t} d\zeta = 0 \tag{3}$$

sein, worin $d\xi$, $d\eta$, $d\zeta$ aus den Gleichungen (1) zu berechnen sind und für $t$ der Wert (2) einzusetzen ist. Nun setzen wir:

$$T = \sum \left(\frac{\partial \xi}{\partial t}\right)^2, \quad U = \sum \frac{\partial \xi}{\partial t} \frac{\partial \xi}{\partial u}, \quad V = \sum \frac{\partial \xi}{\partial t} \frac{\partial \xi}{\partial v},$$

dann nimmt die Gleichung (3) die Gestalt an:

$$T dt + U du + V dv = 0. \tag{4}$$

Der gesuchte Wert $t$ muß als Funktion von $u$, $v$ dieser totalen Differentialgleichung genügen. Damit es also eine Schar von Flächen $\Sigma$ gebe, die zu den Kurven orthogonal sind, ist es notwendig und hinreichend, daß die Gleichung (4) unbeschränkt integrierbar sei, d. h. daß für alle Werte von $t$, $u$, $v$ ihre Integrabilitätsbedingung

$$T\left(\frac{\partial U}{\partial v} - \frac{\partial V}{\partial u}\right) + U\left(\frac{\partial V}{\partial t} - \frac{\partial T}{\partial v}\right) + V\left(\frac{\partial T}{\partial u} - \frac{\partial U}{\partial t}\right) = 0 \tag{5}$$

erfüllt sei. Wird diese Bedingung nicht erfüllt, so kann es nur einzelne Flächen geben, die zu den Kurven orthogonal sind; dieses ist dann der Fall, wenn die Gleichung (5) für $t$ einen oder mehrere Werte liefert, die der Differentialgleichung (4) genügen.

## § 185. **Normale Kreissysteme und Sätze von Ribaucour.**

Wir nehmen nun an, die Kongruenz (1) werde von Kreisen gebildet. Um sie analytisch zu definieren, brauchen wir nur die Koordinaten $x_1$, $y_1$, $z_1$ des Kreismittelpunkts, den Radius $R$ und die Lage der Kreisebene, d. h. die Richtungskosinus des auf sie errichteten Lotes, die wir mit $\alpha$, $\beta$, $\gamma$ bezeichnen wollen, als Funktionen von $u$, $v$ anzugeben. Wird dieses Lot im Mittelpunkt des Kreises errichtet, so nennen wir es die Achse des Kreises, und wie sich bald herausstellen wird, müssen wir mit der Betrachtung des normalen Kreissystems diejenige des von den Kreisachsen gebildeten Strahlensystems verbinden.

In der Ebene des Kreises $(u, v)$ ziehen wir zwei aufeinander senkrechte, im übrigen willkürliche Durchmesser und bezeichnen ihre Richtungskosinus bezüglich mit $\alpha_1, \beta_1, \gamma_1$; $\alpha_2, \beta_2, \gamma_2$. Bezeichnen wir noch mit $t$ den Winkel zwischen einem Radius des Kreises $(u, v)$ und der Richtung $(\alpha_1, \beta_1, \gamma_1)$, so lauten die Gleichungen (1) in unserem Falle:

$$(6)\qquad \begin{cases} \xi = x_1 + R(\alpha_1 \cos t + \alpha_2 \sin t), \\ \eta = y_1 + R(\beta_1 \cos t + \beta_2 \sin t), \\ \zeta = z_1 + R(\gamma_1 \cos t + \gamma_2 \sin t). \end{cases}$$

Unter Berücksichtigung der Beziehungen:

$$\sum \alpha_1^2 = 1, \quad \sum \alpha_2^2 = 1, \quad \sum \alpha_1 \alpha_2 = 0$$

erhalten wir als totale Differentialgleichung (4):

$$(7)\qquad R\,dt + \left[\cos t \sum \alpha_2 \frac{\partial x_1}{\partial u} - \sin t \sum \alpha_1 \frac{\partial x_1}{\partial u} + R \sum \alpha_2 \frac{\partial \alpha_1}{\partial u}\right] du +$$
$$+ \left[\cos t \sum \alpha_2 \frac{\partial x_1}{\partial v} - \sin t \sum \alpha_1 \frac{\partial x_1}{\partial v} + R \sum \alpha_2 \frac{\partial \alpha_1}{\partial v}\right] dv = 0$$

Die Integrabilitätsbedingung nimmt hier die Gestalt:

$$(8)\qquad A + B \sin t + C \cos t = 0$$

an, wo $A$, $B$, $C$ Funktionen von $u$ und $v$ allein sind. Es gibt also nur dann eine Schar von $\infty^1$ Flächen, die zu den Kreisen orthogonal sind, wenn identisch

$$A = 0, \quad B = 0, \quad C = 0$$

ist. Entwickelt liefern diese Bedingungen die folgenden drei Grundgleichungen:

$$(\mathrm{I})\qquad R^2\left[\frac{\partial}{\partial v} \sum \alpha_2 \frac{\partial \alpha_1}{\partial u} - \frac{\partial}{\partial u} \sum \alpha_2 \frac{\partial \alpha_1}{\partial v}\right] +$$
$$+ \sum \alpha_1 \frac{\partial x_1}{\partial u} \cdot \sum \alpha_2 \frac{\partial x_1}{\partial v} - \sum \alpha_1 \frac{\partial x_1}{\partial v} \cdot \sum \alpha_2 \frac{\partial x_1}{\partial u} = 0,$$

$$(\mathrm{II})\qquad R\left[\sum \alpha_2 \frac{\partial \alpha_1}{\partial v} \cdot \sum \alpha_2 \frac{\partial x_1}{\partial u} - \sum \alpha_2 \frac{\partial \alpha_1}{\partial u} \cdot \sum \alpha_2 \frac{\partial x_1}{\partial v} + \frac{\partial}{\partial u} \sum \alpha_1 \frac{\partial x_1}{\partial v} -\right.$$
$$\left. - \frac{\partial}{\partial v} \sum \alpha_1 \frac{\partial x_1}{\partial u}\right] + \sum \alpha_1 \frac{\partial x_1}{\partial u} \frac{\partial R}{\partial v} - \sum \alpha_1 \frac{\partial x_1}{\partial v} \frac{\partial R}{\partial u} = 0,$$

$$\text{(III)}\quad R\Big[\sum \alpha_2 \frac{\partial \alpha_1}{\partial v}\cdot \sum \alpha_1 \frac{\partial x_1}{\partial u} - \sum \alpha_2 \frac{\partial \alpha_1}{\partial u}\cdot \sum \alpha_1 \frac{\partial x_1}{\partial v} + \frac{\partial}{\partial v}\sum \alpha_2 \frac{\partial x_1}{\partial u} - \\ - \frac{\partial}{\partial u}\sum \alpha_2 \frac{\partial x_1}{\partial v}\Big] - \sum \alpha_2 \frac{\partial x_1}{\partial u}\frac{\partial R}{\partial v} + \sum \alpha_2 \frac{\partial x_1}{\partial v}\frac{\partial R}{\partial u} = 0\,^{1)}.$$

Wenn sie nicht identisch erfüllt sind, so liefert die Gleichung (8) höchstens zwei Flächen, die zu den Kreisen orthogonal sind, woraus sich der Satz von Ribaucour ergibt:

Sind die Kreise einer Schar von $\infty^2$ Kreisen zu drei verschiedenen Flächen normal, so sind sie es zu einer ganzen Schar von $\infty^1$ Flächen.

Es dürfte ferner hervorzuheben sein, daß die Gleichung (7), wenn

$$\Lambda = \operatorname{tang}\frac{t}{2}$$

als Unbekannte eingeführt wird, die Riccatische Form:

$$d\Lambda = (a\Lambda^2 + b\Lambda + c)\,du + (a'\Lambda^2 + b'\Lambda + c')\,dv$$

annimmt, wo $a, b, c;\ a', b', c'$ bekannte Funktionen von $u, v$ sind. Man braucht also nur eine der zu den Kreisen orthogonalen Flächen zu kennen, um alle übrigen mittels Quadraturen zu finden.

Die Eigenschaft der Riccatischen Gleichung, daß das Doppelverhältnis von vier partikulären Lösungen $\Lambda_1, \Lambda_2, \Lambda_3, \Lambda_4$ konstant (unabhängig von $u, v$) ist, findet hier die entsprechende geometrische Deutung in dem Satze von Ribaucour:

Vier Flächen aus der zu einem Kreissystem orthogonalen Schar bestimmen auf allen Kreisen des Systems je vier Punkte, deren Doppelverhältnis konstant ist[2]).

## § 186. Formeln für normale Kreissysteme.

Wir betrachten ein normales Kreissystem und wählen als Ausgangsfläche $S$ eine der Orthogonalflächen. Diese Fläche $S$ beziehen wir auf ihre Krümmungslinien, indem wir unter Beibehaltung unserer üblichen Bezeichnungen (§ 49, S. 93)

$$X_1 = \frac{1}{\sqrt{E}}\frac{\partial x}{\partial u},\quad X_2 = \frac{1}{\sqrt{G}}\frac{\partial x}{\partial v}\ \text{usw.}$$

---

1) Durch Auflösung der letzten beiden Gleichungen nach $\frac{\partial R}{\partial u}$ und $\frac{\partial R}{\partial v}$ könnten diese drei Gleichungen leicht in eine Form gebracht werden, in der nur die Richtungskosinus $\alpha, \beta, \gamma$ der Kreisachse anstatt $\alpha_1, \beta_1, \gamma_1;\ \alpha_2, \beta_2, \gamma_2$ auftreten würden.

2) Es ist nämlich $\Lambda = \operatorname{tang}\frac{t}{2}$ der Parameter des Büschels, das vom Endpunkt des Radius $(\alpha_1, \beta_1, \gamma_1)$ aus die Punkte des Kreises projiziert.

setzen. Wir haben dann nach (4), S. 94, und (14), S. 101, die Gleichungen:

$$
(9)\quad \begin{cases}
\dfrac{\partial X}{\partial u} = \dfrac{\sqrt{E}}{r_2} X_1, & \dfrac{\partial X_1}{\partial u} = -\dfrac{1}{\sqrt{G}}\dfrac{\partial \sqrt{E}}{\partial v} X_2 - \dfrac{\sqrt{E}}{r_2} X, \\
 & \dfrac{\partial X_2}{\partial u} = \dfrac{1}{\sqrt{G}}\dfrac{\partial \sqrt{E}}{\partial v} X_1; \\
\dfrac{\partial X}{\partial v} = \dfrac{\sqrt{G}}{r_1} X_2, & \dfrac{\partial X_1}{\partial v} = \dfrac{1}{\sqrt{E}}\dfrac{\partial \sqrt{G}}{\partial u} X_2, \\
 & \dfrac{\partial X_2}{\partial v} = -\dfrac{1}{\sqrt{E}}\dfrac{\partial \sqrt{G}}{\partial u} X_1 - \dfrac{\sqrt{G}}{r_1} X.
\end{cases}
$$

Durch jeden Punkt $P$ von $S$ geht ein Kreis $(u, v)$ des Systems normal zu $S$ hindurch. Um ihn zu bestimmen, brauchen wir nur seinen Radius $R$ und den Winkel $\varphi$ anzugeben, den die Spur seiner Ebene in der Tangentialebene mit der Richtung $(X_1, Y_1, Z_1)$ bildet.

Für die Koordinaten $x_1, y_1, z_1$ des Mittelpunktes haben wir dann:

$$
(10)\quad \begin{cases}
x_1 = x + R(\cos\varphi\, X_1 + \sin\varphi\, X_2), \\
y_1 = y + R(\cos\varphi\, Y_1 + \sin\varphi\, Y_2), \\
z_1 = z + R(\cos\varphi\, Z_1 + \sin\varphi\, Z_2).
\end{cases}
$$

Als die oben benutzte Richtung $(\alpha_1, \beta_1, \gamma_1)$ wählen wir die der erwähnten Spur und demnach als Richtung $(\alpha_2, \beta_2, \gamma_2)$ die der Normale $(X, Y, Z)$ von $S$. Dann haben wir:

$$
(11)\quad \alpha_1 = \cos\varphi\, X_1 + \sin\varphi\, X_2, \quad \alpha_2 = X \text{ usw.}
$$

Berechnen wir mittels (11) und (9) die Summen in der totalen Differentialgleichung (7), so finden wir wegen (13), S. 101:

$$
\sum \alpha_1 \frac{\partial x_1}{\partial u} = \sqrt{E}\cos\varphi + \frac{\partial R}{\partial u}, \qquad \sum \alpha_1 \frac{\partial x_1}{\partial v} = \sqrt{G}\sin\varphi + \frac{\partial R}{\partial v},
$$

$$
\sum \alpha_2 \frac{\partial x_1}{\partial u} = -\frac{R\sqrt{E}}{r_2}\cos\varphi, \qquad \sum \alpha_2 \frac{\partial x_1}{\partial v} = -\frac{R\sqrt{G}}{r_1}\sin\varphi,
$$

$$
\sum \alpha_2 \frac{\partial \alpha_1}{\partial u} = -\sum \alpha_1 \frac{\partial \alpha_2}{\partial u} = -\frac{\sqrt{E}\cos\varphi}{r_2},
$$

$$
\sum \alpha_2 \frac{\partial \alpha_1}{\partial v} = -\sum \alpha_1 \frac{\partial \alpha_2}{\partial v} = -\frac{\sqrt{G}\sin\varphi}{r_1}.
$$

Also lautet die totale Differentialgleichung (7) wie folgt:

$$
(12)\quad dt = \left[\sin t\left(\frac{1}{R}\frac{\partial R}{\partial u} + \frac{\sqrt{E}\cos\varphi}{R}\right) + \frac{\sqrt{E}\cos\varphi}{r_2}(1 + \cos t)\right] du +
$$

$$
+ \left[\sin t\left(\frac{1}{R}\frac{\partial R}{\partial v} + \frac{\sqrt{G}\sin\varphi}{R}\right) + \frac{\sqrt{G}\sin\varphi}{r_1}(1 + \cos t)\right] dv,
$$

und die Integrabilitätsbedingungen (I), (II), (III) reduzieren sich auf die beiden folgenden:

$$\begin{cases} \dfrac{\partial}{\partial u}\left(\dfrac{\sqrt{G}\sin\varphi}{R}\right) - \dfrac{\partial}{\partial v}\left(\dfrac{\sqrt{E}\cos\varphi}{R}\right) = 0, \\ \dfrac{\partial}{\partial u}\left(\dfrac{\sqrt{G}\sin\varphi}{R}\cdot\dfrac{1}{r_1}\right) - \dfrac{\partial}{\partial v}\left(\dfrac{\sqrt{E}\cos\varphi}{R}\cdot\dfrac{1}{r_2}\right) + \\ \qquad + \dfrac{\sqrt{EG}}{R^2}\sin\varphi\cos\varphi\left(\dfrac{1}{r_2}-\dfrac{1}{r_1}\right) = 0. \end{cases}$$

## § 187. Laplacesche Gleichung, von der die normalen Kreissysteme abhängen.

Ist die Fläche $S$ eine Kugel, so sind die beiden Gleichungen (IV) genau dieselben, und die entsprechenden Kreissysteme ergeben sich leicht auf Grund des Satzes in § 185, wenn noch eine Fläche $S'$ willkürlich angenommen und diejenige Schar von $\infty^2$ Kreisen konstruiert wird, die gleichzeitig zur Kugel $S$ und zur Fläche $S'$ normal sind. Denn da die Kugel zweimal als zu den Kreisen normale Fläche zählt, so besitzt dieses System drei Orthogonalflächen und ist daher nach S. 348 stets ein normales System. Dieselbe Betrachtung gilt insbesondere auch für den Fall, daß an Stelle der Kugel $S$ eine Ebene tritt, wie sich auch aus der Anwendung einer Transformation mittels reziproker Radienvektoren ergibt.

Wir setzen nun voraus, daß die Fläche $S$ keine Kugel sei, und lösen unter Zuhilfenahme der Gleichungen (§ 128, S. 241, (1)):

$$\text{(a)} \qquad \frac{\partial}{\partial u}\left(\frac{\sqrt{G}}{r_1}\right) = \frac{1}{r_2}\frac{\partial\sqrt{G}}{\partial u}, \qquad \frac{\partial}{\partial v}\left(\frac{\sqrt{E}}{r_2}\right) = \frac{1}{r_1}\frac{\partial\sqrt{E}}{\partial v}$$

die Gleichungen (IV) nach $\frac{\partial R}{\partial u}$ und $\frac{\partial R}{\partial v}$ auf. Dann erhalten wir:

$$\text{(IV*)} \qquad \begin{cases} \dfrac{\partial R}{\partial u} = \quad R\cot\varphi\left(\dfrac{\partial\varphi}{\partial u} - \dfrac{1}{\sqrt{G}}\dfrac{\partial\sqrt{E}}{\partial v}\right) - \sqrt{E}\cos\varphi, \\ \dfrac{\partial R}{\partial v} = -R\operatorname{tang}\varphi\left(\dfrac{\partial\varphi}{\partial v} + \dfrac{1}{\sqrt{E}}\dfrac{\partial\sqrt{G}}{\partial u}\right) - \sqrt{G}\sin\varphi. \end{cases}$$

Infolge der ersten der Gleichungen (IV) muß der Ausdruck:

$$\frac{\sqrt{E}\cos\varphi}{R}du + \frac{\sqrt{G}\sin\varphi}{R}dv$$

ein vollständiges Differential sein. Wenn wir noch mit $\psi$ eine unbekannte Hilfsfunktion bezeichnen, können wir demnach

$$\frac{\sqrt{E}\cos\varphi}{R} = -\frac{1}{\psi}\frac{\partial\psi}{\partial u}, \quad \frac{\sqrt{G}\sin\varphi}{R} = -\frac{1}{\psi}\frac{\partial\psi}{\partial v}$$

setzen. Dann liefert die zweite der Gleichungen (IV) unter Berücksichtigung der eben angeführten Gleichungen (a) für $\psi$ die Laplacesche Gleichung:

$$\text{(V)}\qquad \frac{\partial^2\psi}{\partial u\,\partial v} = \frac{\partial \log\sqrt{E}}{\partial v}\frac{\partial\psi}{\partial u} + \frac{\partial\log\sqrt{G}}{\partial u}\frac{\partial\psi}{\partial v}.$$

Ist umgekehrt $\psi$ eine Lösung dieser Gleichung, so ergibt sich ein entsprechendes Zykelsystem aus den folgenden Gleichungen:

$$(13)\qquad \begin{cases} \dfrac{1}{R^2} = \dfrac{1}{E}\left(\dfrac{\partial\log\psi}{\partial u}\right)^2 + \dfrac{1}{G}\left(\dfrac{\partial\log\psi}{\partial v}\right)^2 = \Delta_1\log\psi, \\ \cos\varphi = -\dfrac{R}{\sqrt{E}}\dfrac{\partial\log\psi}{\partial u}, \quad \sin\varphi = -\dfrac{R}{\sqrt{G}}\dfrac{\partial\log\psi}{\partial v}. \end{cases}$$

Wird die Funktion $\psi$ eingesetzt und $\operatorname{tang}\frac{t}{2}$ wie oben gleich $\varLambda$ gesetzt, so geht die totale Differentialgleichung (12) über in:

$$d\varLambda = \left(\varLambda\frac{\partial}{\partial u}\log\left(\frac{R}{\psi}\right) - \frac{R}{r_2}\frac{\partial\log\psi}{\partial u}\right)du + \left(\varLambda\frac{\partial}{\partial v}\log\left(\frac{R}{\psi}\right) - \frac{R}{r_1}\frac{\partial\log\psi}{\partial v}\right)dv$$

und ergibt mittels einer Quadratur:

$$\text{(VI)}\qquad \operatorname{tang}\frac{t}{2} = \frac{R}{\psi}\left[C - \int\left(\frac{1}{r_2}\frac{\partial\psi}{\partial u}du + \frac{1}{r_1}\frac{\partial\psi}{\partial v}dv\right)\right]$$

($C$ eine willkürliche Konstante).

Von der Laplaceschen Gleichung (V) hängt auch die Bestimmung derjenigen Flächen ab, welche dieselben sphärischen Bilder der Krümmungslinien haben wie die Fläche $S$. Daraus geht hervor, daß die Aufgabe, die zu einer bestimmten Fläche $S$ normalen Kreissysteme zu finden, mit der Bestimmung derjenigen Flächen gleichbedeutend ist, welche mit $S$ die sphärischen Bilder der Krümmungslinien gemein haben[1]). Offenbar sind

$$x,\ y,\ z,\quad x^2 + y^2 + z^2 + c$$

partikuläre Lösungen der Gleichung (V); die entsprechenden Kreissysteme sind die vorhin betrachteten, die von den zur Fläche $S$ und

1) Die Gleichung, auf deren Integration wir die Aufgabe, die Flächen mit gegebenen sphärischen Bildern der Krümmungslinien zu bestimmen, zurückgeführt haben, ist eigentlich die folgende (s. S. 141):

$$\frac{\partial^2 W}{\partial u\,\partial v} = \frac{\partial\log\sqrt{E'}}{\partial v}\frac{\partial W}{\partial u} + \frac{\partial\log\sqrt{G'}}{\partial u}\frac{\partial W}{\partial v},$$

worin $E'$, $G'$ die Koeffizienten beim Linienelement der Kugel sind; aber die Lösungen dieser Gleichung sind mit denjenigen der Gleichung (V) des Textes durch die einfachen Beziehungen verbunden:

$$\frac{\partial W}{\partial u} = \frac{1}{r_2}\frac{\partial\psi}{\partial u}, \quad \frac{\partial W}{\partial v} = \frac{1}{r_1}\frac{\partial\psi}{\partial v}.$$

einer festen Ebene (Koordinatenebene) oder einer Kugel normalen Kreisen gebildet werden. Die Kugel selbst wird reell oder imaginär, je nachdem die Konstante $c < 0$ oder $> 0$ ist. Ist $c = 0$, so gehen alle Kreise durch einen Punkt.

## § 188. Dreifaches Orthogonalsystem von Flächen, das zu einem normalen Kreissystem gehört.

Ist $P$ ein Punkt einer Fläche $S$, die zu einem normalen Kreissystem orthogonal ist, so ziehen wir an die Krümmungslinien $v =$ Const., $u =$ Const. die Tangenten $PA$ und $PB$. Es seien dabei $A$ und $B$ die Punkte, in denen die Tangenten die Achse des durch $P$ gehenden Kreises $C$ schneiden. Bezeichnen wir mit $\xi_1$, $\eta_1$, $\zeta_1$; $\xi_2$, $\eta_2$, $\zeta_2$ die Koordinaten von $A$ bez. $B$, so finden wir unmittelbar:

$$\xi_1 = x + \frac{R}{\cos\varphi} X_1, \quad \eta_1 = y + \frac{R}{\cos\varphi} Y_1, \quad \zeta_1 = z + \frac{R}{\cos\varphi} Z_1,$$

$$\xi_2 = x + \frac{R}{\sin\varphi} X_2, \quad \eta_2 = y + \frac{R}{\sin\varphi} Y_2, \quad \zeta_2 = z + \frac{R}{\sin\varphi} Z_2.$$

Durch Differentiation der ersten Gleichungen nach $v$, der zweiten nach $u$ und unter Berücksichtigung der Gleichungen (9) und (IV*) ergibt sich:

$$\frac{\partial \xi_1}{\partial v} : \frac{\partial \eta_1}{\partial v} : \frac{\partial \zeta_1}{\partial v} = \frac{\partial \xi_2}{\partial u} : \frac{\partial \eta_2}{\partial u} : \frac{\partial \zeta_2}{\partial u} = (\cos\varphi\, X_2 - \sin\varphi\, X_1) :$$
$$: (\cos\varphi\, Y_2 - \sin\varphi\, Y_1) :$$
$$: (\cos\varphi\, Z_2 - \sin\varphi\, Z_1).$$

Da die drei letzten Ausdrücke die Richtungskosinus der Kreisachse sind, so erhellt nach S. 270, daß die beiden Punkte $A$, $B$ die Brennpunkte dieser Achse in dem von den Kreisachsen gebildeten Strahlensystem sind; die Developpabeln des Strahlensystems sind folglich reell und gehören zu den Krümmungslinien der Fläche $S$.

Wir betrachten nun alle Flächen $\Sigma$, die zu den Kreisen orthogonal sind, und die beiden Scharen von Ortsflächen der Kreise

$$u = Const. \quad \text{und} \quad v = \text{Const.},$$

welche wir mit $\Sigma_1$, $\Sigma_2$ bezeichnen. Dann können wir leicht den Satz von **Ribaucour** beweisen: *Die drei Flächenscharen $\Sigma$, $\Sigma_1$, $\Sigma_2$ bilden ein dreifaches Orthogonalsystem.*

In der Tat, betrachten wir eine Fläche $\Sigma_1$ ($u =$ Const.). Sie schneidet alle Flächen $\Sigma$ orthogonal längs Krümmungslinien von $\Sigma$, die folglich nach S. 96 auch für $\Sigma_1$ Krümmungslinien sind. Daraus folgt, daß auf $\Sigma_1$ die Krümmungslinien die Kreise $C$ und deren Orthogonaltrajektorien sind. Die Normale der Fläche $\Sigma_1$ in $P$ ist also die Tangente $PA$ der Krümmungslinie $v$ von $\Sigma$, und ebenso ist die Normale von $\Sigma_2$ die Tangente $PB$ der Kurve $u$ auf $\Sigma$, woraus sich die Richtigkeit des Satzes ergibt.

Ferner sehen wir, daß, wenn wir mit $2\varrho$ die Entfernung $AB$ der Brennpunkte bezeichnen, zwischen dem Abstand $\delta$ des Kreismittelpunkts vom Mittelpunkt der Achse und dem Kreisradius $R$ die Beziehung:

$$R^2 + \delta^2 = \varrho^2$$

besteht, so daß wir, unter $\sigma$ einen reellen Winkel verstehend,

$$\delta = \varrho \cos \sigma, \quad R = \varrho \sin \sigma$$

setzen können.

## § 189. Zyklische Strahlensysteme.

Nach dem Obigen besitzt das von den Achsen eines normalen Kreissystems gebildete Strahlensystem stets reelle Developpabeln, und es gehören zu diesen die Krümmungslinien der zu den Kreisen orthogonalen Flächen. Wir bezeichnen ein Strahlensystem als zyklisch, wenn es ein normales Kreissystem gibt, dessen Achsen die Strahlen des Strahlensystems sind. Wir wollen nun die Bedingung dafür aufstellen, daß ein gegebenes Strahlensystem zyklisch ist. Wie wir sehen werden, hängt diese Bedingung nur von den sphärischen Bildern der Developpabeln des Strahlensystems ab, und wir wollen hier, wo wir nur den allgemeinen Fall betrachten, annehmen, daß diese Bilder zwei verschiedene Scharen von Kurven $u$, $v$ seien.

Indem wir auf die Guichardschen Gleichungen (§ 153) zurückgehen, aus denen sich die Strahlensysteme mit gegebenen sphärischen Bildern der Developpabeln:

$$(14) \qquad ds'^2 = E du^2 + 2F du dv + G dv^2$$

ergeben, erinnern wir daran, daß $\varrho$, die halbe Entfernung der Brennpunkte, der Laplaceschen Gleichung (S. 282):

$$(15) \qquad \frac{\partial^2 \varrho}{\partial u \partial v} + \begin{Bmatrix} 12 \\ 1 \end{Bmatrix} \frac{\partial \varrho}{\partial u} + \begin{Bmatrix} 12 \\ 2 \end{Bmatrix} \frac{\partial \varrho}{\partial v} + \left[\frac{\partial}{\partial u}\begin{Bmatrix} 12 \\ 1 \end{Bmatrix} + \frac{\partial}{\partial v}\begin{Bmatrix} 12 \\ 2 \end{Bmatrix} + F\right]\varrho = 0$$

genügt und daß umgekehrt jeder Lösung $\varrho$ dieser Gleichung ein Strahlensystem der verlangten Art entspricht, für das die Koordinaten $x$, $y$, $z$ des Mittelpunktes eines Strahls mittels Quadraturen durch die Gleichungen (32), S. 285:

$$(16)\begin{cases}\frac{\partial x}{\partial u} = \left[\frac{\partial \varrho}{\partial u} + 2\begin{Bmatrix}1\,2\\2\end{Bmatrix}\varrho\right]X - \sqrt{E}\sin\frac{\Omega}{2}\varrho X_1 - \sqrt{E}\cos\frac{\Omega}{2}\varrho X_2,\\ \frac{\partial x}{\partial v} = -\left[\frac{\partial \varrho}{\partial v} + 2\begin{Bmatrix}1\,2\\1\end{Bmatrix}\varrho\right]X - \sqrt{G}\sin\frac{\Omega}{2}\varrho X_1 + \sqrt{G}\cos\frac{\Omega}{2}\varrho X_2 \text{ usw.}\end{cases}$$

gegeben sind. Bezeichnen wir, wie vorhin, mit

$$\delta = \varrho\cos\sigma, \quad R = \varrho\sin\sigma$$

die Entfernung des Kreismittelpunktes $(x_1, y_1, z_1)$ vom Strahlmittelpunkt $(x, y, z)$ und den Radius, so müssen wir in unseren allgemeinen Gleichungen, S. 347,

$$x_1 = x + \varrho X\cos\sigma, \quad y_1 = y + \varrho Y\cos\sigma, \quad z_1 = z + \varrho Z\cos\sigma$$

setzen, können also ohne weiteres

$$\alpha_1 = X_1, \quad \beta_1 = Y_1, \quad \gamma_1 = Z_1,$$
$$\alpha_2 = X_2, \quad \beta_2 = Y_2, \quad \gamma_2 = Z_2$$

annehmen. Unter Benutzung der Gleichungen (30), S. 284, erhalten wir nun zunächst:

$$(17)\begin{cases}\frac{\partial x_1}{\partial u} = \left[\frac{\partial}{\partial u}\{\varrho(1+\cos\sigma)\} + 2\begin{Bmatrix}1\,2\\2\end{Bmatrix}\varrho\right]X -\\ \quad - \sqrt{E}\sin\frac{\Omega}{2}\varrho(1-\cos\sigma)X_1 - \sqrt{E}\cos\frac{\Omega}{2}\varrho(1-\cos\sigma)X_2,\\ \frac{\partial x_1}{\partial v} = -\left[\frac{\partial}{\partial v}\{\varrho(1-\cos\sigma)\} + 2\begin{Bmatrix}1\,2\\1\end{Bmatrix}\varrho\right]X -\\ \quad - \sqrt{G}\sin\frac{\Omega}{2}\varrho(1+\cos\sigma)X_1 + \sqrt{G}\cos\frac{\Omega}{2}\varrho(1+\cos\sigma)X_2,\end{cases}$$

demnach als totale Differentialgleichung (7), S. 347, die folgende:

$$(18)\qquad dt = \left[\sqrt{E}\operatorname{tang}\frac{\sigma}{2}\cos\left(t+\frac{\Omega}{2}\right) + A\right]du - \\ - \left[\sqrt{G}\cot\frac{\sigma}{2}\cos\left(t-\frac{\Omega}{2}\right) + B\right]dv,$$

worin nach (31) und (31*), S. 284, 285,

$$A = \frac{1}{2}\frac{\partial\Omega}{\partial u} + \sqrt{\frac{E}{G}}\begin{Bmatrix}1\,2\\1\end{Bmatrix}\sin\Omega = -\frac{\sqrt{E}}{\varrho_v} - \frac{1}{2}\frac{\partial\Omega}{\partial u},$$
$$B = \frac{1}{2}\frac{\partial\Omega}{\partial v} + \sqrt{\frac{G}{E}}\begin{Bmatrix}1\,2\\2\end{Bmatrix}\sin\Omega = -\frac{\sqrt{G}}{\varrho_u} - \frac{1}{2}\frac{\partial\Omega}{\partial v}$$

ist. Diese totale Differentialgleichung besitzt die bemerkenswerte Eigentümlichkeit, daß sie lediglich von den sphärischen Bildern der Developpabeln des Strahlensystems abhängt. Daraus folgt: Alle Strahlensysteme, die mit einem zyklischen Strahlensystem die sphärischen Bilder der Developpabeln gemein haben, sind gleichfalls zyklisch.

Wenn wir nun die Integrabilitätsbedingungen für die Gleichung (18) ansetzen und dabei berücksichtigen, daß

$$\frac{\partial A}{\partial v} + \frac{\partial B}{\partial u} = -\sqrt{EG}\sin\Omega$$

ist (vgl. S. 340), so finden wir als Bedingungen:

$$\frac{\partial}{\partial u}\left(\sqrt{G}\cot\frac{\sigma}{2}\right) = \sqrt{E}\begin{Bmatrix}1\,2\\1\end{Bmatrix}\cot\frac{\sigma}{2}\cos\Omega - \sqrt{G}\begin{Bmatrix}1\,2\\2\end{Bmatrix}\operatorname{tg}\frac{\sigma}{2},$$

$$\frac{\partial}{\partial v}\left(\sqrt{E}\operatorname{tg}\frac{\sigma}{2}\right) = \sqrt{G}\begin{Bmatrix}1\,2\\2\end{Bmatrix}\operatorname{tg}\frac{\sigma}{2}\cos\Omega - \sqrt{E}\begin{Bmatrix}1\,2\\1\end{Bmatrix}\cot\frac{\sigma}{2}.$$

Wenn die Differentialquotienten der Koeffizienten durch die Christoffelschen Symbole ausgedrückt werden, so lauten diese Bedingungen:

$$(19)\qquad \begin{cases} \dfrac{\partial\cos\sigma}{\partial u} = 2(\cos\sigma - 1)\begin{Bmatrix}1\,2\\2\end{Bmatrix}, \\ \dfrac{\partial\cos\sigma}{\partial v} = 2(\cos\sigma + 1)\begin{Bmatrix}1\,2\\1\end{Bmatrix}. \end{cases}$$

Aus diesen Bedingungen folgt weiterhin die Gleichung:

$$(20)\qquad \left(\frac{\partial\begin{Bmatrix}1\,2\\2\end{Bmatrix}}{\partial v} - \frac{\partial\begin{Bmatrix}1\,2\\1\end{Bmatrix}}{\partial u}\right)\cos\sigma = \frac{\partial\begin{Bmatrix}1\,2\\1\end{Bmatrix}}{\partial u} + \frac{\partial\begin{Bmatrix}1\,2\\2\end{Bmatrix}}{\partial v} - 4\begin{Bmatrix}1\,2\\1\end{Bmatrix}\begin{Bmatrix}1\,2\\2\end{Bmatrix},$$

aus der wir (wofern sie keine Identität ist) für $\cos\sigma$ einen eindeutig bestimmten Wert erhalten; die Kongruenz ist zyklisch (reell), wenn dieser Wert für $\cos\sigma$ dem absoluten Betrage nach kleiner als Eins ist und den Gleichungen (19) genügt. Also: **Einem zyklischen Strahlensystem kann im allgemeinen nur ein normales Kreissystem zugeordnet werden, dessen Achsen die Strahlen sind.**

## § 190. Strahlensysteme, die auf unendlich viele Weisen zyklisch sind.

Das soeben gewonnene Ergebnis erleidet eine sehr bemerkenswerte Ausnahme, wenn die Gleichung (20) eine Identität ist, d. h. wenn

$$\frac{\partial}{\partial u}\begin{Bmatrix}1\,2\\1\end{Bmatrix} = \frac{\partial}{\partial v}\begin{Bmatrix}1\,2\\2\end{Bmatrix} = 2\begin{Bmatrix}1\,2\\1\end{Bmatrix}\begin{Bmatrix}1\,2\\2\end{Bmatrix}$$

ist. Diese Bedingungen charakterisieren die sphärischen Kurven $u$, $v$ als Bilder der in den §§ 180 ff., Kap. XII, untersuchten Flächen, deren Krümmungsmaß durch den Ausdruck:

$$(\text{A})\qquad K = -\frac{1}{[\varphi(u) + \psi(v)]^2}$$

gegeben ist. Wir sehen also, daß **die einzigen Strahlensysteme, die in mehr als einer Weise und daher auf unendlich viele**

Weisen zyklisch sind, diejenigen Ribaucourschen Kongruenzen sind, deren erzeugende Flächen Flächen der Klasse (A) sind.

Aus der Gleichung (20) folgt ferner, daß dieses die einzigen zyklischen Ribaucourschen Strahlensysteme sind. Unter diesen zyklischen Strahlensystemen sind die bemerkenswertesten die Guichardschen, deren erzeugende Flächen pseudosphärische Flächen sind und deren Developpabeln folglich die beiden Brennmäntel längs Krümmungslinien schneiden (§ 157, S. 290). Da für diese Strahlensysteme $\left\{ {12 \atop 1} \right\}$ und $\left\{ {12 \atop 2} \right\}$ gleich Null ist, so kann der Winkel $\sigma$ eine beliebige konstante Größe haben[1]). Wird insbesondere $\sigma$ gleich $\frac{\pi}{2}$ gesetzt, so liegt der Mittelpunkt jedes Kreises des Systems im Mittelpunkt der Achse, und sein Radius ist gleich der halben Entfernung der Brennpunkte.

Eine weitere Eigenschaft dieser Strahlensysteme folgt aus dem allgemeinen Satze von Ribaucour:

Auf der Fläche, welche die Ebenen der Kreise eines normalen Kreissystems umhüllt, entspricht den Developpabeln des Strahlensystems der Achsen ein konjugiertes System.

Mit Hilfe der allgemeinen Gleichungen der voraufgehenden Paragraphen ist dieser Satz leicht zu beweisen. Bezeichnen wir nämlich mit $W$ den Abstand der Ebene des Kreises $(u, v)$ vom Anfangspunkt, so haben wir:

$$W = \sum Xx + \varrho \cos \sigma,$$

und wenn wir die angeführten Gleichungen berücksichtigen, so bestätigt es sich in der Tat, daß $W$ der Laplaceschen Gleichung:

$$\frac{\partial^2 W}{\partial u \partial v} = \left\{ {12 \atop 1} \right\} \frac{\partial W}{\partial u} + \left\{ {12 \atop 2} \right\} \frac{\partial W}{\partial v} - FW$$

genügt, woraus nach § 73, S. 141, die vorhin angegebene Eigenschaft folgt.

Insbesondere sind bei den unendlich vielen normalen Kreissystemen, die sich aus einem Ribaucourschen Strahlensystem, dessen erzeugende Flächen zur Klasse (A) gehören, ableiten lassen, die Enveloppen der Kreisebenen die Assoziierten der in § 182 betrachteten Flächen $S$. Ist noch spezieller die Fläche $S$ pseudosphärisch, so sind die entsprechenden Enveloppen Voßische Flächen.

---

1) In betreff der Eigenschaften der zu den Kreisen orthogonalen Flächen vergleiche man die Abhandlung des Verfassers in den Annali di Matematica, 2. Serie, 18. Bd.

## § 191. Die normalen Kreissysteme gleich großer Kreise.

Eine andere sehr bemerkenswerte Klasse von normalen Kreissystemen ist die von Ribaucour entdeckte, bei der die Radien der Kreise alle einander gleich sind. Um solche Systeme zu konstruieren, nehmen wir eine pseudosphärische Fläche $S$ vom Radius $R$ und beschreiben in jeder ihrer Tangentialebenen um den Berührungspunkt als Mittelpunkt einen Kreis mit dem Radius $R$. Aus den Eigenschaften der Evolutenflächen folgt, daß die $\infty^1$ pseudosphärischen Flächen, welche die Ortsflächen der Mittelpunkte der geodätischen Krümmung für die Scharen von parallelen Grenzkreisen auf $S$ sind (vgl. § 140, S. 261), in der Tat Orthogonaltrajektorien dieser Kreise sind, so daß die Kreise ein Zykelsystem bilden.

Wollen wir umgekehrt untersuchen, ob dieses die allgemeinsten normalen Kreissysteme mit konstantem Radius sind, so brauchen wir nur auf die Gleichungen (IV*), S. 350, zurückzugehen und dabei in ihnen $R$ gleich Const. zu setzen. Lassen wir den Fall, daß $\varphi$ gleich 0 oder $\frac{\pi}{2}$ ist[1]), unberücksichtigt, so ergibt sich aus ihnen:

$$\frac{\partial \varphi}{\partial u} = \frac{\sqrt{E}\sin\varphi}{R} + \frac{1}{\sqrt{G}}\frac{\partial \sqrt{E}}{\partial v},$$

$$\frac{\partial \varphi}{\partial v} = -\frac{\sqrt{G}\cos\varphi}{R} - \frac{1}{\sqrt{E}}\frac{\partial \sqrt{G}}{\partial u},$$

und als Integrabilitätsbedingung erhalten wir:

$$-\frac{1}{R^2} = -\frac{1}{\sqrt{EG}}\left[\frac{\partial}{\partial u}\left(\frac{1}{\sqrt{E}}\frac{\partial\sqrt{G}}{\partial u}\right) + \frac{\partial}{\partial v}\left(\frac{1}{\sqrt{G}}\frac{\partial\sqrt{E}}{\partial v}\right)\right],$$

woraus wir nach (18), S. 67, folgern, daß die zu den Kreisen normalen Flächen pseudosphärische Flächen mit dem Radius $R$ sind. Die Untersuchung läßt sich nun leicht zu Ende führen durch den Nachweis, daß die Enveloppe der Kreisebenen auch eine pseudosphärische Fläche ist und daß die Kreismittelpunkte die Berührungspunkte sind. In der Tat folgen aus diesen Gleichungen und den Gleichungen (9), (10), S. 349, sofort die Beziehungen:

$$\sum (\cos\varphi\, X_2 - \sin\varphi\, X_1)\frac{\partial x_1}{\partial u} = 0, \quad \sum (\cos\varphi\, X_2 - \sin\varphi\, X_1)\frac{\partial x_1}{\partial v} = 0.$$

---

1) Die Zykelsysteme mit konstantem Radius, die diesem Falle, dessen Erörterung wir hier übergehen, entsprechen, ergeben sich folgendermaßen: In einer Ebene zeichne man eine Schar von $\infty^1$ kongruenten Kreisen und lasse dann die Ebene auf einer abwickelbaren Fläche rollen. Das entstehende Kreissystem ist das gesuchte. (Vgl. die beiden Bemerkungen des Verfassers über Zykelsysteme im Giornale di Matematiche, 21. u. 22. Bd.)

Demnach hat die Ortsfläche der Kreismittelpunkte die Kreisachse zur Normale und stellt also mit jeder pseudosphärischen Fläche des Orthogonalsystems die vollständige Evolutenfläche einer Normalenkongruenz vor, bei der die Entfernung der Brennpunkte konstant, gleich $R$, ist. Daher ist sie selbst eine pseudosphärische Fläche mit dem Radius $R$ (vgl. S. 251). Aus dem Gesagten ergibt sich nun, daß die Normalen einer pseudosphärischen Fläche ein zyklisches Strahlensystem bilden. Hieraus folgt nach dem allgemeinen Satze in § 189, S. 354, daß bei jeder Fläche, die dieselben sphärischen Bilder der Krümmungslinien hat wie eine pseudosphärische Fläche, das von den Normalen gebildete Strahlensystem zyklisch ist. Es ist leicht einzusehen, daß dieses die einzigen zyklischen Normalenkongruenzen sind. Setzen wir nämlich in den allgemeinen Gleichungen für $A$ und $B$, S. 354,

$$\Omega = \frac{\pi}{2},$$

so ergibt sich wegen (1) und (1*), S. 147:

$$\begin{Bmatrix}1\,2\\1\end{Bmatrix} = \frac{\partial \log \sqrt{E}}{\partial v}, \quad \begin{Bmatrix}1\,2\\2\end{Bmatrix} = \frac{\partial \log \sqrt{G}}{\partial u}.$$

Daher lauten die Gleichungen (19):

$$\frac{\partial \log \sin \frac{\sigma}{2}}{\partial u} = \frac{\partial \log \sqrt{G}}{\partial u},$$

$$\frac{\partial \log \cos \frac{\sigma}{2}}{\partial v} = \frac{\partial \log \sqrt{E}}{\partial v}.$$

Es kann also durch Einführung neuer Parameter $u$, $v$ ohne weiteres

$$\sqrt{E} = \cos \frac{\sigma}{2}, \quad \sqrt{G} = \sin \frac{\sigma}{2}$$

gesetzt werden. Nun sind die Kurven $u$, $v$, für die das Quadrat des Linienelements der Kugel die Form:

$$ds'^2 = \cos^2 \frac{\sigma}{2}\, du^2 + \sin^2 \frac{\sigma}{2}\, dv^2$$

annimmt, gerade die Bilder der Krümmungslinien einer pseudosphärischen Fläche, wie sich aus dem Satze C), § 138, S. 257, ergibt. Also: *Die Flächen, deren Normalen eine zyklische Kongruenz bilden, sind sämtlich und ausschließlich diejenigen, welche mit den pseudosphärischen Flächen die Bilder der Krümmungslinien gemein haben.*

Wir sehen ferner, daß sowohl die zu den Kreisen orthogonalen Flächen als auch die Enveloppe der Ebenen dieser Kreise wieder zu derselben Klasse gehören.

## § 192. **Ausdruck für das Linienelement des Raumes, bezogen auf ein normales Kreissystem.**

Wir kehren nun zu den allgemeinen normalen Kreissystemen (§ 188) zurück. Ist $t$ eine beliebige Lösung der Gleichung (18), so ergeben sich die zu den Kreisen orthogonalen Flächen aus den Gleichungen:

$$(21)\quad \begin{cases} \xi = x + \varrho X \cos\sigma + \varrho \sin\sigma\,(X_1 \cos t + X_2 \sin t), \\ \eta = y + \varrho Y \cos\sigma + \varrho \sin\sigma\,(Y_1 \cos t + Y_2 \sin t), \\ \zeta = z + \varrho Z \cos\sigma + \varrho \sin\sigma\,(Z_1 \cos t + Z_2 \sin t). \end{cases}$$

Nun bezeichnen wir mit $w$ die in $t$ enthaltene willkürliche Konstante und betrachten die Koordinaten $\xi$, $\eta$, $\zeta$ eines Raumpunktes als Funktionen der drei Veränderlichen $u$, $v$, $w$. Durch Differentiation der Gleichungen (21) und unter Berücksichtigung der Gleichungen auf S. 349 finden wir Gleichungen von der Form:

$$(21^*)\quad \begin{cases} \dfrac{\partial\xi}{\partial u} = AX + BX_1 + CX_2, \\ \dfrac{\partial\xi}{\partial v} = A'X + B'X_1 + C'X_2, \\ \dfrac{\partial\xi}{\partial w} = \alpha X_1 + \beta X_2. \end{cases}$$

Wird

$$(22)\quad \begin{cases} L = \dfrac{\partial\varrho}{\partial u} - \sqrt{E}\,\operatorname{tang}\dfrac{\sigma}{2}\sin\left(t + \dfrac{\Omega}{2}\right)\cdot\varrho + \dfrac{2\cos\sigma}{1+\cos\sigma}\begin{Bmatrix}1\,2\\2\end{Bmatrix}\varrho, \\ M = \dfrac{\partial\varrho}{\partial v} + \sqrt{G}\cot\dfrac{\sigma}{2}\sin\left(t - \dfrac{\Omega}{2}\right)\cdot\varrho - \dfrac{2\cos\sigma}{1-\cos\sigma}\begin{Bmatrix}1\,2\\1\end{Bmatrix}\varrho \end{cases}$$

gesetzt, so ist dabei:

$$A = (\cos\sigma + 1)L,\quad B = \cos t\sin\sigma L,\quad C = \sin t\sin\sigma L,$$
$$A' = (\cos\sigma - 1)M,\quad B' = \cos t\sin\sigma M,\quad C' = \sin t\sin\sigma M,$$
$$\alpha = -\varrho\sin t\sin\sigma\frac{\partial t}{\partial w},\quad \beta = \varrho\cos t\sin\sigma\frac{\partial t}{\partial w}.$$

Aus diesen Gleichungen ergeben sich die weiteren:

$$\sum\left(\frac{\partial\xi}{\partial u}\right)^2 = 4L^2\cos^2\frac{\sigma}{2},\quad \sum\left(\frac{\partial\xi}{\partial v}\right)^2 = 4M^2\sin^2\frac{\sigma}{2},$$
$$\sum\left(\frac{\partial\xi}{\partial w}\right)^2 = \varrho^2\sin^2\sigma\left(\frac{\partial t}{\partial w}\right)^2,$$
$$\sum\frac{\partial\xi}{\partial u}\frac{\partial\xi}{\partial v} = 0,\quad \sum\frac{\partial\xi}{\partial v}\frac{\partial\xi}{\partial w} = 0,\quad \sum\frac{\partial\xi}{\partial w}\frac{\partial\xi}{\partial u} = 0.$$

Daraus folgt wieder der Satz von Ribaucour:

Die Flächen $u =$ Const., $v =$ Const., $w =$ Const. bilden ein dreifaches Orthogonalsystem.

Ferner erhalten wir für das Quadrat des Linienelements des Raumes, $ds^2 = d\xi^2 + d\eta^2 + d\zeta^2$, den Ausdruck:

$$(23)\qquad ds^2 = 4\cos^2\frac{\sigma}{2}\,L^2du^2 + 4\sin^2\frac{\sigma}{2}\,M^2dv^2 + \varrho^2\sin^2\sigma\left(\frac{\partial t}{\partial w}\right)^2 dw^2.$$

## § 193. Bestimmung der sphärischen Bilder der Abwickelbaren eines zyklischen Strahlensystems.

Die Aufgabe, die Zykelsysteme zu bestimmen, läßt sich in zwei nacheinander zu lösende Aufgaben zerlegen, nämlich:

1) alle Systeme von sphärischen Kurven $u$, $v$ zu bestimmen, welche die Bilder der Developpabeln eines zyklischen Strahlensystems sind;

2) die Strahlensysteme mit gegebenen sphärischen Bildern der Developpabeln zu konstruieren.

Die zweite Aufgabe ist bereits in § 153 behandelt worden; sie kommt, wie wir gesehen haben, auf die Integration der Laplaceschen Gleichung (15), S. 353, hinaus.

Was die erste Aufgabe anbetrifft, so können wir sie vollständig lösen, wenn wir den folgenden Satz benutzen:

Unter den zyklischen Strahlensystemen, die ein und dieselben sphärischen Bilder der Developpabeln haben, können stets unendlich viele von der Beschaffenheit ausgewählt werden, daß die ihnen entsprechenden Kreise durch einen festen Punkt des Raumes gehen.

Sind nämlich die sphärischen Kurven $u$, $v$ fest bestimmt, so bezeichnen wir mit $t_0$ eine beliebige partikuläre Lösung der Gleichung (18), die dem Werte $w = w_0$ zugehöre. Wir bestimmen $\varrho$ aus den beiden simultanen Gleichungen:

$$L = 0,\quad M = 0,$$

d. h. aus den Gleichungen:

$$\frac{\partial \log \varrho}{\partial u} = \sqrt{E}\,\text{tang}\frac{\sigma}{2}\sin\left(t_0 + \frac{\Omega}{2}\right) - \frac{2\cos\sigma}{1+\cos\sigma}\begin{Bmatrix}1\,2\\2\end{Bmatrix},$$

$$\frac{\partial \log \varrho}{\partial v} = -\sqrt{G}\,\text{cotg}\frac{\sigma}{2}\sin\left(t_0 - \frac{\Omega}{2}\right) + \frac{2\cos\sigma}{1-\cos\sigma}\begin{Bmatrix}1\,2\\1\end{Bmatrix},$$

die infolge der Gleichungen in § 189, S. 355, der Integrabilitätsbedingung Genüge leisten und eine Lösung $\varrho$ der Gleichung (15) liefern. In dem entsprechenden Zykelsystem haben wir wegen der Gleichungen (21*):

$$\left.\begin{array}{l}\dfrac{\partial\xi}{\partial u} = 0,\quad \dfrac{\partial\eta}{\partial u} = 0,\quad \dfrac{\partial\zeta}{\partial u} = 0\\[2ex] \dfrac{\partial\xi}{\partial v} = 0,\quad \dfrac{\partial\eta}{\partial v} = 0,\quad \dfrac{\partial\zeta}{\partial v} = 0\end{array}\right|\ \text{für } w = w_0.$$

Demnach reduziert sich die Fläche $w = w_0$ auf einen Punkt $(\xi_0, \eta_0, \zeta_0)$, durch den alle Kreise des Zykelsystems hindurchgehen.

Für die sphärischen Bilder der Developpabeln aller zyklischen Strahlensysteme erhalten wir also die folgende Konstruktion:

Man nehme eine beliebige Fläche $S$ und ziehe durch einen festen Raumpunkt $O$ die zu $S$ normalen Kreise. Diese bilden ein normales Kreissystem[1]), und die sphärischen Bilder der Developpabeln des von ihren Achsen gebildeten Strahlensystems sind die allgemeinsten Kurven der verlangten Art.

---

1) Durch eine Transformation mittels reziproker Radienvektoren bezüglich des festen Punktes $O$ geht dieses Kreissystem in das Normalensystem der transformierten Fläche über.

# Kapitel XIV.

## Die Minimalflächen.

Geschichtlicher Überblick. — Formeln von Weierstraß. — Algebraische Minimalflächen. — Doppelflächen. — Verbiegung der Minimalflächen, wobei sie Minimalflächen bleiben. — Assoziierte Minimalflächen. — Aufeinander abwickelbare konjugierte Flächen. — Minimalflächen mit ebenen Krümmungslinien. — Minimalflächen, die auf Rotationsflächen abwickelbar sind. — Minimal-Schraubenflächen. — Formeln von Schwarz. — Lösung der Aufgabe, eine Minimalfläche zu konstruieren, von der ein Streifen gegeben ist. — Besondere Fälle. — Kennzeichen, ob eine Fläche in eine Minimalfläche verbogen werden kann.

---

### § 194. Geschichtlicher Überblick bis auf Meusnier.

Die Theorie der Minimalflächen ist heute eins der vollständigsten und ausgedehntesten Kapitel der Differentialgeometrie. Ihre vielfachen Beziehungen zur Theorie der Funktionen einer komplexen Veränderlichen und zur Variationsrechnung verleihen den Untersuchungen auf diesem Gebiet ein hohes Interesse. Die dem vorliegenden Buche gesteckten Grenzen gestatten uns nur, die Hauptergebnisse dieser Theorie zu entwickeln; Leser, die sich in den Gegenstand weiter zu vertiefen wünschen, finden eine erschöpfende Behandlung in den schönen Vorlesungen von Darboux. Daselbst sowie in der Abhandlung von Beltrami[1]) finden sie auch geschichtliche Angaben bezüglich der allmählichen Entwicklung dieser Theorie. Für unseren Zweck schließen wir uns speziell an die kurze Darstellung an, die Schwarz in seinen „Miszellen aus dem Gebiete der Minimalflächen" gegeben hat.

Die Anfänge der Theorie der Minimalflächen reichen bis auf die berühmte Abhandlung von Lagrange zurück, in der die Grundlagen der Variationsrechnung[2]) entwickelt worden sind. Wir betrachten

---

1) Sulle proprietà generali delle superficie ad area minima. Memorie dell' Accademia di Bologna, 7. Bd., 1868.

2) Miscellanea Taurinensia, 2. Bd., 1760—61.

eine geschlossene Kurve $C$ und eine von dieser Kurve begrenzte Fläche $S$. Diese Fläche wird eine Minimalfläche genannt, wenn sie im Vergleich zu allen unendlich benachbarten, von der Kurve $C$ begrenzten Flächen den kleinsten Flächeninhalt hat.

Ist die Gleichung der Fläche $S$ in der gewöhnlichen Form:

$$z = z(x, y)$$

gegeben, so ist der Flächeninhalt von $S$ durch das Doppelintegral

$$\iint \sqrt{1 + p^2 + q^2}\, dx\, dy$$

dargestellt, und man braucht nur die Prinzipien der Variationsrechnung anzuwenden, um für $z$ die partielle Differentialgleichung:

$$\frac{\partial}{\partial x}\left(\frac{p}{\sqrt{1+p^2+q^2}}\right) + \frac{\partial}{\partial y}\left(\frac{q}{\sqrt{1+p^2+q^2}}\right) = 0$$

oder:

$$(1) \qquad (1 + q^2)r - 2pqs + (1 + p^2)t = 0$$

zu erhalten.

Die geometrische Deutung der Gleichung (1) ist 1776 von Meusnier gegeben worden, der bemerkte, daß sie der Ausdruck der Eigenschaft der Fläche $S$ ist, in jedem Punkte gleiche, aber entgegengesetzte Hauptkrümmungsradien zu haben (vgl. (d), S. 114). Alle Flächen nun, die der letzteren Bedingung genügen, werden Minimalflächen genannt. Diese Bezeichnung ist in der Tat dadurch gerechtfertigt, daß jeder solchen Fläche bei passend gewählter Begrenzung die Eigenschaft des Minimums, von der wir ausgegangen sind, zukommt.

Von Meusnier rührt auch die Entdeckung der beiden zuerst bekannt gewordenen Minimalflächen her, nämlich des Katenoids und der Schraubenregelfläche. Sie ergeben sich unmittelbar, wenn man Lösungen der Gleichung (1) von der Form:

$$z = f(x^2 + y^2) \quad \text{oder} \quad z = f\left(\frac{y}{x}\right)$$

sucht.

## § 195. Neuere Untersuchungen über Minimalflächen.

Monge war der erste, der (1784) die vollständige Lösung der Gleichung (1) angab; aber die für die Anwendungen wenig geeignete Form, in der die Integralgleichungen angegeben waren, ließ es lange Zeit zur Entdeckung anderer reeller Minimalflächen als der beiden angeführten, von Meusnier gefundenen, nicht kommen. 1834 fand Scherk die Minimal-Schraubenflächen und die Translationsfläche[1])

$$z = \frac{1}{a}[\log\cos(ax) - \log\cos(ay)].$$

Die wichtigsten Fortschritte unserer Theorie beginnen mit dem Erscheinen der Arbeiten von Ossian Bonnet (1853—60), der eine fundamentale Eigenschaft der Minimalflächen, nämlich die, daß ihre sphärische Abbildung konform ist, erkannte und die Integralgleichungen in eine Form brachte, die alle reellen und unendlich viele algebraische Minimalflächen abzuleiten gestattete.

1866 erschienen die wichtigen Arbeiten von Weierstraß, in denen die Mongeschen Formeln in eine einfache und elegante Form gebracht sind, welche die Lösung verschiedener grundlegender Fragen gestattet. In diesen Abhandlungen sind auch wichtige Ergebnisse bezüglich des sogenannten Plateauschen Problems (s. nächstes Kapitel) angegeben. Dieses berühmte Problem ist auch in einer nachgelassenen Abhandlung Riemanns und in einer Reihe sehr wichtiger Arbeiten von Schwarz behandelt, die nun im ersten Bande der Werke dieses Mathematikers gesammelt sind.

Von Untersuchungen nach einer anderen Richtung sind von uns noch unter den wichtigsten Veröffentlichungen über diesen Gegenstand diejenigen von Lie[2]) (1877—78) zu erwähnen, der sich besonders mit den algebraischen Minimalflächen beschäftigt hat.

## § 196. Formeln von Weierstraß.

Wir leiten zunächst die Weierstraßischen Formeln ab, indem wir uns auf das Ergebnis in § 139, S. 258, stützen, nach dem jeder isothermen Form des Linienelements der Kugel eine Minimalfläche entspricht, die sich mittels Quadraturen ergibt.

Es sei $u, v$ ein Isothermensystem auf der Kugel, und wir bezeichnen mit

$$(2) \qquad ds'^2 = \frac{1}{r_2}(du^2 + dv^2)$$

1) Diese merkwürdige Minimalfläche ergibt sich sofort, wenn man Lösungen der Gleichung (1) von der Form:

$$z = f(x) + \varphi(y)$$

sucht.

2) Archiv for Mathematik og Naturvidenskab, 2. u. 3. Bd. Mathematische Annalen, 14. Bd.

den Ausdruck für das Quadrat des Linienelements. Sind die Koordinaten $X$, $Y$, $Z$ eines Punktes der Kugel als Funktionen von $u$, $v$ bekannt, so ergeben sich die Koordinaten $x$, $y$, $z$ des entsprechenden Punktes der Minimalfläche $S$ nach S. 257 mittels Quadraturen aus den Gleichungen:

$$(3)\qquad \begin{cases} dx = r_2\left(\dfrac{\partial X}{\partial u}\,du - \dfrac{\partial X}{\partial v}\,dv\right), \\ dy = r_2\left(\dfrac{\partial Y}{\partial u}\,du - \dfrac{\partial Y}{\partial v}\,dv\right), \\ dz = r_2\left(\dfrac{\partial Z}{\partial u}\,du - \dfrac{\partial Z}{\partial v}\,dv\right). \end{cases}$$

Also ist für das Linienelement von $S$:

$$(4)\qquad ds^2 = r_2\,(du^2 + dv^2),$$

und die Hauptkrümmungsradien von $S$ sind

$$r_2, \quad r_1 = -r_2.$$

Wir beziehen nun die Kugel in der üblichen Weise auf die Meridiane und Parallelkreise, indem wir

$$X = \sin\vartheta\cos\omega, \quad Y = \sin\vartheta\sin\omega, \quad Z = \cos\vartheta$$

setzen, und führen die komplexe Veränderliche $\tau$ auf der Kugel (oder in der Ebene des Äquators):

$$\tau = \cot\frac{\vartheta}{2}\,e^{i\omega}$$

samt ihrer Konjugierten

$$\tau_0 = \cot\frac{\vartheta}{2}\,e^{-i\omega}$$

ein (vgl. § 43, S. 79). Drücken wir $X$, $Y$, $Z$ durch $\tau$ und $\tau_0$ aus, so erhalten wir:

$$(5)\qquad X = \frac{\tau+\tau_0}{\tau\tau_0+1}, \quad Y = \frac{1}{i}\,\frac{\tau-\tau_0}{\tau\tau_0+1}, \quad Z = \frac{\tau\tau_0-1}{\tau\tau_0+1}$$

und für das Quadrat des Linienelements der Kugel $ds'$:

$$(6)\qquad ds'^2 = \frac{4\,d\tau\,d\tau_0}{(\tau\tau_0+1)^2}.$$

Nach § 41, S. 76, ist nun die komplexe Veränderliche

$$\sigma = u + iv$$

eine Funktion von r oder der Konjugierten $\tau_0$; doch ist der eine Fall von dem andern nicht wesentlich verschieden, und wir können also $\sigma$ als Funktion von $\tau$, demnach $\sigma_0$ als Funktion von $\tau_0$ annehmen. Die Gleichung (2) oder:

$$ds'^2 = \frac{1}{r_2}\,\frac{d\sigma}{d\tau}\,\frac{d\sigma_0}{d\tau_0}\,d\tau\,d\tau_0$$

ergibt demnach, mit der Gleichung (6) verglichen:

$$r_2 = \frac{(\tau\tau_0 + 1)^2}{4} \frac{d\sigma}{d\tau} \frac{d\sigma_0}{d\tau_0},$$

und die Gleichung (4) wird:

$$ds^2 = \frac{(\tau\tau_0 + 1)^2}{4} \left(\frac{d\sigma}{d\tau}\right)^2 \left(\frac{d\sigma_0}{d\tau_0}\right)^2 d\tau\, d\tau_0.$$

Nun führen wir in den Gleichungen (3) $\tau$ und $\tau_0$ ein, wobei wir berücksichtigen, daß für eine beliebige, als Funktion von $\tau$ und $\tau_0$ aufgefaßte Funktion $\Phi(u, v)$ die folgenden Gleichungen gelten:

$$\frac{d\sigma}{d\tau} \frac{d\sigma_0}{d\tau_0} \left(\frac{1}{2} \frac{\partial \Phi}{\partial u} + \frac{i}{2} \frac{\partial \Phi}{\partial v}\right) = \frac{d\sigma}{d\tau} \frac{\partial \Phi}{\partial \tau_0},$$

$$\frac{d\sigma}{d\tau} \frac{d\sigma_0}{d\tau_0} \left(\frac{1}{2} \frac{d\Phi}{du} - \frac{i}{2} \frac{\partial \Phi}{\partial v}\right) = \frac{d\sigma_0}{d\tau_0} \frac{\partial \Phi}{\partial \tau},$$

und erhalten:

$$(6^*) \quad \begin{cases} dx = \frac{1}{4}(1 - \tau^2)\left(\frac{d\sigma}{d\tau}\right)^2 d\tau + \frac{1}{4}(1 - \tau_0^2)\left(\frac{d\sigma_0}{d\tau_0}\right)^2 d\tau_0, \\ dy = \frac{i}{4}(1 + \tau^2)\left(\frac{d\sigma}{d\tau}\right)^2 d\tau - \frac{i}{4}(1 + \tau_0^2)\left(\frac{d\sigma_0}{d\tau_0}\right)^2 d\tau_0, \\ dz = \frac{\tau}{2}\left(\frac{d\sigma}{d\tau}\right)^2 d\tau + \frac{\tau_0}{2}\left(\frac{d\sigma_0}{d\tau_0}\right)^2 d\tau_0. \end{cases}$$

Setzen wir nun:

$$\frac{1}{2}\left(\frac{d\sigma}{d\tau}\right)^2 = F(\tau)$$

und führen wir zur Bezeichnung des reellen Teils einer komplexen Größe $\psi$ das Zeichen $\mathfrak{R}\psi$ ein, so erhalten wir die Formeln

$$(7) \quad x = \mathfrak{R}\int (1 - \tau^2) F(\tau)\, d\tau, \quad y = \mathfrak{R}\int i(1 + \tau^2) F(\tau)\, d\tau,$$
$$z = \mathfrak{R}\int 2\tau F(\tau)\, d\tau,$$

in denen die Integrale rechts längs ein und desselben krummlinigen Weges in der komplexen $\tau$-Ebene erstreckt zu denken sind.

Dieses sind die Formeln von Weierstraß. Umgekehrt leuchtet sofort ein, daß, wenn für $F(\tau)$ irgendeine Funktion der komplexen Variabeln $\tau$ genommen wird, die Formeln (7) mittels Quadraturen eine zugehörige Minimalfläche $S$ liefern. Das Linienelement und der (positive) Hauptkrümmungsradius von $S$ sind durch die Gleichungen:

$$(8) \quad ds^2 = (\tau\tau_0 + 1)^2 F(\tau) F_0(\tau_0)\, d\tau\, d\tau_0$$

und

$$(9) \quad r_2 = \frac{(\tau\tau_0 + 1)^2}{2} \sqrt{F(\tau) F_0(\tau_0)}$$

gegeben. Die Krümmungslinien $u$, $v$ ergeben sich, wenn von dem Integral

$$\sigma = \int \sqrt{2F(\tau)}\, d\tau$$

der reelle Teil und der Koeffizient des imaginären Teils gleich Konstanten gesetzt werden; ihre Gleichungen sind demnach:

$$(10) \qquad \Re\int\sqrt{2F(\tau)}\,d\tau = \text{Const.}, \qquad \Re\int i\sqrt{2F(\tau)}\,d\tau = \text{Const.}$$

## § 197. Algebraische Minimalflächen.

Die Weierstraßischen Formeln (7) lassen sich in eine besonders für die Bestimmung der algebraischen Minimalflächen sehr vorteilhafte Form bringen. Wir betrachten zu diesem Zwecke $F(\tau)$ als den dritten Differentialquotienten $\varphi'''(\tau)$ einer Funktion $\varphi(\tau)$, die selbst willkürlich bleibt. Werden dann aus den Gleichungen (7) die Integralzeichen weggeschafft, so lauten sie:

$$(11) \qquad \begin{cases} x = \Re\,[(1-\tau^2)\varphi''(\tau) + 2\tau\varphi'(\tau) - 2\varphi(\tau)], \\ y = \Re\,[i(1+\tau^2)\varphi''(\tau) - 2i\tau\varphi'(\tau) + 2i\varphi(\tau)], \\ z = \Re\,[2\tau\varphi''(\tau) - 2\varphi'(\tau)]. \end{cases}$$

Wird nun vorausgesetzt, daß $\varphi(\tau)$ eine algebraische Funktion von $\tau$ sei, so ist klar, daß uns diese Formeln eine algebraische Minimalfläche definieren. Es ist aber wichtig, daß sich umgekehrt jede algebraische Minimalfläche auf diese Weise ergibt. Weierstraß beweist dieses wie folgt: Es sei

$$w = u + iv = f(x + iy)$$

eine Funktion der komplexen Veränderlichen $x + iy$; wenn dann in einem bestimmten Gebiet zwischen $x$, $y$ und dem reellen Teil $u$ von $w$ eine algebraische Beziehung besteht, so ist $w$ eine algebraische Funktion von $x + iy$.

In der Umgebung eines Punktes, den wir der Einfachheit halber in den Punkt $x = 0$, $y = 0$ verlegen, sei nämlich $w$ in eine Taylorsche Reihe:

$$w = a_0 + ib_0 + (a_1 + ib_1)(x + iy) + (a_2 + ib_2)(x + iy)^2 + \cdots$$

entwickelt, worin die $a$ und $b$ reelle Konstanten sind, und es sei $r$ der Radius des Konvergenzkreises. Dann gilt für $u$ folgende Entwicklung nach Potenzen von $x$ und $y$:

$$(12) \qquad \begin{aligned} u = a_0 &+ \tfrac{1}{2}(a_1 + ib_1)(x + iy) + \tfrac{1}{2}(a_2 + ib_2)(x + iy)^2 + \cdots \\ &+ \tfrac{1}{2}(a_1 - ib_1)(x - iy) + \tfrac{1}{2}(a_2 - ib_2)(x - iy)^2 + \cdots. \end{aligned}$$

Nach der Voraussetzung ist:

$$(13) \qquad G(u, x, y) = 0,$$

wo $G$ eine ganze rationale Funktion von $u$, $x$, $y$ ist. Setzen wir hierin für $u$ die Reihe (12) ein und entwickeln wir dann nach Potenzen von

$x$ und $y$, so sind die Koeffizienten jedes einzelnen Gliedes identisch gleich Null und bleiben auch gleich Null, wenn wir an Stelle von $x, y$ komplexe Größen $\bar{x}$, $\bar{y}$ setzen, wofern nur die Entwicklung auch nach dem Einsetzen konvergent bleibt. Nun ist dieses zufolge der Art der Konvergenz der Potenzreihen sicher mit der aus (12) hervorgehenden Reihe für $\bar{u}$ der Fall, wenn die absoluten Beträge von $\bar{x}$ und $\bar{y}$ kleiner als $\frac{r}{2}$ bleiben. Setzen wir also:

$$\bar{x} = \frac{x+iy}{2}, \quad \bar{y} = \frac{x+iy}{2i},$$

so ergibt Gleichung (12):

$$\bar{u} = a_0 + \tfrac{1}{2}(w - w_0),$$

wobei $w_0 = a_0 + ib_0$ ist, und Gleichung (13) geht in eine algebraische Beziehung zwischen $w$ und $x + iy$ über, w. z. b. w.

Wird nun angenommen, daß die durch die Gleichungen (11) definierte Minimalfläche algebraisch sei, so bestehen zwischen den Größen

$$\frac{X}{1-Z} = \frac{\tau+\tau_0}{2}, \quad \frac{Y}{1-Z} = \frac{\tau-\tau_0}{2i}$$

und jeder der Größen $x$, $y$, $z$ algebraische Beziehungen. Es ist daher nach dem soeben bewiesenen Satze jede der drei Funktionen:

$$f_1(\tau) = (1-\tau^2)\varphi''(\tau) + 2\tau\varphi'(\tau) - 2\varphi(\tau),$$
$$f_2(\tau) = i(1+\tau^2)\varphi''(\tau) - 2i\tau\varphi'(\tau) + 2i\varphi(\tau),$$
$$f_3(\tau) = 2\tau\varphi''(\tau) - 2\varphi'(\tau),$$

also auch

$$\varphi(\tau) = \frac{1}{4}(\tau^2-1)f_1(\tau) - \frac{i}{4}(\tau^2+1)f_2(\tau) - \frac{1}{2}\tau f_3(\tau)$$

eine algebraische Funktion von $\tau$.

Wir haben somit das Ergebnis:

Alle algebraischen Minimalflächen ergeben sich aus den Gleichungen (11), wenn in diesen Gleichungen für $\varphi(\tau)$ eine algebraische Funktion von $\tau$ eingesetzt wird.

## § 198. Minimal-Doppelflächen.

Die Weierstraßischen Formeln (7) oder (11) bringen in der einfachsten Weise den Zusammenhang zwischen den Funktionen einer komplexen Veränderlichen und den Minimalflächen zum Ausdruck, da sie beweisen, daß zu jeder Funktion $F(\tau)$ einer komplexen Veränderlichen eine bis auf eine Translation im Raume bestimmte Minimalfläche gehört. Wie wir aber sogleich sehen werden, entsprechen ein und derselben Minimalfläche im allgemeinen zwei verschiedene Ausdrücke für die Funktion $F(\tau)$.

Vorher geben wir noch einen einfachen Satz an, der sich unmittelbar aus der linearen Beschaffenheit der Gleichungen (7) bezüglich $F(\tau)$ ergibt. In den Gleichungen (7) setzen wir für $F(\tau)$ der Reihe nach zwei Funktionen $\varphi_1(\tau)$, $\varphi_2(\tau)$ und dann die Funktion

$$\frac{m\varphi_2(\tau)+n\varphi_1(\tau)}{m+n} \quad (m,\ n \text{ konstant})$$

ein. Dadurch erhalten wir den von Weierstraß bemerkten Satz:

Wenn zwischen den Punkten zweier Minimalflächen $S$, $S'$ eine Korrespondenz nach der Gaußischen Methode mittels paralleler Normalen in zwei entsprechenden Punkten $P$, $P'$ hergestellt und auf jeder Strecke $PP'$ ein Punkt $M$ so gewählt wird, daß er sie in dem konstanten Verhältnis $m:n$ teilt, so ist der Ort des Punktes $M$ wieder eine Minimalfläche, die den Flächen $S$, $S'$ durch Parallelismus der Normalen entspricht.

Wir wollen nun die oben aufgeworfene Frage untersuchen, ob ein und derselben Minimalfläche einer oder mehrere Ausdrücke für die Funktion $F(\tau)$ entsprechen. Es seien $F(\tau)$, $f(\tau)$ zwei Funktionen von r, die auf ein und dieselbe Minimalfläche führen, und $\tau$, $\tau'$ die Werte der Argumente für $F$, $f$, die ein und demselben Flächenpunkt entsprechen. Die Richtung der $\tau$ entsprechenden Normale fällt entweder init derjenigen der $\tau'$ entsprechenden Normale oder mit der entgegengesetzten Richtung zusammen, folglich ist im ersten Falle

$$\tau' = \tau$$

und im zweiten Falle

$$\tau' = -\frac{1}{\tau_0},$$

wie auch sofort daraus hervorgeht, daß $X$, $Y$, $Z$ infolge der Gleichungen (5) nur dann ihre Zeichen ändern, wenn r durch $-\frac{1}{\tau_0}$ ersetzt wird. Unter der ersten Voraussetzung ergibt sich aus den Weierstraßischen Formeln (7)

$$f(\tau) = F(\tau),$$

unter der zweiten

$$F(\tau) = -\frac{1}{\tau^4} f_0\left(-\frac{1}{\tau}\right)\,^{1)}$$

---

1) Ist $f(\tau)$ eine analytische Funktion von $\tau$, die ursprünglich durch eine innerhalb eines gewissen Kreises konvergente Potenzreihe definiert ist, so bezeichnen wir mit $f_0(\tau)$ die analytische Funktion, die durch diejenige Reihe definiert ist,

oder:

$$f(\tau) = -\frac{1}{\tau^4} F_0\left(-\frac{1}{\tau}\right).$$

Wir sehen also, daß die beiden im allgemeinen voneinander verschiedenen Funktionen

$$F(\tau), \quad -\frac{1}{\tau^4} F_0\left(-\frac{1}{\tau}\right),$$

in den Weierstraßischen Formeln eingesetzt, ein und dieselbe Minimalfläche liefern, da die Koordinatendifferentiale in beiden Fällen dieselben sind.

Besonders interessant ist der Fall, in dem die beiden Funktionen

$$F(\tau), \quad -\frac{1}{\tau^4} F_0\left(-\frac{1}{\tau}\right)$$

genau dieselben sind. Dann läßt sich nach dem Obigen das Gebiet der Minimalfläche in der Umgebung des Punktes $-\frac{1}{\tau_0}$ entweder durch Verschiebung mit demjenigen um $\tau$ zur Deckung bringen oder es fällt mit ihm direkt zusammen. Da im ersten Falle die Fläche eine Verschiebung in sich gestattet, so ist sie mit Notwendigkeit periodisch, also transzendent. Dieses ist von vornherein ausgeschlossen, wenn z. B. die Fläche algebraisch ist. Beschreiben wir im zweiten Falle auf der Bildkugel einen Weg, der vom Punkte $\tau$ nach dem diametral gegenüberliegenden $-\frac{1}{\tau_0}$ führt, so geht der entsprechende Weg auf der Fläche von einem Punkte $P$ aus und kehrt zu ihm wieder zurück; aber bei der Rückkehr hat sich der Sinn der Normale stetig in den entgegengesetzten verwandelt. Man kann also auf der Fläche stetig von ihrer einen Seite auf die andere gelangen; die Fläche hat demnach nur eine einzige Seite oder sie ist nach der Bezeichnung von Lie eine Minimal-Doppelfläche.

Als Beispiel führen wir die Hennebergsche Minimalfläche an, die dem Wert

$$F(\tau) = 1 - \frac{1}{\tau^4}$$

entspricht und offenbar eine algebraische Doppelfläche ist.

Es ist dieses die einfachste Minimal-Doppelfläche; sie ist von der 5. Klasse und der 15. Ordnung.

---

welche sich ergibt, wenn in der ursprünglichen die Koeffizienten durch ihre konjugierten Werte ersetzt werden, und die also denselben Konvergenzkreis hat. Die Beziehung zwischen $f(\tau)$ und $f_0(\tau)$ ist von der ursprünglich gewählten Reihe unabhängig.

## § 199. Verbiegung der Minimalflächen, wobei sie beständig Minimalflächen bleiben.

Jede Minimalfläche kann einer solchen stetigen Verbiegung unterworfen werden, daß sie dabei eine Minimalfläche bleibt. Um diese interessanten Verbiegungen zu finden, stellen wir die folgenden Überlegungen an: Es seien $S$, $S'$ zwei aufeinander abwickelbare Minimalflächen; in entsprechenden Punkten sind die Krümmungsmaße beider Flächen und also auch die absoluten Größen der zugehörigen Hauptkrümmungsradien einander gleich. Daraus folgt, daß die beiden sphärischen Bilder von $S$ und $S'$ kongruent oder symmetrisch sind. Der zweite Fall kommt jedoch auf den ersten hinaus, wenn die positive Richtung der Normale einer von den beiden Flächen geändert wird, und ist andrerseits ausgeschlossen, wenn wir auf stetige Weise durch Verbiegung von der Figur $S$ zur Figur $S'$ gelangen. Wir können demnach eine der beiden Flächen, z. B. $S'$, in eine solche neue Lage im Raume bringen, daß sich die beiden sphärischen Bilder decken und also entsprechende Punkte von $S$ und $S'$ durch ein und denselben Wert von r bestimmt sind. Nach dieser Vorbemerkung seien $F(\tau)$, $f(\tau)$ die entsprechenden Werte der Funktion $F$ in den Weierstraßischen Formeln. Da die Linienelemente der beiden Flächen einander gleich sein müssen, so folgt aus der Gleichung (8):

$$F(\tau)F_0(\tau_0) = f(\tau)f_0(\tau_0),$$

d. h.:

$$\left| \frac{f(\tau)}{F(\tau)} \right| = 1.$$

Es ist daher $\frac{f(\tau)}{F(\tau)}$ eine Konstante, deren absoluter Betrag gleich Eins ist. Wir haben demnach:

$$f(\tau) = e^{i\alpha} F(\tau),$$

wo $\alpha$ eine reelle Konstante bedeutet. Da ferner die Gleichung (8) umgekehrt beweist, daß das Linienelement ungeändert bleibt, wenn $F(\tau)$ durch $e^{i\alpha}F(\tau)$ ersetzt wird, welcher Wert auch der reellen Konstanten $\alpha$ erteilt werden mag, so haben wir das Ergebnis:

Die allgemeinste Verbiegung einer Minimalfläche, bei der sie beständig eine Minimalfläche bleibt, ergibt sich, wenn $F(\tau)$ in den Weierstraßischen Formeln (7) durch $e^{i\alpha}F(\tau)$ ersetzt wird, wo $\alpha$ eine beliebige reelle Konstante ist.

Auf diese Weise erhält man aus einer Minimalfläche durch stetige Verbiegung eine Schar von $\infty^1$ Minimalflächen; diese Flächen werden als assoziierte Minimalflächen bezeichnet.

### § 200. Assoziierte Minimalflächen. Konjugierte Minimalflächen.

Wir wollen nun die Eigenschaften dieser Verbiegungen näher untersuchen. Die Gleichungen der Krümmungslinien der Fläche $S$ sind:

$$u = \text{Const.}, \quad v = \text{Const.},$$

wenn man

$$\sigma = u + iv = \int \sqrt{2F(\tau)}\, d\tau$$

setzt (§ 196, S. 366).

Die Krümmungslinien der dem Werte $\alpha$ des Parameters entsprechenden assoziierten Minimalfläche $S_\alpha$ haben demnach die Gleichungen:

$$\Re\left(e^{\frac{i\alpha}{2}}\sigma\right) = \text{Const.}, \quad \Re\left(ie^{\frac{i\alpha}{2}}\sigma\right) = \text{Const.}$$

oder:

$$u \cos\frac{\alpha}{2} - v \sin\frac{\alpha}{2} = \text{Const.}, \quad u \sin\frac{\alpha}{2} + v \cos\frac{\alpha}{2} = \text{Const.}$$

Also folgt: Den Krümmungslinien der $S$ assoziierten Minimalfläche $S_\alpha$ entsprechen auf $S$ die isogonalen Trajektorien der alten Krümmungslinien für den Winkel $\frac{\alpha}{2}$.

Besonders interessant ist der Fall: $\alpha = \frac{\pi}{2}$; dann gehen die Krümmungslinien von $S$ in die Haupttangentenkurven von $S_{\frac{\pi}{2}}$ und umgekehrt die Haupttangentenkurven von $S$ in die Krümmungslinien von $S_{\frac{\pi}{2}}$ über. Zwei solche assoziierte Minimalflächen werden nach Bonnet, der sich mit diesen Verbiegungen zuerst beschäftigte, als konjugierte Minimalflächen bezeichnet.

Werden die Koordinaten eines Punktes der zu $S$ konjugierten Fläche mit $x_0$, $y_0$, $z_0$ bezeichnet, so erhalten wir aus den Gleichungen (7), da dann $F(\tau)$ durch $iF(\tau)$ ersetzt wird:

$$(14) \qquad x_0 = \Re\int i(1-\tau^2)F(\tau)d\tau, \quad y_0 = -\Re\int(1+\tau^2)F(\tau)d\tau,$$
$$z_0 = \Re\int 2i\tau F(\tau)d\tau.$$

Lassen wir $\alpha$ sich stetig ändern, so verbiegt sich die Fläche stetig. Bezeichnen wir die Koordinaten des Punktes $(x, y, z)$ nach der Verbiegung mit $x_\alpha$, $y_\alpha$, $z_\alpha$, so haben wir offenbar:

$$(15) \qquad x_\alpha = x \cos\alpha + x_0 \sin\alpha, \quad y_\alpha = y \cos\alpha + y_0 \sin\alpha,$$
$$z_\alpha = z \cos\alpha + z_0 \sin\alpha.$$

Werden die Integrale in den Gleichungen (7) und (14) zwischen denselben Grenzen 0 und $\frac{\pi}{2}$ genommen, so bleiben der Flächenpunkt

(0, 0, 0) und die Tangentialebene in ihm während der Verbiegung fest; jeder Punkt $(x, y, z)$ beschreibt während der Verbiegung eine Ellipse, deren Mittelpunkt der feste Punkt ist.

Bringen wir mittels der Gleichungen (15) die Gleichheit der Linienelemente von $S$ und $S_\alpha$ zum Ausdruck, so erhalten wir die Beziehung:

$$dx\,dx_0 + dy\,dy_0 + dz\,dz_0 = 0, \tag{16}$$

die sich auch leicht direkt beweisen läßt. Sie besagt, daß sich zwei konjugierte Minimalflächen auch durch Orthogonalität der Elemente entsprechen (S. 293).

Gleichzeitig sind die beiden Flächen assoziiert im Sinne des Kap. XI (S. 299). Wir sehen, daß sich, entsprechend dieser zweifachen Beziehung, in der die Minimalfläche $S$ und ihre Konjugierte zueinander stehen, für $S$ zwei unendlich kleine Verbiegungen ergeben: bei der ersten bleiben die Hauptkrümmungsradien und bei der zweiten die Krümmungslinien ungeändert (Kap. XI, S. 305, 316).

Endlich sei bemerkt, daß der von zwei entsprechenden Linienelementen der Minimalfläche $S$ und der assoziierten Fläche $S_\alpha$ gebildete Winkel konstant, gleich $\alpha$, ist.

## § 201. Sätze über assoziierte Minimalflächen.

Zwei assoziierte Minimalflächen sind aufeinander abwickelbar und besitzen ferner folgende zwei Eigenschaften: erstens haben sie in entsprechenden Punkten parallele Normalen, und zweitens bilden zwei entsprechende Linienelemente einen konstanten Winkel miteinander. Wir wollen nun umgekehrt beweisen, daß, wenn für zwei aufeinander abwickelbare Flächen die eine oder die andere der genannten Eigenschaften zutrifft, sie notwendigerweise assoziierte Minimalflächen sind[1]).

Um diesen Satz unter der ersten Voraussetzung zu beweisen, gehen wir auf die allgemeinen Formeln für die sphärische Abbildung (Kap. V) zurück. Indem wir die beiden aufeinander abwickelbaren Flächen mit $S$, $S_0$ bezeichnen, berücksichtigen wir, daß zunächst der ersten Voraussetzung zufolge $S$ und $S_0$ dasselbe sphärische Bild haben sollen. Also ist wegen der Gleichung (2), S. 118:

$$H(D\,du^2 + 2D'\,du\,dv + D''\,dv^2) = H_0(D_0\,du^2 + 2D_0'\,du\,dv + D_0''\,dv^2),$$

1) Darboux, 1. Bd., S. 326 u. f.

wenn durch den Index 0 die auf $S_0$ bezüglichen Größen unterschieden werden. Daraus folgt entweder sofort, daß

$$H = H_0 = 0$$

ist, d. h. daß $S$, $S_0$ assoziierte Minimalflächen sind, oder es ergibt sich:

$$D_0 = \lambda D, \quad D_0' = \lambda D', \quad D_0'' = \lambda D'', \quad \lambda = \frac{H_0}{H}.$$

Die Bedingung: $K = K_0$ jedoch ergibt unmittelbar (mit Ausschluß des Falles der auf die Ebene abwickelbaren Flächen, der sich leicht direkt erledigen läßt):

$$\lambda = \pm 1.$$

Daher sind $S$ und $S_0$ kongruent oder symmetrisch.

Um den obigen Satz auch unter der zweiten Voraussetzung zu beweisen, zeigen wir vorerst, daß zwei aufeinander abwickelbare Flächen, die sich auch durch Orthogonalität der Elemente entsprechen, konjugierte Minimalflächen sind. Hierzu gehen wir auf die Formeln des § 162 zurück. Haben $S$ und $S_0$ negatives Krümmungsmaß, so beziehen wir sie auf ihre Haupttangentenkurven und berücksichtigen die Gleichungen (13), S. 301. Da $S$ und $S_0$ dasselbe Linienelement haben, so folgt daraus:

$$\left(\frac{\partial \varphi}{\partial u}\right)^2 = (1 - \varphi^2)e, \quad \frac{\partial \varphi}{\partial u}\frac{\partial \varphi}{\partial v} = (1 - \varphi^2)f, \quad \left(\frac{\partial \varphi}{\partial v}\right)^2 = (1 - \varphi^2)g,$$

also $\varphi = \pm 1$; demnach ist $S$ infolge der Gleichung (12), S. 301, eine Minimalfläche, also $S_0$ ihre Konjugierte. Der Fall, daß die Flächen $S$ und $S_0$ positives Krümmungsmaß haben, ist durch die Gleichungen in § 162, S. 302, von vornherein ausgeschlossen, weil daraus

$$\varphi = \pm 1, \quad e + g = 0$$

folgen würde.

Nachdem nun der Satz für diese besonderen Fälle bewiesen ist, ist er es auch für den allgemeinen Fall. Wird nämlich

$$dx_0^2 + dy_0^2 + dz_0^2 = dx^2 + dy^2 + dz^2,$$

$$dx_0 dx + dy_0 dy + dz_0 dz = \cos\alpha (dx^2 + dy^2 + dz^2) \quad (\alpha = \text{Const.})$$

angenommen und

$$\bar{x} = \frac{x_0 - x\cos\alpha}{\sin\alpha}, \quad \bar{y} = \frac{y_0 - y\cos\alpha}{\sin\alpha}, \quad \bar{z} = \frac{z_0 - z\cos\alpha}{\sin\alpha}$$

gesetzt, so ergeben sich hieraus die Gleichungen:

$$\overline{dx}^2 + \overline{dy}^2 + \overline{dz}^2 = dx^2 + dy^2 + dz^2,$$

$$\overline{dx}dx + \overline{dy}dy + \overline{dz}dz = 0.$$

## § 202. Minimalflächen mit ebenen Krümmungslinien.

Wir wollen nun einige besondere Klassen von Minimalflächen untersuchen, zunächst solche mit ebenen Krümmungslinien. Wir gehen davon aus, daß jede ebene Krümmungslinie einer Fläche zum sphärischen Bilde einen Kreis hat, und umgekehrt[1]). Um also Minimalflächen mit einer Schar ebener Krümmungslinien zu finden, haben wir also nur auf der Kugel eine Schar von $\infty^1$ Kreisen zu wählen und diejenigen Flächen zu bestimmen, welche diese Kreise und ihre Orthogonaltrajektorien zu sphärischen Bildern der Krümmungslinien haben. In der entsprechenden Laplaceschen Gleichung (37), § 73, S. 141, ist dann eine der Invarianten gleich Null, und es läßt sich die Gleichung vollständig integrieren. Da aber in dem besonderen Falle der Minimalflächen das Kurvensystem auf der Bildkugel nach § 139, S. 258, isotherm sein muß, so besteht auch die zweite Schar aus Kreisen (§ 91, S. 176).

Daraus folgt, daß auch die Krümmungslinien der zweiten Schar notwendig eben sind. Infolge des Ergebnisses in § 44, S. 80, erhält man die doppelten orthogonalen Kreissysteme auf der Kugel, wenn die Kugel durch zwei Ebenenbüschel geschnitten wird, die zwei bezüglich der Kugel reziproke Polaren zu Achsen haben. Wir beschäftigen uns vorerst mit dem Grenzfall, in dem diese beiden Geraden konjugierte (aufeinander senkrechte) Tangenten der Kugel sind. Nehmen wir wieder unsere Formeln (5), S. 365, und setzen wir:

$$\tau = \alpha + i\beta,$$

also:

$$X = \frac{2\alpha}{\alpha^2 + \beta^2 + 1}, \quad Y = \frac{2\beta}{\alpha^2 + \beta^2 + 1}, \quad Z = \frac{\alpha^2 + \beta^2 - 1}{\alpha^2 + \beta^2 + 1},$$

so sehen wir, daß die Kurven $\alpha$, $\beta$ gerade die Schnittkreise der Kugel mit den Ebenen der beiden Büschel:

$$x + \alpha(z - 1) = 0,$$
$$y + \beta(z - 1) = 0$$

sind, deren Achsen die durch den Punkt (0, 0, 1) parallel zur $y$- und zur $x$-Achse gezogenen Kugeltangenten sind. Um zu der entsprechenden Minimalfläche zu gelangen, müssen wir also $F(\tau)$ in den Weierstraßschen Formeln (7) gleich einer reellen Konstanten setzen. Der Wert dieser Konstanten beeinflußt nur die Größenverhältnisse der Fläche. Wenn wir daher etwa

$$F(\tau) = 3$$

---

1) Es sei daran erinnert (S. 119), daß bei der sphärischen Abbildung nur die Hauptrichtungen die Eigenschaft besitzen, der entsprechenden Richtung auf der Kugel parallel zu bleiben.

setzen, so erhalten wir für die entsprechende Fläche:

$$(17)\qquad \begin{cases} x = 3\alpha + 3\alpha\beta^2 - \alpha^3, \\ y = \beta^3 - 3\beta - 3\alpha^2\beta, \\ z = 3(\alpha^2 - \beta^2). \end{cases}$$

Diese merkwürdige Fläche ist von Enneper gefunden worden. Sie ist von der 9. Ordnung; ihre Krümmungslinien sind ebene Kurven vom Geschlecht Null, und ihre Haupttangentenkurven:

$$\alpha + \beta = \text{Const.}, \quad \alpha - \beta = \text{Const.}$$

sind Raumkurven dritter Ordnung.

## § 203. Ennepersche Minimalfläche.

Das Quadrat des Linienelements der Enneperschen Fläche ist durch

$$ds^2 = 9(\alpha^2 + \beta^2 + 1)^2(d\alpha^2 + d\beta^2)$$

gegeben, und es ergibt sich sofort, daß die Kurven konstanter Krümmung:

$$\alpha^2 + \beta^2 = \text{Const.}$$

geodätisch parallel sind und konstante geodätische Krümmung besitzen, so daß die Fläche auf eine Rotationsfläche abwickelbar ist (S. 193). Ferner läßt sich nachweisen, daß alle assoziierten Flächen der Enneperschen Fläche der Gestalt nach mit ihr übereinstimmen und sich aus ihr ergeben, wenn sie um die $z$-Achse gedreht wird. Diese Eigenschaften ergeben sich übrigens als besondere Fälle allgemeinerer Eigenschaften, die im folgenden Paragraphen entwickelt werden.

Darboux[1]) hat eine merkwürdige Erzeugung der Enneperschen Fläche als Ebenenenveloppe gefunden, die wir kurz angeben wollen. Der Abstand der Tangentialebene der Enneperschen Fläche (17) vom Anfangspunkt ist durch

$$W = Xx + Yy + Zz = \frac{\alpha^4 - \beta^4 + 3(\alpha^2 - \beta^2)}{\alpha^2 + \beta^2 + 1}$$

gegeben, und es lautet demnach die Gleichung dieser Ebene:

$$(18)\qquad 2\alpha x + 2\beta y + (\alpha^2 + \beta^2 - 1)z + 3(\beta^2 - \alpha^2) + \beta^4 - \alpha^4 = 0.$$

Wir betrachten nun die beiden durch die Gleichungen:

$$x = 4\alpha, \quad y = 0, \qquad z = 2\alpha^2 - 1,$$
$$x = 0, \quad y = -4\beta, \quad z = -2\beta^2 + 1$$

definierten Parabeln, von denen jede die Fokalparabel der anderen ist. Verbinden wir einen beliebigen Punkt der einen mit einem beliebigen

1) Darboux, 1. Bd., S. 318.

Punkte der anderen und legen wir durch den Mittelpunkt der Verbindungslinie die zu ihr senkrechte Ebene, so erhalten wir gerade die Ebene (18). Daraus folgt:

Die Ennepersche Fläche ist die Enveloppe der Mittelsenkrechtenebenen derjenigen Sehnen, welche die Punkte einer Parabel mit den Punkten der Fokalparabel verbinden.

## § 204. Bestimmung aller Minimalflächen mit ebenen Krümmungslinien.

Wir haben nun noch die Gleichungen derjenigen Minimalflächen mit ebenen Krümmungslinien aufzustellen, welche zu Bildern dieser Kurven auf der Kugel zwei Kreisbüschel haben, deren Achsen zwei die Kugel nicht berührende reziproke Polaren $r$, $r'$ sind.

Der Einfachheit halber wählen wir diejenige Gerade, welche gleichzeitig auf $r$ und $r'$ senkrecht steht, zur $z$-Achse und die $x$- und $y$-Achse parallel $r$ bzw. $r'$. Um die Ideen zu fixieren, setzen wir noch voraus, daß $r$ außerhalb der Kugel liege, $r'$ also die Kugel schneide. Dann sind die Koordinaten derjenigen Punkte, in denen $r$ und $r'$ die $z$-Achse schneiden,

$$0,\ 0,\ \frac{1}{a} \quad \text{bzw.} \quad 0,\ 0,\ a \quad (a = \text{Const.} < 1).$$

Die Gleichungen der beiden Kreisbüschel lauten dann:

$$x = \lambda(z - a),$$

$$y = \mu\left(z - \frac{1}{a}\right),$$

wenn $\lambda$, $\mu$ die Parameter der beiden Büschel sind. Nun führen wir mittels der Gleichungen:

$$\lambda = \frac{1}{\sqrt{1-a^2}} \operatorname{tang} u, \quad \mu = \frac{a}{\sqrt{1-a^2}} \operatorname{tangh} v$$

zwei neue Parameter ein und erhalten so für $X$, $Y$, $Z$ als Funktionen von $u$, $v$ die Ausdrücke:

$$(19) \qquad X = \frac{\sqrt{1-a^2}\sin u}{\cosh v + a\cos u}, \quad Y = -\frac{\sqrt{1-a^2}\sinh v}{\cosh v + a\cos u},$$
$$Z = \frac{\cos u + a\cosh v}{\cosh v + a\cos u}.$$

Das Quadrat des Linienelements der Kugel,

$$ds'^2 = dX^2 + dY^2 + dZ^2,$$

nimmt, durch die Parameter $u$, $v$ ausgedrückt, die Form:

$$(20) \qquad ds'^2 = \frac{du^2 + dv^2}{(\cosh v + a\cos u)^2}$$

an. Wenn wir nun aus den Gleichungen (3), § 196, S. 365, mittels Quadraturen die zugehörige Minimalfläche berechnen, so erhalten wir die Gleichungen:

$$(21)\qquad \begin{cases} x = au + \sin u \cosh v, \\ y = v + a \cos u \cosh v, \\ z = \sqrt{1 - a^2} \cos u \cosh v. \end{cases}$$

Ist $a$ gleich Null, so ergibt sich das Katenoid; ist $a$ verschieden von Null, so besteht der Schnitt der Fläche mit den zur $xy$-Ebene parallelen Ebenen aus unendlich vielen kongruenten Kettenlinien, deren Leitlinien der $y$-Achse parallel sind.

## § 205. Die auf Rotationsflächen abwickelbaren Minimalflächen.

Wir lösen nun die Aufgabe, alle Minimalflächen zu bestimmen, die auf Rotationsflächen abwickelbar sind. Dazu stellen wir die folgenden von Schwarz herrührenden Überlegungen an: Es sei $S$ eine auf eine Rotationsfläche abwickelbare Minimalfläche. Sie gestattet eine stetige Verbiegung in sich, insbesondere eine unendlich kleine Verbiegung, bei der sich die Biegungskurven $L$ der Parallelkreise in sich verschieben. Das sphärische Bild von $S$ bleibt bei der Verbiegung sich selbst kongruent (S. 371) und erfährt nur eine unendlich kleine Drehung um einen Kugeldurchmesser. Daraus schließen wir, daß die sphärischen Bilder der Kurven $L$ die Kreise in den zur Rotationsachse senkrechten Ebenen sind und daß auch bei einer endlichen Verbiegung der Fläche $S$ in sich ihr sphärisches Bild um dieselbe Achse gedreht wird[1]). Diese Achse nehmen wir zur $z$-Achse. Eine Drehung um diese Achse ist gleichbedeutend damit, daß $\tau$ durch $e^{i\alpha}\tau$ ersetzt wird, wenn $\alpha$ die Amplitude der Drehung ist. Da sich nun

$$ds^2 = (\tau\tau_0 + 1)^2 F(\tau) F_0(\tau_0) d\tau\, d\tau_0$$

bei dieser Substitution nicht ändern darf, so ergibt sich:

$$| F(\tau) | = | F(\tau e^{i\alpha}) |,$$

1) Sollte noch irgendein Zweifel an der Richtigkeit dieser Folgerung bestehen, so betrachte man eine endliche Verbiegung von $S$ in sich, und es sei $\alpha$ die Amplitude der entsprechenden Drehung auf der Kugel. Die Amplitude $\alpha$ ändert sich stetig, wenn die Verbiegung stetig erfolgt, und wir können daher eine solche Verbiegung wählen, daß $\alpha$ und $2\pi$ inkommensurabel sind. Man verfahre dann wie im Texte. Dann ergibt sich die Gleichung (b), S. 379, in der $\alpha$ eine bestimmte, zu $2\pi$ in keinem rationalen Verhältnis stehende Größe hat. Wäre die Funktion $\tau \dfrac{F'(\tau)}{F(\tau)}$ nicht konstant, so würde sie demnach in der Umgebung jedes Punktes der Ebene unendlich oft denselben Wert annehmen, was keinen Sinn hat.

d. h.:

(a) $$F(\tau e^{i\alpha}) = e^{i\beta} F(\tau),$$

wo $\beta$ eine reelle Konstante bedeutet. Durch logarithmische Differentiation folgt:

(b) $$\tau e^{i\alpha} \frac{F'(\tau e^{i\alpha})}{F(\tau e^{i\alpha})} = \tau \frac{F'(\tau)}{F(\tau)}.$$

Da also die Funktion $\tau \frac{F'(\tau)}{F(\tau)}$ längs jedes Kreises in der komplexen $\tau$-Ebene, dessen Mittelpunkt in $\tau = 0$ liegt, konstant ist, so ist sie mit Notwendigkeit überhaupt eine Konstante.

Es ist also:

$$\frac{F'(\tau)}{F(\tau)} = \frac{k}{\tau}, \quad F(\tau) = C\tau^k,$$

wo $C$ und $k$ zwei Konstanten sind, von denen die zweite wegen der Gleichung (a) reell ist. Daraus schließen wir:

Die auf Rotationsflächen abwickelbaren Minimalflächen ergeben sich aus den Weierstraßischen Formeln (7), wenn darin

$$F(\tau) = C\tau^k$$

gesetzt wird, wo $k$ eine beliebige reelle und $C$ eine beliebige komplexe Konstante ist.

## § 206. Die Minimal-Schraubenflächen.

Daraus, daß nach S. 366 für die soeben gefundenen Flächen

$$\sigma = \sqrt{2C} \int \tau^{\frac{k}{2}} d\tau$$

ist, ergibt sich, daß mit Ausnahme des Falles: $k = -2$

$$\sigma = u + iv = \sqrt{2C} \frac{\tau^{\frac{k}{2}+1}}{\frac{k}{2}+1},$$

also das Quadrat des Linienelements

(c) $$ds^2 = f(u^2 + v^2)(du^2 + dv^2)$$

ist. Erwägen wir nun, daß

$$u \cos \frac{\alpha}{2} - v \sin \frac{\alpha}{2} = \text{Const.},$$

$$u \sin \frac{\alpha}{2} + v \cos \frac{\alpha}{2} = \text{Const.}$$

die Krümmungslinien der assoziierten Flächen sind, während sich bei den Substitutionen:

$$u' = u \cos\frac{\alpha}{2} - v \sin\frac{\alpha}{2},$$

$$v' = v \sin\frac{\alpha}{2} + v \cos\frac{\alpha}{2}$$

das Quadrat des Linienelements (c) nicht ändert, so sehen wir, daß die betreffenden Flächen der Gestalt nach mit ihren assoziierten Flächen identisch sind. Wie leicht ersichtlich, ergeben sich diese, wenn die ursprüngliche Fläche um die Achse gedreht wird.

In dem Ausnahmefall: $k = -2$ ergibt sich nach (7), S. 366:

$$x = \Re\left[C\left(\frac{1}{\tau} + \tau\right)\right], \quad y = \Re\left[iC\left(\frac{1}{\tau} - \tau\right)\right], \quad z = -\Re[2C \log \tau],$$

und da, wenn r durch $\tau e^{i\alpha}$ ersetzt wird, $z$ um eine Konstante wächst und $x, y$ in

$$x \cos\alpha - y \sin\alpha, \quad x \sin\alpha + y \cos\alpha$$

übergehen, so erhellt, daß diese Flächen Schraubenflächen sind, deren Achse die $z$-Richtung ist. Aus unseren Betrachtungen folgt auch, daß dieses die einzigen Minimal-Schraubenflächen sind, da eine solche Fläche auf eine Rotationsfläche abwickelbar ist und der Gestalt nach mit ihren assoziierten Flächen nicht übereinstimmt[1]). Also: Die Minimal-Schraubenflächen ergeben sich, wenn in den Weierstraßischen Formeln

$$F(\tau) = \frac{C}{\tau^2}$$

gesetzt wird.

Um die Gleichungen für die Minimal-Schraubenflächen in expliziter Form anzugeben, setzen wir:

$$C = \frac{m}{2} e^{i\beta}, \quad \tau = e^{-v+i\omega},$$

indem wir mit $\frac{m}{2}$, $e^{-v}$ die absoluten Beträge und mit $\beta$, $\omega$ die Amplituden von $C$ und $\tau$ bezeichnen, und erhalten so

$$(22) \quad \begin{cases} x = m(\cos\beta \cosh v \cos\omega + \sin\beta \sinh v \sin\omega), \\ y = m(\cos\beta \cosh v \sin\omega - \sin\beta \sinh v \cos\omega), \\ z = m(v \cos\beta + \omega \sin\beta). \end{cases}$$

Die $\beta = 0$ entsprechende Fläche ist das Katenoid, und seine

1) Andernfalls würden bei einer Verbiegung der Fläche die Krümmungslinien ungeändert bleiben.

Konjugierte, welche $\beta = \frac{\pi}{2}$ entspricht, die Minimal-Schraubenregelfläche (vgl. § 105, S. 199):

$$z = m \operatorname{arctg} \frac{y}{x}.$$

Endlich fügen wir noch hinzu, daß die einzige Linienfläche, die zugleich Minimalfläche ist, diese Schraubenfläche ist (Satz von Catalan). Bei einer Linienfläche nämlich sind die orthogonalen Trajektorien der Erzeugenden Haupttangentenkurven, und es fallen demnach ihre Hauptnormalen mit den Erzeugenden selbst zusammen. Diese Eigenschaft ist nun, wie wir in § 19, S. 32, gesehen haben, eben für die von den Hauptnormalen der gewöhnlichen Schraubenlinie gebildete Fläche charakteristisch.

## § 207. Andere Gestalt der Weierstraßischen Formeln.

Die Weierstraßischen Formeln (7), S. 366, können in eine andere bemerkenswerte Form gebracht werden. Setzen wir:

$$u = \int (1 - \tau^2) F(\tau)\, d\tau, \quad v = i \int (1 + \tau^2) F(\tau)\, d\tau, \quad w = \int 2\tau F(\tau)\, d\tau$$

und führen wir statt der komplexen Veränderlichen $\tau$ mittels der Gleichung: $\tau = \varphi(t)$ eine neue Veränderliche $t$ ein, so sind $u$, $v$, $w$ Funktionen von $t$, die durch die Beziehung:

$$(23) \qquad \left(\frac{du}{dt}\right)^2 + \left(\frac{dv}{dt}\right)^2 + \left(\frac{dw}{dt}\right)^2 = 0$$

verbunden sind, und die Weierstraßischen Formeln gehen über in:

$$(24) \qquad x = \Re(u), \quad y = \Re(v), \quad z = \Re(w).$$

Umgekehrt: Sind $u$, $v$, $w$ solche Funktionen der komplexen Veränderlichen $t$, die durch die Beziehung (23) verbunden sind, so ergibt sich aus den Gleichungen (24) eine Minimalfläche[1]).

Durch eine passend gewählte Transformation der Veränderlichen $t$ kommen wir nämlich wieder zu den Weierstraßischen Formeln zurück.

---

1) Diese Gleichungen können wie folgt geschrieben werden:

$$x = \frac{u + u_0}{2}, \quad y = \frac{v + v_0}{2}, \quad z = \frac{w + w_0}{2},$$

und die Minimalfläche kann daher als eine Translationsfläche angesehen werden, welche die imaginäre Kurve:

$$x = \tfrac{1}{2} u(t), \quad y = \tfrac{1}{2} v(t), \quad z = \tfrac{1}{2} w(t)$$

und deren Konjugierte zu erzeugenden Kurven hat. Dieses ist die Eigenschaft, die den auf S. 364 angeführten Arbeiten von Lie als Grundlage dient.

Dieses geht übrigens sofort aus den folgenden Überlegungen hervor, die umgekehrt zu einer direkten Ableitung der obigen Gleichungen dienen können:

Zerlegen wir $t, u, v, w$ in ihre reellen und imaginären Bestandteile, indem wir

$$t = \alpha + i\beta, \quad u = x + ix_1, \quad v = y + iy_1, \quad w = z + iz_1$$

setzen, und berücksichtigen wir die Gleichungen:

$$\frac{\partial x}{\partial \alpha} = \frac{\partial x_1}{\partial \beta}, \quad \frac{\partial x}{\partial \beta} = -\frac{\partial x_1}{\partial \beta} \text{ usw.},$$

aus denen sich infolge der Gleichungen (23) die Beziehungen:

$$\sum \left(\frac{\partial x}{\partial \alpha}\right)^2 = \sum \left(\frac{\partial x}{\partial \beta}\right)^2, \quad \sum \frac{\partial x}{\partial \alpha}\frac{\partial x}{\partial \beta} = 0$$

ergeben, so folgt:

$$ds^2 = dx^2 + dy^2 + dz^2 = \lambda(d\alpha^2 + d\beta^2), \quad \lambda = \sum \left(\frac{\partial x}{\partial \alpha}\right)^2.$$

Die Beltramische Gleichung (A), § 60, S. 115, zeigt dann, daß die Fläche (24) eine Minimalfläche ist.

Wir bemerken, daß sich die für die Minimalflächen charakteristische Eigenschaft, die durch die eben genannte Gleichung ausgedrückt wird, folgendermaßen aussprechen läßt: Bei jeder Minimalfläche gehören ihre Schnitte mit einer Schar paralleler Ebenen einem Isothermensystem an; der Abstand einer veränderlichen Ebene der Schar von einer festen Ebene ist der Parameter der Isometrie.

In jeder der komplexen Ebenen $u$, $v$, $w$ haben wir eine konforme Abbildung der Minimalfläche (24), und da nun

$$ds^2 = \tfrac{1}{2}(du\,du_0 + dv\,dv_0 + dw\,dw_0)$$

ist, wenn $u_0$, $v_0$, $w_0$ die zu $u$, $v$, $w$ konjugierten Funktionen sind, so ist klar, daß das Quadrat des Linienelements der Fläche gleich der halben Summe der Quadrate der entsprechenden Linienelemente in den Ebenen $u$, $v$, $w$ ist. Riemann hat daraus eine interessante Folgerung gezogen, indem er in Betracht zog, daß sich bei einer konformen Abbildung die Flächenelemente wie die Quadrate der Linienelemente verhalten. Daraus ergibt sich nämlich der Satz:

Der Flächeninhalt eines Minimalflächenstücks (24) ist gleich der halben Summe der entsprechenden Flächenräume in den komplexen Ebenen $u$, $v$, $w$.

## § 208. Formeln von Schwarz.

Aus den Gleichungen des vorstehenden Paragraphen hat Schwarz in der nachstehend angegebenen Weise andere wichtige Gleichungen abgeleitet. Wird wie vorhin

$$u = x + ix_1, \quad v = y + iy_1, \quad w = z + iz_1$$

gesetzt, so ist:

$$dx\,dx_1 + dy\,dy_1 + dz\,dz_1 = 0,$$

ferner:

$$X dx_1 + Y dy_1 + Z dz_1 = 0,$$

demnach:

$$dx_1 : dy_1 : dz_1 = (Zdy - Ydz) : (Xdz - Zdx) : (Ydx - Xdy).$$

Da ferner

$$dx_1^2 + dy_1^2 + dz_1^2 = dx^2 + dy^2 + dz^2$$

ist, so folgt daraus:

$$dx_1 = \pm (Zdy - Ydz), \quad dy_1 = \pm (Xdz - Zdx),$$
$$dz_1 = \pm (Ydx - Xdy).$$

Die Zweideutigkeit des Vorzeichens fällt fort, wenn wir auf die Ausdrücke für $u$, $v$, $w$ als Funktionen von r und auf die Gleichungen (5), S. 365, zurückgehen; es ist nämlich:

$$du = (1 - \tau^2)\, F(\tau) d\tau, \quad dv = i(1 + \tau^2)\, F(\tau) d\tau, \quad dw = 2\tau\, F(\tau) d\tau,$$

$$dx = \frac{1}{2}(du_0 + du), \quad dy = \frac{1}{2}(dv_0 + dv), \quad dz = \frac{1}{2}(dw_0 + dw),$$

$$dx_1 = \frac{i}{2}(du_0 - du), \quad dy_1 = \frac{i}{2}(dv_0 - dv), \quad dz_1 = \frac{i}{2}(dw_0 - dw).$$

Wenn nun z. B. der Ausdruck $Ydx - Xdy$ gebildet wird, so ergibt sich, daß er mit dem für $dz_1$ übereinstimmt. Wir haben also die Gleichungen

$$dx_1 = Zdy - Ydz, \quad dy_1 = Xdz - Zdx, \quad dz_1 = Ydx - Xdy\,[1]),$$

infolge deren wir die Werte von $u$, $v$, $w$ so schreiben können:

$$(25) \qquad \begin{cases} u = x + i\int (Zdy - Ydz), \\ v = y + i\int (Xdz - Zdx), \\ w = z + i\int (Ydx - Xdy). \end{cases}$$

Dieses sind die Schwarzschen Formeln, die sich in der elegantesten Weise auf die Lösung folgender Aufgabe anwenden lassen: Die

---

1) Stellen wir die Bedingung dafür auf, daß $Ydx - Xdy$ ein vollständiges Differential sei, so ergibt sich wieder die partielle Differentialgleichung (1) der Minimalflächen auf S. 363.

Minimalfläche zu konstruieren, die durch eine gegebene Kurve $C$ geht und längs der Kurve gegebene Normalen hat.

Beachten wir, daß die unendlich kleinen Teile der Tangentialebenen längs der gegebenen Kurve $C$ einen Streifen der Fläche bilden, so können wir der gestellten Aufgabe auch die folgende Fassung geben: Eine Minimalfläche zu konstruieren, von der ein Streifen bekannt ist. Es ist dieses nur ein spezieller Fall der Cauchyschen Aufgabe über die partiellen Differentialgleichungen zweiter Ordnung; in dem vorliegenden Falle läßt sie sich unter den näher anzugebenden Bedingungen mittels Quadraturen lösen.

## § 209. Lösung der Aufgabe, durch einen gegebenen Streifen eine Minimalfläche hindurchzulegen.

Wir nehmen an, daß der gegebene Streifen ein analytischer sei, d. h. daß längs des Streifens

$$x,\ y,\ z;\ X,\ Y,\ Z$$

analytische Funktionen der reellen Variabeln $t$, d. h. auch für komplexe Werte von $t$ gültige Funktionen seien. Wir führen nun die Integration in den Gleichungen (25) aus und setzen die Funktionen $u$, $v$, $w$ in der komplexen Ebene analytisch fort. Sie sind immerfort durch die Beziehung :

$$\left(\frac{du}{dt}\right)^2 + \left(\frac{dv}{dt}\right)^2 + \left(\frac{dw}{dt}\right)^2 = 0$$

verbunden, die längs der reellen Achse besteht. Die Gleichungen (24) definieren uns dann eine Minimalfläche, die, wie sofort hervorgeht, durch die gegebene Kurve geht und längs der Kurve die vorgeschriebenen Tangentialebenen hat[1]).

Nun ist hervorzuheben, daß die durch einen Streifen definierte Minimalfläche eindeutig bestimmt ist. Führen wir nämlich wieder die komplexe Veränderliche (§ 196, S. 365):

$$\tau = \cot\frac{\vartheta}{2}\, e^{i\omega} = \frac{X+iY}{1-Z}$$

ein, so beschreibt, während der bewegliche Punkt die gegebene Kurve $C$ durchläuft, sein Bildpunkt $\tau$ auf der komplexen Kugelfläche eine Kurve $C'$, die durch die vorgeschriebenen Richtungen der Normalen

1) Es reduzieren sich nämlich für reelles $t$ die reellen Teile von $u$, $v$, $w$ auf die Koordinaten der Punkte von $C$, und die Koeffizienten der imaginären Bestandteile auf

$$\int (Z dy - Y dz),\quad \int (X dz - Z dx),\quad \int (Y dx - X dy).$$

vollkommen bestimmt ist. Längs dieser Kurve $C$ ergeben sich $u$, $v$, $w$ aus den Gleichungen (25) bis auf additive Konstanten, und es können daher diese Funktionen auf der komplexen Kugelfläche nur auf eine einzige Weise fortgesetzt werden. Also: Eine Minimalfläche ist durch einen Streifen eindeutig bestimmt.

Zwei Spezialfälle dieses Satzes verdienen besondere Beachtung, nämlich:

1) Jede auf einer Minimalfläche gelegene Gerade ist eine Symmetrieachse der Fläche.

Wird die Fläche nämlich um diese Gerade um $180^0$ gedreht, so hat sie bei der neuen Lage längs dieser Geraden dieselben Normalen, fällt demnach mit der ursprünglichen Fläche zusammen.

Dieser interessante Satz ergibt sich direkt aus den Gleichungen (25), wenn die betreffende Gerade zur $z$-Achse genommen und also

$$x = 0, \qquad y = 0, \qquad z = t,$$
$$X = \cos\sigma, \quad Y = \sin\sigma, \quad Z = 0$$

gesetzt wird, wobei $\sigma$ eine (analytische) Funktion von $t$ sein soll. Dann erhalten wir aus den Gleichungen (25):

$$u = -i\int \sin\sigma\, dt, \quad v = i\int \cos\sigma\, dt, \quad w = t.$$

Da nun die Funktionen $u$, $v$ für reelles $t$ rein imaginär sind, so sind für konjugierte Werte von $t$ ihre imaginären Teile einander gleich, ihre reellen Teile ebenfalls gleich, aber mit entgegengesetztem Vorzeichen behaftet; daraus folgt, daß jedem Flächenpunkt $(x, y, z)$ ein anderer zur $z$-Achse symmetrisch gelegener Flächenpunkt $(-x, -y, z)$ entspricht.

Die zweite wichtige Folgerung aus dem allgemeinen Satze, die wir anführen wollten, ist die nachstehende:

2) Schneidet eine Ebene eine Minimalfläche orthogonal, so ist sie eine Symmetrieebene der Fläche.

## § 210. Besondere Fälle.

Wir wollen nun die allgemeinen Schwarzschen Formeln auf einige spezielle Fälle anwenden.

a) Wir nehmen an, es wäre von einer Minimalfläche eine geodätische Linie $C$ gegeben. Unter Beibehaltung der üblichen Bezeichnungen des Kap. I für diese Kurve setzen wir:

$$t = s, \quad X = \cos\xi, \quad Y = \cos\eta, \quad Z = \cos\zeta.$$

Dann ergeben die Schwarzschen Formeln (25):

$$(26)\quad u = x + i\int \cos\lambda\, ds,\quad v = y + i\int \cos\mu\, ds,\quad w = z + i\int \cos\nu\, ds.$$

Betrachten wir die entsprechende Kurve $C'$ der konjugierten Minimalfläche, so haben wir:

$$x' = \int \cos\lambda\, ds,\quad y' = \int \cos\mu\, ds,\quad z' = \int \cos\nu\, ds.$$

Nach den Ergebnissen des § 20, S. 33, beweisen diese Gleichungen, daß in jedem Punkte der Kurve $C'$ die erste und die zweite Krümmung derselben bezüglich gleich der zweiten und der ersten Krümmung der Kurve $C$ ist, d. h.:

Wählt man auf zwei konjugierten Minimalflächen zwei einander entsprechende geodätische Linien, so ist die erste Krümmung der einen in jedem Punkte gleich der zweiten Krümmung der anderen im entsprechenden Punkte[1]).

Allgemeiner, erwägt man, daß

$$x = \int \cos\alpha\, ds,\quad y = \int \cos\beta\, ds,\quad z = \int \cos\gamma\, ds$$

ist, so ergibt sich, daß bei jeder Verbiegung der Minimalfläche, bei der die Fläche eine Minimalfläche bleibt, die beiden Krümmungen homogene lineare Funktionen der ursprünglichen Krümmungen bleiben (§ 20, S. 33).

Ist die Kurve $C$ eben und wird ihre Ebene zur $xy$-Ebene genommen, so müssen wir

$$z = 0,\quad \cos\lambda = 0,\quad \cos\mu = 0,\quad \cos\nu = 1$$

setzen. Dann lauten die Gleichungen (26) einfach:

$$u = x,\quad v = y,\quad w = is.$$

Für konjugierte Werte von $s$ behalten die reellen Teile von $u$ und $v$ ein und denselben Wert, und es liegt demnach die Fläche zur $xy$-Ebene symmetrisch, wie auch am Schlusse des vorigen Paragraphen bemerkt worden ist.

b) Sollte die Kurve $C$ statt geodätische Linie Haupttangentenkurve sein, so hätten wir:

$$X = \cos\lambda,\quad Y = \cos\mu,\quad Z = \cos\nu,$$

und es würden somit die Schwarzschen Formeln lauten:

$$u = x - i\int \cos\xi\, ds,\quad v = y - i\int \cos\eta\, ds,\quad w = z - i\int \cos\zeta\, ds.$$

---

1) Es läßt sich leicht nachweisen, daß die Minimalflächen die einzigen Flächen sind, die eine Verbiegung gestatten, bei der sich die beiden Krümmungen jeder geodätischen Linie vertauschen.

## § 211. **Kriterium dafür, daß eine Fläche in eine Minimalfläche verbiegbar ist.**

Wir schließen das vorliegende erste Kapitel über die Minimalflächen mit der Lösung der Aufgabe: Zu entscheiden, ob eine gegebene Fläche in eine Minimalfläche verbogen werden kann.

Die Entscheidung ergibt sich sehr einfach daraus, daß das Linienelement einer auf ihre Krümmungslinien bezogenen Minimalfläche durch

$$ds^2 = \lambda(du^2 + dv^2)$$

gegeben ist, während das Krümmungsmaß nach S. 365

$$K = -\frac{1}{\lambda^2}$$

ist und die Differentialform:

$$\sqrt{-K}ds^2 = du^2 + dv^2$$

die Krümmung Null besitzt. Umgekehrt nehmen wir nun an, daß für eine Fläche (mit entgegengesetzten Hauptkrümmungsradien), deren Linienelement

$$ds = \sqrt{Edu^2 + 2Fdudv + Gdv^2}$$

ist, die Differentialform:

$$\sqrt{-K}(Edu^2 + 2Fdudv + Gdv^2)$$

die Krümmung Null besitze, so daß für passend gewählte Veränderliche $\alpha$, $\beta$ (die sich nach S. 170 mittels Quadraturen finden lassen)

$$\sqrt{-K}(Edu^2 + 2Fdudv + Gdv^2) = d\alpha^2 + d\beta^2$$

ist. Setzen wir $K = -\frac{1}{\lambda^2}$, so ergibt sich:

$$(27) \qquad Edu^2 + 2Fdudv + Gdv^2 = \lambda(d\alpha^2 + d\beta^2),$$

demnach (§ 35, S. 67):

$$K = -\frac{1}{\lambda^2} = -\frac{1}{2\lambda}\left(\frac{\partial^2 \log\lambda}{\partial\alpha^2} + \frac{\partial^2 \log\lambda}{\partial\beta^2}\right),$$

d. h.:

$$\frac{\partial^2 \log\lambda}{\partial\alpha^2} + \frac{\partial^2 \log\lambda}{\partial\beta^2} = \frac{2}{\lambda}.$$

Das Linienelement

$$\sqrt{\frac{1}{\lambda}(d\alpha^2 + d\beta^2)}$$

gehört folglich zur Kugel und also das Linienelement (27) zu einer Minimalfläche, die sich mittels Quadraturen ergibt, sobald die Koordinaten $X$, $Y$, $Z$ eines Punktes der Kugel als Funktionen von $\alpha$, $\beta$

bekannt sind. Also: **Die notwendige und hinreichende Bedingung dafür, daß eine Fläche auf eine Minimalfläche abwickelbar ist, lautet: es muß die Differentialform, die das Quadrat des Linienelements der Fläche angibt, mit der Quadratwurzel aus dem negativen Wert des Krümmungsmaßes der Fläche multipliziert, eine Form von der Krümmung Null ergeben.**

Dieselbe Bedingung können wir in andrer Form durch die Gleichung:

$$\Delta_2 \log(-K) = 4K$$

nach (15), S. 66, ausdrücken. In dieser Fassung wurde sie von Ricci angegeben, der das soeben abgeleitete Ergebnis zuerst fand.

Beispielsweise sehen wir zu, ob es Linienflächen gibt, die auf Minimalflächen abwickelbar sind. Bringen wir das Quadrat des Linienelements der Linienfläche in die Form (§ 120, S. 228):

$$ds^2 = du^2 + [(u-\alpha)^2 + \beta^2]dv^2,$$

so ergibt sich wie auf S. 229:

$$K = -\frac{\beta^2}{[(u-\alpha)^2+\beta^2]^2},$$

und die obige Bedingung ist nur für konstantes $\alpha$ und $\beta$ erfüllt. Daraus geht hervor, daß die einzigen Linienflächen der gesuchten Art diejenigen sind, welche auf die Minimal-Schraubenregelfläche abwickelbar sind, d. h. die Ortsflächen der Binormalen der Kurven konstanter Torsion (nach S. 234).

# Kapitel XV

## Das Plateausche Problem und die Schwarzsche Minimalfläche.

Wortlaut des Plauteauschen Problems. — Grundlegende Betrachtungen über die beiden konformen Abbildungen der Minimalfläche auf die Gaußische Kugel und auf die Ebene der komplexen Veränderlichen $\sigma$. — Fall einer aus geradlinigen Strecken bestehenden Begrenzung oder allgemeiner einer Schwarzschen Begrenzung. — Fall des von zwei Paar Gegenkanten eines regulären Tetraeders gebildeten Vierecks (Schwarzsche Fläche). — Oktaedernetz auf der Kugel. — Analytische Darstellung der Gruppe der 24 Drehungen des Oktaedernetzes. — Bestimmung von $F(\tau)$ für die Schwarzsche Fläche: $F(\tau) = \frac{1}{\sqrt{1 - 14\tau^4 + \tau^8}}$. — Proben bezüglich der Grenzkurve. — Untersuchung derjenigen Gruppe von Bewegungen des Raumes, welche die Schwarzsche Fläche ungeändert läßt. — Eigenschaften der analytischen Fortsetzung. — Die konjugierte Minimalfläche und die entsprechende Gruppe von Bewegungen. — Sätze von Schwarz über die zweite Variation des Flächeninhalts eines Minimalflächenstücks.

---

### § 212. Das Plateausche Problem.

Die fundamentale Aufgabe, auf der sich die Theorie der Minimalflächen aufbaut, sprechen wir in der folgenden präzisen Fassung aus:

Gegeben ist eine geschlossene Begrenzung; es soll ein zusammenhängendes Minimalflächenstück konstruiert werden, das von dieser Begrenzung umschlossen ist und im Innern keine singulären Punkte besitzt.

Berühmt sind die Experimente von Plateau, durch die dieser Physiker die Aufgabe praktisch in der Weise löste, daß er die physisch dargestellte Begrenzung in die nach ihm benannte Flüssigkeit tauchte. Die Flüssigkeitslamelle, die zwischen der Begrenzung ausgespannt bleibt, weicht in der Tat gestaltlich sehr wenig von einer Minimalfläche ab.

Die Analysis ist weit davon entfernt, das Plateausche Problem allgemein lösen zu können; jedoch ist in dem Falle, daß die Begrenzung aus geradlinigen Strecken besteht, sowie in einem andern Falle, den wir bald angeben werden, eine Reihe wichtiger Sätze bekannt, die wir Riemann, Weierstraß und Schwarz verdanken.

Wir beschränken uns hier auf die Entwicklung nur einer Methode, die sich bei diesen Untersuchungen von selbst bietet und auf der Theorie der konformen Abbildungen beruht. Diese Methode reicht in den einfachsten Fällen aus, insbesondere für die Schwarzsche Minimalfläche, die von einem von vier paarweise einander gegenüberliegenden Kanten eines regulären Tetraeders gebildeten windschiefen Viereck begrenzt wird. Der Behandlung dieses in vielen Beziehungen sehr interessanten besonderen Falles ist das vorliegende Kapitel hauptsächlich gewidmet.

Die Methode der konformen Abbildungen reicht, wie vorhin bemerkt, nur in einigen der einfachsten Fälle aus. Der Leser findet bei Darboux (1. Bd., S. 453 u. f.) eine zweite allgemeinere und weit erfolgreichere Methode entwickelt, auf die wir hier nur kurz hinweisen können.

## § 213. Konforme Abbildung der Minimalfläche auf die Gaußische Kugel und auf die Ebene.

Wir betrachten ein von einer geschlossenen Umrandung $C$ begrenztes Minimalflächenstück $A$ und sein sphärisches Bild $B$, das infolge der fundamentalen Eigenschaft der Minimalflächen nach S. 118 ein konformes Abbild des Flächenstücks $A$ ist. Wir nehmen ferner an, daß dieses Flächenstück $B$ auf der Kugel einblättrig sei. Indem wir weiter für die Minimalfläche $S$ wieder die Bezeichnungen des vorigen Kapitels wählen, führen wir wieder die komplexe Veränderliche

$$\sigma = \int \sqrt{2F(\tau)}\, d\tau$$

ein, deren reeller Teil $u$ und deren mit dem Faktor $i$ multiplizierter Teil $v$, gleich Konstanten gesetzt, die Krümmungslinien von $S$ ergeben (S. 366).

Ist, wie wir voraussetzen wollen, die Funktion $\sigma$ innerhalb des Flächenstücks $A$ endlich, stetig und eindeutig, so erhalten wir durch Ausbreiten der Werte von $\sigma$ in einer komplexen Ebene von dem Stück $A$ ein neues konformes Abbild $B'$. Es sind somit das Flächenstück $B$ auf der Kugel und das Flächenstück $B'$ in der Ebene konform aufeinander abgebildet. Wenn das Gesetz bekannt ist, nach dem die Punkte beider Stücke einander zugeordnet sind, so ist auch die Fläche $S$ vollständig bekannt, da wir dann, weil $\sigma$ als Funktion von $\tau$ gegeben ist, die Weierstraßische Funktion

$$F(\tau) = \frac{1}{2}\left(\frac{d\sigma}{d\tau}\right)^2$$

kennen, welche die Fläche charakterisiert (S. 366).

Sobald also die gegebene Begrenzung $C$ so beschaffen ist, daß sich sowohl das Flächenstück $B$ auf der Kugel als auch das ebene Flächenstück $B'$ bestimmen läßt, so läßt sich das Plateausche Problem für diese Begrenzung auf die bekannte Aufgabe der Analysis zurückführen: ein gegebenes Flächenstück konform auf ein anderes abzubilden.

Der eben erwähnte Umstand tritt nun, wenigstens mit einer gewissen Unbestimmtheit, dann ein, wenn die Begrenzung $C$ aus geradlinigen Strecken besteht. Was nämlich das sphärische Bild $B$ anbetrifft, so entspricht jeder geradlinigen Strecke $r$ der Begrenzung $C$ auf der Begrenzung von $B$ ein Bogen eines größten Kreises in einer auf $r$ senkrechten Ebene; das Flächenstück $B$ ist also ein sphärisches Polygon, dessen Begrenzung von der Lage nach völlig bestimmten Bogen größter Kreise gebildet wird. Betrachten wir zweitens das ebene Flächenstück $B'$, so ist, da jeder geradlinige Bestandteil der Begrenzung $C$ eine Haupttangentenkurve der Fläche ist, das entsprechende Stück der Begrenzung von $B'$ ebenfalls geradlinig und der einen oder der anderen Halbierungslinie der Achsenwinkel in der Ebene $B$, nämlich:

$$u - v = 0 \quad \text{oder} \quad u + v = 0,$$

parallel. Das Plateausche Problem geht also in dem vorliegenden Falle in die folgende Aufgabe über: Das sphärische Polygon $B$ auf das ebene Geradenpolygon $B'$ konform abzubilden.

## § 214. Fall einer aus geradlinigen Strecken und aus Ebenen bestehenden Begrenzung.

Dieselben Überlegungen gelten auch noch in einem allgemeineren Falle, der von Schwarz in seinen „Fortgesetzten Untersuchungen über Minimalflächen"[1]) folgendermaßen formuliert worden ist:

Gegeben sei eine zusammenhängende, geschlossene Kette von geradlinigen Strecken und Ebenen; es soll ein einfach zusammenhängendes, von den geradlinigen Strecken und den Ebenen der Kette begrenztes Minimalflächenstück bestimmt werden derart, daß die Fläche die Ebenen rechtwinklig schneidet.

Die geradlinigen Teile der Begrenzung $C$ sind Haupttangentenkurven, und die krummlinigen Teile sind Krümmungslinien in zur Fläche senkrechten Ebenen. Die sphärischen Bilder der letzteren Teile sind also ebenfalls Bogen größter Kreise und zwar in Ebenen, die den Ebenen der Kette parallel sind. In der $\sigma$-Ebene ist also das Bild eines

1) Monatsberichte der Berliner Akademie, 1872. Werke, 1. Bd., S. 126 u. f.

solchen Bogens ein der einen oder der anderen Koordinatenachse paralleles Geradenstück. Auch in diesem allgemeinen Falle hängt demnach die Lösung des Plateauschen Problems von den Gleichungen ab, welche die konforme Abbildung eines sphärischen Polygons auf ein ebenes Geradenpolygon geben.

Betrachten wir z. B. den einfachsten Fall, in dem die Kette von zwei geradlinigen Strecken $AB$ und $AC$ gebildet wird, die in $B$ und $C$ von einer Ebene begrenzt seien, die von der Fläche senkrecht geschnitten werden soll. Der Minimalflächensektor $ABC$, wie ihn das Experiment liefert, hat zum Bilde auf der Kugel ein vollkommen bestimmtes sphärisches Dreieck. Sein ebenes Bild $B'$ ist ein rechtwinklig-gleichschenkliges Dreieck, dessen Hypotenuse einer der Koordinatenachsen parallel ist.

Die entsprechende Abbildungsaufgabe wird bekanntlich mittels hypergeometrischer Reihen gelöst.

Wir nehmen nun an, es wäre uns gelungen, für eine gegebene Schwarzsche Begrenzung das Plateausche Problem zu lösen. Das gesuchte Minimalflächenstück $\Sigma$ ergibt sich aus den Weierstraßischen Formeln, indem man die komplexe Veränderliche $\tau$ innerhalb des sphärischen Polygons $B$ wandern läßt. Wir wollen jedoch unter Benutzung der am Schlusse des § 209 bewiesenen Symmetriesätze untersuchen, was eintritt, wenn bei der analytischen Fortsetzung der Funktion $F(\tau)$ die analytische Fortsetzung dieses Flächenstücks betrachtet wird. Überschreitet $\tau$ eine Seite $l$ des Polygons $B$, der ein geradliniges Stück $r$ der Schwarzschen Begrenzung entspricht, so kommen wir auf der Fläche aus dem Gebiet $\Sigma$ in das bezüglich der Strecke $r$ zu ihm symmetrische Gebiet und bleiben in diesem, solange $\tau$ innerhalb des bezüglich der Seite $l$ zu $B$ symmetrischen sphärischen Polygons bleibt. Entspricht der Seite $l$ von $B$ ein krummliniges Stück der Schwarzschen Begrenzung in einer zu $\Sigma$ senkrechten Ebene der Kette, so ist der Schluß ein ganz ähnlicher; wir gelangen dann aus $\Sigma$ in ein neues zu dieser Ebene symmetrisches Gebiet $\Sigma'$. Somit finden wir bei der analytischen Fortsetzung der Minimalfläche für jede Seite ein neues zu dem Flächenstück $\Sigma$ symmetrisches und an dasselbe angrenzendes Gebiet.

Auf jedes dieser Gebiete läßt sich dieselbe Schlußweise anwenden. Somit besteht die analytische Fortsetzung unserer Fläche aus unendlich vielen, abwechselnd symmetrischen und kongruenten Teilen. Im allgemeinen enthält ein endliches Gebiet des Raumes unendlich viele solcher Teile. Um uns davon zu überzeugen, brauchen wir nur den Fall zu betrachten, daß sich zwei geradlinige Stücke der Begrenzung unter einem zu $\pi$ in keinem rationalen Verhältnis stehenden Winkel schneiden. Die hier berührte Frage hängt mit derjenigen der Bewegungsgruppen zusammen und kann ohne die wirkliche Kenntnis des von der gegebenen Schwarzschen Begrenzung eingeschlossenen Minimalflächenstücks behandelt werden. Wir brauchen nämlich nur zuzusehen, ob die Spiegelungen gegen die geradlinigen Seiten und gegen die Ebenen der Begrenzung eine eigentlich oder uneigentlich diskontinuierliche Gruppe erzeugen[1]).

Der einfachste Fall, in dem die entsprechende Minimalfläche gleichmäßig den Raum durchsetzt, ist nun eben derjenige, zu dessen Behandlung wir jetzt übergehen wollen und in dem die Schwarzsche Begrenzung ein von zwei Paar Gegenkanten eines regelmäßigen Tetraeders gebildetes windschiefes Viereck ist.

## § 215. Fall des von zwei Paar Gegenkanten eines regulären Tetraeders gebildeten Vierecks.

Von den sechs Kanten eines regelmäßigen Tetraeders denken wir uns die beiden Gegenkanten $AD$ und $BC$ fortgenommen und betrachten das Minimalflächenstück $\Sigma$, das von dem windschiefen Viereck $ABDC$ begrenzt wird.

Wie sich bei dem entsprechenden Plateauschen Experiment herausstellt, ist diese Fläche symmetrisch zu denjenigen Ebenen, welche durch die weggedachten Kanten $AD$ und $BC$ senkrecht zu den Gegenkanten $BC$ bzw. $AD$ gelegt werden. Sie liegt ganz im Innern des Grundtetraeders $ABCD$. Die Tangentialebenen in den vier Ecken sind gerade die Seitenflächen des Tetraeders, und ihre positiven Seiten sind für zwei Gegenecken die inneren, für die beiden anderen die äußeren.

Daraus folgt, daß das sphärische Bild von $\Sigma$ ein sphärisches Viereck $A'B'D'C'$ ist, dessen Winkel $120^0$ betragen. Um ein solches Viereck auf der Kugel zu erhalten, brauchen wir nur in dieselbe einen Würfel einzubeschreiben. Dann sind die vier Ecken einer Würfelfläche die Ecken des gesuchten Vierecks. Nun sehen wir, daß die Halbierungsebene des Dieders $BC$ die Fläche $\Sigma$ senkrecht schneidet und daher in zwei symmetrische Sektoren $ABC$ und $DBC$ teilt. Diese haben die beiden sphärischen Dreiecke $A'B'C'$ und $D'B'C'$, in welche die Diagonale $B'C'$ das vorhin betrachtete Viereck teilt, zu sphärischen Bildern.

Wir können demnach an Stelle unserer Aufgabe die folgende einfachere

---

1) S. die Entwicklungen des Textes, § 226—227, über die Schwarzsche Fläche.

setzen: den kleinsten Sektor $ABC$ zu bestimmen, der von zwei geradlinigen Strecken $AB$, $AC$ und der Kurve $BC$ in einer zur Fläche senkrechten Ebene begrenzt wird. Das sphärische Bild dieses Sektors ist das sphärische Dreieck $A'B'C'$, in welchem Winkel $A'$ 120°, $B'$ 60° und $C'$ ebenfalls 60° beträgt. Nun ist das ebene Bild desselben Sektors in der komplexen $\sigma$-Ebene (S. 392) ein rechtwinklig-gleichschenkliges Dreieck $abc$, dessen Hypotenuse $bc$ einer der Koordinatenachsen in der $\sigma$-Ebene parallel ist.

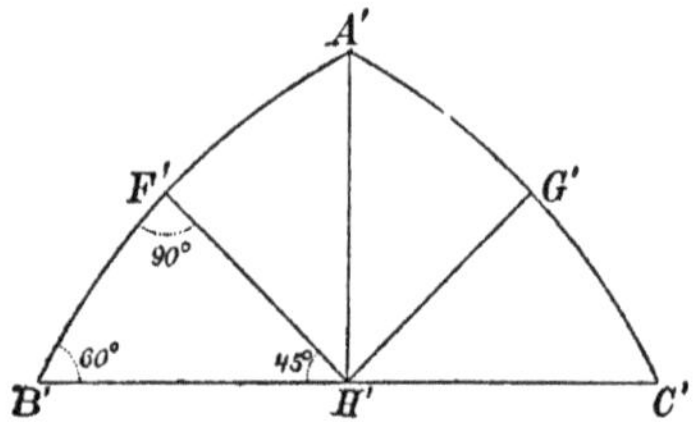

Fig. 7.

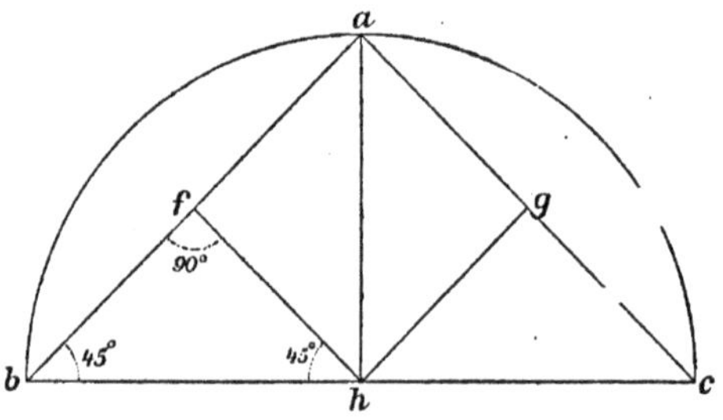

Fig. 8.

Um die zu unserer Fläche gehörige Weierstraßische Funktion $F(\tau)$ zu finden, müssen wir also $\sigma$ als Funktion von $\tau$ so ausdrücken, daß das sphärische Dreieck $A'B'C'$ konform auf das ebene Dreieck $abc$ abgebildet wird. Nun fällen wir von $A'$ die Höhe $A'H'$, so daß wir auf diese Weise das Dreieck $A'B'C'$ in zwei symmetrische Dreiecke $A'B'H'$ und $A'C'H'$ zerlegen, und teilen wieder jedes dieser beiden Dreiecke durch die von $H'$ gefällten Höhen $H'F'$ und $H'G'$ in zwei kleinere symmetrische Dreiecke.

Nehmen wir mit dem ebenen Dreieck $abc$ eine ganz analoge Zerlegung vor, so ist klar, daß wir nur das sphärische Dreieck $B'H'F'$ mit den Winkeln von 60°, 45° und 90° konform so auf das ebene Dreieck $bhf$ mit den Winkeln von bezüglich 45°, 45° und 90° abzubilden brauchen, daß die Ecken einander in der angegebenen Reihenfolge entsprechen. Die Funktion $\sigma(\tau)$, die diese Abbildung leistet, bildet auch, auf das ganze Dreieck $A'B'C'$ ausgedehnt, dieses Dreieck auf $abc$ ab.

Um diese Abbildung zu bewerkstelligen, bilden wir die beiden Dreiecke $B'F'H'$ und $bfh$ konform auf die Halbebene einer komplexen Hilfsveränderlichen $z$ so ab, daß der Begrenzung jedes Dreiecks die reelle Achse entspricht. Dabei können wir noch diejenigen drei Punkte der reellen Achse in der $z$-Ebene, welche den Ecken entsprechen, willkürlich annehmen. Wir wollen sie so annehmen, daß

$$\begin{array}{ll} \text{in } B', b & z = 0, \\ \text{in } F', f & z = 1, \\ \text{in } H', h & z = \infty \end{array}$$

ist.

## § 216. Oktaedernetz auf der Kugel.

Die Funktion $z(\tau)$, welche die Abbildung des sphärischen Dreiecks $B'F'H'$ auf die Halbebene $z$ leistet, ist einfach eine rationale Funktion von $\tau$ vom 24. Grade; ihre Umkehrung $\tau(z)$ ist die sogenannte Oktaederirrationalität. Wir wollen nun diejenigen auf die Oktaederirrationalität bezüglichen fundamentalen Gleichungen, welche für unseren Zweck in Frage kommen, in gedrängter Kürze entwickeln, indem wir in betreff eines eingehenderen Studiums auf das Buch von Klein: „Vorlesungen über das Ikosaeder" verweisen.

In die komplexe Kugel beschreiben wir ein reguläres Oktaeder ein und projizieren die Seitenflächen des Oktaeders vom Mittelpunkt aus auf die Kugel. Dadurch wird die Kugelfläche in acht sphärische Dreiecke zerlegt, deren Winkel sämtlich Rechte sind. Jedes dieser Dreiecke zerlegen wir weiter durch die drei Mittellinien in sechs Teildreiecke, die wir als Elementardreiecke bezeichnen.

Die Kugelfläche ist auf diese Weise in ein Netz von 48 abwechselnd symmetrischen und kongruenten Elementardreiecken zerlegt. In jedem derselben betragen, wie in dem Dreieck $B'H'F'$ des vorigen Paragraphen, die Winkel $60^0$, $45^0$ und $90^0$.

Dieses Netz nennen wir das Oktaedernetz. Um die direkte Kongruenz von der Symmetrie zu unterscheiden, denken wir uns diejenigen 24 Dreiecke des Netzes, welche dem Dreieck, von dem wir ausgegangen sind, kongruent sind, schraffiert.

Wir müssen nun das Oktaedernetz auf der Kugel:

$$\xi^2 + \eta^2 + \zeta^2 = 1$$

in einer bestimmten Weise orientieren. Wir legen zwei Ecken des Oktaeders in die Pole $(0, 0, \pm 1)$ und das von den vier anderen Ecken in der Äquatorebene $\zeta = 0$ gebildete Quadrat so, daß seine Seiten der $\xi$- und der $\eta$-Achse parallel sind. Vom Pol $\tau = \infty$ projizieren wir das Oktaedernetz stereographisch auf die Ebene des Äquators. Wenn wir dann die ebenen Dreiecke, welche die Bilder der schraffierten Dreiecke des Netzes sind, ebenfalls schraffieren, so erhalten wir die Figur 9.

Die schraffierten Dreiecke des Oktaedernetzes stoßen zu je vieren in den Oktaederecken, zu je dreien in den (auf die Kugel projizierten) Mittelpunkten der Seitenflächen und zu je zweien in den Mittelpunkten der Kanten zusammen. Die direkte Überlegung oder auch schon der bloße Anblick der Figur ergibt unmittelbar, daß die Werte der komplexen Veränderlichen $\tau$ in diesen Punkten die folgenden sind:

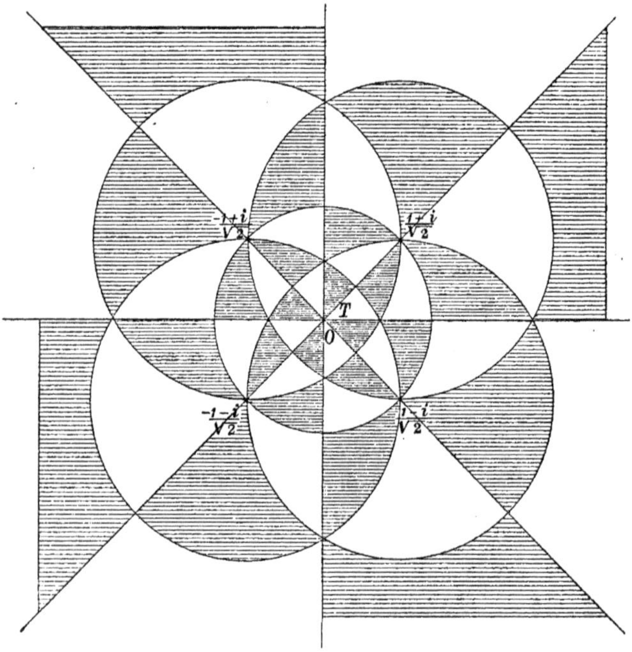


Fig. 9. (Oktaedernetz.)

a) in den Oktaederecken: $\tau = \infty,\ 0,\ \frac{1 \pm i}{\sqrt{2}},\ \frac{\pm 1 + i}{\sqrt{2}}$;

b) in den Mittelpunkten der Seitenflächen: $\left.\begin{aligned} \tau = \frac{1 \pm \sqrt{3}}{\sqrt{2}},\ \frac{-1 \pm \sqrt{3}}{\sqrt{2}} \\ \frac{1 \pm \sqrt{3}}{\sqrt{2}} i,\ \frac{-1 \pm \sqrt{3}}{\sqrt{2}} i \end{aligned}\right\}$;

c) in den Mittelpunkten der Kanten: $\left.\begin{aligned} \tau = \pm 1,\ \pm i,\ (1 \pm \sqrt{2}) \frac{1+i}{\sqrt{2}} \\ (1 \pm \sqrt{2}) \frac{1-i}{\sqrt{2}},\ -(1 \pm \sqrt{2}) \frac{1+i}{\sqrt{2}},\ -(1 \pm \sqrt{2}) \frac{1-i}{\sqrt{2}} \end{aligned}\right\}$.

Nun bilden wir drei Polynome in $\tau$ vom 5., 8. und 12. Grade, von denen das erste, $\omega$, in den Punkten a), außer in $\tau = \infty$, das zweite, $w$, in den Punkten b) und das dritte, $\chi$, in den Punkten c) von der ersten Ordnung verschwinden soll. Durch wirkliche Ausrechnung finden wir:

(1) $\omega = \tau(1 + \tau^4), \quad w = 1 - 14\tau^4 + \tau^8, \quad \chi = 1 + 33\tau^4 - 33\tau^8 - \tau^{12}$.

## § 217. Konforme Abbildung des Oktaedernetzes.

Nach dieser Vorbereitung nehmen wir an, daß die Funktion $z(\tau)$ die konforme Abbildung des Fundamentaldreiecks $T$ unseres Netzes, dessen Ecken in den Punkten (s. die Figur 9):

$$\tau = 0, \quad \tau = \frac{\sqrt{3}-1}{\sqrt{2}}, \quad \tau = (\sqrt{2}-1)\frac{1+i}{\sqrt{2}}$$

liegen und dessen Winkel bezüglich 45°, 60° und 90° betragen, auf die (positive) halbe $z$-Ebene in der Weise leiste, daß, wenn r den Umfang des Dreiecks durchläuft, $z$ die reelle Achse durchläuft, wobei den angegebenen Werten von $\tau$ in den Eckpunkten der Reihe nach die Werte

$$z = \infty, \quad z = 0, \quad z = 1$$

entsprechen sollen. Wir breiten nun $z$ nach den bekannten Regeln der analytischen Fortsetzung in der ganzen komplexen $\tau$-Ebene oder noch besser auf der ganzen komplexen $\tau$-Kugelfläche aus, wobei wir Nachstehendes festsetzen: Jeder Punkt $\tau'$ der komplexen Kugelfläche gehört einem der 48 Dreiecke des Netzes an. Diesem Punkte $\tau'$ entspricht in dem Fundamentaldreieck ein homologer Punkt $\tau$, und als Wert von $z$ in $\tau'$ müssen wir entweder denselben Wert wie in $\tau$ oder den konjugierten Wert annehmen, je nachdem das Dreieck, in dem $\tau'$ liegt, dem Fundamentaldreieck kongruent oder zu ihm symmetrisch ist. Die Funktion $z(\tau)$ ist somit auf der ganzen komplexen Kugelfläche ausgebreitet; sie ist auf ihr eindeutig und hat zu singulären Punkten nur die Punkte a), die Oktaederecken, die für sie Pole vierter Ordnung sind. $z(\tau)$ ist demnach eine rationale Funktion von $\tau$. Da ferner ihre Nullpunkte gerade in den acht Punkten b) liegen, in denen $w$ verschwindet, und von der dritten Ordnung sind, so ergibt sich sofort:

$$z = C\frac{w^3}{\omega^4},$$

wo $C$ ein konstanter Faktor ist. Der Wert von $C$ ergibt sich unmittelbar daraus, daß für $\tau = 1$

$$w = -12, \quad \omega = 2, \quad z = 1$$

ist, gleich $-\frac{1}{2^2 3^3}$ oder $-\frac{1}{108}$. Also lautet die gesuchte Gleichung:

$$(2) \qquad z = -\frac{(1 - 14\tau^4 + \tau^8)^3}{108\tau^4(1+\tau^4)^4} = -\frac{w^3}{108\omega^4}.$$

Ferner ist noch folgendes zu berücksichtigen: Die Funktion $z - 1$ wird wie $z$ unendlich und verschwindet in den Punkten c), in denen $\chi = 0$ ist, von der zweiten Ordnung. Es ist demnach:

$$z - 1 = C' \frac{\chi^2}{\omega^4} \quad (C' = \text{Const.}).$$

Aus der Kombination dieser Gleichung mit der Gleichung (2) ergibt sich die Identität:

$$108\,\omega^4 + w^3 + 108\,C'\chi^2 = 0,$$

aus der, wenn $\tau$ z. B. gleich Null gesetzt wird,

$$C' = -\frac{1}{108}$$

folgt. Demnach besteht zwischen den Polynomen (1), d. h. $\omega$, $w$, $\chi$, die Identität:

$$(3) \qquad 108\,\omega^4 + w^3 - \chi^2 = 0,$$

die sich auch unmittelbar direkt bestätigen läßt. Wir haben also die Gleichung:

$$(4) \qquad z - 1 = -\frac{(1 + 33\tau^4 - 33\tau^8 - \tau^{12})^2}{108\,\tau^4(1+\tau^4)^4} = -\frac{\chi^2}{108\,\omega^4}.$$

Aus den Gleichungen (2) und (4) geht hervor, daß der Differentialquotient $\frac{dz}{d\tau}$ in den Nullstellen von $w$ von der zweiten und in denjenigen von $\chi$ von der ersten Ordnung unendlich klein wird. Da er ferner in den Nullstellen von $\omega$ von der fünften und für $\tau = \infty$ von der dritten Ordnung unendlich groß ist, so hat er keine weiteren Unendlichkeitsstellen als die eben angeführten. Daraus ergibt sich bis auf einen konstanten Faktor $A$:

$$\frac{dz}{d\tau} = A\frac{\chi w^2}{\omega^5}.$$

Zur Bestimmung von $A$ beachte man, daß aus der Gleichung (2)

$$\lim_{\tau=0}\left(\tau^5 \frac{dz}{d\tau}\right) = \frac{1}{3^3}$$

folgt. Es ist also $A = \frac{1}{27}$. Folglich besteht die Gleichung:

$$(5) \qquad \frac{dz}{d\tau} = \frac{\chi w^2}{27\,\omega^5},$$

die sich unter Berücksichtigung der Identität:

$$4w\frac{d\omega}{d\tau} - 3\omega\frac{dw}{d\tau} = 4\chi$$

auch direkt bestätigen läßt.

## § 218. Analytische Darstellung der Gruppe der 24 Drehungen des Oktaedernetzes.

Nachdem wir für unsere Abbildung die Gleichung (2) erhalten haben, können wir leicht nachweisen, daß sie die gewünschte konforme Abbildung leistet.

Hierzu schicken wir zweckmäßig die folgenden Überlegungen voraus: Das Oktaedernetz kann mit sich selbst dadurch zur Deckung gebracht werden, daß ein Elementardreieck des Netzes auf irgendein anderes der 23 ihm kongruenten Dreiecke gelegt wird. Jede dieser Drehungen der komplexen Kugel in sich wird analytisch infolge der Cayleyschen Gleichung (§ 45, S. 83) durch eine lineare Transformation der komplexen Veränderlichen $\tau$ dargestellt. Die 24 linearen Transformationen oder Substitutionen (einschließlich der identischen Substitution), welche den das Oktaedernetz in sich überführenden Drehungen entsprechen, bilden offenbar eine Gruppe. Sie wird die Oktaedergruppe (oder Würfelgruppe) genannt. Wir bestimmen zunächst die wirklichen Ausdrücke für die Substitutionen der Gruppe. In erster Linie betrachten wir die Drehung des Oktaeders um $90^0$ um denjenigen Durchmesser, welcher die Punkte $\tau = 0$ und $\tau = \infty$ verbindet (Polachse); sie wird durch

$$\tau' = i\tau$$

dargestellt und liefert, wiederholt angewandt, die vier linearen Substitutionen (die identische Substitution einbegriffen):

$$\tau' = i^r\tau \quad (r = 0, 1, 2, 3).$$

Bei einer Spiegelung des Oktaeders an der $\xi$-Achse vertauschen sich die Punkte $\tau = 0$ und $\tau = \infty$, während die beiden Punkte $\tau = +1$ und $r = -1$ fest bleiben. Die Spiegelung wird durch die Substitution:

$$\tau' = \frac{1}{\tau}$$

dargestellt, die, mit den vier vorhergehenden kombiniert, weitere vier Substitutionen liefert, so daß wir bis jetzt acht, nämlich:

$$\tau' = i^r\tau, \quad \tau' = \frac{i^r}{\tau} \quad (r = 0, 1, 2, 3)$$

haben, die in der Oktaedergruppe eine Untergruppe (Diedergruppe) bilden. Ferner betrachten wir eine Drehung von $120^0$ um die Verbindungslinie der Mitten zweier (paralleler) gegenüberliegender Oktaederflächen. Diese Drehung gehört offenbar mit zur Gruppe. Als Beispiel wählen wir diejenige Drehung dieser Art, bei der die drei Oktaederecken:

$$\tau = \infty, \quad \tau = \frac{1+i}{\sqrt{2}}, \quad \tau = \frac{1-i}{\sqrt{2}},$$

also auch die diametral gegenüberliegenden Ecken:

$$\tau = 0, \quad \tau = -\frac{1+i}{\sqrt{2}}, \quad \tau = \frac{-1+i}{\sqrt{2}}$$

in der angegebenen Reihenfolge untereinander zyklisch vertauscht werden.

Bilden wir für diese Drehung den analytischen Ausdruck nach der Cayleyschen Gleichung:

$$\tau' = \frac{\alpha\tau + \beta}{-\beta_0\tau + \alpha_0} \quad (\alpha\alpha_0 + \beta\beta_0 = 1),$$

so erhalten wir sofort:

$$\alpha = \frac{-1+i}{2}, \quad \beta = \frac{i}{\sqrt{2}}.$$

Also ist

$$\tau' = \frac{(1+i)\tau + \sqrt{2}}{\sqrt{2}\tau - (1-i)}.$$

Aus der Kombination dieser Gleichung und der vorhergehenden acht ergeben sich die 24 Substitutionen der Oktaedergruppe in der folgenden Normalform:

$$(6) \quad \begin{cases} \tau' = i^r, \quad \tau' = \dfrac{i^r}{\tau}, \quad \tau' = i^r \cdot \dfrac{(1+i)\tau + \sqrt{2}}{\sqrt{2}\tau - (1-i)}, \quad \tau' = i^r \dfrac{(1-i)\tau + \sqrt{2}}{\sqrt{2}\tau - (1+i)}, \\ \qquad \tau' = i^r \dfrac{\sqrt{2}\tau - (1-i)}{(1+i)\tau + \sqrt{2}}, \quad \tau' = i^r \dfrac{\sqrt{2}\tau - (1+i)}{(1-i)\tau + \sqrt{2}} \\ \qquad (r = 0, 1, 2, 3). \end{cases}$$

## § 219. Nachweis für die konforme Abbildung des Oktaedernetzes vermöge der aufgestellten Gleichungen.

Wir wollen nun direkt nachweisen, daß uns die Gleichung (2) die gewünschte Abbildung gibt. Hierbei ist zunächst zu beachten, daß diese Funktion $z(\tau)$ ungeändert bleibt, wenn auf das Argument $\tau$ eine beliebige von den 24 Substitutionen (6) der Oktaedergruppe angewandt wird[1]). Jedem Werte von $z$ entsprechen demnach 24 Werte von r, die durch die Substitutionen (6) der Gruppe aus einem von ihnen hervorgehen. Die algebraische Funktion $\tau(z)$, deren 24 Zweige sich mittels der linearen Substitutionen (6) aus einem bestimmten Zweige ableiten lassen, wird nach Klein als Oktaederirrationalität bezeichnet.

Auf der Begrenzung eines jeden Elementardreiecks ist die Funktion $z(\tau)$ reell, was nur für ein bestimmtes Dreieck nachgewiesen zu werden braucht, da $z(\tau)$ auf der Begrenzung jedes anderen Dreiecks dieselben

1) Dieses ergibt sich auch aus der direkten Rechnung, da, wie sich leicht nachweisen läßt, die oben ausgesprochene Eigenschaft für die ersten acht Substitutionen (6) sowie für die Substitution: $\tau' = \dfrac{(1+i)\tau + \sqrt{2}}{\sqrt{2}\tau - (1-i)}$ evident ist. Es folgt aber auch einfach daraus, daß sich bei diesen Substitutionen die Oktaederecken wie auch die Mittelpunkte der Seitenflächen untereinander vertauschen.

Werte annimmt. Nun ist $z(\tau)$ auf den beiden geradlinigen Seiten des Fundamentaldreiecks $T$, dessen Ecken in den Punkten:

$$\text{(a)} \qquad \tau = 0, \quad \tau = \frac{\sqrt{3}-1}{\sqrt{2}}, \quad \tau = (\sqrt{2}-1)\frac{1+i}{\sqrt{2}}$$

liegen (§ 217), offenbar reell, da ja $\tau^4$ reell ist. Auf der dritten, krummlinigen Seite nimmt $z(\tau)$ dieselben Werte an wie auf der die Punkte $\tau = \frac{\sqrt{3}-1}{\sqrt{2}}$ und $\tau = 1$ verbindenden geradlinigen Seite des homologen Dreiecks, dessen Ecken in:

$$\tau = \frac{\sqrt{3}-1}{\sqrt{2}}, \quad \tau = 1, \quad \tau = \frac{1+i}{\sqrt{2}}$$

liegen, und ist demnach ebenfalls reell. Durchläuft $\tau$ die Begrenzung des Dreiecks $T$ in positivem Sinne, so durchläuft $z$ die reelle Achse von $-\infty$ bis $+\infty$ stets in demselben Sinne, da ja sonst einem reellen Werte von $z$ mehr als 24 Werte von $\tau$ entsprechen würden. Nun lassen wir $\tau$ im Innern von $T$ wandern; $z$ wandert dann im Innern einer der beiden Halbebenen, und da umgekehrt jedem Werte von $z$ entweder im Dreieck $T$ oder in dem bezüglich der reellen Achse zu ihm symmetrischen Dreieck ein Wert von $\tau$ entspricht[1]), so ist klar, daß jedem Punkte $z$ in dieser Halbebene $E$ ein Punkt $\tau$ im Dreieck $T$ entspricht. Da nun ferner infolge der Gleichung (5) $\frac{dz}{dt}$ innerhalb $T$ nie Null oder unendlich wird, außer in den Eckpunkten, so geht daraus hervor, daß die Abbildung von $T$ auf $E$ in der Tat konform ist[2]).

## § 220. Bestimmung von $F(\tau)$ für die Schwarzsche Minimalfläche.

Um die Schwarzsche Minimalfläche zu bestimmen, haben wir nun noch das rechtwinklig-gleichschenklige Dreieck $bfh$ (§ 215) in der $\sigma$-Ebene, dessen Hypotenuse $bh$ einer der Achsen, sagen wir der reellen, parallel ist, konform auf die positive halbe $z$-Ebene so abzubilden, daß

$$\text{in } b\colon\ z = 0, \quad \text{in } f\colon\ z = 1, \quad \text{in } h\colon\ z = \infty$$

wird. Die bekannte Schwarz-Christoffelsche Formel für die konforme Abbildung eines Geradenpolygons auf eine Halbebene ergibt:

$$\left(\frac{d\sigma}{dz}\right)^2 = \frac{C}{z^{\frac{3}{2}}(z-1)}.$$

1) Von den 24 Werten $\tau$ nämlich, die einem Werte von $z$ entsprechen, liegt in jedem der 24 kongruenten Dreiecke des Oktaedernetzes einer.

2) Die Halbebene $E$ ist diejenige, in welcher der Koeffizient des imaginären Teiles von $z$ positiv ist, da sie, wenn die reelle Achse von $-\infty$ bis $+\infty$ durchlaufen wird, links von ihr liegen muß.

Da $\left(\frac{d\sigma}{dz}\right)^2$ für negativ reelles $z$ positiv reell sein muß, so folgt:

$$C = iA^2 \quad (A \text{ reell}),$$

demnach:

$$\left(\frac{d\sigma}{dz}\right)^2 = \frac{iA^2}{z^{\frac{3}{2}}(z-1)}, \quad \sigma = Ae^{\frac{i\pi}{4}}\int \frac{dz}{z^{\frac{3}{4}}(z-1)^{\frac{1}{2}}} \text{ [1]}.$$

Die Weierstraßische Funktion $F(\tau)$ für die Schwarzsche Minimalfläche ergibt sich aus der Gleichung:

$$F(\tau) = \frac{1}{2}\left(\frac{d\sigma}{d\tau}\right)^2 = \frac{iA^2}{2} \cdot \frac{1}{z^{\frac{3}{2}}(z-1)}\left(\frac{dz}{d\tau}\right)^2.$$

Setzen wir hierin für $z$, $z-1$, $\frac{dz}{d\tau}$ ihre durch die Gleichungen (2), (4), (5), S. 397, 398, als Funktionen von $\tau$ bestimmten Werte ein, so erhalten wir bis auf einen konstanten reellen Faktor[2]), der nur die absoluten Größenverhältnisse der Fläche beeinflußt:

$$F(\tau) = \frac{1}{w^{1/2}} = \frac{1}{\sqrt{1 - 14\tau^4 + \tau^8}}.$$

Die Schwarzsche Minimalfläche ist demnach durch die folgenden Gleichungen definiert:

$$(7)\quad \begin{cases} x = \Re\int \frac{1-\tau^2}{\sqrt{1-14\tau^4+\tau^8}}\,d\tau, \quad y = \Re\int \frac{i(1+\tau^2)}{\sqrt{1-14\tau^4+\tau^8}}\,d\tau, \\ \qquad\qquad z = \Re\int \frac{2\tau\,d\tau}{\sqrt{1-14\tau^4+\tau^8}}. \end{cases}$$

Nun wollen wir wirklich nachweisen, daß, wenn wir die Werte von $\tau$ auf der komplexen Kugel auf das Innere eines der sechs sphärischen Vierecke mit Winkeln von $120^0$ beschränken, die den Seitenflächen des eingeschriebenen Würfels entsprechen, wir ein Minimalflächenstück erhalten, das von vier paarweise einander gegenüberliegenden Kanten eines regelmäßigen Tetraeders begrenzt wird.

1) Wird $z = t^2$ gesetzt, so ergibt sich:

$$\sigma = 2A\sqrt{i}\int \frac{dt}{\sqrt{t^3 - t}}.$$

Die Integration führt auf Lemniskatenfunktionen, und zwar ist in den Weierstraßischen Bezeichnungen:

$$t = \wp\left(\frac{a\sigma}{\sqrt{i}}\right),$$

wo $a$ eine Konstante ist und die Invarianten $g_2$, $g_3$ von $\wp$ die Werte: $g_2 = 4$, $g_3 = 0$ haben.

2) Es ist zu beachten, daß, wenn $\tau$ die geradlinige Strecke von $\tau = 0$ bis $\tau = \frac{\sqrt{3}-1}{\sqrt{2}}$ durchläuft, sowohl $\left(\frac{d\sigma}{d\tau}\right)^2$ als auch $\sqrt{1 - 14\tau^4 + \tau^8}$ reell ist.

## § 221. Analytische Darstellung der Schwarzschen Minimalfläche.

Das dritte Integral, das in den Gleichungen (7) auftritt, geht durch die Substitution: $\tau^2 = t$ unmittelbar in ein elliptisches erster Gattung über; die anderen beiden sind scheinbar hyperelliptisch, lassen sich aber, wie wir sofort sehen werden, mittels geeigneter Substitutionen ebenfalls auf elliptische Integrale zurückführen.

Zu diesem Zwecke müssen wir zunächst die Koordinatenachsen um $45^0$ um die $z$-Achse drehen. Wir tun dieses, indem wir für $\frac{x-y}{\sqrt{2}}$ und $\frac{x+y}{\sqrt{2}}$ wieder $x$ bzw. $y$ setzen. Dann erhalten wir:

$$x = \Re \int \frac{1-i}{\sqrt{2}} \frac{1-i\tau^2}{\sqrt{1-14\tau^4+\tau^8}}\,d\tau, \quad y = \Re \int \frac{1+i}{\sqrt{2}} \frac{1+i\tau^2}{\sqrt{1-14\tau^4+\tau^8}}\,d\tau,$$

$$z = \Re \int \frac{2\tau\,d\tau}{\sqrt{1-14\tau^4+\tau^8}}.$$

Des weiteren treffen wir die Verfügung, daß $\tau$ innerhalb desjenigen sphärischen Vierecks mit Winkeln von $120^0$ wandern soll, dessen Ecken in den Punkten:

$$a = \frac{\sqrt{3}-1}{\sqrt{2}}, \quad b = i\frac{\sqrt{3}-1}{\sqrt{2}}, \quad c = -\frac{\sqrt{3}-1}{\sqrt{2}}, \quad d = -i\frac{\sqrt{3}-1}{\sqrt{2}}$$

liegen, und verlegen ferner die gemeinsame untere Grenze der Integrale in den Punkt:

$$c = -a = -\frac{\sqrt{3}-1}{\sqrt{2}},$$

so daß die Definitionsgleichungen des Minimalflächenstücks, für das wir den angegebenen Nachweis führen sollen, die folgenden sind:

$$(8)\begin{cases} x = \Re \int\limits_{-a}^{\tau} \frac{1-i}{\sqrt{2}} \frac{1-i\tau^2}{\sqrt{1-14\tau^4+\tau^8}}\,d\tau, \quad y = \Re \int\limits_{-a}^{\tau} \frac{1+i}{\sqrt{2}} \frac{1+i\tau^2}{\sqrt{1-14\tau^4+\tau^8}}\,d\tau, \\ z = \Re \int\limits_{-a}^{\tau} \frac{2\tau\,d\tau}{\sqrt{1-14\tau^4+\tau^8}}. \end{cases}$$

Dabei müssen wir in Betracht ziehen, daß sich infolge der Drehung um $45^0$ um die $z$-Achse aus den Gleichungen (5), S. 365, für die Richtungskosinus der Flächennormale die Ausdrücke:

$$(8^*)\quad X = \frac{\tau+\tau_0+i(\tau-\tau_0)}{\sqrt{2}(\tau\tau_0+1)}, \quad Y = \frac{\tau+\tau_0-i(\tau-\tau_0)}{\sqrt{2}(\tau\tau_0+1)}, \quad Z = \frac{\tau\tau_0-1}{\tau\tau_0+1}$$

ergeben. Bei der wie vorhin vorgenommenen Abgrenzung des Änderungsbereichs von $\tau$ schwindet jede Zweideutigkeit aus diesen Ausdrücken, wenn wir festsetzen, welchen Wert die Quadratwurzel in einem Punkte haben soll. Wir wollen, indem wir

$$F(\tau) = \frac{1}{\sqrt{1 - 14\tau^4 + \tau^8}}$$

setzen, von vornherein die Verfügung treffen, daß

$$F(0) = +1$$

sein soll. Da ferner die acht Verzweigungspunkte der Quadratwurzel in den Würfelecken:

$$\pm a, \quad \pm \frac{1}{a}, \quad \pm ia, \quad \pm \frac{i}{a}$$

liegen, so sehen wir, daß wir nur in der komplexen $\tau$-Ebene vier Querschnitte, nämlich von $a$ bis $\frac{1}{a}$, von $-a$ bis $-\frac{1}{a}$, von $ia$ bis $\frac{i}{a}$ und von $-ia$ bis $-\frac{i}{a}$, zu führen brauchen, damit $F(\tau)$ in der so zerschnittenen Ebene eine stetige, eindeutige und überall, außer in den acht genannten Punkten, endliche Funktion werde.

## § 222. Besondere Kurven auf der Schwarzschen Minimalfläche.

Wir beginnen unseren Nachweis mit der Bestimmung der Kurven, die auf dem in Rede stehenden Minimalflächenstück der reellen und der imaginären Achse der $\tau$-Ebene, sowie den Halbierungslinien der zwischen denselben liegenden Winkel entsprechen.

1. Bezeichnen wir mit $\varrho$ eine reelle Veränderliche, so haben wir längs der reellen Achse:

$$\tau = \varrho, \quad (-a \gtreqless \varrho \leqq a),$$

also:

$$(9) \quad x = \frac{1}{\sqrt{2}}\int\limits_{-a}^{\varrho}(1-\varrho^2)F(\varrho)d\varrho, \; y = \frac{1}{\sqrt{2}}\int\limits_{-a}^{\varrho}(1-\varrho^2)F(\varrho)d\varrho, \; z = \int\limits_{-a}^{\varrho}2\varrho F(\varrho)d\varrho,$$

demnach:

$$x - y = 0.$$

Ferner ist längs dieser Linie infolge der Gleichungen (8*)

$$X - Y = 0,$$

d. h. die Ebene: $x = y$ schneidet $\Sigma$ senkrecht, ist also eine Symmetrieebene von $\Sigma$.

2. Längs der imaginären Achse ist:

$$\tau = i\varrho, \quad d\tau = i d\varrho.$$

Wenn wir mit $x_0$, $y_0$, $z_0$ die Werte von $x$, $y$, $z$ in $\tau = 0$ bezeichnen, so haben wir, während $\tau$ die imaginäre Achse durchläuft:

$$(9^*)\quad \begin{cases} x - x_0 = \frac{1}{\sqrt{2}}\int\limits_0^\varrho (1-\varrho^2)F(\varrho)d\varrho, \\ y - y_0 = -\frac{1}{\sqrt{2}}\int\limits_0^\varrho (1-\varrho^2)F(\varrho)d\varrho, \qquad (-a \lesseqgtr \varrho \leqq a) \\ z - z_0 = -\int\limits_0^\varrho 2\varrho F(\varrho)d\varrho, \end{cases}$$

folglich:

$$x + y = x_0 + y_0.$$

Längs dieser Kurve von $\Sigma$ ist infolge der Gleichungen (8*) $X + Y = 0$, d. h. die Ebene: $x + y = x_0 + y_0$ ist eine Symmetrieebene von $\Sigma$.

3. Längs der Halbierungslinie des von den positiven Achsenrichtungen gebildeten Winkels ist:

$$\tau = \sqrt{i}\varrho, \quad d\tau = \sqrt{i}d\varrho,$$

wo unter $\sqrt{i}$ der Wert:

$$\sqrt{i} = \frac{1+i}{\sqrt{2}}$$

zu verstehen ist. Es ergibt sich somit:

$$x = x_0 + \int\limits_0^\varrho \frac{(1+\varrho^2)d\varrho}{\sqrt{1+14\varrho^4+\varrho^8}}, \quad y = y_0, \quad z = z_0 \quad (-a \lesseqgtr \varrho \leqq a).$$

Der entsprechende Punkt auf der Fläche durchläuft eine zur $x$-Achse parallele Strecke.

4. Längs der zweiten Winkelhalbierenden ist:

$$\tau = \sqrt{-i}\varrho, \text{ und wegen } \sqrt{-i} = \frac{1-i}{\sqrt{2}}$$

demnach:

$$x = x_0, \quad y = y_0 + \int\limits_0^\varrho \frac{(1+\varrho^2)d\varrho}{\sqrt{1+14\varrho^4+\varrho^8}}, \quad z = z_0.$$

Also durchläuft der Punkt $(x, y, z)$ eine zur $y$-Achse parallele Strecke. Bis jetzt haben wir also erkannt, daß das Minimalflächenstück $\Sigma$ die beiden Symmetrieebenen:

$$x - y = 0, \quad x + y = x_0 + y_0$$

und zwei Symmetrieachsen, nämlich die durch $(x_0, y_0, z_0)$ zu den Koordinatenachsen gezogenen Parallelen, besitzt.

Setzen wir:

$$A = \frac{1}{\sqrt{2}}\int_{-a}^{0}(1-\varrho^2)F(\varrho)d\varrho = \frac{1}{\sqrt{2}}\int_{0}^{a}(1-\varrho^2)F(\varrho)d\varrho,$$

$$B = \int_{-a}^{0} 2\varrho F(\varrho)d\varrho \qquad = -\int_{0}^{a} 2\varrho F(\varrho)d\varrho,$$

so erhalten wir:
$$x_0 = y_0 = A, \quad z_0 = B.$$

Im nächsten Paragraphen wird sich weiter $B = -A$ ergeben; für jetzt bemerken wir nur, daß sich aus den Gleichungen (9) und (9*) die Werte von $x, y, z$ in den vier Eckpunkten $a, b, c, d$ durch $A$ und $B$ ausdrücken lassen. Bezeichnen wir diese Werte durch Beisetzen der Indizes $a, b, c, d$, so finden wir nämlich:

$$(10) \qquad \begin{cases} x_a = 2A, & y_a = 2A, & z_a = 0\,; \\ x_b = 2A, & y_b = 0\,, & z_b = 2B; \\ x_c = 0\,, & y_c = 0\,, & z_c = 0\,; \\ x_d = 0\,, & y_d = 2A, & z_d = 2B. \end{cases}$$

## § 223. Einfachere Form der Gleichungen der Schwarzschen Minimalfläche.

Wie bereits bemerkt, lassen sich die beiden ersten Integrale in den Gleichungen (8) ebenfalls auf elliptische und zwar, wie wir sofort sehen werden, auf solche von genau derselben Form wie das dritte zurückführen. Zu diesem Zwecke bemerken wir zunächst allgemein, daß, wenn auf das Differential:

$$\frac{a + b\tau + c\tau^2}{\sqrt{1 - 14\tau^4 + \tau^8}}d\tau \quad (a,\ b,\ c = \text{Const.})$$

eine der 24 Substitutionen der Oktaedergruppe (S. 400):

$$\tau = \frac{\alpha\tau' + \beta}{\gamma\tau' + \delta}$$

angewandt wird, dasselbe in das homologe Differential:

$$\frac{a' + b'\tau' + c'\tau'^2}{\sqrt{1 - 14\tau'^4 + \tau'^8}}d\tau'$$

übergeht, wo das Polynom $a' + b'\tau' + c'\tau'^2$, gleich Null gesetzt, diejenigen Werte von $\tau'$ zu Wurzeln hat, welche zufolge der angewandten Substitution den Wurzeln von:

$$a + b\tau + c\tau^2 = 0$$

entsprechen. Nun sind in jedem der beiden Differentiale:

$$\sqrt{-i}\,\frac{1 - i\tau^2}{\sqrt{1 - 14\tau^4 + \tau^8}}d\tau, \quad \sqrt{i}\,\frac{1 + i\tau^2}{\sqrt{1 - 14\tau^4 + \tau^8}}d\tau$$

die Wurzeln der gleich Null gesetzten Zähler die Indizes zweier Gegenecken des Oktaeders, die wir mittels passend gewählter Substitutionen der Oktaedergruppe in die Punkte 0 und $\infty$ verlegen können. Es lassen sich also das erste und das zweite Integral in den Gleichungen (8) (abgesehen von einem Faktor) auf das dritte zurückführen. Als erste Substitution wählen wir diejenige, welche die zyklischen Vertauschungen:

$$(0,\ -\sqrt{i},\ -\sqrt{-i}),\quad (\infty,\ \sqrt{i},\ \sqrt{-i})\,^{1)}$$

der Oktaederecken zur Folge hat, und als zweite die umgekehrte Substitution. Als erste Substitution erhalten wir:

$$(11)\qquad \tau = \frac{\sqrt{-i}\,\tau' + 1}{\tau' - \sqrt{i}},\quad \tau' = \frac{\sqrt{i}\,\tau + 1}{\tau - \sqrt{-i}},$$

daher als zweite:

$$(11^*)\qquad \tau = \frac{\sqrt{i}\,\tau'' + 1}{\tau'' - \sqrt{-i}},\quad \tau'' = \frac{\sqrt{-i}\,\tau + 1}{\tau - \sqrt{i}}.$$

Für diese Substitutionen ergibt die Ausführung der Rechnung:

$$\sqrt{-i}\,\frac{(1 - i\tau^2)\,d\tau}{\sqrt{1 - 14\tau^4 + \tau^8}} = \frac{2\tau'\,d\tau'}{\sqrt{1 - 14\tau'^4 - \tau'^8}}$$

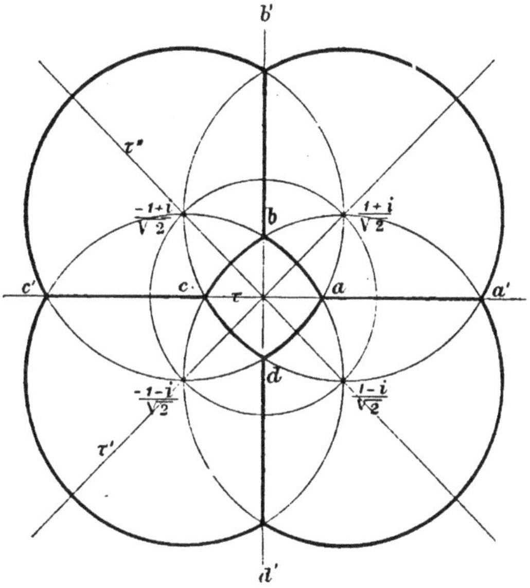


Fig. 10.

---

1) Unter $\sqrt{i}$ und $\sqrt{-i}$ sind stets die Werte:

$$\sqrt{i} = \frac{1+i}{\sqrt{2}},\qquad \sqrt{-i} = \frac{1-i}{\sqrt{2}}$$

zu verstehen.

bzw.:
$$\sqrt{i}\,\frac{(1+i\tau^2)d\tau}{\sqrt{1-14\tau^4+\tau^8}}=\frac{2\tau''d\tau''}{\sqrt{1-14\tau''^4+\tau''^8}},$$

wo nun noch festzusetzen ist, welcher Zweig der Quadratwurzel rechts gewählt werden soll.

Bleibt der Index von $\tau$ wie vorhin in dem Viereck $abcd$, so werden die Indizes von $\tau'$ und $\tau''$ in den Nachbarvierecken $cdd'c'$ bzw. $cbb'c'$ (Fig. 10 auf voriger Seite) liegen. Da nun $F(\tau')$ und $F(\tau'')$ genau die in § 221 angegebene Bedeutung haben, so kommt es darauf an, welches Vorzeichen in den Gleichungen:

$$\text{(a)}\qquad \begin{cases}\sqrt{-i}(1-i\tau^2)F(\tau)d\tau=\pm\,2\tau'F(\tau')d\tau',\\ \sqrt{i}(1+i\tau^2)F(\tau)d\tau=\pm\,2\tau''F(\tau'')d\tau''\end{cases}$$

zu wählen ist. Dazu brauchen wir nur zuzusehen, welche Werte in der Umgebung des Punktes $\tau=0$ gelten, wobei wir die höheren Potenzen von $\tau$ vernachlässigen. Wir haben hier:

$$\tau=0,\qquad \tau'=-\sqrt{i},$$
$$F(0)=+1,\quad F(-\sqrt{i})=+\frac{1}{4}\text{[1]},$$
$$d\tau'=-2i\,d\tau.$$

Also ergibt sich:

$$\sqrt{-i}(1-i\tau^2)F(\tau)d\tau=\sqrt{-i}\,d\tau,$$
$$2\tau'F(\tau')d\tau'=i\sqrt{i}\,d\tau=-\sqrt{-i}\,d\tau.$$

Ebenso ist:

$$\tau''=-\sqrt{-i},\quad F(\tau'')=+\frac{1}{4},\quad d\tau''=2i\,d\tau,$$
$$\sqrt{i}(1+i\tau^2)F(\tau)d\tau=\sqrt{i}\,d\tau,$$
$$2\tau''F(\tau'')d\tau''=-\sqrt{i}\,d\tau.$$

Es gilt daher in beiden Gleichungen das untere Vorzeichen. Die Gleichungen (8), die $\Sigma$ definieren, können also folgendermaßen geschrieben werden:

$$\text{(12)}\qquad x=-\Re\int_{-a}^{\tau'}2\tau'F(\tau')d\tau',\quad y=-\Re\int_{-a}^{\tau''}2\tau''F(\tau'')d\tau'',$$
$$z=-\Re\int_{-a}^{\tau}2\tau F(\tau)d\tau,$$

wobei daran festzuhalten ist, daß sich $\tau$ vom Punkte $c$ aus im Innern des Vierecks $abcd$ bewegt und $\tau'$, $\tau''$ die entsprechenden Wege in den Nachbarvierecken $cc'd'd$, $cc'b'b$ beschreiben.

---

1) Es ist nämlich $F(\tau)$ auf der Strecke von 0 bis $-\sqrt{i}$ stets reell und von Null verschieden.

## § 224. Begrenzungskurven.

Indem wir mit $\tau_0'$, $\tau_0''$ die zu $\tau'$, $\tau''$ konjugierten Größen bezeichnen, schreiben wir die Gleichungen (12) in der folgenden Form:

$$(12^*)\quad \begin{cases} x = -\int\limits_{-a}^{\tau'} \tau' F(\tau')\,d\tau' - \int\limits_{-a}^{\tau_0'} \tau_0' F_0(\tau_0')\,d\tau_0', \\ y = -\int\limits_{-a}^{\tau''} \tau'' F(\tau'')\,d\tau'' - \int\limits_{-a}^{\tau_0''} \tau_0'' F_0(\tau_0'')\,d\tau_0'', \\ z = \int\limits_{-a}^{\tau} \tau\, F(\tau)\,d\tau + \int\limits_{-a}^{\tau_0} \tau_0 F_0(\tau_0)\,d\tau_0. \end{cases}$$

Nun können wir leicht erkennen, welcher Art die Begrenzung von $\Sigma$ ist, die der Begrenzung $a\,b\,c\,d$ des Vierecks, in dem sich $\tau$ bewegt, entspricht. Durchläuft nämlich $\tau$ die Strecke $\overline{cb}$, so durchläuft, wie wir sehen,

$\tau_0$ die Strecke $\overline{cd}$,

$\tau'$ „ „ $\overline{cd}$,

$\tau_0'$ „ „ $\overline{cb}$,

$\tau''$ „ „ $\overline{cc'}$,

$\tau_0''$ „ „ $\overline{cc'}$.

Nun ist $\Gamma(\mathrm{r})$ längs $\overline{cc'}$ rein imaginär. Es folgt demnach aus den Gleichungen (12*) längs $\overline{cb}$:

$$y = 0,\quad x + z = 0.$$

Ebenso ergibt sich längs $\overline{cd}$:

$$x = 0,\quad y + z = 0.$$

Die beiden entsprechenden Stücke der Begrenzung von $\Sigma$ sind also zwei geradlinige Strecken von gleicher Länge, die einen Winkel von $60^0$ miteinander bilden.

Nun brauchen wir nur auf die in § 222 angeführten Symmetrieeigenschaften zurückzugehen, um daraus zu schließen, daß die Begrenzung von $\Sigma$ aus vier gleich langen geradlinigen Strecken besteht, von denen jede mit den beiden anstoßenden Winkel von $60^0$ bildet. Ferner folgt aus demselben Paragraphen, daß auf $\Sigma$ noch zwei Gerade liegen, nämlich die Verbindungslinien der Mitten der Gegenseiten. Sie stehen aufeinander senkrecht und schneiden sich im Mittelpunkt des regulären Tetraeders. Da nun ferner infolge des Obigen

$$x_b + z_b = 0,\quad y_d + z_d = 0$$

ist, so folgt aus den Gleichungen (10)

$$B = -A,$$

wie behauptet wurde. Die Länge $l$ der Tetraederkante ist also durch

$$l = 2A\sqrt{2}$$

gegeben.

## § 225. Die Gruppe von Bewegungen, welche die Schwarzsche Fläche ungeändert läßt.

Das Integral $\int_{-a}^{\tau} 2\tau F(\tau) d\tau$, von dem die Bestimmung unserer Fläche abhängt, geht durch die Substitution: $\tau^2 = t$ in das elliptische Integral:

$$u = \int_{2-\sqrt{3}}^{t} \frac{dt}{\sqrt{1 - 14t^2 + t^4}} = \int_{2-\sqrt{3}}^{t} \frac{dt}{\sqrt{[(2-\sqrt{3})^2 - t^2][(2+\sqrt{3})^2 - t^2]}}$$

über, das $t$ als elliptische Funktion von $u$ mit dem Modul $k = (2 - \sqrt{3})^2$ definiert. Es ergibt sich nämlich:

$$t = (2 - \sqrt{3}) \operatorname{sn} [(2 + \sqrt{3}) u + K].$$

Führen wir so in den Gleichungen (12) elliptische Funktionen ein, so können wir verschiedene Fragen behandeln, die auf die Schwarzsche Minimalfläche Bezug haben, insbesondere diejenigen, welche ihre analytische Fortsetzung betreffen. Hinsichtlich dieser Untersuchungen verweisen wir auf die Abhandlung von Schwarz, der wir die vorstehenden Entwicklungen entnommen haben[1]), und wollen uns hier nur auf den Nachweis beschränken, daß die Symmetriesätze über Minimalflächen in Verbindung mit elementaren Betrachtungen über Bewegungsgruppen die analytische Fortsetzung der Schwarzschen Fläche zu verfolgen gestatten und insbesondere auf ihre dreifache Periodizität in den Richtungen der drei Koordinatenachsen führen.

Die analytische Fortsetzung von $\Sigma$ ergibt sich, wenn $\Sigma$ nacheinander an jeder seiner Seiten gespiegelt und wenn mit den angrenzenden Stücken in derselben Weise verfahren wird.

Indem wir uns nun die Aufgabe stellen, diejenige Gruppe $G$ von Raumbewegungen, welche die Schwarzsche Fläche in ihrer Gesamtheit ungeändert läßt, auf ihre Beschaffenheit zu untersuchen, bemerken wir, daß bei jeder solchen Bewegung das Fundamentalstück $\Sigma$ in ein kongruentes $\Sigma'$ übergeht, zu dem wir auch durch sukzessive Spiegelungen an den Seiten der $\Sigma$ kongruenten, nacheinander an $\Sigma$ anstoßenden Stücke gelangen können. Daher ergibt sich die allgemeinste Bewegung

1) Bestimmung einer speziellen Minimalfläche. Werke, 1. Band, S. 6 u. f.

der Gruppe $G$, welche $\Sigma$ in $\Sigma'$ überführt, wenn die durch die angeführten Spiegelungen erhaltene Bewegung mit einer solchen, die $\Sigma$ in sich transformiert, kombiniert wird. Von letzteren Bewegungen gibt es (außer der Identität) offenbar nur drei, nämlich die Spiegelungen an den drei Verbindungslinien der Mitten der Gegenkanten des regelmäßigen Tetraeders, von dem wir ausgegangen sind.

Wir erinnern nun daran, daß sich zwei Bewegungen des Raumes, $A$ und $B$, zu einer dritten Bewegung zusammensetzen lassen, die wir mit

$$BA$$

bezeichnen, wobei wir die zuerst ausgeführte rechts setzen. Bezeichnen wir mit $A^{-1}$ die zu $A$ inverse Bewegung, so wird die Bewegung:

$$B' = ABA^{-1}$$

als die mittels $A$ transformierte Bewegung $B$ bezeichnet. Nach einem Satze von Jordan[1]) ist sie nichts anderes als die Bewegung $B$ um diejenige Achse, in welche die Mittelachse von $B$ bei der Bewegung $A$ übergeht.

Die Gruppe $G$ wird demnach dadurch erzeugt, daß die Elementarspiegelungen an den Seiten des Begrenzungsvierecks von $\Sigma$ mit den drei vorhin angeführten Spiegelungen kombiniert werden. Eine wesentliche Eigenschaft dieser Gruppe, die wir nun nachweisen wollen, ist, daß sie eigentlich diskontinuierlich ist, d. h. keine unendlich kleinen Bewegungen enthält[2]). Sie enthält als ausgezeichnete Untergruppe vom Index 24 eine Translationsgruppe, welche durch drei Elementartranslationen von gleichem Betrage nach drei aufeinander senkrechten Richtungen erzeugt wird.

1) Jordan, Sur les groupes de mouvements. Annali di Matematica, Ser. 2, Bd. 2, S. 167.

Wir geben hier einen kurzen Beweis dieses für unsere Zwecke wichtigen Satzes. — Es sei $r$ die Mittelachse von $A$, $r'$ diejenige von $B$ und $r''$ die Lage, die $r'$ nach Ausführung von $A$ einnimmt. Ist $P$ ein beliebiger Punkt des Raumes, $P'$ die neue Lage von $P$ nach Ausführung von $A$, und $Q$ derjenige Punkt, in den $P$ durch die Bewegung $B$ übergeführt wird, so untersuchen wir die Wirkung von $ABA^{-1}$ auf den Punkt $P'$, der offenbar ein beliebiger Raumpunkt ist. Durch die Bewegung $BA^{-1}$ geht $P'$ in $Q$ über. Wenn wir die beiden Punkte $P$ und $Q$ und die Achse $r'$ betrachten, so sehen wir, daß $P$ vermöge $A$ in $P'$, $r'$ in $r''$ und $Q$ in einen Punkt $Q'$ übergeht, der zu $P'$ und $r''$ ebenso liegt wie $Q$ zu $P$ und $r'$. Nun gelangen wir von $P$ zu $Q$ durch die Schraubung $B$ um die Mittelachse $r'$, und es führt demnach dieselbe Bewegung um $r''$ auch $P'$ in $Q'$ über.

2) Die eigentlich diskontinuierlichen Bewegungsgruppen sind von Schönflies behandelt worden. Mathematische Annalen, Band 28, 29. Eine Bewegungsgruppe, die keine infinitesimale Bewegung enthält, ist eben eigentlich diskontinuierlich im Raume, und umgekehrt.

### § 226. Ausgezeichnete Untergruppe von Translationen.

Wir denken uns nun das Fundamentalviereck $abcd$ ebenso orientiert, wie es sich S. 404—407 ergab, so daß wir, wenn

$$k = 2A = -2B$$

gesetzt wird, für die Koordinaten der Ecken die Werte:

$$a \equiv (k, k, 0), \quad b \equiv (k, 0, -k), \quad c \equiv (0, 0, 0), \quad d \equiv (0, k, -k)$$

erhalten. Wir bezeichnen dann die Seiten $\overline{ab}$, $\overline{bc}$, $\overline{cd}$, $\overline{da}$ der Reihe nach mit 1, 2, 3, 4, mit $S_1$, $S_2$, $S_3$, $S_4$ diejenigen Bewegungen des Raumes, welche Spiegelungen an den Seiten 1, 2, 3, 4 sind, ferner bezüglich mit $S_5$, $S_6$ die Spiegelungen an den Verbindungslinien der Mitten der Gegenseiten $\overline{ab}$, $\overline{cd}$ und $\overline{ad}$, $\overline{bc}$, endlich mit $S_7$ diejenige Spiegelung, die sich aus der Kombination von $S_5$ und $S_6$ ergibt und an der Verbindungslinie der Mittelpunkte der beiden weggedachten Tetraederkanten $\overline{ac}$ und $\overline{bd}$ erfolgt.

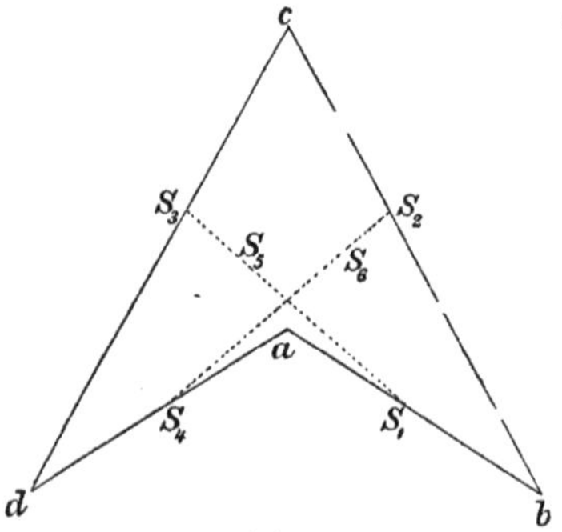

Fig. 11.

Die Elementarsubstitutionen der Gruppe $G$ sind nun eben:

$$S_1, S_2, S_3, S_4, S_5, S_6, S_7,$$

und als ihre analytischen Ausdrücke finden wir:

$$\begin{array}{llll}
S_1) & x' = 2k - x, & y' = k + z, & z' = -k + y, \\
S_2) & x' = -z, & y' = -y, & z' = -x, \\
S_3) & x' = -x, & y' = -z, & z' = -y, \\
S_4) & x' = k + z, & y' = 2k - y, & z' = -k + x, \\
S_5) & x' = x, & y' = k - y, & z' = -k - z, \\
S_6) & x' = k - x, & y' = y, & z' = -k - z, \\
S_7) & x' = k - x, & y' = k - y, & z' = z,
\end{array}$$

wo jedesmal $x$, $y$, $z$ die Koordinaten eines beliebigen Raumpunktes $P$ und $x'$, $y'$, $z'$ die Koordinaten desjenigen Punktes $P'$ bedeuten, in den $P$ bei der betreffenden Bewegung übergeht.

Nun betrachten wir die beiden folgenden Bewegungen der Gruppe $G$:

$$T = S_5 S_1 S_3, \quad T' = S_6 S_4 S_2.$$

Als ihre analytischen Ausdrücke finden wir:

$$T = S_5 S_1 S_3)\ x' = x + 2k, \quad y' = y, \quad z' = z,$$
$$T' = S_6 S_4 S_2)\ x' = x, \quad y' = y + 2k, \quad z' = z,$$

woraus erhellt, daß $T$, $T'$ zwei Translationen vom Betrage $2k$ parallel der $x$- bzw. $y$-Achse sind. Wir bilden ferner die Substitution (mit der Periode 3):

$$U = S_2 S_1)\ x' = k - y, \quad y' = -k - z, \quad z' = x - 2k$$

sowie die inverse Substitution:

$$U' = S_1 S_2)\ x' = 2k + z, \quad y' = k - x, \quad z' = -k - y$$

und transformieren $T$ mittels $U$, d. h. wir betrachten die Bewegung:

$$T'' = UTU^{-1}.$$

Wie wir sehen, hat $T''$ den Ausdruck:

$$T'')\ x' = x, \quad y' = y, \quad z' = z + 2k,$$

d. h. $T''$ ist eine Translation von demselben Betrage $2k$ parallel der $z$-Achse. Die drei Translationen $T$, $T'$, $T''$ erzeugen die Translationsgruppe, die wir mit $\Gamma$ bezeichnen wollen und deren Operationen die allgemeine Form:

$$x' = x + 2mk, \quad y' = y + 2nk, \quad z' = z + 2pk$$

haben, wo $m$, $n$, $p$ beliebige positive oder negative ganze Zahlen sind.

Die Gruppe $\Gamma$ ist offenbar eine Untergruppe von $G$ und zwar eine ausgezeichnete, d. h. sie ist mit allen Operationen von $G$ vertauschbar, wie sofort daraus hervorgeht, daß jede der Elementaroperationen $S_1, S_2 \ldots S_7$ von $G$ eine Translation von $\Gamma$ in eine andere Translation von $\Gamma$ überführt.

## § 227. Nachweis für die eigentliche Diskontinuität der Bewegungsgruppe der Schwarzschen Fläche.

Wir wollen nun beweisen, daß der Index von $\Gamma$ bezüglich $G$ endlich und zwar gleich 24 ist, nachdem wir die eigentliche Diskontinuität von $\Gamma$ erkannt kaben werden.

Zu diesem Zwecke führen wir der Kürze der Ausdrucksweise halber einige Bezeichnungen ein: wir sagen, daß zwei Operationen $A$ und $B$ von $G$ bezüglich $\Gamma$ äquivalent sind, wenn, sobald unter $t$ eine in $\Gamma$ enthaltene Translation verstanden wird,

$$A = tB,$$

demnach

$$B = t^{-1}A$$

ist, und bringen diese Äquivalenz in der Schreibweise:

$$A \equiv B$$

zum Ausdruck. Nun beachten wir, daß sich, wenn zwischen vier Bewegungen von $G$ die Äquivalenzbeziehungen:

$$A \equiv B, \quad A' \equiv B'$$

bestehen, infolge der Vertauschbarkeit von $\Gamma$ mit jeder Operation von $G$

$$AA' \equiv BB'$$

ergibt. Indem wir nun wie vorhin

$$U = S_2 S_1, \quad U^{-1} = S_1 S_2$$

setzen, betrachten wir die folgenden zwölf Operationen von $G$:

$$\alpha) \qquad \begin{cases} 1\ , & S_5\ , & S_6\ , & S_7\ , \\ U\ , & US_5\ , & US_6\ , & US_7\ , \\ U^{-1}, & U^{-1}S_5, & U^{-1}S_6, & U^{-1}S_7, \end{cases}$$

von denen zwei beliebige bezüglich $\Gamma$ nicht äquivalent sind, wovon wir uns überzeugen, wenn wir ihre wirklichen analytischen Ausdrücke bilden. Es sind dies die folgenden:

$$\begin{cases} 1)\ x' = x\ , & y' = y\ , & z' = z\ ; \\ S_5)\ x' = x\ , & y' = k - y, & z' = -k - z; \\ S_6)\ x' = k - x, & y' = y\ , & z' = -k - z; \\ S_7)\ x' = k - x, & y' = k - y, & z' = z\ ; \end{cases}$$

$$\begin{cases} U)\ x' = k - y, & y' = -k - z, & z' = -2k + x; \\ US_5)\ x' = y\ , & y' = z\ , & z' = -2k + x; \\ US_6)\ x' = k - y, & y' = z\ , & z' = -k - x\ ; \\ US_7)\ x' = y\ , & y' = -k - z, & z' = -k - x\ ; \end{cases}$$

$$\begin{cases} U^{-1})\ x' = 2k + z, & y' = k - x, & z' = -\ k - y; \\ U^{-1}S_5)\ x' = \ k - z, & y' = k - x, & z' = -2k + y; \\ U^{-1}S_6)\ x' = \ k - z, & y' = x\ , & z' = -\ k - y; \\ U^{-1}S_7)\ x' = 2k + z, & y' = x\ , & z' = -2k + y. \end{cases}$$

Setzen wir dagegen zwei beliebige von den zwölf obigen Operationen zusammen, so ist ihr Produkt einer der zwölf Operationen selbst äquivalent, wie sich einfach aus den Elementaräquivalenzen:

$$S_5 U \equiv US_6\ , \quad S_6 U \equiv US_7\ , \quad S_7 U \equiv US_5,$$
$$S_5 U^{-1} \equiv U^{-1}S_7, \quad S_6 U^{-1} \equiv U^{-1}S_5, \quad S_7 U^{-1} \equiv U^{-1}S_6$$

ergibt. Nun gibt es zu der Operation $S_2$ von $G$ in der obigen Zusammenstellung keine äquivalente. Bilden wir also die folgenden zwölf Operationen von $G$:

$$\beta) \qquad \begin{cases} S_2\ , & S_2S_5\ , & S_2S_6\ , & S_2S_7\ , \\ S_2U\ , & S_2US_5\ , & S_2US_6\ , & S_2US_7\ ; \\ S_2U^{-1}, & S_2U^{-1}S_5, & S_2U^{-1}S_6, & S_2U^{-1}S_7, \end{cases}$$

so sind sie weder untereinander noch mit den 12 Operationen $\alpha$) äquivalent, während das Produkt einer Operation $\alpha$) mit einer Operation $\beta$) einer Operation $\beta$) und das Produkt von zwei Operationen $\beta$) einer Operation $\alpha$) äquivalent ist, wie aus den Elementaräquivalenzen:

$$S_5 S_2 \equiv S_2 S_7, \quad S_6 S_2 \equiv S_2 S_6, \quad U S_2 \equiv S_2 U^{-1}$$

hervorgeht. Jede Operation von $G$ ist einer (und nur einer) der 24 Operationen $\alpha$), $\beta$) äquivalent. Um dieses einzusehen, brauchen wir es nur für die Elementarsubstitutionen von $G$ nachzuweisen. Nun ist:

$$S_1 = S_2 U, \quad S_3 \equiv S_2 U S_5, \quad S_4 \equiv S_2 S_6,$$

wonach die angeführte Eigenschaft bewiesen ist.

Jede Substitution von $G$ ergibt sich demnach, wenn eine der 24 Substitutionen $\alpha$), $\beta$) genommen wird und auf den rechten Seiten ihres analytischen Ausdrucks beliebige ganze Vielfache von $2k$ addiert werden. Demnach ist also der vorhin ausgesprochene Satz bewiesen:

Die Bewegungsgruppe $G$ ist eigentlich diskontinuierlich und enthält als ausgezeichnete Untergruppe vom Index 24 die Translationsgruppe $\Gamma$.

## § 228. **Analytische Fortsetzung der Schwarzschen Minimalfläche.**

Nachdem wir auf diese Weise die Beschaffenheit der Gruppe $G$, der Gruppe derjenigen Bewegungen, welche die Schwarzsche Fläche ungeändert lassen, erkannt haben, können wir uns leicht eine Vorstellung von der Art und Weise machen, in der sich das ursprüngliche Stück $\Sigma$ analytisch fortsetzt und so die ganze Schwarzsche Fläche erzeugt. Die Fläche gestattet, wie wir gesehen haben, drei Elementartranslationen in sich in der Richtung der drei Linien, welche die Mittelpunkte je zweier Gegenkanten des regelmäßigen Tetraeders, von dem wir ausgegangen sind, verbinden, und zwar ist ihr Betrag gleich dem Doppelten dieses kleinsten Abstandes $k$ zwischen zwei Gegenkanten. Denken wir uns den Raum in unendlich viele aneinander stoßende würfelförmige Zellen mit der Kante $2k$ geteilt, so brauchen wir von der Schwarzschen Fläche offenbar nur denjenigen Teil zu kennen, welcher innerhalb eines dieser Würfel liegt, da sich in jedem anderen Würfel ein infolge Translation dem erstbetrachteten Teile kongruenter Teil befindet.

Als Ausgangswürfel betrachten wir den zwischen den sechs Ebenen:

$$x = \pm k, \quad y = \pm k, \quad z = \pm k$$

gelegenen. Von den vier Ecken des regulären Tetraeders *abcd* (§ 226):

$$c \equiv (0, 0, 0), \quad a \equiv (k, k, 0), \quad b \equiv (k, 0, -k), \quad d \equiv (0, k, -k)$$

liegen drei, $a$, $b$, $d$, in den Mitten der in der Ecke $(k, k, -k)$ zusammenstoßenden Würfelkanten, und die vierte, $c$, im Mittelpunkte des Würfels selbst. Die beiden Tetraederkanten $\overline{ca}$ und $\overline{bd}$ denken wir uns weggenommen und betrachten das von dem Viereck $abcd$ begrenzte Stück $\Sigma$ der Schwarzschen Fläche. Wir spiegeln nun $\Sigma$ an der Seite $\overline{cd}$ in $\Sigma_1$, dann $\Sigma_1$ an der neuen Lage von $\overline{ca}$ in $\Sigma_2$, dann $\Sigma_2$ an der neuen Lage von $\overline{cd}$ usf. Auf diese Weise erhalten wir im Innern des Würfels sechs Stücke der Schwarzschen Fläche ($\Sigma$ mit einbegriffen), die alle einander kongruent sind und in der gemeinsamen Ecke $c$, in der sie ein und dieselbe Tangentialebene haben, zusammenstoßen, während ihre anderen Ecken sämtlich in den Mittelpunkten der Würfelkanten liegen[1]). Die wirklichen Werte für die Koordinaten der Ecken dieser sechs Stücke sind die folgenden:

$$
\begin{array}{lllll}
\Sigma) & (0, 0, 0), & (k, 0, -k), & (k, k, 0), & (0, k, -k); \\
\Sigma_1) & (0, 0, 0), & (-k, k, 0), & (-k, 0, -k), & (0, k, -k); \\
\Sigma_2) & (0, 0, 0), & (-k, k, 0), & (0, k, k), & (-k, 0, k); \\
\Sigma_3) & (0, 0, 0), & (0, -k, k), & (-k, -k, 0), & (-k, 0, k); \\
\Sigma_4) & (0, 0, 0), & (0, -k, k), & (k, 0, k), & (k, -k, 0); \\
\Sigma_5) & (0, 0, 0), & (k, 0, -k), & (0, -k, -k), & (k, -k, 0).
\end{array}
$$

Nehmen wir nun ein beliebiges der sechs krummen Vierecke $\Sigma_i$, so ist seine analytische Fortsetzung längs einer von $c$ ausgehenden Seite offenbar eins der $\Sigma$ selbst; die analytische Fortsetzung von $\Sigma_i$ längs einer von dem $c$ gegenüberliegenden Eckpunkt ausgehenden Seite ergibt sich dagegen durch eine Translation eines der übrigen sechs Stücke $\Sigma_i$ vom Betrage $2k$. Um dieses nachzuweisen, brauchen wir nur das ursprüngliche Stück $\Sigma$ zu betrachten, da für die anderen fünf das nämliche gilt. Die Spiegelung von $\Sigma$ an $\overline{ab}$ liefert in der Tat das um $2k$ in der Richtung der $x$-Achse verschobene Stück $\Sigma_1$, und die Spiegelung von $\Sigma$ an $\overline{ad}$ ebenso das um $2k$ parallel der $y$-Achse verschobene Stück $\Sigma_5$.

Es besteht demnach das ganze innerhalb des Würfels gelegene Gebiet der Schwarzschen Fläche aus sechs Stücken $\Sigma_i$; die Fläche erscheint daher in den übrigen Würfeln periodisch wieder, so daß sie den ganzen Raum gleichmäßig durchsetzt.

---

1) Um von den im Texte angegebenen geometrischen Verhältnissen eine klare Vorstellung zu erhalten, mag sich der Leser zweckmäßig eines festen Modells der Würfelkanten bedienen, in das mittels Fäden die sechs Vierecke, welche die betrachteten Stücke der Schwarzschen Fläche begrenzen, eingeschrieben werden können.

## § 229. Die zur Schwarzschen Fläche konjugierte Minimalfläche.

Hinsichtlich der konjugierten Fläche, die Schwarz ebenfalls untersucht hat, bemerken wir kurz, daß auch sie bemerkenswerte Eigenschaften besitzt, die denjenigen der in den voraufgehenden Paragraphen behandelten Fläche ganz analog sind[1]). Insbesondere werden wir sehen, daß auch diese neue Minimalfläche $S'$ in unendlich viele kongruente krumme Vierecke mit geradliniger Begrenzung zerfällt und daß in jedem endlichen Gebiet des Raumes nur eine endliche Zahl solcher Vierecke liegt. Betrachten wir auf der ursprünglichen Fläche $S$ zwei von den krummen Vierecken, die längs einer Kante $AB$ zusammenstoßen, so begrenzen die vier Symmetrieebenen der beiden Vierecke auf dem von ihnen gebildeten Sechseck ein neues Viereck, dessen Seiten gleichlange Bogen ebener geodätischer Linien sind und dessen Winkel in zwei Gegenecken je $60^0$, in den beiden anderen je $90^0$ betragen. Nun geht auf der konjugierten Fläche $S'$ dieses Viereck in ein solches mit geradliniger Begrenzung über. Daher liegen auf der Minimalfläche $S'$ unendlich viele krumme Vierecke mit geradliniger Begrenzung, deren Seiten gleiche Länge haben und deren Winkel in zwei Gegenecken je $60^0$ und in den beiden anderen je $90^0$ betragen[2]).

Hiervon ausgehend können wir, ganz analog wie in den voraufgehenden Paragraphen, diejenige Bewegungsgruppe bestimmen, welche die Fläche $S'$ immer wieder hervorbringt, und also die analytische Fortsetzung jedes krummen Vierecks von $S'$ untersuchen.

Es sei $ABCD$ ein solches Viereck, dessen Winkel bei $A$ und $C$ je $60^0$, bei $B$ und $D$ je $90^0$ betragen; wir wollen dann die Seiten $AB$, $BC$, $CD$, $DA$ mit 1, 2, 3, 4 und die Spiegelungen an diesen Seiten bezüglich mit $S_1$, $S_2$, $S_3$, $S_4$ bezeichnen.

Durch Kombination dieser Elementarbewegungen können wir von diesem Viereck zu jedem anderen auf der Fläche gelangen. Wollen wir also die Elementaroperationen der Gruppe $G$, welche die Fläche ungeändert läßt, erhalten, so brauchen wir zu den vorhin genannten Bewegungen nur noch diejenigen hinzuzufügen, welche das Viereck $ABCD$ ungeändert lassen.

---

1) Ihre Gleichungen ergeben sich aus den Formeln (8), S. 403, wenn von den Integralen rechts statt der reellen Teile die Koeffizienten der imaginären Teile genommen werden.

2) Um ein solches Viereck zu erhalten, braucht man nur zwei Seitenflächen eines regelmäßigen Oktaeders, die längs einer Kante aneinanderstoßen, zusammenzunehmen und die gemeinschaftliche Kante wegzudenken.

Nun ist die einzige derartige Bewegung die Spiegelung an der Verbindungslinie der Mittelpunkte von $AC$ und $BD$, die wir mit $S_5$ bezeichnen wollen.

## § 230. Die Gruppe der konjugierten Fläche.

Bezeichnen wir mit $k\sqrt{2}$ die gemeinsame Länge der vier Kanten, so ist sofort klar, daß sich bei passender Orientierung des Vierecks $ABCD$ gegen die Koordinatenachsen für die Koordinaten der Eckpunkte die folgenden Ausdrücke ergeben:

$$A \equiv (0,\ 0,\ 0),\quad B \equiv (k,\ 0,\ k),\quad C \equiv (0,\ 0,\ 2k),\quad D \equiv (0,\ k,\ k).$$

Daraus folgt, daß die Elementaroperationen der Gruppe $G$ analytisch durch nachstehende Gleichungen dargestellt werden:

$$\begin{aligned}
&S_1)\ x' = z\quad, && y' = -y\quad, && z' = x\quad;\\
&S_2)\ x' = 2k - z, && y' = -y\quad, && z' = 2k - x;\\
&S_3)\ x' = -x\quad, && y' = 2k - z, && z' = 2k - y;\\
&S_4)\ x' = -x\quad, && y' = z\quad, && z' = y\quad;\\
&S_5)\ x' = y\quad, && y' = x\quad, && z' = 2k - z.
\end{aligned}$$

Werden ferner die Beziehungen:

$$S_5 S_2 S_5 = S_4,\quad S_5 S_3 S_5 = S_1$$

berücksichtigt, so ergibt sich, daß die gesamte Gruppe $G$ durch die drei Elementarsubstitutionen $S_1$, $S_2$, $S_5$ erzeugt wird.

Nun betrachten wir die beiden in $G$ enthaltenen Substitutionen:

$$H = S_1 S_5,\quad K = S_2 S_5.$$

Ihre analytischen Ausdrücke sind:

$$\begin{aligned}
&H)\ x' = 2k - z; && y' = -x, && z' = y;\\
&K)\ x' = z\quad, && y' = -x, && z' = 2k - y,
\end{aligned}$$

und ihre dritten Potenzen sind die Translationen:

$$\begin{aligned}
&H^3)\ x' = 2k + x, && y' = -2k + y, && z' = -2k + z;\\
&K^3)\ x' = 2k + x, && y' = -2k + y, && z' = 2k + z.
\end{aligned}$$

Die mittels $S_2$ transformierte Substitution $H^3$ ist die neue Translation:

$$S_2 H^3 S_2^{-1})\ x' = 2k + x,\quad y' = 2k + y,\quad z' = -2k + z.$$

Aus der Kombination dieser mit den vorhergehenden folgt, daß in $G$ die beiden Translationen:

$$\begin{aligned}
&x' = x + 4k, && y' = y\quad, && z' = z,\\
&x' = x\quad, && y' = y + 4k, && z' = z
\end{aligned}$$

enthalten sind. Da ferner die mittels $S_1$ transformierte Substitution $K^3$ diese:

$$S_1K^3S_1^{-1})\ x' = 2k + x, \quad y' = 2k + y, \quad z' = 2k + z$$

ist, so geht daraus hervor, daß auch die Translation:

$$x' = x, \quad y' = y, \quad z' = z + 4k$$

zu $G$ gehört.

Die Gruppe $G$ enthält demnach alle Translationen von der Form:

$$x' = x + 2mk, \quad y' = y + 2nk, \quad z' = z + 2pk,$$

wo $m$, $n$, $p$ ganze Zahlen sind, die entweder sämtlich gerade oder sämtlich ungerade, d. h. der Bedingung:

$$m \equiv n \equiv p \pmod 2$$

unterworfen sind. Die Translationen von der obigen Form bilden offenbar eine Untergruppe $\Gamma$ von $G$, und wie wir sofort sehen werden, sind keine weiteren Translationen in $G$ enthalten[1]). Zunächst können wir leicht nachweisen, daß $\Gamma$ eine ausgezeichnete Untergruppe von $G$ ist, da die Elementaroperationen von $G$, nämlich $S_1$, $S_2$, $S_5$, die Gruppe $\Gamma$ in sich überführen. Wie in § 227 teilen wir dann die Operationen von $\Gamma$ in Klassen von bezüglich $\Gamma$ äquivalenten Operationen ein. Setzen wir:

$$S_6 = S_1 S_2,$$

so bilden die drei Substitutionen $S_1$, $S_2$, $S_6$ mit der identischen eine Gruppe (Vierergruppe). Setzen wir ferner:

$$U = S_1 S_4, \quad U^{-1} = S_4 S_1$$

und bilden wir die 24 Operationen:

$$\begin{array}{llll}
1\ , & S_1\ , & S_2\ , & S_6\ , \\
U\ , & US_1\ , & US_2\ , & US_6\ , \\
U^{-1}, & U^{-1}S_1, & U^{-1}S_2, & U^{-1}S_6, \\
S_5\ , & S_5 S_1\ , & S_5 S_2\ , & S_5 S_6\ , \\
S_5 U, & S_5 US_1, & S_5 US_2, & S_5 US_6, \\
S_2 U, & S_2 US_1, & S_2 US_2, & S_2 US_6,
\end{array}$$

so sehen wir, daß sie ein vollständiges System von bezüglich $\Gamma$ nicht äquivalenten Operationen bilden. Daraus folgt:

---

1) Als Elementartranslationen von $\Gamma$ können offenbar die folgenden drei gewählt werden:

$$\begin{cases} x' = x + 4k, & y' = y\ , & z' = z; \\ x' = x\ , & y' = y + 4k, & z' = z; \\ x' = x + 2k, & y' = y + 2k, & z' = z + 2k. \end{cases}$$

Die Gruppe $G$ enthält als ausgezeichnete Untergruppe vom Index 24 die Translationsgruppe $\Gamma$.

Insbesondere ergibt sich hieraus die eigentliche Diskontinuität der Gruppe $G$, also die Eigenschaft der Minimalfläche $S'$, in dreifach periodischer Weise den Raum gleichmäßig zu durchsetzen.

## § 231. Die zweite Variation des Flächeninhalts einer Minimalfläche.

Am Schlusse dieser Betrachtungen über die Minimalflächen kehren wir zu der Minimumaufgabe, von der wir ausgegangen sind, zurück, um die wichtigen Untersuchungen von Schwarz über die zweite Variation des Flächeninhalts eines Minimalflächenstücks in ihren Grundzügen mitzuteilen[1]). Aus ihnen folgt insbesondere, daß, wenn in jedem Punkte einer Fläche die Summe der Hauptkrümmungsradien gleich Null ist, jedes in geeigneter Weise umgrenzte Stück der Fläche bezüglich der fest gedachten Begrenzung die Minimumeigenschaft, die zu seiner Definition benutzt wurde, wirklich besitzt.

Es seien $S$ eine auf ihre Krümmungslinien $u$, $v$ bezogene Minimalfläche,

$$ds^2 = \lambda\,(du^2 + dv^2)$$

das Quadrat ihres Linienelements, also

$$ds^2 = \frac{1}{\lambda}\,(du^2 + dv^2)$$

dasjenige des Linienelements der Bildkugel, und

$$r_2 = \lambda, \quad r_1 = -\lambda$$

die Hauptkrümmungsradien der Minimalfläche.

Wir betrachten ein von einer Randlinie $C$ begrenztes Stück von $S$ und ein $S$ unendlich benachbartes, von derselben Randlinie begrenztes Flächenstück $S'$. Auf jeder Normale von $S$ schneidet die Fläche $S'$ ein unendlich kleines Stück ab, das wir mit $\varepsilon\psi$ bezeichnen wollen, wo $\varepsilon$ eine unendlich kleine Konstante und $\psi$ eine Funktion von $u$ und $v$ ist, die wir samt ihren ersten partiellen Differentialquotienten in dem ganzen betreffenden Gebiet von $S$ als endlich und stetig voraussetzen und die nur längs des Randes $C$ gleich Null werden soll.

Wir vergleichen nun das von $C$ eingeschlossene Flächenstück von $S$ mit dem entsprechenden von $S'$, wobei wir nur die Glieder berücksichtigen, die $\varepsilon$ in der ersten und zweiten Potenz enthalten. Für die Koordinaten des Punktes $P'$ von $S'$, der einem Punkte $P$ von $S$ entspricht, haben wir offenbar die Ausdrücke:

$$x' = x + \varepsilon\psi X, \quad y' = y + \varepsilon\psi Y, \quad z' = z + \varepsilon\psi Z$$

1) Werke, 1. Band, S. 151 u. f.

Berechnen wir die Koeffizienten $E'$, $F'$, $G'$ des Quadrats des Linienelements von $S'$, so erhalten wir unter Berücksichtigung der Gleichungen:

$$\frac{\partial X}{\partial u} = \frac{1}{\lambda}\frac{\partial x}{\partial u}, \quad \frac{\partial X}{\partial v} = -\frac{1}{\lambda}\frac{\partial x}{\partial v} \quad \text{usw.}$$

die Werte:

$$E' = \lambda\left(1 + \frac{2\varepsilon\psi}{\lambda} + \frac{\varepsilon^2\psi^2}{\lambda^2}\right) + \varepsilon^2\left(\frac{\partial\psi}{\partial u}\right)^2,$$

$$F' = \varepsilon^2 \frac{\partial\psi}{\partial u}\frac{\partial\psi}{\partial v},$$

$$G' = \lambda\left(1 - \frac{2\varepsilon\psi}{\lambda} + \frac{\varepsilon^2\psi^2}{\lambda^2}\right) + \varepsilon^2\left(\frac{\partial\psi}{\partial v}\right)^2.$$

Demnach ist:

$$\sqrt{E'G' - F'^2} = \lambda\left[1 + \frac{\varepsilon^2}{2\lambda}\left\{\left(\frac{\partial\psi}{\partial u}\right)^2 + \left(\frac{\partial\psi}{\partial v}\right)^2 - \frac{2\psi^2}{\lambda}\right\}\right].$$

Die Differenz der beiden Flächenräume, $\delta S = S' - S$, ist daher bis auf unendlich kleine Größen von höherer als der zweiten Ordnung durch

$$(13) \qquad \delta S = \frac{\varepsilon^2}{2}\int\int\left[\left(\frac{\partial\psi}{\partial u}\right)^2 + \left(\frac{\partial\psi}{\partial v}\right)^2 - \frac{2\psi^2}{\lambda}\right] du\, dv$$

gegeben, wo das Doppelintegral über das in Rede stehende Gebiet von $S$ oder, was dasselbe ist, über das entsprechende Gebiet auf der Kugel zu erstrecken ist. Dieses ist der von Schwarz für die zweite Variation des Flächeninhalts eines Minimalflächenstücks abgeleitete Ausdruck, aus dem sich mittels einiger Hilfsbetrachtungen die bemerkenswerten Folgerungen ergeben, zu deren Ableitung wir nun übergehen[1]).

## § 232. Untersuchung der zweiten Variation.

Wir betrachten eine beliebige andere Minimalfläche, die der Fläche $S$ durch Parallelismus der Normalen zugeordnet sein möge, und es sei $\Sigma$ dasjenige Stück dieser neuen Fläche, welches dem betreffenden Stück von $S$ entspricht. Dann sind die beiden Flächenstücke auf ein und dasselbe Stück der Kugelfläche, das wir mit $\sigma$ bezeichnen wollen, abgebildet. Bedeutet $W$ den Abstand der Tangentialebene des Stückes $\Sigma$ vom Koordinatenanfangspunkt, so ist $W$ ein Integral der Gleichung (S. 140, (36)):

$$(14) \qquad \Delta_2' W + 2W = 0,$$

1) Die folgenden Entwicklungen im Texte beziehen sich übrigens (in der Sprache der neueren Variationsrechnung) nur auf das sogenannte schwache Minimum; zur Feststellung des eigentlichen Minimums sind weitere und eingehendere Untersuchungen erforderlich. Der Leser findet sie im angeführten Werke von Schwarz sowie bei Kneser, Lehrbuch der Variationsrechnung, 8. Abschnitt. Braunschweig, 1900.

wenn $\Delta_2' W$ der für das Linienelement der Kugel berechnete zweite Differentialparameter von $W$ ist.

Nun setzen wir voraus, daß dieses Integral der Gleichung (14) oder auch der Gleichung:

$$\frac{\partial^2 W}{\partial u^2} + \frac{\partial^2 W}{\partial v^2} + \frac{2W}{\lambda} = 0 \tag{14*}$$

in keinem Punkte des Kugelstückes $\sigma$, auch nicht auf dem Rande, verschwinde, was damit gleichbedeutend ist, daß in keinem Punkte des Stückes $\Sigma$ die Tangentialebene durch den Anfangspunkt gehen soll. Dann können wir den Ausdruck unter dem Integralzeichen in der Gleichung (13) in die Form:

$$\left(\frac{\partial\psi}{\partial u}\right)^2 + \left(\frac{\partial\psi}{\partial v}\right)^2 - \frac{2\psi^2}{\lambda} = \left[\left(\frac{\partial\psi}{\partial u} - \frac{\psi}{W}\frac{\partial W}{\partial u}\right)^2 + \left(\frac{\partial\psi}{\partial v} - \frac{\psi}{W}\frac{\partial W}{\partial v}\right)^2\right] +$$
$$+ \frac{\partial}{\partial u}\left(\frac{\psi^2}{W}\frac{\partial W}{\partial u}\right) + \frac{\partial}{\partial v}\left(\frac{\psi^2}{W}\frac{\partial W}{\partial v}\right)$$

bringen, so daß das Integral (13) in drei Teile zerfällt, von denen die letzten beiden identisch gleich Null sind, wie sich ergibt, wenn man partiell integriert und berücksichtigt, daß $\psi$ auf dem Rande verschwindet. Es bleibt also

$$\delta S = \frac{\varepsilon^2}{2}\int\!\!\int\left[\left(\frac{\partial\psi}{\partial u} - \frac{\psi}{W}\frac{\partial W}{\partial u}\right)^2 + \left(\frac{\partial\psi}{\partial v} - \frac{\psi}{W}\frac{\partial W}{\partial v}\right)^2\right] du\,dv$$

übrig, und da, wie die Funktion $\psi$ auch gewählt werden mag, das rechts stehende Integral wesentlich positiv ausfällt[1]), so folgt daraus, daß jede $S$ unendlich benachbarte und von derselben Randlinie begrenzte Fläche $S'$ in der Tat einen größeren Flächeninhalt besitzt als $S$. Dieses Ergebnis können wir in der folgenden von Schwarz gegebenen Fassung aussprechen:

Ein Stück einer Fläche mit der mittleren Krümmung Null besitzt unter allen ihm unendlich benachbarten und von derselben Randlinie begrenzten Flächenstücken sicherlich dann den kleinsten Inhalt, wenn es ein ihm durch Parallelismus der Normalen entsprechendes Flächenstück $M$ derselben Art und von der Beschaffenheit gibt, daß in keinem Punkte von $M$ die Tangentialebene durch einen im Raume fest gegebenen Punkt geht.

## § 233. Satz von Schwarz über die zweite Variation.

Wählen wir speziell als neue Minimalfläche die Fläche selbst, so sehen wir, daß das betreffende Stück von $S$ die Minimumeigenschaft

1) Das Integral könnte nämlich nur für $\psi = cW$ ($c$ = Const.) verschwinden; dann würde aber $\psi$ auf dem Rande nicht gleich Null werden.

wirklich dann besitzt, wenn es, von einem passend gewählten Punkte des Raumes aus gesehen, als scheinbaren Rand eine Linie hat, die ganz außerhalb des betrachteten Gebietes liegt.

Hinsichtlich des sphärischen Bildes $\sigma$ dagegen können wir sagen, daß die Minimumeigenschaft sicher dann vorliegt, wenn es ein Integral $W$ der Gleichung (14*) gibt, das in dem ganzen Gebiet $\sigma$, einschließlich des Randes, positiv ist. Beachten wir nun, daß z. B.

$$X, Y, Z$$

partikuläre Integrale der Gleichung (14*) sind, so sehen wir speziell, daß, wenn das Gebiet $\sigma$ ganz innerhalb der Fläche einer Halbkugel liegt, die obige Bedingung erfüllt ist. Folglich besitzt jedes Stück einer Fläche mit der mittleren Krümmung Null, dessen sphärisches Bild innerhalb einer Halbkugelfläche liegt, die Eigenschaft, daß sein Inhalt ein Minimum ist.

Schließlich können wir das allgemeine Integral der Gleichung (14*) angeben, indem wir die komplexe Veränderliche

$$\tau = \alpha + i\beta$$

auf der Kugel einführen (S. 79), wonach sie die Form:

$$\frac{\partial^2 W}{\partial \alpha^2} + \frac{\partial^2 W}{\partial \beta^2} + \frac{8\,W}{(\alpha^2 + \beta^2 + 1)^2} = 0 \tag{15}$$

annimmt. Da nun $W$ die Entfernung der Tangentialebene einer Minimalfläche vom Anfangspunkt ist, so finden wir, wenn wir die Koordinaten des Berührungspunktes durch die Weierstraßischen Gleichungen (11), S. 367, ausgedrückt denken und

$$W = Xx + Yy + Zz$$

berechnen, als allgemeines Integral der Gleichung (15) unter Weglassung des Zahlenfaktors 2:

$$W = \Re\left[f'(\tau) - \frac{2\tau_0}{\tau\tau_0 + 1} f(\tau)\right],$$

wo $f(\tau)$ eine willkürliche Funktion der komplexen Veränderlichen $\tau$ bedeutet.

# Kapitel XVI.

## Pseudosphärische Geometrie.

Konforme Abbildung der pseudosphärischen Flächen auf die Halbebene. — Darstellung der Bewegungen (Verbiegungen) der Fläche in sich durch lineare Substitutionen der komplexen Veränderlichen. — Andere konforme Abbildung. — Geodätische Parallelen und Parallelitätswinkel. — Pseudosphärische Trigonometrie. — Überblick über die nichteuklidische Geometrie. — Beltramische Abbildung. — Flächen, die auf die Ebene geodätisch abbildbar sind. — Für eine gegebene pseudosphärische Fläche läßt sich die Integration der Differentialgleichung der geodätischen Linien auf Integration einer Riccatischen Differentialgleichung zurückführen.

---

### § 234. Zweidimensionale Mannigfaltigkeit konstanter Krümmung.

Wir wollen uns nun mit den Flächen konstanter Krümmung beschäftigen und beginnen unsere Untersuchungen mit der Ableitung der Grundlagen ihrer Geometrie in dem in § 92, S. 177, festgesetzten Sinne.

Die Geometrie der Flächen verschwindender oder positiver konstanter Krümmung fällt mit der gewöhnlichen ebenen oder sphärischen Geometrie zusammen. Wir können und werden uns also in dem vorliegenden Kapitel auf die Behandlung der Geometrie auf den pseudosphärischen Flächen, oder, wie wir sagen, auf die der pseudosphärischen Geometrie beschränken.

Zugrunde legen wir unsern Untersuchungen eine konforme Abbildung der pseudosphärischen Flächen auf die Halbebene, die sich bei den wichtigen analytischen Untersuchungen von Klein und Poincaré über die automorphen (Fuchsischen) Funktionen als sehr fruchtbringend erwiesen hat.

Wir definieren das Linienelement der pseudosphärischen Fläche durch die Gleichung (S. 188):

$$(1) \qquad ds^2 = du^2 + e^{\frac{2u}{R}} dv^2,$$

worin $R$ der Radius der pseudosphärischen Fläche ist. Bei diesen allgemeinen Untersuchungen müssen wir von jeder besonderen Flächenform, zu der das obige Linienelement wirklich gehört, absehen, insofern als wir diese Untersuchungen über die allgemeine zweidimensionale Mannigfaltigkeit konstanter Krümmung anstellen, für welche die Gleichung (1) das Elementargesetz für die Maßbestimmung des Abstandes zweier unendlich naher Punkte angibt (vgl. § 93, S. 179). Für alle reellen und endlichen Werte von $u$ bleibt die Funktion: $\sqrt{G} = e^{\frac{u}{R}}$ endlich, stetig und positiv, weshalb wir jedem Paare reeller und endlicher Werte: $u = u_0$, $v = v_0$ einen reellen und im Endlichen gelegenen Punkt der Fläche zuordnen, und umgekehrt: unendliche Werte von $u$ und $v$ liefern unendlich ferne Flächenpunkte.

## § 235. Konforme Abbildung der pseudosphärischen Flächen auf die Halbebene.

Betrachten wir $x$, $y$ als rechtwinklige Cartesische Koordinaten eines Punktes der Bildebene, so geben uns die Gleichungen:

$$x = v, \quad y = Re^{-\frac{u}{R}} \tag{2}$$

die konforme Abbildung, von der vorhin die Rede war. Die reellen und im Endlichen gelegenen Flächenpunkte entsprechen eindeutig den Punkten der Halbebene $y > 0$, die wir die positive Halbebene nennen wollen; das Bild der unendlich fernen Flächenpunkte ist die $x$-Achse. Sie heiße die Grenzgerade[1]).

Zunächst sehen wir zu, was für Kurven in der Bildebene den geodätischen Linien der Fläche entsprechen. Da der Ausdruck für das Linienelement durch die Gleichung (1) gegeben ist, so ergibt sich als Gleichung der geodätischen Linien in endlicher Form (§ 89, S. 172, Gleichung (26)):

$$v = \pm k \int \frac{e^{-\frac{u}{R}} du}{\sqrt{e^{\frac{2u}{R}} - k^2}} + b = \pm \frac{R}{k} \sqrt{1 - k^2 e^{-\frac{2u}{R}}} + b,$$

worin $k$, $b$ zwei willkürliche Konstanten sind. Infolge der Gleichungen (2) hat die Bildkurve in der Ebene die Gleichung:

$$(x - b)^2 + y^2 = \frac{R^2}{k^2}. \tag{3}$$

1) Wir müssen die Bildebene als die Gaußische komplexe Ebene, mit einem einzigen unendlich fernen Punkt, der zugleich unendlich ferner Punkt der $x$-Achse ist, auffassen.

Also: Jede geodätische Linie der Fläche wird in einen die Grenzgerade senkrecht schneidenden Kreis abgebildet, und umgekehrt. Wir sehen dabei, daß auch die geodätischen Linien $v = \text{Const.}$ keine Ausnahme bilden, da sie in Senkrechten zur $x$-Achse (Kreise mit unendlich fernem Mittelpunkt) abgebildet werden.

Da nun durch zwei Punkte der Halbebene stets ein und nur ein Kreis geht, der die Grenzgerade senkrecht schneidet, so haben wir das wichtige Ergebnis: Zwei beliebige Punkte $M_1$ und $M_2$ der pseudosphärischen Fläche können durch eine und nur eine geodätische Linie verbunden werden.

Wir untersuchen nun, wie sich die wahre geodätische Entfernung der beiden Punkte $M_1$ und $M_2$ in der Bildebene ausdrückt. Für den Bogen $s$ der geodätischen Linien haben wir (nach S. 172, (27)):

$$s = \int \frac{e^{\frac{u}{R}} du}{\sqrt{e^{\frac{2u}{R}} - k^2}} = R \log\left(e^{\frac{u}{R}} + \sqrt{e^{\frac{2u}{R}} - k^2}\right),$$

also wegen (2):

$$s = R \log\left(\frac{R}{y} + \sqrt{\frac{R^2}{y^2} - k^2}\right) + C.$$

Rechnen wir den Bogen $s$ von dem Punkte ab, dessen Bild der höchste Punkt: $y = \frac{R}{k}$ des Bildkreises ist, so müssen wir $C$ gleich $- R \log k$ setzen. Es ist dann:

$$s = R \log\left(\frac{R}{ky} + \frac{1}{k}\sqrt{\frac{R^2}{y^2} - k^2}\right).$$

Der Ausdruck hinter dem Logarithmenzeichen ist, wie leicht ersichtlich, das Doppelverhältnis von vier Punkten, nämlich von den beiden Schnittpunkten des Bildkreises mit der Grenzgeraden, seinem höchsten Punkte und dem Bildpunkte des Endpunktes des Bogens.

Daraus folgt allgemein: Die geodätische Entfernung der beiden Punkte $M_1$, $M_2$ der Fläche ergibt sich, wenn der Logarithmus des Doppelverhältnisses, das die beiden Bildpunkte $m_1$, $m_2$ auf dem Bildkreise der geodätischen Linie $M_1 M_2$ mit den beiden Schnittpunkten dieses Kreises und der Grenzgeraden bestimmen, mit $R$ multipliziert wird.

Bezeichnen wir mit $y_1$, $y_2$ die Ordinaten von $m_1$, $m_2$, so lautet der Ausdruck für die geodätische Entfernung $\delta$ der beiden Flächenpunkte $M_1$, $M_2$:

$$\delta = R \log \left( \frac{\frac{R}{y_1} + \sqrt{\frac{R^2}{y_1^2} - k^2}}{\frac{R}{y_2} \pm \sqrt{\frac{R^2}{y_2^2} - k^2}} \right),$$

wo im Nenner das obere oder das untere Vorzeichen zu wählen ist, je nachdem die beiden Punkte $m_1$, $m_2$ des Bildkreises auf derselben oder auf verschiedenen Seiten des höchsten Punktes dieses Kreises liegen.

## § 236. Darstellung der Bewegungen der Fläche in sich durch lineare Substitutionen der komplexen Veränderlichen.

Wir setzen nun:

$$\omega = x + iy = v + iRe^{-\frac{u}{R}}$$

und denken uns die Werte der komplexen Veränderlichen $\omega$ auf der pseudosphärischen Fläche ausgebreitet, so daß jeder Wert von $\omega$ mit positiver Ordinate einen Flächenpunkt liefert, und umgekehrt. Dann können wir einen Flächenpunkt direkt mit dem zugehörigen Wert der komplexen Veränderlichen $\omega$ bezeichnen. Im siebenten Kapitel haben wir gesehen, daß jede pseudosphärische Fläche dreifach unendlich viele Arten von Abwicklungen auf sich selbst oder Bewegungen (Verbiegungen) in sich gestattet (S. 187), und nun stellen wir eine Frage, wie wir sie bereits für die Kugel gestellt hatten (Kap. III, § 45), nämlich die Frage, wie sich eine solche Bewegung der Fläche in sich, bei der die Punkte $\omega$ in die Punkte $\omega'$ übergehen mögen, analytisch darstellen mag. Die Antwort ist der früher für die Kugel gefundenen ganz analog, ja in gewissem Sinne sogar noch einfacher, wie wir sehen werden.

Da die von $\omega$ und $\omega'$ beschriebenen Figuren einander kongruent sind, so ist $\omega'$ eine Funktion von $\omega$. Denn der Fall, daß $\omega$ eine Funktion der konjugierten Größe $\omega_0$ ist, wird ausgeschlossen, wenn wir annehmen, daß die Verbiegung stetig erfolge und also Winkeltreue ohne Änderung des Sinnes stattfinde. Es ist also $\omega'$ eine Funktion von $\omega$, die zwar zunächst nur für die Werte von $\omega$ in der positiven Halbebene definiert ist; da aber $\omega'$ für reelles $\omega$ auch reell ist, denn die unendlich fernen Punkte der Fläche bleiben bei der Bewegung unendlich fern, so ist $\omega'$ für alle Werte von $\omega$ in der negativen Halbebene durch die Bestimmung gegeben, daß $\omega'$ für den zu $\omega$ konjugierten Wert $\omega_0$ den zu $\omega'$ konjugierten Wert $\omega_0'$ annehmen soll. Nun brauchen wir nur noch zu beachten, daß jedem Werte von $\omega$ ein einziger von

$\omega'$ entspricht und umgekehrt, um daraus schließen zu können, daß $\omega'$ eine lineare Funktion von $\omega$ ist:

$$\omega' = \frac{\alpha\omega + \beta}{\gamma\omega + \delta}. \tag{5}$$

Da ferner für reelles $\omega$ auch $\omega'$ reell ist, so sind $\alpha$, $\beta$, $\gamma$, $\delta$ reell (abgesehen von einem gemeinsamen Faktor, der weggelassen werden kann). Da weiterhin die Ordinate von $\omega'$ zugleich mit der Ordinate von $\omega$ positiv ist, so ist die Determinante $\alpha\delta - \beta\gamma$ positiv und kann ohne weiteres gleich $+1$ angenommen werden.

Drücken wir nun das Quadrat des Linienelements (1) mittels der komplexen Veränderlichen $\omega$ und der dazu konjugierten Veränderlichen $\omega_0$ aus, so erhalten wir:

$$ds^2 = -\frac{4R^2}{(\omega - \omega_0)^2}\, d\omega\, d\omega_0. \tag{5*}$$

Auf Grund dieser Gleichung läßt sich sofort nachweisen, daß die lineare Substitution (5) mit reellen $\alpha$, $\beta$, $\gamma$, $\delta$ das Linienelement in sich transformiert. Demnach haben wir das Ergebnis:

Die Bewegungen der pseudosphärischen Fläche in sich werden durch die auf die komplexe Veränderliche $\omega$ angewandte lineare Substitution mit reellen Koeffizienten:

$$\omega' = \frac{\alpha\omega + \beta}{\gamma\omega + \delta} \quad (\alpha\delta - \beta\gamma = 1) \tag{6}$$

dargestellt.

## § 237. Bewegungen erster Art.

Für jede Substitution (6) gibt es zwei Werte von $\omega$, die fest bleiben; es sind die Wurzeln der quadratischen Gleichung:

$$\gamma\omega^2 + (\delta - \alpha)\,\omega - \beta = 0. \tag{7}$$

Nun können, je nach dem Vorzeichen der Diskriminante:

$$(\delta - \alpha)^2 + 4\beta\gamma = (\alpha + \delta)^2 - 4,$$

drei verschiedene Fälle eintreten.

1) $(\alpha + \delta)^2 < 4$. Die Wurzeln der Gleichung (7) sind konjugiert komplex; die eine liegt in der positiven, die andere in der negativen Halbebene. Erstere stellt einen reellen und im Endlichen gelegenen Punkt $P$ der Fläche dar, der bei der Bewegung fest bleibt. In diesem Falle besteht die Bewegung, die eine elliptische genannt wird, in einer (mit Verbiegung verbundenen) Rotation um $P$.

2) $(\alpha + \delta)^2 = 4$. Die Wurzeln der Gleichung (7) sind reell und fallen zusammen. Dann bleibt ein einziger Flächenpunkt im Unendlichen fest, und die Bewegung wird eine parabolische genannt.

3) $(\alpha + \delta)^2 > 4$. Die Wurzeln der Gleichung (7) sind reell und voneinander verschieden. Sind $A$ und $B$ die zugehörigen Bildpunkte (auf der Grenzgeraden) in der Halbebene, so entspricht dem Kreise über der Strecke $AB$ als Durchmesser auf der Fläche eine geodätische Linie, die sich während der Bewegung in sich verschiebt. In diesem Falle wird die Bewegung eine hyperbolische genannt; sie besteht in einem (mit Verbiegung verbundenen) Schleifen der Fläche auf sich, bei dem sich eine bestimmte geodätische Linie in sich verschiebt.

Ein ziemlich klares Bild von diesen drei Arten von Bewegungen erhalten wir, wenn wir die Rotation einer pseudosphärischen Rotationsfläche vom elliptischen, parabolischen und hyperbolischen Typus um ihre Achse betrachten (§ 99).

Es dürfte zweckmäßig sein, die erhaltenen Ergebnisse unter Zugrundelegung der komplexen Kugelfläche oder der komplexen Ebene als typische Fläche mit denjenigen bezüglich der Bewegungen einer Fläche konstanter positiver oder verschwindender Krümmung zu vergleichen.

In jedem Falle ist der analytische Ausdruck der Bewegung eine lineare Substitution der komplexen Veränderlichen. Für die Kugel haben wir die Cayleysche Formel (S. 83):

$$\tau' = \frac{\alpha\tau + \beta}{-\beta_0\tau + \alpha_0} \quad (\alpha\alpha_0 + \beta\beta_0 = 1).$$

Bei der Bewegung bleiben zwei diametral einander gegenüberliegende Punkte der Kugel fest. Es gibt also nur eine Art von Bewegungen, die stets wirkliche Drehungen sind.

Für die komplexe $z$-Ebene werden die Bewegungen durch die ganzen linearen Substitutionen:

$$z' = e^{i\alpha} z + C \quad (\alpha \text{ eine reelle, } C \text{ eine komplexe Konstante})$$

dargestellt. Sie zerfallen in zwei Arten, je nachdem $e^{i\alpha}$ von 1 verschieden ist oder nicht; erstere sind Drehungen um einen im Endlichen gelegenen Mittelpunkt, letztere Translationen.

## § 238. Bewegungen zweiter Art.

Wir betrachten nun diejenigen Bewegungen der pseudosphärischen Fläche in sich, bei welchen sich die beiden Seiten vertauschen. Wir wollen sie Bewegungen zweiter Art nennen, während wir die vorhin betrachteten als solche erster Art bezeichnen[1]). Um den analytischen Ausdruck für die Bewegungen zweiter Art zu finden,

---

1) Vgl. Klein-Fricke, Elliptische Modulfunktionen. Leipzig, 1890, 1. Bd. S. 196ff.

brauchen wir nur zu beachten, daß die Spiegelung der Fläche an der geodätischen Linie $v = 0$ durch die einfache Gleichung:

$$\omega' = -\omega_0$$

dargestellt wird. Da sich nun aus der Aufeinanderfolge zweier Bewegungen zweiter Art eine Bewegung erster Art ergibt, so erhalten wir durch Kombination der obigen Gleichung mit der Gleichung (6) sofort das Ergebnis: Die Bewegungen zweiter Art der pseudosphärischen Fläche werden durch die linearen Substitutionen mit reellen Koeffizienten und der Determinante $-1$:

$$\omega' = \frac{\alpha\omega_0 - \beta}{\gamma\omega_0 - \delta} \tag{8}$$

dargestellt.

Eine Wiederholung der Bewegung (8) liefert die Bewegung erster Art:

$$\omega' = \frac{(\alpha^2 - \beta\gamma)\omega + \beta(\delta - \alpha)}{-\gamma(\delta - \alpha)\omega + (\delta^2 - \beta\gamma)}, \tag{8*}$$

die, wenn sie nicht bloß die Identität ist, notwendig hyperbolisch ist, da

$$(\alpha^2 + \delta^2 - 2\beta\gamma)^2 = [(\alpha - \delta)^2 + 2]^2 > 4$$

ist. Wollen wir prüfen, ob bei der Bewegung (8) Punkte fest bleiben, so haben wir zunächst zu beachten, daß ein solcher Punkt auch bei der Wiederholung der Bewegung fest bleibt und demnach der Wert von $\omega$ für diesen Punkt reell sein muß.

Da nun eben die beiden Wurzeln $a$ der Gleichung:

$$\gamma a^2 - (\delta + \alpha)a + \beta = 0$$

reell und verschieden sind, so ist klar, daß bei der Bewegung (8) zwei reelle, getrennte und im Unendlichen gelegene Punkte der Fläche fest bleiben, die auch die festen Punkte im Falle der hyperbolischen Bewegung (8*) sind. Die geodätische Linie, die bei der Wiederholung der Bewegung (8*) fest bleibt, bleibt es auch bei der Bewegung (8); alle übrigen geodätischen Linien dagegen ändern ihre Lage.

Wir betrachten nun den besonders interessanten Fall, in dem die Wiederholung der Bewegung (8) die Identität liefert, was nur dann eintritt, wenn $\delta = \alpha$ ist. Dann bleiben infolge der Gleichung (8) in der $\omega$-Ebene alle Punkte des Kreises:

$$\gamma(x^2 + y^2) - 2\alpha x + \beta = 0$$

oder:

$$\left(x - \frac{\alpha}{\gamma}\right)^2 + y^2 = \frac{1}{\gamma^2}$$

fest. Dieser Kreis ist reell und schneidet die Grenzgerade rechtwinklig[1]). Also: Eine Bewegung zweiter Art mit der Periode 2 ist nichts anderes als eine Spiegelung der Fläche an einer reellen geodätischen Linie, deren Punkte sämtlich fest bleiben.

Hieraus folgt dann unmittelbar:

Jede andere Bewegung zweiter Art ergibt sich als Aufeinanderfolge einer Spiegelung der Fläche an einer geodätischen Linie und einer Verschiebung der Fläche in sich längs dieser Linie (einer hyperbolischen Bewegung).

Wir überlassen es dem Leser, diese Ergebnisse mit denjenigen für Bewegungen der Kugel und der Ebene, bei denen sich die beiden Seiten vertauschen, zu vergleichen.

## § 239. Abänderung der konformen Abbildung.

Auf die in § 235 benutzte Abbildung der Punkte der pseudosphärischen Fläche wenden wir nun eine Transformation mittels reziproker Radienvektoren an, wobei wir den Pol der Transformation in die negative Halbebene verlegen. Die Grenzgerade geht dann in einen Grenzkreis über; die reellen und im Endlichen gelegenen Flächenpunkte werden auf das Innere des Grenzkreises abgebildet, die Punkte im Unendlichen auf die Peripherie, während den äußeren Punkten kein reeller Flächenpunkt entspricht. Die geodätischen Linien der Flächen werden als Kreise abgebildet, die den Grenzkreis orthogonal schneiden, und die wirkliche geodätische Entfernung zweier Punkte wird nach einem Gesetz gemessen, das dem in § 235, S. 426, angegebenen völlig analog ist.

Unter den zum Grenzkreise orthogonalen Kreisen befinden sich auch die Durchmesser des Grenzkreises; die ihnen entsprechenden geodätischen Linien gehen von einem reellen und im Endlichen gelegenen Punkte der Fläche aus. Auf Grund dessen können wir die Formeln für diese Abbildung ableiten, indem wir von dem elliptischen Ausdruck für das Quadrat des Linienelements der Fläche (vgl. S. 188):

$$ds^2 = du^2 + R^2 \sinh^2 \frac{u}{R} dv^2$$

ausgehen und es mit dem Quadrat des Linienelements der Ebene in Polarkoordinaten:

$$ds^2 = d\varrho^2 + \varrho^2 d\vartheta^2$$

vergleichen. Nach Einführung der isometrischen Parameter ergibt sich die Abbildungsformel:

---

1) Ist $\gamma = 0$, so tritt natürlich an Stelle des Kreises die Gerade: $x = \frac{\beta}{2\alpha}$, die auf der Grenzgeraden senkrecht steht.

$$\log \operatorname{tgh} \frac{u}{2R} + iv = m(\log \varrho + i\vartheta) + a + ib,$$

wo $m$, $a$, $b$ reelle Konstanten sind. Da aber auch in der Umgebung des Punktes $\varrho = 0$ Winkeltreue herrschen muß, so müssen wir $m$ gleich Eins setzen.

Die Konstante $b$ kann gleich Null gesetzt und $a$ durch Änderung der Größenverhältnisse der Figur gleich Eins gemacht werden. Demnach lauten die Abbildungsformeln einfach:

$$\varrho = \operatorname{tgh} \frac{u}{2R}, \quad \vartheta = v, \tag{9}$$

und es ist der Radius des Grenzkreises gleich Eins, da $\varrho = 1$ für $u = \infty$ ist.

## § 240. Abbildung der Kurven konstanter geodätischer Krümmung.

Die eben betrachtete Abbildung sowie auch diejenige, von der wir ausgegangen sind, haben mit der stereographischen Polarprojektion der Kugel die wichtige Eigenschaft gemein, die in dem nachstehenden Satze ausgedrückt ist: Jede Flächenkurve konstanter geodätischer Krümmung hat zur Bildkurve in der Ebene einen Kreis, und umgekehrt.

Zum Beweise bemerken wir zunächst, daß auf jeder pseudosphärischen Fläche (wie auf jeder beliebigen Fläche konstanter Krümmung) die geodätischen Parallelen zu einer Kurve $L$ konstanter geodätischer Krümmung ebenfalls konstante geodätische Krümmung besitzen und mit den Orthogonaltrajektorien ein Isothermensystem bilden. Wir wählen nämlich als Parameterlinien $v =$ Const. die $L$ senkrecht schneidenden geodätischen Linien und als Parameterlinien $u =$ Const. ihre Orthogonaltrajektorien, von denen die Kurve $u = 0$ die Kurve $L$ sein möge, und setzen ferner fest, daß der Parameter $v$ der Bogen der Kurve $u = 0$, gerechnet von einem festen Punkte der Kurve ab, und $u$ der Bogen einer geodätischen Linie, gerechnet von $u = 0$ ab, sein soll. Dann hat das Quadrat des Linienelements die Form (§ 98, S. 188):

$$ds^2 = du^2 + \left(\varphi(v)e^{\frac{u}{R}} + \psi(v)e^{-\frac{u}{R}}\right)^2 dv^2.$$

Da nun die geodätische Krümmung der Kurve $u = 0$, nämlich nach S. 147

$$\frac{1}{\varrho_0} = \frac{1}{R}\frac{\varphi(v) - \psi(v)}{\varphi(v) + \psi(v)},$$

nach Voraussetzung konstant ist, so folgt daraus für das Quadrat des Linienelements eine der drei typischen Formen A), B), C) in § 98, S. 188, wodurch die Behauptung bewiesen ist.

Ist nach dieser Vorbemerkung $L$ eine auf der Fläche gelegene Kurve konstanter geodätischer Krümmung, so haben die geodätischen Linien, die sie senkrecht schneiden, zum Bilde ein Kreissystem, das wegen seiner Zugehörigkeit zu einem doppelten Isothermensystem ein Büschel ist (§ 91, S. 176). Es ist demnach jede Orthogonaltrajektorie dieser Kreise, insbesondere das Bild der Kurve $L$, ein Kreis des Orthogonalbüschels.

Umgekehrt, ist $C'$ ein Kreis in der Ebene, so bestimmt er zusammen mit dem Grenzkreise (bzw. der Grenzgeraden) ein Kreisbüschel, dessen Orthogonalkreise Bilder von geodätischen Linien sind, die einem Isothermensystem angehören. Die Orthogonaltrajektorien dieser geodätischen Linien sind folglich Kurven konstanter geodätischer Krümmung.

## § 241. Die drei Arten von geodätischen Kreisen.

Die Kurven konstanter geodätischer Krümmung auf der pseudosphärischen Fläche vom Radius $R$ zerfallen, entsprechend den drei vorhin erwähnten Ausdrücken B), A), C) für das Quadrat des Linienelements, in drei wohl zu unterscheidende Arten. Bei der ersten Art ist die geodätische Krümmung größer als $\frac{1}{R}$, bei der zweiten gleich $\frac{1}{R}$, bei der dritten kleiner als $\frac{1}{R}$. Hinsichtlich ihrer ebenen Bilder unterscheiden sie sich wie folgt: Nehmen wir als Beispiel die Abbildung auf die Halbebene und sei

$$(x-a)^2+(y-b)^2=r^2$$

die Gleichung des Bildkreises der Kurve $L$, beachten wir sodann, daß das Quadrat des Linienelements (5*) der Fläche die Form:

$$ds=\frac{R^2}{y^2}(dx^2+dy^2)$$

hat, und wenden wir die Bonnetsche Formel, § 76, S. 148, an, so erhalten wir für die geodätische Krümmung der Kurve $L$ den Ausdruck:

$$\frac{1}{\varrho_g}=\frac{1}{R}\cdot\frac{b}{r}.$$

Hierdurch werden unsere obigen Folgerungen bestätigt, und ferner wird bewiesen, daß die Kurve $L$ zur ersten, zur zweiten oder zur dritten Art gehört, je nachdem der Bildkreis ganz im Innern der positiven Halbebene liegt oder die reelle Achse berührt oder endlich sie schneidet[1]). Die Kurven $L$ der ersten Art sind wirkliche geodätische Kreise mit reellen und im Endlichen gelegenen Mittelpunkten. Der Bildpunkt des Mittelpunktes in der positiven Halbebene ist derjenige Punkt, durch welchen alle die Grenzgerade und den Bildkreis von $L$ senkrecht schneidenden Kreise hindurchgehen. Im zweiten Falle liegt dieser Punkt auf der Grenzgeraden, und der zugehörige Flächenpunkt rückt ins Unendliche; es sind somit die Kurven mit der konstanten geodätischen Krümmung $\frac{1}{R}$ als geodätische Kreise, deren Mittelpunkte unendlich fern liegen, aufzufassen, und sie werden auch als Grenzkreise bezeichnet. Endlich wollen wir die Bezeichnung „geodätische Kreise" auch auf den dritten Fall ausdehnen; dann sind aber die Grenzpunkte des die Grenzgerade und den Bildkreis senkrecht schneidenden Kreisbüschels imaginär, und wir nennen deswegen die Kurven $L$, deren konstante geodätische Krümmung kleiner als $\frac{1}{R}$ ist, geodätische Kreise mit imaginären Mittelpunkten. Die Kreise der letzten Art können auch als die geodätischen Parallelen zu einer geodätischen Linie definiert werden.

Wir bemerken schließlich, daß sich bei der zweiten Abbildung die drei Arten von Kreisen hinsichtlich der Bildkurven in der Weise unterscheiden, daß der Bildkreis entweder ganz im Innern des Grenzkreises liegt oder ihn von innen berührt oder ihn schneidet.

## § 242. Der Parallelitätswinkel.

Wir betrachten nun auf der pseudosphärischen Fläche eine geodätische Linie $g$ und einen nicht auf $g$ gelegenen Punkt $o$ und sehen zu, wie sich das Büschel der von $o$ ausgehenden geodätischen Linien hinsichtlich der Kurve $g$ verhält. Wir bedienen uns der zweiten konformen Abbildung, die wir in der Weise vornehmen, daß der Punkt $o$ den Mittelpunkt $O$ des Grenzkreises $\Gamma$ zum Bildpunkt hat (siehe Fig. 12a). Die geodätische Linie $g$ ist dann in einen Kreis $G$, der $\Gamma$ senkrecht schneidet, und das Büschel der von $o$ ausgehenden geodätischen Linien in das Strahlbüschel mit dem Scheitel $O$ abgebildet. Es mögen $A$, $B$ die Punkte sein, in denen $G$ und $\Gamma$ einander schneiden. Diejenigen Strahlen durch $O$, welche in dem Winkelraum $AOB$ liegen, schneiden

1) Im letzten Falle ist, wenn $\psi$ den Winkel bedeutet, unter dem der Bildkreis die Grenzgerade schneidet, offenbar:

$$\frac{1}{\varrho_g} = \frac{\cos\psi}{R}$$

$G$ in reellen Punkten, die übrigen nicht. Auf der Fläche entsprechen den Strahlen $OA$ und $OB$ zwei geodätische Linien $oa$ und $ob$, die **parallel zu** $g$ genannt werden, da ihre Schnittpunkte mit $g$ im Unendlichen liegen (siehe Fig. 12 b). Sie bilden die Scheidegrenze zwischen denjenigen geodätischen Linien des Büschels ($o$), welche $g$ in reellen, und denjenigen, welche $g$ in imaginären Punkten schneiden.

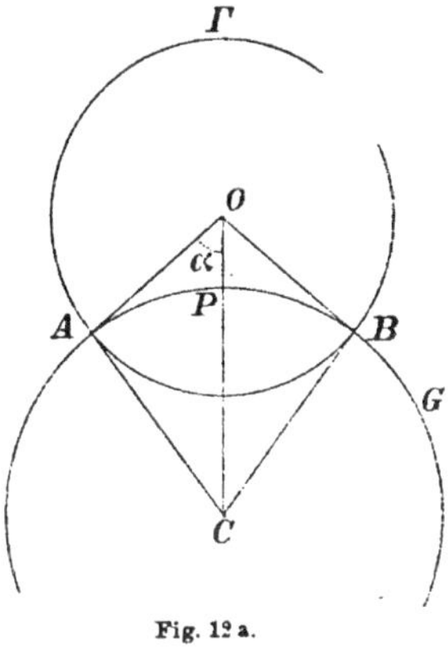

Fig. 12 a.

Fällen wir vom Punkte $o$ auf $g$ das geodätische Lot $op$, so hat dasselbe den kleinsten Abstand des Punktes $O$ vom Kreise $G$ zum Bilde. Da die Winkel $AOP$ und $BOP$ einander gleich sind, so ist auch $\angle aop = \angle bop$.

Dieser Winkel $\alpha = \angle aop$ heißt der **Parallelitätswinkel** des Punktes $O$ bezüglich der geodätischen Linie $g$; er hängt, wie wir sogleich sehen werden, nur von der geodätischen Entfernung $\delta = op$ des Punktes $o$

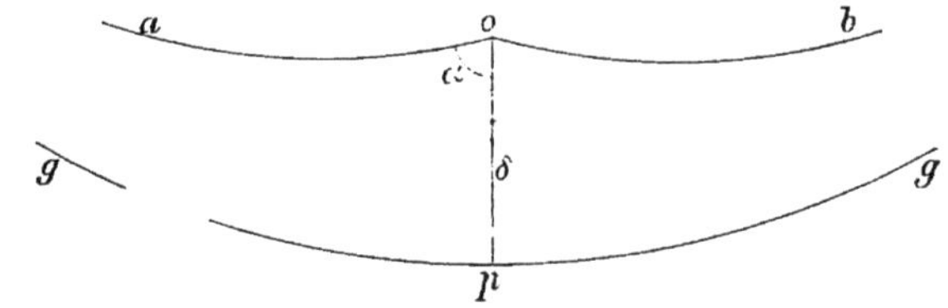

Fig. 12 b.

von der geodätischen Linie $g$ ab. Um die Beziehung zwischen $\alpha$ und $\delta$ zu finden, beachten wir, daß sich, wenn unter $C$ der auf $OP$ gelegene Mittelpunkt von $G$ verstanden wird, aus dem rechtwinkligen Dreieck $OCA$ die Gleichung:

$$CA^2 + OA^2 = (CP + OP)^2 = CA^2 + OP^2 + 2CA \cdot OP,$$

demnach:

$$CA = \frac{OA^2 - OP^2}{2OP}$$

ergibt.

Nun ist:

$$OA = 1, \quad CA = \operatorname{tg} \alpha,$$

und nach den Abbildungsgleichungen (9):

$$OP = \operatorname{tgh} \frac{\delta}{2R} \cdot$$

Daraus ergibt sich die gesuchte Gleichung:

(10) $$\cot \alpha = \sinh \frac{\delta}{R},$$

die auch in der Form:

(10*) $$\cot \frac{\alpha}{2} = e^{\frac{\delta}{R}}$$

geschrieben werden kann.

Also: Durch jeden Punkt $o$ einer pseudosphärischen Fläche gehen zwei geodätische Linien, die einer festen geodätischen Linie $g$ parallel sind. Der Parallelitätswinkel $\alpha$ und die geodätische Entfernung $\delta$ des Punktes $o$ von $g$ sind durch die Gleichung (10) oder (10*) miteinander verknüpft.

Je kleiner $\delta$ ist, desto näher liegt $\alpha$ an $\frac{\pi}{2}$, d. h. die beiden geodätischen Parallelen haben das Bestreben, in eine einzige zusammenzufallen, wenn sich der Punkt $o$ der Kurve $g$ nähert.

## § 243. Geodätische Dreiecke.

Wir betrachten nun ein geodätisches Dreieck $oab$ auf der Fläche und führen die zweite konforme Abbildung in der Weise durch, daß der Bildpunkt der Ecke $o$ in den Mittelpunkt $O$ des Grenzkreises fällt (siehe Fig. 13). Das Bilddreieck $OAB$ wird dann von zwei geraden Strecken $OA$ und $OB$ und von dem Bogen $AB$ eines Kreises gebildet, der den Grenzkreis senkrecht schneidet. Bezeichnen wir mit $D$ und $E$ die anderen Schnittpunkte von $OA$ bzw. $OB$ mit dem Kreise $AB$, dessen Mittelpunkt $C'$ sei, so haben wir:

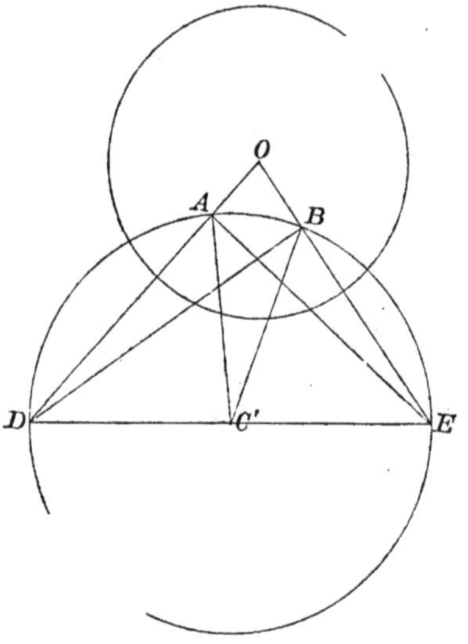

Fig. 13.

$$OA \cdot OD = 1, \quad OB \cdot OE = 1,$$
$$\angle A = \angle AED, \quad \angle B = \angle BDE,$$

also:

$$\angle A + \angle B + \angle O = \pi - \angle AC'B.$$

In Übereinstimmung mit dem Gaußischen Satze (§ 90, S. 174) ergibt sich, daß die Summe der drei Winkel eines geodätischen Dreiecks kleiner ist als zwei Rechte. Da der Fehlbetrag gleich dem durch $R^2$ geteilten Flächeninhalt $\Delta$ (s. ebenda) und dieser Fehlbetrag in unserer Figur durch den Winkel $\alpha = AC'B$ gegeben ist, so ist:

$$\Delta = R^2 \alpha$$ [1]).

Wir sehen ferner, daß jedem geodätischen Dreieck, gleichwie in der ebenen und sphärischen Geometrie, ein geodätischer Kreis umschrieben werden kann; aber in dem vorliegenden Falle kann dieser Kreis entweder ein wirklicher geodätischer Kreis, d. h. einer mit reellem Mittelpunkt, oder ein Grenzkreis oder endlich ein Kreis mit imaginärem Mittelpunkt sein. Um aus dem ebenen Bilde zu entscheiden, welcher der drei Fälle vorliegt, brauchen wir nur den Kreis $AOB$ zu konstruieren und zuzusehen, ob er ganz im Innern des Grenzkreises liegt oder ihn berührt oder ihn schneidet.

## § 244. **Pseudosphärische Trigonometrie.**

Wie in der sphärischen Geometrie, so ist auch in der pseudosphärischen ein Dreieck durch drei seiner Stücke bestimmt, und es ist demnach hier der Ort, auf die Beziehungen, welche die drei Seiten und die drei Winkel miteinander verknüpfen (voneinander unabhängige gibt es deren drei), d. h. auf die Formeln der pseudosphärischen Trigonometrie einzugehen. Wir bezeichnen ein geodätisches Dreieck mit $ABC$, die drei Winkel mit $A, B, C$, die gegenüberliegenden Seiten entsprechend mit $a, b, c$. Dann ist die ganze pseudosphärische Trigonometrie in der folgenden Tatsache enthalten:

Die trigonometrischen Formeln für die pseudosphärischen Flächen vom Radius $R$ ergeben sich aus denjenigen für die Kugel vom Radius $R$, wenn in diesen $R$ durch $R\sqrt{-1}$ ersetzt wird.

---

1) Auf Grund dieser einfachen Gleichung wird der Leser leicht die folgenden Sätze beweisen können:

1. Wenn von einem auf einer pseudosphärischen Fläche gelegenen geodätischen Dreieck von konstantem Inhalt die Grundlinie der Länge und Lage nach fest bleibt, so ist der Ort der Spitze ein geodätischer Kreis mit imaginärem Mittelpunkt.

2. Unter den geodätischen Dreiecken, von denen zwei Seiten der Länge nach gegeben sind, hat dasjenige den größten Inhalt, in welchem der Winkel zwischen den beiden gegebenen Seiten gleich der Summe der beiden anderen Winkel ist.

Auf diesem letzten Satze, der der ebenen und der sphärischen Geometrie gemeinsam ist, kann bekanntlich die gesamte Theorie der isoperimetrischen Aufgaben aufgebaut werden.

Dadurch gehen die trigonometrischen Funktionen der Seiten in hyperbolische Funktionen über.

Zum Beweise des Satzes brauchen wir nur die Richtigkeit der drei Grundformeln nachzuweisen:

$$\text{(11)} \qquad \frac{\sinh \frac{a}{R}}{\sin A} = \frac{\sinh \frac{b}{R}}{\sin B} = \frac{\sinh \frac{c}{R}}{\sin C},$$

$$\text{(12)} \qquad \cos A = \sin B \sin C \cosh \frac{a}{R} - \cos B \cos C,$$

die in der angegebenen Weise aus drei Grundformeln der sphärischen Trigonometrie hervorgehen.

Wir bilden das Dreieck $CAB$ so auf die Ebene ab, daß der Bildpunkt der Ecke $C$ in den Mittelpunkt $C$ des Grenzkreises fällt, und verlängern die geraden Seiten des Bilddreiecks, $CA$ und $CB$, bis sie den Bildkreis der dritten Seite $AB$ zum zweiten Male in $A'$ bzw. $B'$ schneiden (Fig. 14), so daß wir

$$CA \cdot CA' = 1,$$
$$CB \cdot CB' = 1$$

haben.

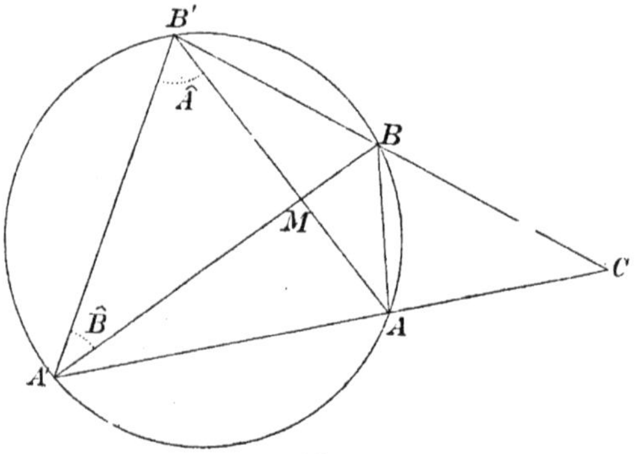

Fig. 14.

Wenn sich die Diagonalen $AB'$, $A'B$ des Vierecks $ABB'A'$ in $M$ schneiden, so erhalten wir aus den ähnlichen Dreiecken $AA'M$ und $BB'M$:

$$AA' : BB' = MA' : MB' = \sin A : \sin B.$$

Nach den Abbildungsgleichungen ist nun:

$$CA = \operatorname{tgh} \frac{b}{2R}, \quad CB = \operatorname{tgh} \frac{a}{2R},$$

demnach:

$$AA' = \frac{1}{CA} - CA = \frac{2}{\sinh \frac{b}{R}},$$

$$BB' = \frac{1}{CB} - CB = \frac{2}{\sinh \frac{a}{R}},$$

folglich:

$$\frac{\sinh \frac{a}{R}}{\sin A} = \frac{\sinh \frac{b}{R}}{\sin B}.$$

Der gemeinsame Wert dieser Verhältnisse ist offenbar auch gleich $\frac{\sinh\frac{c}{R}}{\sin C}$. Somit sind die Formeln (11) richtig.

Um die Formel (12) zu beweisen, berücksichtigen wir die Gleichungen:

$$\frac{CB'}{CA} = \frac{\sin A'AB'}{\sin AB'C},$$

$$\frac{CB}{CA} = \frac{\sin A'B'B}{\sin B'A'A}.$$

Aus ihnen folgt:

$$\frac{CB'}{CB} = \coth^2\frac{a}{2R} = \frac{\sin A'AB' \sin B'A'A}{\sin AB'C \sin A'B'B}.$$

Da nun

$$A + B + C = \pi - 2AB'C, \quad -A + B + C = \pi - 2A'B'B,$$
$$A - B + C = \pi - 2B'A'A, \quad A + B - C = \pi - 2A'AB'$$

ist, so läßt sich die letzte Gleichung auch folgendermaßen schreiben:

$$\coth^2\frac{a}{2R} = \frac{\cos\frac{A+B-C}{2}\cos\frac{A-B+C}{2}}{\cos\frac{A+B+C}{2}\cos\frac{-A+B+C}{2}} = \frac{\cos A + \cos(B-C)}{\cos A + \cos(B+C)}$$

oder:

$$\cos A + \cos B \cos C = \sin B \sin C\left(\cosh^2\frac{a}{2R} + \sinh^2\frac{a}{2R}\right),$$

eine Gleichung, die mit der Formel (12) übereinstimmt.

Zu demselben Ergebnis können wir direkt gelangen, wenn wir die Sätze von den geodätischen Linien der pseudosphärischen Rotationsflächen mit dem Quadrat des Linienelements:

$$ds^2 = du^2 + R^2 \sinh^2\frac{u}{R}\, dv^2$$

anwenden. So ergeben sich z. B. die Formeln (11) unmittelbar aus dem Clairautschen Satze (§ 89, S. 173).

Anmerkung. — Bei der Anwendung der Formeln der pseudosphärischen Trigonometrie ist zu beachten, daß in der pseudosphärischen Geometrie ganz andere Umstände eintreten können als in der gewöhnlichen Kugelgeometrie, wie z. B., daß eine Ecke oder zwei Ecken oder endlich alle drei Ecken des Dreiecks ins Unendliche rücken können. Wenden wir z. B. bei einem in $A$ rechtwinkligen Dreieck die Formel:

$$\operatorname{tgh}\frac{b}{R} = \sinh\frac{c}{R}\operatorname{tg} B$$

an und nehmen wir an, daß, während $A$ und $B$ fest bleiben, die Ecke $C$ ins Unendliche rücke, so folgt:

$$\lim_{b=\infty} \operatorname{tgh} \frac{b}{R} = 1,$$

und die letzte Gleichung geht in die Gleichung (10) über, die den Parallelitätswinkel bestimmt.

## § 245. Überblick über die nichteuklidische Geometrie.

In den Hauptsätzen der pseudosphärischen Geometrie, die wir in den voraufgehenden Paragraphen abgeleitet haben, ist eine nahe Analogie mit denjenigen der ebenen und der sphärischen Geometrie erkennbar. Den Grund dieser Analogien sowie der Verschiedenheiten in den drei Geometrien können wir a priori einsehen. Prüfen wir nämlich die Axiome und die Grundpostulate der ebenen Geometrie, wie sie im ersten Buche des Euklid niedergelegt sind, und ersetzen wir im Falle der pseudosphärischen Flächen die Gerade durch die geodätische Linie, so sehen wir, daß, wenn wir vom Parallelenpostulat XII absehen, alle übrigen in der pseudosphärischen Geometrie unverändert gültig bleiben. So verhält es sich insbesondere mit dem Prinzip der Deckung der Figuren, sowie auch mit dem, daß eine geodätische Linie durch zwei ihrer Punkte eindeutig bestimmt ist. Diejenigen Sätze der ebenen Geometrie, welche vom Parallelenpostulat unabhängig sind, gelten also auch für die pseudosphärische Geometrie; die anderen erfahren eine Abänderung dahin, daß sie in die alten Sätze übergehen, wenn der Radius $R$ der pseudosphärischen Fläche unendlich groß gemacht wird.

Die obigen Überlegungen beweisen bereits die Nutzlosigkeit der Versuche, die man angestellt hat, um das Parallelenpostulat zu beweisen. Könnte dasselbe aus den anderen Prinzipien logisch gefolgert werden, so müßte es auch für die pseudosphärischen Flächen im euklidischen Raume gelten.

Läßt man nun in der ebenen Geometrie das euklidische Postulat tatsächlich fallen, so wird man auf eine sogenannte abstrakte oder nichteuklidische Geometrie geführt, deren Grundlagen von Bolyai und Lobatschewsky geschaffen worden sind und welche (die Gerade als unbegrenzt angenommen) mit der pseudosphärischen Geometrie vollkommen zusammenfällt.

## § 246. Beltramische Abbildung.

Derjenige, welcher zuerst nachwies, daß die Sätze der nichteuklidischen Geometrie auf den pseudosphärischen Flächen eine reelle Deutung finden, war Beltrami in seiner berühmten Abhandlung: Saggio d'interpretazione della geometria non-euclidea[1]). Zugrunde liegt diesen Untersuchungen von Beltrami eine Abbildung der pseudosphärischen Flächen auf die Ebene, die zu den vorhin betrachteten in derselben Beziehung steht, wie die Zentralprojektion der Kugel zu der stereographischen Polarprojektion.

Wir leiten die Beltramische Abbildung aus derjenigen in § 239 in der folgenden von Klein angegebenen Weise ab: Wir denken uns eine Kugel, welche die Bildebene im Mittelpunkte des Grenzkreises berührt und deren Durchmesser gleich dem Radius des Grenzkreises ist. Projizieren wir die Ebene vom gegenüberliegenden Pol aus stereographisch auf die Kugel, so werden der Grenzkreis in den Äquator der Kugel, die Punkte im Innern des Grenzkreises auf die untere, die Punkte außerhalb des Grenzkreises auf die obere Halbkugel projiziert, und die den Grenzkreis senkrecht schneidenden Kreise (die Bilder der geodätischen Linien der Fläche) gehen in Kreise über, deren Ebenen auf der Äquatorebene senkrecht stehen. Nun projizieren wir die Punkte der unteren Halbkugel orthogonal auf die Äquatorebene und erhalten so eine Abbildung der pseudosphärischen Fläche auf die Ebene, bei der das reelle Gebiet ganz auf das Innere des Äquators abgebildet ist und die geodätischen Linien die Sehnen dieses Grenzkreises zu Bildern haben. Dieses ist die Beltramische Abbildung. Sie ist um den Mittelpunkt der Figur herum winkeltreu.

Die Formeln für die Beltramische Abbildung ergeben sich unmittelbar aus der analytischen Fassung der angegebenen Kleinschen Konstruktion. Es sei $a$ der Radius der Kugel, also $2a$ der des Grenzkreises. Dann haben wir nach den Abbildungsformeln (9) in § 239, S. 432:

$$\varrho = 2a \operatorname{tgh} \frac{u}{2R}, \quad \vartheta = v.$$

Nun bezeichnen wir mit $x, y$ die rechtwinkligen Cartesischen Koordinaten des vermöge der Beltramischen Abbildung entsprechenden Punktes in der Äquatorebene und mit $\varrho_1$, $\vartheta_1$ die Polarkoordinaten. Dann haben wir:

$$\varrho_1 = \frac{4a^2\varrho}{\varrho^2 + 4a^2} = a \operatorname{tgh} \frac{u}{R}, \quad \vartheta_1 = \vartheta,$$

folglich:

$$(13) \qquad x = a \operatorname{tgh} \frac{u}{R} \cos v, \quad y = a \operatorname{tgh} \frac{u}{R} \sin v.$$

Wählen wir als Parameterlinien auf der Fläche die (geodätischen) Linien $x =$ Const., $y =$ Const., so erhalten wir für das Quadrat des Linienelements der Fläche, nämlich für:

1) Giornale di Matematiche, 6. Bd., 1868. Werke, 1. Bd., S. 374—405.

$$ds^2 = du^2 + R^2 \sinh^2 \frac{u}{R}\, dv^2,$$

aus den Gleichungen (13) den Ausdruck:

$$(14) \qquad ds^2 = R^2 \frac{(a^2 - y^2)dx^2 + 2xy\,dx\,dy + (a^2 - x^2)dy^2}{(a^2 - x^2 - y^2)^2},$$

und dieses ist die Fundamentalgleichung von Beltrami. Nach dem früher Gesagten ist klar, daß in diesen Koordinaten $x, y$ die Gleichung jeder geodätischen Linien linear ist, und umgekehrt.

## § 247. Flächen, die auf die Ebene geodätisch abbildbar sind.

Der Ausdruck (14) für das Quadrat des Linienelements der pseudosphärischen Flächen war von Beltrami bereits in einer früheren Abhandlung gefunden worden[1]), in der er die Aufgabe gestellt und gelöst hatte, diejenigen Flächen zu bestimmen, welche auf die Ebene geodätisch abbildbar sind, d. h. so, daß die geodätischen Linien der Fläche in Geraden der Ebene abgebildet werden. Er fand, daß die einzigen Flächen, die einer solchen Abbildung fähig sind, die Flächen konstanter Krümmung sind. Dieses wichtige Ergebnis wollen wir hier kurz ableiten.

Es werde in der Bildebene ein Cartesisches Koordinatensystem $(u, v)$ angenommen, und es sei:

$$ds^2 = E du^2 + 2F du\, dv + G dv^2$$

das Quadrat des entsprechenden Linienelements der Fläche. Nach der Voraussetzung ist

$$v = au + b,$$

wo $a$, $b$ willkürliche Konstanten sind, die allgemeine Integralgleichung der geodätischen Linien. Es lautet nun ihre Differentialgleichung, $v'' = 0$, in Gestalt (10*), § 78, S. 153, geschrieben, so:

$$v'' = \begin{Bmatrix}22\\1\end{Bmatrix} v'^3 + \left(2\begin{Bmatrix}12\\1\end{Bmatrix} - \begin{Bmatrix}22\\2\end{Bmatrix}\right)v'^2 + \left(\begin{Bmatrix}11\\1\end{Bmatrix} - 2\begin{Bmatrix}12\\2\end{Bmatrix}\right)v' - \begin{Bmatrix}11\\2\end{Bmatrix}.$$

Daraus ergeben sich für $E$, $F$ und $G$ die Bedingungen:

$$\begin{Bmatrix}11\\2\end{Bmatrix} = 0, \qquad \begin{Bmatrix}22\\1\end{Bmatrix} = 0,$$

$$\begin{Bmatrix}11\\1\end{Bmatrix} = 2\begin{Bmatrix}12\\2\end{Bmatrix}, \qquad \begin{Bmatrix}22\\2\end{Bmatrix} = 2\begin{Bmatrix}12\\1\end{Bmatrix}.$$

Nun nehmen wir die Gleichungen (IV), § 29, S. 50, für das Krümmungsmaß $K$, die in unserem Falle wie folgt lauten:

---

1) Annali di Matematica, 7. Bd., S. 185, 1866. Werke, 1. Bd., S. 244—254.

$$(15)\quad \begin{cases} KE = \begin{Bmatrix} 1\,2 \\ 2 \end{Bmatrix}^2 - \dfrac{\partial}{\partial u}\begin{Bmatrix} 1\,2 \\ 2 \end{Bmatrix}, & KF = \begin{Bmatrix} 1\,2 \\ 1 \end{Bmatrix}\left\{ {}_1 2^2 \right\} - \dfrac{\partial}{\partial u}\begin{Bmatrix} 1\,2 \\ 1 \end{Bmatrix}, \\ KF = \begin{Bmatrix} 1\,2 \\ 1 \end{Bmatrix}\begin{Bmatrix} 1\,2 \\ 2 \end{Bmatrix} - \dfrac{\partial}{\partial v}\left\{ {}_1 2^2 \right\}, & KG = \begin{Bmatrix} 1\,2 \\ 1 \end{Bmatrix}^2 - \dfrac{\partial}{\partial v}\begin{Bmatrix} 1\,2 \\ 1 \end{Bmatrix}. \end{cases}$$

Differenzieren wir die erste nach $v$, die darunter stehende nach $u$ und subtrahieren wir, so erhalten wir unter Berücksichtigung der Identität:

$$\frac{\partial E}{\partial v} - \frac{\partial F}{\partial u} = \begin{Bmatrix} 1\,2 \\ 1 \end{Bmatrix} E - \begin{Bmatrix} 1\,2 \\ 2 \end{Bmatrix} F$$

sowie der obigen Gleichungen die Gleichung:

$$(16)\qquad E\frac{\partial K}{\partial v} - F\frac{\partial K}{\partial u} = 0.$$

Verfahren wir ebenso mit dem zweiten Gleichungenpaar (15), so ergibt sich:

$$F\frac{\partial K}{\partial v} - F\frac{\partial K}{\partial u} = 0.$$

Aus der Kombination der beiden letzten Gleichungen folgt:

$$\frac{\partial K}{\partial u} = 0, \quad \frac{\partial K}{\partial v} = 0,$$

d. h. $K = \text{Const.}$, wie behauptet.

Nachdem so der Satz bewiesen worden ist, brauchen wir nur noch zu beachten, daß, wenn es sich um eine Fläche konstanter positiver Krümmung, d. h. um die Kugel, handelt, die gesuchte Abbildung sich aus der Aufeinanderfolge der Zentralprojektion und einer Ähnlichkeitstransformation der Bildebene ergibt, und analog brauchen wir im Falle der pseudosphärischen Fläche nach der Abbildung in § 246 nur eine Ähnlichkeitstransformation vorzunehmen.

## § 248. Die Riccatische Differentialgleichung für die geodätischen Linien.

In Kap. VII, § 97, S. 187, haben wir bereits den Satz aufgestellt: Die Integration der Differentialgleichung der geodätischen Linien auf einer gegebenen Fläche konstanter Krümmung kommt auf die Integration einer Differentialgleichung erster Ordnung vom Riccatischen Typus hinaus. Wir wollen diesen Satz hier nur für die pseudosphärischen Flächen beweisen, da im Falle der Kugel seine Richtigkeit schon aus den allgemeinen Ausführungen in Kap. IV, § 50, über die Bestimmung einer Fläche, von der die beiden quadratischen Fundamentalformen gegeben sind, hervorgeht.

Es sei also

$$ds^2 = E du^2 + 2F du dv + G dv^2$$

das Quadrat des Linienelements einer gegebenen pseudosphärischen Fläche $S$, deren Radius $R$ wir der Einfachheit halber gleich Eins setzen. Um die geodätischen Linien zu bestimmen, brauchen wir auf der Fläche nur eine Schar paralleler Grenzkreise und die Schar der auf ihnen senkrechten geodätischen Linien, die von einem gemeinsamen Flächenpunkte im Unendlichen ausgehen, zu kennen, da wir ja, sobald ein solches System bekannt ist, die konforme Abbildung in § 235 vornehmen können, so daß dann alle geodätischen Linien bekannt sind.

Wir bezeichnen nun mit $\vartheta$ den Winkel, den die geodätischen Linien des angenommenen parallelen Systems mit den Kurven $v =$ Const. bilden, indem wir ihn nach den Grundformeln auf S. 64 durch die Gleichung:

$$\operatorname{tg} \vartheta = \frac{\sqrt{EG - F^2}\,dv}{E\,du + F\,dv}$$

definieren, wo $du$, $dv$ die Zunahmen der krummlinigen Koordinaten $u$, $v$ längs einer der geodätischen Parallelen sind. Ist die Funktion $\vartheta(u, v)$ bekannt, so ergibt sich die Gleichung dieser geodätischen Linien in endlicher Gestalt durch Integration der Differentialgleichung:

$$\text{(a)} \qquad E \sin \vartheta\,du + \left(F \sin \vartheta - \sqrt{EG - F^2} \cos \vartheta\right) dv = 0,$$

was nach dem Lieschen Satze (§ 39, S. 73) mittels Quadraturen möglich ist. Ebenso läßt sich mittels Quadraturen die Differentialgleichung der orthogonalen Grenzkreise:

$$\text{(b)} \qquad E \cos \vartheta\,du + \left(F \cos \vartheta + \sqrt{EG - F^2} \sin \vartheta\right) dv = 0$$

integrieren. Nun stellen wir mittels der Bonnetschen Formel (4*), § 76, S. 149, die Bedingungen dafür auf, daß die geodätische Krümmung der Kurven (a) gleich Null, die der Kurven (b) gleich Eins ist, und erhalten so die beiden Gleichungen:

$$\frac{\partial}{\partial u}\left(\frac{F}{\sqrt{E}} \cos \vartheta + \frac{\sqrt{EG - F^2}}{\sqrt{E}} \sin \vartheta\right) - \frac{\partial}{\partial v}\left(\sqrt{E} \cos \vartheta\right) = 0,$$

$$\frac{\partial}{\partial u}\left(\frac{\sqrt{EG - F^2}}{\sqrt{E}} \cos \vartheta - \frac{F}{\sqrt{E}} \sin \vartheta\right) + \frac{\partial}{\partial v}\left(\sqrt{E} \sin \vartheta\right) = \sqrt{EG - F^2}.$$

Durch Ausführung der Differentiationen und Auflösen nach $\frac{\partial \vartheta}{\partial u}$, $\frac{\partial \vartheta}{\partial v}$ sowie unter gleichzeitiger Einführung der Christoffelschen Symbole und des durch die Gleichungen:

$$\cos \omega = \frac{F}{\sqrt{EG}}, \quad \sin \omega = \frac{\sqrt{EG - F^2}}{\sqrt{EG}}$$

definierten Winkels zwischen den Parameterlinien erhalten wir für die unbekannte Funktion $\vartheta(u, v)$ die beiden Gleichungen:

$$\frac{\partial \vartheta}{\partial u} = -\sqrt{E}\sin\vartheta - \begin{Bmatrix} 1\,1 \\ 2 \end{Bmatrix} \frac{\sqrt{\Delta}}{E},$$

$$\frac{\partial \vartheta}{\partial v} = -\sqrt{G}\sin(\vartheta - \omega) - \begin{Bmatrix} 1\,2 \\ 2 \end{Bmatrix} \frac{\sqrt{\Delta}}{E}$$

oder die totale Differentialgleichung:

$$(15^*) \qquad d\vartheta + \left[\sqrt{E}\sin\vartheta + \begin{Bmatrix} 1\,1 \\ 2 \end{Bmatrix} \frac{\sqrt{\Delta}}{E}\right] du + \\ + \left[\sqrt{G}\sin(\vartheta - \omega) + \begin{Bmatrix} 1\,2 \\ 2 \end{Bmatrix} \frac{\sqrt{\Delta}}{E}\right] dv = 0,$$

die sofort die Riccatische Form annimmt, wenn $\operatorname{tg}\frac{\vartheta}{2}$ als Unbekannte gewählt wird. Da es einfach unendlich viele geodätische Parallelen gibt und also die vorstehende Gleichung eine Lösung $\vartheta$ mit einer willkürlichen Konstanten besitzt, so ist a priori ersichtlich, daß die Integrabilitätsbedingung für die Gleichung (15*) identisch erfüllt ist.

Dieses können wir auch leicht nachweisen, wenn wir die Voraussetzung: $K = -1$ berücksichtigen und die Formel (V), S. 51, für das Krümmungsmaß benutzen.

# Kapitel XVII.

## Die pseudosphärischen Flächen und die Bäcklundsche Transformation.

Cauchys Aufgabe über Flächen konstanter Krümmung. — Vorhandensein und Eindeutigkeit der pseudosphärischen Fläche, von der je eine Haupttangentenkurve einer Schar gegeben ist. — Pseudosphärische Strahlensysteme und Bäcklundsche Transformation. — Komplementärtransformation. — Unendlich kleine Verbiegungen der beiden Brennmäntel eines pseudosphärischen Strahlensystems. — Evolutenflächen der pseudosphärischen Flächen. — Vertauschbarkeitssatz und seine Anwendungen. — Zusammensetzung zweier entgegengesetzter Bäcklundscher Transformationen. — Zusammenhang mit Flächen, die auf das Rotationslogarithmoid, auf das verkürzte Katenoid und auf das hyperbolische Sinusoid abwickelbar sind. — Liesche Transformation und ihre Beziehungen zur Komplementär- und zur Bäcklundschen Transformation.

---

### § 249. Cauchys Aufgabe über Flächen konstanter Krümmung.

Wir wenden uns nun der Untersuchung der wirklichen räumlichen Gestalten der Flächen konstanter Krümmung zu und beginnen zunächst mit einigen allgemeinen Ausführungen über die Cauchysche Aufgabe, eine solche Fläche zu bestimmen, wenn von ihr ein analytischer Streifen gegeben ist. Schreiben wir die gewöhnliche Gleichung der Fläche in der Form:

$$z = z(x, y)$$

und bedienen wir uns für die partiellen Differentialquotienten von $z$ der üblichen Mongeschen Bezeichnungen, so erhalten wir als Ausdruck dafür, daß die Krümmung der Fläche konstant, gleich $K$, ist, die Differentialgleichung zweiter Ordnung:

$$rt - s^2 = K(1 + p^2 + q^2)^2. \tag{1}$$

Sind nun eine Kurve $C$, durch welche die Fläche hindurchgehen soll, und längs der Kurve die Tangentialebenen der Fläche gegeben, so heißt dies: es sind längs $C$ die Größen

$$x,\ y,\ z,\ p,\ q$$

als (wir setzen voraus: analytische) Funktionen eines Parameters, z. B. des Bogens $s$ der Kurve $C$, gegeben. Die allgemeinen Sätze von

Cauchy[1]) besagen nun, daß es eine und nur eine analytische Lösung der Gleichung (1) gibt, die den gestellten Anfangsbedingungen genügt, mit Ausschluß des Ausnahmefalles, in dem längs $C$

$$dp\,dx + dq\,dy = 0 \tag{2}$$

ist. Nun besagt diese Gleichung, daß die längs $C$ gegebenen Flächennormalen mit den Binormalen der Kurve selbst zusammenfallen[2]). Wir haben also das Ergebnis:

Es gibt eine und nur eine analytische Fläche konstanter Krümmung $K$, zu der ein willkürlich gegebener analytischer Streifen gehört. Eine Ausnahme bildet derjenige Fall, in welchem die Tangentialebenen des Streifens mit den Schmiegungsebenen der Kurve zusammenfallen.

Wir beschäftigen uns nun mit dem Ausnahmefall. Dann lehrt uns die allgemeine Theorie, daß die gestellte Aufgabe nicht lösbar ist, wenn nicht gleichzeitig mit (2) die Gleichung:

$$dp\,dq - K(1+p^2+q^2)^2\,dx\,dy = 0$$

oder infolge von (2) die Gleichung:

$$dq^2 + K(1+p^2+q^2)^2\,dx^2 = 0 \tag{3}$$

besteht, und weiter, daß sie unbestimmt ist, wenn die Gleichungen (2) und (3) nebeneinander bestehen. Im Falle eines positiven $K$ ist die Gleichung (3) offenbar sinnlos, was auch daraus hervorgeht, daß die Kurve $C$ Haupttangentenkurve sein müßte.

Ist $K$ negativ, so setzen wir

$$K = -\frac{1}{R^2},$$

und dann besagt die Gleichung (3), daß die Torsion der Kurve $C$ konstant, gleich $\pm\frac{1}{R}$, sein muß, wie sich aus dem Enneperschen Satze ergibt. Da nämlich

$$p = -\frac{\cos\lambda}{\cos\nu}, \quad q = -\frac{\cos\mu}{\cos\nu}$$

---

1) Vgl. Goursat, Vorlesungen usw., deutsch von Maser, S. 22. — Darboux, Leçons, 3. Bd., S. 264.

2) Bedienen wir uns nämlich für die Kurve $C$ der üblichen Bezeichnungen und differenzieren wir die Gleichung:

$$p\cos\alpha + q\cos\beta - \cos\gamma = 0$$

unter Berücksichtigung von (2), so erhalten wir:

$$p\cos\xi + q\cos\eta - \cos\zeta = 0,$$

und aus diesen beiden Gleichungen folgt:

$$p : q : -1 = \cos\lambda : \cos\mu : \cos\nu.$$

ist, so folgt durch Differentiation und unter Berücksichtigung der Frenetschen Formeln aus (3) gerade:

$$\frac{1}{T^2} = \frac{1}{R^2}.$$

Im vorliegenden Kapitel wollen wir uns nun besonders mit den pseudosphärischen Flächen beschäftigen und stellen zunächst den Grad der Unbestimmtheit, der in diesem Falle der Aufgabe anhaftet, genauer fest, nämlich durch den Nachweis, daß noch eine zweite Haupttangentenkurve willkürlich gegeben sein kann. Aber darüber hinaus werden wir zu weit allgemeineren Ergebnissen gelangen, indem wir das analytische Gebiet verlassen und uns in den allgemeinen Bereich der Funktionen reeller Veränderlicher begeben.

## § 250. Pseudosphärische Fläche mit zwei gegebenen Haupttangentenkurven.

Der obige Satz ist schon von Lie in seinen Untersuchungen über pseudosphärische Flächen erwähnt und von Bäcklund eingehender behandelt worden; letzterer hat für ihn auch einen auf infinitesimalen Betrachtungen beruhenden Beweis geliefert. Der (auch hinsichtlich der Vorzeichen der Torsionen genau gefaßte) Satz lautet:

Sind zwei Kurven $C$ und $C'$ mit konstanten, aber dem Vorzeichen nach entgegengesetzten Torsionen gegeben, die von ein und demselben Raumpunkte ausgehen und in ihm ein und dieselbe Schmiegungsebene, dagegen verschiedene Tangenten haben, so gibt es eine und nur eine pseudosphärische Fläche, deren Radius gleich dem gemeinsamen Torsionsradius ist und für die $C$ und $C'$ Haupttangentenkurven sind.

Eigentlich ist dieser Satz nur ein Zusatz zu dem allgemeinen Satze in Kap. VII, § 113, S. 215, doch wollen wir ihn hier direkt beweisen unter Anwendung der Picardschen Methode der aufeinanderfolgenden Näherungen auf die Gleichung:

$$\frac{\partial^2 \omega}{\partial \alpha \, \partial \beta} = \sin \omega, \tag{4}$$

von der, wie wir gesehen haben (S. 130), die Bestimmung der pseudosphärischen Flächen abhängt. Setzen wir der Einfachheit halber den Radius der pseudosphärischen Fläche gleich Eins, so nimmt bekanntlich das Quadrat des Linienelements, bezogen auf die Haupttangentenkurven $\alpha$, $\beta$, die Form an (S. 129):

$$ds^2 = d\alpha^2 + 2 \cos \omega \, d\alpha \, d\beta + d\beta^2 \tag{5}$$

wo die Funktion $\omega(\alpha, \beta)$ der partiellen Differentialgleichung (4) genügt; umgekehrt entspricht jeder Lösung $\omega$ von (4) eine **gestaltlich** bestimmte pseudosphärische Fläche.

Nun sind die geodätischen Krümmungen $\frac{1}{\varrho_\alpha}$, $\frac{1}{\varrho_\beta}$ der Haupttangentenkurven $\alpha$, $\beta$, die, vom Vorzeichen abgesehen, gleich den bezüglichen absoluten Krümmungen sind, infolge (5) gegeben durch:

$$\frac{1}{\varrho_\alpha} = -\frac{\partial \omega}{\partial \beta}, \quad \frac{1}{\varrho_\beta} = -\frac{\partial \omega}{\partial \alpha}.$$

Nehmen wir an, daß die gegebenen Haupttangentenkurven $C$, $C'$ die Kurven $\beta = 0$ bzw. $\alpha = 0$ seien, so ist das Geben dieser Haupttangentenkurven, d. h. (da die Torsion schon bekannt ist) ihres Radius der ersten Krümmung als Funktion des Bogens, gleichbedeutend damit, daß

$$\left(\frac{\partial \omega}{\partial \alpha}\right)_{\beta=0} \text{ als Funktion von } \alpha,$$

$$\left(\frac{\partial \omega}{\partial \beta}\right)_{\alpha=0} \text{ als Funktion von } \beta$$

gegeben wird. Da wir ja ferner den Anfangswert $\omega_0$ von $\omega$ für $\alpha = 0$, $\beta = 0$ kennen, so ist $\omega$ sowohl längs $\beta = 0$ als auch längs $\alpha = 0$ bekannt. Da wir weiter der Gleichung (4) genügen müssen, so sehen wir, daß der obige geometrische Satz unter Änderung der Bezeichnungen auf folgenden Satz der Analysis hinauskommt:

Die partielle Differentialgleichung:

$$\text{(A)} \qquad \frac{\partial^2 z}{\partial x \partial y} = \sin z$$

**besitzt eine und nur eine Lösung $z$, die sich für $y = 0$ auf eine gegebene Funktion $\varphi(x)$ von $x$ allein und für $x = 0$ auf eine gegebene Funktion $\psi(y)$ von $y$ allein reduziert, vorausgesetzt, daß $\varphi(0) = \psi(0)$ ist.**

Beweisen werden wir diesen Satz durch Anwendung der Methode der aufeinanderfolgenden Näherungen und unter der alleinigen Voraussetzung, daß die willkürlich gegebenen Funktionen $\varphi(x)$, $\psi(y)$ endlich und stetig seien und ebenfalls endliche und stetige erste Ableitungen $\varphi'(x)$, $\psi'(y)$ besitzen. Ferner werden wir sehen, daß die Lösung $z$ in einem beliebigen **endlichen** Bereich für $x$, $y$, in dem obige Bedingungen für $\varphi(x)$, $\psi(y)$ erfüllt sind, wirklich vorhanden ist.

## § 251. Vorhandensein und Eindeutigkeit der Lösung.

Wir gehen aus von der Funktion:

$$z_1 = \varphi(x) + \psi(y) - \varphi(0) = \varphi(x) + \psi(y) - \psi(0),$$

die den Anfangsbedingungen: $(z_1)_{y=0} = \varphi(x)$, $(z_1)_{x=0} = \psi(y)$ sowie auch der Gleichung:

$$\frac{\partial^2 z_1}{\partial x \partial y} = 0$$

genügt. Alsdann bilden wir die Funktion $z_2$, die denselben Anfangsbedingungen und der Gleichung:

$$\frac{\partial^2 z_2}{\partial x \partial y} = \sin z_1$$

genügt:

$$z_2 = z_1 + \int_0^y\int_0^x \sin z_1 \, dx dy.$$

Aus $z_2$ leiten wir nun auf dieselbe Weise eine neue Funktion:

$$z_3 = z_1 + \int_0^y\int_0^x \sin z_2 \, dx dy$$

ab, die den Anfangsbedingungen und der Gleichung:

$$\frac{\partial^2 z_3}{\partial x \partial y} = \sin z_2$$

genügt. In dieser Weise fahren wir immer weiter fort und bilden so eine unendliche Reihe von Funktionen:

$$(\alpha) \qquad z_1, z_2, z_3, \cdots z_n \cdots,$$

in der das allgemeine Glied:

$$z_n = z_1 + \int_0^y\int_0^x \sin z_{n-1} \, dx dy$$

den Anfangsbedingungen und der Gleichung:

$$(\beta) \qquad \frac{\partial^2 z_n}{\partial x \partial y} = \sin z_{n-1}$$

genügt. Nun behaupten wir: Die Reihe:

$$(6) \qquad z = z_1 + (z_2 - z_1) + (z_3 - z_2) + \cdots + (z_n - z_{n-1}) + \cdots$$

konvergiert innerhalb jedes endlichen Bereichs für $x, y$ gleichmäßig und stellt die gesuchte Lösung der Gleichung (A) vor. Zum Beweise bemerken wir zunächst, daß wegen $|\sin z_1| < 1$

$$(\gamma) \qquad |z_2 - z_1| = \left|\int_0^y\int_0^x \sin z_1 \, dx dy\right| < |xy|$$

ist. Nun ist:

$$z_3 - z_2 = \int_0^y\int_0^x 2 \sin \frac{z_2 - z_1}{2} \cos \frac{z_2 + z_1}{2} \, dx dy;$$

und da $\left|\cos \frac{z_2 + z_1}{2}\right| < 1$ ist, während infolge der Gleichung $(\gamma)$ $\left|\sin \frac{z_2 - z_1}{2}\right| < \frac{|xy|}{2}$ ist, so haben wir:

$$|z_3 - z_2| < \int_0^{|y|}\int_0^{|x|} |xy| \, dx dy < \frac{|xy|^2}{(1 \cdot 2)^2}.$$

Wird überhaupt als schon bewiesen vorausgesetzt, daß

$$(\delta)\qquad |z_n - z_{n-1}| < \frac{|xy|^{n-1}}{[1\cdot 2\cdots(n-1)]^2}$$

ist, so ist:

$$z_{n+1} - z_n = \int_0^y\int_0^x 2\sin\frac{z_n - z_{n-1}}{2}\cos\frac{z_n + z_{n-1}}{2}\,dx\,dy$$

und also:

$$|z_{n+1} - z_n| < \frac{1}{[1\cdot 2\cdots(n-1)]^2}\int_0^{|y|}\int_0^{|x|}|xy|^{n-1}dx\,dy,$$

d. h.:

$$|z_{n+1} - z_n| < \frac{|xy|^n}{[1\cdot 2\cdots n]^2}.$$

Es gilt folglich die Ungleichheit ($\delta$) allgemein.

Die gleichmäßige Konvergenz der Reihe (6) ergibt sich hierauf unmittelbar aus der Vergleichung mit der Reihe:

$$\xi + \frac{\xi^2}{(1\cdot 2)^2} + \frac{\xi^3}{(1\cdot 2\cdot 3)^2} + \cdots + \frac{\xi^n}{(1\cdot 2\cdot 3\cdots n)^2} + \cdots,$$

die in jedem beliebigen endlichen Gebiet für die Veränderliche $\xi = |xy|$ gleichmäßig konvergiert.

Da die Summe der ersten $n$ Glieder der Reihe (6) gleich $z_n$ ist, so können wir auch sagen, daß $z_n$ mit wachsendem $n$ für alle Punkte des Bereiches gleichmäßig gegen $z$ konvergiert. Die Funktion $z$ ist sicherlich endlich und stetig und genügt den Anfangsbedingungen: $(z)_{y=0} = \varphi(x)$, $(z)_{x=0} = \psi(y)$. Es erübrigt noch zu beweisen, daß sie eine Lösung der Gleichung (A) ist. Nun gestattet jedes Glied der Reihe (6) die Bildung der zweiten Ableitung nach $x$ und $y$, und infolge von ($\beta$) lautet die aus diesen zweiten Ableitungen gebildete Reihe wie folgt:

$$(7)\qquad \begin{cases}\sin z_1 + (\sin z_2 - \sin z_1) + (\sin z_3 - \sin z_2) + \cdots \\ \qquad + (\sin z_n - \sin z_{n-1}) + \cdots.\end{cases}$$

Die Summe ihrer ersten $n$ Glieder ist gleich $\sin z_n$ und konvergiert mit wachsendem $n$ gleichmäßig gegen $\sin z$, wie $z_n$ gegen $z$. Die Reihe (7) ist demnach ebenfalls gleichmäßig konvergent, und ihre Summe ist gleich $\sin z$. Also gestattet die durch die Reihe (6) dargestellte Funktion $z$ die Bildung der zweiten Ableitung $\frac{\partial^2 z}{\partial x\partial y}$ und genügt der Gleichung (A), w. z. b. w.

Hiermit haben wir das Vorhandensein der gesuchten Lösung nachgewiesen; wir müssen aber auch die Eindeutigkeit beweisen.

Infolge einer einfachen, aber wichtigen Bemerkung von Goursat[1]) läßt sie sich sehr schnell auch durch die Methode der aufeinanderfolgenden Näherungen beweisen. Es sei $u$ eine zweite solche Lösung, also:

$$\frac{\partial^2 u}{\partial x \partial y} = \sin u, \quad (u)_{y=0} = \varphi(x),$$
$$(u)_{x=0} = \psi(y),$$

dann haben wir:

$$\frac{\partial^2 (u - z_1)}{\partial x \partial y} = \sin u,$$

$$u = z_1 + \int_0^y \int_0^x \sin u \, dx\, dy,$$

demnach:

$$| u - z_1 | < | xy |.$$

Ferner ist:

$$u - z_2 = \int_0^y \int_0^x (\sin u - \sin z_1) dx\, dy$$

$$= \int_0^y \int_0^x 2 \sin \frac{u - z_1}{2} \cos \frac{u + z_1}{2} dx\, dy,$$

somit:

$$| u - z_2 | < \frac{| xy |^2}{(1 \cdot 2)^2}.$$

Verfahren wir in derselben Weise wie vorhin mit den Differenzen $z_n - z_{n-1}$ weiter, so haben wir allgemein:

$$\left| u - z_n \right| < \frac{| xy |^n}{(1 \cdot 2 \cdots n)^2}.$$

Hieraus folgt, daß $z_n$ gleichmäßig gegen $u$ konvergiert, somit ist $u = z$, w. z. b. w.

An den Beweis des Satzes der Analysis knüpfen wir noch folgende Bemerkungen, die sich auf unsere geometrische Aufgabe beziehen.

1) Sind die beiden Kurven $C, C'$ des § 250 gegeben, so gibt es eine Lösung $\omega$ von (4), die den Anfangsbedingungen genügt und für alle in Betracht kommenden Werte von $\alpha$, $\beta$ endlich und stetig ist. Doch müssen wir beachten, daß es für unsere geometrische Aufgabe notwendig und hinreichend ist, daß $\omega$ in dem Intervall von 0 bis $\pi$, mit Ausschluß der Endwerte, bleibt. Da nun zu Anfang für $\alpha = 0$, $\beta = 0$, $\omega = \omega_0$ in diesem Intervall liegt (da ja die beiden Kurven $C, C'$ einander nicht berühren), so bleibt in einer hinreichend kleinen, aber endlichen Umgebung von (0,0) die Funktion $\omega$ innerhalb dieses Inter-

1) Cours d'analyse, 2. Bd., Nr. 338, S. 372.

valls, und für dieses endliche Gebiet ist das Vorhandensein der gesuchten pseudosphärischen Fläche nachgewiesen.

2) Dieselbe Methode der aufeinanderfolgenden Näherungen könnte auch auf die Cauchysche Aufgabe (§ 249) angewandt werden. Man brauchte nur längs einer Kurve $\beta = \beta(\alpha)$ die Werte von $\omega$ und seiner ersten Differentialquotienten (in miteinander verträglicher Weise) zu geben und könnte dann auf analoge Art den Beweis für das Vorhandensein und die Eindeutigkeit der gesuchten Lösung führen.

## § 252. Analytischer Fall.

Die beiden gegebenen Haupttangentenkurven $C$, $C'$ der gesuchten pseudosphärischen Fläche können, wie wir gesehen haben, beliebige Kurven sein. Doch nehmen wir nun den Fall an, daß sie analytisch seien, und beweisen:

Sind die beiden gegebenen Haupttangentenkurven $C$, $C'$ analytisch, so ist auch die durch sie bestimmte pseudosphärische Fläche analytisch.

Es wird der Nachweis genügen, daß, wenn die Funktionen $\varphi(x)$, $\psi(y)$ des voraufgehenden Paragraphen analytisch sind, eine analytische Lösung $z$ der Aufgabe vorhanden ist. In der Tat ist leicht einzusehen, daß, wenn eine solche analytische, in eine nach Potenzen von $x$, $y$ fortschreitende Taylorsche Reihe entwickelbare Funktion:

$$z(x, y) = \sum_0^\infty {}_m \sum_0^\infty {}_n \, a_{mn} x^m y^n \tag{8}$$

vorhanden ist, die Koeffizienten $a_{mn}$ der Reihe durch die Anfangsbedingungen völlig bestimmt sind. Nämlich die Anfangsbedingungen

$$z = \varphi(x) \quad \text{für} \quad y = 0,$$

$$z = \psi(y) \quad \text{für} \quad x = 0,$$

zusammen mit der Gleichung:

$$\frac{\partial^2 z}{\partial x \partial y} = \sin z$$

und mit den daraus durch fortgesetzte Differentiationen folgenden Gleichungen bestimmen im Anfangspunkt: $x = y = 0$ die Werte aller Ableitungen $\dfrac{\partial^{m+n} z}{\partial x^m \partial y^n}$.

Dann ist noch zu beweisen, daß die Reihe (8) einen wirklichen Konvergenzbereich besitzt. Dies ergibt sich aus einem allgemeinen

Satze von Goursat[1]); doch können wir es in unserem Falle einfach mittels der Methode der Cauchyschen Vergrößerungsfunktionen beweisen, durch Vergleichen der vorgelegten Gleichung:

$$\text{(A)} \qquad \frac{\partial^2 z}{\partial x \partial y} = \sin z$$

mit der Liouvilleschen:

$$\text{(B)} \qquad \frac{\partial^2 z}{\partial x \partial y} = e^z,$$

deren allgemeines Integral bekanntlich durch:

$$\text{(9)} \qquad e^z = 2\frac{X' Y'}{(X+Y)^2}$$

gegeben ist, wo $X$, $Y$ willkürliche Funktionen von $x$ bzw. $y$ sind.

Um die Begriffe festzulegen, mögen z. B. $z_0 = \varphi(0) = \psi(0)$ als positiv angenommen und die beiden Reihenentwicklungen (8) für (A) und (B) verglichen werden. Es ist sofort klar, daß die Koeffizienten $a'_{mn}$ der zweiten Reihe alle positiv sind und daß $|a_{mn}| < a'_{mn}$ ist. Die zweite Reihe ist aber konvergent, denn aus der expliziten Form (9) des allgemeinen Integrals der Liouvilleschen Gleichung ergibt sich unmittelbar die Existenz des gesuchten regulären Integrals; folglich ist auch die andere Reihe konvergent, wenigstens in demselben Bereich.

Beachtenswert ist ein besonderer Fall. Angenommen, die gegebenen Funktionen $\varphi(x)$, $\psi(y)$ reduzieren sich auf ein und dieselbe Konstante, so ist klar, daß alle Koeffizienten $a_{mn}$ der Reihe (8) für $m \neq n$ verschwinden, mithin $z$ eine Funktion des Produkts $xy$ ist. Setzen wir:

$$xy = \tau, \quad z = f(\tau),$$

so haben wir für $\tau$ die Differentialgleichung:

$$\tau f'' + f' = \sin f,$$

welche nach dem Vorstehenden ein und nur ein Integral besitzt, das in der Umgebung von $\tau = 0$ regulär ist und in diesem Punkte einen vorgeschriebenen Wert $f_0$ annimmt. Welches ist die geometrische Bedeutung dieser Lösung? Gehen wir auf die Ausführungen in § 250 zurück, so ergibt sich, daß sich die gegebenen Haupttangentenkurven $C$, $C'$ in diesem Falle auf zwei einander schneidende Gerade reduzieren. Demnach folgt: Zwei einander schneidende Gerade bestimmen eine und nur eine pseudosphärische Fläche (von gegebenem Radius), die durch sie hindurchgeht, und diese Fläche ist analytisch. Diese besonderen pseudosphärischen Flächen hängen von einer willkürlichen Konstanten ab, nämlich von dem Winkel zwischen den beiden Geraden.

---

1) Leçons sur les équations aux dérivées partielles du second ordre, 1. Bd., § 82, S. 184.

## § 253. Verbiegungen mit einer starren Haupttangentenkurve.

Auf der durch die beiden Haupttangentenkurven $C$, $C'$ bestimmten pseudosphärischen Fläche $S$ mit dem Ausdruck (5) für das Linienelement betrachten wir eine Schar von (im nichteuklidischen Sinne) parallelen geodätischen Linien, die von den Punkten der Haupttangentenkurve $C$, deren Gleichung $\beta = 0$ sei, ausgehen mögen. Wenden wir die Formeln in § 248, S. 445, an und bezeichnen wir mit $\vartheta$ den Neigungswinkel dieser geodätischen Linien zur Kurve $\beta = 0$, so haben wir längs dieser Kurve $C$ die Gleichung:

$$\frac{\partial(\omega - \vartheta)}{\partial \alpha} = -\sin\vartheta$$

oder:

$$\frac{\partial \vartheta}{\partial \alpha} = -\frac{1}{\varrho_0} - \sin\vartheta, \tag{10}$$

wenn $\frac{1}{\varrho_0}$ die geodätische (oder absolute) Krümmung von $C$ ist. Umgekehrt, genügt $\vartheta$ der Gleichung (10), so sind die von den Punkten der Kurve $\beta = 0$ unter dem gegebenen Winkel $\vartheta$ ausgehenden geodätischen Linien parallel.

Nach dieser Vorbemerkung denke man sich die Kurve $C$ fest und lasse die Kurve $C'$ sich willkürlich ändern. Dann wird die durch $\frac{1}{\varrho_0}$ gegebene Funktion von $\alpha$ immer dieselbe bleiben, und deshalb wird der Gleichung (10) durch ein und denselben Wert für $\vartheta$ Genüge geleistet. Folglich wird für zwei verschiedene Gestalten $S$, $S'$ der pseudosphärischen Fläche ein und dieselbe Funktion $\vartheta$ auf beiden eine Schar paralleler geodätischer Linien bestimmen. Wird $S$ auf $S'$ so verbogen, daß die betrachteten beiden Scharen von parallelen geodätischen Linien und ein Punkt der Kurve $\beta = 0$ auf $S$ mit dem entsprechenden Punkte der Kurve $\beta = 0$ auf $S'$ zur Deckung kommen, so leuchtet sofort ein, daß die ganze Haupttangentenkurve $\beta = 0$ der einen Fläche sich mit der ganzen Haupttangentenkurve $\beta = 0$ der andern Fläche deckt. Daraus schließen wir:

Diejenigen Verbiegungen einer pseudosphärischen Fläche $S$, bei welchen eine Haupttangentenkurve $C$ starr bleibt, ergeben sich einfach in der Weise, daß von den beiden die Fläche bestimmenden Haupttangentenkurven $C$, $C'$ die Kurve $C$ fest bleibt und die Gestalt der Kurve $C'$ sich willkürlich ändert. Entsprechend der allgemeinen Theorie (Kap. VII, § 114) sehen wir, daß diese Verbiegungen von einer willkürlichen Funktion abhängen, nämlich von der Flexion von $C'$, zu der wir als willkürliche Konstante noch den Schnittwinkel $\omega_0$ zwischen $C$ und $C'$ hinzuzufügen haben.

Bleibt ferner $\omega_0$ fest, so ist nicht nur $\frac{\partial \omega}{\partial \alpha}$, sondern auch $\omega$ selbst längs $C$ unveränderlich, und da die Hauptkrümmungsradien der Fläche gleich $\operatorname{tg} \frac{\omega}{2}$ und $-\operatorname{cotg} \frac{\omega}{2}$ sind, so sehen wir: Eine pseudosphärische Fläche kann noch auf unendlich viele Weisen so verbogen werden, daß eine Haupttangentenkurve starr und längs ihr die Hauptkrümmungsradien ungeändert bleiben.

Indem wir nun zu den allgemeinen Verbiegungen, bei welchen eine Haupttangentenkurve starr bleibt, zurückkehren, sehen wir, daß eine solche Verbiegung bestimmt ist, wenn auf der Fläche $S$ noch eine zweite Kurve $\Gamma$ gegeben ist, die von einem Punkte von $C$ ausgeht und nach der Verbiegung in eine Haupttangentenkurve $\Gamma'$ übergehen soll, denn wir kennen eben die natürlichen Gleichungen dieser Kurve $\Gamma'$. Folglich ergibt sich auch: Sind auf einer pseudosphärischen Fläche von ein und demselben Punkte aus zwei Kurven beliebig gezogen, so gibt es eine und nur eine Verbiegung, bei der beide Kurven zu Haupttangentenkurven werden.

Offenbar ist dies der Satz in § 113, S. 215, für den besonderen Fall der pseudosphärischen Flächen.

## § 254. Bäcklundsche Transformationen.

Die in den voraufgehenden Paragraphen entwickelten Sätze weisen zwar die Existenz pseudosphärischer Flächen nach, die gegebenen Grenzbedingungen entsprechen, doch zur Bestimmung der wirklichen Gestalten dieser Flächen im Raume liefern sie uns nur das Mittel von Reihentwicklungen. Die wichtigsten Fortschritte in der Theorie der Flächen konstanter Krümmung sind mittels besonderer Transformationsmethoden erzielt worden, die es ermöglichen, aus einer bekannten Fläche konstanter Krümmung unendlich viele neue Flächen derselben Art abzuleiten, und zwar durch analytische Operationen, die höchstens Quadraturen erfordern und sich unter gewissen Bedingungen, die sich im folgenden ergeben werden, auf einfache algebraische Operationen und Differentiationen reduzieren.

Wir gehen nun dazu über, die Theorie der Transformationen systematisch zu entwickeln, deren Bedeutung für die Infinitesimalgeometrie der Flächen infolge ihrer Erweiterung neuerdings beträchtlich gestiegen ist und mit der wir uns in späteren Kapiteln bei den auf eine beliebige Fläche zweiten Grades abwickelbaren Oberflächen beschäftigen werden[1]).

1) Der Fall der Flächen konstanter Krümmung entspricht der (reellen oder imaginären) Kugel.

Die erste und einfachste Transformation, auf die man gekommen ist, ergibt sich aus dem schon in § 140, S. 261, angeführten Satze, dem wir folgende Fassung geben:

Auf einer pseudosphärischen Fläche $S$ vom Radius $R$ werde eine $\infty^1$-Schar geodätischer Parallelen gezogen und auf ihren Tangenten vom Berührungspunkt im Sinne der Parallelität die konstante Strecke $R$ abgetragen; dann ist die Ortsfläche der Endpunkte dieser Strecken eine neue pseudosphärische Fläche $S'$ von demselben Radius $R$.

$S'$ ist also die Komplementärfläche zu $S$ bezüglich einer Schar geodätischer Parallelen; aus diesem Grunde nennen wir diese Transformation die Komplementärtransformation.

Jede pseudosphärische Fläche $S$ hat $\infty^1$ Komplementärflächen, welche die in den Tangentenebenen zu $S$ um den Berührungspunkt mit dem Radius $R$ beschriebenen Kreise rechtwinklig schneiden. Zur Anwendung der Komplementärtransformation auf die Fläche $S$ genügt die Kenntnis der geodätischen Linien auf $S$.

Die Komplementärtransformation ist von Bäcklund mittels einer nach ihm benannten Transformation in bemerkenswerter Weise verallgemeinert worden. Die Existenz dieser Transformation ist schon an verschiedenen Stellen dieses Buches (s. S. 288, 338) gelegentlich der Sätze über pseudosphärische Strahlensysteme nachgewiesen worden. Wir fassen die schon bekannten Ergebnisse in dem Satze zusammen:

Ist eine pseudosphärische Fläche $S$ vom Radius $R$ gegeben und ist $\sigma$ ein beliebig gewählter konstanter Winkel, so gibt es $\infty^1$ pseudosphärische Strahlensysteme, für die $S$ der eine Brennmantel ist. Die Entfernung der Brennpunkte ist konstant, gleich $R \cos \sigma$, und der Winkel zwischen den Brennebenen ist ebenfalls konstant, gleich $\frac{\pi}{2} - \sigma$. Der zweite Brennmantel $S'$ ist eine neue pseudosphärische Fläche vom Radius $R$. Auf $S$ und $S'$ entsprechen einander die Krümmungslinien sowie die Haupttangentenkurven, und entsprechende Bogen entsprechender Haupttangentenkurven sind einander gleich.

Wir sagen, daß wir von $S$ zu $S'$ mittels der Bäcklundschen Transformation $B_\sigma$ gelangen. Insbesondere ist $B_0$ die Komplementärtransformation. Demnach besitzt jede pseudosphärische Fläche $\infty^2$ Bäcklundsche Transformierte; zur genauen Bestimmung einer von ihnen genügt die Angabe eines Strahles des pseudosphärischen Strahlensystems (einer Tangente von $S$) und der zweiten Brennebene für diesen Strahl.

### § 255. Formeln für die Bäcklundsche Transformation.

Wir beziehen die Fläche $S$ auf ihre Krümmungslinien $u$, $v$. Unter Hinweis darauf, daß das Linienelement von $S$, bezogen auf die Haupttangentenkurven, gegeben ist durch:

$$ds^2 = R^2(d\alpha^2 + 2\cos\omega\, d\alpha\, d\beta + d\beta^2)$$

und daß

$$u = \alpha + \beta, \quad v = \alpha - \beta$$

die Parameter der Krümmungslinien sind, erhalten wir:

$$ds^2 = R^2(\cos^2\vartheta\, du^2 + \sin^2\vartheta\, dv^2),$$

worin $\vartheta = \frac{\omega}{2}$ der halbe Winkel zwischen den Haupttangentenkurven ist. Dieselbe Gleichung folgt übrigens auch aus den allgemeinen Weingartenschen Sätzen in § 138, und wir erhalten somit die folgenden Vorergebnisse:

Das Linienelement einer pseudosphärischen Fläche vom Radius $R$, bezogen auf die Krümmungslinien $u$, $v$, hat die Form:

(11) $$ds^2 = R^2(\cos^2\vartheta\, du^2 + \sin^2\vartheta\, dv^2).$$

Darin sind

(12) $$r_1 = -R\operatorname{tg}\vartheta, \quad r_2 = R\operatorname{cotg}\vartheta$$

die Hauptkrümmungsradien, und die Funktion $\vartheta(u, v)$ genügt der partiellen Differentialgleichung:

(13) $$\frac{\partial^2\vartheta}{\partial u^2} - \frac{\partial^2\vartheta}{\partial v^2} = \sin\vartheta\cos\vartheta.$$

Diese Gleichung besagt nämlich, daß die Krümmung $K$ der Differentialform (11) gleich $-\frac{1}{R^2}$ ist; umgekehrt definiert jede Lösung von (13) gestaltlich eine pseudosphärische Fläche.

Wir betrachten nun in jedem Punkte von $S$ das rechtwinklige (Haupt-)Dreikant, das von den beiden Hauptrichtungen $X_1$, $Y_1$, $Z_1$; $X_2$, $Y_2$, $Z_2$, d. h. von den Tangenten an den Krümmungslinien $v =$ const. bzw. $u =$ const. und von der Richtung $X_3$, $Y_3$, $Z_3$, der Flächennormale, gebildet wird. Dann bestehen die folgenden Gleichungen (s. § 49, S. 93):

(a) $$\begin{cases} \dfrac{\partial x}{\partial u} = R\cos\vartheta X_1, \quad \dfrac{\partial X_1}{\partial u} = \dfrac{\partial\vartheta}{\partial v} X_2 - \sin\vartheta X_3, \quad \dfrac{\partial X_2}{\partial u} = -\dfrac{\partial\vartheta}{\partial v} X_1, \\ \qquad\qquad\qquad\qquad\qquad\qquad \dfrac{\partial X_3}{\partial u} = \sin\vartheta X_1, \\ \dfrac{\partial x}{\partial v} = R\sin\vartheta X_2, \quad \dfrac{\partial X_1}{\partial v} = \dfrac{\partial\vartheta}{\partial u} X_2, \quad \dfrac{\partial X_2}{\partial v} = -\dfrac{\partial\vartheta}{\partial u} X_1 + \cos\vartheta X_3, \\ \qquad\qquad\qquad\qquad\qquad\qquad \dfrac{\partial X_3}{\partial v} = -\cos\vartheta X_2 \text{ usw.,} \end{cases}$$

auf die wir bei den folgenden Rechnungen zurückgehen müssen. Es sei $S_1$ eine mittels der Transformation $B_\sigma$ aus $S$ hervorgegangene Bäcklundsche Transformierte. Wir betrachten einen beliebigen Fokalabstand $FF_1$ in unserm pseudosphärischen Strahlensystem und führen als Unbekannte den Winkel $\vartheta_1$ ein, den diese Strecke mit der Kurve $v$, d. h. mit der Richtung $X_1, Y_1, Z_1$, bildet. Die Richtungskosinus dieser Strecke sind:

$$\cos\vartheta_1 X_1 + \sin\vartheta_1 X_2, \quad \cos\vartheta_1 Y_1 + \sin\vartheta_1 Y_2, \quad \cos\vartheta_1 Z_1 + \sin\vartheta_1 Z_2,$$

demnach sind die Koordinaten $x_1, y_1, z_1$ von $F_1$:

$$x_1 = x + R\cos\sigma\,(\cos\vartheta_1 X_1 + \sin\vartheta_1 X_2) \text{ usw.} \tag{14}$$

Differenzieren wir diese Gleichungen unter Berücksichtigung des Gleichungensystems $(a)$, so erhalten wir:

$$(15)\begin{cases} \dfrac{\partial x_1}{\partial u} = \left[R\cos\vartheta - R\cos\sigma\sin\vartheta_1\left(\dfrac{\partial\vartheta_1}{\partial u} + \dfrac{\partial\vartheta}{\partial v}\right)\right] X_1 + \\ \qquad + R\cos\sigma\cos\vartheta_1\left(\dfrac{\partial\vartheta_1}{\partial u} + \dfrac{\partial\vartheta}{\partial v}\right) X_2 - R\cos\sigma\sin\vartheta\cos\vartheta_1 X_3, \\ \dfrac{\partial x_1}{\partial v} = - R\cos\sigma\sin\vartheta_1\left(\dfrac{\partial\vartheta_1}{\partial v} + \dfrac{\partial\vartheta}{\partial u}\right) X_1 + \\ + \left[R\sin\vartheta + R\cos\sigma\cos\vartheta_1\left(\dfrac{\partial\vartheta_1}{\partial v} + \dfrac{\partial\vartheta}{\partial u}\right)\right] X_2 + R\cos\sigma\cos\vartheta\sin\vartheta_1 X_3 \text{ usw.} \end{cases}$$

Um nun die Funktion $\vartheta_1(u, v)$ zu bestimmen, müssen wir nur zum Ausdruck bringen, daß die Ortsfläche $S_1$ des Punktes $x_1, y_1, z_1$ jede Strecke $FF_1$ berührt und daß die Normalen in entsprechenden Punkten von $S$ und $S_1$ den Winkel $\frac{\pi}{2} - \sigma$ bilden. Bezeichnen wir also mit $X_3^{(1)}, Y_3^{(1)}, Z_3^{(1)}$ die Richtungskosinus der Normale zu $S_1$, so können wir setzen:

$$X_3^{(1)} = \cos\sigma\sin\vartheta_1 X_1 - \cos\sigma\cos\vartheta_1 X_2 - \sin\sigma X_3 \text{ usw.} \tag{16}$$

(wo nötigenfalls $\sigma$ durch $-\sigma$ zu ersetzen ist).

Die angegebenen Bedingungen gehen jetzt in die beiden Gleichungen über:

$$\sum X_3^{(1)}\frac{\partial x_1}{\partial u} = 0, \qquad \sum X_3^{(1)}\frac{\partial x_1}{\partial v} = 0,$$

und diese ergeben unter Berücksichtigung von (15) entwickelt für die unbekannte Funktion $\vartheta_1(u, v)$ die beiden simultanen Differentialgleichungen:

$$(17)\begin{cases} \dfrac{\partial\vartheta_1}{\partial u} + \dfrac{\partial\vartheta}{\partial v} = \dfrac{\cos\vartheta\sin\vartheta_1 + \sin\sigma\sin\vartheta\cos\vartheta_1}{\cos\sigma}, \\ \dfrac{\partial\vartheta_1}{\partial v} + \dfrac{\partial\vartheta}{\partial u} = -\dfrac{\sin\vartheta\cos\vartheta_1 + \sin\sigma\cos\vartheta\sin\vartheta_1}{\cos\sigma}. \end{cases}$$

Wird die Integrabilitätsbedingung für dieses System aufgestellt, so ergibt sich sofort, daß sie identisch erfüllt ist, weil eben $\vartheta$ eine Lösung von (13) ist. Die Gleichungen (17) für die Bäcklundsche Transformation bilden also ein unbeschränkt integrierbares System, wie wir es übrigens schon aus § 181 wußten.

## § 256. Nachweise für die Eigenschaften der Bäcklundschen Transformation.

Wir wollen nun mittels der Gleichungen (17) die anderen schon bekannten Eigenschaften der Transformation $B_\sigma$ nachweisen. Die Gleichungen (15) gehen mit Rücksicht auf (17) über in:

$$(18)\quad \begin{cases} \dfrac{\partial x_1}{\partial u} = R\cos\vartheta_1\,[(\cos\vartheta\cos\vartheta_1 - \sin\sigma\sin\vartheta\sin\vartheta_1)\,X_1 + \\ \qquad + (\cos\vartheta\sin\vartheta_1 + \sin\sigma\sin\vartheta\cos\vartheta_1)\,X_2 - \cos\sigma\sin\vartheta\,X_3], \\ \dfrac{\partial x_1}{\partial v} = R\sin\vartheta_1\,[(\sin\vartheta\cos\vartheta_1 + \sin\sigma\cos\vartheta\sin\vartheta_1)\,X_1 + \\ \qquad + (\sin\vartheta\sin\vartheta_1 - \sin\sigma\cos\vartheta\cos\vartheta_1)\,X_2 + \cos\sigma\cos\vartheta\,X_3]\ \text{usw.} \end{cases}$$

Daraus folgt für das Linienelement von $S_1$:

$$(19)\qquad ds_1^2 = R^2(\cos^2\vartheta_1\,du^2 + \sin^2\vartheta_1\,dv^2).$$

Differenzieren wir die erste Gleichung (17) nach $u$, die zweite nach $v$, und subtrahieren wir unter Berücksichtigung von (17), so stellt sich $\vartheta_1$ ebenfalls als Lösung von (13) heraus:

$$\frac{\partial^2\vartheta_1}{\partial u^2} - \frac{\partial^2\vartheta_1}{\partial v^2} = \sin\vartheta_1\cos\vartheta_1;$$

demnach ist die Krümmung der Differentialform (19) gleich $-\frac{1}{R^2}$, und $S_1$ ist somit eine pseudosphärische Fläche vom Radius $R$.

Ferner ergeben sich durch Differentiation von (16) und Kombination mit (18) die Gleichungen:

$$(19^*)\qquad \frac{\partial X_3^{(1)}}{\partial u} = \frac{1}{R}\operatorname{tg}\vartheta_1\frac{\partial x_1}{\partial u}, \quad \frac{\partial X_3^{(1)}}{\partial v} = -\frac{1}{R}\operatorname{ctg}\vartheta_1\frac{\partial x_1}{\partial v}\quad \text{usw.}$$

Sie besagen, daß auch auf der Fläche $S_1$ die Kurven $u, v$ Krümmungslinien sind, und es sind die Hauptkrümmungsradien auf $S_1$:

$$r_1^{(1)} = -R\operatorname{tg}\vartheta_1,\quad r_2^{(1)} = R\operatorname{ctg}\vartheta_1,$$

demnach ist wieder: $r_1^{(1)}r_2^{(1)} = -R^2$. Ferner hat der Winkel $\vartheta_1$ für $S_1$ dieselbe Bedeutung wie $\vartheta$ für $S$; er ist nämlich die Hälfte des Winkels zwischen den Haupttangentenkurven.

Diese Kurven haben ebenso wie auf $S$ die Gleichungen:

$$u - v = \text{const},\quad u + v = \text{const.},$$

entsprechen somit einander auf $S$ und $S_1$. Endlich ergibt sich aus (11) und (17) sofort, daß entsprechende Bogen entsprechender Haupttangentenkurven einander gleich sind. Auf diese Weise sind alle schon in Kap. $X$, S. 289, entwickelten Eigenschaften der pseudosphärischen Strahlensysteme direkt bestätigt. Nun schließen wir daran die folgenden Bemerkungen.

Erteilen wir dem Winkel $\sigma$ einen festen Wert, so liefert die Integration von (17) aus $S$ einfach unendlich viele transformierte Flächen $S_1$, die wir als die mittels $B_\sigma$ Transformierten von $S$ bezeichnen wollen. Wird statt $\vartheta_1$ die Funktion:

$$\Lambda \equiv \operatorname{tg} \frac{\vartheta_1}{2}$$

als Unbekannte in (17) eingeführt, so lassen sich diese zwei Gleichungen zu einer einzigen totalen Differentialgleichung vom Riccatischen Typus zusammenfassen. Wir brauchen also nur eine partikuläre Lösung zu kennen und finden dann alle übrigen durch Quadraturen. Also: Ist von einer pseudosphärischen Fläche $S$ **eine** Bäcklundsche Transformierte für die Transformation $B_\sigma$ bekannt, so ergeben sich alle übrigen durch Quadraturen. Die bekannte Eigenschaft der Riccatischen Differentialgleichungen, daß das Doppelverhältnis von vier partikulären Lösungen eine Konstante ist, wird dann hier geometrisch durch den Satz ausgedrückt:

Vier mittels einer Bäcklundschen Transformation $B_\sigma$ aus einer pseudosphärischen Fläche $S$ abgeleitete Flächen schneiden jeden der Kreise, die in den Tangentialebenen von $S$ um die Berührungspunkte mit dem Radius $R \cos \sigma$ beschrieben werden, in je vier Punkten, deren Doppelverhältnis konstant ist. Auch sind diese Kreise isogonale Trajektorien der Transformationsflächen $S_1$ unter dem Winkel $\frac{\pi}{2} - \sigma$. Wendet man nun wieder auf eine der abgeleiteten Flächen $S_1$ dieselbe Transformation $B_\sigma$ an, so ergeben sich offenbar, da wir schon eine Transformierte von $S_1$, nämlich die Ausgangsfläche $S$, kennen, alle übrigen durch Quadraturen. Schon hiernach ist also klar, daß die aufeinanderfolgende unbegrenzte Anwendung ein und derselben Transformation $B_\sigma$ auf die nacheinander neu erhaltenen Flächen lediglich Quadraturen erfordert. Doch werden wir demnächst auf Grund des Vertauschbarkeitssatzes die Transformationsmethode wesentlich vervollkommnen können (s. § 262).

## § 257. Fall der Komplementärtransformation.

Schon in § 254, S. 457, ist darauf hingewiesen worden, daß für $\sigma = 0$ die Bäcklundsche Transformation die Komplementärtransformation $B_0$ wird. Dann ist das pseudosphärische Strahlensystem ein Normalensystem, und die Flächen $S$ und $S_1$ sind die beiden Evolutenmäntel einer $W$-Fläche, für welche die Differenz der Hauptkrümmungsradien konstant, gleich $R$, ist. Die Gleichungen in § 255 vereinfachen sich dann. Die Gleichungen (17) gehen über in:

$$(20)\quad \begin{cases} \frac{\partial \vartheta_1}{\partial u} + \frac{\partial \vartheta}{\partial v} = \cos\vartheta \sin\vartheta_1, \\ \frac{\partial \vartheta_1}{\partial v} + \frac{\partial \vartheta}{\partial u} = -\sin\vartheta\cos\vartheta_1, \end{cases}$$

Gleichungen, die zuerst von Darboux als analytischer Ausdruck der Komplementärtransformation angegeben worden sind.

Die auf $S$ von den Strahlen des Systems umhüllten Kurven sind eine Schar geodätischer Parallelen; ihre Differentialgleichung ist:

$$(21)\quad \cos\vartheta\sin\vartheta_1 du - \sin\vartheta\cos\vartheta_1 dv = 0,$$

demnach diejenige ihrer orthogonalen Trajektorien (paralleler Grenzkreise):

$$(22)\quad \cos\vartheta\cos\vartheta_1 du + \sin\vartheta\sin\vartheta_1 dv = 0.$$

Hierin ist wegen (20) die linke Seite ein vollständiges Differential, also ergibt sich durch die Quadratur:

$$(23)\quad \psi \equiv \int(\cos\vartheta\cos\vartheta_1 du + \sin\vartheta\sin\vartheta_1 dv)$$

die Gleichung der Grenzkreise in endlicher Gestalt:

$$\psi = \text{const.}$$

Da ferner

$$\Delta_1\psi = \frac{1}{R^2}, \quad \Delta_2\psi = -\frac{1}{R^2}$$

ist, wo die Differentialparameter bezüglich des Linienelements (11) von $S$ berechnet sind, so folgt aus dem Satze in § 39, S. 73, daß $e^\psi$ ein Multiplikator für die linke Seite von (21) ist, was sich übrigens leicht direkt bestätigen läßt. Setzen wir nun

$$(24)\quad \tau \equiv \int e^\psi(\cos\vartheta\sin\vartheta_1 du - \sin\vartheta\cos\vartheta_1 dv),$$

so haben wir:

$$\cos\vartheta\cos\vartheta_1 du + \sin\vartheta\sin\vartheta_1 dv = d\psi,$$
$$\cos\vartheta\sin\vartheta_1 du - \sin\vartheta\cos\vartheta_1 dv = e^{-\psi} d\tau$$

und erhalten durch Quadrieren und Addieren:

$$\cos^2\vartheta\, du^2 + \sin^2\vartheta\, dv^2 = d\psi^2 + e^{-2\psi} d\tau^2,$$

und diese Gleichung zeigt, daß das Linienelement von $S$ die typische Form der Pseudosphäre aufweist. Auf der Komplementärfläche $S_1$ dagegen lautet die Differentialgleichung der von den Strahlen des Systems umhüllten geodätischen Parallelen:

$$\sin\vartheta\cos\vartheta_1 du - \cos\vartheta\sin\vartheta_1 dv = 0.$$

Ihre linke Seite besitzt den Multiplikator $e^{-\psi}$, und wird

$$\tau_1 \equiv \int e^{-\psi}(\sin\vartheta \cos\vartheta_1 du - \cos\vartheta \sin\vartheta_1 dv)$$

gesetzt, so folgt:

$$\cos^2\vartheta_1 du^2 + \sin^2\vartheta_1 dv^2 = d\psi^2 + e^{2\psi} d\tau_1^2,$$

eine Gleichung, die der voraufgehenden ganz analog ist.

Bezeichnen wir endlich mit $\xi$, $\eta$, $\zeta$ die Richtungskosinus des durch

$$\xi = \cos\vartheta_1 X_1 + \sin\vartheta_1 X_2 \quad \text{usw.}$$

gegebenen Strahles des Systems, so ergibt sich durch Differentiation und wegen (a), § 255, S. 458:

$$\left\{\begin{aligned} \frac{\partial\xi}{\partial u} &= -\cos\vartheta \sin^2\vartheta_1 X_1 + \cos\vartheta \sin\vartheta_1 \cos\vartheta_1 X_2 - \sin\vartheta \cos\vartheta_1 X_3, \\ \frac{\partial\xi}{\partial v} &= \sin\vartheta \sin\vartheta_1 \cos\vartheta_1 X_1 - \sin\vartheta \cos^2\vartheta_1 X_2 + \cos\vartheta \sin\vartheta_1 X_3 \quad \text{usw.}, \end{aligned}\right.$$

folglich für das Linienelement der Bildkugel:

$$ds'^2 = d\xi^2 + d\eta^2 + d\zeta^2 = (\cos\vartheta \sin\vartheta_1 du - \sin\vartheta \cos\vartheta_1 dv)^2 + \\ + (\sin\vartheta \cos\vartheta_1 du - \cos\vartheta \sin\vartheta_1 dv)^2$$

oder:

$$ds'^2 = e^{-2\psi} d\tau^2 + e^{2\psi} d\tau_1^2.$$

Diese Gleichung liefert uns das Linienelement auf der Bildkugel des pseudosphärischen Normalensystems, bezogen auf die Bilder $\tau$, $\tau_1$ der abwickelbaren Flächen. Diese Kurven zerlegen die Kugeloberfläche in unendlich kleine Rechtecke von konstantem Inhalt; umgekehrt ergeben sich alle sphärischen Orthogonalsysteme dieser Art in der obigen Weise (vgl. die Anmerkung zu § 156, S. 289).

## § 258. Unendlich kleine Verbiegungen der beiden Brennmäntel eines pseudosphärischen Strahlensystems.

Da ein pseudosphärisches Strahlensystem ein $W$-Strahlensystem ist, so ist jeder Brennmantel einer unendlich kleinen Verbiegung fähig, bei der sich jeder Punkt parallel der Normale im entsprechenden Punkte des anderen Mantels verschiebt (S. 323). Daraus folgt:

Jede pseudosphärische Fläche ist $\infty^1$ unendlich kleiner Verbiegungen fähig, bei denen alle Richtungen, in denen sich die Punkte verschieben, gegen die Fläche unter einem beliebigen konstanten Winkel $\sigma\left(+\frac{\pi}{2}\right)$ geneigt sind.

Um die Verbiegung vollständig zu bestimmen, genügt es, wenn für einen Flächenpunkt die Verschiebungsrichtung festgesetzt wird. Dann könnte leicht nachgewiesen werden, daß die einzigen unendlich kleinen Verbiegungen der pseudosphärischen Flächen, bei denen die Verschiebungsrichtungen der Flächenpunkte gegen die Fläche unter einem konstanten Winkel geneigt sind, sich in der angegebenen Weise aus den pseudosphärischen Strahlensystemen ergeben.

Unter Benutzung der Gleichungen der vorigen Paragraphen wollen wir nun den Betrag $\varrho$ der Verschiebung bestimmen, die jeder Punkt von $S$ bei der vorliegenden unendlich kleinen Verbiegung erfährt. Die Bedingungen (vgl. § 159, S. 294, (2)):

$$\sum \frac{\partial x}{\partial u}\frac{\partial(\varrho X_3^{(1')})}{\partial u} = 0, \quad \sum \frac{\partial x}{\partial v}\frac{\partial(\varrho X_3^{(1')})}{\partial v} = 0,$$

$$\sum \frac{\partial x}{\partial u}\frac{\partial(\varrho X_3^{(1')})}{\partial v} + \sum \frac{\partial x}{\partial v}\frac{\partial(\varrho X_3^{(1')})}{\partial u} = 0$$

ergeben wegen (18) und (19*) übereinstimmend:

$$\frac{\partial \log \varrho}{\partial u} = \frac{\sin\sigma \sin\vartheta \sin\vartheta_1 - \cos\vartheta\cos\vartheta_1}{\cos\sigma};$$

$$\frac{\partial \log \varrho}{\partial v} = \frac{\sin\sigma \cos\vartheta \cos\vartheta_1 - \sin\vartheta\sin\vartheta_1}{\cos\sigma}.$$

Die Integrabilitätsbedingung ist wegen (17) identisch erfüllt, und hiernach ergibt sich $\varrho$ durch eine Quadratur. Wird in ähnlicher Weise der Betrag der Verschiebung berechnet, welche die Punkte des zweiten Brennmantels $S_1$ bei der entsprechenden unendlich kleinen Verbiegung erfahren, so stellt sich sofort heraus, daß er der reziproke Wert des ursprünglichen Betrages, also $\frac{1}{\varrho}$, ist.

Eine weitere bemerkenswerte Eigenschaft dieser unendlich kleinen Verbiegungen tritt zutage, wenn die charakteristische (Verschiebungs-) Funktion $\varphi$ nach der Gleichung (S. 295):

$$\varphi = \frac{1}{2\sin\vartheta\cos\vartheta}\left[\sum \frac{\partial(\varrho X_3^{(1')})}{\partial u}\frac{\partial x}{\partial v} - \sum \frac{\partial(\varrho X_3^{(1')})}{\partial v}\frac{\partial x}{\partial u}\right]$$

berechnet wird. Es ist nämlich einfach $\varphi$ gleich $\varrho$, d. h.:

Der Betrag der Verschiebung ist gleich der nach der Normale genommenen Komponente der Drehung des Flächenelements.

## § 259. Die vier Evolutenmäntel bei einer Bäcklundschen Transformation.

Wir denken uns die pseudosphärische Fläche $S$ durch die Gleichungen in § 255, S. 458, definiert und bezeichnen mit $\xi, \eta, \zeta$ die Koordinaten des ersten Krümmungsmittelpunkts von $S$. Dann haben wir:

$$\xi = x - r_1 X_3 = x + R \operatorname{tg}\vartheta X_3 \quad \text{usw.}$$

Daraus ergibt sich durch Differentiation und unter Berücksichtigung des Gleichungensystems (a), S. 458:

$$(25)\qquad \begin{cases} \dfrac{\partial \xi}{\partial u} = \dfrac{R}{\cos\vartheta} X_1 + \dfrac{R}{\cos^2\vartheta}\dfrac{\partial \vartheta}{\partial u} X_3, \\ \dfrac{\partial \xi}{\partial v} = \dfrac{R}{\cos^2\vartheta}\dfrac{\partial \vartheta}{\partial v} X_3 \quad \text{usw.} \end{cases}$$

Der Punkt $\xi, \eta, \zeta$ beschreibt den ersten Evolutenmantel $\Sigma$ zu $S$; bezeichnen wir daher mit $ds_0$ das Linienelement von $\Sigma$, so erhalten wir nach (25):

$$ds_0^2 = R^2\left(\frac{d\vartheta^2}{\cos^4\vartheta} + \frac{du^2}{\cos^2\vartheta}\right),$$

woraus für

$$R \operatorname{tg} \vartheta = \varrho$$

der wohlbekannte Ausdruck:

$$ds_0^2 = d\varrho^2 + (\varrho^2 + R^2) du^2$$

für das Linienelement des Katenoids hervorgeht (s. S. 199).

Analog ist der zweite Evolutenmantel $\overline{\Sigma}$ zu $S$ auch auf das Katenoid abwickelbar. Ist nun $S_1$ eine Bäcklundsche Transformierte von $S$, so betrachten wir noch die entsprechenden Evolutenmäntel $\Sigma_1, \overline{\Sigma}_1$ zu $S_1$ und bezeichnen mit $M, \overline{M}, M_1, \overline{M}_1$ vier entsprechende Punkte der vier Biegungsflächen des Katenoids $\Sigma, \overline{\Sigma}, \Sigma_1, \overline{\Sigma}_1$. Darboux hat die interessante Bemerkung gemacht, daß die Verbindungslinien $MM_1$, $\overline{M}\overline{M}_1$ in diesen Punkten die beiden Mäntel $\Sigma, \Sigma_1$ bzw. $\overline{\Sigma}, \overline{\Sigma}_1$ berühren und daher zwei $W$-Strahlensysteme mit den Brennmänteln $\Sigma, \Sigma_1$; $\overline{\Sigma}, \overline{\Sigma}_1$ erzeugen. Zum Beweise erinnern wir daran, daß wie oben

$$\xi = x + R \operatorname{tg} \vartheta X_3$$

und analog

$$\xi_1 = x_1 + R \operatorname{tg} \vartheta_1 X_3^{(1)} \ldots$$

ist; daraus folgt:

$$\xi_1 - \xi = \frac{R}{\cos\vartheta \cos\vartheta_1}\left[\cos\sigma \cos\vartheta X_1 - (\sin\vartheta \cos\vartheta_1 + \sin\sigma \cos\vartheta \sin\vartheta_1) X_3\right] \text{ usw.}$$

Nun sind die Richtungskosinus der Normale von $\Sigma$ infolge (25) gerade $X_2, Y_2, Z_2$, und die obigen Gleichungen zeigen, daß

$$\sum X_2(\xi_1 - \xi) = 0$$

ist. Folglich berührt die Strecke $MM_1$ $\Sigma$ in $M$ und aus ganz analogen Gründen $\Sigma_1$ in $M_1$, was sich übrigens leicht bestätigen läßt.

Da nach dem Weingartenschen Satze jede auf das Katenoid abwickelbare Fläche, die keine Linienfläche ist, als Evolventenfläche eine pseudophärische Fläche hat, so gibt es offenbar für jede solche Fläche $\Sigma$ $\infty^2$ $W$-Strahlensysteme, die, weil sie $\Sigma$ als ersten Brennmantel haben, als zweiten Brennmantel $\Sigma_1$ ebenfalls eine Biegungsfläche desselben Katenoids haben. Somit gibt es für die Biegungsflächen des Katenoids

Transformationen, die den Bäcklundschen Transformationen der pseudosphärischen Flächen völlig analog sind.

Wir wollen noch hinzufügen, daß auch denjenigen Biegungsflächen des Katenoids, die Linienflächen sind, dieselbe Eigenschaft zukommt. Sie sind bekanntlich die Ortsflächen der Binormalen von Kurven konstanter Torsion. Nun mögen wieder zwei durch eine Bäcklundsche Transformation verknüpfte pseudosphärische Flächen $S$ und $S_1$ und nach Festlegung von zwei einander entsprechenden Haupttangentenkurven auf ihnen, $a$ und $a_1$, die Linienflächen $R$ und $R_1$, die eben die Ortsflächen der Normalen zu $S$ und $S_1$ längs $a$ und $a_1$ sind, betrachtet werden. Da $a$ und $a_1$ (ein und dieselbe) konstante Torsion haben, so sind $R$ und $R_1$ eben zwei (Linien-)Biegungsflächen des Katenoids, und es ist auf Grund der vorstehenden Gleichungen leicht nachzuweisen, daß die beiden Linienflächen $R$ und $R_1$ Punkt für Punkt so aufeinander bezogen werden können, daß die Geraden von $R$ und $R_1$ einander entsprechen und die Verbindungslinien entsprechender Punkte ein $W$-System bilden, dessen Brennmäntel $R$ und $R_1$ sind.

Eigenschaften, die den hier für die Biegungsflächen des Katenoids gekennzeichneten völlig analog sind, werden wir später für die Biegungsflächen aller Flächen zweiten Grades kennen lernen.

## § 260. Der Vertauschbarkeitssatz.

Wie schon am Schlusse des § 257 erwähnt wurde, gelangt man zu einer wesentlichen Vervollkommnung der Transformationsmethoden für pseudosphärische Flächen auf Grund eines Satzes, den der Verfasser Vertauschbarkeitssatz genannt hat.[1]) Er lautet wie folgt:

Sind zwei pseudosphärische Flächen $S_1, S_2$ mit ein und derselben pseudosphärischen Fläche $S$ durch zwei Bäcklundsche Transformationen $B_{\sigma_1}$ bzw. $B_{\sigma_2}$ mit verschiedenen Konstanten $\sigma_1, \sigma_2$ verknüpft, so gibt es eine vierte pseudosphärische Fläche $S'$, die nun wieder mit denselben beiden Flächen $S_1, S_2$ durch Bäcklundsche Transformationen $B_{\sigma_2}'$ bzw. $B_{\sigma_1}'$ mit vertauschten Konstanten verknüpft ist.

Offenbar gelangt man von $S$ zu $S'$ entweder, indem man zuerst $B_{\sigma_1}$, dann $B_{\sigma_2}'$ oder indem man zuerst $B_{\sigma_2}$, dann $B_{\sigma_1}'$ ausführt, d. h. es ist symbolisch:

$$B'_{\sigma_2} B_{\sigma_1} = B'_{\sigma_1}, B_{\sigma_2};$$

daher die Bezeichnung: Vertauschbarkeitssatz.

1) Der Satz stammt aus dem Jahre 1892. S. die Abhandlung des Verfassers: Sulla trasformazione di Bäcklund delle superficie pseudosferiche. Rendiconti dell' Accad. dei Lincei, 5. Serie, 1. Bd.

Werden $S, S_1, S_2$ als bekannt angenommen, so ergibt sich diese vierte Fläche $S'$ in endlichen Ausdrücken durch eine einfache geometrische Konstruktion. Bevor wir aber dazu übergehen, die Formeln für dieselbe abzuleiten, dürfte es zweckmäßig sein, den Satz durch die folgenden Bemerkungen zu erläutern. Es seien $M, M_1, M_2, M'$ vier entsprechende Punkte der vier Flächen $S, S_1, S_2, S'$ und $x, y, z; x_1, y_1, z_1; \ldots$ ihre Koordinaten. In dem windschiefen Viereck $MM_1M'M_2$ sind die beiden Gegenkanten $MM_1$ und $M_2M'$ gleich lang, gleich $R \cos\sigma_1$, ebenso auch die beiden anderen Gegenkanten, gleich $R\cos\sigma_2$. Bezeichnen wir ferner als Ebenen des Vierseits die Ebenen:

$$\pi \equiv M_1MM_2, \quad \pi_1 \equiv MM_1M', \quad \pi_2 \equiv MM_2M', \quad \pi' \equiv M_1M'M_2,$$

so sind dies die vier Tangentialebenen der vier pseudosphärischen Flächen $S$, $S_1$, $S_2$, $S'$. Die Ebenenpaare $\pi$, $\pi_1$; $\pi_2$, $\pi'$, die durch die beiden Gegenkanten $MM_1$ bzw. $M_2M'$ hindurchgehen, bilden Winkel vom Betrage $\frac{\pi}{2} - \sigma_1$, die anderen beiden Ebenenpaare $\pi$, $\pi_2$; $\pi_1$, $\pi'$, die durch die beiden Gegenkanten $MM_2$ bzw. $M_1M'$ hindurchgehen, bilden Winkel vom Betrage $\frac{\pi}{2} - \sigma_2$. Diese Eigenschaften des windschiefen Vierecks können zu folgendem elementargeometrischen Satze in Beziehung gebracht werden:

Sind in einem Tetraeder zwei Gegenkanten gleich $a$ und zwei andere Gegenkanten gleich $b$, so ist 1) die Verbindungslinie der Mittelpunkte der noch übrigen beiden Kanten ihr gemeinsames Lot, 2) sind die Flächenwinkel an den gleichen Kanten einander gleich, und 3) ist, wenn diese Winkel mit $\alpha, \beta$ bezeichnet werden: $\frac{a}{b} = \frac{\sin\alpha}{\sin\beta}$.

Demnach bewegt sich das windschiefe Viereck $MM_1M'M_2$ ohne Änderung der Kantenlängen und Flächenwinkel im Raume so, daß seine vier Ecken die vier pseudosphärischen Flächen beschreiben und seine vier Ebenen beständig Tangentialebenen an den vier Flächen bleiben.

Nach dieser Vorbemerkung suchen wir die wirklichen Formeln abzuleiten, die für bekannte Flächen $S$, $S_1$, $S_2$ die vierte Fläche $S'$ ergeben, und werden dann auf Grund der erhaltenen Formeln die erwünschten Nachweise leicht erbringen können. Wir nehmen ein beliebiges Tripel von entsprechenden Punkten $M$, $M_1$, $M_2$ auf $S$, $S_1$, $S_2$, dann muß nach dem Wortlaut des Satzes der vierte unbekannte Punkt $M'$ auf der Schnittgeraden der Tangentialebenen $\pi_1$, $\pi_2$ von $S_1$, $S_2$, die offenbar durch den Punkt $M$ geht, liegen, und ferner muß er von der Ecke $M_1$ um die Strecke $R\cos\sigma_2$, von der Ecke $M_2$ um die Strecke $R\cos\sigma_1$ entfernt sein. Diese Bedingungen bestimmen, wie wir nun nachweisen werden, einen und nur einen Punkt $M'$ und ergeben somit die gesuchten Formeln.

Nach den Gleichungen in § 255, S. 459, für die Bäcklundsche Transformation seien:

$$(26)\qquad \begin{cases} x_1 = x + R\cos\sigma_1(\cos\vartheta_1 X_1 + \sin\vartheta_1 X_2), \\ x_2 = x + R\cos\sigma_2(\cos\vartheta_2 X_1 + \sin\vartheta_2 X_2) \text{ usw.} \end{cases}$$

diejenigen Gleichungen, welche $S_1$, $S_2$ definieren, wo $\vartheta_1$, $\vartheta_2$ mit $\vartheta$ durch die Gleichungen (17) verbunden sind:

$$(27)\qquad \begin{cases} \dfrac{\partial\vartheta_1}{\partial u} + \dfrac{\partial\vartheta}{\partial v} = \dfrac{\cos\vartheta\sin\vartheta_1 + \sin\sigma_1\sin\vartheta\cos\vartheta_1}{\cos\sigma_1}, \\ \dfrac{\partial\vartheta_1}{\partial v} + \dfrac{\partial\vartheta}{\partial u} = -\dfrac{\sin\vartheta\cos\vartheta_1 + \sin\sigma_1\cos\vartheta\sin\vartheta_1}{\cos\sigma_1}; \end{cases}$$

$$(27^*)\qquad \begin{cases} \dfrac{\partial\vartheta_2}{\partial u} + \dfrac{\partial\vartheta}{\partial v} = \dfrac{\cos\vartheta\sin\vartheta_2 + \sin\sigma_2\sin\vartheta\cos\vartheta_2}{\cos\sigma_2}, \\ \dfrac{\partial\vartheta_2}{\partial v} + \dfrac{\partial\vartheta}{\partial u} = -\dfrac{\sin\vartheta\cos\vartheta_2 + \sin\sigma_2\cos\vartheta\sin\vartheta_2}{\cos\sigma_2}. \end{cases}$$

Bezeichnen wir nun mit $X_1^{(1)}$, $X_2^{(1)}$, $X_3^{(1)}$ usw. die Größen, die für $S_1$ den Größen $X_1$, $X_2$, $X_3$ usw. für $S$ analog sind, so erhalten wir aus (18) und (16):

$$(28)\qquad \begin{cases} X_1^{(1)} = (\cos\vartheta\cos\vartheta_1 - \sin\sigma_1\sin\vartheta\sin\vartheta_1)X_1 + \\ \qquad + (\cos\vartheta\sin\vartheta_1 + \sin\sigma_1\sin\vartheta\cos\vartheta_1)X_2 - \cos\sigma_1\sin\vartheta X_3, \\ X_2^{(1)} = (\sin\vartheta\cos\vartheta_1 + \sin\sigma_1\cos\vartheta\sin\vartheta_1)X_1 + \\ \qquad + (\sin\vartheta\sin\vartheta_1 - \sin\sigma_1\cos\vartheta\cos\vartheta_1)X_2 + \cos\sigma_1\cos\vartheta X_3, \end{cases}$$

$$(29)\qquad X_3^{(1)} = \cos\sigma_1\sin\vartheta_1 X_1 - \cos\sigma_1\cos\vartheta_1 X_2 - \sin\sigma_1 X_3$$

und analog für $S_2$:

$$(29^*)\qquad X_3^{(2)} = \cos\sigma_2\sin\vartheta_2 X_1 - \cos\sigma_2\cos\vartheta_2 X_2 - \sin\sigma_2 X_3 \text{ usw.}$$

Die Richtungskosinus der Geraden $\pi_1$, $\pi_2$, auf der Punkt $M'$ liegen muß, sind proportional den drei Unterdeterminanten der Matrix:

$$\begin{vmatrix} X_3^{(1)} & Y_3^{(1)} & Z_3^{(1)} \\ X_3^{(2)} & Y_3^{(2)} & Z_3^{(2)} \end{vmatrix}$$

oder wegen (29) und (29*) den drei Größen $\alpha$, $\beta$, $\gamma$, die bestimmt sind durch:

$$(30)\qquad \begin{aligned} \alpha = {} & (\cos\sigma_1\sin\sigma_2\cos\vartheta_1 - \cos\sigma_2\sin\sigma_1\cos\vartheta_2)X_1 + \\ & + (\cos\sigma_1\sin\sigma_2\sin\vartheta_1 - \cos\sigma_2\sin\sigma_1\sin\vartheta_2)X_2 - \\ & - \cos\sigma_1\cos\sigma_2\sin(\vartheta_1 - \vartheta_2)X_3 \end{aligned}$$

nebst analogen Gleichungen für $\beta$ und $\gamma$.

Bezeichnen wir also mit $\Lambda$ eine passende Funktion von $u$, $v$, so haben wir für die Koordinaten $x'$, $y'$, $z'$ von $M'$ die Ausdrücke:

$$(31) \qquad x' = x + \Lambda\alpha, \quad y' = y + \Lambda\beta, \quad z' = z + \Lambda\gamma,$$

und es ist nun noch $\Lambda$ so zu bestimmen, daß die beiden Gleichungen bestehen:

$$\sum(x' - x_1)^2 = R^2\cos^2\sigma_2, \quad \sum(x' - x_2)^2 = R^2\cos^2\sigma_1,$$

welche besagen, daß $M'$ von $M_1$ um $R\cos\sigma_2$ und von $M_2$ um $R\cos\sigma_1$ entfernt ist. Diese Gleichungen lassen sich auch wie folgt schreiben:

$$\sum[\Lambda\alpha - (x_1 - x)]^2 = R^2\cos^2\sigma_2, \quad \sum[\Lambda\alpha - (x_2 - x)]^2 = R^2\cos^2\sigma_1,$$

und durch Addieren und Subtrahieren derselben und unter Berücksichtigung von:

$$\sum(x_1 - x)^2 = R^2\cos^2\sigma_1, \quad \sum(x_2 - x)^2 = R^2\cos^2\sigma_2$$

ergeben sich für $\Lambda$ die beiden linearen Gleichungen:

$$(32) \quad \begin{cases} \Lambda\sum\alpha^2 = \sum\alpha(x_1 - x) + \sum\alpha(x_2 - x), \\ \Lambda\left[\sum\alpha(x_2 - x) - \sum\alpha(x_1 - x)\right] = R^2(\sin^2\sigma_1 - \sin^2\sigma_2). \end{cases}$$

Nun ist wegen (26) und (30):

$$\sum\alpha^2 = 1 - [\sin\sigma_1\sin\sigma_2 + \cos\sigma_1\cos\sigma_2\cos(\vartheta_1 - \vartheta_2)]^2,$$

$$\sum\alpha(x_1 - x) = R\cos\sigma_1[\cos\sigma_1\sin\sigma_2 - \cos\sigma_2\sin\sigma_1\cos(\vartheta_1 - \vartheta_2)],$$

$$\sum\alpha(x_2 - x) = R\cos\sigma_2[\cos\sigma_1\sin\sigma_2\cos(\vartheta_1 - \vartheta_2) - \cos\sigma_2\sin\sigma_1],$$

woraus wir ableiten:

$$\sum\alpha(x_1 - x) + \sum\alpha(x_2 - x) =$$
$$= R(\sin\sigma_2 - \sin\sigma_1)[1 + \sin\sigma_1\sin\sigma_2 + \cos\sigma_1\cos\sigma_2\cos(\vartheta_1 - \vartheta_2)],$$

$$\sum\alpha(x_2 - x) - \sum\alpha(x_1 - x) =$$
$$= R(\sin\sigma_1 + \sin\sigma_2)[-1 + \sin\sigma_1\sin\sigma_2 + \cos\sigma_1\cos\sigma_2\cos(\vartheta_1 - \vartheta_2)].$$

Die Gleichungen (32) ergeben also übereinstimmend:

$$(33) \qquad \Lambda = R\frac{\sin\sigma_1 - \sin\sigma_2}{\sin\sigma_1\sin\sigma_2 + \cos\sigma_1\cos\sigma_2\cos(\vartheta_1 - \vartheta_2) - 1},$$

und wird dieser Wert für $\Lambda$ in (31) eingesetzt, so ergeben sich in endlichen Ausdrücken die Gleichungen für die vierte Fläche $S'$, und es sind dann nur noch die gewünschten Nachweise für diese endgültigen Formeln zu erbringen. Ausführlich lauten sie:

$$= x + \frac{R(\sin\sigma_1 - \sin\sigma_2)}{\sin\sigma_1\sin\sigma_2 + \cos\sigma_1\cos\sigma_2\cos(\vartheta_1 - \vartheta_2) - 1}\left[\begin{array}{l}(\cos\sigma_1\sin\sigma_2\cos\vartheta_1 - \cos\sigma_2\sin\sigma_1\cos\vartheta_2)X_1 + \\ + (\cos\sigma_1\sin\sigma_2\sin\vartheta_1 - \cos\sigma_2\sin\sigma_1\sin\vartheta_2)X_2 - \\ - \cos\sigma_1\cos\sigma_2\sin(\vartheta_1 - \vartheta_2)X_3\end{array}\right]$$

§ 261. **Berechnungen und Nachweise für die Fläche $S'$.**

Wir bezeichnen nun mit $\vartheta'$ den Neigungswinkel der in der Tangentialebene $\pi_1$ an $S_1$ gezogenen Strecke $M_1 M'$, gleich $R\cos\sigma_2$, zur (Krümmungs-) Linie $v =$ const. und haben dann:

$$x' = x_1 + R\cos\sigma_2(\cos\vartheta' X_1^{(1)} + \sin\vartheta' X_2^{(1)}) \text{ usw.}$$

und durch Kombination mit (31):

$$\frac{A}{R}\alpha = \cos\sigma_1\cos\vartheta_1 X_1 + \cos\sigma_1\sin\vartheta_1 X_2 + \cos\sigma_2(\cos\vartheta' X_1^{(1)} + \sin\vartheta' X_2^{(1)}) \text{ usw.}$$

Multiplizieren wir diese Gleichungen der Reihe nach zuerst mit $X_1$, $Y_1$, $Z_1$, dann mit $X_2$, $Y_2$, $Z_2$, drittens mit $X_3$, $Y_3$, $Z_3$ und addieren wir jedesmal, so ergeben sich wegen (28) folgende drei Gleichungen:

$$\frac{A}{R}(\cos\sigma_1\sin\sigma_2\cos\vartheta_1 - \cos\sigma_2\sin\sigma_1\cos\vartheta_2) =$$
$$= \cos\sigma_1\cos\vartheta_1 + \cos\sigma_2[\cos\vartheta_1\cos(\vartheta'-\vartheta) + \sin\sigma_1\sin\vartheta_1\sin(\vartheta'-\vartheta)],$$
$$\frac{A}{R}(\cos\sigma_1\sin\sigma_2\sin\vartheta_1 - \cos\sigma_2\sin\sigma_1\sin\vartheta_2) =$$
$$= \cos\sigma_1\sin\vartheta_1 + \cos\sigma_2[\sin\vartheta_1\cos(\vartheta'-\vartheta) - \sin\sigma_1\cos\vartheta_1\sin(\vartheta'-\vartheta)],$$
$$\frac{A}{R}\sin(\vartheta_1 - \vartheta_2) = -\sin(\vartheta'-\vartheta).$$

Multiplizieren wir die ersten beiden mit $\cos\vartheta_1$ bzw. $\sin\vartheta_1$ und addieren wir, so kommt:

$$\frac{A}{R}[\cos\sigma_1\sin\sigma_2 - \cos\sigma_2\sin\sigma_1\cos(\vartheta_1-\vartheta_2)] = \cos\sigma_1 + \cos\sigma_2\cos(\vartheta'-\vartheta).$$

Setzen wir endlich für $A$ den Wert (33) ein, so können wir hieraus folgende zwei Gleichungen ableiten, die Sinus und Kosinus der Differenz $\vartheta' - \vartheta$ bestimmen:

$$(35)\qquad \begin{cases} \cos(\vartheta'-\vartheta) = \dfrac{\cos\sigma_1\cos\sigma_2 + (\sin\sigma_1\sin\sigma_2 - 1)\cos(\vartheta_2-\vartheta_1)}{\cos\sigma_1\cos\sigma_2\cos(\vartheta_2-\vartheta_1) + \sin\sigma_1\sin\sigma_2 - 1}, \\ \sin(\vartheta'-\vartheta) = \dfrac{(\sin\sigma_1 - \sin\sigma_2)\sin(\vartheta_2-\vartheta_1)}{\cos\sigma_1\cos\sigma_2\cos(\vartheta_2-\vartheta_1) + \sin\sigma_1\sin\sigma_2 - 1}, \end{cases}$$

und natürlich ist, wie auch die Rechnung bestätigt, die Summe der Quadrate der rechten Seiten gleich Eins.

Aus diesen Gleichungen ergibt sich eine andere bemerkenswert einfache, wenn
$$\operatorname{tg}^2\frac{\vartheta'-\vartheta}{2} = \frac{1-\cos(\vartheta'-\vartheta)}{1+\cos(\vartheta'-\vartheta)}$$
aus der ersten gebildet und die zweite berücksichtigt wird. Man findet so:

$$(\mathrm{C})\qquad \operatorname{tg}\frac{\vartheta'-\vartheta}{2} = \frac{\cos\dfrac{\sigma_1+\sigma_2}{2}}{\sin\dfrac{\sigma_1-\sigma_2}{2}}\operatorname{tg}\frac{\vartheta_1-\vartheta_2}{2}.$$

Bemerkenswert ist die Symmetrie dieser Gleichung hinsichtlich $S_1$ und $S_2$, woraus folgt, daß $\vartheta'$ auch der Neigungswinkel der Strecke $M_2M'$ zur Kurve $v = \text{const.}$ auf $S_2$ ist.

Differenzieren wir nun (C) nach $u$ und $v$ und berücksichtigen wir (35), (27), (27*), so läßt sich leicht nachweisen, daß $\vartheta'$ nun auch mit $\vartheta_1$, $\vartheta_2$ durch folgende Gleichungen verknüpft ist:

$$(36)\qquad \begin{cases} \dfrac{\partial \vartheta'}{\partial u} + \dfrac{\partial \vartheta_1}{\partial v} = \dfrac{\cos\vartheta_1 \sin\vartheta' + \sin\sigma_2 \sin\vartheta_1 \cos\vartheta}{\cos\sigma_2} \\[2ex] \dfrac{\partial \vartheta'}{\partial v} + \dfrac{\partial \vartheta_1}{\partial u} = -\dfrac{\sin\vartheta_1 \cos\vartheta' + \sin\sigma_2 \cos\vartheta_1 \sin\vartheta'}{\cos\sigma_2}; \end{cases}$$

$$(36^*)\qquad \begin{cases} \dfrac{\partial \vartheta'}{\partial u} + \dfrac{\partial \vartheta_2}{\partial v} = \dfrac{\cos\vartheta_2 \sin\vartheta' + \sin\sigma_1 \sin\vartheta_2 \cos\vartheta'}{\cos\sigma_1}, \\[2ex] \dfrac{\partial \vartheta'}{\partial v} + \dfrac{\partial \vartheta_2}{\partial u} = -\dfrac{\sin\vartheta_2 \cos\vartheta' + \sin\sigma_1 \cos\vartheta_2 \sin\vartheta'}{\cos\sigma_1}. \end{cases}$$

Diese Gleichungen sind aber gerade die Formeln für die Bäcklundschen Transformationen $B'_{\sigma_2}$, $B'_{\sigma_1}$ mit vertauschten Konstanten $\sigma_2, \sigma_1$. Somit sind alle im Vertauschbarkeitssatze behaupteten Eigenschaften nachgewiesen, und es ist klar, daß das Linienelement $ds'$ der vierten pseudosphärischen Fläche $S'$ durch:

$$ds'^2 = R^2(\cos^2\vartheta'\, du^2 + \sin^2\vartheta'\, dv^2)$$

bestimmt ist.

## § 262. Aufeinanderfolgende Anwendung der Bäcklundschen Transformation.

Wir kommen nun zu der wichtigsten Anwendung des Vertauschbarkeitssatzes, zum Ausbau der Transformationsmethode.

Wir setzen voraus, daß von der pseudosphärischen Ausgangsfläche $S$, die der Lösung $\vartheta$ der Fundamentalgleichung (13), S. 458:

$$\frac{\partial^2 \vartheta}{\partial u^2} - \frac{\partial^2 \vartheta}{\partial v^2} = \sin\vartheta \cos\vartheta$$

entspreche, alle aus ihr ableitbaren Bäcklundschen Transformierten bekannt seien, d. h. es liege das allgemeine Integral $\varphi$ des Systems (17) vor:

$$(37)\qquad \begin{cases} \dfrac{\partial \varphi}{\partial u} + \dfrac{\partial \vartheta}{\partial v} = \dfrac{\cos\vartheta \sin\varphi + \sin\sigma \sin\vartheta \cos\varphi}{\cos\sigma}, \\[2ex] \dfrac{\partial \varphi}{\partial v} + \dfrac{\partial \vartheta}{\partial u} = -\dfrac{\sin\vartheta \cos\varphi + \sin\sigma \cos\vartheta \sin\varphi}{\cos\sigma}. \end{cases}$$

Diese Funktion $\varphi$ enthält außer der Konstanten $\sigma$ eine zweite willkürliche Konstante $c$. Wir schreiben:

$$\varphi \equiv \varphi(u, v, \sigma, c)$$

und kennen somit eine Lösung $\varphi$ der Gleichung (13) mit zwei willkürlichen Konstanten $\sigma, c$. Unter dieser Voraussetzung beweisen wir:

Für jede aus der Fläche $S$ durch eine Transformation $B_{\sigma_1}$ abgeleitete pseudosphärische Fläche $S_1$ können alle Bäcklundschen Transformierten lediglich durch algebraische Rechnungen und Differentiationen bestimmt werden.

Bezeichnen wir mit

$$\vartheta_1 \equiv \varphi(u, v, \sigma_1, c_1)$$

die Lösung der $S_1$ entsprechenden Fundamentalgleichung, mit $\Sigma$ eine durch die erzeugende Transformation $B_\sigma$ aus $S_1$ abgeleitete Transformierte und mit $\Theta$ die $\Sigma$ entsprechende Lösung, so erhalten wir nach Gleichung (C) des Vertauschbarkeitssatzes:

$$\text{(38)} \qquad \operatorname{tg}\frac{\Theta - \vartheta}{2} = \frac{\cos\frac{\sigma_1 + \sigma}{2}}{\sin\frac{\sigma_1 - \sigma}{2}} \operatorname{tg}\frac{\vartheta_1 - \varphi(u, v, \sigma, c)}{2}.$$

Setzen wir zunächst $\sigma \neq \sigma_1$ voraus, so ergibt diese Gleichung in endlichen Ausdrücken die gesuchte Transformierte $\Sigma$ von $S_1$. Sie ist durch die Gleichungen (34) bestimmt, wobei für $\sigma_2$, $\vartheta_2$ die Größen $\sigma$ bzw. $\varphi$ zu setzen sind; somit ist:

$$\text{(39)} \quad x' = x + \frac{R(\sin\sigma_1 - \sin\sigma)}{\sin\sigma_1 \sin\sigma + \cos\sigma_1 \cos\sigma \cos(\vartheta_1 - \varphi) - 1} [(\cos\sigma_1 \sin\sigma \cos\vartheta_1 - \cos\sigma \sin\sigma_1 \cos\varphi) X_1 + (\cos\sigma_1 \sin\sigma \sin\vartheta_1 - \cos\sigma \sin\sigma_1 \sin\varphi) X_2 - \cos\sigma_1 \cos\sigma \sin(\vartheta_1 - \varphi) X_3],$$

dazu kommen analoge Gleichungen für $y'$ und $z'$.

Auch für den Ausnahmefall: $\sigma = \sigma_1$ lassen sich die entsprechenden Gleichungen durch einen Grenzübergang leicht ableiten. Zu diesem Zwecke denke man sich in der Funktion

$$\varphi \equiv \varphi(u, v, \sigma, c)$$

für $c$ eine willkürliche Funktion von $\sigma$,

$$c \equiv c(\sigma),$$

gesetzt, die der einzigen Bedingung unterworfen sei, daß sie für $\sigma = \sigma_1$ in $c_1$ übergehen soll, so daß also

$$\vartheta_1 = [\varphi(u, v, \sigma, c(\sigma))]_{\sigma = \sigma_1}$$

sein soll. In der Grenze, für $\sigma = \sigma_1$, erscheint die rechte Seite von (38) zunächst in der Gestalt $\frac{0}{0}$; wird jedoch für den Quotienten

$$\frac{\operatorname{tg}\frac{\vartheta_1 - \varphi(u, v, \sigma, c(\sigma))}{2}}{\sin\frac{\sigma_1 - \sigma}{2}},$$

der für $\sigma = \sigma_1$ eben die Form $\frac{0}{0}$ annimmt, nach der bekannten Regel der Quotient der ersten Differentialquotienten nach $\sigma$ und dann $\sigma$ gleich $\sigma_1$ gesetzt, so ergibt sich:

$$\operatorname{tg}\frac{\Theta - \vartheta}{2} = \cos\sigma_1 \left[\frac{\partial \varphi}{\partial \sigma} + \frac{\partial \varphi}{\partial c}\frac{dc}{d\sigma}\right]_{\sigma=\sigma_1}$$

oder:

$$\operatorname{tg}\frac{\Theta - \vartheta}{2} = \cos\sigma_1 \left[\frac{\partial \varphi}{\partial \sigma} + c'\frac{\partial \varphi}{\partial c}\right]_{\sigma=\sigma_1}, \tag{40}$$

wo $c'$ eine neue willkürliche Konstante ist. Nun läßt sich leicht direkt nachweisen, daß diese Gleichung eben (gestaltlich) die $\infty^1$ mittels $B_{\sigma_1}$ abgeleiteten Transformierten von $S_1$ definiert. Dazu brauchen wir nur die Gleichungen (37) nach $\sigma$ zu differenzieren, in ihnen $\sigma_1$ gleich $\sigma_2$ zu setzen und die so erhaltenen Gleichungen mit denen zu kombinieren, die durch Differentiation von (40) nach $u$ und $v$ entstehen. Wünschen wir ferner die Gleichungen dieser aus $S_1$ abgeleiteten Transformierten in endlichen Ausdrücken, so brauchen wir nur auf die Gleichungen (39) zurückzugehen, in denen in jedem Koeffizienten von $X_1, X_2, X_3 \ldots$ der Zähler und der Nenner für $\sigma = \sigma_1$ von der zweiten Ordnung verschwinden; für jeden dieser Quotienten ist dann der Quotient der zweiten Differentialquotienten nach $\sigma$ zu setzen. Diese analytischen Entwicklungen lassen sich sehr einfach geometrisch deuten, wenn man beachtet, daß unser obiger Ansatz:

$$\varphi \equiv \varphi(u, v, \sigma, c(\sigma))$$

zusammen mit der Bedingung: $c(\sigma_1) = c_1$ gleichbedeutend damit ist, daß aus den $\infty^2$ Flächen $\Sigma$ einfach unendlich viele, unter denen sich $S_1$ befindet und die wir mit $(\Sigma)$ bezeichnen wollen, ausgesondert werden. Wird ein beliebiger Punkt $M$ auf $S$ angenommen, so umhüllen die Tangentialebenen der Flächen $(\Sigma)$ in entsprechenden Punkten einen bestimmten Kegel $\Gamma$, dessen Spitze $M$ ist und der von der Ebene $\pi_1$ (der Tangentialebene an $S_1$ in $M_1$) berührt wird, da eben $S_1$ eine der Flächen $\Sigma$ ist. Die Erzeugende $g$, längs der $\pi_1$ $\Gamma$ berührt, ist offenbar die Grenzlage der Schnittgeraden der Ebene $\pi_1$ mit der Tangentialebene an $\Sigma$, wenn $\Sigma$ gegen $S_1$ konvergiert. Beim Grenzübergang in der allgemeinen Konstruktion sehen wir demnach, daß sich der vierte Punkt $M'$ als der zweite Schnittpunkt — der erste ist $M$ — der vorhin betrachteten Geraden $g$ mit dem Kreise $C_1$ ergibt, der in der Ebene $\pi_1$ mit dem Radius $R\cos\sigma_1$ um den Berührungspunkt $M_1$ beschrieben wird.

Die erhaltenen Ergebnisse können wir in dem Schlußsatze zusammenfassen, der die gewünschte Vervollständigung der Transformationsmethode liefert:

Ist für eine pseudosphärische Ausgangsfläche $S$ die Bestimmung aller aus ihr ableitbaren Bäcklundschen Transformierten bekannt, so erfordert die fortgesetzte und unbeschränkte Anwendung des Transformationsprozesses auf die nacheinander auftretenden neuen Flächen lediglich algebraische Rechnungen und Differentiationen.

Wir können auch sagen, daß nach Integration der ersten Riccatischen Differentialgleichung alle folgenden gleichzeitig mit ihr integriert sind und daß sich Lösungen $\vartheta$ der Fundamentalgleichung (13) mit einer beliebigen Anzahl willkürlicher Konstanten ohne irgendeine Integration ergeben.

## § 263. Geodätische Linien auf den abgeleiteten Flächen.

Unter Beibehaltung der zu Beginn des vorigen Paragraphen getroffenen Voraussetzung beweisen wir nun:

Für jede Fläche $S_n$ der aus $S$ abgeleiteten Reihe von Flächen läßt sich die Gleichung der geodätischen Linien in endlicher Gestalt angeben.

Wir können nämlich für jede Fläche $S_n$ alle aus ihr ableitbaren Bäcklundschen Transformierten in endlichen Ausdrücken finden, insbesondere die Komplementärflächen. Bezeichnen wir also mit $\vartheta_n$ die Lösung der $S_n$ entsprechenden Fundamentalgleichung, so kennen wir das allgemeine Integral der Differentialgleichungen für die Komplementärtransformation:

$$(41)\qquad \begin{cases} \dfrac{\partial \varphi}{\partial u} + \dfrac{\partial \vartheta_n}{\partial v} = \cos\vartheta_n \sin\varphi, \\[2mm] \dfrac{\partial \varphi}{\partial v} + \dfrac{\partial \vartheta_n}{\partial u} = -\sin\vartheta_n \cos\varphi. \end{cases}$$

Es sei $\varphi(u, v, c)$ dieses Integral mit der willkürlichen Konstanten $c$, und wir setzen:

$$\psi \equiv \log \frac{\partial \varphi}{\partial c}.$$

Durch Differentiation der Gleichungen (41) nach $c$ erhalten wir:

$$\frac{\partial \psi}{\partial u} = \cos\vartheta_n \cos\varphi, \quad \frac{\partial \psi}{\partial v} = \sin\vartheta_n \sin\varphi,$$

also ist:

$$\frac{1}{\cos^2\vartheta_n}\left(\frac{\partial \psi}{\partial u}\right)^2 + \frac{1}{\sin^2\vartheta_n}\left(\frac{\partial \psi}{\partial v}\right)^2 = 1,$$

d. h.:

$$\Delta_1 \psi = 1,$$

wo der Differentialparameter $\Delta_1\psi$ für das Linienelement $ds_n$ von $S_n$ berechnet ist. Diese Lösung $\psi$ der Gleichung:

$$\Delta_1 \psi = 1$$

enthält die willkürliche nicht additive Konstante $c$. Nach Satz (B), § 86, S. 168, kommen wir also zu dem gewünschten Ergebnis:

Die endliche Gleichung der geodätischen Linien auf $S_n$ lautet:

$$\frac{\partial^2 \varphi}{\partial c^2} = c' \frac{\partial \varphi}{\partial c},$$

worin $c'$ eine zweite willkürliche Konstante ist.

## § 264. Anwendung auf Dinische Schraubenflächen und auf die Komplementärfläche der Pseudosphäre.

Die obigen allgemeinen Ergebnisse wenden wir nun auf die Untersuchung einer unendlichen Reihe von pseudosphärischen Flächen an, für die sich die laufenden Punktkoordinaten durch gewöhnliche Kreis- und Exponentialfunktionen der Parameter $u$, $v$ der Krümmungslinien ausdrücken lassen.

Diese Flächenreihe erhalten wir höchst einfach, wenn wir von der selbstverständlichen Lösung: $\vartheta = 0$ der Fundamentalgleichung:

$$\frac{\partial^2 \vartheta}{\partial u^2} - \frac{\partial^2 \vartheta}{\partial v^2} = \sin\vartheta \cos\vartheta$$

ausgehen. Erinnern wir uns an die Entwicklungen in den voraufgehenden Paragraphen, so sehen wir, daß sie auch noch für $\vartheta = 0$ anwendbar bleiben, wenn wir

$$x, y, z;\; X_1, Y_1, Z_1;\; X_2, Y_2, Z_2;\; X_3, Y_3, Z_3$$

so annehmen, daß den Fundamentalgleichungen (a), § 255, S. 458, Genüge geleistet wird. Dies erreichen wir durch den Ansatz:

$$\begin{array}{lll} x = 0, & y = 0, & z = Ru, \\ X_1 = 0, & Y_1 = 0, & Z_1 = 1, \\ X_2 = \sin v, & Y_2 = -\cos v, & Z_2 = 0, \\ X_3 = \cos v, & Y_3 = \sin v, & Z_3 = 0, \end{array}$$

woraus erhellt, daß sich hier die Fläche $S$ auf die $z$-Achse zusammenzieht.

Da $\vartheta = 0$ ist, gehen die Gleichungen (17), § 255, S. 459, für die Bäcklundsche Transformation $B_\sigma$ über in:

$$\frac{\partial \vartheta_1}{\partial u} = \frac{\sin\vartheta_1}{\cos\sigma}, \quad \frac{\partial \vartheta_1}{\partial v} = -\frac{\sin\sigma}{\cos\sigma}\sin\vartheta_1.$$

Ihre Integration ergibt:

$$\operatorname{tg}\frac{\vartheta_1}{2} = Ce^{\frac{u - v\sin\sigma}{\cos\sigma}},$$

wo die Integrationskonstante $C$ unbeschadet der Allgemeinheit gleich Eins gesetzt werden kann.

Untersuchen wir nun, wie die entsprechenden pseudosphärischen Flächen aussehen. Setzen wir zur Abkürzung:

$$\tau \equiv \frac{u - v \sin\sigma}{\cos\sigma},$$

so haben wir:

$$\sin\vartheta_1 = \frac{1}{\cosh\tau}, \quad \cos\vartheta_1 = -\operatorname{tgh}\tau.$$

Durch Anwendung der Gleichungen (14), § 255, S. 459, erhalten wir für die abgeleiteten Flächen:

$$x_1 = \frac{R\cos\sigma\sin v}{\cosh\tau}, \quad y_1 = -\frac{R\cos\sigma\cos v}{\cosh\tau}, \quad z_1 = R(u - \cos\sigma\operatorname{tgh}\tau).$$

Diese Flächen sind offenbar Schraubenflächen, deren Meridiankurve $v = 0$ (in der $yz$-Ebene) die Kurve:

$$y_1 = -\frac{R\cos\sigma}{\cosh\tau}, \quad z_1 = R\cos\sigma\,(\tau - \operatorname{tgh}\tau)$$

ist. Sie ist eine Traktrix, für welche die Achse Asymptote und die konstante Länge der Tangente gleich $R\cos\sigma$ ist. Der Parameter der Schraubung ist gleich $R\sin\sigma$. Es sind dies die merkwürdigen pseudosphärischen Schraubenflächen, die zuerst Dini gefunden hat. Offenbar können wir den Satz aussprechen:

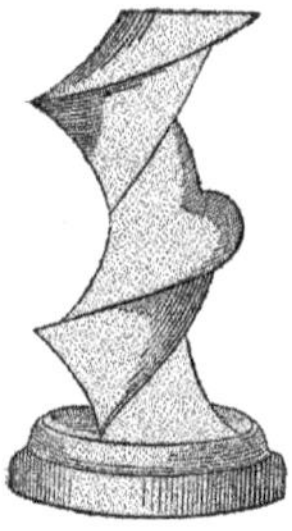

Fig. 15. Dinische Schraubenfläche.

Wird einer Traktrix von konstanter Tangentenlänge $t$ eine Schraubung vom Parameter $m$ um die Asymptote als Achse erteilt, so wird eine pseudosphärische Schraubenfläche vom Radius $R = \sqrt{t^2 + m^2}$ erzeugt.

Ferner folgt, daß die Meridiankurven (Traktrizen) die Krümmungslinien $v =$ const. sind. Die anderen Krümmungslinien $u =$ const. liegen auf Kugeln vom Radius $R\cos\sigma$, deren Mittelpunkte auf der Achse liegen.

Wenden wir auf eine besondere Dinische Schraubenfläche, die den Gleichungen:

$$\operatorname{tg}\frac{\vartheta_1}{2} = e^{\tau_1}, \quad \tau_1 = \frac{u - v\sin\sigma_1}{\cos\sigma_1}$$

entspricht, die Gleichung (38), S. 472, des Vertauschbarkeitssatzes an, so ist die durch $B_\sigma$ erzeugte Transformierte gegeben durch

$$\operatorname{tg}\frac{\Theta}{2} = \frac{\cos\frac{\sigma_1 + \sigma}{2}}{\sin\frac{\sigma_1 - \sigma}{2}} \cdot \frac{e^{\tau_1} - e^{\tau}}{1 + e^{\tau_1 + \tau}}.$$

Im Spezialfalle: $\sigma = \sigma_1$ müssen wir auf Gleichung (40), S. 473, zurückgehen. Sie ergibt:

$$\operatorname{tg}\frac{\Theta}{2} = \frac{u\sin\sigma_1 - v + C}{\cos\sigma_1\cosh\tau_1}.$$

Setzen wir hierin $\sigma_1$ gleich Null, so erhalten wir die Komplementärfläche der Pseudosphäre, wobei wir unbeschadet der Allgemeinheit $C'$ auch gleich Null setzen können. Demnach ist:

$$\operatorname{tg}\frac{\Theta}{2} = -\frac{v}{\cosh u}, \quad \sin\Theta = -\frac{2v\cosh u}{\cosh^2 u + v^2}, \quad \cos\Theta = \frac{\cosh^2 u - v^2}{\cosh^2 u + v^2}.$$

Durch Anwendung der Gleichungen in den voraufgehenden Paragraphen erhalten wir für unsere Fläche:

$$x = \frac{2R\cosh u}{\cosh^2 u + v^2}(\sin v - v\cos v), \quad y = -\frac{2R\cosh u}{\cosh^2 u + v^2}(\cos v + v\sin v),$$

$$z = R\left(u - \frac{2\sinh u\cosh u}{\cosh^2 u + v^2}\right).$$

Ihre Krümmungslinien $v = \text{const.}$ liegen in Ebenen durch die $z$-Achse; die Krümmungslinien $u = \text{const.}$ werden durch Kugeln ausgeschnitten, deren Mittelpunkte auf der Achse liegen.

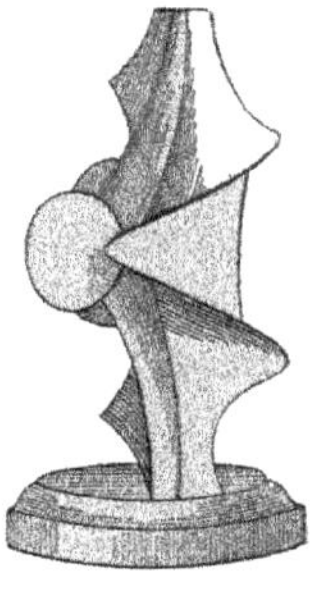

Fig. 16. Komplementärfläche der Pseudosphäre[1]).

Die hier betrachtete Fläche ist nur ein besonderer Fall der Enneperschen pseudosphärischen Flächen mit einer Schar ebener Krümmungslinien, bei denen im allgemeinen elliptische Funktionen auftreten. Auch die pseudosphärischen Rotationsflächen vom elliptischen und hyperbolischen Typus haben Ennepersche Flächen als Komplementärflächen.

## § 265. Zusammensetzung zweier konjugiert imaginärer Bäcklundscher Transformationen.

Wir kehren nun zum Vertauschbarkeitssatze und zu den auf ihn bezüglichen Gleichungen, § 260, 261, zurück.

Offenbar behält der analytische Teil jener Entwicklungen seine Gültigkeit sowohl für reelle als auch für komplexe Funktionen $\vartheta$, $\vartheta_1$, $\vartheta_2$ und Konstanten $\sigma_1$, $\sigma_2$. Nun gehen wir immer von einer reellen pseudosphärischen Fläche $S$, also von einer ihr entsprechenden reellen Lösung der Gleichung (13), S. 458, aus, nehmen aber die Konstante $\sigma_1$ beliebig komplex, nicht nur reell, an. Die Lösung $\vartheta_1$ der Gleichungen (27), § 260, S. 468, (mit einer willkürlichen komplexen Konstanten) ist dann auch komplex, und somit ist die abgeleitete pseudosphärische Fläche $S_1$ imaginär. Nun ist klar, daß den Gleichungen (27*), S. 468, genügt werden kann, wenn für $\sigma_2$, $\vartheta_2$ die zu $\sigma_1$, $\vartheta_1$ konjugiert kom-

1) Diese, wie auch die vorige Abbildung, sind dem Modellverzeichnis von L. Brill in Darmstadt entnommen.

plexen Größen gewählt werden. Wir bezeichnen sie mit $\bar{\sigma}_1$, $\bar{\vartheta}_1$, so daß wir haben:

$$\sigma_2 = \bar{\sigma}_1, \quad \vartheta_2 = \overline{\vartheta_1}.$$

Demnach ist auch die zweite abgeleitete Transformierte $S_2$ imaginär, und zwar ist sie die Konjugierte zu $S_1$. Dann aber ergeben die Gleichungen (30) und (33), S. 468, 469, daß die Größen $\alpha$, $\beta$, $\gamma$, $\Delta$ rein imaginär sind, da sie eben das Vorzeichen ändern, wenn $\sigma_1$ mit $\sigma_2$, $\vartheta_1$ mit $\vartheta_2$, d. h. $i$ mit $-i$ vertauscht wird. Folglich ergibt sich die vierte Fläche $S'$ des Vertauschbarkeitssatzes, die durch die Gleichungen (34), S. 469, bestimmt ist, als reell, wie die Fläche $S$. Somit schließen wir:

Wird auf eine reelle pseudosphärische Fläche $S$ eine komplexe Bäcklundsche Transformation angewandt und werden aus $S$ durch konjugiert imaginäre Transformationen die konjugiert imaginären pseudosphärischen Flächen $S_1$ und $S_2$ abgeleitet, so ist die vierte Fläche $S'$ des Vertauschbarkeitssatzes wieder reell.

Auf diese Weise ermöglicht es der Vertauschbarkeitssatz, nicht nur reelle, sondern auch imaginäre Bäcklundsche Transformationen zur Bildung reeller Transformationen zu verwenden. Übrigens ist es sehr leicht, durch Trennung des Reellen vom Imaginären, z. B. durch den Ansatz:

$$\sigma_1 = a + ib, \quad \sigma_2 = a - ib,$$
$$\vartheta_1 = \omega + i\varphi, \quad \vartheta_2 = \omega - i\varphi,$$

die endgültigen Gleichungen für die vierte Fläche $S'$ auf eine von allem imaginären freie Form zu bringen. So z. B. geht die Gleichung (C) des Vertauschbarkeitssatzes, § 241, S. 470, über in:

$$\operatorname{tg}\frac{\vartheta' - \vartheta}{2} = \frac{\cos a}{\sin ib}\operatorname{tg} i\varphi$$

oder in die reelle Gestalt:

$$\operatorname{tg}\frac{\vartheta' - \vartheta}{2} = \frac{\cos a}{\sinh b}\operatorname{tgh}\varphi.$$

Obige Ausführungen könnten dem Leser ziemlich selbstverständlich scheinen. Nichtsdestoweniger entstammen sie einer verhältnismäßig neuen Epoche (1899) in der Theorie der Bäcklundschen Transformationen, die schon bis in das Jahr 1879 zurückreicht. Von größter Bedeutung sind sie bei den Untersuchungen über die Flächen konstanter positiver Krümmung, die im nächsten Kapitel entwickelt werden. In diesem Falle sind die Bäcklundschen Elementartransformationen notwendig imaginär und liefern erst paarweise zusammengesetzt reelle Transformationen.

## § 266. Zusammensetzung zweier entgegengesetzter Transformationen $B_\sigma$ und $B_{-\sigma}$.

Zu besonders interessanten Ergnebissen führt nach dem Vertauschbarkeitssatze die Zusammensetzung zweier Bäcklundscher Transformationen mit gleichen, aber entgegengesetzten Konstanten $\sigma$ und $-\sigma$, sowohl für reelles als auch für rein imginäres $\sigma$.

Wir leiten nun die Gleichungen für den ersten Fall (für reelles $\sigma$) ab, denn diejenigen für den zweiten Fall ergeben sich dann unmittelbar daraus. Im jetzt vorliegenden Falle sind im Viereck $MM_1\,M'M_2$ des Vertauschbarkeitssatzes, § 260, S. 467, alle vier Seiten gleich $R\cos\sigma$, d. h. es ist ein (windschiefer) Rhombus. Wegen der Symmetrie schneiden sich offenbar die Normalen in $M$ und $M'$ zu den beiden gegenüberliegenden Flächen $S$ bzw. $S'$ (d. h. die Lote auf den Ebenen $M_1MM_2$ bzw. $M_1M'M_2$) in einem Punkte $M_0$, der von $M$ und $M'$ gleichweit entfernt ist; ebenso schneiden sich die Normalen in $M_1$ und $M_2$ zu $S_1$ bzw. $S_2$ in einem Punkte $M_0'$. Die Gerade $M_0M_0'$ ist offenbar das gemeinsame Lot auf den beiden (zueinander senkrechten) Diagonalen $MM'$ und $M_1M_2$. Für die Ortsflächen $S_0$ von $M_0$ und $S_0'$ von $M_0'$ beweisen wir nun folgende bemerkenswerte Eigenschaft:

Die beiden Flächen $S_0$ und $S_0'$ sind auf ein und dieselbe Rotationsfläche abwickelbar, und jede ist die Komplementärfläche der andern.

Zunächst berechnen wir die Koordinaten $x_0$, $y_0$, $z_0$ des Punktes $M_0$. Setzen wir:

$$MM_0 = T,$$

so haben wir:

$$x_0 = x + TX_3, \quad y_0 = y + TY_3, \quad z_0 = z + TZ_3.$$

Zur Berechnung von $T$ genügt der Umstand, daß die Gerade $M_0M'$ die Normale in $M'$ zu $S'$ ist, folglich auch das Lot auf der Geraden $M'M_1$ sein muß. Demnach erhalten wir:

$$\Sigma(x_0 - x')(x_1 - x') = 0$$

und daraus unter Berücksichtigung der Gleichungen in § 260, S. 468, wenn in ihnen $\sigma_1$ gleich $\sigma$, $\sigma_2$ gleich $-\sigma$ gesetzt wird:

$$T = R\sin\sigma\operatorname{cotg}\frac{\vartheta_1 - \vartheta_2}{2}.$$

Setzen wir zur Abkürzung:

$$\vartheta_1 - \vartheta_2 = 2\Omega, \quad \vartheta_1 + \vartheta_2 = 2\Phi, \tag{42}$$

so ist:

$$T = R\sin\sigma\operatorname{ctg}\Omega, \tag{43}$$

und wir erhalten folglich als Definitionsgleichungen für $S_0$:

(44) $$x_0 = x + R \sin\sigma \operatorname{ctg} \Omega X_3, \quad y_0 = y + R \sin\sigma \operatorname{ctg} \Omega Y_3, \quad z_0 = z + R \sin\sigma \operatorname{ctg} \Omega Z_3 \text{ usw.}$$

Durch den Ansatz (42) gehen die Gleichungen (27) und (27*), S. 468, für die Bäcklundschen Transformationen über in:

(45) $$\begin{cases} \dfrac{\partial \Omega}{\partial u} = \dfrac{A \cos\Phi}{\cos\sigma}, & \dfrac{\partial \Omega}{\partial v} = \dfrac{B \sin\Phi}{\cos\sigma}, \\ \dfrac{\partial \Phi}{\partial u} + \dfrac{\partial \vartheta}{\partial v} = \dfrac{C \sin\Phi}{\cos\sigma}, & \dfrac{\partial \Phi}{\partial v} + \dfrac{\partial \vartheta}{\partial u} = -\dfrac{D \cos\Phi}{\cos\sigma}, \end{cases}$$

wo gesetzt ist:

(46) $$\begin{cases} A \equiv \cos\vartheta \sin\Omega + \sin\sigma \sin\vartheta \cos\Omega, \; B \equiv \sin\vartheta \sin\Omega - \sin\sigma \cos\vartheta \cos\Omega, \\ C \equiv \cos\vartheta \cos\Omega - \sin\sigma \sin\vartheta \sin\Omega, \; D \equiv \sin\vartheta \cos\Omega + \sin\sigma \cos\vartheta \sin\Omega. \end{cases}$$

Nun ergibt sich durch Differentiation von (44) nach $u$ und $v$ und unter Berücksichtigung von (a), § 255, S. 458:

(46*) $$\begin{cases} \dfrac{\partial x_0}{\partial u} = R\left(\dfrac{A}{\sin\Omega} X_1 - \dfrac{\sin\sigma}{\sin^2\Omega} \dfrac{\partial \Omega}{\partial u} X_3\right), \\ \dfrac{\partial x_0}{\partial v} = R\left(\dfrac{B}{\sin\Omega} X_2 - \dfrac{\sin\sigma}{\sin^2\Omega} \dfrac{\partial \Omega}{\partial v} X_3\right) \end{cases}$$

nebst analogen Gleichungen für $y_0$ und $z_0$. Aus ihnen erhalten wir für das Linienelement $ds_0$ der Fläche $S_0$:

(47) $$ds_0^2 = R^2\left(\frac{\sin^2\sigma}{\sin^4\Omega}\, d\Omega^2 + \frac{A^2 du^2 + B^2 dv^2}{\sin^2\Omega}\right).$$

Nach (45) haben wir aber:

($\alpha$) $$A \cos\Phi du + B \sin\Phi dv = \cos\sigma d\Omega,$$

andrerseits ist auch der Ausdruck:

$$A \sin\Phi du - B \cos\Phi dv$$

ein vollständiges Differential, denn wegen (45) ist:

$$\frac{\partial (A \sin\Phi)}{\partial v} = -\frac{\partial (B \cos\Phi)}{\partial u} = \cos\sigma\left(\frac{\partial \Omega}{\partial u}\frac{\partial \Phi}{\partial v} + \frac{\partial \Omega}{\partial v}\frac{\partial \Phi}{\partial u}\right).$$

Bezeichnen wir diese in Frage kommende Funktion mit $V$, so ist demnach:

($\alpha^*$) $$A \sin\Phi du - B \cos\Phi dv = dV.$$

Durch Quadrieren von ($\alpha$) und ($\alpha^*$) und Addieren ergibt sich:

$$A^2 du^2 + B^2 dv^2 = \cos^2\sigma d\Omega^2 + dV^2,$$

und folglich geht (47) über in:

(47*) $$ds_0^2 = R^2\left(\frac{\sin^2\sigma + \cos^2\sigma \sin^2\Omega}{\sin^4\Omega}\, d\Omega^2 + \frac{dV^2}{\sin^2\Omega}\right).$$

Dieses Linienelement gehört zu einer bestimmten Rotationsfläche, die nur von den Werten der Konstanten $R$ und $\sigma$ abhängt.

## § 267. Unterscheidung der drei Gestalten der Meridiankurve.

Zur Vervollständigung der obigen Ergebnisse weisen wir darauf hin, daß wegen der Gleichungen (46*) die Richtungskosinus $X_0$, $Y_0$, $Z_0$ der Normale zu $S_0$, wie sich leicht bestätigen läßt, durch:

$$X_0 = \frac{\sin\sigma\cos\Phi X_1 + \sin\sigma\sin\Phi X_2 + \cos\sigma\sin\Omega X_3}{\sqrt{\sin^2\sigma + \cos^2\sigma\sin^2\Omega}} \quad \text{usw.}$$

gegeben sind und mit den Richtungskosinus der Diagonale $MM'$ unseres Rhombus bezüglich übereinstimmen. Folglich ist die Tangentialebene in $M_0$ an $S_0$ gerade die Ebene $M_0M_1M_2$, ebenso ist die Tangentialebene in $M_0'$ an $S_0'$ die andere Ebene $M_0'MM'$. Diese beiden aufeinander senkrecht stehenden Ebenen schneiden sich längs der Geraden $M_0M_0'$, die infolgedessen ein Normalensystem erzeugt, dessen beiden Brennmäntel $S_0$ und $S_0'$ sind. Nun sind die beiden gleichen Strecken $M_0M$ und $M_0M'$ (gleich $T = R\sin\sigma\cot\Omega$) konstant längs der Kurven $\Omega = \text{Const.}$, die auf $S_0$ die Transformierten der Parallelen sind, und da diese Strecken Normalen der entsprechenden Kurven $\Omega = \text{Const.}$ auf $S$ und $S'$ sind, sind sie auch Normalen der Transformierten der Parallelen auf $S_0$. Demnach ist die Ebene $MM_0M'$ oder $MM_0'M'$ die Normalenebene in $M_0$ zu $\Omega = \text{Const.}$, und folglich ist die Fläche $S_0'$ die Enveloppe dieser Ebenen, die Komplementärfläche von $S_0$ bezüglich der geodätischen Biegungskurven der Meridiane der entsprechenden Rotationsfläche. Somit ist der im vorigen Paragraphen aufgestellte Satz bewiesen.

Nun untersuchen wir die Gestalt der Rotationsfläche, zu der das Linienelement (47*) gehört. Bezeichnen wir mit $r$, $z$ die rechtwinkligen Koordinaten der Meridiankurve, mit $v_1$ die Länge, so können wir die Meridiankurve durch folgende Gleichungen bestimmt denken:

$$(48) \qquad r = \frac{iR\cos\sigma}{\sin\Omega}, \quad z = R\cot\Omega,$$

und wird die Länge

$$v_1 = \frac{iV}{\cos\sigma}$$

gesetzt, so ist das Linienelement mit dem durch (47*) bestimmten identisch. Wie man sieht, ist die Meridiankurve die imaginäre Ellipse:

$$\frac{r^2}{R^2\cos^2\sigma} + \frac{z^2}{R^2} + 1 = 0,$$

daher kann man sagen, daß die beiden (reellen) Flächen $S_0$ und $S_0'$ auf das imaginäre Rotationsellipsoid abwickelbar sind, und zwar sowohl im Falle eines reellen als auch eines rein imaginären $\sigma$.

Indem wir uns nun jedoch auf das reelle Gebiet begeben, wählen wir eine reelle typische Gestalt der Rotationsfläche, die das Linienelement (47*) hat.

Erster Fall: $\sigma$ reell. — Dann sind alle in den Gleichungen des vorigen Paragraphen auftretenden Größen reell. Als Gleichung der Meridiankurve können wir hier ansetzen:

$$r = R \sin \sigma \cosh \frac{z}{R}.$$

Die Meridiankurve entsteht aus der gemeinen Kettenlinie, wenn alle Ordinaten $r$ bezüglich der Leitlinie nach konstantem Verhältnis verkürzt werden. Diese Fläche wird daher als verkürztes Katenoid bezeichnet.

Zweiter Fall: $\sigma$ rein imaginär. — Wir setzen: $\sigma = ia$ ($a$ reell). Hier sind $\vartheta_1$, $\vartheta_2$ imaginär, folglich $\Omega$ rein imaginär, $\Phi$ reell, demnach $A, B, V$ rein imaginär, und wir setzen:

$$\Omega = i\omega, \quad V = iv.$$

Die Gleichung (47*) geht über in:

$$ds_0^2 = R^2 \left(\frac{\sinh^2 a + \cosh^2 a \sinh^2 \omega}{\sinh^4 \omega} d\omega^2 + \frac{dv^2}{\sinh^2 \omega}\right).$$

Das Linienelement gehört zur Rotationsfläche mit der Meridiankurve:

$$r = R \sinh a \sinh \frac{z}{R};$$

die entsprechende Fläche wird als hyperbolisches Sinusoid bezeichnet.

Es bleibt noch ein dritter Fall zu untersuchen, den wir hier stillschweigend übergangen haben, nämlich der Fall: $\sigma = 0$ der Komplementärtransformation. Angenommen also, wir haben zwei pseudosphärische Flächen $S_1$, $S_2$, die Komplementärflächen ein und derselben Fläche $S$ seien und demnach jeden Kreis, der in der Tangentialebene in einem beliebigen Punkte $M$ auf $S$ um $M$ mit dem Radius $R$ beschrieben wird, senkrecht schneiden mögen, und es seien $M_1$, $M_2$ die beiden Schnittpunkte von $S_1$, $S_2$ mit diesem Kreise.

Die Normalen in $M_1$ zu $S_1$ und in $M_2$ zu $S_2$ sind Tangenten dieses Kreises und schneiden sich in einem Punkte $M_0$. Dann wollen wir beweisen: Die Ortsfläche $S_0$ des Punktes $M_0$ ist eine Komplementärfläche von $S$ bezüglich des Büschels geodätischer Linien mit imaginärem Mittelpunkt und ist daher (S. 261) auf die Rotationsfläche abwickelbar, die als Meridiankurve eine verlängerte Traktrix hat.

Diesen Satz können wir sehr einfach auf Grund der folgenden geometrischen Überlegungen beweisen. Die Strahlen $MM_1$ und $MM_2$

umhüllen auf $S$ zwei Büschel von geodätischen Parallelen. Wir fassen diejenige völlig bestimmte geodätische Linie $g$ ins Auge, welche beiden Büscheln angehört. Bezeichnen wir mit $u$ die geodätische Entfernung eines beliebigen Punktes $M$ auf $S$ von $g$, so können wir das Linienelement von $S$ auf die hyperbolische Form bringen, also setzen:

$$ds^2 = du^2 + \cosh^2 \frac{u}{R}\, dv^2.$$

Für den Parallelitätswinkel $\alpha$ bezüglich $M$ und der geodätischen Linie $g$ haben wir (S. 436)

$$\cos\alpha = \operatorname{tgh} \frac{u}{R}.$$

Die Strecke $MM_0$ steht senkrecht auf der von $M$ ausgehenden Kurve $u = \text{Const.}$; ihre Länge ist

$$MM_0 = \frac{R}{\cos\alpha} = R \coth \frac{u}{R}.$$

Dies ist gerade der Radius der geodätischen Krümmung der Kurve $u = \text{Const.}$, und damit ist der Satz bewiesen.

Ferner hat das Quadrat des Linienelements von $S_0$ die Form (S. 261):

$$ds_0^2 = \coth^4 \frac{u}{R}\, du^2 + \frac{R^2 dv^2}{\sinh^2 \frac{u}{R}},$$

die durch den Ansatz:

$$r = \frac{R}{\sinh \frac{u}{R}}$$

in:

$$ds_0^2 = \left(1 + \frac{R^2}{r^2}\right) dr^2 + r^2 dv^2$$

übergeht und somit zur logarithmischen Rotationsfläche oder zum Logarithmoid mit der Meridiankurve:

$$z = R \log r$$

gehört.

Die erhaltenen Ergebnisse fassen wir zusammen in dem Satze:

Sind zwei pseudosphärische Flächen $S_1$ und $S_2$ mit ein und derselben pseudosphärischen Fläche $S$ durch zwei entgegengesetzte Bäcklundsche Transformationen $B_\sigma$ und $B_{-\sigma}$ verknüpft, so schneiden sich die Normalen in zwei entsprechenden Punkten $M_1$, $M_2$ auf $S_1$ bzw. $S_2$ in einem Punkte $M_0$, dessen Ortsfläche eine auf eine Rotationsfläche abwickelbare pseudosphärische Fläche $S_0$ ist.

Diese Rotationsfläche ist für $\sigma = 0$ das Logarithmoid, für reelles $\sigma (\neq 0)$ das verkürzte Katenoid, für rein imaginäres $\sigma$ das hyperbolische Sinusoid.

Ferner berührt in jedem Falle die um $M_0$ mit dem Radius $T = M_0 M_1 = M_0 M_2$ beschriebene Kugel die beiden pseudosphärischen Flächen $S_1$, $S_2$ in $M_1$ bzw. $M_2$. Diese Flächen sind demnach die beiden Mäntel der Enveloppe dieser $\infty^2$-Kugelschar. Endlich ist wegen der voraufgehenden Gleichungen die Länge des Radius $T$ dieser Kugeln gegeben durch:

$$T = r$$

für das Logarithmoid,

$$T = R \sin \sigma \sinh \frac{z}{R} = \sqrt{R^2 \sin^2 \sigma - r^2}$$

für das verkürzte Katenoid,

$$T = R \sinh a \cosh \frac{z}{R} = \sqrt{R^2 \sinh^2 a + r^2}$$

für das hyperbolische Sinusoid.

## § 268. Liesche Transformation der pseudosphärischen Flächen.

Am Schlusse dieses Kapitels betrachten wir im Zusammenhange mit der Komplementär- und der Bäcklundschen Transformation der pseudosphärischen Flächen noch eine Transformation anderer Art, die Liesche Transformation.

Unter Zugrundelegung der Haupttangentenkurven $\alpha$, $\beta$ entspricht, wie wir wissen, jede pseudosphärische Fläche einer Lösung $\vartheta$ der partiellen Differentialgleichung:

$$\text{(D)} \qquad \frac{\partial^2 (2\vartheta)}{\partial \alpha \, \partial \beta} = \sin 2\vartheta.$$

Die Liesche Transformation beruht nun auf der unmittelbar einleuchtenden Tatsache, daß aus einer bekannten Lösung $\vartheta(\alpha, \beta)$ von (D) sich eine neue mit einer willkürlichen Konstanten $k$ behaftete Lösung $\Theta(\alpha, \beta)$ in der Weise ergibt, daß

$$\Theta(\alpha, \beta) = \vartheta\left(k\alpha, \frac{\beta}{k}\right)$$

gesetzt wird, und dies läßt sich offenbar auf jede beliebige Differentialgleichung von der Form:

$$\frac{\partial^2 \vartheta}{\partial \alpha \, \partial \beta} = F(\vartheta)$$

verallgemeinern. Der Lösung $\vartheta(\alpha, \beta)$ entspricht eine pseudosphärische Fläche $S$; der neuen Lösung $\Theta$ wird eine neue, gestaltlich völlig bestimmte pseudosphärische Fläche entsprechen, die als die Liesche Transformierte der Fläche $S$ bezeichnet werden möge. Die Liesche Transformation führt von einer pseudosphärischen Fläche nur auf $\infty^1$

neue pseudosphärische Flächen, die bezüglich dieser Transformation offenbar eine Gruppe bilden. Während die Komplementär- und die Bäcklundsche Transformation sich durch eine wirkliche geometrische Konstruktion im Raume (durch $W$-Strahlensysteme) veranschaulichen lassen, ist dies für die Liesche Transformation nicht der Fall; ihre Bedeutung ist eine rein analytische. Trotzdem ist sie in einer bemerkenswerten Weise, auf die schon Lie selbst hingewiesen hat, mit der Komplementär- und der Bäcklundschen Transformation verknüpft. Um dies einzusehen, bringen wir die Konstante $k$ auf die Form:

$$k = \frac{1 + \sin\sigma}{\cos\sigma},$$

so daß die Transformation in dem Übergange von der Lösung $\vartheta(\alpha, \beta)$ der Differentialgleichung (D) zu der neuen Lösung:

$$\Theta(\alpha, \beta) = \vartheta\left(\frac{1 + \sin\sigma}{\cos\sigma}\alpha, \frac{1 - \sin\sigma}{\cos\sigma}\beta\right)$$

besteht. Bezeichnen wir die Transformation selbst mit $L_\sigma$, so ist die inverse Transformation $L_\sigma^{-1}$, die dem umgekehrten Übergange von $\Theta$ zu $\vartheta$ entspricht, einfach $L_{-\sigma}$. Nun führen wir in den Gleichungen (17), § 255, S. 459, für die Bäcklundsche Transformation $B_\sigma$ die Parameter $\alpha$, $\beta$ der Haupttangentenkurven als neue Koordinaten ein, indem wir setzen:

$$u - v = 2\alpha, \quad u + v = 2\beta;$$

dadurch gehen sie über in:

$$\left\{\begin{aligned} \frac{\partial(\vartheta_1 - \vartheta)}{\partial\alpha} &= \frac{1 + \sin\sigma}{\cos\sigma}\sin(\vartheta_1 + \vartheta), \\ \frac{\partial(\vartheta_1 + \vartheta)}{\partial\beta} &= \frac{1 - \sin\sigma}{\cos\sigma}\sin(\vartheta_1 - \vartheta). \end{aligned}\right.$$

Nun setzen wir voraus, daß man von $\vartheta$ zu $\varphi$ mittels einer Komplementärtransformation $B_0$ gelange, so daß

$$\frac{\partial(\varphi - \vartheta)}{\partial\alpha} = \sin(\varphi + \vartheta), \quad \frac{\partial(\varphi + \vartheta)}{\partial\beta} = \sin(\varphi - \vartheta)$$

ist. Mittels der Lieschen Transformation $L_\sigma$ können wir von den Lösungen $\vartheta$, $\varphi$ zu folgenden zwei neuen Lösungen gelangen:

$$\Theta = \vartheta\left(\frac{1 + \sin\sigma}{\cos\sigma}\alpha, \frac{1 - \sin\sigma}{\cos\sigma}\beta\right),$$

$$\Phi = \varphi\left(\frac{1 + \sin\sigma}{\cos\sigma}\alpha, \frac{1 - \sin\sigma}{\cos\sigma}\beta\right),$$

und es ist sofort klar, daß $\Theta$ und $\Phi$ durch die Gleichungen:

$$\begin{cases} \dfrac{\partial(\Phi - \Theta)}{\partial \alpha} = \dfrac{1+\sin\sigma}{\cos\sigma} \sin(\Phi + \Theta), \\ \dfrac{\partial(\Phi + \Theta)}{\partial \beta} = \dfrac{1-\sin\sigma}{\cos\sigma} \sin(\Phi - \Theta), \end{cases}$$

d. h. durch die **Bäcklundsche** Transformation $B_\sigma$, miteinander verknüpft sind. Nun gelangen wir von $\Theta$ zu $\vartheta$ mittels $L_\sigma^{-1}$, von $\vartheta$ zu $\varphi$ mittels $B_0$, endlich von $\varphi$ zu $\Phi$ mittels $L_\sigma$. Demnach gelangen wir von $\Theta$ zu $\Phi$ entweder mittels $B_\sigma$ oder mittels der zusammengesetzten Transformation $L_\sigma^{-1} B_0 L_\sigma$, können also symbolisch schreiben:

$$B_\sigma = L_\sigma^{-1} B_0 L_\sigma.$$

In Worten heißt dies: Die Bäcklundsche Transformation $B_\sigma$ geht mittels einer Lieschen Transformation aus der Komplementärtransformation $B_0$ hervor.

# Kapitel XVIII.

## Transformationen der Flächen konstanter positiver Krümmung und ihre Beziehungen zu den Biegungsflächen der Rotationsflächen zweiten Grades.

Flächen konstanter positiver Krümmung und Hazzidakissche Transformation. — Flächen konstanter mittlerer Krümmung. — Bonnet-Liesche Transformation. — (Imaginäre) Bäcklundsche Transformationen für die Biegungsflächen der Kugel. — Ihre Zusammensetzung zu reellen Transformationen. — Die auf das verlängerte Rotationsellipsoid und auf das zweischalige Rotationshyperboloid abwickelbaren abgeleiteten Flächen. — Verbiegung von Strahlensystemen und Kugelkongruenzen. — Bestimmung der Kugelumhüllenden, deren beide Mäntel bei beliebiger Verbiegung der Ortsfläche der Kugelmittelpunkte die mittlere Krümmung Null oder konstante mittlere Krümmung behalten. — Guichardsche Sätze.

---

### § 269. Biegungsflächen der Kugel und Hazzidakissche Transformation.

In dem vorliegenden Kapitel stellen wir uns die Aufgabe, die im voraufgehenden Kapitel für die Flächen konstanter negativer Krümmung entwickelten Untersuchungen und Transformationsmethoden auf die Flächen konstanter positiver Krümmung $K = +\frac{1}{R^2}$ oder Biegungsflächen der Kugel auszudehnen. Gleichzeitig werden wir die bemerkenswerten von Guichard herrührenden Sätze über die Biegungsflächen der Rotationsflächen zweiten Grades ableiten, deren Theorie auf diese Weise mit derjenigen der Flächen konstanter Krümmung verknüpft wird.

Zunächst entwickeln wir einige grundlegende Eigenschaften der auf die Kugel abwickelbaren Oberflächen. Es sei $S$ eine solche Fläche und $R$ der Radius der Kugel, auf die $S$ abwickelbar ist. Wir beziehen $S$ auf die Krümmungslinien, und es sei:

$$ds^2 = E\,du^2 + G\,dv^2;$$

dann haben wir:

$$r_1 r_2 = R^2,$$

wenn $r_1, r_2$ die Hauptkrümmungsradien bedeuten. Nehmen wir z. B. $r_1 > R$, $r_2 < R$ an, so können wir setzen:

$$r_1 = R \coth \vartheta, \quad r_2 = R \operatorname{tgh} \vartheta,$$

wo $\vartheta$ eine reelle Funktion von $u$, $v$ ist. Die Grundgleichungen (1), S. 241, ergeben:

$$\frac{\partial \log \sqrt{E}}{\partial v} = \frac{\partial \log \sinh \vartheta}{\partial v}, \quad \frac{\partial \log \sqrt{G}}{\partial u} = \frac{\partial \log \cosh \vartheta}{\partial u}.$$

Somit können wir bei passender Wahl der Parameter $u$, $v$ setzen:

$$\sqrt{E} = R \sinh \vartheta, \quad \sqrt{G} = R \cosh \vartheta$$

und erhalten als Ausdruck dafür, daß die Krümmung der Form:

$$ds^2 = R^2(\sinh^2 \vartheta \, du^2 + \cosh^2 \vartheta \, dv^2)$$

gleich $K = \frac{1}{R^2}$ sein soll, wegen (2), S. 241, für $\vartheta$ die charakteristische Differentialgleichung:

$$\text{(I)} \qquad \frac{\partial^2 \vartheta}{\partial u^2} + \frac{\partial^2 \vartheta}{\partial v^2} + \sinh \vartheta \cosh \vartheta = 0.$$

Das Linienelement der Bildkugel von $S$ ist gegeben durch:

$$ds'^2 = \cosh^2 \vartheta \, du^2 + \sinh^2 \vartheta \, dv^2.$$

Nun läßt die Vertauschung von $u$ mit $v$ die Gleichung (I) ungeändert, und daraus folgt der Satz

Die Bestimmung der auf die Kugel vom Radius $R$ abwickelbaren Flächen hängt ab von der Integration der partiellen Differentialgleichung:

$$\text{(I)} \qquad \frac{\partial^2 \vartheta}{\partial u^2} + \frac{\partial^2 \vartheta}{\partial v^2} + \sinh \vartheta \cosh \vartheta = 0.$$

Jeder Lösung $\vartheta$ dieser Gleichung entsprechen zwei verschiedene Flächen $S$ und $\overline{S}$ mit der Krümmung $K = \frac{1}{R^2}$. Ihre Linienelemente $ds$ und $\overline{ds}$, bezogen auf die Krümmungslinien $u$, $v$, sind gegeben durch:

$$\text{(1)} \qquad \begin{cases} ds^2 = R^2(\sinh^2 \vartheta \, du^2 + \cosh^2 \vartheta \, dv^2) & \text{für } S, \\ \overline{ds}^2 = R^2(\cosh^2 \vartheta \, du^2 + \sinh^2 \vartheta \, dv^2) & \text{für } \overline{S}, \end{cases}$$

die Krümmungsradien durch:

$$\text{(2)} \qquad \begin{cases} r_1 = R \coth \vartheta, \quad r_2 = R \operatorname{tgh} \vartheta & \text{für } S, \\ \overline{r}_1 = R \operatorname{tgh} \vartheta, \quad \overline{r}_2 = R \coth \vartheta & \text{für } \overline{S}, \end{cases}$$

und die Linienelemente der Bildkugeln durch:

$$\text{(3)} \qquad \begin{cases} ds'^2 = \cosh^2 du^2 + \sinh^2 dv^2, \\ \overline{ds}'^2 = \sinh^2 du^2 + \cosh^2 dv^2. \end{cases}$$

Auf diese Weise ordnen sich also die Biegungsflächen der Kugel zu Flächenpaaren $S$, $\overline{S}$ an, die als konjugiert bezeichnet werden können. Wir haben somit eine Transformation involutorischen Charakters der auf die Kugel abwickelbaren Flächen, die Hazzidakis zuerst untersuchte und die wir die Hazzidakissche Transformation nennen wollen. Die Eigenschaften dieser Transformation lassen sich in dem folgenden Satze aussprechen:

Von einer Biegungsfläche $S$ der Kugel $\Sigma$ mögen die Gaußische Abbildung auf $\Sigma$ und die Bildkurven $u$, $v$ der Krümmungslinien von $S$ betrachtet werden. Dann kann die Kugel $\Sigma$ in eine zweite Fläche $\bar{S}$ so verbogen werden, daß die Bildkurven der Krümmungslinien von $S$ wirkliche Krümmungslinien auf $\bar{S}$ werden.

Offenbar entsprechen bei der punktweisen Zuordnung zwischen $S$ und der konjugierten Fläche $\bar{S}$ den geodätischen Linien auf $S$ größte Kreise auf der Kugel $\Sigma$ und infolgedessen auf $\bar{S}$ Schattenkurven für parallele Strahlen, deren Bildkurven eben größte Kreise sind.

## § 270. Zusammenhang mit den Flächen konstanter mittlerer Krümmung.

Eine einfache Bemerkung, die wir Bonnet verdanken, verknüpft die Bestimmung der Flächen konstanter Totalkrümmung mit derjenigen der Flächen konstanter mittlerer Krümmung und läßt die Identität der beiden Aufgaben erkennen. Es gilt nämlich der Satz:

Die beiden Flächen, die einer Fläche mit der Totalkrümmung $K = +\frac{1}{R^2}$ parallel und von ihr um $R$ entfernt sind, haben die konstante mittlere Krümmung $H = \pm\frac{1}{R}$. Umgekehrt gibt es zu jeder Fläche konstanter mittlerer Krümmung eine Parallelfläche konstanter positiver Totalkrümmung.

Hat nämlich die Fläche $S$ die Hauptkrümmungsradien $r_1$, $r_2$, so sind diejenigen einer Fläche $\Sigma$, die zu $S$ im (absoluten) Abstande $l$ parallel ist:

$$\varrho_1 = r_1 + l, \quad \varrho_2 = r_2 + l;$$

demnach ist, weil

$$r_1 r_2 = R^2 \text{ ist:}$$

$$(\varrho_1 - l)(\varrho_2 - l) = R^2,$$

also, wenn $l$ gleich $\pm R$ gesetzt wird:

$$\frac{1}{\varrho_1} + \frac{1}{\varrho_2} = \pm\frac{1}{R}.$$

Umgekehrt, hat $S$ konstante mittlere Krümmung $H$, ist also:

$$\frac{1}{\varrho_1 - l} + \frac{1}{\varrho_2 - l} = H,$$

und wird $l$ gleich $-\frac{1}{H}$ gesetzt, so ergibt sich aus dieser Gleichung:

$$\frac{1}{\varrho_1 \varrho_2} = H^2,$$

d. h. die Parallelfläche $\Sigma$ hat die Totalkrümmung $H^2$. Für die nächsten Untersuchungen ist es zweckmäßig, obigem Bonnetschen Satze die folgende Fassung zu geben:

Rollt eine Kugel auf einer auf sie abwickelbaren Fläche, so beschreibt ihr Mittelpunkt eine Fläche konstanter mittlerer Krümmung.

Hiernach folgern wir aus den Gleichungen im vorigen Paragraphen für Flächen konstanter Krümmung $K = \frac{1}{R^2}$ sofort den folgenden Satz über Flächen konstanter mittlerer Krümmung:

Das Quadrat des Linienelements einer Fläche konstanter mittlerer Krümmung $\pm\frac{1}{R}$, bezogen auf die Krümmungslinien, nimmt die Form an:

$$(4) \qquad ds^2 = R^2 e^{\pm 2\vartheta}(du^2 + dv^2),$$

wo $\vartheta$ eine Lösung der Gleichung (I) ist. Umgekehrt, genügt $\vartheta$ der Gleichung (I), so entsprechen $\vartheta$ zwei Parallelflächen konstanter mittlerer Krümmung $\pm\frac{1}{R}$ Die Hauptkrümmungsradien des ersten Paares haben die Werte:

$$r_1 = \frac{Re^{\pm\vartheta}}{\sinh\vartheta}, \quad r_2 = \frac{\pm Re^{\pm\vartheta}}{\cosh\vartheta},$$

während sich für das zweite Paar $r_1$ und $r_2$ miteinander vertauschen.

Hieraus folgt der spezielle Satz:

Auf jeder Fläche konstanter mittlerer Krümmung bilden die Krümmungslinien ein Isothermensystem.

Ferner ist jede Fläche des einen der beiden Paare auf eine des anderen Paares so abwickelbar, daß die Krümmungslinien einander entsprechen und die Hauptkrümmungsradien sich miteinander vertauschen. Diese Transformation der Flächen konstanter mittlerer Krümmung entspricht der Hazzidakisschen Transformation.

## § 271. Bonnet-Liesche Transformation.

In Analogie mit der Lieschen Transformation für die pseudosphärischen Flächen (Kap. 17, § 268) haben wir für die Biegungsflächen der Kugel oder für die Parallelflächen konstanter mittlerer Krümmung eine entsprechende Transformation, die Bonnet gefunden hat. Sie ergibt sich einfach daraus, daß, wenn $\vartheta$ eine Lösung von (I) ist, die Funktion:

$$\Theta(u, v) = \vartheta(u \cos\sigma - v \sin\sigma,\ u \sin\sigma + v \cos\sigma)$$

wieder eine Lösung ist, welcher Wert auch der Konstanten $\sigma$ erteilt werden mag.

Die Transformation hat eine sehr einfache geometrische Bedeutung, wenn wir sie zu den Flächen konstanter mittlerer Krümmung in Beziehung setzen. Setzen wir nämlich:

$$(5) \qquad \begin{cases} u = u_1 \cos\sigma - v_1 \sin\sigma, \\ v = u_1 \sin\sigma + v_1 \cos\sigma, \end{cases}$$

und bezeichnen wir mit $\vartheta_1(u_1, v_1)$ die Funktion von $u_1$, $v_1$, in die $\vartheta$ durch die orthogonale Substitution (5) übergeht, so geht das Quadrat des Linienelements (4) über in:

$$(6) \qquad ds^2 = R^2 e^{\pm 2\vartheta_1}(du_1^2 + dv_1^2),$$

und da offenbar

$$\frac{\partial^2 \vartheta_1}{\partial u^2} + \frac{\partial^2 \vartheta_1}{\partial v^2} + \sinh\vartheta_1 \cosh\vartheta_1 = 0$$

ist, so gibt es eine Fläche konstanter mittlerer Krümmung $\pm\frac{1}{R}$, die, auf die Krümmungslinien $u_1$, $v_1$ bezogen, das Linienelement (6) hat. Die neue Fläche ist offenbar auf die alte abwickelbar; die Formeln für die Abwickelbarkeit sind die Gleichungen (5), und sie lassen erkennen, daß die neuen Krümmungslinien die alten unter dem konstanten Winkel $\sigma$ schneiden. Somit gilt der Satz:

Jede Fläche konstanter mittlerer Krümmung kann ohne Änderung der Hauptkrümmungsradien in jedem Punkte so verbogen werden, daß die unter einem beliebigen konstanten Winkel schneidenden Trajektorien der alten Krümmungslinien die neuen Krümmungslinien werden.

Diese besonderen Verbiegungen der Flächen konstanter mittlerer Krümmung bestehen auch im Falle: $H = 0$, d. h. für die Minimalflächen (Kap. 14, § 199).

## § 272. **Bäcklundsche Transformation.**

In den Entwicklungen der drei voraufgehenden Paragraphen haben wir bereits alles Wesentliche mitgeteilt, was man bis 1899 über die allgemeine Theorie der Biegungsflächen der Kugel wußte. Bekannt waren von Flächen dieser Art nur die Rotationsflächen, die Schraubenflächen und die Enneperschen Flächen mit ebenen oder sphärischen Krümmungslinien. Die Hazzidakissche und die Bonnet-Liesche Transformation führten nur von einer bekannten Ausgangsbiegungsfläche der Kugel zu einer anderen Biegungsfläche oder zu einer geschlossenen Kette von $\infty^1$ solchen Flächen und hatten für die Theorie der auf die Kugel abwickelbaren Flächen bei weitem nicht die Wichtigkeit, wie sie der Komplementär- und der Bäcklundschen Transformation für die pseudosphärischen Flächen zukommt.

Die um diese Zeit von Guichard[1]) entdeckten bemerkenswerten Sätze über die Biegungsflächen der Rotationsflächen zweiten Grades haben weiteren Vervollständigungen der Transformationstheorie[2]) den Weg gebahnt, die auf diese Weise auch für die Flächen konstanter positiver Krümmung dieselbe hohe Stufe der Entwicklung hat erreichen können, die sie für die pseudosphärischen Flächen schon seit einiger Zeit erreicht hatte. Diese Vervollständigungen waren bereits im wesentlichen im Vertauschbarkeitssatze enthalten, nur war es noch nötig, die Bäcklundschen Transformationen, die für die Biegungsflächen der Kugel notwendig imaginär sind, mit Hilfe des Vertauschbarkeitssatzes zu reellen Transformationen zusammenzusetzen. Dies haben wir bereits im voraufgehenden Kapitel (§ 265—267) für die pseudosphärischen Flächen getan und wollen nun die entsprechenden Untersuchungen für die Biegungsflächen der reellen Kugel durchführen. Auf diese Weise finden wir die gesuchten reellen Transformationen in Verbindung mit den Guichardschen Sätzen, auf die wir dann direkt näher eingehen werden.

Zunächst wandeln wir die für die Flächen mit der Krümmung $K=-\frac{1}{R^2}$ gültigen Gleichungen des vorigen Kapitels in die bereits für die Flächen mit der Krümmung $K=+\frac{1}{R^2}$ abgeleiten Gleichungen um. Analytisch geschieht dies durch eine einfache Änderung der Bezeichnungen. In den Gleichungen des § 255, Kap. XVII, ersetzen wir zuerst die Größen

(7) $$R,\quad u,\quad v,\quad \vartheta$$

bez. durch

(7*) $$iR,\quad u,\quad -iv,\quad \frac{\pi}{2}+i\vartheta,$$

also

(8) $$\sin\vartheta,\qquad \cos\vartheta$$

bez. durch (8*) $$\cosh\vartheta,\quad -i\sinh\vartheta.$$

1) Sur la déformation des quadriques de révolution. Comptes Rendus de l'Ac. des Sc., 23. 1. 1899.

2) S. die Ausführungen des Verfassers in den Rendiconti dei Lincei, 10. 2., 5. 3., 23. 4. und 21. 5. 1899 und diejenigen von Darboux in den Comptes Rendus, 27. 3., 4., 17. und 24. 4. 1899.

Auf diese Weise gehen die Gleichungen (11), (12), (13) in § 255, S. 458, die für die Flächen mit der Krümmung $K = -\frac{1}{R^2}$ gelten, eben in die Gleichungen (1), (2), (I) in § 269, S. 488, für die Biegungsflächen der Kugel über:

$$ds^2 = R^2(\sinh^2\vartheta\, du^2 + \cosh^2\vartheta\, dv^2),$$

$$r_1 = R\coth\vartheta, \quad r_2 = R\,\mathrm{tgh}\,\vartheta,$$

$$\frac{\partial^2\vartheta}{\partial u^2} + \frac{\partial^2\vartheta}{\partial v^2} + \sinh\vartheta\cosh\vartheta = 0.$$

Das Gleichungensystem ($a$), § 255, S. 458, geht über in das analoge:

$$(\mathrm{a})\begin{cases}\dfrac{\partial x}{\partial u} = R\sinh\vartheta\cdot X_1, \quad \dfrac{\partial X_1}{\partial u} = -\dfrac{\partial\vartheta}{\partial v}X_2 - \cosh\vartheta\cdot X_3, \quad \dfrac{\partial X_2}{\partial u} = \dfrac{\partial\vartheta}{\partial v}X_1, \\ \qquad \dfrac{\partial X_3}{\partial u} = \cosh\vartheta\cdot X_1, \\ \dfrac{\partial x}{\partial v} = R\cosh\vartheta\cdot X_2, \quad \dfrac{\partial X_1}{\partial v} = \dfrac{\partial\vartheta}{\partial u}X_2, \quad \dfrac{\partial X_2}{\partial v} = -\dfrac{\partial\vartheta}{\partial u}X_1 - \sinh\vartheta\cdot X_3, \\ \qquad \dfrac{\partial X_3}{\partial v} = \sinh\vartheta\cdot X_2 \text{ usw.}\end{cases}$$

In den Gleichungen (17), S. 459, für die Bäcklundsche Transformation ersetzen wir ebenfalls $\vartheta_1$ durch $\frac{\pi}{2} + i\vartheta_1$ und ferner $\cos\sigma$, $\sin\sigma$, $\mathrm{tg}\,\sigma$ bez. durch $-\frac{1}{\cosh\sigma}$, $\mathrm{tgh}\,\sigma$, $-\sinh\sigma$, wodurch sie in die folgenden übergehen:

$$(\mathrm{B})\quad\begin{cases}\dfrac{\partial\vartheta_1}{\partial u} + i\dfrac{\partial\vartheta}{\partial v} = \sinh\sigma\cosh\vartheta\sinh\vartheta_1 + \cosh\sigma\sinh\vartheta\cosh\vartheta_1, \\ i\dfrac{\partial\vartheta_1}{\partial v} + \dfrac{\partial\vartheta}{\partial u} = -\cosh\sigma\cosh\vartheta\sinh\vartheta_1 - \sinh\sigma\sinh\vartheta\cosh\vartheta_1.\end{cases}$$

Die Gleichungen (14), S. 459, gehen über in:

$$(9)\qquad x_1 = x - \frac{R}{\cosh\sigma}(\sinh\vartheta_1 X_1 + i\cosh\vartheta_1 X_2) \text{ usw.},$$

und die Gleichung (19), § 256, S. 460, in:

$$(10)\qquad ds_1^2 = R^2(\sinh^2\vartheta_1\, du^2 + \cosh^2\vartheta_1\, dv^2).$$

Gehen wir nun von einer reellen Biegungsfläche $S_0$ der Kugel vom Radius $R$ aus, so ist die entsprechende Lösung $\vartheta$ von (I), S. 488, reell; die Gleichungen (B) stellen für jeden beliebigen (reellen oder komplexen) Wert der in ihr vorkommenden Konstanten $\sigma$ ein vollständig integrierbares System für $\vartheta_1$ dar, und jede beliebige Lösung $\vartheta_1$, die notwendigerweise komplex ausfällt, ist eine Lösung von (I), der eine durch (9) bestimmte imaginäre Fläche $S_1$ mit der Krümmung $K = \frac{1}{R^2}$ entspricht.

Die Flächen $S$, $S_1$ sind die beiden Brennmäntel des Strahlensystems, das von den Verbindungslinien entsprechender Punkte $(x, y, z)$ und $(x_1, y_1, z_1)$ gebildet wird; in diesem Strahlensystem ist der Brennpunktsabstand konstant, gleich $\frac{iR}{\cosh\sigma}$, sowie auch der Winkel zwischen den Brennebenen konstant, gleich $\arccos(\operatorname{tgh}\sigma)$.

Die obigen Gleichungen sind die der Bäcklundschen Transformation $B_\sigma$ für die Biegungsflächen der Kugel. Diese Transformation führt von einer reellen Biegungsfläche $S$ zu einer abgeleiteten Biegungsfläche, die notwendigerweise imaginär ist.

## § 273. Der Vertauschbarkeitssatz und die Zusammensetzung imaginärer Transformationen zu reellen.

Wir betrachten zwei Flächen $S_1$, $S_2$, die aus der Biegungsfläche $S$ der Kugel mittels der Transformationen $B_{\sigma_1}$, $B_{\sigma_2}$ hervorgehen, die den Werten $\sigma_1$, $\sigma_2$ der Konstanten $\sigma$ in den Gleichungen (B) entsprechen, so daß wir also haben:

$$(11)\quad \begin{cases} \frac{\partial\vartheta_1}{\partial u} + i\frac{\partial\vartheta}{\partial v} = \sinh\sigma_1\cosh\vartheta\sinh\vartheta_1 + \cosh\sigma_1\sinh\vartheta\cosh\vartheta_1, \\ i\frac{\partial\vartheta_1}{\partial v} + \frac{\partial\vartheta}{\partial u} = -\cosh\sigma_1\cosh\vartheta_1\sinh\vartheta_1 - \sinh\sigma_1\sinh\vartheta\cosh\vartheta_1; \end{cases}$$

$$(11^*)\quad \begin{cases} \frac{\partial\vartheta_2}{\partial u} + i\frac{\partial\vartheta}{\partial v} = \sinh\sigma_2\cosh\vartheta\sinh\vartheta_2 + \cosh\sigma_2\sinh\vartheta\cosh\vartheta_2, \\ i\frac{\partial\vartheta_2}{\partial v} + \frac{\partial\vartheta}{\partial u} = -\cosh\sigma_2\cosh\vartheta\sinh\vartheta_2 - \sinh\sigma_2\sinh\vartheta\cosh\vartheta_2. \end{cases}$$

Die Flächen $S_1$, $S_2$ sind gegeben durch:

$$(12)\qquad x_1 = x - \frac{R}{\cosh\sigma_1}(\sinh\vartheta_1 X_1 + i\cosh\vartheta_1 X_2) \text{ usw.,}$$

$$(12^*)\qquad x_2 = x - \frac{R}{\cosh\sigma_2}(\sinh\vartheta_2 X_1 + i\cosh\vartheta_2 X_2) \text{ usw.}$$

Die in § 260 ausgesprochenen analytischen Ergebnisse des Vertauschbarkeitssatzes bleiben selbstverständlich ungeändert bestehen, und es gibt somit eine vierte Fläche $S'$ mit der Krümmung $K = +\frac{1}{R^2}$, die das Tripel $(S, S_1, S_2)$ zu dem Quadrupel $(S, S_1, S_2, S')$ der früher betrachteten Gattung ergänzt. Die Gleichungen für $S'$ ergeben sich aus den Gleichungen (34), S. 469, wenn in diesen die Größen:

$$R;\ \sin\sigma_1,\ \cos\sigma_1;\ \sin\sigma_2,\ \cos\sigma_2;\ \sin\vartheta_1,\ \cos\vartheta_1;\ \sin\vartheta_2,\ \cos\vartheta_2$$

bez. durch die entsprechenden Größen:

$$iR;\ \operatorname{tgh}\sigma_1,\ -\frac{1}{\cosh\sigma_1};\ \operatorname{tgh}\sigma_2,\ -\frac{1}{\cosh\sigma_2};\ \cosh\vartheta_1,\ -i\sinh\vartheta_1;$$
$$\cosh\vartheta_2,\ -i\sinh\vartheta_2$$

ersetzt werden. Demnach erhalten wir:

$$(13) \qquad x' = x + \frac{R \sinh(\sigma_1 - \sigma_2)}{\cosh\sigma_1 \cosh\sigma_2 [\cosh(\vartheta_1 - \vartheta_2) - \cosh(\sigma_1 - \sigma_2)]} \times$$

$$\times \left[\begin{array}{c} (\sinh\sigma_1 \sinh\vartheta_2 - \sinh\sigma_2 \sinh\vartheta_1) \cdot X_1 + \\ + i(\sinh\sigma_1 \cosh\vartheta_2 - \sinh\sigma_2 \cosh\vartheta_1) \cdot X_2 + \\ + \sinh(\vartheta_1 - \vartheta_2) \cdot X_3 \end{array}\right] \quad \text{usw.}$$

Wir untersuchen nun, ob es möglich ist, durch Ausgehen von einer reellen Biegungsfläche $S$ der Kugel und durch Wahl zweier in geeigneter Beziehung zueinander stehender abgeleiteter Bäcklundscher Transformierten es so einzurichten, daß die vierte Biegungsfläche $S'$ der Kugel auch reell ist. Mit Hilfe der obigen Gleichungen läßt sich diese Frage leicht beantworten, und zwar in bejahendem Sinne.

Erteilen wir nämlich der Konstanten $\sigma_1$ einen beliebigen komplexen Wert und greifen wir irgendeine Lösung $\vartheta_1$ von (11) heraus, bezeichnen wir ferner, wie üblich, mit $\overline{\sigma_1}$, $\overline{\vartheta_1}$ die zu $\sigma_1$, $\vartheta_1$ konjugierten Größen, so sehen wir, daß durch den Ansatz:

$$\sigma_2 = -\overline{\sigma_1}, \quad \vartheta_2 = \pi i - \overline{\vartheta_1}$$

den Gleichungen (11*) Genüge geleistet wird, daß sich $S_2$ als die zu $S_1$ konjugierte Fläche ergibt, wie aus Vergleichen von (12) und (12*) folgt, und daß in (13) die rechten Seiten reelle Werte annehmen, d. h. die vierte Fläche $S'$ ist ebenfalls reell, wie gewünscht wurde. Mithin haben wir den Satz:

Betrachtet man zu der reellen Biegungsfläche $S$ der Kugel eine beliebige (imaginäre) Transformierte $S_1$, die aus $S$ mittels einer Transformation $B_{\sigma_1}$ hervorgeht, und nimmt man dazu die zu $S_1$ konjugierte Fläche $S_2$ (die mit $S$ durch die Transformation $B_{-\overline{\sigma_1}}$ verknüpft ist), so ist die vierte Fläche $S'$ des Vertauschbarkeitssatzes eine neue reelle Biegungsfläche der Kugel.

Auf diese Weise ist es uns wirklich gelungen, reelle Transformationen für die reellen Biegungsflächen der Kugel zu bilden. Jede solche reelle Transformation zerfällt in zwei Bäcklundsche Elementartransformationen, die in diesem Falle notwendig imaginär sind.

Um die Gleichungen für unsere reellen Transformationen auch in reeller Form zu erhalten, brauchen wir nur in den obigen Gleichungen das Reelle vom Imaginären zu sondern. Zu diesem Zwecke setzen wir:

$$\sigma_1 = a + ib, \quad \vartheta_1 = \omega + i\varphi,$$

wo $a$, $b$ reelle Konstanten und $\omega$, $\varphi$ reelle Funktionen von $u$, $v$ sind. Durch Trennung des Reellen vom Imaginären in (11) und unter Einführung der Abkürzungen:

$$(14)\qquad \begin{cases} A \equiv \sinh a \sinh \vartheta \sinh \omega + \cosh a \cosh \vartheta \cosh \omega, \\ B \equiv \sinh a \cosh \vartheta \sinh \omega + \cosh a \sinh \vartheta \cosh \omega, \\ C \equiv \sinh a \sinh \vartheta \cosh \omega + \cosh a \cosh \vartheta \sinh \omega, \\ D \equiv \sinh a \cosh \vartheta \cosh \omega + \cosh a \sinh \vartheta \sinh \omega, \end{cases}$$

erhalten wir für die Funktionen $\omega$, $\varphi$ das folgende (unbeschränkt integrierbare) Gleichungensystem:

$$(15)\qquad \begin{cases} \frac{\partial \omega}{\partial u} = B \cos b \cos \varphi - A \sin b \sin \varphi, \\ \frac{\partial \varphi}{\partial u} + \frac{\partial \vartheta}{\partial v} = D \cos b \sin \varphi + C \sin b \cos \varphi, \\ \frac{\partial \omega}{\partial v} = - B \sin b \cos \varphi - A \cos b \sin \varphi, \\ \frac{\partial \varphi}{\partial v} - \frac{\partial \vartheta}{\partial u} = - D \sin b \sin \varphi + C \cos b \cos \varphi. \end{cases}$$

Die Gleichungen (13) lauten, auf reelle Form gebracht:

$$(16)\qquad x' = x + \frac{2R \sinh a \cosh a}{(\sinh^2 a + \cos^2 b)(\sinh^2 a + \cosh^2 \omega)} \times$$

$$\times \begin{bmatrix} -(\sinh a \cos b \sinh \omega \cos \varphi + \cosh a \sin b \cosh \omega \sin \varphi) X_1 + \\ + (\sinh a \cos b \sinh \omega \sin \varphi - \cosh a \sin b \cosh \omega \cos \varphi) X_2 + \\ + \sinh \omega \cosh \omega X_3 \end{bmatrix} \text{usw.}$$

Mittels dieser Gleichungen können wir aus der auf die Kugel abwickelbaren Ausgangsfläche $S$ $\infty^4$ neue Flächen $S'$ ableiten, da ja sowohl die beiden Konstanten $a, b$ als auch die Anfangswerte der beiden Funktionen $\omega, \varphi$ willkürlich sind.

Wird nun noch mit den Veränderlichen $u, v$ die orthogonale Substitution:

$$(17)\qquad \begin{cases} u = u' \cos b + v' \sin b, \\ v = - u' \sin b + v' \cos b \end{cases}$$

vorgenommen, so nehmen die Gleichungen (15) die folgende einfachere Gestalt an:

$$(15^*)\qquad \begin{cases} \frac{\partial \omega}{\partial u'} = B \cos \varphi, & \frac{\partial \omega}{\partial v'} = - A \sin \varphi, \\ \frac{\partial \varphi}{\partial u'} + \frac{\partial \vartheta}{\partial v'} = D \sin \varphi, & \frac{\partial \varphi}{\partial v'} - \frac{\partial \vartheta}{\partial u'} = C \cos \varphi, \end{cases}$$

und diese Gleichungen mit den neuen Verändlichen $u', v'$ entsprechen genau den Gleichungen (15), wenn in diesen $b$ gleich Null gesetzt wird.

Nun entspricht aber die orthogonale Substitution (17) einer Bonnet-Lieschen Transformation (§ 271), und somit sehen wir, daß die für die

Biegungsflächen der Kugel gefundenen reellen Transformationen sich durch eine Bonnetsche Transformation auf den besondern Fall: $b = 0$, d. h. eines reellen $\sigma_1$, zurückführen lassen.

## § 274. Fall: $b = 0$. — Biegungsfläche $S_0$ des Rotationsellipsoids.

Wir wollen nun den Fall: $b = 0$, d. h. $\sigma_1$ reell, näher untersuchen. Alsdann ist das Viereck $M M_1 M_2 M'$ des Vertauschbarkeitssatzes ein Rhombus mit der Seite $\frac{iR}{\cosh \sigma_1}$. Die beiden Gegenecken $M, M'$ sind reell, die beiden anderen, $M_1, M_2$, konjugiert imaginär; die Normalen in $M, M'$ zu $S, S'$ schneiden sich in einem Punkte $M_0$, der von $M, M'$ gleich weit entfernt ist, und ebenso schneiden sich die Normalen in $M_1, M_2$ zu $S_1, S_2$ in einem Punkte $M_0'$. Die beiden Punkte $M_0, M_0'$ beschreiben zwei Flächen $S_0, S_0'$, die auf Rotationsflächen abwickelbar und Komplementärflächen zueinander sind. Alles dieses folgt bereits analytisch aus den in § 266 durchgeführten Rechnungen; jetzt aber wollen wir diese Ergebnisse vom reellen Gesichtspunkte aus schärfer präzisieren und nachweisen, daß in diesem Falle an die Stelle des in § 266 angeführten imaginären Rotationsellipsoids das reelle verlängerte Rotationsellipsoid tritt.

Von den Gleichungen in § 266 geht nach Einführung der jetzt vorliegenden Bezeichnungen, da jetzt

$$\sigma = a, \quad \vartheta_1 = \omega + i\varphi, \quad \vartheta_2 = i\pi - \omega + i\varphi$$

ist, die Gleichung für $T$, S. 479, über in:

$$T = iR \operatorname{tgh} a \operatorname{ctg} \frac{i(\vartheta_1 - \vartheta_2)}{2} = iR \operatorname{tgh} a \operatorname{ctg}\left(\frac{\pi}{2} + i\omega\right) = R \operatorname{tgh} a \operatorname{tgh} \omega;$$

infolgedessen lauten die Gleichungen (44), S. 480, für $x_0, y_0, z_0$ jetzt:

$$x_0 = x + R \operatorname{tgh} a \operatorname{tgh} \omega \cdot X_3 \text{ usw.} \tag{18}$$

Durch Differentiation und unter Berücksichtigung der Gleichungen (a), § 272, S. 493, und (15) erhalten wir hieraus:

$$\frac{\partial x_0}{\partial u} = R\left(\frac{B}{\cosh a \cosh \omega} X_1 + \frac{\sinh a}{\cosh a \cosh^2 \omega} \frac{\partial \omega}{\partial u} X_3\right),$$

$$\frac{\partial x_0}{\partial v} = R\left(\frac{A}{\cosh a \cosh \omega} X_2 + \frac{\sinh a}{\cosh a \cosh^2 \omega} \frac{\partial \omega}{\partial v} X_3\right) \text{ usw.},$$

demnach für das Linienelement $ds_0$ der Fläche $S_0$ zunächst:

$$ds_0^2 = \frac{R^2}{\cosh^2 a \cosh^2 \omega}\left(B^2 du^2 + A^2 dv^2 + \frac{\sinh^2 a}{\cosh^2 \omega} d\omega^2\right).$$

Nun ist wegen (15):

$$B \cos \varphi\, du - A \sin \varphi\, dv = d\omega$$

und wegen derselben Gleichungen auch der Ausdruck:

$$B \sin\varphi du + A \cos\varphi dv$$

ein vollständiges Differential, gleich $dV$; infolgedessen ergibt sich:

$$B^2 du^2 + A^2 dv^2 = d\omega^2 + dV^2$$

und also:

$$ds_0^2 = R^2\left(\frac{\cosh^2\omega + \sinh^2 a}{\cosh^2 a \cosh^4\omega} d\omega^2 + \frac{dV^2}{\cosh^2 a \cosh^2\omega}\right).$$

Dieses $ds_0$ gehört zu derjenigen Rotationsfläche, deren Meridiankurve in rechtwinkligen Koordinaten $r, z$ durch die Gleichungen (vgl. § 267, S. 481):

$$r = \frac{R}{\cosh a \cosh\omega}, \quad z = R \operatorname{tgh}\omega$$

dargestellt wird; sie ist die Ellipse:

$$\frac{r^2}{\left(\frac{R}{\cosh a}\right)^2} + \frac{z^2}{R^2} = 1. \tag{19}$$

Die große Halbachse ist gleich $R$ und Rotationsachse; die kleine Halbachse ist gleich $\frac{R}{\cosh a}$ und bängt auch noch von dem Werte der Konstanten $a$ ab. Also haben wir gefunden:

In dem jetzt vorliegenden Falle ist die Fläche $S_0$ auf das verlängerte Rotationsellipsoid mit den Halbachsen $R$ und $\frac{R}{\cosh a}$ abwickelbar.

Hieraus ist ersichtlich, daß für einen bestimmten Wert der Konstanten $a$ jede Biegungsfläche der Kugel vom Radius $a$ $\infty^2$ Flächen $S_0$ liefert, die auf das Rotationsellipsoid mit den Halbachsen $R$ und $\frac{R}{\cosh a}$ abwickelbar sind. Wie wir demnächst, bei der unmittelbaren Behandlung der Guichardschen Sätze, sehen werden, ergeben sich umgekehrt alle Biegungsflächen dieses Rotationsellipsoids auf diese Weise aus denjenigen der Kugel.

Hier wollen wir noch bemerken (vgl. § 267), daß die um die Punkte von $S_0$ mit dem Radius

$$T = R \operatorname{tgh} a \operatorname{tgh}\omega = z \operatorname{tgh} a$$

beschriebenen Kugeln als Einhüllende die beiden Biegungsflächen $S$, $S'$ der Kugel haben. Betrachten wir jedoch anstatt $S$, $S'$ die beiden Flächenpaare $(\Sigma, \Sigma_1)$, $(\Sigma', \Sigma_1')$ konstanter mittlerer Krümmung, die nach dem Bonnetschen Satze (§ 270, S. 489) zu $S$ bzw. $S'$ parallel sind, so sehen wir, daß die um die Punkte $M_0$ von $S_0$ mit den Radien

$$R - T = R - z \operatorname{tgh} a, \quad R + T = R + z \operatorname{tgh} a$$

beschriebenen Kugeln als Einhüllende die Flächenpaare $(\Sigma, \Sigma')$ bzw. $(\Sigma_1, \Sigma_1')$ konstanter mittlerer Krümmung haben. Nun sind $R - z \operatorname{tgh} a$, $R + z \operatorname{tgh} a$ die beiden Brennpunktsabstände des dem Punkte $M_0$ entsprechenden Punktes auf dem Rotationsellipsoid; also haben wir den Satz:

Werden um jeden Punkt $M_0$ der auf das Rotationsellipsoid abwickelbaren Fläche $S_0$ mit den beiden Brennpunktsabständen als Radien Kugeln beschrieben, so besteht die Einhüllende dieses $\infty^2$-Kugelsystems aus zwei Flächen konstanter mittlerer Krümmung $\pm \frac{1}{R}$.

## § 275. Fall: $b = \frac{\pi}{2}$. Biegungsfläche $S_0$ des zweischaligen Rotationshyperboloids.

Außer dem soeben betrachteten Falle: $b = 0$, in dem das Viereck $MM_1M_2M'$ des Vertauschbarkeitssatzes ein Rhombus ist und folglich die Normalen in $M$, $M'$ zu $S$, $S'$ sich in einem (von $M$, $M'$ gleich weit entfernten) Punkte $M_0$ schneiden, gibt es noch einen zweiten besonderen Fall, nämlich den, in welchem der Koeffizient $b$ des imaginären Bestandteils von $\sigma_1$ gleich $\frac{\pi}{2}$ ist. Stellen wir für diesen zweiten Fall die entsprechenden Untersuchungen wie im vorigen Paragraphen für $b = 0$ an, so finden wir jetzt:

$$T = R \coth a \coth \omega,$$

folglich als Bestimmungsgleichungen für $S_0$:

$$x_0 = x + R \coth a \coth \omega \cdot X_3 \text{ usw.} \tag{20}$$

Die Gleichungen (15) gehen jetzt für $b = \frac{\pi}{2}$ über in:

$$\frac{\partial \omega}{\partial u} = -A \sin \varphi, \qquad \frac{\partial \omega}{\partial v} = -B \cos \varphi,$$

$$\frac{\partial \varphi}{\partial u} + \frac{\partial \vartheta}{\partial v} = C \cos \varphi, \qquad \frac{\partial \varphi}{\partial v} - \frac{\partial \vartheta}{\partial u} = -D \sin \varphi,$$

und unter Berücksichtigung dieser und der Gleichungen (a), § 272, S. 493, erhalten wir:

$$\frac{\partial x_0}{\partial u} = R\left(\frac{A}{\sinh a \sinh \omega} X_1 - \frac{\cosh a}{\sinh a \sinh^2 \omega} \frac{\partial \omega}{\partial u} X_3\right),$$

$$\frac{\partial x_0}{\partial v} = R\left(\frac{B}{\sinh a \sinh \omega} X_2 - \frac{\cosh a}{\sinh a \sinh^2 \omega} \frac{\partial \omega}{\partial v} X_3\right) \text{ usw.}$$

Hiernach finden wir für das Linienelement $ds_0$ von $S_0$:

$$ds_0^2 = \frac{R^2}{\sinh^2 a \sinh^2 \omega}\left(A^2 du^2 + B^2 dv^2 + \frac{\cosh^2 a}{\sinh^2 \omega} d\omega^2\right).$$

Nun ist aber:

$$A \sin\varphi du + B \cos\varphi dv = -d\omega$$

und auch der Ausdruck:

$$A \cos\varphi du - B \sin\varphi dv$$

ein vollständiges Differential, gleich $dV$; infolgedessen erhalten wir:

$$A^2du^2 + B^2dv^2 = d\omega^2 + dV^2$$

und demnach:

$$ds_0{}^2 = R^2\left(\frac{\sinh^2\omega + \cosh^2 a}{\sinh^2 a \sinh^4\omega}d\omega^2 + \frac{dV^2}{\sinh^2 a \sinh^2\omega}\right).$$

Dieses $ds_0$ gehört zu der reellen Rotationsfläche mit der Meridiankurve:

$$r = \frac{R}{\sinh a \sinh\omega}, \quad z = R \coth\omega,$$

welche die Hyperbel:

$$\frac{z^2}{R^2} - \frac{r^2}{\left(\frac{R}{\sinh a}\right)^2} = 1$$

ist. Die $z$-Achse ist Rotationsachse, und die halben Hauptachsen sind gleich $R$ und $\frac{R}{\sinh a}$. Also haben wir das Ergebnis:

In dem jetzt vorliegenden Falle ist die Fläche $S_0$ auf das zweischalige Rotationshyperboloid mit der halben Hauptachse $R$ und der halben Nebenachse $\frac{R}{\sinh a}$ abwickelbar.

Ferner ist in diesem Falle der Radius der Kugeln

$$T = R \coth a \coth\omega = z \coth a,$$

und die Größen $T - R$, $T + R$ bedeuten ebenfalls die Brennpunktsabstände. Somit gilt auch für das zweischalige Rotationshyperboloid derselbe Satz, der am Schlusse des vorigen Paragraphen für das Rotationsellipsoid angegeben worden ist.

## § 276. Verbiegung von Kugelkongruenzen und Strahlensystemen.

Die in den beiden letzten Paragraphen erhaltenen Ergebnisse stellen eine bemerkenswerte Verbindung zwischen den Biegungsflächen der Kugel und denjenigen der Rotationsflächen zweiten Grades her. Wir wollen nun diese Ergebnisse geradezu umkehren und gelangen so zu den schönen Guichardschen Sätzen, deren Entdeckung zeitlich vor den obigen geometrischen Entwicklungen liegt.

Zunächst machen wir einige allgemeine Bemerkungen über $\infty^2$-Kugelsysteme oder Kugelkongruenzen, im Zusammenhange mit dem Problem der Verbiegung von Strahlensystemen.

Indem wir den kein Interesse bietenden Fall einer Kugelkongruenz in welchem die Mittelpunkte eine Kurve erfüllen, ausschalten, definieren wir die in Rede stehende Kugelkongruenz durch Angabe der Mittelpunktsfläche $S_0$ und des Radius $R$ der um den auf $S_0$ gelegenen Punkt $M_0$ beschriebenen Kugel. Analytisch geben wir also die Koordinaten $x_0, y_0, z_0$ von $M_0$ als Funktionen zweier Parameter oder krummliniger Koordinaten $u, v$, die wir im allgemeinen als orthogonal annehmen, so daß das Quadrat des Linienelements von $S_0$ die Form hat:

$$ds_0^2 = E_0 du^2 + G_0 dv^2;$$

außerdem geben wir $R$ als Funktion von $u, v$:

$$R = R(u, v).$$

Nun suchen wir die Enveloppe des $\infty^2$-Kugelsystems. Die Gleichung der beweglichen Kugel ist:

$$(21) \qquad (x - x_0)^2 + (y - y_0)^2 + (z - z_0)^2 = R^2,$$

und die Koordinaten der Berührungspunkte mit der Enveloppe ergeben sich durch Kombination von (21) mit den beiden Gleichungen, die durch partielle Differentiation nach $u$ und $v$ aus (21) hervorgehen, d. h. mit den Gleichungen:

$$(22) \qquad \begin{cases} \dfrac{x - x_0}{\sqrt{E_0}} \dfrac{\partial x_0}{\partial u} + \dfrac{y - y_0}{\sqrt{E_0}} \dfrac{\partial y_0}{\partial u} + \dfrac{z - z_0}{\sqrt{E_0}} \dfrac{\partial z_0}{\partial u} = -\dfrac{R}{\sqrt{E_0}} \dfrac{\partial R}{\partial u}, \\ \dfrac{x - x_0}{\sqrt{G_0}} \dfrac{\partial x_0}{\partial v} + \dfrac{y - y_0}{\sqrt{G_0}} \dfrac{\partial y_0}{\partial v} + \dfrac{z - z_0}{\sqrt{G_0}} \dfrac{\partial z_0}{\partial v} = -\dfrac{R}{\sqrt{G_0}} \dfrac{\partial R}{\partial v}. \end{cases}$$

Sie stellen zwei Ebenen dar, die sich in einer zur Tangentialebene von $S_0$ senkrechten Geraden schneiden; die beiden (reellen oder imaginären) Punkte $M, \overline{M}$, in denen diese Gerade die Kugel (21) schneidet, sind die gesuchten Berührungspunkte dieser Kugel mit ihrer Enveloppe. Demnach besteht diese aus zwei Mänteln $\Sigma, \overline{\Sigma}$, welche die Ortsflächen von $M$ bzw. $\overline{M}$ sind. Die Normalen in $M$ zu $\Sigma$ und in $\overline{M}$ zu $\overline{\Sigma}$ sind offenbar die Radien $M_0M$ und $M_0\overline{M}$, und letztere entstehen aus ersteren durch Spiegelung an $S_0$. Nun bleiben die Gleichungen (21), (22) immer dieselben, wie man sich auch die Mittelpunktsfläche $S_0$, an die das Kugelsystem fest gekoppelt ist, verbogen denken mag, und aus diesem einfachen Umstande folgt der Satz:

Wird die Mittelpunktsfläche $S_0$ einer Kugelkongruenz irgendwie verbogen, so behalten die Berührungspunkte $M, \overline{M}$ jeder Kugel mit der Enveloppe eine unveränderliche Lage hinsichtlich der im Mittelpunkte $M_0$ an $S_0$ gelegten Tangentialebene.

Übrigens können auch durch Auflösung von (21), (22) die expliziten Gleichungen für die Koordinaten $x, y, z$; $\bar{x}, \bar{y}, \bar{z}$ von $M, \overline{M}$ angegeben werden, und zwar lauten sie:

$$(23)\qquad \begin{cases} x = x_0 - R\nabla(R, x_0) + R\sqrt{1-\Delta_1 R}\cdot X_0, \\ \bar{x} = x_0 - R\nabla(R, x_0) - R\sqrt{1-\Delta_1 R}\cdot X_0 \quad \text{usw.}, \end{cases}$$

wo $\Delta_1 R$, $\nabla(R, x_0)$ die bekannten, hinsichtlich der Form $ds_0^2$ von $S_0$ gebildeten Differentialparameter und $X_0$, $Y_0$, $Z_0$ die Richtungskosinus der Normale von $S_0$ bedeuten. Es mag darauf hingewiesen werden, daß die so angesetzten Gleichungen (23) Invarianteneigenschaft haben und für ganz beliebige krummlinige Koordinaten gelten. Sie beweisen, daß die Enveloppe für $\Delta_1 R < 1$ aus zwei getrennten reellen, für $\Delta_1 R > 1$ aus zwei konjugiert imaginären und für $\Delta_1 R = 1$ aus zwei zusammenfallenden reellen Mänteln besteht. Im letzteren Falle sind die Kurven $R =$ const. geodätisch parallel; $R$ ist der von einer festen orthogonalen Trajektorie ab gerechnete Bogen der orthogonalen geodätischen Linien, und die beiden Mäntel $\Sigma$, $\overline{\Sigma}$ fallen in eine Evolventenfläche von $S_0$ zusammen.

Aus den obigen einfachen Ausführungen können wir einen neuen Beweis des Beltramischen Satzes (S. 276) über die Verbiegung von Normalensystemen folgern, sowie auch des Dupinschen Satzes, daß Normalensysteme an einer beliebigen Fläche in Normalensysteme gespiegelt werden (ebenda). Stellen wir uns nämlich vor, es gehen von den Punkten $M_0$ einer Fläche $S_0$ Strecken $M_0M$ aus, die in den Endpunkten $M$ auf einer Fläche $\Sigma$ senkrecht stehen. Dann ist für das System der um jeden Punkt $M_0$ mit dem Radius $M_0M$ beschriebenen Kugeln $\Sigma$ der eine Enveloppenmantel, und wie auch die Fläche $S_0$, an welche die Strecken $M_0M$ fest gekoppelt sind, verbogen werden mag, immer ist $\Sigma$, die Ortsfläche von $M'$, der eine Enveloppenmantel, während der zweite Mantel $\overline{\Sigma}$ die reflektierten Strahlen $\overline{M_0M}$ als Normalen hat.

Zu den Guichardschen Sätzen über die Biegungsflächen der Rotationsflächen zweiten Grades gelangen wir, wenn wir uns folgende Aufgabe stellen:

Alle Fälle zu finden, in denen bei einer beliebigen Verbiegung der Mittelpunktsfläche $S_0$ einer Kugelkongruenz der eine Enveloppenmantel immer konstante mittlere Krümmung behält.

Wir werden dann sehen, daß in einem solchen Falle auch der zweite Enveloppenmantel dieselbe konstante mittlere Krümmung behält. Für jetzt weisen wir nur auf zwei spezielle Lösungen unserer Aufgabe hin. Die erste ergibt sich aus der Anwendung des Weingartenschen Satzes auf die Evolutenflächen der Flächen konstanter mittlerer Krümmung. Ist nämlich $\Sigma$ eine Fläche konstanter mittlerer Krümmung, $S_0$ ein Evolutenmantel, und wird die Kongruenz der (Haupt-)Kugeln, die $\Sigma$ berühren und deren Mittelpunkte die entsprechenden Punkte auf $S_0$ sind, ins Auge gefaßt, so besteht bei beliebiger Verbiegung von $S_0$ die Enveloppe der Kugeln stets aus einem einzigen Mantel konstanter mittlerer Krümmung (nach dem Weingartenschen Satze).

Die zweite spezielle Lösung ergibt sich aus dem Bonnetschen Satze (§ 270). Wird nämlich als Fläche $S_0$ eine Fläche konstanter positiver Krümmung $K = +\frac{1}{R^2}$ gewählt, so hat die Kongruenz der Kugeln von konstantem Radius $R$, deren Mittelpunkte auf $S_0$ liegen, bei beliebiger Verbiegung von $S_0$ als Enveloppe stets zwei Flächen konstanter mittlerer Krümmung.

## § 277. Formeln für die Verbiegung von Strahlensystemen.

Wir betrachten ein Strahlensystem $C$, dessen Strahlen von den Punkten einer Fläche $S_0$ ausgehen, die beliebig verbogen wird, wobei die Strahlen des Systems an sie fest gekoppelt bleiben; dann sagen wir, das Strahlensystem $C$ wird auf Beltramische Weise verbogen. Auf $S_0$ wählen wir als Parameterlinien $u =$ const. die die Strahlen von $C$ senkrecht schneidenden Kurven[1]), als Parameterlinien $v =$ const. ihre orthogonalen Trajektorien, und es sei:

$$ds_0^2 = E_0 du^2 + G_0 dv^2. \tag{24}$$

Jede spezielle Zwischenform von $S_0$ ist gestaltlich bestimmt, wenn zu ihrer ersten quadratischen Grundform die zweite:

$$D_0 du^2 + 2D_0' du dv + D_0'' dv^2$$

hinzugenommen wird, deren Koeffizienten $D_0, D_0', D_0''$ in eindeutiger Weise der Gaußischen Gleichung:

$$\frac{D_0 D_0'' - D_0'^2}{E_0 G_0} = K_0, \tag{25}$$

wo $K_0$ das Krümmungsmaß von $S_0$ bedeutet, sowie den beiden nachstehenden Codazzischen Gleichungen genügen müssen:

$$\left\{\begin{aligned} &\frac{\partial}{\partial u}\left(\frac{D_0'}{\sqrt{E_0}}\right) - \frac{\partial}{\partial v}\left(\frac{D_0}{\sqrt{E_0}}\right) + \frac{1}{\sqrt{E_0 G_0}}\frac{\partial \sqrt{G_0}}{\partial u} D_0' + \frac{1}{G_0}\frac{\partial \sqrt{E_0}}{\partial v} D_0'' = 0, \\ &\frac{\partial}{\partial v}\left(\frac{D_0'}{\sqrt{G_0}}\right) - \frac{\partial}{\partial u}\left(\frac{D_0''}{\sqrt{G_0}}\right) + \frac{1}{\sqrt{E_0 G_0}}\frac{\partial \sqrt{E_0}}{\partial v} D_0' + \frac{1}{E_0}\frac{\partial \sqrt{G_0}}{\partial u} D_0 = 0. \end{aligned}\right. \tag{26}$$

1) Nur in dem einen Falle, daß $C$ das Normalensystem von $S_0$ ist, bleiben diese Kurven unbestimmt und können willkürlich gewählt werden.

Wir bezeichnen nun mit $X_1, Y_1, Z_1$; $X_2, Y_2, Z_2$; $X_0, Y_0, Z_0$ bez. die Richtungskosinus der folgenden drei von $M_0 \equiv (x_0, y_0, z_0)$ ausgehenden und zueinander senkrechten Geraden: 1) der Tangente an der Kurve $v = \text{const.}$, 2) der Tangente an der Kurve $u = \text{const.}$, 3) der Flächennormale. Dann haben wir (Kap. IV, S. 88, 89) die folgenden Fundamentalgleichungen:

$$(27)\quad \begin{cases} \dfrac{\partial x_0}{\partial u} = \sqrt{E_0}\, X_1, & \dfrac{\partial X_1}{\partial u} = -\dfrac{1}{\sqrt{G_0}}\dfrac{\partial \sqrt{E_0}}{\partial v} X_2 + \dfrac{D_0}{\sqrt{E_0}} X_0, \\[2ex] \dfrac{\partial X_2}{\partial u} = \dfrac{1}{\sqrt{G_0}}\dfrac{\partial \sqrt{E_0}}{\partial v} X_1 + \dfrac{D_0'}{\sqrt{G_0}} X_0, & \dfrac{\partial X_0}{\partial u} = -\dfrac{D_0}{\sqrt{E_0}} X_1 - \dfrac{D_0'}{\sqrt{G_0}} X_2, \\[2ex] \dfrac{\partial x_0}{\partial v} = \sqrt{G_0}\, X_2, & \dfrac{\partial X_1}{\partial v} = \dfrac{1}{\sqrt{E_0}}\dfrac{\partial \sqrt{G_0}}{\partial u} X_2 + \dfrac{D_0'}{\sqrt{E_0}} X_0, \\[2ex] \dfrac{\partial X_2}{\partial v} = -\dfrac{1}{\sqrt{E_0}}\dfrac{\partial \sqrt{G_0}}{\partial u} X_1 + \dfrac{D_0''}{\sqrt{G_0}} X_0, & \dfrac{\partial X_0}{\partial v} = -\dfrac{D_0'}{\sqrt{E_0}} X_1 - \dfrac{D_0''}{\sqrt{G_0}} X_2 \text{ usw.} \end{cases}$$

Es seien nun $X, Y, Z$ die Richtungskosinus des von $M_0$ ausgehenden Strahles des Systems $C$, so können wir setzen:

$$(28)\qquad X = X_1 \cos\sigma + X_0 \sin\sigma \quad \text{usw.},$$

wo $\sigma = \sigma(u, v)$ den Neigungswinkel dieses Strahles gegen die Fläche oder auch gegen die Kurve $v = \text{const.}$ bedeutet. Durch Differentiation von (28) und unter Berücksichtigung von (27) erhalten wir:

$$(29)\quad \begin{cases} \dfrac{\partial X}{\partial u} = -\sin\sigma\left(\dfrac{D_0}{\sqrt{E_0}} + \dfrac{\partial \sigma}{\partial u}\right) X_1 - \left(\sin\sigma \dfrac{D_0'}{\sqrt{G_0}} + \dfrac{\cos\sigma}{\sqrt{G_0}}\dfrac{\partial \sqrt{E_0}}{\partial v}\right) X_2 + \\[2ex] \qquad\qquad + \cos\sigma\left(\dfrac{D_0}{\sqrt{E_0}} + \dfrac{\partial\sigma}{\partial u}\right) X_0, \\[2ex] \dfrac{\partial X}{\partial v} = -\sin\sigma\left(\dfrac{D_0'}{\sqrt{E_0}} + \dfrac{\partial\sigma}{\partial v}\right) X_1 + \left(\dfrac{\cos\sigma}{\sqrt{E_0}}\dfrac{\partial\sqrt{G_0}}{\partial u} - \sin\sigma \dfrac{D_0''}{\sqrt{G_0}}\right) X_2 + \\[2ex] \qquad\qquad + \cos\sigma\left(\dfrac{D_0'}{\sqrt{E_0}} + \dfrac{\partial\sigma}{\partial v}\right) X_0 \quad \text{usw.} \end{cases}$$

Führen wir nun für die Bestimmungsgrößen unseres Strahlensystems $C$ die Kummerschen Bezeichnungen (S. 263) ein:

$$E' = \sum\left(\frac{\partial X}{\partial u}\right)^2, \quad F' = \sum \frac{\partial X}{\partial u}\frac{\partial X}{\partial v}, \quad G' = \sum\left(\frac{\partial X}{\partial v}\right)^2,$$

$$e = \sum \frac{\partial X}{\partial u}\frac{\partial x_0}{\partial u}, \quad f = \sum \frac{\partial X}{\partial u}\frac{\partial x_0}{\partial v}, \quad f' = \sum \frac{\partial X}{v\partial}\frac{\partial x_0}{\partial u}, \quad g = \sum \frac{\partial X}{\partial v}\frac{\partial x_0}{\partial v},$$

so erhalten wir aus (27) und (29) sofort die folgenden Ausdrücke:

$$(30)\begin{cases} E' = \left(\frac{D_0}{\sqrt{E_0}} + \frac{\partial\sigma}{\partial u}\right)^2 + \left(\frac{\sin\sigma\, D_0'}{\sqrt{G_0}} + \frac{\cos\sigma}{\sqrt{G_0}}\frac{\partial\sqrt{E_0}}{\partial v}\right)^2, \\ G' = \left(\frac{D_0'}{\sqrt{E_0}} + \frac{\partial\sigma}{\partial v}\right)^2 + \left(\frac{\cos\sigma}{\sqrt{E_0}}\frac{\partial\sqrt{G_0}}{\partial u} - \frac{\sin\sigma\, D_0''}{\sqrt{G_0}}\right)^2, \\ F' = \left(\frac{D_0}{\sqrt{E_0}} + \frac{\partial\sigma}{\partial u}\right)\left(\frac{D_0'}{\sqrt{E_0}} + \frac{\partial\sigma}{\partial v}\right) - \left(\frac{\sin\sigma\, D_0'}{\sqrt{G_0}} + \frac{\cos\sigma}{\sqrt{G_0}}\frac{\partial\sqrt{E_0}}{\partial v}\right)\left(\frac{\cos\sigma}{\sqrt{E_0}}\frac{\partial\sqrt{G_0}}{\partial u} - \frac{\sin\sigma\, D_0''}{\sqrt{G_0}}\right); \end{cases}$$

$$(30^*)\begin{cases} e = -\sqrt{E_0}\sin\sigma\left(\frac{D_0}{\sqrt{E_0}} + \frac{\partial\sigma}{\partial u}\right), \quad f = -\sqrt{G_0}\left(\frac{\sin\sigma\, D_0'}{\sqrt{G_0}} + \frac{\cos\sigma}{\sqrt{G_0}}\frac{\partial\sqrt{E_0}}{\partial v}\right), \\ f' = -\sqrt{E_0}\sin\sigma\left(\frac{D_0'}{\sqrt{E_0}} + \frac{\partial\sigma}{\partial v}\right), \quad g = \sqrt{G_0}\left(\frac{\cos\sigma}{\sqrt{E_0}}\frac{\partial\sqrt{G_0}}{\partial u} - \frac{\sin\sigma\, D_0''}{\sqrt{G_0}}\right). \end{cases}$$

Berechnen wir hieraus die Werte der drei Fundamentalgrößen:

$$E'G' - F'^2, \quad gE' - (f + f')F' + eG', \quad eg - ff',$$

so finden wir:

$$(31)\begin{cases} E'G' - F'^2 = M^2, \\ gE - (f+f')F' + eG' = \left[\sqrt{G_0}\left(\frac{D_0}{\sqrt{E_0}} + \frac{\partial\sigma}{\partial u}\right) - \sin\sigma\sqrt{E_0}\left(\frac{\cos\sigma}{\sqrt{E_0}}\frac{\partial\sqrt{G_0}}{\partial u} - \frac{\sin\sigma\, D_0''}{\sqrt{E_0}}\right)\right] M, \\ eg - ff' = -\sin\sigma\sqrt{E_0 G_0}\cdot M, \end{cases}$$

wo zur Abkürzung gesetzt ist:

$$M \equiv \left(\frac{D_0}{\sqrt{E_0}} + \frac{\partial\sigma}{\partial u}\right)\left(\frac{\cos\sigma}{\sqrt{E_0}}\frac{\partial\sqrt{G_0}}{\partial u} - \frac{\sin\sigma\, D_0''}{\sqrt{G_0}}\right) + \left(\frac{D_0'}{\sqrt{E_0}} + \frac{\partial\sigma}{\partial v}\right)\left(\frac{\sin\sigma\, D_0'}{\sqrt{G_0}} + \frac{\cos\sigma}{\sqrt{G_0}}\frac{\partial\sqrt{E_0}}{\partial v}\right).$$

Mit Rücksicht auf die Gaußische Gleichung (25) ist sofort klar, daß sich dieser Faktor $M$ in $D_0, D_0', D_0''$ linear mittels folgender Gleichung ausdrückt:

$$(31^*)\quad M = \frac{\cos\sigma}{E_0}\frac{\partial\sqrt{G_0}}{\partial u}\cdot D_0 + \left(\frac{\cos\sigma}{\sqrt{E_0 G_0}}\frac{\partial\sqrt{E_0}}{\partial v} + \frac{\sin\sigma}{\sqrt{G_0}}\frac{\partial\sigma}{\partial v}\right)D_0' - \frac{\sin\sigma}{\sqrt{G_0}}\frac{\partial\sigma}{\partial u}D_0'' + $$
$$+ \frac{\cos\sigma}{\sqrt{E_0}}\frac{\partial\sqrt{G_0}}{\partial u}\frac{\partial\sigma}{\partial u} + \frac{\cos\sigma}{\sqrt{G_0}}\frac{\partial\sqrt{E_0}}{\partial v}\frac{\partial\sigma}{\partial v} - \sin\sigma\, K_0\sqrt{E_0}\,G_0.$$

Diese Gleichungen gelten für jedes beliebige Strahlensystem; da aber das Strahlensystem $C$ eben als ein Normalensystem vorausgesetzt wird, so ist $f = f'$ (S. 275), d. h.:

$$(32)\qquad \frac{\partial(\sqrt{E_0}\cos\sigma)}{\partial v} = 0.$$

## § 278. Bestimmungsgrößen für die beiden Mäntel $\Sigma$, $\bar{\Sigma}$ der Kugelenveloppe.

Wir bezeichnen mit $\Sigma$ eine von den das Strahlensystem $C$ orthogonal schneidenden Flächen, und es sei $M \equiv (x, y, z)$ der Punkt, in dem der von $M_0$ ausgehende Strahl von $C$ $\Sigma$ schneidet; setzen wir noch $M_0 M = T$, so haben wir:

$$(33) \qquad x = x_0 + TX, \qquad y = y_0 + TY, \qquad z = z_0 + TZ,$$

wo $T$ als Funktion von $u$ und $v$ aus den folgenden beiden Bedingungen zu berechnen ist:

$$\sum X \frac{\partial x}{\partial u} = 0, \qquad \sum X \frac{\partial x}{\partial v} = 0.$$

Sie ergeben nach (27), (28):

$$\frac{\partial T}{\partial u} = -\sqrt{E} \cos \sigma, \qquad \frac{\partial T}{\partial v} = 0.$$

Demnach ist $T$ von $u$ allein abhängig und bis auf eine additive Konstante durch die Gleichung:

$$(34) \qquad \frac{dT}{du} = T' = -\sqrt{E_0} \cos \sigma$$

bestimmt. Aus den Bestimmungsgleichungen (33) für $\Sigma$ erhalten wir durch Differentiation:

$$\frac{\partial x}{\partial u} = \frac{\partial x_0}{\partial u} + T \frac{\partial X}{\partial u} - \sqrt{E_0} \cos \sigma X, \qquad \frac{\partial x}{\partial v} = \frac{\partial x_0}{\partial v} + T \frac{\partial X}{\partial v},$$

und schreiben wir die beiden quadratischen Fundamentalformen von $\Sigma$ in der üblichen Weise, so haben wir demnach:

$$(35) \begin{cases} E = T^2 E' + 2Te + E_0 \sin^2 \sigma, & F = T^2 F' + 2Tf, \quad G = T^2 G' + 2Tg + G_0 \\ -D = TE' + e, & -D' = TF' + f, \quad -D'' = TG' + g. \end{cases}$$

Hieraus berechnen wir die Summe $r_1 + r_2$ und das Produkt $r_1 r_2$ der Hauptkrümmungsradien von $\Sigma$ nach den Formeln (S. 125):

$$r_1 + r_2 = \frac{2F'D' - E'D'' - G'D}{E'G' - F'^2}, \qquad r_1 r_2 = \frac{DD'' - D'^2}{E'G' - F'^2},$$

und finden:

$$r_1 + r_2 = \frac{2T(E'G' - F'^2) + eG' - 2fF' + gE'}{E'G' - F'^2},$$

$$r_1 r_2 = \frac{T^2(E'G' - F'^2) + T(eG' - 2fF' + gE') + eg - f^2}{E'G' - F'^2}.$$

Setzen wir hierin die Werte (31) ein unter Einführung der abkürzenden Bezeichnung:

$$(36) \quad N \equiv \sqrt{\frac{G_0}{E_0}} D_0 + \sin^2 \sigma \sqrt{\frac{E_0}{G_0}} D_0'' + \sqrt{G_0} \frac{\partial \sigma}{\partial u} - \sin \sigma \cos \sigma \frac{\partial \sqrt{G_0}}{\partial u},$$

so erhalten wir:

$$(37)\qquad \begin{cases} r_1 + r_2 = 2T + \frac{N}{M}, \\ r_1 r_2 = T^2 + T\frac{N}{M} - \sin\sigma \frac{\sqrt{E_0 G_0}}{M}. \end{cases}$$

Wird nun in allen voraufgehenden Gleichungen $\sigma$ mit $-\sigma$ vertauscht, so geht das Strahlensystem $C$ in das gespiegelte Strahlensystem über, und wir gelangen so, ohne den Wert von $T$ zu ändern, was wegen (34) gestattet ist, vom ersten Mantel $\Sigma$ der Enveloppe der mit dem Radius $T$ um die Punkte $M_0$ von $S_0$ beschriebenen Kugeln zum zweiten Mantel $\bar{\Sigma}$ derselben Enveloppe, d. h.: Die Bestimmungsgrößen für den zweiten Mantel $\bar{\Sigma}$ ergeben sich aus denjenigen für den ersten Mantel $\Sigma$, wenn $\sigma$ mit $-\sigma$ vertauscht wird.

## § 279. **Fall, in dem die Fläche $\Sigma$ konstante mittlere Krümmung behält.**

Nach Ableitung dieser grundlegenden Gleichungen nehmen wir nun die in § 276 gestellte Aufgabe wieder auf und untersuchen, ob es vorkommen kann, daß bei einer beliebigen Verbiegung der Mittelpunktsfläche $S_0$ der erste Enveloppenmantel $\Sigma$ konstante mittlere Krümmung $H$ behält.

Aus (37) erhalten wir für die mittlere Krümmung $H = \frac{1}{r_1} + \frac{1}{r_2}$ den Wert:

$$H = \frac{2TM + N}{T^2 M + TN - \sin\sigma \sqrt{E_0 G_0}},$$

folglich ist:

$$(38)\qquad (HT^2 - 2T)M + (HT - 1)N - H\sin\sigma\sqrt{E_0 G_0} = 0.$$

Da die Ausdrücke (31*), (36) in $D_0, D_0', D_0''$ linear sind, so ist (38) eine lineare Beziehung in $D_0, D_0', D_0''$ mit Koeffizienten, die bestimmte Funktionen von $u$ und $v$ sind. Diese Beziehung muß infolge der Voraussetzung für jede beliebige Verbiegung von $S_0$ gelten und somit auf eine Identität hinauskommen, da ja $D_0, D_0', D_0''$ durch keine andere endliche Gleichung als durch die Gaußische quadratische Gleichung miteinander verknüpft sind.[1]) Setzen wir in (38) die Koeffizienten von $D_0, D_0', D_0''$ und das unabhängige Glied gleich Null, so erhalten wir die vier folgenden Beziehungen:

---

1) Wäre die lineare Gleichung keine Identität, so könnten aus ihrer Kombination mit der Gaußischen Gleichung z. B. $D_0', D_0''$ als Funktionen von $D_0$ gefunden werden, und die Codazzischen Gleichungen würden für $D_0$ eine totale Differentialgleichung ergeben, die höchstens eine Lösung mit einer willkürlichen Konstanten liefern würde.

$$(\alpha)\qquad (HT^2-2T)\frac{\cos\sigma}{E_0}\frac{\partial\sqrt{G_0}}{\partial u}+(HT-1)\sqrt{\frac{G_0}{E_0}}=0,$$

$$(\beta)\qquad (HT^2-2T)\left(\frac{\cos\sigma}{\sqrt{E_0G_0}}\frac{\partial\sqrt{E_0}}{\partial v}+\frac{\sin\sigma}{\sqrt{G_0}}\frac{\partial\sigma}{\partial v}\right)=0,$$

$$(\gamma)\qquad -(HT^2-2T)\frac{\sin\sigma}{\sqrt{G_0}}\frac{\partial\sigma}{\partial u}+(HT-1)\sin^2\sigma\sqrt{\frac{E_0}{G_0}}=0,$$

$$(\delta)\qquad \begin{aligned}&(HT^2-2T)\left(\frac{\cos\sigma}{\sqrt{E_0}}\frac{\partial\sqrt{G_0}}{\partial u}\frac{\partial\sigma}{\partial u}+\frac{\cos\sigma}{\sqrt{G_0}}\frac{\partial\sqrt{E_0}}{\partial v}\frac{\partial\sigma}{\partial v}-\sin\sigma K_0\sqrt{E_0G_0}\right)+\\&+(HT-1)\left(\sqrt{G_0}\frac{\partial\sigma}{\partial u}-\sin\sigma\cos\sigma\frac{\partial\sqrt{G_0}}{\partial u}\right)-H\sin\sigma\sqrt{E_0G_0}=0.\end{aligned}$$

Diese Beziehungen, dazu noch (34):

$$T'=-\sqrt{E_0}\cos\sigma,$$

enthalten alle Bedingungen unserer Aufgabe.

Zunächst muß

$$HT^2-2T\neq 0$$

sein, sonst könnte ($\alpha$) nicht Genüge geleistet werden.

Demnach ergibt ($\beta$):

$$\frac{\cos\sigma}{\sqrt{E_0}}\frac{\partial\sqrt{E_0}}{\partial v}+\sin\sigma\frac{\partial\sigma}{\partial v}=0,$$

und der Vergleich mit (32):

$$\cos\sigma\frac{\partial\sqrt{E_0}}{\partial v}-\sqrt{E_0}\sin\sigma\frac{\partial\sigma}{\partial v}=0$$

beweist, daß gleichzeitig:

$$(39)\qquad \frac{\partial\sqrt{E_0}}{\partial v}=0,\qquad \frac{\partial\sigma}{\partial v}=0$$

sein muß, falls nicht $\cos\sigma=0$, also $\sigma=\frac{\pi}{2}$ ist. Diesen Fall können wir aber sofort ausschalten, da er uns nur auf die schon in § 276 erwähnte, aus dem Bonnetschen Satze sich ergebende Lösung führen würde. Wegen (34) ist dieses auch die einzige Lösung der Aufgabe, wenn der Kugelradius konstant ist.

Für die anderen Lösungen mit veränderlichem $T$, die wir eben suchen, gelten also die Gleichungen (39), von denen die erste besagt, daß die Kurven $v=$ const. geodätische Linien sein müssen. Wählen wir als Parameter $u$ den Bogen der geodätischen Linien, so können wir $E_0$ gleich Eins machen. Wegen der zweiten Gleichung (39) ist $\sigma$ eine Funktion von $u$ allein. Der Vergleich von ($\alpha$) und ($\gamma$) ergibt, da, wie wir gesehen haben, $HT^2-2T\neq 0$ ist:

$$(40)\qquad \sin\sigma\left(\sin\sigma\cos\sigma\frac{\partial\sqrt{G_0}}{\partial u}+\sqrt{G_0}\frac{\partial\sigma}{\partial u}\right)=0.$$

Das Verschwinden des ersten Faktors $\sin\sigma$ entspricht offenbar dem Weingartenschen Falle (§ 276), in dem die Strahlen des Systems die Tangenten der geodätischen Linien $v$ sind; $S_0$ ist dann die Evolutenfläche der Fläche $\Sigma$ konstanter mittlerer Krümmung. Schalten wir diesen bekannten Fall aus, so ergibt (40):

$$\frac{\partial \log \sqrt{G_0}}{\partial u} = \frac{\partial \log \cot \sigma}{\partial u};$$

daraus folgt durch Integration:

$$\sqrt{G_0} = V \cot \sigma,$$

wo $V$ eine Funktion von $v$ allein ist. Durch geeignete Verfügung über den Parameter $v$ können wir $V$ gleich Eins machen; dann wird das Quadrat des Linienelementes von $S_0$:

$$ds_0^2 = du^2 + \cot^2 \sigma \, dv^2,$$

und da $\sigma$ von $u$ allein abhängt, so zeigt dieser Ausdruck, daß die Fläche $S_0$ auf eine Rotationsfläche abwickelbar sein muß, auf der die Kurven $u = \text{const.}$ die Parallelkreise sind. Es ist noch zu untersuchen, ob die Funktion $\sigma(u)$ so bestimmt werden kann, daß alle Bedingungen der Aufgabe erfüllt sind.

Da

$$\sqrt{E_0} = 1, \quad \sqrt{G_0} = \cot \sigma,$$

also

$$K_0 = -\frac{1}{\sqrt{G_0}} \frac{\partial^2 \sqrt{G_0}}{\partial u^2} = \frac{\sigma''}{\sin\sigma \cos\sigma} - \frac{2\sigma'^2}{\sin^2\sigma}$$

ist, wo

$$\sigma' = \frac{d\sigma}{du}, \qquad \sigma'' = \frac{d^2\sigma}{du^2}$$

ist, so ist von den vier Gleichungen ($\alpha$), ($\beta$), ($\gamma$), ($\delta$) die Gleichung ($\beta$) identisch erfüllt; ($\alpha$) und ($\beta$) fallen in die folgende eine Gleichung zusammen:

$$(41) \qquad (HT^2 - 2T)\sigma' = (HT - 1)\sin\sigma,$$

und ($\delta$) geht unter Berücksichtigung dieser Gleichung über in:

$$(42) \qquad (HT - 1)(3\sigma'^2 \cot\sigma - \sigma'') = H\sigma' \cos\sigma.$$

Alles kommt also darauf hinaus, $\sigma(u)$, $T(u)$ so zu bestimmen, daß die Gleichungen (41), (42), dazu noch

$$(43) \qquad T' = -\cos\sigma,$$

erfüllt werden. Vorerst weisen wir darauf hin, daß diese drei grundlegenden Gleichungen sich nicht ändern, wenn $\sigma$ mit $-\sigma$ vertauscht wird, d. h.: Für jede Lösung unserer Aufgabe behält auch der zweite Enveloppenmantel $\overline{\Sigma}$ (dieselbe) konstante mittlere Krümmung.

§ 280. **Fall einer Minimalfläche $\Sigma$. — Erster Guichardscher Satz.**

Für die weitere Untersuchung müssen wir den Fall: $H=0$ vom Falle: $H \neq 0$ trennen. Wir behandeln zunächst den ersten Fall, in dem also der erste Mantel $\Sigma$ (und folglich auch der zweite Mantel $\bar{\Sigma}$) beständig eine Minimalfläche bleibt.

Wegen $H=0$ lauten (41) und (42):

$$2T\sigma' = \sin\sigma,$$

$$\sigma'' = 3\sigma'^2 \cot\sigma.$$

Die Integration der zweiten Gleichung ergibt:

(44) $$\sigma' = k \sin^3 \sigma \quad (k = \text{Const.}).$$

Hiernach ergibt die erste Gleichung für $T$ den Wert:

(45) $$T = \frac{1}{2k \sin^2 \sigma},$$

und (43) ist identisch erfüllt. Somit hat unsere Aufgabe eine wirkliche Lösung; als Ortsfläche $S_0$ der Kugelmittelpunkte ist eine Fläche mit dem Linienelementquadrat:

$$ds_0^2 = du^2 + \cot^2 \sigma dv^2,$$

wo $\sigma$ eine Funktion von $u$ ist, die (44) genügt, d. h. mit

(46) $$ds_0^2 = \frac{d\sigma^2}{k^2 \sin^6 \sigma} + \cot^2 \sigma dv^2$$

zu wählen, und dann ist nur noch dem Radius $T$ der Kugeln der Wert (45) zu erteilen.

Nun haben wir noch eine geeignete typische Form für die Rotationsfläche, auf die $S_0$ abwickelbar ist, zu wählen. Ersetzen wir in (46) $v$ durch $\frac{v}{k}$ und setzen wir ferner:

$$r = \frac{\cot\sigma}{k},$$

so erhalten wir:

$$ds_0^2 = (1 + k^2 r^2) dr^2 + r^2 dv^2.$$

Dieses Linienelement gehört zum Rotationsparaboloid, dessen Meridianparabel (die Rotationsachse als $z$-Achse genommen) die Gleichung hat:

$$z = \frac{kr^2}{2}.$$

Ferner ergibt (45) für den Kugelradius den Wert:

$$T = \frac{1 + k^2 r^2}{2k},$$

der gerade die Entfernung des betreffenden Paraboloidpunktes vom Brennpunkte angibt.

Die soeben erhaltenen Ergebnisse können wir in dem folgenden Satze zusammenfassen:

Die Enveloppen einer Kugelkongruenz, welche die Eigenschaft besitzen, daß bei einer beliebigen Verbiegung der Mittelpunktsfläche $S_0$ der erste (folglich auch der zweite) Mantel beständig eine Minimalfläche bleibt, ergeben sich nur auf folgende zwei Weisen: 1) Man wähle als $S_0$ die Evolutenfläche einer Minimalfläche, dann fallen die beiden Enveloppenmäntel in die Minimalevolventenfläche zusammen (Weingartenscher Fall). 2) Man wähle als $S_0$ ein Rotationsparaboloid und konstruiere die Kugeln, deren Mittelpunkte auf dem Paraboloid liegen und die durch den Brennpunkt gehen.

Die im Obigen ausgedrückte bemerkenswerte Eigenschaft der Biegungsflächen des Rotationsparaboloids macht den Inhalt des ersten Guichardschen Satzes aus. Wir wollen ihn in eine andere, der Fassung seines Entdeckers entsprechende Form bringen. Dazu betrachten wir eine beliebige Biegungsfläche $S_0$ des Rotationsparaboloids und die Strecken $M_0 M$, $M_0 \overline{M}$, die von den Punkten $M_0$ auf $S_0$ ausgehen und in ihren Endpunkten $M$, $\overline{M}$ auf den beiden Minimalflächen $\Sigma$, $\overline{\Sigma}$ senkrecht stehen. Wickelt sich die Fläche $S_0$, an welche diese Strecken gekoppelt sind, auf das Paraboloid ab, so fallen alle Endpunkte $M$ in den Brennpunkt $F$, während alle anderen Endpunkte $\overline{M}$ in der Leitebene des Paraboloids zu liegen kommen. Da ferner das Paraboloid, unter Vertauschung seiner beiden Seiten, auf sich selbst abwickelbar ist, so gehen bei dieser Art der Abwicklung die zweiten Strecken $M_0 \overline{M}$ durch den Brennpunkt $F$, während die ersten Strecken $M_0 M$ in der Leitebene endigen. Dieses Ergebnis kann in der von Guichard herrührenden Fassung wie folgt ausgesprochen werden:

Rollt ein Rotationsparaboloid auf einer beliebigen seiner Biegungsflächen, so beschreibt der Brennpunkt eine Minimalfläche.

Eigentlich ergeben sich zwei verschiedene Minimalflächen $\Sigma$, $\overline{\Sigma}$, je nachdem das Rollen auf der einen oder auf der anderen Seite der Biegungsfläche stattfindet. Auch gibt es unter den Biegungsflächen des Paraboloids unendlich viele Rotationsflächen. Für eine solche Fläche $S_0$ ist auch $\Sigma$ eine Rotationsfläche, die als Meridiankurve diejenige Kurve hat, welche der Brennpunkt beschreibt, wenn die Parabel auf der Meridiankurve von $S_0$ rollt, und da $\Sigma$ eine Minimalfläche ist, so ist diese Meridiankurve eine Kettenlinie. Im besonderen kann $S_0$ willkürlich einschrumpfen und sich auf die Rotationsachse zusammenziehen, infolgedessen haben wir als Grenzfall des Guichardschen Theorems den bekannten Satz:

Rollt eine Parabel in einer Ebene auf einer Geraden, so beschreibt der Brennpunkt eine Kettenlinie, welche die feste Gerade als Leitlinie hat.

### § 281. Fall: $H \neq 0$. — Zweiter Guichardscher Satz.

Wir gehen nun auf die Gleichungen (41), (42), (43) zurück, um den Fall zu erledigen, in dem die mittlere Krümmung $H$ nicht gleich Null ist. Aus (42) ergibt sich:

$$HT - 1 = \frac{H\sigma' \cos\sigma}{3\sigma'^2 \cot\sigma - \sigma''};$$

durch Differentiation nach $u$, unter Berücksichtigung von (43) und mit Weglassung des nicht verschwindenden Faktors $H$ erhalten wir:

$$\frac{d}{du}\left(\frac{\sigma' \cos\sigma}{3\sigma'^2 \cot\sigma - \sigma''}\right) + \cos\sigma = 0$$

oder anders geschrieben:

$$\frac{d}{du}\log(3\sigma'^2 \cot\sigma - \sigma'') = \frac{d}{du}\log(\sin^3\sigma \cos\sigma).$$

Die Integration ergibt:

(47) $$3\sigma'^2 \cot\sigma - \sigma'' = c\sin^3\sigma\cos\sigma \quad (c = \text{Const.}).$$

Hiernach geht (42) über in:

(48) $$HT - 1 = \frac{H\sigma'}{c\sin^3\sigma},$$

und (43) ist erfüllt.

Nun ist noch (41) zu erfüllen, die wegen der voraufgehenden Gleichung in:

(49) $$\frac{\sigma'^2}{c^2\sin^6\sigma} - \frac{1}{c\sin^2\sigma} = \frac{1}{H^2}$$

übergeht, wonach wir (47), die aus (49) durch Differentiation hervorgeht, nicht weiter in Betracht zu ziehen brauchen. Auch kann (48) wegen (49) in die folgende äquivalente Form gebracht werden:

(48*) $$HT - 1 = \sqrt{1 + \frac{H^2}{c\sin^2\sigma}}.$$

Bestimmen wir demnach $\sigma(u)$ aus (49) und erteilen wir $T$ den durch (48*) gegebenen Wert, so erfüllen wir alle Bedingungen unserer Aufgabe.

Die Konstante $c$ bleibt willkürlich; beschränken wir uns jedoch auf reelle Lösungen der Aufgabe und schreiben wir (49) in der Form:

$$\frac{\sigma'^2}{\sin^4\sigma} = c\left(\frac{c}{H^2} + 1\right) - \frac{c^2}{H^2}\cos^2\sigma,$$

so geht daraus hervor, daß wir $c$ der Ungleichheit:

$$(50) \qquad c\left(\frac{c}{H^2}+1\right) > 0$$

unterwerfen müssen. Nun haben wir nur noch die Meridiankurve der Rotationsfläche $S_0$, durch welche die gestellte Aufgabe gelöst wird, auf ihre Gestalt hin zu untersuchen. Ihr Linienelement ist gegeben durch:

$$ds_0^2 = du^2 + \cot^2\sigma\, dv^2$$

oder anders geschrieben, wegen (49), wenn noch $v$ durch $kv$ ($k =$ Const.) ersetzt wird:

$$ds_0^2 = \frac{d\sigma^2}{c\sin^4\sigma\left(1+\frac{c}{H^2}\sin^2\sigma\right)} + k^2\cot^2\sigma\, dv^2.$$

Wenn wir

$$z = \psi(r)$$

als Gleichung der Meridiankurve annehmen,

$$r = k\cot\sigma$$

setzen und obiges Linienelement mit dem folgenden:

$$ds_0^2 = [1+\psi'^2(r)]dr^2 + r^2 dv^2$$

vergleichen, so ergibt sich für $\psi'(r)$ die Gleichung:

$$[1+\psi'^2(r)]\left(\frac{dr}{d\sigma}\right)^2 = \frac{1}{c\sin^4\sigma\left(1+\frac{c}{H^2}\sin^2\sigma\right)},$$

und aus ihr folgt:

$$(51) \qquad \psi'^2(r) = \frac{(1-k^2c)\left(1+\frac{r^2}{k^2}\right) - \frac{k^2c^2}{H^2}}{k^2c\left(1+\frac{c}{H^2}+\frac{r^2}{k^2}\right)}.$$

Über die Konstante $k$ können wir nach Gutdünken verfügen, was darauf hinauskommt, daß wir unter den abwickelbaren Rotationsflächen die Fläche $S_0$ passend auswählen. Wir wählen nun $k$ so, daß im Zähler von (51) das konstante Glied verschwindet, d. h. wir bestimmen $k$ aus der Gleichung:

$$\frac{1}{k^2} = c\left(1+\frac{c}{H^2}\right),$$

die wegen der Ungleichheit (50) einen reellen Wert für $k$ ergibt. Dann geht (51) über in:

$$\psi'(r) = \frac{cr}{H\sqrt{cr^2+1}},$$

und durch Integration folgt:

$$z = \psi(r) = \frac{\sqrt{cr^2+1}}{H},$$

also:

$$H^2z^2 - cr^2 = 1.$$

Die Meridiankurve ist somit eine Ellipse oder eine Hyperbel, je nachdem $c$ negativ oder positiv ist. Setzen wir:

$$H = \frac{1}{a}, \quad c = \mp \frac{1}{b^2},$$

so lautet die Gleichung des Kegelschnitts:

$$\frac{z^2}{a^2} \pm \frac{r^2}{b^2} = 1,$$

wobei im Falle des oberen Vorzeichens die Ungleichheit (50) in: $a^2 > b^2$ übergeht. Demnach ist die Fläche $S_0$ ein verlängertes Rotationsellipsoid oder ein zweischaliges Rotationshyperboloid; in beiden Fällen hat die Hauptachse (auf der die Brennpunkte liegen) die Länge $2a = \frac{2}{H}$, während die Länge der Nebenachse willkürlich bleibt. Endlich sei noch darauf hingewiesen, daß die Gleichung (48*), die den Kugelradius $T$ bestimmt, übergeht in:

$$HT - 1 = \sqrt{1 + \frac{H^2}{c} + (H^2 + c)r^2},$$

und wie sofort ersichtlich ist, stimmt der Wert von $T$ mit der Länge eines der Brennstrahlen überein. Zusammenfassend schließen wir somit aus unserer ganzen Untersuchung, daß sich alle Lösungen der gestellten Aufgabe auf folgende Weisen ergeben:

1) Man wähle als $S_0$ eine Fläche, die auf die Evolutenfläche einer Fläche $\Sigma$ konstanter mittlerer Krümmung abwickelbar ist. In diese Evolventenfläche $\Sigma$ fallen dann die beiden Mäntel der Kugelenveloppe zusammen (Weingartenscher Fall).

2) Man wähle als $S_0$ ein verlängertes Rotationsellipsoid oder ein zweischaliges Rotationshyperboloid und konstruiere die Kugeln, deren Mittelpunkte auf der Fläche liegen und die durch den einen oder den anderen Brennpunkt gehen.

Was die dritte, aus dem Bonnetschen Satze (§ 276) sich ergebende Lösung anbetrifft, so ist sie ein besonderer Fall der zweiten, wenn nämlich das Ellipsoid eine Kugel wird.

Die so bewiesenen Eigenschaften der auf das verlängerte Rotationsellipsoid bzw. zweischalige Rotationshyperboloid abwickelbaren Flächen können nun in dem folgenden zweiten Guichardschen Satze zusammengefaßt werden:

Rollt ein verlängertes Rotationsellipsoid oder ein zweischaliges Rotationshyperboloid mit der Hauptachse $2a$ auf einer beliebigen seiner Biegungsflächen, so beschreibt jeder Brennpunkt eine Fläche konstanter mittlerer Krümmung $H = \frac{1}{a}$.

An den allgemeinen Guichardschen Satz schließen wir noch einige ergänzende Bemerkungen an.

1) Das Rollen der Rotationsfläche zweiten Grades kann ebensogut auf der einen wie auf der anderen Seite der Biegungsfläche $S_0$ vor sich gehen, so daß sich für eine gegebene Fläche $S_0$ eigentlich vier Flächen konstanter mittlerer Krümmung ergeben, nämlich die vier Mäntel der beiden Kugelenveloppen. Diese vier Flächen sind paarweise einander parallel im Abstande $2a$, und die Mittelfläche eines jeden Paares ist eine Biegungsfläche der Kugel vom Radius $a$.

2) Wächst $a$, also auch die Hauptachse der Fläche, mehr und mehr, schließlich bis ins Unendliche, während ein Scheitel und der nächstgelegene Brennpunkt fest bleiben, so nähert sich die Gestalt der Fläche immer mehr derjenigen des Rotationsparaboloids, und es ergibt sich in der Grenze der erste Guichardsche Satz.

3) Wird als $S_0$ eine Rotationsfläche gewählt, die sich, beliebig einschrumpfend, auf die Rotationsachse zusammenzieht, so erhalten wir als Grenzfall den bekannten Delaunayschen Satz:

Rollt eine Ellipse oder eine Hyperbel in einer Ebene auf einer Geraden, so beschreibt jeder Brennpunkt die Meridiankurve einer Rotationsfläche konstanter mittlerer Krümmung, deren Rotationsachse die feste Gerade ist.

Mit dem Beweise der Guichardschen Sätze haben wir die in § 274, 275 gefundenen Resultate geradezu umgekehrt, wie wir schon in § 276 bemerkt hatten. Wir können jetzt sagen, daß das Problem der Verbiegung einer Rotationsfläche zweiten Grades im wesentlichen auf den besonderen Fall hinauskommt, in dem die Fläche eine Kugel ist. Jede Biegungsfläche einer Rotationsfläche zweiten Grades liefert in endlichen Ausdrücken zwei Biegungsflächen der Kugel. Umgekehrt ergeben sich aus jeder Biegungsfläche der Kugel durch Integration der einer bestimmten Bäcklundschen Transformation entsprechenden Riccatischen Differentialgleichung $\infty^2$ Biegungsflächen einer bestimmten Rotationsfläche zweiten Grades. Nach Integration dieser einen Riccatischen Gleichung ergibt für einen beliebigen Wert der Konstanten $\sigma$ die fortgesetzte und unbeschränkte Anwendung der Transformationsmethoden lediglich durch algebraische Operationen und Differentiationen immer neue Biegungsflächen der Kugel und damit auch der allgemeinen Rotationsflächen zweiten Grades.

---

# Kapitel XIX.

## Transformationen $B_k$ der auf das hyperbolische Paraboloid abwickelbaren Flächen.

Unendlich-vieldeutige Transformationen der Flächenelemente des Raumes nach Lie. — Allgemeine Grundlagen für die Theorie der Transformationen $B_k$ der Biegungsflächen der Flächen zweiten Grades. — Fall des hyperbolischen Paraboloids. — Differentialgleichungen für die bezüglichen Transformationen. — Fall der Biegungslinienflächen und singuläre Transformationen. — Durch die Jvorysche Verwandtschaft bestimmtes Abwicklungsgesetz für die beiden Brennmäntel. — Haupteigenschaften der Transformationen $B_k$. — Erhaltung der Haupttangentenkurven. — Erhaltung der dauernd konjugierten Systeme.

---

### § 282. Unendlich-vieldeutige Transformationen der Flächenelemente des Raumes nach Lie.

Die Flächen konstanter Krümmung $K$, mit deren Transformationen wir uns in den beiden voraufgehenden Kapiteln beschäftigt haben, können als die Biegungsflächen der Kugel vom Radius $R = \sqrt{\frac{1}{K}}$ aufgefaßt werden, und zwar der reellen oder der imaginären Kugel, je nachdem $K$ positiv oder negativ ist. Wir haben andrerseits gesehen, wie die Eigenschaften, die bei der Zusammensetzung zweier Bäcklundscher Transformationen zutage treten, und die Guichardschen Sätze naturgemäß dazu führen, zusammen mit den Biegungsflächen der Kugel die allgemeineren Biegungsflächen der Rotationsflächen zweiten Grades in den Kreis unserer Untersuchung zu ziehen. Die Bäcklundschen Transformationen der Flächen konstanter Krümmung gehen auf diese Weise in Transformationen der allgemeineren Klasse von Flächen über, die auf Rotationsflächen zweiten Grades abwickelbar sind. Es wirft sich nun ganz von selbst die Frage auf, ob analoge Transformationen für die Biegungsflächen der allgemeinen Flächen zweiten Grades geschaffen werden können.

Das Ziel unserer Untersuchungen in diesem und den nächsten beiden Kapiteln ist nun eben, auf die gestellte Frage eine bejahende Antwort zu geben, indem wir tatsächlich eine Transformationstheorie der Biegungsflächen von allgemeinen Flächen zweiten Grades aufstellen, die hinsichtlich der Methoden und der Ergebnisse derjenigen der Flächen konstanter Krümmung vollkommen analog ist, so daß sich letztere als ein sehr spezieller Fall der allgemeinen Theorie darstellt. Da wir die Hauptergebnisse der neuen Theorie in möglichster Kürze ableiten wollen, so wollen wir uns auf schnellste Weise mit den geometrischen Prinzipien vertraut zu machen suchen, von denen die Existenz und die Anwendbarkeit der neuen Transformationen abhängt. Zu diesem Zwecke ist es uns von großem Nutzen, indem wir von den uns bisher bekannten Ergebnissen ausgehen, die Bäcklundschen Transformationen von dem Gesichtspunkte zu betrachten, auf den sich Lie in seinen Arbeiten von 1880 über die Komplementärtransformation gestellt hat,[1]) nämlich sie als unendlich-vieldeutige Transformationen der Flächenelemente des Raumes aufzufassen. Unter einem Flächenelement verstehen wir die Kombination eines Punktes $P \equiv (x, y, z)$ und einer durch $P$ gehenden Ebene $\pi$. Oft werden wir von der Ebene $\pi$ nur ein unendlich kleines Teilchen um $P$ herum betrachten; dann soll dieses Element nach Du Bois-Reymond auch als eine ebene Facette oder kurzweg Facette und $P$ als ihr Mittelpunkt bezeichnet werden. Als Koordinaten einer Facette führen wir die fünf Größen: $x, y, z; p, q$ ein, von denen die ersten drei die Koordinaten des Mittelpunktes sind und die letzten beiden, $p, q$, die Lage der Ebene $\pi$ bestimmen; ihre Normale hat die Richtungskosinus:

$$\frac{p}{\sqrt{1+p^2+q^2}}, \quad \frac{q}{\sqrt{1+p^2+q^2}}, \quad \frac{-1}{\sqrt{1+p^2+q^2}}.$$

Bezeichnen wir die Facette mit $f$, so werden wir auch schreiben:

$$f \equiv (x, y, z; p, q).$$

Die Facetten des Raumes bilden eine fünfdimensionale Vielheit, innerhalb welcher vier-, drei-, zwei- und eindimensionale Mannigfaltigkeiten betrachtet werden können; insbesondere ist eine Fläche, als Gesamtheit ihrer Facetten, eine spezielle zweidimensionale Mannigfaltigkeit.

Nach diesen Vorbemerkungen betrachten wir zwei Flächen $S, S_1$ konstanter negativer Krümmung $K = -\frac{1}{R^2}$, von denen die eine mittels einer Bäcklundschen Transformation $B_\sigma$ aus der anderen abgeleitet sei, und es seien $F, F_1$ zwei beliebige, einander entsprechende Punkte von $S, S_1$. Die Beziehung zwischen $S, S_1$ ist bekanntlich durch folgende Eigenschaften vollständig gekennzeichnet:

---

1) Zur Theorie der Flächen konstanter Krümmung. Archiv for Mathematik og Naturvidenskab, 5. Bd., Christiania.

1) Die Entfernung $FF_1 = a$ zweier entsprechender Punkte ist konstant, gleich $R \cos \sigma$.

2) Jede Strecke $FF_1$ berührt $S$ in $F$ und $S_1$ in $F_1$.

3) Der Winkel zwischen den beiden Normalen in $F$ zu $S$ und in $F_1$ zu $S_1$ ist konstant, gleich $\frac{\pi}{2} - \sigma$.

Diese drei Eigenschaften besagen nämlich, daß $S, S_1$ die beiden Brennmäntel eines Strahlensystems sind, bei dem sowohl die Entfernung der Brennpunkte als auch der Winkel zwischen den Brennebenen, also auch die Entfernung der Grenzpunkte, konstant ist; folglich ist das Strahlensystem ein pseudosphärisches (vgl. § 156).

Sind nun $x, y, z$; $x_1, y_1, z_1$ die Koordinaten von $F$ bezw. $F_1$ und setzen wir, die Gleichungen von $S, S_1$ in der gewöhnlichen Form

$$z = z(x, y), \qquad z_1 = z_1(x_1, y_1)$$

vorausgesetzt,

$$p = \frac{\partial z}{\partial x}, \quad q = \frac{\partial z}{\partial y}; \quad p_1 = \frac{\partial z_1}{\partial x_1}, \quad q_1 = \frac{\partial z_1}{\partial y_1},$$

so werden die angeführten Eigenschaften offenbar durch die folgenden vier Gleichungen zum Ausdruck gebracht:

$$(1) \qquad \begin{cases} (x_1 - x)^2 + (y_1 - y)^2 + (z_1 - z)^2 = a^2, \\ (x_1 - x)p + (y_1 - y)q - (z_1 - z) = 0, \\ (x_1 - x)p_1 + (y_1 - y)q_1 - (z_1 - z) = 0, \\ pp_1 + qq_1 + 1 = \sin \sigma \sqrt{1 + p^2 + q^2} \cdot \sqrt{1 + p_1^2 + q_1^2}, \end{cases}$$

und mit Lie können wir diese Gleichungen als die Formeln für eine auf alle Facetten $(x, y, z; p, q)$ des Raumes angewandte unendlich-vieldeutige Transformation auffassen.

Allgemeiner können wir eine beliebige Transformation in Betracht ziehen, die jeder Facette $f \equiv (x, y, z; p, q)$ nach einem bestimmten Gesetz einfach unendlich viele Facetten $f_1 \equiv (x_1, y_1, z_1; p_1, q_1)$ zuordnet. Analytisch wird sie durch vier Beziehungen zwischen den Koordinaten von $f, f_1$ dargestellt:

$$(2) \qquad F_i(x, y, z, p, q; x_1, y_1, z_1, p_1, q_1) = 0 \qquad (i = 1, 2, 3, 4).$$

Durchläuft $f$ die $\infty^2$ ebenen Facetten einer Fläche mit der Gleichung: $z = z(x, y)$, wo also

$$p = \frac{\partial z}{\partial x}, \quad q = \frac{\partial z}{\partial y}$$

ist, so bilden die entsprechenden Facetten $f_1$ eine dreifache Mächtigkeit, und es wird im allgemeinen unmöglich sein, diese $\infty^3$ Facetten $f_1$ zu einer einfachen Mächtigkeit von $\infty^2$-Systemen, von denen jedes eine Fläche $S_1$ bildet, anzuordnen. Welches ist die

Bedingung dafür, daß dies möglich sei? Setzen wir in (2) für $z, p, q$ ihre aus der Gleichung von $S$ entnommenen, von $x, y$ abhängigen Werte ein und eliminieren wir dann $x, y$, so ergeben sich zwei Gleichungen:

$$\Phi_i(x_1, y_1, z_1, p_1, q_1) = 0 \quad (i = 1, 2),$$

welche die $\infty^3$ Facetten $f_1$ bestimmen. Wenn es nun eine Fläche $S_1(z_1 = z_1(x, y))$ gibt, deren Facetten dieser Mannigfaltigkeit angehören, so muß $z_1$ eine Lösung der simultanen Gleichungen:

$$(3) \qquad \Phi_i\left(x_1, y_1, z_1, \frac{\partial z_1}{\partial x_1}, \frac{\partial z_1}{\partial y_1}\right) = 0 \quad (i = 1, 2)$$

sein. Der fragliche Fall tritt also dann und nur dann ein, wenn die Gleichungen (3) ein unbeschränkt integrierbares System bilden oder in Involution sind, und in diesem Falle ist es nur auf eine Weise möglich, die $\infty^3$-Mannigfaltigkeit von Facetten $f_1$ in $\infty^1$ Flächen $S_1$ zu zerlegen. Liegt dieser Fall vor, so sagen wir der Kürze halber, daß das System (2) in Involution mit der Fläche $S_1$ ist.

Indem wir zum System (1) zurückkehren, sehen wir, daß es in Involution mit allen Flächen konstanter Krümmung $K = -\frac{\cos^2\sigma}{a^2}$ und nur mit diesen ist, d. h. mit den Lösungen $z(x, y)$ der Differentialgleichung zweiter Ordnung:

$$\frac{rt - s^2}{(1 + p^2 + q^2)^2} = -\frac{\cos^2\sigma}{a^2}.$$

Wir machen nun die einfache Bemerkung, daß das System (1) für jede beliebige Fläche $S$ von der Krümmung $K = -\frac{\cos^2\sigma}{a^2}$ stets das gleiche bleibt, d. h. also, wenn mit $S$ eine beliebige Verbiegung vorgenommen wird, bei der an jede Facette $f$ von $S$ die $\infty^1$ entsprechenden Facetten $f_1$ gekoppelt sind. Sodann stellen wir die folgende allgemeine Frage:

Zusammen mit einer Fläche $S$ seien $\infty^1$ Flächen $S_1$ gegeben, von denen jede punktweise der Fläche $S$ zugeordnet sei, so daß jeder Facette $f$ von $S$ $\infty^1$ Facetten $f_1$, eine für jede Fläche $S_1$, entsprechen. Nun werde mit der als biegsam und undehnbar aufgefaßten Fläche $S$ eine beliebige Verbiegung vorgenommen, bei der an jede Facette $f$ die $\infty^1$ entsprechenden $f_1$ gekoppelt sind. Wann wird bei beliebiger Verbiegung der Fall eintreten, daß die $\infty^3$ Facetten $f_1$ stets zu $\infty^1$ Flächen $S_1$ angeordnet werden können?

## § 283. Grundlagen für die Theorie der Transformationen $B_k$.

Die soeben gestellte allgemeine Frage werden wir nun nicht erörtern, sondern nur eine bemerkenswerte besondere Lösung derselben angeben, die alle Flächen zweiten Grades betrifft und uns eben auf die

Transformationstheorie der Biegungsflächen von Flächen zweiten Grades führen wird. Wir gelangen sozusagen von selbst zu dieser Lösung, wenn wir auf die Bäcklundschen Transformationen der pseudosphärischen Flächen $S$ zurückgehen und die Lage jeder Facette $f$ von $S$ und der transformierten Facetten $f_1$ hinsichtlich der imaginären Kugel, auf welche die $S$ abwickelbar sind, geometrisch besser zu kennzeichnen suchen. Die Fundamentalkugel ist hier die imaginäre Kugel vom Radius $iR$:

(a) $$x^2 + y^2 + z^2 + R^2 = 0.$$

Der Abstand zwischen den Mitten der Facetten $f, f_1$ ist konstant, gleich $R\cos\sigma$; wird daher $S$ auf die Kugel (a) abgewickelt, so ordnen sich die Mitten der $f_1$ zu einer konzentrischen Kugelfläche vom Radius $iR\sin\sigma$ an:

(b) $$x^2 + y^2 + z^2 + R^2\sin^2\sigma = 0.$$

Da ferner die Ebenen der $f_1$ die Mitten der beiden Facetten $f, f_1$ enthalten und gegen die Tangentialebenen der Kugel (a) um den Winkel $\frac{\pi}{2} - \sigma$ geneigt sind, so sind sie vom Mittelpunkte gerade um $iR\sin\sigma$ entfernt und umhüllen demzufolge dieselbe Kugel (b).

Nach diesen Vorbemerkungen setzen wir in diesem Ergebnis an Stelle der Kugel (a) eine beliebige Fläche $Q$ zweiten Grades und an Stelle der konzentrischen Kugel (b) eine zweite, aus der zu $Q$ konfokalen Flächenschar zweiten Grades willkürlich herausgegriffene Fläche $Q'$, so erhalten wir die uns interessierende Lösung der im voraufgehenden Paragraphen gestellten Aufgabe. Ferner aber gilt, wie im besonderen Falle der pseudosphärischen Flächen, der für uns sehr wichtige Satz: Die $\infty^1$ transformierten Flächen $S_1$ sind ebenfalls auf dieselbe Fläche zweiten Grades $Q$ abwickelbar.

Wir formulieren unsere grundlegende Konstruktion ausführlich in der folgenden Weise:

Es sei eine beliebige Fläche $Q$ zweiten Grades gegeben, es werde aus der zu $Q$ konfokalen Flächenschar zweiten Grades eine zweite Fläche $Q'$ willkürlich herausgegriffen, und jeder Facette $f$ von $Q$ mögen $\infty^1$ Facetten $f_1$ nach folgenden Gesetzen entsprechen: 1) die Mitten $F_1$ der Facetten $f_1$ sollen auf dem Kegelschnitt $C$, der Schnittkurve der Ebene $\pi$ von $f$ mit der konfokalen Fläche $Q'$, liegen; 2) die Ebenen $\pi_1$ der $f_1$ sollen den vom Mittelpunkte $F$ von $f$ an dieselbe Fläche $Q'$ gelegten Berührungskegel umhüllen.

Hiernach können wir den grundlegenden Satz unserer ganzen Theorie folgendermaßen aussprechen:

Theorem A) Wird die Fläche $Q$ zweiten Grades beliebig in eine Fläche $S$ verbogen, wobei an jede ihrer Facetten $f$ die $\infty^1$ entsprechenden Facetten $f_1$ der oben beschriebenen Konstruktion gekoppelt sind, so ordnet sich die $\infty^3$-Gesamtheit dieser Facetten $f_1$ nach der Verbiegung auf eindeutig bestimmte Weise zu $\infty^1$ Flächen $S_1$ an, die alle, ebenso wie $S$, auf die Ausgangsfläche $Q$ zweiten Grades abwickelbar sind.

Zweck der folgenden Untersuchungen ist nun eben, diesen grundlegenden Satz für alle Gattungen von Flächen zweiten Grades zu beweisen und die Folgerungen für die Theorie der Verbiegung dieser Flächen zu ziehen.

Zunächst jedoch dürfte es von Vorteil sein, den Wortlaut des Satzes etwas näher zu erläutern. Das Theorem A) gilt für jede beliebige reelle oder imaginäre Fläche zweiten Grades, und wenn auch unser Hauptinteresse sich naturgemäß auf die reellen Biegungsflächen konzentriert, so müssen wir doch ausdrücklich darauf hinweisen, daß diese sowohl für eine reelle als auch für eine imaginäre Fläche vorhanden sein können; und gerade das erste Beispiel, von dem wir ausgegangen sind und das uns den ersten Ring zur Kette der Transformationstheorie geliefert hat, bezieht sich gerade auf die imaginäre Kugel. Vorläufig jedoch bleiben wir bei dem Falle einer reellen und allgemeinen Fläche $Q$ zweiten Grades; dann haben wir jedenfalls reelle Transformationen der Biegungsflächen[1]), wie aus dem allgemeinen Theorem A) leicht folgt. Es ist nämlich notwendig und hinreichend, daß die angegebene Konstruktion den reellen Facetten $f$ von $Q$ $\infty^3$ reelle transformierte Facetten $f_1$ zuordnet, d. h. daß die Mitten und die Ebenen dieser $f_1$ reell sind und somit 1) jede Tangentialebene $\pi$ von $Q$ die konfokale Fläche $Q'$ in einem reellen Kegelschnitt $C$ schneidet, 2) wenn $F$ der Berührungspunkt von $\pi$ und $F_1$ ein beliebiger Punkt auf $C$ ist, durch die Gerade $FF_1$ reelle Tangentialebenen sich an $Q'$ legen lassen.

Diese beiden Bedingungen sind zusammen offenbar dann und nur dann erfüllt, wenn die Fläche $Q'$ reell ist und reelle Erzeugenden hat; also:

Um reelle Transformationen der Biegungsflächen einer reellen Fläche $Q$ zweiten Grades zu erhalten, hat und braucht man die konfokale Fläche $Q'$ nur aus der Gattung der Linienflächen zweiten Grades zu wählen.

---

1) Ist die Fläche zweiten Grades eine spezielle (eine Rotationsfläche), so können die reellen Transformationen fehlen. Das ist z. B. bei einer reellen Kugel der Fall, wo die Bäcklundschen Transformationen ihrer reellen Biegungsflächen immer mit Notwendigkeit imaginär sind. (Kap. XVIII, S. 492.)

Zu diesen allgemeinen Ausführungen fügen wir noch die folgenden Bemerkungen hinzu. Es sei $f \equiv (F, \pi)$ eine beliebige Facette von $Q$ und $F_1$ ein beliebiger Punkt auf dem Kegelschnitt $C$, der Schnittkurve von $\pi$ mit $Q'$, welcher die Mitte einer der Facette $f$ entsprechenden Facette $f_1$ ist. Die Ebene $\pi_1$ dieser Facette muß $Q'$ berühren und die Gerade $FF_1$ enthalten; folglich ist sie die eine oder die andere der beiden Ebenen, die sich durch $FF_1$ und die eine oder die andere durch $F_1$ gehende Erzeugende von $Q'$ legen lassen. Demnach zerfallen offenbar unsere Transformationen eigentlich in zwei Klassen, von denen jede einer der beiden Scharen von Erzeugenden auf $Q'$ entspricht.

Nach dieser kurzgefaßten Erläuterung der grundlegenden Prinzipien unserer Transformationstheorie gehen wir nun zur systematischen Entwicklung der Theorie über. Zunächst behandeln wir den Fall einer Linienfläche $Q$ zweiten Grades als Fundamentalfläche und können dann die erhaltenen Ergebnisse ohne Schwierigkeit auf die anderen Gattungen von Flächen zweiten Grades übertragen.

## § 284. Ableitung einiger Fundamentalformeln.

Unseren analytischen Entwicklungen legen wir einige einfache Formeln für eine Fläche $S$ zugrunde, die so verbogen wird, daß an jede Facette $f$ eine Facette $f_1$ fest gekoppelt bleibt und die Verbindungslinie $FF_1$ der Mitten die Fläche $S$ in $F$ berührt. Bei jeder beliebigen Verbiegung von $S$, wobei die Tangentenstücke $FF_1$ an $S$ gekoppelt bleiben, ist der Ort der Endpunkte $F_1$ eine gewisse Fläche $S_1$ oder gelegentlich auch eine Kurve, und wir müssen zunächst allgemeine Formeln für die Fundamentalgrößen dieser Fläche $S_1$ ableiten.

Unter Zugrundelegung eines beliebigen krummlinigen Parametersystems $(u, v)$ hat $S$ die erste Fundamentalform:

$$ds^2 = E du^2 + 2F du dv + G dv^2, \tag{4}$$

die bei Verbiegungen sich nicht ändert, und die zweite Fundamentalform:

$$D du^2 + 2D' du dv + D'' dv^2, \tag{4*}$$

die für jede spezielle Zwischenform von $S$ eine ganz bestimmte ist und deren Koeffizienten $D, D', D''$ nur der Gaußischen und den Codazzischen Gleichungen genügen müssen (Kap. IV). Bezeichnen wir für eine solche spezielle Zwischenform von $S$ die Koordinaten von $F, F_1$ mit $x, y, z; x_1, y_1, z_1$, so muß die Determinante:

$$\begin{vmatrix} x_1 - x & y_1 - y & z_1 - z \\ \frac{\partial x}{\partial u} & \frac{\partial y}{\partial u} & \frac{\partial z}{\partial u} \\ \frac{\partial x}{\partial v} & \frac{\partial y}{\partial v} & \frac{\partial z}{\partial v} \end{vmatrix}$$

verschwinden; demnach ergeben sich die Koordinaten von $F_1$ aus Gleichungen von der folgenden Beschaffenheit:

$$(5)\qquad \begin{cases} x_1 = x + l\dfrac{\partial x}{\partial u} + m\dfrac{\partial x}{\partial v}, \\ y_1 = y + l\dfrac{\partial y}{\partial u} + m\dfrac{\partial y}{\partial v}, \\ z_1 = z + l\dfrac{\partial z}{\partial u} + m\dfrac{\partial z}{\partial v}, \end{cases}$$

wo $l$, $m$ bestimmte Funktionen der krummlinigen Koordinaten $u$, $v$ von $F$ bedeuten. Nun weisen wir auf folgende sehr einfache, aber für das weitere wichtige Tatsache hin: Wird die Fläche $S$ irgendwie verbogen, wobei die Tangentenstücke $FF_1$ an $S$ gekoppelt sind, so bleiben die Funktionen $l(u, v)$, $m(u, v)$ in (5) stets dieselben, und umgekehrt.

Davon überzeugen wir uns leicht, wenn wir zunächst beachten, daß die Länge $d$ von $FF_1$ wegen (5) durch:

$$d^2 = (x_1 - x)^2 + (y_1 - y)^2 + (z_1 - z)^2 = El^2 + 2Flm + Gm^2$$

gegeben ist, so daß sich dieser Wert von $d$ bei Verbiegungen nicht ändert. Bezeichnen wir ferner mit $\omega_1$, $\omega_2$ die Neigungswinkel von $FF_1$ gegen die positiven Richtungen der Parameterlinien $v = \text{Const.}$, $u = \text{Const.}$, so haben wir:

$$\cos\omega_1 = \sum \frac{x_1 - x}{d\sqrt{E}}\frac{\partial x}{\partial u} = \frac{El + Fm}{d\sqrt{E}},$$

$$\cos\omega_2 = \sum \frac{x_1 - x}{d\sqrt{G}}\frac{\partial x}{\partial v} = \frac{Fl + Gm}{d\sqrt{G}}.$$

Aus diesen Gleichungen geht eben hervor, daß, da $d$, $\omega_1$, $\omega_2$ ungeändert bleiben, auch für jedes Wertepaar $u$, $v$ die Funktionen $l$, $m$ ungeändert bleiben.

Nachdem wir dies festgestellt haben, berechnen wir aus (5) die Differentialquotienten von $x_1, y_1, z_1$ nach $u$ und $v$. Dazu brauchen wir nur die Fundamentalformeln (I), S. 88, zu berücksichtigen.

Setzen wir:

$$(6)\qquad \begin{cases} L \equiv \dfrac{\partial l}{\partial u} + \begin{Bmatrix} 11 \\ 1 \end{Bmatrix} l + \begin{Bmatrix} 12 \\ 1 \end{Bmatrix} m + 1, & M \equiv \dfrac{\partial m}{\partial u} + \begin{Bmatrix} 11 \\ 2 \end{Bmatrix} l + \begin{Bmatrix} 12 \\ 2 \end{Bmatrix} m, \\ P \equiv \dfrac{\partial l}{\partial v} + \begin{Bmatrix} 12 \\ 1 \end{Bmatrix} l + \begin{Bmatrix} 22 \\ 1 \end{Bmatrix} m \quad, & Q \equiv \dfrac{\partial m}{\partial v} + \begin{Bmatrix} 12 \\ 2 \end{Bmatrix} l + \begin{Bmatrix} 22 \\ 2 \end{Bmatrix} m + 1, \end{cases}$$

wo die Christoffelschen Symbole sich auf die Fundamentalform (4) beziehen, so ergeben sich, wie man unschwer einsieht, als gesuchte Gleichungen die folgenden:

$$(7)\qquad \begin{cases} \dfrac{\partial x_1}{\partial u} = L\dfrac{\partial x}{\partial u} + M\dfrac{\partial x}{\partial v} + (Dl + D'm)X, \\[2mm] \dfrac{\partial x_1}{\partial v} = P\dfrac{\partial x}{\partial u} + Q\dfrac{\partial x}{\partial v} + (D'l + D''m)X, \end{cases}$$

nebst analogen für $y_1$, $z_1$, die wir weglassen, wie stets in der Folge. Diese Gleichungen (7) gelten natürlich in allen Fällen, auch wenn für die gerade vorliegende Zwischenform von $S$ die Fläche $S_1$ sich auf eine Kurve zusammenzieht.

Nun fassen wir weiter, wie oben gesagt, $F_1$ als Mitte einer Facette $f_1$ auf, deren Ebene $\pi_1$ ebenfalls an die Facette $f \equiv (x, y, z;\ X, Y, Z)$ bei Verbiegungen von $S$ gekoppelt sei. Dann können wir die Lage der Ebene $\pi_1$ mittels der Richtungskosinus ihrer Normale, $X_1$, $Y_1$, $Z_1$, bestimmen, und diese lassen sich in folgender Weise ausdrücken:

$$(8)\qquad \begin{cases} X_1 = A\dfrac{\partial x}{\partial u} + B\dfrac{\partial x}{\partial v} + CX, \\[2mm] Y_1 = A\dfrac{\partial y}{\partial u} + B\dfrac{\partial y}{\partial v} + CY, \\[2mm] Z_1 = A\dfrac{\partial z}{\partial u} + B\dfrac{\partial z}{\partial v} + CZ, \end{cases}$$

wo $A$, $B$, $C$ passende Funktionen von $u$, $v$ sind.[1]) Aus ganz ähnlichen Überlegungen, wie wir sie vorher bei den Gleichungen (5) angestellt haben, geht hervor, daß unter unserer Voraussetzung die Funktionen $A$, $B$, $C$ von $u$, $v$ dieselben bleiben, wie auch immer $S$ verbogen werden mag.

Nehmen wir nun an, daß in (5) und (8) die Funktionen $l, m; A, B, C$ außer den Veränderlichen $u$, $v$ noch einen willkürlichen Parameter $\lambda$ enthalten, so können wir jeder Facette $f$ von $S$ $\infty^1$ Facetten $f_1$ zuordnen, die bei Verbiegungen von $S$ an die entsprechende Facette $f$ gekoppelt bleiben. Dieser Fall tritt gerade bei unseren Anwendungen ein.

## § 285. Erste Formelgruppe für das hyperbolische Paraboloid.

Wir beginnen die Untersuchungen über die Verbiegungen der Flächen zweiten Grades mit den Linienflächen zweiten Grades und haben also zwei Fälle zu unterscheiden: den des hyperbolischen Paraboloids und den des einschaligen Hyperboloids. Im vorliegenden Kapitel behandeln wir den ersten Fall, in dem die Gleichungen etwas größere Einfachheit aufweisen.

---

1) Es sei daran erinnert, daß, wenn die Gleichungen (8) als lineare Gleichungen in $A$, $B$, $C$ aufgefaßt werden, die Determinante der Koeffizienten, $\sqrt{EG - F^2}$, $\neq 0$ ist.

Die Fundamentalfläche ist also jetzt ein hyperbolisches Paraboloid $P_0$, dessen Gleichung wir in der gewöhnlichen Normalform:

$$\frac{x_0^2}{p} - \frac{y_0^2}{q} = 2z_0$$

ansetzen, wo die positiven Konstanten $p$, $q$ die Parameter der beiden Hauptparabeln bedeuten.

Wir beziehen $P_0$ auf seine geradlinigen Erzeugenden (Haupttangentenkurven) mittels des Ansatzes:

(9) $$x_0 = \sqrt{p}(u+v), \quad y_0 = \sqrt{q}(u-v), \quad z_0 = 2uv.$$

In dem Ausdruck für das Quadrat des Linienelements von $P_0$:

$$ds_0^2 = E du^2 + 2F du dv + G dv^2,$$

haben hiernach $E$, $F$, $G$ die folgenden Werte:

(10) $$E = p + q + 4v^2, \quad F = p - q + 4uv, \quad G = p + q + 4u^2.$$

Setzen wir:

(11) $$H \equiv p(u-v)^2 + q(u+v)^2 + pq,$$

so erhalten wir:

(11*) $$EG - F^2 = 4H.$$

Als Werte für die Richtungskosinus $X_0$, $Y_0$, $Z_0$ der positiven Normale von $P_0$ finden wir unschwer:

$$X_0 = \frac{\sqrt{q}(u+v)}{\sqrt{H}}, \quad Y_0 = \frac{\sqrt{p}(v-u)}{\sqrt{H}}, \quad Z_0 = -\frac{\sqrt{pq}}{\sqrt{H}},$$

demnach für die Koeffizienten $D_0$, $D_0'$, $D_0''$ der zweiten Grundform:

(12) $$D_0 = 0, \quad D_0' = -\frac{2\sqrt{pq}}{\sqrt{H}}, \quad D_0'' = 0.$$

Die Totalkrümmung $K$ von $P_0$ ist somit gegeben durch:

$$K = \frac{D_0 D_0'' - D_0'^2}{EG - F^2} = -\frac{pq}{H^2},$$

so daß wir mittels des üblichen Ansatzes:

(13) $$K = -\frac{1}{\varrho^2}$$

erhalten:

(13*) $$\varrho = \frac{H}{\sqrt{pq}}.$$

Endlich müssen wir noch die wirklichen Werte der **Christoffel**schen Symbole für unser $ds_0$ berechnen. Dieses geschieht unschwer aus den

Gleichungen (10) oder auch mittels der schon angeführten Gleichungen (I), S. 88, und wir finden auf diese Weise:

$$(14)\quad \begin{Bmatrix}1\,1\\1\end{Bmatrix}=\begin{Bmatrix}2\,2\\1\end{Bmatrix}=\begin{Bmatrix}1\,1\\2\end{Bmatrix}=\begin{Bmatrix}2\,2\\2\end{Bmatrix}=0,\quad \begin{Bmatrix}1\,2\\1\end{Bmatrix}=\frac{1}{2}\frac{\partial\log\varrho}{\partial v},\quad \begin{Bmatrix}1\,2\\2\end{Bmatrix}=\frac{1}{2}\frac{\partial\log\varrho}{\partial u}.$$

Nun wählen wir aus der konfokalen Flächenschar:

$$(15)\qquad \frac{x^2}{p-k}-\frac{y^2}{q+k}=2z-k,$$

die durch $P_0$ bestimmt ist, ein zweites hyperbolisches Paraboloid. Dazu müssen wir dem Parameter $k$ einen beliebigen Wert in dem Intervall: $-q\leqq k\leqq p$ erteilen. Dieses konfokale Paraboloid bezeichnen wir mit $P_k$ und bemerken ausdrücklich, daß wir bei den folgenden Rechnungen zwar den Wert: $k=0$, für den $P_k$ mit $P_0$ identisch wäre, keineswegs aber die Endwerte: $k=-q$, $k=p$ ausschließen. Für diese Werte artet das Paraboloid $P_k$ in die doppelt überdeckten Ebenen: $y=0$ bzw. $x=0$ oder, besser ausgedrückt, in diejenigen Gebiete dieser Ebenen aus, welche außerhalb der Fokalparabeln:

$$y=0,\quad \frac{x^2}{p+q}=2z+q\quad (k=-q),$$

$$x=0,\quad \frac{y^2}{p+q}=-2z+p\quad (k=p),$$

liegen.

Die Tangentialebene an $P_0$ in einem Punkte $F_0\equiv(x_0, y_0, z_0)$ schneidet $P_k$ in einem Kegelschnitt $C$ (für die singulären Werte: $k=-q$, $k=p$ in einer Geraden), und die Koordinaten eines beliebigen Punktes $\overline{F}_0\equiv(\overline{x}_0, \overline{y}_0, \overline{z}_0)$ dieses Kegelschnitts $C$ sind wegen der Gleichungen (5) von der Form:

$$(16)\qquad \begin{cases}\overline{x}_0=\sqrt{p}(u+v+l+m),\\ \overline{y}_0=\sqrt{q}(u-v+l-m),\\ \overline{z}_0=2(uv+vl+um).\end{cases}$$

Die Koeffizienten $l, m$ sind bestimmte Funktionen von $u, v$ und eines Parameters $\lambda$, der den beweglichen Punkt $\overline{F}_0$ auf dem Kegelschnitt $C$ festlegt. Als diesen Parameter $\lambda$ wählen wir denjenigen einer veränderlichen Erzeugenden von $P_k$ entweder der ersten oder der zweiten Schar. Bezeichnen wir abkürzend mit $p', q'$ die Parameter der beiden Hauptparabeln von $P_k$, setzen wir also:

$$(17)\qquad p'=p-k,\qquad q'=q+k,$$

so sind $p', q'$ positiv, und als Gleichungen der Erzeugenden von $P_k$ erhalten wir:

$$(18)\qquad \begin{cases} x = \lambda\sqrt{p'}\left(z - \frac{k}{2}\right) + \frac{\sqrt{p'}}{2\lambda}, \\ y = \pm\lambda\sqrt{q'}\left(z - \frac{k}{2}\right) \mp \frac{\sqrt{q'}}{2\lambda}, \end{cases}$$

wo das obere Vorzeichen der ersten, das untere der zweiten Schar von Erzeugenden zukommt. Setzen wir in letzteren Gleichungen für $x$, $y$, $z$ die Werte (16) von $\bar{x}_0$, $\bar{y}_0$, $\bar{z}_0$ ein, so erhalten wir zwei lineare Gleichungen zur Bestimmung von $l$ und $m$. Durch Auflösung derselben finden wir:

$$(19)\qquad l = \frac{U}{W}, \qquad m = \frac{V}{W},$$

wo $U$, $V$, $W$ die folgenden Werte haben:

$$(20)\quad \begin{cases} U \equiv 2(\sqrt{qp'} \mp \sqrt{pq'})\lambda^2 u^2 - 2(\sqrt{pq} \mp \sqrt{p'q'})\lambda u - \\ \qquad - \frac{k}{2}(\sqrt{qp'} \pm \sqrt{pq'})\lambda^2 + \frac{1}{2}(\sqrt{qp'} \mp \sqrt{pq'}), \\ V \equiv 2(\sqrt{qp'} \pm \sqrt{pq'})\lambda^2 v^2 - 2(\sqrt{pq} \pm \sqrt{p'q'})\lambda v - \\ \qquad - \frac{k}{2}(\sqrt{qp'} \mp \sqrt{pq'})\lambda^2 + \frac{1}{2}(\sqrt{qp'} \pm \sqrt{pq'}), \\ W \equiv 2\lambda[\sqrt{pq} - \sqrt{qp'}(u+v)\lambda \pm \sqrt{pq'}(u-v)\lambda]. \end{cases}$$

Es sei darauf hingewiesen, daß in allen diesen Gleichungen der Übergang von den oberen Vorzeichen zu den unteren einer Vertauschung von $u$ mit $v$ gleichkommt.

## § 286. Beweis einiger Identitäten.

In der Folge werden wir einige grundlegende Identitäten brauchen, die zwischen den eingeführten Größen bestehen und die wir folgendermaßen finden:

Lassen wir in (16) $\lambda$ konstant, so durchläuft der Punkt $(\bar{x}_0, \bar{y}_0, \bar{z}_0)$ eine Erzeugende $\lambda$ des Paraboloids $P_k$. Dann können wir die allgemeinen Gleichungen in § 284 auf den jetzt vorliegenden Fall anwenden, in dem sich die Fläche $S_1$ auf diese Erzeugende von $P_k$ zusammenzieht. Wegen der jetzt vorliegenden Werte (14) der Christoffelschen Symbole und unter Einführung der Bezeichnungen: $L_0$, $M_0$, $P_0$, $Q_0$ für die Werte von $L$, $M$, $P$, $Q$ erhalten wir infolge (6):

$$(21)\qquad \begin{cases} L_0 = \frac{\partial l}{\partial u} + \frac{1}{2}\frac{\partial \log \varrho}{\partial v} m + 1, & M_0 = \frac{\partial m}{\partial u} + \frac{1}{2}\frac{\partial \log \varrho}{\partial u} m, \\ P_0 = \frac{\partial l}{\partial v} + \frac{1}{2}\frac{\partial \log \varrho}{\partial v} l \qquad , & Q_0 = \frac{\partial m}{\partial v} + \frac{1}{2}\frac{\partial \log \varrho}{\partial u} l + 1, \end{cases}$$

und die Gleichungen (7) gehen über in:

$$(22)\qquad \begin{cases} \dfrac{\partial \bar{x}_0}{\partial u} = L_0 \dfrac{\partial x_0}{\partial u} + M_0 \dfrac{\partial x_0}{\partial v} + D_0' m X_0, \\ \dfrac{\partial \bar{x}_0}{\partial v} = P_0 \dfrac{\partial x_0}{\partial u} + Q_0 \dfrac{\partial x_0}{\partial v} + D_0' l X_0 \text{ usw.} \end{cases}$$

Weil jetzt der Punkt $(\bar{x}_0, \bar{y}_0, \bar{z}_0)$ eine (gerade) Linie beschreibt, so haben wir offenbar die Proportionen:

$$\frac{\partial \bar{x}_0}{\partial u} : \frac{\partial \bar{y}_0}{\partial u} : \frac{\partial \bar{z}_0}{\partial u} = \frac{\partial \bar{x}_0}{\partial v} : \frac{\partial \bar{y}_0}{\partial v} : \frac{\partial \bar{z}_0}{\partial v},$$

folglich ist wegen (22):

$$\frac{L_0}{P_0} = \frac{M_0}{Q_0} = \frac{m}{l};$$

somit haben wir die Identitäten:

$$(23)\qquad l L_0 - m P_0 = 0, \quad l M_0 - m Q_0 = 0,$$

also auch:

$$(23^*)\qquad l(l M_0 - m L_0) = m(l Q_0 - m P_0).$$

Setzen wir links die Werte (21) für $L_0, M_0, P_0, Q_0$ ein, so erhalten wir:

$$l \frac{\partial l}{\partial u} - m \frac{\partial l}{\partial v} + l = 0, \quad l \frac{\partial m}{\partial u} - m \frac{\partial m}{\partial v} - m = 0.$$

Nun ist:

$$l = \frac{U}{W}, \quad m = \frac{V}{W},$$

ferner ist nach (20) $U$ eine Funktion von $u$ allein (und $\lambda$), $V$ eine Funktion von $v$ allein (und $\lambda$); infolgedessen nehmen,

$$U' = \frac{\partial U}{\partial u}, \quad V' = \frac{\partial V}{\partial v}$$

gesetzt, die obigen Identitäten die folgende Gestalt an:

$$(24)\qquad \begin{cases} W U' - U \dfrac{\partial W}{\partial u} + V \dfrac{\partial W}{\partial v} + W^2 = 0, \\ W V' + U \dfrac{\partial W}{\partial u} - V \dfrac{\partial W}{\partial v} + W^2 = 0. \end{cases}$$

Aus ihnen ergibt sich weiter durch Addition die wichtige Beziehung:

$$(24^*)\qquad U' + V' + 2W = 0.$$

Diese Identitäten lassen sich übrigens auch direkt auf Grund der expliziten Werte (20) von $U$, $V$, $W$ beweisen.

Eine weitere Identität, die für die Folge von grundlegender Bedeutung ist, ergibt sich aus dem Vergleich des Wertes von:

$$l M_0 - m L_0 = l \frac{\partial m}{\partial u} - m \frac{\partial l}{\partial u} + \tfrac{1}{2} \frac{\partial \log \varrho}{\partial u} l m - \tfrac{1}{2} \frac{\partial \log \varrho}{\partial v} m^2 - m$$

mit dem Binom:
$$m\frac{\partial l}{\partial \lambda} - l\frac{\partial m}{\partial \lambda}.$$

Dividieren wir den zweiten Ausdruck durch den ersten, so erhalten wir nacheinander:

$$\frac{m\frac{\partial l}{\partial \lambda} - l\frac{\partial m}{\partial \lambda}}{lM_0 - mL_0} = \frac{\frac{\partial}{\partial \lambda}\left(\frac{l}{m}\right)}{\frac{1}{2}\frac{\partial \log \varrho}{\partial u}\cdot\frac{l}{m} - \frac{1}{2}\frac{\partial \log \varrho}{\partial v} - \frac{\partial}{\partial u}\left(\frac{l}{m}\right) - \frac{1}{m}} =$$

$$= \varrho \cdot \frac{\frac{\partial}{\partial \lambda}\left(\frac{U}{V}\right)}{\frac{1}{2}\frac{\partial \varrho}{\partial u}\frac{U}{V} - \frac{1}{2}\frac{\partial \varrho}{\partial v} - \varrho\frac{\partial}{\partial u}\left(\frac{U}{V}\right) - \varrho\frac{W}{V}} =$$

$$= \frac{\varrho}{V} \cdot \frac{U\frac{\partial V}{\partial \lambda} - V\frac{\partial U}{\partial \lambda}}{\varrho(U' + W) - \frac{U}{2}\frac{\partial \varrho}{\partial u} + \frac{V}{2}\frac{\partial \varrho}{\partial v}}.$$

Aber aus den expliziten Werten (20) von $U$, $V$, $W$ ergibt sich nach kurzer Rechnung die Identität:

$$(25) \qquad U\frac{\partial V}{\partial \lambda} - V\frac{\partial U}{\partial \lambda} = k\left[\varrho(U' + W) - \frac{U}{2}\frac{\partial \varrho}{\partial u} + \frac{V}{2}\frac{\partial \varrho}{\partial v}\right],$$

die wir wegen der voraufgehenden Rechnungen auch in der folgenden äquivalenten Form schreiben können:

$$(25^*) \qquad m\frac{\partial l}{\partial \lambda} - l\frac{\partial m}{\partial \lambda} = \frac{k\varrho}{V}(lM_0 - mL_0) = \frac{k\varrho}{U}(lQ_0 - mP_0).$$

## § 287. **Orientierung der Facetten $f_1$.**

Im Anschluß an unsere allgemeinen Ausführungen in § 283 ordnen wir jetzt jeder Facette $f \equiv (x_0, y_0, z_0; X_0, Y_0, Z_0)$ des Paraboloids $P_0$ $\infty^1$ Facetten $f_1$ zu, deren Mittelpunktskoordinaten $\bar{x}_0$, $\bar{y}_0$, $\bar{z}_0$ durch die Gleichungen (16) gegeben sind und deren Ebenen $\pi_1$ durch die Verbindungslinie der Mittelpunkte $(x_0, y_0, z_0)$, $(\bar{x}_0, \bar{y}_0, \bar{z}_0)$ und durch die Erzeugende $\lambda$ des konfokalen Paraboloids hindurchgehen. Bezeichnen wir mit $X_1$, $Y_1$, $Z_1$ die Richtungskosinus des Lotes auf der Ebene $\pi_1$ und setzen wir wie in § 284, S. 524, (8), an:

$$X_1 = A\frac{\partial x_0}{\partial u} + B\frac{\partial x_0}{\partial v} + CX_0 \text{ usw.},$$

so kommt es darauf an, die Koeffizienten $A$, $B$, $C$ zu bestimmen. Nun sind die Richtungskosinus der Verbindungslinie der Facettenmitten proportional den Differenzen:

$$\bar{x}_0 - x = l\frac{\partial x_0}{\partial u} + m\frac{\partial x_0}{\partial v} \text{ usw.},$$

und diejenigen der Erzeugenden $\lambda$ von $P_k$ sind proportional z. B. den Größen:

$$\frac{\partial \bar{x}_0}{\partial u} = L_0 \frac{\partial x_0}{\partial u} + M_0 \frac{\partial x_0}{\partial v} + D_0' m X_0 \text{ usw.}$$

Wir brauchen also nur Werte, die $A$, $B$, $C$ proportional sind, aus folgenden beiden Bedingungen zu berechnen:

$$\sum X^1(\bar{x}_0 - x) = 0, \quad \sum X_1 \frac{\partial \bar{x}_0}{\partial u} = 0,$$

aus denen sich mit Benutzung der früheren Gleichungen ergibt:

$$\begin{aligned}(El + Fm)A + (Fl + Gm)B \qquad\qquad &= 0,\\ (EL_0 + FM_0)A + (FL_0 + GM_0)B + CD_0'm &= 0.\end{aligned}$$

Daraus folgt:

$$A:B:C = D_0'm(Fl + Gm) : -D_0'm(El + Fm) : (EG - F^2)(lM_0 - mL_0),$$

und da nach S. 525:

$$EG - F^2 = 4H, \quad D_0' = -\frac{2\sqrt{pq}}{\sqrt{H}}$$

ist, so haben wir, wenn wir mit $R$ einen Proportionalitätsfaktor bezeichnen:

(26) $$A = -R(Fl + Gm), \quad B = R(El + Fm), \quad C = R\frac{2H^{\frac{3}{2}}}{m\sqrt{pq}}(lM_0 - mL_0).$$

Für den letzten Wert können wir wegen S. 525 auch schreiben:

(26*) $$C = 2R\sqrt{H} \cdot \frac{\varrho}{m}(lM_0 - mL_0) = 2R\sqrt{H} \cdot \frac{\varrho}{l}(lQ_0 - mP_0).$$

Der Wert von $R^2$ folgt weiter aus der Bedingung:

$$\sum X_1^2 = 1,$$

welche ergibt:

$$EA^2 + 2FAB + GB^2 + C^2 = 1.$$

Wegen (26) aber ist:

$$EA^2 + 2FAB + GB^2 = R^2(EG - F^2)(El^2 + 2Flm + Gm^2),$$

und mit Rücksicht darauf, daß der Ausdruck:

$$El^2 + 2Flm + Gm^2 = \sum(\bar{x}_0 - x)^2$$

das Quadrat der Entfernung $\delta$ der beiden Facettenmitten,

$$\delta = \sqrt{El^2 + 2Flm + Gm^2},$$

darstellt, folgern wir daraus:

(27) $$R^2 = \frac{1}{4H\left[\delta^2 + \frac{\varrho^2}{m^2}(lM_0 - mL_0)^2\right]}.$$

Bezeichnen wir endlich mit $\Omega$ den Neigungswinkel der beiden Facettenebenen, so haben wir:

$$\cos\Omega = C = \frac{\frac{\varrho}{m}(lM_0 - mL_0)}{\sqrt{\delta^2 + \frac{\varrho^2}{m^2}(lM_0 - mL_0)^2}},$$

demnach:

$$(28)\qquad \frac{\delta^2}{\sin^2\Omega} = El^2 + 2Flm + Gm^2 + \frac{\varrho^2}{m^2}(lM_0 - mL_0)^2.$$

§ 288. **Grundlegende Differentialgleichungen für die Funktion $\lambda(u,v)$.**

Nach allen diesen vorbereitenden Schritten gehen wir nun daran, die in § 283 in allgemeinen Zügen vorgezeichnete Untersuchung für die Biegungsflächen des hyperbolischen Paraboloids durchzuführen. Wir setzen also voraus, das Paraboloid nehme durch Biegung eine beliebige Gestalt $S$ an, und bei dieser Biegung seien an jede Facette $f$ die $\infty^3$ entsprechenden, auf die im vorigen Paragraphen angegebene Weise bestimmten Facetten $f_1$ fest gekoppelt. Dann müssen wir zunächst nachweisen, daß sich nach der Verbiegung die $\infty^3$ Facetten $f_1$ zu $\infty^1$ Flächen $S_1$ anordnen lassen.

Die Biegungsfläche $S$ ist (gestaltlich) durch ihre beiden Grundformen bestimmt, von denen die erste mit dem Quadrat des Linienelements des Paraboloids, S. 525, übereinstimmt; die zweite bezeichnen wir mit:

$$D du^2 + 2D' du dv + D'' dv^2.$$

Die notwendigen und hinreichenden Bedingungen, denen $D$, $D'$, $D''$ genügen müssen, um auf diese Weise eine Biegungsfläche $S$ des Paraboloids zu definieren, sind nach S. 90 durch die Gauß-Codazzischen Gleichungen gegeben, die wegen der Gleichungen in § 285 jetzt die folgende Form annehmen:

(Gaußische Gleichung) (29) $$DD'' - D'^2 = -D_0'^2 = -\frac{4pq}{H},$$

(Codazzische Gleichungen) (30) $$\begin{cases} \dfrac{\partial D}{\partial v} - \dfrac{\partial D'}{\partial u} = \frac{1}{2}\dfrac{\partial \log\varrho}{\partial v} D + \frac{1}{2}\dfrac{\partial \log\varrho}{\partial u} D', \\[2ex] \dfrac{\partial D''}{\partial u} - \dfrac{\partial D'}{\partial v} = \frac{1}{2}\dfrac{\partial \log\varrho}{\partial v} D' + \frac{1}{2}\dfrac{\partial \log\varrho}{\partial u} D''. \end{cases}$$

Nach den grundlegenden Untersuchungen in § 284 sind nach der Verbiegung des Paraboloids $P_0$ in die Fläche $S$ die Koordinaten $x_1$, $y_1$, $z_1$ des Mittelpunktes einer beliebigen Facette $f_1$ durch:

$$(31)\qquad x_1 = x + l\frac{\partial x}{\partial u} + m\frac{\partial x}{\partial v} \quad \text{usw.}$$

gegeben, wo $l$, $m$ die durch (19), (20), S. 527, bestimmten Werte haben, und die Richtungskosinus $X_1$, $Y_1$, $Z_1$ des Lotes auf der Ebene $\pi_1$ sind:

$$X_1 = A\frac{\partial x}{\partial u} + B\frac{\partial x}{\partial v} + CX \text{ usw.,} \tag{32}$$

wo $A$, $B$, $C$ die Werte (26) haben.

Diese fünf Größen: $l$, $m$, $A$, $B$, $C$ sind bekannte Funktionen von $u$, $v$, $\lambda$, und lassen wir $u$, $v$, $\lambda$ sich ändern, so erhalten wir auf diese Weise im Raume die $\infty^3$ Facetten $f_1$. Aus dieser dreifachen Mächtigkeit sondern wir eine zweifache dadurch aus, daß wir $\lambda$ als eine gewisse Funktion von $u$, $v$,

$$\lambda = \lambda(u, v),$$

ansetzen[1]), und diese unbekannte Funktion $\lambda(u, v)$ müssen wir so bestimmen, daß für die Ortsfläche $S_1$ des Punktes $(x_1, y_1, z_1)$ die Richtungskosinus der Normale gerade die Werte $X_1$, $Y_1$, $Z_1$ haben, was in den folgenden beiden Gleichungen seinen Ausdruck findet:

$$\sum X_1 \frac{\partial x_1}{\partial u} = 0, \quad \sum X_1 \frac{\partial x_1}{\partial v} = 0. \tag{33}$$

Wir berechnen zunächst nach der Gleichung (7), S. 524, die Differentialquotienten von $x_1$, $y_1$, $z_1$. Dabei müssen wir beachten, daß jetzt $u$, $v$ in $l$, $m$ nicht nur explizit auftreten, sondern auch implizit insofern, als sie in $\lambda(u, v)$ enthalten sind. Vergleichen wir demnach die Werte (6) von $L$, $M$, $P$, $Q$ mit den Werten (21) von $L_0$, $M_0$, $P_0$, $Q_0$, so haben wir offenbar:

$$L = L_0 + \frac{\partial l}{\partial \lambda}\frac{\partial \lambda}{\partial u}, \quad M = M_0 + \frac{\partial m}{\partial \lambda}\frac{\partial \lambda}{\partial u},$$
$$P = P_0 + \frac{\partial l}{\partial \lambda}\frac{\partial \lambda}{\partial v}, \quad Q = Q_0 + \frac{\partial m}{\partial \lambda}\frac{\partial \lambda}{\partial v};$$

infolgedessen lauten die gesuchten Gleichungen:

$$\left\{\begin{aligned} \frac{\partial x_1}{\partial u} &= L_0\frac{\partial x}{\partial u} + M_0\frac{\partial x}{\partial v} + \left(\frac{\partial l}{\partial \lambda}\frac{\partial x}{\partial u} + \frac{\partial m}{\partial \lambda}\frac{\partial x}{\partial v}\right)\frac{\partial \lambda}{\partial u} + (Dl + D'm)X, \\ \frac{\partial x_1}{\partial v} &= P_0\frac{\partial x}{\partial u} + Q_0\frac{\partial x}{\partial v} + \left(\frac{\partial l}{\partial \lambda}\frac{\partial x}{\partial u} + \frac{\partial m}{\partial \lambda}\frac{\partial x}{\partial v}\right)\frac{\partial \lambda}{\partial v} + (D'l + D''m)X \text{ usw.} \end{aligned}\right. \tag{34}$$

Als Gleichungen (33) erhalten wir:

$$\left[(EA + FB)\frac{\partial l}{\partial \lambda} + (FA + GB)\frac{\partial m}{\partial \lambda}\right]\frac{\partial \lambda}{\partial u} +$$
$$+ [(EA + FB)L_0 + (FA + GB)M_0] + (Dl + D'm)C = 0,$$
$$\left[(EA + FB)\frac{\partial l}{\partial \lambda} + (FA + GB)\frac{\partial m}{\partial \lambda}\right]\frac{\partial \lambda}{\partial v} +$$
$$+ [(EA + FB)P_0 + (FA + GB)Q_0] + (D'l + D''m)C = 0.$$

1) Hiermit schließen wir die $\infty^2$-Mächtigkeiten aus, die sich für fest bleibendes $u$ oder $v$ ergeben; doch kommen solche für unser Problem gar nicht in Frage.

Aber nach (26) ist:

$$EA + FB = -Rm(EG - F^2) = -4RHm,$$
$$FA + GB = \quad Rl(EG - F^2) = \quad 4RHl,$$

und mit Rücksicht auf (26*) bleibt demnach übrig:

$$\left(m\frac{\partial l}{\partial \lambda} - l\frac{\partial m}{\partial \lambda}\right)\frac{\partial \lambda}{\partial u} = lM_0 - mL_0 + \frac{\varrho}{2m\sqrt{H}}(lM_0 - mL_0)(Dl + D'm),$$
$$\left(m\frac{\partial l}{\partial \lambda} - l\frac{\partial m}{\partial \lambda}\right)\frac{\partial \lambda}{\partial v} = lQ_0 - mP_0 + \frac{\varrho}{2l\sqrt{H}}(lQ_0 - mP_0)(D'l + D''m).$$

Wegen der Identitäten (25*), S. 529, vereinfachen sich diese Gleichungen zu den folgenden beiden:

$$\text{(I)} \qquad \begin{cases} \dfrac{\partial \lambda}{\partial u} = \dfrac{\sqrt{pq}}{kH}V + \dfrac{1}{2k\sqrt{H}}(DU + D'V), \\ \dfrac{\partial \lambda}{\partial v} = \dfrac{\sqrt{pq}}{kH}U + \dfrac{1}{2k\sqrt{H}}(D'U + D''V), \end{cases}$$

und dieses sind die charakteristischen Differentialgleichungen unseres Problems. Jeder Lösung $\lambda(u, v)$ dieses Simultansystems entspricht eine Fläche $S_1$, welche von $\infty^2$ Facetten gebildet wird, die unter den $\infty^3$ Facetten $f_1$ enthalten sind.

Diese Grundgleichungen (I) können wir noch in die folgende äquivalente Form einer einzigen totalen Differentialgleichung bringen:

$$\text{(I*)} \quad d\lambda = \frac{\sqrt{pq}}{kH}(V du + U dv) + \frac{1}{2k\sqrt{H}}[(DU + D'V)du + (D'U + D''V)dv],$$

und da nach (20) $U, V$ Polynome zweiten Grades in $\lambda$ sind, so ist dieses eine Differentialgleichung vom Riccatischen Typus.

## § 289. **Unbeschränkte Integrierbarkeit des Gleichungensystems (I).**

Wir wollen nun beweisen, daß die simultanen Differentialgleichungen (I) oder die totale Differentialgleichung (I*) eine Lösung $\lambda$ mit einer willkürlichen Konstanten besitzt, d. h. daß das System (I) unbeschränkt integrierbar ist. Zu diesem Zwecke bilden wir den Ausdruck:

$$\Omega \equiv \frac{\partial}{\partial v}\left[\frac{\sqrt{pq}}{H}V + \frac{1}{2\sqrt{H}}(DU + D'V)\right] - \frac{\partial}{\partial u}\left[\frac{\sqrt{pq}}{H}U + \frac{1}{2\sqrt{H}}(D'U + D''V)\right]$$

und müssen nachweisen, daß er wegen der Gleichungen (I) identisch gleich Null ist. Als expliziten Ausdruck für $\Omega$ erhalten wir durch Ausrechnung zunächst:

$$\Omega=\frac{\sqrt{pq}}{H}(V'-U')+\sqrt{pq}\,V\frac{\partial}{\partial v}\left(\frac{1}{H}\right)-\sqrt{pq}\,U\frac{\partial}{\partial u}\left(\frac{1}{H}\right)+\tfrac{1}{2}(DU+D'V)\frac{\partial}{\partial v}\left(\frac{1}{\sqrt{H}}\right)-$$
$$-\tfrac{1}{2}(D'U+D''V)\frac{\partial}{\partial u}\left(\frac{1}{\sqrt{H}}\right)+\frac{\sqrt{pq}}{H}\frac{\partial V}{\partial \lambda}\left[\frac{\sqrt{pq}}{kH}U+\frac{1}{2k\sqrt{H}}(D'U+D''V)\right]-$$
$$-\frac{\sqrt{pq}}{H}\frac{\partial U}{\partial \lambda}\left[\frac{\sqrt{pq}}{kH}V+\frac{1}{2k\sqrt{H}}(D'U+D''V)\right]+\frac{U}{2\sqrt{H}}\left(\frac{\partial D}{\partial v}-\frac{\partial D'}{\partial u}\right)-$$
$$-\frac{V}{2\sqrt{H}}\left(\frac{\partial D''}{\partial u}-\frac{\partial D'}{\partial v}\right)+\frac{D'}{2\sqrt{H}}(V'-U')+$$
$$+\frac{1}{2\sqrt{H}}\left(D\frac{\partial U}{\partial \lambda}+D'\frac{\partial V}{\partial \lambda}\right)\left[\frac{\sqrt{pq}}{kH}U+\frac{1}{2k\sqrt{H}}(D'U+D''V)\right]-$$
$$-\frac{1}{2\sqrt{H}}\left(D'\frac{\partial U}{\partial \lambda}+D''\frac{\partial V}{\partial \lambda}\right)\left[\frac{\sqrt{pq}}{kH}V+\frac{1}{2k\sqrt{H}}(DU+D'V)\right].$$

Nun ist nach den Codazzischen Gleichungen (30):

$$\frac{\partial D}{\partial v}-\frac{\partial D'}{\partial u}=\tfrac{1}{2}\frac{\partial \log H}{\partial v}D+\tfrac{1}{2}\frac{\partial \log H}{\partial u}D',$$
$$\frac{\partial D''}{\partial u}-\frac{\partial D'}{\partial v}=\tfrac{1}{2}\frac{\partial \log H}{\partial v}D'+\tfrac{1}{2}\frac{\partial \log H}{\partial u}D'';$$

andrerseits ergibt sich aus der Gaußischen Gleichung (29), daß die Determinante:

$$\begin{vmatrix} D\frac{\partial U}{\partial \lambda}+D'\frac{\partial V}{\partial \lambda} & D'\frac{\partial U}{\partial \lambda}+D''\frac{\partial V}{\partial \lambda} \\ DU+D'V & D'U+D''V \end{vmatrix}=(DD''-D'^2)\left(V\frac{\partial U}{\partial \lambda}-U\frac{\partial V}{\partial \lambda}\right)=$$
$$=\frac{4pq}{H}\left(U\frac{\partial V}{\partial \lambda}-V\frac{\partial U}{\partial \lambda}\right)$$

ist. Nach Einsetzen dieser Werte wird $\Omega$ ein ganzer linearer Ausdruck in $D, D', D''$:

$$\Omega=\alpha D+\beta D'+\gamma D''+\delta.$$

Nach einigen selbstverständlichen Vereinfachungen ergibt sich:

$$\alpha=\gamma=0,$$

und ferner ist:

$$2\beta\sqrt{H}=\frac{H}{\sqrt{pq}}\delta=V'-U'+U\frac{\partial \log H}{\partial u}-V\frac{\partial \log H}{\partial v}+\frac{2\sqrt{pq}}{kH}\left(U\frac{\partial V}{\partial \lambda}-V\frac{\partial U}{\partial \lambda}\right).$$

Ziehen wir aber die Identität (25), S. 529, heran, die wegen $\varrho=\frac{H}{\sqrt{pq}}$ auch die folgende Form annimmt:

$$U\frac{\partial V}{\partial \lambda}-V\frac{\partial U}{\partial \lambda}=\frac{k}{\sqrt{pq}}\left[H(U'+W)-\frac{U}{2}\frac{\partial H}{\partial u}+\frac{V}{2}\frac{\partial H}{\partial v}\right],$$

so ergibt sich:

$$V'-U'+U\frac{\partial \log H}{\partial u}-V\frac{\partial \log H}{\partial v}+\frac{2\sqrt{pq}}{kH}\left(U\frac{\partial V}{\partial \lambda}-V\frac{\partial U}{\partial \lambda}\right)=U'+V'+2W,$$

und dieser Ausdruck ist nach (24*), S. 528, gleich Null. Somit sind auch die Koeffizienten $\beta$, $\delta$ gleich Null, also auch identisch:

$$\Omega = 0, \text{ w. z. b. w.}$$

Daraus schließen wir: Die grundlegenden Differentialgleichungen (I) bilden ein vollständig integrierbares System.

## § 290. Transformationen $B_k$ der Biegungsflächen des hyperbolischen Paraboloids.

Die Differentialgleichungen (I) besitzen also eine Lösung $\lambda$ mit einer willkürlichen Konstanten, für die man denjenigen Wert wählen kann, den man dem Parameter $\lambda$ in einem vorgegebenen Punkte $(u_0, v_0)$ von $S$ erteilen will, was geometrisch darauf hinauskommt, daß als Ausgangsfacette $f_0$ von $S$ eine von den $\infty^1$ den $f_1$ entsprechenden Facetten gewählt wird. Wird dann eine solche Lösung in (31) für $\lambda$ eingesetzt, so gehören alle $\infty^2$ Facetten der auf diese Weise als Ort des Punktes $(x_0, y_0, z_0)$ definierten Fläche $S_1$ der $\infty^3$-Mannigfaltigkeit der $f_1$ an. Damit ist für das hyperbolische Paraboloid der ganze erste Teil des grundlegenden Satzes A) in § 283, S. 521, bewiesen, und es bleibt noch die weitere wesentliche Eigenschaft zu beweisen, daß jede so erhaltene Fläche $S_1$, gleichwie $S$, auf das Paraboloid abwickelbar ist. Den Beweis dieser wichtigen Eigenschaft behalten wir uns für die nächsten Paragraphen vor; vorerst wollen wir aus den schon erhaltenen Ergebnissen einige fast unmittelbare Folgerungen ziehen.

Mittels der Differentialgleichungen (I) werden, wie wir gesehen haben, die $\infty^3$ Facetten $f_1$, die den $f$ von $S$ entsprechen, in $\infty^1$ Flächen $S_1$ gesondert. Jede von diesen Flächen $S_1$ mag als aus der Ausgangsfläche $S$ mittels der Transformation $B_k$ abgeleitet bezeichnet werden, wodurch wir also den Wert des Parameters $k$ hervorheben, der zu dem konfokalen Paraboloid gehört, welches das Gesetz der Zuordnung zwischen den Facetten von $S$ und den $\infty^3$ $f_1$ bestimmt.

Nun bemerken wir: Die Ausgangsfläche $S$ und jede Transformierte $S_1$ von ihr sind die beiden Brennmäntel des Strahlensystems, das von den Verbindungslinien entsprechender (Brenn-) Punkte auf ihnen, $F$ und $F_1$, gebildet wird. Denn die Ebenen der beiden Facetten $f, f_1$ schneiden sich eben längs des Strahles $FF_1$.

Später (§ 296) werden wir sehen, daß die in Rede stehenden Strahlensysteme sämtlich zur Klasse der $W$-Systeme (Kap. XII) gehören, d. h. daß auf den Brennmänteln $S, S_1$ die Haupttangentenkurven (die konjugierten Systeme) einander entsprechen.

Hier leiten wir noch eine andere interessante Eigenschaft der Transformationen $B_k$ ab, die sich aus der Riccatischen Form der totalen Differentialgleichung (I*) ergibt. Sind $\lambda_1, \lambda_2, \lambda_3, \lambda_4$ vier partikuläre Lösungen derselben, so ist das Doppelverhältnis $(\lambda_1, \lambda_2, \lambda_3, \lambda_4)$ konstant. Um die geometrische Bedeutung dieser Eigenschaft zu erkennen, beachte man, daß in jeder Tangentialebene $\pi$ von $S$ der Ort der Mittelpunkte $F_1$ der $\infty^1$ entsprechenden Facetten $f_1$ ein Kegelschnitt $C_k$ ist, den wir als den der Transformation $B_k$ assoziierten Kegelschnitt bezeichnen. Nun ergeben die Gleichungen (31) für jedes feste Wertepaar $u, v$ die Koordinaten eines beweglichen Punktes $(x, y, z)$ des Kegelschnitts $C_k$ als gebrochene (gleichnamige) Funktionen zweiten Grades von $\lambda$; infolgedessen ist das Doppelverhältnis von vier Werten von $\lambda$ $(\lambda_1, \lambda_2, \lambda_3, \lambda_4)$ gleich dem Doppelverhältnis der vier entsprechenden Punkte des Kegelschnitts $C_k$. Wir haben somit den Satz:

Vier aus der Fläche $S$ mittels einer Transformation $B_k$ abgeleitete Flächen schneiden die $\infty^2$ in den Tangentialebenen von $S$ liegenden assoziierten Kegelschnitte $C_k$ in Gruppen von vier Punkten konstanten Doppelverhältnisses oder kürzer gefaßt: Die $\infty^1$ aus der Fläche $S$ mittels der Transformation $B_k$ abgeleiteten Flächen $S_1$ schneiden die $\infty^2$ assoziierten Kegelschnitte $C_k$ projektivisch.

### § 291. Fall, in dem die Biegungsflächen Linienflächen sind.

Wir setzen nun im besonderen voraus, daß die Biegungsfläche $S$ des Paraboloids $P_0$ selbst eine Linienfläche $R$ sei. Wenn wir $R$ durch stetige Verbiegung auf $P_0$ ausbreiten, so decken sich die Erzeugenden $g$ von $R$ mit derjenigen Schar von Erzeugenden auf $P_0$, die denselben Drehsinn haben wie die Schar $g$ (rechts- bzw. linksgewunden sind; vgl. § 116, S. 222); um die Ideen zu fixieren, nehmen wir an, es seien die Geraden $v =$ Const. Da dann auf $R$ die Linien $v$ Gerade, also Haupttangentenkurven sind, so haben wir: $D = 0$ und wegen der Gaußischen Gleichung:

$$D' = \pm D_0';$$

doch wird die Doppeldeutigkeit des Vorzeichens durch die Annahme gehoben, daß die beiden Scharen von Geraden $v$ auf $P_0$ und $R$ gleichgerichtet seien, und es ist dann:

$$D' = D_0' = -\frac{2\sqrt{pq}}{\sqrt{H}}.$$

Die zweite Codazzische Gleichung (30), S. 531, lautet jetzt einfach:

$$\frac{\partial D''}{\partial u} = \frac{1}{2}\frac{\partial \log \varrho}{\partial u} D''$$

oder:

$$\frac{\partial}{\partial u}\log\frac{D''}{\sqrt{EG-F^2}}=0.$$

Ihre Integration ergibt:

$$D''=2\sqrt{H}\cdot\varphi(v),$$

wo $\varphi(v)$ eine willkürliche Funktion von $v$ allein ist, die von der in Rede stehenden speziellen Biegungslinienfläche $R$ abhängt und sie eindeutig bestimmt. Werden nun die jetzt vorliegenden Werte:

$$(35)\qquad D=0,\qquad D'=-\frac{2\sqrt{pq}}{\sqrt{H}},\qquad D''=2\sqrt{H}\cdot\varphi(v)$$

in den Differentialgleichungen (I), S. 533, eingesetzt, so gehen diese über in:

$$\frac{\partial\lambda}{\partial u}=0,\qquad \frac{\partial\lambda}{\partial v}=\frac{V\varphi(v)}{k}.$$

Demnach ist $\lambda$ eine Funktion von $v$ allein und wird durch die folgende Differentialgleichung vom Riccatischen Typus bestimmt (s. (20), S. 527):

$$(36)\qquad \frac{\partial\lambda}{\partial v}=\frac{V\varphi(v)}{k}=\frac{\varphi(v)}{k}\times$$

$$\times\left[2(\sqrt{qp'}\pm\sqrt{pq'})\lambda^2v^2-2(\sqrt{pq}\pm\sqrt{p'q'})\lambda v-\frac{k}{2}(\sqrt{qp'}\mp\sqrt{pq'})\lambda^2+\tfrac{1}{2}(\sqrt{qp'}\pm\sqrt{pq'})\right].$$

Nun beweisen wir, daß im vorliegenden Falle die Linien $v$ auf den transformierten Flächen $S_1$ ebenfalls Gerade sind. Bringen wir eine beliebige Erzeugende $v$ auf $P_0$ mit der entsprechenden Erzeugenden $g$ auf $R$ in der Weise zur Deckung, daß ihre durch die Abwickelbarkeit einander entsprechenden Punkte aufeinander fallen, und lassen wir ferner in einem Anfangspunkte die beiden Tangentialebenen von $P_0$ und $R$ zusammenfallen, so berühren einander $P_0$ und $R$ längs der ganzen Erzeugenden $g$.[1]) Wird nun in den Gleichungen (§ 287, S. 529)

$$\bar{x}_0=x_0+l\frac{\partial x_0}{\partial u}+m\frac{\partial x_0}{\partial v}\ \text{usw.}$$

der Größe $v$ und somit auch der Funktion $\lambda(v)$ ein bestimmter Wert erteilt, so bestimmen diese Gleichungen einen längs der Erzeugenden $\lambda$ auf $P_k$ beweglichen Punkt $(\bar{x}_0, \bar{y}_0, \bar{z}_0)$, und daher bestimmen die Gleichungen (31), S. 531:

$$x_1=x+l\frac{\partial x}{\partial u}+m\frac{\partial x}{\partial v}\ \text{usw.}$$

für denselben bestimmten Wert von $v$ eine Gerade im Raume, nämlich die Lage, welche die Erzeugende $\lambda$ auf $P_k$ einnimmt, wenn mittels

1) Dieses ergibt sich daraus, daß nach der Chaslesschen Formel, S. 228, bei der Bewegung eines Punktes längs $g$ die zugehörigen Tangentialebenen gleiche und gleichgerichtete Drehungen um $g$ vollführen.

einer Bewegung $P_0$ zur Berührung mit der Linienfläche $R$ längs der Erzeugenden $v$ gebracht wird. Demnach sind die Linien $v =$ const. auf den transformierten Flächen $S_1$ ebenfalls Gerade, d. h.:

Aus jeder Biegungslinienfläche $R$ des hyperbolischen Paraboloids ergeben sich durch die Transformationen $B_k$ wieder lauter Linienflächen $R_1$.

Indem wir die obigen geometrischen Überlegungen fortsetzen, nehmen wir an, daß die verschiedenen Erzeugenden $v$ auf $P_0$ mit den entsprechenden Erzeugenden $g$ auf $R$ zusammenfallen; dann rollt $P_0$ auf der Linienfläche $R$, die auf $P_0$ abwickelbar ist. Bei diesem Rollen von $P_0$ auf $R$ denken wir uns das konfokale Paraboloid $P_k$ mitbewegt; seine Erzeugenden (der einen oder der anderen Schar) beschreiben dann eine Strahlenkongruenz $\Gamma$, in der alle Erzeugenden der transformierten Flächen $R_1$ enthalten sind. Diese Zerfällung von $\Gamma$ in die $\infty^1$ Linienflächen $R_1$ ist durch die Bedingung vollkommen bestimmt, daß jede Fläche $R_1$ und die Fläche $R$ die beiden Brennmäntel eines Strahlensystems sein sollen. Die Zuordnung zwischen den Punkten $F$ von $R$ und $F_1$ von $R_1$ wird dadurch bestimmt, daß jedem Punkte $F$ einer Erzeugenden $r$ von $R$ auf $R_1$ derjenige Punkt entsprechen soll, in welchem die Tangentialebene in $F$ an $R$ die $r$ entsprechende Erzeugende $r_1$ schneidet.

Somit können wir im vorliegenden Falle der Biegungslinienflächen die erhaltenen Ergebnisse in dem folgenden Satze zusammenfassen:

Rollt das hyperbolische Paraboloid $P_0$, an welches das konfokale hyperbolische Paraboloid $P_k$ gekoppelt ist, auf einer beliebigen Linienfläche $R$, die auf $P_0$ abwickelbar ist, so beschreiben die Erzeugenden (der einen oder der anderen Schar) von $P_k$ eine Strahlenkongruenz, die auf eine einzige Weise in $\infty^1$ Linienflächen $R_1$ zerfällbar ist. Jede Fläche $R_1$ ist der erste und die Fläche $R$ der zweite Brennmantel eines Strahlensystems, das von den Verbindungslinien ihrer entsprechenden Punkte gebildet wird. Diese $\infty^1$ Linienflächen $R_1$ sind eben die mittels der Transformation $B_k$ aus der Ausgangsfläche $R$ abgeleiteten Flächen.

Wir fügen noch eine Bemerkung hinzu. Schon in § 285, S. 526, haben wir darauf hingewiesen, daß unsere Ergebnisse auch für die Endwerte von $k$:
$$k = -q, \quad k = p$$
gültig bleiben, für die sich das Paraboloid auf die außerhalb der Fokalparabeln gelegenen Gebiete der Hauptebenen zusammenzieht. Das Strahlensystem $\Gamma$ des obigen Satzes wird dann von den Tangenten des Fokalkegelschnitts gebildet, der an das Paraboloid während des Abrollens gekoppelt ist.

## § 292. Berechnung des Linienelements der transformierten Flächen $S_1$.

Wir nehmen die Untersuchung der Transformationen $B_k$ für die allgemeinen Biegungsflächen $S$ des hyperbolischen Paraboloids wieder auf, in der Absicht, die schon erwähnte Haupteigenschaft der transformierten Flächen $S_1$, nämlich ihre Abwickelbarkeit auf das Paraboloid, nachzuweisen. Dazu müssen wir vor allem $ds_1^2$, das Quadrat des Linienelements von $S_1$, berechnen und dann nachweisen, daß es in $ds^2$, das Quadrat des Linienelements des Paraboloids $P_0$, transformierbar ist.

Wir gehen auf die Gleichungen (34), S. 532, zurück und berechnen die Koeffizienten $E_1, F_1, G_1$ in dem Ausdruck:

$$ds_1^2 = \Sigma dx_1^2 = E_1 du^2 + 2F_1 du dv + G_1 dv^2.$$

Wir erhalten zunächst:

$$7)\quad \begin{cases} E_1 = EL_0^2 + 2FL_0M_0 + GM_0^2 + 2\left[(EL_0 + FM_0)\frac{\partial l}{\partial \lambda} + (FL_0 + GM_0)\frac{\partial m}{\partial \lambda}\right]\frac{\partial \lambda}{\partial u} + \\ \qquad + \left[E\left(\frac{\partial l}{\partial \lambda}\right)^2 + 2F\frac{\partial l}{\partial \lambda}\frac{\partial m}{\partial \lambda} + G\left(\frac{\partial m}{\partial \lambda}\right)^2\right]\left(\frac{\partial \lambda}{\partial u}\right)^2 + (Dl + D'm)^2, \\ F_1 = EL_0P_0 + F(L_0Q_0 + M_0P_0) + GM_0Q_0 + \left[(EP_0 + FQ_0)\frac{\partial l}{\partial \lambda} + (FP_0 + \right. \\ \qquad \left. + GQ_0)\frac{\partial m}{\partial \lambda}\right]\frac{\partial \lambda}{\partial u} + \left[(EL_0 + FM_0)\frac{\partial l}{\partial \lambda} + (FL_0 + GM_0)\frac{\partial m}{\partial \lambda}\right]\frac{\partial \lambda}{\partial v} + \left[E\left(\frac{\partial l}{\partial \lambda}\right)^2 + \right. \\ \qquad \left. + 2F\frac{\partial l}{\partial \lambda}\frac{\partial m}{\partial \lambda} + G\left(\frac{\partial m}{\partial \lambda}\right)^2\right]\frac{\partial \lambda}{\partial u}\frac{\partial \lambda}{\partial v} + (Dl + D'm)(D'l + D''m), \\ G_1 = EP_0^2 + 2FP_0Q_0 + GQ_0^2 + 2\left[(EP_0 + FQ_0)\frac{\partial l}{\partial \lambda} + (FP_0 + GQ_0)\frac{\partial m}{\partial \lambda}\right]\frac{\partial \lambda}{\partial v} + \\ \qquad + \left[E\left(\frac{\partial l}{\partial \lambda}\right)^2 + 2F\frac{\partial l}{\partial \lambda}\frac{\partial m}{\partial \lambda} + G\left(\frac{\partial m}{\partial \lambda}\right)^2\right]\left(\frac{\partial \lambda}{\partial v}\right)^2 + (D'l + D''m)^2. \end{cases}$$

Um die Rechnungen zu vereinfachen, fassen wir in diesen Gleichungen den speziellen Fall ins Auge, daß $S$ mit dem Paraboloid $P_0$ identisch ist. Dann ist also:

$$D = 0,\quad D' = D_0',\quad D'' = 0,\quad \varphi(v) = 0,$$

und aus (36) folgt:

$$\frac{\partial \lambda}{\partial v} = 0,\quad \text{also } \lambda = \text{Const.};$$

infolgedessen ziehen sich jetzt die transformierten Flächen $S_1$ auf die Erzeugenden $\lambda$ von $P_k$ zusammen. Bezeichnen wir mit:

$$x_0,\ y_0,\ z_0;\quad X_0,\ Y_0,\ Z_0;\quad \bar{x}_0,\ \bar{y}_0,\ \bar{z}_0;\quad E_0,\ F_0,\ G_0$$

die jetzt vorliegenden Werte für:

$$x\ \ y,\ z;\quad X,\ Y,\ Z;\quad x_1,\ y_1,\ z_1;\quad E_1,\ F_1,\ G_1,$$

so haben wir zunächst:

$$\bar{x}_0 = x_0 + l\frac{\partial x_0}{\partial u} + m\frac{\partial x_0}{\partial v} \text{ usw.,} \tag{38}$$

$$\left\{\begin{aligned} \frac{\partial \bar{x}_0}{\partial u} &= L_0\frac{\partial x_0}{\partial u} + M_0\frac{\partial x_0}{\partial v} + D_0' m X_0, \\ \frac{\partial \bar{x}_0}{\partial v} &= P_0\frac{\partial x_0}{\partial u} + Q_0\frac{\partial x_0}{\partial v} + D_0' l X_0 \text{ usw.,} \end{aligned}\right. \tag{39}$$

also nach (37):

$$\left\{\begin{aligned} &EL_0^2 + 2FL_0M_0 + GM_0^2 = E_0 - D_0'^2 m^2, \\ &EL_0P_0 + F(L_0Q_0 + M_0P_0) + GM_0Q_0 = F_0 - D_0'^2 lm, \\ &EP_0^2 + 2FP_0Q_0 + GQ_0^2 = G_0 - D_0'^2 l^2. \end{aligned}\right. \tag{40}$$

Nun erhalten wir auf dieselbe Weise, wie in § 285 für $\bar{x}_0, \bar{y}_0, \bar{z}_0$, die Werte:

$$\left\{\begin{aligned} \bar{x}_0 &= \lambda\sqrt{p'}\left(\bar{z}_0 - \frac{k}{2}\right) + \frac{\sqrt{p'}}{2\lambda}, \\ \bar{y}_0 &= \pm\lambda\sqrt{q'}\left(\bar{z}_0 - \frac{k}{2}\right) \mp \frac{\sqrt{q'}}{2\lambda}; \end{aligned}\right. \tag{41}$$

aus ihnen ergibt sich weiter durch Differentiation nach $u$ und $v$ (für konstantes $\lambda$):

$$\left\{\begin{aligned} \frac{\partial \bar{x}_0}{\partial u} &= \lambda\sqrt{p'}\frac{\partial \bar{z}_0}{\partial u}, \quad \frac{\partial \bar{y}_0}{\partial u} = \pm\lambda\sqrt{q'}\frac{\partial \bar{z}_0}{\partial u}, \\ \frac{\partial \bar{x}_0}{\partial v} &= \lambda\sqrt{p'}\frac{\partial \bar{z}_0}{\partial v}, \quad \frac{\partial \bar{y}_0}{\partial v} = \pm\lambda\sqrt{q'}\frac{\partial \bar{z}_0}{\partial v}. \end{aligned}\right. \tag{42}$$

Bilden wir nun auf Grund der Gleichungen (39) die Summen:

$$\sum \frac{\partial x_0}{\partial u}\frac{\partial \bar{x}_0}{\partial u}, \quad \sum \frac{\partial x_0}{\partial v}\frac{\partial \bar{x}_0}{\partial u}, \quad \sum \frac{\partial x_0}{\partial u}\frac{\partial \bar{x}_0}{\partial v}, \quad \sum \frac{\partial x_0}{\partial v}\frac{\partial \bar{x}_0}{\partial v},$$

so erhalten wir an Stelle der obigen Gleichungen die folgenden:

$$\left\{\begin{aligned} EL_0 + FM_0 &= \frac{\partial \bar{z}_0}{\partial u}\left(\lambda\sqrt{p'}\frac{\partial x_0}{\partial u} \pm \lambda\sqrt{q'}\frac{\partial y_0}{\partial u} + \frac{\partial z_0}{\partial u}\right), \\ FL_0 + GM_0 &= \frac{\partial \bar{z}_0}{\partial u}\left(\lambda\sqrt{p'}\frac{\partial x_0}{\partial v} \pm \lambda\sqrt{q'}\frac{\partial y_0}{\partial v} + \frac{\partial z_0}{\partial v}\right); \end{aligned}\right. \tag{43}$$

$$\left\{\begin{aligned} EP_0 + FQ_0 &= \frac{\partial \bar{z}_0}{\partial v}\left(\lambda\sqrt{p'}\frac{\partial x_0}{\partial u} \pm \lambda\sqrt{q'}\frac{\partial y_0}{\partial u} + \frac{\partial z_0}{\partial u}\right), \\ FP_0 + GQ_0 &= \frac{\partial \bar{z}_0}{\partial v}\left(\lambda\sqrt{p'}\frac{\partial x_0}{\partial v} \pm \lambda\sqrt{q'}\frac{\partial y_0}{\partial v} + \frac{\partial z_0}{\partial v}\right). \end{aligned}\right. \tag{43*}$$

Werden andrerseits die Gleichungen (38) nach $\lambda$, das auf den rechten Seiten nur in $l$, $m$ enthalten ist, differenziert, so ergibt sich:

$$\frac{\partial \bar{x}_0}{\partial \lambda} = \frac{\partial l}{\partial \lambda}\frac{\partial x_0}{\partial u} + \frac{\partial m}{\partial \lambda}\frac{\partial x_0}{\partial v} \text{ usw.} \tag{44}$$

Multiplizieren wir hierauf in jedem Gleichungenpaar (43), (43*) die erste Gleichung mit $\frac{\partial l}{\partial \lambda}$, die zweite mit $\frac{\partial m}{\partial \lambda}$, und addieren wir, so folgt daraus:

$$(45)\quad \begin{cases} (EL_0+FM_0)\frac{\partial l}{\partial \lambda}+(FL_0+GM_0)\frac{\partial m}{\partial \lambda}=\frac{\partial \bar{z}_0}{\partial u}\left(\lambda\sqrt{p'}\frac{\partial \bar{x}_0}{\partial \lambda}\pm\lambda\sqrt{q'}\frac{\partial \bar{y}_0}{\partial \lambda}+\frac{\partial \bar{z}_0}{\partial \lambda}\right),\\ (EP_0+FQ_0)\frac{\partial l}{\partial \lambda}+(FP_0+GQ_0)\frac{\partial m}{\partial \lambda}=\frac{\partial \bar{z}_0}{\partial v}\left(\lambda\sqrt{p'}\frac{\partial \bar{x}_0}{\partial \lambda}\pm\lambda\sqrt{q'}\frac{\partial \bar{y}_0}{\partial \lambda}+\frac{\partial \bar{z}_0}{\partial \lambda}\right). \end{cases}$$

Endlich erhalten wir durch Quadrieren von (44) und Addieren:

$$(46)\qquad E\left(\frac{\partial l}{\partial \lambda}\right)^2+2F\frac{\partial l}{\partial \lambda}\frac{\partial m}{\partial \lambda}+G\left(\frac{\partial m}{\partial \lambda}\right)^2=\sum\left(\frac{\partial \bar{x}_0}{\partial \lambda}\right)^2.$$

Mittels der vorstehend entwickelten Gleichungen gehen die Werte (37) von $E_1, F_1, G_1$ über in:

$$(47)\quad \begin{cases} E_1=E_0+2\left(\lambda\sqrt{p'}\frac{\partial \bar{x}_0}{\partial \lambda}\pm\lambda\sqrt{q'}\frac{\partial \bar{y}_0}{\partial \lambda}+\frac{\partial \bar{z}_0}{\partial \lambda}\right)\frac{\partial \bar{z}_0}{\partial u}\frac{\partial \lambda}{\partial u}+\left(\frac{\partial \lambda}{\partial u}\right)^2\sum\left(\frac{\partial \bar{x}_0}{\partial \lambda}\right)^2+\\ \qquad +(Dl+D'm)^2-D_0'^2m^2,\\ F_1=F_0+\left(\lambda\sqrt{p'}\frac{\partial \bar{x}_0}{\partial \lambda}\pm\lambda\sqrt{q'}\frac{\partial \bar{y}_0}{\partial \lambda}+\frac{\partial \bar{z}_0}{\partial \lambda}\right)\left(\frac{\partial \bar{z}_0}{\partial v}\frac{\partial \lambda}{\partial u}+\frac{\partial \bar{z}_0}{\partial u}\frac{\partial \lambda}{\partial v}\right)+\\ \qquad +\frac{\partial \lambda}{\partial u}\frac{\partial \lambda}{\partial v}\sum\left(\frac{\partial \bar{x}_0}{\partial \lambda}\right)^2+(Dl+D'm)(D'l+D''m)-D_0'^2lm,\\ G_1=G_0+2\left(\lambda\sqrt{p'}\frac{\partial \bar{x}_0}{\partial \lambda}\pm\lambda\sqrt{q'}\frac{\partial \bar{y}_0}{\partial \lambda}+\frac{\partial \bar{z}_0}{\partial \lambda}\right)\frac{\partial \bar{z}_0}{\partial v}\frac{\partial \lambda}{\partial v}+\left(\frac{\partial \lambda}{\partial v}\right)^2\sum\left(\frac{\partial \bar{x}_0}{\partial \lambda}\right)^2+\\ \qquad +(D'l+D''m)-D_0'^2l^2. \end{cases}$$

Setzen wir in diesen Gleichungen für $\frac{\partial \lambda}{\partial u}, \frac{\partial \lambda}{\partial v}$ die durch die Differentialgleichungen (I) gegebenen Werte ein, so haben wir alle Größen, die zur Berechnung des Linienelements $ds_1$ der transformierten Flächen $S_1$ erforderlich sind.

## § 293. Die Ivorysche Verwandtschaft und die Abwicklungsformeln.

Wir müssen nun beweisen, daß dieses Linienelementquadrat der Flächen $S_1$ in dasjenige des hyperbolischen Paraboloids transformierbar ist, wobei jedem Punkte $(u, v)$ auf $S_1$ bei der Abwicklung ein passender Punkt $(u_1, v_1)$ auf $P_0$ entspricht. Dazu muß auch:

$$ds_1^2=\bar{E}_1du_1^2+2\bar{F}_1du_1dv_1+\bar{G}_1dv_1^2$$

sein, wo $\bar{E}_1, \bar{F}_1, \bar{G}_1$ die Werte haben (S. 525):

$$\bar{E}_1=p+q+4v_1^2,\quad \bar{F}_1=p-q+4u_1v_1,\quad \bar{G}_1=p+q+4u_1^2.$$

Es kommt also darauf an, $u_1, v_1$ als Funktionen von $u, v$ so zu bestimmen, daß sich die beiden Linienelemente als identisch ergeben.

Wollten wir nun hier die allgemeinen Kriterien für die Äquivalenz zweier Linienelementquadrate anwenden (Kap. VII, § 94), so würden wir sehr bald vor äußerst verwickelten Rechnungen stehen, besonders infolge des Umstandes, daß $E_1, F_1, G_1$ die Größen $D, D', D''$ enthalten, die nur soweit bestimmt sind, als sie den Gauß-Codazzischen Gleichungen (29), (30) genügen müssen, und daher noch von zwei willkürlichen Funktionen abhängen. Außerdem sollen wir nicht nur die expliziten Abwicklungsformeln:

$$u_1 = u_1(u, v), \qquad v_1 = v_1(u, v)$$

ableiten, sondern wir sollen auch eine bemerkenswerte geometrische Bedeutung derselben erkennen, die für unsere Theorie von weittragender Bedeutung ist.

Infolgedessen stellen wir zunächst die folgenden geometrischen Überlegungen an. Wir betrachten das Strahlensystem $\Gamma F_1$, dessen Brennmäntel $S$ und $S_1$ sind, und breiten $S$ auf dem Paraboloid $P_0$ aus; dann ist der Brennstrahl $FF_1$, der bei der Verbiegung verschoben wird, in seinem einen Endpunkte $M_0$ Tangente des Paraboloids $P_0$, und der andere Endpunkt $\overline{M}_0$ liegt auf dem konfokalen Paraboloid $P_k$. Auf diese Weise liefert jeder Punkt $F_1$ auf $S_1$ einen Punkt $\overline{M}_0$ auf $P_k$. Ist andrerseits $S_1$ auf $P_0$ abwickelbar, wie wir behaupten, so wird beim Ausbreiten von $S_1$ auf $P_0$ derselbe Punkt $F_1$ in einen bestimmten Punkt $M_1$ auf $P_0$ fallen[1]), und wir werden bald die gesuchten Abwicklungsformeln haben, wenn es uns gelingt, das geometrische Gesetz der Zuordnung der Punkte $M_1$ und $\overline{M}_0$ der beiden konfokalen Flächen $P_0$ und $P_k$ zu erkennen.

Nun gibt es für die Punkte zweier konfokaler Flächen zweiten Grades eine sehr einfache, sozusagen natürliche Zuordnung: diejenige nämlich, die auf den beiden Flächen durch die orthogonalen Trajektorien der Schar, zu der sie gehören, gekennzeichnet wird. Diese Zuordnung ist bekanntlich[2]) einfach eine Projektivität oder auch Verwandschaft; wir bezeichnen sie als die Ivorysche Verwandtschaft, weil sich Ivory bei Untersuchungen, die auch wir uns weiterhin zu-

1) Eigentlich ist die Abwicklung von $S_1$ auf $P_0$ nur bis auf eine Abwicklung von $P_0$ auf sich selbst bestimmt. Letztere bilden, wie sofort einleuchtet, eine Vierergruppe, entsprechend den drei Substitutionen:

$$u' = v, \quad v' = u; \qquad u' = -u, \quad v' = -v; \qquad u' = -v, \quad v' = -u;$$

dazu kommt noch die Identität:

$$u' = u, \quad v' = v.$$

2) S. Enzyklopädie, Bd. $\text{III}_3$, Heft 2, Nr. 62.

nutze machen werden, zuerst mit ihr beschäftigt hat. Im vorliegenden Falle der konfokalen Paraboloide:

$$P_0)\quad \frac{x_0^2}{p} - \frac{y_0^2}{q} = 2z_0,$$

$$P_k)\quad \frac{x^2}{p'} - \frac{y^2}{q'} = 2z - k,$$

lauten die Formeln für die Ivorysche Verwandtschaft:

$$\frac{x}{\sqrt{p'}} = \frac{x_0}{\sqrt{p}}, \quad \frac{y}{\sqrt{q'}} = \frac{y_0}{\sqrt{q}}, \quad z = z_0 + \frac{k}{2}.$$

Nun werden wir eben den Satz beweisen: Das Abwicklungsgesetz zwischen den beiden Flächen $S$, $S_1$ ist durch die Ivorysche Verwandtschaft zwischen den beiden konfokalen Paraboloiden $P_0$, $P_k$ gegeben.

Dieser günstige Umstand, der auch in allen übrigen Fällen der Transformationen $B_k$ für die Biegungsflächen der Flächen zweiten Grades eintritt, ist es eben, der unserer Theorie ein verhältnismäßig einfaches Gefüge verleiht.

Indem wir vorerst bei dem vorliegenden Falle bleiben, bezeichnen wir mit $x_0, y_0, z_0$ die Koordinaten von $M_0$, mit $\bar{x}_0, \bar{y}_0, \bar{z}_0$ diejenigen von $\overline{M}_0$; dann gelten die Gleichungen (38), (41) des vorigen Paragraphen. Wir bezeichnen nun mit $\xi, \eta, \zeta$ die Koordinaten des Punktes $M_1$ auf $P_0$, der bei der Ivoryschen Verwandtschaft $\overline{M}_0$ entspricht, und haben dann:

$$(48)\qquad \frac{\xi}{\sqrt{p}} = \frac{\bar{x}_0}{\sqrt{p'}}, \quad \frac{\eta}{\sqrt{q}} = \frac{\bar{y}_0}{\sqrt{q'}}, \quad \zeta = \bar{z}_0 - \frac{k}{2},$$

folglich;

$$(48^*)\qquad \begin{cases} \dfrac{\xi}{\sqrt{p}} = \lambda\left(\bar{z}_0 - \dfrac{k}{2}\right) + \dfrac{1}{2\lambda}, \\[2ex] \dfrac{\eta}{\sqrt{q}} = \pm\lambda\left(\bar{z}_0 - \dfrac{k}{2}\right) \mp \dfrac{1}{2\lambda}. \end{cases}$$

Sind nun $u_1, v_1$ die Werte der krummlinigen Koordinaten $u, v$ im Punkte $M_1(\xi, \eta, \zeta)$, so haben wir wegen (9), S. 525:

$$u_1 + v_1 = \frac{\xi}{\sqrt{p}}, \quad u_1 - v_1 = \frac{\eta}{\sqrt{k}},$$

also:

$$(49)\qquad \begin{cases} u_1 + v_1 = \lambda\left(\bar{z}_0 - \dfrac{k}{2}\right) + \dfrac{1}{2\lambda}, \\[2ex] u_1 - v_1 = \pm\lambda\left(\bar{z}_0 - \dfrac{k}{2}\right) \mp \dfrac{1}{2\lambda}. \end{cases}$$

Setzen wir in diesen Gleichungen für $\bar{z}_0$ seinen Wert $(16_3)$, S. 526, als Funktion von $u, v$ ein, so haben wir nur noch nachzuweisen, daß dann durch diese Formeln die Abwicklungsbeziehung zwischen dem Paraboloid $P_0$ und der Fläche $S_1$ ausgedrückt wird.

An dieser Stelle wird es notwendig, die beiden Fälle (§ 283), in denen in allen Gleichungen die oberen oder die unteren Vorzeichen gewählt werden, getrennt zu behandeln. Aber eine einfache Überlegung zeigt, daß wir uns auf den ersten Fall (der oberen Vorzeichen) beschränken können, da ja im anderen Falle in (49) nur $u_1$ und $v_1$ miteinander vertauscht werden, und andrerseits haben wir schon am Schlusse von § 285 gesehen, daß dieser Übergang zu den anderen Vorzeichen auf eine Vertauschung der Veränderlichen hinauskommt. Doch sei darauf hingewiesen, daß die Vertauschung von $u$ mit $v$ in (9) eine Änderung des Vorzeichens von $y_0$ nach sich zieht, was einer Spiegelung des Paraboloids an der Hauptebene, der $xz$-Ebene, gleichkommt. In diesem zweiten Falle also drücken die Abwicklungsformeln (49) die Ivorysche Verwandtschaft in Verbindung mit einer Spiegelung an der $xz$-Ebene aus.

Hiernach wählen wir von jetzt ab in unseren Gleichungen stets die oberen Vorzeichen. Insbesondere gehen die Formeln (49) über in:

$$(49^*) \qquad u_1 = \lambda\left(\bar{z}_0 - \frac{k}{2}\right), \quad v_1 = \frac{1}{2\lambda}.$$

Setzen wir hierin für $\bar{z}_0$ seinen Wert (S. 526):

$$\bar{z}_0 = 2\left(uv + \frac{vU}{W} + \frac{uV}{W}\right)$$

ein, so finden wir nach einfachen Reduktionen als endgültige Abwicklungsformeln die folgenden:

$$(50) \qquad \begin{cases} u_1 = \dfrac{\sqrt{qp'}(u+v) + \sqrt{pq'}(u-v) - \sqrt{pq}(4uv+k)\lambda}{2\left[\sqrt{pq} + \sqrt{pq'}(u-v)\lambda - \sqrt{qp'}(u+v)\lambda\right]}, \\[2ex] v_1 = \dfrac{1}{2\lambda}, \end{cases}$$

und auf Grund derselben haben wir noch die erforderlichen Nachweise zu erbringen.

Zunächst ergibt sich hieraus $u_1$ als lineare Funktion jeder der drei Veränderlichen $u, v, \lambda$; wir können also leicht die drei partiellen Differentialquotienten:

$$\frac{\partial u_1}{\partial u}, \quad \frac{\partial u_1}{\partial v}, \quad \frac{\partial u_1}{\partial \lambda}$$

berechnen. Für die ersten beiden finden wir unschwer:

$$(51) \qquad \frac{\partial u_1}{\partial u} = 4\sqrt{pq}\,\lambda^2 \frac{V}{W^2}, \quad \frac{\partial u_1}{\partial v} = 4\sqrt{pq}\,\lambda^2 \frac{U}{W^2},$$

und für den dritten zunächst:

$$\frac{\partial u_1}{\partial \lambda} = \frac{2\lambda^2[qp'(u+v)^2 - pq'(u-v)^2 - pq(4uv+k)]}{W^2}.$$

Aber wegen (S. 526):

$$p' = p - k, \qquad q' = q + k$$

ist identisch:

$$qp'(u+v)^2 - pq'(u-v)^2 - pq(4uv+k) = -k[p(u-v)^2 + q(u+v)^2 + pq]$$
$$= -kH,$$

demnach ergibt sich:

(52) $$\frac{\partial u_1}{\partial \lambda} = -\frac{2k\lambda^2 H}{W^2}.$$

Zusammen mit (51) wollen wir auch die Gleichungen für $\frac{\partial \bar{z}_0}{\partial u}$, $\frac{\partial \bar{z}_0}{\partial v}$ angeben, die nun sofort aus (49*) folgen; es ist nämlich:

(51*) $$\frac{\partial \bar{z}_0}{\partial u} = 4\sqrt{pq}\,\frac{\lambda V}{W^2}, \quad \frac{\partial \bar{z}_0}{\partial v} = 4\sqrt{pq}\,\frac{\lambda U}{W^2}.$$

## § 294. Nachweis der Abwickelbarkeit der Flächen $S_1$ auf das hyperbolische Paraboloid.

Die Identität der beiden Linienelemente:

$$ds_1^2 = \overline{ds}_1^2,$$

von der wir beweisen müssen, daß sie aus den Formeln (50) folgt, ist mit Rücksicht darauf, daß in ihnen $v_1$ nur von $\lambda$ abhängt, den folgenden drei Gleichungen äquivalent:

(53) $$\left\{\begin{aligned} E_1 &= \bar{E}_1\left(\frac{\partial u_1}{\partial u}\right)^2 + 2\left(\bar{E}_1\frac{\partial u_1}{\partial \lambda} + \bar{F}_1\frac{\partial v_1}{\partial \lambda}\right)\frac{\partial u_1}{\partial u}\frac{\partial \lambda}{\partial u} + \\ &\quad + \left[\bar{E}_1\left(\frac{\partial u_1}{\partial \lambda}\right)^2 + 2\bar{F}_1\frac{\partial u_1}{\partial \lambda}\frac{\partial v_1}{\partial \lambda} + \bar{G}_1\left(\frac{\partial v_1}{\partial \lambda}\right)^2\right]\left(\frac{\partial \lambda}{\partial u}\right)^2, \\ F_1 &= \bar{E}_1\frac{\partial u_1}{\partial u}\frac{\partial u_1}{\partial v} + \left(\bar{E}_1\frac{\partial u_1}{\partial \lambda} + \bar{F}_1\frac{\partial v_1}{\partial \lambda}\right)\left(\frac{\partial u_1}{\partial v}\frac{\partial \lambda}{\partial u} + \frac{\partial u_1}{\partial u}\frac{\partial \lambda}{\partial v}\right) + \\ &\quad + \left[\bar{E}_1\left(\frac{\partial u_1}{\partial \lambda}\right)^2 + 2\bar{F}_1\frac{\partial u_1}{\partial \lambda}\frac{\partial v_1}{\partial \lambda} + \bar{G}_1\left(\frac{\partial v_1}{\partial \lambda}\right)^2\right]\frac{\partial \lambda}{\partial u}\frac{\partial \lambda}{\partial v}, \\ G_1 &= \bar{E}_1\left(\frac{\partial u_1}{\partial v}\right)^2 + 2\left(\bar{E}_1\frac{\partial u_1}{\partial \lambda} + \bar{F}_1\frac{\partial v_1}{\partial \lambda}\right)\frac{\partial u_1}{\partial v}\frac{\partial \lambda}{\partial v} + \\ &\quad + \left[\bar{E}_1\left(\frac{\partial u_1}{\partial \lambda}\right)^2 + 2\bar{F}_1\frac{\partial u_1}{\partial \lambda}\frac{\partial v_1}{\partial \lambda} + \bar{G}_1\left(\frac{\partial v_1}{\partial \lambda}\right)^2\right]\left(\frac{\partial \lambda}{\partial v}\right)^2; \end{aligned}\right.$$

darin haben $E_1$, $F_1$, $G_1$ die Werte (47), S. 541.

Zunächst finden wir in derselben Weise, wie im vorigen Paragraphen die Abwicklungsformeln (50), die folgenden Gleichungen:

$$\bar{E}_1 = \sum\left(\frac{\partial \xi}{\partial u_1}\right)^2, \quad \bar{F}_1 = \sum\frac{\partial \xi}{\partial u_1}\frac{\partial \xi}{\partial v_1}, \quad \bar{G}_1 = \sum\left(\frac{\partial \xi}{\partial v_1}\right)^2,$$

somit wegen (48)

$$\overline{E}_1\left(\frac{\partial u_1}{\partial u}\right)^2=\sum\left(\frac{\partial \xi}{\partial u}\right)^2=\frac{p}{p'}\left(\frac{\partial \overline{x}_0}{\partial u}\right)^2+\frac{q}{q'}\left(\frac{\partial \overline{y}_0}{\partial u}\right)^2+\left(\frac{\partial \overline{z}_0}{\partial u}\right)^2,$$

$$\overline{E}_1\frac{\partial u_1}{\partial u}\frac{\partial u_1}{\partial v}=\sum\frac{\partial \xi}{\partial u}\frac{\partial \xi}{\partial v}=\frac{p}{p'}\frac{\partial \overline{x}_0}{\partial u}\frac{\partial \overline{x}_0}{\partial v}+\frac{q}{q'}\frac{\partial \overline{y}_0}{\partial u}\frac{\partial \overline{y}_0}{\partial v}+\frac{\partial \overline{z}_0}{\partial u}\frac{\partial \overline{z}_0}{\partial v},$$

$$\overline{E}_1\left(\frac{\partial u_1}{\partial v}\right)^2=\sum\left(\frac{\partial \xi}{\partial v}\right)^2=\frac{p}{p'}\left(\frac{\partial \overline{x}_0}{\partial v}\right)^2+\frac{q}{q'}\left(\frac{\partial \overline{y}_0}{\partial v}\right)^2+\left(\frac{\partial \overline{z}_0}{\partial v}\right)^2.$$

Wegen

$$p=p'+k,\qquad q=q'-k$$

können wir auch schreiben:

$$\overline{E}_1\left(\frac{\partial u_1}{\partial u}\right)^2=\sum\left(\frac{\partial \overline{x}_0}{\partial u}\right)^2+k\left[\frac{1}{p'}\left(\frac{\partial \overline{x}_0}{\partial u}\right)^2-\frac{1}{q'}\left(\frac{\partial \overline{y}_0}{\partial u}\right)^2\right],$$

$$\overline{E}_1\frac{\partial u_1}{\partial u}\frac{\partial u_1}{\partial v}=\sum\frac{\partial \overline{x}_0}{\partial u}\frac{\partial \overline{x}_0}{\partial v}+k\left[\frac{1}{p'}\frac{\partial \overline{x}_0}{\partial u}\frac{\partial \overline{x}_0}{\partial v}-\frac{1}{q'}\frac{\partial \overline{y}_0}{\partial u}\frac{\partial \overline{y}_0}{\partial v}\right],$$

$$\overline{E}_1\left(\frac{\partial u_1}{\partial v}\right)^2=\sum\left(\frac{\partial \overline{x}_0}{\partial v}\right)^2+k\left[\frac{1}{p'}\left(\frac{\partial \overline{x}_0}{\partial v}\right)^2-\frac{1}{q'}\left(\frac{\partial \overline{y}_0}{\partial v}\right)^2\right].$$

Wegen (42), S. 540, sind die Faktoren von $k$ rechts gleich Null; also bleibt übrig:

$$\text{(54)}\qquad \overline{E}_1\left(\frac{\partial u_1}{\partial u}\right)^2=E_0,\quad \overline{E}_1\frac{\partial u_1}{\partial u}\frac{\partial u_1}{\partial v}=F_0,\quad \overline{E}_1\left(\frac{\partial u_1}{\partial v}\right)^2=G_0.$$

Multiplizieren wir nun die Gleichungen:

$$\text{(55)}\qquad \begin{cases}\dfrac{\partial \xi}{\partial \lambda}=\dfrac{\partial \xi}{\partial u_1}\dfrac{\partial u_1}{\partial \lambda}+\dfrac{\partial \xi}{\partial v_1}\dfrac{\partial v_1}{\partial \lambda},\\[2mm] \dfrac{\partial \eta}{\partial \lambda}=\dfrac{\partial \eta}{\partial u_1}\dfrac{\partial u_1}{\partial \lambda}+\dfrac{\partial \eta}{\partial v_1}\dfrac{\partial v_1}{\partial \lambda},\\[2mm] \dfrac{\partial \zeta}{\partial \lambda}=\dfrac{\partial \zeta}{\partial u_1}\dfrac{\partial u_1}{\partial \lambda}+\dfrac{\partial \zeta}{\partial v_1}\dfrac{\partial v_1}{\partial \lambda}\end{cases}$$

der Reihe nach mit $\frac{\partial \xi}{\partial u_1}, \frac{\partial \eta}{\partial u_1}, \frac{\partial \zeta}{\partial u_1}$ und addieren wir, so kommt:

$$\overline{E}_1\frac{\partial u_1}{\partial \lambda}+\overline{F}_1\frac{\partial v_1}{\partial \lambda}=\sum\frac{\partial \xi}{\partial \lambda}\frac{\partial \xi}{\partial u_1},$$

folglich wegen (48):

$$\left(\overline{E}_1\frac{\partial u_1}{\partial \lambda}+\overline{F}_1\frac{\partial v_1}{\partial \lambda}\right)\frac{\partial u_1}{\partial u}=\sum\frac{\partial \xi}{\partial \lambda}\frac{\partial \xi}{\partial u}=\frac{p}{p'}\frac{\partial \overline{x}_0}{\partial u}\frac{\partial \overline{x}_0}{\partial \lambda}+\frac{q}{q'}\frac{\partial \overline{y}_0}{\partial u}\frac{\partial \overline{y}_0}{\partial \lambda}+\frac{\partial \overline{z}_0}{\partial u}\frac{\partial \overline{z}_0}{\partial \lambda},$$

$$\left(\overline{E}_1\frac{\partial u_1}{\partial \lambda}+\overline{F}_1\frac{\partial v_1}{\partial \lambda}\right)\frac{\partial u_1}{\partial v}=\sum\frac{\partial \xi}{\partial \lambda}\frac{\partial \xi}{\partial v}=\frac{p}{p'}\frac{\partial \overline{x}_0}{\partial v}\frac{\partial \overline{x}_0}{\partial \lambda}+\frac{q}{q'}\frac{\partial \overline{y}_0}{\partial v}\frac{\partial \overline{y}_0}{\partial \lambda}+\frac{\partial \overline{z}_0}{\partial v}\frac{\partial \overline{z}_0}{\partial \lambda},$$

und wegen (42), S. 540:

$$\text{(56)}\qquad \begin{cases}\left(\overline{E}_1\dfrac{\partial u_1}{\partial \lambda}+\overline{F}_1\dfrac{\partial v_1}{\partial \lambda}\right)\dfrac{\partial u_1}{\partial u}=\dfrac{\partial \overline{z}_0}{\partial u}\left(\dfrac{\lambda p}{\sqrt{p'}}\dfrac{\partial \overline{x}_0}{\partial \lambda}+\dfrac{\lambda q}{\sqrt{q'}}\dfrac{\partial \overline{y}_0}{\partial \lambda}+\dfrac{\partial \overline{z}_0}{\partial \lambda}\right),\\[2mm] \left(\overline{E}_1\dfrac{\partial u_1}{\partial \lambda}+\overline{F}_1\dfrac{\partial v_1}{\partial \lambda}\right)\dfrac{\partial u_1}{\partial v}=\dfrac{\partial \overline{z}_0}{\partial v}\left(\dfrac{\lambda p}{\sqrt{p'}}\dfrac{\partial \overline{x}_0}{\partial \lambda}+\dfrac{\lambda q}{\sqrt{q'}}\dfrac{\partial \overline{y}_0}{\partial \lambda}+\dfrac{\partial \overline{z}_0}{\partial \lambda}\right).\end{cases}$$

Aber durch Differentiation von (41), S. 540 (mit den oberen Vorzeichen), nach $\lambda$ erhalten wir:

$$(57)\qquad \begin{cases} \dfrac{\partial \bar{x}_0}{\partial \lambda} = \sqrt{p'}\left(\bar{z}_0 - \dfrac{k}{2}\right) - \dfrac{\sqrt{p'}}{2\lambda^2} + \lambda\sqrt{p'}\,\dfrac{\partial \bar{z}_0}{\partial \lambda}, \\[2ex] \dfrac{\partial \bar{y}_0}{\partial \lambda} = \sqrt{q'}\left(\bar{z}_0 - \dfrac{k}{2}\right) + \dfrac{\sqrt{q'}}{2\lambda^2} + \lambda\sqrt{q'}\,\dfrac{\partial \bar{z}_0}{\partial \lambda}; \end{cases}$$

daraus folgt unmittelbar:

$$\frac{1}{\sqrt{p'}}\frac{\partial \bar{x}_0}{\partial \lambda} - \frac{1}{\sqrt{q'}}\frac{\partial \bar{y}_0}{\partial \lambda} = -\frac{1}{\lambda^2},$$

wofür wir auch schreiben können:

$$\frac{p}{\sqrt{p'}}\frac{\partial \bar{x}_0}{\partial \lambda} + \frac{q}{\sqrt{q'}}\frac{\partial \bar{y}_0}{\partial \lambda} = \sqrt{p'}\,\frac{\partial \bar{x}_0}{\partial \lambda} + \sqrt{q'}\,\frac{\partial \bar{y}_0}{\partial \lambda} - \frac{k}{\lambda^2},$$

so daß die Gleichungen (56) übergehen in:

$$(58)\begin{cases} \left(\bar{E}_1\dfrac{\partial u_1}{\partial \lambda} + \bar{F}_1\dfrac{\partial v_1}{\partial \lambda}\right)\dfrac{\partial u_1}{\partial u} = \dfrac{\partial \bar{z}_0}{\partial u}\left(\lambda\sqrt{p'}\,\dfrac{\partial \bar{x}_0}{\partial \lambda} + \lambda\sqrt{q'}\,\dfrac{\partial \bar{y}_0}{\lambda} + \dfrac{\partial \bar{z}_0}{\partial \lambda} - \dfrac{k}{\lambda}\right), \\[2ex] \left(\bar{E}_1\dfrac{\partial u_1}{\partial \lambda} + \bar{F}_1\dfrac{\partial v_1}{\partial \lambda}\right)\dfrac{\partial u_1}{\partial v} = \dfrac{\partial \bar{z}_0}{v}\left(\lambda\sqrt{p'}\,\dfrac{\partial \bar{x}_0}{\partial \lambda} + \lambda\sqrt{q'}\,\dfrac{\partial \bar{y}_0}{\partial \lambda} + \dfrac{\partial \bar{z}_0}{\partial \lambda} - \dfrac{k}{\lambda}\right). \end{cases}$$

Durch Quadrieren von (55) und Summieren ergibt sich:

$$\bar{E}_1\left(\frac{\partial u_1}{\partial \lambda}\right)^2 + 2\bar{F}_1\frac{\partial u_1}{\partial \lambda}\frac{\partial v_1}{\partial \lambda} + \bar{G}_1\left(\frac{\partial v_1}{\partial \lambda}\right)^2 = \sum\left(\frac{\partial \xi}{\partial \lambda}\right)^2 = \frac{p}{p'}\left(\frac{\partial \bar{x}_0}{\partial \lambda}\right)^2 + \frac{q}{q'}\left(\frac{\partial \bar{y}_0}{\partial \lambda}\right)^2 + \left(\frac{\partial \bar{z}_0}{\partial \lambda}\right)^2,$$

also:

$$\bar{E}_1\left(\frac{\partial u_1}{\partial \lambda}\right)^2 + 2\bar{F}_1\frac{\partial u_1}{\partial \lambda}\frac{\partial v_1}{\partial \lambda} + \bar{G}_1\left(\frac{\partial v_1}{\partial \lambda}\right)^2 - \sum\left(\frac{\partial \bar{x}_0}{\partial \lambda}\right)^2 = k\left[\frac{1}{p'}\left(\frac{\partial \bar{x}_0}{\partial \lambda}\right)^2 - \frac{1}{q'}\left(\frac{\partial \bar{y}_0}{\partial \lambda}\right)^2\right].$$

Nun ist wegen (48), (49*):

$$\frac{\bar{x}_0}{\sqrt{p'}} = u_1 + \frac{1}{2\lambda}, \qquad \frac{\bar{y}_0}{\sqrt{q'}} = u_1 - \frac{1}{2\lambda};$$

daraus folgt:

$$\frac{1}{p'}\left(\frac{\partial \bar{x}_0}{\partial \lambda}\right)^2 - \frac{1}{q'}\left(\frac{\partial \bar{y}_0}{\partial \lambda}\right)^2 = -\frac{2}{\lambda^2}\frac{\partial u_1}{\partial \lambda}$$

oder wegen (52), S. 545:

$$\frac{1}{p'}\left(\frac{\partial \bar{x}_0}{\partial \lambda}\right)^2 - \frac{1}{q'}\left(\frac{\partial \bar{y}_0}{\partial \lambda}\right)^2 = \frac{4kH}{W^2},$$

und wir erhalten schließlich:

$$(59)\qquad \bar{E}_1\left(\frac{\partial u_1}{\partial \lambda}\right)^2 + 2\bar{F}_1\frac{\partial u_1}{\partial \lambda}\frac{\partial v_1}{\partial \lambda} + \bar{G}_1\left(\frac{\partial v_1}{\partial \lambda}\right)^2 = \sum\left(\frac{\partial \bar{x}_0}{\partial \lambda}\right)^2 + \frac{4k^2H}{W^2}.$$

Mittels (54), (58), (59) gehen die Werte (53) von $E_1$, $F_1$, $G_1$ über in:

$$E_1=E_0+2\left(\lambda\sqrt{p}\frac{\partial\bar{x}_0}{\partial\lambda}+\lambda\sqrt{q}\frac{\partial\bar{y}_0}{\partial\lambda}+\frac{\partial\bar{z}_0}{\partial\lambda}-\frac{k}{\lambda}\right)\frac{\partial\bar{z}_0}{\partial u}\frac{\partial\lambda}{\partial u}+\left[\sum\left(\frac{\partial\bar{x}_0}{\partial\lambda}\right)^2+\frac{4k^2H}{W^2}\right]\left(\frac{\partial\lambda}{\partial u}\right)^2,$$

$$F_1=F_0+\left(\lambda\sqrt{p}\frac{\partial\bar{x}_0}{\partial\lambda}+\lambda\sqrt{q}\frac{\partial\bar{y}_0}{\partial\lambda}+\frac{\partial\bar{z}_0}{\partial\lambda}-\frac{k}{\lambda}\right)\left(\frac{\partial\bar{z}_0}{\partial v}\frac{\partial\lambda}{\partial u}+\frac{\partial\bar{z}_0}{\partial u}\frac{\partial\lambda}{\partial v}\right)+\left[\sum\left(\frac{\partial\bar{x}_0}{\partial\lambda}\right)^2+\frac{4k^2H}{W^2}\right]\frac{\partial\lambda}{\partial u}$$

$$G_1=G_0+2\left(\lambda\sqrt{p}\frac{\partial\bar{x}_0}{\partial\lambda}+\lambda\sqrt{q}\frac{\partial\bar{y}_0}{\partial\lambda}+\frac{\partial\bar{z}_0}{\partial\lambda}-\frac{k}{\lambda}\right)\frac{\partial\bar{z}_0}{\partial v}\frac{\partial\lambda}{\partial v}+\left[\sum\left(\frac{\partial\bar{x}_0}{\partial\lambda}\right)^2+\frac{4k^2H}{W^2}\right]\left(\frac{\partial\lambda}{\partial v}\right)^2.$$

Vergleichen wir diese Ausdrücke mit (47), so sehen wir, daß sich die zu beweisenden Identitäten auf die folgenden drei Gleichungen reduzieren:

$$\frac{4k^2H}{W^2}\left(\frac{\partial\lambda}{\partial u}\right)^2-\frac{2k}{\lambda}\frac{\partial\bar{z}_0}{\partial u}\frac{\partial\lambda}{\partial u}=(Dl+D'm)^2-D_0'^2m^2,$$

$$\frac{4k^2H}{W^2}\frac{\partial\lambda}{\partial u}\frac{\partial\lambda}{\partial v}-\frac{k}{\lambda}\left(\frac{\partial\bar{z}_0}{\partial v}\frac{\partial\lambda}{\partial u}+\frac{\partial\bar{z}_0}{\partial u}\frac{\partial\lambda}{\partial v}\right)=(Dl+D'm)(D'l+D''m)-D_0'^2lm,$$

$$\frac{4k^2H}{W^2}\left(\frac{\partial\lambda}{\partial v}\right)^2-\frac{2k}{\lambda}\frac{\partial\bar{z}_0}{\partial v}\frac{\partial\lambda}{\partial v}=(D'l+D''m)^2-D_0'^2l^2.$$

Erinnern wir uns daran, daß nach S. 494, (12):

$$D_0'^2=\frac{4pq}{H}$$

und wegen (51*):

$$\frac{\partial\bar{z}_0}{\partial u}=4\sqrt{pq}\frac{\lambda V}{W^2},\qquad \frac{\partial\bar{z}_0}{\partial v}=4\sqrt{pq}\frac{\lambda U}{W^2}$$

ist, so gehen obige Gleichungen nach Division durch $\frac{4k^2H}{W^2}$ über in:

$$\left(\frac{\partial\lambda}{\partial u}-\frac{\sqrt{pq}}{kH}V\right)^2=\frac{1}{4k^2H}(DU+D'V)^2,$$

$$\left(\frac{\partial\lambda}{\partial u}-\frac{\sqrt{pq}}{kH}V\right)\left(\frac{\partial\lambda}{\partial v}-\frac{\sqrt{pq}}{kH}U\right)=\frac{1}{4k^2H}(DU+D'V)(D'U+D''V),$$

$$\left(\frac{\partial\lambda}{\partial v}-\frac{\sqrt{pq}}{kH}U\right)^2=\frac{1}{4k^2H}(D'U+D''V)^2$$

und reduzieren sich infolge der Fundamentaldifferentialgleichungen (I), S. 533, auf drei Identitäten.

Unsere Nachweise sind somit abgeschlossen, und wir haben den Satz:

*Die Flächen $S_1$, die sich durch Transformationen $B_k$ aus einer beliebigen Biegungsfläche $S$ des hyperbolischen Paraboloids ergeben, sind auf dieses Paraboloid abwickelbar; das Abwicklungsgesetz zwischen $S$ und $S_1$ ist durch die Ivorysche Verwandtschaft zwischen den beiden konfokalen Paraboloiden $P_0$ und $P_k$ gegeben.*

Dies ist im Falle der vorliegenden Fläche zweiten Grades der in § 283, S. 521, ausgesprochene Satz A) nebst einer wichtigen Ergänzung, nämlich dem Abwicklungsgesetz zwischen der ursprünglichen und der transformierten Fläche.

### § 295. Spezialfall der Biegungslinienflächen. — Singuläre Transformation $B_0$.

Nach Ableitung der grundlegenden Eigenschaften der Transformationen $B_k$ schreiten wir nun zur Untersuchung weiterer Eigenschaften derselben und gehen zu diesem Zwecke zunächst auf den Fall zurück, in dem die Ausgangsbiegungsfläche S des hyperbolischen Paraboloids $P_0$ selbst eine Linienfläche $B$ ist. Wir haben gesehen (§ 291), daß in diesem Falle alle mittels einer Transformation $B_k$ aus $B$ abgeleiteten Flächen wieder Linienflächen $B_1$ sind, in welche das Strahlensystem $F$ zerfällt, das von den erzeugenden Geraden der ersten oder der zweiten Schar des an $P_0$ bei seinem Abrollen auf $B$ gekoppelten konfokalen Paraboloids $P_k$ gebildet wird. Nach dem soeben bewiesenen Satze sind alle diese Linienflächen $R_1$ auf die Ausgangsfläche $R$ abwickelbar; aber jetzt wollen wir noch den folgenden wichtigen Zusatz hinzufügen: Die Abwicklung von $R_1$ auf $R$ erfolgt durch stetige Verbiegung. Um das einzusehen, genügt der Nachweis, daß die Schar von Erzeugenden auf $R$ und diejenige auf $B_1$ denselben Drehsinn haben, d. h. daß sie beide rechtsgewunden oder beide linksgewunden sind. Der Beweis läßt sich auf Grund des Umstandes erbringen, daß $R$, $R_1$ die beiden Brennmäntel des von den Verbindungslinien $FF_1$ ihrer entsprechenden Punkte gebildeten Strahlensystems sind und daß bei dieser Art der Zuordnung die Erzeugenden von $B$ und $R_1$ einander entsprechen. Auf zwei solchen Erzeugenden $r$ und $r_1$ nämlich durchlaufen $F$ und $F_1$ zwei projektive Punktreihen; demnach erzeugen die entsprechenden Verbindungslinien $FF_1$ eine $R$ und $R_1$ längs $r$ und $r_1$ berührende Fläche zweiten Grades. Wenn also $F$ und $F_1$ die Geraden $r$ und $r_1$ durchlaufen, so drehen sich die entsprechenden Tangentialebenen von $R$ und $R_1$, die auch Tangentialebenen der in Rede stehenden Fläche zweiten Grades sind, um $r$ und $r_1$ in derselben Richtung.

Wollten wir jetzt die singulären Transformationen $B_{-q}$, $B_p$ (§ 285, S. 526) genauer untersuchen, die den Endwerten des Parameters $k$ entsprechen, für welche wir die Erzeugenden des konfokalen Paraboloids $P_k$ durch die Tangenten einer der Fokalparabeln ersetzen mußten, so würde sich ergeben, daß auch in diesen Fällen unsere Entwicklungen ihren Sinn behalten. Wir sehen jedoch davon ab und untersuchen eingehender den früher stets ausgeschlossenen Fall: $k = 0$, in dem das Paraboloid $P_k$ mit dem

Ausgangsparaboloid $P_0$ identisch ist. Aber auch in diesem Falle können wir immer noch von den Strahlensystemen $\Gamma$ im Sinne des § 291 reden, die von den Geraden der ersten oder der zweiten Schar auf $P_0$ beim Abrollen auf der auf $P_0$ abwickelbaren Linienfläche $R$ erzeugt werden. Nun ist leicht einzusehen, daß sich auch in diesem Falle diese Strahlensysteme $F$ immer noch in $\infty^1$ Linienflächen $B_1$, die durch stetige Verbiegung auf $B$ abwickelbar sind, einteilen lassen. Setzt sich nämlich $\Gamma$ aus den Erzeugenden derjenigen Schar auf $P_0$ zusammen, denen die Erzengenden von $R$ entsprechen, so ist klar, daß bei den $\infty^1$ Lagen, die $P_0$ beim Abrollen einnimmt, die fraglichen Linienflächen $R_1$ sich ergeben.

Im entgegengesetzten Falle sind für jede einzelne Lage von $P_0$, in der $R$ längs der Erzeugenden $r$ berührt wird, die Erzeugenden der anderen Schar Tangenten in den Punkten von $r$ an den aus diesen Geraden entstandenen geodätischen Linien $g$ auf $R$, und das Strahlensystem $\Gamma$ ist in diesem Falle die von den Tangenten der geodätischen Linien $g$ gebildete (Normalen-) Kongruenz. Fassen wir dann aber eine beliebige krumme Haupttangentenkurve $a$ auf $B$ ins Auge, so bilden die von den Punkten von $a$ ausgehenden Geraden nach dem Chieffischen Satze (§ 126, S. 238) eine Linienfläche $R_1$, die durch stetige Verbiegung auf $B$ abwickelbar ist. Demnach ist auch für diesen Fall der singulären Transformation $B_0$ die Zerlegbarkeit des Strahlensystems $F$ in $\infty^1$ auf $R$ abwickelbare Linienflächen $R_1$ nachgewiesen. Übrigens ist leicht einzusehen, daß auch die Differentialgleichung (36), S. 537 (mit den unteren Vorzeichen):

$$(60) \quad \frac{d\lambda}{dv} = \frac{\varphi(v)}{k}\Big[2(\sqrt{qp'}-\sqrt{pq'})\lambda^2 v^2 - 2(\sqrt{pq}-\sqrt{p'q'})\lambda v - \frac{k}{2}(\sqrt{qp'}+\sqrt{pq'})\lambda^2 + \tfrac{1}{2}(\sqrt{qp'}-\sqrt{pq'})\Big],$$

die im allgemeinen für $k \neq 0$ die Zerlegung des Strahlensystems $\Gamma$ in die $\infty^1$ Linienflächen $R_1$ regelt, im Grenzfalle: $k = 0$ gerade auf die Konstruktion des Chieffischen Satzes hinauskommt. Es nehmen nämlich die Koeffizienten auf der rechten Seite von (60) für $k = 0$ zunächst die unbestimmte Form $\frac{0}{0}$ an, aber es ergibt sich sofort:

$$\lim_{k=0} \frac{\sqrt{qp'}-\sqrt{pq'}}{k} = -\frac{p+q}{2\sqrt{pq}},$$

$$\lim_{k=0} \frac{\sqrt{pq}-\sqrt{p'q'}}{k} = \frac{q-p}{2\sqrt{pq}},$$

und (60) geht im Grenzfalle über in:

$$\frac{d\lambda}{dv} = \frac{\varphi(v)}{\sqrt{pq}}\Big\{(p-q)\lambda v - \big[(p+q)v^2 + pq\big]\lambda^2 - \tfrac{1}{4}(p+q)\Big\}.$$

Andrerseits ergibt sich aus der Vergleichung der Formeln (18), S. 527 (wo die unteren Vorzeichen gewählt werden sollen), mit den Gleichungen (9), S. 525:

$$u = \frac{1}{2\lambda};$$

infolgedessen geht die letzte Gleichung über in:

$$\frac{du}{dv} = \frac{\varphi(v)}{2\sqrt{pq}}\left[p(u-v)^2 + q(u+v)^2 + pq\right]$$

oder wegen (11), S. 525, in:

$$\frac{du}{dv} = \frac{\varphi(v)H}{2\sqrt{pq}}.$$

Unter Berücksichtigung von (36), S. 537, läßt sich diese Gleichung auch wie folgt schreiben:

$$2D'du + D''dv = 0,$$

und dies ist genau die Differentialgleichung der krummen Haupttangentenkurven auf **B**. Also wird auch im Falle der Transformation $B_0$ durch die Differentialgleichung (60) das Strahlensystem $F$ in $\infty^1$ auf **B** abwickelbare Linienflächen $\mathbf{B}_1$ zerlegt in der Weise, daß die Strahlen längs der einzelnen krummen Haupttangentenkurven auf **B** aneinander gereiht werden.

### § 296. Entsprechen der Haupttangentenkurven auf $S$ und $S_1$.

Schon in § 290 haben wir bemerkt, daß das Strahlensystem $FF_1$, das als Brennmäntel die Biegungsfläche $S$ des Paraboloids, von der wir ausgegangen sind, und eine aus ihr transformierte Fläche $S_1$ hat, ein $W$-System ist. Hierfür erbringen wir in diesem Paragraphen einen ersten, auf dem Ribaucourschen Satze, § 155, S. 287, beruhenden Beweis, der die $W$-Strahlensysteme durch die Gleichung (vgl. S. 287):

$$\frac{\delta^2}{\sin^2\Omega} = \sqrt{\frac{1}{KK_1}}$$

charakterisiert, wo $\delta$ die Entfernung der Brennpunkte $F, F_1$, $\Omega$ der Winkel zwischen den beiden Brennebenen und $K, K_1$ die Krümmungen der beiden Brennmäntel in $F, F_1$ sind. Im Falle unserer Strahlensysteme geht wegen (28), S. 531, die obige Ribaucoursche Gleichung, deren Richtigkeit wir nachweisen sollen, über in:

$$(61) \qquad El^2 + 2Flm + Gm^2 + \frac{\varrho^2}{m^2}(lM_0 - mL_0)^2 = \varrho\varrho_1,$$

wo

$$\varrho = \frac{p(u-v)^2 + q(u+v)^2 + pq}{\sqrt{pq}}, \qquad \varrho_1 = \frac{p(u_1-v_1)^2 + q(u_1+v_1)^2 + pq}{\sqrt{pq}}$$

ist. Infolge der Identität (25*), S. 529, ist:

$$\frac{\varrho}{m}(lM_0 - mL_0) = \frac{1}{kW}\left(V\frac{\partial U}{\partial \lambda} - U\frac{\partial V}{\partial \lambda}\right),$$

so daß (61) der folgenden Gleichung äquivalent ist:

$$(61^*) \quad EU^2 + 2FUV + GV^2 + \frac{1}{k^2}\left(V\frac{\partial U}{\partial \lambda} - U\frac{\partial V}{\partial \lambda}\right) = W^2\varrho\varrho_1.$$

Wenn wir wollen, können wir mittels unserer Formeln diese Gleichung als eine Identität nachweisen; einfacher geschieht das jedoch, wenn wir beachten, daß sie von der speziellen, gerade in Rede stehenden Biegungsfläche $S$ völlig unabhängig ist, und es wird somit genügen, ihre Richtigkeit für den Fall nachzuweisen, daß S eine Linienfläche **B**, also auch die transformierte Fläche $R_1$ eine Linienfläche ist. Da aber dann schon den geraden Haupttangentenkurven auf **B** die geraden Haupttangentenkurven auf $\mathbf{B}_1$ entsprechen, so gilt dasselbe für die krummen Haupttangentenkurven, und das Strahlensystem ist ein $W$-System. Es besteht nämlich allgemein der Satz:

Entsprechen einander auf den beiden Brennmänteln $S$, $S_1$ eines geradlinigen Strahlensystems die Haupttangentenkurven der einen Schar, so entsprechen auch diejenigen der zweiten Schar einander, und das Strahlensystem ist ein $W$-System.

Denn es gibt bereits auf S und $S_1$ zwei konjugierte Systeme, die einander entsprechen, nämlich diejenigen, die auf $S$ und $S_1$ von den abwickelbaren Flächen des Strahlensystems ausgeschnitten werden, und es brauchen dann nur noch zwei andere Systeme (insbesondere die Haupttangentenkurven einer Schar) einander zu entsprechen, so entsprechen auch alle übrigen konjugierten Systeme einander.[1])

Indem wir zu unserem Falle zurückkehren, so ist die Identität (61*) für die Biegungslinienflächen bewiesen und gilt daher auch für alle übrigen Fälle.

---

1) Bezeichnen wir die beiden Grundformen von $S$ und $S_1$ in der üblichen Weise, so besteht das $S$ und $S_1$ gemeinsame konjugierte System aus den Integralkurven der Differentialgleichung:

$$\begin{vmatrix} D\,du + D'\,dv & D'\,du + D''\,dv \\ D_1\,du + D_1'\,dv & D_1'\,du + D_1''\,dv \end{vmatrix} = 0.$$

Es ist stets eindeutig bestimmt, außer wenn diese Gleichung eine Identität ist, d. h. wenn

$$D : D' : D'' = D_1 : D_1' : D_1''$$

ist, und dann entsprechen alle konjugierten Systeme einander.

## § 297. Zweiter Beweis für das Entsprechen der Haupttangentenkurven.

Für die Eigenschaft der Transformationen $B_k$, daß sie Haupttangentenkurven wieder in Haupttangentenkurven überführen, wollen wir nun einen zweiten Beweis erbringen, der zugleich den Vorteil hat, daß er auf weitere wichtige Eigenschaften dieser Transformationen führt.

Auf der Ausgangsbiegungsfläche S des Paraboloids $P_0$ betrachten wir eine beliebige Haupttangentenkurve $a$. Längs ihr haben wir die Beziehungen (§ 63, S. 121):

$$(62)\qquad \begin{cases} D\dfrac{du}{ds} + D'\dfrac{dv}{ds} = \pm\dfrac{\sqrt{EG-F^2}}{\varrho}\dfrac{dv}{ds}, \\[2ex] D'\dfrac{du}{ds} + D''\dfrac{dv}{ds} = \mp\dfrac{\sqrt{EG-F^2}}{\varrho}\dfrac{du}{ds}, \end{cases}$$

wo die oberen Vorzeichen für eine linksgewundene, die unteren für eine rechtsgewundene Haupttangentenkurve gelten. Auf $S$ wenden wir eine Transformation $B_k$ an, und es sei $S_1$ eine Transformierte, $a_1$ diejenige Kurve auf $S_1$, die der Kurve $a$ auf S entspricht. Die Funktion $\lambda(u, v)$ ist längs $a$ eine Funktion des Bogens $s$ dieser Kurve, und es ist:

$$\frac{d\lambda}{ds} = \frac{\partial\lambda}{\partial u}\frac{du}{ds} + \frac{\partial\lambda}{\partial v}\frac{dv}{ds},$$

folglich wegen der Differentialgleichungen (I), S. 533:

$$\frac{d\lambda}{ds} = \left[\frac{\sqrt{pq}}{kH}V + \frac{1}{2k\sqrt{H}}(DU + D'V)\right]\frac{du}{ds} + \left[\frac{\sqrt{pq}}{kH}U + \frac{1}{2k\sqrt{H}}(D'U + D''V)\right]\frac{dv}{ds}.$$

Da jetzt:

$$\frac{\sqrt{EG-F^2}}{\varrho} = \frac{2\sqrt{pq}}{\sqrt{H}}$$

ist, so ergibt sich aus (62):

$$D\frac{du}{ds} + D'\frac{dv}{ds} = \pm\frac{2\sqrt{pq}}{\sqrt{H}}\frac{dv}{ds},$$

$$D'\frac{du}{ds} + D''\frac{dv}{ds} = \mp\frac{2\sqrt{pq}}{\sqrt{H}}\frac{du}{ds},$$

und folglich:

$$\frac{d\lambda}{ds} = \frac{\sqrt{pq}}{kH}\left[\left(V\frac{du}{ds} + U\frac{dv}{ds}\right) \pm \left(U\frac{dv}{ds} - V\frac{du}{ds}\right)\right].$$

Indem wir die beiden Fälle einer links- und einer rechtsgewundenen Haupttangentenkurve trennen, erhalten wir demnach einfach:

$$(63)\qquad \frac{d\lambda}{ds} = \frac{2\sqrt{pq}}{kH}U\frac{dv}{ds}$$

längs einer linksgewundenen Haupttangentenkurve $a$,

$$\frac{d\lambda}{ds} = \frac{2\sqrt{pq}}{kH} V \frac{du}{ds} \tag{63*}$$

längs einer rechtsgewundenen Haupttangentenkurve $a$.

Nun sind längs der Kurve $a$ die Größen $u, v, U, V, H$ bekannte Funktionen von $s$; daher ergibt sich aus (63) oder (63*) für $\lambda(s)$ eine Differentialgleichung erster Ordnung vom Riccatischen Typus, die nur von den Ausdrücken für die krummlinigen Koordinaten eines beweglichen Punktes von $a$ als Funktionen des Bogens $s$ abhängt.

Wir nehmen nun an, die Fläche $S$ werde verbogen, und zwar um die starr bleibende Haupttangentenkurve $a$ gefaltet (§ 114). Nach den obigen Ausführungen bleibt die Differentialgleichung (63) (oder (63*)) immer dieselbe; setzen wir also für einen Anfangswert $s_0$ von $s$ den Wert von $\lambda$ gleich $\lambda_0$, so bleibt auch die Funktion $\lambda(s)$ immer dieselbe. Nun bestimmt der für $\lambda$ festgesetzte Anfangswert $\lambda_0$ auch für jede besondere Zwischenform von $S$ die transformierte Fläche $S_1$, auf der die Kurve $a_1$, welche der Kurve $a$ entspricht, durch die Gleichungen:

$$x_1 = x + l\frac{\partial x}{\partial u} + m\frac{\partial x}{\partial v} \text{ usw.}$$

gegeben ist, wo der Punkt $(u, v)$ die Kurve $a$ durchläuft. Da nun längs $a$ die Größen:

$$x, \frac{\partial x}{\partial u}, \frac{\partial x}{\partial v}, \lambda, l, m \text{ usw.}$$

ihre Werte ungeändert beibehalten, ist dasselbe auch mit $x_1, y_1, z_1$ der Fall. Die Kurve $a_1$ bleibt demnach fest, und es bleiben auch, nach Größe und Richtung, die Strecken $FF_1$ ungeändert, die entsprechende Punkte von $a$ und $a_1$ verbinden. Da ferner die Tangentialebene an $S_1$ in $F_1$ die Strecke $FF_1$ und die Tangente der Kurve $a_1$ enthält, so bleibt auch diese Ebene fest; also: Die transformierte Kurve $a_1$ bleibt gleichzeitig mit der Kurve $a$ fest, und die Fläche $S_1$ behält längs $a_1$ immer dieselben Normalen.

Nun befindet sich unter den Konfigurationen von $S$ mit starrer Haupttangentenkurve $a$ auch die $S$ längs $a$ nach dem Chieffischen Satze, § 126, umschriebene Linienfläche **B**. In diesem Falle ist auch die transformierte Fläche $S_1$, wie wir wissen, eine Linienfläche $\mathbf{B}_1$, auf der nach den geometrischen Betrachtungen am Schlusse des vorigen Paragraphen die Kurve $a_1$ auch Haupttangentenkurve ist. Daraus schließen wir, daß diese Kurve $a_1$ überhaupt auf allen Flächen $S_1$ Haupttangentenkurve ist, w. z. b. w.

Wir weisen dann noch darauf hin, daß die Differentialgleichung (63) (oder (63*)) die Transformationen $B_k$ der Biegungsflächen des Paraboloids in Transformationen einzelner Kurven, nämlich ihrer Haupttangentenkurven, auflöst, ebenso wie die Bäcklundschen Transformationen der pseudosphärischen Flächen in Transformationen der Kurven konstanter Torsion, die Haupttangentenkurven auf diesen Flächen sind, aufgelöst werden können.

## § 298. Weitere Eigenschaften der Transformationen $B_k$.

Wir setzen unsere geometrischen Betrachtungen fort, immer unter der Voraussetzung, daß die Fläche $S$ um die starre Haupttangentenkurve $a$ verbogen werde.[1]) Für jede Zwischenform von S betrachten wir die Transformierte $S_1$, die durch eine nach Größe und Richtung in der Schmiegungsebene von $a$ in $F$ gegebene Anfangsstrecke $FF_1$ bestimmt ist. Wir haben gesehen, daß die Kurve $a_1$ auf $S_1$, die der Kurve $a$ auf S entspricht, immer dieselbe und auch Haupttangentenkurve auf $S_1$ bleibt. Nun wollen wir weiter beweisen, daß die Fläche $S_1$ ebenfalls um die starre Haupttangentenkurve $a_1$ verbogen wird. Wird nämlich die Fläche S in einer beliebigen von ihren Zwischenformen auf das Paraboloid $P_0$ abgewickelt, so nimmt die Kurve $a$ auf $P_0$ immer ein und dieselbe Lage $\alpha$ ein, und die von den Punkten $F$ von $a$ ausgehenden Strecken $FF_1$ erhalten ebenfalls ein und dieselben Lagen; in den Endpunkten $F$ berühren sie $P_0$, und ihre anderen Endpunkte $F_1$ liegen auf dem konfokalen Paraboloid $P_k$, auf der sie eine feste Kurve $\alpha_1$ bilden. Aus dem durch die Ivorysche Verwandtschaft gegebenen Abwicklungsgesetz folgt, daß bei der Abwicklung von $S_1$ auf $P_0$ die Kurve $a_1$ immer ein und dieselbe Lage auf $P_0$ einnimmt, diejenige nämlich, welche bei der Ivoryschen Verwandtschaft der Kurve $\alpha_1$ auf $P_k$ entspricht.[2]) Wir haben somit den Satz:

Wird der erste Brennmantel S eines unserer $W$-Strahlensysteme um die starre Haupttangentenkurve $a$ verbogen und bleibt gleichzeitig eine von einem Punkte von $a$ ausgehende vorgegebene Fokalstrecke fest, so verbiegt sich auch der zweite Brennmantel $S_1$ um die entsprechende starr bleibende Haupttangentenkurve $a_1$.

Ein bemerkenswerter Zusatz zu diesem Satze ergibt sich aus der Betrachtung derjenigen speziellen Biegungsform von S, welche durch die der Fläche $S$ längs der Kurve $a$ nach dem Chieffischen Satze

---

1) Hinsichtlich der Verbiegungen einer Fläche mit starrer Haupttangentenkurve s. Kap. VII, § 114.

2) Mit anderen Worten: Die Abwicklungsformeln (50), S. 544, ordnen ein und demselben Punkte der Kurve $a_1$ immer ein und denselben Punkt des Paraboloids $P_0$ zu.

umschriebene Linienfläche $B$ gegeben ist. Dann ist auch die Transformationsfläche $S_1$ eine Linienfläche $R_1$ und fällt mit der $S_1$ längs $a_1$ umschriebenen homologen Linienfläche zusammen. Also besteht der Satz:

Die beiden Linienflächen $R$, $R_1$, die den beiden Brennmänteln eines unserer $W$-Strahlensysteme längs zweier entsprechender Haupttangentenkurven $a$, $a_1$ umschrieben sind, sind ebenfalls die beiden Brennmäntel eines solchen Strahlensystems.

Eigentlich ergeben sich für jedes Paar entsprechender Haupttangentenkurven $a$, $a_1$ auf diese Weise zwei solche Paare von Linienflächen $R$, $B_1$, je nachdem auf $S$ zur Erzeugung von $R$ die Tangenten an den geodätischen Transformierten der ersten oder der zweiten Schar von Erzeugenden auf $P_0$ gezogen werden.

## § 299. Entsprechen der dauernd konjugierten Systeme auf $S$ und $S_1$.

Wir haben gesehen, daß jedem konjugierten System auf $S$ ein konjugiertes System auf $S_1$ entspricht. Nun gibt es unter den konjugierten Systemen auf $S$ ein vollkommen bestimmtes, das dadurch gekennzeichnet ist, daß das durch die Abwickelbarkeit ihm entsprechende System auf dem Paraboloid ebenfalls konjugiert ist; wir bezeichnen es als das dauernd konjugierte System auf $S$. Es besteht aus zwei Scharen von Kurven, die reell oder imaginär sein können, stets aber getrennt sind, außer wenn S eine Linienfläche ist, denn dann reduziert es sich auf das (doppelt zu zählende) System der Erzeugenden von $R$.[1]) In jedem Falle gilt der Satz:

Bei unseren $W$-Strahlensystemen, deren beide Brennmäntel $S$, $S_1$ auf das hyperbolische Paraboloid abwickelbar sind, entsprechen einander auf $S$ und $S_1$ die dauernd konjugierten Systeme.

Beweis. Zunächst sind die beiden zweiten Grundformen des Paraboloids $P_0$ und der Fläche $S$ in den Koordinaten $u, v$:

$$2D_0' du\, dv \text{ bzw. } D du^2 + 2D' du\, dv + D'' dv^2;$$

infolgedessen ist ihr gemeinsames konjugiertes System, dessen Differentialgleichung sich durch Nullsetzen der Jacobischen Kovariante der beiden Formen ergibt, bestimmt durch:

$$D du^2 - D'' dv^2 = 0. \tag{64}$$

1) Besteht nämlich dieses doppelte System aus zusammenfallenden Kurven, so wird es sowohl auf dem Paraboloid als auch auf der Fläche $S$ von Haupttangentenkurven gebildet; da diese auf $S$ auch noch geodätische Linien sind, so sind sie gerade Linien.

Für die andere *Fläche* $S_1$ ist die zweite Differentialform nach dem Satze von der Erhaltung der Haupttangentenkurven proportional der Form:

$$Ddu^2 + 2D'du\,dv + D''dv^2.$$

Andrerseits sind wegen der Abwickelbarkeit von $S_1$ auf $P_0$ die Transformierten der Geraden von $P_0$ die Kurven $u_1 = \text{Const.}$, $v_1 = \text{Const.}$, so daß die zweite Grundform von $P_0$ in den Koordinaten $u_1$, $v_1$ proportional dem Produkt $du_1 dv_1$ und demnach in den Koordinaten $u$, $v$, da $v_1$ eine *Funktion* von $\lambda$ ist $\left(v_1 = \frac{1}{2\lambda}\right)$, proportional dem Ausdruck:

$$\left[\left(\frac{\partial u_1}{\partial u} + \frac{\partial u_1}{\partial \lambda}\frac{\partial \lambda}{\partial u}\right)du + \left(\frac{\partial u_1}{\partial v} + \frac{\partial u_1}{\partial \lambda}\frac{\partial \lambda}{\partial v}\right)dv\right]\cdot\left[\frac{\partial \lambda}{\partial u}du + \frac{\partial \lambda}{\partial v}dv\right]$$

ist, den wir in der Form:

$$\Delta du^2 + 2\Delta' du\,dv + \Delta'' dv^2$$

schreiben, indem wir setzen:

$$\Delta \equiv \left(\frac{\partial u_1}{\partial u} + \frac{\partial u_1}{\partial \lambda}\frac{\partial \lambda}{\partial u}\right)\frac{\partial \lambda}{\partial u}, \quad 2\Delta' \equiv \left(\frac{\partial u_1}{\partial u} + \frac{\partial u_1}{\partial \lambda}\frac{\partial \lambda}{\partial u}\right)\frac{\partial \lambda}{\partial v} + \left(\frac{\partial u_1}{\partial v} + \frac{\partial u_1}{\partial \lambda}\frac{\partial \lambda}{\partial v}\right)\frac{\partial \lambda}{\partial u},$$

$$\Delta'' \equiv \left(\frac{\partial u_1}{\partial v} + \frac{\partial u_1}{\partial \lambda}\frac{\partial \lambda}{\partial v}\right)\frac{\partial \lambda}{\partial v}.$$

Die Differentialgleichung des $S_1$ und $P_0$ gemeinsamen konjugierten Systems (dauernd konjugierten Systems auf $S_1$) ist demnach:

$$\begin{vmatrix} Ddu + D'dv & D'du + D''dv \\ \Delta du + \Delta' dv & \Delta' du + \Delta'' dv \end{vmatrix} = 0$$

oder entwickelt

$$(D\Delta' - D'\Delta)du^2 + (D\Delta'' - D''\Delta)du\,dv + (D'\Delta'' - D''\Delta')dv^2 = 0.$$

Wir müssen nun beweisen, daß diese Gleichung mit (64) identisch ist, wozu der Nachweis notwendig und hinreichend ist, daß

$$D\Delta'' - D''\Delta \equiv D\left(\frac{\partial u_1}{\partial v} + \frac{\partial u_1}{\partial \lambda}\frac{\partial \lambda}{\partial v}\right)\frac{\partial \lambda}{\partial v} - D''\left(\frac{\partial u_1}{\partial u} + \frac{\partial u_1}{\partial \lambda}\frac{\partial \lambda}{\partial u}\right)\frac{\partial \lambda}{\partial u} = 0$$

ist. Werden aber in dieser Gleichung für $\frac{\partial u_1}{\partial u}$, $\frac{\partial u_1}{\partial v}$, $\frac{\partial u_1}{\partial \lambda}$ ihre Werte (51), (52), S. 544, 545 eingesetzt, so geht sie über in:

$$D\left(2\sqrt{pq}\,U - kH\frac{\partial \lambda}{\partial v}\right)\frac{\partial \lambda}{\partial v} - D''\left(2\sqrt{pq}\,V - kH\frac{\partial \lambda}{\partial u}\right)\frac{\partial \lambda}{\partial u} = 0$$

und mit Berücksichtigung der Differentialgleichungen (I), S. 533, in:

$$D\left[pqU^2 - \frac{H}{4}(D'U + D''V)^2\right] - D''\left[pqV^2 - \frac{H}{4}(DU + D'V)^2\right].$$

Diese Gleichung kann auch nach einigen Vereinfachungen in die Form:

$$(DU^2 - D''V^2)\left[pq + \frac{H}{4}(DD'' - D'^2)\right] = 0$$

gebracht werden, und diese ist identisch richtig, weil nach der Gaußischen Gleichung (29), S. 531, eben

$$DD'' - D'^2 = -\frac{4pq}{H}$$

ist. Unser Satz ist somit bewiesen.

## § 300. Wechselbeziehung zwischen $S$ und $S_1$.

Durch unsere voraufgehenden Untersuchungen haben wir nacheinander die wichtigsten Eigenschaften der Transformationen $B_k$ für die Biegungsflächen des hyperbolischen Paraboloids festgestellt. Aber noch einen anderen wesentlichen Punkt haben wir zu klären, der die größte Bedeutung gewinnt, sobald wir die Transformationen $B_k$ wiederholt anwenden wollen, um immer neue Lösungen des betreffenden Abwicklungsproblems zu erhalten. Wir wollen den Satz beweisen:

Entsteht die Biegungsfläche $S_1$ des hyperbolischen Paraboloids aus der Biegungsfläche $S$ vermittelst einer Transformation $B_k$, so geht umgekehrt $S$ aus $S_1$ vermittelst derselben Transformation $B_k$ hervor.

Der Beweis dieses Satzes, der im Falle der Bäcklundschen Transformationen der pseudosphärischen Flächen wegen der metrischen Eigenschaften der bezüglichen (pseudosphärischen) Strahlensysteme ohne weiteres einleuchtet, ist im vorliegenden Falle etwas umständlich. Aber auf Grund des Abwicklungsgesetzes zwischen den beiden Mänteln $S$, $S_1$ werden wir ihn auf elementare Eigenschaften der Ivoryschen Verwandtschaft zurückführen.

Zunächst müssen wir nachweisen, daß bei der Abwicklung des zweiten Brennmantels $S_1$ auf das Paraboloid $P_0$, wobei an jede Facette $f_1$ von $S_1$ die entsprechende Facette $f$ von S gekoppelt ist, diese $\infty^2$ Facetten $f$ sich so anordnen lassen, daß ihre Mittelpunkte auf dem konfokalen Paraboloid $P_k$ liegen und ihre Tangentialebenen auch dieses Paraboloid berühren. Dann folgt aus dem letzten in § 298 bewiesenen Satze, daß der verlangte Beweis sich sofort auf den besonderen Fall beschränken läßt, in dem die beiden Brennmäntel des $W$-Strahlensystems zwei Biegungslinienflächen $B$, $B_1$ sind. Wir brauchen nämlich uns nur zu vergegenwärtigen, daß, wenn die Linienfläche $R$ der Fläche $S$ längs der Haupttangentenkurve $a$ umschrieben ist, die Punkte dieser Kurve auf dem Paraboloid $P_0$ ein und dieselben Lagen einnehmen, mag nun $S$ oder $R$ auf $P_0$ ausgebreitet werden.

Nach diesen Vorbemerkungen werden einige einfache geometrische Betrachtungen zeigen, wie die festzustellende Eigenschaft mit Eigenschaften der Ivoryschen Verwandtschaft zwischen den beiden konfokalen Flächen zweiten Grades zusammenhängt.

Es seien $g, \gamma$ zwei beliebige entsprechende Erzeugenden von $B, R_1$ und $F, F_1$ zwei entsprechende Punkte auf ihnen. Wird die Linienfläche $R$ auf das Paraboloid $P_0$ abgewickelt, so kommt die Gerade $g$ mit einer Erzeugenden $g_1$ von $P_0$ zur Deckung, und die entsprechende, an $g$ gekoppelte Gerade $\gamma$ nimmt auf dem konfokalen Paraboloid $P_k$ eine gewisse Lage $\bar{g}_2$ ein; jede Strecke $FF_1$ deckt sich mit einer gleich langen Strecke $M_1\bar{M}_2$, die in dem einen Endpunkte $M_1$ $P_0$ berührt und deren anderer Endpunkt $\bar{M}_2$ auf der Erzeugenden $\bar{g}_2$ von $P_k$ liegt. Nun seien $\bar{g}_1, g_2$ die Geraden auf $P_k$ bzw. $P_0$, die bei der Ivoryschen Verwandtschaft den Geraden $g_1$ bzw. $\bar{g}_2$ entsprechen, und analog seien $\bar{M}_1, M_2$ die bei dieser Verwandtschaft $M_1$ bzw. $\bar{M}_2$ entsprechenden Punkte. Wenn die behauptete Eigenschaft wirklich vorhanden ist, so muß, da bei der Abwicklung von $R_1$ auf $P_0$ die Gerade $\gamma$ eben die Lage $g_2$ einnimmt, die an $\gamma$ gekoppelte Gerade $g$ die Lage $\bar{g}_1$ auf $P_k$ einnehmen und müssen die Strecken $FF_1$ auf die Strecken $M_2\bar{M}_1$ fallen. Demnach muß es eine unveränderliche Bewegung geben, die das Geradenpaar $g_1, \bar{g}_2$ mit den Punkten $M_1$ bzw. $\bar{M}_2$ in das Geradenpaar $\bar{g}_1, g_2$ mit den Punkten $\bar{M}_1$ bzw. $M_2$ überführt. Zwei von diesen vier Geraden $g_1, g_2$; $\bar{g}_1, \bar{g}_2$, z. B. $g_1, g_2$, sind im wesentlichen völlig willkürlich, und wir sind auf diese Weise genötigt, eine elementare Eigenschaft der Ivoryschen Verwandtschaft zu beweisen, aus der wir dann umgekehrt die behauptete Eigenschaft der Transformationen $B_k$ werden folgern können.

## § 301. Weitere Eigenschaften der Ivoryschen Verwandtschaft und Abschluß des Beweises.

Sind $M_1 \equiv (x_1, y_1, z_1)$, $M_2 \equiv (x_2, y_2, z_2)$ zwei beliebige Punkte des Paraboloids $P_0$, $\bar{M}_1 \equiv (\bar{x}_1, \bar{y}_1, \bar{z}_1)$, $\bar{M}_2 \equiv (\bar{x}_2, \bar{y}_2, \bar{z}_2)$ die ihnen durch die Ivorysche Verwandtschaft entsprechenden Punkte, so haben wir nach § 293, S. 543:

$$\bar{x}_1 = \sqrt{\frac{p-k}{p}}\, x_1, \quad \bar{y}_1 = \sqrt{\frac{q+k}{q}}\, y_1, \quad \bar{z}_1 = z_1 + \frac{k}{2},$$

$$\bar{x}_2 = \sqrt{\frac{p-k}{p}}\, x_2, \quad \bar{y}_2 = \sqrt{\frac{q+k}{q}}\, y_2, \quad \bar{z}_2 = z_2 + \frac{k}{2}.$$

Wir behaupten nun die folgenden Eigenschaften:

1) Ivoryscher Satz: Die Strecken $M_1\bar{M}_2$ und $M_2\bar{M}_1$ sind immer gleich lang.

Denn wegen

$$\frac{x_1^2}{p} - \frac{y_1^2}{q} = 2z_1, \quad \frac{x_2^2}{p} - \frac{y_2^2}{q} = 2z_2$$

ist der Ausdruck:

$$\sum (x_1 - \bar{x}_2)^2 - \sum (x_2 - \bar{x}_1)^2 = k\left[\left(\frac{x_1^2}{p} - \frac{y_1^2}{q}\right) - \left(\frac{x_2^2}{p} - \frac{y_2^2}{q}\right) + 2(z_2 - z_1)\right]$$

identisch gleich Null.

2) Die Ivorysche Verwandtschaft ordnet gleiche Strecken auf den Erzeugenden einander zu.

Es ist nämlich:

$$\sum (\bar{x}_1 - \bar{x}_2)^2 - \sum (x_1 - x_2)^2 = k\left[\frac{(y_1 - y_2)^2}{q} - \frac{(x_1 - x_2)^2}{p}\right],$$

und wenn $M_1$ und $M_2$ (folglich auch $\overline{M}_1$ und $\overline{M}_2$) auf ein und derselben Erzeugenden liegen, so ist identisch:

$$\frac{(x_1 - x_2)^2}{p} = \frac{(y_1 - y_2)^2}{q},$$

also eben $\overline{M}_1\overline{M}_2 = M_1 M_2$.[1])

3) Geht die Tangentialebene des Paraboloids $P_0$ in $M_1$ durch $\overline{M}_2$, so geht umgekehrt die Tangentialebene von $P_0$ in $M_2$ durch $\overline{M}_1$.

Nämlich die beiden Ausdrücke:

$$\frac{x_1\bar{x}_2}{p} - \frac{y_1\bar{y}_2}{q} - (z_1 + \bar{z}_2), \quad \frac{x_2\bar{x}_1}{p} - \frac{y_2\bar{y}_1}{q} - (z_2 + \bar{z}_1)$$

sind einander gleich und auch gleich dem folgenden Ausdruck:

$$\sqrt{\frac{p-k}{p^3}}\, x_1 x_2 - \sqrt{\frac{q+k}{q^3}}\, y_1 y_2 - \left(z_1 + z_2 + \frac{k}{2}\right),$$

folglich werden sie gleichzeitig gleich Null. Aber das Nullwerden des ersten besagt, daß die Tangentialebene von $P_0$ in $M_1$ durch $\overline{M}_2$ geht, und dasjenige des zweiten, daß die Tangentialebene in $M_2$ durch $\overline{M}_1$ geht.

Nach Feststellung dieser Eigenschaften greifen wir nun zwei beliebige Erzeugenden $g_1, g_2$ des Paraboloids $P_0$ heraus, die ein und derselben Schar oder auch verschiedenen Scharen angehören können, und es seien $\bar{g}_1$, $\bar{g}_2$ die ihnen bei der Ivoryschen Verwandtschaft entsprechenden Geraden auf dem konfokalen Paraboloid $P_k$. Zwischen den Punkten dieser vier Geraden stellen wir eine (projektive) Korrespondenz in der

---

1) Diese Eigenschaft der Ivoryschen Verwandtschaft, die der Konstruktion des gegliederten Paraboloids und Hyperboloids zugrunde liegt (nach Henrici), ergibt sich auch aus der Form (10), S. 525, für das Linienelement, da eben die Koeffizienten $E$ und $G$ $p$ und $q$ nur in der Verbindung $p + q$ enthalten und sich beim Übergange zu einem konfokalen Paraboloid nicht ändern.

Weise her, daß wir jedem Punkte $M_1$ von $g_1$ denjenigen Punkt $\overline{M}_2$ von $\overline{g}_2$ zuordnen, in dem $\overline{g}_2$ die in $M_1$ an $P_0$ gelegte Tangentialebene schneidet. Dann durchlaufen die Punkte $\overline{M}_1$, $M_2$, die bei der Ivoryschen Verwandtschaft den Punkten $M_1$, $\overline{M}_2$ entsprechen, in bestimmter Weise die Geraden $\overline{g}_1, g_2$. Nach unseren obigen Ergebnissen besitzt die auf diese Weise zwischen den Punkten der vier Geraden $g_1, g_2; \overline{g}_1, \overline{g}_2$ hergestellte Korrespondenz die folgenden Eigenschaften:

α) Jede Strecke $M_1\overline{M}_2$ ist gleich der entsprechenden Strecke $\overline{M}_1 M_2$.

β) Diese Strecken berühren $P_0$ in $M_1$ bzw. $M_2$.

γ) Die von $M_1$, $\overline{M}_1$ durchlaufenen Teile von $g_1$, $\overline{g}_1$ sind einander gleich, und ebenso verhält es sich mit $g_2$, $\overline{g}_2$.

Noch eine weitere wesentliche Eigenschaft ist hervorzuheben, nämlich daß die beiden Geradenpaare $(g_1, \overline{g}_2)$, $(\overline{g}_1, g_2)$ denselben Winkel bilden und entweder absolut gleiche oder bis auf das Vorzeichen gleiche Momente haben, je nachdem die Erzeugenden $g_1$, $g_2$ ein und derselben Schar oder verschiedenen Scharen entnommen sind. Um uns hiervon zu überzeugen, brauchen wir nur die Gleichungen dieser Geraden anzusetzen und die allbekannten Formeln der analytischen Geometrie auf sie anzuwenden.

Alle diese Eigenschaften lassen klar erkennen, daß das Geradenpaar $(g_1, \overline{g}_2)$ nebst seinen Punkten $M_1$, $\overline{M}_2$ mit dem Geradenpaar $(\overline{g}_1, g_2)$ und dessen Punkten $\overline{M}_1$, $M_2$ zur Deckung gebracht werden kann, und zwar vermittelst einer starren Bewegung im ersten Falle (wenn $g_1$ und $g_2$ zu derselben Schar gehören), hingegen vermittelst einer Symmetrie im zweiten Falle. Übrigens wird dies im nächsten Paragraphen durch die direkte Rechnung bestätigt werden.

Nun brauchen wir nur die am Schlusse des vorigen Paragraphen angestellten Überlegungen wiederaufzunehmen, so können wir die behauptete Eigenschaft aus ihnen folgern. Es seien $R$ eine Biegungslinienfläche des Paraboloids $P_0$, $R_1$ eine mittels einer Transformation $B_k$ aus $R$ abgeleitete Fläche, von der wir zunächst voraussetzen, daß ihre Erzeugenden dem ersten Strahlensystem $F$ angehören, $g$, $\gamma$ zwei beliebige einander entsprechende Geraden auf $B$, $R_1$, und $F$, $F_1$ zwei einander entsprechende Punkte auf ihnen. Wickeln wir $R$ auf $P_0$ ab, so decken sich die Gerade $g$ mit z. B. $g_1$ und die an $g$ gekoppelte Gerade $\gamma$ mit einer gewissen Erzeugenden $\overline{g}_2$ von $P_k$ aus derjenigen Schar, welche der Schar, zu der $g_1$ gehört, homolog ist. Wir fassen dann die beiden Erzeugenden $\overline{g}_1, g_2$ von $P_k$, $P_0$ ins Auge, die $g_1$ bzw. $\overline{g}_2$ bei der Ivoryschen Verwandtschaft entsprechen. Wie erwähnt, bringt eine starre Bewegung das Paar $(g_1, \overline{g}_2)$ und die Strecken $M_1\overline{M}_2$ mit dem Paar $(\overline{g}_1, g_2)$ und den Strecken $\overline{M}_1 M_2$ zur Deckung. Wickeln wir nun $B_1$ auf $P_0$ ab, so nimmt nach dem Abwicklungsgesetz die Erzeugende $\gamma$ gerade die Lage $g_2$ ein, und jede Ebene $(F, \gamma)$, die $B_1$ in $F_1$ berührt, fällt mit der Ebene $(\overline{M}_1, g_2)$ zusammen, die $P_0$ in $M_2$ berührt; infolgedessen decken sich alle Strecken $F_1F$ mit den Strecken $M_2\overline{M}_1$, und die Gerade $g$, der geometrische Ort des Punktes $F$, fällt auf die Erzeugende $\overline{g}_1$ des konfokalen Paraboloids, w. z. b. w.

Das Ergebnis bleibt immer noch das gleiche, wenn die Erzeugenden von $B_1$ dem zweiten Strahlensystem $\Gamma$ angehören. Dann fällt bei der durch die Gleichungen (49), S. 543 (mit den unteren Vorzeichen), festgesetzten Abwicklung von $R_1$ auf das Paraboloid die Gerade $\gamma$ nicht mehr auf $g_2$, sondern auf die zu $g_2$ hinsichtlich der $xz$-Ebene symmetrische Gerade $g_2'$, wie wir dort erörtert haben. Da nun eben in diesem Falle eine Symmetrie das Paar $(g_1, \overline{g}_2)$ mit dem Paar $(\overline{g}_1, g_2)$ zur Deckung bringt, so ist es ebenfalls eine starre Bewegung, die das erste Paar mit dem zum zweiten Paar symmetrischen zur Deckung bringt.

## § 302. Expliziter Ausdruck für die unveränderliche Bewegung und für die Symmetrie.

Um keinen Zweifel an den im vorigen Paragraphen gezogenen Folgerungen aufkommen zu lassen, wollen wir nun die expliziten Ausdrücke für die daselbst betrachtete starre Bewegung bzw. Symmetrie ableiten.

Zunächst werde vorausgesetzt, daß die Geraden $g_1, g_2$ ein und derselben Schar Erzeugenden von $P_0$, z. B. der ersten, angehören, und ihre Gleichungen seien:

$$g_1)\quad \begin{cases} x_1 = \lambda_1 z_1 \sqrt{p} + \dfrac{\sqrt{p}}{2\lambda_1}, \\ y_1 = \lambda_1 z_1 \sqrt{q} - \dfrac{\sqrt{q}}{2\lambda_1}, \end{cases} \qquad g_2)\quad \begin{cases} x_2 = \lambda_2 z_2 \sqrt{p} + \dfrac{\sqrt{p}}{2\lambda_2}, \\ y_2 = \lambda_2 z_2 \sqrt{q} - \dfrac{\sqrt{q}}{2\lambda_2}. \end{cases}$$

Die Gleichungen der Erzeugenden $\overline{g}_1, \overline{g}_2$ von $P_k$, die $g_1, g_2$ bei der Ivoryschen Verwandtschaft entsprechen, sind:

$$\overline{g}_1)\quad \begin{cases} \overline{x}_1 = \lambda_1 z_1 \sqrt{p'} + \dfrac{\sqrt{p'}}{2\lambda_1}, \\ \overline{y}_1 = \lambda_1 z_1 \sqrt{q'} - \dfrac{\sqrt{q'}}{2\lambda_1}, \\ \overline{z}_1 = z_1 + \dfrac{k}{2}, \end{cases} \qquad \overline{g}_2)\quad \begin{cases} \overline{x}_2 = \lambda_2 z_2 \sqrt{p'} + \dfrac{\sqrt{p'}}{2\lambda_2}, \\ \overline{y}_2 = \lambda_2 z_2 \sqrt{q'} - \dfrac{\sqrt{q'}}{2\lambda_2}, \\ \overline{z}_2 = z_2 + \dfrac{k}{2}, \end{cases}$$

und den Punkten $(x_1, y_1, z_1)$, $(x_2, y_2, z_2)$ entsprechen die Punkte $(\overline{x}_1, \overline{y}_1, \overline{z}_1)$ bzw. $(\overline{x}_2, \overline{y}_2, \overline{z}_2)$.

Nun seien:

$$\xi = \alpha_1 x + \alpha_2 y + \alpha_3 z + \alpha,$$
$$\eta = \beta_1 x + \beta_2 y + \beta_3 z + \beta,$$
$$\zeta = \gamma_1 x + \gamma_2 y + \gamma_3 z + \gamma$$

die Bestimmungsgleichungen für eine starre Bewegung, worin $x, y, z$; $\xi, \eta, \zeta$ die Koordinaten eines beliebigen Punktes des Raumes vor bzw. nach der Bewegung bedeuten. Damit diese Bewegung, wie wir es wollen, das Paar $(g_1, \bar{g}_2)$ und die Punkte $M_1$, $\overline{M}_2$ in das Paar $(\bar{g}_1, g_2)$ und in die Punkte $\overline{M}_1$, $M_2$ überführe, ist notwendig und hinreichend, daß den obigen Gleichungen durch den Ansatz:

$$\left.\begin{matrix} x = x_1, & y = y_1, & z = z_1, \\ \xi = \bar{x}_1, & \eta = \bar{y}_1, & \zeta = \bar{z}_1 \end{matrix}\right\} \text{ für beliebiges } z_1,$$

$$\left.\begin{matrix} x = \bar{x}_2, & y = \bar{y}_2, & z = \bar{z}_2, \\ \xi = x_2, & \eta = y_2, & \zeta = z_2 \end{matrix}\right\} \text{ für beliebiges } z_2$$

genügt wird. Diese Bedingungen ergeben die erforderliche Anzahl von linearen Gleichungen zur Bestimmung der zwölf Unbekannten $\alpha, \beta, \gamma$, und durch einfache Auflösung erhalten wir mittels des Ansatzes:

$$\Delta \equiv (\sqrt{qp'} + \sqrt{pq'})(\lambda_1^2 + \lambda_2^2) + k(\sqrt{pq'} - \sqrt{qp'})\lambda_1^2\lambda_2^2 - 2(\sqrt{pq} + \sqrt{p'q'})\lambda_1\lambda_2$$

die folgenden Werte:

$$\Delta\alpha_1 = (\sqrt{pq} + \sqrt{p'q'})(\lambda_1^2 + \lambda_2^2) + k(\sqrt{p'q'} - \sqrt{pq})\lambda_1^2\lambda_2^2 - 2(\sqrt{qp'} + \sqrt{pq'})\lambda_1\lambda_2,$$
$$\Delta\alpha_2 = k(\lambda_2^2 - \lambda_1^2) + k^2\lambda_1^2\lambda_2^2,$$
$$\Delta\alpha_3 = 2k\lambda_1\lambda_2(\lambda_1\sqrt{q'} - \lambda_2\sqrt{q});$$
$$\Delta\beta_1 = k(\lambda_1^2 - \lambda_2^2) + k^2\lambda_1^2\lambda_2^2,$$
$$\Delta\beta_2 = (\sqrt{pq} + \sqrt{p'q'})(\lambda_1^2 + \lambda_2^2) + k(\sqrt{pq} - \sqrt{p'q'})\lambda_1^2\lambda_2^2 - 2(\sqrt{qp'} + \sqrt{pq'})\lambda_1\lambda_2,$$
$$\Delta\beta_3 = 2k\lambda_1\lambda_2(\lambda_2\sqrt{p} - \lambda_1\sqrt{p'});$$
$$\Delta\gamma_1 = 2k\lambda_1\lambda_2(\lambda_2\sqrt{q'} - \lambda_1\sqrt{q}),$$
$$\Delta\gamma_2 = 2k\lambda_1\lambda_2(\lambda_1\sqrt{p} - \lambda_2\sqrt{p'}),$$
$$\Delta\gamma_3 = (\sqrt{pq'} + \sqrt{qp'})(\lambda_1^2 + \lambda_2^2) + k(\sqrt{qp'} - \sqrt{pq'})\lambda_1^2\lambda_2^2 - 2(\sqrt{pq} + \sqrt{p'q'})\lambda_1\lambda_2;$$
$$\Delta\alpha = k(\lambda_2\sqrt{q'} - \lambda_1\sqrt{q}) + k^2\lambda_1\lambda_2^2\sqrt{q},$$
$$\Delta\beta = k(\lambda_2\sqrt{p'} - \lambda_1\sqrt{p}) - k^2\lambda_1\lambda_2^2\sqrt{p},$$
$$\Delta\gamma = \frac{k}{2}\left[(\sqrt{qp'} + \sqrt{pq'})(\lambda_1^2 - \lambda_2^2) + k(\sqrt{pq'} - \sqrt{qp'})\lambda_1^2\lambda_2^2 + 2(\sqrt{pq} - \sqrt{p'q'})\lambda_1\lambda_2\right].$$

Auf Grund dieser Werte für $\alpha_i, \beta_i, \gamma_i$ $(i = 1, 2, 3)$ läßt sich nun leicht nachweisen, daß sie die Substitution:

$$\text{(a)} \qquad \begin{pmatrix} \alpha_1 & \alpha_2 & \alpha_3 \\ \beta_1 & \beta_2 & \beta_3 \\ \gamma_1 & \gamma_2 & \gamma_3 \end{pmatrix}$$

zu einer orthogonalen und rechtsgedrehten (mit der Determinante $+1$) machen. Die gefundenen Gleichungen bestimmen demnach eine starre Bewegung, wie behauptet wurde.

Nun werde zweitens vorausgesetzt, daß die Geraden $g_1$, $g_2$ verschiedenen Scharen von Erzeugenden angehören, und ihre Gleichungen seien:

$$g_1) \begin{cases} x_1 = \lambda_1 z_1 \sqrt{p} + \dfrac{\sqrt{p}}{2\lambda_1}, \\ y_1 = \lambda_1 z_1 \sqrt{q} - \dfrac{\sqrt{q}}{2\lambda_1}, \end{cases} \qquad g_2) \begin{cases} x_2 = \lambda_2 z_2 \sqrt{p} + \dfrac{\sqrt{p}}{2\lambda_2}, \\ y_2 = -\lambda_2 z_2 \sqrt{q} + \dfrac{\sqrt{q}}{2\lambda_2}. \end{cases}$$

Verfahren wir genau so wie im vorigen Falle, so erhalten wir für die Koeffizienten $\alpha_i, \beta_i, \gamma_i$ Werte, die sich aus den obenstehenden einfach dadurch ableiten lassen, daß $\sqrt{q}$ durch $-\sqrt{q}$ ersetzt wird und $\beta_1, \beta_2, \beta_3$ die Vorzeichen ändern. Dieses hat offenbar zur Folge, daß die orthogonale Substitution (a) aus einer rechtsgedrehten in eine linksgedrehte (mit der Determinante $-1$) übergeht; infolgedessen tritt an Stelle der starren Bewegung eine Symmetrie.

# Kapitel XX.

## Transformationen $B_k$ der auf das einschalige Hyperboloid abwickelbaren Flächen.

Differentialgleichungen für die Transformationen $B_k$ der Biegungsflächen des einschaligen Hyperboloids. — Abwicklungsgesetz für die beiden Brennmäntel und Ivorysche Verwandtschaft. — Biegungslinienflächen des Hyperboloids. — Fall des Rotationshyperboloids.

### § 303. Erste Formelgruppe für das einschalige Hyperboloid.

Im vorliegenden Kapitel wollen wir alle Ergebnisse, die wir im vorigen Kapitel für die Biegungsflächen des hyperbolischen Paraboloids erhalten haben, auf die Biegungsflächen der anderen Linienfläche zweiten Grades, des einschaligen Hyperboloids, übertragen. Die Untersuchungsmethoden sind den schon im vorigen Falle angewandten ganz ähnlich, so daß wir uns jetzt kürzer fassen können.

Wir schreiben die Gleichung der jetzt vorliegenden Ausgangsfläche zweiten Grades, die wir mit $Q_0$ bezeichnen, in der gewöhnlichen Normalform:

$$\frac{x_0^2}{a^2} + \frac{y_0^2}{b^2} - \frac{z_0^2}{c^2} = 1,$$

wobei wir zur Festlegung der Begriffe $a^2 \geqq b^2$ voraussetzen, und beziehen die Fläche auf ihre geradlinigen Erzeugenden $u$, $v$ mittels der Gleichungen:

$$(1) \qquad x_0 = a\frac{1+uv}{u+v}, \quad y_0 = b\frac{u-v}{u+v}, \quad z_0 = c\frac{1-uv}{u+v}.$$

Für die Fundamentalgrößen finden wir die Werte:

$$ds_0^2 = E du^2 + 2F du dv + G dv^2;$$

darin ist:

$$(2) \qquad \begin{cases} E = \dfrac{(a^2+c^2)v^4 + 2(c^2-a^2+2b^2)v^2 + a^2 + c^2}{(u+v)^4}, \\[2ex] F = \dfrac{(a^2+c^2)u^2v^2 + (c^2-a^2)(u^2+v^2) - 4b^2uv + a^2 + c^2}{(u+v)^4}, \\[2ex] G = \dfrac{(a^2+c^2)u^4 + 2(c^2-a^2+2b^2)u^2 + a^2 + c^2}{(u+v)^4}, \end{cases}$$

folglich:

$$(2^*)\qquad EG - F^2 = 4\frac{a^2b^2(1-uv)^2 + b^2c^2(1+uv)^2 + a^2c^2(u-v)^2}{(u+v)^6};$$

ferner:

$$(3)\qquad D_0 = 0,\quad D_0' = -\frac{4abc}{(u+v)^4\sqrt{EG-F^2}},\quad D_0'' = 0,$$

demnach das Krümmungsmaß:

$$(4)\qquad K = -\frac{1}{\varrho^2},\quad \varrho = \frac{a^2b^2(1-uv)^2 + b^2c^2(1+uv)^2 + a^2c^2(u-v)^2}{abc(u+v)^2}.$$

Endlich haben die Christoffelschen Symbole jetzt die Werte:

$$(5)\qquad \begin{cases} \begin{Bmatrix}1\,1\\1\end{Bmatrix} = \begin{Bmatrix}2\,2\\2\end{Bmatrix} = -\dfrac{2}{u+v}, & \begin{Bmatrix}1\,1\\2\end{Bmatrix} = \begin{Bmatrix}2\,2\\1\end{Bmatrix} = 0,\\[2ex] \begin{Bmatrix}1\,2\\1\end{Bmatrix} = \frac{1}{2}\dfrac{\partial \log \varrho}{\partial v}, & \begin{Bmatrix}1\,2\\2\end{Bmatrix} = \frac{1}{2}\dfrac{\partial \log \varrho}{\partial u}.\end{cases}$$

Nun sei $Q_k$ ein zweites, zu $Q_0$ konfokales Linienhyperboloid mit der Gleichung:

$$Q_k)\qquad \frac{x^2}{a^2+k} + \frac{y^2}{b^2+k} - \frac{z^2}{c^2-k} = 1,$$

wo also $k$ einen beliebigen Wert in dem Intervall: $-b^2 \leqq k \leqq c^2$ hat. Wie im Falle des Paraboloids (§ 285) schließen wir auch hier den Wert: $k=0$ aus, aber nicht die Endwerte: $k=-b^2$ und $k=c^2$, die der Fokalhyperbel bzw. Fokalellipse entsprechen. Wir bezeichnen mit $a', b', c'$ die Halbachsen des Hyperboloids $Q_k$:

$$(6)\qquad a' = \sqrt{a^2+k},\quad b' = \sqrt{b^2+k},\quad c' = \sqrt{c^2-k},$$

und schreiben die Gleichungen der beiden Scharen von Erzeugenden von $Q_k$ in der Form:

$$(7)\qquad \begin{cases} x = \pm\dfrac{a'}{c'}\sin\vartheta z + a'\cos\vartheta,\\[2ex] y = \mp\dfrac{b'}{c'}\cos\vartheta z + b'\sin\vartheta,\end{cases}$$

worin das doppelte Vorzeichen die beiden Scharen unterscheidet und $\vartheta$ den veränderlichen Parameter bedeutet, der die Erzeugende innerhalb ihrer Schar festlegt. Wie in § 285 fassen wir den Kegelschnitt $C$ ins Auge, der von der Tangentialebene an $Q_0$ im Punkte $(x_0, y_0, z_0)$ auf der konfokalen Fläche $Q_k$ ausgeschnitten wird. Ein zweiter beliebiger Punkt $(\bar{x}_0, \bar{y}_0, \bar{z}_0)$ dieses Kegelschnitts hat Koordinaten von der Form:

$$\bar{x}_0 = x_0 + l\frac{\partial x_0}{\partial u} + m\frac{\partial x_0}{\partial v}\ \text{usw.},$$

und wir müssen die Werte von $l$, $m$ als Funktionen von $u$, $v$, $\vartheta$ berechnen. Aus (1) ergibt sich:

$$(8)\quad \begin{cases} \bar{x}_0 = a\dfrac{(u+v)(1+uv)+(v^2-1)l+(u^2-1)m}{(u+v)^2}, \\ \bar{y}_0 = b\dfrac{(u+v)(u-v)+2vl-2um}{(u+v)^2}, \\ \bar{z}_0 = c\dfrac{(u+v)(1-uv)-(v^2+1)l-(u^2+1)m}{(u+v)^2}, \end{cases}$$

und setzen wir diese Werte in den Gleichungen (7) für $x, y, z$ ein, so erhalten wir zur Bestimmung von $l$, $m$ zwei lineare Gleichungen, deren Auflösung ergibt:

$$(9)\qquad l = (u+v)\frac{U}{W}, \qquad m = (u+v)\frac{V}{W},$$

worin sich die Funktionen $U$, $V$, $W$ durch $u$, $v$, $\vartheta$ in der folgenden Weise ausdrücken:

$$(10)\quad \begin{cases} U \equiv \left(\pm\dfrac{ac}{a'c'}-\dfrac{b}{b'}\right)2u\cos\vartheta+\left(\pm\dfrac{bc}{b'c'}-\dfrac{a}{a'}\right)(u^2-1)\sin\vartheta+\left(\dfrac{ab}{a'b'}\mp\dfrac{c}{c'}\right)(u^2+1), \\ V \equiv \left(\mp\dfrac{ac}{a'c'}-\dfrac{b}{b'}\right)2v\cos\vartheta+\left(\pm\dfrac{bc}{b'c'}+\dfrac{a}{a'}\right)(v^2-1)\sin\vartheta+\left(\dfrac{ab}{a'b'}\pm\dfrac{c}{c'}\right)(v^2+1), \\ W \equiv 2\left[\pm\dfrac{ac}{a'c'}(u-v)\cos\vartheta\mp\dfrac{bc}{b'c'}(1+uv)\sin\vartheta+\dfrac{ab}{a'b'}(1-uv)\right]. \end{cases}$$

Es sei darauf hingewiesen, daß der Übergang von den oberen zu den unteren Vorzeichen in diesen Ausdrücken der Vertauschung von $u$ mit $v$ und der Änderung des Vorzeichens von $\vartheta$ gleichkommt.

## § 304. Einige grundlegende Identitäten.

Wie im Falle der Biegungsflächen des Paraboloids (§ 286) müssen wir im folgenden auf einige Identitäten zwischen den eingeführten Größen zurückgehen, die wir vor allen Dingen feststellen müssen.

Lassen wir in (8) $\vartheta$ konstant, so beschreibt der Punkt $(\bar{x}_0, \bar{y}_0, \bar{z}_0)$ eine Erzeugende des Paraboloids $Q_k$, und wir können die allgemeinen Formeln in § 284 anwenden. Wegen (5) haben $L$, $M$, $P$, $Q$, jetzt folgende Werte $L_0$, $M_0$, $P_0$, $Q_0$:

$$(11)\quad \begin{cases} L_0 = \dfrac{\partial l}{\partial u}-\dfrac{2l}{u+v}+\dfrac{m}{2}\dfrac{\partial \log\varrho}{\partial v}+1, & M_0 = \dfrac{\partial m}{\partial u}+\dfrac{m}{2}\dfrac{\partial \log\varrho}{\partial u}, \\ P_0 = \dfrac{\partial l}{\partial v}+\dfrac{l}{2}\dfrac{\partial \log\varrho}{\partial v}, & Q_0 = \dfrac{\partial m}{\partial v}-\dfrac{2m}{u+v}+\dfrac{l}{2}\dfrac{\partial \log\varrho}{\partial u}+1, \end{cases}$$

und wir haben:

$$(12)\qquad \begin{cases} \dfrac{\partial \bar{x}_0}{\partial u} = L_0 \dfrac{\partial x_0}{\partial u} + M_0 \dfrac{\partial x_0}{\partial v} + D_0' m X_0, \\ \dfrac{\partial \bar{x}_0}{\partial v} = P_0 \dfrac{\partial x_0}{\partial u} + Q_0 \dfrac{\partial x_0}{\partial v} + D_0' l X_0 \text{ usw.} \end{cases}$$

Da nun eben $\vartheta$ fest bleibt, so durchläuft der Punkt $(\bar{x}_0, \bar{y}_0, \bar{z}_0)$ eine Gerade, und es bestehen die Proportionen (vgl. § 286, S. 528):

$$\frac{L_0}{P_0} = \frac{M_0}{Q_0} = \frac{m}{l},$$

d. h. die Identitäten:

$$(13)\qquad lL_0 - mP_0 = 0, \quad lM_0 - mQ_0 = 0,$$

demnach ist auch:

$$(13^*)\qquad l(lM_0 - mL_0) = m(lQ_0 - mP_0).$$

Durch Einsetzen der Werte (11) für $L_0, M_0, P_0, Q_0$ auf den linken Seiten von (13) erhalten wir:

$$l\frac{\partial l}{\partial u} - m\frac{\partial l}{\partial v} - \frac{2l^2}{u+v} + l = 0,$$

$$l\frac{\partial m}{\partial u} - m\frac{\partial m}{\partial v} + \frac{2m^2}{u+v} - m = 0.$$

Hierin setzen wir für $l, m$ die Werte (9) ein und setzen mit Rücksicht darauf, daß $U$ nur von $u$ (und $\vartheta$), $V$ nur von $v$ (und $\vartheta$) abhängt:

$$U' = \frac{\partial U}{\partial u}, \qquad V' = \frac{\partial V}{\partial v},$$

dann gehen die obigen beiden Identitäten über in:

$$(u+v)\left(U'W - U\frac{\partial W}{\partial u} + V\frac{\partial W}{\partial v}\right) + W^2 - W(U+V) = 0,$$

$$(u+v)\left(V'W + U\frac{\partial W}{\partial u} - V\frac{\partial W}{\partial v}\right) + W^2 - W(U+V) = 0.$$

Durch Addition ergibt sich:

$$(14)\qquad (u+v)(U'+V') = 2U + 2V - 2W,$$

eine für die Folge wichtige Identität.

Eine weitere grundlegende Identität ergibt sich aus der Vergleichung des Wertes von:

$$lM_0 - mL_0 = l\frac{\partial m}{\partial u} - m\frac{\partial l}{\partial u} + \frac{lm}{2}\frac{\partial \log \varrho}{\partial u} - \frac{m^2}{2}\frac{\partial \log \varrho}{\partial v} + \frac{2lm}{u+v} - m$$

mit dem Binom:

$$m\frac{\partial l}{\partial \vartheta} - l\frac{\partial m}{\partial \vartheta}.$$

**Zunächst haben wir:**

$$\frac{m\frac{\partial l}{\partial \vartheta} - l\frac{\partial m}{\partial \vartheta}}{lM_0 - mL_0} = \frac{\frac{\partial}{\partial \vartheta}\left(\frac{l}{m}\right)}{\frac{l}{2m}\frac{\partial \log \varrho}{\partial u} - \frac{1}{2}\frac{\partial \log \varrho}{\partial v} - \frac{\partial}{\partial u}\left(\frac{l}{m}\right) + \frac{2}{u+v}\frac{l}{m} - \frac{1}{m}} =$$

$$= \varrho \frac{\frac{\partial}{\partial \vartheta}\left(\frac{U}{V}\right)}{\frac{U}{2V}\frac{\partial \varrho}{\partial u} - \frac{1}{2}\frac{\partial \varrho}{\partial v} - \varrho\frac{\partial}{\partial u}\left(\frac{U}{V}\right) + \frac{2\varrho}{u+v}\cdot\frac{U}{V} - \frac{\varrho W}{(u+v)V}} =$$

$$= \frac{\varrho}{V}\cdot\frac{V\frac{\partial U}{\partial \vartheta} - U\frac{\partial V}{\partial \vartheta}}{\left(\frac{1}{2}\frac{\partial \varrho}{\partial u} + \frac{2\varrho}{u+v}\right)U - \varrho U' - \frac{V}{2}\frac{\partial \varrho}{\partial v} - \frac{\varrho W}{u+v}},$$

wofür wir auch schreiben können:

$$(15) \qquad \frac{(u+v)^2\varrho}{V}\cdot\frac{lM_0 - mL_0}{m\frac{\partial l}{\partial \vartheta} - l\frac{\partial m}{\partial \vartheta}} =$$

$$= \frac{\left[\frac{(u+v)^2}{2}\frac{\partial \varrho}{\partial u} + 2(u+v)\varrho\right]U - (u+v)^2\varrho U' - \frac{(u+v)^2}{2}\frac{\partial \varrho}{\partial v}V - (u+v)\varrho W}{V\frac{\partial U}{\partial \vartheta} - U\frac{\partial V}{\partial \vartheta}}.$$

**Wegen** (4) ist

$$\varrho = \frac{a^2b^2(1-uv)^2 + b^2c^2(1+uv)^2 + a^2c^2(u-v)^2}{abc(u+v)^2},$$

**also:**

$$\frac{1}{2}\frac{\partial \varrho}{\partial u} = \frac{b^2c^2v(1+uv) + a^2c^2(u-v) - a^2b^2v(1-uv)}{abc(u+v)^2} - \frac{\varrho}{u+v},$$

$$\frac{1}{2}\frac{\partial \varrho}{\partial v} = \frac{b^2c^2u(1+uv) - a^2c^2(u-v) - a^2b^2u(1-uv)}{abc(u+v)^2} - \frac{\varrho}{u+v};$$

demnach erhalten wir für den Zähler $Z$ der rechten Seite von (15):

$$(\alpha) \quad Z \equiv \left[\frac{(u+v)^2}{2}\frac{\partial \varrho}{\partial u} + 2(u+v)\varrho\right]U - (u+v)^2\varrho U' - \frac{(u+v)^2}{2}\frac{\partial \varrho}{\partial v}V - (u+v)\varrho W =$$

$$= \frac{1}{abc}[b^2c^2v(1+uv) + a^2c^2(u-v) - a^2b^2v(1-uv)]U -$$

$$- \frac{1}{abc}[b^2c^2u(1+uv) - a^2c^2(u-v) - a^2b^2u(1-uv)]V +$$

$$+ \varrho(u+v)(U+V-W) - (u+v)^2\varrho U'$$

oder wegen der Identität (14):

$$Z = \frac{1}{abc}[a^2b^2(1-uv)^2 + b^2c^2(1+uv)^2 + a^2c^2(u-v)^2]\frac{V'-U'}{2} +$$

$$+ \frac{1}{abc}[b^2c^2(1+uv) + a^2c^2(u-v) - a^2b^2v(1-uv)]U +$$

$$+ \frac{1}{abc}[-b^2c^2u(1+uv) + a^2c^2(u-v) + a^2b^2u(1-uv)]V.$$

Werden mittels der expliziten Werte (10) für $U$, $V$, $W$ die Werte des Zählers $Z$ und auch des Nenners:

$$V\frac{\partial U}{\partial \vartheta} - U\frac{\partial V}{\partial \vartheta}$$

von (15) ausgerechnet, so ergibt sich nach leichten Vereinfachungen:

$$(\beta) \qquad Z = \pm \frac{a'b'c'}{k}\left(V\frac{\partial U}{\partial \vartheta} - U\frac{\partial V}{\partial \vartheta}\right).$$

Demnach ergibt (15) die Identität, die wir ableiten wollten:

$$(16) \qquad \frac{1}{V}(lM_0 - mL_0) = \pm \frac{a'b'c'}{k(u+v)^2\varrho}\left(m\frac{\partial l}{\partial \vartheta} - l\frac{\partial m}{\partial \vartheta}\right).$$

## § 305. Orientierung der Facetten $f_1$.

Um zu den Transformationen $B_k$ der auf das einschalige Hyperboloid abwickelbaren Flächen zu gelangen, müssen wir noch, entsprechend den allgemeinen Ausführungen in § 283, die Bestimmungsgleichungen für die Lage der Ebenen $\pi_1$ der Facetten $f_1$ ableiten, die sich aus den Facetten $f \equiv (x_0, y_0, z_0; X_0, Y_0, Z_0)$ auf die in jenem Paragraphen angegebene Weise ergeben. Die Koordinaten $\bar{x}_0, \bar{y}_0, \bar{z}_0$ der Mittelpunkte dieser Facetten $f_1$ sind durch die voraufgehenden Gleichungen (8) gegeben, und nun müssen wir die Richtungskosinus $X_1, Y_1, Z_1$ des Lotes auf der Ebene $\pi_1$ bestimmen. Setzen wir auch hier $X_1, Y_1, Z_1$ in der Form:

$$X_1 = A\frac{\partial x_0}{\partial u} + B\frac{\partial x_0}{\partial v} + CX_0 \quad \text{usw.}$$

an, so haben wir die Koeffizienten $A$, $B$, $C$ durch die Bedingungen:

$$\sum X_1(\bar{x}_0 - x_0) = 0, \qquad \sum X_1\frac{\partial \bar{x}_0}{\partial u} = 0$$

zu bestimmen. Verfahren wir wie in § 287, so erhalten wir zunächst die Proportionen:

$$A:B:C = D_0'm(Fl + Gm) : -D_0'm(El + Fm) : (EG - F^2)(lM_0 - mL_0),$$

und da (§ 303, S. 566):

$$EG - F^2 = \frac{4abc\varrho}{(u+v)^4}, \qquad D_0' = -\frac{2\sqrt{abc}}{(u+v)^2\sqrt{\varrho}}, \qquad m = (u+v)\frac{V}{W}$$

ist, können wir schreiben, wenn $R$ ein Proportionalitätsfaktor ist:

$$(17)\ A = -R(Fl + Gm),\ B = R(El + Fm),\ C = \frac{2R\sqrt{abc}\cdot\varrho^{\frac{3}{2}}}{(u+v)^2 m}(lM_0 - mL_0)$$

oder auch:

$$(17^*)\ C = \frac{2R\sqrt{abc\varrho}}{(u+v)^2}\cdot\frac{\varrho}{m}(lM_0 - mL_0) = \frac{2R\sqrt{abc\varrho}}{(u+v)^2}\cdot\frac{\varrho}{l}(lQ_0 - mP_0).$$

Der *Faktor* $B$ ist durch die Bedingung:

$$EA^2 + 2FAB + GB^2 + C^2 = 1$$

zu bestimmen; sie ergibt:

$$R^2 = \frac{(u+v)^4}{4abc\varrho\left[\delta^2 + \frac{\varrho^2}{m^2}(lM_0 - mL_0)^2\right]}, \tag{18}$$

worin auch hier

$$\delta = \sqrt{El^2 + 2Flm + Gm^2}$$

die Entfernung zwischen den Mittelpunkten der beiden Facetten $f, f_1$ ist.

Bezeichnen wir weiter den Neigungswinkel der beiden *F*acettenebenen mit $\Omega$, so haben wir:

$$\cos\Omega = \frac{\frac{\varrho}{m}(lM_0 - mL_0)}{\sqrt{\delta^2 + \frac{\varrho^2}{m^2}(lM_0 - mL_0)^2}},$$

folglich:

$$\frac{\delta^2}{\sin^2\Omega} = El^2 + 2Flm + Gm^2 + \frac{\varrho^2}{m^2}(lM_0 - mL_0)^2. \tag{19}$$

## § 306. Grundlegende Differentialgleichungen für die Funktion $\vartheta(u, v)$.

Wir fassen nun eine beliebige Biegungsfläche S des einschaligen Hyperboloids ins Auge, die gestaltlich durch das Linienelement des Hyperboloids und durch die zweite Grundform:

$$Ddu^2 + 2D'dudv + D''dv^2$$

bestimmt ist. Dabei nimmt wegen der Gleichungen in § 303 die Gaußische Gleichung die Form:

$$DD'' - D'^2 = -\frac{4abc}{(u+v)^4\varrho} \tag{20}$$

an, und die Codazzischen Gleichungen lauten:

$$\begin{cases} \dfrac{\partial D}{\partial v} - \dfrac{\partial D'}{\partial u} = \dfrac{D}{2}\dfrac{\partial \log\varrho}{\partial v} + \left(\dfrac{1}{2}\dfrac{\partial \log\varrho}{\partial u} + \dfrac{2}{u+v}\right)D', \\ \dfrac{\partial D''}{\partial u} - \dfrac{\partial D'}{\partial v} = \left(\dfrac{1}{2}\dfrac{\partial \log\varrho}{\partial v} + \dfrac{2}{u+v}\right)D' + \dfrac{D''}{2}\dfrac{\partial \log\varrho}{\partial u}. \end{cases} \tag{21}$$

Auf Grund der Überlegungen in § 284 sind nach der Verbiegung des Hyperboloids $Q_0$ in die Fläche S die Koordinaten $x_1, y_1, z_1$ der Mittelpunkte einer beliebigen Facette $f_1$ durch:

$$x_1 = x + l\frac{\partial x}{\partial u} + m\frac{\partial x}{\partial v} \quad \text{usw.} \tag{22}$$

gegeben, wo $l, m$ die Werte (9), (10) haben, die Richtungskosinus des Lotes auf der Ebene von $f_1$ durch:

$$X_1 = A\frac{\partial x}{\partial u} + B\frac{\partial x}{\partial v} + CX \quad \text{usw.} \tag{23}$$

und $A, B, C$ durch (17) bestimmt sind. Auf Grund derselben Überlegungen wie in § 288 ergibt sich, daß die Frage nach der Gruppierung der $\infty^3$ Facetten $f_1$ zu $\infty^1$ Flächen $S_1$ auf die Aufgabe hinauskommt, für $\vartheta$ eine solche Funktion von $u, v$ (mit einer willkürlichen Konstanten) zu ermitteln, daß den beiden Gleichungen:

$$\sum X_1 \frac{\partial x_1}{\partial u} = 0, \qquad \sum X_1 \frac{\partial x_1}{\partial v} = 0 \tag{24}$$

Genüge geleistet wird. Nun bestehen aber die Gleichungen (§ 288, S. 532):

$$\left\{\begin{aligned} \frac{\partial x_1}{\partial u} &= L_0\frac{\partial x}{\partial u} + M_0\frac{\partial x}{\partial v} + \left(\frac{\partial l}{\partial \vartheta}\frac{\partial x}{\partial u} + \frac{\partial m}{\partial \vartheta}\frac{\partial x}{\partial v}\right)\frac{\partial \vartheta}{\partial u} + (Dl + D'm)X,\\ \frac{\partial x_1}{\partial v} &= P_0\frac{\partial x}{\partial u} + Q_0\frac{\partial x}{\partial v} + \left(\frac{\partial l}{\partial \vartheta}\frac{\partial x}{\partial u} + \frac{\partial m}{\partial \vartheta}\frac{\partial x}{\partial v}\right)\frac{\partial \vartheta}{\partial v} + (D'l + D''m)X \text{ usw.};\end{aligned}\right. \tag{25}$$

bilden wir demnach (24), so ergibt sich zunächst:

$$\left\{\begin{aligned} &\left[(EA + FB)\frac{\partial l}{\partial \vartheta} + (FA + GB)\frac{\partial m}{\partial \vartheta}\right]\frac{\partial \vartheta}{\partial u} +\\ &\qquad + (EA + FB)L_0 + (FA + GB)M_0 + (Dl + D'm)C = 0,\\ &\left[(EA + FB)\frac{\partial l}{\partial \vartheta} + (FA + GB)\frac{\partial m}{\partial \vartheta}\right]\frac{\partial \vartheta}{\partial v} +\\ &\qquad + (EA + FB)P_0 + (FA + GB)Q_0 + (D'l + D''m)C = 0.\end{aligned}\right. \tag{26}$$

Nun ist wegen (17):

$$EA + FB = -R(EG - F^2)m = -\frac{4abc\varrho Rm}{(u+v)^4},$$

$$FA + GB = \quad R(EG - F^2)l = \frac{4abc\varrho Rl}{(u+v)^4},$$

$$C = \frac{2R\sqrt{abc\varrho}}{(u+v)^2}\cdot\frac{\varrho}{m}(lM_0 - mL_0) = \frac{2R\sqrt{abc\varrho}}{(u+v)^2}\cdot\frac{\varrho}{l}(lQ_0 - mP_0).$$

Wird dies in (26) eingesetzt und durch $\frac{4abc\varrho R}{(u+v)^4}$ dividiert, so kommt:

$$\left(m\frac{\partial l}{\partial \vartheta} - l\frac{\partial m}{\partial \vartheta}\right)\frac{\partial \vartheta}{\partial u} = (lM_0 - mL_0)\left[1 + \frac{(u+v)^2\sqrt{\varrho}}{2m\sqrt{abc}}(Dl + D'm)\right],$$

$$\left(m\frac{\partial l}{\partial \vartheta} - l\frac{\partial m}{\partial \vartheta}\right)\frac{\partial \vartheta}{\partial v} = (lQ_0 - mP_0)\left[1 + \frac{(u+v)^2\sqrt{\varrho}}{2l\sqrt{abc}}(D'l + D''m)\right].$$

Schreiben wir nun die Identität (16), S. 570, in der Form:

$$m\frac{\partial l}{\partial \vartheta} - l\frac{\partial m}{\partial \vartheta} = \varepsilon\frac{k(u+v)^2\varrho}{a'b'c'V}(lM_0 - mL_0) = \varepsilon\frac{k(u+v)^2\varrho}{a'b'c'U}(lQ_0 - mP_0),$$

worin $\varepsilon$ gleich $+1$ bzw. $-1$ ist, je nachdem in unseren Gleichungen die oberen oder die unteren Vorzeichen gelten, so gehen die letzten Gleichungen über in:

$$
\text{(I)} \qquad \left\{
\begin{aligned}
\frac{\partial \vartheta}{\partial u} &= \frac{\varepsilon a' b' c'}{k}\left[\frac{V}{(u+v)^2 \varrho} + \frac{DU + D'V}{2\sqrt{abc\varrho}}\right], \\
\frac{\partial \vartheta}{\partial v} &= \frac{\varepsilon a' b' c'}{k}\left[\frac{U}{(u+v)^2 \varrho} + \frac{D'U + D''V}{2\sqrt{abc\varrho}}\right].
\end{aligned}
\right.
$$

Dies sind die Differentialgleichungen für die unbekannte Funktion $\vartheta(u, v)$, die im vorliegenden Falle der Biegungsflächen $S$ des einschaligen Hyperboloids an Stelle der Gleichungen (I), § 288, S. 533, treten und die Gruppierung der $\infty^3$ Facetten $f_1$ zu den gesuchten $\infty^1$ Flächen $S_1$ regeln. Es sei darauf hingewiesen, daß diese Gleichungen (I) einen ganz ähnlichen Bau wie die entsprechenden Gleichungen für die Biegungsflächen des Paraboloids aufweisen und für den Parameter:

$$\lambda = \frac{1 - \sin\vartheta}{\cos\vartheta}$$

ebenfalls einer einzigen totalen Differentialgleichung vom Riccatischen Typus äquivalent sind.

## § 307. **Unbeschränkte Integrabilität des Gleichungensystems.**

Nachdem so die grundlegenden Differentialgleichungen für unser Problem aufgestellt sind, haben wir nun vor allem sowohl ihre Verträglichkeit als auch ihre unbeschränkte Integrierbarkeit nachzuweisen. Dazu müssen wir den Ausdruck:

$$\Omega \equiv \frac{\partial}{\partial v}\left[\frac{V}{(u+v)^2\varrho} + \frac{DU + D'V}{2\sqrt{abc\varrho}}\right] - \frac{\partial}{\partial u}\left[\frac{U}{(u+v)^2\varrho} + \frac{D'U + D''V}{2\sqrt{abc\varrho}}\right]$$

bilden und beweisen, daß eben infolge der Gleichungen (I) (und der Gauß-Codazzischen Gleichungen) $\Omega$ identisch verschwindet. Zunächst finden wir:

$$
\begin{aligned}
&= \frac{V' - U'}{(u+v)^2\varrho} + \frac{V}{(u+v)^2}\frac{\partial}{\partial v}\left(\frac{1}{\varrho}\right) - \frac{U}{(u+v)^2}\frac{\partial}{\partial u}\left(\frac{1}{\varrho}\right) + \frac{2(U - V)}{(u+v)^3\varrho} + \frac{D'(V' - U')}{2\sqrt{abc\varrho}} + \\
&+ \frac{DU + D'V}{2\sqrt{abc}}\frac{\partial}{\partial v}\left(\frac{1}{\sqrt{\varrho}}\right) - \frac{D'U + D''V}{2\sqrt{abc}}\frac{\partial}{\partial u}\left(\frac{1}{\sqrt{\varrho}}\right) + \\
&+ \frac{1}{2\sqrt{abc\varrho}}\left[U\left(\frac{\partial D}{\partial v} - \frac{\partial D'}{\partial u}\right) - V\left(\frac{\partial D''}{\partial u} - \frac{\partial D'}{\partial v}\right)\right] + \\
&+ \frac{\varepsilon a'b'c'}{k(u+v)^2\varrho}\frac{\partial V}{\partial \vartheta}\left[\frac{U}{(u+v)^2\varrho} + \frac{D'U + D''V}{2\sqrt{abc\varrho}}\right] - \frac{\varepsilon a'b'c'}{k(u+v)^2\varrho}\frac{\partial U}{\partial \vartheta}\left[\frac{V}{(u+v)^2\varrho} + \frac{DU + D'V}{2\sqrt{abc\varrho}}\right] + \\
&+ \frac{\varepsilon a'b'c'}{2k\sqrt{abc}(u+v)^2\varrho^{\frac{3}{2}}}\left[U\left(D\frac{\partial U}{\partial \vartheta} + D'\frac{\partial V}{\partial \vartheta}\right) - V\left(D'\frac{\partial U}{\partial \vartheta} + D''\frac{\partial V}{\partial \vartheta}\right)\right] + \\
&+ \frac{\varepsilon a'b'c'}{4kabc\varrho}(DD'' - D'^2)\left(V\frac{\partial U}{\partial \vartheta} - U\frac{\partial V}{\partial \vartheta}\right).
\end{aligned}
$$

Setzen wir nun hierin für

$$DD'' - D'^2, \quad \frac{\partial D}{\partial v} - \frac{\partial D'}{\partial u}, \quad \frac{\partial D''}{\partial u} - \frac{\partial D'}{\partial v}$$

die durch (20), (21) gegebenen Werte ein, so geht $\Omega$ in einen in $D, D', D''$ linearen Ausdruck:

$$\Omega \equiv \alpha D + \beta D' + \gamma D''$$

über. Wir finden alsbald:

$$\alpha = \gamma = 0$$

und für $\beta$, $\delta$ die Gleichungen:

$$(27) \quad \begin{cases} 2\sqrt{abc\varrho}\cdot\beta = (u+v)^2\varrho, \\ \delta = V' - U' + U\dfrac{\partial \log \varrho}{\partial u} - V\dfrac{\partial \log \varrho}{\partial v} + \dfrac{2(U-V)}{u+v} + \\ + \dfrac{2\varepsilon a'b'c'}{k(u+v)^2\varrho}\left(U\dfrac{\partial V}{\partial \vartheta} - V\dfrac{\partial U}{\partial \vartheta}\right). \end{cases}$$

Nun ist wegen (14), S. 568, identisch:

$$\frac{(u+v)^2\varrho}{2}\left[V' - U' + U\frac{\partial \log \varrho}{\partial u} - V\frac{\partial \log \varrho}{\partial v} + \frac{2(U-V)}{u+v}\right] =$$

$$= \left[\frac{(u+v)^2}{2}\frac{\partial \varrho}{\partial u} + 2(u+v)\varrho\right]U - (u+v)^2\varrho U' - \frac{(u+v)^2}{2}\frac{\partial \varrho}{\partial v}V - (u+v)\varrho W,$$

und dies ist gerade der durch $\alpha$, S. 569, bestimmte Ausdruck $Z$. Die rechte Seite von $(27_2)$ geht demnach durch Multiplikation mit $\frac{(u+v)^2\varrho}{2}$ in:

$$Z + \frac{\varepsilon a'b'c'}{k}\left(U\frac{\partial V}{\partial \vartheta} - V\frac{\partial U}{\partial \vartheta}\right)$$

über, und dieser Ausdruck ist wegen ($\beta$), S. 570, identisch gleich Null. Somit sind alle vier Koeffizienten $\alpha$, $\beta$, $\gamma$, $\delta$, folglich auch $\Omega$ gleich Null; also:

Die Differentialgleichungen (I) bilden ein unbeschränkt integrierbares System.

Auf diese Weise ist wirklich bewiesen, daß für eine beliebige Biegungsfläche $S$ des einschaligen Hyperboloids die aus ihren $\infty^2$ Facetten $f$ transformierten $\infty^3$ Facetten $f_1$ sich zu $\infty^1$ Flächen $S_1$ anordnen lassen. Jede von diesen Flächen mag als eine mittels der Transformation $B_k$ Transformierte von $S$ bezeichnet werden. Nun können wir für den vorliegenden Fall alle Folgerungen, die wir in § 290 auf die Biegungsflächen des hyperbolischen Paraboloids gezogen haben, wiederholen. Diese überflüssige Wiederholung wollen wir uns jedoch ersparen und wenden uns sofort zum Beweise der zweiten wesentlichen Eigenschaft, die auf die Abwickelbarkeit der transformierten Flächen $S_1$ auf die Ausgangsfläche $S$ Bezug hat.

## § 308. Berechnung des Linienelements der Flächen $S_1$.

Wie in § 292 müssen wir vor allem

$$ds_1^2 = \sum dx_1^2 = E_1 du^2 + 2F_1 du dv + G_1 dv^2$$

für die transformierten Flächen $S_1$ berechnen. Aus den Gleichungen (25) leiten wir zunächst ab:

$$(28)\quad \begin{cases} E_1 = EL_0^2 + 2FL_0M_0 + GM_0^2 + 2\left[(EL_0 + FM_0)\frac{\partial l}{\partial \vartheta} + (FL_0 + GM_0)\frac{\partial m}{\partial \vartheta}\right]\frac{\partial \vartheta}{\partial u} + \\ \quad + \left[E\left(\frac{\partial l}{\partial \vartheta}\right)^2 + 2F\frac{\partial l}{\partial \vartheta}\frac{\partial m}{\partial \vartheta} + G\left(\frac{\partial m}{\partial \vartheta}\right)^2\right]\left(\frac{\partial \vartheta}{\partial u}\right)^2 + (Dl + D'm)^2, \\ F_1 = EL_0P_0 + F(L_0Q_0 + M_0P_0) + GM_0Q_0 + \left[(EP_0 + FQ_0)\frac{\partial l}{\partial \vartheta} + (FP_0 + QG_0)\frac{\partial m}{\partial \vartheta}\right]\frac{\partial \vartheta}{\partial u} + \\ \quad + \left[(EL_0 + FM_0)\frac{\partial l}{\partial \vartheta} + (FL_0 + GM_0)\frac{\partial m}{\partial \vartheta}\right]\frac{\partial \vartheta}{\partial v} + \\ \quad + \left[E\left(\frac{\partial l}{\partial \vartheta}\right)^2 + 2F\frac{\partial l}{\partial \vartheta}\frac{\partial m}{\partial \vartheta} + G\left(\frac{\partial m}{\partial \vartheta}\right)^2\right]\frac{\partial \vartheta}{\partial u}\frac{\partial \vartheta}{\partial v} + (Dl + D'm)(D'l + D''m), \\ G_1 = EP_0^2 + 2FP_0Q_0 + GQ_0^2 + 2\left[(EP_0 + FQ_0)\frac{\partial l}{\partial \vartheta} + (FP_0 + GQ_0)\frac{\partial m}{\partial \vartheta}\right]\frac{\partial \vartheta}{\partial v} + \\ \quad + \left[E\left(\frac{\partial l}{\partial \vartheta}\right)^2 + 2F\frac{\partial l}{\partial \vartheta}\frac{\partial m}{\partial \vartheta} + G\left(\frac{\partial m}{\partial \vartheta}\right)^2\right]\left(\frac{\partial \vartheta}{\partial v}\right)^2 + (D'l + D''m)^2. \end{cases}$$

Auch hier können wir, um die Rechnungen zu vereinfachen, den speziellen Fall ins Auge fassen, in dem $S$ das Hyperboloid selbst ist; dann ist:

$$D = 0, \qquad D' = -\frac{2\sqrt{abc}}{(u+v)^2\sqrt{\varrho}}, \qquad D'' = 0,$$

und die rechten Seiten der Differentialgleichungen (I) verschwinden, so daß $\vartheta = \text{Const.}$ ihr Integral ist. Geometrisch bedeutet dieses, daß sich in diesem Falle die transformierten Flächen $S_1$ auf die einzelnen Erzeugenden $\vartheta$ des konfokalen Hyperboloids $Q_k$ zusammenziehen. Bezeichnen wir noch mit

$$x_0, y_0, z_0; \quad X_0, Y_0, Z_0; \quad \bar{x}_0, \bar{y}_0, \bar{z}_0; \quad E_0, F_0, G_0$$

die jetzt vorliegenden speziellen Werte von

$$x, y, z; \quad X, Y, Z; \quad x_1, y_1, z_1; \quad E_1, F_1, G_1,$$

so haben wir:

$$(29)\qquad \bar{x}_0 = x_0 + l\frac{\partial x_0}{\partial u} + m\frac{\partial x_0}{\partial v} \quad \text{usw.},$$

$$(30)\quad \begin{cases} \frac{\partial \bar{x}_0}{\partial u} = L_0\frac{\partial x_0}{\partial u} + M_0\frac{\partial x_0}{\partial v} + D_0' m X_0, \\ \frac{\partial \bar{x}_0}{\partial v} = P_0\frac{\partial x_0}{\partial u} + Q_0\frac{\partial x_0}{\partial v} + D_0' l X_0 \quad \text{usw.}, \end{cases}$$

und durch Anwendung von (28) folgt daraus:

$$(31)\quad \begin{cases} EL_0^2 + 2FL_0M_0 + GM_0^2 = E_0 - D_0'^2 m^2, \\ EL_0P_0 + F(L_0Q_0 + M_0P_0) + GM_0Q_0 = F_0 - D_0'^2 lm, \\ EP_0^2 + 2FP_0Q_0 + GQ_0^2 = G_0 - D_0'^2 l^2. \end{cases}$$

Um die konstanten Glieder in den Ausdrücken (28) für $E_1, F_1, G_1$ zu berechnen, verfahren wir nun folgendermaßen (vgl. § 292): Wegen (7), S. 566, haben wir:

$$(31^*)\quad \begin{cases} \bar{x}_0 = \pm \frac{a'}{c'} \sin\vartheta\, \bar{z}_0 + a' \cos\vartheta, \\ \bar{y}_0 = \mp \frac{b'}{c'} \cos\vartheta\, \bar{z}_0 + b' \sin\vartheta, \end{cases}$$

demnach:

$$(32)\quad \begin{cases} \frac{\partial \bar{x}_0}{\partial u} = \pm \frac{a'}{c'} \sin\vartheta \frac{\partial \bar{z}_0}{\partial u}, & \frac{\partial \bar{y}_0}{\partial u} = \mp \frac{b'}{c'} \cos\vartheta \frac{\partial \bar{z}_0}{\partial u}, \\ \frac{\partial \bar{x}_0}{\partial v} = \pm \frac{a'}{c'} \sin\vartheta \frac{\partial \bar{z}_0}{\partial v}; & \frac{\partial \bar{y}_0}{\partial v} = \mp \frac{b'}{c'} \cos\vartheta \frac{\partial \bar{z}_0}{\partial v}. \end{cases}$$

Bilden wir nun nach (30) die Summen:

$$\sum \frac{\partial x_0}{\partial u} \frac{\partial \bar{x}_0}{\partial u}, \qquad \sum \frac{\partial x_0}{\partial v} \frac{\partial \bar{x}_0}{\partial u}, \qquad \sum \frac{\partial x_0}{\partial u} \frac{\partial \bar{x}_0}{\partial v}, \qquad \sum \frac{\partial x_0}{\partial v} \frac{\partial \bar{x}_0}{\partial v},$$

so ergibt sich:

$$(33)\quad \begin{cases} EL_0 + FM_0 = \frac{\partial \bar{z}_0}{\partial u} \left( \pm \frac{a'}{c'} \sin\vartheta \frac{\partial x_0}{\partial u} \mp \frac{b'}{c'} \cos\vartheta \frac{\partial y_0}{\partial u} + \frac{\partial z_0}{\partial u} \right), \\ FL_0 + GM_0 = \frac{\partial \bar{z}_0}{\partial u} \left( \pm \frac{a'}{c'} \sin\vartheta \frac{\partial x_0}{\partial v} \mp \frac{b'}{c'} \cos\vartheta \frac{\partial y_0}{\partial v} + \frac{\partial z_0}{\partial v} \right); \end{cases}$$

$$(33^*)\quad \begin{cases} EP_0 + FQ_0 = \frac{\partial \bar{z}_0}{\partial v} \left( \pm \frac{a'}{c'} \sin\vartheta \frac{\partial x_0}{\partial u} \mp \frac{b'}{c'} \cos\vartheta \frac{\partial y_0}{\partial u} + \frac{\partial z_0}{\partial u} \right), \\ FP_0 + GQ_0 = \frac{\partial \bar{z}_0}{\partial v} \left( \pm \frac{a'}{c'} \sin\vartheta \frac{\partial x_0}{\partial v} \mp \frac{b'}{c'} \cos\vartheta \frac{\partial y_0}{\partial v} + \frac{\partial z_0}{\partial v} \right). \end{cases}$$

Nun ist wegen:

$$\bar{x}_0 = x_0 + l \frac{\partial x_0}{\partial u} + m \frac{\partial x_0}{\partial v} \quad \text{usw.}$$

$$(34)\quad \frac{\partial \bar{x}_0}{\partial \vartheta} = \frac{\partial l}{\partial \vartheta} \frac{\partial x_0}{\partial u} + \frac{\partial m}{\partial \vartheta} \frac{\partial x_0}{\partial v} \quad \text{usw.};$$

wird demnach in jedem Gleichungenpaar (33), (33*) oben mit $\frac{\partial l}{\partial \vartheta}$, unten mit $\frac{\partial m}{\partial \vartheta}$ multipliziert und dann addiert, so kommt:

$$(35)\quad \begin{cases} (EL_0 + FM_0)\frac{\partial l}{\partial \vartheta} + (FL_0 + GM_0)\frac{\partial m}{\partial \vartheta} = \frac{\partial \bar{z}_0}{\partial u} \left( \pm \frac{a'}{c'} \sin\vartheta \frac{\partial \bar{x}_0}{\partial \vartheta} \mp \frac{b'}{c'} \cos\vartheta \frac{\partial \bar{y}_0}{\partial \vartheta} + \frac{\partial \bar{z}_0}{\partial \vartheta} \right), \\ (EP_0 + FQ_0)\frac{\partial l}{\partial \vartheta} + (FP_0 + GQ_0)\frac{\partial m}{\partial \vartheta} = \frac{\partial \bar{z}_0}{\partial v} \left( \pm \frac{a'}{c'} \sin\vartheta \frac{\partial \bar{x}_0}{\partial \vartheta} \mp \frac{b'}{c'} \cos\vartheta \frac{\partial \bar{y}_0}{\partial \vartheta} + \frac{\partial \bar{z}_0}{\partial \vartheta} \right). \end{cases}$$

Quadrieren wir endlich (34) und addieren wir, so erhalten wir:

$$E\left(\frac{\partial l}{\partial \vartheta}\right)^2 + 2F\frac{\partial l}{\partial \vartheta}\frac{\partial m}{\partial \vartheta} + G\left(\frac{\partial m}{\partial \vartheta}\right)^2 = \sum\left(\frac{\partial \bar{x}_0}{\partial \vartheta}\right)^2.$$

Somit gehen die Gleichungen (28) über in:

$$(36)\quad\begin{cases} E_1 = E_0 + 2\left(\pm\frac{a'}{c'}\sin\vartheta\frac{\partial \bar{x}_0}{\partial \vartheta} \mp \frac{b'}{c'}\cos\vartheta\frac{\partial \bar{y}_0}{\partial \vartheta} + \frac{\partial \bar{z}_0}{\partial \vartheta}\right)\frac{\partial \bar{z}_0}{\partial u}\frac{\partial \vartheta}{\partial u} + \sum\left(\frac{\partial \bar{x}_0}{\partial \vartheta}\right)^2\cdot\left(\frac{\partial \vartheta}{\partial u}\right)^2 + \\ \qquad + (Dl + D'm)^2 - D_0'^2 m^2, \\ F_1 = F_0 + \left(\pm\frac{a'}{c'}\sin\vartheta\frac{\partial \bar{x}_0}{\partial \vartheta} \mp \frac{b'}{c'}\cos\vartheta\frac{\partial \bar{y}_0}{\partial \vartheta} + \frac{\partial \bar{z}_0}{\partial \vartheta}\right)\left(\frac{\partial \bar{z}_0}{\partial v}\frac{\partial \vartheta}{\partial u} + \frac{\partial \bar{z}_0}{\partial u}\frac{\partial \vartheta}{\partial v}\right) + \\ \qquad + \sum\left(\frac{\partial \bar{x}_0}{\partial \vartheta}\right)^2\cdot\frac{\partial \vartheta}{\partial u}\frac{\partial \vartheta}{\partial v} + (Dl + D'm)(D'l + D''m) - D_0'^2 lm, \\ G_1 = G_0 + 2\left(\pm\frac{a'}{c'}\sin\vartheta\frac{\partial \bar{x}_0}{\partial \vartheta} \mp \frac{b'}{c'}\cos\vartheta\frac{\partial \bar{y}_0}{\partial \vartheta} + \frac{\partial \bar{z}_0}{\partial \vartheta}\right)\frac{\partial \bar{z}_0}{\partial v}\frac{\partial \vartheta}{\partial v} + \sum\left(\frac{\partial \bar{x}_0}{\partial \vartheta}\right)^2\cdot\left(\frac{\partial \vartheta}{\partial v}\right)^2 + \\ \qquad + (D'l + D''m)^2 - D_0'^2 l^2. \end{cases}$$

## § 309. Die durch die Ivorysche Verwandtschaft gegebenen Abwicklungsgleichungen.

Entsprechend den Ergebnissen im Falle des hyperbolischen Paraboloids (§ 293) werden wir sehen, daß auch hier die Formeln für die Abwicklung der transformierten Flächen $S_1$ auf die Ausgangsfläche der Ivoryschen Verwandtschaft zwischen den beiden konfokalen Hyperboloiden:

$$Q_0)\quad \frac{x_0^2}{a^2} + \frac{y_0^2}{b^2} - \frac{z_0^2}{c^2} = 1,$$

$$Q_k)\quad \frac{x^2}{a'^2} + \frac{y^2}{b'^2} - \frac{z^2}{c'^2} = 1$$

entsprechen. Die Gleichungen für die Ivorysche Verwandtschaft sind im vorliegenden Falle:

$$x = \frac{a'}{a}x_0,\quad y = \frac{b'}{b}y_0,\quad z = \frac{c'}{c}z_0,$$

und aus diesen einfachen Beziehungen werden wir nun die gesuchten Abwicklungsgleichungen für $S$ und $S_1$ ableiten. Denken wir uns zu diesem Zwecke die Fläche $S$ mit den Fokalstrecken $FF_1$ auf das Hyperboloid $Q_0$ abgewickelt, so deckt sich der Punkt $F \equiv (x, y, z)$ mit dem Punkte $M_0 \equiv (x_0, y_0, z_0)$ und der zweite Endpunkt $F_1$ mit dem Punkte $\bar{M}_0 \equiv (\bar{x}_0, \bar{y}_0, \bar{z}_0)$ des konfokalen Hyperboloids $Q_k$. Es sei $M_1 \equiv (\xi, \eta, \zeta)$ derjenige Punkt von $Q_0$, der $\bar{M}_0$ bei der Ivoryschen Verwandtschaft entspricht, so ist:

$$(37)\quad \frac{\xi}{a} = \frac{\bar{x}_0}{a'},\quad \frac{\eta}{b} = \frac{\bar{y}_0}{b'},\quad \frac{\zeta}{c} = \frac{\bar{z}_0}{c'}.$$

Bezeichnen wir die krummlinigen Koordinaten des Punktes $M_1$ mit $u_1$, $v_1$, so haben wir wegen (1), S. 565:

$$(37^*) \qquad \frac{\xi}{a} = \frac{1 + u_1 v_1}{u_1 + v_1}, \quad \frac{\eta}{b} = \frac{u_1 - v_1}{u_1 + v_1}, \quad \frac{\zeta}{c} = \frac{1 - u_1 v_1}{u_1 + v_1},$$

woraus folgt:

$$(38) \qquad \begin{cases} u_1 = \dfrac{1 + \dfrac{\eta}{b}}{\dfrac{\xi}{a} + \dfrac{\zeta}{c}} = \dfrac{1 + \dfrac{\overline{y}_0}{b'}}{\dfrac{\overline{x}_0}{a'} + \dfrac{\overline{z}_0}{c'}}, \\[2ex] v_1 = \dfrac{1 - \dfrac{\eta}{b}}{\dfrac{\xi}{a} + \dfrac{\zeta}{c}} = \dfrac{1 - \dfrac{\overline{y}_0}{b'}}{\dfrac{\overline{x}_0}{a'} + \dfrac{\overline{z}_0}{c'}}. \end{cases}$$

Setzen wir in diesen Gleichungen für $\overline{x}_0$, $\overline{y}_0$ ihre durch $\overline{z}_0$ ausgedrückten Werte (31*), S. 576, ein, so müßten wir eigentlich die beiden Fälle der oberen bzw. unteren Vorzeichen voneinander trennen. Aber es ist sofort ersichtlich, daß die Gleichungen für den zweiten Fall sich von denjenigen für den ersten nur dadurch unterscheiden, daß $u_1$ mit $v_1$ und $\vartheta$ mit $-\vartheta$ vertauscht ist. Andrerseits haben wir auch darauf hingewiesen, daß wir in den Gleichungen (10), S. 567, für $U$, $V$, $W$ von den oberen Vorzeichen zu den unteren eben in der Weise gelangen, daß wir $u$ und $v$ miteinander vertauschen und das Vorzeichen von $\vartheta$ ändern. Somit können wir uns auf die Nachweise für den ersten Fall beschränken, da eben aus ihnen diejenigen für den zweiten durch eine Änderung der Bezeichnung hervorgehen, und wir wählen bei den folgenden Rechnungen in unseren Gleichungen stets die oberen Vorzeichen.

Setzen wir demnach in (38) die Werte (31*):

$$\overline{x}_0 = \frac{a'}{c'} \sin \vartheta \, \overline{z}_0 + a' \cos \vartheta,$$

$$\overline{y}_0 = -\frac{b'}{c'} \cos \vartheta \, \overline{z}_0 + b' \sin \vartheta$$

ein, so erhalten wir zunächst:

$$(38^*) \qquad \begin{cases} u_1 = \dfrac{1 + \sin \vartheta - \cos \vartheta \dfrac{\overline{z}_0}{c'}}{\cos \vartheta + (1 + \sin \vartheta) \dfrac{\overline{z}_0}{c'}}, \\[2ex] v_1 = \dfrac{1 - \sin \vartheta + \cos \vartheta \dfrac{\overline{z}_0}{c'}}{\cos \vartheta + (1 + \sin \vartheta) \dfrac{\overline{z}_0}{c'}}, \end{cases}$$

wo in der zweiten Gleichung wegen:

$$\frac{1 - \sin \vartheta}{\cos \vartheta} = \frac{\cos \vartheta}{1 + \sin \vartheta}$$

$v_1$ von $\bar{z}_0$ unabhängig ist. Setzen wir dann in der ersten Gleichung für $\bar{z}_0$ seinen Wert $(8_3)$, S. 567:

$$\bar{z}_0 = c\,\frac{(1-uv)W-(v^2+1)U-(u^2+1)V}{(u+v)W}$$

ein, so finden wir ausgerechnet:

$$(39)\qquad \bar{z}_0 = \frac{2c}{W}\left[\frac{b}{b'}(1+uv)\cos\vartheta + \frac{a}{a'}(u-v)\sin\vartheta - \frac{ab}{a'b'}(u+v)\right]$$

und schließlich als die gesuchten Gleichungen:

$$(40)\begin{cases} u_1 = \dfrac{\frac{b}{b'}\left[\frac{a}{a'}(1-uv)-\frac{c}{c'}(1+uv)\right](1+\sin\vartheta)+\frac{ac}{a'c'}\left[u-v+\frac{b}{b'}(u+v)\right]\cos\vartheta}{\frac{b}{b'}\left[\frac{a}{a'}(1-uv)+\frac{c}{c'}(1+uv)\right]\cos\vartheta+\frac{ac}{a'c'}\left[u-v-\frac{b}{b'}(u+v)\right](1+\sin\vartheta)},\\[2ex] v_1 = \dfrac{1-\sin\vartheta}{\cos\vartheta}. \end{cases}$$

Wir müssen nun beweisen, daß dieses die Gleichungen für die Abwickelbarkeit von $S_1$ auf das Hyperboloid sind, d. h. daß für den Ansatz:

$$\overline{ds_1^2} = \sum d\xi^2 = \bar{E}_1 du_1^2 + 2\bar{F}_1 du_1 dv_1 + \bar{G}_1 dv_1^2,$$

$$(41)\qquad \bar{E}_1 \equiv \sum\left(\frac{\partial\xi}{\partial u_1}\right)^2,\quad \bar{F}_1 \equiv \sum\frac{\partial\xi}{\partial u_1}\frac{\partial\xi}{\partial v_1},\quad \bar{G}_1 \equiv \sum\left(\frac{\partial\xi}{\partial v_1}\right)^2,$$

die Identität besteht:

$$(42)\qquad \bar{E}_1 du_1^2 + 2\bar{F}_1 du_1 dv_1 + \bar{G}_1 dv_1^2 = E_1 du^2 + 2F_1 du\,dv + G_1 dv^2,$$

wo $E_1, F_1, G_1$ die Werte (36) haben. Beachten wir, daß nach (40) $v_1$ nur von $\vartheta$ abhängt, so ist zu beweisen, daß mit diesen Werten (36) die nachstehenden Werte von $E_1, F_1, G_1$ übereinstimmen:

$$(43)\begin{cases} E_1 = \bar{E}_1\left(\frac{\partial u_1}{\partial u}\right)^2 + 2\left(\bar{E}_1\frac{\partial u_1}{\partial\vartheta} + \bar{F}_1\frac{\partial v_1}{\partial\vartheta}\right)\frac{\partial u_1}{\partial u}\frac{\partial\vartheta}{\partial u} + \\ \qquad + \left[\bar{E}_1\left(\frac{\partial u_1}{\partial\vartheta}\right)^2 + 2\bar{F}_1\frac{\partial u_1}{\partial\vartheta}\frac{\partial v_1}{\partial\vartheta} + \bar{G}_1\left(\frac{\partial v_1}{\partial\vartheta}\right)^2\right]\left(\frac{\partial\vartheta}{\partial u}\right)^2, \\ F_1 = \bar{E}_1\frac{\partial u_1}{\partial u}\frac{\partial u_1}{\partial v} + \left(\bar{E}_1\frac{\partial u_1}{\partial\vartheta} + \bar{F}_1\frac{\partial v_1}{\partial\vartheta}\right)\left(\frac{\partial u_1}{\partial v}\frac{\partial\vartheta}{\partial u} + \frac{\partial u_1}{\partial u}\frac{\partial\vartheta}{\partial v}\right) + \\ \qquad + \left[\bar{E}_1\left(\frac{\partial u_1}{\partial\vartheta}\right)^2 + 2\bar{F}_1\frac{\partial u_1}{\partial\vartheta}\frac{\partial v_1}{\partial\vartheta} + \bar{G}_1\left(\frac{\partial v_1}{\partial\vartheta}\right)^2\right]\frac{\partial\vartheta}{\partial u}\frac{\partial\vartheta}{\partial v}, \\ G_1 = \bar{E}_1\left(\frac{\partial u_1}{\partial v}\right)^2 + 2\left(\bar{E}_1\frac{\partial u_1}{\partial\vartheta} + \bar{F}_1\frac{\partial v_1}{\partial\vartheta}\right)\frac{\partial u_1}{\partial v}\frac{\partial\vartheta}{\partial v} + \\ \qquad + \left[\bar{E}_1\left(\frac{\partial u_1}{\partial\vartheta}\right)^2 + 2\bar{F}_1\frac{\partial u_1}{\partial\vartheta}\frac{\partial v_1}{\partial\vartheta} + \bar{G}_1\left(\frac{\partial v_1}{\partial\vartheta}\right)^2\right]\left(\frac{\partial\vartheta}{\partial v}\right)^2. \end{cases}$$

### § 310. Erste Transformation der Abwicklungsgleichungen.

Um den soeben erwähnten Beweis durchzuführen, ist es zunächst vorteilhaft, die Ausdrücke (43) für $E_1$, $F_1$, $G_1$ in eine etwas andere Form zu bringen. Dazu verfahren wir in der folgenden Weise (vgl. § 294):

Aus (41) erhalten wir zunächst:

$$\overline{E}_1\left(\frac{\partial u_1}{\partial u}\right)^2=\sum\left(\frac{\partial \xi}{\partial u}\right)^2,\quad \overline{E}_1\frac{\partial u_1}{\partial u}\frac{\partial u_1}{\partial v}=\sum\frac{\partial \xi}{\partial u}\frac{\partial \xi}{\partial v},\quad \overline{E}_1\left(\frac{\partial u_1}{\partial v}\right)^2=\sum\left(\frac{\partial \xi}{\partial v}\right)^2,$$

demnach wegen (37):

$$\overline{E}_1\left(\frac{\partial u_1}{\partial u}\right)^2=\frac{a^2}{a'^2}\left(\frac{\partial \bar{x}_0}{\partial u}\right)^2+\frac{b^2}{b'^2}\left(\frac{\partial \bar{y}_0}{\partial u}\right)^2+\frac{c^2}{c'^2}\left(\frac{\partial \bar{z}_0}{\partial u}\right)^2,$$

$$\overline{E}_1\frac{\partial u_1}{\partial u}\frac{\partial u_1}{\partial v}=\frac{a^2}{a'^2}\frac{\partial \bar{x}_0}{\partial u}\frac{\partial \bar{x}_0}{\partial v}+\frac{b^2}{b'^2}\frac{\partial \bar{y}_0}{\partial u}\frac{\partial \bar{y}_0}{\partial v}+\frac{c^2}{c'^2}\frac{\partial \bar{z}_0}{\partial u}\frac{\partial \bar{z}_0}{\partial v},$$

$$\overline{E}_1\left(\frac{\partial u_1}{\partial v}\right)^2=\frac{a^2}{a'^2}\left(\frac{\partial \bar{x}_0}{\partial v}\right)^2+\frac{b^2}{b'^2}\left(\frac{\partial \bar{y}_0}{\partial v}\right)^2+\frac{c^2}{c'^2}\left(\frac{\partial \bar{z}_0}{\partial v}\right)^2.$$

Werden hierin für $a^2$, $b^2$, $c^2$ ihre Werte: $a'^2-k$, $b'^2-k$, $c'^2+k$ eingesetzt und die Gleichungen (32) berücksichtigt, so folgt:

$$\text{(44)}\qquad \overline{E}_1\left(\frac{\partial u_1}{\partial u}\right)^2=\sum\left(\frac{\partial \bar{x}_0}{\partial u}\right)^2=E_0,\quad \overline{E}_1\frac{\partial u_1}{\partial u}\frac{\partial u_1}{\partial v}=\sum\frac{\partial \bar{x}_0}{\partial u}\frac{\partial \bar{x}_0}{\partial v}=F_0,$$
$$\overline{E}_1\left(\frac{\partial u_1}{\partial v}\right)^2=\sum\left(\frac{\partial \bar{x}_0}{\partial v}\right)^2=G_0.$$

Nun ergibt sich aus den Gleichungen:

$$\text{(44*)}\qquad \frac{\partial \xi}{\partial \vartheta}=\frac{\partial \xi}{\partial u_1}\frac{\partial u_1}{\partial \vartheta}+\frac{\partial \xi}{\partial v_1}\frac{\partial v_1}{\partial \vartheta}\ \text{usw.}$$

durch Multiplikation mit $\frac{\partial \xi}{\partial u_1}$ bzw. $\frac{\partial \eta}{\partial u_1}$ bzw. $\frac{\partial \zeta}{\partial u_1}$ und Addition:

$$\overline{E}_1\frac{\partial u_1}{\partial \vartheta}+\overline{F}_1\frac{\partial v_1}{\partial \vartheta}=\sum\frac{\partial \xi}{\partial \vartheta}\frac{\partial \xi}{\partial u_1},$$

folglich:

$$\left(\overline{E}_1\frac{\partial u_1}{\partial \vartheta}+\overline{F}_1\frac{\partial v_1}{\partial \vartheta}\right)\frac{\partial u_1}{\partial u}=\sum\frac{\partial \xi}{\partial \vartheta}\frac{\partial \xi}{\partial u}=\frac{a^2}{a'^2}\frac{\partial \bar{x}_0}{\partial \vartheta}\frac{\partial \bar{x}_0}{\partial u}+\frac{b^2}{b'^2}\frac{\partial \bar{y}_0}{\partial \vartheta}\frac{\partial \bar{y}_0}{\partial u}+\frac{c^2}{c'^2}\frac{\partial \bar{z}_0}{\partial \vartheta}\frac{\partial \bar{z}_0}{\partial u},$$

$$\left(\overline{E}_1\frac{\partial u_1}{\partial \vartheta}+\overline{F}_1\frac{\partial v_1}{\partial \vartheta}\right)\frac{\partial u_1}{\partial v}=\sum\frac{\partial \xi}{\partial \vartheta}\frac{\partial \xi}{\partial v}=\frac{a^2}{a'^2}\frac{\partial \bar{x}_0}{\partial \vartheta}\frac{\partial \bar{x}_0}{\partial v}+\frac{b^2}{b'^2}\frac{\partial \bar{y}_0}{\partial \vartheta}\frac{\partial \bar{y}_0}{\partial v}+\frac{c^2}{c'^2}\frac{\partial \bar{z}_0}{\partial \vartheta}\frac{\partial \bar{z}_0}{\partial v},$$

und wegen (32) (mit den oberen Vorzeichen):

$$\text{(45)}\quad \left\{\begin{aligned}&\left(\overline{E}_1\frac{\partial u_1}{\partial \vartheta}+\overline{F}_1\frac{\partial v_1}{\partial \vartheta}\right)\frac{\partial u_1}{\partial u}=\frac{\partial \bar{z}_0}{\partial u}\left(\frac{a^2}{a'c'}\sin\vartheta\frac{\partial \bar{x}_0}{\partial \vartheta}-\frac{b^2}{b'c'}\cos\vartheta\frac{\partial \bar{y}_0}{\partial \vartheta}+\frac{c^2}{c'^2}\frac{\partial \bar{z}_0}{\partial \vartheta}\right),\\&\left(\overline{E}_1\frac{\partial u_1}{\partial \vartheta}+\overline{F}_1\frac{\partial v_1}{\partial \vartheta}\right)\frac{\partial u_1}{\partial v}=\frac{\partial \bar{z}_0}{\partial v}\left(\frac{a^2}{a'c'}\sin\vartheta\frac{\partial \bar{x}_0}{\partial \vartheta}-\frac{b^2}{b'c'}\cos\vartheta\frac{\partial \bar{y}_0}{\partial \vartheta}+\frac{c^2}{c'^2}\frac{\partial \bar{z}_0}{\partial \vartheta}\right).\end{aligned}\right.$$

Werden die Gleichungen:

$$\bar{x}_0 = \frac{a'}{c'} \sin \vartheta \, \bar{z}_0 + a' \cos \vartheta,$$

$$\bar{y}_0 = -\frac{b'}{c'} \cos \vartheta \, \bar{z}_0 + b' \sin \vartheta$$

nach $\vartheta$ differenziert, so kommt:

$$(46) \qquad \left\{ \begin{aligned} \frac{1}{a'} \frac{\partial \bar{x}_0}{\partial \vartheta} &= \frac{\sin \vartheta}{c'} \frac{\partial \bar{z}_0}{\partial \vartheta} + \frac{\cos \vartheta}{c'} \bar{z}_0 - \sin \vartheta, \\ \frac{1}{b'} \frac{\partial \bar{y}_0}{\partial \vartheta} &= -\frac{\cos \vartheta}{c'} \frac{\partial \bar{z}_0}{\partial \vartheta} + \frac{\sin \vartheta}{c'} \bar{z}_0 + \cos \vartheta, \end{aligned} \right.$$

demnach ist:

$$-\frac{\sin \vartheta}{a'} \frac{\partial \bar{x}_0}{\partial \vartheta} + \frac{\cos \vartheta}{b'} \frac{\partial \bar{y}_0}{\partial \vartheta} + \frac{1}{c'} \frac{\partial \bar{z}_0}{\partial \vartheta} = 1$$

und infolgedessen:

$$\frac{a^2}{a'c'} \sin \vartheta \frac{\partial \bar{x}_0}{\partial \vartheta} - \frac{b^2}{b'c'} \cos \vartheta \frac{\partial \bar{y}_0}{\partial \vartheta} + \frac{c^2}{c'^2} \frac{\partial \bar{z}_0}{\partial \vartheta} =$$

$$= \frac{a'^2 - k}{a'c'} \sin \vartheta \frac{\partial \bar{x}_0}{\partial \vartheta} - \frac{b'^2 - k}{b'c'} \cos \vartheta \frac{\partial \bar{y}_0}{\partial \vartheta} + \frac{c'^2 + k}{c'^2} \frac{\partial \bar{z}_0}{\partial \vartheta} =$$

$$= \frac{a'}{c'} \sin \vartheta \frac{\partial \bar{x}_0}{\partial \vartheta} - \frac{b'}{c'} \cos \vartheta \frac{\partial \bar{y}_0}{\partial \vartheta} + \frac{\partial \bar{z}_0}{\partial \vartheta} + \frac{k}{c'}.$$

Somit gehen die Gleichungen (45) über in:

$$(45^*) \left\{ \begin{aligned} \left( \bar{E}_1 \frac{\partial u_1}{\partial \vartheta} + \bar{F}_1 \frac{\partial v_1}{\partial \vartheta} \right) \frac{\partial u_1}{\partial u} &= \frac{\partial \bar{z}_0}{\partial u} \left( \frac{a'}{c'} \sin \vartheta \frac{\partial \bar{x}_0}{\partial \vartheta} - \frac{b'}{c'} \cos \vartheta \frac{\partial \bar{y}_0}{\partial \vartheta} + \frac{\partial \bar{z}_0}{\partial \vartheta} + \frac{k}{c'} \right), \\ \left( \bar{E}_1 \frac{\partial u_1}{\partial \vartheta} + \bar{F}_1 \frac{\partial v_1}{\partial \vartheta} \right) \frac{\partial u_1}{\partial v} &= \frac{\partial \bar{z}_0}{\partial v} \left( \frac{a'}{c'} \sin \vartheta \frac{\partial \bar{x}_0}{\partial \vartheta} - \frac{b'}{c'} \cos \vartheta \frac{\partial \bar{y}_0}{\partial \vartheta} + \frac{\partial \bar{z}_0}{\partial \vartheta} + \frac{k}{c'} \right). \end{aligned} \right.$$

Endlich erhalten wir durch Quadrieren von (44*) und Addieren:

$$\bar{E}_1 \left( \frac{\partial u_1}{\partial \vartheta} \right)^2 + 2 \bar{F}_1 \frac{\partial u_1}{\partial \vartheta} \frac{\partial v_1}{\partial \vartheta} + \bar{G}_1 \left( \frac{\partial v_1}{\partial \vartheta} \right)^2 = \sum \left( \frac{\partial \xi}{\partial \vartheta} \right)^2 = \frac{a^2}{a'^2} \left( \frac{\partial \bar{x}_0}{\partial \vartheta} \right)^2 +$$

$$+ \frac{b^2}{b'^2} \left( \frac{\partial \bar{y}_0}{\partial \vartheta} \right)^2 + \frac{c^2}{c'^2} \left( \frac{\partial \bar{z}_0}{\partial \vartheta} \right)^2$$

oder auch:

$$(47) \qquad \bar{E}_1 \left( \frac{\partial u_1}{\partial \vartheta} \right)^2 + 2 \bar{F}_1 \frac{\partial u_1}{\partial \vartheta} \frac{\partial v_1}{\partial \vartheta} + \bar{G}_1 \left( \frac{\partial v_1}{\partial \vartheta} \right)^2 = \sum \left( \frac{\partial \bar{x}_0}{\partial \vartheta} \right)^2 +$$

$$+ k \left[ \frac{1}{c'^2} \left( \frac{\partial \bar{z}_0}{\partial \vartheta} \right)^2 - \frac{1}{a'^2} \left( \frac{\partial \bar{x}_0}{\partial \vartheta} \right)^2 - \frac{1}{b'^2} \left( \frac{\partial \bar{y}_0}{\partial \vartheta} \right)^2 \right].$$

Setzen wir die Werte (44), (45*), (47) in (43) ein und vergleichen wir dann mit den Gleichungen (36) (mit den oberen Vorzeichen), so ist unsere Aufgabe auf den Beweis der folgenden drei Gleichungen zurückgeführt:

$$
(48)\begin{cases}
k\left[\frac{1}{c'^2}\left(\frac{\partial\bar{z}_0}{\partial\vartheta}\right)^2-\frac{1}{a'^2}\left(\frac{\partial\bar{x}_0}{\partial\vartheta}\right)^2-\frac{1}{b'^2}\left(\frac{\partial\bar{y}_0}{\partial\vartheta}\right)^2\right]\left(\frac{\partial\vartheta}{\partial u}\right)^2+\frac{2k}{c'}\frac{\partial\bar{z}_0}{\partial u}\frac{\partial\vartheta}{\partial u}+D_0'^2m^2=(Dl+D'm)^2,\\
k\left[\frac{1}{c'^2}\left(\frac{\partial\bar{z}_0}{\partial\vartheta}\right)^2-\frac{1}{a'^2}\left(\frac{\partial\bar{x}_0}{\partial\vartheta}\right)^2-\frac{1}{b'^2}\left(\frac{\partial\bar{y}_0}{\partial\vartheta}\right)^2\right]\frac{\partial\vartheta}{\partial u}\frac{\partial\vartheta}{\partial v}+\frac{k}{c'}\left(\frac{\partial\bar{z}_0}{\partial v}\frac{\partial\vartheta}{\partial u}+\frac{\partial\bar{z}_0}{\partial u}\frac{\partial\vartheta}{\partial v}\right)+D_0'^2lm=\\
\qquad=(Dl+D'm)(D'l+D''m),\\
k\left[\frac{1}{c'^2}\left(\frac{\partial\bar{z}_0}{\partial\vartheta}\right)^2-\frac{1}{a'^2}\left(\frac{\partial\bar{x}_0}{\partial\vartheta}\right)^2-\frac{1}{b'^2}\left(\frac{\partial\bar{y}_0}{\partial\vartheta}\right)^2\right]\left(\frac{\partial\vartheta}{\partial v}\right)^2+\frac{2k}{c'}\frac{\partial\bar{z}_0}{\partial v}\frac{\partial\vartheta}{\partial v}+D_0'^2l^2=(D'l+D''m)^2.
\end{cases}
$$

## § 311. Abschluß des Nachweises der Abwickelbarkeit.

Eine weitere Umformung der Gleichungen (48) führt uns zu dem behaupteten Endergebnis.

Durch Differentiation von (39) nach $u$ und $v$, von denen $\bar{z}_0$ eine lineare Funktion ist, erhalten wir:

$$
(49)\qquad \frac{\partial\bar{z}_0}{\partial u}=-\frac{4abcV}{a'b'W^2},\qquad \frac{\partial\bar{z}_0}{\partial v}=-\frac{4abcU}{a'b'W^2};
$$

$$
(50)\ \frac{1}{c'}\left(\frac{\partial\bar{z}_0}{\partial\vartheta}\right)=\frac{4}{W^2}\Big\{\left[\frac{a^2bc}{a'^2b'c'}(u-v)(1-uv)-\frac{ab^2c^2}{a'b'^2c'^2}(u+v)(1+uv)\right]\cos\vartheta-
$$
$$
-\left[\frac{ab^2c}{a'b'^2c}(1-uv)(1+uv)+\frac{a^2bc^2}{a'^2b'c'^2}(u-v)(u+v)\right]\sin\vartheta+
$$
$$
+\frac{b^2c^2}{b'^2c'^2}(1+uv)^2+\frac{a^2c^2}{a'^2c'^2}(u-v)^2\Big\}.
$$

Nun folgt aus (46):

$$
(51)\qquad \frac{1}{c'^2}\left(\frac{\partial\bar{z}_0}{\partial\vartheta}\right)^2-\frac{1}{a'^2}\left(\frac{\partial\bar{x}_0}{\partial\vartheta}\right)^2-\frac{1}{b'^2}\left(\frac{\partial\bar{y}_0}{\partial\vartheta}\right)^2=\frac{2}{c'}\frac{\partial\bar{z}_0}{\partial\vartheta}-\frac{\bar{z}_0^2}{c'^2}-1=
$$
$$
=\frac{1}{W^2}\left(\frac{2W^2}{c'}\frac{\partial\bar{z}_0}{\partial\vartheta}-\frac{W^2\bar{z}_0^2}{c'^2}-W^2\right).
$$

Es ist aber nach S. 567:

$$
W=2\left[\frac{ac}{a'c'}(u-v)\cos\vartheta-\frac{bc}{b'c'}(1+uv)\sin\vartheta+\frac{ab}{a'b'}(1-uv)\right]
$$

und wegen (39):

$$
\frac{W\bar{z}_0}{c'}=2\left[\frac{bc}{b'c'}(1+uv)\cos\vartheta+\frac{ac}{a'c'}(u-v)\sin\vartheta-\frac{abc}{a'b'c'}(u+v)\right],
$$

und durch Quadrieren dieser beiden Gleichungen und Addieren ergibt sich:

$$
\frac{W^2\bar{z}_0^2}{c'^2}+W^2=4\begin{cases}
\frac{b^2c^2}{b'^2c'^2}(1+uv)^2+\frac{a^2c^2}{a'^2b'^2}(u-v)^2+\frac{a^2b^2}{a'^2b'^2}(1-uv)^2+\frac{a^2b^2c^2}{a'^2b'^2c'^2}(u+v)^2+\\
+2\left[\frac{a^2bc}{a'^2b'c'}(u-v)(1-uv)-\frac{ab^2c^2}{a'b'^2c'^2}(u+v)(1+uv)\right]\cos\vartheta-\\
-2\left[\frac{ab^2c}{a'b'^2c'}(1-uv)(1+uv)+\frac{a^2bc^2}{a'^2b'c'^2}(u-v)(u+v)\right]\sin\vartheta.
\end{cases}
$$

Bilden wir hierauf nach (50) den Ausdruck:

$$\frac{2W'^2}{c'}\frac{\partial \bar{z}_0}{\partial \vartheta} - W'^2\frac{\bar{z}_0^2}{c'^2} - W'^2,$$

so heben sich offenbar die Glieder in $\sin\vartheta$, $\cos\vartheta$ auf, und es bleibt übrig:

$$\frac{2W'^2}{c'}\frac{\partial \bar{z}_0}{\partial \vartheta} - \frac{W'^2\bar{z}_0^2}{c'^2} - W'^2 = \frac{4}{a'^2b'^2c'^2}\times$$

$$\times\left[a'^2b^2c^2(1+uv)^2 + b'^2a^2c^2(u-v)^2 - c'^2a^2b^2(1-uv)^2 - a^2b^2c^2(u+v)^2\right]$$

oder wegen

$$a'^2 = a^2 + k, \quad b'^2 = b^2 + k, \quad c'^2 = c^2 - k$$

$$= \frac{4k}{a'^2b'^2c'^2}\left[b^2c^2(1+uv)^2 + a^2c^2(u-v)^2 + a^2b^2(1-uv)^2\right]$$

oder auch infolge (4), S. 566,

$$= \frac{4abck}{a'^2b'^2c'^2}(u+v)^2\varrho.$$

Demnach geht (51) über in:

$$(52)\qquad \frac{1}{c'^2}\left(\frac{\partial \bar{z}_0}{\partial \vartheta}\right)^2 - \frac{1}{a'^2}\left(\frac{\partial \bar{x}_0}{\partial \vartheta}\right)^2 - \frac{1}{b'^2}\left(\frac{\partial \bar{y}_0}{\partial \vartheta}\right)^2 = \frac{4abck(u+v)^2\varrho}{a'^2b'^2c'^2}.$$

Nun setzen wir in (48) die Werte (49), (52) für die betreffenden Koeffizienten, ferner für $D_0'^2$, $l$, $m$ ihre Werte (S. 570, 567):

$$D_0'^2 = \frac{4abc}{(u+v)^4\varrho}, \qquad l = \frac{(u+v)U}{W}, \qquad m = \frac{(u+v)V}{W}$$

ein und multiplizieren die drei Gleichungen mit

$$\frac{a'^2b'^2c'^2W^2}{4abck^2(u+v)^2\varrho},$$

dann gehen sie in die folgenden drei Gleichungen über

$$\left(\frac{\partial\vartheta}{\partial u} - \frac{a'b'c'V}{k(u+v)^2\varrho}\right)^2 = \frac{a'^2b'^2c'^2}{4abck^2\varrho}(DU + D'V)^2,$$

$$\left(\frac{\partial\vartheta}{\partial u} - \frac{a'b'c'V}{k(u+v)^2\varrho}\right)\left(\frac{\partial\vartheta}{\partial v} - \frac{a'b'c'U}{k(u+v)^2\varrho}\right) = \frac{a'^2b'^2c'^2}{4abck^2\varrho}(DU+D'V)(D'U+D''V),$$

$$\left(\frac{\partial\vartheta}{\partial v} - \frac{a'b'c'U}{k(u+v)^2\varrho}\right)^2 = \frac{a'^2b'^2c'^2}{4abck^2\varrho}(D'U + D''V)^2.$$

Diese drei Gleichungen sind aber Identitäten, denn aus den Differentialgleichungen (I), S. 573 ($\varepsilon = +1$), ergibt sich eben:

$$\frac{\partial\vartheta}{\partial u} - \frac{a'b'c'V}{k(u+v)^2\varrho} = \frac{a'b'c'}{2k\sqrt{abc\varrho}}(DU + D'V),$$

$$\frac{\partial\vartheta}{\partial v} - \frac{a'b'c'U}{k(u+v)^2\varrho} = \frac{a'b'c'}{2k\sqrt{abc\varrho}}(D'U + D''V).$$

Somit schließen wir:

Die $\infty^1$ Flächen $S_1$, die sich durch Transformationen $B_k$ aus einer beliebigen Biegungsfläche $S$ des einschaligen Hyperboloids ableiten lassen, sind auf dieses Hyperboloid abwickelbar. Die Abwicklung entspricht auch hier der Ivoryschen Verwandtschaft zwischen den konfokalen Flächen zweiten Grades $Q_0$ und $Q_k$.

## § 312. Transformationen der Biegungslinienflächen des Hyperboloids.

Wir betrachten nun den besonderen Fall, in welchem die Ausgangsbiegungsfläche $S$ eine Linienfläche $R$ ist, und wollen beweisen: Ihre $\infty^1$ vermittelst einer beliebigen Transformation $B_k$ ableitbaren Transformierten $S_1$ sind ebenfalls Linienflächen $R_1$ (vgl. § 291).

Die Erzeugenden von $R$ mögen durch stetige Verzerrung aus den Geraden $v$ auf dem Hyperboloid hervorgegangen sein, so haben wir nach S. 566:

$$D = 0, \qquad D' = -D_0' = -\frac{2\sqrt{abc}}{(u+v)^2\sqrt{\varrho}}.$$

Aus der zweiten Codazzischen Gleichung (21), S. 571, folgt dann:

$$\frac{\partial}{\partial u}\log\frac{D''}{\sqrt{\varrho}} = 0,$$

demnach können wir setzen:

$$D'' = -(u+v)^2\varrho D'\varphi(v),$$

wo $\varphi(v)$ von $v$ allein abhängt und durch seine Form die besondere in Rede stehende Linienfläche $R$ genauer bestimmt. Die Differentialgleichungen (I), S. 573, gehen wegen

$$(53) \qquad D = 0, \qquad D' = -\frac{2\sqrt{abc}}{(u+v)^2\sqrt{\varrho}}, \qquad D'' = 2\sqrt{abc\varrho}\cdot\varphi(v)$$

über in:

$$\frac{\partial\vartheta}{\partial u} = 0, \qquad \frac{\partial\vartheta}{\partial v} = \varepsilon\,\frac{a'b'c'}{k}\,V\varphi(v).$$

Demnach ist jetzt $\vartheta$ eine Funktion von $v$ allein und durch folgende gewöhnliche Differentialgleichung vom Riccatischen Typus (für $\lambda = \frac{1-\sin\vartheta}{\cos\vartheta}$) bestimmt:

$$(54) \qquad \frac{\partial\vartheta}{\partial v} = \frac{\varphi(v)}{k}\big[(-ab'c \mp a'bc')2v\cos\vartheta + \\ + (a'bc \pm ab'c')(v^2-1)\sin\vartheta + (a'bc' \pm abc')(v^2+1)\big].$$

Genau so wie in § 291 läßt sich hieraus folgern, daß auf den transformierten Flächen $S_1$ die Kurven $v =$ const. Gerade sind und ebenfalls zum Strahlensystem $\Gamma$ gehören, das von der ersten oder der zweiten Regelschar auf dem $Q_0$ konfokalen Hyperboloid $Q_k$ erzeugt wird, wenn dieses auf $R$ rollt. Somit können wir denselben Satz wie für die erste Linienfläche zweiten Grades aussprechen, nämlich:

Rollt das einschalige Hyperboloid $Q_0$ auf einer beliebigen auf dasselbe abwickelbaren Linienfläche $R$, so läßt sich das Strahlensystem $\Gamma$, das von der ersten oder der zweiten Regelschar eines an $Q_0$ gekoppelten konfokalen Hyperboloids $Q_k$ erzeugt wird, in $\infty^1$ Linienflächen $R_1$ zerlegen, die ebenfalls auf das Hyperboloid abwickelbar sind. Jede dieser Linienflächen $R_1$ ist der erste und $R$ der zweite Brennmantel eines $W$-Strahlensystems, das von den Verbindungslinien entsprechender Punkte gebildet wird.

Die Zerlegung des Strahlensystems $\Gamma$ in die $\infty^1$ Linienflächen $R_1$ hängt von der Differentialgleichung (54) ab, und es sind in diesem Falle diese Flächen $R_1$ eben die mittels $B_k$ Transformierten von $R$.

Bemerkenswert sind auch in diesem Falle vor allem die singulären Transformationen: $B_{-b^2}$, $B_{c^2}$. Sie entsprechen den Fokalkegelschnitten, und zwar die erste der Fokalhyperbel:

$$y = 0, \quad \frac{x^2}{a^2 - b^2} - \frac{z^2}{b^2 + c^2} = 1,$$

die zweite der Fokalellipse:

$$z = 0, \quad \frac{x^2}{a^2 + c^2} + \frac{y^2}{b^2 + c^2} = 1.$$

Die entsprechenden Strahlensysteme $\Gamma$ werden in diesen Fällen von den Tangenten des betreffenden Fokalkegelschnitts erzeugt, der an das Hyperboloid $Q_0$ während dessen Abrollens auf der Biegungslinienfläche $R$ gekoppelt ist.

Auch hier kann, ebenso wie im entsprechenden Falle der Biegungsflächen des hyperbolischen Paraboloids (§ 295, S. 549 ff.) noch eine zweite singuläre Transformation $B_0$ betrachtet werden, die dem Werte: $k = 0$ des Parameters entspricht. In diesem Falle ergibt der Chieffische Satz die Zerlegung des Strahlensystems $\Gamma$ in die $\infty^1$ auf das Hyperboloid abwickelbaren Linienflächen $R_1$. Die geeignete Deutung der Differentialgleichung (54) (vgl. § 295), in der die unteren Vorzeichen zu wählen sind und der Grenzübergang für $k = 0$ auszuführen ist, lehrt dann eben, daß die Strahlen der $R$ berührenden Kongruenz $\Gamma$ längs der krummen Haupttangentenkurven auf $R$ zusammengenommen werden müssen.

## § 313. Eigenschaften der Transformationen $B_k$.

Nachdem wir auf diese Weise die grundlegenden Eigenschaften der Transformationen $B_k$ festgestellt haben, können wir die Entwicklungen in § 296—298 fast wörtlich wiederholen und gelangen so nacheinander zu folgenden Sätzen:

a) Die Transformationen $B_k$ der Biegungsflächen des einschaligen Hyperboloids führen Haupttangentenkurven wieder in Haupttangentenkurven über, d. h. unsere Strahlensysteme mit den auf das Hyperboloid abwickelbaren Brennmänteln $S$, $S_1$ sind $W$-Systeme.

b) Wird der erste Brennmantel $S$ um eine starre Haupttangentenkurve $a$ verbogen und bleibt gleichzeitig eine von einem Punkte von $a$ ausgehende vorgegebene Fokalstrecke fest, so verbiegt sich auch der zweite Brennmantel $S_1$ um die entsprechende starr bleibende Haupttangentenkurve $a_1$.

c) Die beiden Linienflächen $R$, $R_1$, die $S$, $S_1$ längs zweier entsprechender Haupttangentenkurven $a$, $a_1$ nach dem Chieffischen Satze umschrieben sind, sind ebenfalls die beiden Brennmäntel eines solchen Strahlensystems.

Der Leser braucht nur die in den angeführten Paragraphen gegebenen Beweise durchzugehen, um die im vorliegenden Falle vorzunehmenden geringen Abänderungen herauszufinden.

Eine etwas eingehendere Entwicklung erfordert der Beweis eines weiteren Satzes, der demjenigen in § 299, S. 556, entspricht:

d) Die Transformationen $B_k$ führen dauernd konjugierte Systeme auf $S$ in ebensolche Systeme auf $S_1$ über.

Durch dasselbe Verfahren wie in § 299 wird diese Eigenschaft auf den Beweis der folgenden Identität zurückgeführt:

$$D\left(\frac{\partial u_1}{\partial v} + \frac{\partial u_1}{\partial \vartheta}\frac{\partial \vartheta}{\partial v}\right)\frac{\partial \vartheta}{\partial v} - D''\left(\frac{\partial u_1}{\partial u} + \frac{\partial u_1}{\partial \vartheta}\frac{\partial \vartheta}{\partial u}\right)\frac{\partial \vartheta}{\partial u} = 0.$$

Nun ergeben sich aus dem expliziten Ausdruck (40), S. 579, für $u_1$, wenn der Nenner abkürzend mit $\psi$ bezeichnet wird, also

$$\psi \equiv \frac{b}{b'}\left[\frac{a}{a'}(1-uv)+\frac{c}{c'}(1+uv)\right]\cos\vartheta + \frac{ac}{a'c'}\left[u-v-\frac{b}{b'}(u+v)\right](1+\sin\vartheta)$$

ist, unschwer die Gleichungen:

$$\frac{\partial u_1}{\partial u} = \frac{2abc(1+\sin\vartheta)V}{a'b'c'\psi^2}, \quad \frac{\partial u_1}{\partial v} = \frac{2abc(1+\sin\vartheta)U}{a'b'c'\psi^2}, \quad \frac{\partial u_1}{\partial \vartheta} = -\frac{kabc(1+\sin\vartheta)(u+v)^2\varrho}{a'^2b'^2c'^2\psi^2}.$$

Hiernach geht die als Identität nachzuweisende Gleichung in die folgende über:

$$D\left[2U - \frac{k(u+v)^2\varrho}{a'b'c'}\frac{\partial\vartheta}{\partial v}\right]\frac{\partial\vartheta}{\partial v} - D''\left[2V - \frac{k(u+v)^2\varrho}{a'b'c'}\frac{\partial\vartheta}{\partial u}\right]\frac{\partial\vartheta}{\partial u} = 0,$$

und diese wieder, wegen der Fundamentalgleichungen (I), S. 573 (für $\varepsilon = +1$), in:

$$D\left[U^2 - \frac{(u+v)^4\varrho}{4abc}(D'U + D''V)^2\right] - D''\left[V^2 - \frac{(u+v)^4\varrho}{4abc}(DU + D'V)^2\right] =$$

$$= (DU^2 - D''V^2)\left[1 + \frac{(u+v)^4\varrho}{4abc}(DD'' - D'^2\right] = 0,$$

eine Gleichung, die wegen der Gaußischen Gleichung (20), S. 571, identisch erfüllt ist.

## § 314. Wechselbeziehung zwischen $R$ und $R_1$.

Wir haben noch die Eigenschaft zu beweisen, daß die beiden Brennmäntel $S$, $S_1$ eines jetzt vorliegenden Strahlensystems in vollkommen umkehrbarer Beziehung zueinander stehen, nämlich:

Geht die Biegungsfläche $S_1$ des einschaligen Hyperboloids aus $S$ mittels der Transformation $B_k$ hervor, so geht umgekehrt $S$ aus $S_1$ mittels derselben Transformation $B_k$ hervor.

Wie bei den entsprechenden Untersuchungen über die Biegungsflächen des Paraboloids (§ 300—302) wird die Frage zunächst von den allgemeinen Biegungsflächen auf die Linienflächen zurückgeführt. Für diese erledigt sie sich mittels des Ivoryschen Theorems und der anderen beiden elementaren Sätze in § 301, die, wie sich sofort nachweisen läßt, auch hier gültig sind.

Unter Beibehaltung der früheren Bezeichnungen seien $g_1$, $g_2$ zwei beliebige Erzeugende des Hyperboloids $Q_0$, $\bar{g}_1$, $\bar{g}_2$ die ihnen durch Ivorysche Verwandtschaft entsprechenden Erzeugenden des konfokalen Hyperboloids $Q_k$. Zwischen ihren Punkten $M_1$, $M_2$; $\overline{M}_1$, $\overline{M}_2$ stellen wir eine Zuordnung wie in § 301 her.

Indem wir zunächst voraussetzen, daß $g_1$, $g_2$ zu ein und derselben Schar, z. B. der ersten, gehören, setzen wir ihre Gleichungen an:

$$g_i)\quad \begin{cases} x_i = a\sin\vartheta_i \dfrac{z_i}{c} + a\cos\vartheta_i, \\ y_i = -b\cos\vartheta_i \dfrac{z_i}{c} + b\sin\vartheta_i \quad (i = 1, 2). \end{cases}$$

Die aus ihnen durch Ivorysche Verwandtschaft transformierten $\bar{g}_1, \bar{g}_2$ haben die Gleichungen:

$$\bar{g}_i)\quad \begin{cases} \bar{x}_i = a' \sin\vartheta_i \frac{z_i}{c} + a' \cos\vartheta_i, \\ \bar{y}_i = -b' \cos\vartheta_i \frac{z_i}{c} + b' \sin\vartheta_i, \\ \bar{z}_i = c' \frac{z_i}{c} \qquad\qquad (i = 1, 2). \end{cases}$$

Wie in § 302 suchen wir die Koeffizienten einer starren Bewegung, die das Geradenpaar $g_1, \bar{g}_2$ und die Punkte $M_1, \bar{M}_2$ mit dem Geradenpaar $\bar{g}_1, g_2$ und den Punkten $\bar{M}_1, M_2$ zur Deckung bringt. Mittels des Ansatzes:

$$\Delta \equiv (acb' + a'c'b)\cos\vartheta_1 \cos\vartheta_2 + (ab'c' + a'bc)\sin\vartheta_1 \sin\vartheta_2 - (abc' + a'b'c)$$

erhalten wir für die Koeffizienten $\alpha$, $\beta$, $\gamma$ (vgl. § 302, S. 563) die folgenden Werte:

$$\Delta\alpha_1 = (abc' + a'b'c)\cos\vartheta_1 \cos\vartheta_2 + (abc + a'b'c')\sin\vartheta_1 \sin\vartheta_2 - (acb' + a'c'b),$$
$$\Delta\alpha_2 = k(c\cos\vartheta_1 \sin\vartheta_2 - c'\cos\vartheta_2 \sin\vartheta_1),$$
$$\Delta\alpha_3 = k(b\sin\vartheta_2 - b'\sin\vartheta_1);$$
$$\Delta\beta_1 = k(c\cos\vartheta_2 \sin\vartheta_1 - c'\cos\vartheta_1 \sin\vartheta_2),$$
$$\Delta\beta_2 = (abc + a'b'c')\cos\vartheta_1 \cos\vartheta_2 + (abc' + a'b'c)\sin\vartheta_1 \sin\vartheta_2 - (ab'c' + a'bc),$$
$$\Delta\beta_3 = k(a'\cos\vartheta_1 - a\cos\vartheta_2);$$
$$\Delta\gamma_1 = k(b\sin\vartheta_1 - b'\sin\vartheta_2),$$
$$\Delta\gamma_2 = k(a'\cos\vartheta_2 - a\cos\vartheta_1),$$
$$\Delta\gamma_3 = (ab'c' + a'bc)\cos\vartheta_1 \cos\vartheta_2 + (acb' + a'c'b)\sin\vartheta_1 \sin\vartheta_2 - (abc + a'b'c');$$
$$\Delta\alpha = k(bc'\cos\vartheta_2 - b'c\cos\vartheta_1),$$
$$\Delta\beta = k(ac'\sin\vartheta_2 - a'c\sin\vartheta_1),$$
$$\Delta\gamma = k(ab'\cos\vartheta_1 \sin\vartheta_2 - a'b\cos\vartheta_2 \sin\vartheta_1).$$

Auch hier stellt sich heraus, daß die Substitution:

$$\begin{pmatrix} \alpha_1 & \alpha_2 & \alpha_3 \\ \beta_1 & \beta_2 & \beta_3 \\ \gamma_1 & \gamma_2 & \gamma_3 \end{pmatrix}$$

orthogonal und rechtsgedreht ist, wonach das Vorhandensein der unveränderlichen Bewegung erwiesen ist.

Gehören die Erzeugenden $g_1, g_2$ nicht zu ein und derselben Schar und lauten ihre Gleichungen:

$$g_1)\quad \begin{cases} x_1 = a\sin\vartheta_1 \frac{z_1}{c} + a\cos\vartheta_1, \\ y_1 = -b\cos\vartheta_1 \frac{z_1}{c} + b\sin\vartheta_1; \end{cases} \qquad g_2)\quad \begin{cases} x_2 = -a\sin\vartheta_2 \frac{z_2}{c} + a\cos\vartheta_2, \\ y_2 = b\cos\vartheta_2 \frac{z_2}{c} + b\sin\vartheta_2, \end{cases}$$

so ergeben sich für die Koeffizienten $\alpha_i$, $\beta_i$, $\gamma_i$ Werte, die aus den obigen dadurch hervorgehen, daß in ihnen $c'$ durch $-c'$ ersetzt wird und die Vorzeichen von $\gamma_1, \gamma_2, \gamma_3$ geändert werden. Die entsprechende Substitution bleibt orthogonal, geht aber in eine linksgedrehte über, und an Stelle der unveränderlichen Bewegung tritt eine Symmetrie.

Die behauptete Eigenschaft ist somit bewiesen.

## § 315. Besonderer Fall des einschaligen Rotationshyperboloids.

Bei allen Untersuchungen in diesem Kapitel haben wir das allgemeine einschalige Hyperboloid ($a^2 > b^2$) betrachtet. Hier zum Schluß wollen wir den bemerkenswerten Spezialfall des Rotationshyperboloids ($a^2 = b^2$) untersuchen. Die Transformationen $B_k$ gelten auch hier in demselben Umfange wie im allgemeinen Falle, denn der Parameter $k$ kann immer noch einen beliebigen Wert im Intervall $(-a^2, c^2)$ annehmen. Insbesondere haben wir die beiden singulären Transformationen $B_{-a^2}$, $B_{c^2}$, von denen die erste der auf die Rotationsachse des Hyperboloids zusammengezogenen Fokalhyperbel, die zweite dem Fokalkreise entspricht.

Untersuchen wir nun die erste Transformation näher. Es sei $S, S_1$ ein Paar solcher Biegungsflächen des Rotationshyperboloids, von denen die eine mittels $B_{-a^2}$ aus der zweiten hervorgegangen sei. Wird der erste Brennmantel $S$, an den die Fokalstrecken $FF_1$ gekoppelt sind, auf das Hyperboloid abgewickelt, so fallen die Endpunkte $F_1$ auf die Achse; diese Strecken sind demnach Tangenten der Meridianhyperbeln, d. h. auf $S$ Tangenten der aus den Meridianen transformierten geodätischen Linien. Dadurch ist bewiesen, daß in diesem Falle $S, S_1$ Komplementärflächen (Ergänzungsflächen) zueinander sind (s. S. 255). Demnach haben wir das Ergebnis:

Die singuläre Transformation $B_{-a^2}$ ist für die Biegungsflächen des einschaligen Rotationshyperboloids nichts anderes als die Komplementärtransformation.[1])

1) Dasselbe folgt aus den allgemeinen Gleichungen. Da jetzt $a = b$, $k = -a^2$ ist, so ergibt sich:
$$a' = 0, \qquad b' = 0, \qquad c' = \sqrt{a^2 + c^2},$$
und aus den Gleichungen (10), S. 567, weiter:
$$\frac{U}{W} = \frac{u^2 + 1}{2(1 - uv)}, \qquad \frac{V}{W} = \frac{(v^2 + 1)}{2(1 - uv)},$$
demnach wegen (9), S. 567:
$$l = \frac{(u + v)(u^2 + 1)}{2(1 - uv)}, \qquad m = \frac{(u + v)(v^2 + 1)}{2(1 - uv)}.$$
Hiernach bestimmen die Gleichungen:
$$x_1 = x + l\frac{\partial x}{\partial u} + m\frac{\partial x}{\partial v} \text{ usw.}$$
eine einzige Fläche $S_1$, die Komplementärfläche der Ausgangsfläche $S$.

Nun untersuchen wir den noch spezielleren Fall der Biegungslinienflächen des Rotationshyperboloids. Für den der Komplementärtransformation entsprechenden Wert: $k = -a^2$ zieht sich das konfokale Hyperboloid $Q_k$ auf die Rotationsachse zusammen, und aus dem allgemeinen Theorem in § 312, S. 585, ergibt sich der folgende Satz:

Rollt ein einschaliges Rotationshyperboloid auf einer beliebigen auf dasselbe abwickelbaren Linienfläche $R$, so beschreibt die Achse des Hyperboloids eine zweite Biegungsfläche $R_1$ des Hyperboloids, welche die Komplementärfläche von $R$ ist.

Wir wollen jetzt zeigen, wie sich dieser Satz mittels unmittelbarer geometrischer Überlegungen ableiten läßt, die auf den allgemeinen Eigenschaften der Komplementärtransformation für die Biegungsflächen von Rotationsflächen beruhen und zugleich zu weiteren eleganten Ergebnissen führen, die von Laguerre und Bioche herrühren.

Es sei $R$ eine auf das Hyperboloid $Q_0$ abwickelbare Linienfläche und $g$ eine seiner Erzeugenden. Wir betrachten die Strecken $FF_1$, die in den Punkten $F$ von $g$ die Fläche $R$ und in den anderen Endpunkten $F_1$ die Komplementärfläche berühren. Wird $R$ auf $Q_0$ abgewickelt, so fallen die Endpunkte dieser Strecken, ohne daß diese ihre relative Lage ändern, auf die Achse des Hyperboloids. Durchläuft also $F$ eine Gerade $g$ von $R$, so durchläuft der zweite Brennpunkt $F_1$ eine zweite Gerade $g_1$, und zwar ist dies diejenige Lage, welche die Achse des Hyperboloids einnimmt, wenn es die Fläche $R$ längs $g$ berührt. Die Komplementärfläche von $R$ ist also eine zweite Linienfläche $R_1$. Nach dem Weingartenschen Satze, S. 252, ist sie auf eine Rotationsfläche abwickelbar, die sich nach den allgemeinen Formeln unschwer als das Hyperboloid selbst herausstellt. Dasselbe leuchtet auch geometrisch ein, wenn sich $R$ auf die Achse des Hyperboloids zusammenzieht, denn dann fällt $R_1$ mit dem Hyperboloid selbst zusammen. Wir wollen jedoch unsere geometrischen Betrachtungen fortsetzen und betrachten auf $R$, $R_1$ zwei entsprechende Erzeugenden $g$, $g_1$ und ihren kleinsten Abstand $MM_1$, wo $M$ und $M_1$ dessen Fußpunkte sind. Bei der Abwicklung von $R$ auf $Q_0$ geht $g$ in eine Erzeugende des Hyperboloids und $g_1$ in die Achse über; infolgedessen fällt $M$ auf den Kehlkreis. Demnach ist die Ortskurve $\gamma$ des Punktes $M$ auf $R$ die Transformierte des Kehlkreises (Striktionslinie), und entsprechendes gilt von der Ortskurve $\gamma_1$ von $M_1$ auf $R_1$. Nun ist $MM_1$ gemeinsame Normale zu $R$ und $R_1$ und infolgedessen gemeinsame Hauptnormale der beiden geodätischen Linien $\gamma$ und $\gamma_1$. Dieses sind demnach (§ 19) zwei konjugierte Bertrandsche Kurven. Die Binormalen dieser beiden Kurven haben offenbar die Richtungen $g_1$ und $g$ und bilden einen konstanten Winkel miteinander, welcher der Neigungswinkel der Erzeugenden des Hyperboloids gegen die Achse ist. Ferner ist auch das Stück $MM_1$ der gemeinsamen Hauptnormale konstant, gleich dem Radius des Kehlkreises, und von der gerade vorliegenden besonderen Verbiegung unabhängig. Auf diese Weise haben wir geometrisch den Laguerreschen Satz bewiesen (vgl. S. 237):

Bei jeder Verbiegung eines Rotationshyperboloids in eine Linienfläche geht der Kehlkreis in eine Bertrandsche Kurve ein und derselben Gattung[1]) über.

Gleichzeitig haben wir aber auch den Biocheschen Satz bewiesen:

Wird durch jeden Punkt $M_1$ einer Bertrandschen Kurve $\gamma_1$ die Parallele zu der Binormale im entsprechenden Punkte $M$ der konjugierten Kurve $\gamma$ gezogen, so ist die Ortsfläche $R_1$ dieser Parallelen auf ein Rotationshyperboloid abwickelbar.

Ferner folgt aus unseren Ausführungen, daß die zweite Linienfläche $R$, die sich durch Vertauschung von $\gamma$ und $\gamma_1$ bei der obigen geometrischen Konstruktion ergibt, die Komplementärfläche von $R_1$ ist.

In allen obigen Ausführungen haben wir uns auf die Betrachtung der singulären Transformation $B_{-a^2}$ der Biegungslinienflächen des Rotationshyperboloids beschränkt. Die allgemeinen Transformationen $B_k$ können offenbar ebenfalls als Transformationen Bertrandscher Kurven aufgefaßt werden, die Striktionslinien auf den Biegungsflächen dieses Hyperboloids sind. Tatsächlich sind sie auch schon als Kurventransformationen in einem besonderen Falle von Demartres[2]), dann im allgemeinen Falle von Razzaboni[3]) untersucht worden. Der Demartressche Fall entspricht der zweiten Transformation $B_{c^2}$, bei der sich das konfokale Hyperboloid $Q_k$ auf den Fokalkreis zusammenzieht. Die Razzabonischen Transformationen entsprechen unseren allgemeinen Transformationen $B_k$.

---

1) Das soll heißen, daß die lineare Beziehung zwischen den beiden Krümmungen immer dieselbe bleibt.

2) Comptes Rendus de l'Acad. des Sc., 1888, 106. Bd.

3) Un teorema del sig. Demartres generalizzato. Atti del Reale Istituto Veneto. 1900/1901, 60. Bd., 2. Teil.

# Kapitel XXI.

## Transformationen $B_k$ der auf andere Flächen zweiten Grades abwickelbaren Flächen.

Reelles und ideelles Gebiet des elliptischen Paraboloids. — Transformationen $B_k$ der entsprechenden Biegungsflächen. — Biegungsflächen des zweischaligen Hyperboloids. — Biegungsflächen des Ellipsoids. — Ideelle Gebiete der Linienflächen zweiten Grades. — Imaginäre Kugel. — Neue Formeln für die Bäcklundsche Transformation der pseudosphärischen Flächen. — Bemerkungen über den allgemeinen Vertauschbarkeitssatz.

---

### § 316. Allgemeines.

Bei den in den beiden voraufgehenden Kapiteln entwickelten Untersuchungen über die Biegungsflächen der Flächen zweiten Grades haben wir ausführlich nur den Fall behandelt, in dem die Fundamentalfläche eine reelle Linienfläche ist. Doch ist ohne weiteres klar, daß der ganze analytische Teil und folglich auch die geometrischen Entwicklungen für beliebige, reelle oder imaginäre Flächen zweiten Grades ungeändert ihre Bedeutung behalten. Insbesondere kann der in § 283, S. 521, aufgestellte Fundamentalsatz $A$) jetzt als allgemein gültig angesehen werden. Hieraus folgt speziell, wie wir dort auseinandergesetzt haben, daß es für alle Biegungsflächen der reellen und allgemeinen Flächen zweiten Grades stets reelle Transformationen $B_k$ gibt. Im vorliegenden Kapitel wollen wir nun eben die Formeln für Flächen zweiten Grades mit elliptischen Punkten entwickeln und zugleich Klassen von reellen Flächen behandeln, die auf imaginäre Flächen oder auf imaginäre Gebiete reeller Flächen zweiten Grades abwickelbar sind. Für jede einzelne Gattung der Grundfläche $Q$ könnten wir direkt und in derselben Weise verfahren, wie wir es für das hyperbolische Paraboloid und für das einschalige Hyperboloid getan haben, d. h. wir könnten mittels der in § 283 angegebenen Konstruktion jeder Facette $f$ von $Q$ $\infty^1$ entsprechende Facetten $f_1$ zuordnen, und suchten wir dann für jede Biegungsfläche $S$ von $Q$ die $\infty^3$ Facetten $f_1$ zu $\infty^1$ Flächen $S_1$ anzuordnen, so würden sich die grundlegenden Differentialgleichungen für die entsprechenden Transformationen $B_k$ ergeben. Auf diese Weise würden wir aber die schon in den beiden voraufgehenden Kapiteln durchgeführten Rechnungen in der Hauptsache nur wiederholen, nur daß im vorliegenden Falle die Veränderlichen $u, v$ und somit auch einige von den Konstanten, welche die Gestalt der Grundfläche bestimmen ($\sqrt{p}, \sqrt{q}$ oder $a, b, c$), nicht reell, sondern (im allgemeinen) rein imaginär wären. Wir können also zweckmäßiger das ganze schon in den voraufgehenden Kapiteln ausgearbeitete analytische Material zur Behandlung der neuen einzelnen Fälle verwenden, um die Endergebnisse in der beabsichtigten reellen Fassung zu geben.

Bevor wir jedoch die neuen Untersuchungen beginnen, müssen wir erst auf eine zweite wichtige Frage eingehen, welche die Art der Abwickelbarkeit zwischen den beiden Brennmänteln $S$, $S_1$ unserer $W$-Strahlensysteme betrifft. Die in Rede stehende Abwickelbarkeit muß in dem Sinne aufgefaßt werden, daß die beiden Linienelementquadrate von $S$ und $S_1$ analytisch einander äquivalent sind; aber es ist möglich, daß die durch die Abwickelbarkeit bestimmte Zuordnung zwischen $S$ und $S_1$ sowohl zwischen ihren reellen Gebieten stattfindet als auch andrerseits, daß dem reellen Gebiet der einen Fläche ein imaginäres Gebiet der andern Fläche entspricht. Im ersten Falle bezeichnen wir die Abwickelbarkeit von $S$ auf $S_1$ als reell oder eigentlich, im zweiten Falle als nur ideell oder uneigentlich.[1])

Da in unserem Falle die Abwickelbarkeit zwischen $S$ und $S_1$ immer durch die Ivorysche Verwandtschaft zwischen den beiden konfokalen Flächen zweiten Grades $Q$ und $Q_k$ bestimmt ist, so haben wir hierin ein sehr einfaches Mittel, um festzustellen, wann der erste und wann der zweite Fall vorliegt. Ist die Fläche $Q$, wie wir hier voraussetzen, reell, so müssen wir, um reelle Transformationen $B_k$ zu erhalten, $Q_k$ aus der Gattung der Linienflächen wählen, wie wir in § 283 ausgeführt haben. Ist demnach $Q$ selbst eine Linienfläche, wie es bei den Untersuchungen in den beiden vorigen Kapiteln der Fall war, so ordnet die Ivorysche Verwandtschaft die reellen Gebiete von $Q$ und $Q_k$ einander zu; die Abwickelbarkeit zwischen $S$ und $S_1$ ist folglich reell. Hat dagegen die Fundamentalfläche $Q$ elliptische Punkte, so ordnet die Ivorysche Verwandtschaft dem reellen Gebiet von $Q_k$ ein imaginäres Gebiet von $Q$ zu; die Abwickelbarkeit ist dann ideell. Folglich schließen wir:

---

1) Die Unterscheidung der beiden Arten der Abwickelbarkeit, die wir hier als reell und ideell bezeichnen, tritt zum erstenmale in den Untersuchungen des russischen Mathematikers Peterson auf. Vgl. besonders die Abhandlung: Sur la déformation des surfaces du second ordre. Traduit du russe par M. E. Davaux, Annales de la Faculté des Sciences de Toulouse, 2. Serie, 7. Bd.

Bei unseren $W$-Strahlensystemen, deren Brennmäntel $S, S_1$ auf eine reelle Fläche zweiten Grades $Q$ abwickelbar sind, ist die Abwickelbarkeit von $S$ auf $S_1$ reell oder ideell, je nachdem die Fläche $Q$ hyperbolische oder elliptische Punkte hat.

## § 317. Transformationen $B_k$ der Biegungsflächen des elliptischen Paraboloids.

Wir beginnen die neuen Untersuchungen über die Biegungsflächen der reellen Flächen zweiten Grades mit der Betrachtung des elliptischen Paraboloids. Seine Gleichung setzen wir in der Normalform:

$$\frac{x_0^2}{p} + \frac{y_0^2}{q} = 2z_0$$

an; darin sind $p, q$ als positiv aufzufassen, und um die Ideen zu fixieren, möge z. B. $p \leqq q$ angenommen werden. Die Formeln für diese Fläche ergeben sich aus denjenigen für das hyperbolische Paraboloid in § 285, wenn $q$ durch $-q$, demnach $\sqrt{q}$ durch $i\sqrt{q}$ ersetzt wird. Insbesondere ergeben die Gleichungen (9), S. 525, das ganze reelle Gebiet des elliptischen Paraboloids, wenn darin die Veränderlichen $u, v$ als konjugiert imaginär angenommen werden. Unter Trennung des Reellen vom Imaginären setzen wir:

$$u = \frac{\alpha - i\beta}{2}, \quad v = \frac{\alpha + i\beta}{2} \qquad (\alpha, \beta \text{ reell}),$$

dann gehen die erwähnten Formeln über in:

$$x_0 = \sqrt{p}\cdot\alpha, \quad y_0 = \sqrt{q}\cdot\beta, \quad z_0 = \frac{\alpha^2+\beta^2}{2}. \tag{1}$$

Für das Quadrat des Linienelements unseres Paraboloids $P_0$ erhalten wir:

$$ds_0^2 = (\alpha^2 + p)\, d\alpha^2 + 2\alpha\beta\, d\alpha\, d\beta + (\beta^2 + q) d\beta^2. \tag{2}$$

Auf Grund der allgemeinen Ausführungen in § 285 müssen wir nun aus der zu $P_0$ konfokalen Flächenschar eine Linienfläche, d. h. ein hyperbolisches Paraboloid $P_k$ auswählen. Seine Gleichung schreiben wir in der Form:

$$\frac{x^2}{k-p} - \frac{y^2}{q-k} + 2z - k = 0;$$

darin kann der Parameter $k$ einen beliebigen Wert in dem Intervall $(p, q)$:

$$p \leqq k \leqq q$$

annehmen. Setzen wir:

$$p' = k - p, \quad q' = q - k, \tag{2*}$$

so sind $p'$, $q'$ positiv, und wir können die Formeln für den vorliegenden Fall aus denjenigen in § 285 dadurch ableiten, daß wir in ihnen

$$\sqrt{q},\ \sqrt{p'},\ \sqrt{q'} \quad \text{z. B. bez. durch} \quad i\sqrt{q},\ -i\sqrt{p'},\ i\sqrt{q'}$$

ersetzen. Insbesondere gehen die Gleichungen (20), S. 527, für $U, V, W$ bei Wahl der oberen Vorzeichen in die folgenden über:

$$(3)\begin{cases} U \equiv 2(\sqrt{qp'} - i\sqrt{pq'})\lambda^2 u^2 + 2(\sqrt{p'q'} - i\sqrt{pq})\lambda u - \frac{k}{2}(\sqrt{qp'} + i\sqrt{pq'})\lambda^2 + \\ \qquad + \frac{1}{2}(\sqrt{qp'} - i\sqrt{pq'}), \\ V \equiv 2(\sqrt{qp'} + i\sqrt{pq'})\lambda^2 v^2 - 2(\sqrt{p'q'} + i\sqrt{pq})\lambda v - \frac{k}{2}(\sqrt{qp'} - i\sqrt{pq'})\lambda^2 + \\ \qquad + \frac{1}{2}(\sqrt{qp'} + i\sqrt{pq'}), \\ W \equiv 2\lambda[i\sqrt{pq} - \sqrt{qp'}(u+v)\lambda + i\sqrt{pq'}(u-v)\lambda]. \end{cases}$$

Da $u, v$ konjugiert imaginär sind, so ist klar, daß für einen rein imaginären Wert des Parameters $\lambda$ $W$ reell ist und $U, V$ konjugiert imaginär sind. Bezeichnen wir abkürzend die zu einer beliebigen komplexen Größe $A$ konjugierte Größe mit $\bar{A}$, so haben wir folglich

$$\bar{u} = v,\ \bar{v} = u,\ \bar{\lambda} = -\lambda,\ \bar{U} = V,\ \bar{V} = U,\ \bar{W} = W,$$

demnach auch:

$$\bar{l} = \frac{\bar{U}}{\bar{W}} = m;\ \bar{m} = \frac{\bar{V}}{\bar{W}} = l.$$

Nun betrachten wir eine beliebige reelle Biegungsfläche $S$ des elliptischen Paraboloids $P_0$. Die Größen $x, y, z$ sind reell, und ihre Ableitungen: $\frac{\partial x}{\partial u}, \frac{\partial x}{\partial v}$ usw. sind konjugiert imaginär, wie die Veränderlichen $u, v$. Aus den Gleichungen:

$$x_1 = x + l\frac{\partial x}{\partial u} + m\frac{\partial x}{\partial v} \quad \text{usw.}$$

geht hervor, daß $x_1, y_1, z_1$ reell sind; infolgedessen ist die transformierte Fläche $S_1$ ebenfalls reell. Um also reelle Transformationen $B_k$ für die Biegungsflächen des elliptischen Paraboloids zu erhalten, haben wir nur den grundlegenden Differentialgleichungen (I), S. 533, für rein imaginäres $\lambda$ Genüge zu leisten:

$$(4)\begin{cases} \frac{\partial \lambda}{\partial u} = \frac{i\sqrt{pq}}{kH}V + \frac{DU + D'V}{2k\sqrt{H}}, \\ \frac{\partial \lambda}{\partial v} = \frac{i\sqrt{pq}}{kH}U + \frac{D'U + D''V}{2k\sqrt{H}}. \end{cases}$$

Da nun die Fläche $S$ reell ist, so muß es auch ihre zweite Grundform:

$$D du^2 + 2D' du dv + D'' dv^2$$

sein, und wir haben demnach:

$$\bar{D} = D'', \quad \bar{D}' = D', \quad \bar{D}'' = D.$$

Andrerseits ist die durch (11), S. 525, wo $q$ durch $-q$ zu ersetzen ist, bestimmte Größe $H$:

$$H \equiv p(u-v)^2 - q(u+v)^2 - pq = -(q\alpha^2 + p\beta^2 + pq)$$

wesentlich negativ, und mittels des Ansatzes:

$$H = -h^2, \quad \text{also} \quad H = ih,$$

gehen dann die Gleichungen (4) über in:

$$(4^*) \qquad \begin{cases} \dfrac{\partial (i\lambda)}{\partial u} = \dfrac{\sqrt{pq}}{kh^2} V + \dfrac{DU + D'V}{2kh}, \\[2ex] \dfrac{\partial (i\lambda)}{\partial v} = \dfrac{\sqrt{pq}}{kh^2} U + \dfrac{D'U + D''V}{2kh}. \end{cases}$$

Die rechten Seiten sind für reelles $i\lambda$ konjugiert imaginär, wie die Veränderlichen $u, v$. Demnach ist es wirklich möglich, den Gleichungen durch reelles $i\lambda$ zu genügen, dessen Anfangswert außerdem willkürlich bleibt.

Somit ist das Imaginäre in den obigen Gleichungen nur scheinbar, und um ihnen reelle Fassung zu geben, brauchten wir nur die reellen Veränderlichen $\alpha, \beta$ einzuführen. Folglich können wir daraus schließen:

Jede auf das allgemeine ($p < q$) elliptische Paraboloid abwickelbare reelle Fläche $S$ gestattet für jeden Wert des Parameters $k$ in dem Intervall $(p, q)$ reelle Transformationen $B_k$.

Auch die Endwerte: $k = p$, $k = q$, wie wir noch hinzufügen wollen, sind zulässig und ergeben singuläre Transformationen.

## § 318. Ideelle Abwickelbarkeit der Transformationsflächen $S_1$ auf das elliptische Paraboloid.

Nach unserer allgemeinen Theorie sind die reellen Transformationsflächen $S_1$ auf das Paraboloid $P_0$ in dem Sinne abwickelbar, daß sich das Quadrat ihres Linienelements als in dasjenige von $P_0$ transformierbar ergibt. Aber nach unseren allgemeinen Ausführungen in § 316 ist diese Abwickelbarkeit nur ideell. Dies wollen wir nun im vorliegenden konkreten Falle genauer bestätigen, indem wir den wirklichen reellen Ausdruck für das Quadrat des Linienelements von $S_1$ ableiten.

Wird zunächst der erste Brennmantel $S$ unseres $W$-Strahlensystems, das von den Verbindungslinien entsprechender Punkte $F, F_1$ von $S, S_1$ gebildet wird, auf $P_0$ ausgebreitet, so fallen die Strecken $FF_1$ mit ihren Endpunkten $F_1$ auf das konfokale hyperbolische Paraboloid $P_k$ und bedecken sein reelles Gebiet. Aber die Jvorysche Verwandtschaft zwischen den beiden Paraboloiden:

$$P_0)\quad \frac{x_0^2}{p} + \frac{y_0^2}{q} = 2z_0,$$

$$P_k)\quad -\frac{x^2}{k-p} + \frac{y^2}{q-k} = 2z - k$$

ordnet ihre Punkte vermittelst folgender Gleichungen einander zu:

$$x_0 = \sqrt{\frac{p}{p-k}}\cdot x,\quad y_0 = \sqrt{\frac{q}{q-k}}\cdot y,\quad z_0 = z - \frac{k}{2}$$

oder:

$$x_0 = i\sqrt{\frac{p}{p'}}\cdot x,\quad y_0 = \sqrt{\frac{q}{q'}}\cdot y,\quad z_0 = z - \frac{k}{2},$$

die das reelle Gebiet von $P_k$ in ein imaginäres von $P_0$ überführen.

Hinsichtlich des wirklichen reellen Ausdrucks für das Quadrat des Linienelements $ds_1^2$ der Transformationsflächen $S_1$ ergibt sich aus den in § 292—294 durchgeführten Rechnungen:

$$(5)\quad \begin{aligned} ds_1^2 = (p - q + 4v_1^2)du_1^2 + 2(p - q + 4u_1v_1)du_1\,dv_1 + \\ + (p - q + 4u_1^2)dv_1^2, \end{aligned}$$

wo die Veränderlichen $u_1$, $v_1$ mit $u$, $v$ mittels der Gleichungen (50), S. 544, zusammenhängen. Jedoch müssen wir in diesen Gleichungen $\sqrt{q}$, $\sqrt{p'}$, $\sqrt{q'}$ bezüglich durch $i\sqrt{q}$, $-i\sqrt{p'}$, $i\sqrt{q'}$ ersetzen, so daß sie demnach in die folgenden übergehen:

$$(6)\quad \begin{cases} u_1 = \dfrac{\sqrt{qp'}(u+v) + i\sqrt{pq'}(u-v) - i\sqrt{pq}(4uv+k)\lambda}{2\left[i\sqrt{pq'}(u-v)\lambda - \sqrt{qp'}(u+v)\lambda + i\sqrt{pq}\right]}, \\ v_1 = \dfrac{1}{2\lambda}. \end{cases}$$

Da $\lambda$ rein imaginär ist und $u$, $v$ konjugiert imaginär sind, so sind offenbar $u_1$, $v_1$ rein imaginär. Setzen wir also:

$$u_1 = \frac{i(\beta_1 + \alpha_1)}{2},\quad v_1 = \frac{i(\beta_1 - \alpha_1)}{2}\qquad (\alpha_1,\ \beta_1 \text{ reell}),$$

so lautet (5) in den neuen Veränderlichen $\alpha_1$, $\beta_1$:

$$(7)\quad ds_1^2 = (\alpha_1^2 + q)d\alpha_1^2 - 2\alpha_1\beta_1\,d\alpha_1\,d\beta_1 + (\beta_1^2 - p)d\beta_1^2,$$

und damit ist $ds_1^2$ auf reelle Form gebracht. Die beiden Linienelementquadrate (2), (7) lassen sich mittels der Gleichungen:

$$\alpha_1 = \beta,\quad \beta_1 = i\alpha,$$

in denen implizite Imaginäres enthalten ist, ineinander transformieren; infolgedessen sind die reellen Flächen mit dem Linienelement (7) als auf das elliptische Paraboloid ideell abwickelbar zu bezeichnen. Demnach haben wir folgendes Ergebnis abgeleitet:

Jede reelle Biegungsfläche eines elliptischen Paraboloids gehört als erster Brennmantel zu $\infty^2$ reellen $W$-Strahlensystemen, deren zweite Brennmäntel auf dieses Paraboloid ideell abwickelbar sind und das Linienelement (7) haben.

Im nächsten Paragraphen werden wir die Umkehrung beweisen:

Jede auf ein elliptisches Paraboloid (mit dem Linienelement (7)) ideell abwickelbare reelle Fläche $S$ läßt sich entsprechend als erster Brennmantel von $\infty^2$ reellen $W$-Strahlensystemen auffassen, deren zweite Brennmäntel auf dieses Paraboloid reell abwickelbar sind.

Demnach führt Anwendung von Transformationen $B_k$ auf Biegungsflächen eines elliptischen Paraboloids stets von einer reell bzw. ideell auf das Paraboloid abwickelbaren Fläche zu einer zweiten umgekehrt ideell bzw. reell auf das Paraboloid abwickelbaren Fläche; infolgedessen ist eine gerade Anzahl von Transformationen nacheinander auszuführen, wenn die Ausgangs- und die Endfläche durch Abwickelbarkeit ihrer reellen Gebiete einander entsprechen sollen.

Bisher haben wir das Paraboloid als allgemein, d. h. $p \neq q$ vorausgesetzt. Im Spezialfalle des Rotationsparaboloids, $p = q$, wird das Intervall $(p, q)$ zu Null, und für $k$ bleibt der einzig mögliche Wert: $k = p = q$ übrig. Unsere reellen Transformationen reduzieren sich in diesem Falle auf eine einzige, die Komplementärtransformation, da sich eben das konfokale Paraboloid $P_k$ auf die Rotationsachse zusammenzieht (vgl. § 315, S. 589).

## § 319. Transformationen $B_k$ der auf das elliptische Paraboloid ideell abwickelbaren Flächen.

Zur Vervollständigung der Untersuchungen im voraufgehenden Paragraphen haben wir noch die erhaltenen Ergebnisse umzukehren und zu beweisen, daß jede Fläche mit dem Linienelement (7) $\infty^2$ Transformationen $B_k$ gestattet, welche sie in Flächen überführen, die auf das elliptische Paraboloid reell abwickelbar sind.

Es sei also $S$ eine reelle Fläche mit dem Linienelement (7) oder, was dasselbe ist, eine Fläche, deren Linienelementquadrat durch die Gleichungen in § 285, S. 525, gegeben sei, worin $q$ durch $-q$ zu ersetzen ist, und es mögen die Veränderlichen $u, v$ als rein imaginär angenommen werden, was wir in unserer Bezeichnungsweise wie folgt ausdrücken:

$$(8) \qquad \bar{u} = -u, \quad \bar{v} = -v.$$

Auf diese Fläche $S$ wenden wir eine Transformation $B_k$ an, deren Konstante $k$ immer noch zwischen den Grenzen $p$ und $q$ liegen soll. Für die durch die Gleichungen:

$$x_1 = x + l\frac{\partial x}{\partial u} + m\frac{\partial x}{\partial v} \quad \text{usw.}$$

bestimmte Transformationsfläche $S_1$ wollen wir folgende Bedingungen erfüllt wissen:

1) sie soll reell sein, 2) sie soll auf das reelle Gebiet des Paraboloids abwickelbar sein. Die erste Bedingung verlangt nach (8), daß

$$(9) \qquad \bar{l} = -l, \quad \bar{m} = -m$$

ist. Die zweite Bedingung geht dann in die andere über, daß die durch (6) definierten Veränderlichen $u_1$, $v_1$ konjugiert sein sollen, d. h. daß

$$(10) \qquad \bar{\lambda} = \frac{i\sqrt{pq} - \sqrt{qp'}(u+v)\lambda + i\sqrt{pq'}(u-v)\lambda}{\sqrt{qp'}(u+v) + i\sqrt{pq'}(u-v) - i\sqrt{pq}(4uv+k)\lambda}$$

sein soll. Durch den Ansatz:

$$(11) \qquad \begin{cases} A \equiv \sqrt{pq}(4uv+k), \quad C \equiv \sqrt{pq}, \\ B \equiv \sqrt{pq'}(u-v) + i\sqrt{qp'}(u+v), \\ \bar{B} \equiv -\sqrt{pq'}(u-v) + i\sqrt{qp'}(u+v), \end{cases}$$

geht (10) in die bilineare Beziehung in $\lambda$, $\bar{\lambda}$:

$$(12) \qquad A\lambda\bar{\lambda} + B\lambda + \bar{B}\bar{\lambda} + C = 0$$

über, worin wegen (8) die äußeren Koeffizienten $A$, $C$ reell und die inneren Koeffizienten $B$, $\bar{B}$ konjugiert imaginär sind. Dazu ist die Determinante:

$$B\bar{B} - AC = -pq(4uv+k) - qp'(u+v)^2 - pq'(u-v)^2$$

identisch gleich:

$$(13) \qquad B\bar{B} - AC = k[p(u-v)^2 - q(u+v)^2 - pq] = kH$$

und folglich positiv, da ja $k$ und auch $H$ positiv sind.[1])

Zunächst beweisen wir, daß auf Grund der bilinearen Beziehung (12) zwischen $\lambda$, $\bar{\lambda}$ sich auch die Gleichungen (9) als erfüllt ergeben oder daß:

$$(14) \qquad \frac{\bar{U}}{\bar{W}} + \frac{U}{W} = 0, \quad \frac{\bar{V}}{\bar{W}} + \frac{V}{W} = 0$$

---

1) Wird wie im vorigen Paragraphen:

$$u = \frac{i(\beta_1 + \alpha_1)}{2}, \quad v = \frac{i(\beta_1 - \alpha_1)}{2}$$

gesetzt, so ist:
$H = q\beta_1^2 - p\alpha_1^2 - pq$, also positiv als Wert des Ausdrucks: $EG - F^2$ in (7).

ist. Die erste dieser Gleichungen nimmt mit Rücksicht auf die durch (3), S. 595, gegebenen Werte für $U$, $V$, $W$ und auf die Gleichung:

$$\dot{W} = 2i\lambda(B\lambda + C)$$

die folgende Gestalt an:

$$(15)\quad \frac{2(\sqrt{qp'} + i\sqrt{pq'})\bar{\lambda}^2 u^2 - 2(\sqrt{p'q'} + i\sqrt{pq})\bar{\lambda} u - \frac{k}{2}(\sqrt{qp'} - i\sqrt{pq'})\bar{\lambda}^2 + \frac{1}{2}(\sqrt{qp'} + i\sqrt{pq'})}{\bar{\lambda}(\bar{B}\bar{\lambda} + C)} =$$
$$= \frac{2(\sqrt{qp'} - i\sqrt{pq'})\lambda^2 u^2 + 2(\sqrt{p'q'} - i\sqrt{pq})\lambda u - \frac{k}{2}(\sqrt{qp'} + i\sqrt{pq'})\lambda^2 + \frac{1}{2}(\sqrt{qp'} - i\sqrt{pq'})}{\lambda(B\lambda + C)}$$

Nun ist nach (12):

$$(16)\qquad \bar{\lambda} = -\frac{B\lambda + C}{A\lambda + \bar{B}},$$

demnach wegen (13):

$$\bar{B}\bar{\lambda} + C = -\frac{kH\lambda}{A\lambda + \bar{B}},$$

folglich:

$$(16^*)\qquad \bar{\lambda}(\bar{B}\bar{\lambda} + C) = \frac{kH\lambda(B\lambda + C)}{(A\lambda + \bar{B})^2}.$$

Wird hiernach auch im Zähler der linken Seite von (15) der Wert (16) für $\bar{\lambda}$ eingesetzt, so geht (15) in die folgende Gleichung über:

$$2(\sqrt{qp'} + i\sqrt{pq'})u^2(B\lambda + C)^2 + 2(\sqrt{p'q'} + i\sqrt{pq})u(A\lambda + \bar{B})(B\lambda + C) -$$
$$- \frac{k}{2}(\sqrt{qp'} - i\sqrt{pq'})(B\lambda + C)^2 + \frac{1}{2}(\sqrt{qp'} + i\sqrt{pq'})(A\lambda + \bar{B})^2 =$$
$$= kH\Big[2(\sqrt{qp'} - i\sqrt{pq'})\lambda^2 u^2 + 2(\sqrt{p'q'} - i\sqrt{pq})\lambda u -$$
$$- \frac{k}{2}(\sqrt{qp'} + i\sqrt{pq'})\lambda^2 + \frac{1}{2}(\sqrt{qp'} - i\sqrt{pq'})\Big].$$

Nun läßt sich diese Beziehung zwischen zwei Polynomen zweiten Grades in $\lambda$ unter Berücksichtigung der Werte (11) von $A$, $B$, $C$ und der Werte (2*) von $p'$, $q'$ als Identität nachweisen. Auf ähnliche Weise läßt sich beweisen, daß auch die zweite Gleichung (14) eine Folge von (12) ist.

Hierauf haben wir nur noch zu zeigen, daß den Differentialgleichungen (4), S. 595, für $\lambda$ derart Genüge geleistet werden kann, daß die bilineare Form:

$$\Omega \equiv A\lambda\bar{\lambda} + B\lambda + \bar{B}\bar{\lambda} + C$$

gleich Null wird. Zu diesem Zwecke setzen wir zugleich mit (4) die Gleichungen für die konjugierte Größe $\bar{\lambda}$ an, unter Hinweis darauf, daß $H$, wie wir gesehen haben, positiv ist und daß, weil nach Voraussetzung

$u$, $v$ rein imaginär sind und die Fläche $S$ reell ist, $D$, $D'$, $D''$ reell sind. Somit ergibt sich aus (4), wenn $i$ durch $-i$ ersetzt wird:

$$(17) \qquad \begin{cases} \dfrac{\partial \bar{\lambda}}{\partial u} = i\dfrac{\sqrt{pq}}{kH}\bar{V} - \dfrac{D\bar{U} + D'\bar{V}}{2k\sqrt{H}}, \\[2ex] \dfrac{\partial \bar{\lambda}}{\partial v} = i\dfrac{\sqrt{pq}}{kH}\bar{U} - \dfrac{D'\bar{U} + D''\bar{V}}{2k\sqrt{H}}. \end{cases}$$

Unsere Behauptung kommt auf den Nachweis hinaus, daß die Differentialgleichungen (4) und (17) zusammen mit der bilinearen Beziehung: $\Omega = 0$ ein vollständiges System bilden, d. h. daß infolge dieser Gleichungen die Ableitungen von $\Omega$ verschwinden. Wir betrachten z. B. die Ableitung:

$$\frac{\partial \Omega}{\partial u} = \frac{\partial \Omega}{\partial \lambda}\frac{\partial \lambda}{\partial u} + \frac{\partial \Omega}{\partial \bar{\lambda}}\frac{\partial \bar{\lambda}}{\partial u} + \frac{\partial A}{\partial u}\lambda\bar{\lambda} + \frac{\partial B}{\partial u}\lambda + \frac{\partial \bar{B}}{\partial u}\bar{\lambda} + \frac{\partial C}{\partial u},$$

die wegen der obigen Gleichungen übergeht in:

$$(18) \qquad \frac{\partial \Omega}{\partial u} = (A\bar{\lambda} + B)\left(\frac{i\sqrt{pq}\,V}{kH} + \frac{DU + D'V}{2k\sqrt{H}}\right) +$$

$$+ (A\lambda + \bar{B})\left(\frac{i\sqrt{pq}\,\bar{V}}{kH} - \frac{D\bar{U} + D'\bar{V}}{2k\sqrt{H}}\right) +$$

$$+ 4\sqrt{pq}\,v\lambda\bar{\lambda} + (\sqrt{pq'} + i\sqrt{qp'})\lambda - (\sqrt{pq'} - i\sqrt{qp'})\bar{\lambda}.$$

Nun ist wegen (14):

$$\frac{\bar{U}}{U} = \frac{\bar{V}}{V} = -\frac{\bar{W}}{W} = \frac{\bar{\lambda}(\bar{B}\bar{\lambda} + C)}{\lambda(B\lambda + C)}$$

oder auch wegen (16*):

$$\frac{\bar{U}}{U} = \frac{\bar{V}}{V} = \frac{kH}{(A\lambda + \bar{B})^2}.$$

Aber nach (16) ist:

$$(19) \qquad A\bar{\lambda} + B = \frac{B\bar{B} - AC}{A\lambda + \bar{B}} = \frac{kH}{A\lambda + \bar{B}},$$

folglich:

$$\frac{\bar{U}}{U} = \frac{\bar{V}}{V} = \frac{A\bar{\lambda} + B}{A\lambda + \bar{B}}.$$

Infolgedessen fallen in (18) die Glieder in $D$, $D'$, $D''$ fort, und es bleibt übrig:

$$\frac{\partial \Omega}{\partial u} = \frac{2i\sqrt{pq}}{kH}(A\bar{\lambda} + B)V + 4\sqrt{pq}\,v\lambda\bar{\lambda} + (\sqrt{pq'} + i\sqrt{qp'})\lambda -$$

$$- (\sqrt{pq'} - i\sqrt{qp'})\lambda.$$

Mit Rücksicht auf (16), (19) und den Wert ($3_2$), S. 595, von $V$ können wir schreiben:

$$(A\lambda + \overline{B})\frac{\partial \Omega}{\partial u} =$$

$$= 2i\sqrt{pq}\Big[2(\sqrt{qp'} + i\sqrt{pq'})\lambda^2 v^2 - 2(\sqrt{p'q'} + i\sqrt{pq})\lambda v -$$

$$- \frac{k}{2}(\sqrt{qp'} - i\sqrt{pq'})\lambda^2 + \frac{1}{2}(\sqrt{qp'} + i\sqrt{pq'})\Big] - 4\sqrt{pq}v\lambda(B\lambda + C) +$$

$$+ (\sqrt{pq'} + i\sqrt{qp'})\lambda(A\lambda + \overline{B}) + (\sqrt{pq'} - i\sqrt{qp'})(B\lambda + C).$$

Das Polynom zweiten Grades in $\lambda$ auf der rechten Seite verschwindet identisch, demnach ist $\frac{\partial \Omega}{\partial u}$ in der Tat gleich Null. Ähnlich läßt sich beweisen, daß auch $\frac{\partial \Omega}{\partial v}$ gleich Null ist.

Hiernach kommen wir zum Abschluß unserer Entwicklungen unter Hinweis darauf, daß wir nach dem oben Bewiesenen nur die Differentialgleichungen (4) in $\lambda$ so zu integrieren brauchen, daß die Bedingung: $\Omega = 0$ für spezielle Anfangswerte $u_0$, $v_0$ der Veränderlichen $u$, $v$ erfüllt ist, denn dann ist sie für alle Werte $u$, $v$ erfüllt. Aber für feste Werte $u$, $v$ ist die Gleichung: $\Omega = 0$ in der komplexen $\lambda$-Ebene diejenige eines Kreises, der reell ist, weil die Determinante:

$$B\overline{B} - AC = kH,$$

wie wir gesehen, positiv ist. Wir brauchen demnach nur als Anfangswert $\lambda_0$ von $\lambda$ den Parameter eines reellen Punktes dieses Kreises zu wählen. Daraus folgt, daß wir für jeden Wert von $k$ im Intervall $(p, q)$ $\infty^1$ reelle Transformationsflächen $S_1$ von $S$ erhalten, die auf das reelle Gebiet des elliptischen Paraboloids abwickelbar sind. Das ist eben der im voraufgehenden Paragraphen aufgestellte Satz.

Das oben eingeschlagene Verfahren und die oben durchgeführten Rechnungen lassen sich auch noch auf verschiedene andere Fälle anwenden, in denen wir uns unter Bezugnahme auf die hier ausführlich entwickelten Tatsachen kurz fassen können.

## § 320. Transformationen $B_k$ der Biegungsflächen des zweischaligen Hyperboloids.

Wir gehen nun zu den Mittelpunktsflächen zweiten Grades mit elliptischen Punkten über und beginnen mit dem zweischaligen Hyperboloid $Q_0$. Seine Gleichung schreiben wir in der Form:

$$\frac{x_0^2}{a^2} - \frac{y_0^2}{b^2} - \frac{z_0^2}{c^2} = 1$$

und setzen, um die Ideen zu fixieren, $b^2 \leqq c^2$ voraus. Die Formeln für diesen Fall ergeben sich aus denjenigen in § 303 für das einschalige Hyperboloid, wenn in diesen $b$ durch $ib$ ersetzt wird. Auf diese Weise gehen die Gleichungen (1), S. 565, über in:

$$x_0 = \frac{a(1+uv)}{u+v}, \quad y_0 = \frac{ib(u-v)}{u+v}, \quad z_0 = \frac{c(1-uv)}{u+v},$$

und es geht aus ihnen hervor, daß wir, um das reelle Gebiet dieses Hyperboloids zu erhalten, die Veränderlichen:

$$u = \frac{1 + \frac{iy_0}{b}}{\frac{x_0}{a} + \frac{z_0}{c}}, \quad v = \frac{1 - \frac{iy_0}{b}}{\frac{x_0}{a} + \frac{z_0}{c}}$$

als konjugiert imaginär annehmen müssen.

Im Anschluß an die allgemeinen Ausführungen in § 283 betrachten wir nun das konfokale einschalige Hyperboloid $Q_k$ mit der Gleichung:

$$Q_k) \quad \frac{x^2}{a^2+k} + \frac{y^2}{k-b^2} - \frac{z^2}{c^2-k} = 1,$$

wo der Parameter $k$ im Intervall $(b^2, c^2)$ liegt, also $b^2 \leqq k \leqq c^2$ ist, und führen endlich die positiv reellen Größen (die Halbachsen von $Q_k$):

$$a' = \sqrt{a^2+k}, \; b' = \sqrt{k-b^2}, \; c' = \sqrt{c^2-k}$$

ein. Werden in den Gleichungen (10), S. 567, die oberen Vorzeichen gewählt und wird nur $b$ durch $ib$ ersetzt, so lauten sie:

$$U \equiv \left(\frac{ac}{a'c'} - \frac{ib}{b'}\right) 2u\cos\vartheta + \left(\frac{ibc}{b'c'} - \frac{a}{a'}\right)(u^2-1)\sin\vartheta + \left(\frac{iab}{a'b'} - \frac{c}{c'}\right)(u^2+1),$$

$$V \equiv \left(-\frac{ac}{a'c'} - \frac{ib}{b'}\right) 2v\cos\vartheta + \left(\frac{ibc}{b'c'} + \frac{a}{a'}\right)(v^2-1)\sin\vartheta + \left(\frac{iab}{a'b'} + \frac{c}{c'}\right)(v^2+1),$$

$$W \equiv 2\left[\frac{ac}{a'c'}(u-v)\cos\vartheta - \frac{ibc}{b'c'}(1+uv)\sin\vartheta + \frac{iab}{a'b'}(1-uv)\right].$$

Wird $\vartheta$ als reell angenommen und berücksichtigt, daß

$$\bar{u} = v, \; \bar{v} = u$$

ist, so ergibt sich:

$$(\alpha) \qquad \bar{U} = -V, \; \bar{V} = -U, \; \bar{W} = -W,$$

folglich:

$$(\alpha^*) \qquad \bar{l} = m, \; \bar{m} = l.$$

Nun sei $S$ eine beliebige reelle Biegungsfläche unseres Hyperboloids, mithin:

$$(\beta) \qquad \bar{D} = D'', \; \bar{D}' = D', \; \bar{D}'' = D.$$

Die Gleichung (4), S. 566, für den Wert von $\varrho$ lautet jetzt:

$$\varrho = i\frac{b^2c^2(1+uv)^2 + a^2b^2(1-uv)^2 - a^2c^2(u-v)^2}{abc(u+v)^2},$$

und der Koeffizient von $i$ rechts ist offenbar positiv reell. Bezeichnen wir ihn mit $R^2$, so haben wir:

$$\varrho = iR^2 \quad (R \text{ reell}),$$

und wird in den grundlegenden Differentialgleichungen (I), S. 573, $\varepsilon$ gleich $+1$ gesetzt und $b$ durch $ib$ ersetzt, so gehen sie über in:

$$(20)\quad \begin{cases} \dfrac{\partial\vartheta}{\partial u} = -\dfrac{ia'b'c'V}{k(u+v)^2R^2} - \dfrac{ia'b'c'}{2kR\sqrt{abc}}(DU + D'V), \\[2ex] \dfrac{\partial\vartheta}{\partial v} = -\dfrac{ia'b'c'U}{k(u+v)^2R^2} - \dfrac{ia'b'c'}{2kR\sqrt{abc}}(D'U + D''V). \end{cases}$$

Wegen ($\alpha$), ($\beta$) sind die rechten Seiten für reelles $\vartheta$ konjugiert imaginär, also kann ihnen durch einen reellen Wert von $\vartheta$ bei beliebigem Anfangswert genügt werden.

Demnach ergeben die Gleichungen:

$$x_1 = x + l\frac{\partial x}{\partial u} + m\frac{\partial x}{\partial v} \text{ usw.}$$

wegen ($\alpha^*$) eine reelle Transformationsfläche $S_1$, woraus wir schließen:

Jede reelle Fläche, die auf das reelle Gebiet des allgemeinen zweischaligen Hyperboloids abwickelbar ist, besitzt $\infty^3$ reelle Transformationsflächen $S_1$, die mittels Transformationen $B_k$ aus ihr hervorgehen.

Diese Transformationsflächen $S_1$ haben sicherlich ein Linienelement $ds_1$, welches in dasjenige des zweischaligen Hyperboloids transformiert werden kann; aber die allgemeinen Überlegungen in § 316 lassen schon a priori erkennen, daß eine Abwickelbarkeit dieser Flächen nur auf das ideelle Gebiet des Hyperboloids $Q_0$ stattfindet. Auch hier erhalten wir den wirklichen reellen Ausdruck für $ds_1^2$, das Quadrat des Linienelements dieser Flächen $S_1$, wenn wir auf die Abwicklungsgleichungen (40), S. 579, zurückgehen und dabei wieder $b$ durch $ib$ ersetzen. So ergibt sich:

$$(21)\quad \begin{cases} u_1 = \dfrac{\dfrac{ib}{b'}\left[\dfrac{a}{a'}(1-uv) - \dfrac{c}{c'}(1+uv)\right](1+\sin\vartheta) + \dfrac{ac}{a'c'}\left[u - v + \dfrac{ib}{b'}(u+v)\right]\cos\vartheta}{\dfrac{ib}{b'}\left[\dfrac{a}{a'}(1-uv) + \dfrac{c}{c'}(1+uv)\right]\cos\vartheta + \dfrac{ac}{a'c'}\left[u - v - \dfrac{ib}{b'}(u+v)\right](1+\sin\vartheta)}, \\[3ex] v_1 = \dfrac{1-\sin\vartheta}{\cos\vartheta}. \end{cases}$$

Da $\vartheta$ reell ist und $u$, $v$ konjugiert imaginär sind, so sind die neuen Veränderlichen $u_1$, $v_1$ ersichtlich reell, und es folgt:

Das Linienelement der Transformationsflächen $S_1$ ergibt sich aus demjenigen des einschaligen Hyperboloids (S. 565), wenn $b^2$ durch $-b^2$ ersetzt wird und die Veränderlichen $u$, $v$ reell bleiben.

Übrigens ist zu beachten, daß diese reellen Veränderlichen hier der Ungleichheit:

$$a^2c^2(u-v)^2 > a^2b^2(1-uv)^2 + b^2c^2(1+uv)^2$$

genügen müssen, die, wie leicht ersichtlich ist, die notwendige und hinreichende Bedingung dafür angibt, daß das entsprechende Quadrat des Linienelements $ds_1^2$ positiv definit ist.

Nun ließe sich durch ganz ähnliche Rechnungen, wie sie im voraufgehenden Paragraphen für die Biegungsflächen des ideellen Gebiets des elliptischen Paraboloids durchgeführt worden sind, umgekehrt beweisen, daß jede Fläche $S$ mit dem oben angegebenen (zum ideellen Gebiet des zweischaligen Hyperboloids gehörigen) Linienelement $\infty^2$ Tranformationsflächen $S_1$ besitzt, die auf das reelle Gebiet dieses Hyperboloids abwickelbar sind.

Dazu wäre nachzuweisen, daß unter den getroffenen Voraussetzungen den Differentialgleichungen (20) durch einen solchen Wert von $\vartheta$ genügt werden kann, daß die durch (21) bestimmten Veränderlichen $u_1$, $v_1$ sich als konjugiert imaginär ergeben, wonach die Transformationsflächen $S_1$ reell ausfallen würden. Wir sehen hier von einer Wiederholung der erforderlichen Rechnungen ab, umso mehr, als wir demnächst (§ 324) Gelegenheit haben werden, ganz analoge Rechnungen auszuführen.

Endlich haben wir noch zuzusehen, was mit unseren Transformationen $B_k$ für die Biegungsflächen des zweischaligen Hyperboloids geschieht, wenn es ein Rotationshyperboloid wird. Dann bleibt wegen $b^2 = c^2$ für $k$ als einzig möglicher Wert übrig: $k = b^2 = c^2$, und wie im Falle des elliptischen Paraboloids (S. 598), reduzieren sich alle reellen Transformationen $B_k$ auf die einzige Komplementärtransformation.

### § 321. Fall des Ellipsoids. — Änderung der Bezeichnungen.

Um den Fall des Ellipsoids zu behandeln, brauchen wir nur in den Gleichungen des § 303 für das einschalige Hyperboloid $c$ durch $ic$ zu ersetzen. Dies ergibt zunächst:

$$x_0 = \frac{a(1+uv)}{u+v},\quad y_0 = \frac{b(u-v)}{u+v},\quad z_0 = \frac{ic(1-uv)}{u+v},$$

woraus folgt:

$$u = \frac{1+\frac{y_0}{b}}{\frac{x_0}{a}-\frac{iz_0}{c}},\quad v = \frac{1-\frac{y_0}{b}}{\frac{x_0}{a}-\frac{iz_0}{c}} = \frac{\frac{x_0}{a}+\frac{iz_0}{c}}{1+\frac{y_0}{b}},$$

und es ist offenbar für das reelle Gebiet des Ellipsoids die Veränderliche $u$ zu $\frac{1}{v}$ konjugiert. Demnach sind die Gleichungen in § 303 dahin abzuändern, daß die Veränderliche $v$ durch $w = \frac{1}{v}$ ersetzt wird. Die Formeln für das Ellipsoid lauten dann:

$$x_0 = \frac{a(u+w)}{uw+1}, \quad y_0 = \frac{b(uw-1)}{uw+1}, \quad z_0 = \frac{ic(w-u)}{uw+1},$$

und das reelle Gebiet des Ellipsoids ergibt sich, wenn $u$, $w$ als konjugiert komplex ($\bar{u} = w$, $\bar{w} = u$) angenommen werden. In der Gleichung des Ellipsoids $Q_0$:

$$Q_0) \quad \frac{x_0^2}{a^2} + \frac{y_0^2}{b^2} + \frac{z_0^2}{c^2} = 1$$

setzen wir, wie gewöhnlich, $a^2 \geqq b^2 \geqq c^2$ voraus, und als konfokale Fläche $Q_k$ wählen wir das einschalige Hyperboloid:

$$Q_k) \quad \frac{x^2}{a^2+k} + \frac{y^2}{b^2+k} + \frac{z^2}{c^2+k} = 1,$$

wobei wir die Konstante $k$ in dem Intervall $(-b^2, -c^2)$ annehmen: $-b^2 \leqq k \leqq -c^2$. Endlich setzen wir noch:

$$a' = \sqrt{a^2+k}, \quad b' = \sqrt{b^2+k}, \quad c' = \sqrt{-c^2-k},$$

dann sind $a'$, $b'$, $c'$ reell (positiv); danach haben wir in den Gleichungen in § 303 nur $c$ durch $ic$ zu ersetzen.

Die Gleichungen:

$$x_1 = x + l\frac{\partial x}{\partial u} + m\frac{\partial x}{\partial v} \text{ usw.}$$

lauten in den neuen Veränderlichen $u$, $w$:

(22)
$$x_1 = x + l_0\frac{\partial x}{\partial u} + m_0\frac{\partial x}{\partial w}, \text{ usw.},$$

wo

$$l_0 = l, \quad m_0 = -w^2 m$$

zu setzen ist.

Gehen wir hierauf zu (9), (10), S. 567, zurück, wobei wir die oberen Vorzeichen wählen, und setzen wir $ic$ an Stelle von $c$, so erhalten wir:

$$l_0 = \frac{uw+1}{2} \cdot \frac{\left(\frac{iac}{a'c'} - \frac{b}{b'}\right) 2u\cos\vartheta + \left(\frac{ibc}{b'c'} - \frac{a}{a'}\right)(u^2-1)\sin\vartheta + \left(\frac{ab}{a'b'} - \frac{ic}{c'}\right)(u^2+1)}{N},$$

$$m_0 = \frac{uw+1}{2} \cdot \frac{\left(\frac{iac}{a'c'} + \frac{b}{b'}\right) 2w\cos\vartheta + \left(\frac{ibc}{b'c'} + \frac{a}{a'}\right)(w^2-1)\sin\vartheta - \left(\frac{ab}{a'b'} + \frac{ic}{c'}\right)(w^2+1)}{N}$$

$$\left(N \equiv \frac{iac}{a'c'}(uw-1)\cos\vartheta - \frac{ibc}{b'c'}(u+w)\sin\vartheta + \frac{ab}{a'b'}(w-u)\right).$$

Da $u$, $w$ konjugiert imaginär sind, so ist klar, daß für reelles $\vartheta$ die Größen $l_0$, $m_0$ ebenfalls konjugiert imaginär sind, und die Anwendung von (22) auf eine reelle Biegungsfläche $S$ des Ellipsoids ergibt, daß die Transformationsflächen $S_1$ reell sind. Folglich haben wir nur noch zu prüfen, ob es möglich ist, durch reelles $\vartheta$ den Transformationsgleichungen zu genügen.

## § 322. Transformationen $B_k$ der Biegungsflächen des Ellipsoids.

Die grundlegenden Differentialgleichungen (I), S. 573, gehen hier durch Vertauschen von $c$ mit $ic$ und für $\varepsilon = +1$ über in:

$$\frac{\partial\vartheta}{\partial u} = \frac{a'b'c'V}{k(u+v)^2\varrho} + \frac{a'b'c'(DU+D'V)}{2k\sqrt{iabc\varrho}},$$

$$\frac{\partial\vartheta}{\partial v} = \frac{a'b'c'U}{k(u+v)^2\varrho} + \frac{a'b'c'(D'U+D''V)}{2k\sqrt{iabc\varrho}}.$$

Da der durch (4), S. 566, bestimmte Wert von $\varrho$ hier ist:

$$\varrho = i\frac{b^2c^2(w+u)^2 + a^2c^2(1-uw)^2 - a^2b^2(w-u)^2}{abc(uw+1)^2},$$

so können wir offenbar schreiben:

$$\varrho = iR^2 \quad (R \text{ reell}),$$

also auch:

$$\frac{\partial\vartheta}{\partial u} = -\frac{ia'b'c'w^2V}{k(uw+1)^2R^2} - \frac{ia'b'c'(DU+D'V)}{2kR\sqrt{abc}},$$

$$\frac{\partial\vartheta}{\partial v} = -\frac{ia'b'c'w^2U}{k(uw+1)^2R^2} - \frac{ia'b'c'(D'U+D''V)}{2kR\sqrt{abc}}.$$

In diesen Gleichungen führen wir statt $v$ die Veränderliche $w$ ein, und es sei in den Koordinaten $u$, $w$

$$\Delta du^2 + 2\Delta' du\,dw + \Delta'' dw^2$$

die zweite Grundform von $S$, demnach:

$$\Delta = D, \quad \Delta' = -\frac{D'}{w^2}, \quad \Delta'' = \frac{D''}{w^4}.$$

Da ferner

$$\frac{\partial\vartheta}{\partial w} = -\frac{1}{w^2}\frac{\partial\vartheta}{\partial v}$$

ist, lauten die Gleichungen für $\vartheta$ wie folgt:

$$(23)\qquad \begin{cases} \dfrac{\partial\vartheta}{\partial u} = -\dfrac{ia'b'c'w^2V}{k(uw+1)^2R^2} - \dfrac{ia'b'c'(\Delta U - \Delta' w^2 V)}{2kR\sqrt{abc}}, \\[2ex] \dfrac{\partial\vartheta}{\partial w} = \dfrac{ia'b'c'U}{k(uw+1)^2R^2} - \dfrac{ia'b'c'(\Delta' U - \Delta'' w^2 V)}{2kR\sqrt{abc}}. \end{cases}$$

Aus (10), S. 567 (wobei $c$ durch $ic$ ersetzt wird), erhalten wir als explizite Ausdrücke für $U$ und $w^2 V$:

$$U = \left(\frac{iac}{a'c'} - \frac{b}{b'}\right) 2u \cos\vartheta + \left(\frac{ibc}{b'c'} - \frac{a}{a'}\right)(u^2 - 1)\sin\vartheta +$$

$$+ \left(\frac{ab}{a'b'} - \frac{ic}{c'}\right)(u^2 + 1),$$

$$w^2 V = \left(-\frac{iac}{a'c'} - \frac{b}{b'}\right) 2w \cos\vartheta + \left(-\frac{ibc}{b'c'} - \frac{a}{a'}\right)(w^2 - 1)\sin\vartheta +$$

$$+ \left(\frac{ab}{a'b'} + \frac{ic}{c'}\right)(w^2 + 1),$$

und aus ihnen geht hervor, daß für reelles $\vartheta$ die Größen $U$, $w^2 V$ konjugiert imaginär sind. Da nun ferner die Biegungsfläche $S$ reell ist, ergibt sich:

$$\overline{\Delta} = \Delta'', \quad \overline{\Delta}' = \Delta', \quad \overline{\Delta}'' = \Delta;$$

demnach sind die rechten Seiten der Differentialgleichungen (23) konjugiert imaginär, und folglich können wir ihnen durch einen reellen Wert von $\vartheta$ bei willkürlichem Anfangswert genügen.

Somit haben wir auch für diese letzte Gattung von reellen Flächen, die auf das reelle Gebiet reeller Flächen zweiten Grades abwickelbar sind, das Vorhandensein von $\infty^2$ reellen Transformationen $B_k$ nachgewiesen, in Übereinstimmung mit den allgemeinen Ausführungen in § 283. Auch hier wieder, wie bei den anderen Gattungen von Flächen zweiten Grades mit elliptischen Punkten, sind die Transformationsflächen $S_1$ nicht auf das reelle, sondern auf das ideelle Gebiet des Ellipsoids abwickelbar.

Der explizite reelle Ausdruck für $ds_1^2$, das Quadrat des Linienelements dieser Transformationsflächen, ergibt sich, wenn wir auf die Abwicklungsgleichungen (40), S. 579, zurückgehen. Wird in ihnen $c$ durch $ic$ und $v$ durch $\frac{1}{w}$ ersetzt, so lauten sie:

$$u_1 = \frac{\frac{b}{b'}\left[\frac{a}{a'}(w-u) - \frac{ic}{c'}(w+u)\right](1+\sin\vartheta) + \frac{iac}{a'c'}\left[(uw-1) + \frac{b}{b'}(uw+1)\right]\cos\vartheta}{\frac{b}{b'}\left[\frac{a}{a'}(w-u) + \frac{ic}{c'}(w+u)\right]\cos\vartheta + \frac{iac}{a'c'}\left[(uw-1) - \frac{b}{b'}(uw+1)\right](1+\sin\vartheta)},$$

$$v_1 = \frac{1-\sin\vartheta}{\cos\vartheta}.$$

Weil

$$\overline{u} = w, \quad \overline{w} = u, \quad \overline{\vartheta} = \vartheta$$

ist, sind die neuen Veränderlichen $u_1$, $v_1$ reell, demnach:

Das Linienelement der Transformationsflächen $S_1$ ergibt sich aus demjenigen des einschaligen Hyperboloids (S. 565), wenn darin $c^2$ durch $-c^2$ ersetzt wird und die Veränderlichen $u, v$ reell bleiben.

Doch ist zu beachten, daß diese reellen Veränderlichen hier der Ungleichheit:

$$a^2b^2(1-uv)^2 > b^2c^2(1+uv)^2 + a^2c^2(u-v)^2$$

genügen müssen, damit das Quadrat des Linienelements wirklich reell ausfalle.

Nun läßt sich durch das übliche Verfahren (vgl. § 318, 319) der umgekehrte Satz beweisen, nämlich daß jede reelle Fläche, die auf das ideelle Gebiet des Ellipsoids abwickelbar ist, $\infty^2$ reelle Transformationen $B_k$ von der Beschaffenheit gestattet, daß die zweiten Brennmäntel der entsprechenden $W$-Strahlensysteme auf das reelle Gebiet dieses Ellipsoids abwickelbar sind.

Unsere Untersuchungen hinsichtlich derjenigen Flächen, die auf die reellen Gebiete der Flächen zweiten Grades abwickelbar sind, sind somit abgeschlossen, und der Schlußsatz in § 316, S. 594, ist in seinem ganzen Umfange bewiesen.

Doch kehren wir noch zum Falle des Ellipsoids zurück, um zuzusehen, was eintritt, wenn es ein Rotationsellipsoid wird. Da müssen wir zwei Arten unterscheiden: 1) das abgeplattete Rotationsellipsoid ($a^2 = b^2 > c^2$), 2) das verlängerte ($a^2 > b^2 = c^2$). Im ersten Falle sind ebenso wie für das allgemeine Ellipsoid $\infty^2$ reelle Transformationen vorhanden, da $k$ einen beliebigen Wert im Intervall $(-a^2, -c^2)$ [1]) haben kann. Insbesondere ist die Transformation $B_{-a^2}$ die Komplementärtransformation, infolgedessen führen alle Transformationen $B_k$ für die Biegungsflächen $S$ des abgeplatteten Rotationsellipsoids zu Transformationsflächen $S_1$, die auf die Komplementärfläche des Ellipsoids abwickelbar sind.

Im zweiten Falle (des verlängerten Rotationsellipsoids) dagegen verschwindet das Intervall $(-b^2, -c^2)$ für $k$, und alle reellen Transformationen $B_k$ reduzieren sich wieder auf die Komplementärtransformation.

Fassen wir noch die Ergebnisse hinsichtlich der Existenz der $\infty^2$ reellen Transformationen $B_k$ für die Rotationsflächen zweiten Grades zusammen, so sehen wir, daß sie nur für das einschalige Hyperboloid und das abgeplattete Ellipsoid wirklich vorhanden sind, während sie für das Paraboloid, das zweischalige Hyperboloid und das verlängerte

1) Natürlich ist der Fall der Kugel: $a^2 = b^2 = c^2$ ausgeschlossen, in dem von vornherein, alle (reellen) Transformationen $B_k$ sich auf die Komplementärtransformation reduzieren.

Ellipsoid fehlen oder, besser gesagt, sich auf die einzige Komplementärtransformation reduzieren.

Die allgemeinen Überlegungen in § 283 begründen schon diese Tatsache, die daher rührt, daß wir in den bezüglichen konfokalen Flächenscharen wirkliche Linienflächen (Hyperboloide) nur für die beiden ersten Gattungen haben, während sie für die letzten drei Gattungen in Ebenen durch die Achse ausarten.

Auf diese Weise erklärt sich der auf den ersten Blick sonderbare Umstand, daß hinsichtlich der Transformationstheorie die allgemeinen Flächen zweiten Grades, für welche die reellen Transformationen niemals fehlen, sich einfacher verhalten, als die einfacheren Rotationsflächen und insbesondere als die einfachste von ihnen, die Kugel.

## § 323. Transformationen $B_k$ der auf das ideelle Gebiet des hyperbolischen Paraboloids abwickelbaren Flächen.

Die Untersuchungen des vorliegenden Kapitels über Biegungsflächen der Flächen zweiten Grades mit elliptischen Punkten haben uns mit Notwendigkeit dazu geführt, neben den auf ihr reelles Gebiet abwickelbaren Flächen auch diejenigen reellen Flächen zu betrachten, welche auf ein imaginäres Gebiet derselben abwickelbar sind. Dies legt uns den Gedanken nahe, daß schließlich für die reellen Flächen, die auf Flächen zweiten Grades mit hyperbolischen Punkten abwickelbar sind, der Gegenstand noch nicht erschöpft ist. In der Tat haben wir damals nur reelle, auf ihr reelles Gebiet abwickelbare Flächen behandelt; aber es gibt ebenfalls Klassen von reellen Flächen, die ideell auf sie abwickelbar sind, und für diese Flächenklassen gibt es ebenfalls reelle Transformationen $B_k$, wie für die Biegungsflächen des reellen Gebiets. Dies sind die neuen Fälle, die wir jetzt behandeln wollen.

Wir beginnen mit dem hyperbolischen Paraboloid. Wir beziehen uns auf die Formeln in § 285 und definieren das imaginäre Gebiet des Paraboloids mit reellem, positiv definitem $ds^2$ dadurch, daß wir die Veränderlichen $u$, $v$ als konjugiert imaginär annehmen. Mittels des Ansatzes:

$$u = \frac{\alpha + i\beta}{2}, \quad v = \frac{\alpha - i\beta}{2} \qquad (\alpha,\ \beta \text{ reell})$$

erhalten wir:

$$x_0 = \sqrt{p}\cdot\alpha, \quad y_0 = i\sqrt{p}\cdot\beta, \quad z_0 = \frac{\alpha^2+\beta^2}{2},$$

demnach:

$$(24) \qquad ds_0^2 = (\alpha^2 + p)\,d\alpha^2 + 2\alpha\beta\,d\alpha\,d\beta + (\beta^2 - q)\,d\beta^2,$$

und es müssen die (reellen) Veränderlichen $\alpha$, $\beta$ der Ungleichheit:

$$p\beta^2 > q\alpha^2 + pq$$

genügen, damit $ds^2$ positiv definit sei. Die Größe:

$$H \equiv p(u-v)^2 + q(u+v)^2 + pq = pq - p\beta^2 + q\alpha^2$$

ergibt sich als negativ, und wir setzen:

(24*) $$H \equiv -h^2, \quad \sqrt{H} = ih \quad (h \text{ reell}).$$

Nun liege eine reelle (auf das ideelle Gebiet des Paraboloids abwickelbare) Fläche $S$ mit dem Linienelement (24) vor. Ihre zweite Grundform:

$$D du^2 + 2D' du dv + D'' dv^2$$

genügt, da $u$, $v$ konjugiert imaginär sind, den Bedingungen:

(25) $$\bar{D} = D'', \quad \bar{D}' = D', \quad \bar{D}'' = D.$$

Die Konstante $k$ wählen wir positiv und kleiner als $p$, $0 < k \leqq p$, und gehen mittels der Transformation $B_k$ von $S$ zu einer Transformationsfläche $S_1$ mit Hilfe der gewöhnlichen Gleichungen:

$$x_1 = x + l\frac{\partial x}{\partial u} + m\frac{\partial x}{\partial v} \text{ usw.}$$

über. Nun soll die Fläche $S_1$ 1) reell sein, 2) das Linienelement (24) haben. Wegen 1) muß sein:

$$\bar{l} = m, \quad \bar{m} = l,$$

was sich in der einen Gleichung:

(26) $$\frac{\bar{U}}{\bar{W}} = \frac{U}{W}$$

zusammenfassen läßt. Wegen 2) müssen die Abwicklungsgleichungen (50), S. 544, für $u_1$ und $v_1$ konjugiert imaginäre Werte ergeben, d. h. es muß sein:

$$\bar{\lambda} = \frac{\sqrt{pq} + [\sqrt{pq'}(u-v) - \sqrt{qp'}(u+v)]\lambda}{\sqrt{pq'}(u-v) + \sqrt{qp'}(u+v) - \sqrt{pq}(4uv+k)\lambda},$$

d. h. es muß zwischen $\lambda$, $\bar{\lambda}$ die bilineare Beziehung bestehen:

(27) $$A\lambda\bar{\lambda} + B\lambda + \bar{B}\bar{\lambda} + C = 0$$

für:

(28) $$\begin{cases} A \equiv \sqrt{pq}(4uv+k), & C \equiv \sqrt{pq}, \\ B \equiv \sqrt{pq'}(u-v) - \sqrt{qp'}(u+v), & \bar{B} \equiv -\sqrt{pq'}(u-v) - \sqrt{qp'}(u+v). \end{cases}$$

Wegen $\bar{u} = v$, $\bar{v} = u$ sind die äußeren Koeffizienten $A$, $C$ reell und die inneren konjugiert imaginär; ferner geht die Determinante:

$$B\bar{B} - AC = qp'(u+v)^2 - pq'(u-v)^2 - pq(4uv+k)$$

wegen $p' = p - k$, $q' = q + k$ in

$$-k[p(u-v)^2 + q(u+v)^2 + pq]$$

über, d. h. es ist:

(29) $$B\bar{B} - AC = -kH,$$

folglich positiv, denn $H$ ist negativ, wie wir gesehen haben, und $k$ ist positiv.[1]) Hiernach brauchen wir nur die bereits in § 319 durchgeführten Rechnungen unter den jetzt erforderlichen Abänderungen zu wiederholen und gelangen so zu dem gewünschten Ergebnis.

Zunächst ist (26) erfüllt, oder wenn wir auf Grund der Gleichungen (20), S. 527, entwickeln, so ist die Gleichung:

$$\frac{2(\sqrt{qp'} - \sqrt{pq'})\bar{\lambda}^2 v^2 - 2(\sqrt{pq} - \sqrt{p'q'})\bar{\lambda} v - \frac{k}{2}(\sqrt{qp'} + \sqrt{pq'})\bar{\lambda}^2 + \frac{1}{2}(\sqrt{qp'} - \sqrt{pq'})}{\bar{\lambda}(\bar{B}\bar{\lambda} + C)}$$

$$= \frac{2(\sqrt{qp'} + \sqrt{pq'})\lambda^2 v^2 - 2(\sqrt{pq} + \sqrt{p'q'})\lambda v - \frac{k}{2}(\sqrt{qp'} - \sqrt{pq'})\lambda^2 + \frac{1}{2}(\sqrt{qp'} + \sqrt{pq'})}{\lambda(B\lambda + C)}$$

eine Folge von (27). Dazu brauchen wir nur zu berücksichtigen, daß

$$\bar{\lambda}(\bar{B}\bar{\lambda} + C) = -\frac{kH\lambda(B\lambda + C)}{(A\lambda + \bar{B})^2}$$

ist, und wie in § 319 zu verfahren.

Die grundlegenden Differentialgleichungen (I), S. 533, lauten wegen (24*) hier wie folgt:

$$\frac{\partial \lambda}{\partial u} = -\frac{\sqrt{pq}}{kh^2} V - \frac{i(DU + D'V)}{2kh}, \quad \frac{\partial \lambda}{\partial v} = -\frac{\sqrt{pq}}{kh^2} U - \frac{i(D'U + D''V)}{2kh};$$

aus ihnen ergibt sich, wenn $i$ durch $-i$ ersetzt wird:

$$\frac{\partial \bar{\lambda}}{\partial u} = -\frac{\sqrt{pq}}{kh^2}\bar{U} + \frac{i(D'\bar{U} + D\bar{V})}{2kh}, \quad \frac{\partial \bar{\lambda}}{\partial v} = -\frac{\sqrt{pq}}{kh^2}\bar{V} + \frac{i(D''\bar{U} + D'\bar{V})}{2kh}.$$

Diese Differentialgleichungen und die bilineare Beziehung (27) bilden zusammen ein vollständiges System, wie sich herausstellt, wenn eine analoge Rechnung wie in § 319 durchgeführt wird. Wir brauchen folglich nur der Gleichung (27) für den Anfang zu genügen. Nun stellt diese Gleichung für feste Werte $u$, $v$ in der komplexen $\lambda$-Ebene einen

1) Eben um $B\bar{B} - AC$ positiv zu machen, haben wir $k$ positiv nehmen müssen.

reellen Kreis dar, und wir brauchen demnach nur als Anfangswert $\lambda_0$ den Parameter eines Punktes seiner Peripherie zu wählen.

Aus allem diesen ergibt sich der abschließende Satz:

Jede reelle Fläche $S$, die auf das hyperbolische Paraboloid (mit dem Linienelement (24)) ideell abwickelbar ist, läßt sich durch $\infty^2$ reelle Transformationen $B_k$ in Flächen $S_1$ derselben Art überführen.

## § 324. Transformationen $B_k$ der reellen, auf das imaginäre Gebiet des einschaligen Hyperboloids abwickelbaren Flächen.

Wir gehen nun zu den analogen Untersuchungen für das einschalige Hyperboloid über. Hier haben wir jedoch zwei verschiedene Klassen von reellen, auf imaginäre Gebiete des Hyperboloids abwickelbaren Flächen. Die erste Klasse ergibt sich, wenn in den Gleichungen des § 303 die Veränderlichen $u$, $v$ als konjugiert imaginär angenommen werden, d. h. für:

a) $$\bar{u} = v, \quad \bar{v} = u;$$

die zweite Klasse ergibt sich, wenn $v$ und der reziproke Wert von $u$ als konjugiert angenommen werden, d. h. für:

b) $$\bar{u} = \frac{1}{v}, \quad \bar{v} = \frac{1}{u}.$$

In beiden Fällen müssen nämlich der reelle Teil und der Koeffizient des imaginären Teiles von $u$ nur einer passenden Ungleichheit genügen, damit sich $ds^2$ als reell nnd positiv definit ergebe. Für beide Klassen gibt es reelle Transformationen $B_k$; doch beschränken wir uns auf die erste Klasse a), da wir für die zweite Klasse b) in ganz ähnlicher Weise verfahren könnten.

Wir betrachten also eine Fläche $S$ mit dem Linienelement, das durch die Gleichungen S. 565 für das einschalige Hyperboloid bestimmt ist, aber mit konjugiert imaginären, statt mit reellen, Veränderlichen $u$, $v$. Dann wählen wir die Konstante $k$ positiv und kleiner als $c^2$, $0 \leqq k \leqq c^2$, und behalten alle anderen Bezeichnungen des § 303 bei, wobei wir in den Werten von $U$, $V$, $W$ die oberen Vorzeichen wählen. Durch Anwendung der Transformation $B_k$ auf $S$ erhalten wir reelle Transformationen $S_1$ mit demselben Linienelement dann, wenn wir es so einrichten können, daß $l$, $m$ und ebenso auch die durch die Abwicklungsgleichungen (40), S. 579, bestimmten Veränderlichen $u_1$, $v_1$ sich als konjugiert imaginär ergeben.

Die erste Bedingung ergibt:

(30) $$\frac{\bar{U}}{\bar{W}} = \frac{V}{W};$$

die zweite Bedingung geht, wenn

$$\lambda = \frac{1 - \sin\vartheta}{\cos\vartheta} = \frac{\cos\vartheta}{1 + \sin\vartheta} \tag{30*}$$

gesetzt wird, demnach

$$\cos\vartheta = \frac{2\lambda}{1+\lambda^2}, \quad \sin\vartheta = \frac{1-\lambda^2}{1+\lambda^2}$$

ist, in die bilineare Gleichung zwischen $\lambda$, $\bar\lambda$:

$$A\lambda\bar\lambda + B\lambda + \bar B\bar\lambda + C = 0 \tag{31}$$

über für:

$$\left\{\begin{aligned} A &\equiv \frac{ab}{a'b'}(1-uv) + \frac{bc}{b'c'}(1+uv), \quad C \equiv -\frac{ab}{a'b'}(1-uv) + \frac{bc}{b'c'}(1+uv), \\ B &\equiv -\frac{ac}{a'c'}\left[u - v + \frac{b}{b'}(u+v)\right], \quad \bar B \equiv \frac{ac}{a'c'}\left[u - v - \frac{b}{b'}(u+v)\right]. \end{aligned}\right. \tag{32}$$

Aus diesen Ausdrücken geht hervor, daß $A$, $C$ reell, $B$, $\bar B$ konjugiert imaginär sind. Auch hier ist der Gang der Rechnung demjenigen in § 319 ganz analog. Zunächst muß $EG - F^2$, da $u_1$, $v_1$ konjugiert sind und $ds^2$ positiv definit ist, einen negativ reellen Wert haben [1]), d. h. wegen (2*), S. 566, muß sein:

$$a^2b^2(1-uv)^2 + b^2c^2(1+uv)^2 + a^2c^2(u-v)^2 < 0.$$

Nun ergibt sich für die Determinante:

$$B\bar B - AC = -\frac{k}{a'^2b'^2c'^2}[a^2b^2(1-uv)^2 + b^2c^2(1+uv)^2 + a^2c^2(u-v)^2],$$

also ein positiver Wert. Hiernach folgt aus (31) schon (30) (vgl. § 319), und es ist nur noch (31) mit den Differentialgleichungen für $\vartheta$ zu kombinieren. Die Größe:

$$\varrho = \frac{a^2b^2(1-uv)^2 + b^2c^2(1+uv)^2 + a^2c^2(u-v)^2}{abc(u+v)^2}$$

ist hier negativ reell, und wir setzen:

$$\varrho = -R^2, \quad \sqrt{\varrho} = iR \quad (R \text{ reell}).$$

---

1) Werden nämlich mittels des Ansatzes:

$$u = \alpha + i\beta, \quad v = \alpha - i\beta$$

reelle Veränderliche eingeführt und ist:

$$ds^2 = E'\,d\alpha^2 + 2F'\,d\alpha\,d\beta + G'\,d\beta^2,$$

so ergibt sich:

$$E'G' - F'^2 = (EG - F^2)\left(\frac{\partial(u,v)}{\partial(\alpha,\beta)}\right)^2 = -4(EG - F^2).$$

Die Differentialgleichungen für $\vartheta$, § 306, S. 573, gehen jetzt über in:

$$\frac{\partial\vartheta}{\partial u} = -\frac{a'b'c'V}{k(u+v)^2R^2} - \frac{ia'b'c'(DU+D'V)}{2kR\sqrt{abc}},$$

$$\frac{\partial\vartheta}{\partial v} = -\frac{a'b'c'U}{k(u+v)^2R^2} - \frac{ia'b'c'(D'U+D''V)}{2kR\sqrt{abc}}$$

und lauten mittels des Ansatzes:

$$(32)\qquad U_1 \equiv (1+\lambda^2)U, \quad V_1 \equiv (1+\lambda^2)V, \quad W_1 \equiv (1+\lambda^2)W$$

und nach Einführung des Parameters $\lambda$:

$$(33)\qquad \begin{cases} 2\dfrac{\partial\lambda}{\partial u} = \dfrac{a'b'c'V_1}{k(u+v)^2R^2} + \dfrac{ia'b'c'(DU_1+D'V_1)}{2kR\sqrt{abc}}, \\[2ex] 2\dfrac{\partial\lambda}{\partial v} = \dfrac{a'b'c'U_1}{k(u+v)^2R^2} + \dfrac{ia'b'c'(D'U_1+D''V_1)}{2kR\sqrt{abc}}. \end{cases}$$

Kombinieren wir mit ihnen die konjugierten Gleichungen und die bilineare Beziehung (31), so ergibt sich in gewohnter Weise, daß ein vollständig integrierbares System vorliegt.

Auch für die jetzt vorliegenden, auf das ideelle Gebiet des einschaligen Hyperboloids abwickelbaren Flächen gilt demnach der abschließende Satz am Ende des vorigen Paragraphen. Somit sind bei allen unseren $W$-Strahlensystemen, deren Brennmäntel $S$, $S_1$ reell oder ideell auf eine Fläche zweiten Grades mit hyperbolischen Punkten abwickelbar sind, die Brennmäntel mit ihren reellen Gebieten aufeinander abwickelbar. Bei den Flächen mit elliptischen Punkten tritt, wie wir gesehen haben, gerade das Gegenteil ein.

## § 325. **Biegungsflächen der imaginären Kugel.**

Die Untersuchung der grundlegenden Eigenschaften der Transformationen $B_k$ für die reellen, auf reelle Flächen zweiten Grades reell oder ideell abwickelbaren Flächen ist somit abgeschlossen. Wir müßten uns nun zur Untersuchung der reellen Biegungsflächen der imaginären Flächen zweiten Grades wenden, von denen es zahlreiche Klassen gibt. Da uns dies jedoch bei der Beschränkung, die wir uns auferlegt haben, unmöglich ist, wollen wir uns damit begnügen, noch einen Blick auf den speziellen Fall der Biegungsflächen der imaginären Kugel zu richten, der andrerseits für uns der Ausgangspunkt der ganzen allgemeinen Theorie gewesen ist.

In diesem Paragraphen sehen wir von der Reellitätsbedingung für die vorkommenden Biegungsflächen ab und untersuchen nur die allgemeine Frage. Um den Fall der imaginären Kugel zu behandeln, deren Radius wir der Einfachheit halber gleich $i$ setzen, müssen wir in den allgemeinen Gleichungen des § 303 für das einschalige Hyperboloid

$$a = b = i, \quad c = 1$$

setzen. Auf diese Weise erhalten wir (vgl. S. 565):

$$E = 0, \quad F = \frac{2}{(u+v)^2}, \quad G = 0, \quad \varrho = 1, \tag{34}$$

$$ds^2 = \frac{4\,du\,dv}{(u+v)^2}; \tag{35}$$

die Parameterkurven $u$, $v$ sind hier die Linien von der Länge Null (die Erzeugenden der Kugel).

Wird die Transformation $B_k$ ausgeführt, so ist:

$$a' = b' = i\sqrt{1-k}, \quad c' = \sqrt{1-k},$$

und die konfokale Fläche $Q_k$ wird die konzentrische Kugel vom Radius $i\sqrt{1-k}$. Daraus folgt schon, daß im vorliegenden Falle alle Brennpunktsabstände $FF_1$ die konstante Länge $\sqrt{k}$ haben.

Berechnen wir mittels (10) (mit den oberen Vorzeichen), S. 567, $U$, $V$, $W$, so erhalten wir:

$$\begin{aligned} U &= \frac{1-\sqrt{1-k}}{1-k}\,\frac{\lambda^2}{1+\sin\vartheta}, \quad V = \frac{1+\sqrt{1-k}}{1-k}\,\frac{\mu^2}{1+\sin\vartheta}, \\ W &= \frac{2}{1-k}\,\frac{\lambda\mu}{1+\sin\vartheta}, \end{aligned} \tag{36}$$

wo abkürzend gesetzt ist:

$$\begin{cases} \lambda \equiv \cos\vartheta + u(1+\sin\vartheta), \\ \mu \equiv \cos\vartheta - v(1+\sin\vartheta). \end{cases} \tag{37}$$

Aus (36) folgt:

$$\begin{cases} l = (u+v)\dfrac{U}{W} = \dfrac{1-\sqrt{1-k}}{2}(u+v)\dfrac{\lambda}{\mu}, \\ m = (u+v)\dfrac{V}{W} = \dfrac{1+\sqrt{1-k}}{2}(u+v)\dfrac{\mu}{\lambda}, \end{cases} \tag{38}$$

demnach:

$$lm = \frac{k(u+v)^2}{4};$$

somit erhalten wir für $\delta^2$, das Quadrat des Abstandes der Brennpunkte:

$$\delta^2 = El^2 + 2Flmn + Gm^2 = k,$$

also ist $\delta$ gleich $\sqrt{k}$, wie schon vorhin bemerkt. Wenden wir nun die Ribaucoursche Gleichung, S. 287:

$$\frac{\delta^2}{\sin^2\Omega} = \sqrt{\frac{1}{KK_1}}$$

an, so ergibt sich, da hier

$$K = -1, \quad K_1 = -1$$

ist, für den Winkel $\Omega$ der Brennebenen:

$$\sin \Omega = \sqrt{k}, \quad \cos \Omega = \sqrt{1-k},$$

was auch aus den Gleichungen für $A$, $B$, $C$, S. 570, folgen würde. Also:

Bei den jetzt behandelten $W$-Strahlensystemen, deren Brennmäntel auf die imaginäre Kugel:

$$x^2 + y^2 + z^2 + 1 = 0$$

abwickelbar sind, ist der Brennpunktsabstand $\delta$ konstant, und ebenso ist der Winkel der Brennebenen konstant, gleich arc sin $\delta$.

## § 326. Neue Formeln für die Bäcklundsche Transformation der pseudosphärischen Flächen.

Wir stellen uns nun auf den Standpunkt des Reellen und nehmen an, wir hätten eine reelle, auf die imaginäre Kugel abwickelbare Fläche, d. h. eine pseudosphärische Fläche vom Radius Eins. Wollen wir reelle Transformationen $B_k$ erhalten, so müssen $\delta$ und $\Omega$ reell sein, infolgedessen muß die Konstante $k$ reell, positiv und $< 1$ gewählt werden. Setzen wir:

$$k = \cos^2 \sigma,$$

wo $\sigma$ ein konstanter reeller Winkel ist, so erhalten wir:

$$\delta = \cos \sigma, \quad \Omega = \frac{\pi}{2} - \sigma.$$

Das Linienelement von $S$ ergibt sich aus (35), wenn die Veränderlichen $u$, $v$ konjugiert komplex gewählt werden, und nimmt für:

$$u = \alpha + i\beta, \quad v = \alpha - i\beta$$

die bekannte Form auf der Pseudosphäre,

$$ds^2 = \frac{d\alpha^2 + d\beta^2}{\alpha^2},$$

an, der ein Büschel von geodätischen Parallelen $\beta$ und die orthogonalen Grenzkreise $\alpha$ zugrunde gelegt sind (s. S. 428).

Damit die durch die Gleichungen:

$$x_1 = x + l\frac{\partial x}{\partial u} + m\frac{\partial x}{\partial v} \quad \text{usw.}$$

bestimmte Transformationsfläche $S_1$ reell sei, ist es notwendig und hinreichend, daß $l$ und $m$ konjugiert sind. Aber aus (38) folgt:

$$(39) \quad l = \alpha(1 - \sin\sigma)\frac{\lambda}{\mu}, \quad m = \alpha(1 + \sin\sigma)\frac{\mu}{\lambda}, \quad lm = \alpha^2 \cos^2 \sigma;$$

bedeutet also $\varphi$ einen reellen Winkel, so können wir setzen:

$$(40)\qquad l = \alpha \cos \sigma e^{i\varphi}, \quad m = \alpha \cos \sigma e^{-i\varphi}$$

und erhalten daraus:

$$(41)\qquad e^{i\varphi} = \frac{1-\sin\sigma}{\cos\sigma}\frac{\lambda}{\mu}.$$

Statt der unbekannten Funktion $\vartheta(u, v)$ führen wir somit die (reelle) Funktion $\varphi(u, v)$ ein und suchen die sie bestimmenden Differentialgleichungen.

Aus (36) ergibt sich:

$$(42)\qquad U = \frac{1-\sin\sigma}{\cos\sigma}\frac{\lambda^2}{1+\sin\sigma}, \quad V = \frac{1+\sin\sigma}{\cos\sigma}\frac{\mu^2}{1+\sin\vartheta},$$

und aus den Differentialgleichungen (I) (für $\varepsilon = +1$), S. 573:

$$(43)\qquad \begin{cases} \dfrac{\partial\vartheta}{\partial u} = -\dfrac{\sin^3\sigma V}{(u+v)^2\cos^2\sigma} + \dfrac{i\sin^3\sigma(DU+D'V)}{2\cos^2\sigma}, \\[2ex] \dfrac{\partial\vartheta}{\partial v} = -\dfrac{\sin^3\sigma U}{(u+v)^2\cos^2\sigma} + \dfrac{i\sin^3\sigma(D'U+D''V)}{2\cos^2\sigma}. \end{cases}$$

Aber durch Differentiation von (41) erhalten wir:

$$i\frac{\partial\varphi}{\partial u} = \frac{1+\sin\vartheta}{\lambda} + \frac{(u+v)(1+\sin\vartheta)}{\lambda\mu}\frac{\partial\vartheta}{\partial u},$$

$$i\frac{\partial\varphi}{\partial v} = \frac{1+\sin\vartheta}{\mu} + \frac{(u+v)(1+\sin\vartheta)}{\lambda\mu}\frac{\partial\vartheta}{\partial v},$$

und durch Einsetzen der Werte (43) in diesen Gleichungen und unter Berücksichtigung der Identitäten:

$$\frac{1+\sin\vartheta}{\lambda} = \frac{1}{u+v}\left(1 - \frac{\cos\sigma e^{-i\varphi}}{1+\sin\sigma}\right),$$

$$\frac{1+\sin\vartheta}{\mu} = \frac{1}{u+v}\left(\frac{\cos\sigma e^{i\varphi}}{1-\sin\sigma} - 1\right)$$

erhalten wir endlich als gesuchte Differentialgleichungen für $\varphi$ die folgenden:

$$(44)\qquad \begin{cases} i\dfrac{\partial\varphi}{\partial u} = \dfrac{1}{u+v}\left(1 - \dfrac{e^{-i\varphi}}{\cos\sigma}\right) + i\operatorname{tg}\sigma(u+v)(e^{i\varphi}D + e^{-i\varphi}D'), \\[2ex] i\dfrac{\partial\varphi}{\partial v} = \dfrac{1}{u+v}\left(\dfrac{e^{i\varphi}}{\cos\sigma} - 1\right) + i\operatorname{tg}\sigma(u+v)(e^{i\varphi}D' + e^{-i\varphi}D''). \end{cases}$$

Um zu erkennen, ob ihnen durch reelles (anfänglich willkürliches) $\varphi$ genügt werden kann, brauchen wir sie nur in reelle Koordinaten $\alpha$, $\beta$ zu transformieren, wodurch das Imaginäre verschwindet.

Bezeichnen wir nämlich mit

$$\Delta d\alpha^2 + 2\Delta' d\alpha d\beta + \Delta'' d\beta^2$$

die zweite Grundform von $S$ in reellen Koordinaten $\alpha$, $\beta$, so sind die Koeffizienten $\Delta$, $\Delta'$, $\Delta''$ reell, und da eben

$$\Delta d\alpha^2 + 2\Delta' d\alpha d\beta + \Delta'' d\beta^2 = D du^2 + 2D' du dv + D'' dv^2$$

ist, erhalten wir:

$$\Delta = 2D' + D + D'', \quad \Delta' = i(D - D''), \quad \Delta'' = 2D' - D - D''.$$

Durch Addition und Subtraktion von (44) ergeben sich die endgültigen Gleichungen in der folgenden reellen Form:

$$(45) \qquad \begin{cases} \dfrac{\partial \varphi}{\partial \alpha} = \dfrac{\sin \varphi}{\alpha \cos \sigma} + \alpha \operatorname{tg} \sigma (\Delta \cos \varphi + \Delta' \sin \varphi), \\ \dfrac{\partial \varphi}{\partial \beta} = \dfrac{\cos \sigma - \cos \varphi}{\alpha \cos \sigma} + \alpha \operatorname{tg} \sigma (\Delta' \cos \varphi + \Delta'' \sin \varphi). \end{cases}$$

Sie bilden augenscheinlich ein vollständig integrierbares System[1]), und wird für $\varphi$ eine beliebige Lösung derselben gewählt, so ergeben die Gleichungen:

$$(46) \qquad x_1 = x + \alpha \cos \sigma \left(\cos \varphi \frac{\partial x}{\partial \alpha} + \sin \varphi \frac{\partial x}{\partial \beta}\right) \text{ usw.}$$

die pseudosphärische Transformationsfläche $S_1$, die mit der Ausgangsfläche $S$ die Brennfläche eines (pseudosphärischen) Strahlensystems bildet.

Aus (46) ergibt sich auch die geometrische Bedeutung des Winkels $\varphi$; er ist nämlich der Neigungswinkel des Kongruenzstrahles $FF_1$ gegen die geodätischen Parallelen $\beta = \text{Const.}$

Die Gleichungen (45) sind nichts anderes als diejenigen der Bäcklundschen Transformation; nur sind hier als Parameterlinien statt der Krümmungslinien der Fläche die geodätischen Parallelen eines Büschels und die orthogonalen Grenzkreise verwandt.

## § 327. Vergleich mit den allgemeinen Eigenschaften der Transformationen $B_k$.

Die Bäcklundschen Transformationen der pseudosphärischen Flächen haben sich somit wieder als ein spezieller Fall der allgemeinen Transformationen $B_k$ ergeben.

---

1) Dies ergibt sich übrigens unmittelbar auf Grund der Codazzischen Gleichungen:

$$\frac{\partial(\alpha\Delta')}{\partial\alpha} - \frac{\partial(\alpha\Delta)}{\partial\beta} = \Delta',$$

$$\frac{\partial(\alpha\Delta')}{\partial\beta} - \frac{\partial(\alpha\Delta'')}{\partial\alpha} = \Delta,$$

und der Gaußischen Gleichung:

$$\alpha^4(\Delta\Delta'' - \Delta'^2) = -1.$$

Nun ist es lehrreich, der Bedeutung der für die Transformationen $B_k$ festgestellten Haupteigenschaften im jetzigen speziellen Falle nachzugehen. Auf diese Weise finden wir zum Teil schon bekannte Eigenschaften der Bäcklundschen Transformationen, aber außerdem auch eine neue interessante Eigenschaft.

1) Bekanntlich entsprechen einander auf den beiden Brennmänteln $S, S_1$ eines beliebigen von unseren Strahlensystemen die Haupttangentenkurven und außerdem die dauernd konjugierten Systeme. Nun ist für eine auf die (reelle oder imaginäre) Kugel abwickelbare Fläche das dauernd konjugierte System dasjenige der Krümmungslinien, da es eben das einzige ist, das auf der Kugel konjugiert (orthogonal) bleibt. Aus den allgemeinen Eigenschaften der Transformationen $B_k$ ergibt sich also im vorliegenden Falle der Satz:

Die Bäcklundschen Transformationen der pseudosphärischen Flächen führen die Haupttangentenkurven bzw. Krümmungslinien wieder in solche Kurven über.

Die weitere Eigenschaft der Bäcklundschen Transformationen, daß die Bogenlänge von Haupttangentenkurven nicht geändert wird, kommt nur diesem besonderen Falle zu und hat bei den allgemeinen Transformationen $B_k$ der Biegungsflächen von Flächen zweiten Grades kein Analogon.

2) Zu wesentlich neuen Ergebnissen dagegen führt uns die Betrachtung des Abwicklungsgesetzes für die beiden Brennmäntel $S, S_1$ eines unserer $W$-Strahlensysteme, das, wie wir wissen, durch die Ivorysche Verwandtschaft gegeben ist. Aber im vorliegenden Falle sind die beiden Brennmäntel nicht nur auf endlich viele Weisen, sondern sogar auf $\infty^3$ Weisen aufeinander abwickelbar, da sie ja dieselbe konstante Krümmung haben. Die Ivorysche Verwandtschaft zwischen den beiden konzentrischen Kugeln:

$$x^2 + y^2 + z^2 + 1 = 0,$$
$$x_1^2 + y_1^2 + z_1^2 + \sin^2\sigma = 0$$

liefert uns daher hier eine von den $\infty^3$ Abwicklungsarten. Um zu erkennen, wie diese geometrisch gekennzeichnet ist, gehen wir auf die jetzt vorliegenden Formeln für die Verwandtschaft ein. Sie lauten:

$$x_1 = x\sin\sigma,\ y_1 = y\sin\sigma,\ z_1 = z\sin\sigma,$$

und wir ordnen zwei Punkte dieser Kugeln auf ein und demselben Radius einander zu. Wird nun $S$ auf die erste Kugel mit dem Mittelpunkte $O$ abgewickelt, so wird der Fokalabstand $FF_1$, gleich $\cos\sigma$, eine Strecke $MM_1$, welche die erste Kugel in $M$ berührt und deren anderer Endpunkt $M_1$ auf der zweiten Kugel liegt. Der Punkt $M'$, der auf der ersten Kugel bei der Ivoryschen Verwandtschaft dem Punkte $M_1$ entspricht, liegt in der Ebene $OMM_1$, und nennen wir $\frac{\delta}{i}$ den (rein imaginären) Winkel $MOM'$, so haben wir:

$$\cos\sigma = i \operatorname{tg}\frac{\delta}{i} = \operatorname{tgh}\delta .$$

Also: Sind $S, S_1$ die beiden Brennmäntel (konstanter Krümmung $-1$) eines pseudosphärischen Strahlensystems mit konstantem Fokalabstande $FF_1$, gleich $\cos\sigma$, so ergibt sich eins der Abwicklungsgesetze für $S$ und $S_1$ mittels der folgenden Konstruktion: Es werde auf $S$ die Strecke $FF_1$ geodätisch um das konstante geodätische Stück $FF'$, gleich $\delta$, verlängert, so daß

$$\operatorname{tgh}\delta = \cos\sigma \tag{47}$$

ist. Der so erhaltene Punkt $F'$ ist dann derjenige Punkt von $S$, der bei dieser Abwicklung dem Punkte $F_1$ entspricht.

Wir können auch unter Umgehung von Betrachtungen über imaginäre Verhältnisse dasselbe Ergebnis aus den expliziten Abwicklungsgleichungen folgern, sobald sie auf die reelle Form gebracht sind. Zu diesem Zwecke müssen wir in den allgemeinen Abwicklungsgleichungen (40), S. 579,

$$\frac{a}{a'} = \frac{b}{b'} = \frac{c}{c'} = \frac{1}{\sin\sigma}$$

setzen, und setzen wir weiter:

$$u_1 = \alpha_1 + i\beta_1,\quad v_1 = \alpha_1 - i\beta_1,$$

so erhalten wir unmittelbar die gesuchten Gleichungen:

$$\left\{\begin{aligned} \alpha_1 &= \frac{\alpha\sin\sigma}{1-\cos\sigma\cos\varphi}, \\ \beta_1 &= \beta + \frac{\alpha\cos\sigma\sin\varphi}{1-\cos\sigma\cos\varphi}. \end{aligned}\right. \tag{48}$$

Fassen wir $\alpha, \beta$ als orthogonale Cartesische Punktkoordinaten in einer Ebene auf, so liegt gerade diejenige konforme (stereographische) Abbildung der Pseudosphäre auf die Ebene vor, die wir in § 235 benutzt haben. Wird nun $\varphi$ aus den Gleichungen (48) eliminiert, so stellt die Resultante:

$$(\beta_1 - \beta)^2 + \left(\alpha_1 - \frac{\alpha}{\sin\sigma}\right)^2 = \alpha^2 \operatorname{ctg}^2\sigma$$

für festes $\alpha, \beta$ einen Kreis dar, der die Grenzgerade $\alpha = 0$ in reellen Punkten nicht schneidet. Auf der Pseudosphäre ist es also ein Kreis mit reellem Mittelpunkte (S. 433), dessen Bild gerade der Punkt $(\alpha, \beta)$

ist, und wenn wir seinen Radius mit $\delta$ bezeichnen, so erhalten wir aus der Gleichung auf S. 433:

$$\frac{1}{\varrho_g} = \operatorname{ctgh} \delta = \frac{b}{r} = \frac{\frac{\alpha}{\sin \sigma}}{\alpha \operatorname{ctg} \sigma} = \frac{1}{\cos \sigma},$$

und das ist gerade die Gleichung (47).

Zum Schlusse wollen wir noch bemerken, daß die Abwicklungsgleichungen (48) und auch der Satz in dem speziellen Falle der Komplementärtransformation ($\sigma = 0$) ihren Sinn verlieren, da dann das ganze reelle Gebiet von $S_1$ auf $S$ ins Unendliche rücken würde. In diesem Falle gehen die Gleichungen (45) über in:

$$\frac{\partial \varphi}{\partial \alpha} = \frac{\sin \varphi}{\alpha}, \quad \frac{\partial \varphi}{\partial \beta} = \frac{1 - \cos \varphi}{\alpha};$$

ihre Integration ergibt:

$$\operatorname{tg} \frac{\varphi}{2} = \frac{\alpha}{c - \beta} (c = \text{Const.}).$$

Die Kongruenzstrahlen umhüllen dann eine Schar geodätischer Parallelen, im besonderen für die Lösung: $\varphi = 0$ ($c = \infty$) die geodätischen Linien $\beta = \text{Const.}$

## § 328. Bemerkungen über den Vertauschbarkeitssatz.

Die Untersuchungen über die Verbiegungen der Flächen zweiten Grades, die wir in diesen drei letzten Kapiteln entwickelt haben, lassen wohl zur Genüge erkennen, daß die so geschaffene Theorie der Transformationen $B_k$ für die Biegungsflächen aller Arten von Flächen zweiten Grades hinsichtlich ihrer Methoden und Ergebnisse der Theorie der Bäcklundschen Transformationen der Flächen konstanter Krümmung völlig analog ist, wie wir bereits zu Beginn des Kap. XIX bemerkt haben.

Wenn wir uns jedoch überlegen, welchen Vorteil wir eigentlich damit für die wirkliche Bestimmung von Flächen dieser Art, d. h. für die Integration der entsprechenden Differentialgleichung zweiter Ordnung für die Abwickelbarkeit, erreicht haben, so sehen wir, daß bei dem jetzigen Stande der Theorie noch diejenige Vervollkommnung der Transformationsmethoden fehlt, die uns für die Bäcklundschen Transformationen der pseudosphärischen Flächen durch den Vertauschbarkeitssatz vermittelt wurde (§ 260, S. 466).

Ist nämlich eine auf eine Grundfläche $Q$ zweiten Grades abwickelbare Ausgangsfläche $S$ gegeben und wollen wir ihre $\infty^1$ Transformierten, die aus ihr mittels einer Transformation $B_k$ hervorgehen, wirklich bestimmen, so haben wir eine (totale) Differentialgleichung vom Riccatischen Typus zu integrieren, deren allgemeines Integral sich mittels Quadraturen ergibt, sobald ein partikuläres Integral bekannt ist. Ist demnach eine Transformationsfläche $S_1$ bekannt, so ergeben sich alle übrigen mittels Quadraturen. Suchen wir nun zu einer beliebigen von diesen Flächen $S_1$ wieder die Transformationsflächen, so finden wir unter diesen wieder die Ausgangsfläche $S$, und die übrigen ergeben sich demnach mittels Quadraturen, und so geht es weiter, wenn das Transformationsverfahren unbestimmt oft fortgesetzt wird. Bei dem jetzigen Stande der Theorie erfordert somit jedes neue Transformationsverfahren immer neue Quadraturen.

Aber wie für den Spezialfall der pseudosphärischen Flächen läßt sich auch hier beweisen, daß die Integration der ersten Riccatischen Differentialgleichung für einen beliebigen Wert der Konstanten $k$ genügt; dann sind alle übrigen Gleichungen gleichzeitig in endlichen Ausdrücken integriert, so daß das unbeschränkt fortgesetzte Transformationsverfahren nur noch algebraische Operationen und Differentiationen erfordert.

Die Möglichkeit dieser Vervollkommnung der Transformationsmethode hängt im wesentlichen mit einem Vertauschbarkeitssatze für den allgemeinen Fall zusammen, der genau so lautet, wie derjenige für die speziellen Bäcklundschen Transformationen der pseudosphärischen Flächen (S. 466):

Sind zwei Flächen $S_1$, $S_2$ mit ein und derselben auf die Fundamentalfläche $Q$ zweiten Grades abwickelbaren Fläche $S$ durch zwei Transformationen $B_{k_1}$ bzw. $B_{k_2}$ mit verschiedenen Konstanten $k_1$, $k_2$ verknüpft, so gibt es eine vierte Biegungsfläche $S'$ derselben Fläche $Q$, die nun wieder mit $S_1$, $S_2$ durch Transformationen $B_{k_2}$ bzw. $B_{k_1}$ mit vertauschten Konstanten verknüpft ist.

Wenn die Biegungsfläche $S$ und die beiden abgeleiteten Flächen $S_1$, $S_2$ bekannt sind, so ergibt sich die vierte Biegungsfläche $S'$, die das Tripel $(S, S_1, S_2)$ zu einem Quadrupel des Vertauschbarkeitssatzes vervollständigt, in endlichen Ausdrücken mittels einer einfachen geometrischen Konstruktion, die wir unter Hinweis auf die Definition eines Kegelschnitts $C_k$, der in jeder Tangentialebene einer Biegungsfläche $S$ der Fläche $Q$ der Transformation $B_k$ assoziiert ist (vgl. § 283, S. 520), kurz angeben können. Es seien $M$, $M_1$, $M_2$ drei einander entsprechende Punkte auf $S$, $S_1$, $S_2$, $\pi_1$, $\pi_2$ die Tangentialebenen an $S_1$, $S_2$ in $M_1$, $M_2$, $C_{k_1}^{(1)}$, $C_{k_2}^{(1)}$; $C_{k_1}^{(2)}$, $C_{k_2}^{(2)}$ die in der Ebene $\pi_1$ bzw. $\pi_2$ den Transformationen $B_{k_1}$, $B_{k_2}$ assoziierten Kegelschnitte. $C_{k_1}^{(1)}$ und $C_{k_2}^{(2)}$ (die in den voneinander verschiedenen Ebenen $\pi_1$ und $\pi_2$ liegen) schneiden sich in einem und nur in einem Punkte der Geraden $(\pi_1, \pi_2)$, und zwar gerade in $M$. Analog schneiden sich $C_{k_2}^{(1)}$ und $C_{k_1}^{(2)}$ in einem einzigen Punkte $M'$ (derselben Geraden $(\pi_1, \pi_2)$), und dieser Punkt $M'$ beschreibt gerade die vierte Fläche $S'$ des Vertauschbarkeitssatzes.

Wir beschränken uns hier auf die Angabe dieser weiteren Eigenschaften und verweisen den Leser, der die ausführlichen Entwicklungen kennen zu lernen wünscht, auf den dritten Band der „Lezioni di geometria differenziale“ des Verfassers.[1]) Hier wollen wir noch hinzufügen, daß der Vertauschbarkeitssatz zur Bildung reeller Transformationen $B_k$ aus imaginären benutzt werden kann, ebenso wie wir die imaginären Bäcklundschen Transformationen zur Bildung reeller Transformationen der Flächen konstanter positiver Krümmung benutzt haben (Kap. XVIII).

---

1) Teoria delle trasformazioni delle superficie applicabili sulle quadriche. Pisa—Spörri, 1909.

# Kapitel XXII.

## Allgemeine Sätze über dreifache orthogonale Flächensysteme.

**Krummlinige Koordinaten im Raume. — Der Darboux-Dupinsche Satz über dreifache Orthogonalsysteme und Folgerungen daraus. — Differentialgleichungen für die Richtungskosinus des Haupttrieders. — Lamésche Gleichungen. — Liouvillescher Satz von den konformen Abbildungen des Raumes. — Hauptkrümmungsradien der Flächen eines dreifachen Systems. — Krümmung und Torsion der Parameterlinien. — Äquidistanzkurven. — Cayleysche Gleichung. — Combescuresche Transformation.**

### § 329. Krummlinige Koordinaten im Raume.

Wie wir uns zur Bestimmung der Lage eines Punktes auf einer gegebenen Fläche auf dieser zwei Scharen von Kurven $u$, $v$ derart gezogen gedacht hatten, daß durch jeden Punkt der Fläche (oder eines passenden Stückes der Fläche) eine Kurve jeder Schar geht, ebenso können wir auch die Lage eines Punktes im Raume mit Hilfe dreier einander schneidender Flächen bestimmen, von denen jede innerhalb einer einfach unendlichen Schar variiert. Wir brauchen uns hierzu nur den Raum (oder ein Gebiet desselben) von drei Scharen von $\infty^1$ Flächen derart durchfurcht zu denken, daß durch jeden Raumpunkt eine einzige Fläche jeder der drei Scharen hindurchgeht. Ordnen wir dann jede Fläche einer der drei Scharen eindeutig den Werten eines Parameters $\varrho_1$ bzw. $\varrho_2$, $\varrho_3$ zu und kennen wir die Werte der Parameter der drei Flächen, die sich in einem Raumpunkte $P$ durchkreuzen,

$$\varrho_1 = a_1, \quad \varrho_2 = a_2, \quad \varrho_3 = a_3,$$

so ist der Punkt dadurch bestimmt. Wir nennen $a_1$, $a_2$, $a_3$ die krummlinigen Koordinaten von $P$ und die Flächen der drei Scharen:

$$\varrho_1 = \text{Const.}, \quad \varrho_2 = \text{Const.}, \quad \varrho_3 = \text{Const.}$$

die Parameterflächen. Sind

$$(1) \qquad \varrho_1(x, y, z) = \varrho_1, \quad \varrho_2(x, y, z) = \varrho_2, \quad \varrho_3(x, y, z) = \varrho_3$$

die Gleichungen der drei Flächenscharen, so erhalten wir durch ihre Auflösung nach $x$, $y$, $z$ (wenigstens in dem betrachteten Raumgebiet muß die Auflösung möglich sein):

$$(2) \qquad x = x(\varrho_1, \varrho_2, \varrho_3), \quad y = y(\varrho_1, \varrho_2, \varrho_3), \quad z = z(\varrho_1, \varrho_2, \varrho_3).$$

Die Gleichungen (1) dienen zur Berechnung der krummlinigen Koordinaten eines Punktes, wenn seine Cartesischen Koordinaten bekannt sind, die Gleichungen (2) im umgekehrten Falle. Es ist klar, daß zur Einführung eines Systems krummliniger Koordinaten nur die Veränderlichen $x$, $y$, $z$ gleich drei voneinander unabhängigen Funktionen dreier neuer Veränderlichen $\varrho_1$, $\varrho_2$, $\varrho_3$ gesetzt zu werden brauchen.

Eine Gleichung zwischen den krummlinigen Koordinaten eines Punktes:

$$F(\varrho_1, \varrho_2, \varrho_3) = 0 \tag{3}$$

stellt offenbar eine Fläche dar, deren gewöhnliche Gleichung sich ergibt, wenn in (3) für $\varrho_1$, $\varrho_2$, $\varrho_3$ ihre Werte (1) in $x$, $y$, $z$ eingesetzt werden. Zwei Gleichungen von der Form (3) stellen eine Kurve dar. Übrigens ist es öfters zweckmäßig, eine Kurve analytisch in der Weise zu definieren, daß die krummlinigen Koordinaten $\varrho_1$, $\varrho_2$, $\varrho_3$ eines beweglichen Punktes der Kurve gleich drei Funktionen eines und desselben Parameters $t$ gesetzt werden. Denken wir uns eine Kurve in dieser Weise definiert und bezeichnen wir ihr Linienelement mit $ds$, so folgt:

$$\begin{aligned} ds^2 = & \left(\frac{\partial x}{\partial \varrho_1} d\varrho_1 + \frac{\partial x}{\partial \varrho_2} d\varrho_2 + \frac{\partial x}{\partial \varrho_3} d\varrho_3\right)^2 + \\ & + \left(\frac{\partial y}{\partial \varrho_1} d\varrho_1 + \frac{\partial y}{\partial \varrho_2} d\varrho_2 + \frac{\partial y}{\partial \varrho_3} d\varrho_3\right)^2 + \\ & + \left(\frac{\partial z}{\partial \varrho_1} d\varrho_1 + \frac{\partial z}{\partial \varrho_2} d\varrho_2 + \frac{\partial z}{\partial \varrho_3} d\varrho_3\right)^2. \end{aligned}$$

Setzen wir:

$$H_1^2 \equiv \sum \left(\frac{\partial x}{\partial \varrho_1}\right)^2, \quad H_2^2 \equiv \sum \left(\frac{\partial x}{\partial \varrho_2}\right)^2, \quad H_3^2 \equiv \sum \left(\frac{\partial x}{\partial \varrho_3}\right)^2,$$

$$h_{12} \equiv \sum \frac{\partial x}{\partial \varrho_1}\frac{\partial x}{\partial \varrho_2}, \quad h_{13} \equiv \sum \frac{\partial x}{\partial \varrho_1}\frac{\partial x}{\partial \varrho_3}, \quad h_{23} \equiv \sum \frac{\partial x}{\partial \varrho_2}\frac{\partial x}{\partial \varrho_3},$$

so erhalten wir:

$$\begin{aligned} ds^2 = H_1^2 d\varrho_1^2 + H_2^2 d\varrho_2^2 + H_3^2 d\varrho_3^2 + 2h_{12}\, d\varrho_1 d\varrho_2 + \\ + 2h_{13} d\varrho_1 d\varrho_3 + 2h_{23} d\varrho_2 d\varrho_3 . \end{aligned} \tag{4}$$

Wir bezeichnen diesen Ausdruck als das Quadrat des Linienelements des Raumes. Dieser Ausdruck ist nichts anderes als die mittels der Substitution (2) transformierte quadratische Differentialform:

$$dx^2 + dy^2 + dz^2.$$

Wir nehmen nun an, daß jede Fläche einer der drei Scharen alle Flächen der anderen beiden Scharen orthogonal schneide. Die notwendigen und hinreichenden Bedingungen hierfür sind die Gleichungen:

$$h_{12} = 0, \quad h_{13} = 0, \quad h_{23} = 0.$$

In diesem Falle wird die dreifache Flächenschar $\varrho_1, \varrho_2, \varrho_3$ ein dreifaches Orthogonalsystem genannt.

Wir haben somit das Ergebnis: Das Quadrat des Linienelements des Raumes nimmt in einem dreifachen Orthogonalsystem die Form:

$$ds^2 = H_1^2 d\varrho_1^2 + H_2^2 d\varrho_2^2 + H_3^2 d\varrho_3^2$$

an.

## § 330. Darboux-Dupinscher Satz.

Wir gehen nun zur Untersuchung der dreifachen Orthogonalsysteme über und leiten zunächst den grundlegenden Satz von Dupin ab, der von Darboux erweitert worden ist.[1])

Wir nehmen an, daß zwei Flächenscharen:

$$\varrho_1(x, y, z) = \varrho_1, \quad \varrho_2(x, y, z) = \varrho_2$$

orthogonal zueinander seien, und sehen zu, welche Bedingungen erfüllt sein müssen, damit es eine dritte Schar:

$$\varrho_3(x, y, z) = \varrho_3$$

gebe, die zu beiden orthogonal ist. Infolge der getroffenen Voraussetzung ist:

$$\frac{\partial \varrho_1}{\partial x}\frac{\partial \varrho_2}{\partial x} + \frac{\partial \varrho_1}{\partial y}\frac{\partial \varrho_2}{\partial y} + \frac{\partial \varrho_1}{\partial z}\frac{\partial \varrho_2}{\partial z} = 0, \tag{5}$$

und im Falle des Vorhandenseins der dritten Schar muß die unbekannte Funktion $\varrho_3(x, y, z)$ den beiden Gleichungen:

$$\frac{\partial \varrho_3}{\partial x}\frac{\partial \varrho_1}{\partial x} + \frac{\partial \varrho_3}{\partial y}\frac{\partial \varrho_1}{\partial y} + \frac{\partial \varrho_3}{\partial z}\frac{\partial \varrho_1}{\partial z} = 0,$$

$$\frac{\partial \varrho_3}{\partial x}\frac{\partial \varrho_2}{\partial x} + \frac{\partial \varrho_3}{\partial y}\frac{\partial \varrho_2}{\partial y} + \frac{\partial \varrho_3}{\partial z}\frac{\partial \varrho_2}{\partial z} = 0$$

genügen, d. h. es muß die Proportion bestehen:

$$\frac{\partial \varrho_3}{\partial x} : \frac{\partial \varrho_3}{\partial y} : \frac{\partial \varrho_3}{\partial z} = \begin{vmatrix} \frac{\partial \varrho_1}{\partial y} & \frac{\partial \varrho_1}{\partial z} \\ \frac{\partial \varrho_2}{\partial y} & \frac{\partial \varrho_2}{\partial z} \end{vmatrix} : \begin{vmatrix} \frac{\partial \varrho_1}{\partial z} & \frac{\partial \varrho_1}{\partial x} \\ \frac{\partial \varrho_2}{\partial z} & \frac{\partial \varrho_2}{\partial x} \end{vmatrix} : \begin{vmatrix} \frac{\partial \varrho_1}{\partial x} & \frac{\partial \varrho_1}{\partial y} \\ \frac{\partial \varrho_2}{\partial x} & \frac{\partial \varrho_2}{\partial y} \end{vmatrix}.$$

1) Annales de l'Ecole Normale Supérieure, 3. Bd., 1886. — Die Ausführungen im vorliegenden und im folgenden Paragraphen sind ohne Änderung der Darbouxschen Abhandlung (S. 110 ff.) entnommen.

Es ist demnach notwendig und hinreichend, daß für die totale Differentialgleichung:

$$\begin{vmatrix} \frac{\partial \varrho_1}{\partial y} & \frac{\partial \varrho_1}{\partial z} \\ \frac{\partial \varrho_2}{\partial y} & \frac{\partial \varrho_2}{\partial z} \end{vmatrix} dx + \begin{vmatrix} \frac{\partial \varrho_1}{\partial z} & \frac{\partial \varrho_1}{\partial x} \\ \frac{\partial \varrho_2}{\partial z} & \frac{\partial \varrho_2}{\partial x} \end{vmatrix} dy + \begin{vmatrix} \frac{\partial \varrho_1}{\partial x} & \frac{\partial \varrho_1}{\partial y} \\ \frac{\partial \varrho_2}{\partial x} & \frac{\partial \varrho_2}{\partial y} \end{vmatrix} dz = 0$$

die Integrabilitätsbedingung:

$$(6)\qquad \sum \begin{vmatrix} \frac{\partial \varrho_1}{\partial y} & \frac{\partial \varrho_1}{\partial z} \\ \frac{\partial \varrho_2}{\partial y} & \frac{\partial \varrho_2}{\partial z} \end{vmatrix} \left\{ \frac{\partial}{\partial z} \begin{vmatrix} \frac{\partial \varrho_1}{\partial z} & \frac{\partial \varrho_1}{\partial x} \\ \frac{\partial \varrho_2}{\partial z} & \frac{\partial \varrho_2}{\partial x} \end{vmatrix} - \frac{\partial}{\partial y} \begin{vmatrix} \frac{\partial \varrho_1}{\partial x} & \frac{\partial \varrho_1}{\partial y} \\ \frac{\partial \varrho_2}{\partial x} & \frac{\partial \varrho_2}{\partial y} \end{vmatrix} \right\} = 0,$$

wo sich die beiden anderen Glieder hinter dem Summenzeichen aus dem angegebenen durch zyklische Vertauschung von $x$, $y$, $z$ ergeben, erfüllt sei.

Addieren wir zur linken Seite von (6) die Summe:

$$\sum \begin{vmatrix} \frac{\partial \varrho_1}{\partial y} & \frac{\partial \varrho_1}{\partial z} \\ \frac{\partial \varrho_2}{\partial y} & \frac{\partial \varrho_2}{\partial z} \end{vmatrix} \left( \frac{\partial \varrho_1}{\partial x} \sum \frac{\partial^2 \varrho_2}{\partial x^2} - \frac{\partial \varrho_2}{\partial x} \sum \frac{\partial^2 \varrho_1}{\partial x^2} \right),$$

die identisch gleich Null ist, so geht (6) über in:

$$(6^*)\qquad \sum \begin{vmatrix} \frac{\partial \varrho_1}{\partial y} & \frac{\partial \varrho_1}{\partial z} \\ \frac{\partial \varrho_2}{\partial y} & \frac{\partial \varrho_2}{\partial z} \end{vmatrix} \cdot \left( \frac{\partial \varrho_1}{\partial x} \frac{\partial^2 \varrho_2}{\partial x^2} + \frac{\partial \varrho_1}{\partial y} \frac{\partial^2 \varrho_2}{\partial x \partial y} + \frac{\partial \varrho_1}{\partial z} \frac{\partial^2 \varrho_2}{\partial x \partial z} - \right.$$
$$\left. - \frac{\partial \varrho_2}{\partial x} \frac{\partial^2 \varrho_1}{\partial x^2} - \frac{\partial \varrho_2}{\partial y} \frac{\partial^2 \varrho_1}{\partial x \partial y} - \frac{\partial \varrho_2}{\partial z} \frac{\partial^2 \varrho_1}{\partial x \partial z} \right) = 0.$$

Aus (5) folgt aber durch Differentiation nach $x$:

$$\left( \frac{\partial \varrho_2}{\partial x} \frac{\partial^2 \varrho_1}{\partial x^2} + \frac{\partial \varrho_2}{\partial y} \frac{\partial^2 \varrho_1}{\partial x \partial y} + \frac{\partial \varrho_2}{\partial z} \frac{\partial^2 \varrho_1}{\partial x \partial z} \right) =$$
$$= - \left( \frac{\partial \varrho_1}{\partial x} \frac{\partial^2 \varrho_2}{\partial x^2} + \frac{\partial \varrho_1}{\partial y} \frac{\partial^2 \varrho_2}{\partial x \partial y} + \frac{\partial \varrho_1}{\partial z} \frac{\partial^2 \varrho_2}{\partial x \partial z} \right).$$

Also ist die Integrabilitätsbedingung (6*) äquivalent der Gleichung:

$$(7)\qquad \sum \begin{vmatrix} \frac{\partial \varrho_1}{\partial y} & \frac{\partial \varrho_1}{\partial z} \\ \frac{\partial \varrho_2}{\partial y} & \frac{\partial \varrho_2}{\partial z} \end{vmatrix} \left( \frac{\partial \varrho_1}{\partial x} \frac{\partial^2 \varrho_2}{\partial x^2} + \frac{\partial \varrho_1}{\partial y} \frac{\partial^2 \varrho_2}{\partial x \partial y} + \frac{\partial \varrho_1}{\partial z} \frac{\partial^2 \varrho_2}{\partial x \partial z} \right) = 0.$$

Diese Gleichung können wir nun folgendermaßen geometrisch deuten: Wandern wir längs der Schnittkurve zweier Flächen der Scharen $\varrho_1$, $\varrho_2$:

$$\varrho_1(x, y, z) = \varrho_1, \quad \varrho_2(x, y, z) = \varrho_2$$

und bezeichnen wir mit dem Symbol $\delta$ die dieser Wanderung entsprechenden Differentiale, so haben wir:

$$\delta x : \delta y : \delta z = \begin{vmatrix} \frac{\partial \varrho_1}{\partial y} & \frac{\partial \varrho_1}{\partial z} \\ \frac{\partial \varrho_2}{\partial y} & \frac{\partial \varrho_2}{\partial z} \end{vmatrix} : \begin{vmatrix} \frac{\partial \varrho_1}{\partial z} & \frac{\partial \varrho_1}{\partial x} \\ \frac{\partial \varrho_2}{\partial z} & \frac{\partial \varrho_2}{\partial x} \end{vmatrix} : \begin{vmatrix} \frac{\partial \varrho_1}{\partial x} & \frac{\partial \varrho_1}{\partial y} \\ \frac{\partial \varrho_2}{\partial x} & \frac{\partial \varrho_2}{\partial y} \end{vmatrix}.$$

Demnach geht (7) über in:

$$\frac{\partial \varrho_1}{\partial x} \delta \left(\frac{\partial \varrho_2}{\partial x}\right) + \frac{\partial \varrho_1}{\partial y} \delta \left(\frac{\partial \varrho_2}{\partial y}\right) + \frac{\partial \varrho_1}{\partial z} \delta \left(\frac{\partial \varrho_2}{\partial z}\right) = 0.$$

Bedeuten aber $X$, $Y$, $Z$ die Richtungskosinus der Normale der Fläche:

$$\varrho_2(x, y, z) = \varrho_2,$$

so ist:

$$X : Y : Z = \frac{\partial \varrho_2}{\partial x} : \frac{\partial \varrho_2}{\partial y} : \frac{\partial \varrho_2}{\partial z},$$

und die vorhergehende Gleichung lautet wegen (5):

$$\frac{\partial \varrho_1}{\partial x} \delta X + \frac{\partial \varrho_1}{\partial y} \delta Y + \frac{\partial \varrho_1}{\partial z} \delta Z = 0.$$

Andrerseits ist identisch:

$$\frac{\partial \varrho_2}{\partial x} \delta X + \frac{\partial \varrho_2}{\partial y} \delta Y + \frac{\partial \varrho_2}{\partial z} \delta Z = 0,$$

folglich ist die Integrabilitätsbedingung äquivalent der Proportion:

$$\delta x : \delta y : \delta z = \delta X : \delta Y : \delta Z.$$

Diese besagt nun aber (§ 51, S. 97), daß die Schnittkurve zweier Flächen $\varrho_1$, $\varrho_2$ eine Krümmungslinie für die zweite, also auch für die erste Fläche ist.

Wir haben somit den Darbouxschen Satz:

Die notwendige und hinreichende Bedingung dafür, daß zwei zueinander orthogonalen Flächenscharen eine dritte zugeordnet werden kann, die zu beiden orthogonal ist, besteht darin, daß jede Fläche der ersten und jede Fläche der zweiten Schar einander in Krümmungslinien schneiden müssen.

Hierin ist der berühmte ältere Dupinsche Satz enthalten:

In jedem dreifachen Orthogonalsystem ist die Schnittkurve zweier nicht derselben Schar angehöriger Flächen eine Krümmungslinie für beide.

### § 331. Folgerungen aus dem Darboux-Dupinschen Satze.

Aus den vorstehenden Sätzen ergibt sich, daß eine willkürlich gewählte Schar von $\infty^1$ Flächen:

$$\varrho_1(x, y, z) = \varrho_1$$

im allgemeinen keinem dreifachen Orthogonalsystem angehört. Diese Schar von $\infty^1$ Flächen bestimmt nämlich eindeutig die Schar von $\infty^2$ Kurven, die alle Flächen orthogonal schneiden.[1]) Gehörte nun die Schar: $\varrho_1(x, y, z) = \varrho_1$ einem dreifachen Orthogonalsystem an und betrachteten wir auf einer Fläche $\varrho_1$ eine Krümmungslinie $L$, so bildeten alle diejenigen Orthogonaltrajektorien der Schar, welche von den Punkten von $L$ ausgehen, eine Fläche, die alle übrigen Flächen der Schar in Krümmungslinien schneiden müßte.

Es ist sehr bemerkenswert, daß diese geometrische Bedingung, der die Schar: $\varrho_1(x, y, z) = \varrho_1$ genügen muß, sich durch eine partielle Differentialgleichung dritter Ordnung für die Funktion $\varrho_1$ ausdrücken läßt. Zu diesem wichtigen Ergebnis, das in der hier gegebenen Fassung von Darboux herrührt[2]), gelangen wir auf folgende Weise:

Wir betrachten die Krümmungslinien einer und derselben Schar auf allen Flächen $\varrho_1 = Const.$ Zu dieser Schar von $\infty^2$ Kurven muß es eine Schar von $\infty^1$ Orthogonalflächen geben, und umgekehrt: Ist dieses der Fall, so gehört die Schar: $\varrho_1 =$ Const. einem dreifachen Orthogonalsystem an (§ 330). Bedeuten also $X_1$, $Y_1$, $Z_1$ die Richtungskosinus der Tangenten dieser Kurven, so muß die totale Differentialgleichung (§ 184, S. 346):

$$X_1 dx + Y_1 dy + Z_1 dz = 0$$

integrierbar sein, d. h. es besteht mit Notwendigkeit die Identität:

$$(8) \quad X_1\left(\frac{\partial Y_1}{\partial z} - \frac{\partial Z_1}{\partial y}\right) + Y_1\left(\frac{\partial Z_1}{\partial x} - \frac{\partial X_1}{\partial z}\right) + Z_1\left(\frac{\partial X_1}{\partial y} - \frac{\partial Y_1}{\partial x}\right) = 0.$$

Aus den Fundamentalgleichungen der Flächentheorie (Kap. IV) ergibt sich aber, daß sich $X_1$, $Y_1$, $Z_1$ durch die ersten und zweiten Differen-

---

1) Diese Kurven ergeben sich durch Integration des Systems simultaner gewöhnlicher Differentialgleichungen:

$$\frac{dx}{\frac{\partial \varrho_1}{\partial x}} = \frac{dy}{\frac{\partial \varrho_1}{\partial y}} = \frac{dz}{\frac{\partial \varrho_1}{\partial z}}.$$

2) Zu der Zurückführung der Bestimmung der dreifachen Orthogonalsysteme auf eine partielle Differentialgleichung dritter Ordnung mit drei Veränderlichen war auf einem anderen Wege schon Bonnet gelangt.

tialquotienten der Funktion $\varrho_1(x, y, z)$ ausdrücken lassen; es ist demnach (8) für $\varrho_1$ eine partielle Differentialgleichung dritter Ordnung, die wir in § 336 wirklich aufstellen werden. Aus der Integration dieser Gleichung würden sich alle dreifachen Orthogonalsysteme ergeben.

Als unmittelbare Folgerungen aus diesen allgemeinen Ergebnissen führen wir hier einige einfache Fälle von dreifachen Orthogonalsystemen an. Betrachten wir eine beliebige Schar von $\infty^1$ Ebenen oder Kugeln und ihre Orthogonaltrajektorien und wird auf einer Ausgangskugel oder in einer Ausgangsebene eine beliebige Kurve $L$ fest gewählt, so bilden diejenigen Orthogonaltrajektorien, die von den Punkten von $L$ ausgehen, eine Fläche $\Sigma$, die von allen Kugeln bzw. Ebenen der Schar orthogonal und daher längs Krümmungslinien geschnitten wird. Also:

Jede Schar von $\infty^1$ Ebenen oder Kugeln gehört unendlich vielen dreifachen Orthogonalsystemen an.

Um eins derselben zu erhalten, brauchen wir nur auf einer Ausgangskugel oder in einer Ausgangsebene zwei Scharen von orthogonalen Kurven $L$ und $L'$ beliebig zu ziehen, dann vervollständigen die entsprechenden Flächen $\Sigma$ und $\Sigma'$ das dreifache Orthogonalsystem. Nehmen wir speziell als Ebenenschar ein Ebenenbüschel, so sind die Flächen $\Sigma$, $\Sigma'$ Rotationsflächen, deren Drehachse die Achse des Büschels ist.

Endlich bemerken wir:

Jede Schar von Parallelflächen gehört einem dreifachen Orthogonalsystem an. Die Flächen der beiden anderen Scharen sind die abwickelbaren Ortsflächen der Normalen längs der Krümmungslinien der Parallelflächen.

## § 332. Differentialgleichungen für die Richtungskosinus des Hauptrieders.

Wir nehmen an, es liege ein dreifaches Orthogonalsystem $(\varrho_1, \varrho_2, \varrho_3)$ vor, das dem folgenden Ausdruck für das Quadrat des Linienelements entspreche:

$$ds^2 = H_1^2 d\varrho_1^2 + H_2^2 d\varrho_2^2 + H_3^2 d\varrho_3^2. \tag{9}$$

Zur Vermeidung von Doppeldeutigkeiten hinsichtlich der Vorzeichen in den Gleichungen schicken wir die folgenden Bemerkungen voraus: Die Funktionen $H_1^2$, $H_2^2$, $H_3^2$ sind als Quadratsummen stets positiv und höchstens in isolierten Punkten oder längs isolierter Kurven gleich Null. Den Änderungsbereich von $\varrho_1$, $\varrho_2$, $\varrho_3$ wollen wir stets als so abgegrenzt annehmen, daß diese Funktionen überall positiv und von Null verschieden bleiben. Ferner setzen wir sie nebst ihren ersten und zweiten Differentialquotienten immer als endlich und stetig voraus und bezeichnen mit $H_1$, $H_2$, $H_3$ die positiven Werte ihrer Quadratwurzeln.

Bezeichnen wir mit $ds_1$, $ds_2$, $ds_3$ die positiven Bogenelemente derjenigen Kurven (Krümmungslinien) des dreifachen Orthogonalsystems, längs deren nur $\varrho_1$ oder $\varrho_2$ oder $\varrho_3$ sich ändert, und setzen wir als positive Richtung der Kurve diejenige des betreffenden wachsenden Parameters fest, so haben wir:

$$ds_1 = H_1 d\varrho_1, \quad ds_2 = H_2 d\varrho_2, \quad ds_3 = H_3 d\varrho_3.$$

Setzen wir ferner:

$$X_i = \frac{1}{H_i}\frac{\partial x}{\partial \varrho_i}, \quad Y_i = \frac{1}{H_i}\frac{\partial y}{\partial \varrho_i}, \quad Z_i = \frac{1}{H_i}\frac{\partial z}{\partial \varrho_i} \quad (i = 1, 2, 3),$$

so sind $X_i$, $Y_i$, $Z_i$ die Kosinus der positiven Richtung der Tangente zur Kurve $\varrho_i$, d. h. der Normale der Fläche $\varrho_i = \text{Const.}$ Die drei Richtungen $X_i$, $Y_i$, $Z_i$ bilden ein rechtwinkliges Trieder, das wir Haupttrieder nennen (vgl. S. 93). Um die Ideen zu fixieren, nehmen wir es als ebenso orientiert an, wie das Koordinatenkreuz $O(x, y, z)$, so daß die Determinante:

$$\begin{vmatrix} X_1 & Y_1 & Z_1 \\ X_2 & Y_2 & Z_2 \\ X_3 & Y_3 & Z_3 \end{vmatrix}$$

rechtsgedreht (gleich $+1$) ist.

Wir leiten nun die grundlegenden Gleichungen ab, mittels welcher die Differentialquotienten der Kosinus ein und derselben Reihe in obiger Determinante nach $\varrho_1$, $\varrho_2$, $\varrho_3$ linear und homogen durch die Kosinus selbst ausgedrückt werden, wobei Koeffizienten auftreten, die nur von $H_1$, $H_2$, $H_3$ abhängen.

Aus den Gleichungen:

$$\sum\left(\frac{\partial x}{\partial \varrho_i}\right)^2 = H_i^2, \quad \sum\frac{\partial x}{\partial \varrho_i}\frac{\partial x}{\partial \varrho_k} = 0 \quad (i \neq k)$$

folgen durch Differentiation nach $\varrho_i$, $\varrho_k$ unmittelbar die nachstehenden:

a) $$\sum\frac{\partial x}{\partial \varrho_i}\frac{\partial^2 x}{\partial \varrho_i \partial \varrho_k} = H_i\frac{\partial H_i}{\partial \varrho_k} \quad (i, k \text{ beliebig}),$$

b) $$\sum\frac{\partial x}{\partial \varrho_k}\frac{\partial^2 x}{\partial \varrho_i^2} = -H_i\frac{\partial H_i}{\partial \varrho_k} \quad (i \neq k).$$

Ist ferner $ikl$ eine beliebige Permutation der Indizes 1, 2, 3, so ist weiter:

c) $$\sum\frac{\partial x}{\partial \varrho_l}\frac{\partial^2 x}{\partial \varrho_i \partial \varrho_k} = 0 \quad (i \neq k \neq l),$$

denn dieses besagt eben, daß auf der Fläche $\varrho_l = \text{Const.}$ die Kurven $\varrho_i, \varrho_k$ ein konjugiertes System bilden, wie aus dem Dupinschen Satze folgt.[1])

Aus a), b), c) ergeben sich für die Ableitungen von $X_1, Y_1, Z_1$ nach $\varrho_1, \varrho_2, \varrho_3$ sofort die folgenden linearen Gleichungensysteme:

$$X_1 \frac{\partial X_1}{\partial \varrho_1} + Y_1 \frac{\partial Y_1}{\partial \varrho_1} + Z_1 \frac{\partial Z_1}{\partial \varrho_1} = 0,$$
$$X_2 \frac{\partial X_1}{\partial \varrho_1} + Y_2 \frac{\partial Y_1}{\partial \varrho_1} + Z_2 \frac{\partial Z_1}{\partial \varrho_1} = -\frac{1}{H_2}\frac{\partial H_1}{\partial \varrho_2},$$
$$X_3 \frac{\partial X_1}{\partial \varrho_1} + Y_3 \frac{\partial Y_1}{\partial \varrho_1} + Z_3 \frac{\partial Z_1}{\partial \varrho_1} = -\frac{1}{H_3}\frac{\partial H_1}{\partial \varrho_3};$$

$$X_1 \frac{\partial X_1}{\partial \varrho_2} + Y_1 \frac{\partial Y_1}{\partial \varrho_2} + Z_1 \frac{\partial Z_1}{\partial \varrho_2} = 0,$$
$$X_2 \frac{\partial X_1}{\partial \varrho_2} + Y_2 \frac{\partial Y_1}{\partial \varrho_2} + Z_2 \frac{\partial Z_1}{\partial \varrho_2} = \frac{1}{H_1}\frac{\partial H_2}{\partial \varrho_1},$$
$$X_3 \frac{\partial X_1}{\partial \varrho_2} + Y_3 \frac{\partial Y_1}{\partial \varrho_2} + Z_3 \frac{\partial Z_1}{\partial \varrho_2} = 0;$$

$$X_1 \frac{\partial X_1}{\partial \varrho_3} + Y_1 \frac{\partial Y_1}{\partial \varrho_3} + Z_1 \frac{\partial Z_1}{\partial \varrho_3} = 0,$$
$$X_2 \frac{\partial X_1}{\partial \varrho_3} + Y_2 \frac{\partial Y_1}{\partial \varrho_3} + Z_2 \frac{\partial Z_1}{\partial \varrho_3} = 0,$$
$$X_3 \frac{\partial X_1}{\partial \varrho_3} + Y_3 \frac{\partial Y_1}{\partial \varrho_3} + Z_3 \frac{\partial Z_1}{\partial \varrho_3} = \frac{1}{H_1}\frac{\partial H_3}{\partial \varrho_1}.$$

Durch Auflösung erhalten wir als gesuchte Gleichungen die folgenden:

$$\frac{\partial X_1}{\partial \varrho_1} = -\frac{X_2}{H_2}\frac{\partial H_1}{\partial \varrho_2} - \frac{X_3}{H_3}\frac{\partial H_1}{\partial \varrho_3}, \qquad \frac{\partial X_1}{\partial \varrho_2} = \frac{X_2}{H_1}\frac{\partial H_2}{\partial \varrho_1}, \qquad \frac{\partial X_1}{\partial \varrho_3} = \frac{X_3}{H_1}\frac{\partial H_3}{\partial \varrho_1},$$

---

1) Übrigens ergeben sich die Gleichungen c) direkt aus den folgenden drei:

$$\sum \frac{\partial x}{\partial \varrho_1}\frac{\partial x}{\partial \varrho_2} = 0, \qquad \sum \frac{\partial x}{\partial \varrho_2}\frac{\partial x}{\partial \varrho_3} = 0, \qquad \sum \frac{\partial x}{\partial \varrho_3}\frac{\partial x}{\partial \varrho_1} = 0$$

durch Differentiation nach $\varrho_3$ bzw. $\varrho_1$ bzw. $\varrho_2$.

Setzen wir:

$$A = \sum \frac{\partial x}{\partial \varrho_1}\frac{\partial^2 x}{\partial \varrho_2 \partial \varrho_3}, \qquad B = \sum \frac{\partial x}{\partial \varrho_2}\frac{\partial^2 x}{\partial \varrho_1 \partial \varrho_3}, \qquad C = \sum \frac{\partial x}{\partial \varrho_3}\frac{\partial^2 x}{\partial \varrho_1 \partial \varrho_2},$$

so folgt:

$$B + C = 0, \qquad C + A = 0, \qquad A + B = 0,$$

also eben:

$$A = B = C = 0.$$

Hiermit ist auch wieder der Dupinsche Satz bewiesen.

dazu analoge für $Y_1$, $Z_1$, und durch zyklische Vertauschung der Indizes diejenigen für $X_2$, $X_3$ usw. Sie lassen sich zu dem folgenden System zusammenfassen:

$$(10)\quad \frac{\partial U_k}{\partial \varrho_i} = \frac{U_i}{H_k}\frac{\partial H_i}{\partial \varrho_k}, \quad \frac{\partial U_k}{\partial \varrho_l} = \frac{U_l}{H_k}\frac{\partial H_l}{\partial \varrho_k}, \quad \frac{\partial U_k}{\partial \varrho_k} = -\frac{U_i}{H_i}\frac{\partial H_k}{\partial \varrho_i} - \frac{U_l}{H_l}\frac{\partial H_k}{\partial \varrho_l},$$

wo für $U$ $X$ oder $Y$ oder $Z$ zu setzen ist und $ikl$ eine beliebige Permutation der Indizes 1, 2, 3 bedeutet.

Das erhaltene Ergebnis können wir wie folgt aussprechen:

Jedes Tripel $U_1$, $U_2$, $U_3$ muß dem folgenden System totaler linearer Differentialgleichungen genügen:

$$(\alpha)\quad \begin{cases} dU_1 = -\left(\dfrac{U_2}{H_2}\dfrac{\partial H_1}{\partial \varrho_2} + \dfrac{U_3}{H_3}\dfrac{\partial H_1}{\partial \varrho_3}\right) d\varrho_1 + \dfrac{U_2}{H_1}\dfrac{\partial H_2}{\partial \varrho_1} d\varrho_2 + \dfrac{U_3}{H_1}\dfrac{\partial H_3}{\partial \varrho_1} d\varrho_3, \\ dU_2 = \dfrac{U_1}{H_2}\dfrac{\partial H_1}{\partial \varrho_2} d\varrho_1 - \left(\dfrac{U_3}{H_3}\dfrac{\partial H_2}{\partial \varrho_3} + \dfrac{U_1}{H_1}\dfrac{\partial H_2}{\partial \varrho_1}\right) d\varrho_2 + \dfrac{U_3}{H_2}\dfrac{\partial H_3}{\partial \varrho_2} d\varrho_3, \\ dU_3 = \dfrac{U_1}{H_3}\dfrac{\partial H_1}{\partial \varrho_3} d\varrho_1 + \dfrac{U_2}{H_3}\dfrac{\partial H_2}{\partial \varrho_3} d\varrho_2 - \left(\dfrac{U_1}{H_1}\dfrac{\partial H_3}{\partial \varrho_1} + \dfrac{U_2}{H_2}\dfrac{\partial H_3}{\partial \varrho_2}\right) d\varrho_3. \end{cases}$$

## § 333. Die Laméschen Gleichungen als notwendige und hinreichende Bedingungen.

Damit das dreifache Orthogonalsystem vorhanden sei, ist es notwendig, daß das System $(\alpha)$ integrierbar ist, d. h. es müssen die folgenden Integrabilitätsbedingungen erfüllt sein:

$$\frac{\partial}{\partial \varrho_l}\left(\frac{U_i}{H_k}\frac{\partial H_i}{\partial \varrho_k}\right) - \frac{\partial}{\partial \varrho_i}\left(\frac{U_l}{H_k}\frac{\partial H_l}{\partial \varrho_k}\right) = 0,$$

$$\frac{\partial}{\partial \varrho_i}\left(\frac{U_i}{H_i}\frac{\partial H_k}{\partial \varrho_i}\right) + \frac{\partial}{\partial \varrho_l}\left(\frac{U_l}{H_l}\frac{\partial H_k}{\partial \varrho_l}\right) + \frac{\partial}{\partial \varrho_k}\left(\frac{U_i}{H_k}\frac{\partial H_i}{\partial \varrho_k}\right) = 0.$$

Werden die Differentiationen links ausgeführt und für die Differentialquotienten der $U$ ihre Werte aus $(\alpha)$ eingesetzt, so gehen die linken Seiten in homogene lineare Ausdrücke in den $U$ über, und da diese für die drei von einander unabhängigen Wertsysteme: $X_1, X_2, X_3$; $Y_1, Y_2, Y_3$; $Z_1, Z_2, Z_3$ verschwinden müssen, müssen sie überhaupt identisch gleich Null sein; demnach muß das System $(\alpha)$ unbeschränkt integrierbar sein. Nach Ausführung der Rechnungen ergibt sich unschwer, daß die Bedingungen für die unbeschränkte Integrierbarkeit durch folgende sechs Gleichungen gegeben sind:

$$(A)\quad \begin{cases} \dfrac{\partial^2 H_1}{\partial \varrho_2\,\partial \varrho_3} = \dfrac{1}{H_2}\dfrac{\partial H_2}{\partial \varrho_3}\dfrac{\partial H_1}{\partial \varrho_2} + \dfrac{1}{H_3}\dfrac{\partial H_3}{\partial \varrho_2}\dfrac{\partial H_1}{\partial \varrho_3}, \\ \dfrac{\partial^2 H_2}{\partial \varrho_3\,\partial \varrho_1} = \dfrac{1}{H_3}\dfrac{\partial H_3}{\partial \varrho_1}\dfrac{\partial H_2}{\partial \varrho_3} + \dfrac{1}{H_1}\dfrac{\partial H_1}{\partial \varrho_3}\dfrac{\partial H_2}{\partial \varrho_1}, \\ \dfrac{\partial^2 H_3}{\partial \varrho_1\,\partial \varrho_2} = \dfrac{1}{H_1}\dfrac{\partial H_1}{\partial \varrho_2}\dfrac{\partial H_3}{\partial \varrho_1} + \dfrac{1}{H_2}\dfrac{\partial H_2}{\partial \varrho_1}\dfrac{\partial H_3}{\partial \varrho_2}; \end{cases}$$

$$(B)\qquad\begin{cases}\dfrac{\partial}{\partial\varrho_1}\left(\dfrac{1}{H_1}\dfrac{\partial H_2}{\partial\varrho_1}\right)+\dfrac{\partial}{\partial\varrho_2}\left(\dfrac{1}{H_2}\dfrac{\partial H_1}{\partial\varrho_2}\right)+\dfrac{1}{H_3^2}\dfrac{\partial H_1}{\partial\varrho_3}\dfrac{\partial H_2}{\partial\varrho_3}=0,\\[2ex] \dfrac{\partial}{\partial\varrho_2}\left(\dfrac{1}{H_2}\dfrac{\partial H_3}{\partial\varrho_2}\right)+\dfrac{\partial}{\partial\varrho_3}\left(\dfrac{1}{H_3}\dfrac{\partial H_2}{\partial\varrho_3}\right)+\dfrac{1}{H_1^2}\dfrac{\partial H_2}{\partial\varrho_1}\dfrac{\partial H_3}{\partial\varrho_1}=0,\\[2ex] \dfrac{\partial}{\partial\varrho_3}\left(\dfrac{1}{H_3}\dfrac{\partial H_1}{\partial\varrho_3}\right)+\dfrac{\partial}{\partial\varrho_1}\left(\dfrac{1}{H_1}\dfrac{\partial H_3}{\partial\varrho_1}\right)+\dfrac{1}{H_2^2}\dfrac{\partial H_3}{\partial\varrho_2}\dfrac{\partial H_1}{\partial\varrho_2}=0.\end{cases}$$

Umgekehrt setzen wir nun voraus, daß die drei Funktionen $H$ der $\varrho$ den Gleichungen $(A)$ und $(B)$ genügen, und wollen beweisen, daß dann ein und nur ein entsprechendes dreifaches Orthogonalsystem vorhanden ist. Unter diesen Voraussetzungen ist nämlich das System $(\alpha)$ unbeschränkt integrierbar, und jedes Lösungensystem: $U_1$, $U_2$, $U_3$ ist durch die Anfangswerte: $U_1^{(0)}$, $U_2^{(0)}$, $U_3^{(0)}$ für ein Anfangssystem: $\varrho_1^{(0)}$, $\varrho_2^{(0)}$, $\varrho_3^{(0)}$ von Werten der $\varrho$ eindeutig bestimmt. Sind nun $U_1$, $U_2$, $U_3$; $V_1$, $V_2$, $V_3$ zwei beliebige, verschiedene oder übereinstimmende, Lösungensysteme von $(\alpha)$, so ist offenbar identisch:

$$d(U_1V_1+U_2V_2+U_3V_3)=0,$$

also:

$$U_1V_1+U_2V_2+U_3V_3=\text{Const.}$$

Nach diesen Vorbemerkungen ist klar, daß drei Lösungssysteme: $X_1$, $X_2$, $X_3$; $Y_1$, $Y_2$, $Y_3$; $Z_1$, $Z_2$, $Z_3$ gefunden werden können, welche die Koeffizienten einer orthogonalen Substitution sind, wozu hinreicht, daß dieses anfänglich der Fall ist (vgl. § 50). Dann sind die drei Ausdrücke:

$$\sum H_iX_id\varrho_i\equiv dx,\quad \sum H_iY_id\varrho_i\equiv dy,\quad \sum H_iZ_id\varrho_i\equiv dz$$

wegen der Gleichungen $(\alpha)$, denen die $X$, $Y$, $Z$ genügen, vollständige Differentiale und $x$, $y$, $z$ ihre Integrale. Somit haben wir:

$$dx^2+dy^2+dz^2=H_1^2d\varrho_1^2+H_2^2d\varrho_2^2+H_3^2d\varrho_3^2,$$

und das gesuchte dreifache Orthogonalsystem ist wirklich vorhanden. Der Beweis läßt ferner erkennen, daß es bis auf Bewegungen im Raume auch eindeutig bestimmt ist (vgl. § 50).

Die Gleichungen $(A)$ und $(B)$ sind zum erstenmale von Lamé aufgestellt worden und werden als die Laméschen Gleichungen bezeichnet. Wir können also sagen:

Die Laméschen Gleichungen $(A)$ und $(B)$ geben die notwendigen und hinreichenden Bedingungen dafür an, daß die ternäre quadratische Form:

$$H_1^2d\varrho_1^2+H_2^2d\varrho_2^2+H_3^2d\varrho_3^2$$

in die Summe der Quadrate dreier Differentiale:

$$dx^2+dy^2+dz^2$$

transformierbar ist, d. h. daß sie als Linienelementquadrat des (euklidischen) Raumes aufgefaßt werden kann.

Es sei noch darauf hingewiesen, daß das drei solchen Funktionen $H$ entsprechende dreifache Orthogonalsystem eindeutig bestimmt ist. Um es zu erhalten, müssen wir das System ($\alpha$) integrieren, das durch eine einzige Gleichung vom Riccatischen Typus ersetzt werden kann.

## § 334. Konforme Abbildungen des Raumes.

Die Laméschen Gleichungen sind von Liouville zur Entscheidung der Frage angewandt worden, ob es möglich ist, den Raum winkeltreu auf sich selbst abzubilden. Liouville ist zu dem wichtigen Satze gelangt:

Die einzig möglichen konformen Abbildungen des Raumes auf sich selbst sind die Ähnlichkeitstransformationen und die Transformationen mittels reziproker Radienvektoren in Verbindung mit Verschiebungen.

Zum Beweise nehmen wir $x$, $y$, $z$ als die Koordinaten eines beliebigen Punktes des Raumes (oder Raumgebiets) und $\xi$, $\eta$, $\zeta$ als die Koordinaten des bei der vorausgesetzten konformen Abbildung entsprechenden Punktes an, so daß $\xi$, $\eta$, $\zeta$ bestimmte Funktionen von $x$, $y$, $z$ sind. Soll die Abbildung winkeltreu sein, so muß das Verhältnis:

$$\frac{d\xi^2 + d\eta^2 + d\zeta^2}{dx^2 + dy^2 + dz^2}$$

von den Zunahmen $dx$, $dy$, $dz$ unabhängig, d. h.:

$$d\xi^2 + d\eta^2 + d\zeta^2 = \frac{1}{\lambda^2}(dx^2 + dy^2 + dz^2)$$

sein, wo $\lambda$ eine Funktion von $x$, $y$, $z$ ist. Wird nun in den Laméschen Gleichungen ($A$) und ($B$)

$$x = \varrho_1, \; y = \varrho_2, \; z = \varrho_3, \; H_1 = H_2 = H_3 = \frac{1}{\lambda}$$

gesetzt, so ergeben sich die folgenden:

$$(\alpha) \qquad \frac{\partial^2\lambda}{\partial y\,\partial z} = 0, \; \frac{\partial^2\lambda}{\partial z\,\partial x} = 0, \; \frac{\partial^2\lambda}{\partial x\,\partial y} = 0,$$

$$(\beta) \quad \frac{\partial^2\lambda}{\partial x^2} + \frac{\partial^2\lambda}{\partial y^2} = \frac{\partial^2\lambda}{\partial y^2} + \frac{\partial^2\lambda}{\partial z^2} = \frac{\partial^2\lambda}{\partial z^2} + \frac{\partial^2\lambda}{\partial x^2} = \frac{1}{\lambda}\left[\left(\frac{\partial\lambda}{\partial x}\right)^2 + \left(\frac{\partial\lambda}{\partial y}\right)^2 + \left(\frac{\partial\lambda}{\partial z}\right)^2\right].$$

Nun ergibt sich aus ($\alpha$):

$$\lambda = X + Y + Z,$$

wo $X$ nur von $x$, $Y$ nur von $y$, $Z$ nur von $z$ abhängt. Setzen wir dies in den Gleichungen ($\beta$) ein, so erhalten wir:

$$(\gamma) \qquad X'' = Y'' = Z'' = \frac{X'^2 + Y'^2 + Z'^2}{2(X + Y + Z)} = \text{Const.} = k.$$

Ist $k = 0$, so folgt hieraus:

$$\lambda = \text{Const.};$$

demnach ist die entsprechende Transformation einfach eine Ähnlichkeitstransformation. Entgegengesetztenfalls setzen wir $k$ gleich $\frac{2}{c}$ und erhalten durch Integration:

$$X = \frac{1}{c}\left[(x - a)^2 + b\right],$$

$$Y = \frac{1}{c}\left[(y - a_1)^2 + b_1\right],$$

$$Z = \frac{1}{c}\left[(z - a_2)^2 + b_2\right],$$

wo $a, b$; $a_1, b_1$; $a_2, b_2$ neue Konstanten sind. Da aber infolge von ($\gamma$)

$$[(x - a)^2 + (y - a_1)^2 + (z - a_2)^2 + b + b_1 + b_2] =$$
$$= (x - a)^2 + (y - a_1)^2 + (z - a_2)^2$$

sein muß, so folgt daraus:

$$b + b_1 + b_2 = 0.$$

Dadurch, daß wir nun mit der vom Punkte $(x, y, z)$ beschriebenen Figur eine geeignete Translation vornehmen, können wir $\lambda$ einfach gleich $\frac{x^2 + y^2 + z^2}{c}$ machen, d. h. es ist:

$$d\xi^2 + d\eta^2 + d\zeta^2 = \frac{c^2}{(x^2 + y^2 + z^2)^2}(dx^2 + dy^2 + dz^2).$$

Dieser Gleichung genügen die Werte:

$$\xi = \frac{cx}{x^2 + y^2 + z^2}, \quad \eta = \frac{cy}{x^2 + y^2 + z^2}, \quad \zeta = \frac{cz}{x^2 + y^2 + z^2},$$

und dieses sind eben die Gleichungen für die Transformation mittels reziproker Radienvektoren bezüglich der Kugel:

$$x^2 + y^2 + z^2 = c^2.$$

Der Liouvillesche Satz ist somit bewiesen.[1])

Es mag bemerkt werden, daß die Transformation mittels reziproker Radienvektoren ein dreifaches Orthogonalsystem wieder in ein solches überführt. Hieraus ergibt sich im Falle einer Schar paralleler Flächen

---

1) Einen geometrischen Beweis hat Capelli gegeben. Annali di Matematica, 2. Serie, 14. Bd.

wieder der in § 58 bewiesene Satz, daß bei der Transformation mittels reziproker Radienvektoren die Krümmungslinien wieder in Krümmungslinien übergehen.

## § 335. Hauptkrümmungsradien der Parameterflächen. — Krümmungen der Parameterlinien.

Wie wir gesehen haben, ist das dreifache Orthogonalsystem der Gestalt nach vollkommen bestimmt, wenn die Funktionen $H_1$, $H_2$, $H_3$ bekannt sind. Es müssen sich mithin alle zum System gehörigen Größen durch $H_1$, $H_2$, $H_3$ und deren Differentialquotienten ausdrücken lassen. Suchen wir nun speziell die Werte für die Hauptkrümmungsradien der Parameterflächen. Es bedeute, wie üblich, $ikl$ eine Permutation der Indizes 1, 2, 3 und $r_{ik}$ den Hauptkrümmungsradius der Fläche $\varrho_i = Const.$ längs ihrer Schnittkurve (einer Krümmungslinie) mit der Fläche $\varrho_l =$ Const., d. h. längs der Kurve, auf der nur $\varrho_k$ veränderlich ist. Hinsichtlich des Vorzeichens von $r_{ik}$ halten wir an der in Kap. IV, S. 99, getroffenen Abmachung fest. Die Gleichung (10), S. 634:

$$\frac{\partial X_i}{\partial \varrho_k} = \frac{1}{H_i}\frac{\partial H_k}{\partial \varrho_i} X_k = \frac{1}{H_i H_k}\frac{\partial H_k}{\partial \varrho_i}\frac{\partial x}{\partial \varrho_k}$$

ergibt:

$$\frac{1}{r_{ik}} = \frac{1}{H_i H_k}\frac{\partial H_k}{\partial \varrho_i}.$$

Schreiben wir die sechs dementsprechenden (von Lamé angegebenen) Gleichungen einzeln hin, so erhalten wir:

$$(11)\quad \begin{cases} \dfrac{1}{r_{12}} = \dfrac{1}{H_1 H_2}\dfrac{\partial H_2}{\partial \varrho_1}, & \dfrac{1}{r_{23}} = \dfrac{1}{H_2 H_3}\dfrac{\partial H_3}{\partial \varrho_2}, & \dfrac{1}{r_{31}} = \dfrac{1}{H_3 H_1}\dfrac{\partial H_1}{\partial \varrho_3}, \\[2ex] \dfrac{1}{r_{13}} = \dfrac{1}{H_1 H_3}\dfrac{\partial H_3}{\partial \varrho_1}, & \dfrac{1}{r_{21}} = \dfrac{1}{H_2 H_1}\dfrac{\partial H_1}{\partial \varrho_2}, & \dfrac{1}{r_{32}} = \dfrac{1}{H_3 H_2}\dfrac{\partial H_2}{\partial \varrho_3}. \end{cases}$$

Allgemein wollen wir Parameterlinien $\varrho_i$ die Schnittkurven der Flächen:

$$\varrho_k = \text{Const.}, \quad \varrho_l = \text{Const.}$$

nennen und unter Einführung der Bezeichnungsweise des Kap. I für diese Kurven unter $\alpha_i$, $\beta_i$, $\gamma_i$; $\xi_i$, $\eta_i$, $\zeta_i$; $\lambda_i$, $\mu_i$, $\nu_i$ die Richtungskosinus ihrer Tangente, ihrer Haupt-, ihrer Binormale und unter $\frac{1}{R_i}$ und $\frac{1}{T_i}$ ihre erste bzw. zweite Krümmung verstehen, wobei die in Kap. I getroffenen Festsetzungen hinsichtlich der Vorzeichen in Kraft bleiben sollen.

Wir haben dann nach § 33, S 62, unmittelbar:

$$(12)\qquad \cos\alpha_i = X_i, \quad \cos\beta_i = Y_i, \quad \cos\gamma_i = Z_i.$$

Wenn wir diese Gleichungen nach $\varrho_i$ differenzieren, so erhalten wir unter Berücksichtigung des Umstandes, daß das Bogenelement der Kurve $\varrho_i$:

$$ds_i = H_i d\varrho_i$$

ist, sowie der Frenetschen Formeln und der Gleichungen (10):

$$(13)\quad \frac{\cos\xi_i}{R_i} = -\frac{X_k}{r_{ki}} - \frac{X_l}{r_{li}}, \quad \frac{\cos\eta_i}{R_i} = -\frac{Y_k}{r_{ki}} - \frac{Y_l}{r_{li}}, \quad \frac{\cos\zeta_i}{R_i} = -\frac{Z_k}{r_{ki}} - \frac{Z_l}{r_{li}}.$$

Durch Quadrieren und Addieren folgt hieraus:

$$\frac{1}{R_i^2} = \frac{1}{r_{ki}^2} + \frac{1}{r_{li}}.$$

Aus den Gleichungen (12) und (13) ergibt sich ferner:

$$(14)\quad \begin{cases} \cos\lambda_i = \pm R_i \dfrac{X_k}{r_{li}} \mp R_i \dfrac{X_l}{r_{ki}}, \quad \cos\mu_i = \pm R_i \dfrac{Y_k}{r_{li}} \mp R_i \dfrac{Y_l}{r_{ki}}, \\ \qquad\qquad\qquad\qquad\qquad\qquad \cos\nu_i = \pm R_i \dfrac{Z_k}{r_{li}} \mp R_i \dfrac{Z_l}{r_{ki}}, \end{cases}$$

wo die oberen oder die unteren Vorzeichen gelten, je nachdem die Permutation $ikl$ der Indizes 1, 2, 3 gerade oder ungerade ist. Nun haben wir infolge der Frenetschen Formeln:

$$\frac{1}{T_i} = \sum \frac{1}{H_i} \cos\xi_i \frac{\partial \cos\lambda_i}{d\varrho_i},$$

also unter Berücksichtigung der voraufgehenden Gleichungen und (10):

$$\frac{1}{T_i} = \pm \frac{R_i}{H_i}\left[\frac{1}{r_{li}} \frac{\partial}{\partial\varrho_i}\left(\frac{R_i}{r_{ki}}\right) - \frac{1}{r_{ki}} \frac{\partial}{\partial\varrho_i}\left(\frac{R_i}{r_{li}}\right)\right] =$$

$$= \pm \frac{1}{H_i} \frac{\partial}{\partial\varrho_i} \operatorname{arc\,tg} \frac{r_{li}}{r_{ki}}.$$

Nehmen wir, was ohne weiteres erlaubt ist, die Permutation $ikl$ als gerade an und setzen wir:

$$\cos\omega_i = -\frac{R_i}{r_{li}}, \quad \sin\omega_i = -\frac{R_i}{r_{ki}},$$

so erhalten wir:

$$\cos\xi_i = \cos\omega_i X_l + \sin\omega_i X_k, \quad \cos\eta_i = \cos\omega_i Y_l + \sin\omega_i Y_k,$$
$$\cos\zeta_i = \cos\omega_i Z_l + \sin\omega_i Z_k;$$
$$\cos\lambda_i = \sin\omega_i X_l - \cos\omega_i X_k, \quad \cos\mu_i = \sin\omega_i Y_l - \cos\omega_i Y_k,$$
$$\cos\nu_i = \sin\omega_i Z_l - \cos\omega_i Z_k.$$

Die geometrische Bedeutung des Winkels $\omega_i$ ist nach diesen Gleichungen die folgende: er ist der Winkel, den die positive Richtung der Normale der Kurve $\varrho_i$ mit der Kurve $\varrho_l$ bildet, und es ist:

$$\frac{1}{T_i} = \frac{1}{H_i}\frac{\partial \omega_i}{\partial \varrho_i}.$$

Im einzelnen haben wir also außer den Gleichungen (11) noch die folgenden:

$$(15) \qquad \frac{1}{R_1^2} = \frac{1}{r_{21}^2} + \frac{1}{r_{31}^2}, \quad \frac{1}{R_2^2} = \frac{1}{r_{32}^2} + \frac{1}{r_{12}^2}, \quad \frac{1}{R_3^2} = \frac{1}{r_{13}^2} + \frac{1}{r_{23}^2},$$

$$(16) \qquad \frac{1}{T_1} = \frac{1}{H_1}\frac{\partial \omega_1}{\partial \varrho_1}, \quad \frac{1}{T_2} = \frac{1}{H_2}\frac{\partial \omega_2}{\partial \varrho_2}, \quad \frac{1}{T_3} = \frac{1}{H_3}\frac{\partial \omega_3}{\partial \varrho_3},$$

$$(17) \qquad \operatorname{tang} \omega_1 = \frac{r_{31}}{r_{21}}, \quad \operatorname{tang} \omega_2 = \frac{r_{12}}{r_{32}}, \quad \operatorname{tang} \omega_3 = \frac{r_{23}}{r_{13}}.$$

## § 336. Äquidistanzkurven und Cayleysche Gleichung.

Das Bogenelement der Parameterlinien $\varrho_3$,

$$ds_3 = H_3 d\varrho_3,$$

kann auch als das unendlich kleine Stück der Normale der Fläche $\varrho_3$ zwischen dieser und der nächsten Fläche derselben Schar, $\varrho_3 + d\varrho_3$, angesehen werden. Auf der Fläche $\varrho_3$ sind also die Kurven: $H_3 = \text{Const.}$ diejenigen, längs deren dieses unendlich kleine Stück der Normale konstant ist; sie werden deshalb als die Äquidistanzkurven (Gleichabstandslinien) der Fläche $\varrho_3 = \text{Const.}$ bezeichnet.[1]) Da nun die Richtungskosinus der Tangente der Äquidistanzkurve: $H_3 = \text{Const.}$ proportional $dx, dy, dz$, d. h. proportional $\frac{\partial x}{\partial \varrho_1} d\varrho_1 + \frac{\partial x}{\partial \varrho_2} d\varrho_2$ usw. sind, andrerseits aber auch

$$H_3(\varrho_1 + d\varrho_1, \varrho_2 + d\varrho_2, \varrho_3) = \text{Const.},$$

d. h.:

$$\frac{\partial H_3}{\partial \varrho_1} d\varrho_1 + \frac{\partial H_3}{\partial \varrho_2} d\varrho_2 = 0$$

ist, so sind hiernach die Richtungskosinus der Tangente proportional den Binomen:

$$\frac{\partial H_3}{\partial \varrho_2}\frac{\partial x}{\partial \varrho_1} - \frac{\partial H_3}{\partial \varrho_1}\frac{\partial x}{\partial \varrho_2}, \quad \frac{\partial H_3}{\partial \varrho_2}\frac{\partial y}{\partial \varrho_1} - \frac{\partial H_3}{\partial \varrho_1}\frac{\partial y}{\partial \varrho_2}, \quad \frac{\partial H_3}{\partial \varrho_2}\frac{\partial z}{\partial \varrho_1} - \frac{\partial H_3}{\partial \varrho_1}\frac{\partial z}{\partial \varrho_2},$$

d. h. (§ 335) proportional $\cos \lambda_3$, $\cos \mu_3$, $\cos \nu_3$. Daraus folgt der Satz:

1) Nur im Falle, daß $H_3$ konstant wäre (oder von $\varrho_3$ allein abhinge), würde jede Kurve als Äquidistanzkurve aufzufassen sein. Dann wäre aber:

$$\frac{1}{r_{13}} = \frac{1}{r_{23}} = 0, \quad \frac{1}{R_3} = 0,$$

d. h. die Kurven $\varrho_3$ wären gerade Linien und die Flächen $\varrho_3 = \text{Const.}$ einander parallel.

Die Normalenebene in einem Punkte einer Äquidistanzkurve auf einer Fläche $\varrho_3 = \text{Const.}$ fällt mit der Schmiegungsebene der Orthogonaltrajektorie $\varrho_3$ dieser Fläche durch den betreffenden Punkt zusammen.

Die Gleichung (15):

$$\frac{1}{R_3^2} = \frac{1}{H_3^2}\left[\frac{1}{H_1^2}\left(\frac{\partial H_3}{\partial \varrho_1}\right)^2 + \frac{1}{H_2^2}\left(\frac{\partial H_3}{\partial \varrho_2}\right)^2\right],$$

durch welche die Krümmung dieser Orthogonaltrajektorie bestimmt wird, läßt sich auch wie folgt schreiben:

$$(18)\qquad \frac{1}{R_3} = \sqrt{\Delta_1 \log H_3} = \sqrt{\Delta_1 \log n},$$

wenn $\Delta_1$ den ersten Differentialparameter für das Quadrat des Linienelements der Fläche $\varrho_3 = \text{Const.}$ und $\varepsilon n$ das unendlich kleine Stück der Normale der Fläche $\varrho_3 = \text{Const.}$ bis zur nächsten Fläche bedeutet, wobei $\varepsilon$ eine unendlich kleine Konstante und $n$ eine Funktion von $\varrho_1$ und $\varrho_2$ ist. Zu beachten ist, daß sowohl der obige Satz als auch die Gleichung (18) allgemein für ein beliebiges System von Flächen und deren Orthogonaltrajektorien gelten.[1])

In unserem Falle aber, wo es sich um dreifache Orthogonalsysteme handelt, muß die Funktion $n$ infolge der dritten Laméschen Gleichung $(A)$ noch der Gleichung:

$$\frac{\partial^2 n}{\partial \varrho_1 \partial \varrho_2} = \frac{1}{H_1}\frac{\partial H_1}{\partial \varrho_2}\frac{\partial n}{\partial \varrho_1} + \frac{1}{H_2}\frac{\partial H_2}{\partial \varrho_1}\frac{\partial n}{\partial \varrho_2}$$

oder unter Anwendung der Bezeichnung für die kovarianten Differentialquotienten bezüglich der Fläche $\varrho_3 = \text{Const.}$ (§ 26, S. 45) noch der Gleichung:

$$n_{12} = 0$$

genügen.

Diese Gleichung, auf die wir bereits bei verschiedenen Untersuchungen, speziell bei der Frage nach den Zykelsystemen, zu denen eine gegebene Fläche gehört, gestoßen sind, ist in der vorliegenden Bedeutung von Cayley angegeben worden und möge als die Cayleysche Gleichung bezeichnet werden.

Aus den Eigenschaften der kovarianten Differentialquotienten (Kap. II) geht sofort hervor, daß für eine beliebige Fläche $S$ in einem

1) S. Morera, Sui sistemi di superficie e le loro traiettorie ortogonali. Rendiconti del Reale Istituto Lombardo, 4. März 1886.

allgemeinen Koordinatensystem $u, v$ die Cayleysche Gleichung folgendermaßen lautet:

$$(19)\qquad \begin{vmatrix} n_{11} & n_{12} & n_{22} \\ E & F & G \\ D & D' & D'' \end{vmatrix} = 0,$$

wenn

$$Edu^2 + 2Fdudv + Gdv^2,$$
$$Ddu^2 + 2D'dudv + D''dv^2$$

die beiden Fundamentaldifferentialformen von $S$ sind[1]). Ist nun

$$\lambda(x, y, z) = \lambda$$

die Gleichung einer Schar von $\infty^1$ Flächen, die einem dreifachen Orthogonalsystem angehört, so können wir

$$n = \frac{1}{\sqrt{\left(\frac{\partial \lambda}{\partial x}\right)^2 + \left(\frac{\partial \lambda}{\partial y}\right)^2 + \left(\frac{\partial \lambda}{\partial z}\right)^2}}$$

setzen. Wenn wir nun dieses in (19) einsetzen, so ergibt sich offenbar für $\lambda$ eine partielle Differentialgleichung dritter Ordnung, und zwar die Darbouxsche Gleichung, von der in § 331 die Rede war.

Hieraus läßt sich leicht folgern:

Damit eine Schar von $\infty^1$ Flächen einem dreifachen Orthogonalsystem angehöre, ist es notwendig und hinreichend, daß der unendlich kleine senkrechte Abstand zwischen je zwei aufeinander folgenden Flächen der Schar der Cayleyschen Gleichung (19) genügt.

---

1) Als Beispiel werde eine Fläche $S$ betrachtet, die auf eine Rotationsfläche abwickelbar ist, und es sei für sie:

$$ds^2 = du^2 + \mathfrak{r}^2 dv^2, \qquad \mathfrak{r} = \varphi(u).$$

Wird

$$n = \int \mathfrak{r}\, du$$

gesetzt, so ergibt sich sofort:

$$n_{11} du^2 + 2 n_{12} du dv + n_{22} dv^2 = \mathfrak{r}'(du^2 + \mathfrak{r}^2 dv^2).$$

Daraus folgt: Für die Fläche $S$ ist die Funktion:

$$n = \int \mathfrak{r}\, du$$

eine Lösung der Cayleyschen Gleichung.

Ist $S$ im besonderen eine Schraubenfläche, so ist die nächstfolgende Fläche wieder eine Schraubenfläche mit derselben Achse und Ganghöhe. Hierdurch ist die Existenz dreifacher Orthogonalsysteme, die eine Schar von Schraubenflächen mit gemeinsamer Achse und Ganghöhe enthalten, erwiesen. Vgl. die Abhandlung des Verfassers in den Annali di Matematica, 1. Serie, 4. Bd.

## § 337. Combescuresche Transformation.

*Combescure* hat eine wichtige Transformation der dreifachen Orthogonalsysteme angegeben[1]), zu der später unabhängig von ihm Darboux für den allgemeinen Fall der Orthogonalsysteme mit $n$ Veränderlichen gleichfalls gelangt ist[2]).

Auf unsern Fall beschränkt, ist die Aufgabe, die auf die Combescuresche Transformation führt, die folgende:

Gegeben ist ein dreifaches Orthogonalsystem mittels der Gleichungen:

$$x = x(\varrho_1, \varrho_2, \varrho_3), \quad y = y(\varrho_1, \varrho_2, \varrho_3), \quad z = z(\varrho_1, \varrho_2, \varrho_3);$$

es soll ein zweites:

$$x' = x'(\varrho_1, \varrho_2, \varrho_3), \quad y' = y'(\varrho_1, \varrho_2, \varrho_3), \quad z' = z'(\varrho_1, \varrho_2, \varrho_3)$$

von der Beschaffenheit gefunden werden, daß in jedem Raumpunkte $(x, y, z)$ die Normalen der drei Flächen des ersten Systems den entsprechenden Normalen im Punkte $(x', y', z')$ des zweiten Systems parallel sind.

Da die Richtungskosinus des Haupttrieders: $X_1, Y_1, Z_1$; $X_2, Y_2, Z_2$; $X_3, Y_3, Z_3$ für beide Systeme dieselben sein müssen, so ist infolge der Gleichungen (10), S. 634, klar, daß dieses auch mit den Größen: $\frac{1}{H_k}\frac{\partial H}{\partial \varrho_k}$ der Fall sein muß. Führen wir nun mit Darboux die Bezeichnung:

$$\beta_{ki} \equiv \frac{1}{H_k}\frac{\partial H_i}{\partial \varrho_k}$$

ein, so daß die Gleichungen (10) in:

$$(20) \qquad \frac{\partial X_k}{\partial \varrho_i} = \beta_{ki} X_i, \quad \frac{\partial X_k}{\partial \varrho_k} = -\beta_{ik} X_i - \beta_{lk} X_l$$

übergehen, so nehmen die Laméschen Gleichungen in den $\beta$ die folgende Gestalt an:

$$(A^*) \qquad \frac{\partial \beta_{ki}}{\partial \varrho_l} = \beta_{kl}\beta_{li},$$

$$(B^*) \qquad \frac{\partial \beta_{ik}}{\partial \varrho_i} + \frac{\partial \beta_{ki}}{\partial \varrho_k} + \beta_{il}\beta_{kl} = 0,$$

wo, wie gewöhnlich, $ikl$ eine Permutation der Indizes 1, 2, 3 bedeutet.[3]) Die gestellte Aufgabe ist demnach mit der folgenden Frage gleichbedeutend:

---

1) Annales de l'Ecole Normale Supérieure, 1. Serie, 4. Bd.

2) Annales de l'Ecole Normale Supérieure, 2. Serie, 7 Bd.

3) Die Gleichungen $(A^*)$ ziehen sechs und die Gleichungen $(B^*)$ drei Gleichungen zwischen den $\beta$ nach sich.

Wenn die $\beta_{ki}$ $(i, k = 1, 2, 3)$ drei Funktionen von $\varrho_1, \varrho_2, \varrho_3$ sind, die den Gleichungen $(A^*)$ und $(B^*)$ genügen, gibt es dann ein oder mehrere Wertsysteme $H_1, H_2, H_3$, die mit den $\beta$ durch die Beziehungen:

$$(21)\quad \begin{cases} \beta_{12} = \dfrac{1}{H_1}\dfrac{\partial H_2}{\partial \varrho_1}, & \beta_{23} = \dfrac{1}{H_2}\dfrac{\partial H_3}{\partial \varrho_2}, \quad \beta_{31} = \dfrac{1}{H_3}\dfrac{\partial H_1}{\partial \varrho_3}, \\ \beta_{21} = \dfrac{1}{H_2}\dfrac{\partial H_1}{\partial \varrho_2}, & \beta_{32} = \dfrac{1}{H_3}\dfrac{\partial H_2}{\partial \varrho_3}, \quad \beta_{13} = \dfrac{1}{H_1}\dfrac{\partial H_3}{\partial \varrho_1} \end{cases}$$

verbunden sind?

Eliminieren wir aus diesen Beziehungen z. B. $H_1$ und $H_2$, so erhalten wir für $H_3$ die drei simultanen Differentialgleichungen:

$$(22)\quad \begin{cases} \dfrac{\partial^2 H_3}{\partial \varrho_1 \partial \varrho_2} = \dfrac{\beta_{12}\beta_{23}}{\beta_{13}}\dfrac{\partial H_3}{\partial \varrho_1} + \dfrac{\beta_{21}\beta_{13}}{\beta_{23}}\dfrac{\partial H_3}{\partial \varrho_2}, \\ \dfrac{\partial^2 H_3}{\partial \varrho_1 \partial \varrho_3} = \dfrac{\partial \log \beta_{13}}{\partial \varrho_3}\dfrac{\partial H_3}{\partial \varrho_1} + \beta_{13}\beta_{31} H_3, \\ \dfrac{\partial^2 H_3}{\partial \varrho_2 \partial \varrho_3} = \dfrac{\partial \log \beta_{23}}{\partial \varrho_3}\dfrac{\partial H_3}{\partial \varrho_2} + \beta_{23}\beta_{32} H_3. \end{cases}$$

Umgekehrt, ist $H_3$ eine Lösung dieses Simultansystems, so wird allen Gleichungen (21) Genüge geleistet, wenn

$$H_1 = \frac{1}{\beta_{13}}\frac{\partial H_3}{\partial \varrho_1}, \quad H_2 = \frac{1}{\beta_{23}}\frac{\partial H_3}{\partial \varrho_2}$$

gesetzt wird. Werden aber die Gleichungen (22) bezüglich nach $\varrho_1, \varrho_2, \varrho_3$ differenziert und unter Berücksichtigung eben dieser Gleichungen die Werte, die sich dabei für $\dfrac{\partial^3 H}{\partial \varrho_1 \partial \varrho_2 \partial \varrho_3}$ ergeben, einander gleich gesetzt, so entstehen zufolge $(A^*)$ ebenso viele Identitäten. Die allgemeinen Sätze über partielle Differentialgleichungen besagen nun:

Die allgemeinste Lösung $H_3$ der Gleichungen (22) enthält drei willkürliche Funktionen von nur je einer der Veränderlichen. Demnach haben wir das Ergebnis:

Jedem dreifachen Orthogonalsystem entsprechen unendlich viele solche, die drei willkürliche Funktionen enthalten und bei denen in jedem Punkte die Orientierung des Hauptrieders die nämliche ist, wie in dem entsprechenden Punkte des ersten Systems.

Von den neuen dreifachen Orthogonalsystemen möge es heißen, daß sie aus dem ursprünglichen mittels der Combescureschen Transformation erhalten seien. Ihre analytische Bestimmung beruht auf der Integration des Systems (22), worauf sie sich mittels Quadraturen aus den Gleichungen:

$$dx' = \Sigma H_i X_i d\varrho_i, \quad dy' = \Sigma H_i Y_i d\varrho_i, \quad dz' = \Sigma H_i Z_i d\varrho_i$$

ergeben, wobei die $X_i$, $Y_i$, $Z_i$ ihre ursprünglichen Werte beibehalten.

Es ist klar, daß in den abgeleiteten Systemen jede einzelne Fläche mit der entsprechenden Fläche des Ausgangssystems die sphärischen Bilder der Krümmungslinien gemein hat.

Anmerkung. — Zur Aufstellung der Combescureschen Transformation können wir nach Darboux[1]) in folgender symmetrischer Weise verfahren: Es seien $W_1$, $W_2$, $W_3$ die algebraischen Entfernungen des Punktes $(x, y, z)$ von den Hauptebenen des Punktes $(x', y', z')$, so daß

$$W_i = \Sigma(x' - x) X_i$$

ist. Hieraus folgern wir:

$$(\alpha) \qquad \frac{\partial W_i}{\partial \varrho_k} = \beta_{ik} W_k$$

oder:

$$\frac{\partial}{\partial \varrho_k}(H_i W_i) = \frac{\partial H_k}{\partial \varrho_i} W_k + \frac{\partial H_i}{\partial \varrho_k} W_i.$$

Es wird also:

$$\frac{\partial}{\partial \varrho_k}(H_i W_i) = \frac{\partial}{\partial \varrho_i}(H_k W_k).$$

Folglich können wir eine neue unbekannte Funktion $W$ einführen, durch deren Ableitungen $W_1$, $W_2$, $W_3$ mittels der Gleichungen:

$$W_1 = \frac{1}{H_1}\frac{\partial W}{\partial \varrho_1}, \quad W_2 = \frac{1}{H_2}\frac{\partial W}{\partial \varrho_2}, \quad W_3 = \frac{1}{H_3}\frac{\partial W}{\partial \varrho_3}$$

ausdrückbar sind. Dann kommt aus $(\alpha)$:

$$\frac{\partial^2 W}{\partial \varrho_i \partial \varrho_k} = \frac{\partial \log H_i}{\partial \varrho_k}\frac{\partial W}{\partial \varrho_i} + \frac{\partial \log H_k}{\partial \varrho_i}\frac{\partial W}{\partial \varrho_k},$$

und für die unbekannte Funktion $W$ bekommen wir somit das symmetrische Gleichungensystem:

$$(\beta) \qquad \left\{\begin{aligned} \frac{\partial^2 W}{\partial \varrho_1 \partial \varrho_2} &= \frac{\partial \log H_1}{\partial \varrho_2}\frac{\partial W}{\partial \varrho_1} + \frac{\partial \log H_2}{\partial \varrho_1}\frac{\partial W}{\partial \varrho_2}, \\ \frac{\partial^2 W}{\partial \varrho_2 \partial \varrho_3} &= \frac{\partial \log H_2}{\partial \varrho_3}\frac{\partial W}{\partial \varrho_2} + \frac{\partial \log H_3}{\partial \varrho_2}\frac{\partial W}{\partial \varrho_3}, \\ \frac{\partial^2 W}{\partial \varrho_3 \partial \varrho_1} &= \frac{\partial \log H_3}{\partial \varrho_1}\frac{\partial W}{\partial \varrho_3} + \frac{\partial \log H_1}{\partial \varrho_3}\frac{\partial W}{\partial \varrho_1}. \end{aligned}\right.$$

Die Integrabilitätsbedingungen für dieses System werden identisch erfüllt, woraus folgt, daß die allgemeine Lösung $W$ drei willkürliche Funktionen enthält, da die Werte von $W$ längs dreier von einem Punkte $P$ ausgehender Parameterlinien $\varrho_1$, $\varrho_2$, $\varrho_3$ ganz beliebig vorgeschrieben werden können. Ist umgekehrt $W$ irgendeine Lösung des Systems $(\beta)$, so bestimmt die Gleichung:

$$x' = x + \frac{1}{H_1}\frac{\partial W}{\partial \varrho_1} X_1 + \frac{1}{H_2}\frac{\partial W}{\partial \varrho_2} X_2 + \frac{1}{H_3}\frac{\partial W}{\partial \varrho_3} X_3$$

nebst den analogen für $y'$, $z'$ ein neues, durch Combescuresche Transformation abgeleitetes Orthogonalsystem.

---

1) Leçons, S. 288 ff.

# Kapitel XXIII.

## Untersuchung einiger spezieller dreifacher Orthogonalsysteme.

Systeme, die eine Schar von Rotationsflächen enthalten. — Oskulierende Zykelsysteme. — Combescuresche Transformation der normalen Kreissysteme. — Die abgeleiteten Systeme sind die allgemeinsten, die eine Schar von ebenen Krümmungslinien haben. — Charakteristische Elemente dieser Systeme und ihre Bestimmung mittels Quadraturen. — Dreifaches Orthogonalsystem der konfokalen Mittelpunktsflächen zweiten Grades. — Elliptische Koordinaten. — Geodätische Linien auf den Mittelpunktsflächen zweiten Grades. — Sätze von Chasles und Liouville. — Geodätische Linien auf dem Ellipsoid. — Joachimsthalscher Satz. — Geodätische Linien durch die Nabelpunkte. — Die Krümmungslinien als geodätische Ellipsen und Hyperbeln, welche die Nabelpunkte als Brennpunkte haben. — Sätze von Roberts und Hart.

### § 338. Dreifache Orthogonalsysteme, die eine Schar von Rotationsflächen enthalten.

In diesem Kapitel wollen wir die allgemeinen Sätze des vorigen Kapitels auf einige einfache Klassen von dreifachen Orthogonalsystemen anwenden.

Wir suchen zunächst diejenigen dreifachen Orthogonalsysteme, welche eine Schar von Rotationsflächen enthalten.

Angenommen, in dem dreifachen Orthogonalsystem, das durch den Ausdruck für das Quadrat des Linienelements des Raumes:

$$ds^2 = H_1^2 d\varrho_1^2 + H_2^2 d\varrho_2^2 + H_3^2 d\varrho_3^2$$

definiert ist, seien die Flächen $\varrho_3 = \text{Const.}$ Rotationsflächen, und zwar seien die Kurven $\varrho_3 = \text{Const.}$ ihre Meridiankurven. Da diese Kurven geodätische Linien sind, so ist (S. 147):

$$\frac{\partial H_1}{\partial \varrho_3} = 0.$$

Die erste der Laméschen Gleichungen (A), S. 634, ergibt somit:

$$\frac{\partial H_3}{\partial \varrho_3} = 0 \quad \text{oder} \quad \frac{\partial H_1}{\partial \varrho_2} = 0.$$

Im zweiten Falle wäre infolge der Gleichungen (11), S. 638:

$$\frac{1}{r_{21}} = 0, \quad \frac{1}{r_{31}} = 0;$$

es wären demnach die Rotationsflächen $\varrho_2 =$ Const. abwickelbare Flächen, und zwar Kegel oder Zylinder. Diesen Fall wollen wir ausschließen.[1]) Es bleiben somit nur die Bedingungen:

$$\frac{\partial H_1}{\partial \varrho_3} = 0, \quad \frac{\partial H_2}{\partial \varrho_3} = 0$$

übrig, woraus

$$\frac{1}{r_{31}} = 0, \quad \frac{1}{r_{32}} = 0$$

folgt. Demnach sind die Flächen $\varrho_3 =$ Const. Ebenen, nämlich diejenigen der Meridiankurven der Flächen $\varrho_2 =$ Const. Also: Die Rotationsflächen $\varrho_2 =$ Const. haben eine gemeinsame Drehachse, und das dreifache Orthogonalsystem ergibt sich, wenn in einer Ebene ein (beliebiges) doppeltes orthogonales Kurvensystem gezogen und um eine in dieser Ebene gelegene feste Achse gedreht wird. Das auf diese Weise erzeugte System von Rotationsflächen bildet zusammen mit den Meridianebenen das gesuchte dreifache System. Es ist klar (und kann auch aus den Laméschen Gleichungen gefolgert werden), daß in dem vorliegenden Falle durch passende Wahl des Parameters $\varrho_3$ auch $H_3$ unabhängig von $\varrho_3$ gemacht werden kann. Wir können also sagen: Die charakteristische Eigenschaft der hier betrachteten dreifachen Orthogonalsysteme besteht darin, daß in dem Ausdruck für das Quadrat des Linienelements,

$$ds^2 = H_1^2 d\varrho_1^2 + H_2^2 d\varrho_2^2 + H_3^2 d\varrho_3^2,$$

die Koeffizienten $H_1$, $H_2$, $H_3$ Funktionen von nur zwei Veränderlichen, $\varrho_1$ und $\varrho_2$, sind.

Die Combescuresche Transformation bietet in diesem Falle wenig Interesse; die abgeleiteten Systeme enthalten nämlich offenbar auch eine Schar von Ebenen und sind mit den in § 331 betrachteten Systemen identisch.

## § 339. **Oskulierende Zykelsysteme.**

Eine bemerkenswerte Klasse von dreifachen Orthogonalsystemen bilden die Ribaucourschen Zykelsysteme oder die normalen Kreissysteme, die wir schon in Kap. XIII behandelt und für die wir

1) Hierzu mag Folgendes bemerkt werden: Da dann $H_1$ nur von $\varrho_1$ abhängt, so kann $H_1$ gleich Eins gesetzt werden. Es sind dann die Parameterlinien $\varrho_1$ Gerade. Demnach sind die Flächen $\varrho_1 =$ Const. einander parallel, und zwar sind es im Falle der Zylinder Ebenen, im Falle der Kegel Flächen, für welche die Krümmungslinien der einen Schar Kreise sind. Der Leser wird leicht nachweisen können, daß im letzteren Falle die Drehachsen der Kegel die Tangenten der Ortskurve der Spitzen sind. Diese Kurve kann übrigens willkürlich gewählt werden, ebenso wie auch die Öffnungen der Kegel willkürlich bleiben.

speziell in § 192, S. 360, den Ausdruck für das Linienelement des Raumes bestimmt haben. Ein schöner Satz von Ribaucour ermöglicht es, aus jedem dreifachen Orthogonalsystem unendlich viele normale Kreissysteme abzuleiten. Er lautet:

Werden in den Punkten einer Fläche $S$ eines dreifachen Orthogonalsystems die Schmiegungskreise der Orthogonaltrajektorien der demselben System angehörigen Flächen konstruiert, so gehören diese doppelt unendlich vielen Kreise einem normalen Kreissystem an.

Dieses normale Kreissystem wollen wir als das oskulierende System des gegebenen Systems längs der Fläche $S$ bezeichnen.

Um diesen Satz zu beweisen, haben wir nur die Gleichungen des vorhergehenden Kapitels mit den Gleichungen in § 187, S. 350, zu vergleichen, die sich auf die Bestimmung derjenigen Zykelsysteme beziehen, deren Kreise eine gegebene Fläche orthogonal schneiden. Ist nämlich $(\varrho_1, \varrho_2, \varrho_3)$ ein dreifaches Orthogonalsystem, in dem das Quadrat des Linienelements des Raumes die Form:

$$ds^2 = \sum H^2 d\varrho^2$$

annimmt, und betrachten wir eine bestimmte Fläche des Systems:

$$\varrho_3 = \text{Const.},$$

so ist die Funktion $H_3$ eine Lösung der Cayleyschen Gleichung:

$$\frac{\partial^2 H_3}{\partial \varrho_1 \partial \varrho_2} = \frac{1}{H_1}\frac{\partial H_1}{\partial \varrho_2}\frac{\partial H_3}{\partial \varrho_1} + \frac{1}{H_2}\frac{\partial H_2}{\partial \varrho_1}\frac{\partial H_3}{\partial \varrho_2}.$$

Bedeutet $R_3$ den Radius des Schmiegungskreises einer Parameterlinie $\varrho_3$ und $\omega_3$ den Winkel, den die positive Richtung ihrer Hauptnormale mit der Kurve $\varrho_1$ bildet, so ist (§ 335):

$$\frac{1}{R_3^2} = \frac{1}{H_1^2}\left(\frac{\partial \log H_3}{\partial \varrho_1}\right)^2 + \frac{1}{H_2^2}\left(\frac{\partial \log H_3}{\partial \varrho_2}\right)^2,$$

$$\cos\omega_3 = -\frac{R_3}{r_{13}} = -\frac{R_3}{H_1}\frac{\partial \log H_3}{\partial \varrho_1},$$

$$\sin\omega_3 = -\frac{R_3}{r_{23}} = -\frac{R_3}{H_2}\frac{\partial \log H_3}{\partial \varrho_2}.$$

Der Vergleich dieser Gleichungen mit den Gleichungen (13), S. 351, beweist den Ribaucourschen Satz.

## § 340. Dreifache Orthogonalsysteme mit einer Schar von ebenen Krümmungslinien.

Die Combescuresche Transformation der normalen Kreissysteme liefert eine interessante Klasse von dreifachen Orthogonalsystemen. Es ist ohne weiteres klar, daß in jedem System, das durch eine Combescuresche Transformation aus einem normalen Kreissystem abgeleitet ist, diejenigen Kurven, welche Kreisen entsprechen, ebene Kurven sind, da die Tangenten einer jeden den Tangenten des entsprechenden Kreises parallel sind. Also:

In den durch eine Combescuresche Transformation aus normalen Kreissystemen abgeleiteten dreifachen Orthogonalsystemen sind die Orthogonaltrajektorien der Flächen einer der drei Scharen ebene Kurven.

Es läßt sich auch leicht nachweisen, daß umgekehrt jedes dreifache Orthogonalsystem, in dem die Orthogonaltrajektorien der Flächen einer der drei Scharen ebene Kurven sind (in dem also die Flächen der anderen beiden Scharen eine Schar ebener Krümmungslinien besitzen), sich durch eine Combescuresche Transformation aus einem normalen Kreissystem ableiten läßt. Es sei nämlich $(\varrho_1, \varrho_2, \varrho_3)$ ein dreifaches Orthogonalsystem, in dem die Parameterlinien $\varrho_3$ eben seien. Wir betrachten eine Fläche $S_3$ der Schar $\varrho_3$ und das im vorhergehenden Paragraphen definierte oskulierende Zykelsystem längs derselben.

Es erhellt sofort, daß diejenigen Flächen, deren Krümmungslinien die Kreise des Zykelsystems sind, dieselben sphärischen Bilder der Krümmungslinien haben wie die Flächen:

$$\varrho_1 = \text{Const.}, \quad \varrho_2 = \text{Const.}$$

des Ausgangssystems. Daraus folgt, daß zwischen den beiden dreifachen Orthogonalsystemen die durch die Combescuresche Transformation vermittelte Beziehung hergestellt werden kann. Also:

Wenn in einem dreifachen Orthogonalsystem $(\varrho_1, \varrho_2, \varrho_3)$ die Kurven $\varrho_3$ eben sind, so lassen sich die oskulierenden Zykelsysteme längs der Flächen $\varrho_3 = \text{Const.}$ durch eine Combescuresche Transformation aus dem Ausgangssystem ableiten.

Um alle in Rede stehenden Systeme $(\varrho_1, \varrho_2, \varrho_3)$ zu finden, brauchen wir also nur diejenigen zu suchen, welche ein gegebenes Zykelsystem als oskulierendes System haben. Diese Aufgabe läßt sich nun, wie wir jetzt beweisen wollen, lediglich durch Quadraturen lösen.[1])

Dazu müssen wir auf die Gleichungen des Kap. XIII für die normalen Kreissysteme, insbesondere auf die Gleichungen des § 192, S. 360, zurückgehen, wo wir in der Formel (23) für das Quadrat des Linienelements des Raumes, bezogen auf ein normales Kreissystem $(u, v, w)$, den Ausdruck:

(1) $$ds^2 = h_1^2 du^2 + h_2^2 dv^2 + h_3^2 dw^2$$

1) Vgl. die Abhandlung des Verfassers in den Annali di Matematica, 19. Bd., 1890.

gefunden haben. Hierin haben $h_1$, $h_2$, $h_3$ die folgenden Werte:

$$(2)\quad \begin{cases} h_1 = 2\cos\frac{\sigma}{2}\left[\frac{\partial\varrho}{\partial u} - \sqrt{E}\,\mathrm{tang}\,\frac{\sigma}{2}\sin\left(t + \frac{\Omega}{2}\right)\varrho + \frac{2\cos\sigma}{1+\cos\sigma}\begin{Bmatrix}1\,2\\2\end{Bmatrix}\varrho\right],\\ h_2 = 2\sin\frac{\sigma}{2}\left[\frac{\partial\varrho}{\partial v} + \sqrt{G}\,\cot\frac{\sigma}{2}\sin\left(t - \frac{\Omega}{2}\right)\varrho - \frac{2\cos\sigma}{1-\cos\sigma}\begin{Bmatrix}1\,2\\1\end{Bmatrix}\varrho\right],\\ h_3 = \varrho\sin\sigma\,\frac{\partial t}{\partial w}, \end{cases}$$

wo die Größen $E$, $G$, $\Omega$, $\sigma$, $\varrho$, $t$ die in § 189, S. 354, angegebene Bedeutung haben. Wir erinnern daran, daß $E$, $G$, $\Omega$ die drei Funktionen von $u$ und $v$ sind, die in dem Ausdruck für das Quadrat des Linienelements der Kugel auftreten:

$$ds'^2 = E du^2 + 2\cos\Omega\sqrt{EG}\,du\,dv + G dv^2,$$

das auf die Bildkurven $(u, v)$ der abwickelbaren Flächen desjenigen Strahlensystems, dessen Strahlen die Achsen der Kreise sind, bezogen ist, während $\begin{Bmatrix}1\,2\\1\end{Bmatrix}$ und $\begin{Bmatrix}1\,2\\2\end{Bmatrix}$ die Christoffelschen Symbole bezüglich des Linienelements der Kugel sind. Der Winkel $\sigma$ ergibt sich aus der Gleichung (20), S. 355, d. h. aus der Gleichung[1]):

$$(\mathrm{a})\qquad \cos^2\frac{\sigma}{2}\frac{\partial}{\partial u}\begin{Bmatrix}1\,2\\1\end{Bmatrix} + \sin^2\frac{\sigma}{2}\frac{\partial}{\partial v}\begin{Bmatrix}1\,2\\2\end{Bmatrix} = 2\begin{Bmatrix}1\,2\\1\end{Bmatrix}\begin{Bmatrix}1\,2\\2\end{Bmatrix}$$

und genügt daher den Gleichungen:

$$(3)\qquad \frac{\partial\cos\sigma}{\partial u} = 2(\cos\sigma - 1)\begin{Bmatrix}1\,2\\2\end{Bmatrix},\quad \frac{\partial\cos\sigma}{\partial v} = 2(\cos\sigma + 1)\begin{Bmatrix}1\,2\\1\end{Bmatrix},$$

die zweckmäßig in der nachstehenden Form geschrieben werden:

$$(3^*)\qquad \frac{\partial\log\sin\sigma}{\partial u} = \frac{2\cos\sigma}{1+\cos\sigma}\begin{Bmatrix}1\,2\\2\end{Bmatrix},\quad \frac{\partial\log\sin\sigma}{\partial v} = -\frac{2\cos\sigma}{1-\cos\sigma}\begin{Bmatrix}1\,2\\1\end{Bmatrix}.$$

Die Funktion $\varrho(u,v)$ ist eine (beliebige) Lösung der Laplaceschen Gleichung (vgl. (15), S. 353):

$$(4)\quad \frac{\partial^2\varrho}{\partial u\partial v} + \begin{Bmatrix}1\,2\\1\end{Bmatrix}\frac{\partial\varrho}{\partial u} + \begin{Bmatrix}1\,2\\2\end{Bmatrix}\frac{\partial\varrho}{\partial v} + \left[\frac{\partial}{\partial u}\begin{Bmatrix}1\,2\\1\end{Bmatrix} + \frac{\partial}{\partial v}\begin{Bmatrix}1\,2\\2\end{Bmatrix} + \cos\Omega\sqrt{EG}\right]\varrho = 0.$$

Endlich ist $t$ die allgemeine Lösung der unbeschränkt integrierbaren totalen Differentialgleichung (vgl. (18), S. 354):

---

1) Falls die Gleichung (a) des Textes eine Identität, d. h.

$$\frac{\partial}{\partial u}\begin{Bmatrix}1\,2\\1\end{Bmatrix} = \frac{\partial}{\partial v}\begin{Bmatrix}1\,2\\2\end{Bmatrix} = 2\begin{Bmatrix}1\,2\\1\end{Bmatrix}\begin{Bmatrix}1\,2\\2\end{Bmatrix}$$

ist, so muß man zu den weiterhin folgenden Gleichungen (3) oder (3*) übergehen, die $\sigma$ bis auf eine Konstante bestimmen (vgl. § 190).

$$(5)\quad dt = \left[\sqrt{E}\operatorname{tang}\frac{\sigma}{2}\cos\left(t+\frac{\Omega}{2}\right)+\frac{1}{2}\frac{\partial\Omega}{\partial u}+\sqrt{\frac{E}{G}}\left\{\begin{matrix}1\,2\\1\end{matrix}\right\}\sin\Omega\right]du - \\ -\left[\sqrt{G}\cot\frac{\sigma}{2}\cos\left(t-\frac{\Omega}{2}\right)+\frac{1}{2}\frac{\partial\Omega}{\partial v}+\sqrt{\frac{G}{E}}\left\{\begin{matrix}1\,2\\2\end{matrix}\right\}\sin\Omega\right]dv.$$

Diese allgemeine Lösung $t$ enthält eine willkürliche, mit $w$ bezeichnete Größe, die als dritte Veränderliche nur in $t$ enthalten ist.

## § 341. **Fortsetzung.**

Nachdem wir so an die früheren Gleichungen erinnert haben, bilden wir für das normale Kreissystem die Größen $\beta_{ik}$ des § 337, S. 644. Wir erhalten:

$$(5^*)\quad \begin{cases} \beta_{12} = \dfrac{1}{h_1}\dfrac{\partial h_2}{\partial u} = \left[\sqrt{G}\sin\left(t-\dfrac{\Omega}{2}\right)-\cot\dfrac{\sigma}{2}\left\{\begin{matrix}1\,2\\1\end{matrix}\right\}\right], \\ \beta_{23} = \dfrac{1}{h_2}\dfrac{\partial h_3}{\partial v} = \cos\dfrac{\sigma}{2}\cdot\dfrac{\partial t}{\partial w}, \quad \beta_{31} = \dfrac{1}{h_3}\dfrac{\partial h_1}{\partial w} = -\dfrac{\sqrt{E}\cos\left(t+\dfrac{\Omega}{2}\right)}{\cos\dfrac{\sigma}{2}}, \\ \beta_{21} = \dfrac{1}{h_2}\dfrac{\partial h_1}{\partial v} = -\left[\sqrt{E}\sin\left(t+\dfrac{\Omega}{2}\right)+\operatorname{tang}\dfrac{\sigma}{2}\left\{\begin{matrix}1\,2\\2\end{matrix}\right\}\right], \\ \beta_{32} = \dfrac{1}{h_3}\dfrac{\partial h_2}{\partial w} = \dfrac{\sqrt{G}\cos\left(t-\dfrac{\Omega}{2}\right)}{\sin\dfrac{\sigma}{2}}, \quad \beta_{13} = \dfrac{1}{h_1}\dfrac{\partial h_3}{\partial u} = \sin\dfrac{\sigma}{2}\cdot\dfrac{\partial t}{\partial w}. \end{cases}$$

Nun wenden wir die Combescuresche Transformation an, indem wir zur Bestimmung der Koeffizienten $H_1, H_2, H_3$ des durch die Gleichung:

$$ds^2 = H_1^2\,du^2 + H_2^2\,dv^2 + H_3^2\,dw^2$$

definierten transformierten Systems die Gleichungen (22), S. 644, benutzen, die zur Berechnung von $H_3$ dienen. Führen wir in ihnen statt $H_3$ mittels der Gleichung:

$$H_3 = R\sin\sigma\frac{\partial t}{\partial w}$$

eine neue unbekannte Funktion $R(u, v, w)$ ein, so erhalten wir zur Bestimmung von $R$ die drei simultanen Differentialgleichungen:

$$(6)\quad \begin{cases} \dfrac{\partial^2 R}{\partial u\,\partial w} = \left[\sqrt{E}\operatorname{tang}\dfrac{\sigma}{2}\sin\left(t+\dfrac{\Omega}{2}\right)-\dfrac{2\cos\sigma}{1+\cos\sigma}\left\{\begin{matrix}1\,2\\2\end{matrix}\right\}\right]\dfrac{\partial R}{\partial w}, \\ \dfrac{\partial^2 R}{\partial v\,\partial w} = \left[-\sqrt{G}\cot\dfrac{\sigma}{2}\sin\left(t-\dfrac{\Omega}{2}\right)+\dfrac{2\cos\sigma}{1-\cos\sigma}\left\{\begin{matrix}1\,2\\1\end{matrix}\right\}\right]\dfrac{\partial R}{\partial w}, \\ \dfrac{\partial^2 R}{\partial u\,\partial v}+\left\{\begin{matrix}1\,2\\1\end{matrix}\right\}\dfrac{\partial R}{\partial u}+\left\{\begin{matrix}1\,2\\2\end{matrix}\right\}\dfrac{\partial R}{\partial v}+ \\ \qquad +\left[\dfrac{\partial}{\partial u}\left\{\begin{matrix}1\,2\\1\end{matrix}\right\}+\dfrac{\partial}{\partial v}\left\{\begin{matrix}1\,2\\2\end{matrix}\right\}+\cos\Omega\sqrt{EG}\right]R = 0. \end{cases}$$

Die ersten beiden lassen sich aber infolge der Gleichungen (3*) und (5) so schreiben:

$$\frac{\partial}{\partial u}\log\frac{\partial R}{\partial w} = -\frac{\partial}{\partial u}\log\left(\sin\sigma\frac{\partial t}{\partial w}\right),$$

$$\frac{\partial}{\partial v}\log\frac{\partial R}{\partial w} = -\frac{\partial}{\partial v}\log\left(\sin\sigma\frac{\partial t}{\partial w}\right).$$

Daraus folgt durch Integration sofort:

$$\frac{\partial R}{\partial w} = \frac{W}{\sin\sigma\dfrac{\partial t}{\partial w}},$$

wenn $W$ eine willkürliche Funktion von $w$ ist. Eine nochmalige Integration nach $w$ liefert:

$$R = \frac{1}{\sin\sigma}\int\limits_{w_0}^{w}\frac{W\,dw}{\dfrac{\partial t}{\partial w}} + \psi(u, v), \tag{7}$$

worin $w_0$ einen festen Wert von $w$ bedeutet und die Funktion $\psi$ nur von $u$ und $v$ abhängt. Diese Funktion ist so zu bestimmen, daß der Wert (7) von $R$ auch der dritten der Gleichungen (6) genügt. Nun läßt sich sofort nachweisen, daß die Funktion $\frac{1}{\sin\sigma}\frac{\partial t}{\partial w}$ der eben angeführten Gleichung genügt, und da die Koeffizienten dieser homogenen linearen Differentialgleichung frei von $w$ sind, so genügt ihr auch die Funktion:

$$\frac{1}{\sin\sigma}\int\limits_{w_0}^{w}\frac{W\,dw}{\dfrac{\partial t}{\partial w}}.$$

Also: Allen Bedingungen (6) wird genügt, wenn in der Gleichung (7) für $\psi(u, v)$ eine beliebige Lösung der Laplaceschen Gleichung gewählt wird:

$$\frac{\partial^2\psi}{\partial u\,\partial v} + \begin{Bmatrix}1\,2\\1\end{Bmatrix}\frac{\partial\psi}{\partial u} + \begin{Bmatrix}1\,2\\2\end{Bmatrix}\frac{\partial\psi}{\partial v} + \\ + \left[\frac{\partial}{\partial u}\begin{Bmatrix}1\,2\\1\end{Bmatrix} + \frac{\partial}{\partial v}\begin{Bmatrix}1\,2\\2\end{Bmatrix} + \cos\Omega\sqrt{EG}\right]\psi = 0,$$

von der die Bestimmung der (zyklischen) Strahlensysteme abhängt, welche die Kurven $u$, $v$ auf der Kugel als Bilder ihrer abwickelbaren Flächen haben.

Kann diese Gleichung vollständig integriert werden, so können auch zu dem gegebenen normalen Kreissystem alle transformierten Combescureschen Systeme angegeben werden. Die Aufgabe aber, die wir uns in § 340 gestellt haben, nämlich: diejenigen abgeleiteten Combescureschen Systeme zu bestimmen, welche das gegebene normale Kreissystem als Schmiegungssystem längs der Fläche $w = w_0$ haben, wird, wie wir nun zeigen wollen, einfach dadurch gelöst, daß in (7) $\psi$ gleich $\varrho$ gesetzt wird.

## § 342. **Erledigung dieses Problems.**

Da $H_3$ den Wert $R \sin\sigma \frac{\partial t}{\partial w}$ hat, wo $R$ durch die Gleichung (7) gegeben ist, so ergeben die Gleichungen (§ 337, S. 644):

$$H_1 = \frac{1}{\beta_{13}} \frac{\partial H_3}{\partial u}, \quad H_2 = \frac{1}{\beta_{23}} \frac{\partial H_3}{\partial v}$$

infolge der Gleichungen (5) und (5*):

$$(8) \quad \begin{cases} H_1 = 2\cos\frac{\sigma}{2}\left[\frac{\partial R}{\partial u} - \sqrt{E}\operatorname{tang}\frac{\sigma}{2}\sin\left(t + \frac{\Omega}{2}\right)R + \frac{2\cos\sigma}{1+\cos\sigma}\left\{ {1\,2 \atop 2} \right\} R\right], \\ H_2 = 2\sin\frac{\sigma}{2}\left[\frac{\partial R}{\partial v} + \sqrt{G}\cot\frac{\sigma}{2}\sin\left(t - \frac{\Omega}{2}\right)R - \frac{2\cos\sigma}{1-\cos\sigma}\left\{ {1\,2 \atop 1} \right\} R\right], \\ H_3 = R\sin\sigma\,\frac{\partial t}{\partial w}, \end{cases}$$

$$ds^2 = H_1^2\,du^2 + H_2^2\,dv^2 + H_3^2\,dw^2.$$

Für die Hauptkrümmungen:

$$\frac{1}{r_{13}} = \frac{\beta_{13}}{H_3}, \quad \frac{1}{r_{23}} = \frac{\beta_{23}}{H_3}$$

erhalten wir mithin die Werte:

$$\frac{1}{r_{13}} = \frac{1}{2R\cos\frac{\sigma}{2}}, \quad \frac{1}{r_{23}} = \frac{1}{2R\sin\frac{\sigma}{2}},$$

also für die Größen $\varrho_3$, $\omega_3$, $\frac{1}{T_3}$ in § 335:

$$\varrho_3 = R\sin\sigma, \quad \omega_3 = \frac{\sigma}{2}, \quad \frac{1}{T_3} = 0.$$

Aus den obigen Gleichungen für $\varrho_3$ und $\omega_3$ geht, wenn noch die Gleichungen (8) berücksichtigt werden, eben die Richtigkeit unserer Behauptung hervor: Will man das abgeleitete System erhalten, für welches das gegebene normale Kreissystem das Schmiegungssystem längs der Fläche $w = w_0$ ist, so muß man in der Gleichung (7) $\psi$ gleich $\varrho$, d. h.:

$$(7^*) \qquad R = \frac{1}{\sin\sigma}\int_{w_0}^{w} \frac{W\,dw}{\frac{\partial t}{\partial w}} + \varrho(u, v)$$

setzen. Das Auftreten der willkürlichen Funktion $W$ in dieser Gleichung ermöglicht es, einer der ebenen Parameterlinien $w$ eine vorgeschriebene Gestalt zu geben. Aber damit ist dann die ganze Schar eindeutig bestimmt. Mithin haben wir den Satz gewonnen:

Zur Bestimmung eines dreifachen Orthogonalsystems, in dem die orthogonalen Trajektorien der Flächen eines der Systeme $\Sigma$ ebene Kurven $C$ sind, können die folgenden Elemente willkürlich gegeben werden: 1) eine Fläche $\Sigma_0$ des Systems $\Sigma$, 2) eine Kurve $C_0$ von den Kurven $C$ und 3) das oskulierende Zykelsystem längs $\Sigma_0$. Diese Elemente bestimmen das System eindeutig. Es ergibt sich lediglich mittels Quadraturen, wenn die Krümmungslinien von $\Sigma_0$ bekannt sind.

Unter den vorstehenden Systemen gibt es eine Klasse, die besondere Erwähnung verdient. Der Winkel $\frac{\sigma}{2}$ gibt infolge der früheren Gleichungen die Neigung der Ebenen der Kurven $C$ gegen die Flächen $u = Const.$ an. Wir suchen nun unter den betrachteten dreifachen Orthogonalsystemen diejenigen, für welche der Winkel $\sigma$ konstant ist. Da dann infolge der Gleichungen (3)

$$\left\{ \begin{matrix} 1\,2 \\ 1 \end{matrix} \right\} = 0, \quad \left\{ \begin{matrix} 1\,2 \\ 2 \end{matrix} \right\} = 0$$

ist, so sind die Kurven $u, v$ die Bilder der Haupttangentenkurven einer pseudosphärischen Fläche (S. 129). Für das Quadrat des Linienelements der Kugel ergibt sich:

$$ds'^2 = du^2 + 2 \cos \Omega \, du \, dv + dv^2,$$

worin $\Omega$ eine Lösung der Gleichung:

$$\frac{\partial^2 \Omega}{\partial u \, \partial v} + \sin \Omega = 0$$

ist (S. 130), und die Gleichung (4) für $R$ geht in die Gleichung für die unendlich kleinen Verbiegungen der pseudosphärischen Flächen (S. 303):

$$\frac{\partial^2 R}{\partial u \, \partial v} + R \cos \Omega = 0$$

über. Demnach hängt also die Bestimmung dieser speziellen Systeme von dem Problem der unendlich kleinen Verbiegungen der pseudosphärischen Flächen ab.[1])

1) In Betreff weiterer Bemerkungen siehe die vorhin (S. 649) angeführte Abhandlung des Verfassers.

## § 343. Konfokale Flächen zweiten Grades.

Wir wollen uns nun mit einem der einfachsten und wichtigsten dreifachen Orthogonalsysteme, dem System konfokaler Flächen zweiten Grades, beschäftigen. Dasselbe gibt zu den elliptischen Koordinaten Anlaß, die von Lamé in die Analysis eingeführt worden sind.

Wir betrachten das System konfokaler Mittelpunktsflächen zweiten Grades, das durch die Gleichung definiert wird:

$$\frac{x^2}{a^2+\varrho}+\frac{y^2}{b^2+\varrho}+\frac{z^2}{c^2+\varrho}=1, \tag{9}$$

worin $\varrho$ ein veränderlicher Parameter ist, und setzen $a^2 > b^2 > c^2$ voraus. Die Fläche (9) ist nur dann reell, wenn $\varrho$ zwischen $+\infty$ und $-a^2$ liegt, und zwar ist sie insbesondere

ein Ellipsoid . . . . . . . . für $+\infty > \varrho > -c^2$,
ein einschaliges Hyperboloid . für $-c^2 > \varrho > -b^2$,
ein zweischaliges Hyperboloid . für $-b^2 > \varrho > -a^2$.

Für $\varrho = +\infty$ ergibt sich eine Kugel von unendlich großem Radius. Ändert sich $\varrho$ von $+\infty$ bis $-c^2$, so bleibt die Fläche immer ein Ellipsoid, dessen kleinste Achse $\sqrt{c^2+\varrho}$ immerfort stetig abnimmt, bis sich in der Grenze für $\varrho = -c^2$ das Ellipsoid zu dem (doppelt zu rechnenden) Stück der $xy$-Ebene innerhalb der Fokalellipse:

$$\frac{x^2}{a^2-c^2}+\frac{y^2}{b^2-c^2}=1$$

abflacht. Sobald $\varrho < -c^2$ wird, so wird die Fläche ein einschaliges Hyperboloid, und setzt man $\varrho$ gleich $-c^2-\varepsilon$ ($\varepsilon$ positiv) und läßt dann $\varepsilon$ zu Null abnehmen, so erkennt man, daß sich für $\varepsilon = 0$ das Hyperboloid zu dem außerhalb der Fokalellipse gelegenen Stück der $xy$-Ebene abflacht. Diese Ellipse stellt somit den Übergang von der Schar der Ellipsoide zu derjenigen der einschaligen Hyperboloide dar.

In derselben Weise läßt sich zeigen, daß der Übergang von dieser Schar von Hyperboloiden zur Schar der zweischaligen Hyperboloide durch Überschreiten der Fokalhyperbel:

$$\frac{x^2}{a^2-b^2}-\frac{z^2}{b^2-c^2}=1$$

bewerkstelligt wird.

Durch jeden Raumpunkt $(\xi, \eta, \zeta)$ gehen drei Flächen des Systems (1), die den drei Wurzelwerten der in $\varrho$ kubischen Gleichung:

$$f(\varrho) \equiv (a^2+\varrho)(b^2+\varrho)(c^2+\varrho)-(b^2+\varrho)(c^2+\varrho)\xi^2 -$$
$$-(c^2+\varrho)(a^2+\varrho)\eta^2-(a^2+\varrho)(b^2+\varrho)\zeta^2=0$$

entsprechen. Da nun

$$f(+\infty) > 0, \quad f(-c^2) > 0, \quad f(-b^2) > 0, \quad f(-a^2) > 0$$

ist, so hat die Gleichung drei reelle Wurzeln $\varrho_1, \varrho_2, \varrho_3$, die bezüglich in den Intervallen:

$$+\infty > \varrho_1 > -c^2, \quad -c^2 > \varrho_2 > -b^2, \quad -b^2 > \varrho_3 > -a^2$$

liegen. Die drei zugehörigen Flächen des Systems (9):

$$(10) \qquad \begin{cases} \dfrac{x^2}{a^2+\varrho_1} + \dfrac{y^2}{b^2+\varrho_1} + \dfrac{z^2}{c^2+\varrho_1} = 1, \\ \dfrac{x^2}{a^2+\varrho_2} + \dfrac{y^2}{b^2+\varrho_2} + \dfrac{z^2}{c^2+\varrho_2} = 1, \\ \dfrac{x^2}{a^2+\varrho_3} + \dfrac{y^2}{b^2+\varrho_3} + \dfrac{z^2}{c^2+\varrho_3} = 1, \end{cases}$$

die durch den Punkt $(\xi, \eta, \zeta)$ hindurchgehen, sind bezüglich ein Ellipsoid, ein einschaliges und ein zweischaliges Hyperboloid.

Wir können die Lage eines Raumpunktes $(x, y, z)$ mit Hilfe der Parameter $\varrho_1, \varrho_2, \varrho_3$ der drei Flächen zweiten Grades des Systems (9), die durch den Punkt hindurchgehen, bestimmen. In diesem Falle werden $\varrho_1, \varrho_2, \varrho_3$ die elliptischen Koordinaten des Punktes $P$ genannt. Sie hängen mit den Cartesischen Koordinaten $x, y, z$ des Punktes mittels der Beziehungen (10) zusammen.

## § 344. Elliptische Koordinaten.

Zur Berechnung des Linienelements des Raumes in elliptischen Koordinaten $\varrho_1, \varrho_2, \varrho_3$ bemerken wir[1]), daß, da $\varrho_1, \varrho_2, \varrho_3$ die Wurzeln der in $\varrho$ kubischen Gleichung:

$$\frac{x^2}{a^2+\varrho} + \frac{y^2}{b^2+\varrho} + \frac{z^2}{c^2+\varrho} - 1 = 0$$

sind, für alle Werte von $\varrho$ die Identität besteht:

$$(11) \qquad \frac{x^2}{a^2+\varrho} + \frac{y^2}{b^2+\varrho} + \frac{z^2}{c^2+\varrho} = 1 + \frac{(\varrho_1-\varrho)(\varrho_2-\varrho)(\varrho_3-\varrho)}{(a^2+\varrho)(b^2+\varrho)(c^2+\varrho)}.$$

Wenn wir nun beiderseits mit

$$(a^2+\varrho)(b^2+\varrho)(c^2+\varrho)$$

multiplizieren und dann der Reihe nach

$$\varrho = -a^2, \quad \varrho = -b^2, \quad \varrho = -c^2$$

1) S. Kirchhoff, Mechanik, 17. Vorlesung.

setzen, so erhalten wir:

$$(12)\qquad x^2=\frac{(a^2+\varrho_1)(a^2+\varrho_2)(a^2+\varrho_3)}{(a^2-b^2)(a^2-c^2)},\quad y^2=\frac{(b^2+\varrho_1)(b^2+\varrho_2)(b^2+\varrho_3)}{(b^2-c^2)(b^2-a^2)},$$
$$z^2=\frac{(c^2+\varrho_1)(c^2+\varrho_2)(c^2+\varrho_3)}{(c^2-a^2)(c^2-b^2)}.$$

Diese Gleichungen ergeben die Cartesischen Koordinaten als Funktionen der elliptischen. Aus ihnen ergeben sich durch logarithmische Differentiation nach $\varrho_1$, $\varrho_2$, $\varrho_3$ die weiteren Gleichungen:

$$(13)\qquad \frac{\partial x}{\partial \varrho_i}=\frac{x}{2(a^2+\varrho_i)},\quad \frac{\partial y}{\partial \varrho_i}=\frac{y}{2(b^2+\varrho_i)},\quad \frac{\partial z}{\partial \varrho_i}=\frac{z}{2(c^2+\varrho_i)}\qquad (i=1,2,3),$$

und aus den Gleichungen (10) folgt durch Subtraktion von je zweien und unter Berücksichtigung der Gleichungen (13):

$$\sum\frac{\partial x}{\partial \varrho_1}\frac{\partial x}{\partial \varrho_2}=0,\quad \sum\frac{\partial x}{\partial \varrho_2}\frac{\partial x}{\partial \varrho_3}=0,\quad \sum\frac{\partial x}{\partial \varrho_3}\frac{\partial x}{\partial \varrho_1}=0,$$

wo die Summenzeichen andeuten, daß noch die entsprechenden Glieder in $y$ und $z$ hinzukommen. Hieraus folgt bereits:

Das System (9) von konfokalen Mittelpunktsflächen zweiter Ordnung ist ein dreifaches Orthogonalsystem.

Wird nun (11) nach $\varrho$ differenziert und dann $\varrho$ der Reihe nach gleich $\varrho_1$, $\varrho_2$, $\varrho_3$ gesetzt, so ergibt sich wegen der Gleichungen (13):

$$(13^*)\qquad \begin{cases} \sum\left(\frac{\partial x}{\partial \varrho_1}\right)^2=\frac{(\varrho_1-\varrho_2)(\varrho_1-\varrho_3)}{4(a^2+\varrho_1)(b^2+\varrho_1)(c^2+\varrho_1)},\\ \sum\left(\frac{\partial x}{\partial \varrho_2}\right)^2=\frac{(\varrho_2-\varrho_3)(\varrho_2-\varrho_1)}{4(a^2+\varrho_2)(b^2+\varrho_2)(c^2+\varrho_2)},\\ \sum\left(\frac{\partial x}{\partial \varrho_3}\right)^2=\frac{(\varrho_3-\varrho_1)(\varrho_3-\varrho_2)}{4(a^2+\varrho_3)(b^2+\varrho_3)(c^2+\varrho_3)}, \end{cases}$$

folglich für das Quadrat des Linienelements des Raumes in elliptischen Koordinaten der Ausdruck:

$$(14)\qquad \begin{cases} ds^2=\frac{1}{4}\Big[\frac{(\varrho_1-\varrho_2)(\varrho_1-\varrho_3)}{(a^2+\varrho_1)(b^2+\varrho_1)(c^2+\varrho_1)}\,d\varrho_1^2+\\ \quad+\frac{(\varrho_2-\varrho_3)(\varrho_2-\varrho_1)}{(a^2+\varrho_2)(b^2+\varrho_2)(c^2+\varrho_2)}\,d\varrho_2^2+\\ \quad+\frac{(\varrho_3-\varrho_1)(\varrho_3-\varrho_2)}{(a^2+\varrho_3)(b^2+\varrho_3)(c^2+\varrho_3)}\,d\varrho_3^2\Big]. \end{cases}$$

Hieraus ersehen wir, daß in dem vorliegenden dreifachen Orthogonalsystem die Krümmungslinien auf jeder Fläche eines der drei Systeme ein Isothermensystem bilden. Es gibt jedoch ein allgemeineres, von Darboux[1]) gefundenes dreifaches Orthogonalsystem, dem dieselbe Eigenschaft zukommt. Die Flächen dieses Systems sind ebenfalls algebraisch, aber von der vierten Ordnung.

1) Annales usw., 3. Bd., 1886.

## § 345. Chaslesscher Satz.

Das Isothermensystem der Krümmungslinien auf einer Fläche zweiten Grades besitzt ferner die Eigenschaft, aus geodätischen Ellipsen und Hyperbeln zu bestehen, wie aus dem Ausdruck (14) für das Quadrat des Linienelements erhellt (vgl. § 88, S. 170, 171). Die Flächen zweiten Grades gehören nämlich zur Klasse der Liouvilleschen Flächen, auf denen sich die geodätischen Linien mittels Quadraturen ergeben. Wir wollen nun gerade die Eigenschaften der geodätischen Linien auf den Mittelpunktsflächen zweiten Grades, insbesondere auf dem Ellipsoid, untersuchen. Anstatt aber von den allgemeinen Eigenschaften der Liouvilleschen Flächen auszugehen, wollen wir einen direkten geometrischen Weg einschlagen, auf dem wir die Eigenschaften der konfokalen Flächen zweiten Grades verwerten, und wollen dann die so erhaltenen Ergebnisse mit denjenigen vergleichen, welche aus den allgemeinen Gleichungen in § 88 folgen.[1])

Der grundlegende, von Chasles herrührende Satz, der geometrisch zur Bestimmung der geodätischen Linien führt, ist der folgende:

Das Strahlensystem, das von den gemeinschaftlichen Tangenten zweier konfokaler Flächen zweiten Grades gebildet wird, ist ein Normalensystem.

Es seien nämlich $\varrho'$, $\varrho''$ die Werte des Parameters $\varrho$ in der Gleichung (9) für die beiden in Rede stehenden konfokalen Flächen zweiten Grades und $x', y', z'$; $x'', y'', z''$ die Koordinaten der beiden Berührungspunkte eines Strahles jenes Strahlensystems mit den Flächen $\varrho'$ bzw. $\varrho''$. Dann haben wir:

$$(15)\qquad \begin{cases} \dfrac{x'^2}{a^2+\varrho'}+\dfrac{y'^2}{b^2+\varrho'}+\dfrac{z'^2}{c^2+\varrho'}=1, \\[2ex] \dfrac{x''^2}{a^2+\varrho''}+\dfrac{y''^2}{b^2+\varrho''}+\dfrac{z''^2}{c^2+\varrho''}=1. \end{cases}$$

Da die Richtungskosinus der Normalen der beiden Flächen $\varrho'$ und $\varrho''$ in den Punkten $(x', y', z')$, $(x'', y'', z'')$ wegen der Gleichungen (13) bez.

$$\frac{x'}{a^2+\varrho'},\quad \frac{y'}{b^2+\varrho'},\quad \frac{z'}{c^2+\varrho'},$$
$$\frac{x''}{a^2+\varrho''},\quad \frac{y''}{b^2+\varrho''},\quad \frac{z''}{c^2+\varrho''}$$

proportional sind, so folgt hieraus nach Voraussetzung:

$$\frac{x'(x''-x')}{a^2+\varrho'}+\frac{y'(y''-y')}{b^2+\varrho'}+\frac{z'(z''-z')}{c^2+\varrho'}=0,$$
$$\frac{x''(x''-x')}{a^2+\varrho''}+\frac{y''(y''-y')}{b^2+\varrho''}+\frac{z''(z''-z')}{c^2+\varrho''}=0$$

1) S. Darboux, 2. Bd., S. 295ff.

oder wegen (15):

$$\frac{x'x''}{a^2+\varrho'}+\frac{y'y''}{b^2+\varrho'}+\frac{z'z''}{c^2+\varrho'}=1,$$

$$\frac{x'x''}{a^2+\varrho''}+\frac{y'y''}{b^2+\varrho''}+\frac{z'z''}{c^2+\varrho''}=1.$$

Durch Subtraktion ergibt sich aus den letzten beiden Gleichungen:

$$\frac{x'x''}{(a^2+\varrho')(a^2+\varrho'')}+\frac{y'y''}{(b^2+\varrho')(b^2+\varrho'')}+\frac{z'z''}{(c^2+\varrho')(c^2+\varrho'')}=0.$$

Daraus folgt, daß die betrachteten beiden Normalen aufeinander senkrecht stehen, und es ist somit der obige Satz bewiesen (vgl. § 148, S. 275).

Nach dieser Vorbemerkung bilden die auf dem ersten Brennmantel $\varrho'$ von den Strahlen umhüllten Kurven eine Schar von $\infty^1$ geodätischen Linien auf dieser Fläche zweiten Grades. Wenn wir ferner die Fläche $\varrho'$ fest und die andere Fläche $\varrho''$ sich ändern lassen, so erhalten wir alle geodätischen Linien auf der ersten Fläche.

## § 346. Gemeinsame Evolutenflächen.

Liouville hat den Weg angegeben, auf dem sich in den elliptischen Koordinaten $\varrho_1, \varrho_2, \varrho_3$ die Gleichung der Schar paralleler Flächen, deren Normalen die Strahlen des vorhin betrachteten Strahlensystems und deren Brennflächen die Flächen zweiten Grades $\varrho'$ und $\varrho''$ sind[1]), wirklich finden läßt.

Um das Liouvillesche Ergebnis abzuleiten, bemerken wir zunächst, daß, wenn die Funktion $\Theta(x, y, z)$ der Gleichung:

$$\Delta_1\Theta \equiv \left(\frac{\partial\Theta}{\partial x}\right)^2+\left(\frac{\partial\Theta}{\partial y}\right)^2+\left(\frac{\partial\Theta}{\partial z}\right)^2=1 \quad \text{(s. S. 39, oben)}$$

genügt, die Flächen:

$$\Theta(x, y, z) = \text{Const.}$$

eine Schar von Parallelflächen sind (§ 336, S. 642). Nun geht die Gleichung:

$$\Delta_1\Theta = 1$$

in krummlinigen Koordinaten $\varrho_1, \varrho_2, \varrho_3$, in denen das Quadrat des Linienelements des Raumes die Orthogonalform:

$$ds^2 = H_1^2 d\varrho_1^2 + H_2^2 d\varrho_2^2 + H_3^2 d\varrho_3^2$$

annimmt, über in (vgl. S. 39):

$$(16)\qquad \frac{1}{H_1^2}\left(\frac{\partial\Theta}{\partial\varrho_1}\right)^2+\frac{1}{H_2^2}\left(\frac{\partial\Theta}{\partial\varrho_2}\right)^2+\frac{1}{H_3^2}\left(\frac{\partial\Theta}{\partial\varrho_3}\right)^2=1.$$

---

1) Diese beiden konfokalen Flächen zweiten Grades sind also die beiden Evolutenmäntel der Flächen $\Sigma$.

Wir führen jetzt elliptische Koordinaten ein, wobei wir der Kürze halber

$$f(\varrho) \equiv 4(a^2 + \varrho)(b^2 + \varrho)(c^2 + \varrho), \tag{17}$$

$$\varphi(\varrho) \equiv (\varrho - \varrho_1)(\varrho - \varrho_2)(\varrho - \varrho_3) \tag{18}$$

setzen. Dann lautet Gleichung (14):

$$ds^2 = \sum_i \frac{\varphi'(\varrho_i)}{f(\varrho_i)} d\varrho_i^2, \tag{19}$$

und Gleichung (16) geht über in:

$$\sum_i \frac{f(\varrho_i)}{\varphi(\varrho_i)} \left(\frac{\partial \Theta}{\partial \varrho_i}\right)^2 = 1.$$

Dieser Gleichung wird genügt durch:

$$\Theta = \sum_i \int \sqrt{\frac{(\varrho_i - \alpha)(\varrho_i - \beta)}{f(\varrho_i)}}\, d\varrho_i, \tag{20}$$

wo $\alpha$ und $\beta$ willkürliche Konstanten sind, denn es ist identisch:

$$\sum_i \frac{(\varrho_i - \alpha)(\varrho_i - \beta)}{\varphi'(\varrho_i)} = 1,$$

wie aus den bekannten Formeln für die Zerlegung des Bruches:

$$\frac{(\varrho - \alpha)(\varrho - \beta)}{(\varrho - \varrho_1)(\varrho - \varrho_2)(\varrho - \varrho_3)}$$

in Partialbrüche hervorgeht.

Die Gleichung:

$$\Theta(\varrho_1, \varrho_2, \varrho_3) = \text{Const.},$$

in der $\Theta$ den durch die Gleichung (20) gegebenen Wert hat, stellt demnach eine Schar von Parallelflächen dar. Wir wollen nun nachweisen, daß die beiden Evolutenmäntel dieser Flächen eben die beiden Parameterflächen sind, die den Werten: $\varrho = \alpha$ und $\varrho = \beta$ entsprechen.

## § 347. Geodätische Linien auf Mittelpunktsflächen zweiten Grades.

Da die Gleichung:

$$\Delta_1 \Theta = 1$$

für beliebige Werte der Größen $\alpha$ und $\beta$ gilt, so können wir sie nach $\alpha$ und nach $\beta$ differenzieren. So erhalten wir:

$$\nabla\left(\Theta, \frac{\partial \Theta}{\partial \alpha}\right) = 0, \quad \nabla\left(\Theta, \frac{\partial \Theta}{\partial \beta}\right) = 0, \tag{a}$$

wo $\nabla$ das Symbol für den gemischten Differentialparameter ist (vgl S. 39, (9*)). Andrerseits ist infolge der Identität:

$$\sum \frac{1}{\varphi'(\varrho_i)} = 0$$

auch:

$$\text{(b)} \qquad \nabla\left(\frac{\partial \Theta}{\partial \alpha}, \frac{\partial \Theta}{\partial \beta}\right) = 0.$$

Die drei Beziehungen (a) und (b) besagen, daß die Flächenscharen:

$$\text{(21)} \qquad \frac{\partial \Theta}{\partial \alpha} = \text{Const.}, \quad \frac{\partial \Theta}{\partial \beta} = \text{Const.}$$

zusammen mit den Parallelflächen:

$$\Theta = \text{Const.}$$

ein dreifaches Orthogonalsystem bilden. Demnach sind die Flächen (21) die abwickelbaren Ortsflächen der Normalen der Flächen $\Theta = \text{Const.}$ (§ 331, Schlußsatz).

Wenn wir jetzt nur noch beachten, daß die Differentiation der ersten Gleichung (21) ergibt:

$$\sum \sqrt{\frac{\varrho_i - \beta}{(\varrho - \alpha) f(\varrho_i)}}\, d\varrho_i = 0,$$

daß demnach daraus, wenn $\varrho_i$ gleich $\alpha$ gesetzt wird,

$$d\varrho_i = 0$$

folgt, so können wir schließen, daß die abwickelbaren Flächen:

$$\frac{\partial \Theta}{\partial \alpha} = \text{Const.}$$

die Fläche des konfokalen Systems mit dem Parameter $\alpha$ berühren. Desgleichen berühren die abwickelbaren Flächen:

$$\frac{\partial \Theta}{\partial \beta} = \text{Const.}$$

die Fläche zweiten Grades mit dem Parameter $\beta$. Also sind die beiden Flächen zweiten Grades mit den Parametern $\alpha$ und $\beta$ die beiden Evolutenmäntel der Flächen:

$$\Theta = \text{Const.}$$

Wir können nun die Gleichung der geodätischen Linien auf der Fläche zweiten Grades mit dem Parameter $\alpha$ leicht angeben. Dabei wollen wir, um etwas bestimmtes vor Augen zu haben, voraussetzen, daß die Fläche etwa ein Ellipsoid sei.[1]) Setzen wir in:

$$\frac{\partial \Theta}{\partial \beta} = \text{Const.}$$

---

1) Die Bestimmung der geodätischen Linien auf dem Ellipsoid hat zum ersten Male Jacobi durchgeführt. Crelles Journal, Bd. 19.

$\varrho_1$ gleich $\alpha$, so erhalten wir als gesuchte Gleichung:

$$(22)\qquad \int\sqrt{\frac{\varrho_2-\alpha}{(\varrho_2-\beta)f(\varrho_2)}}\,d\varrho_2+\int\sqrt{\frac{\varrho_3-\alpha}{(\varrho_3-\beta)f(\varrho_3)}}\,d\varrho_3=\text{Const.}$$

Sie stellt auf dem Ellipsoid $\varrho_1=\alpha$ diejenigen geodätischen Linien dar, welche von den gemeinsamen Tangenten dieses Ellipsoids und der Fläche zweiten Grades mit dem Parameter $\beta$ umhüllt werden. Sollen diese geodätischen Linien reell sein, so muß $\beta$ der Parameter eines ein- oder eines zweischaligen Hyperboloids sein. Wird im ersten Falle in (22) $\varrho_2$ gleich $\beta$, im zweiten $\varrho_3$ gleich $\beta$ gesetzt, so ergibt sich bezüglich:

$$d\varrho_2=0,\quad d\varrho_3=0.$$

Demnach berühren die geodätischen Linien (22), die sich ergeben, wenn $\beta$ fest bleibt und die Größe rechts sich ändert, sämtlich die Krümmungslinie:

$$\varrho_2=\beta\quad\text{bzw.}\quad\varrho_3=\beta$$

des Ellipsoids. Läßt man dann in (22) auch noch die Größe $\beta$ sich ändern, so ergeben sich alle geodätischen Linien auf dem Ellipsoid.

## § 348. Geodätische Linien auf dem Ellipsoid.

Indem wir die allgemeinen Formeln der voraufgehenden Paragraphen auf den Fall des Ellipsoids $\varrho_1=0$ mit der Gleichung:

$$\frac{x^2}{a^2}+\frac{y^2}{b^2}+\frac{z^2}{c^2}=1$$

anwenden, wählen wir als Parameter $u$, $v$ der Krümmungslinien die Längen der Hauptachsen der konfokalen ein- bzw. zweischaligen Hyperboloide, die das Ellipsoid eben in den Krümmungslinien schneiden. Wir setzen also:

$$u^2=a^2+\varrho_2,\quad v^2=a^2+\varrho_3,$$

ferner der Kürze halber:

$$a^2-b^2=h^2,\quad a^2-c^2=k^2.$$

Die Parameter $u$, $v$ variieren innerhalb der durch die Ungleichheiten:

$$k^2\geqq u^2\geqq h^2,\quad h^2\geqq v^2\geqq 0$$

angegebenen Grenzen. Das Quadrat des Linienelements lautet hier (nach S. 657, (14)):

$$(23)\qquad ds^2=(u^2-v^2)\left[\frac{a^2-u^2}{(u^2-h^2)(k^2-u^2)}\,du^2+\frac{a^2-v^2}{(h^2-v^2)(k^2-v^2)}\,dv^2\right]$$

und geht mittels der Substitutionen:

$$\int \sqrt{\frac{a^2 - u^2}{(u^2 - h^2)(k^2 - u^2)}}\, du = u_1,$$

$$\int \sqrt{\frac{a^2 - v^2}{(h^2 - v^2)(k^2 - v^2)}}\, dv = v_1$$

unmittelbar in die Liouvillesche Form (S. 170, (22)) über. Die endliche Gleichung (22) der geodätischen Linien ist somit:

$$(24) \qquad \int \sqrt{\frac{a^2 - u^2}{(u^2 - C)(u^2 - h^2)(k^2 - u^2)}}\, du \pm$$
$$\pm \int \sqrt{\frac{a^2 - v^2}{(C - v^2)(h^2 - v^2)(k^2 - v^2)}}\, dv = \text{Const.},$$

wie sich auch aus den Gleichungen des soeben angeführten Paragraphen ergeben würde. Für den Bogen $\sigma$ der geodätischen Linien (24), gerechnet von einer festen Orthogonaltrajektorie ab, erhalten wir nach S. 170, (23), den Wert:

$$(25) \qquad \sigma = \int \sqrt{\frac{(a^2 - u^2)(u^2 - C)}{(u^2 - h^2)(k^2 - u^2)}}\, du \mp \int \sqrt{\frac{(a^2 - v^2)(C - v^2)}{(h^2 - v^2)(k^2 - v^2)}}\, dv,$$

worin sich das Vorzeichen nach dem Vorzeichen in (24) richtet. Bedeutet ferner $\psi$ den Winkel, den die geodätischen Linien (24) mit den Krümmungslinien $v =$ Const. bilden, so haben wir die intermediäre Integralgleichung erster Ordnung:

$$(26) \qquad u^2 \sin^2 \psi + v^2 \cos^2 \psi = \text{Const.}$$

Die Gleichungen (25) und (26) sind übrigens einfache Folgerungen aus (24).

Die Gleichung (26) gestattet eine elegante geometrische Deutung, die von Joachimsthal herrührt. Wir wollen sie nun entwickeln, wobei wir darauf hinweisen, daß dieser Gleichung nicht nur die geodätischen Linien, sondern auch die Krümmungslinien genügen.

Bei den reellen geodätischen Linien auf dem Ellipsoid können wir drei Arten unterscheiden, je nach dem Wert der Konstanten in der Gleichung (24). Damit eine solche geodätische Linie (24) reell sei, muß diese Konstante $C$ in dem Intervall: $k^2 > C > 0$ liegen. Wird nun $C$ ein fester Wert zwischen $k^2$ und $h^2$ erteilt, so berühren (S. 662) sämtliche geodätische Linien die Krümmungslinie:

$$u^2 = C.$$

Diese Krümmungslinie besteht aus zwei geschlossenen Teilen, die einander diametral gegenüberliegen und um je zwei Nabelpunkte des Ellipsoids geschlungen sind, ähnlich wie eine Ellipse um die beiden Brennpunkte (vgl. den folgenden Paragraphen). Die geodätischen Linien verlaufen ganz innerhalb der Ellipsoidzone zwischen diesen beiden geschlossenen Kurven, welche sie beim Rückgange auf die Zone berühren, auf der sie sich im allgemeinen unzählig viele Male herumwinden, ohne sich zu schließen. Liegt die Konstante $C$ in dem Intervall zwischen $h^2$ und Null, so tritt dasselbe bezüglich der Krümmungslinie:

$$v^2 = C$$

ein. Ist endlich $C$ gleich $h^2$, so liegt der bemerkenswerte Fall vor, daß wir es mit geodätischen Linien zu tun haben, die von einem Nabelpunkt aus- und durch den diametral gegenüberliegenden hindurchgehen. Dieses erhellt schon daraus, daß die Fläche des konfokalen Systems, die von den Tangenten der geodätischen Linien (24) für $C = h^2$ berührt wird, den Parameter $\varrho = -b^2$ hat, sich also auf die Fokalhyperbel reduziert, die somit die erwähnten Tangenten schneiden. Die nämliche Eigenschaft ergibt sich auch aus den folgenden Erörterungen.

## § 349. Joachimsthalscher Satz.

Um den früher erwähnten Joachimsthalschen Satz abzuleiten, stellen wir zunächst die folgenden Betrachtungen an: In einem beliebigen Punkte $(x, y, z)$ des Ellipsoids legen wir die Tangentialebene und durch den Mittelpunkt die dazu parallele Ebene; dann hat die Schnittellipse als Achsen die Durchmesser, die den Richtungen der von $(x, y, z)$ ausgehenden Krümmungslinien parallel sind. Bedeuten nämlich $\cos\alpha$, $\cos\beta$, $\cos\gamma$; $\cos\alpha'$, $\cos\beta'$, $\cos\gamma'$ die Richtungskosinus dieser Durchmesser, so haben wir:

$$\cos\alpha : \cos\beta : \cos\gamma = \frac{\partial x}{\partial \varrho_3} : \frac{\partial y}{\partial \varrho_3} : \frac{\partial z}{\partial \varrho_3} = \frac{x}{a^2+\varrho_3} : \frac{y}{b^2+\varrho_3} : \frac{z}{c^2+\varrho_3},$$

$$\cos\alpha' : \cos\beta' : \cos\gamma' = \frac{\partial x}{\partial \varrho_2} : \frac{\partial y}{\partial \varrho_2} : \frac{\partial z}{\partial \varrho_2} = \frac{x}{a^2+\varrho_2} : \frac{y}{b^2+\varrho_2} : \frac{z}{c^2+\varrho_2}.$$

Hiernach folgt, wenn wir die Gleichungen (§ 344):

$$\text{(a)} \quad \begin{cases} \dfrac{x^2}{(a^2+\varrho_1)(a^2+\varrho_3)} + \dfrac{y^2}{(b^2+\varrho_1)(b^2+\varrho_3)} + \dfrac{z^2}{(c^2+\varrho_1)(c^2+\varrho_3)} = 0, \\ \dfrac{x^2}{(a^2+\varrho_1)(a^2+\varrho_2)} + \dfrac{y^2}{(b^2+\varrho_1)(b^2+\varrho_2)} + \dfrac{z^2}{(c^2+\varrho_1)(c^2+\varrho_2)} = 0, \end{cases}$$

in denen $\varrho_1$ gleich Null zu setzen ist, voneinander subtrahieren, sofort:

$$\frac{\cos\alpha\cos\alpha'}{a^2} + \frac{\cos\beta\cos\beta'}{b^2} + \frac{\cos\gamma\cos\gamma'}{c^2} = 0.$$

Diese Gleichung besagt, daß die beiden in Rede stehenden Durchmesser einander konjugiert sind, und da sie auch aufeinander senkrecht stehen, so fallen sie eben mit den Achsen des Zentralschnitts zusammen.

Bedeuten nun weiter $R_1$ und $R_2$ die Längen der Halbachsen, die den Tangenten der Kurven $u = $ Const. bzw. $v = $ Const. parallel sind, so haben wir nach bekannten Formeln der analytischen Geometrie:

$$\frac{1}{R_1^2} = \frac{\cos^2\alpha}{a^2} + \frac{\cos^2\beta}{b^2} + \frac{\cos^2\gamma}{c^2},$$

$$\frac{1}{R_2^2} = \frac{\cos^2\alpha'}{a^2} + \frac{\cos^2\beta'}{b^2} + \frac{\cos^2\gamma'}{c^2}$$

oder wegen der Gleichungen weiter oben:

$$\frac{1}{R_1^2} = \frac{\frac{x^2}{a^2(a^2+\varrho_3)^2} + \frac{y^2}{b^2(b^2+\varrho_3)^2} + \frac{z^2}{c^2(c^2+\varrho_3)^2}}{\frac{x^2}{(a^2+\varrho_3)^2} + \frac{y^2}{(b^2+\varrho_3)^2} + \frac{z^2}{(c^2+\varrho_3)^2}}$$

nebst einem analogen Ausdruck für $\frac{1}{R_2^2}$. Nun folgt aus der ersten Gleichung (a):

$$\frac{x^2}{a^2(a^2+\varrho_3)} + \frac{y^2}{b^2(b^2+\varrho_3)} + \frac{z^2}{c^2(c^2+\varrho_3)} = 0,$$

also ist:

$$\frac{x^2}{(a^2+\varrho_3)^2} + \frac{y^2}{(b^2+\varrho_3)^2} + \frac{z^2}{(c^2+\varrho_3)^2} =$$

$$= -\varrho_3\left[\frac{x^2}{a^2(a^2+\varrho_3)^2} + \frac{y^2}{b^2(b^2+\varrho_3)^2} + \frac{z^2}{c^2(c^2+\varrho_3)^2}\right].$$

Folglich ist:

$$R_1^2 = -\varrho_3, \quad \text{analog} \quad R_2^2 = -\varrho_2,$$

d. h.:

(27) $$R_1^2 = a^2 - v^2, \quad R_2^2 = a^2 - u^2.$$

Diese Gleichungen zeigen, daß $R_1$ die Länge der großen und $R_2$ die der kleinen Halbachse ist.

Im Zentralschnitt ziehen wir nun den Halbmesser parallel derjenigen Tangente im Punkte $(x, y, z)$ des Ellipsoids, welche mit den Kurven $v = $ Const. den Winkel $\psi$ bildet, und bezeichnen mit $R$ seine Länge; dann haben wir bekanntlich:

$$\frac{1}{R^2} = \frac{\cos^2\psi}{a^2 - u^2} + \frac{\sin^2\psi}{a^2 - v^2}.$$

Bedeutet ferner $\delta$ die Entfernung des Mittelpunktes von der Tangentialebene im Punkte $(x, y, z)$, so ist:

$$\frac{1}{\delta^2} = \frac{x^2}{a^4} + \frac{y^2}{b^4} + \frac{z^2}{c^4},$$

d. h. wegen der Gleichungen (13) und (13*), S. 657, in denen $\varrho_1$ gleich Null zu setzen ist:

$$\frac{1}{\delta^2} = \frac{(a^2 - u^2)(a^2 - v^2)}{a^2 b^2 c^2}.^{1)}$$

Daraus folgern wir:

$$(27^*) \qquad \frac{a^2 b^2 c^2}{\delta^2 R^2} = a^2 - (u^2 \sin^2 \psi + v^2 \cos^2 \psi).$$

Wenn wir dieses mit (26), der intermediären Integralgleichung der geodätischen Linien, vergleichen, so erhalten wir den Joachimsthalschen Satz:

Bei jeder geodätischen Linie auf einem Ellipsoid ist das Produkt aus der Entfernung des Mittelpunktes von der Tangentialebene, die in einem Punkte der geodätischen Linie gelegt wird, und der Länge des Durchmessers, welcher der Tangente der geodätischen Linie in demselben Punkte parallel ist, konstant.

Nach dem in § 348 Gesagten kommt dieselbe Eigenschaft außer den geodätischen auch den Krümmungslinien zu. Daraus folgt wieder, daß für die geodätischen Linien, die ein und dieselbe Krümmungslinie berühren, die Konstante $\delta R$ oder auch die Konstante $C$ in der Gleichung (24) ein und denselben Wert hat.

## § 350. Geodätische Linien durch die Nabelpunkte.

Wir betrachten nun die vier reellen Nabelpunkte des Ellipsoids. Sie liegen auf der Hauptellipse, die die größte und die kleinste Achse des Ellipsoids als Achsen hat, und ihre Koordinaten sind:

$$x = \pm a \sqrt{\frac{a^2 - b^2}{b^2 - c^2}} = \pm \frac{ah}{k}, \quad y = 0,$$

$$z = \pm c \sqrt{\frac{b^2 - c^2}{a^2 - c^2}} = \mp \frac{c\sqrt{k^2 - h^2}}{k}.$$

Die Tangentialebene in jedem Nabelpunkte ist vom Mittelpunkt um die

---

1) An diese Gleichung mag die folgende Bemerkung geknüpft werden: Das Krümmungsmaß in einem Punkte des Ellipsoids ist gegeben durch:

$$K = \frac{a^2 b^2 c^2}{(a^2 - u^2)^2 (a - v^2)^2};$$

daraus folgt:

$$K = \frac{\delta^4}{a^2 b^2 c^2}.$$

Also: Die Ortskurven der Punkte konstanten Krümmungsmaßes auf dem Ellipsoid sind diejenigen Kurven, welche von den gemeinsamen Tangentialebenen des Ellipsoids und der konzentrischen Kugeln umhüllt werden.

Strecke $\delta = \frac{ac}{b}$ entfernt, und jeder Halbmesser des durch eine zu ihr parallele Ebene erzeugten Zentralschnitts ist gleich $b$. Also:

Bei jeder geodätischen Linie, die von einem Nabelpunkte ausgeht, hat das Produkt $\delta R$ den konstanten Wert $ac$. Der entsprechende Wert der Konstanten auf der rechten Seite von (24) ist somit nach (27*) gleich $h^2$, wie wir bereits in § 348 bemerkt haben.

Aus dieser Tatsache ergeben sich bemerkenswerte Folgerungen, die zuerst von Roberts gezogen worden sind. Wir betrachten einen Ellipsoidpunkt $M$ und verbinden ihn mit zwei nicht diametral einander gegenüberliegenden Nabelpunkten $F$ und $F_1$ durch geodätische Bogen $MF$ und $MF_1$. Die Konstante $\delta R$ hat für beide geodätische Linien denselben Wert; da in $M$ auch $\delta$ gemeinsam ist, so müssen die beiden Durchmesser, die den Tangenten der beiden geodätischen Linien in $M$ parallel gezogen werden, gleiche Länge haben. Sie bilden folglich mit den Achsen des Zentralschnitts gleiche Winkel. Da nun diese Achsen den Richtungen der Krümmungslinien parallel sind, so folgt hieraus:

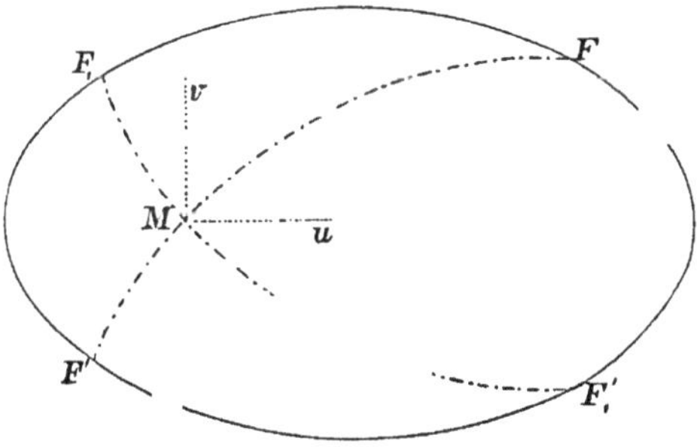


Fig. 17.

Die Richtungen der Krümmungslinien in $M$ halbieren die Winkel zwischen den geodätischen Bogen $MF$ und $MF_1$.

Daraus folgt weiter, daß der geodätische Bogen $MF_1$, der $M$ mit dem $F$ diametral gegenüberliegenden Nabelpunkte $F'$ verbindet, die Verlängerung des geodätischen Bogens $FM$ ist. Also:

Jede von einem Nabelpunkte ausgehende geodätische Linie geht durch den diametral gegenüberliegenden Nabelpunkt. Wie zwei einander diametral gegenüberliegende Punkte auf der Kugel, ebenso können auch zwei solche Nabelpunkte auf dem Ellipsoid durch unzählig viele geodätische Bogen verbunden werden, die alle von gleicher Länge sein müssen, da ja schon infolge der Definition der geodätischen Linie beim Übergange von einer dieser Linien zur unendlich nahe benachbarten die erste Variation der Länge verschwindet.

Schon aus diesen Sätzen folgt, daß die Krümmungslinien auf dem Ellipsoid geodätische Ellipsen und Hyperbeln sind, deren Brennpunkte die Nabelpunkte des Ellipsoids sind. Doch wird dieses noch klarer aus den folgenden Paragraphen hervorgehen.

## § 351. Einführung elliptischer Funktionen.

Die endliche Gleichung (24) der geodätischen Linien und die endliche Gleichung (25), die ihren Bogen angibt, gehen für den Fall, daß die geodätischen Linien von den Nabelpunkten ausgehen (also $C$ gleich $h^2$ ist), bezüglich über in:

$$(28)\qquad \int\sqrt{\frac{a^2-u^2}{k^2-u^2}}\,\frac{du}{u^2-h^2}\mp\int\sqrt{\frac{a^2-v^2}{k^2-v^2}}\,\frac{dv}{h^2-v^2}=\text{Const.},$$

$$(29)\qquad \sigma=\int\sqrt{\frac{a^2-u^2}{k^2-u^2}}\,du\pm\int\sqrt{\frac{a^2-v^2}{k^2-v^2}}\,dv.$$

Die Quadraturen in den allgemeinen Gleichungen (24) und (25) führen offenbar auf hyperelliptische Integrale, die jetzt vorliegenden dagegen auf elliptische. Um sie auszuführen, setzen wir der Einfachheit halber die größte Halbachse des Ellipsoids gleich der Längeneinheit ($a=1$) und können dann die Größe $k=\sqrt{1-c^2}<1$ als Modul einer Klasse Jacobischer elliptischer Funktionen wählen, für welche die Größen $K$ und $K'$ reell sind. Statt der Parameter $u$ und $v$ führen wir neue, $\tau$ und $\tau_1$, ein mittels der Gleichungen:

$$u=k\,\mathrm{sn}\,\tau,\quad v=k\,\mathrm{sn}\,\tau_1.$$

Da $h$ kleiner als $k$ ist, setzen wir noch:

$$h=k\,\mathrm{sn}\,\alpha,$$

wo $\alpha$ eine reelle Größe zwischen Null und $K$ ist. Demnach haben wir:

$$a=1,\quad b=\mathrm{dn}\,\alpha,\quad c=k',\quad h=k\,\mathrm{sn}\,\alpha.$$

Es ergeben somit die Gleichungen (12), S. 657, für die Koordinaten der Ellipsoidpunkte die Werte:

$$(30)\quad x=\frac{\mathrm{sn}\,\tau\,\mathrm{sn}\,\tau_1}{\mathrm{sn}\,\alpha},\quad y=\frac{\mathrm{dn}\,\alpha}{\mathrm{sn}\,\alpha\,\mathrm{cn}\,\alpha}\sqrt{(\mathrm{sn}^2\tau-\mathrm{sn}^2\alpha)(\mathrm{sn}^2\alpha-\mathrm{sn}^2\tau_1)},$$

$$z=k'\frac{\mathrm{cn}\,\tau\,\mathrm{cn}\,\tau_1}{\mathrm{cn}\,\alpha},$$

worin wir bei Wahl des positiven Vorzeichens der Quadratwurzel und in Anbetracht des Umstandes, daß

$$k^2\geqq u^2\geqq h^2,\quad h^2\geqq v^2\geqq 0,$$

d. h.

$$1\geqq \mathrm{sn}^2\tau\geqq \mathrm{sn}^2\alpha,\quad \mathrm{sn}^2\alpha\geqq \mathrm{sn}^2\tau_1\geqq 0$$

bleiben muß, $\tau$ und $\tau_1$ in den Intervallen:

$$\alpha\leqq\tau\leqq 2K-\alpha,\quad -\alpha\leqq\tau_1\leqq\alpha$$

variieren lassen müssen. Die Gleichungen (30) ergeben dann die Punkte des Halbellipsoids $y > 0$, und die vier Nabelpunkte:

$$F \equiv (\ \operatorname{sn} \alpha,\ 0,\ k' \operatorname{cn} \alpha),\quad F' \equiv (-\operatorname{sn} \alpha,\ 0,\ -k' \operatorname{cn} \alpha),$$
$$F_1 \equiv (-\operatorname{sn} \alpha,\ 0,\ k' \operatorname{cn} \alpha),\quad F_1' \equiv (\ \operatorname{sn} \alpha,\ 0,\ -k' \operatorname{cn} \alpha),$$

haben die krummlinigen Koordinaten $\tau$ und $\tau_1$:

$$F\colon \alpha,\ \alpha;\quad F'\colon 2K - \alpha,\ -\alpha;\quad F_1\colon \alpha,\ -\alpha;\quad F_1'\colon 2K - \alpha,\ \alpha.$$

Die Gleichung (28) der geodätischen Linien wird:

$$\int \frac{\operatorname{dn}^2 \tau}{\operatorname{sn}^2 \tau - \operatorname{sn}^2 \alpha}\, d\tau \mp \int \frac{\operatorname{dn}^2 \tau_1}{\operatorname{sn}^2 \alpha - \operatorname{sn}^2 \tau_1}\, d\tau_1 = \text{Const.}$$

Ihr Bogen ist gegeben durch:

$$\sigma = \int \operatorname{dn}^2 \tau\, d\tau \pm \int \operatorname{dn}^2 \tau_1\, d\tau_1.$$

Nehmen wir einen Punkt $M$ auf dem Halbellipsoid $y > 0$ an und benutzen wir die Gleichungen für den geodätischen Bogen $FM$, wobei wir berücksichtigen, daß $\tau_1$ abnimmt, wenn $\tau$ wächst, so sehen wir, daß wir die unteren Vorzeichen wählen müssen. Es ist daher

$$\sigma = \int_\alpha^\tau \operatorname{dn}^2 \tau\, d\tau - \int_\alpha^{\tau_1} \operatorname{dn}^2 \tau_1\, d\tau_1$$

die Länge des geodätischen Bogens $FM$, gerechnet von $F$ an, d. h.:

(31) $$\sigma = \frac{E}{K}(\tau - \tau_1) + Z(\tau) - Z(\tau_1),$$

wo $Z(\tau)$ die bekannte Jacobische Funktion und $E$ die Länge eines Quadranten der Hauptellipse in der $xz$-Ebene ist.

Für den geodätischen Bogen $F_1 M$ dagegen gelten die entgegengesetzten Vorzeichen. Also ist seine Länge gegeben durch:

(31*) $$\sigma_1 = \frac{E}{K}(\tau + \tau_1) + Z(\tau) + Z(\tau_1).$$

Setzen wir in (31)

$$\tau = 2K - \alpha,\quad \tau_1 = -\alpha$$

oder in (31*)

$$\tau = 2K - \alpha,\quad \tau_1 = \alpha,$$

so erhellt, daß alle geodätischen Bogen $FF'$ oder $F_1 F_1'$ dieselbe Länge $2E$ haben. Durch Addition und Subtraktion folgt weiter:

$$\sigma_1 + \sigma = \frac{2E}{K}\tau + 2Z(\tau),$$

$$\sigma_1 - \sigma = \frac{2E}{K}\tau_1 + 2Z(\tau_1).$$

Die Krümmungslinien $\tau = \text{Const.}$, $\tau_1 = \text{Const.}$ sind also geodätische Ellipsen bzw. Hyperbeln mit den Brennpunkten $F$ und $F_1$. Wird aber einer der Brennpunkte durch den diametral entgegengesetzten, z. B. $F_1$ durch $F_1'$, ersetzt, so werden die Kurven $\tau_1 = \text{Const.}$ geodätische Ellipsen und die Kurven $\tau = \text{Const.}$ geodätische Hyperbeln mit den Brennpunkten $F$ und $F_1'$. Jede Krümmungslinie auf einem Ellipsoid kann daher in der Weise beschrieben werden, daß man die beiden Enden eines Faden von konstanter Länge in zwei nicht diametral gegenüberliegenden Brennpunkten befestigt und ihn mittels eines Stiftes in $M$ auf dem Ellipsoid straff zieht; dann beschreibt die Spitze $M$ des Stiftes eine Krümmungslinie.

## § 352. Linienelement auf dem Ellipsoid.

Wir wollen nun den Ausdruck für das Linienelement des Ellipsoids suchen, wenn die von einem Nabelpunkte ausgehenden geodätischen Linien und ihre orthogonalen Trajektorien zugrunde gelegt werden. Wählen wir z. B. die vom Nabelpunkte $F$ ausgehenden geodätischen Linien und gehen wir auf die Gleichungen (28) und (29) zurück, wobei wir setzen:

$$(28^*)\qquad \int\sqrt{\frac{a^2-u^2}{k^2-u^2}}\,\frac{du}{u^2-h^2}-\int\sqrt{\frac{a^2-v^2}{k^2-v^2}}\,\frac{dv}{v^2-h^2}=\Phi,$$

$$(29^*)\qquad \int\sqrt{\frac{a^2-u^2}{k^2-u^2}}\,du-\int\sqrt{\frac{a^2-v^2}{k^2-v^2}}\,dv=\sigma,$$

so sind die Kurven $\Phi = \text{Const.}$ die geodätischen Linien und die Kurven $\sigma = \text{Const.}$ ihre orthogonalen Trajektorien. Nun ist nach S. 66, (14), (15), (16) und S. 662, (23):

$$\Delta_1\Phi=\frac{1}{(u^2-h^2)(h^2-v^2)},\quad \Delta_1\sigma=1,\quad \nabla(\Phi,\sigma)=0.$$

Demnach nimmt das Quadrat des Linienelements des Ellipsoids in den Koordinaten $\sigma$, $\Phi$ die Form an (S. 67 und 68 oben):

$$(32)\qquad ds^2=d\sigma^2+(u^2-h^2)(h^2-v^2)\,d\Phi^2.$$

Die Größe auf der rechten Seite in der Gleichung (28*) der von $F$ ausgehenden geodätischen Linien hängt lediglich von der Richtung der geodätischen Linie in $F$ ab. Bezeichnen wir mit $\omega$ den Winkel, den der geodätische Bogen zwischen $F$ und $M$ mit der Richtung $FF_1$ der Hauptellipse $y = 0$ bildet, so ist $\Phi$ eine Funktion von $\omega$, für die der wirkliche Ausdruck gesucht werden muß. Hierzu bestimmen wir die additive Konstante von $\Phi$ in der Weise, daß wir setzen:

$$(33)\qquad \Phi=\int\limits_k^u\sqrt{\frac{a^2-u^2}{k^2-u^2}}\,\frac{du}{u^2-h^2}-\int\limits_0^v\sqrt{\frac{a^2-v^2}{k^2-v^2}}\,\frac{dv}{v^2-h^2}.$$

Verbinden wir nun $M$ mit $F_1$ und bezeichnen wir mit $\varphi$ den Außenwinkel $F_1 M F'$ des geodätischen Dreiecks $M F F_1$ bei $M$, so ist $\omega$ offenbar der Grenzwert von $\varphi$, der hervorgeht, wenn sich $M$ bei der Verrückung auf dem betrachteten geodätischen Bogen $MF$ dem Punkte $F$ ohne Ende nähert.

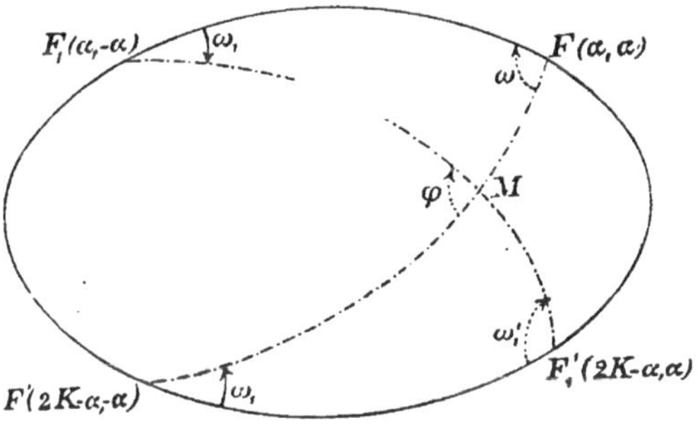


Fig. 18.

Nun halbiert nach S. 667 die von $M$ ausgehende Krümmungslinie $v = \text{Const.}$ den Winkel $F_1 M F'$ und bildet mit dem geodätischen Bogen $FM$ den Winkel $\psi$, der durch die Gleichung (26) bestimmt wird, in der $C$ gleich $h^2$ ist. Folglich ist:

$$\varphi = \pi - 2\psi,$$

also:

$$\operatorname{tg}^2 \frac{\varphi}{2} = \cot^2 \psi = \frac{u^2 - h^2}{h^2 - v^2},$$

und somit:

$$\operatorname{tg}^2 \frac{\omega}{2} = \lim_{u=h,\, v=h} \frac{u^2 - h^2}{h^2 - v^2} = \lim_{u=h,\, v=h} \frac{u-h}{h-v}. \tag{34}$$

Schreiben wir nun die Gleichung (33) wie folgt:

$$\Phi = \int_k^u \left( \sqrt{\frac{a^2 - u^2}{k^2 - u^2}} - \sqrt{\frac{a^2 - h^2}{k^2 - h^2}} \right) \frac{du}{u^2 - h^2} - \int_0^v \left( \sqrt{\frac{a^2 - v^2}{k^2 - v^2}} - \right.$$

$$\left. - \sqrt{\frac{a^2 - h^2}{k^2 - h^2}} \right) \frac{dv}{v^2 - h^2} + \sqrt{\frac{a^2 - h^2}{k^2 - h^2}} \left[ \int_k^u \frac{du}{u^2 - h^2} - \int_0^v \frac{dv}{v^2 - h^2} \right],$$

so sehen wir, daß, wenn sich $u$ und $v$ dem Werte $h$ nähern, die Differenz der beiden ersten Integrale gegen einen bestimmten und endlichen Grenzwert konvergiert, der nur von den Konstanten $a$, $k$, $h$ abhängt, während der zweite Teil von $\Phi$ in der Form:

$$\frac{1}{2h} \sqrt{\frac{a^2 - h^2}{k^2 - h^2}} \left[ \log \frac{(u-h)(v+h)}{(h-v)(u+h)} - \log \frac{k-h}{k+h} \right]$$

geschrieben werden kann und in der Grenze für $u = h$, $v = h$ infolge von (34) gegen

$$\frac{1}{h} \sqrt{\frac{a^2 - h^2}{k^2 - h^2}} \log \operatorname{tg} \frac{\omega}{2} - \frac{1}{2h} \sqrt{\frac{a^2 - h^2}{k^2 - h^2}} \log \frac{k-h}{k+h}$$

konvergiert. Es ist also:

$$\Phi = \frac{1}{h}\sqrt{\frac{a^2-h^2}{k^2-h^2}}\log \operatorname{tg}\frac{\omega}{2} + A,$$

wo $A$ eine Konstante ist. Wird nun in der Gleichung (32) $\omega$ statt $\Phi$ als Parameter eingeführt, so geht sie über in:

$$ds^2 = d\sigma^2 + \frac{(a^2-h^2)(u^2-h^2)(h^2-v^2)}{h^2(k^2-h^2)\sin^2\omega}\,d\omega^2$$

oder:

(35) $$ds^2 = d\sigma^2 + \frac{y^2}{\sin^2\omega}\,d\omega^2,$$

worin $y$ nach § 344, (12), S. 657, die Entfernung des Punktes $M$ von der $xz$-Ebene, in der die Nabelpunkte liegen, bedeutet. Dieses ist die bemerkenswerte Gleichung, die von Roberts herrührt.

## § 353. Verlauf der geodätischen Linien.

Verbinden wir denselben Punkt $M$ mit dem Nabelpunkte $F_1$ und bezeichnen wir mit $\sigma_1$ den geodätischen Bogen $MF_1$, mit $\omega_1$ den Winkel $MF_1F$ (siehe Fig. 18, vorige S.), so haben wir eben infolge obiger Gleichung:

$$ds^2 = d\sigma_1^2 + \frac{y^2}{\sin^2\omega_1}\,d\omega_1^2.$$

Daraus folgt:

$$(d\sigma - d\sigma_1)(d\sigma + d\sigma_1) = y^2\left(\frac{d\omega_1}{\sin\omega_1} - \frac{d\omega}{\sin\omega}\right)\left(\frac{d\omega_1}{\sin\omega_1} + \frac{d\omega}{\sin\omega}\right).$$

Längs der Krümmungslinien:

$$u = \text{Const.},\quad v = \text{Const.}$$

ist bezüglich (vgl. S. 669):

$$d\sigma + d\sigma_1 = 0,\quad d\sigma - d\sigma_1 = 0,$$

folglich:

$$\operatorname{tg}\frac{\omega}{2}\operatorname{tg}\frac{\omega_1}{2} = \text{Const., bzw.}\ \frac{\operatorname{tg}\frac{\omega}{2}}{\operatorname{tg}\frac{\omega_1}{2}} = \text{Const.}^{1)}$$

1) Von der Richtigkeit dieser Zusammengehörigkeit überzeugen wir uns leicht, wenn wir berücksichtigen, daß längs der (Krümmungs)-Ellipse $z = 0$ $\omega$ mit abnehmendem $\omega_1$ wächst, dagegen längs der Ellipse $x = 0$ $\omega$ und $\omega_1$ gleichzeitig wachsen oder abnehmen.

Verlängern wir nun den geodätischen Bogen $FM$, bis er durch den gegenüberliegenden Nabelpunkt geht, und ist $\omega'$ der Winkel, den der geodätische Bogen $F'M$ zwischen $F'$ und $M$ mit dem Bogen $F'F_1'$ der Hauptellipse bildet, während $\sigma'$ die Länge des Bogens $F'M$ bezeichnet (s. Fig. 18), so haben wir wegen (35):

$$d\sigma^2 + \frac{y^2}{\sin^2\omega} d\omega^2 = d\sigma'^2 + \frac{y^2}{\sin^2\omega'} d\omega'^2.$$

Da nun

$$d\sigma'^2 = d\sigma^2$$

ist, folgt also:

$$\frac{d\omega^2}{\sin^2\omega} = \frac{d\omega'^2}{\sin^2\omega'}.$$

Mit Rücksicht darauf, daß $\omega'$ mit wachsendem $\omega$ abnimmt, ergibt sich hieraus:

$$\frac{d\omega}{\sin\omega} + \frac{d\omega'}{\sin\omega'} = 0,$$

somit:

$$\operatorname{tg}\frac{\omega}{2}\operatorname{tg}\frac{\omega'}{2} = \text{Const.}$$

Der Wert der Konstanten rechts läßt sich leicht durch den Winkel $\Omega$ ausdrücken, welcher zu dem geodätischen Bogen gehört, der $F$ mit dem Endpunkte der mittleren Achse verbindet. Es ist nämlich in diesem Falle:

$$\omega = \omega' = \Omega,$$

daher:

$$\operatorname{tg}\frac{\omega}{2}\operatorname{tg}\frac{\omega'}{2} = \operatorname{tg}^2\frac{\Omega}{2}. \tag{36}$$

Im Anschluß an diese Gleichung können wir leicht den weiteren Verlauf der geodätischen Linie verfolgen. Der geodätische Bogen $FMF'$ durchdringt in $F'$ die $xz$-Ebene, setzt sich in einen neuen Bogen $F'NF$ auf dem anderen Halbellipsoid: $y < 0$ fort und kehrt so nach $F$ zurück. Hier schließt er sich jedoch nicht, wie im Falle der Kugel; er bildet vielmehr, indem er von neuem von $F$ ausgeht, mit dem Bogen $FF_1$ einen neuen Winkel $\omega^{(1)}$, der von $\omega$ verschieden ist. Wenn wir nämlich auf den neuen Bogen $F'NF$ die Gleichung (36) anwenden und dabei berücksichtigen, daß die neuen Werte von $\omega$ und $\omega'$ bzw. $\pi - \omega^{(1)}$ und $\pi - \omega'$ sind, so erhalten wir:

$$\cot\frac{\omega^{(1)}}{2}\cot\frac{\omega'}{2} = \operatorname{tg}^2\frac{\Omega}{2}.$$

Aus der Verbindung dieser Gleichung mit (36) ergibt sich:

$$\operatorname{tg}\frac{\omega^{(1)}}{2} = \lambda\operatorname{tg}\frac{\omega}{2} \quad \left(\lambda = \cot^4\frac{\Omega}{2}\right).$$

Da der Winkel $\Omega$ spitz, demnach $\lambda > 1$ ist, so folgt daraus:

$$\omega^{(1)} > \omega .$$

Bedeutet allgemein $\omega^{(n)}$ den Wert von $\omega$ nach $n$ Umläufen der geodätischen Linie auf dem Ellipsoid, so haben wir:

$$\operatorname{tg} \frac{\omega^{(n)}}{2} = \lambda^n \operatorname{tg} \frac{\omega}{2} \cdot$$

Es nähert sich also der Winkel $\omega^{(n)}$ mit wachsendem $n$ immer mehr einem gestreckten, und die geodätische Linie schmiegt sich immer inniger der Hauptellipse an, die durch die Nabelpunkte geht.

# Kapitel XXIV.

## Die aus Flächen konstanter Krümmung bestehenden Laméschen Flächenfamilien.

Ausdruck für das Linienelement des Raumes unter Zugrundelegung eines dreifachen pseudosphärischen Orthogonalsystems. — Existenz und Freiheitsgrad dieser Systeme. — Aus Flächen konstanter positiver Krümmung bestehende Lamésche Flächenfamilien. — Entsprechen der konjugierten Systeme. — Verschiedene Beispiele. — Reelle Bäcklundsche Transformationen. — Vertauschbarkeitssatz und Anwendungen. — Entsprechende Untersuchungen für den Fall positiver Krümmung. — Weingartensche Systeme. — Äquidistanzkurven als parallele geodätische Kreise. — Pseudosphärische Weingartensche Systeme konstanter Flexion. — Kreissysteme von konstantem Radius. — Dreifaches System von Schraubenflächen. — Bäcklundsche Transformation Weingartenscher Systeme. — Komplementärtransformation. — Vollständiges System von partiellen Differentialgleichungen für Lamésche Flächenfamilien konstanter Krümmung. — Enveloppe der Normalenebenen der Äquidistanzkurven auf einer Fläche konstanter Krümmung $K$ einer Laméschen Flächenfamilie. — Abwickelbarkeit dieser Flächen auf die den imaginären Kugelkreis oskulierende

Fläche zweiten Grades: $\eta^2 + \zeta^2 + (\xi - \eta + i\zeta)^2 = \frac{1}{K}$.

---

### § 354. Dreifache pseudosphärische Orthogonalsysteme.

Als Lamésche Flächenfamilie bezeichnen wir eine $\infty^1$-Flächenschar, die einem dreifachen Orthogonalsystem angehört. Die Ribancourschen Kreissysteme von konstantem Radius (vgl. S. 357) liefern uns bereits ein sehr einfaches Beispiel einer Laméschen Flächenfamilie, die aus Flächen (ein und derselben) konstanten Krümmung besteht. In diesem letzten Kapitel stellen wir uns nun die allgemeine Aufgabe, diejenigen dreifachen Orthogonalsysteme zu finden und zu untersuchen, welche eine Schar von Flächen konstanter Krümmung enthalten, sei es, daß diese Krümmung für alle Flächen der Schar ein und dieselbe ist oder daß sie von Fläche zu Fläche sich ändert. Von vornherein schließen wir dabei den Fall aus, in dem die Flächen der Schar Rotationsflächen sind. Dieser Fall ist nämlich wohlbekannt (§ 338), und die entsprechenden Flächenscharen ergeben sich unmittelbar als beliebige $\infty^1$-Scharen von Rotationsflächen konstanter Krümmung mit gemeinsamer Achse. Auch würden für die zugehörigen speziellen Orthogonalsysteme die Gleichungen, die wir jetzt ableiten wollen, allgemein nicht gelten.

Wir beginnen mit einer Laméschen Familie pseudosphärischer Flächen vom Radius $R$, der im allgemeinen von einer Fläche der Schar zur nächsten Fläche sich ändern kann. Wir setzen voraus, es seien in dem dreifachen Orthogonalsystem, das durch den Ausdruck für das Quadrat des Linienelements:

$$ds^2 = H_1^2 d\varrho_1^2 + H_2^2 d\varrho_2^2 + H_3^2 d\varrho_3^2$$

definiert ist, die Flächen $\varrho_3 = \text{Const.}$ pseudosphärische Flächen, deren Radius $R$ nur von $\varrho_3$ abhänge. Aus den Gleichungen (S. 638):

$$\frac{1}{r_{31}} = \frac{1}{H_1 H_3}\frac{\partial H_1}{\partial \varrho_3}, \quad \frac{1}{r_{32}} = \frac{1}{H_2 H_3}\frac{\partial H_2}{\partial \varrho_3}$$

und aus der Annahme:

$$\frac{1}{r_{31}} \cdot \frac{1}{r_{32}} = -\frac{1}{R^2}$$

folgt, daß wir setzen können:

$$(1) \qquad \begin{cases} \dfrac{1}{H_1 H_3}\dfrac{\partial H_1}{\partial \varrho_3} = -\dfrac{\operatorname{tg}\omega}{R}, \\[2ex] \dfrac{1}{H_2 H_3}\dfrac{\partial H_2}{\partial \varrho_3} = \dfrac{\cot\omega}{R}, \end{cases}$$

worin der Winkel $2\omega$ die Neigung der beiden Haupttangentenkurven, die sich in einem Punkte der betreffenden pseudosphärischen Fläche $\varrho_3 = \text{Const.}$ kreuzen, gegeneinander angibt. Durch Einsetzen der Werte für $\dfrac{\partial H_1}{\partial \varrho_3}$ und $\dfrac{\partial H_2}{\partial \varrho_3}$, die sich aus den obigen Gleichungen ergeben, in den ersten beiden Laméschen Gleichungen (A), S. 634, folgt:

$$\frac{1}{H_1}\frac{\partial H_1}{\partial \varrho_2} = -\frac{\sin\omega}{\cos\omega}\frac{\partial\omega}{\partial\varrho_2}, \quad \frac{1}{H_2}\frac{\partial H_2}{\partial \varrho_1} = \frac{\cos\omega}{\sin\omega}\frac{\partial\omega}{\partial\varrho_1},$$

und hieraus durch Integration:

$$(2) \qquad H_1 = \cos\omega \cdot \psi(\varrho_1, \varrho_3), \quad H_2 = \sin\omega \cdot \varphi(\varrho_2, \varrho_3),$$

wo $\psi$ von $\varrho_2$ und $\varphi$ von $\varrho_1$ unabhängig ist.

Wir wollen nun beweisen, was für unsere Untersuchung wesentlich ist, daß $\varphi$ und $\psi$ von $\varrho_3$ unabhängig sind, d. h., daß

$$(3) \qquad \frac{\partial\varphi}{\partial\varrho_3} = 0, \quad \frac{\partial\psi}{\partial\varrho_3} = 0$$

ist. Zu diesem Zwecke leiten wir aus (1) und (2) ab:

$$(3^*) \quad H_3 = R\operatorname{tg}\omega\left(\cot\omega\frac{\partial\omega}{\partial\varrho_3} + \frac{\partial\log\varphi}{\partial\varrho_3}\right) = R\cot\omega\left(\operatorname{tg}\omega\frac{\partial\omega}{\partial\varrho_3} - \frac{\partial\log\psi}{\partial\varrho_3}\right).$$

Daraus folgt:

$$\operatorname{tg}\omega\frac{\partial\log\varphi}{\partial\varrho_3} + \cot\omega\frac{\partial\log\psi}{\partial\varrho_3} = 0.$$

Beständen nun die Gleichungen (3) nicht, so würde sich hieraus ergeben:

$$(4)\qquad \operatorname{tg}\omega = \frac{M(\varrho_1, \varrho_3)}{N(\varrho_2, \varrho_3)},$$

wo $M$ von $\varrho_2$ und $N$ von $\varrho_1$ unabhängig wäre. Betrachten wir nun eine spezielle pseudosphärische Fläche $\varrho_3 = c$ und ersetzen wir die Parameter $\varrho_1$, $\varrho_2$ bezüglich durch:

$$u \equiv \int \psi(\varrho_1, c)\, d\varrho_1, \qquad v \equiv \int \varphi(\varrho_2, c)\, d\varrho_2,$$

so erhalten wir für das Quadrat des Linienelements der Fläche $\varrho_3 = c$ wegen (2) den Ausdruck:

$$(5)\qquad ds^2 = \cos^2\omega\, du^2 + \sin^2\omega\, dv^2.$$

Darin ist wegen (4)

$$(6)\qquad \operatorname{tg}\omega = \frac{U}{V},$$

wo $U$ nur von $u$ und $V$ nur von $v$ abhängt. Da aber (5) das Quadrat des Linienelements einer pseudosphärischen Fläche vom Radius $R$ ist, so muß $\omega$, wie sich analog wie in § 269, S. 488, für die Flächen konstanter positiver Krümmung nachweisen läßt, der partiellen Differentialgleichung:

$$(6^*)\qquad \frac{\partial^2\omega}{\partial u^2} - \frac{\partial^2\omega}{\partial v^2} = \frac{\sin\omega\cos\omega}{R^2}$$

genügen. Wegen der Gleichung (6) ist dieses, wie wir jetzt nachweisen wollen, nur dann möglich, wenn sich $U$ oder $V$ auf eine Konstante reduziert. In diesem Falle wären die Flächen $\varrho_3 = c$ Rotationsflächen, was der Voraussetzung widerspricht.

Aus den Gleichungen (6) und (6*) würde sich nämlich ergeben:

$$(\text{a})\qquad \left(\frac{U''}{U} + \frac{V''}{V}\right)(U^2 + V^2) = \frac{U^2 + V^2}{R^2} + 2U'^2 + 2V'^2,$$

wobei die Striche Differentiationen andeuten.

Wird diese Gleichung nach $u$, die dann entstehende nach $v$ differenziert, so kommt:

$$\left(\frac{U''}{U}\right)' VV' + \left(\frac{V''}{V}\right)' UU' = 0,$$

also:

$$\left(\frac{U''}{U}\right)' = kUU', \quad \left(\frac{V''}{V}\right)' = -kVV' \qquad (k = \text{Const.}).$$

Durch Integration folgt:

$$\frac{U''}{U} = \frac{kU^2}{2} + C, \quad \frac{V''}{V} = -\frac{kV^2}{2} + C',$$

$$2U'^2 = \frac{kU^4}{2} + 2CU^2 + C_1, \quad 2V'^2 = -\frac{kV^4}{2} + 2C'V^2 + C_1',$$

wo $C, C', C_1, C_1'$ neue Konstanten sind. Somit geht (a) über in:

$$\left(C' - C - \frac{1}{R^2}\right) U^2 + \left(C - C' - \frac{1}{R^2}\right) V^2 = C_1 + C_1',$$

und diese Gleichung kann nur erfüllt sein, wenn $U$ oder $V$ konstant ist, w. z. b. w.

Es gelten somit die Gleichungen (3), und wenn wir die Parameter $\varrho_1, \varrho_2$ durch $\int \psi d\varrho_1$ bzw. $\int \varphi d\varrho_2$ ersetzen, so erhalten wir aus (2) und (3*):

(7) $$H_1 = \cos\omega, \quad H_2 = \sin\omega, \quad H_3 = R\frac{\partial\omega}{\partial\varrho_3},$$

folglich:

(8) $$ds^2 = \cos^2\omega\, d\varrho_1^2 + \sin^2\omega\, d\varrho_2^2 + R^2\left(\frac{\partial\omega}{\partial\varrho_3}\right)^2 d\varrho_3^2.$$

## § 355. Partielle Differentialgleichungen für die Funktion $\omega$.

Das auf ein dreifaches pseudosphärisches Orthogonalsystem $(\varrho_1, \varrho_2, \varrho_3)$ bezogene Linienelement des Raumes hängt somit von einer einzigen Funktion $\omega$ der drei Veränderlichen $\varrho_1, \varrho_2, \varrho_3$ (abgesehen von der willkürlichen Funktion $R(\varrho_3)$) ab. Wir haben nun die Gleichungen aufzustellen, denen $\omega$ genügen muß. Dann müssen wir die Werte (7) von $H_1, H_2, H_3$ in den Laméschen Gleichungen (A), (B), S. 634, 635, einsetzen. Die beiden ersten Gleichungen (A) sind identisch erfüllt, und die vier übrigen gehen in die folgenden über:

(9) $$\begin{cases} A \equiv \dfrac{\partial^2\omega}{\partial\varrho_1^2} - \dfrac{\partial^2\omega}{\partial\varrho_2^2} - \dfrac{\sin\omega\cos\omega}{R^2} = 0, \\[2ex] B \equiv \dfrac{\partial^3\omega}{\partial\varrho_1\partial\varrho_2\partial\varrho_3} - \operatorname{ctg}\omega\,\dfrac{\partial\omega}{\partial\varrho_1}\dfrac{\partial^2\omega}{\partial\varrho_2\partial\varrho_3} + \operatorname{tg}\omega\,\dfrac{\partial\omega}{\partial\varrho_2}\dfrac{\partial^2\omega}{\partial\varrho_1\partial\varrho_3} = 0, \\[2ex] C \equiv \dfrac{\partial}{\partial\varrho_1}\left(\dfrac{1}{\cos\omega}\dfrac{\partial^2\omega}{\partial\varrho_1\partial\varrho_3}\right) - \dfrac{1}{R}\dfrac{\partial}{\partial\varrho_3}\left(\dfrac{\sin\omega}{R}\right) - \dfrac{1}{\sin\omega}\dfrac{\partial\omega}{\partial\varrho_2}\dfrac{\partial^2\omega}{\partial\varrho_2\partial\varrho_3} = 0, \\[2ex] D \equiv \dfrac{\partial}{\partial\varrho_2}\left(\dfrac{1}{\sin\omega}\dfrac{\partial^2\omega}{\partial\varrho_2\partial\varrho_3}\right) + \dfrac{1}{R}\dfrac{\partial}{\partial\varrho_3}\left(\dfrac{\cos\omega}{R}\right) + \dfrac{1}{\cos\omega}\dfrac{\partial\omega}{\partial\varrho_1}\dfrac{\partial^2\omega}{\partial\varrho_1\partial\varrho_3} = 0. \end{cases}$$

Immer, wenn die Funktion $\omega$ diesem Gleichungensystem genügt, haben wir ein entsprechendes dreifaches Orthogonalsystem, in dem das Linienelement des Raumes die Form (8) annimmt, wobei $R$ von $\varrho_3$ allein abhängt und die Flächen $\varrho_3 =$ Const. pseudosphärische Flächen vom Radius $R$ sind.

Um das Vorhandensein der pseudosphärischen Laméschen Flächenfamilien nachzuweisen und ihren Freiheitsgrad festzustellen, müssen wir demnach das System (9) näher untersuchen. Zum Ziel kommen wir mittels des folgenden Verfahrens, das im wesentlichen auf den in der ersten Auflage dieses Buches entwickelten Überlegungen beruht, die nach der analytischen Seite in der von Darboux[1]) angegebenen Weise abgeändert und vereinfacht sind.

Zunächst können wir für den Ausdruck $B$ in (9) die drei folgenden Gleichungen aufstellen:

$$(\alpha)\quad\left\{\begin{aligned}
\frac{B}{\cos\omega} &= \frac{\partial}{\partial\varrho_2}\left(\frac{1}{\cos\omega}\frac{\partial^2\omega}{\partial\varrho_1\partial\varrho_3}\right) - \frac{1}{\sin\omega}\frac{\partial\omega}{\partial\varrho_1}\frac{\partial^2\omega}{\partial\varrho_2\partial\varrho_3},\\
\frac{B}{\sin\omega} &= \frac{\partial}{\partial\varrho_1}\left(\frac{1}{\sin\omega}\frac{\partial^2\omega}{\partial\varrho_2\partial\varrho_3}\right) + \frac{1}{\cos\omega}\frac{\partial\omega}{\partial\varrho_2}\frac{\partial^2\omega}{\partial\varrho_1\partial\varrho_3},\\
\frac{B}{\sin\omega\cos\omega} &= \frac{\partial}{\partial\varrho_1}\left(\operatorname{ctg}\omega\,\frac{\partial^2\omega}{\partial\varrho_2\partial\varrho_3}\right) + \frac{\partial}{\partial\varrho_2}\left(\operatorname{tg}\omega\,\frac{\partial^2\omega}{\partial\varrho_1\partial\varrho_3}\right).
\end{aligned}\right.$$

Daraus folgen zwischen den linken Seiten von (9) die nachstehenden Identitäten:

$$(\beta)\quad\left\{\begin{aligned}
&C\cos\omega - D\sin\omega = \frac{\partial A}{\partial\varrho_3},\\
&\frac{\partial}{\partial\varrho_1}\left(\frac{B}{\cos\omega}\right) - \frac{\partial C}{\partial\varrho_2} = -\frac{B}{\sin\omega}\frac{\partial\omega}{\partial\varrho_1} + D\frac{\partial\omega}{\partial\varrho_2} - \frac{A}{\sin\omega}\frac{\partial^2\omega}{\partial\varrho_2\partial\varrho_3},\\
&\frac{\partial}{\partial\varrho_2}\left(\frac{B}{\sin\omega}\right) - \frac{\partial D}{\partial\varrho_1} = \frac{B}{\cos\omega}\frac{\partial\omega}{\partial\varrho_2} - C\frac{\partial\omega}{\partial\varrho_1} - \frac{A}{\cos\omega}\frac{\partial^2\omega}{\partial\varrho_1\partial\varrho_3}.
\end{aligned}\right.$$

Nun setzen wir $\omega$ als eine reguläre analytische Funktion von $\varrho_1, \varrho_2, \varrho_3$ voraus, die

$$A = 0 \text{ für alle Werte } \varrho_1, \varrho_2, \varrho_3$$

und

$$B = 0,\quad D = 0 \text{ für } \varrho_1 = 0$$

genügen möge, und wollen dann zeigen, daß $\omega$ dem System (9) für alle Werte $\varrho_1, \varrho_2, \varrho_3$ genügt. Dazu reicht der Nachweis aus, daß für alle Werte der $\varrho$ $B$ und $D$ gleich Null sind, denn dann folgt aus der ersten Identität ($\beta$), daß auch $C$ gleich Null ist. Da nun

$$B = 0,\quad D = 0 \text{ für } \varrho_1 = 0,$$

also auch

$$C = 0 \text{ für } \varrho_1 = 0$$

ist, so folgt aus ($\beta$):

$$\frac{\partial B}{\partial\varrho_1} = 0,\quad \frac{\partial D}{\partial\varrho_1} = 0 \text{ für } \varrho_1 = 0.$$

Differenzieren wir ($\beta$) weiter nach $\varrho_1$ und setzen wir dann $\varrho_1$ gleich Null, so ergibt sich:

$$\frac{\partial^2 B}{\partial\varrho_1^2} = 0,\quad \frac{\partial^2 D}{\partial\varrho_1^2} = 0,\quad \frac{\partial C}{\partial\varrho_1} = 0$$

usw., wenn immer weiter nach $\varrho_1$ differenziert wird. Da $B$, $C$, $D$ Taylorsche Reihen in $\varrho_1$ sind, die samt allen ihren Ableitungen für $\varrho_1 = 0$ verschwinden, so verschwinden sie identisch, w. z. b. w.

1) Leçons sur les systèmes orthogonaux, 1. Bd., S. 312 ff.

Hierauf werde
$$(\omega)_{\varrho_1=0} \equiv \omega_0, \quad \left(\frac{\partial \omega}{\partial \varrho_1}\right)_{\varrho_1=0} \equiv \psi_0$$
und in $B=0$, $D=0$ $\varrho_1$ gleich Null gesetzt, dann lauten diese beiden Gleichungen mit zwei unabhängigen Veränderlichen $\varrho_2$, $\varrho_3$ und zwei unbekannten Funktionen $\omega_0$, $\psi_0$:
$$\frac{\partial^2 \psi_0}{\partial \varrho_2 \partial \varrho_3} = \operatorname{ctg} \omega_0 \cdot \psi_0 \frac{\partial^2 \omega_0}{\partial \varrho_2 \partial \varrho_3} - \operatorname{tg} \omega_0 \frac{\partial \omega_0}{\partial \varrho_2} \frac{\partial \psi_0}{\partial \varrho_3},$$
$$\frac{\partial}{\partial \varrho_2}\left(\frac{1}{\sin \omega_0} \frac{\partial^2 \omega_0}{\partial \varrho_2 \partial \varrho_3}\right) + \frac{1}{R} \frac{\partial}{\partial \varrho_3}\left(\frac{\cos \omega_0}{R}\right) + \frac{\psi_0}{\cos \omega_0} \frac{\partial \psi_0}{\partial \varrho_3} = 0.$$
Auf Grund der allgemeinen Existenztheoreme besitzt dieses System eine allgemeine Lösung mit **fünf** willkürlichen Funktionen einer Veränderlichen. Nun werde nach dem **Cauchy**schen Fundamentalsatze eine solche, vollkommen bestimmte, Lösung von $A=0$ gewählt, daß
$$\omega = \omega_0, \quad \frac{\partial \omega}{\partial \varrho_1} = \psi_0 \text{ für } \varrho_1 = 0$$
ist, dann genügt sie nach dem Obigen auch den Gleichungen (9) für alle Werte der $\varrho$. Daraus schließen wir: **Die aus pseudosphärischen Flächen bestehenden Laméschen Flächenfamilien hängen von fünf willkürlichen Funktionen ab.**

Hinsichtlich der geometrischen Fassung der eins unserer dreifachen Orthogonalsysteme kennzeichnenden Bestimmungsgrößen gilt folgendes:

**Ein solches System ist eindeutig bestimmt, wenn die nachstehenden Bestimmungsgrößen gegeben sind:**

1) **eine pseudosphärische Ausgangsfläche** $\varrho_3 = 0$,

2) **eine Orthogonaltrajektorie** $\varrho_3$ **der Flächenschar,**

3) **das Gesetz, nach dem sich** $R$ **längs dieser Kurve ändert.**

Entwickeln wir nämlich $\omega$ in eine Potenzreihe:
$$\omega = \omega_0 + \omega_1 \varrho_3 + \omega_2 \varrho_3^2 + \cdots,$$
so sind $\omega_0$, $\omega_1$, $\omega_2 \cdots$ Funktionen von $\varrho_1$, $\varrho_2$, von denen die erste gegeben ist und die anderen nacheinander durch die gestellten Bedingungen bestimmt werden.

In dem besonderen Falle: $R = \text{const.}$ endlich hängt das System eigentlich nur von **vier** willkürlichen Funktionen ab.

## § 356. Aus Flächen konstanter positiver Krümmung bestehende Lamésche Flächenfamilien.

Wir wenden uns nun zur Untersuchung von **Lamé**schen Flächenfamilien, die aus Flächen konstanter positiver, im allgemeinen von Fläche zu Fläche veränderlicher, Krümmung $\frac{1}{R^2}$ bestehen. Als ausgeschlossen betrachten wir diejenigen Lösungen des Problems, welche sich für eine beliebige Schar von Kugeln oder Rotationsflächen ergeben. Indem wir wie im voraufgehenden Paragraphen verfahren, können wir z. B. setzen:

$$\frac{1}{H_1 H_3}\frac{\partial H_1}{\partial \varrho_3} = \frac{\operatorname{ctgh}\vartheta}{R}, \quad \frac{1}{H_2 H_3}\frac{\partial H_2}{\partial \varrho_3} = \frac{\operatorname{tgh}\vartheta}{R},$$

wo $\vartheta$ eine Funktion von $\varrho_1, \varrho_2, \varrho_3$ ist. Daraus ergibt sich für das Quadrat des Linienelements der Ausdruck:

$$(10) \qquad ds^2 = \sinh^2\vartheta\, d\varrho_1^2 + \cosh^2\vartheta\, d\varrho_2^2 + R^2\left(\frac{\partial\vartheta}{\partial\varrho_3}\right)^2 d\varrho_3^2,$$

und das System partieller Differentialgleichungen wird durch das folgende ersetzt:

$$(11) \quad \left\{\begin{aligned}
A &\equiv \frac{\partial^2\vartheta}{\partial\varrho_1^2} + \frac{\partial^2\vartheta}{\partial\varrho_2^2} + \frac{\sinh\vartheta\cosh\vartheta}{R^2} = 0,\\
B &\equiv \frac{\partial^3\vartheta}{\partial\varrho_1\partial\varrho_2\partial\varrho_3} - \operatorname{tgh}\vartheta\frac{\partial\vartheta}{\partial\varrho_1}\frac{\partial^2\vartheta}{\partial\varrho_2\partial\varrho_3} - \operatorname{ctgh}\vartheta\frac{\partial\vartheta}{\partial\varrho_2}\frac{\partial^2\vartheta}{\partial\varrho_1\partial\varrho_3} = 0,\\
C &\equiv \frac{\partial}{\partial\varrho_1}\left(\frac{1}{\sinh\vartheta}\frac{\partial^2\vartheta}{\partial\varrho_1\partial\varrho_3}\right) + \frac{1}{R}\frac{\partial}{\partial\varrho_3}\left(\frac{\cosh\vartheta}{R}\right) + \frac{1}{\cosh\vartheta}\frac{\partial\vartheta}{\partial\varrho_2}\frac{\partial^2\vartheta}{\partial\varrho_2\partial\varrho_3} = 0,\\
D &\equiv \frac{\partial}{\partial\varrho_2}\left(\frac{1}{\cosh\vartheta}\frac{\partial^2\vartheta}{\partial\varrho_2\partial\varrho_3}\right) + \frac{1}{R}\frac{\partial}{\partial\varrho_3}\left(\frac{\sinh\vartheta}{R}\right) + \frac{1}{\sinh\vartheta}\frac{\partial\vartheta}{\partial\varrho_1}\frac{\partial^2\vartheta}{\partial\varrho_1\partial\varrho_3} = 0.
\end{aligned}\right.$$

Umgekehrt entspricht jeder Lösung $\vartheta$ dieses Systems ein dreifaches Orthogonalsystem (10) der gesuchten Art. Das System (11) hat dieselben Eigenschaften wie das System (9), von dem es sich analytisch nicht unterscheidet, woraus sich auch in diesem Falle das Vorhandensein Laméscher Flächenfamilien mit fünf willkürlichen Funktionen ergibt.

Aus den Ausdrücken (8), (10) für das Quadrat des Linienelements geht hervor, daß die zweiten Fundamentalformen der Flächen konstanter Krümmung $\varrho_3 =$ const. den Ausdrücken:

$$\sin\omega\cos\omega(d\varrho_1^2 - d\varrho_2^2) \text{ bzw. } \sinh\vartheta\cosh\vartheta(d\varrho_1^2 + d\varrho_2^2)$$

proportional sind. Daraus folgt, daß, wenn auf zwei Flächen konstanter Krümmung einer Laméschen Familie die Schnittpunkte mit ihren Orthogonaltrajektorien als einander entsprechend aufgefaßt werden, bei dieser Zuordnung konjugierte Systeme (Haupttangentenkurven) wieder konjugierten Systemen (Haupttangentenkurven) entsprechen. Also:

Bei jeder aus Flächen konstanter Krümmung bestehenden Laméschen Flächenfamilie bestimmen die Orthogonaltrajektorien der Schar auf den einzelnen Flächen eine Punktzuordnung, bei der konjugierte Systeme (Haupttangentenkurven) wieder konjugierten Systemen (Haupttangentenkurven) entsprechen.

Dies ist eine Eigenschaft, die auch den Scharen von konfokalen Flächen zweiten Grades zukommt. Auch sind, worauf noch hingewiesen sei, bei dem obigen Satze die Kugelscharen keineswegs ausgenommen, denn dann entsprechen bei der obigen Zuordnung Orthogonalsysteme oder, was für die Kugel dasselbe ist, konjugierte Systeme wieder solchen Systemen.

Im Falle einer pseudosphärischen Laméschen Flächenfamilie lassen sich vermittelst des Ansatzes:

$$\varrho_1 - \varrho_2 = 2\alpha, \quad \varrho_1 + \varrho_2 = 2\beta$$

die Haupttangentenkurven als Parameterlinien einführen. Dann geht (8) über in:

$$(8^*) \qquad ds^2 = d\alpha^2 + 2\cos 2\omega\, d\alpha\, d\beta + d\beta^2 + R^2\left(\frac{\partial \omega}{\partial \varrho_3}\right)^2.$$

Hieraus geht wieder hervor, daß auf zwei pseudosphärischen Flächen der Familie die Haupttangentenkurven einander entsprechen und daß ferner entsprechende Bogen von Haupttangentenkurven gleich lang sind.

## § 357. Verschiedene Beispiele.

Bevor wir die Untersuchung unserer dreifachen Orthogonalsysteme fortsetzen, wollen wir einige einfachere Beispiele betrachten.

1) Wir suchen den Gleichungen (9) durch eine von $\varrho_2$ unabhängige Funktion $\omega$ Genüge zu leisten. Dann reduzieren sich diese Gleichungen auf die eine Gleichung:

$$\left(\frac{\partial \omega}{\partial \varrho_1}\right)^2 + \frac{\cos^2 \omega}{R^2} = Const.$$

Integriert wird sie durch elliptische Funktionen mit veränderlichem Modul $k$ vermittelst der Gleichungen:

$$\cos \omega = \operatorname{sn}(\tau, k), \quad \sin \omega = \operatorname{cn}(\tau, k),$$

worin

$$\tau \equiv \frac{\varrho_1}{\lambda} + \psi(\varrho_3), \quad k \equiv \frac{\lambda}{R},$$

$\lambda$ eine willkürliche Konstante und $\psi(\varrho_3)$, $R(\varrho_3)$ willkürliche Funktionen von $\varrho_3$ sind. Die pseudosphärischen Flächen der Schar sind hier Rotationsflächen. Ist $R$ absolut konstant, so sind die pseudosphärischen Flächen $\varrho_3 =$ const. gestaltlich miteinander identisch, d. h. kongruent bei Verschiebung längs der Achse. Die Flächen $\varrho_1 =$ const. sind ebenfalls kongruente Rotationsflächen konstanter positiver Krümmung $\frac{1}{R^2}$.

2) Wir betrachten ein System von $\infty^1$ Dinischen pseudosphärischen Schraubenflächen (S. 476), die dieselbe Achse und dieselbe Traktrix

als Meridiankurve haben, aber hinsichtlich der Ganghöhe und also auch der Krümmung untereinander verschieden sind. Da hier die Kugeln, deren Radius gleich dem von der Asymptote abgeschnittenen konstanten Stück der Traktrixtangente ist und deren Mittelpunkte die Achse erfüllen, die Dinischen Schraubenflächen orthogonal schneiden, so folgt aus dem Darbouxschen Satze, daß die Schar dieser Schraubenflächen eine Laméesche Familie ist. Setzen wir der Einfachheit halber das konstante Tangentenstück gleich Eins, so ergeben sich zur Bestimmung des zugehörigen dreifachen pseudosphärischen Orthogonalsystems unschwer die Gleichungen:

$$\cos\omega = \operatorname{tgh}\tau, \quad \sin\omega = \frac{1}{\cosh\tau}, \tag{12}$$

worin

$$\tau \equiv \varrho_1 + \varrho_2 \operatorname{tgh}\varrho_3 + \psi(\varrho_3), \quad R \equiv \cosh\varrho_3 \tag{12*}$$

ist.

Dieses System, dessen Bestimmungsgleichungen sich unschwer explizite angeben lassen, ist nur ein besonderer Fall von solchen, die eine Schar Enneperscher Flächen konstanter Krümmung enthalten.

Bei jeder solchen Fläche liegt nämlich die eine Schar Krümmungslinien in Ebenen durch eine feste Gerade, die andere auf Kugeln, deren Mittelpunkte diese Gerade erfüllen und welche die Flächen orthogonal schneiden. Daraus folgt:

Jede Ennepersche Fläche konstanter Krümmung erzeugt durch Drehung um die Achse eine Laméesche Flächenfamilie.

## § 358. Bäcklundsche Transformation dreifacher pseudosphärischer Systeme.

Wir stellen uns nun die Aufgabe, nachzuweisen, daß die Transformationstheorie der Flächen konstanter negativer oder positiver Krümmung, wie wir sie in Kap. XVII und XVIII entwickelt haben, nicht nur auf einzelne Flächen, sondern auch insgesamt auf alle Flächen konstanter Krümmung einer Laméeschen Familie zur Ableitung neuer Laméescher Familien angewandt werden kann.

Wir beginnen auch hier mit reellen Bäcklundschen Transformationen, die wir auf pseudosphärische Laméesche Flächenfamilien anwenden. Wir setzen also voraus, es liege ein dreifaches pseudosphärisches Orthogonalsystem vor, in dem das Quadrat des Linienelements des Raumes die Form (8):

$$ds^2 = \cos^2\omega\, d\varrho_1^2 + \sin^2\omega\, d\varrho_2^2 + R^2\left(\frac{\partial\omega}{\partial\varrho_3}\right)^2 d\varrho_3^2$$

annimmt, wo die Funktion $\omega$ den Gleichungen (9) genügt. Auf jede pseudosphärische Fläche $\varrho_3 = \text{const.}$ wenden wir eine einfache Bäcklundsche Transformation an (Kap. XVII). Wir bezeichnen mit $k$ die konstante Entfernung der Brennpunkte in der zugehörigen pseudosphärischen Kongruenz, mit $\sigma$ das Komplement des Neigungswinkels der Brennebenen, so daß

$$k = R \cos \sigma \tag{13}$$

ist, wo $k$, $\sigma$, $R$ Funktionen von $\varrho_3$ sind, und ferner mit $\omega_1$ den Neigungswinkel des Kongruenzstrahls gegen die Krümmungslinien $\varrho_2 = \text{const.}$ Die Gleichungen (17), S. 459, lauten in den neuen Bezeichnungen[1]:

$$\left\{\begin{aligned} \frac{\partial \omega_1}{\partial \varrho_1} + \frac{\partial \omega}{\partial \varrho_2} &= \frac{\cos\omega \sin\omega_1 + \sin\sigma \sin\omega \cos\omega_1}{k}, \\ \frac{\partial \omega_1}{\partial \varrho_2} + \frac{\partial \omega}{\partial \varrho_1} &= -\frac{\sin\omega \cos\omega_1 + \sin\sigma \cos\omega \sin\omega_1}{k}. \end{aligned}\right. \tag{14}$$

Wir nehmen nun eine bestimmte Funktion $\omega_1(\varrho_1, \varrho_2, \varrho_3)$, die diesen Gleichungen (14) genügt, und fragen: Welchen weiteren Bedingungen müssen wir $\omega_1$ unterwerfen, damit die $\infty^1$ transformierten pseudosphärischen Flächen die neuen Kurven $\varrho_3$ als Orthogonaltrajektorien haben? Da in diesem Falle die Bäcklundsche Transformation Krümmungslinien wieder in Krümmungslinien überführt, so gehören die abgeleiteten pseudosphärischen Flächen wieder einem dreifachen Orthogonalsystem an. Die gestellte Bedingung hat zunächst zur Folge, daß die Strecke $k$ absolut konstant sein muß, denn eine Parameterkurve $\varrho_3$ und ihre Transformierte müssen eben Orthogonaltrajektorien der Strecken $k$ sein, die entsprechende Punkte auf ihnen verbinden.

## § 359. Totale Differentialgleichung für die Funktion $\omega_1$.

Es seien $x, y, z$ die Koordinaten eines Raumpunktes, bezogen auf das ursprüngliche dreifache System, $x_1$, $y_1$, $z_1$ die des Punktes, der aus ihm durch die Transformation hervorgeht. Dann haben wir (S. 459):

$$\left\{\begin{aligned} x_1 &= x + k(\cos\omega_1 X_1 + \sin\omega_1 X_2), \\ y_1 &= y + k(\cos\omega_1 Y_1 + \sin\omega_1 Y_2), \\ z_1 &= z + k(\cos\omega_1 Z_1 + \sin\omega_1 Z_2), \end{aligned}\right. \tag{15}$$

---

1) In den angeführten Gleichungen sind $\vartheta$, $\vartheta_1$ durch $\omega$ bzw. $\omega_1$ und $u$, $v$ durch $\frac{\varrho_1}{R}$ bzw. $\frac{\varrho_2}{R}$ zu ersetzen.

wo $X_1, Y_1, Z_1; X_2, Y_2, Z_2$ die Richtungskosinus der Tangenten der Parameterlinien $\varrho_1$ und $\varrho_2$ sind. Aus den allgemeinen Gleichungen (10), S. 634, erhalten wir im vorliegenden Falle:

$$
\begin{cases}
\dfrac{\partial X_1}{\partial \varrho_1} = \dfrac{\partial \omega}{\partial \varrho_2} X_2 + \dfrac{\sin \omega}{R} X_3, & \dfrac{\partial X_1}{\partial \varrho_2} = \dfrac{\partial \omega}{\partial \varrho_1} X_2, \qquad \dfrac{\partial X_1}{\partial \varrho_3} = \dfrac{R}{\cos \omega} \dfrac{\partial^2 \omega}{\partial \varrho_1 \partial \varrho_3} X_3, \\
\dfrac{\partial X_2}{\partial \varrho_1} = -\dfrac{\partial \omega}{\partial \varrho_2} X_1, & \dfrac{\partial X_2}{\partial \varrho_2} = -\dfrac{\partial \omega}{\partial \varrho_1} X_1 - \dfrac{\cos \omega}{R} X_3, \qquad \dfrac{\partial X_2}{\partial \varrho_3} = \dfrac{R}{\sin \omega} \dfrac{\partial^2 \omega}{\partial \varrho_2 \partial \varrho_3} X_3 \text{ usw.}
\end{cases}
$$

Hiernach finden wir durch Differentiation von (15) und unter Berücksichtigung von (14):

$$
(17)\quad
\begin{cases}
\dfrac{1}{\cos \omega_1} \dfrac{\partial x_1}{\partial \varrho_1} = (\cos \omega \cos \omega_1 - \sin \sigma \sin \omega \sin \omega_1) X_1 + \\
\qquad + (\cos \omega \sin \omega_1 + \sin \sigma \sin \omega \cos \omega_1) X_2 + \cos \sigma \sin \omega X_3, \\
\dfrac{1}{\sin \omega_1} \dfrac{\partial x_1}{\partial \varrho_2} = (\sin \omega \cos \omega_1 + \sin \sigma \cos \omega \sin \omega_1) X_1 + \\
\qquad + (\sin \omega \sin \omega_1 - \sin \sigma \cos \omega \cos \omega_1) X_2 - \cos \sigma \cos \omega X_3, \\
\dfrac{\partial x_1}{\partial \varrho_3} = -k \sin \omega_1 \dfrac{\partial \omega_1}{\partial \varrho_3} X_1 + k \cos \omega_1 \dfrac{\partial \omega_1}{\partial \varrho_3} X_2 + \\
\qquad + R\left(\dfrac{k \cos \omega_1}{\cos \omega} \dfrac{\partial^2 \omega}{\partial \varrho_1 \partial \varrho_3} + \dfrac{k \sin \omega_1}{\sin \omega} \dfrac{\partial^2 \omega}{\partial \varrho_2 \partial \varrho_3} + \dfrac{\partial \omega}{\partial \varrho_3}\right) X_3,
\end{cases}
$$

dazu analoge Gleichungen in $y_1$ und $z_1$. Aus ihnen folgt:

$$\sum \frac{\partial x_1}{\partial \varrho_1} \frac{\partial x_1}{\partial \varrho_2} = 0,$$

$$\sum \frac{\partial x_1}{\partial \varrho_1} \frac{\partial x_1}{\partial \varrho_3} =$$

$$= k \sin \omega \cos \omega_1 \left(\sin \sigma \frac{\partial \omega_1}{\partial \varrho_3} + \frac{k \cos \omega_1}{\cos \omega} \frac{\partial^2 \omega}{\partial \varrho_1 \partial \varrho_3} + \frac{k \sin \omega_1}{\sin \omega} \frac{\partial^2 \omega}{\partial \varrho_2 \partial \varrho_3} + \frac{\partial \omega}{\partial \varrho_3}\right),$$

$$\sum \frac{\partial x_1}{\partial \varrho_2} \frac{\partial x_1}{\partial \varrho_3} =$$

$$= -k \cos \omega \sin \omega_1 \left(\sin \sigma \frac{\partial \omega_1}{\partial \varrho_3} + \frac{k \cos \omega_1}{\cos \omega} \frac{\partial^2 \omega}{\partial \varrho_1 \partial \varrho_3} + \frac{k \sin \omega_1}{\sin \omega} \frac{\partial^2 \omega}{\partial \varrho_2 \partial \varrho_3} + \frac{\partial \omega}{\partial \varrho_3}\right).$$

Damit die neuen Kurven $\varrho_3$ Orthogonaltrajektorien der transformierten pseudosphärischen Flächen seien, hat und braucht $\omega_1$ nur der weiteren Bedingung zu genügen:

$$(18)\qquad \sin \sigma \frac{\partial \omega_1}{\partial \varrho_3} + \frac{k \cos \omega_1}{\cos \omega} \frac{\partial^2 \omega}{\partial \varrho_1 \partial \varrho_3} + \frac{k \sin \omega_1}{\sin \omega} \frac{\partial^2 \omega}{\partial \varrho_2 \partial \varrho_3} + \frac{\partial \omega}{\partial \varrho_3} = 0.$$

Nehmen wir für den Augenblick an, daß dies möglich sei, so ergibt sich aus (17) für das Quadrat des Linienelements des Raumes unter Zugrundelegung des transformierten dreifachen Systems unschwer der Ausdruck:

$$(19)\quad ds_1^2 \equiv dx_1^2 + dy_1^2 + dz_1^2 = \cos^2 \omega_1 d\varrho_1^2 + \sin^2 \omega_1 d\varrho_2^2 + R^2 \left(\frac{\partial \omega_1}{\partial \varrho_3}\right)^2 d\varrho_3^2,$$

der dieselbe Form wie (8) hat, nur daß der Winkel $\omega$ durch den Winkel $\omega_1$ ersetzt ist.

Alles kommt somit auf den Nachweis hinaus, daß die unbekannte Funktion $\omega_1$ so bestimmt werden kann, daß sie den Gleichungen (14) und (18) zusammen oder der folgenden totalen Differentialgleichung genügt:

$$
\text{(I)} \quad d\omega_1 = \left(\frac{\cos\omega\sin\omega_1 + \sin\sigma\sin\omega\cos\omega_1}{k} - \frac{\partial\omega}{\partial\varrho_2}\right)d\varrho_1 -
$$
$$
- \left(\frac{\sin\omega\cos\omega_1 + \sin\sigma\cos\omega\sin\omega_1}{k} + \frac{\partial\omega}{\partial\varrho_1}\right)d\varrho_2 -
$$
$$
- \frac{1}{\sin\sigma}\left(\frac{k\cos\omega_1}{\cos\omega}\frac{\partial^2\omega}{\partial\varrho_1\partial\varrho_3} + \frac{k\sin\omega_1}{\sin\omega}\frac{\partial^2\omega}{\partial\varrho_2\partial\varrho_3} + \frac{\partial\omega}{\partial\varrho_3}\right)d\varrho_3.
$$

Setzen wir die drei Integrabilitätsbedingungen für diese Gleichung an, unter Berücksichtigung der Gleichungen (9), denen $\omega$ genügt, und der Beziehung:

$$
\cos\sigma = \frac{k}{R},
$$

so finden wir, daß sie identisch erfüllt sind. (I) ist somit unbeschränkt integrierbar und besitzt für einen festen Wert der Konstanten $k$ eine allgemeine, mit einer willkürlichen Konstanten behaftete Lösung. Diese Konstante wird dadurch bestimmt, daß wir die Bäcklundsche Transformierte einer pseudosphärischen Ausgangsfläche, d. h. die Richtung einer der Strecken $k$ fest annehmen, die übrigens willkürlich, wofern nur normal zur Parameterlinie $\varrho_3$, gegeben werden kann. Also:

Auf jede Lamésche Flächenfamilie konstanter Krümmung kann, wie auf einzelne Flächen, die Bäcklundsche Transformation angewandt werden. Zur Bestimmung der transformierten Fächenfamilie genügt die Angabe der Transformierten von einer Fläche der Familie, wobei übrigens diese Transformierte willkürlich gewählt werden kann. Auf diese Weise ergeben sich aus einer jeden solchen bekannten Laméschen Flächenfamilie durch Bäcklundsche Transformation $\infty^2$ neue transformierte Flächenfamilien.

Die Bestimmung der transformierten Flächenfamilien hängt von der Integration der totalen Differentialgleichung (I) ab, die für die Unbekannte

$$
\Lambda \equiv \operatorname{tg}\frac{\omega_1}{2}
$$

die Riccatische Form annimmt. Wir brauchen demnach nur eine transformierte Flächenfamilie zu kennen und erhalten dann alle übrigen durch Quadraturen. Auch kann dann lediglich mittels Quadraturen die Bäcklundsche Tranformation auf die neuen Flächenfamilien unbeschränkt angewandt werden.

## § 360. Vertauschbarkeitssatz.

Wie für einzelne Flächen konstanter Krümmung, so kann auch für Lamésche Familien von solchen Flächen die geschilderte Transformationsmethode wesentlich vereinfacht werden, und zwar auf Grund des Vertauchbarkeitssatzes, der, wie wir nun sehen werden, auch auf Lamésche Flächenfamilien anwendbar ist.

Um ihn zu beweisen, verstehen wir (unter geringfügiger Änderung der Bezeichnungen in Kap. XVII) symbolisch unter $B_k$ die auf eine pseudosphärische Lamésche Flächenfamilie $(\Sigma)$ angewandte Bäcklundsche Transformation, wenn $k$ der konstante Brennpunktsabstand ist. Wir beweisen nun die Gültigkeit des Vertauschbarkeitssatzes:

Sind $(\Sigma_1)$, $(\Sigma_2)$ zwei pseudosphärische Lamésche Flächenfamilien, die mit ein und derselben Familie $(\Sigma)$ durch zwei Bäcklundsche Transformationen $B_{k_1}$ bzw. $B_{k_2}$ mit verschiedenen Konstanten $k_1, k_2$ verknüpft sind, so gibt es eine vierte, vollkommen bestimmte, pseudosphärische Flächenfamilie $(\Sigma')$, die mit $(\Sigma_1)$ und $(\Sigma_2)$ durch zwei Bäcklundsche Transformationen $B'_{k_2}$ bzw. $B'_{k_1}$ mit vertauschten Konstanten $k_2$, $k_1$ verknüpft ist.

Es seien nämlich $\Sigma$, $\Sigma_1$, $\Sigma_2$ drei entsprechende pseudosphärische Flächen in den drei Systemen $(\Sigma)$, $(\Sigma_1)$, $(\Sigma_2)$. Nach dem Vertauschbarkeitssatze (§ 260, S. 466) gibt es eine vierte, vollkommen bestimmte und in endlichen Ausdrücken ableitbare, pseudosphärische Fläche $\Sigma'$, die mit $\Sigma_1$ und $\Sigma_2$ durch zwei Transformationen $B'_{k_2}$ bzw. $B'_{k_1}$ verknüpft ist. Wir müssen nur nachweisen, daß $\Sigma'$ eine Lamésche Familie $(\Sigma')$ erzeugt. Sind nun $P$, $P_1$, $P_2$, $P'$ vier entsprechende Punkte auf $\Sigma$, $\Sigma_1$, $\Sigma_2$, $\Sigma'$ und lassen wir $P$ eine von den Orthogonaltrajektorien $C$ der Familie $(\Sigma)$ beschreiben, so beschreiben die Punkte $P_1$, $P_2$, wie wir vorhin eingesehen haben, zwei Orthogonaltrajektorien der Familien $(\Sigma_1)$ bzw. $(\Sigma_2)$. $C'$ sei die vierte, von $P'$ beschriebene Kurve. Da die Strecken $P_1P' = k_2$, $P_2P' = k_1$ konstant und zu $C_1$ bzw. $C_2$ normal sind, so folgt daraus, daß sie auch zu $C'$ in $P'$ normal sind. Diese beiden Strecken liegen aber in der Tangentialebene an $\Sigma'$ in $P'$, und daraus folgt, daß die Kurven $C'$ Orthogonaltrajektorien der Familie $(\Sigma')$ sind. Da andrerseits bei der Bäcklundschen Transformation die Krümmungslinien Krümmungslinien bleiben, so bestimmen die Kurven $C'$ auf den Flächen $\Sigma'$ eine Korrespondenz, bei der den Krümmungslinien wieder Krümmunglinien entsprechen; die Flächenfamilie $(\Sigma')$ ist somit eine Lamésche Familie, w. z. b. w.

Sind die drei dreifachen pseudosphärischen Orthogonalsysteme $(\Sigma)$, $(\Sigma_1)$, $(\Sigma_2)$ bekannt, und zwar definiert durch die Gleichungen:

$$ds^2 = \cos^2\omega\, d\varrho_1^2 + \sin^2\omega\, d\varrho_2^2 + R^2\left(\frac{\partial\omega}{\partial\varrho_3}\right)^2 d\varrho_3^2,$$

$$ds_1^2 = \cos^2\omega_1\, d\varrho_1^2 + \sin^2\omega_1\, d\varrho_2^2 + R^2\left(\frac{\partial\omega_1}{\partial\varrho_3}\right)^2 d\varrho_3^2,$$

$$ds_2^2 = \cos^2\omega_2\, d\varrho_1^2 + \sin^2\omega_2\, d\varrho_2^2 + R^2\left(\frac{\partial\omega_2}{\partial\varrho_3}\right)^2 d\varrho_3^2,$$

so ergibt sich das vierte System $(\Sigma')$ des Vertauschbarkeitssatzes aus den Gleichungen in § 260 für einzelne pseudosphärische Flächen. Insbesondere ergibt sich:

$$ds'^2 = \cos^2\omega'\, d\varrho_1^2 + \sin^2\omega'\, d\varrho_2^2 + R^2\left(\frac{\partial\omega'}{\partial\varrho_3}\right)^2 d\varrho_3^2,$$

wo $\omega'$ aus der Gleichung $(C)$, S. 470:

$$\operatorname{tg}\frac{\omega'-\omega}{2} = \frac{\cos\frac{\sigma_1+\sigma_2}{2}}{\sin\frac{\sigma_1-\sigma_2}{2}}\operatorname{tg}\frac{\omega_1-\omega_2}{2} \tag{20}$$

für

$$\cos\sigma_1 = \frac{k_1}{R}, \quad \cos\sigma_2 = \frac{k_2}{R}$$

zu berechnen ist.

Stellen wir dieselben Überlegungen wie in § 262 an, so erhalten wir auch hier für die Laméschen Flächenfamilien die wichtige Folgerung:

Kennen wir von einer pseudosphärischen Laméschen Flächenfamilie alle $\infty^2$ abgeleiteten Bäcklundschen Familien, so können wir für jede von diesen und somit auch für alle weiteren abgeleiteten Flächenfamilien die transformierten Familien lediglich durch algebraische Operationen und Differentiationen bestimmen.

Den Bedingungen des soeben ausgesprochenen Satzes genügen z. B. die aus Dinischen Schraubenflächen (§ 357) bestehenden Laméschen Familien. Das weisen wir in sehr einfacher Weise folgendermaßen nach: Das System von Differentialgleichungen (9), S. 678, besitzt die selbstverständliche Lösung: $\omega = 0$. Wenden wir auf sie die Transformation $B_k$ an, so sehen wir, daß $\omega_1$ nur den beiden Gleichungen (14), S. 684, zu genügen braucht. Sie lauten jetzt:

$$\frac{\partial\omega_1}{\partial\varrho_1} = \frac{\sin\omega_1}{k}, \quad \frac{\partial\omega_1}{\partial\varrho_2} = -\frac{\sin\sigma\sin\omega_1}{k}$$

und ergeben integriert:

$$\operatorname{tg}\frac{\omega_1}{2} = e^{\frac{\varrho_1-\varrho_2\sin\sigma}{k}+\Psi(\varrho_3)},$$

wo $\Psi$ eine willkürliche Funktion von $\varrho_3$ ist. Setzen wir hierin:

$$k = 1, \quad \sin\sigma = -\operatorname{tgh}\varrho_3,$$

so erhalten wir gerade die durch (12), (12*), S. 683, definierte Familie Dinischer Schraubenflächen.

## § 361. Transformationen der Laméschen Flächenfamilien konstanter positiver Krümmung.

Mit dem Vertauschbarkeitssatze, den wir auf obige Weise für die auf Lamésche Flächenfamilien angewandten Bäcklundschen Transformationen bewiesen haben, gelten auch alle seine Folgerungen, insbesondere diejenigen, die wir in § 260 ff. hinsichtlich der Zusammensetzung von konjugiert imaginären Bäcklundschen Transformationen zu reellen Transformationen gezogen haben. Wir beschränken uns hier auf den interessantesten Fall, nämlich auf den von Laméschen Flächenfamilien konstanter positiver Krümmung, da uns eben in diesem Falle zur Bildung reeller Transformationen kein anderes Mittel als die Zusammensetzung von konjugiert imaginären Transformationen zu Gebote steht.

Wir wählen ein den Gleichungen (10), (11), S. 681, entsprechendes dreifaches Orthogonalsystem von Flächen konstanter positiver Krümmung und setzen zunächst die bezüglichen Fundamentalgleichungen an:

$$\tag*{)}\left\{\begin{aligned}
&\frac{\partial x}{\partial\varrho_1} = \sinh\vartheta\, X_1, && \frac{\partial x}{\partial\varrho_2} = \cosh\vartheta\, X_2, && \frac{\partial x}{\partial\varrho_3} = R\frac{\partial\vartheta}{\partial\varrho_3} X_3,\\
&\frac{\partial X_1}{\partial\varrho_1} = -\frac{\partial\vartheta}{\partial\varrho_2} X_2 - \frac{\cosh\vartheta}{R} X_3, && \frac{\partial X_1}{\partial\varrho_2} = \frac{\partial\vartheta}{\partial\varrho_1} X_2, && \frac{\partial X_1}{\partial\varrho_3} = \frac{R}{\sinh\vartheta}\frac{\partial^2\vartheta}{\partial\varrho_1\partial\varrho_3} X_3,\\
&\frac{\partial X_2}{\partial\varrho_1} = \frac{\partial\vartheta}{\partial\varrho_2} X_1, && \frac{\partial X_2}{\partial\varrho_2} = -\frac{\partial\vartheta}{\partial\varrho_1} X_1 - \frac{\sinh\vartheta}{R} X_3, && \frac{\partial X_2}{\partial\varrho_3} = \frac{R}{\cosh\vartheta}\frac{\partial^2\vartheta}{\partial\varrho_2\partial\varrho_3} X_3.
\end{aligned}\right.$$

Dann setzen wir vor allem die Gleichungen für eine (imaginäre) Bäcklundsche Elementartransformation $B_k$ für dieses System an. Sie ergeben sich unmittelbar aus den Gleichungen in §§ 358, 359 für pseudosphärische Systeme durch dasselbe Verfahren, dessen wir uns in § 272 für die einzelnen Biegungsflächen der Kugel bedient haben. Auf diese Weise finden wir, daß wir von dem durch

$$ds^2 = \sinh^2\vartheta\, d\varrho_1^2 + \cosh^2\vartheta\, d\varrho_2^2 + R^2\left(\frac{\partial\vartheta}{\partial\varrho_3}\right)^2 d\varrho_3^2$$

definierten System $(\Sigma)$ zu einem dem Linienelementquadrat

$$ds_1^2 = \sinh^2\vartheta_1\, d\varrho_1^2 + \cosh^2\vartheta_1\, d\varrho_2^2 + R^2\left(\frac{\partial\vartheta_1}{\partial\varrho_3}\right)^2 d\varrho_3^2$$

entsprechenden transformierten System $(\Sigma_1)$ mittels folgender Gleichungen gelangen:

$$x_1 = x - R\,\frac{\sinh\vartheta_1 X_1 + i\cosh\vartheta_1 X_2}{\cosh\sigma} \quad \text{usw.,} \tag{22}$$

wo

$$\cosh\sigma = \frac{R}{k} \quad (k = \text{Const.}) \tag{23}$$

und $\vartheta_1$ eine Lösung des nachstehenden unbeschränkt integrierbaren Systems ist:

$$\left\{\begin{aligned} &\frac{\partial\vartheta_1}{\partial\varrho_1} + i\frac{\partial\vartheta}{\partial\varrho_2} = \frac{\sinh\sigma\cosh\vartheta\sinh\vartheta_1 + \cosh\sigma\sinh\vartheta\cosh\vartheta_1}{R},\\ &i\frac{\partial\vartheta_1}{\partial\varrho_2} + \frac{\partial\vartheta}{\partial\varrho_1} = -\frac{\cosh\sigma\cosh\vartheta\sinh\vartheta_1 + \sinh\sigma\sinh\vartheta\cosh\vartheta_1}{R},\\ &\sinh\sigma\frac{\partial\vartheta_1}{\partial\varrho_3} = \frac{R}{\sinh\vartheta}\frac{\partial^2\vartheta}{\partial\varrho_1\partial\varrho_3}\sinh\vartheta_1 + \frac{iR}{\cosh\vartheta}\frac{\partial^2\vartheta}{\partial\varrho_2\partial\varrho_3}\cosh\vartheta_1 - \cosh\sigma\frac{\partial\vartheta}{\partial\varrho_3}. \end{aligned}\right. \tag{24}$$

Nun brauchen wir nur dieselben Überlegungen wie in § 273 anzustellen, um auch hier zwei konjugiert imaginäre Transformationen zu einer reellen zusammenzusetzen. Wählen wir als $k_1$ eine beliebige komplexe Konstante, sei $\sigma_1$ der entsprechende, aus (23) sich ergebende Wert von $\sigma$, $\vartheta_1$ eine Lösung des Systems (24), und nehmen wir weiter:

$$k_2 = \bar{k}_1, \quad \sigma_2 = -\bar{\sigma}_1, \quad \vartheta_2 = \pi i - \bar{\vartheta}_1$$

an, so genügen wir den Gleichungen (24), sobald in ihnen $\sigma_1$, $\vartheta_1$ durch $\sigma_2$ bzw. $\vartheta_2$ ersetzt werden. Die Laméschen Flächenfamilien $(\Sigma_1)$, $(\Sigma_2)$ sind dann konjugiert imaginär, und die vierte Flächenfamilie $(\Sigma')$ des Vertauschbarkeitssatzes, die durch die Gleichungen (13), S. 495, bestimmt ist, fällt reell aus.

## § 362. Weingartensche Systeme.

Bisher haben wir den allgemeinen Fall betrachtet, in welchem die Flächen der Laméschen Familie, einzeln ins Auge gefaßt, konstante Krümmung haben, diese Krümmung $K$ aber sich mit jeder Fläche der Familie ändert. Nun wollen wir uns mit dem bemerkenswerten besonderen Falle beschäftigen, in welchem die Krümmung $K$ absolut konstant ist. Derartige dreifache Orthogonalsysteme bezeichnen wir als Weingartensche Systeme, da Weingarten zuerst ihr Vorhandensein erkannt hat, indem er auf die Möglichkeit des Überganges von einer Fläche konstanter Krümmung zu einer unendlich nahe benachbarten Fläche derselben Krümmung hinwies, und zwar eines solchen Überganges, daß der unendlich kleine normale Abstand zwischen den beiden Flächen eine Lösung der Cayleyschen Gleichung ist.

Um die besonderen Eigenschaften der Weingartenschen Systeme festzustellen, setzen wir der Einfachheit halber $K$ gleich $\pm$ Eins. Zunächst behandeln wir die pseudosphärischen Systeme: $K = -1$, setzen demnach in (9), S. 678, $R$ gleich Eins und erhalten so das folgende Gleichungensystem:

$$(25)\quad \begin{cases} \dfrac{\partial^2\omega}{\partial\varrho_1^2}-\dfrac{\partial^2\omega}{\partial\varrho_2^2}=\sin\omega\cos\omega,\\[2mm] \dfrac{\partial^3\omega}{\partial\varrho_1\partial\varrho_2\partial\varrho_3}=\operatorname{ctg}\omega\dfrac{\partial\omega}{\partial\varrho_1}\dfrac{\partial^2\omega}{\partial\varrho_2\partial\varrho_3}-\operatorname{tg}\omega\dfrac{\partial\omega}{\partial\varrho_2}\dfrac{\partial^2\omega}{\partial\varrho_1\partial\varrho_3},\\[2mm] \dfrac{\partial}{\partial\varrho_1}\left(\dfrac{1}{\cos\omega}\dfrac{\partial^2\omega}{\partial\varrho_1\partial\varrho_3}\right)=\cos\omega\dfrac{\partial\omega}{\partial\varrho_3}+\dfrac{1}{\sin\omega}\dfrac{\partial^2\omega}{\partial\varrho_2\partial\varrho_3}\dfrac{\partial\omega}{\partial\varrho_2},\\[2mm] \dfrac{\partial}{\partial\varrho_2}\left(\dfrac{1}{\sin\omega}\dfrac{\partial^2\omega}{\partial\varrho_2\partial\varrho_3}\right)=\sin\omega\dfrac{\partial\omega}{\partial\varrho_3}-\dfrac{1}{\cos\omega}\dfrac{\partial^2\omega}{\partial\varrho_1\partial\varrho_3}\dfrac{\partial\omega}{\partial\varrho_1}.\end{cases}$$

Auch schreiben wir zur bequemeren Durchführung der späteren Rechnungen $(25_2)$ in den folgenden beiden äquivalenten Formen:

$$(25^*)\quad \begin{cases} \dfrac{\partial}{\partial\varrho_1}\left(\dfrac{1}{\sin\omega}\dfrac{\partial^2\omega}{\partial\varrho_2\partial\varrho_3}\right)=-\dfrac{1}{\cos\omega}\dfrac{\partial^2\omega}{\partial\varrho_1\partial\varrho_3}\dfrac{\partial\omega}{\partial\varrho_2},\\[2mm] \dfrac{\partial}{\partial\varrho_2}\left(\dfrac{1}{\cos\omega}\dfrac{\partial^2\omega}{\partial\varrho_1\partial\varrho_3}\right)=\dfrac{1}{\sin\omega}\dfrac{\partial^2\omega}{\partial\varrho_2\partial\varrho_3}\dfrac{\partial\omega}{\partial\varrho_1}.\end{cases}$$

Das Quadrat des Linienelements des Raumes hat unter Zugrundelegung des **Weingartenschen** Systems die Form:

$$(26)\qquad ds^2=\cos^2\omega\, d\varrho_1^2+\sin^2\omega\, d\varrho_2^2+\left(\frac{\partial\omega}{\partial\varrho_3}\right)^2 d\varrho_3^2.$$

Wir setzen für den Augenblick:

$$\Delta\equiv\left(\frac{1}{\cos\omega}\frac{\partial^2\omega}{\partial\varrho_1\partial\varrho_3}\right)^2+\left(\frac{1}{\sin\omega}\frac{\partial^2\omega}{\partial\varrho_2\partial\varrho_3}\right)^2-\left(\frac{\partial\omega}{\partial\varrho_3}\right)^2$$

und berücksichtigen, daß aus (25), (25*) folgt:

$$\frac{\partial\Delta}{\partial\varrho_1}=0,\quad \frac{\partial\Delta}{\partial\varrho_2}=0;$$

infolgedessen hängt $\Delta\equiv F(\varrho_3)$ nur von $\varrho_3$ ab. Dadurch, daß $\varrho_3$ durch eine geeignete Funktion von $\varrho_3$ ersetzt wird, was den Ausdruck (26) für das Linienelement nicht beeinflußt, kann $F(\varrho_3)$ gleich einer Konstanten $c$ gemacht werden, und der Wert dieser Konstanten kann unbeschadet der Allgemeinheit um einen positiven Faktor geändert werden. Auf diese Weise ziehen die Grundgleichungen (25) bei passender Verfügung über den Parameter $\varrho_3$ die folgenden beiden Differentialgleichungen zweiter Ordnung nach sich:

$$(\mathrm{A})\quad \begin{cases} \dfrac{\partial^2\omega}{\partial\varrho_1^2}-\dfrac{\partial^2\omega}{\partial\varrho_2^2}=\sin\omega\cos\omega,\\[2mm] \left(\dfrac{1}{\cos\omega}\dfrac{\partial^2\omega}{\partial\varrho_1\partial\varrho_3}\right)^2+\left(\dfrac{1}{\sin\omega}\dfrac{\partial^2\omega}{\partial\varrho_2\partial\varrho_3}\right)^2-\left(\dfrac{\partial\omega}{\partial\varrho_3}\right)^2=C\quad (C\ \text{konstant}).\end{cases}$$

Umgekehrt aber läßt sich unschwer nachweisen, daß aus (A) die Gleichungen (25) folgen, so daß die Gleichungen (A) als die charakteristischen Gleichungen für Weingartensche Systeme angesehen werden können. Setzen wir nämlich:

$$M \equiv \frac{1}{\cos\omega}\frac{\partial^2\omega}{\partial\varrho_1\partial\varrho_3}, \quad N \equiv \frac{1}{\sin\omega}\frac{\partial^2\omega}{\partial\varrho_2\partial\varrho_3},$$

differenzieren wir ($A_1$) nach $\varrho_3$, ($A_2$) zuerst nach $\varrho_1$, dann nach $\varrho_2$, und lösen wir die so erhaltenen drei Gleichungen, zusammen mit der vierten:

$$\frac{\partial(M\cos\omega)}{\partial\varrho_2} = \frac{\partial(N\sin\omega)}{\partial\varrho_1},$$

nach den Ableitungen $\frac{\partial M}{\partial\varrho_1}, \frac{\partial M}{\partial\varrho_2}, \frac{\partial N}{\partial\varrho_1}, \frac{\partial N}{\partial\varrho_2}$ auf, so ergeben sich genau die Gleichungen (25), (25*). Ein Ausnahmefall würde dann eintreten, wenn die Determinante:

$$\begin{vmatrix} \cos\omega & 0 & 0 & -\sin\omega \\ 0 & \cos\omega & -\sin\omega & 0 \\ M & 0 & N & 0 \\ 0 & M & 0 & N \end{vmatrix} = N^2\cos^2\omega - M^2\sin^2\omega$$

gleich Null wäre. Aber dann würde folgen:

$$\frac{\partial^2\omega}{\partial\varrho_1\partial\varrho_3} = \varepsilon\cos^2\omega\sqrt{C + \left(\frac{\partial\omega}{\partial\varrho_3}\right)^2} \quad (\varepsilon = \pm 1),$$

$$\frac{\partial^2\omega}{\partial\varrho_2\partial\varrho_3} = \varepsilon'\sin^2\omega\sqrt{C + \left(\frac{\partial\omega}{\partial\varrho_3}\right)^2} \quad (\varepsilon' = \pm 1).$$

Würde dann die erste dieser Gleichungen nach $\varrho_2$, die zweite nach $\varrho_1$ differenziert, so ergäbe sich:

$$\frac{\partial\omega}{\partial\varrho_1} = \pm\frac{\partial\omega}{\partial\varrho_2}, \quad \text{also} \quad \left(\frac{\partial\omega}{\partial\varrho_1}\right)^2 = \left(\frac{\partial\omega}{\partial\varrho_2}\right)^2,$$

und dies widerspricht der Gleichung ($A_1$).

In ganz analoger Weise erledigt sich der Fall Weingartenscher Systeme positiver Krümmung. Dann hat das Quadrat des Linienelements des Raumes die Form (S. 681):

$$(27) \qquad ds^2 = \sinh^2\vartheta\, d\varrho_1^2 + \cosh^2\vartheta\, d\varrho_2^2 + \left(\frac{\partial\vartheta}{\partial\varrho_3}\right)^2 d\varrho_3^2,$$

wo $\vartheta$ den Gleichungen (11), S. 681, für $R = 1$ genügt. Infolge dieser Gleichungen hängt der Ausdruck:

$$\left(\frac{1}{\sinh\vartheta}\frac{\partial^2\vartheta}{\partial\varrho_1\partial\varrho_3}\right)^2 + \left(\frac{1}{\cosh\vartheta}\frac{\partial^2\vartheta}{\partial\varrho_2\partial\varrho_3}\right)^2 + \left(\frac{\partial\vartheta}{\partial\varrho_3}\right)^2$$

nur vom Parameter $\varrho_3$ ab und kann durch passende Änderung von $\varrho_3$ ebenfalls gleich Eins gemacht werden. Demnach muß $\vartheta$ dem folgenden Gleichungensystem genügen:

$$(\mathrm{B})\quad \begin{cases} \dfrac{\partial^2\vartheta}{\partial\varrho_1^2}+\dfrac{\partial^2\vartheta}{\partial\varrho_2^2}+\sinh\vartheta\cosh\vartheta=0, \\ \left(\dfrac{1}{\sinh\vartheta}\dfrac{\partial^2\vartheta}{\partial\varrho_1\partial\varrho_3}\right)^2+\left(\dfrac{1}{\cosh\vartheta}\dfrac{\partial^2\vartheta}{\partial\varrho_2\partial\varrho_3}\right)^2+\left(\dfrac{\partial\vartheta}{\partial\varrho_3}\right)^2=1, \end{cases}$$

und dieses System charakterisiert die Weingartenschen Systeme positiver Krümmung $K=+1$ vollständig.

## § 363. Äquidistanzkurven in Weingartenschen Systemen.

In einem Weingartenschen System mögen eine beliebige Fläche $\varrho_3=$ Const. aus der Schar konstanter Krümmung und auf ihr die Äquidistanzkurven: $H_3=$ Const., d. h. diejenigen Kurven betrachtet werden, längs deren der unendlich kleine Normalenabstand $\varepsilon n$ bis zur nächstfolgenden Fläche konstant ist (vgl. S. 640). Dann gilt, wie wir beweisen wollen, der Satz:

In jedem Weingartenschen System sind die Äquidistanzkurven auf den Flächen konstanter Krümmung parallele geodätische Kreise.

Zunächst werde der Fall eines pseudosphärischen Systems behandelt, das der Form (26) für $ds^2$ entspricht. Dann ist $n$ gleich $\frac{\partial\omega}{\partial\varrho_3}$, und $(A_2)$ lautet:

$$(28)\qquad \Delta_1 n=C+n^2,$$

wo $\Delta_1 n$ den für

$$ds^2=\cos^2\omega\,d\varrho_1^2+\sin^2\omega\,d\varrho_2^2,$$

das Quadrat des Linienelements der pseudosphärischen Fläche $\varrho_3=$ Const., berechneten ersten Differentialparameter von $n$ bedeutet. Aus (28) geht sofort hervor, daß die Äquidistanzkurven: $n=$ Const geodätisch parallel sind. Nun berechnen wir nach der Bonnetschen Formel (4), S. 148, die geodätische Krümmung $\frac{1}{\varrho_n}$ der Äquidistanzkurven:

$$\frac{1}{\varrho_n}=\frac{1}{\sin\omega\cos\omega}\left[\frac{\partial}{\partial\varrho_1}\left(\frac{\sin\omega}{\sqrt{\Delta_1 n}}\frac{1}{\cos\omega}\frac{\partial n}{\partial\varrho_1}\right)+\frac{\partial}{\partial\varrho_2}\left(\frac{\cos\omega}{\sqrt{\Delta_1 n}}\frac{1}{\sin\omega}\frac{\partial n}{\partial\varrho_2}\right)\right].$$

Unter Benutzung der Gleichungen:

$$\frac{\partial}{\partial\varrho_1}\left(\frac{1}{\cos\omega}\frac{\partial n}{\partial\varrho_1}\right)=n\cos\omega+\frac{1}{\sin\omega}\frac{\partial n}{\partial\varrho_2}\frac{\partial\omega}{\partial\varrho_2},$$

$$\frac{\partial}{\partial\varrho_2}\left(\frac{1}{\sin\omega}\frac{\partial n}{\partial\varrho_2}\right)=n\sin\omega-\frac{1}{\cos\omega}\frac{\partial n}{\partial\varrho_1}\frac{\partial\omega}{\partial\varrho_1},$$

die aus (25) folgen, und der sich durch Differentiation aus (28) ergebenden:

$$\frac{\partial \Delta_1 n}{\partial \varrho_1} = 2n \frac{\partial n}{\partial \varrho_1}, \quad \frac{\partial \Delta_1 n}{\partial \varrho_2} = 2n \frac{\partial n}{\partial \varrho_2},$$

finden wir einfach:

$$(29) \qquad \frac{1}{\varrho_n} = \frac{n}{\sqrt{\Delta_1 n}} = \frac{n}{\sqrt{C + n^2}}.$$

Demnach sind die geodätisch parallelen Äquidistanzkurven: $n = Const.$ auch Kurven konstanter geodätischer Krümmung und deshalb parallele geodätische Kreise, w. z. b. w.

Ganz analog ist der Beweis für den Fall, in dem die Flächen $\varrho_3 =$ Const. des Weigartenschen Systems positive Krümmung haben. Da dann die Gleichungen (B) gelten, so ergibt sich für das durch (27) bestimmte Linienelement:

$$n = \frac{\partial \vartheta}{\partial \varrho_3}, \quad \Delta_1 n = 1 - n^2,$$

$$(29^*) \qquad \frac{1}{\varrho_n} = \frac{n}{\sqrt{1 - n^2}}.$$

Aus dem soeben bewiesenen Satze folgt dann:

In einem gegebenen Weingartenschen System lassen sich die geodätischen Linien der Flächenschar konstanter Krümmung mittels Quadraturen bestimmen.

So z. B. haben wir in Anlehnung an die Ausführungen am Schlusse von § 357 den Satz:

Auf den Enneperschen Flächen konstanter Krümmung lassen sich die geodätischen Linien mittels Quadraturen bestimmen.

## § 364. Pseudosphärische Weingartensche Systeme konstanter Flexion.

Wir betrachten nun eingehender die pseudosphärischen Weingartenschen Systeme, von denen wir infolge (29) drei Gattungen unterscheiden müssen, je nachdem die Konstante $C$ positiv, negativ oder gleich Null ist. Dementsprechend können wir

$$C = +1, \quad C = -1, \quad C = 0$$

setzen, dann folgt aus (29) bezüglich:

$$\frac{1}{\varrho_n} < 1, \quad \frac{1}{\varrho_n} > 1, \quad \frac{1}{\varrho_n} = 1.$$

Bedeutet andrerseits $\vartheta$ den Winkel, den die positive Richtung der Hauptnormale der Parameterkurve $\varrho_3$ auf der pseudosphärischen Fläche mit der Kurve $\varrho_2 =$ Const. bildet, so haben wir nach den Gleichungen in § 335, S. 639:

$$\cos\vartheta = -\frac{R_3}{r_{13}}, \quad \sin\vartheta = -\frac{R_3}{r_{23}}, \tag{30}$$

wo $R_3$, der Radius der ersten Krümmung der Kurven $\varrho_3$, durch

$$\frac{1}{R_3} = \sqrt{\frac{1}{r_{13}^2} + \frac{1}{r_{23}^2}} = \sqrt{\frac{\Delta_1 n}{n}} = \varrho_n \tag{31}$$

gegeben ist. Die Flexion $\frac{1}{R_3}$ der Orthogonaltrajektorien der pseudosphärischen Flächen wird kurz als die Flexion des Weingartenschen Systems in dem betreffenden Raumpunkte bezeichnet. Wir haben somit in den drei Fällen bezüglich:

$$\frac{1}{R_3} > 1, \quad \frac{1}{R_3} < 1, \quad \frac{1}{R_3} = 1.$$

Im ersten Falle haben die Äquidistanzkreise einen (gemeinsamen) ideellen Mittelpunkt, d. h. sie sind ein und derselben geodätischen Linie geodätisch parallel; im zweiten Falle haben sie einen reellen, im Endlichen gelegenen Mittelpunkt, und im dritten Falle endlich sind sie parallele Grenzkreise.

Der letzte Fall ist besonders bemerkenswert. Dann braucht nur eine der Kurven $\varrho_3$ die konstante Flexion Eins zu haben, so sind auf jeder pseudosphärischen Fläche des Systems wegen (29), (31) die Äquidistanzkurven parallele Grenzkreise, und folglich haben alle übrigen Kurven $\varrho_3$ ebenfalls die konstante Flexion Eins. In diesem Falle bezeichnen wir das Weingartensche System als ein solches konstanter Flexion. Es ist durch den Wert $C = 0$ der Konstanten in (A) und somit durch die folgenden Gleichungen für $\omega$ gekennzeichnet:

$$\text{(A*)} \quad \begin{cases} \dfrac{\partial^2\omega}{\partial\varrho_1^2} - \dfrac{\partial^2\omega}{\partial\varrho_2^2} = \sin\omega\cos\omega, \\[2ex] \left(\dfrac{1}{\cos\omega}\dfrac{\partial^2\omega}{\partial\varrho_1\,\partial\varrho_3}\right)^2 + \left(\dfrac{1}{\sin\omega}\dfrac{\partial^2\omega}{\partial\varrho_2\,\partial\varrho_3}\right)^2 = \left(\dfrac{\partial\omega}{\partial\varrho_3}\right)^2. \end{cases}$$

Nun ergibt sich aus (30):

$$\cos\vartheta = -\frac{1}{\cos\omega}\frac{\partial^2\omega}{\partial\varrho_1\,\partial\varrho_3}\cdot\frac{1}{\frac{\partial\omega}{\partial\varrho_3}},$$

$$\sin\vartheta = -\frac{1}{\sin\omega}\frac{\partial^2\omega}{\partial\varrho_2\,\partial\varrho_3}\cdot\frac{1}{\frac{\partial\omega}{\partial\varrho_3}};$$

demnach kann das System (A*) durch das folgende ersetzt werden:

$$(\mathrm{C})\qquad \begin{cases} \dfrac{\partial^2\omega}{\partial\varrho_1^2}-\dfrac{\partial^2\omega}{\partial\varrho_2^2}=\sin\omega\cos\omega, \\ \dfrac{\partial^2\omega}{\partial\varrho_1\partial\varrho_3}=-\cos\vartheta\cos\omega\,\dfrac{\partial\omega}{\partial\varrho_3}, \\ \dfrac{\partial^2\omega}{\partial\varrho_2\partial\varrho_3}=-\sin\vartheta\sin\omega\,\dfrac{\partial\omega}{\partial\varrho_3}. \end{cases}$$

Die Gleichungen (25), die aus diesen folgen, ergeben dann:

$$(32)\qquad \begin{cases} \dfrac{\partial\vartheta}{\partial\varrho_1}+\dfrac{\partial\omega}{\partial\varrho_2}=\sin\vartheta\cos\omega, \\ \dfrac{\partial\vartheta}{\partial\varrho_2}+\dfrac{\partial\omega}{\partial\varrho_1}=-\cos\vartheta\sin\omega, \end{cases}$$

und aus ihnen folgt durch Elimination von $\omega$:

$$(33)\qquad \frac{\partial^2\vartheta}{\partial\varrho_1^2}-\frac{\partial^2\vartheta}{\partial\varrho_2^2}=\sin\vartheta\cos\vartheta.$$

Durch Differentiation von (32) nach $\varrho_3$ erhalten wir:

$$(34)\qquad \begin{cases} \dfrac{\partial^2\vartheta}{\partial\varrho_1\partial\varrho_3}=\cos\vartheta\cos\omega\,\dfrac{\partial\vartheta}{\partial\varrho_3}, \\ \dfrac{\partial^2\vartheta}{\partial\varrho_2\partial\varrho_3}=\sin\vartheta\sin\omega\,\dfrac{\partial\vartheta}{\partial\varrho_3}, \end{cases}$$

also ist hiernach:

$$(35)\qquad \left(\frac{1}{\cos\vartheta}\,\frac{\partial^2\vartheta}{\partial\varrho_1\partial\varrho_3}\right)^2+\left(\frac{1}{\sin\vartheta}\,\frac{\partial^2\vartheta}{\partial\varrho_2\partial\varrho_3}\right)^2=\left(\frac{\partial\vartheta}{\partial\varrho_3}\right)^2.$$

Aus (33) und (35) folgt, daß $\vartheta$ dem System (A*) genügt; somit wird dem gegebenen Weingartenschen System konstanter Flexion ein zweites zugeordnet, das zu dem Ausdruck:

$$ds^2=\cos^2\vartheta\,d\varrho_1^2+\sin^2\vartheta\,d\varrho_2^2+\left(\frac{\partial\vartheta}{\partial\varrho_3}\right)^2 d\varrho_3^2$$

gehört. Der bemerkenswerte geometrische Zusammenhang zwischen diesem neuen Weingartenschen System und dem alten wird demnächst (§ 368) zutage treten.

## § 365. **Zykelsysteme von konstantem Radius.**

Als Beispiele von Weingartenschen Systemen konstanter Flexion kennen wir bereits die Ribaucourschen Zykelsysteme von konstantem Radius (S. 357). Um zu sehen, ob sich ihr Vorhandensein auch aus den allgemeinen Gleichungen des vorigen Paragraphen ergibt, bemerken wir, daß wir für die Torsion $\frac{1}{T_3}$ der Kurven $\varrho_3$ in einem durch

(C) definierten Weingartenschen System konstanter Flexion den Wert (§ 335):

$$\frac{1}{T_3} = \frac{\frac{\partial \vartheta}{\partial \varrho_3}}{\frac{\partial \omega}{\partial \varrho_3}}$$

haben. Ist also $\vartheta$ von $\varrho_3$ unabhängig, so ist $\frac{1}{T_3}$ gleich Null, d. h. die Kurven $\varrho_3$ sind Kreise vom Radius Eins. Um demnach diese Systeme zu erhalten, brauchen wir nach dem vorigen Paragraphen nur von einer beliebigen pseudosphärischen Fläche $S$ (vom Radius Eins) auszugehen, für das unter Zugrundelegung der Krümmungslinien $\varrho_1$, $\varrho_2$

$$ds^2 = \cos^2 \vartheta \, d\varrho_1^2 + \sin^2 \vartheta \, d\varrho_2^2$$

ist, $\omega$ aus dem unbeschränkt integrierbaren System:

$$\frac{\partial \omega}{\partial \varrho_1} + \frac{\partial \vartheta}{\partial \varrho_2} = - \cos \vartheta \sin \omega,$$

$$\frac{\partial \omega}{\partial \varrho_2} + \frac{\partial \vartheta}{\partial \varrho_1} = \sin \vartheta \cos \omega$$

zu bestimmen und als dritte Veränderliche $\varrho_3$ die in $\omega$ auftretende willkürliche Konstante zu wählen, dann genügt die Funktion $\omega(\varrho_1, \varrho_2, \varrho_3)$ gerade den Gleichungen (C).

Das entsprechende Ribaucoursche Zykelsystem ist durch:

$$ds^2 = \cos^2 \omega \, d\varrho_1^2 + \sin^2 \omega \, d\varrho_2^2 + \left(\frac{\partial \omega}{\partial \varrho_3}\right)^2 d\varrho_3^2$$

definiert, und die pseudosphärischen Flächen $\varrho_3 =$ Const. dieses Systems sind die $\infty^1$ Komplementärflächen von $S$ (vgl. § 354).

Es mag noch bemerkt werden, daß aus der Kombination der Gleichungen (34) und der letzten beiden Gleichungen (C)

$$\frac{\partial \vartheta}{\partial \varrho_3} \frac{\partial \omega}{\partial \varrho_3} = \psi(\varrho_3)$$

folgt, wo $\psi(\varrho_3)$ nur von $\varrho_3$ abhängt, daß also, wenn $\frac{\partial \vartheta}{\partial \varrho_3}$ für ein besonderes Wertepaar $\varrho_1$, $\varrho_2$ gleich Null ist, $\psi(\varrho_3)$ gleich Null und deshalb $\frac{\partial \vartheta}{\partial \varrho_3}$ überhaupt gleich Null ist.. Geometrisch wird dies durch den folgenden Satz ausgedrückt: Wenn in einem Weingartenschen System konstanter Flexion Eins eine von den Orthogonaltrajektorien der pseudosphärischen Flächen ein Kreis vom Radius Eins ist, so sind es auch alle anderen, und das System ist ein Ribaucoursches Zykelsystem.

Bereits aus dem Satze am Schlusse von § 355 ergibt sich das Vorhandensein von unendlich vielen Weingartenschen Systemen konstanter Flexion, die nicht Ribaucoursche Zykelsysteme sind. Zur Bestimmung eines solchen Systems können willkürlich gegeben sein: 1) eine pseudosphärische Fläche vom Radius $R$, 2) eine Raumkurve konstanter Flexion $\frac{1}{R}$, die von einem Punkte auf $S$ normal zu dieser Fläche ausgeht.

Ferner gilt offenbar der Satz:

In jedem Weingartenschen System konstanter Flexion sind die längs jeder pseudosphärischen Fläche oskulierenden Zykelsysteme Ribaucoursche Zykelsysteme von konstantem Radius.

Auch kann aus der Betrachtung der oskulierenden Zykelsysteme der Beweis des nachstehenden, die Weingartenschen Systeme konstanter Flexion charakterisierenden Satzes gefolgert werden:

Sind in einer Laméschen Flächenfamilie die Orthogonaltrajektorien Raumkurven ein und derselben konstanten Flexion, so besteht die Flächenfamilie aus pseudosphärischen Flächen von gleichem Radius.

## § 366. Dreifaches Weingartensches System von Schraubenflächen.

Wir wollen nun ein sehr bemerkenswertes spezielles Weingartensches System untersuchen, das sich ergibt, wenn wir den Fundamentalgleichungen (A), S. 691, oder (B), S. 693, durch eine Funktion $\omega$ bzw. $\vartheta$ einer linearen Kombination der Veränderlichen:

$$\tau \equiv a\varrho_1 + b\varrho_2 + \varrho_3 \qquad (a,\, b = \text{Const.})$$

zu genügen suchen. Setzen wir z. B. $\omega \equiv f(\tau)$, so ergibt sich aus ($A_1$):

$$f'' = \frac{\sin f \cos f}{a^2 - b^2}$$

und hieraus durch Integration:

$$f'^2 = C' + \frac{\sin^2 f}{a^2 - b^2} \qquad (C' = \text{Const.}).$$

($A_2$) ist identisch erfüllt, wenn für die Konstante $C$ auf der rechten Seite der Wert:

$$C = \frac{b^2}{(a^2 - b^2)^2} - C'$$

gewählt wird. Setzen wir $C'$ gleich Eins und sei $b^2 > a^2$, so haben wir:

$$\tau = \int \frac{df}{\sqrt{1 - \frac{\sin^2 f}{b^2 - a^2}}},$$

demnach:

$$\sin\omega = sn(\tau, k), \quad \cos\omega = cn(\tau, k) \quad \left(k = \frac{1}{\sqrt{b^2 - a^2}}\right).$$

Für das Quadrat des Linienelements des Raumes ergibt sich der bemerkenswerte Ausdruck:

$$(36) \qquad ds^2 = cn^2\tau\, d\varrho_1^2 + sn^2\tau\, d\varrho_2^2 + dn^2\tau\, d\varrho_3^2,$$

wo

$$\tau = a\varrho_1 + b\varrho_2 + \varrho_3, \qquad k = \frac{1}{\sqrt{b^2 - a^2}}$$

ist, der Modul $k$ willkürlich bleibt und die Konstanten $a$, $b$ durch die Beziehung:

$$b^2 - a^2 = \frac{1}{k^2}$$

miteinander verbunden sind. Für die Krümmungsradien erhalten wir nach den allgemeinen Gleichungen, S. 638:

$$(37) \qquad \begin{cases} \dfrac{1}{r_{12}} = a\dfrac{dn\tau}{sn\tau}, & \dfrac{1}{r_{23}} = -bk^2\dfrac{cn\tau}{dn\tau}, & \dfrac{1}{r_{31}} = -\dfrac{sn\tau}{cn\tau}, \\ \dfrac{1}{r_{13}} = -ak^2\dfrac{sn\tau}{dn\tau}, & \dfrac{1}{r_{21}} = -b\dfrac{dn\tau}{cn\tau}, & \dfrac{1}{r_{32}} = \dfrac{cn\tau}{sn\tau}, \end{cases}$$

somit für die Krümmungen $K_1$, $K_2$, $K_3$ der Flächen der drei Systeme $\varrho_1 = Const.$ bzw. $\varrho_2 =$ Const. bzw. $\varrho_3 =$ Const.:

$$K_1 = -a^2k^2, \qquad K_2 = b^2k^2, \qquad K_3 = -1,$$

demnach:

$$K_1 + K_2 + K_3 = 0.$$

Wie wir sehen, haben in diesem speziellen Weingartenschen System alle drei Flächenfamilien konstante Krümmung, und zwar zwei negative, die dritte eine positive. Da ferner für jede Fläche die Koeffizienten sowohl der ersten als auch der zweiten quadratischen Grundform Funktionen einer linearen Kombination der Veränderlichen sind, so folgt, daß die Flächen jeder Familie kongruente Schraubenflächen sind. In den endlichen Gleichungen des vorliegenden Systems treten elliptische Funktionen auf[1]), und es stellt sich dann heraus, daß die drei Systeme von Schraubenflächen die Achse gemein haben. Jede Schraubenfläche konstanter Krümmung kann einem solchen System angehören und bestimmt es vollständig, d. h. es besteht der Satz:

Eine beliebige Schraubenfläche konstanter Krümmung erzeugt durch Drehung um die Achse eine Lamésche Flächenfamilie. Die beiden anderen Familien bestehen ebenfalls aus

1) Siehe die Abhandlung des Verfassers in den Annali di Matematica, 1885.

kongruenten Schraubenflächen mit derselben Achse. Zwei von den Krümmungen sind negativ, die dritte ist positiv, und die Summe der drei Krümmungen ist gleich Null.

Durch Spezialisierung der Werte der Konstanten $a$, $b$ können wir es auch noch so einrichten, daß dieses dreifache System von Schraubenflächen konstante Flexion aufweist. Es ist nämlich:

$$\frac{1}{R_3^2} = \frac{1}{r_{13}^2} + \frac{1}{r_{23}^2} = 1 + \frac{b^2 k^4 - 1}{dn^2 \tau};$$

daher brauchen wir nur $b$ gleich $\frac{1}{k^2}$, $a$ gleich $\frac{k'}{k^2}$ zu setzen, dann hat das System konstante Flexion. Doch ist es kein Ribaucoursches Zykelsystem, da die Torsion $\frac{1}{T_3}$ den nicht verschwindenden Wert:

$$\frac{1}{T_3} = \frac{k'}{dn^2 \tau}$$

hat.

Bemerkenswert ist noch der Spezialfall: $k = 1$. Dann gehen die elliptischen Funktionen in hyperbolische über, und es ist:

$$ds^2 = \operatorname{tgh}^2 \tau \, d\varrho_2^2 + \frac{d\varrho_1^2 + d\varrho_3^2}{\cosh^2 \tau}.$$

Die Flächen $\varrho_1 = \text{Const.}$, $\varrho_3 = \text{Const.}$ sind dann Dinische Schraubenflächen, die in jeder Schar kongruent sind und die Achse gemein haben, während die Flächen $\varrho_2 = \text{Const.}$ Kugeln von konstantem Radius $\frac{1}{b}$ sind, deren Mittelpunkte auf der Achse liegen.

## § 367. Bäcklundsche Transformation Weingartenscher Systeme.

Auf pseudosphärische Weingartensche Systeme können wir gemäß den allgemeinen Ergebnissen in § 358 und 359 die (reelle) Bäcklundsche Elementartransformation anwenden und erhalten dadurch neue Systeme derselben Art. Die Gleichungen, welche die beiden charakteristischen Funktionen $\omega$, $\omega_1$ für das Ausgangssystem:

$$ds^2 = \cos^2 \omega \, d\varrho_1^2 + \sin^2 \omega \, d\varrho_2^2 + \left(\frac{\partial \omega}{\partial \varrho_3}\right)^2 d\varrho_3^2$$

und für das transformierte System:

$$ds_1^2 = \cos^2 \omega_1 \, d\varrho_1^2 + \sin^2 \omega_1 \, d\varrho_2^2 + \left(\frac{\partial \omega_1}{\partial \varrho_3}\right)^2 d\varrho_3^2$$

miteinander verknüpfen, sind wegen (I), S. 686, in diesem Falle für $R = 1$, $k = \cos \sigma$, die folgenden:

$$(D)\quad\begin{cases}\dfrac{\partial\omega_1}{\partial\varrho_1}+\dfrac{\partial\omega}{\partial\varrho^2}=\dfrac{\cos\omega\sin\omega_1+\sin\sigma\sin\omega\cos\omega_1}{\cos\sigma},\\[2ex] \dfrac{\partial\omega_1}{\partial\varrho_2}+\dfrac{\partial\omega}{\partial\varrho_1}=-\dfrac{\sin\omega\cos\omega_1+\sin\sigma\cos\omega\sin\omega_1}{\cos\sigma},\\[2ex] \sin\sigma\dfrac{\partial\omega_1}{\partial\varrho_3}+\dfrac{\cos\sigma}{\cos\omega}\dfrac{\partial^2\omega}{\partial\varrho_1\partial\varrho_3}\cos\omega_1+\dfrac{\cos\sigma}{\sin\omega}\dfrac{\partial^2\omega}{\partial\varrho_2\partial\varrho_3}\sin\omega_1+\dfrac{\partial\omega}{\partial\varrho_3}=0.\end{cases}$$

Von Wichtigkeit ist, daß der Ausdruck:

$$\left(\frac{1}{\cos\omega}\frac{\partial^2\omega}{\partial\varrho_1\partial\varrho_3}\right)^2+\left(\frac{1}{\sin\omega}\frac{\partial^2\omega}{\partial\varrho_2\partial\varrho_3}\right)^2-\left(\frac{\partial\omega}{\partial\varrho_3}\right)^2$$

eine Invariante hinsichtlich der Transformation ist, d. h. es ist:

$$(38)\quad\begin{aligned}&\left(\frac{1}{\cos\omega}\frac{\partial^2\omega}{\partial\varrho_1\partial\varrho_3}\right)^2+\left(\frac{1}{\sin\omega}\frac{\partial^2\omega}{\partial\varrho_2\partial\varrho_3}\right)^2-\left(\frac{\partial\omega}{\partial\varrho_3}\right)^2=\\ &\qquad=\left(\frac{1}{\cos\omega_1}\frac{\partial^2\omega_1}{\partial\varrho_1\partial\varrho_3}\right)^2+\left(\frac{1}{\sin\omega_1}\frac{\partial^2\omega_1}{\partial\varrho_2\partial\varrho_3}\right)^2-\left(\frac{\partial\omega_1}{\partial\varrho_3}\right)^2.\end{aligned}$$

Nämlich aus (D) ergeben sich unter Berücksichtigung von (25), (25*), S. 691, die folgenden Gleichungen:

$$(39)\quad\begin{cases}\dfrac{\cos\sigma}{\cos\omega_1}\dfrac{\partial^2\omega_1}{\partial\varrho_1\partial\varrho_3}=\cos\omega\dfrac{\partial\omega_1}{\partial\varrho_3}+\sin\sigma\cos\omega\dfrac{\partial\omega}{\partial\varrho_3}+\cos\sigma\operatorname{tang}\omega\sin\omega_1\dfrac{\partial^2\omega}{\partial\varrho_1\partial\varrho_3}-\\ \qquad-\cos\sigma\cos\omega_1\dfrac{\partial^2\omega}{\partial\varrho_2\partial\varrho_3},\\[2ex] \dfrac{\cos\sigma}{\sin\omega_1}\dfrac{\partial^2\omega_1}{\partial\varrho_2\partial\varrho_3}=\sin\omega\dfrac{\partial\omega_1}{\partial\varrho_3}+\sin\sigma\sin\omega\dfrac{\partial\omega}{\partial\varrho_3}-\\ \qquad-\cos\sigma\sin\omega_1\dfrac{\partial^2\omega}{\partial\varrho_1\partial\varrho_3}+\cos\sigma\operatorname{cotg}\omega\cos\omega_1\dfrac{\partial^2\omega}{\partial\varrho_2\partial\varrho_3},\end{cases}$$

und aus ihnen folgt durch Quadrieren und Addieren mit Rücksicht auf $(D_3)$ gerade (38).

Nun folgt weiter: Wird der Parameter $\varrho_3$ so gewählt, daß er $(A_2)$, S. 691, mit konstantem $C$ genügt, so genügt auch $\omega_1$ denselben Gleichungen mit derselben Konstanten. Demnach ist die Flexion des abgeleiteten Systems größer oder gleich oder kleiner als Eins, je nachdem einer der drei Fälle für das Ausgangssystem zutrifft. Insbesondere gilt der Satz:

**Jedes Weingartensche System konstanter Flexion geht durch eine Bäcklundsche Transformation in Systeme der nämlichen Art über.**

Setzen wir weiter in diesem Falle (§ 364):

$$\cos\vartheta = -\frac{\frac{\partial^2\omega}{\partial\varrho_1\partial\varrho_3}}{\cos\omega\frac{\partial\omega}{\partial\varrho_3}}, \qquad \sin\vartheta = -\frac{\frac{\partial^2\omega}{\partial\varrho_2\partial\varrho_3}}{\sin\omega\frac{\partial\omega}{\partial\varrho_3}},$$

$$\cos\vartheta_1 = -\frac{\frac{\partial^2\omega_1}{\partial\varrho_1\partial\varrho_3}}{\cos\omega_1\frac{\partial\omega_1}{\partial\varrho_3}}, \qquad \sin\vartheta_1 = -\frac{\frac{\partial^2\omega_1}{\partial\varrho_2\partial\varrho_3}}{\sin\omega_1\frac{\partial\omega_1}{\partial\varrho_3}},$$

so ergibt sich wegen (39):

$$\cos\vartheta_1 = \frac{\cos\omega\cos(\omega_1-\vartheta) - \sin\sigma\sin\omega\sin(\omega_1-\vartheta) - \cos\sigma\cos\omega}{1-\cos\sigma\cos(\omega_1-\vartheta)},$$

$$\sin\vartheta_1 = \frac{\sin\omega\cos(\omega_1-\vartheta) + \sin\sigma\cos\omega\sin(\omega_1-\vartheta) - \cos\sigma\sin\omega}{1-\cos\sigma\cos(\omega_1-\vartheta)}.$$

Daraus folgt durch Differentiation nach $\varrho_3$:

$$\frac{\partial\vartheta_1}{\partial\varrho_3} + \frac{\sin\sigma}{1-\cos\sigma\cos(\omega_1-\vartheta)}\frac{\partial\vartheta}{\partial\varrho_3} = 0.$$

Mit $\frac{\partial\vartheta}{\partial\varrho_3}$ ist also auch $\frac{\partial\vartheta_1}{\partial\varrho_3}$ gleich Null, d. h. (§ 365):

Die Ribaucourschen Zykelsysteme von konstantem Radius gehen durch eine Bäcklundsche Transformation wieder in Systeme derselben Art über.

## § 368. **Komplementärtransformation Weingartenscher Systeme.**

Bei der Bäcklundschen Transformation Weingartenscher Systeme ist der bemerkenswerte Spezialfall denkbar, in dem $\sigma$ gleich Null ist und die Bäcklundsche Transformation somit in die Komplementärtransformation übergeht, was im allgemeinen Falle pseudosphärischer Systeme von veränderlichem Radius $R$ wegen der Gleichung (S. 684): $k = R\cos\sigma$ natürlich ausgeschlossen war.

Wir untersuchen nun diesen Fall. Dann geht ($D_3$) in eine Gleichung über, die keinen Differentialquotienten nach $\omega_1$ enthält, nämlich in:

$$(40) \qquad \frac{1}{\cos\omega}\frac{\partial^2\omega}{\partial\varrho_1\partial\varrho_3}\cos\omega_1 + \frac{1}{\sin\omega}\frac{\partial^2\omega}{\partial\varrho_2\partial\varrho_3}\sin\omega_1 + \frac{\partial\omega}{\partial\varrho_3} = 0.$$

Aber wegen (30), S. 695:

$$\cos\vartheta = -\frac{R_3}{r_{13}} = -R_3\frac{\frac{\partial^2\omega}{\partial\varrho_1\partial\varrho_3}}{\cos\omega\frac{\partial\omega}{\partial\varrho_3}},$$

$$\sin\vartheta = -\frac{R_3}{r_{23}} = -R_3\frac{\frac{\partial^2\omega}{\partial\varrho_2\partial\varrho_3}}{\sin\omega\frac{\partial\omega}{\partial\varrho_3}},$$

wo der Winkel $\vartheta$ von der positiven Hauptnormale der Kurven $\varrho_3$ mit den Kurven $\varrho_2 =$ Const. gebildet wird, kann (40) auch in der folgenden Gestalt geschrieben werden:

$$(40^*) \qquad \cos(\omega_1 - \vartheta) = R_3 .$$

Sie ergibt für $\omega_1$ zwei verschiedene reelle Werte, wenn die Flexion $\frac{1}{R_3}$ des Weingartenschen Systems größer als Eins ist, dagegen nur den einen Wert: $\omega_1 = \vartheta$ für Systeme konstanter Flexion $\frac{1}{R_3} = 1$. Andrerseits brauchen wir nur (40) zuerst nach $\varrho_1$, dann nach $\varrho_2$ zu differenzieren und (25), S. 691, zu berücksichtigen, um uns zu überzeugen, daß die so bestimmte Funktion $\omega_1$ den beiden ersten Gleichungen $(D)$ genügt.

Um dieses Ergebnis geometrisch zu deuten, wählen wir auf einer pseudosphärischen Fläche $S$ des Systems, dessen Flexion wir größer als Eins annehmen, als Parameterlinien $\alpha$, $\beta$ die geodätischen Äquidistanzkreise bzw. die zu ihnen orthogonalen geodätischen Linien. Dann nimmt das Quadrat des Linienelements die hyperbolische Form an (vgl. S. 188):

$$ds^2 = d\alpha^2 + \cosh^2\alpha\, d\beta^2.$$

Bezeichnen wir nun mit $\Omega$ den Winkel, den die durch (40) bestimmte Richtung mit der geodätischen Linie $\beta =$ Const. bildet, so haben wir:

$$\Omega = \omega_1 - \vartheta,$$

und da wegen (31), S. 695,

$$\frac{1}{R_3} = \varrho_n = \operatorname{ctgh} \alpha$$

ist, so geht (40*) über in:

$$\cos \Omega = \operatorname{tgh} \alpha,$$

wo $\alpha$ die geodätische Entfernung des betreffenden Flächenpunktes $P$ von der geodätischen Linie $\alpha = 0$ ist. Aber nach der Gleichung für den Parallelitätswinkel in der nichteuklidischen Geometrie (vgl. § 242, S. 436) ist $\Omega$ gerade der Parallelitätswinkel bezüglich des Punktes $P$ und der geodätischen Linie $\alpha = 0$. Wir haben somit das folgende Ergebnis:

Gegeben sei ein pseudosphärisches Weingartensches System mit der Flexion $\frac{1}{R_3} > 1$. Man betrachte auf jeder pseudosphärischen Fläche $S$ des Systems diejenige bestimmte geodätische Linie $g$, welche zu den Äquidistanzkurven gehört, und ziehe die geodätischen Parallelen zu $g$ in einer der beiden möglichen Richtungen. Werden dann zu $S$ die Komplementärflächen $S_1$, $S_{-1}$ bezüglich der beiden $\infty^1$ Scharen von geodätischen Parallelen ins Auge gefaßt, so bilden die $\infty^1$

Flächen $S_1$ bzw. $S_{-1}$ zwei neue Weingartensche Systeme derselben Art.

Auf diese Weise können wir aus jedem pseudosphärischen Weingartenschen System ($\Sigma$) mit der Flexion $\frac{1}{R_3} > 1$ zwei neue Systeme ($\Sigma_1$), ($\Sigma_{-1}$) mittels der Komplementärtransformation ableiten; wir bezeichnen sie als die Komplementärsysteme von $\Sigma$. Auf jedes der abgeleiteten Systeme ($\Sigma_1$), ($\Sigma_{-1}$) können wir nun wieder die Komplementärtransformation anwenden. Da aber eins der beiden neuen Komplementärsysteme jedenfalls das Ausgangssystem ist, so liefert offenbar das gegebene System ($\Sigma$) lediglich mittels Differentiationen eine Kette Weingartenscher Systeme: ..., ($\Sigma_{-2}$), ($\Sigma_{-1}$), ($\Sigma$), ($\Sigma_1$), ($\Sigma_2$), ..., die sich nach beiden Seiten bis ins Unendliche fortsetzt und in der jedes System die beiden Nebensysteme als Komplementärflächen hat.

Hat jedoch das System ($\Sigma$) konstante Flexion $\frac{1}{R_3} = 1$, so sind die beiden Komplementärsysteme ($\Sigma_1$), ($\Sigma_{-1}$) identisch, und die Kette reduziert sich auf die beiden Systeme ($\Sigma$), ($\Sigma_1$), die dann in Involution zueinander stehen. In diesem Falle hat jede der beiden Laméschen Flächenfamilien als Orthogonaltrajektorien die Ortskurven der Krümmungsmittelpunkte der entsprechenden Orthogonaltrajektorien der anderen Flächenfamilie.

## § 369. Vollständiges System von partiellen Differentialgleichungen für Lamésche Flächenfamilien konstanter Krümmung.

Zum Schlusse dieser Untersuchungen über Lamésche Flächenfamilien, die aus Flächen konstanter Krümmung bestehen, wollen wir eine bemerkenswerte geometrische Eigenschaft entwickeln, welche die Bestimmung einer Klasse von Flächen, die auf eine spezielle Fläche zweiten Grades abwickelbar sind, zu diesen Flächenfamilien in Beziehung setzt.

Zu diesem Zwecke gehen wir auf die allgemeinen Laméschen Flächenfamilien ($\Sigma$) konstanter Krümmung $K$ zurück, wobei sich jedoch $K$ von Fläche zu Fläche stetig ändern möge, und betrachten den unendlich kleinen Normalenabstand $\varepsilon\Phi$ zwischen einer Fläche $\Sigma$ der Familie und der unendlich nahe benachbarten Fläche. Die Laméschen Gleichungen gehen für die Funktion $\Phi$ in ein bemerkenswertes System von partiellen Differentialgleichungen zweiter Ordnung über, das wir zuerst aufstellen wollen.

Wir betrachten zunächst ein pseudosphärisches System, das dem Ausdruck (8), S. 678, für $ds^2$:

$$ds^2 = \cos^2\omega\, d\varrho_1^2 + \sin^2\omega\, d\varrho_2^2 + R^2\left(\frac{\partial\omega}{\partial\varrho_3}\right)^2 d\varrho_3^2,$$

entspricht. Hier ist der unendlich kleine Normalenabstand zwischen $\Sigma$ und der unendlich nahe benachbarten Fläche proportional der Funktion:

$$\Phi = R\frac{\partial \omega}{\partial \varrho_3},$$

und die drei letzten Gleichungen des Systems (9), S. 678:

$$C = 0, \quad B = 0, \quad D = 0,$$

gehen für die Funktion $\Phi$ in das folgende Simultansystem von Differentialgleichungen zweiter Ordnung über:

$$(41) \begin{cases} \frac{\partial^2 \Phi}{\partial \varrho_1^2} = -\operatorname{tg}\omega \frac{\partial \omega}{\partial \varrho_1}\frac{\partial \Phi}{\partial \varrho_1} + \operatorname{ctg}\omega \frac{\partial \omega}{\partial \varrho_2}\frac{\partial \Phi}{\partial \varrho_2} + \frac{\cos^2\omega}{R^2}\Phi + \left(\frac{1}{R}\right)'\sin\omega\cos\omega, \\ \frac{\partial^2 \Phi}{\partial \varrho_1 \partial \varrho_2} = -\operatorname{tg}\omega \frac{\partial \omega}{\partial \varrho_2}\frac{\partial \Phi}{\partial \varrho_1} + \operatorname{ctg}\omega \frac{\partial \omega}{\partial \varrho_1}\frac{\partial \Phi}{\partial \varrho_2}, \\ \frac{\partial^2 \Phi}{\partial \varrho_2^2} = -\operatorname{tg}\omega \frac{\partial \omega}{\partial \varrho_1}\frac{\partial \Phi}{\partial \varrho_1} + \operatorname{ctg}\omega \frac{\partial \omega}{\partial \varrho_2}\frac{\partial \Phi}{\partial \varrho_2} + \frac{\sin^2\omega}{R^2}\Phi - \left(\frac{1}{R}\right)'\sin\omega\cos\omega \end{cases}$$

$$\left[\left(\frac{1}{R}\right)' \equiv \frac{d}{d\varrho_3}\left(\frac{1}{R}\right)\right].$$

Nun haben wir für eine bestimmte pseudosphärische Fläche $\varrho_3 = \text{Const.}$ des Systems in den üblichen Bezeichnungen der allgemeinen Theorie:

$$E = \cos^2\omega, \quad G = \sin^2\omega, \quad F = 0;$$

wegen

$$r_2 = -R\operatorname{ctg}\omega, \quad r_1 = R\operatorname{tg}\omega$$

folgt:

$$D = \frac{\sin\omega\cos\omega}{R}, \quad D'' = -\frac{\sin\omega\cos\omega}{R}, \quad D' = 0,$$

und bedeuten $u$, $v$ krummlinige Koordinaten, $a$ die Konstante $-\frac{R'}{R}$ für $\varrho_3 = \text{Const.}$, so kann das voraufgehende System von partiellen Differentialgleichungen in der folgenden invarianten Form geschrieben werden:

$$(E) \begin{cases} \frac{\partial^2 \Phi}{\partial u^2} = \begin{Bmatrix} 11 \\ 1 \end{Bmatrix}\frac{\partial \Phi}{\partial u} + \begin{Bmatrix} 11 \\ 2 \end{Bmatrix}\frac{\partial \Phi}{\partial v} - KE\Phi + aD, \\ \frac{\partial^2 \Phi}{\partial u \partial v} = \begin{Bmatrix} 12 \\ 1 \end{Bmatrix}\frac{\partial \Phi}{\partial u} + \begin{Bmatrix} 12 \\ 2 \end{Bmatrix}\frac{\partial \Phi}{\partial v} - KF\Phi + aD', \\ \frac{\partial^2 \Phi}{\partial v^2} = \begin{Bmatrix} 22 \\ 1 \end{Bmatrix}\frac{\partial \Phi}{\partial u} + \begin{Bmatrix} 22 \\ 2 \end{Bmatrix}\frac{\partial \Phi}{\partial v} - KG\Phi + aD''. \end{cases}$$

Gerade wegen seiner invarianten Form gilt es für jedes beliebige krummlinige System $(u, v)$, auf das die pseudosphärische Fläche $\Sigma$ bezogen ist. Auch ergibt sich dasselbe System (E) im Falle Laméscher Flächenfamilien positiver Krümmung $K$. Somit haben wir den Satz:

Wird in einer beliebigen Laméschen Flächenfamilie, die aus Flächen konstanter Krümmung besteht, eine Fläche

$\Sigma$ auf ein beliebiges krummliniges Koordinatensystem $(u, v)$ bezogen und bedeutet $\varepsilon\Phi$ den unendlich kleinen Normalenabstand zwischen der Fläche $\Sigma$ und der unendlich nahe benachbarten Fläche der Familie, so genügt diese Funktion $\Phi$ dem System (E) von partiellen Differentialgleichungen oder in den Bezeichnungen für die kovarianten Differentialquotienten dem System:

$$(E^*) \quad \Phi_{11} = -KE\Phi + aD, \; \Phi_{12} = -KF\Phi + aD', \; \Phi_{22} = -KG\Phi + aD''.$$

Man beachte, daß die Konstante $a$ der Änderung der Krümmung $K$ beim Übergange von $\Sigma$ zu der Nachbarfläche proportional ist. Also ist sie nur dann gleich Null, wenn $K$ absolut konstant ist, d. h. nur für Weingartensche Systeme. Ferner ergibt sich aus unseren Untersuchungen, daß das System (E) in jedem Falle unbeschränkt integrierbar ist.

## § 370. Enveloppe der Normalenebenen der Äquidistanzkurven.

Nach diesen vorbereitenden Schritten kommen wir nun zu geometrischen Untersuchungen, auf die wir schon vorher hingewiesen haben. Zu diesem Zwecke fassen wir für eine beliebige Fläche $\Sigma$ konstanter Krümmung, die zu einer Laméschen Familie gehört, die Enveloppe $S$ der Normalenebenen der Äquidistanzkurven: $\Phi = \text{Const.}$ ins Auge. Im besonderen Falle der Weingartenschen Systeme sind die Äquidistanzkurven parallele geodätische Kreise, und die Fläche $S$ ist somit gerade die Komplementärfläche der Fläche $\Sigma$ konstanter Krümmung $K$ hinsichtlich der zu diesen Kreisen normalen geodätischen Linien. In diesem Falle wissen wir (vgl. § 140), daß $S$ ein fest bestimmtes, nur vom Werte der Krümmung $K$ abhängiges Linienelement hat, so daß für alle Weingartenschen Systeme mit derselben Krümmung $K$ alle entsprechenden Flächen $S$ aufeinander abwickelbar sind. Nun wollen wir beweisen, daß dieselbe Eigenschaft auch den allgemeinen Laméschen Flächenfamilien konstanter Krümmung zukommt, und dabei werden wir das weitere Ergebnis erhalten, daß dieses Linienelement zu einer (imaginären) speziellen Fläche zweiten Grades gehört, die den imaginären Kugelkreis im Unendlichen oskuliert. Hierzu berechnen wir explizit das Linienelement $ds_0$ der Enveloppe $S$. Um die Ideen zu fixieren, nehmen wir an, die Lamésche Flächenfamilie bestehe aus pseudosphärischen Flächen, und beziehen eine von ihnen, $\Sigma$, mittels der gewohnten Gleichungen (§ 255, S. 458) auf ihre Krümmungslinien $u, v$. Dann ist:

$$ds^2 = R^2(\cos^2\vartheta\, du^2 + \sin^2\vartheta\, dv^2),$$

und es gelten die Gleichungen (a) (ebenda), die wir hier ansetzen:

$$\begin{cases} \frac{\partial x}{\partial u} = R\cos\vartheta X_1, & \frac{\partial X_1}{\partial u} = \frac{\partial \vartheta}{\partial v} X_2 - \sin\vartheta X_3, \quad \frac{\partial X_2}{\partial u} = -\frac{\partial \vartheta}{\partial v} X_1, \quad \frac{\partial X_3}{\partial u} = \sin\vartheta X_1, \\ \frac{\partial x}{\partial v} = R\sin\vartheta X_2, & \frac{\partial X_1}{\partial v} = \frac{\partial \vartheta}{\partial u} X_2, \quad \frac{\partial X_2}{\partial v} = -\frac{\partial \vartheta}{\partial u} X_1 + \cos\vartheta X_3, \quad \frac{\partial X_3}{\partial v} = -\cos\vartheta X_2 \text{ usw.} \end{cases}$$

Führen wir neben $\Phi$ noch zwei weitere Funktionen:

$$\lambda \equiv \frac{1}{\cos\vartheta}\frac{\partial \Phi}{\partial u}, \quad \mu \equiv \frac{1}{\sin\vartheta}\frac{\partial \Phi}{\partial v}$$

ein, so nimmt das entsprechende vollständige System (41) die folgende lineare Form an:

$$\text{(b)} \quad \begin{cases} \frac{\partial \lambda}{\partial u} = \frac{\partial \vartheta}{\partial v}\mu + \cos\vartheta\,\Phi + a\sin\vartheta, & \frac{\partial \mu}{\partial u} = -\frac{\partial \vartheta}{\partial v}\lambda, \quad \frac{\partial \Phi}{\partial u} = \cos\vartheta\,\lambda, \\ \frac{\partial \lambda}{\partial v} = \frac{\partial \vartheta}{\partial u}\mu, \quad \frac{\partial \mu}{\partial v} = -\frac{\partial \vartheta}{\partial u}\lambda + \sin\vartheta\,\Phi - a\cos\vartheta, & \frac{\partial \Phi}{\partial v} = \sin\vartheta\,\mu. \end{cases}$$

Die Äquidistanzkurven: $\Phi = \text{Const.}$ haben in jedem Punkte von $\Sigma$ die Richtungskosinus der Tangente:

$$(42) \qquad X_0 = \frac{\mu X_1 - \lambda X_2}{\sqrt{\lambda^2 + \mu^2}}, \quad Y_0 = \frac{\mu Y_1 - \lambda Y_2}{\sqrt{\lambda^2 + \mu^2}}, \quad Z_0 = \frac{\mu Z_1 - \lambda Z_2}{\sqrt{\lambda^2 + \mu^2}}.$$

Nun suchen wir die Enveloppe $S$ der Ebene $\pi$, die sich durch jeden Punkt von $\Sigma$ senkrecht zur Richtung $(X_0, Y_0, Z_0)$ legen läßt. Bedeuten $x_0, y_0, z_0$ die Koordinaten des Berührungspunktes von $\pi$ mit $S$, so können wir offenbar ansetzen:

$$x_0 = x + A(\lambda X_1 + \mu X_2) + C X_3,$$
$$y_0 = y + A(\lambda Y_1 + \mu Y_2) + C Y_3,$$
$$z_0 = z + A(\lambda Z_1 + \mu Z_2) + C Z_3,$$

und haben dann noch die Funktionen $A$, $C$ durch die beiden Bedingungen:

$$\Sigma X_0 \frac{\partial x_0}{\partial u} = 0, \quad \Sigma X_0 \frac{\partial x_0}{\partial v} = 0$$

zu bestimmen. Durch wirkliche Ausrechnung mittels (a) und (b) finden wir:

$$A = -\frac{R}{\Phi}, \quad C = \frac{aR}{\Phi},$$

so daß die Enveloppe $S$ durch folgende Gleichungen bestimmt ist:

$$(43) \qquad x_0 = x + \frac{R}{\Phi}(a X_3 - \lambda X_1 - \mu X_2) \text{ usw.}$$

## § 371. Berechnung des Linienelements von $S$. — Die den imaginären Kugelkreis oskulierende Fläche $Q$ zweiten Grades.

Die Differentiation von (43) nach $u$ bzw. $v$ unter Berücksichtigung von (a), (b) ergibt:

$$(44)\quad \begin{cases} \frac{\partial x_0}{\partial u} = \frac{R\lambda}{\Phi^2}[\cos\vartheta(\lambda X_1 + \mu X_2) + (\Phi\sin\vartheta - a\cos\vartheta)X_3], \\ \frac{\partial x_0}{\partial v} = \frac{R\mu}{\Phi^2}[\sin\vartheta(\lambda X_1 + \mu X_2) - (\Phi\cos\vartheta + a\sin\vartheta)X_3], \end{cases}$$

wofür wir auch schreiben können:

$$(45)\quad dx_0 = \frac{R}{\Phi^2}[(\lambda X_1 + \mu X_2 - aX_3)d\Phi + \Phi(\lambda\sin\vartheta du - \mu\cos\vartheta dv)X_3] \text{ usw.}$$

Nun ist wegen (b) der Ausdruck:

$$\lambda\sin\vartheta du - \mu\cos\vartheta dv$$

ein vollständiges Differential $\equiv dW$; dann ist die Funktion $W$ bis auf eine additive Konstante durch:

$$(b^*)\quad \frac{\partial W}{\partial u} = \lambda\sin\vartheta, \quad \frac{\partial W}{\partial v} = -\mu\cos\vartheta$$

bestimmt, und die Gleichungen (45) gehen somit über in:

$$(45^*)\quad dx_0 = \frac{R}{\Phi^2}[(\lambda X_1 + \mu X_2 - aX_3)d\Phi + X_3\Phi dW] \text{ usw.}$$

Ferner sind wegen (b), (b*) die partiellen Differentialquotienten des Ausdrucks:

$$\lambda^2 + \mu^2 - \Phi^2 - 2aW$$

nach $u$ bzw. $v$ gleich Null; folglich ist:

$$(46)\quad \lambda^2 + \mu^2 - \Phi^2 - 2aW = c \text{ (Const.)}.$$

Nehmen wir $a \neq 0$ an (die Annahme: $a = 0$ betrifft den bereits bekannten Fall der Weingartenschen Systeme), so können wir durch geeignete Verfügung über die bei $W$ auftretende additive Konstante die Konstante $c$ gleich Null machen, dann ist:

$$(47)\quad \lambda^2 + \mu^2 = \Phi^2 + 2aW.$$

Bilden wir hierauf im Anschluß an (45*) das Quadrat des Linienelements der Enveloppe $S$:

$$ds_0^2 = dx_0^2 + dy_0^2 + dz_0^2,$$

so finden wir unschwer:

$$(48)\quad ds_0^2 = \frac{R^2}{\Phi^4}[(\Phi^2 + 2aW + a^2)d\Phi^2 - 2a\Phi d\Phi dW + \Phi^2 dW^2].$$

In diesem durch die Veränderlichen $\Phi$, $W$ ausgedrückten Linienelement treten die beiden Konstanten $R$ und $a$ auf. Letztere ist jedoch unwesentlich, da die Vertauschung von $\Phi$, $W$ mit $k\Phi$ bzw. $kW$ ($k =$ Const.) der Vertauschung von $a$ mit $\frac{a}{k}$ gleichkommt. Wir können also unbeschadet der Allgemeinheit $a$ gleich Eins setzen und erhalten so den endgültigen Ausdruck:

$$(48^*)\quad ds_0^2 = \frac{R^2}{\Phi^4}[(\Phi^2 + 2W + 1)d\Phi^2 - 2\Phi d\Phi dW + \Phi^2 dW^2].$$

Somit ist wirklich bewiesen, daß alle Enveloppen $S$, die sich aus den unendlich vielen Laméschen Flächenfamilien konstanter (von Fläche zu Fläche veränderlicher) Krümmung $K$ ableiten lassen, aufeinander oder auf eine ähnliche Fläche abwickelbar sind.

Nun läßt sich leicht eine (imaginäre) Fläche zweiten Grades mit dem Linienelement (48*) angeben. Bedeuten nämlich $\xi$, $\eta$, $\zeta$ orthogogonale Koordinaten und setzen wir:

$$(49)\quad \xi = \frac{R}{\Phi}(W+1),\quad \eta - i\zeta = \frac{R}{\Phi},\quad \eta + i\zeta = -\frac{R}{\Phi}(W^2 + \Phi^2),$$

so ergibt sich für

$$ds^2 = d\xi^2 + (d\eta - id\zeta)(d\eta + id\zeta)$$

genau der Ausdruck (48*). Die durch (49) definierte Fläche ist die Mittelpunktsfläche zweiten Grades:

$$(50)\quad \eta^2 + \zeta^2 + (\xi - \eta + i\zeta)^2 + R^2 = 0,$$

die den unendlich fernen imaginären Kugelkreis:

$$\xi^2 + \eta^2 + \zeta^2 = 0$$

oskuliert[1]).

Hiermit haben wir ein neues Beispiel einer imaginären Fläche zweiten Grades, die unendlich viele reelle Biegungsflächen besitzt (vgl. Kap. XXI, § 316).

---

1) Um nämlich die Schnittpunkte des unendlich fernen Kegelschnitts (a) der Fläche (50):

$$(a)\quad \eta^2 + \zeta^2 + (\xi - \eta + i\zeta)^2 = 0$$

mit dem imaginären Kugelkreise zu erhalten, drücken wir die laufenden Koordinaten des letzteren vermittelst eines Parameters $\lambda$ aus, schreiben also:

$$\xi = i(1 - \lambda^2),\quad \eta = 2i\lambda,\quad \zeta = 1 + \lambda^2,$$

und setzen diese Werte in (a) ein. Dann erhalten wir für $\lambda$ die Gleichung:

$$(\lambda - 1)^3(\lambda + 3) = 0$$

mit der dreifachen Wurzel: $\lambda = 1$ und der einfachen Wurzel: $\lambda = -3$.

Im obigen haben wir die Rechnungen für eine negative Krümmung durchgeführt. Im Falle einer positiven Krümmung ist in den voraufgehenden Ergebnissen nur $R^2$ durch $-R^2$ zu ersetzen. Demnach können wir unser Endergebnis in folgendem Satze aussprechen:

In jeder Laméschen Flächenfamilie $(\Sigma)$, die aus Flächen $\Sigma$ konstanter (von Fläche zu Fläche veränderlicher) Krümmung $K$ besteht, umhüllen die Normalenebenen der Äquidistanzkurven einer Fläche $\Sigma$[1]) eine Fläche $S$, die auf die imaginäre Fläche $Q$ zweiten Grades:

$$(50^*)\qquad \eta^2 + \zeta^2 + (\xi - \eta + i\zeta)^2 = \frac{1}{K}$$

abwickelbar ist.

Wir haben den Fall der Weingartenschen Systeme absolut konstanter Krümmung $(a = 0)$ übergangen, weil wir bereits wissen, daß dann die Enveloppen $S$ gerade die Komplementärflächen der Flächen $\Sigma$ konstanter Krümmung sind. Aber auch in diesem Falle kann $S$ als eine Fläche aufgefaßt werden, welche auf eine ähnliche Fläche zweiten Grades wie (50*) abwickelbar ist, die aber den Kugelkreis hyperoskuliert. Führen wir nämlich die Rechnung im Anschluß an (46) für $a = 0$ und für einen beliebigen Wert der Konstanten $c$ durch, so ergibt sich:

$$ds_0^2 = \frac{R^2}{\Phi^4}[(\Phi^2 + c)d\Phi^2 + \Phi^2 dW^2],$$

und dasselbe Linienelement gehört zu der Fläche zweiten Grades:

$$\xi = \frac{R}{\Phi}W, \quad \eta - i\zeta = \frac{R}{\Phi}, \quad \eta + i\zeta = \frac{R}{\Phi}(c - \Phi^2 - W^2)$$

mit der Gleichung:

$$(51)\qquad \xi^2 + \eta^2 + \zeta^2 - c(\eta - i\zeta)^2 + R^2 = 0,$$

die den Kugelkreis in vier zusammenfallenden Punkten schneidet (hyperoskuliert).

Werden endlich in zwei durch Bäcklundsche Transformation auseinander hervorgegangenen Laméschen Flächenfamilien zu zwei einander entsprechenden Flächen konstanter Krümmung, $\Sigma$ und $\Sigma_1$, die zugehörigen Enveloppen $S$ und $S_1$ konstruiert, die auf die Fläche $Q$ mit der Gleichung (50*) (oder auf die andere Fläche (51)) abwickelbar sind, so wird durch diese Konstruktion zwischen den Punkten von $S$

1) Es sei daran erinnert, daß wegen des Satzes in § 336, S. 641, diese Ebenen auch die Schmiegungsebenen der Orthogonaltrajektorien der Familie $(\Sigma)$ in den Punkten von $\Sigma$ sind.

und $S_1$ eine Zuordnung hergestellt. Dann läßt sich leicht der Satz beweisen: Die Verbindungslinien entsprechender Punkte von $S$ und $S_1$ erzeugen ein $W$-Strahlensystem, dessen Brennmäntel $S$ und $S_1$ sind.

Auf diese Weise gehen die Bäcklundschen Transformationen der Flächen konstanter Krümmung in Transformationen solcher Flächen über, welche auf die den Kugelkreis oskulierende Fläche $Q$ zweiten Grades abwickelbar sind. Sie gehören eben zu derjenigen Klasse von Transformationen $B_k$, mit denen wir uns in drei früheren Kapiteln (XIX—XXI) gelegentlich der Biegungsflächen der allgemeinen Flächen zweiten Grades beschäftigt haben.

# Sachregister.

## A.



## B.

## C.



## D.

## G.



## H.

## N.



## O.



## P.



## Q.



## R.

## U.



## V.

## W.



## Z.



---

## Berichtigungen.

S. 331, Zeile 1 von oben, statt *W*-Normalsysteme lies *W*-Normalensysteme.
S. 433, Zeile 9 von unten, statt $ds$ lies $ds^2$.
S. 663, Zeile 5 von unten, statt (662) lies (622).

---

Druck von B. G. Teubner in Leipzig.

**Gundelfinger**, Geh. Hofrat Dr. **Siegmund**, vorm. Professor an der Technischen Hochschule zu Darmstadt, Vorlesungen aus der analytischen Geometrie der Kegelschnitte, herausgegeben von Geh. Hofrat Dr. Friedr. Dingeldey, Professor ebendaselbst. Mit Figuren im Text und einem Anhange, enthaltend Aufgaben und weitere Ausführungen. [VIII u. 434 S.] gr. 8. 1895. Geh. n. ℳ 12.—

**Heffter**, Dr. **L.**, Professor an der Universität Kiel, u. Dr. **C. Koehler**, Professor an der Univ. Heidelberg, Lehrbuch der analytischen Geometrie. In 2 Bänden.

I. Band. Geometrie in den Grundgebilden erster Stufe und in der Ebene. Mit 136 Figuren im Text. [XVI u. 526 S.] gr. 8. 1905. In Leinwand geb. n. ℳ 14.—
II. — Geometrie im Bündel und im Raume. [In Vorbereitung.]

**Hesse**, Dr. **O.**, weil. Professor am Kgl. Polytechnikum zu München, Vorlesungen aus der analytischen Geometrie der geraden Linie, des Punktes und des Kreises in der Ebene. 4. Auflage, revidiert und ergänzt von Dr. S. Gundelfinger, Professor an der Technischen Hochschule zu Darmstadt. [VIII u. 251 S.] gr. 8. 1906. In Leinw. geb. n. ℳ 6.—

**Klein**, Geheimer Regierungsrat Dr. **F.**, Professor an der Universität Göttingen, autographierte Vorlesungshefte. 4. Geh.

Höhere Geometrie. Ausgearbeitet von Fr. Schilling. Unveränderter Abdruck 1907.
Heft 1, [VI u. 566 S.] (W.-S. 1892/93) }
Heft 2, [IV u. 388 S.] (S.-S 1893) } zusammen n. ℳ 15.—
Anwendung der Differential- und Integralrechnung auf Geometrie, eine Revision der Prinzipien. Ausgearbeitet von Conrad Müller. (S.-S. 1901.) Neuer Abdruck 1907. [VIII u. 484 S.] n. ℳ 10.—

**Kötter**, Dr. **E.**, Professor an der Technischen Hochschule zu Aachen, die Entwicklung der synthetischen Geometrie. In 2 Teilen. Teil I: Die Entwicklung der synthetischen Geometrie von Monge bis auf Staudt (1847). A. u. d. T.: Jahresbericht der Deutschen Mathematiker-Vereinigung. V, 2. [XXVIII u. 486 S.] gr. 8. 1901. Geh. n. ℳ 18.80. Erschien auch in 2 Lieferungen: 1. Lieferung: (128 S.) 1898. n. ℳ 4.40. 2. Lieferung: (XXVIII u. S. 129—414.) 1901. n. ℳ 14.40.

**v. Lilienthal, R.**, Professor an der Universität Münster i. W., Vorlesungen über Differentialgeometrie. In 2 Bänden. gr. 8. In Leinwand geb.

I. Band. Kurventheorie. Mit 26 Figuren. [VI u. 368 S.] 1908. n. ℳ 12.—
II. — [Erscheint im Herbst 1910.]

———— Grundlagen einer Krümmungslehre der Kurvenscharen. [VII u. 114 S.] gr. 8. 1896. Geh. n. M. 5.—

**Loria, G.**, Professor an der Universität Genua, spezielle algebraische und transzendente ebene Kurven. Theorie und Geschichte. Autorisierte, nach dem ital. Manuskript bearbeitete deutsche Ausgabe von Fr. Schütte, Oberlehrer am Stiftischen Gymnasium zu Düren. 2. Auflage. In 2 Teilen. gr. 8.

I. Teil: Die algebraischen Kurven. Mit 142 Figuren auf 14 lithographischen Tafeln. [XVIII und 488 S] 1910. Geh. n. ℳ 16.50, in Leinwand geb. n. ℳ 18.—
II. — Die transzendenten und die abgeleiteten Kurven. [Erscheint im Herbst 1910.]

**Meyer, W. Fr.**, zur Geometrie unendlich benachbarter Raumgeraden. Eine Ergänzung zu den Lehrbüchern über Differentialgeometrie. [ca. 140 S.] gr. 8. [Erscheint im Sommer 1911.]

**Repertorium der höheren Mathematik.** Von E. Pascal, 2., völlig umgearbeitete Auflage der deutschen Ausgabe. Unter Mitwirkung zahlreicher Mathematiker herausgegeben von P. Epstein und H. E. Timerding. 2 Bände in 4 Teilen. gr. 8. In Leinwand geb.

I. Band: Algebra und Analysis. Unter Mitwirkung von R. Fricke, Ph. Furtwängler, A. Guldberg, H. Hahn, E. Jahnke, H. Jung, A. Loewy, E. Pascal, H. E. Timerding hrsg. von P. Epstein. I. Hälfte. [XII u. 527 S.] 1910. [Die II. Hälfte folgt im Frühjahr 1911.]
II. — Geometrie. Unter Mitwirkung von L. Berzolari, R. Bonola, E. Ciani, M. Dehn, F. Dingeldey, F. Enriques, G. Giraud, G. Guareschi, L. Heffter, W. Jacobsthal, H. Liebmann, J. Mollerup, J. Neuberg, U. Perazzo, O. Staude, E. Steinitz, H. Wieleitner und K. Zindler herausgegeben von H. E. Timerding. I. Hälfte [XVI und 534 S.] 1910. [Die II. Hälfte folgt im Frühjahr 1911.]

**Staude,** Dr. **Otto,** Professor an der Universität Rostock, analytische Geometrie des Punktes, der geraden Linie und der Ebene. Ein Handbuch zu den Vorlesungen und Übungen über analytische Geometrie. Mit 387 Figuren. [VIII u. 447 S.] gr. 8. 1905. In Leinw. geb. n. *M.* 14.—

——— analytische Geometrie des Punktepaares, des Kegelschnittes und der Fläche zweiter Ordnung. In 2 Bänden. gr. 8. 1910.

I. Band. Mit 181 Figuren. [X u. 548 S.] Geh. n. *M.* 20.—, geb. n. *M.* 22.—
II. — Mit 47 Figuren. [IV u. S. 549—1000.] Geh. und geb.

——— Die Fokaleigenschaften der Flächen zweiter Ordnung. Ein neues Kapitel zu den Lehrbüchern der analytischen Geometrie des Raumes. Mit Figuren. [VIII u. 186 S.] gr. 8. 1896. Geh. n. *M.* 7.—

**Study,** Dr. **E.,** Professor an der Universität Bonn, Vorlesungen über ausgewählte Gegenstände der Geometrie. ca. 5 Bände von je 10—12 Bogen. gr. 8. In Leinwand geb. [In Vorbereitung.]

**Sturm,** Geh. Reg.-Rat Dr. **R.,** Professor an der Universität Breslau, die Lehre von den geometrischen Verwandtschaften. In 4 Bänden. gr. 8. In Leinwand geb.

I. Band. Die Verwandtschaften zwischen Gebilden erster Stufe. [XII u. 415 S.] 1908. n. *M.* 16.—
II. — Die eindeutigen linearen Verwandtschaften zwischen Gebilden zweiter Stufe. [VIII u. 346 S.] 1908. n. *M.* 16.—
III. — Die eindeutigen linearen Verwandtschaften zwischen Gebilden dritter Stufe. [VIII u. 574 S.] 1909. n. *M.* 20.—
IV. — Die nichtlinearen und die mehrdeutigen Verwandtschaften zweiter und dritter Stufe. [X u. 486 S.] 1909. n. *M.* 20.—

**Taschenbuch für Mathematiker und Physiker,** unter Mitwirkung von Fr. Auerbach, O. Knopf, H. Liebmann, E. Wölffing u. a. herausgegeben von Felix Auerbach. Mit einem Bildnis Lord Kelvins. I. Jahrgang 1909/10. [XLIV u. 450 S.] 8. 1909. In Leinwand geb. n. *M* 6.—

**Vahlen,** Dr. **K. Th.,** Professor an der Universität Greifswald, abstrakte Geometrie. Untersuchungen über die Grundlagen der Euklidischen und Nichteuklidischen Geometrie. Mit zahlreichen Figuren. [XII u. 302 S.] gr. 8. 1905. In Leinwand geb. n. *M* 12.—

**Vogt,** Dr. **W.,** Privatdozent an der Technischen Hochschule zu Karlsruhe, synthetische Theorie der Cliffordschen Parallelen und der linearen Linienörter des elliptischen Raumes. [VIII u. 58 S.] gr. 8. 1909. Geh. n. *M* 2.40.

**Volk, K. G.,** Professor an der Oberrealschule mit realgymnasialer Abteilung zu Freiburg i. Br., die Elemente der neueren Geometrie unter besonderer Berücksichtigung des geometrischen Bewegungsprinzips. Für die oberen Klassen höherer Lehranstalten und zum Selbststudium. Mit 93 zum großen Teil zweifarbigen Figuren im Text. [VIII u. 77 S.] gr. 8. 1907. Steif geh. n. *M* 2.—, in Leinw. geb. n. *M* 2.20.

**Weber,** Dr. **H.,** und Dr. **J. Wellstein,** Professoren an der Universität Straßburg i. E., Encyklopädie der Elementar-Mathematik. Ein Handbuch für Lehrer und Studierende. In 3 Bänden. gr. 8. In Leinwand geb.

I. Band: Elementare Algebra und Analysis. Bearbeitet von H. Weber. 3. Auflage. Mit 40 Figuren. [XVIII u. 532 S.] 1910. n. *M* 10.—
II. — Elemente der Geometrie. Bearbeitet von H. Weber, J. Wellstein und W. Jacobsthal. 2. Auflage. Mit 251 Figuren. [XII u. 596 S.] 1907. n. *M* 12.—
III. — Angewandte Elementar-Mathematik. Bearbeitet von H. Weber, J. Wellstein und R. H. Weber (Rostock). Mit 358 Figuren. [XIII u. 666 S.] 1907. n. *M* 14.—

**Wilczynski, E. J.,** A. M., Ph. D., Research Associate of the Carnegie Institution of Washington, Professor at the University of Illinois, projective differential geometry of curves and ruled surfaces. [VIII u. 298 S.] gr. 8. 1906. In Leinw. geb. n. *M* 10.—

O

in Leipzig und Berlin.

Lightning Source UK Ltd.
Milton Keynes UK
UKHW010759291118
333182UK00018B/1699/P

9 781332 573394